AutoCAD 2013 室内装潢设计实战

——经典户型篇

陈志民　主编

机械工业出版社

本书借助 AutoCAD 2013 软件，通过 50 多套经典室内施工图、120 多个绘图实例，全面剖析了 8 种经典家装户型的设计特点和施工图绘制技术，包括一居室、两居室、三居室、四居室、错层、跃层、复式和大型别墅等。书中案例均有较强代表性，应用了当前较流行的设计手法，包含了极具风格的设计元素（涵盖现代风格、日式风格、简欧风格、欧式风格和混合风格等），将操作技法和设计理念完美结合，真实再现了室内设计流程和施工图的绘制方法。

本书附赠 DVD 多媒体学习光盘，配备了全书所有 100 多个实例共 12 个小时的高清语音视频教学，并同时赠送 7 个小时 AutoCAD 基础功能视频讲解，详细讲解了 AutoCAD 2013 共 200 多个常用命令和功能的含义和用法。除此之外，还特别赠送了上千个精美的室内设计常用 CAD 图块，包括沙发、桌椅、床、台灯、人物、挂画、坐便器、门窗、灶具、水龙头、雕塑、电视、冰箱、空调、音箱、绿化配景等，即调即用，可极大提高室内设计工作效率，真正的物超所值。本书 DWG 文件有 2013 和 2004 共 2 个版本，各版本 AutoCAD 用户均可顺利使用本书。

本书不仅适合于 AutoCAD 的初学者，而且其实用性和针对性对于有制作经验的室内设计师来说也具有很强的参考价值。

图书在版编目（CIP）数据

AutoCAD 2013 室内装潢设计实战. 经典户型篇/陈志民主编. —2 版.
—北京：机械工业出版社，2012. 11
ISBN 978-7-111-40310-4

Ⅰ. ①A… Ⅱ. ①陈… Ⅲ. ①室内装饰设计—计算机辅助设计—AutoCAD 软件 Ⅳ. ①TU238-39

中国版本图书馆 CIP 数据核字（2012）第 264769 号

机械工业出版社（北京市百万庄大街 22 号 邮政编码 100037）
策划编辑：曲彩云 责任编辑：曲彩云
责任印制：杨 曦
北京中兴印刷有限公司印刷
2013 年 1 月第 2 版第 1 次印刷
184mm×260mm · 28 印张 · 693 千字
0 001—3 000 册
标准书号：ISBN 978-7-111-40310-4
ISBN 978-7-89433-718-4（光盘）
定价：69.00 元（含 1DVD）

凡购本书，如有缺页、倒页、脱页，由本社发行部调换

电话服务	网络服务
	策划编辑：(010) 88379782
社服务中心：(010)88361066	教材网：http://www.cmpedu.com
销售一部：(010)68326294	机工官网：http://www.cmpbook.com
销售二部：(010)88379649	机工官博：http://weibo.com/cmp1952
读者购书热线：(010)88379203	**封面无防伪标均为盗版**

PREFACE

前言

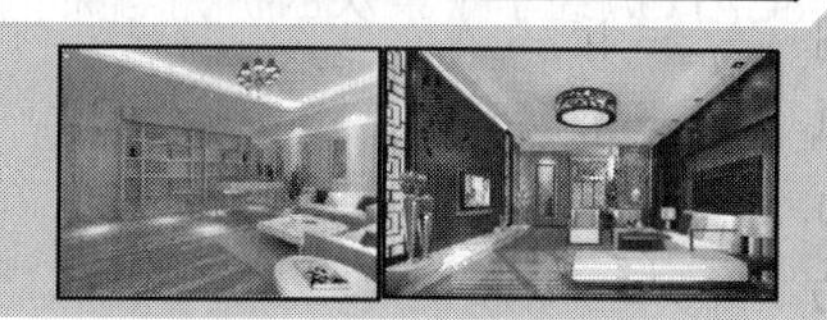

关于家装户型设计

住户对户型的要求多种多样，不同性格、不同生活经历、不同年龄的住户对户型的要求相差很大，即使是同一位居民在不同的生活时期，对户型的要求也不一样。因此在户型的设计上应该充分反映并且体现居住个体的差异，同时对空间的改造留有住户发挥的余地。

本书的特色

本书针对目前室内设计现状，借助 AutoCAD 2013 软件，全面剖析了国内常见经典风格家装设计特点和施工图绘制技术。书中案例均有较强代表性，应用了当前较流行的设计手法，包含了极具风格的设计元素，将操作技法和设计理念完美结合，使设计师能够轻松应对客户各种需求。

总的来说，本书具有以下特色：

零点快速起步 室内知识全面掌握	从用户界面到绘图与编辑，从室内空间设计到绘图规范，针对室内绘图的需要，本书对各类知识进行了筛选和整合，突出实用和高效。相关知识点讲解深入、透彻，逐步提高绘图技能，使读者全面掌握室内设计所需的各类知识
8 大经典户型 全面演绎多彩生活	全面剖析了 8 个经典家装户型的设计特点和施工图绘制技术，包括一居室、两居室、三居室、四居室、错层、跃层、复式和别墅等。从而使读者能够根据各户型的特点，设计出业主满意的方案
多种设计风格 各种风格一网打尽	本书讲解各种户型设计特点和方法的同时，还有针对性地介绍现代、日式、中式、混合和欧式等常见设计风格的设计特点和施工图绘制技术，可以满足各类型客户的多样化需求
50 多套室内施工图 室内设计贴身实战	本书详细讲解了各风格、各户型的平面布置图、顶棚图、各空间立面图、剖面图、详图、电气图和给排水图等各种类型的图样绘制方法，与室内实战真正零距离，积累宝典的室内设计经验
120 多个绘图实例 绘图技能快速提升	本书的绘图案例经过作者精挑细选，经典、实用，从家装到公装、从小户型到大型别墅，全部来自一线工程实践，具有典型性和实用性，易于触类旁通、举一反三，绘图技术快速提升
高清视频讲解 学习效率轻松翻倍	本书配套光盘收录全书所有实例的长达 12 个小时的高清语音视频教学，可以在家享受专家课堂式的讲解，成倍提高学习兴趣和效率

AutoCAD 2013 简介

AutoCAD 是美国 Autodesk 公司开发的专门用于计算机绘图和设计工作的软件。自 20 世纪 80 年代 Autodesk 公司推出 AutoCAD R1.0 以来，由于其具有简便易学、精确高效等优点，一直深受广大工程设计人员的青睐。迄今为止，AutoCAD 历经了十余次的扩充与完善，如今它已经在航空航天、造船、建筑、机械、电子、化工、美工、轻纺等很多领域得到了广泛应用。

关于光盘

本书附赠 DVD 多媒体学习光盘，配备了全书主要实例 12 个小时的高清语音视频教学，成倍提高学习兴趣和效率，并同时赠送 7 个小时 AutoCAD 2013 基础功能视频讲解，详细讲解了 AutoCAD 2013 各个命令和功能的含义和用法。除此之外，还特别赠送了上千个精美的室内设计常用 CAD 图块，包括沙发、桌椅、床、台灯、人物、挂画、坐便器、门窗、灶具、龙头、雕塑、电视、冰箱、空调、音箱、绿化配景等，即调即用，可极大提高室内设计工作效率，真正的物超所值。DWG 文件有 2013 和 2004 共 2 个版本，各版本 AutoCAD 用户均可顺利使用本书。

本书作者

本书由麓山文化组织编写，参加编写的有：陈志民、陈运炳、申玉秀、李红萍、李红艺、李红术、陈云香、陈文香、陈军云、彭斌全、林小群、刘清平、钟睦、刘里锋、朱海涛、廖博、喻文明、易盛、陈晶、张绍华、黄柯、何凯、黄华、陈文轶、杨少波、杨芳、刘有良等。

由于作者水平有限，书中错误、疏漏之处在所难免。在感谢您选择本书的同时，也希望您能够把对本书的意见和建议告诉我们。

售后服务邮箱:lushanbook@gmail.com

编　者

CONTENTS

目录

第1章

本章导读：

室内设计，即对建筑内部空间进行设计。具体地说，它是根据对象空间的实际情况与使用性质，运用物质技术手段和艺术处理手法，创造出功能合理、美观舒适，符合使用者生理与心理要求的室内空间环境设计。

作为全书的开篇，本章首先介绍室内设计的基础知识，使读者对室内装潢设计有一个全面的了解和认识。

本章重点：

- 室内设计内容
- 室内设计风格
- 室内设计基本原则
- 室内设计与人体工程学
- 住宅建筑空间室内设计
- 室内设计制图内容

AutoCAD室内装潢设计概述

1.1 室内设计内容

室内设计内容是多方面的，主要包括对室内环境的平面布局和空间组织，对空间界面的处理，对材料色彩和质感的设定，对采光和照明安排，对室内家具、软装饰品、陈列艺术品、绿化的选择和规划，以及对整体环境文化品味、艺术风格总体协调和把握等。

1.1.1 平面布局和空间组织

室内设计主要任务是根据建筑提供的基础条件，组织和创造一个舒适、实用、符合某种氛围目标的空间形式，满足人在室内的活动需求。平面布局首先要考虑使用者的功能需求、文化背景、年龄结构、生活习俗、审美水平以及个人爱好等因素。

室内空间组织是通过合理而艺术性的空间处理，以富有变化空间形式和有序空间组织关系，充分满足人们在使用过程中的行为自由和精神愉悦，在室内空间使用过程中，行为自由与空间尺度、比例及序列性有关系，而精神愉悦则与心理感受有关系。突破原有建筑空间的限制，创造丰富的空间变化，是各类空间设计的基本主题，也是区别于其他艺术形式的主要特征之一。

1.1.2 空间界面处理

空间界面处理就是对室内空间的地面、墙面、隔断、顶面进行处理。从室内设计的整体出发，我们必须把空间与界面、实体有机地结合起来进行分析。在具体设计过程中，不同阶段是有不同的重点的，如在平面布局确定之后，对界面实体的设计就显得比较突出。

空间界面处理既有功能和技术上的要求，又有造型和美观上的要求。同时界面的处理还须与室内设备和设施密切结合，如界面与空调管道、风口的位置，界面与灯具、灯槽的设置，界面与消防、通信、音响、监控等设备的配置等，都需要认真考虑。

1.1.3 色彩和质感设计

色彩设计在室内中也是一个重要的环节，它主要利用构成室内空间关系各种材料表面色彩的选择和搭配，构成整体的色调效果，形成和功能目标相匹配的色彩氛围，如图 1-1 所示。由于色彩对人的生理和心理有着很大的影响，因此室内设计师在考虑空间布局和空间组织因素时需慎重。

材料表面除了具有色彩特征外，还具有肌理特征，也就是材料的质地特征。肌理可分为视觉肌理和触觉肌理，也就是说，材料本身不仅具有视觉效果，还具有触觉效果。因此，材料的质感不仅给人以美感，还能够给人以其他各种不同的感觉，如图 1-2 所示。材料的质地有粗糙与光滑、软与硬、灰暗与光泽、轻与重、透明与不透明之分，这些都是在室内设计中可以充分利用的因素。

图 1-1　室内色彩设计

图 1-2　室内质感设计

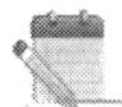

1.1.4 采光和照明设计

采光和照明设计统称为光环境设计。它与色彩、材料质感设计有着密切的联系，但同时又是一个相对独立的设计领域。它在功能要求上不包括照明灯具本身造型设计，只包括对自然采光和人工照明的处理，通过光的直射、反射、折射、漫射等各种照射效果的营造，创造出各种不同的空间意境来，如图 1-3 所示。

根据设计的内容和要求不同，照明设计又可分为技术性照明和艺术性照明两大类型。技术性照明主要解决一般光源的合理利用和照明效率问题，而艺术性照明则要求通过各种艺术手法的运用，创造出普通照明之外的特殊光照效果。随着对室内照明效果要求的提高，隐形光源的使用也成为光环境设计的重要环节，如图 1-4 所示。

图 1-3　自然采光设计示例

图 1-4　人工照明设计示例

1.1.5 家具设计

室内设计中常用家具分为固定式和移动式两类。根据家具使用功能又可分为坐卧式家具、凭依式家具和贮藏式家具三大类型。家具的结构有框架结构、板式结构、拆装结构、折叠结构、薄壳结构、充气结构和整体浇注结构等形式。家具除了本身具有坐卧、凭依、贮藏的功能之外，在室内环境中还具有特殊的物质功能和精神功能。如家具可以起到组织空间、分隔空间、填补空间和间接扩大空间的作用，还可以起到陶冶人们审美情趣、反映民族文化、调节室内色彩的作用，甚至还可以营造特定的环境气氛。在现代的室内设计中，即使大量采用定型化家具，设计师仍然需要通过对家具的选择和使用来达到整体塑造与控制室内环境的目的，如图 1-5 所示。

1.1.6 陈设品设计

室内陈设品设计是室内环境的一个组成部分，它不仅能够起到装饰美化室内空间、丰富空间层次、调节环境色彩、丰富视觉效果、创造出烘托环境气氛的作用，而且还能够强化室内环境的风格，使室内空间更具有个性和特点，达到增进生活环境品质的作用，进而满足人们观赏品味、陶冶情操的精神需求。室内空间的功能和价值也常常需要通过陈设品来体现，如图 1-6 所示。因此，室内陈设品设计不仅是室内设计中不可分割的一部分，而且也是对室内环境影响比较大的一部分。

图 1-5　家具设计示例

1.1.7 室内绿化设计

绿化是室内设计要素之一。将绿色植物引进室内，不仅可以达到内外空间的自然过渡，还可以起到调整空间、柔化空间、装饰美化空间的作用，而且在调节室内空气，以及在对空间的分隔和导向方面也起着相当重要的作用，如图 1-7 所示。

图 1-6　室内陈设示例

图 1-7　室内绿化设计示例

1.2 室内设计风格

风格即风度、品格，是体现创作中的艺术特色和个性，是一种艺术成熟的标志。室内设计风格的形成，是根据不同的时代思潮和地区特点，通过创作构思和表现，逐渐发展成为具有代表性的室内设计形式。目前比较典型的室内设计的风格主要有：中式风格、欧式风格、现代风格、后现代风格、自然风格、混合风格等。

1.2.1 中式风格

中式设计风格分为唐式、宋式、明式和清式等，我们现在所称的中式设计风格主要指明清风格，明清时期装饰细节繁杂、纤柔秀美。

现代中式风格更多地利用了后现代手法，把传统结构形式通过重新设计组合以另一种民族特色标志符号出现。设计师往往吸取中国传统风格的一些线条、色彩、造型等装饰元素，然后将这些元素与现代元素一齐融入到室内设计中，从而创作出符合现代人生活要求和审美趣味的室内环境，如图 1-8 所示即属于典型的中式风格。

中式风格室内设计融合着庄重和优雅双重品质，主要体现在传统家具（多为明清家具为主）、装饰品及黑、红为主的装饰色彩上。室内多采用对称式的布局方式，格调高雅，造型简朴优美，色彩浓重而成熟。中国传统室内陈设包括字画、匾幅、挂屏、盆景、瓷器、古玩、屏风、博古架等，追求一种修身养性的生活境界。中国传统室内装饰艺术的特点是总体布局对称均衡，端正稳健，而在装饰细节上崇尚自然情趣，花鸟、鱼虫等精雕细琢，富于变化，充分体现出中国传统美学精神。

1.2.2 欧式风格

欧式风格按不同的地域文化可分为北欧、简欧和传统欧式，欧式的居室不只是豪华大气，更多的是给人一种惬意和浪漫的感觉。通过完美的曲线，精益求精的细节处理，给人一种不尽的舒适感。

如图 1-9 所示为典型的欧式风格设计效果。

图 1-8　中式风格示例

图 1-9　欧式风格示例

1.2.3 现代风格

现代风格是一种简洁、质朴、抽象而明快的艺术风格形式，是当前室内设计市场中最为常见、最为流行的一种设计风格。

现代风格起源于 1919 年，包豪斯学派的领路人格罗皮乌斯、密斯、柯布西耶、赖特等现代主义先驱，开创新艺术运动。主张利用新材料、新工艺创造崭新的室内风格。反对传统装饰形式，寻求具有“功能主义”的“纯净形式”，即反映时代新风貌。其指导思想是：“设计的目的不是产品，而是人”。直接以材料自身表现力，通过简洁的造型有机组合，而形成生动的韵律变化的“乐章”。

现代风格以特有质地、精练造型和简洁图案，升华室内空间的现代品味。运用率直的流动线、直线及几何纹样形式，表现精细技艺、纯朴质地、明快色彩及简明造型，展示了艺术与生活、科学与技术完美统一的现代精神。

如图 1-10 所示为典型的现代风格装饰效果。

图 1-10　现代风格装饰效果

1.2.4　混合风格

近年来，建筑设计和室内设计在总体上呈现多元化，兼容并蓄的状况。室内布置中也有既趋于现代实用，又吸取传统的特征，在装潢与陈设中融古今中西于一体。例如传统的屏风、摆设和茶几，配以现代风格的墙面及门窗装修、新型的沙发；欧式古典的琉璃灯具和壁面装修，配以东方传统家具和埃及陈设等。混合型风格虽然在设计中不拘一格，运用多种体例，但设计中仍然是匠心独具，深入推敲形体、色彩、材质等方面的总体构图和视觉效果。

图 1-11　混合装饰风格效果

如图 1-11 所示为混合装饰风格效果。

1.3　室内设计基本原则

进行室内设计活动必须遵循一定的基本原则，因为它在设计方法中具有非常重要的位置。功能、结构和材料、美观这几个方面是室内设计应该研究的大原则。它包含了技术与艺术的综合内容，体现了室内设计的目的性，是室内设计必须遵循的具有普遍性的基本原则。

1.3.1　功能性原则

功能性原则的要求是使室内空间、装饰装修、物理环境、陈设绿化最大限度地满足功能所需，并使其与功能相和谐、统一。

任意一个室内空间在没有被人们利用之前都是无属性的，只有当人们入住以后，它才具有了个体属性，如一个 15 ㎡的房间，既可以作为卧室，也可以作为书房。而赋予它不同的功能以后，设计就要围绕这一功能进行。也就是说，设计要满足功能需求。在进行室内设计时，要结合室内空间的功能需求，使室内环境合理化、舒适化，同时还要考虑到人们的活动规律，处理好空间关系、空间尺度、空间比例等，并且要合理配置陈设与家具，妥善解决室内通风、采光与照明等问题。

1.3.2 经济性原则

广义来说，就是以最小的消耗达到所需的目的。如在建筑施工中使用的工作方法和程序省力、方便、低消耗、低成本等。一项设计要为大多数消费者所接受，必须在“代价”和“效用”之间谋求一个平衡点，但无论如何，降低成本不能以损害施工效果为代价。经济性设计原则包括两方面：即生产性和有效性。

1.3.3 美观性原则

求美是人的天性。当然，美是一种随时间、空间、环境而变化性、适应性极强的概念。所以，在设计中美的标准和目的也会大不相同。我们既不能因强调设计在文化和社会方面的使命及责任而不顾及使用者需求的特点，同时也不能把美庸俗化，这需要有一个适当的平衡。

1.3.4 适切性原则

适切性简单地说，就是解决问题的设计方案与问题之间恰到好处，不牵强也不过分。如：针对室内空间中，艺术陈设品与空间气氛的统一就需如此考虑。

1.3.5 个性化原则

设计要具有独特的风格，缺少个性的设计是没有生命力与艺术感染力的。无论在设计的构思阶段、还是在设计深入的过程中，只有加以新奇的构想和巧妙的构思，才会赋予设计以勃勃生机。

现代的室内设计，是以增强室内环境的精神与心理需求的设计为最高目的。在发挥现有的物质条件下，在满足使用功能的同时，来实现并创造出巨大的精神价值。

1.3.6 舒适性原则

各个国家对舒适性的定义各有所异，但从整体上来看，舒适的室内设计是离不开充足的阳光、无污染的清新空气、安静的生活氛围、丰富的绿地和宽阔的室外活动空间、标志性的景观等。

阳光可以给人以温暖，满足人们生产、生活的需要；阳光也可以起到杀菌、净化空气的作用。人们从事的各种室外活动应在有充足的日照空间中进行。当然，除了充足的日照以外，清新的空气也是人们选择室外活动的主要依据，我们要杜绝有毒、有害气体和物质对室内设计的侵袭，所以进行合理的绿化是最有效的办法。

噪声的嘈杂，使紧张的生活变得不安。交通噪声、生活噪声不仅会影响人们安静的室内生活，也干扰人们的室外活动。为了减少噪声对使用者的影响，我们可以通过降低噪声源和进行噪声隔离两种方法来解决。我国对居民室内空间噪声白天不超过 50dB，夜间不超过 40dB 有明确的规定。在人们居住区内的小环境中，设计师除了进行绿化隔声以外，可以注意室内设计与建筑、街道的关系，还可以在小环境中进行声音空间的营造（水声、鸟声），使人在室外空间中也可以享受安静的快乐。

绿地景园是人们生活环境的重要组成部分，它不仅可以提供遮阳、隔声、防风固沙、杀菌防病、净化空气、改善小环境的微气候等诸多功能，还可以通过绿化来改善室内设计的形象，美化环境，满足使用者物质及精神等多方面的需要。

1.3.7 安全性原则

人只有在较低层次的需求得到满足之后，才会表现出对更高层次需求的追求。人的安全需求可以说是仅次于吃饭、睡觉等位于第二位的基本需求，它包括个人私生活不受侵犯，个人财产和人身安全不被侵害等。所以，在室外环境中的空间领域性的划分，空间组合的处理，不仅有助于密切人与人之间的关系，而且有利于环境的安全保卫。

1.3.8 方便性原则

室内设计的方便性原则主要体现在对道路交通的组织，公共服务设施的配套服务和服务方式的方便程度。要根据使用者的生活习惯、活动特点采用合理的分级结构和宜人的尺度，使小空间内的公共服务半径最短，使用者来往的活动路线最顺畅，并且利于经营管理，这样才能创造出良好的、方便的室内设计。

1.3.9 区域性原则

由于人们所处的地区、地理条件存在差异，各民族生活习惯与文化传统也不一样，所以对室内设计的要求也存在着很大的差别。各个民族的地址特点、民族性格、风俗习惯及文化素养等因素的差异，使室内装饰设计也有所不同。因此，设计中要有各自不同的风格和特点。如图 1-12 所示分别为欧式风格和中式风格的室内设计效果。

图 1-12 欧式与中式室内设计效果

1.4 室内设计与人体工程学

人体工程学，主要以人为中心，研究人在劳动、工作和休息过程中，在保障人类安全、舒适、有效的基础上，提高室内环境空间的使用功能和精神品位。

从室内设计的角度来讲，运用人体工程学的目的，就是从人的生理和心理方面出发，使室内环境能够充分满足人的生活活动的需要，从而提高室内的使用功能。如何将人的活动效率提高到最大程度，是建筑装饰设计研究人体工程学的意义所在。

1.4.1 人体尺度

建筑装饰设计最终以人为本，是为人服务的。而人在工作生活中无论坐卧、行走等姿势，都具有一定的方式和距离。所以人体尺度是建筑装饰设计中的最基本的资料，只有客观掌握了人体的尺寸和四肢活动的范围，才能更准确地把握人在活动过程中的变化情况。

人体的尺度从形式上可分为两类：

1. 静态尺度

静态尺度是指静止的人体尺寸，即人在立、坐、卧时的尺寸。人的生活行动基本上是按立、坐、卧、行这 4 种方式中的一种进行的。人体的高度与种族、性别以及所处的地区相关。一般来说，人体工程学中的尺寸是按人体平均尺寸确定的。

我国成年人的平均高度，男为 1.67m，女为 1.56m。

2. 动态尺度

动态尺度是指是人在进行某种功能活动时肢体所能达到的空间范围。人的活动分为手足活动和身体移动两大类。手足活动，是人在原姿势下只活动手足部分，身躯位置并没有变化，手动、足动各为一种；身体移动包括姿势改换、步行等。其中，姿势改换、步行等，又集中在正立姿势与其他可能的姿势之间的改换，也是手足活动的过程。

1.4.2 人体工程学在室内设计中的应用

由于人体工程学是一门新兴的学科，人体工程学在室内环境设计中应用的深度和广度，有待于进一步认真开发，目前已有开展的应用方面如下：

1. 确定人和人际在室内活动所需空间的主要依据

根据人体工程学中的有关计测数据，从人的尺度、动作域、心理空间以及人际交往的空间等确定空间范围。

例如一般的过道宽为 1200mm，其实这个数据是根据人体的肩宽来决定的。人的肩宽大约在 400mm 左右，加上余量，达 600mm 以上的时候走路一般不会碰到东西。所以当双人并肩走的时候，1200mm 的空间基本够用。所以家居基本过道为 1200mm。当然这仅是个常用数据，但不是绝对数据。当空间确实很窄的时候，也可把过道设计为 1000mm 等，空间宽的也有 1500mm 的设计。

2. 确定家具、设施的形体、尺度及其使用范围的主要依据

家具设施为人所使用，因此它们的形体、尺度必须以人体尺度为主要依据，即首先要考虑人的舒适感，其次才是它的美观和实用。同时，人们为了使用这些家具和设施，其周围必须留有活动和使用的最小余地，这些要求都由人体工程科学地予以解决。室内空间越小，停留时间越长，对这方面内容测试的要求也越高，例如车厢、船舱、机舱等交通工具内部空间的设计。

单人沙发的宽度为 900mm。这个尺度也是根据人的肩宽为基础的。人的肩宽常在400~500mm，再加上沙发两侧的扶栏，基本总宽度达 900mm。

在设计椅子时，其坐面的高度应以 400mm 为宜，高于或低于 400 mm 都会使人的腰部产生疲劳；一般椅子的靠背高度宜在肩胛以下，这样既不影响人的上肢活动，又能使背部肌肉得到充分的休息。

3. 提供适应人体的室内物理环境的最佳参数

室内物理环境主要有室内热环境、声环境、光环境、重力环境、辐射环境等，有了科学的人体工程学参数后，在室内设计时才可能有正确的决策。

4. 对视觉要素的计测为室内视觉环境设计提供科学依据

人眼的视力、视野、光觉、色觉是视觉的要素，人体工程学通过计测得到的数据，对室内光照设计、室内色彩设计、视觉最佳区域等提供了科学的依据。

1.5 住宅建筑空间室内设计

随着人们对居住空间的需求不断提高，人们的生活方式和居住行为也不断发生变化。在本节中根据住宅建筑的不同功能可将住宅分为门厅、客厅、卧室、书房、餐厅、厨房、卫生间等空间，下面分别介绍这些空间的设计原则和方法。

1.5.1 门厅设计

门厅为住宅主入口直接通向室内的过渡性空间。它的主要作用虽然仅用于家人进出和宾客迎送，但却是整套住宅的屏障，其空间设计主要问题是要善于利用有限的空间，除了必须保留的交通面积之外，最好在适当位置以适当的方式，解决外用物品的存放，如设置存放外衣、帽、鞋、伞等，或者陈列简洁大方的储藏家具。在形式处理上以单纯、生动为原则。

然而，许多住宅建筑设计时，并未能提供明确有形的门厅，在这种情况下，必须灵活地运用隔屏、隔架或种植槽等简单装置，以取得适度的距离感和良好的空间屏障作用，如图 1-13 所示。

图 1-13　门厅设计示例

1.5.2 客厅设计

1. 客厅的性质

客厅是家庭群体生活的主要活动空间，如图 1-14 所示。客厅原则上宜设在住宅的中央地区，并应接近主入口，但两者之间应适当隔断，应避免直接通过主入口而向户外暴露，使人心理上产生不良反应。此外，客厅应保证良好的日照，并尽可能选择室外景观较好的位置，这样不仅可以充分享受大自然的美景，更可感受到视觉与空间效果上的舒适与伸展。为了配合家庭各个成员活动的需要，在分区原则上，活动性质类似、进行时间不同的活动可尽量将其归于同一区域，从而增加单项活动空间，减少功能重复的家具。

图 1-14 客厅示例

2. 客厅的功能

客厅中活动多种多样，其综合性的功能几乎涵盖了家庭生活绝大部分内容。

❑ 聚谈休闲的功能

客厅首先是家庭团聚交流的场所，这也是客厅的核心功能，是主体，因而往往通过一组沙发或座椅巧妙围合形成一个适宜交流的场所。场所的位置一般位于客厅的几何中心处，以象征着区域在居室的中心地位。

❑ 会客的功能

客厅是一个家庭对外交流的场所。在布局上要符合会客的距离和主客位置上的要求，在形式上要创造适宜的气氛，同时要表现出家庭的性质及主人的品位，以达到微妙的对外展示效果。

❑ 视听的功能

听音乐和观看表演是人们生活中不可缺少的部分。人们生活随着科学技术的发展也在不断变化着，现代视听装置的出现对其位置、布局以及与家居的关系提出了更加精密的要求。电视的位置与沙发座椅的摆放要吻合，以便坐着的人都能看到电视画面。另外电视机的位置和窗的位置有关，要避免逆光以及外部景观在屏幕上形成的反光，对观看质量产生影响。

❑ 娱乐的功能

客厅中的娱乐活动主要包括棋牌、卡拉 OK、弹琴、游戏机等消遣活动。根据主人的不同爱好，应当在布局中考虑到娱乐区域的划分，根据每一种娱乐项目的特点，以不同的家具布置和设施来满足娱乐功能要求。

❑ 阅读的功能

在家庭的休闲活动中，阅读占有相当大的比重。这些活动没有明确的目的性，时间支配上很随意，因而也不必在书房进行。这部分区域在客厅中，其位置并不固定，往往随时间和场合而变动。如白天人们喜欢靠近有阳光的地方阅读，而伴随着聚会所进行的阅读活动形式更不拘一格。阅读区域虽说有其变化的一面，但其对照明的要求和座椅的要求以及存书的设施要求也是有一定规律的。我们必须准确地把握分寸，以免把客厅设计成书房。

3. 客厅空间界面处理

❑ 顶棚的处理

客厅的顶棚由于受住宅建筑层高的限制，不宜采用吊顶及灯槽形式，以简洁的平顶形式为主，即便采用吊顶，一般也只能采用浅层吊顶。

❑ 地面的处理

客厅地面材料可以用地毯、地砖、天然石材、木地板、水磨石等多种材料，使用时应对材料的肌理、色彩进行合理选择。地面的造型也可以用不同材质的对比来取得视觉变化。客厅地面以统一材质为其主要形式，而且与其他房间的地面也要尽量保持一致（厨房、卫生间除外），这样可以在视觉上保持住宅空间的整体性。

❑ 墙面的处理

客厅墙面是客厅装饰中的重点部位，因为它面积大，位置重要，是视线集中的地方，对整个室内的风格、式样及色调起着决定性作用，它的风格也就是整个室内风格。在现代住宅装饰中，客厅空间界面的相互作用同样很重要。可以用造型、壁画、艺术品的悬挂来加以美化，也可以利用材质的对比来取得丰富视觉效果。总之，客厅是家庭装饰装修的重点，而客厅主要墙面的设计又是重中之重，设计者应根据每个家庭的特殊性及主人的兴趣爱好，充分发挥出创造性，体现出不同家庭的风格特点与个性，这样才能装饰成有个性，多姿多彩的客厅空间。

1.5.3 卧室设计

1. 卧室的性质及空间位置

人生有三分之一的时间是在卧室里度过的，卧室是一个私密性极强的生活空间，是人们休息放松的地方。首先，卧室的面积大小应当能满足基本家具布局的要求，如单人床或双人床的摆放以及适当的配套家具，如衣柜、梳妆台等的布置。其次要对卧室位置给予恰当的安排。睡眠区域在住宅中属于私密性很强的空间，因而在建筑设计的空间组织方面，往往把它安排于住宅的最里端，要远离大门口，同时也要和公用部分保持一定的距离，以避免相互之间干扰。

2. 卧室的种类及其设计要求

卧室是供家庭成员休息睡眠的场所。设计良好的卧室，可以使人身心得到适度的松弛和超脱，达到平衡自我和发展自我的目的。功能完善的卧室一般可以分为睡眠、梳妆、储藏、休息等区域。但从使用的对象来分，可以分为主卧室、儿童卧室和老人卧室几种类型。

❑ 主卧室

主卧室是房屋主人的私人生活空间，高度的私密性和安定感是主卧室布置的基本要求。在功能上，既要满足休息和睡眠的要求，又要合乎休闲、工作、梳妆及卫生保健等综合要求，如图 1-15 所示。

主卧室的休闲区是在卧室内满足主人视听、阅读、思考等以休闲活动为主要内容的区域，在布置时可根据双方在休息方面的具体要求，选择适宜的空间区位，配以家具和必要的设备。

卧室的卫生区主要是指浴室而言，最理想的布局是主卧室设有专用的浴室，在实际居住环境条件达不到时，也应使卧室与浴室之间保持一个相对便捷的位置，以保证沐浴活动隐蔽并便利，如图 1-16 所示。主卧室的贮藏物多以衣物、被褥为主，一般嵌入式的壁柜较为理想，这样有利于加强卧室的贮藏功能。

图 1-15　主卧室设计示例

图 1-16　主卧室设计示例

❑　儿童卧室

小孩是绝大多数家庭生活的重心，儿童房间的设计便成为住宅空间室内设计中最富色彩的环节。

在卧室设计上要对睡眠区逐渐赋予成熟的色彩，并且逐渐完善以学习为主要目的的工作区域。在有条件的情况下，除了要保证有一个适合于书写和阅读的空间之外，还可以根据儿童的不同性别和兴趣特点，设立手工制作的工作台、试验台及女孩的梳妆台、家务空间等，使儿童在合理的环境中实现充分的自我表现和自我发展，如图 1-17 所示。

图 1-17　儿童房示例

儿童家具除了实用功能外，在色彩处理上应以鲜艳为主，以符合儿童活泼、好奇的性格，另外，儿童期的安全是非常重要的。家具的设计与选择都要以安全为优先原则。家具的造型、转角以及抽屉的高度，都有造成儿童伤害的可能，最好采用弧线家具造型和圆角边部处理。玻璃和镜饰一般不适宜在儿童房间设置，过于低矮的窗户会对儿童的生命造成危险，必须加护栏处理。

□ 老年人卧室

人在进入老年以后，从生理、心理上均会发生许多变化。为了适应这些变化，老年人卧室需要做些特殊的布置和装饰。老年人有一种追求稳定和凝重的性格特点，加上生理和心理上的一些变化，老年人往往有与青年人截然相反的喜好，这在设计老人卧室时应充分考虑。

无论从空间上还是形式上，老人卧室布局应该是陈列式的。家具应该以半封闭、空间多为宜，式样以古典厚重为主，老人使用的家具应当宽大、舒适。床是老年人卧室的中心家具，位置一般应在卧室的里侧，与门保持一定的距离，或在门外看不到的地方，使之成为老人休息睡眠的安静角落，如图 1-18 所示。

图 1-18　老年人卧室示例

1.5.4 书房设计

1. 书房的功能

书房在居室中所占的空间比重不是很大，陈设布置也不会太复杂。书房给人们提供了一个阅读、书写、工作和密谈的空间。在住宅的后期室内设计和装饰装修阶段，更是要对书房的布局、色彩、材质、办公设施进行合理地选择和配置，为书房空间提供一个舒适方便的工作环境，如图 1-19 所示。

图 1-19　书房示例

2. 书房的设计

书房是一个私人工作空间，要根据使用者的工作习惯和爱好，巧妙地运用装饰材料的色彩、材质变化以及绿化等手段来创造出一个宁静温馨的工作环境。在布置摆设家具、设施和艺术品时，一定着重体现主人的品味和个性。

1.5.5 餐厅设计

1. 餐厅的功能及空间布局

餐厅是家人日常进餐和宴请亲朋好友的活动空间。从合理需求的角度来看，每一个家庭都需要设置一个相对独立的餐厅，如图 1-20 所示，即使住宅不具备设立餐厅的条件，也应在客厅或厨房设置一个半独立式或开放式的用餐区域，如图 1-21 所示。一般闭合式的独立餐厅的表现形式比较自由，而开放型布局的餐厅则应与同处一个空间的其他区域保持格调的统一。

图 1-20　独立式餐厅示例

图 1-21　半独立式餐厅示例

2. 餐厅空间的界面处理

餐厅的功能性较为单一，因而室内设计必须从空间界面的设计、材质的选择以及色彩灯光的设计和家具的配置等方面全方位配合来营造一种适宜进餐的气氛。

❑ 顶棚的处理

餐厅的顶棚设计往往比较丰富而且讲求对称，其几何中心对应的位置是餐桌，因为餐厅无论在中国还是西方、无论圆桌还是方桌，就餐者均围绕餐桌而坐，从而形成了一个无形的中心环境。顶棚的造型并不一定要求对称，但即便不是对称的，其几何中心也应位于餐厅的中心位置。顶棚是餐厅照明光源主要所在，其照明形式是多种多样的，应当在顶棚上合理布置不同种类的灯具，灯具的布置除应以满足餐厅照明要求以外，还应考虑家具的布置以及墙面饰物的位置。

❑ 地面的处理

餐厅的地面可以有更加丰富的变化，可选用的材料有石材、地砖、木地板、水磨石等。而且地面的图案样式也可以有更多的选择，均衡的、对称的、不规则的等。应当根据设计总体设想来把握材料的选择和图案的形式。餐厅地面材料选择和做法的实施还应当考虑便于清洁这一因素，以适应餐厅的特定要求。

❑ 墙面的处理

餐厅不仅是全家人日常共同进餐的地方，而且也是邀请亲朋好友，交谈与休闲的地方，因此对餐厅墙面进行装饰时应从建筑内部把握空间。根据空间使用性质、所处位置及个人嗜好，运用科学技术与文化手段、艺术手法，创造出功能合理、舒适美观、符合人的生理和心理要求的空间环境。

1.5.6 厨房设计

1. 厨房的类型

厨房与餐厅是两个联系最为密切的空间，依据两者之间的关系，厨房可以分为三种基本类型。

❑ 独立式厨房

独立式厨房是指与餐厅完全分开，单独布置于一个封闭空间的形式。这种形式的特点是：由于采用独立封闭式空间，厨房的工作不受外界的干扰；烹调所产生各种油烟、气味和有害气体不会污染其他空间，同时还可以防止噪声污染；有利于安排较多的储藏空间，如图 1-22 所示。

❑ 开敞式厨房

开敞式厨房空间是把小空间扩大为大空间，将客厅、餐厅、厨房三个空间打通，实现各个空间之间的空间共享。这种空间设计很大限度地扩展了空间的感觉，达到视野开阔、空气流通、空间流畅以及节省空间的效果，有利于空间的灵活布局和多功能的使用，并且便于家庭成员之间的互相交流，有利于营造和谐愉悦的家庭氛围，如图 1-23 所示。

图 1-22 独立式厨房示例

图 1-23 开敞式厨房示例

❑ 餐厅式厨房

餐厅式厨房是一种把就餐空间与厨房空间布置在一起。这种厨房兼有独立式厨房和开敞式厨房的优点，例如，可以防止噪声污染，有利于扩展空间，能够安排较多的储藏空间和实现空间共享等，从而达到节省住宅空间的目的，如图 1-24 所示。

2. 厨房的空间布局

厨房的空间布局基本可分为单墙式、走道式、L 形式、U 形式、半岛式和岛式 6 种形式。不论采用何种形式，在设计厨房时都必须根据厨房开间、进深尺寸的大小，人口位置以及厨房的类型等实际情况进行设计。

❑ 单墙式厨房布局

单墙式布局是把灶台和橱柜布置在厨房一侧的布置形式。这种布置形式适合开间比较窄而且进深尺寸比较长的厨房。它的最大优点是准备、清洗、烹调三个工作中心位于一条直线上，因此，各种管道线路短、经济，便于施工和管道的隐蔽，节省设备空间，如图 1-25 所示。

图 1-24 餐厅式厨房示例

图 1-25 单墙式厨房布局示例

❑ 走廊式厨房布局

走廊式厨房对于有一定开间尺寸又较为狭长的房间来说，是一种非常实用的布置方式。这种布置形式可以重复利用厨房的走道空间，提高空间使用效率，较为经济合理。在采用此种布置形式时，尽量避免有过多的交通量穿越工作三角区，如图 1-26 所示。

❑ L 形厨房布局

L 形厨房的布局是把柜台、器具和设备沿着厨房邻近的两个墙面连续布置。这种布置形式比较符合厨房操作流程，而且管道和烟道可以集中布置，既方便使用又能够在一定程度上节省空间，如图 1-27 所示。

图 1-26 走廊式厨房布局示例

图 1-27 L 形厨房示例

1.5.7 卫生间设计

1. 卫生间的功能与使用要求

卫生间是私密性要求很高的空间，而且又是多种功能需求的公共空间。一般卫生间除了有沐浴、排便、梳洗的功能外，还经常兼容一定的家务活动，如洗衣、储藏等功能。

2. 卫生间的空间设计

卫生间的空间一般通过一下几种方式来实现。

❑ 装修设计

通过围合空间的界面处理来体现格调，比如地面的拼花、墙面的划分、材质的对比、洗面台面的处理、镜面和边框的做法以及各种贮存柜的设计。装修设计应考虑到所选洁具的形状、风格对其的影响，须相互协调，同时在做工上要精细，尤其是与洁具衔接部位上，如浴缸的收口及侧壁的处理，洗手台台面与面盆的衔接，精细巧妙的做工能反映卫生间的品格。

❑ 照明设计

卫生间虽小，但光源的设置却很丰富，往往有两到三种色光及照明方式综合作用，形成不同的气氛，具有不同的效果。

❑ 色彩设计

卫生间的色彩与所选洁具的色彩是相互协调的，同时材质有很大影响，通常卫生间的色彩以暖色调为主。还可以通过艺术品和绿化的配合来点缀，以丰富色彩变化，如图 1-28 所示。

图 1-28　卫生间色彩设计示例

1.6 室内设计制图内容

一套完整的室内设计图包括施工图和效果图。

1.6.1 施工图和效果图

装饰施工图完整、详细地表达了装饰的结构、材料构成及施工的工艺技术要求等，它是木工、油漆工、水电工等相关施工人员进行施工的依据，具体指导每个工种、工序的施工。装饰施工图要求准确、详实，一般使用 AutoCAD 进行绘制。

如图 1-29 所示为施工图中的平面布置图。

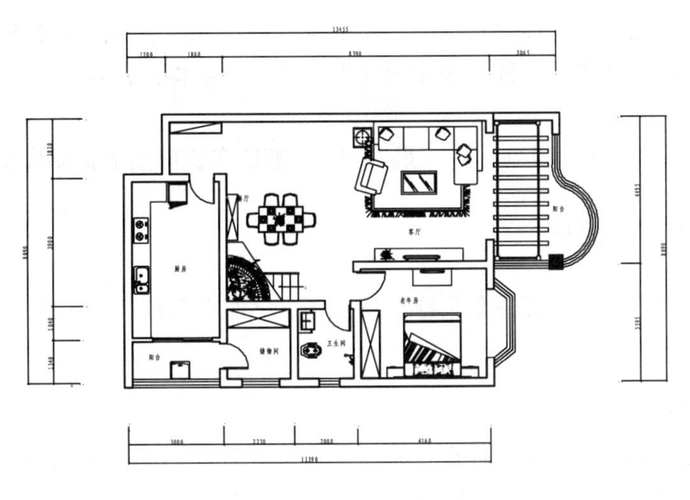

图 1-29　施工图

效果图是在施工图的基础上，把装修后的结果用彩色透视图的形式表现出来，以便对装修进行评估，如图 1-30 所示。

图 1-30　效果图

效果图一般使用 3ds max 绘制，它根据施工图的设计进行建模、编辑材质、设置灯光和渲染，最终得到一张彩色图像。效果图反映的是装修的用材、家具布置和灯光设计的综合效果，由于是三维透视彩色图像，没有任何装修专业知识的普通业主也可轻易地看懂设计方案，了解最终的装修效果。

1.6.2　施工图的分类

施工图可以分为立面图、剖面图和节点图三种类型。

施工立面图是室内墙面与装饰物的正投影图，它标明了室内的标高，吊顶装修的尺寸及梯次造型的相互关系尺寸，墙面装饰的式样及材料、位置尺寸，墙面与门、窗、隔断的高度尺寸，墙与顶，地的衔接方式等。

剖面图是将装饰面剖切，以表达结构构成的方式、材料的形式和主要支承构件的相互关系等。剖面图标注有详细尺寸，工艺做法及施工要求。

节点图是两个以上装饰面的汇交点，按垂直或水平方向切开，以标明装饰面之间的对接方式和固定方法。节点图应详细表现出装饰面连接处的构造，注有详细的尺寸和收口、封边的施工方法。

在设计施工图时，无论是剖面图还是节点图，都应在立面图上标明以便正确指导施工。

1.6.3 施工图的组成

一套完整的室内设计施工图包括原始房型图、平面布置图、顶棚图、地材图、电气图等。

1. 原始房型图

在经过实地量房之后，设计师需要将测量结果用图样表示出来，包括房型结构、空间关系、尺寸等，这是室内设计绘制的第一张图，即原始房型图。其他专业的施工图都是在原始房型图的基础上进行绘制的，包括平面布置图、顶棚图、地材图、电气图等。

2. 平面布置图

平面布置图是室内装饰施工图中的关键性图样。它是在原建筑结构的基础上，根据业主的要求和设计师的设计意图，对室内空间进行详细的功能划分和室内设施定位。

3. 地材图

地材图是用来表示地面做法的图样，包括地面用材和形式。其形成方法与平面布置图相同，所不同的是地面平面图不需绘制室内家具，只需绘制地面所使用的材料和固定于地面的设备与设施图形。

4. 电气图

电气图主要用来反映室内的配电情况，包括配电箱规格、型号、配置以及照明、插座、开关等线路的铺设方式和安装说明等。

5. 顶棚图

顶棚图主要用来表示顶棚的造型和灯具的布置，同时也反映了室内空间组合的标高关系和尺寸等。其内容主要包括各种装饰图形、灯具、说明文字、尺寸和标高。有时为了更详细地表示某处的构造和做法，还需要绘制该处的剖面详图。与平面布置图一样，顶棚图也是室内装饰设计图中不可缺少的图样。

6. 主要空间和构件立面图

立面图是一种与垂直界面平行的正投影图，它能够反映垂直界面的形状、装修做法和其上的陈设，是一种很重要的图样。

立面图所要表达的内容为 4 个面（左右墙、地面和顶棚）所围合成的垂直界面的轮廓和轮廓里面的内容，包括按正投影原理能够投影到画面上的所有构配件，如门、窗、隔断和窗帘、壁饰、灯具、家具、设备与陈设等。

本书按照室内设计的流程，依次介绍各个设计施工图的绘制方法。

第2章

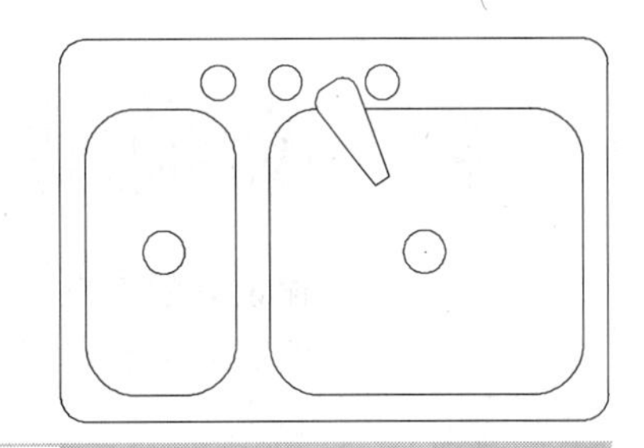

本章导读：

为了使读者能够快速熟悉 AutoCAD 2013 的工作环境和操作方式，方便本书后续章节的学习，本章对 AutoCAD 2013 的工作界面和基本操作做一个简单的介绍。

本章重点：

- AutoCAD 2013 工作空间和界面
- 命令调用与输入
- 图层、线型和线宽
- 精确定位点工具
- 视图的缩放和平移
- 基础绘图工具
- 编辑图形工具

AutoCAD 2013 快速入门

2.1 AutoCAD 2013 工作空间和界面

为了使读者能够快速熟悉 AutoCAD 2013 的工作环境和操作方式，方便本书后续章节的学习，这里对 AutoCAD 2013 的工作界面、新增功能和基本知识作一个简单的介绍。

2.1.1 AutoCAD 2013 工作空间

AutoCAD 2013 提供了“草图和注释”、“三维基础”、“三维建模”和“AutoCAD 经典”4 种工作空间模式供用户选择。

1. 草图与注释空间

AutoCAD 2013 的“草图和注释”空间，其界面主要由【菜单浏览器】按钮、“功能区”选项板、文本窗口和命令行、状态栏等元素组成，如图 2-1 所示。

在该空间中，可以使用“绘图”、“修改”、“图层”、“注释”、“块”、“特性”等面板方便地绘制二维图形。

2. 三维基础空间

在“三维基础”空间中，能够非常简单方便地创建基本的三维模型，其“功能区”提供了各种常用的三维建模、布尔运算以及三维编辑工具按钮。三维基础空间界面如图 2-2 所示。

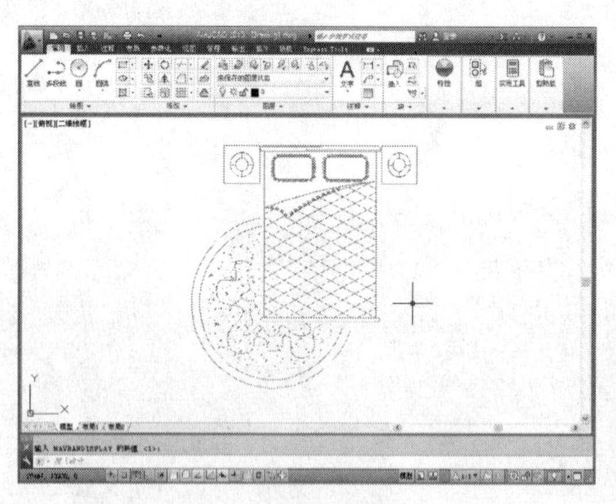

图 2-1 “草图与注释”空间

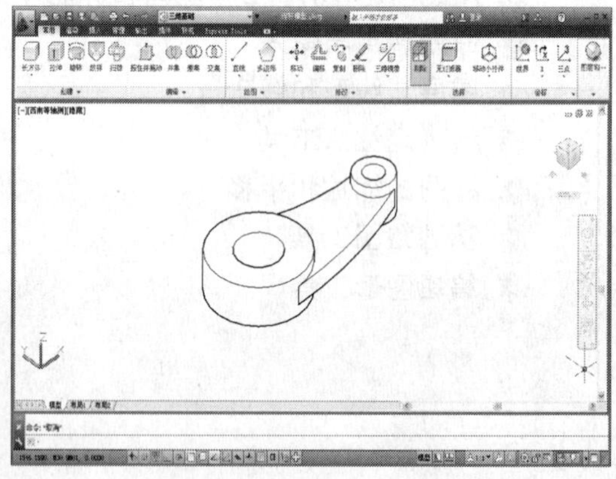

图 2-2 “三维基础”空间

3. 三维建模空间

使用“三维建模”空间，可以更加方便地在三维空间中绘制图形。在“功能”选项板中集成了“三维建模”、“视觉样式”、“光源”、“材质”、“渲染”和“导航”等面板，从而为绘制三维图形、观察图形、创建动画、设置光源、为三维对象附加材质等操作提供了非常便利的操作环境，如图 2-3 所示。

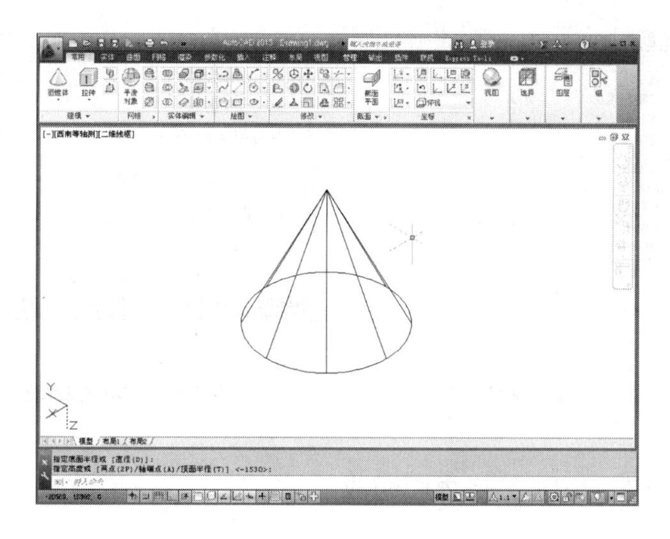

图 2-3 “三维建模”空间

4. AutoCAD 经典空间

对于习惯于 AutoCAD 传统界面的用户来说，可以使用“AutoCAD 经典”工作空间，其界面主要有菜单浏览器按钮、快速访问工具栏、菜单栏、工具栏与命令行、状态栏等元素组成，如图 2-4 所示。

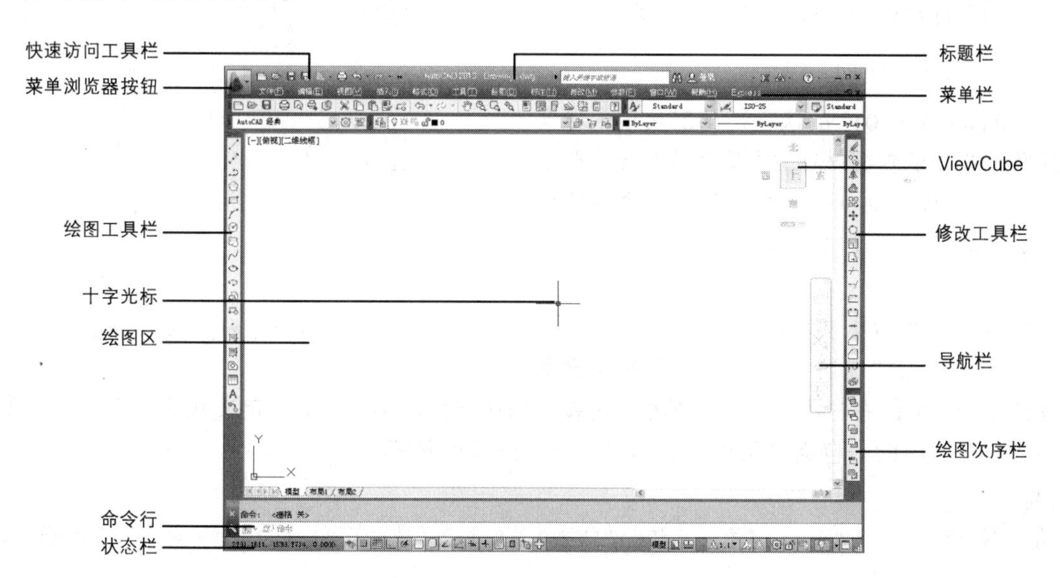

图 2-4 “AutoCAD 经典”空间

5. 选择工作空间

要在 AutoCAD 2013 的几种工作空间模式中进行切换，选择菜单栏上的【工具】|【工作空间】命令，如图 2-5 所示，或在状态栏中单击【切换工作空间】按钮，在弹出的菜单中选择相应的命令即可，如图 2-6 所示。

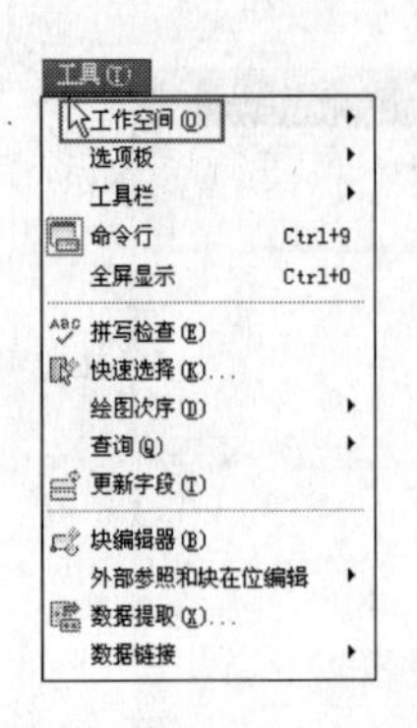

图 2-5 “工具”菜单

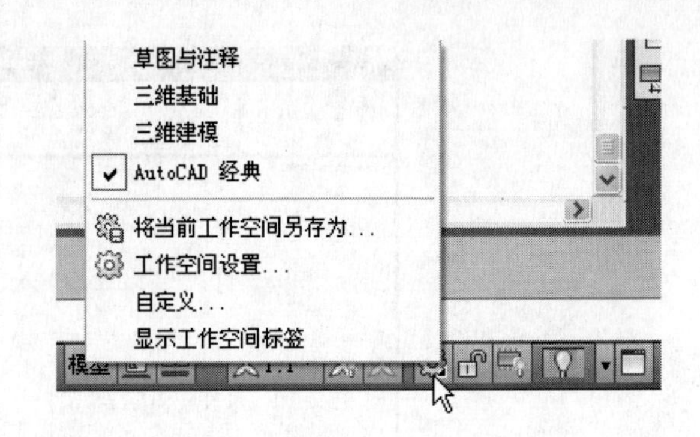

图 2-6 “切换工作空间”按钮

2.1.2 AutoCAD2013 工作界面组成

AutoCAD 的各个工作空间都包含菜单浏览器按钮、快速访问工具栏、标题栏、绘图窗口、文本窗口、状态栏和选项板等元素。

1. 菜单浏览器按钮

菜单浏览器按钮位于界面左上角。单击该按钮，将弹出 AutoCAD 菜单，如图 2-7 所示，用户选择命令后即可执行相应操作。

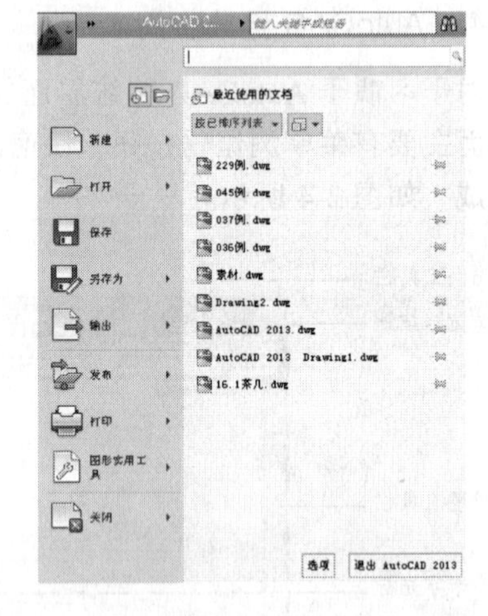

图 2-7 “菜单浏览器”按钮菜单

2. 快速访问工具栏

AutoCAD 2013 的快速访问工具栏中包含最常用操作的快捷按钮，方便用户使用。在默认状态中，快速访问工具栏中包含 8 个快捷按钮，包括【新建】按钮、【打开】按钮、【保存】按钮、【打印】按钮、【放弃】按钮和【重做】按钮等。

如果想在快速访问工具栏中添加或删除其他按钮. 可以右击快速访问工具栏，在弹出的快捷菜单中选择【自定义快速访问工具栏】命令，在弹出的“自定义用户界面”对话框中进行设置即可。

技 巧： 右击快速访问工具栏，在弹出的快捷菜单中选择【显示菜单栏】命令，可以在工作空间中显示菜单栏。

3. 标题栏

标题栏位于应用程序窗口的上端，用于显示当前正在运行的程序名及文件名等信息。

标题栏中的信息中心可以快速搜索各种信息来源、访问产品更新和通告、以及在信息中心中保存主题。在文本框中输入需要帮助的问题，然后单击【搜索】按钮，就可以获取相关的帮助；单击【通信中心】按钮，可以获取最新的软件更新、产品支持通告和其他服务的直接连接；单击【收藏夹】按钮，可以保存一些重要的信息。

单击标题栏右端的按钮 – □ ×，可以最小化、最大化或关闭应用程序窗口。

4. 绘图窗口

在 AutoCAD 中，绘图窗口是绘图工作区域，所有的绘图结果都反映在这个窗口中。可以根据需要关闭其他窗口元素。例如，工具栏、选项板等，以增大绘图空间。如果图纸比较大，需要查看未显示部分时，可以单击窗口右边与下边滚动条上的箭头，或拖动滚动条上的滑块来移动图纸。

在绘图窗口中除了显示当前的绘图结果外，还显示了当前使用的坐标系类型以及坐标原点、X 轴、Y 轴、Z 轴的方向等。默认情况下，坐标系为世界坐标系（WCS）。

5. 功能区选项板

功能区选项卡为与当前工作空间相关的操作提供了一个单一简洁的放置区域。使用功能区时无需显示多个工具栏，这使得应用程序窗口变得简洁有序。通过使用单一简洁的界面，功能区可以将可用的工作区域最大化。

用默认状态下，在“AutoCAD 经典”空间中，“功能区”选项板有如下选项卡：常用、插入、注释、参数化、视图、管理和输出，如图 2-8 所示。

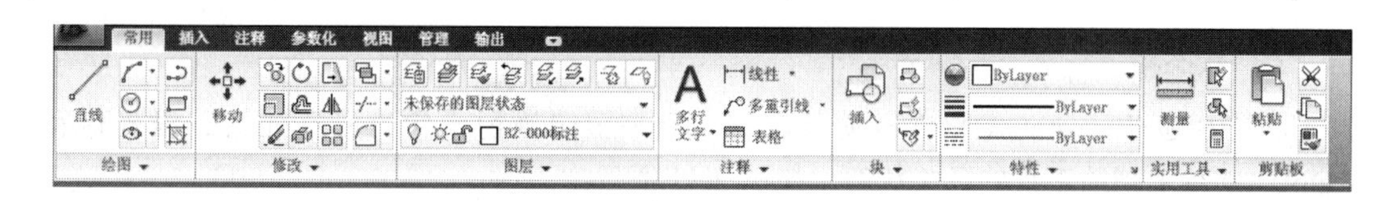

图 2-8　“功能区”选项板

6. 命令窗口

命令窗口位于绘图区的下方，它由一系列命令行组成。用户可以从命令行中获得操作提示信息，并通过命令行输入命令和绘图参数，以便准确快速地进行绘图。

命令窗口中间有一条水平分界线，它将命令窗口分成两个部分：命令行和命令历史窗口，如图 2-9 所示。

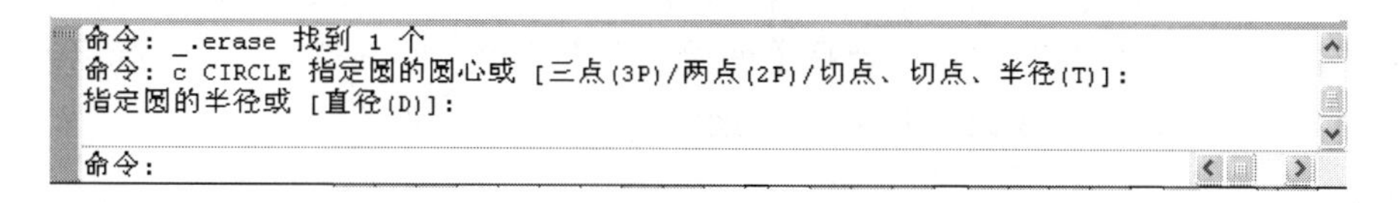

图 2-9　命令窗口

位于水平分界线下方的为“命令行”，它用于接受用户输入的命令，并显示 AutoCAD 提示信息。

位于水平分界线下方的为“命令历史窗口”，它含有 AutoCAD 启动后所用过的全部命令及提示信息，该窗口有垂直滚动条，可以上下滚动查看以前用过的命令。

命令窗口是用户和 AutoCAD 进行对话的窗口，通过该窗口发出绘图命令，与菜单和工具栏按钮操作等效。在绘图时，应特别注意这个窗口，输入命令后的提示信息，如错误信息、命令选项及其提示信息将在该窗口中显示。

提 示：命令窗口的大小用户可以自定义。只要将鼠标移至该窗口的边框线上，然后按住左键上、下拖动，即可调整窗口的大小。

如果要快速查看所有命令记录，可以输入 TEXTSCR 命令或按 F2 键来打开“AutoCAD 文本窗口”，如图 2-10 所示。“AutoCAD 文本窗口”是放大的命令窗口，它记录了用户已经执行的命令，也可以用来输入新的命令。由于该窗口是独立于 AutoCAD 程序的，因此用户可以对其进行最大化、最小化、关闭以及复制、粘贴操作。

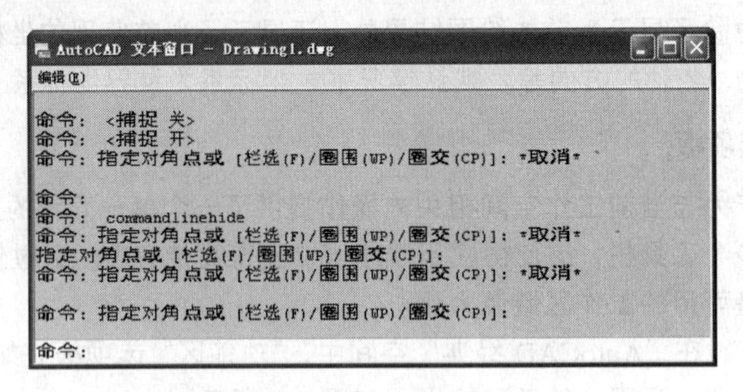

图 2-10　文本窗口

7. 状态栏

状态栏位于 AutoCAD 窗口的最底端，用来显示当前十字光标所处的三维坐标和 AutoCAD 绘图辅助工具的开关状态，如图 2-11 所示。

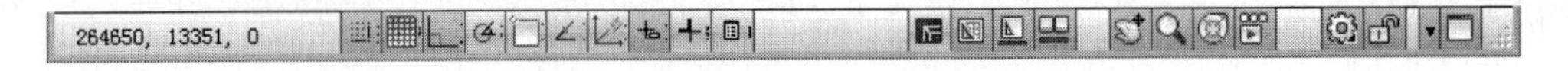

图 2-11　图标方式显示状态栏

在绘图窗口中移动光标时，在状态栏的“坐标”区将动态地显示当前坐标值。在 AutoCAD 中，坐标显示取决于所选择的模式和程序中运行的命令，共有“相对”、“绝对”和“关”3 种模式。

状态栏中包括【捕捉】、【栅格】、【正交】、【极轴】、【对象捕捉】、【对象追踪】、【DUCS】、【DYN】、【线宽】、【快捷特性】10 多个状态转换按钮。如果觉得图标显示方式不够直观，可以右击图标按钮，在快捷菜单中选择【使用图标】命令，使左侧的“√”标记消失，即可以文字的形式显示这些按钮，如图 2-12 所示。

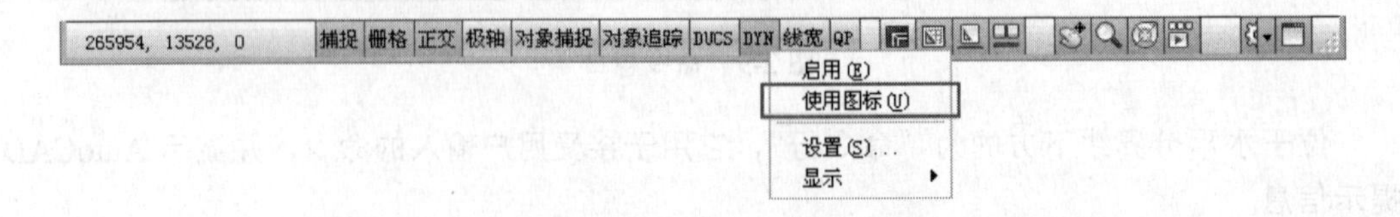

图 2-12　使用文字显示状态按钮

- ➤ 【捕捉】按钮：单击该按钮，打开捕捉设置，此时光标只能在 X 轴、Y 轴或极轴方向移动固定的距离（即精确移动）。单击菜单浏览器按钮，在弹出的菜单中选择【工具】|【草图设置】命令，在打开的“草图设置”对话框的“捕捉和栅格”选项卡中可以设置 X 轴、Y 轴或极轴捕捉间距。

- 【栅格】按钮：单击该按钮，打开栅格显示，此时屏幕上将布满小点。其中，栅格的 X 轴和 Y 轴间距也可通过“草图设置”对话框的“捕捉和栅格”选项卡进行设置。
- 【正交】按钮；单击该按钮．打开正交模式，此时只能绘制垂直直线或水平直线。
- 【极轴】按钮：单击该按钮，打开极轴追踪模式。在绘制图形时，系统将根据设置显示一条追踪线，可在该追踪线上根据提示精确移动光标，从而进行精确绘图。默认情况下，系统预设了 4 个极轴，与 X 轴的夹角分别为 0°、90°、180°、270°（即角增量为 90°）。可以使用“草图设置”对话框的“投轴追踪”选项卡设置角度增量。
- 【对象捕捉】按钮：单击该按钮，打开对象捕捉模式。因为所有几何对象都有一些决定其形状和方位的关键点，所以，在绘图时可以利用对象捕捉功能，自动捕捉这些关键点。可以使用“草图设置”对话框的“对象捕捉”选项卡设置对象的捕捉模式。
- 【对象追踪】按钮：单击该按钮，打开对象追踪模式，可以通过捕捉对象上的关键点，并沿正交方向或极轴方向拖动光标，此时可以显示光标当前位置与捕捉点之间的相对关系。若找到符合要求的点，直接单击即可。
- 【DUCS】按钮：单击该按钮，可以允许或禁止动态 UCS。
- 【DYN】按钮：单击该按钮，将在绘制图形时自动显示动态输入文本框，方便绘图时设置精确数值。
- 【线宽】按钮：单击该按钮，打开线宽显示。在绘图时如果为图层和所绘图形设置了不同的线宽，打开该开关，可以在屏幕上显示线宽，以标识各种具有不同线宽的对象。
- 【快捷特性】按钮：单击该按钮，可以显示对象的快捷特性面板，能帮助用户快捷地编辑对象的一般特性。通过“草图设置”对话框的“快捷特性”选项卡可以设置快捷特性面板的位置模式和大小。

在 AutoCAD 2013 的状态栏中包括一个图形状态栏，含有【注释比例】、【注释可见性】和【自动缩放】3 个按钮，其功能如下：

- 【注释比例】按钮：单击该按钮．可以更改可注释对象的注释比例。
- 【注释可见性】按钮：单击该按钮，可以用来设置仅显示当前比例的可注释对象或显示所有比例的可注释对象。
- 【自动缩放】按钮；单击该按钮，可以在更改注释比例时自动将比例添加至可注释对象。

2.2 命令调用与输入

AutoCAD 调用命令的方式非常灵活，主要采用键盘和鼠标结合的命令输入方式，通过键盘输入命令和参数，通过鼠标执行工具栏中的命令、选择对象、捕捉关键点以及拾取点等。

2.2.1 命令调用方式

1. 通过功能区执行命令

功能区分门别类的列出了 AutoCAD 绝大多数常用的工具按钮，例如在“功能区”单击“常用”功能选项卡内的绘制【圆】按钮，在绘图区内即可绘制圆图形，如图 2-13 所示。

2. 通过工具栏执行命令

“AutoCAD 经典”工作空间以工具栏的形式显示常用的工具按钮，单击“工具栏”上的工具按钮即可执行相关的命令，如图 2-14 所示。

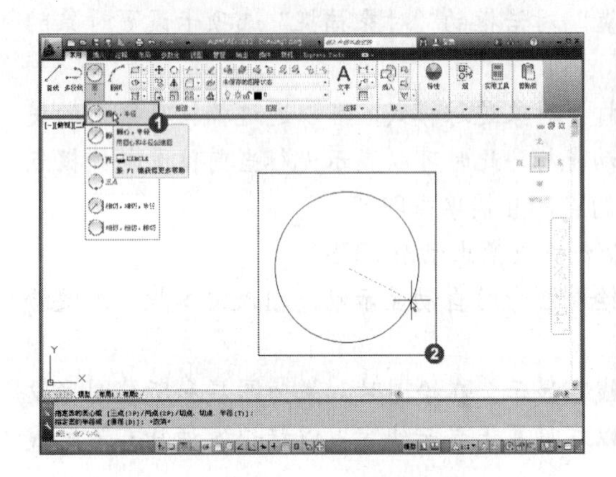

图 2-13 通过功能区按钮执行命令

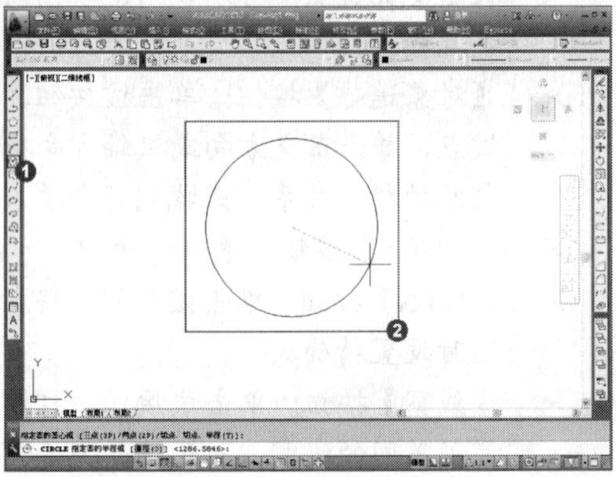

图 2-14 通过工具栏按钮执行命令

3. 通过菜单栏执行命令

在“AutoCAD 经典”工作空间中还可以通过菜单栏调用命令，如要绘制圆，可以执行【绘图】|【圆】命令，即可在绘图区根据提示绘制圆，如图 2-15 所示。

4. 通过键盘输入执行命令

无论在哪个工作空间，通过在命令行内输入对应的命令字符或是快捷命令，均可执行命令，如在命令行中输入 Circle/C（快捷命令）并按回车执行，即可在绘图区绘制圆，如图 2-16 所示。

技 巧： 在“草图与注释”、“ 三维基础”和“三维建模”工作空间中，也可以显示菜单栏，方法是单击【快速访问工具栏】右侧下拉按钮，在下拉菜单中选择【显示菜单栏】命令。

5. 通过键盘快捷键执行命令

AutoCAD 2013 还可以通过键盘直接执行 Windows 程序通用的一些快捷键，如使用 Ctrl+O 组合键打开文件，Alt+F4 组合键关闭程序等。此外，AutoCAD 2013 也赋予了键盘上的功能键对应的快捷功能，如 F3 键为开启或关闭对象捕捉的快捷键。

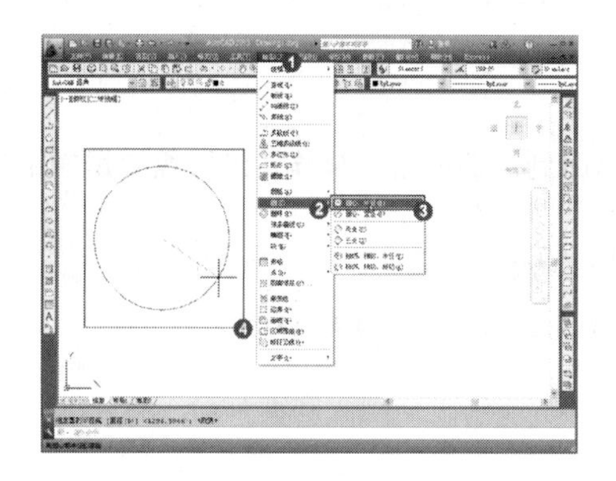

图 2-15 通过菜单执行命令

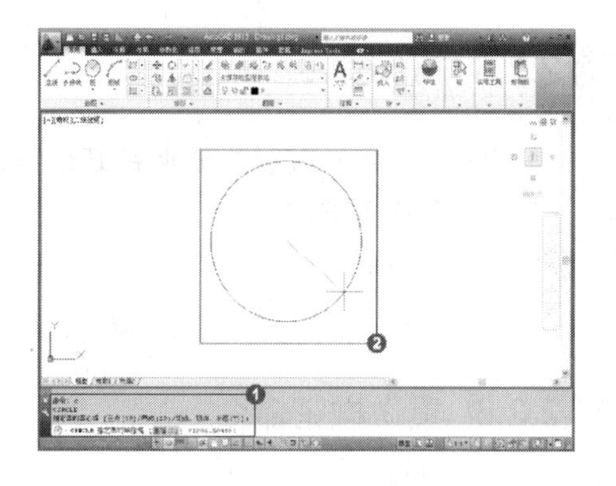

图 2-16 通过命令行执行命令

2.2.2 鼠标在 AutoCAD 中的应用

除了通过键盘按键直接执行命令外，在 AutoCAD 中通过鼠标左、中、右三个按钮单独或是配合键盘按键还可以执行一些常用的命令，具体按键与其对应的功能如表 2-1 所示。

表 2-1 鼠标按键功能列表

鼠标键	操作方法	功 能
左键	单击	拾取键
	双击	进入对象特性修改对话框
右键	在绘图区右键单击	快捷菜单或者 Enter 键功能
	Shift+右键	对象捕捉快捷菜单
	在工具栏中右键单击	快捷菜单
中间滚轮	滚动轮子向前或向后	实时缩放
	按住轮子不放和拖拽	实时平移
	Shift+按住轮子不放和拖拽	垂直或水平的实时平移
	Ctrl+按住轮子不放和拖拽	随意式实时平移
	双击	缩放成实际范围

2.2.3 中止当前命令

按 Esc 键可中止当前正在执行的命令。

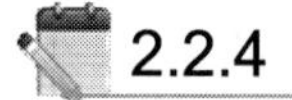

2.2.4 重复命令

在绘图过程中经常会重复使用同一个命令，如果每一次都重复输入，会使绘图效率大大降低。重复命令方法如下：

快捷键：按回车或空格键，重复使用上一个命令

命令行：MULTIPLE/MUL

快捷菜单：单击鼠标右键，在弹出的快捷菜单中选择“重复**”选项

2.2.5 撤销命令

在绘图过程中，有时需要撤销某个操作，返回到之前的某一操作，这时需要用撤销功能。撤销命令的方法如下：

快捷键：Ctrl + Z　　　命令行：UNDO

菜单栏：编辑→放弃　　　工具栏：【标准】工具栏【返回】按钮

2.2.6 重做撤销命令

如果发现撤销操作有误，可以重做撤销命令，具体方法如下：

命令行：REDO　　　快捷键：Ctrl+Y

菜单栏：编辑→重做　　　工具栏：【标准】工具栏【重做】按钮

2.3 AutoCAD 操作基础

本节介绍 AutoCAD 的一些基础知识，使读者可以熟悉其操作环境，掌握其基本操作。

2.3.1 图层、线型和线宽

图层是 AutoCAD 一个管理图形的工具。在设置图层的状态、名称、颜色等属性后，该图层上所绘制的图形就会继承图层的特性。

1. 图层

在命令行中输入 LAYER/LA，按回车键，弹出“图层特性管理器”对话框，单击【新建图层】按钮，即可创建新图层，如图 2-17 所示。依次单击该图层右侧的“颜色”、“线型”、“线宽”等选项，可以设置图层对应的属性。

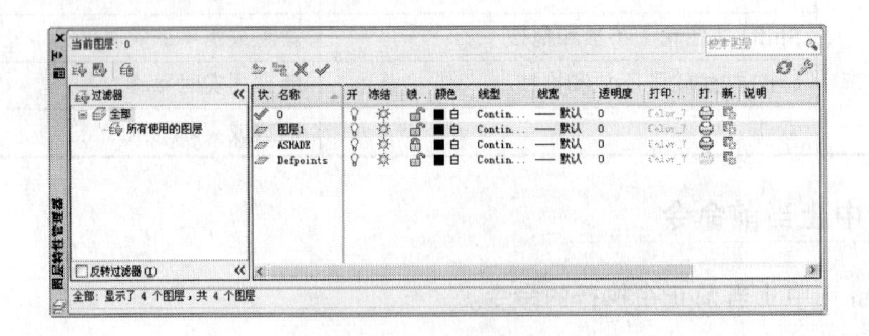

图 2-17　创建新图层

打开“图层”工具栏的下拉列表，单击选中某个图层，可将该图层置为当前，如图 2-18 所示。

注 意： 在“图层特性管理器”对话框中，双击选中的图层，也可将图层置为当前。单击图层名称前的各种符号，如开/关图层符号，冻结/解冻符号等，可对图层的状态进行设置。

2. 设置对象的颜色、线型及线宽

如果想改变对象在当前图层的颜色、线型等属性，首先要选中该对象，然后单击“特性”工具栏中的“颜色控制”、“线型控制”、“线宽控制”选项，在弹出的下拉列表中进行设置即可，如图 2-19 所示。

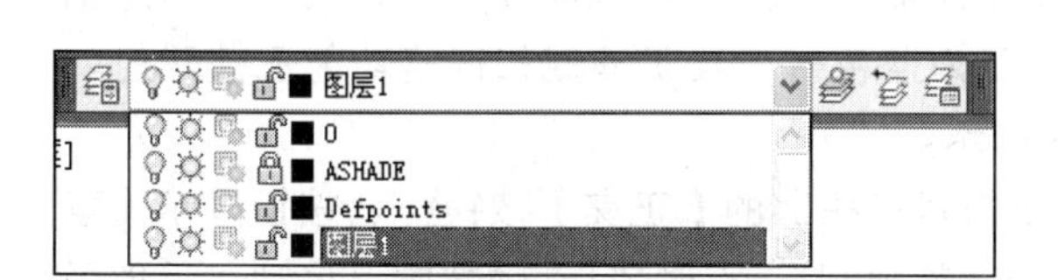

图 2-18　将图层置为当前

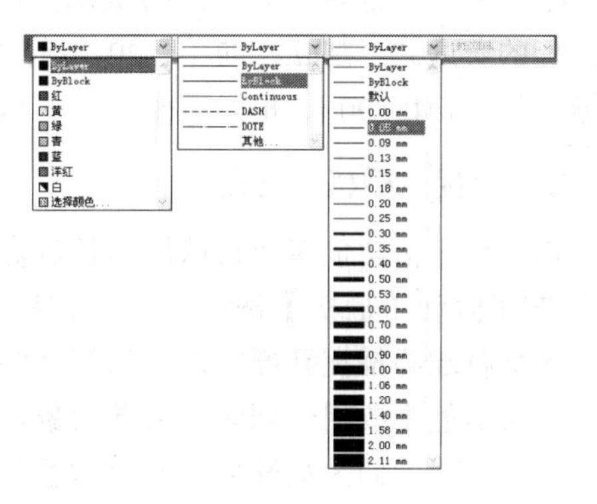

图 2-19　改变属性

2.3.2 精确定位点工具

在 AutoCAD 中，可以利用输入坐标值、辅助定位点功能和捕捉已绘制图形的特定点，来快速地定位点，从而精确的绘制图形。

1. 坐标系和坐标

AutoCAD 默认的坐标系为世界坐标系，位于绘图区的左下角，由 X 轴和 Y 轴组成；假如处在三维空间，则还有一个 Z 轴。世界坐标系的交汇处显示为一个“口”字形的标记，如图 2-20 所示。

用户也可根据自己的喜好，设置用户坐标系。在世界坐标系上单击鼠标右键，在弹出的快捷菜单中选择“原点”选项，如图 2-21 所示。此时世界坐标系切换为用户坐标系，如图 2-22 所示。

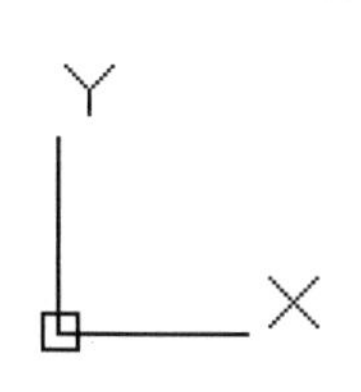

图 2-20　世界坐标系

图 2-21　选择“原点”选项

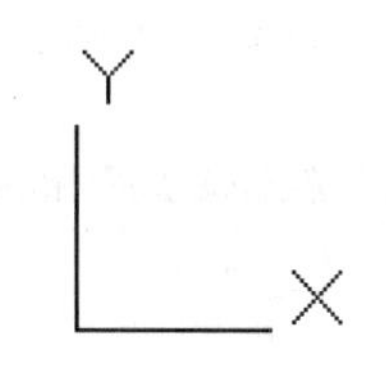

图 2-22　用户坐标系

提　示： 执行【工具】|【新建 UCS】|【三点】、【三点】、【旋转轴】或者【Z 轴】命令，或者在命令行输入 UCS，按回车键，都可定义用户坐标系。

点的坐标主要分为三种，在绘图过程中，可根据具体情况选择最佳的坐标表示方法。

绝对直角坐标：从（0,0）或（0,0,0）出发的位移，X、Y、Z 坐标值可使用分数、小数、科学计数等形式来表示，坐标间需用逗号隔开，例如点（-10,3.4）、（20,30,25.8）等。

绝对极坐标：给定距离和角度，从（0,0）或（0,0,0）出发的位移，距离和角度用“<”隔开。X 轴正向为 0°，Y 轴正向为 90°，如 25<45、60<270 等。

相对坐标：相对于某一点的 X 轴和 Y 轴的位移，即相对直角坐标，表示方法为在绝对坐标的表达式上加@，如（@20,50）。相对于某一点的距离或角度的位移，称为相对极坐标，如（@45<90）。相对极坐标中的角度是新点和上一点连线与 X 轴的夹角。

2. 捕捉、栅格及正交

捕捉和栅格功能可以在绘图时精确定位点，提高绘图效率和质量。单击状态栏中的【捕捉】按钮和【栅格】按钮，当按钮显示为蓝色时，表明捕捉和栅格功能已被开启。此时光标将准确捕捉到栅格点，如图 2-23 所示。

正交功能主要用于创建或修改对象。单击状态栏上的【正交】按钮，按钮显示为蓝色时，正交功能即为被开启。此时绘图光标将被限制在 X 轴或 Y 轴方向上移动，只能画出水平或垂直的直线，如图 2-24 所示。

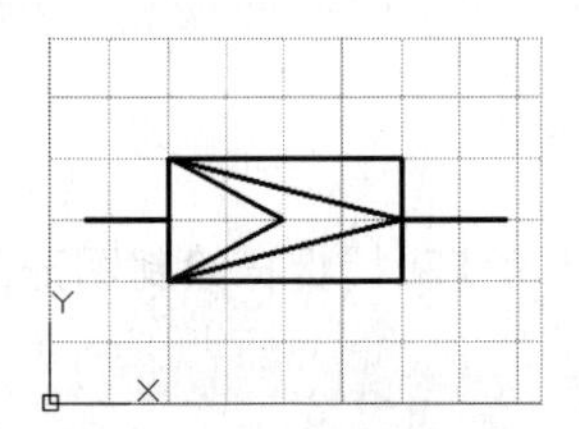

图 2-23　使用栅格捕捉

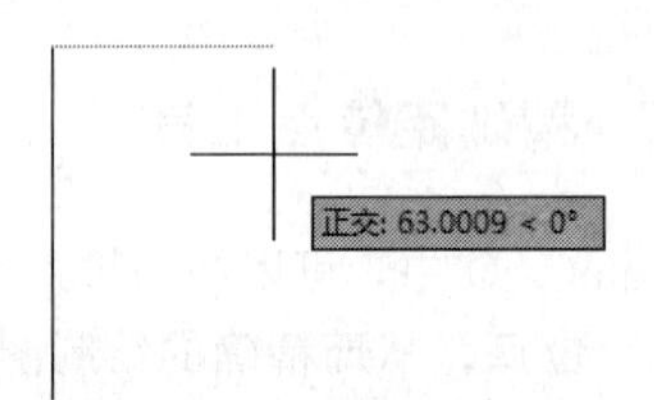

图 2-24　使用正交功能

在状态栏上单击鼠标右键，在弹出的菜单中选择“设置”选项，打开“草图设置”对话框，可在其中开启捕捉和栅格功能，以及对栅格间距等参数进行设置，如图 2-25 所示。

技 巧： 按 F9 键可打开捕捉功能，按 F7 键可打开栅格功能，按 F8 键可打开正交功能。

3. 极轴追踪

极轴追踪功能可以沿追踪线来精确定位点，如图 2-26 所示。单击状态栏上的【极轴】按钮，可开启极轴追踪功能。

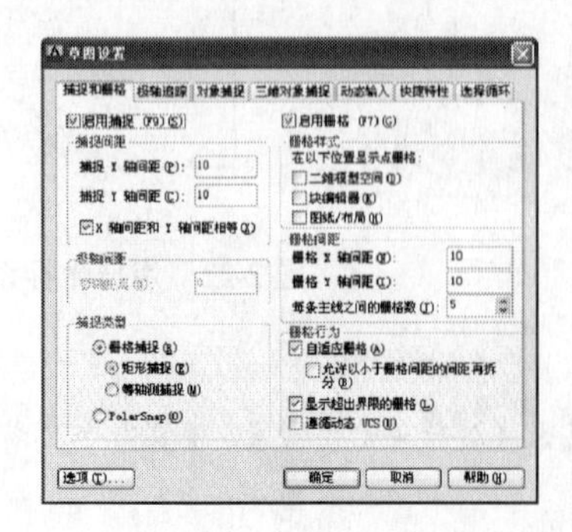

图 2-25　设置参数

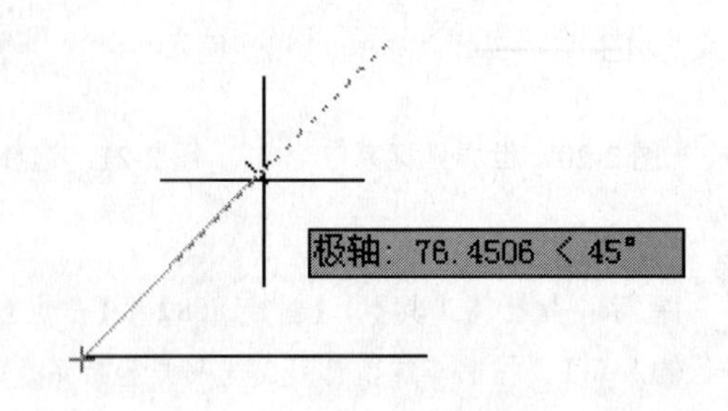

图 2-26　极轴追踪

在【极轴】按钮 上单击鼠标右键，可以在弹出的菜单栏中选择已有的增量角，如图 2-27 所示。也可打开“草图设置”对话框，选择“极轴追踪”选项卡，选择增量角或设置附加角，如图 2-28 所示。

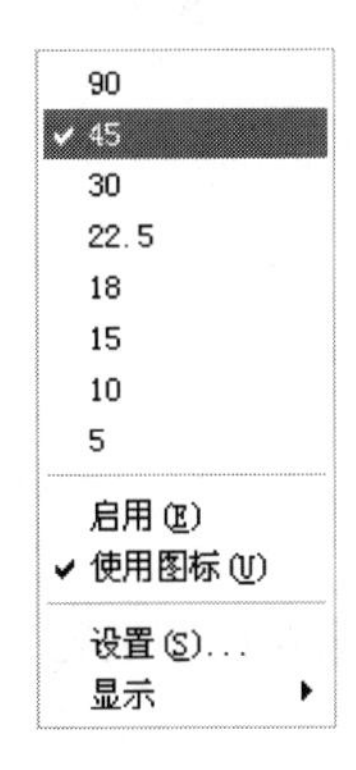

图 2-27 选择增量角

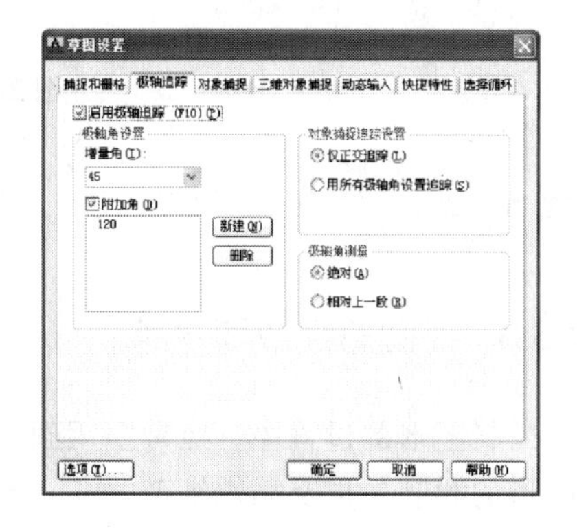

图 2-28 设置附加角

提 示：按 F10 键可开启极轴追踪功能。

4. 对象捕捉

对象捕捉功能就是当把光标放在一个对象上时，系统将会自动捕捉到对象上所有符合条件的几何特征点，并有相应的显示。

在“草图设置”对话框中的“对象捕捉”选项卡中，勾选相应的捕捉模式，如图 2-29 所示；在绘图时，将光标移动到这些点上，就会出现相关的提示；单击就可捕捉这些点，如图 2-30 所示。

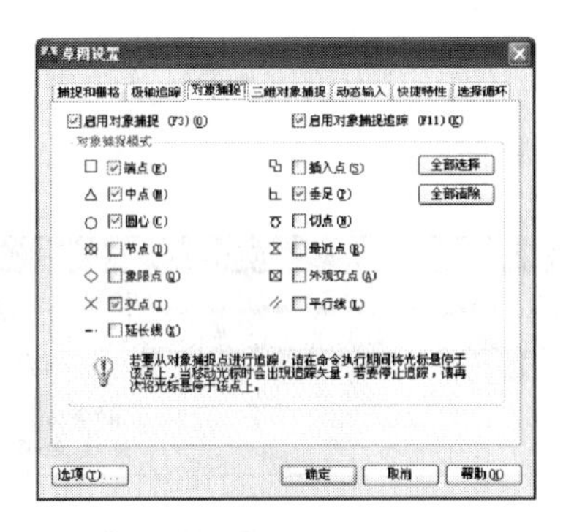

图 2-29 勾选相应的捕捉模式

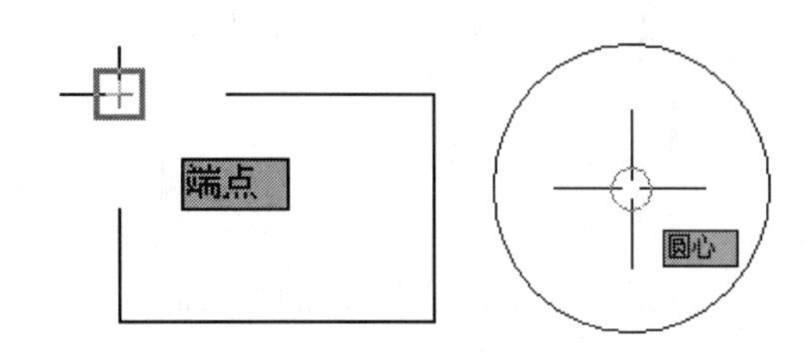

图 2-30 捕捉特定点

提 示：按 F3 键可开启对象捕捉功能。

5. 动态输入

在状态栏上单击【动态输入】按钮 ，可开启动态输入功能。在绘图的过程中启用该功能，可以显示光标所在位置的坐标、尺寸标注、长度和角度等信息，如图 2-31 所示。

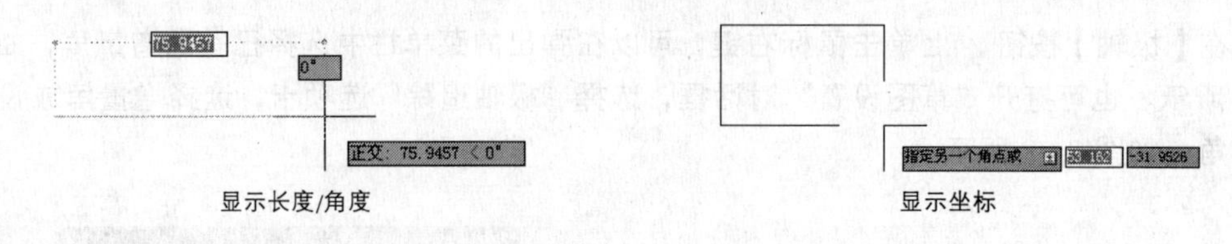

图 2-31　动态输入

提 示：按 F12 键可开启动态输入功能。

2.3.3 视图的缩放和平移

在绘制图形的过程中，经常要用到图形显示的控制功能来对视图进行缩放或平移，以查看图形的绘制效果及局部细节。

1. 缩放视图

通过向上或向下滚动鼠标滚轮，可以对视图进行放大或缩小，而不改变图形中对象的绝对大小。

打开【视图】|【缩放】菜单项，在弹出的列表中选择相应的缩放命令，可以以多种方式对视图进行缩放，如图 2-32 所示。几种常用的缩放方式的作用如下：

实时：选择该项后，鼠标变成放大镜形状。按住鼠标左键不放，向上拖动鼠标可将视图放大；向下拖动鼠标可将视图缩小，按回车键结束命令。

上一个：选择该项后，可以回到前一视图。

窗口：可以缩放由两个对角点所框选的矩形区域。

全部：将当前绘图区中的所有图形最大化显示。

范围：将图形界限最大化显示。

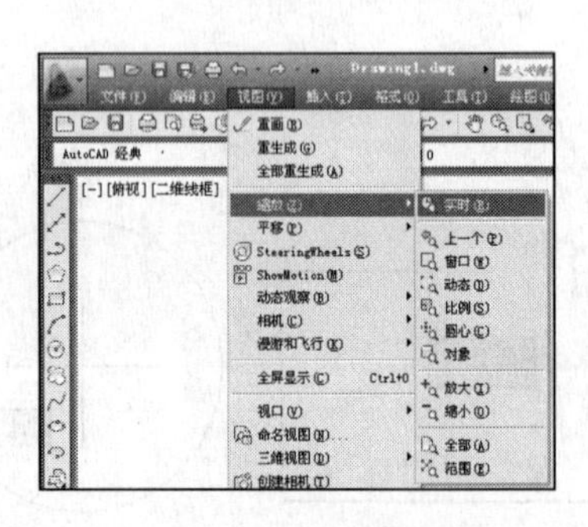

图 2-32　执行缩放命令

图 2-33　调用“平移”命令

提 示：在命令行中输入 ZOOM/Z，可调用【缩放】命令。

2. 平移

在命令行输入 PAN/P，按回车键，当光标变成手掌形状时，可以在不改变图形显示比例的情况下移动图形。

单击“标准”工具栏中【平移】按钮，如图 2-33 所示，按住鼠标左键不放，也可平移视图。

提　示： 按住鼠标中键不放，可快速调用【平移】命令。

2.3.4　基础绘图工具

用户可以在命令行中输入相应的命令来绘制图形，或者单击“绘图”工具栏上的相应按钮。如图 2-34 所示为 AutoCAD 的“绘图”工具栏。

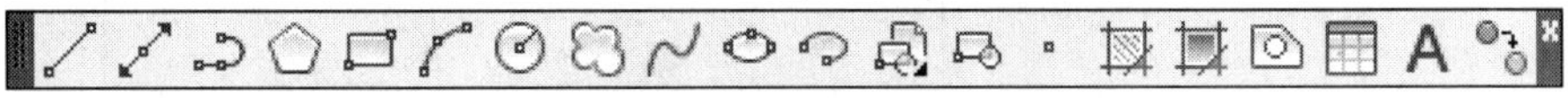

图 2-34　“绘图”工具栏

1. 绘制直线

在命令行中输入 LINE/L，按回车键，执行绘制直线命令。根据命令行的提示，确定直线的起点和终点，即可绘制直线图形。在绘制过程中，输入 U，按回车键可放弃绘制的直线；输入 C，按回车键，可以闭合图形且结束绘制命令。如图 2-35 所示为调用 LINE/L 命令绘制的门套图形。

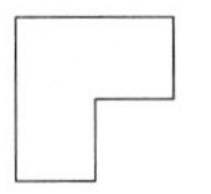

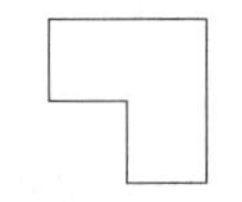

图 2-35　绘制直线

技　巧： 单击“绘图”工具栏上的【直线】按钮，也可调用【直线】命令。

2. 绘制多段线

使用【多段线】命令可以生成由若干条直线和曲线首尾连接形成的复合线实体，如图 2-36 所示。单击“绘图”工具栏上的【多段线】按钮，可执行多段线命令。

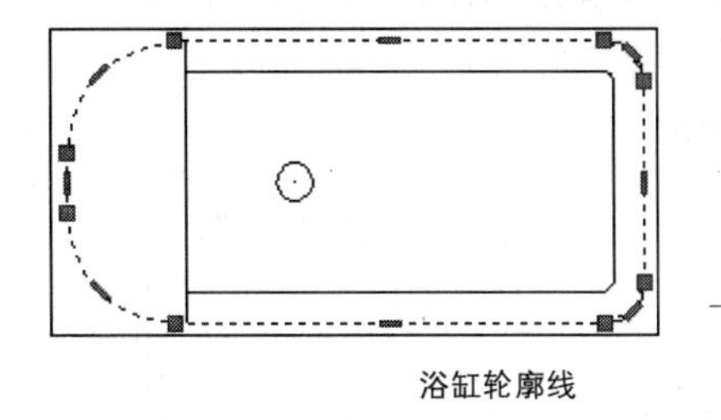

浴缸轮廓线

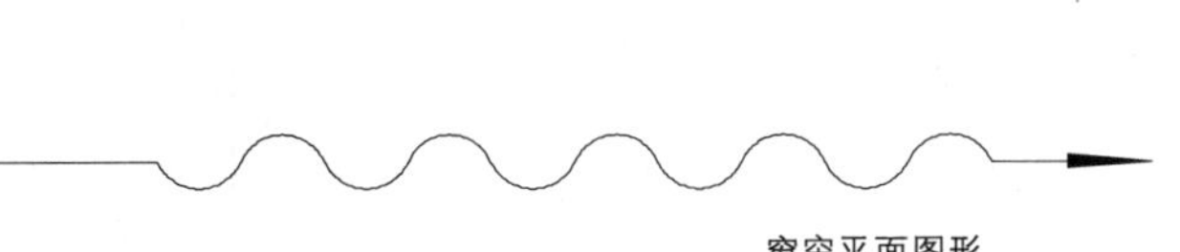

窗帘平面图形

图 2-36　绘制多段线

注　意： 在命令行输入 PLINE/PL，按回车键也可调用【多段线】命令。

3. 绘制圆和圆弧

在命令行输入 CIRCLE/C 或者 ARC/A，按回车键，或者在“绘图”工具栏中分别单击【圆】按钮及【圆弧】按钮，都可以调用绘制圆和圆弧的命令。

如图 2-37 所示为使用【圆】命令绘制的洗菜盆图形，如图 2-38 所示为使用【圆弧】命令绘制的平开门图形。

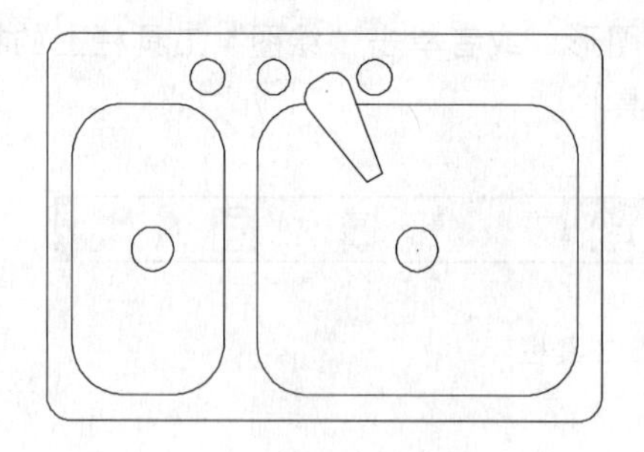

图 2-37 绘制洗菜盆圆图形

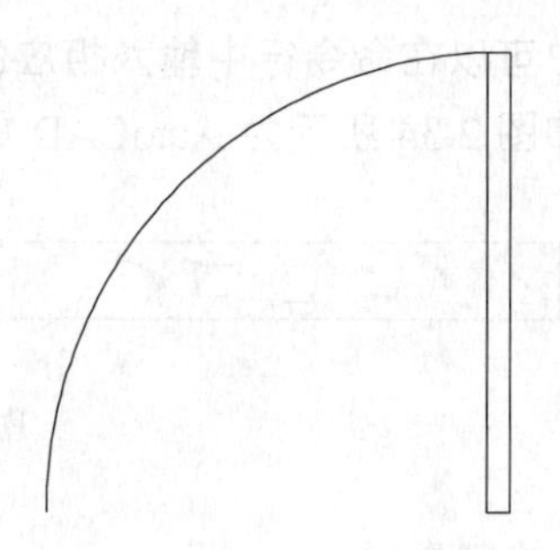

图 2-38 绘制平开门圆弧

4. 绘制椭圆和椭圆弧

在命令行中输入 ELLIPSE/EL，按回车键，或者单击“绘图”工具栏上的【椭圆】按钮，都可调用绘制椭圆命令绘制椭圆或者椭圆弧。

在命令行中输入 ELLIPSE，命令行提示如下：

```
命令：EL↙        ELLIPSE
指定椭圆的轴端点或 [圆弧(A)/中心点(C)]：
```

在命令行中输入 C，选择“中心点(C)”选项，可以指定椭圆中心点绘制椭圆，如图 2-39 所示。在命令行输入 A，选择“圆弧(A)”选项，可以绘制椭圆弧，相当于选择【绘图】|【椭圆】|【椭圆弧】命令，绘制结果如图 2-40 所示。

注 意：单击“绘图”工具栏上的【椭圆弧】按钮，也可调用绘制椭圆弧的命令。

5. 绘制矩形

单击“绘图”工具栏上的【矩形】按钮，或者在命令行输入 RECTANG，按回车键，都可调用绘制矩形的命令。

如图 2-41 所示为调用矩形命令绘制的洗衣机平面图形。

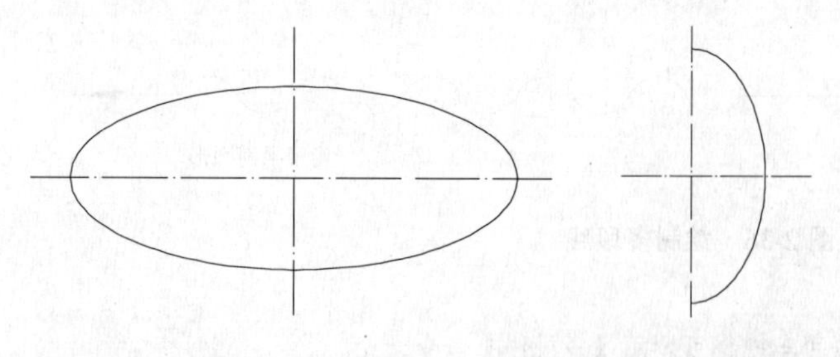

图 2-39 绘制椭圆　　图 2-40 绘制椭圆弧

图 2-41 洗衣机平面图形

调用绘制矩形命令后，在命令行中选择不同的选项，可以绘制不同的矩形，如图 2-42 所示。

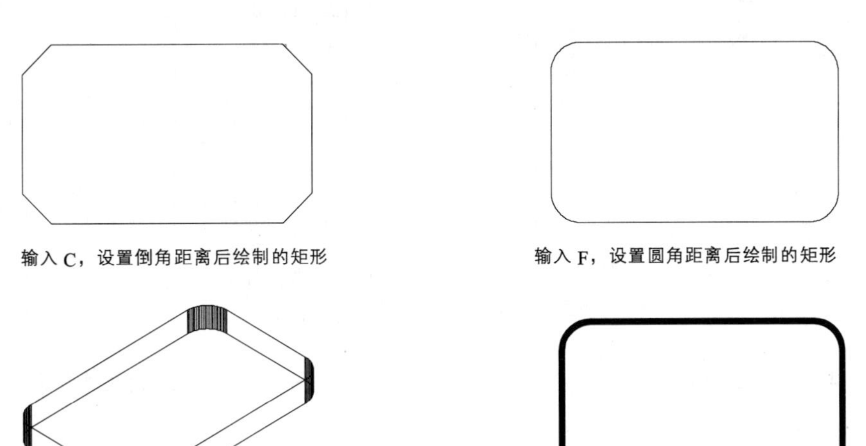

图 2-42　绘制的不同矩形

6. 绘制正多边形

在命令行中输入 POLYGON/POL，按回车键，可调用绘制正多边形命令。在命令行中选择不同的选项，可以使用三种方法绘制正多边形，绘制结果如图 2-43 所示。

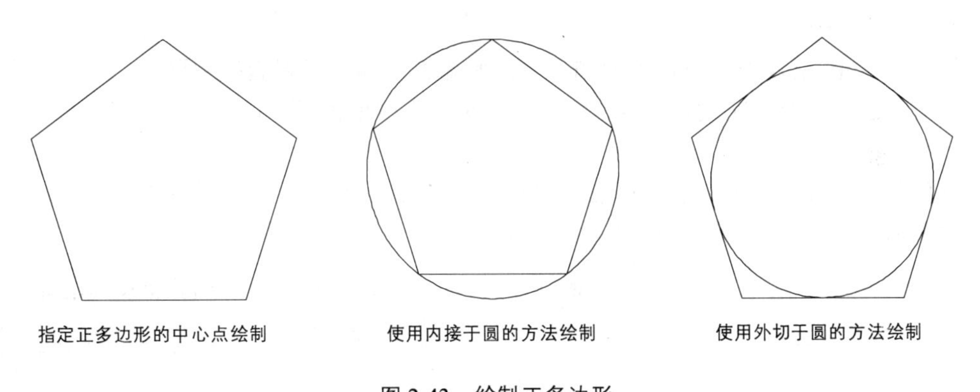

图 2-43　绘制正多边形

注 意：单击“绘图”工具栏上的【正多边形】按钮，也可调用绘制正多边形命令。

7. 图案填充

单击“绘图”工具栏上的【图案填充】按钮，或者在命令行中输入 HATCH/H，按回车键，都可调用【图案填充】命令。启动命令后，打开“图案填充和渐变色”对话框，如图 2-44 所示。在对话框中设置参数后，在绘图区中拾取填充区域的内部点，即可填充图案，结果如图 2-45 所示。

图 2-44 “图案填充和渐变色”对话框

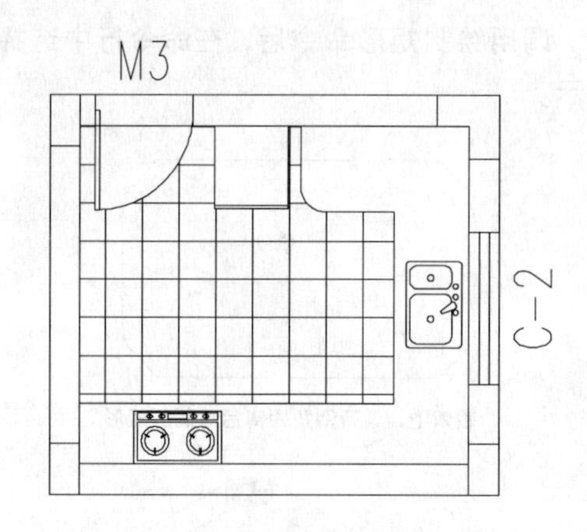

图 2-45 填充厨房地面图案

2.3.5 编辑图形工具

用户可以使用“修改”工具栏中的编辑图形对象工具来修改已绘制完成的图形，如图 2-46 所示为“修改”工具栏。

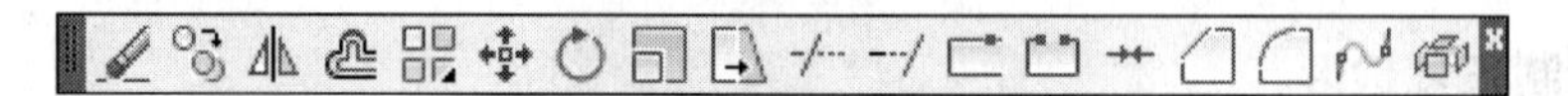

图 2-46 “修改”工具栏

1. 选择对象

用户在 AutoCAD 中可以使用单击、窗选和窗交三种方式来选择图形。

在对象上单击鼠标左键，可以选择单个对象；连续单击可以选择多个对象，如图 2-47 所示。

按住鼠标左键，在对象上从左上角到右下角拖出选择窗口；松开鼠标左键，包含在窗口中的图形即被选中，如图 2-48 所示。

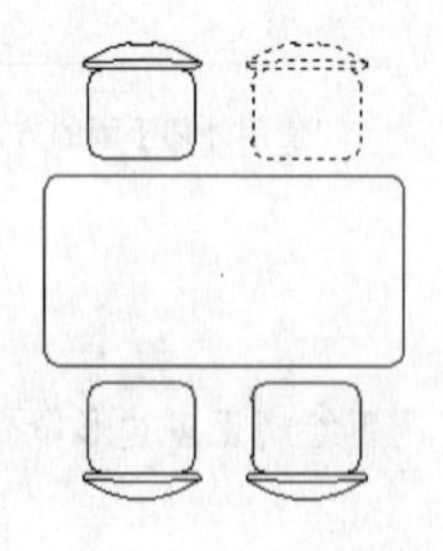

图 2-47 单击选择对象

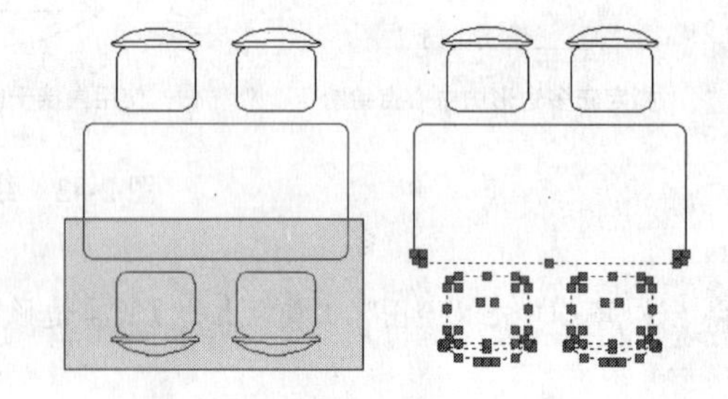

图 2-48 窗选对象

按住鼠标左键，在对象上从右下角到左上角拖出选择窗口；松开鼠标左键，包含在窗口中的图形以及所有与选择窗口相交的图形均被选中，如图 2-49 所示。

提 示：被选中的对象会形成一个选择集，按住 Shift 键的同时鼠标单击选择集中的某个对象，这个对象即被取消选择。按 Esc 键退出选择命令。

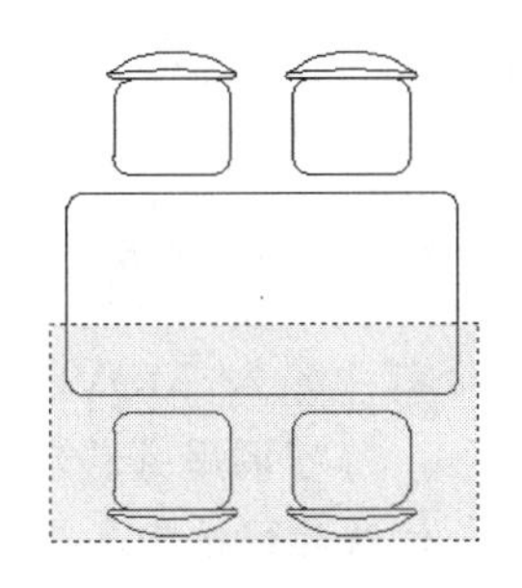
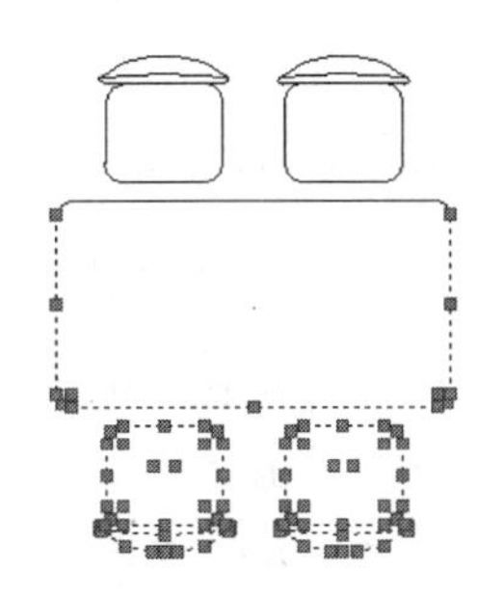

图 2-49　窗交选择

2. 基础编辑工具

基础编辑工具主要包括删除、复制、偏移、移动、旋转、缩放等，以下对这些工具进行简单介绍。

- 删除：从图形中删除对象。在命令行中输入 ERASE/E，按回车键，或者单击“修改”工具栏上的【删除】按钮，都可调用【删除】命令。调用命令后，选择对象，如图 2-50 所示；按回车键即可删除选中对象，结果如图 2-51 所示。

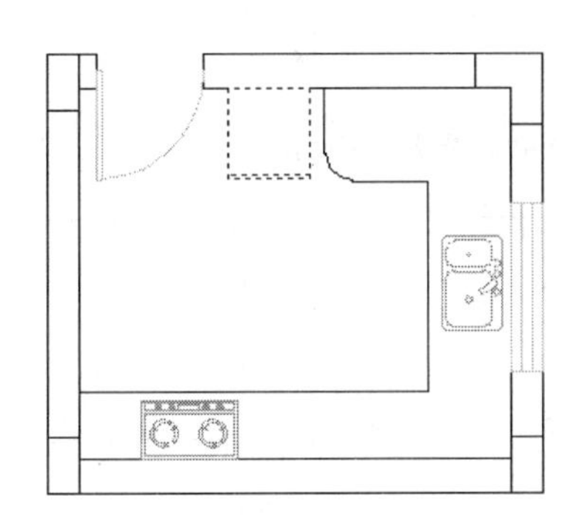

图 2-50　选择对象

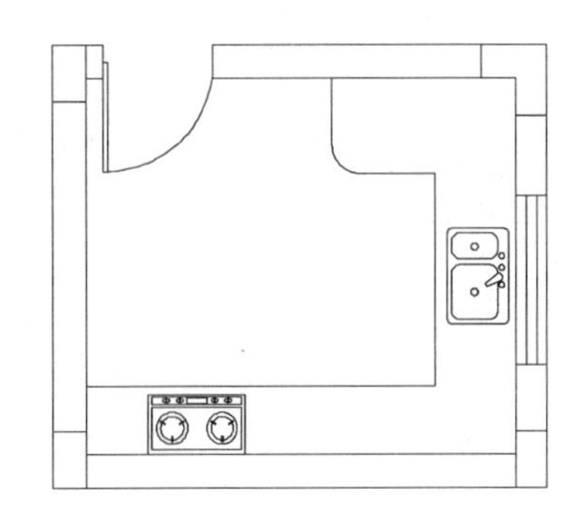

图 2-51　删除结果

- 复制：将对象复制到指定方向上的指定距离处。在命令行中输入 COPY/CO，按回车键，或者单击“修改”工具栏上的【复制】按钮，都可调用【复制】命令。调用命令后，选择源对象，如图 2-52 所示；按回车键后向右移动鼠标指定基点或位移，结果如图 2-53 所示。

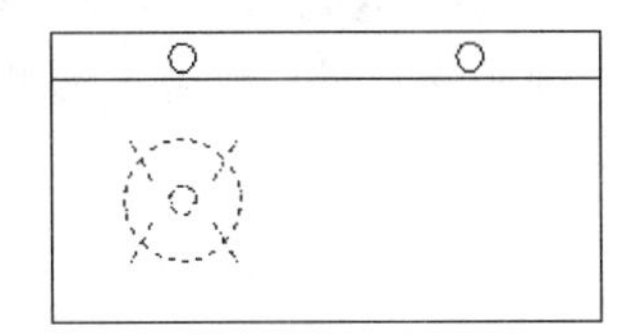

图 2-52　选择源对象

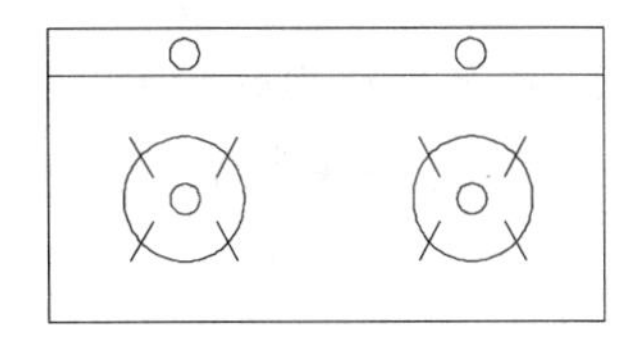

图 2-53　复制结果

- 偏移：可以指定距离或通过一个点偏移对象。在命令行中输入 OFFSET/O，按回车键，或者单击“修改”工具栏上的【偏移】按钮，都可调用【偏移】命令。调用命令后，指定偏移距离后按回车键，选择要偏移的对象，如图 2-54 所示；指定要偏移的那一侧上的点，即可完成对象的偏移，结果如图 2-55 所示。

图 2-54　选择对象　　　　图 2-55　偏移结果

➢ 移动：将对象在指定方向上移动指定距离。在命令行中输入 MOVE/M，按回车键，或者单击“修改”工具栏上的【移动】按钮，都可调用【移动】命令。调用命令后，选择对象，如图 2-56 所示；指定基点或位移后，按回车键即可完成对象的移动，如图 2-57 所示。

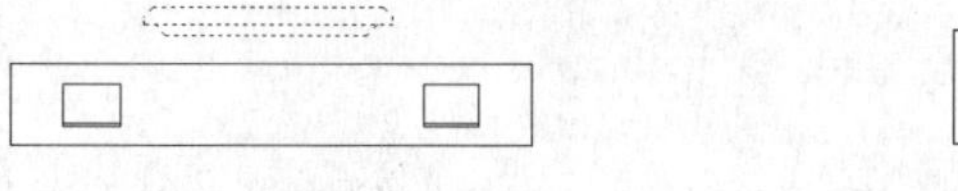

图 2-56　选择对象

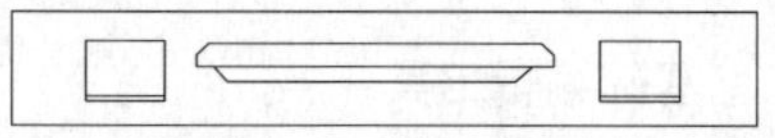

图 2-57　移动结果

➢ 旋转：可以围绕基点将选定的对象旋转到一个绝对的角度。在命令行中输入 ROTATE/RO，按回车键，或者单击“修改”工具栏上的【旋转】按钮，都可调用【旋转】命令。调用命令后，选择对象，如图 2-58 所示；分别指定旋转基点和旋转角度，按回车键后即可完成对象的旋转，结果如图 2-59 所示。

技 巧： 调用 ARC/A 命令，绘制圆弧，完成隔断间门的绘制如图 2-60 所示。

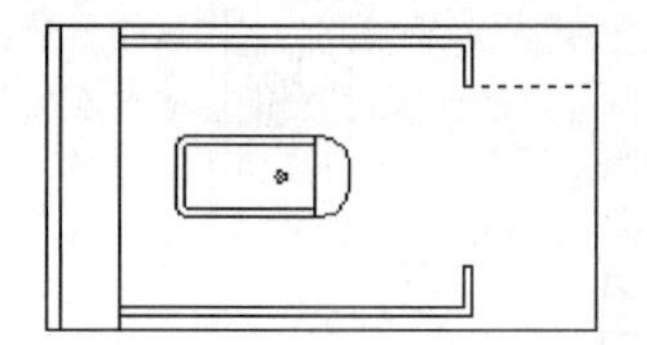

图 2-58　选择对象

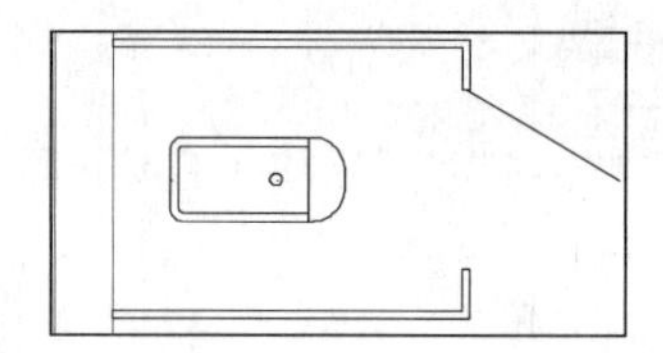

图 2-59　旋转结果

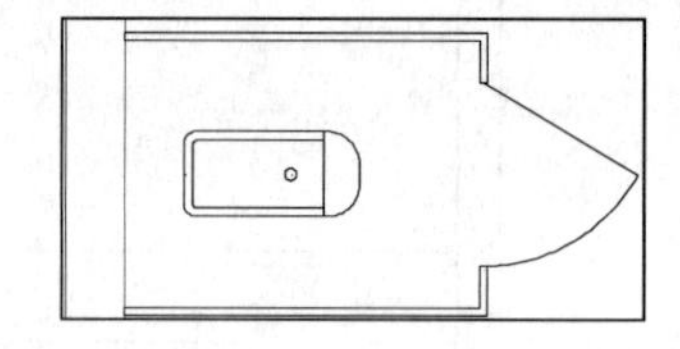

图 2-60　绘制圆弧

➢ 缩放：放大或缩小选定对象，缩放后保持对象的比例不变。在命令行中输入 SCALE/SC，按回车键，或者单击“修改”工具栏上的【缩放】按钮，都可调用【缩放】命令。调用命令后，选择对象，如图 2-61 所示；分别指定缩放基点和比例因子，按回车键完成对象的缩放，结果如图 2-62 所示。

➢ 修剪：修剪对象以适合其他对象的边。在命令行中输入 TRIM/TR，按回车键，或者单击“修改”工具栏上的【修剪】按钮，都可调用【修剪】命令。调用命令后，选择要修剪的对象，如图 2-63 所示；完成门洞的修剪后，按回车键结束绘制，结果如图 2-64 所示。

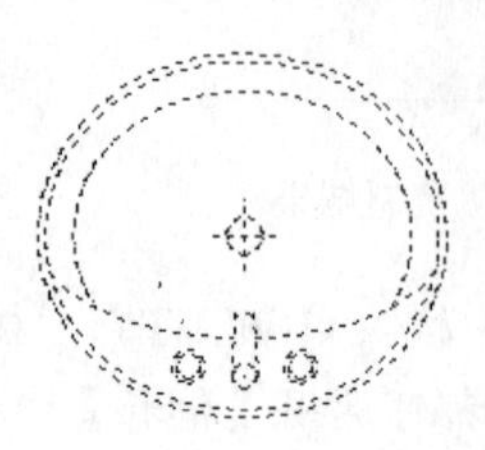

图 2-61　选择对象

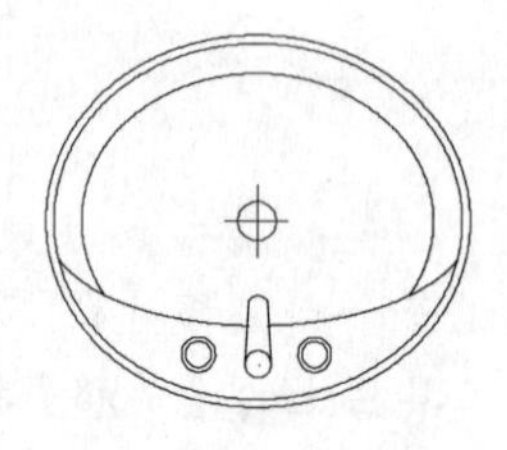

图 2-62　缩放结果

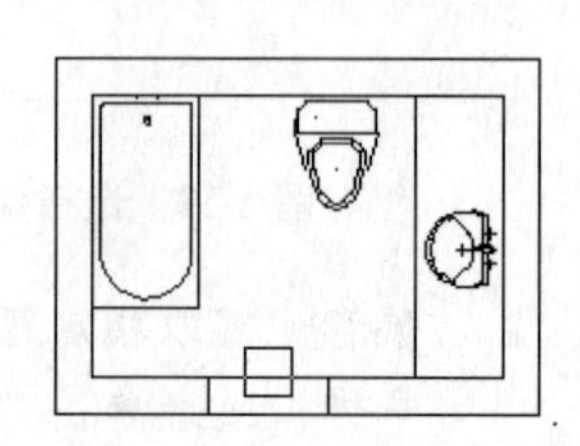

图 2-63　选择对象

➢ 延伸：延伸对象以适应其他对象的边。在命令行中输入 EXTEND/EX，按回车键，或者单击“修改”工具栏上的【延伸】按钮--/，都可调用【延伸】命令。调用命令后，选择墙体作为边界对象，如图 2-65 所示；然后选择要延伸的对象，即可完成对象的延伸，结果如图 2-66 所示。

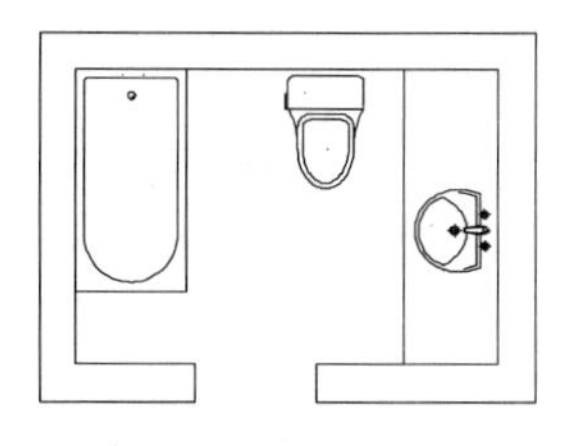

图 2-64 修剪结果

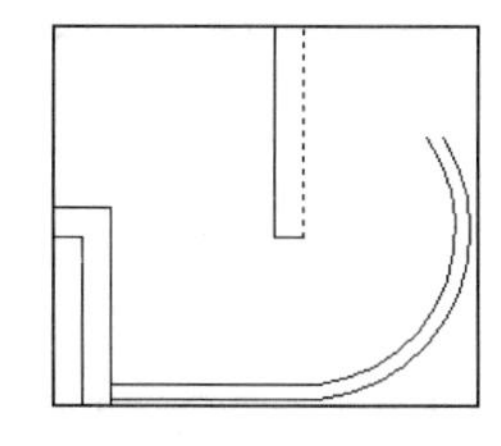

图 2-65 选择对象

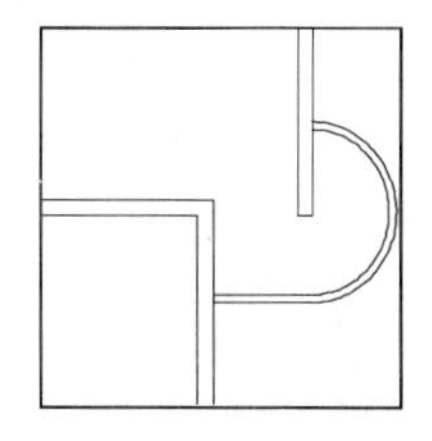

图 2-66 延伸结果

3. 高级编辑工具

高级编辑工具包括镜像、阵列、倒角、圆角等命令，以下对这些工具进行简单介绍。

➢ 镜像：创建选定对象的镜像副本。在命令行中输入 MIRROR/MI，按回车键，或者单击“修改”工具栏上的【镜像】按钮⚠，都可调用【镜像】命令。调用命令后，选择源对象，如图 2-67 所示；选择镜像线的第一点和第二点，否认删除源对象；按回车键完成绘制，结果如图 2-68 所示。

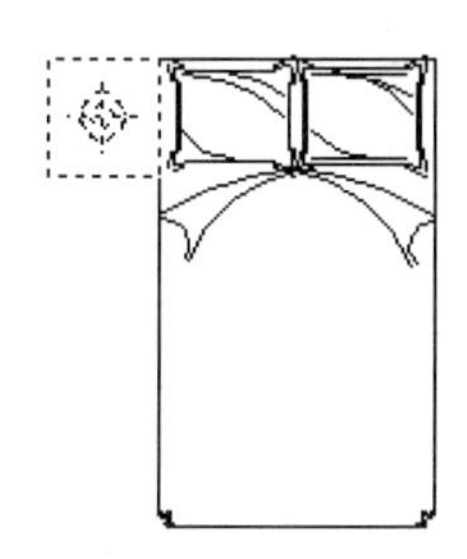

图 2-67 选择对象

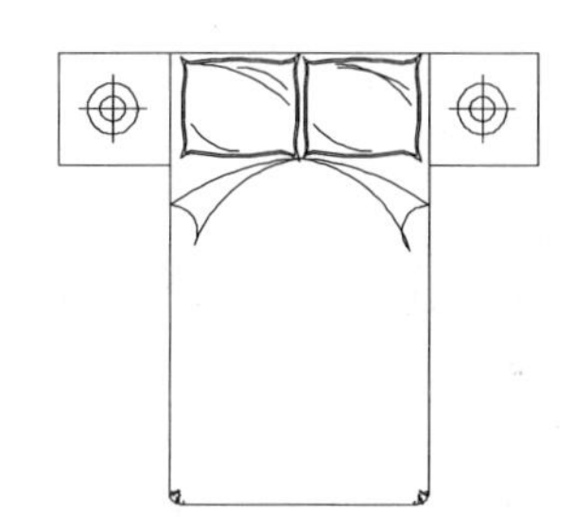

图 2-68 镜像结果

➢ 阵列：按任意行、列和层级组合分布对象副本。在命令行中输入 ARRAY/AR，按回车键，或者单击“修改”工具栏上的【阵列】按钮⊞，都可调用【阵列】命令。调用命令后，选择要进行阵列的对象，如图 2-69 所示；根据命令行的提示选择阵列类型，设置阵列项目数等参数，按回车键即可完成绘制，如图 2-70 所示。

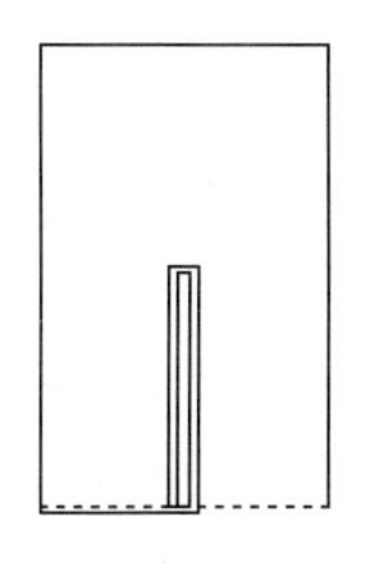

图 2-69 选择对象

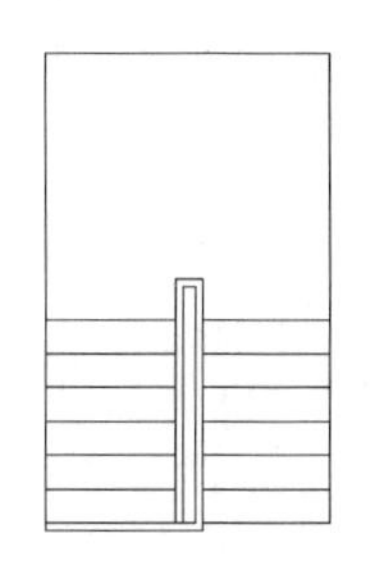

图 2-70 阵列结果

➢ 倒角：给对象加倒角。在命令行中输入 CHAMFER/CHA，按回车键，或者单击“修改”工具栏上的【倒角】按钮，都可调用【倒角】命令。调用命令后，根据命令行的提示，输入 D 按回车键；分别设置第一和第二倒角距离后，再分别单击选择第一和第二倒角线，即可完成倒角操作，结果如图 2-71 所示。

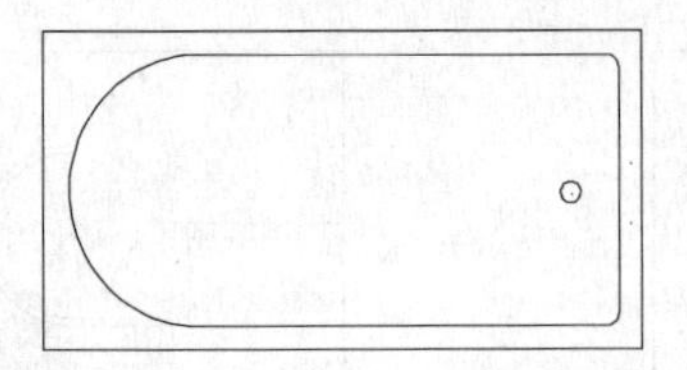

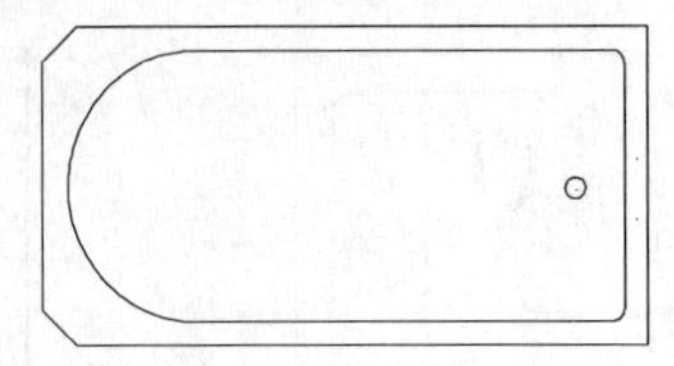

图 2-71　倒角结果

➢ 圆角：给对象加圆角。在命令行中输入 FILLET/F，按回车键，或者单击“修改”工具栏上的【圆角】按钮，都可调用【圆角】命令。调用命令后，根据命令行的提示，输入 R 按回车键；然后设置圆角半径，分别单击选择第一和第二圆角线，即可完成圆角操作，结果如图 2-72 所示。

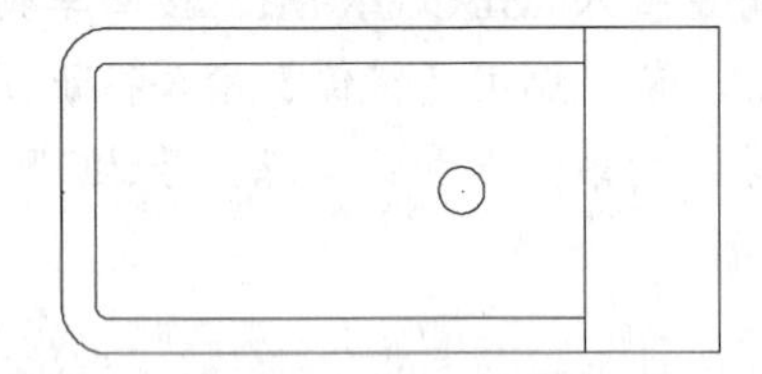

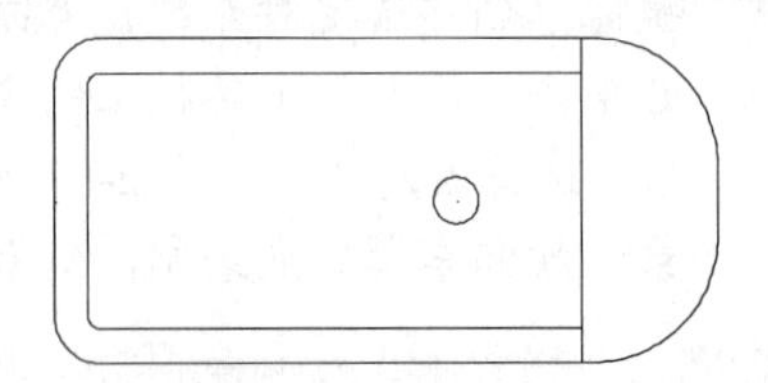

图 2-72　圆角结果

提 示：执行【修改】|【圆角】命令，也可对图形进行圆角处理。

➢ 特性编辑：控制现有对象的特性。在命令行输入 PROPERTIES/PR，按回车键，或者单击“标准”工具栏上的对象【特性】按钮，在打开的“特性”选项板中可以更改所选对象的特性。如图 2-73 所示为在“特性”选项板中更改对象的线型和线型比例。

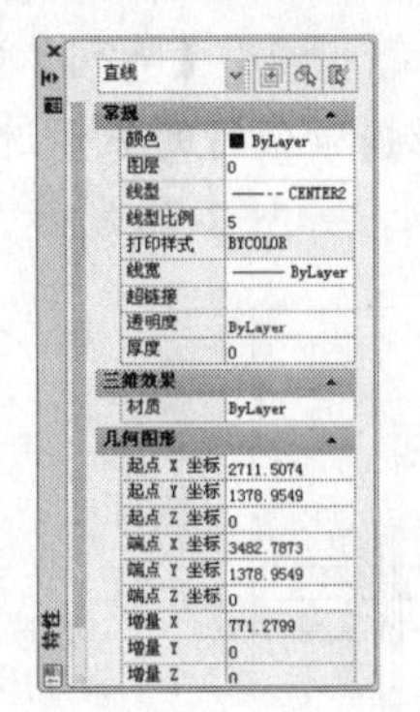

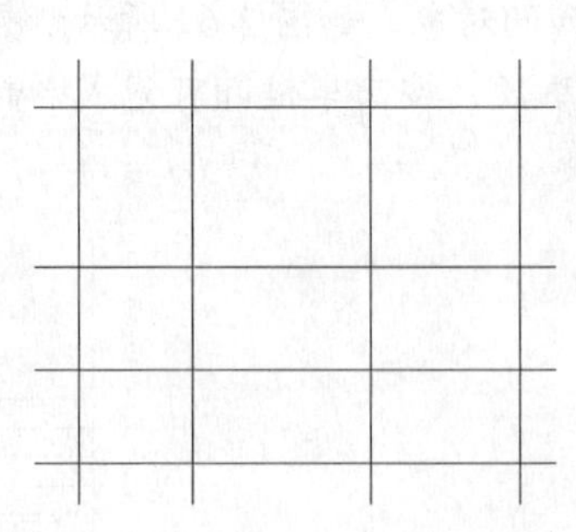

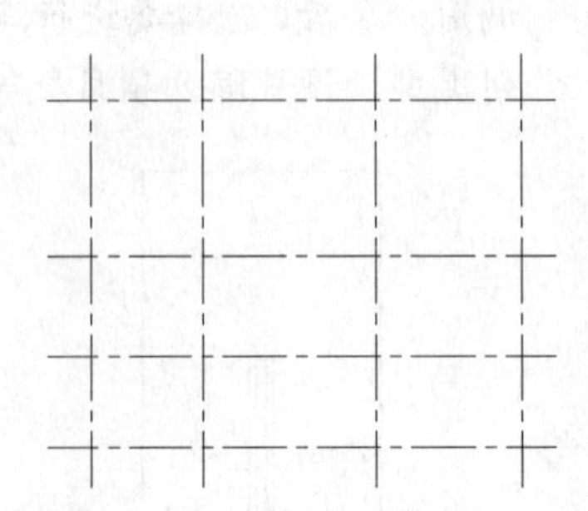

图 2-73　更改特性结果

第3章

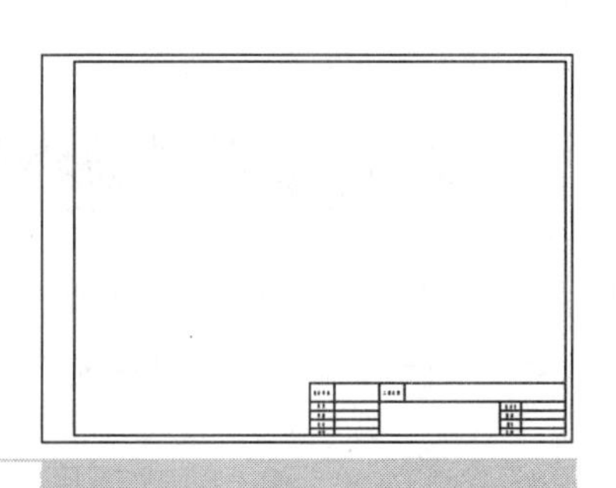

本章导读：

室内装修各张施工图虽然用途、画法各异，但其中往往有很多相同的部分，包括门、窗等图形和文字、标注样式等。为了避免每绘制一张施工图都要重复地设置或绘制这些内容，一个简单的方法是预先将这些相同部分一次性设置或绘制好，然后将其保存为样板文件。

创建了样板文件后，在绘制施工图时，就可以以该文件模板创建图形文件。新创建的图形自动包含了设置和绘制好的样式和图形，从而加快了绘图速度，提高了工作效率。

本章重点：

- 创建并设置样板文件
- 绘制并创建门图块
- 创建门动态块
- 绘制并创建窗图块
- 绘制并创建立面指向符图块
- 绘制并创建图名动态块
- 创建标高图块
- 绘制 A3 图框

创建室内绘图模板

3.1 创建并设置样板文件

AutoCAD 样板文件是以 DWT 格式保存的文件，该文件中可以包含图层、文字样式、标注样式、线型等设置，也可以包含创建的图形和块。

3.1.1 创建新图形

01 启动 AutoCAD 2013，系统自动创建一个新的图形文件。

02 选择【文件】|【另存为】命令，打开“图形另存为”对话框。在“文件类型”下拉列表中，选择“AutoCAD 图形样板（*.dwt）”文件类型，输入文件名“室内装潢施工图模板”，如图 3-1 所示，单击【保存】按钮保存文件。

下次绘图时，可以打开该样板文件，如图 3-2 所示，在此基础上绘图。

图 3-1 “图形另存为”对话框

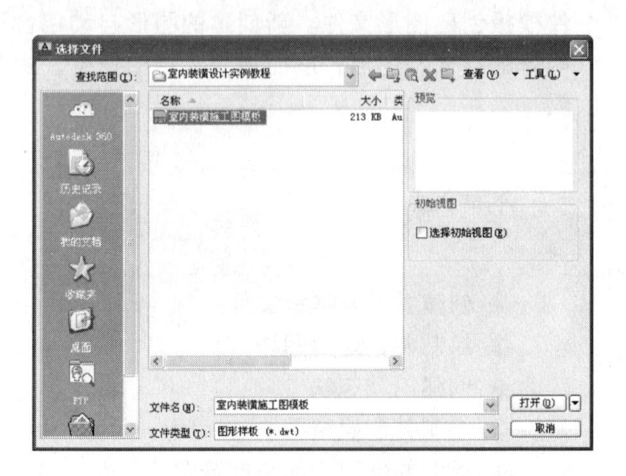

图 3-2 选择样板文件

3.1.2 设置图形界限

图形界限是指 AutoCAD 的绘图区域，室内装潢施工图一般调用 A3 图幅打印输出。选择【格式】|【图形界限】命令，命令行将显示：“指定左下角点[开（ON）/关（OFF）]<0.0000,0.0000>：”提示信息，此时在提示下输入左下角的坐标（如果直接按下回车键，则默认左下角位置坐标为（0，0），命令行再次提示“指定右上角点<420.0000,297.0000>”提示信息，输入图幅尺寸（42000，29700）并按回车键。

3.1.3 设置图形单位

室内装潢施工图通常采用“毫米”作为基本单位，即一个图形单位为 1mm，并且采用 1∶1 的比例，按照实际尺寸绘图，在打印时再根据需要设置打印输出比例。例如：绘制一扇门的实际宽度为 800mm，则在 AutoCAD 中绘制 800 个单位宽度的图形，如图 3-3 所示。

设置 AutoCAD 图形单位方法如下：

01 在命令行中输入 UNITS/UN 并按回车键，或选择【格式】|【单位】命令，打开“图形单位”对话框，“长度”选项组用于设置类型和精度，这里设置“类型”为“小数”，“精度”为 0，如图 3-4 所示。

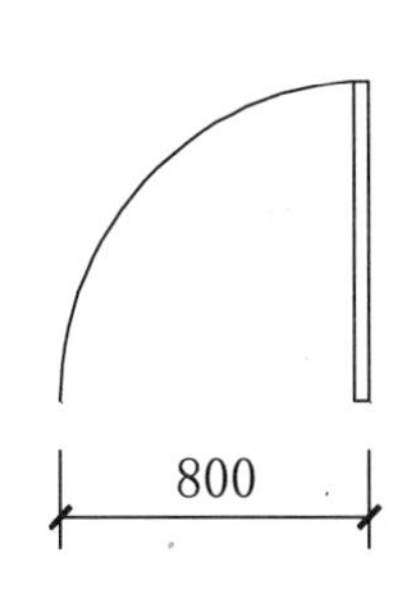

图 3-3　1:1 比例绘制图形

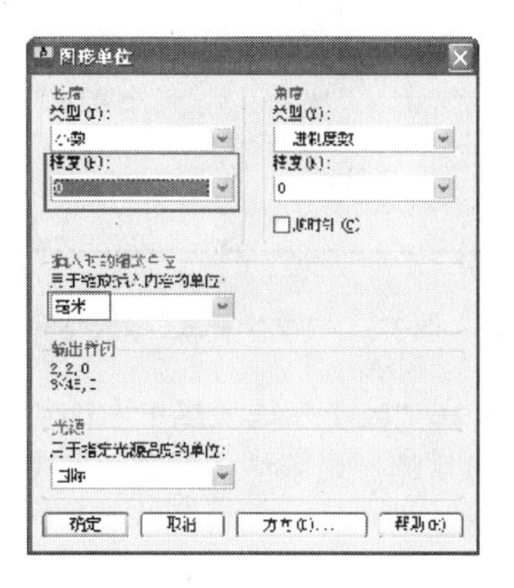

图 3-4　“图形单位”对话框

02 “角度”选项组用于设置角度的类型和精度。这里取消“顺时针”复选框勾选，设置角度“类型”为“十进制度数”，精度为 0。

03 在“插入时的缩放单位”选项组中选择“用于缩放插入内容的单位”为“毫米”，这样当调用非毫米单位的图形时，图形能够自动根据单位比例进行缩放。最后单击【确定】按钮关闭对话框，完成单位设置。

注 意：图形精度影响计算机的运行效率，精度越高运行越慢，绘制室内装潢施工图，设置精度为 0 足以满足设计要求。

3.1.4 创建文字样式

文字样式是对同一类文字的格式设置的集合，包括字体、字高、显示效果等。在标注文字前，应首先定义文字样式，以指定字体、字高等参数，然后用定义好的文字样式进行标注。

这里创建“仿宋”文字标注样式，具体步骤如下：

01 在命令行中输入 STYLE/ST 并按回车键，或选择【格式】|【文字样式】命令，打开“文字样式”对话框，如图 3-5 所示。默认情况下，“样式”列表中只有唯一的 Standard 样式，在用户未创建新样式之前，所有输入的文字均调用该样式。

02 单击【新建】按钮，弹出“新建文字样式”对话框，在对话框中输入样式的名称，这里的名称设置为“仿宋”，如图 3-6 所示。单击【确定】按钮返回“文字样式”对话框。

03 在“字体名”下拉列表框中选择“仿宋”字体，如图 3-7 所示。

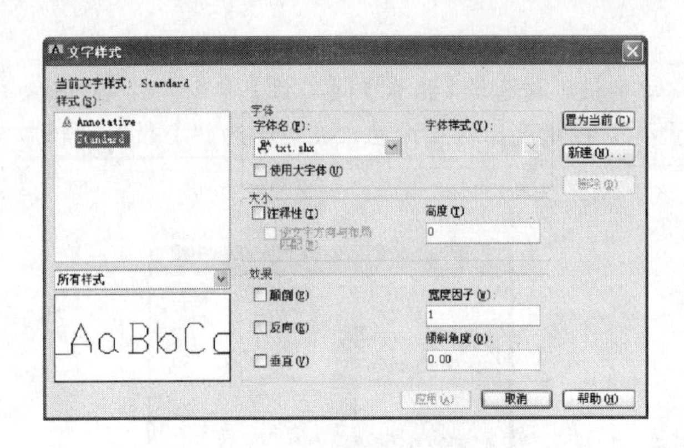

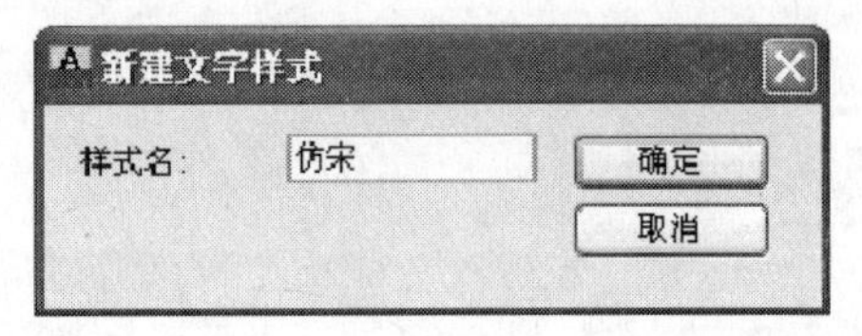

图 3-5 “文字样式”对话框　　　图 3-6 “新建文字样式”对话框

04 在“大小”选项组中勾选“注释性”复选项，使该文字样式成为注释性的文字样式，调用注释性文字样式创建的文字，将成为注释性对象，以后可以随时根据打印需要调整注释比例。

05 设置“图纸文字高度”为 1.5（即文字的大小），在“效果”选项组中设置文字的“宽度因子”为 1，“倾斜角度”为 0，如图 3-7 所示，设置后单击【应用】按钮应用当前设置，单击【关闭】按钮，关闭对话框，完成“仿宋”文字样式的创建。

3.1.5 创建尺寸标注样式

一个完整的尺寸标注由尺寸线、尺寸界限、尺寸文本和尺寸箭头 4 个部分组成，下面将创建一个名称为“室内标注样式”的标注样式，本书所有的图形标注将调用该样式。

“室内标注样式”创建方法如下：

01 在命令行中输入 DIMSTYLE/D 并按回车键，或选择【格式】|【标注样式】命令，打开“标注样式管理器”对话框，如图 3-8 所示。

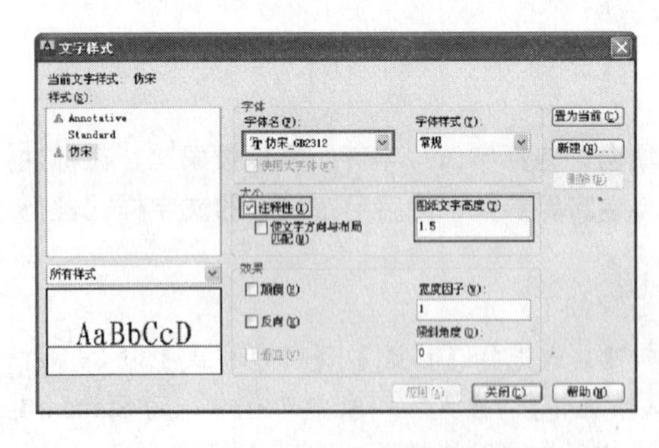

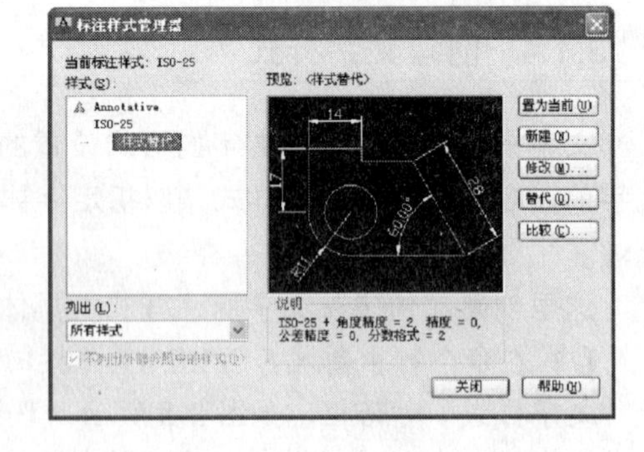

图 3-7 设置文字样式参数　　　图 3-8 “标注样式管理器”对话框

02 单击【新建】按钮，在打开的“创建新标注样式”对话框中输入新样式的名称“室内标注样式”，如图 3-9 所示。

03 单击【继续】按钮，系统弹出“新建标注样式：室内标注样式”对话框，选择“线”选项卡，分别对尺寸线和延伸线等参数进行调整，如图 3-10 所示。

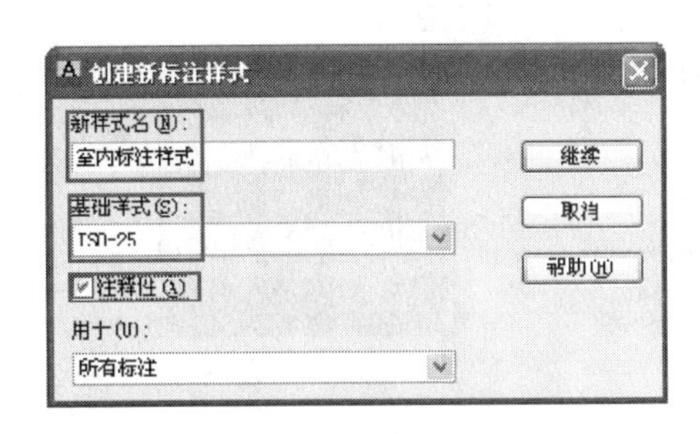

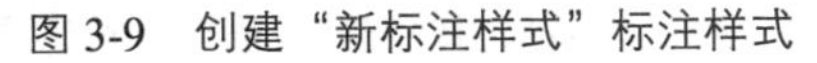

图 3-9 创建“新标注样式”标注样式

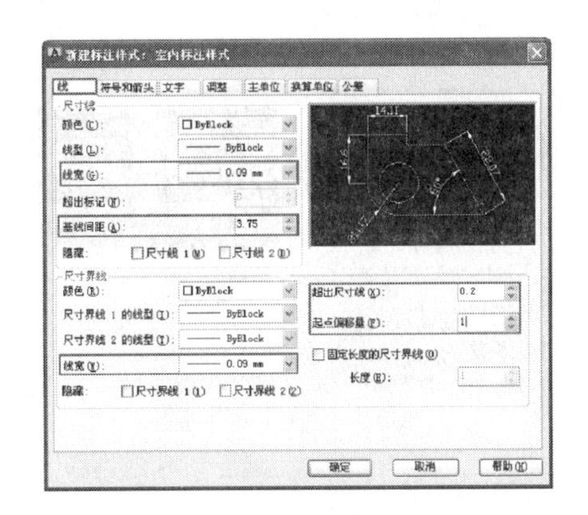

图 3-10 “线”选项卡参数设置

04 选择“符号和箭头”选项卡，对箭头类型、大小进行设置，如图 3-11 所示。

05 选择“文字”选项卡，设置文字样式为“仿宋”，其他参数设置如图 3-12 所示。

图 3-11 “符号和箭头”选项卡参数设置

图 3-12 “文字”选项卡参数设置

06 选择“调整”选项卡，在“标注特征比例”选项组中勾选“注释性”复选框，使标注具有注释性功能，如图 3-13 所示，完成设置后，单击【确定】按钮返回“标注样式管理器”对话框，单击【置为当前】按钮，然后关闭对话框，完成“室内标注样式”标注样式的创建。

3.1.6 设置引线样式

引线标注用于对指定部分进行文字解释说明，由引线、箭头和引线内容三部分组成。引线样式用于对引线的内容进行规范和设置，引出线与水平方向的夹角一般采用 0°、30°、45°、60° 或 90°。下面创建一个名称为“圆点”的引线样式，用于室内施工图的引线标注。

01 在命令行中输入 MLEADERSTYLE，或选择【格式】|【多重引线样式】命令，打开“多重引线样式管理器”对话框，如图 3-14 所示。

02 单击【新建】按钮，打开“创建新多重引线样式”对话框，设置新样式名称为“圆点”，并勾选“注释性”复选框，如图 3-15 所示。

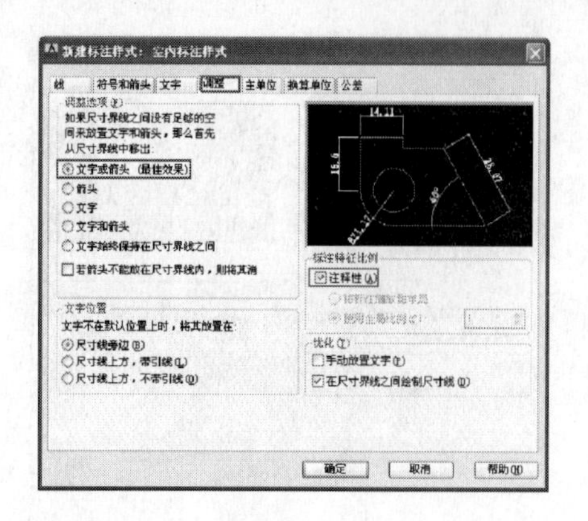

图 3-13 “调整”选项卡参数设置

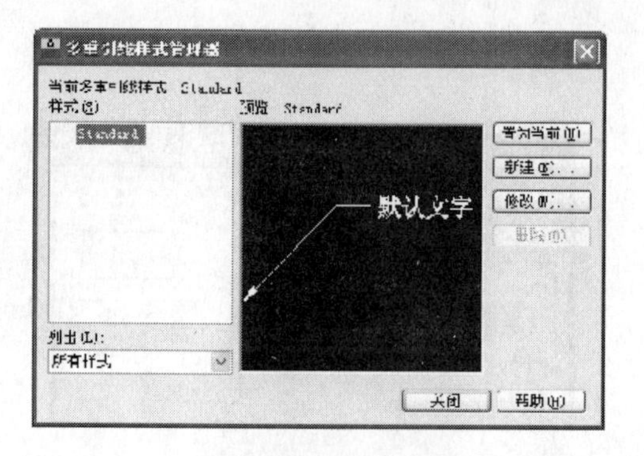

图 3-14 “多重引线样式管理器”对话框

03 单击【继续】按钮，系统弹出“修改多重引线样式：圆点”对话框，选择“引线格式”选项卡，设置箭头符号为“点”，大小为 0.25，其他参数设置如图 3-16 所示。

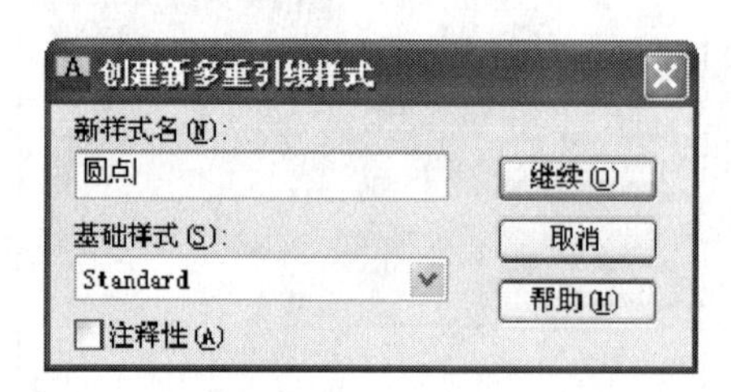

图 3-15 新建引线样式

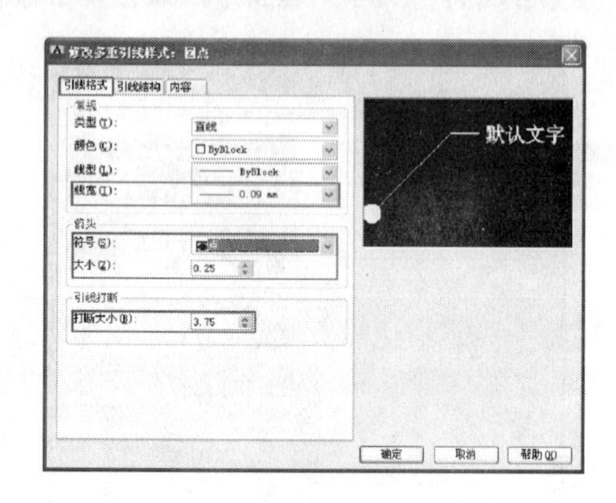

图 3-16 “引线格式”选项卡

04 选择“引线结构”选项卡，参数设置如图 3-17 所示。

05 选择“内容”选项卡，设置文字样式为“仿宋”，其他参数设置如图 3-18 所示。设置完参数后，单击【确定】按钮返回“多重引线样式管理器”对话框，“圆点”引线样式创建完成。

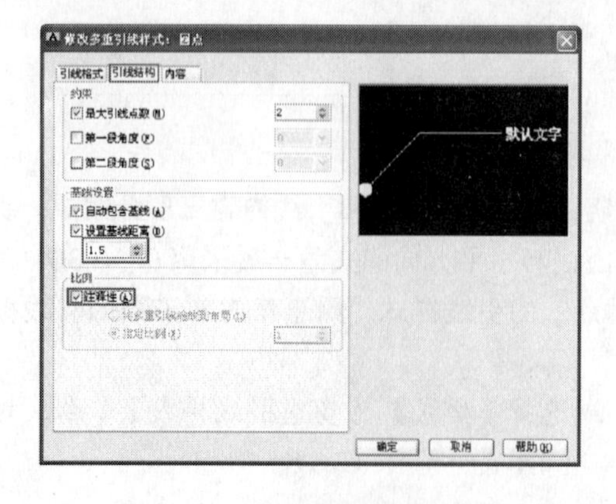

图 3-17 “引线结构”选项卡

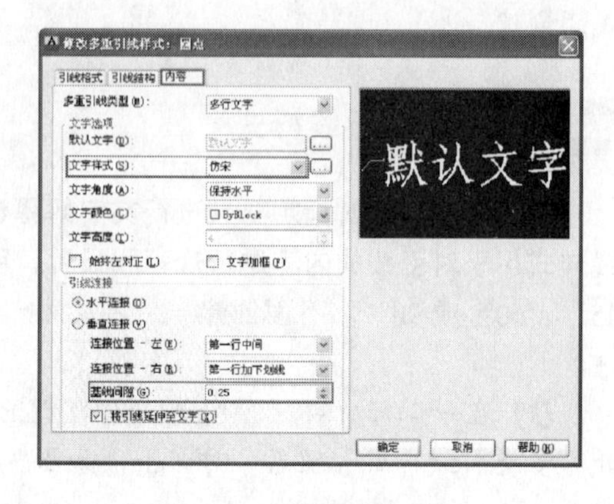

图 3-18 “内容”选项卡

3.1.7 加载线型

线型是沿图形显示的线、点和间隔组成的图样。在绘制对象时，将对象设置为不同的线型，可以方便对象间的相互区分，使整个图面能够清晰、准确、美观。AutoCAD 自带的线型库文件“acadiso.lin”和“acad.lin”提供了丰富的线型以供用户选择，如实线、虚线、点划线和中点线等。

下面以加载“IS003W100”线型为例介绍线型的加载方法：

01 在命令行中输入 LINETYPE/LT 并按回车键，或选择【格式】|【线型】命令，打开如图 3-19 所示“线型管理器”对话框。

图 3-19 “线型管理器”对话框

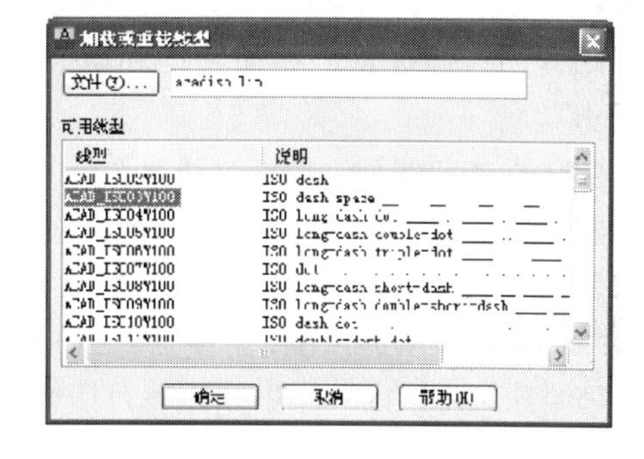

图 3-20 “加载或重载线型”对话框

02 单击【加载】按钮，打开如图 3-20 所示“加载或重载线型”对话框，选择线型“IS003W100”，单击【确定】按钮，线型“IS003W100”即被加载至“线型管理器”对话框中，单击“线型管理器”对话框中的【显示细节】按钮，可以显示出线型的详细信息，如图 3-21 所示。

在显示细节后的“线型管理器”对话框中，“全局比例因子”参数用于设置当前图形中所有对象的线型比例，“当前对象缩放比例”参数只对新绘制的图形起作用。设置不同的“全局比例因子”参数，图形显示的效果会不同，如图 3-22 所示为同一种线型使用不同比例因子的效果。

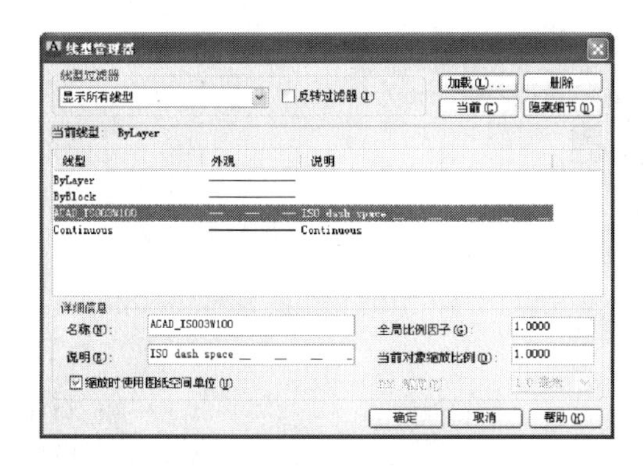

图 3-21 显示线型细节

1: 5

1: 10

图 3-22 不同比例因子参数的线段显示效果

若要单独改变某图形的线型比例，可先选择该图形，再单击 AutoCAD 2013 标准工具栏对象【特性】按钮，或在命令行中输入 PROPERTIES 命令，打开“特性”选项板，设置其中的“线型比例”参数即可。

3.1.8 创建打印样式

打印样式用于控制图形打印输出的线型、线宽、颜色等外观。如果打印时未调用打印样式，就有可能在打印输出时出现不可预料的结果，影响图样的美观。

AutoCAD 2013 提供了两种打印样式，分别为颜色相关样式（CTB）和命名样式（STB）。一个图形可以调用命名或颜色相关打印样式，但两者不能同时调用。

CTB 样式类型以 255 种颜色为基础，通过设置与图形对象颜色对应的打印样式，使得所有具有该颜色的图形对象都具有相同的打印效果。例如，可以为所有用红色绘制的图形设置相同的打印笔宽、打印线型和填充样式等特性。CTB 打印样式表文件的后缀名为“*.ctb”。

STB 样式和线型、颜色、线宽等一样，是图形对象的一个普通属性。可以在图层特性管理器中为某图层指定打印样式，也可以在“特性”选项板中为单独的图形对象设置打印样式属性。STB 打印样式表文件的后缀名是“*.stb”。

绘制室内装潢施工图，调用“颜色相关打印样式”更为方便，同时也可以兼容 AutoCAD R14 等早期版本，因此本书采用该打印样式进行讲解。

1. 激活颜色相关打印样式

AutoCAD 默认调用“颜色相关打印样式”，如果当前调用的是“命名打印样式”，则需要通过以下方法转换为“颜色相关打印样式”，然后调用 AutoCAD 提供的“添加打印样式表向导”快速创建颜色相关打印样式。

01 在转换打印样式模式之前，首先应判断当前图形调用的打印样式模式。在命令行中输入 PSTYLEMODE 并回车，如果系统返回“pstylemode = 0”信息，表示当前调用的是命名打印样式模式，如果系统返回“pstylemode = 1”信息，表示当前调用的是颜色打印模式。

02 如果当前是命名打印模式，在命名窗口输入 CONVERTPSTYLES 并回车，在打开的如图 3-23 所示提示对话框中单击【确定】按钮，即转换当前图形为颜色打印模式。

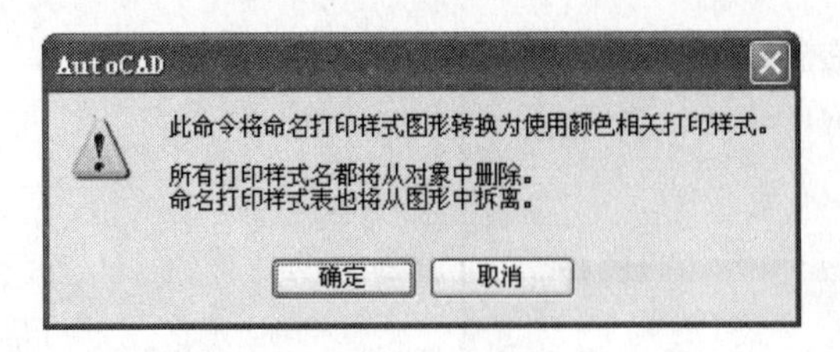

图 3-23　提示对话框

提　示：执行【工具】|【选项】命令，或在命令行中输入 OPTIONS/OP 并回车，打开“选项”对话框，进入“打印和发布”选项卡，按照如图 3-24 所示设置，可以设置新图形的打印样式模式。

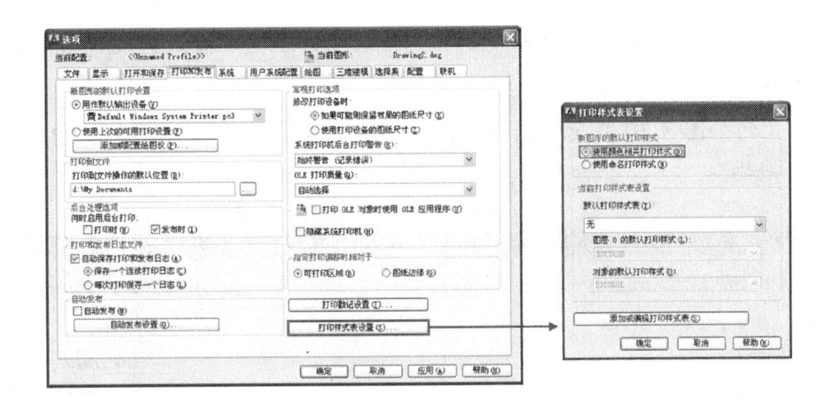

图 3-24　“选项”对话框

2. 创建颜色相关打印样式表

01 在命令行中输入 STYLESMANAGER 并按回车键，或执行【文件】|【打印样式管理器】命令，打开 PlotStyles 文件夹，如图 3-25 所示。该文件夹是所有 CTB 和 STB 打印样式表文件的存放路径。

02 双击“添加打印样式表向导”快捷方式图标，启动添加打印样式表向导，在打开的如图 3-26 所示的对话框中单击【下一步】按钮。

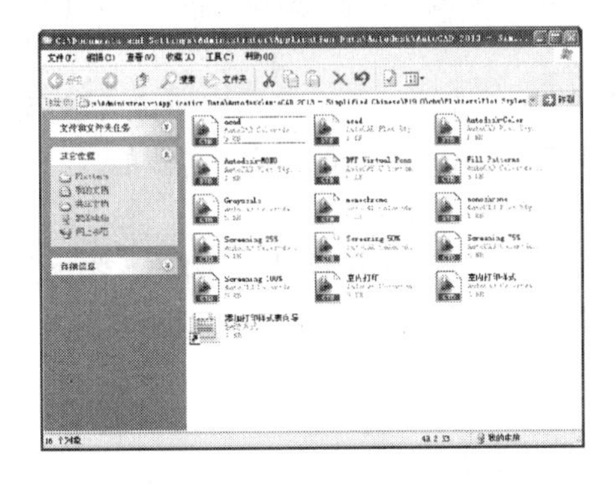

图 3-25　Plot Styles 文件夹

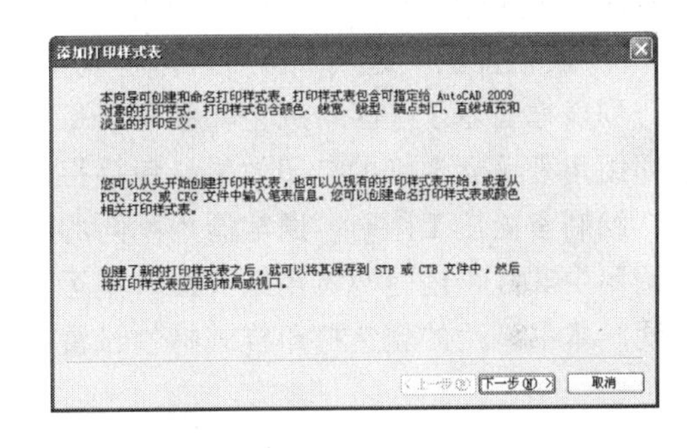

图 3-26　添加打印样式表

03 在打开的如图 3-27 所示“开始”对话框中选择“创建新打印样式表”单选项，单击【下一步】按钮。

04 在打开的如图 3-28 所示“选择打印样式表”对话框中选择“颜色相关打印样式表”单选项，单击【下一步】按钮。

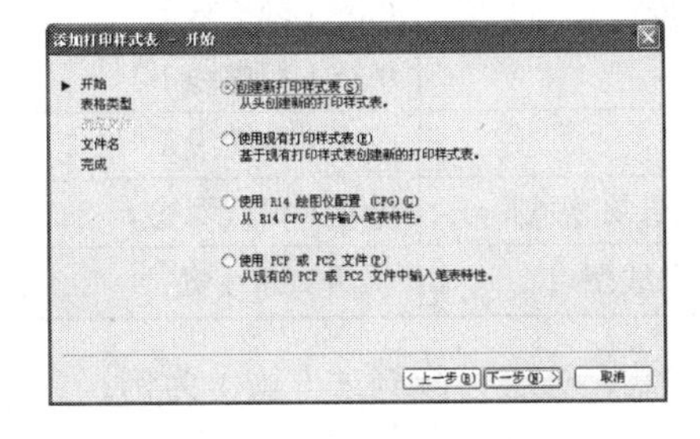

图 3-27　添加打印样式表向导 – 开始

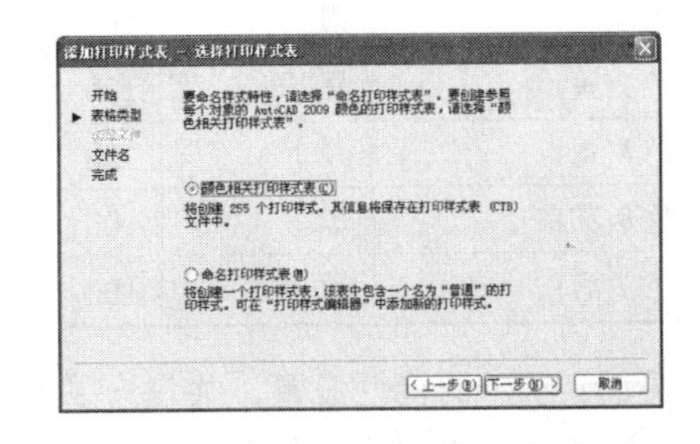

图 3-28　添加打印样式表 – 表格类型

05 在打开的如图 3-29 所示对话框的“文件名”文本框中输入打印样式表的名称，单击【下一步】按钮。

06 在打开的如图 3-30 所示对话框中单击【完成】按钮，关闭添加打印样式表向导，打印样式创建完毕。

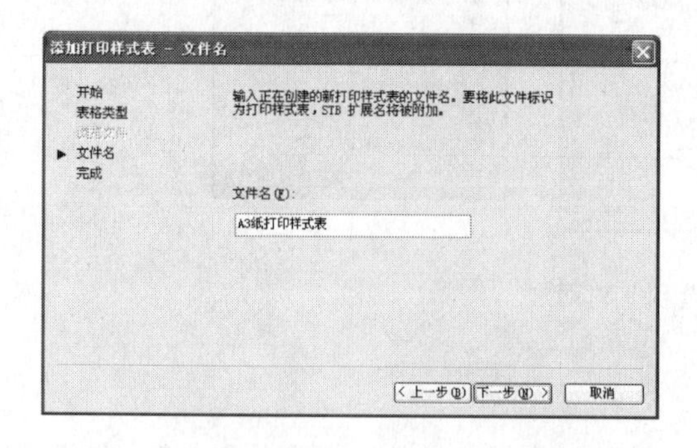

图 3-29　添加打印样式表向导－输入文件名

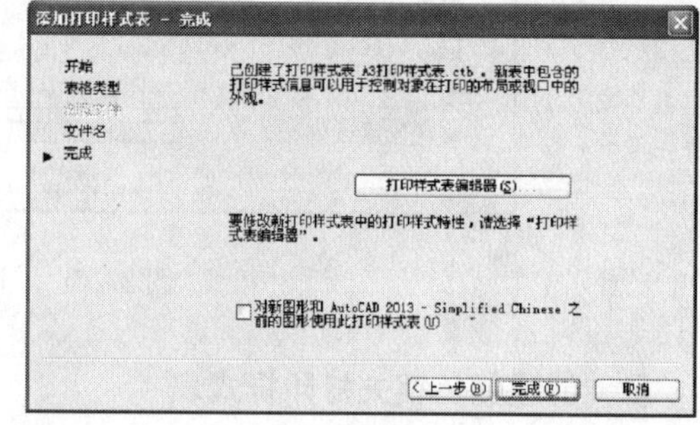

图 3-30　添加打印样式表向导－完成

3. 编辑打印样式表

创建完成的“A3 纸打印样式表”会立即显示在 Plot Styles 文件夹中，双击该打印样式表，打开“打印样式表编辑器”对话框，在该对话框中单击“表格视图”选项卡，即可对该打印样式表进行编辑，如图 3-31 所示。

“表格视图”选项卡由“打印样式”、“说明”和“特性”三个选项组组成。“打印样式”列表框显示了 255 种颜色和编号，每一种颜色可设置一种打印效果，右侧的“特性”选项组用于设置详细的打印效果，包括打印的颜色、线型、线宽等。

绘制室内施工图时，通常调用不同的线宽和线型来表示不同的结构。例如，物体外轮廓调用中实线，内轮廓调用细实线，不可见的轮廓调用虚线，从而使打印的施工图清晰、美观。本书调用的颜色打印样式特性设置如表 3-1 所示。

表 3-1　颜色打印样式特性设置

打印特性 / 颜色	打印颜色	淡显	线型	线 宽/ mm
颜色 5(蓝)	黑	100	——实心	0.35（粗实线）
颜色 1(红）	黑	100	——实心	0.18（中实线）
颜色 74(浅绿)	黑	100	——实心	0.09（细实线）
颜色 8(灰)	黑	100	——实心	0.09（细实线）
颜色 2(黄)	黑	100	－－划	0.35（粗虚线）
颜色 4(青)	黑	100	－－划	0.18（中虚线）
颜色 9(灰白)	黑	100	—·— 长划 短划	0.09（细点画线）
颜色 7(黑)	黑	100	调用对象线型	调用对象线宽

表 3-1 所示的特性设置，共包含了 8 种颜色样式，这里以颜色 5（蓝）为例，介绍具体的设置方法，操作步骤如下：

01 在“打印样式表编辑器”对话框中单击“表格视图”选项卡，在“打印样式”列表框中选择“颜色 5”，即 5 号颜色（蓝），如图 3-32 所示。

02 在右侧“特性”选项组的“颜色”列表框中选择“黑”，如图 3-32 所示。因为施工图一般采用单色进行打印，所以这里选择“黑”颜色。

03 设置“淡显”为 100，“线型”为“实心”，“线宽”为 0.35mm，其他参数为默认值，如图 3-32 所示。至此，“颜色 5”样式设置完成。在绘图时，如果将图形的颜色设置为蓝时，在打印时将得到颜色为黑色，线宽为 0.35mm，线型为“实心”的图形打印效果。

图 3-31 打印样式表编辑器

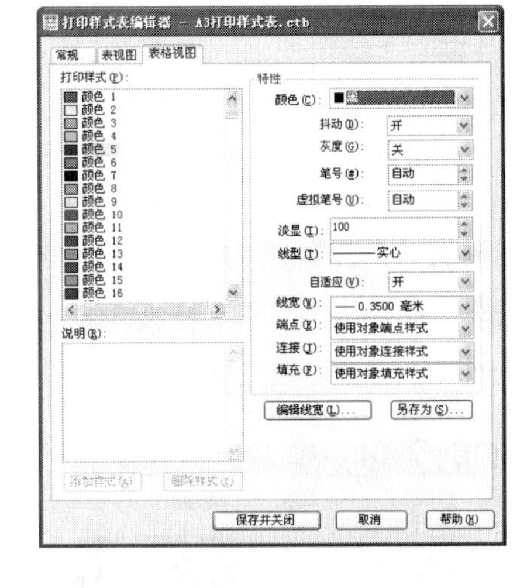

图 3-32 设置颜色 5 样式特性

04 使用相同的方法，根据表 3-1 所示设置其他颜色样式，完成后单击【保存并关闭】按钮保存打印样式。

提 示：“颜色 7”是为了方便打印样式中没有的线宽或线型而设置的。例如，当图形的线型为双点划线时，而样式中并没有这种线型，此时就可以将图形的颜色设置为黑色，即颜色 7，那么打印时就会根据图形自身所设置的线型进行打印。

3.1.9 设置图层

下面以创建轴线图层为例，介绍图层的创建与设置方法。

01 在命令行中输入 LAYER/LA 并按回车键，或选择【格式】|【图层】命令，打开如图 3-33 所示“图层特性管理”对话框。

02 单击对话框中的【新建图层】按钮，创建一个新的图层，在“名称”框中输入新图层名称“ZX—轴线”，如图 3-34 所示。

技 巧：为了避免外来图层（如从其他文件中复制的图块或图形）与当前图像中的图层掺杂在一起而产生混乱，每个图层名称前面使用了字母（中文图层名的缩写）与数字的组合。同时也可以保证新增的图层能够与其相似的图层排列在一起，从而方便查找。

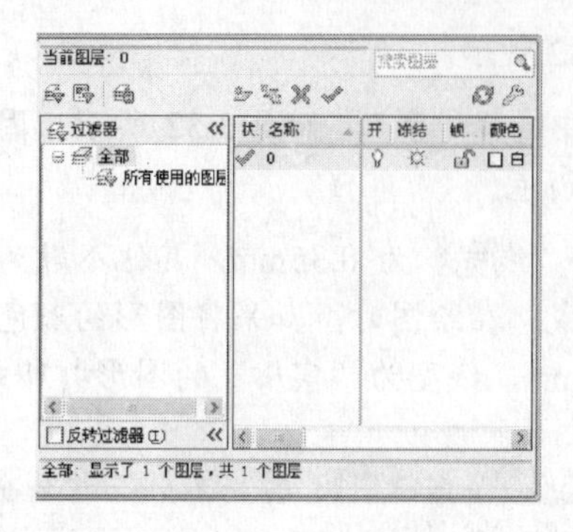

图 3-33 “图层特性管理器”对话框

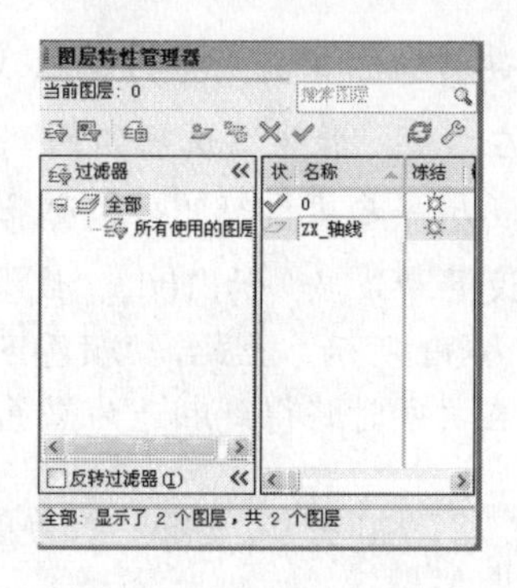

图 3-34 创建轴线图层

03 设置图层颜色。为了区分不同图层上的图线，增加图形不同部分的对比性，可以在“图层特性管理器”对话框中单击相应图层“颜色”标签下的颜色色块，打开“选择颜色”对话框，如图 3-35 所示。在该对话框中选择需要的颜色。

04 “ZX—轴线”图层其他特性保持默认值，图层创建完成后，调用相同的方法创建其他图层，创建完成的图层如图 3-36 所示。

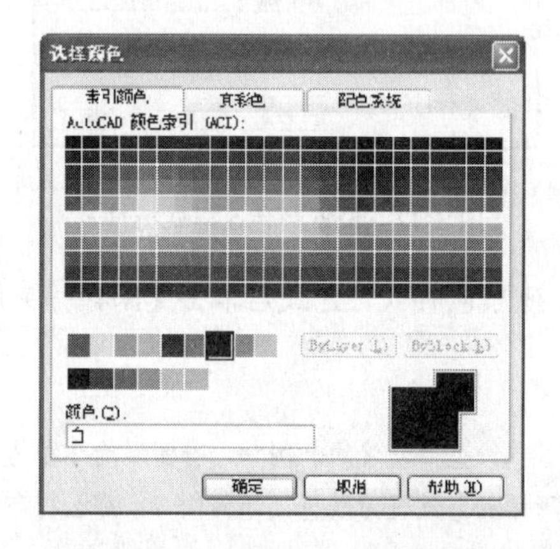

图 3-35 “选择颜色”对话框

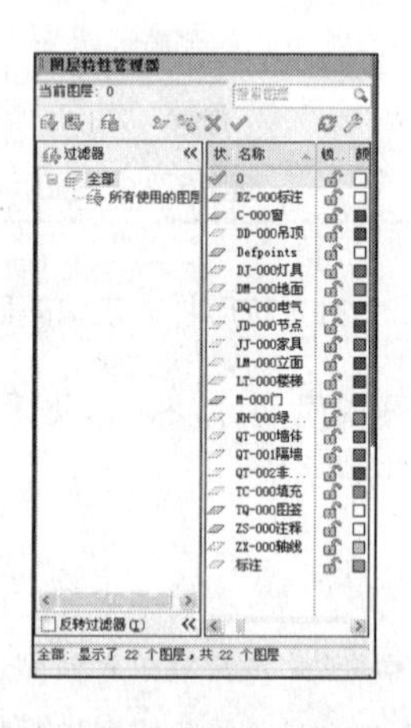

图 3-36 创建其他图层

3.2 绘制常用图形

绘制室内施工图经常会用到门、窗等基本图形，为了避免重复劳动，一般在样板文件中将其绘制出来并创建为图块，以方便调用。

3.2.1 绘制并创建门图块

首先绘制门的基本图形，然后创建门图块。

1. 绘制基本图形

室内普通单扇门宽度通常为 600～1000mm，下面绘制一个宽 1000 的门作为门的基本图形，如图 3-37 所示。

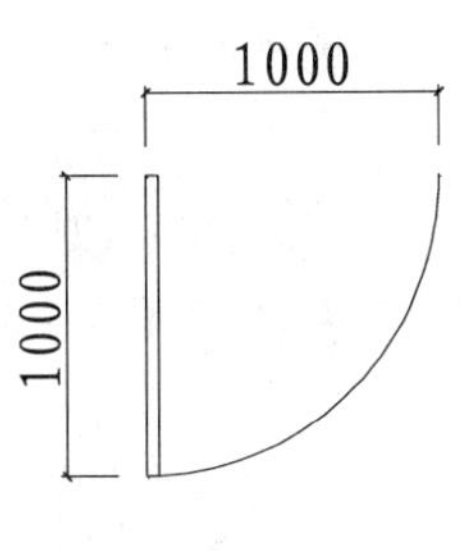

图 3-37　门图形

图 3-38　绘制长方形

01 确定当前未选择任何对象，在“图层”工具栏的图层控制下拉列表中选择“M-门”图层作为当前图层。

02 调用 RECTANG/REC 命令，绘制 40×1000 的长方形，命令选项如下：

命令:RECTANG↙　　//调用【矩形】命令

指定第一个角点或[倒角(C)/标高(E)/圆角(F)/厚度(T)/宽度(W)]:

　　//在图形窗口中任意拾取一点

指定另一个角点或[尺寸(D)]:@40,-1000↙　　//输入相对坐标“@40,-1000”并按回车键，得到长方形如图 3-38 所示

03 分别单击状态栏中的“极轴”和“对象捕捉”按钮，使其呈凹下状态，开启 AutoCAD 的极轴追踪和对象捕捉功能，如图 3-39 所示。

图 3-39　AutoCAD 状态栏

注 意： 以后如果没有特别说明，极轴追踪和对象捕捉功能均为开启状态。

04 调用绘制直线 LINE/L 命令，绘制长为 1000 的水平线段，命令选项如下：

命令:LINE↙　　//调用【直线】命令

指定第一点:　　//捕捉并单击绘制的长方形左下角的端点作为直线的第一个端点，如图 3-40 所示

指定下一点或[放弃(U)]:1000↙　　//水平向右移动光标，当出现 0°极轴追踪线时(如图 3-41 所示)输入 1000 并按回车键，得到长度为 1000 的水平线段

指定下一点或[放弃(U)]: ↙　　//按回车键退出绘制直线命令

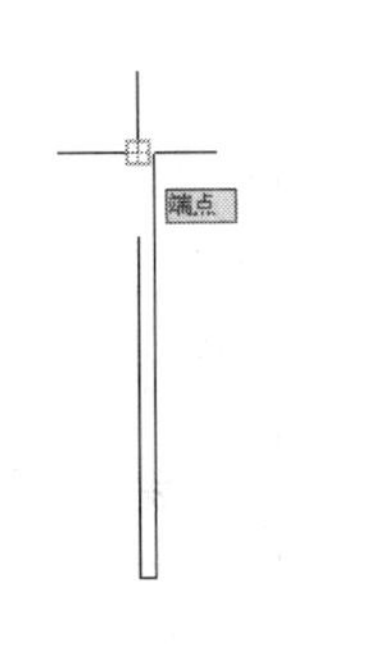

图 3-40　捕捉端点

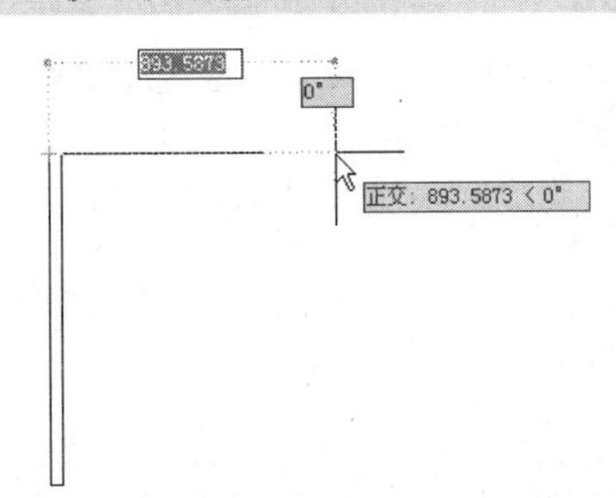

图 3-41　极轴追踪

05 调用绘制圆 CIRCLE/C 命令，以长方形左下角端点为圆心绘制半径为 1000 的圆，命令选项如下：

```
命令:CIRCLE↙                                              //调用【圆】命令
指定圆的圆心或[三点(3P)/两点(2P)/相切、相切、半径(T)]:   //捕捉并单击长方形左下角的端点作为圆的圆心
指定圆的半径或[直径(D)]<1000.0000>:1000↙                  //输入1000并按回车键,得到半径为1000的圆,如图3-42所示
```

06 调用 TRIM/TR 命令修剪圆多余部分，删除前面绘制的直线，得到门的图形如图 3-43 所示。

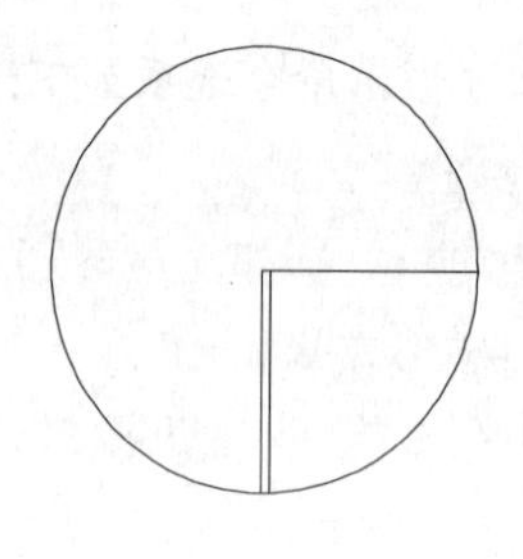

图 3-42　绘制圆

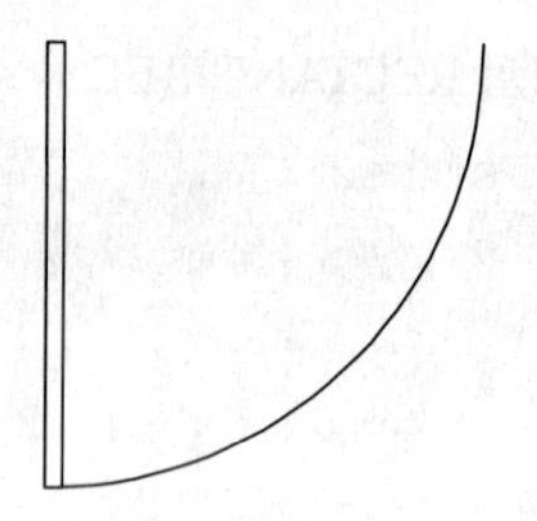

图 3-43　修剪圆

2. 创建图块

门的图形绘制完成后，即可调用 BLOCK/B 命令将其定义成图块，并可创建成动态图块，以方便调整门的大小和方向，本节先创建门图块。

01 在命令行中输入 BLOCK/B 并按回车键，或选择【绘图】|【块】|【创建】命令，打开“块定义”对话框，如图 3-44 所示。

02 在“块定义”对话框中的“名称”文本框中输入图块的名称“门(1000)”。

03 在“对象”参数栏中单击【选择对象】按钮，在图形窗口中选择门图形，按回车键返回“块定义”对话框。

04 在“基点”参数栏中单击【拾取点】按钮，捕捉并单击长方形左下角的端点作为图块的插入点，如图 3-45 所示。

05 在“块单位”下拉列表中选择“毫米”为单位。

06 单击【确定】按钮关闭对话框，完成门图块的创建。

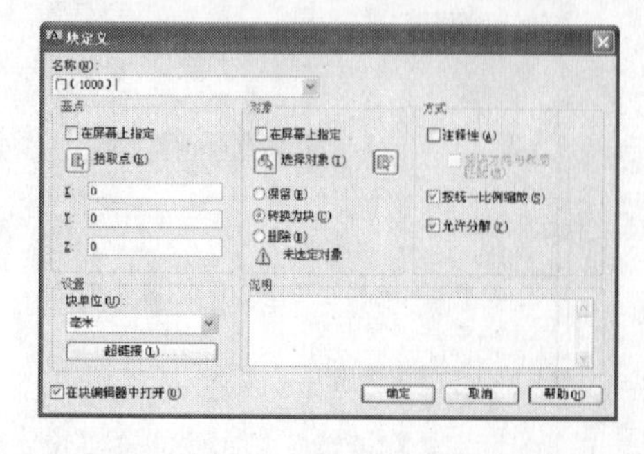

图 3-44　“块定义”对话框

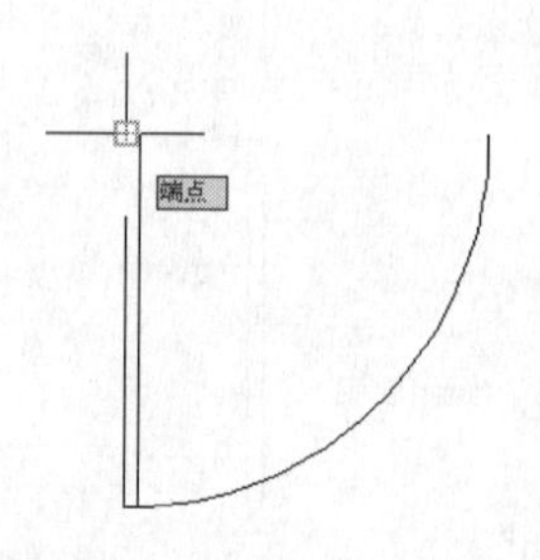

图 3-45　指定图块插入点

3.2.2 创建门动态块

将图块转换为动态图块后，可直接通过移动动态夹点来调整图块大小、角度，避免了频繁的参数输入和命令调用(如缩放、旋转等)，使图块的调整操作变得轻松自如。

下面将前面创建的“门(1000)”图块创建成动态块，创建动态块使用 BEDIT/BE 命令。要使块成为动态块，必须至少添加一个参数。然后添加一个动作并将该动作与参数相关联。添加到块定义中的参数和动作类型定义了块参照在图形中的作用方式。

1. 添加动态块参数

为“门(1000)”图块添加“缩放”和“旋转”动作，使之具有动态缩放、旋转功能，具体操作步骤如下：

01 在命令行中输入 BEDIT/BE 命令，打开“编辑块定义”对话框，在该对话框中选择“门(1000)”图块，如图 3-46 所示，单击【确定】按钮确认，进入块编辑器。

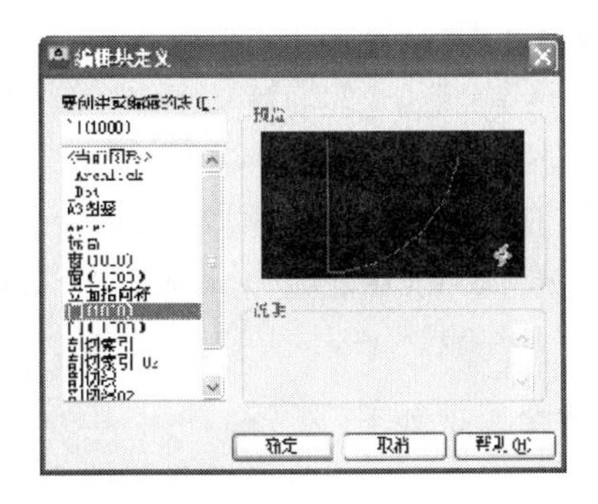

图 3-46 “编辑块定义”对话框

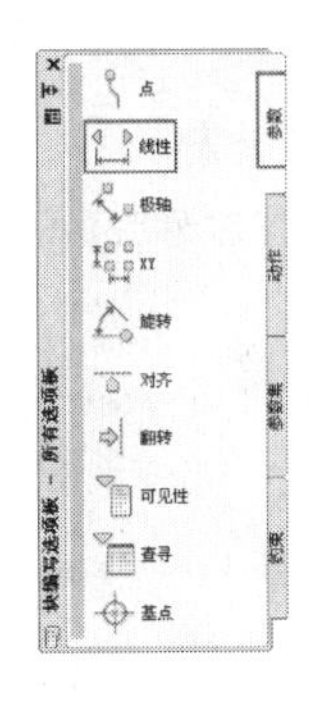

图 3-47 创建参数

提 示：进入块编辑状态后，窗口背景会显示为淡黄色，同时窗口上显示出相应的选项板和工具栏。

02 添加参数。在“块编写选项板”右侧单击“参数”选项卡，再单击【线性】按钮，如图 3-47 所示，命令选项如下：

```
命令:_BParameter 线性
指定起点或 [名称(N)/标签(L)/链(C)/说明(D)/基点(B)/选项板(P)/值集(V)]:
                                //捕捉并单击门图块左下角的端点
指定端点:                        //捕捉并单击门图形右侧弧线的端点
指定标签位置:                    //在适当位置拾取一点确定标签位置，结果如图 3-48 所示
```

03 在“块编写选项板”中单击“参数”选项卡下的【旋转】按钮，命令选项如下：

```
命令:_BParameter 旋转
指定基点或 [名称(N)/标签(L)/链(C)/说明(D)/选项板(P)/值集(V)]:
                                        //捕捉并单击门图形左下角的端点
指定参数半径:                            //在适当位置拾取一点
指定默认旋转角度或[基准角度(B)]<0>:↙     //按回车键确定默认的旋转角度，结果如图 3-49
所示
```

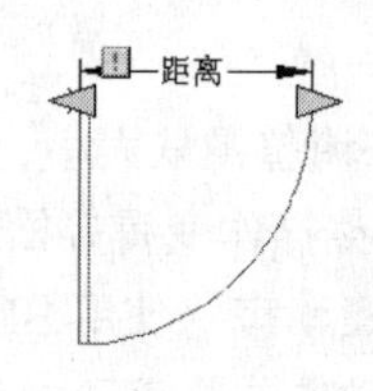

图 3-48 添加“线性参数”

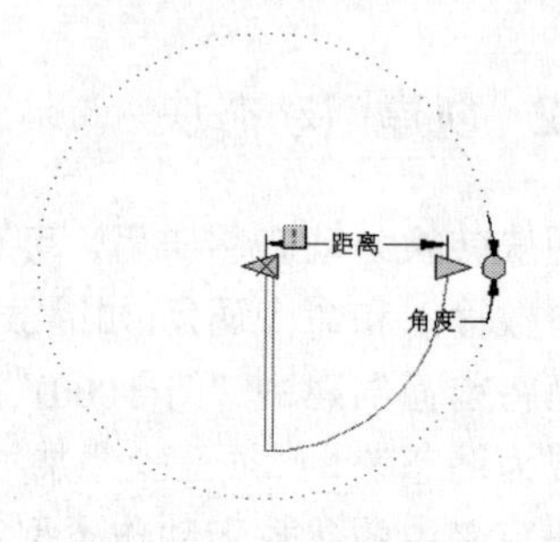

图 3-49 添加“旋转参数”

2. 添加动作

01 单击“块编写选项板”右侧的“动作”选项卡，再单击【缩放】按钮，命令选项如下：

```
命令: _BActionTool 比例
选择参数:                              //选择“线性参数”
指定动作的选择集
选择对象:指定对角点:找到 2 个
选择对象:                              //选择所有门图形(矩形和弧线)，单击鼠标右键确认
指定动作位置或[基点类型(B)]:           //在适当位置拾取一点确定动作标签的位置，结果如图3-50 所示
```

02 单击“动作”选项卡下的【旋转】按钮，命令选项如下：

```
命令:_BActionTool 旋转
选择参数:                         //选择“角度参数”
指定动作的选择集
选择对象:指定对角点:找到 2 个
选择对象:                         //选择所有对象(包括门图形和前面创建的参数、动作)，单击鼠标右键确认
指定动作位置或 [基点类型(B)]:   //在适当位置拾取一点确定动作的位置，结果如图 3-51 所示
```

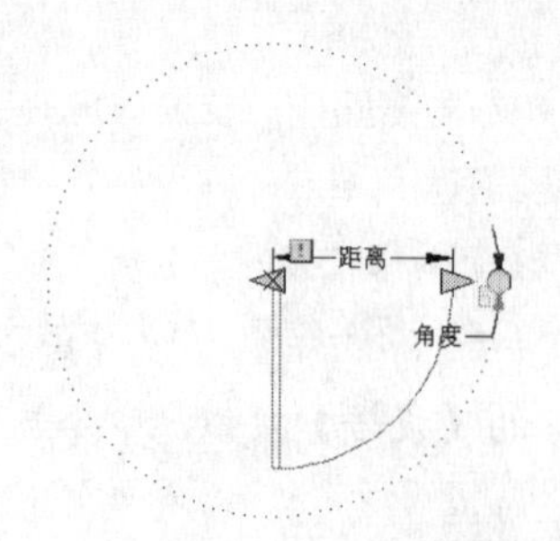

图 3-50 添加“缩放动作”

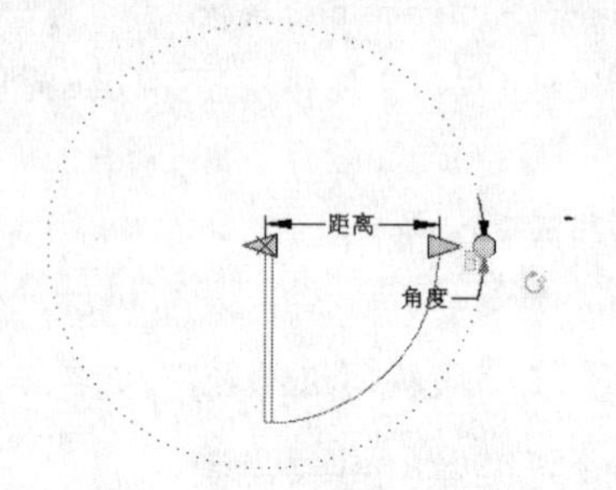

图 3-51 添加“旋转动作”

03 单击“块编辑器”工具栏（如图 3-52 所示）上的【保存块定义】按钮，保存所做的修改，单击【关闭块编辑器】按钮关闭块编辑器，返回到绘图窗口，“门(1000)”动态块创建完成。

图 3-52　块编辑工具栏

3.2.3　绘制并创建窗图块

首先绘制窗基本图形，然后创建窗图块。

1．绘制基本图形

窗的宽度一般有600mm、900mm、1200mm、1500mm、1800mm等几种，下面绘制一个宽为240、长为1000的图形作为窗的基本图形，如图3-53所示，绘制方法如下：

01 设置“C-窗”图层为当前图层，调用RECTANG/REC命令绘制1000×240的长方形，命令选项如下：

```
命令:RECTANG↙                                                    //调用【矩形】命令
指定第一个角点或 [倒角(C)/标高(E)/圆角(F)/厚度(T)/宽度(W)]: //在图形窗口中拾取一点作为长方形的第一个对角点
指定另一个角点或[尺寸(D)]:@1000,-240↙                          //输入相对坐标“@1000,-240”并按回车键，确定长方形第二个对角点，得到长方形如图3-54所示
```

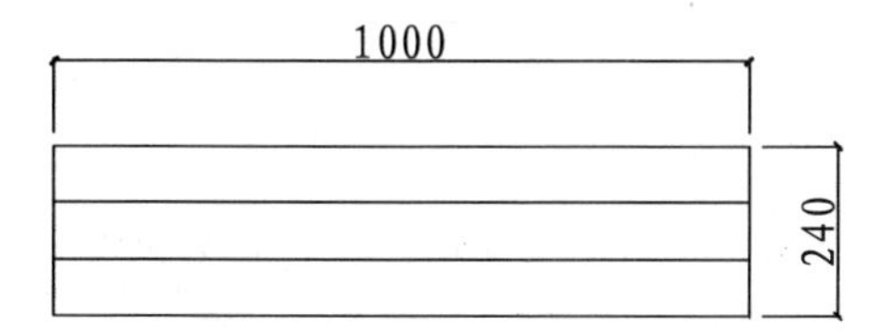

图 3-53　窗图形

图 3-54　绘制的长方形

02 由于需要对长方形的边进行偏移操作，所以需先调用EXPLODE/X命令将长方形分解，使长方形4条边独立出来，命令选项如下：

```
命令:EXPLODE↙                      //调用【分解】命令
选择对象:找到 1 个                 //选择刚才绘制的长方形
选择对象: ↙                        //按回车键退出命令，长方形被分解成4条独立的线段
```

03 调用OFFSET/O命令偏移分解后的长方形，命令选项如下：

```
命令:OFFSET↙                              //调用【偏移】命令
指定偏移距离或[通过(T)] <通过>:80↙        //输入80作为偏移距离
选择要偏移的对象或<退出>:                 //单击长方形的上侧边作为偏移对象，如图3-55所示
指定点以确定偏移所在一侧:                 //在长方形下方单击鼠标
选择要偏移的对象或 <退出>:                //鼠标单击长方形的底边
指定点以确定偏移所在一侧:                 //在长方形上方单击鼠标
选择要偏移的对象或 <退出>:↙               //按回车键退出命令，得到窗图形如图3-56所示
```

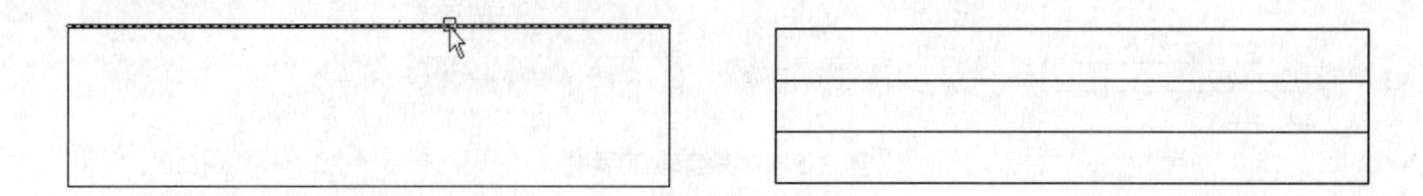

图 3-55　选择偏移边　　　　图 3-56　绘制的窗图形

2. 创建图块

应用前面介绍的创建门图块的方法，创建“窗(1000)”图块，在“块定义”对话框中取消“按统一比例缩放”复选框的勾选，如图 3-57 所示。

3.2.4　绘制并创建立面指向符图块

立面指向符是室内装修施工图中特有的一种标识符号，主要用于立面图编号。当某个垂直界面需要绘制立面图时，在该垂直界面所对应的平面图中就要使用立面指向符，以方便确认该垂直界面的立面图编号。

立面指向符由等腰直角三角形、圆和字母组成，其中字母为立面图的编号，黑色的箭头指向立面的方向。如图 3-58a 所示为单向内视符号，图 3-58b 所示为双向内视符号，图 3-58c 所示为四向内视符号（按顺时针方向进行编号）。

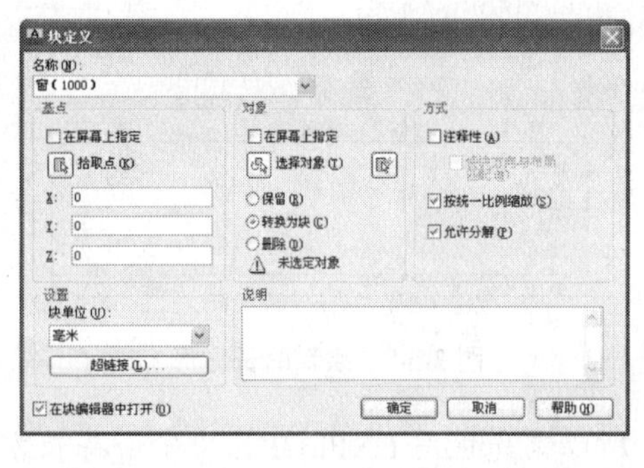

图 3-57　创建“窗(1000)”图块

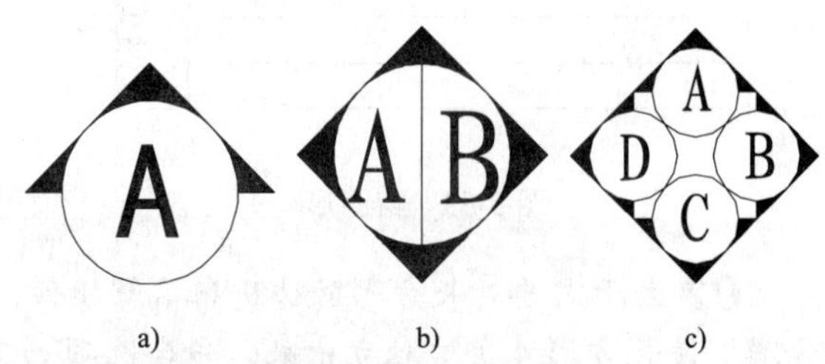

图 3-58　立面指向符

下面介绍立面指向符的绘制方法，具体操作步骤如下：

01 调用 RECTANG/REC 命令，绘制一个 380 × 380 的矩形，如图 3-59 所示。

02 调用 LINE/L 命令，按【F3】打开对象捕捉。分别捕捉矩形上、左和右方线段的中点，如图 3-60 所示绘制一个等边直角三角形。

03 调用 CIRCLE/C 命令绘制圆，命令行选项如下：

```
命令: CIRCLE↙                                              //调用【圆】命令
指定圆的圆心或 [三点(3P)/两点(2P)/相切、相切、半径(T)]:   //捕捉并单击如图 3-61 所示线段中点，确定圆心
指定圆的半径或[直径(D)] <134.3503>:                        //捕捉并单击如图 3-62 所示线段中点，确定圆半径
```

图 3-59　捕捉线段中点

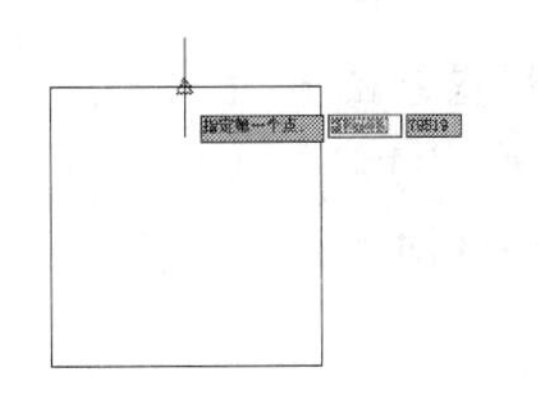

图 3-60　确定线段第三点

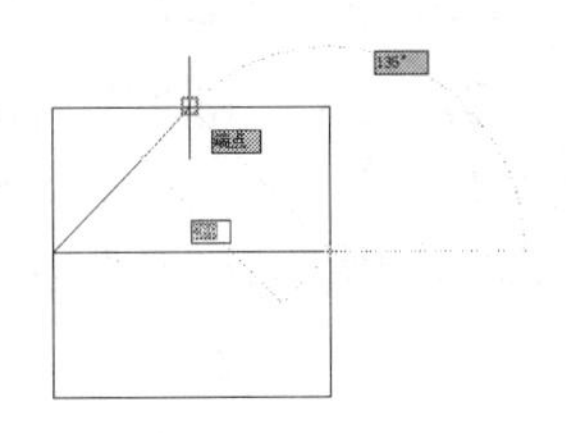

图 3-61　指定圆心

04 调用 TRIM/TR 命令修剪圆，效果如图 3-63 所示。

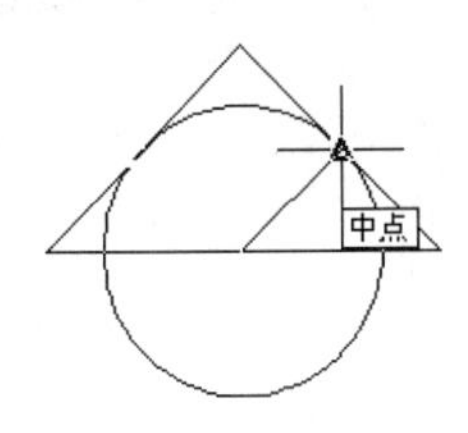

图 3-62　指定圆半径

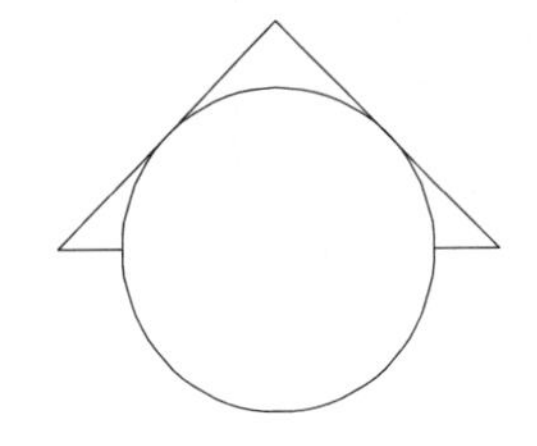

图 3-63　修剪后的效果

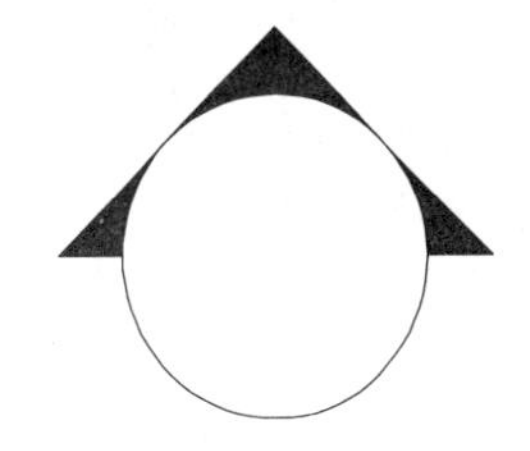

图 3-64　填充结果

05 调用 BHATCH/BH 命令，使用 SOLID 图案填充图形，结果如图 3-64 所示，填充参数设置如图 3-65 所示。立面指向符绘制完成。

06 调用 BLOCK/B 命令，创建“立面指向符”图块。

3.2.5 绘制并创建图名动态块

图名由图形名称、比例和下划线三部分组成，如图 3-66 所示。通过添加块属性和创建动态块，可随时更改图形名字和比例，并动态调整图名宽度，下面介绍绘制和创建方法。

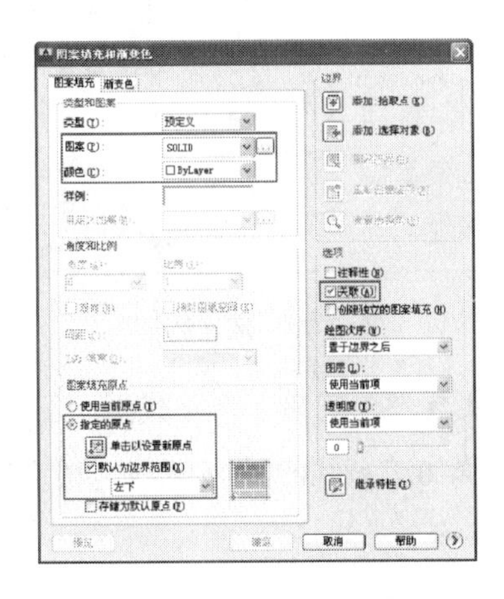

图 3-65　填充参数设置

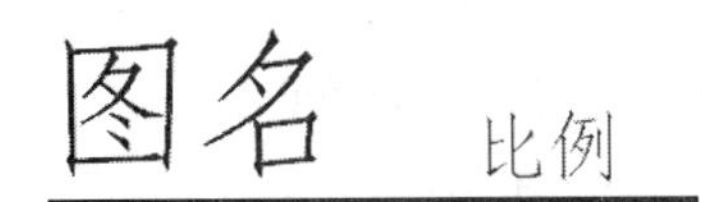

图 3-66　图名

1. 绘制图形

如图 3-66 所示，图形名称文字尺寸较大，可以创建一个新的文字样式。

01 使用前面介绍的方法，选择【格式】|【文字样式】命令，创建“仿宋 2”文字样

式，文字高度设置为3，并勾选“注释性”复选项，其他参数设置如图3-67所示。

02 定义“图名”属性。执行【绘图】|【块】|【定义属性】命令，打开“属性定义”对话框，在“属性”参数栏中设置“标记”为“图名”，设置“提示”为“请输入图名”，设置“默认”为“图名”，如图3-68所示。

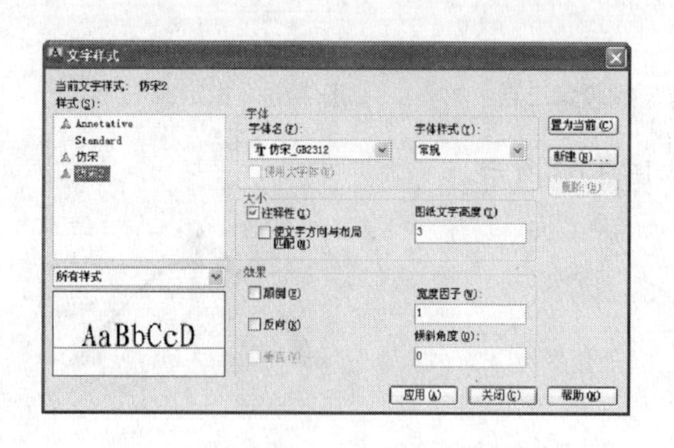

图3-67　创建文字样式

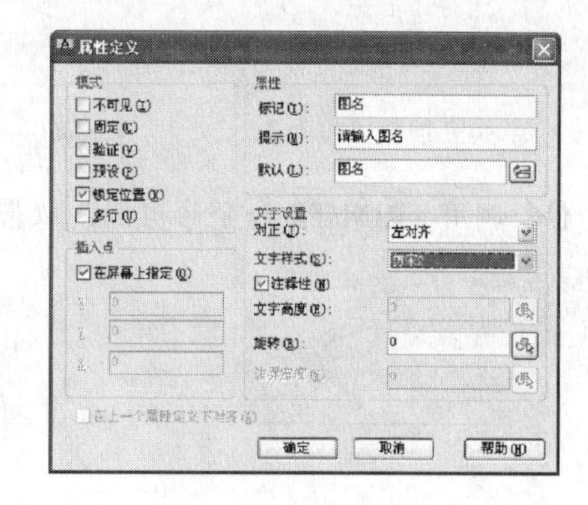

图3-68　定义属性

03 在“文字设置”参数栏中设置“文字样式”为“仿宋2”，勾选“注释性”复选框，如图3-68所示。

04 单击【确定】按钮确认，在窗口内拾取一点确定属性位置，如图3-69所示。

05 使用相同方法，创建“比例”属性，其参数设置如图3-70所示，文字样式设置为“仿宋”。

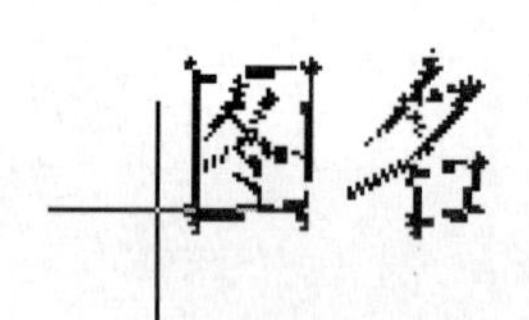

图3-69　确定属性位置

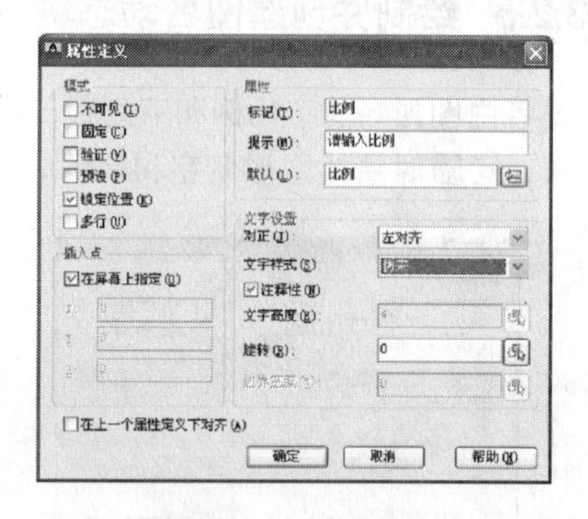

图3-70　定义属性

06 使用MOVE/M命令将“图名”与“比例”文字移动到同一水平线上。

07 调用PLINE/PL命令，在文字下方绘制宽度为0.2和0.02的多段线，图名图形绘制完成，如图3-71所示。

2. 创建块

01 选择“图名”和“比例”文字及下划线，调用BLOCK/B命令，打开“块定义”对话框。

02 在“块定义”对话框中设置块“名称”为“图名”。单击【拾取点】按钮，在图形中拾取下划线左端点作为块的基点，勾选“注释性”复选框，使图块可随当前注释比例变化，其他参数设置如图 3-72 所示。

03 单击【确定】按钮完成块定义。

图 3-71 图名

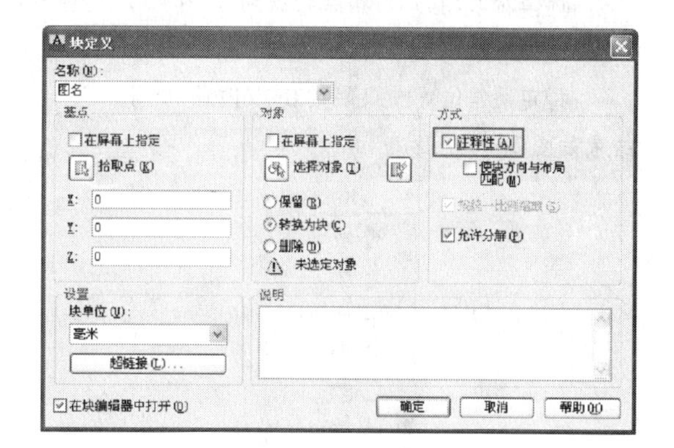

图 3-72 创建块

3. 创建动态块

下面将“图名”块定义为动态块，使其具有动态修改宽度的功能，这主要是考虑到图名的长度不是固定的。

01 调用 BEDIT/BE 命令，打开“编辑块定义”对话框，选择“图名”图块，如图 3-73 所示。单击【确定】按钮进入块编辑器。

02 在“块编写选项板”右侧单击“参数”选项卡下的【线性】按钮，以下划线左、右端点为起始点和端点添加线性参数，如图 3-74 所示。

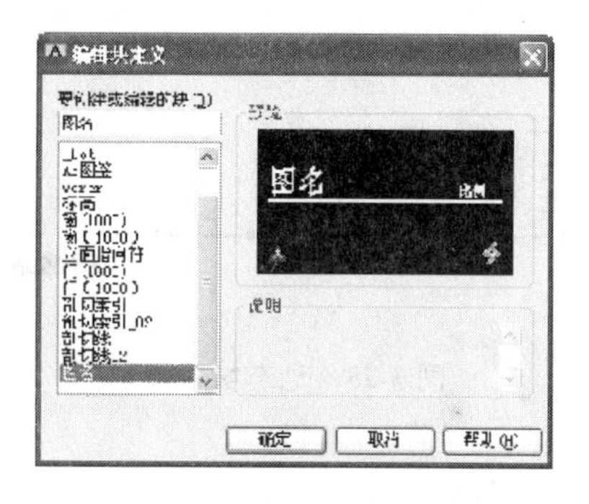

图 3-73 “编辑块定义”对话框

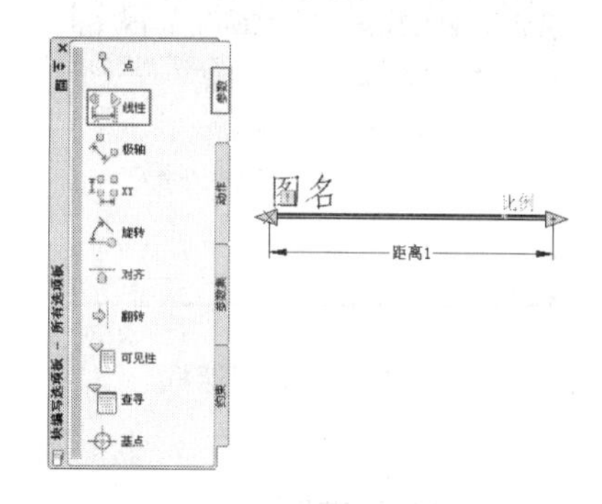

图 3-74 添加线性参数

03 单击“动作”选项卡下的【拉伸】按钮，创建拉伸动作，如图 3-75 所示，命令选项如下：

```
命令: _BActionTool 拉伸
选择参数:                                    //选择前面创建的线性参数
指定要与动作关联的参数点或输入[起点(T)/第二点(S)] <第二点>:
                                             //捕捉并单击下划线右下角端点
指定拉伸框架的第一个角点或[圈交(CP)]:
指定对角点:                                  //拖动鼠标创建一个虚框，虚框内为可拉伸部分
```

指定要拉伸的对象
选择对象：找到 1个
选择对象：指定对角点：找到 5 个（1 个重复），总计 5 个
选择对象：　　//选择除文字“图名”之外的其他所有对象
指定动作位置或［乘数(M)/偏移(O)]：　　//在适当位置拾取一点确定拉伸动作图标的位置，结果如图 3-76 所示

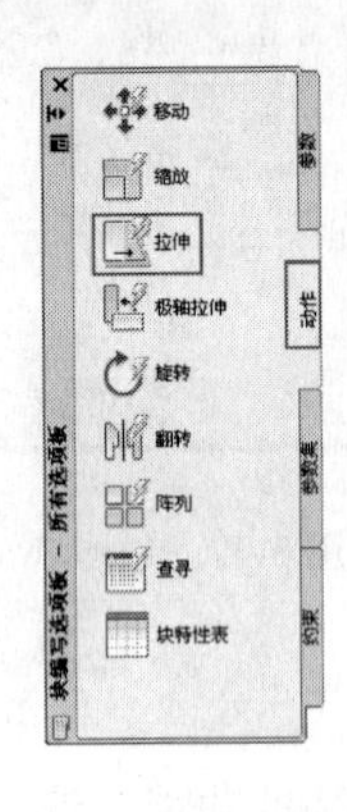

图 3-75　调用“拉伸”动作

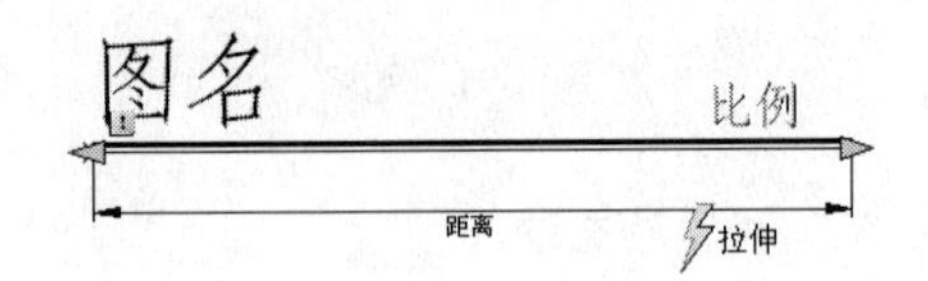

图 3-76　添加参数

04 单击工具栏【关闭块编辑器】按钮退出块编辑器，当弹出如图 3-77 所示提示对话框时，单击【是】按钮保存修改。

05 此时“图名”图块就具有了动态改变宽度的功能，如图 3-78 所示。

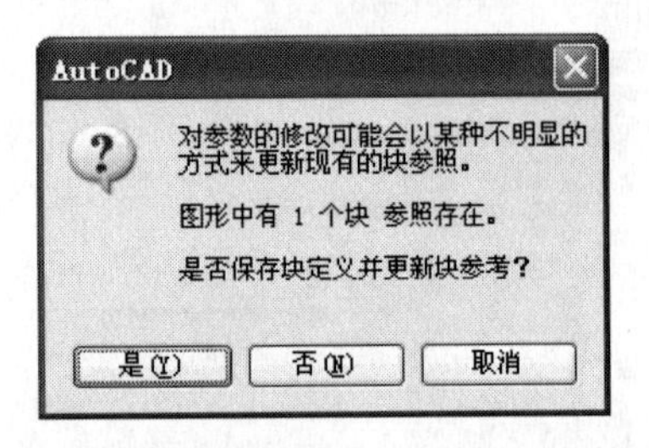

图 3-77　提示对话框

图 3-78　动态块效果

3.2.6　创建标高图块

标高的用途是用于表示顶面造型及地面装修完成面的高度，接下来进行绘制。

1.　绘制标高图形

01 调用矩形命令 RECTANG/REC 绘制一个矩形，命令选项如下：

命令：RECTANG↙　　//调用【矩形】命令
指定第一个角点或［倒角(C)/标高(E)/圆角(F)/厚度(T)/宽度(W)]：　　//拾取一点作为矩形的第一个角点
指定另一个角点或［面积(A)/尺寸(D)/旋转(R)]：@-80,40↙　　//输入矩形对角点相对坐标@-80，40，按回车键，效果如图 3-79 所示

02 调用 EXPLODE/X 命令分解矩形，命令选项如下：

```
命令:EXPLODE↙                    //调用【分解】命令
选择对象:找到 1 个↙              //鼠标变成一个小方块，单击矩形，按空格键，矩形被分解
```

03 调用 LINE/L 命令，捕捉矩形的第一个角点，将其与矩形的中点连接，再连接第二个角点，效果如图 3-80 所示。

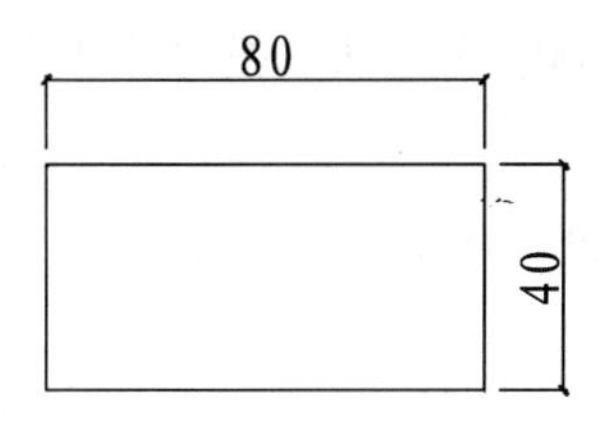

图 3-79 绘制矩形

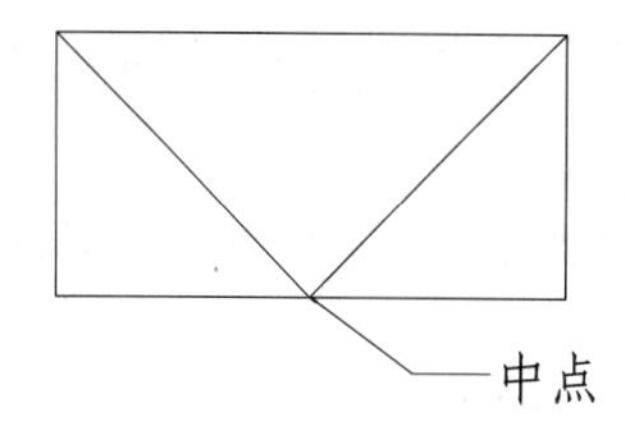

图 3-80 绘制线段

04 删除多余的线段，只留下一个三角形，利用三角形的边画一条直线，如图 3-81 所示，标高符号绘制完成。

2. 标高定义属性

01 执行【绘图】|【块】|【定义属性】命令，打开“属性定义”对话框，在“属性”参数栏中设置“标记”为“0.000”，设置“提示”为“请输入标高值”，设置“默认”为 0.000。

02 在“文字设置”参数栏中设置“文字样式”为“仿宋 2”，勾选“注释性”复选框，如图 3-82 所示。

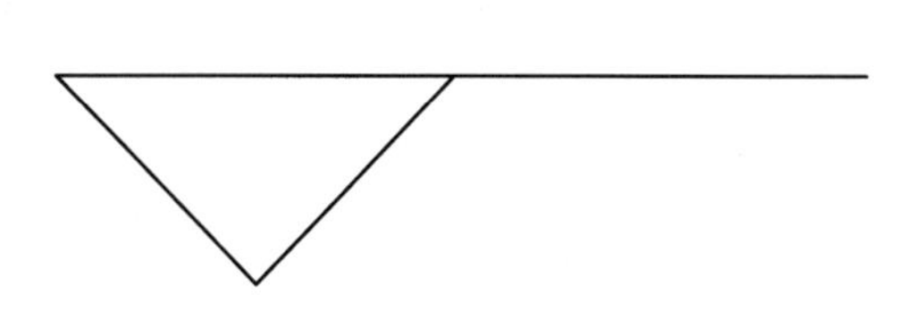

图 3-81 绘制直线

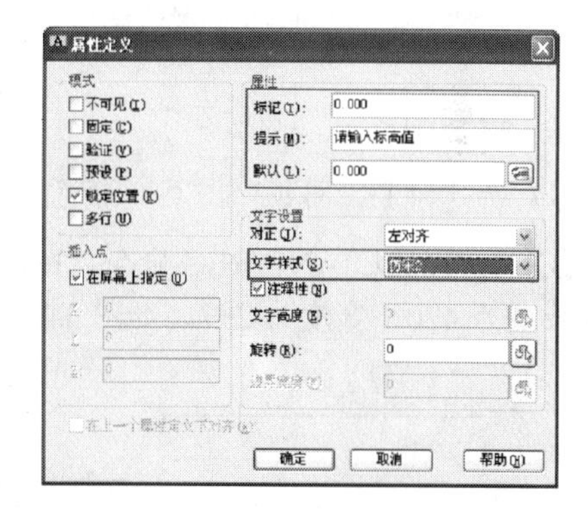

图 3-82 定义属性

03 单击【确定】按钮确认，将文字放置在前面绘制的图形上，如图 3-83 所示。

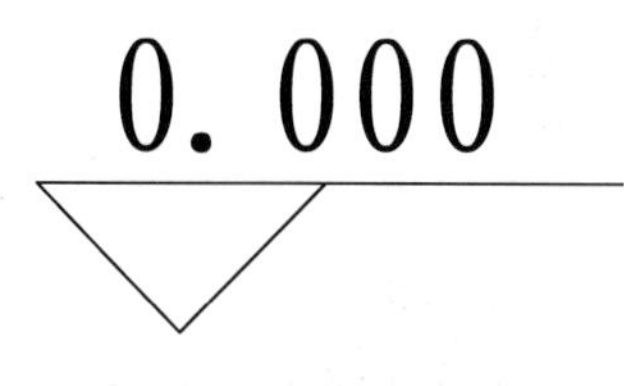

图 3-83 指定属性位置

3. 创建标高图块

01 选择图形和文字，在命令行中输入 BLOCK/B 后按回车键，打开“块定义”对话框，如图-3-84 所示。

02 在“对象”参数栏中单击【选择对象】按钮，在图形窗口中选择标高图形，按回车键返回“块定义”对话框。

03 在“基点”参数栏中单击【拾取点】按钮，捕捉并单击三角形左上角的端点作为图块的插入点。

04 单击【确定】按钮关闭对话框，完成标高图块的创建。

3.2.7 绘制 A3 图框

在本节中主要介绍 A3 图框的绘制方法，以练习表格和文字的创建和编辑方法，绘制完成的 A3 图框如图 3-85 所示。

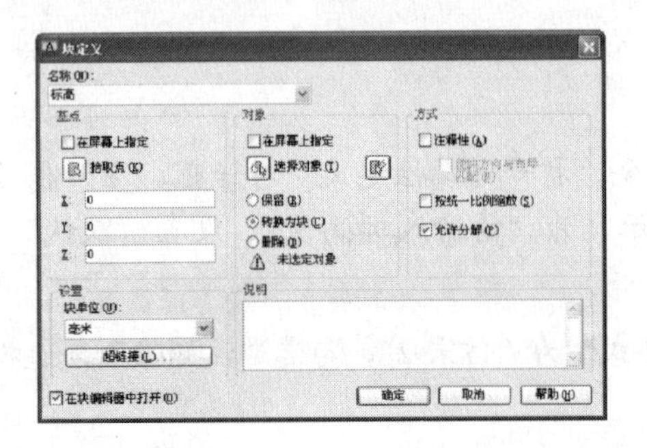

图-3-84 “块定义”对话框

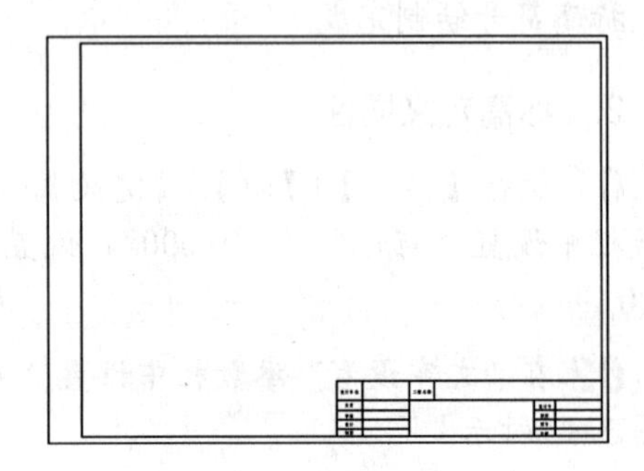

图 3-85 A3 图纸样板图形

1. 绘制图框

01 新建“TK_图框”图层，颜色为“白色”，将其置为当前图层。

02 调用 RECTANG/REC 命令，在绘图区域指定一点为矩形的端点，选择“D”选项，输入长度为 420，宽度为 297，如图 3-86 所示。

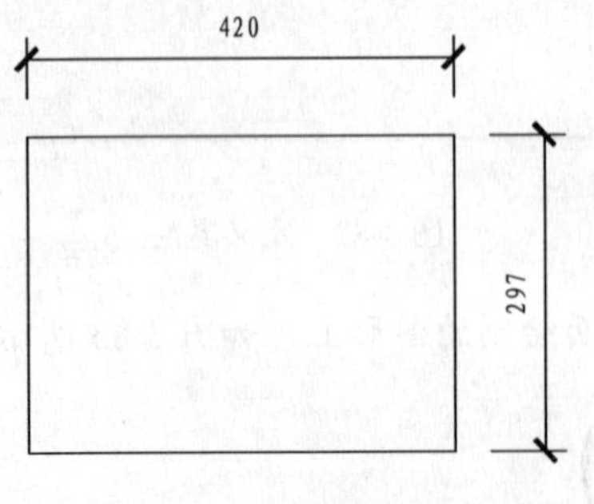

图 3-86 绘制矩形

图 3-87 偏移线段

03 调用 EXPLODE/X 命令，分解矩形。

04 调用 OFFSET/O 命令，将左边的线段向右偏移 25，分别将其他三个边长向内偏移 5。修剪多余的线条，如图 3-87 所示。

2. 插入表格

01 调用 RECTANG/REC 命令，绘制一个尺寸为 200×40 的矩形，作为标题栏的范围。

02 调用 MOVE/M 命令，将绘制的矩形移动至标题框的相应位置，如图 3-88 所示。

03 选择【绘图】|【表格】命令，弹出“插入表格”对话框。

04 在“插入方式”选项组中，选择“指定窗口”方式。在“列和行设置”选项组中，设置为 6 行 6 列，如图 3-89 所示。单击【确定】按钮，返回绘图区。

图 3-88　移动标题栏

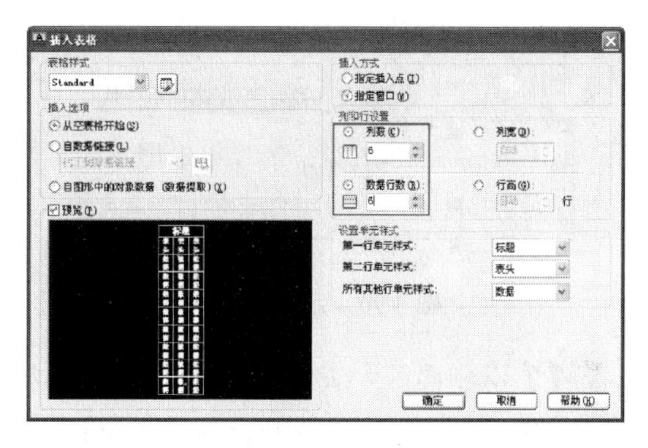

图 3-89　“插入表格”对话框

05 在绘图区中，为表格指定窗口。在矩形左上角单击，指定为表格的左上角点，拖动到矩形的右下角点，如图 3-90 所示。

06 指定位置后，弹出“文字格式”编辑器。单击【确定】按钮，关闭编辑器，如图 3-91 所示。

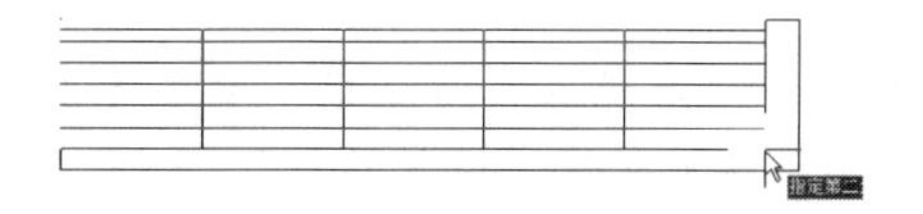

图 3-90　为表格指定窗口

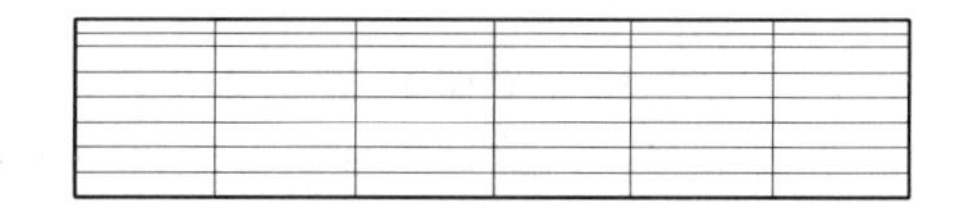

图 3-91　绘制表格

07 删除列标题和行标题。选择列标题和行标题，右击鼠标，选择【行】|【删除】命令，如图 3-92 所示。结果如图 3-93 所示。

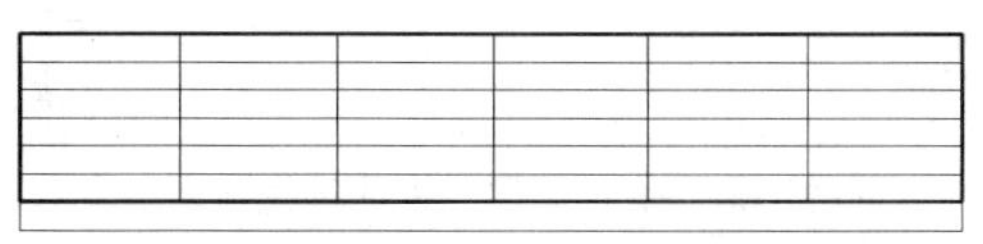

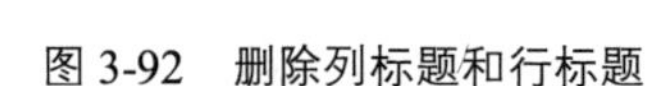

图 3-92　删除列标题和行标题

图 3-93　删除结果

08 调整表格。选择表格，对其进行夹点编辑，使其与矩形的大小相匹配，如图 3-94 所示。结果如图 3-95 所示。

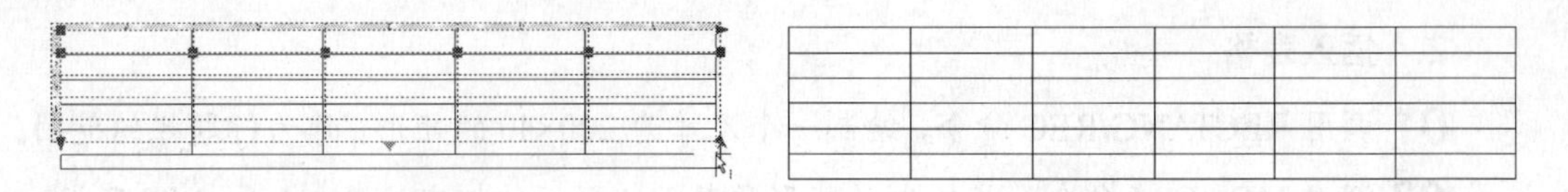

图 3-94　调整表格　　　　图 3-95　调整结果

09 合并单元格。选择左侧一列上两行的单元格，如图 3-96 所示。

10 单击右键，选择【合并】|【全部】命令。结果如图 3-97 所示。

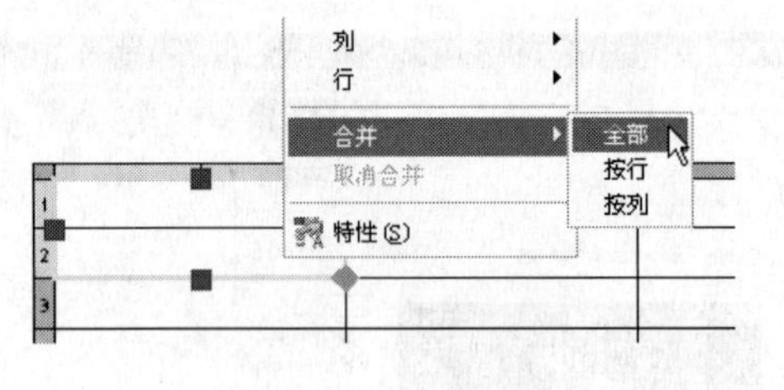

图 3-96　合并单元格

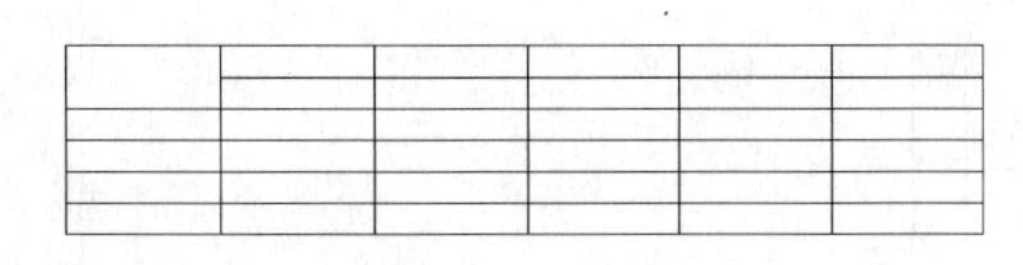

图 3-97　合并结果

11 以相同的方法，合并其他单元格，结果如图 3-98 所示。

12 调整表格。对表格进行夹点编辑。结果如图 3-99 所示。

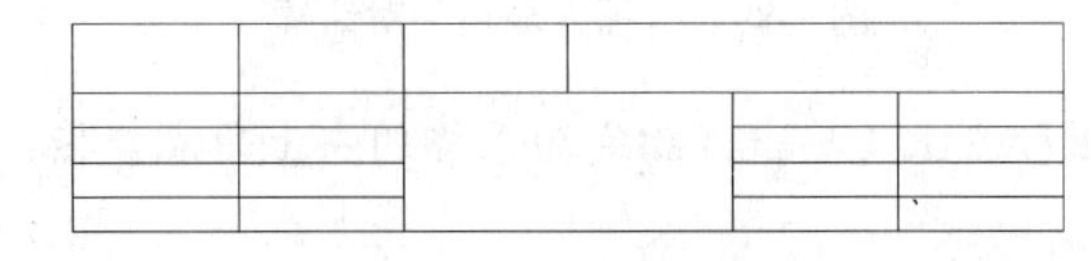

图 3-98　合并单元格

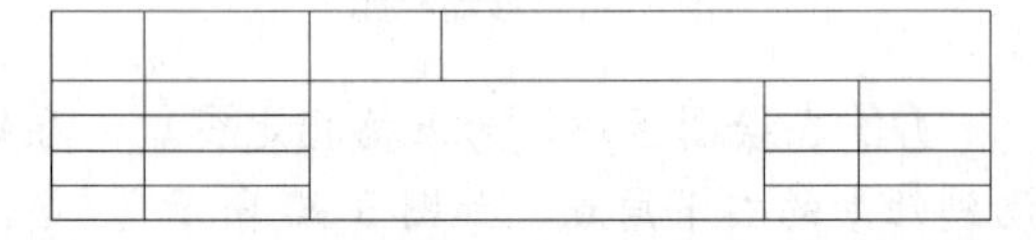

图 3-99　调整表格

3. 输入文字

01 在需要输入文字的单元格内双击左键，弹出“文字格式”对话框，单击【多行文字对正】按钮，在下拉列表中选择“正中”选项，输入文字“设计单位”，如图 3-100 所示。

02 输入文字，如图 3-101 所示。完成图框的绘制。

03 调用 BLOCK/B 命令，将图框创建成块。

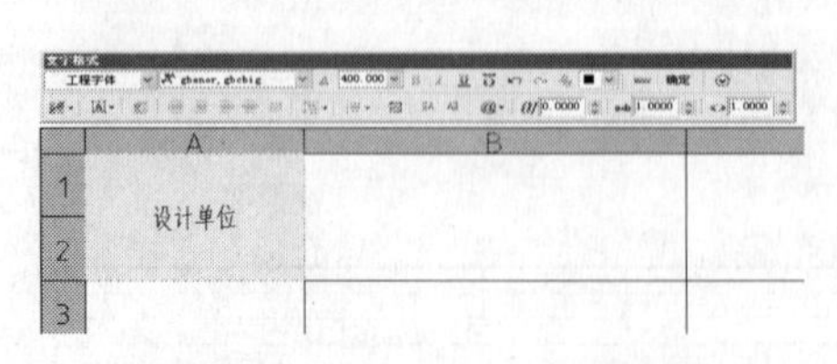

图 3-100　输入文字“设计单位”

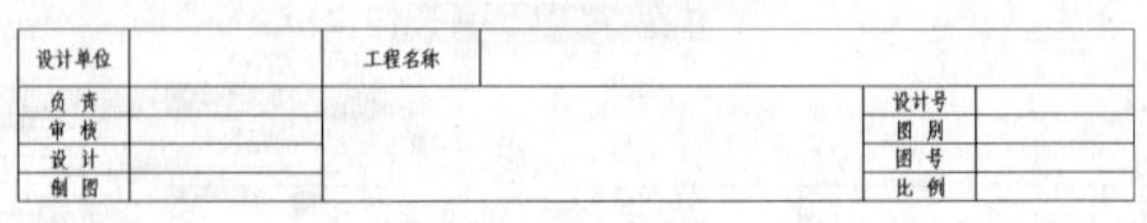

图 3-101　文字输入结果

3.2.8　绘制详图索引符号和详图编号图形

详图索引符号、详图编号也都是绘制施工图经常需要用到的图形。室内平、立、剖面图中，在需要另设详图表示的部位，标注一个索引符号，以表明该详图的位置，这个索引符号就是详图索引符号。

如图 3-102a、b 所示为详图索引符号，图 c、d 所示为剖面详图索引符号。详图索引符号采用细实线绘制，圆圈直径约 10mm 左右。当详图在本张图样时，采用图 3-102a、c 的形式，当详图不在本张图样时，采用图 b、d 的形式。

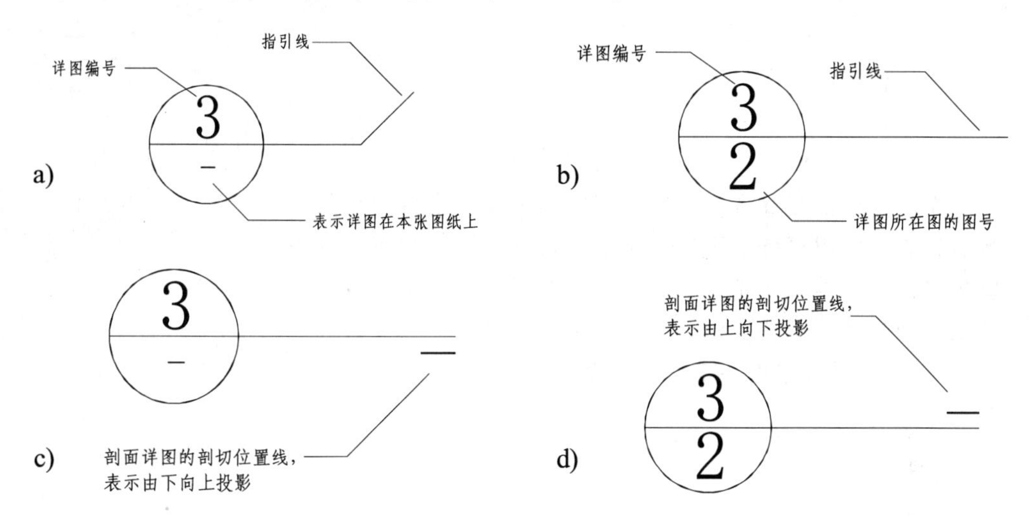

图 3-102　详图索引符号

详图的编号用粗实线绘制，圆圈直径 14mm 左右，如图 3-103 所示。

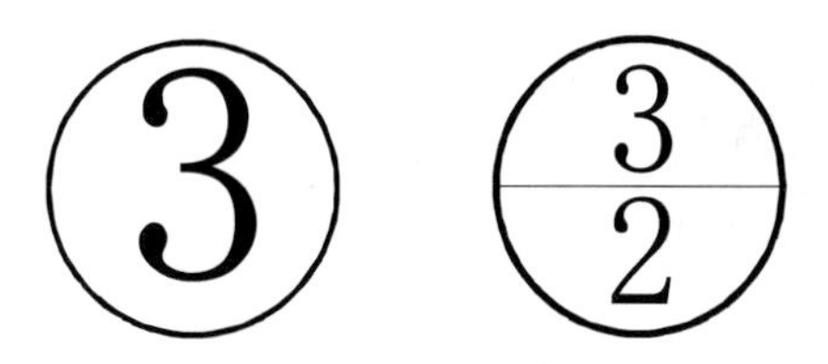

图 3-103　详图编号

第4章

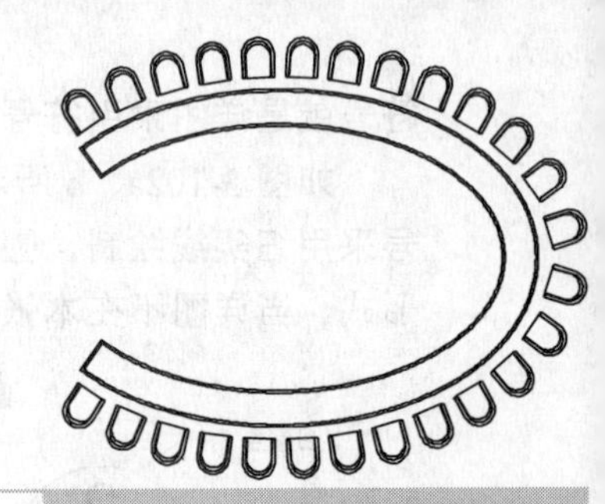

本章导读：

在室内装饰设计中，常常需要绘制家具、洁具和电器等各种设施，以便能够更真实地表达设计效果。本章讲解室内装饰设计中一些常见的家具及电器设施平面图的绘制方法。通过绘制这些实例，读者可了解常见室内家具的尺寸、规格和结构，并练习前面学习的AutoCAD的绘图和编辑命令。

本章重点：

- 绘制转角沙发和茶几
- 绘制床和床头柜
- 绘制煤气灶
- 绘制钢琴
- 绘制电脑椅
- 绘制浴缸
- 绘制坐便器
- 绘制地面拼花
- 绘制会议桌

绘制常用家具平面图

4.1 绘制转角沙发和茶几

沙发和茶几通常摆放在客厅或者办公空间、酒店休息区等区域。本小节详细介绍如图4-1 所示转角沙发和茶几的绘制方法。

01 绘制沙发组。调用 PLINE/PL 命令，绘制多段线，如图 4-2 所示。

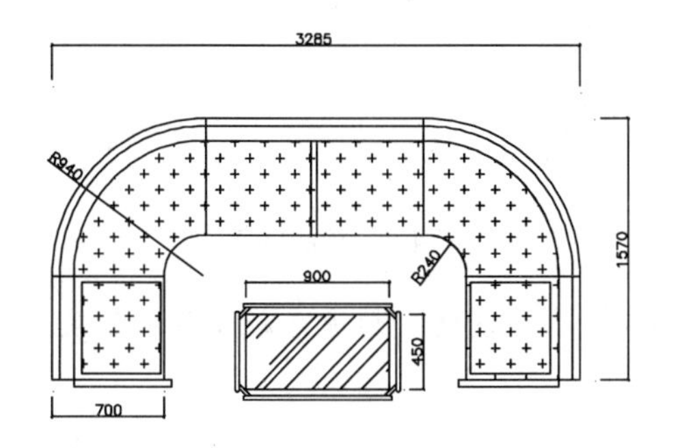

图 4-1 转角沙发和茶几

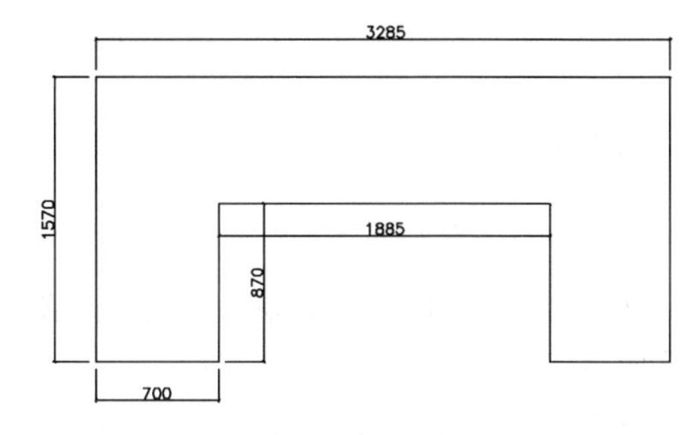

图 4-2 绘制多段线

02 调用 FILLET/F 命令，对多段线进行圆角，如图 4-3 所示。

03 调用 EXPLODE/X 命令，对多段线进行分解。

04 调用 OFFSET/O 命令，将圆弧和线段向内偏移 45 和 90，如图 4-4 所示。

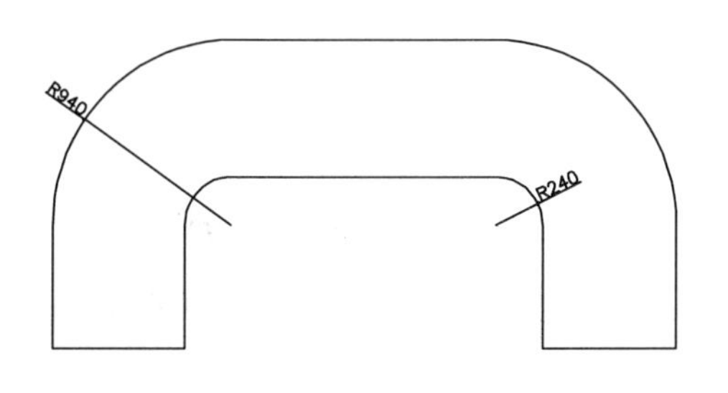

图 4-3 创建圆角

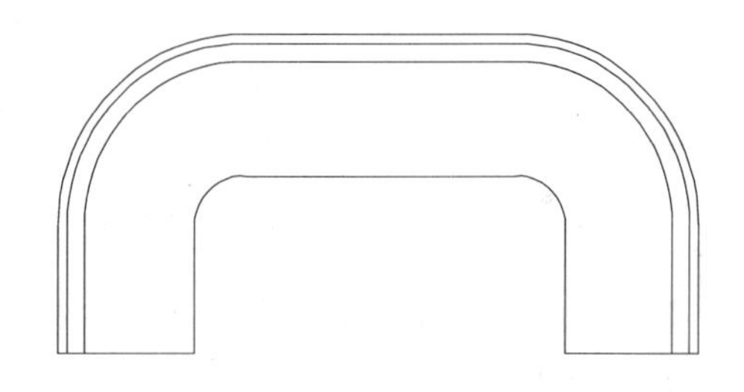

图 4-4 偏移圆弧和线段

05 调用 LINE/L 命令和 OFFSET/O 命令，绘制线段，如图 4-5 所示。

06 调用 RECTANG/REC 命令，绘制一个尺寸为 490 × 550 的矩形，并移动到相应的位置，如图 4-6 所示。

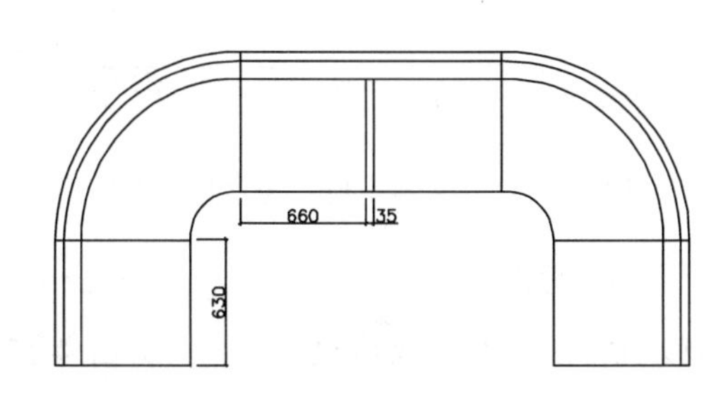

图 4-5 绘制线段

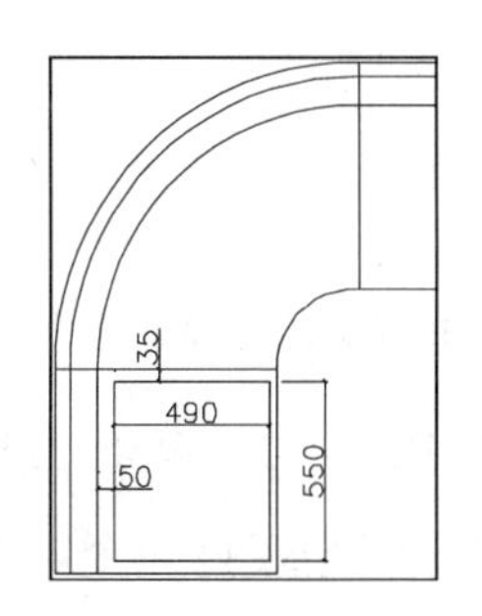

图 4-6 绘制矩形

07 调用 MIRROR/MI 命令，对矩形进行镜像，如图 4-7 所示。

08 绘制扶手。调用 RECTANG/REC 命令和 MIRROR/MI 命令，绘制沙发扶手，如图 4-8 所示。

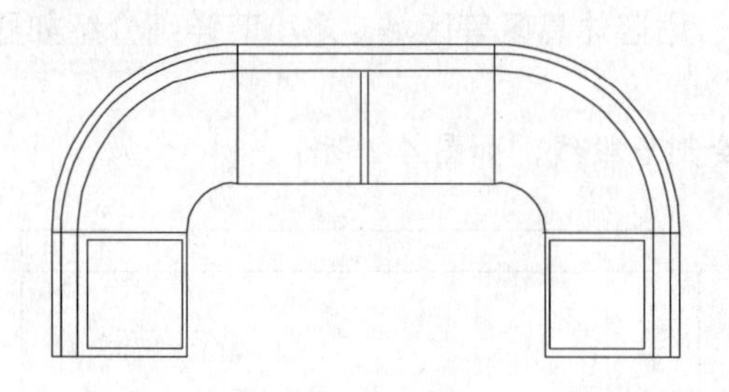

图 4-7　镜像矩形

615
142

图 4-8　绘制扶手

09 调用 HATCH/H 命令，在坐垫区域填充 CROSS 图案，填充参数设置和效果如图 4-9 所示。

10 绘制茶几。调用 RECTANG/REC 命令，绘制尺寸为 900 × 450 的矩形，如图 4-10 所示。

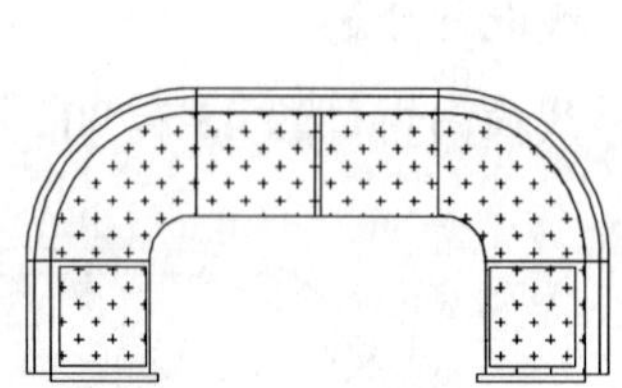

图 4-9　填充参数设置和效果

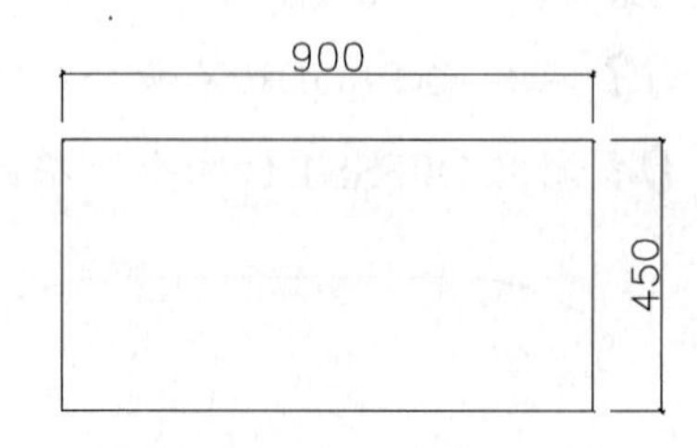

图 4-10　绘制矩形

11 调用 RECTANG/REC 命令，绘制尺寸为 930 × 25，圆角半径为 10 的圆角矩形，如图 4-11 所示。

12 调用 COPY/CO 命令，将圆角矩形向下复制，如图 4-12 所示。

13 使用同样的方法绘制两侧的圆角矩形，如图 4-13 所示。

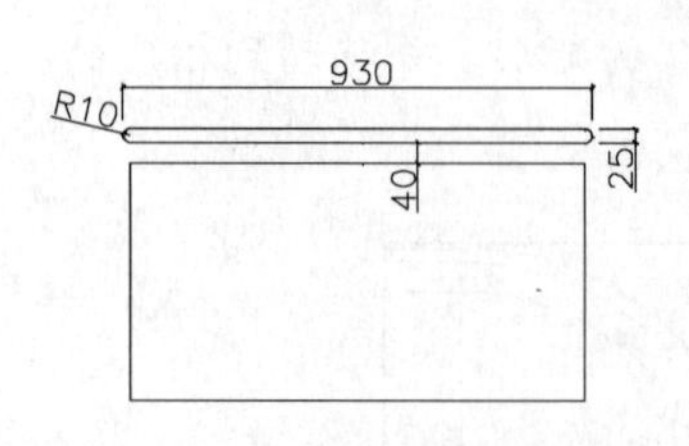

图 4-11　绘制圆角矩形

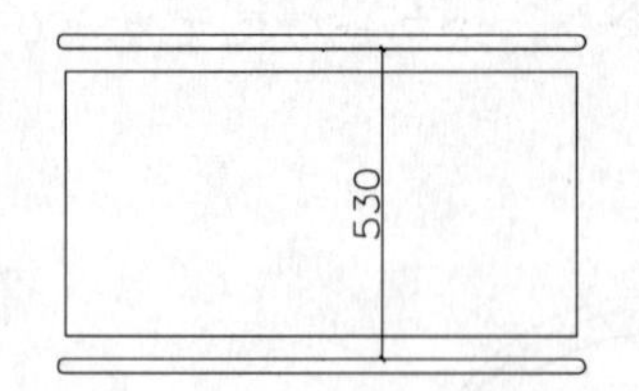

图 4-12　复制圆角矩形

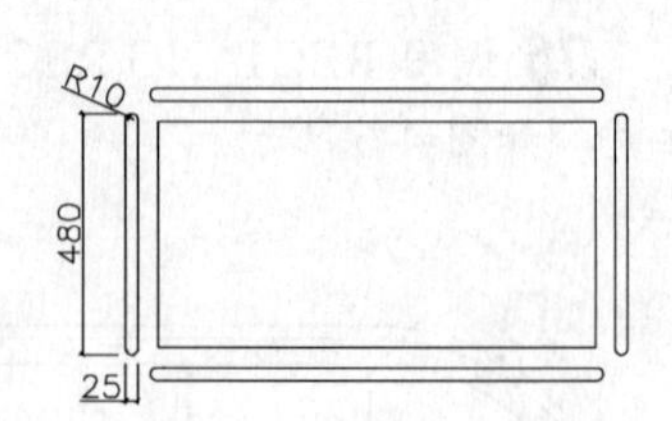

图 4-13　绘制圆角矩形

14 调用 PLINE/PL 命令，绘制多段线，如图 4-14 所示。

15 调用 OFFSET/O 命令，将多段线向右偏移 20，然后对多段线进行调整，如图 4-15 所示。

16 调用 MIRROR/MI 命令，对多段线进行镜像，如图 4-16 所示。

图 4-14　绘制多段线　　图 4-15　偏移多段线　　图 4-16　镜像多段线

17 调用 HATCH/H 命令，在茶几玻璃矩形内填充 AR-RROOF 图案，填充参数设置和效果如图 4-17 所示。

18 调用 MOVE/M 命令，将茶几移动到相应的位置，如图 4-18 所示，完成转角沙发和茶几的绘制。

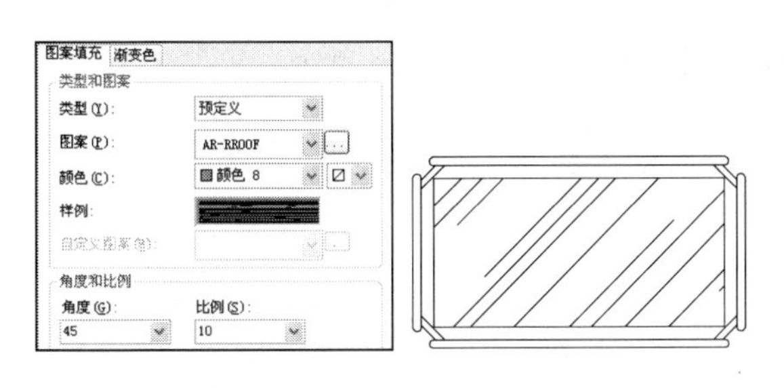

图 4-17　填充参数设置和效果

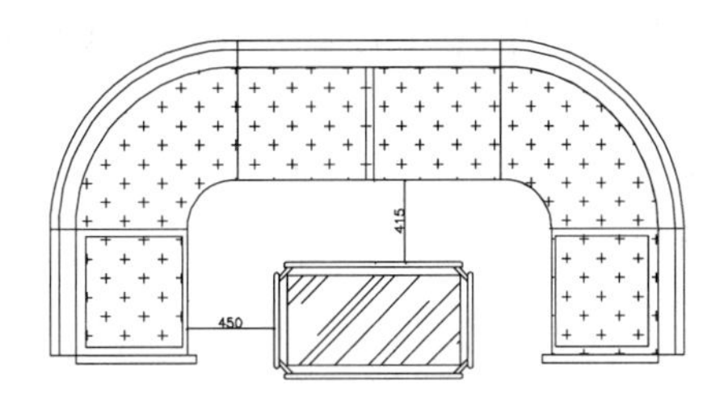

图 4-18　移动茶几

4.2 绘制床和床头柜

床是卧室的主要家具，本节介绍双人床和床头柜的绘制方法，绘制完成的效果如图 4-19 所示。

01 绘制床。调用 RECTANG/REC 命令，绘制一个尺寸为 1800×2100 的矩形，如图 4-20 所示。

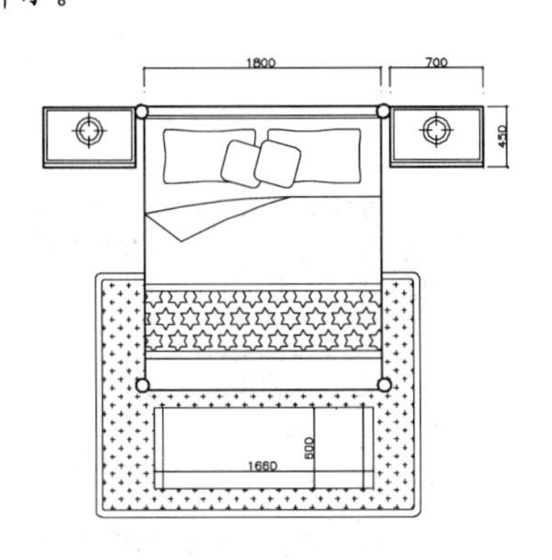

图 4-19　床和床头柜

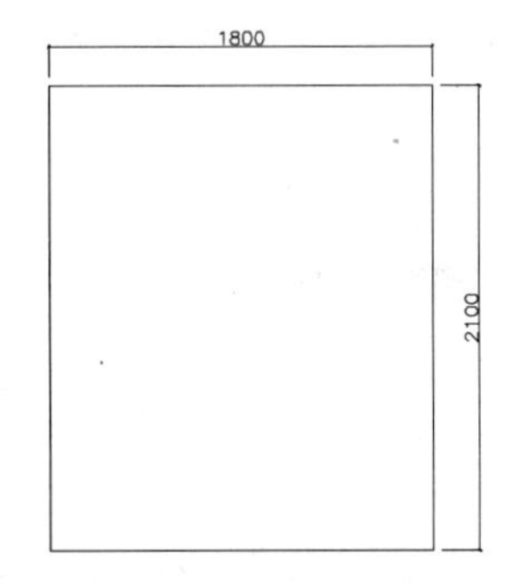

图 4-20　绘制矩形

02 调用 LINE/L 命令，绘制辅助线，如图 4-21 所示。

03 调用 CIRCLE/C 命令，以辅助线的交点为圆心绘制半径为 50 的圆，然后删除辅助线，如图 4-22 所示。

04 调用 TRIM/TR 命令，对线段相交的位置进行修剪，如图 4-23 所示。

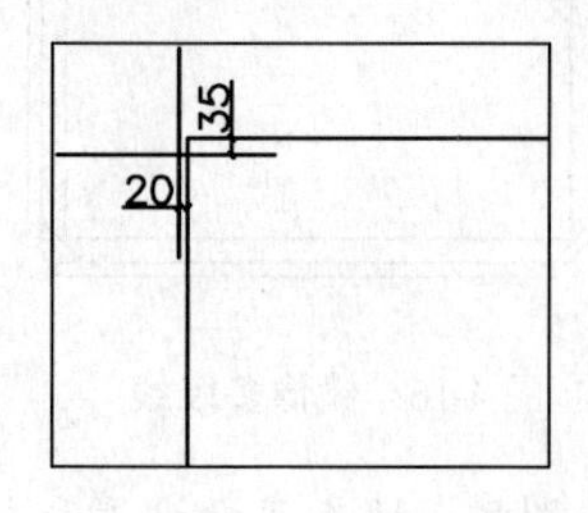

图 4-21　绘制辅助线

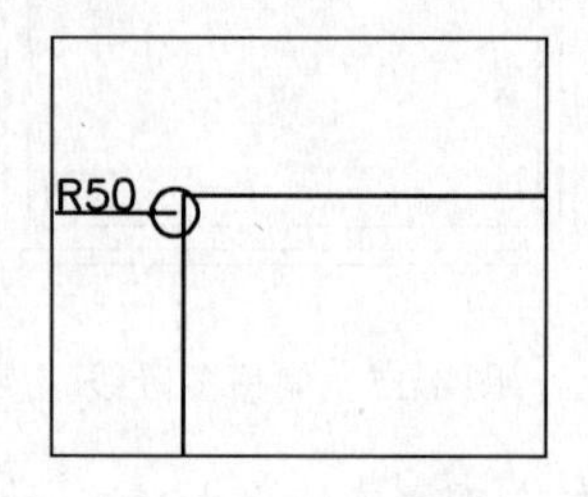

图 4-22　绘制圆

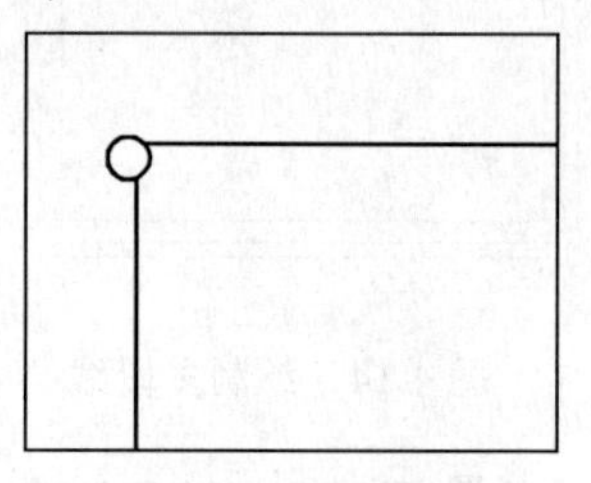

图 4-23　修剪线段

05 调用 COPY/CO 命令，对圆进行复制，然后对线段进行修剪，效果如图 4-24 所示。

06 调用 LINE/L 命令和 OFFSET/O 命令，绘制线段，如图 4-25 所示。

07 调用 LINE/L 命令和 OFFSET/O 命令，绘制线段，如图 4-26 所示。

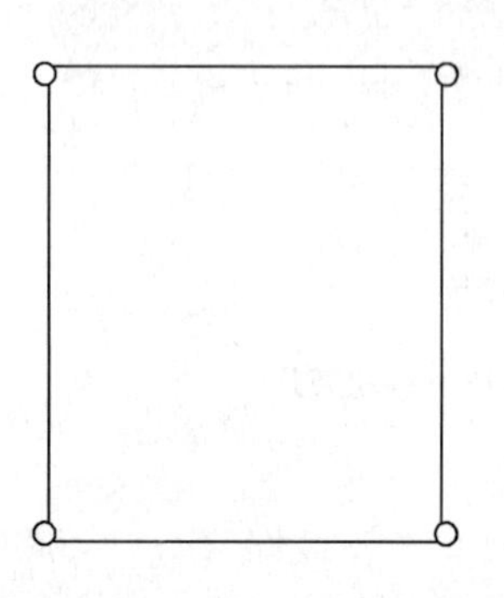

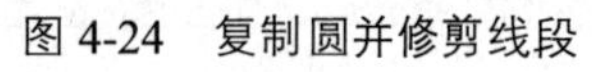

图 4-24　复制圆并修剪线段

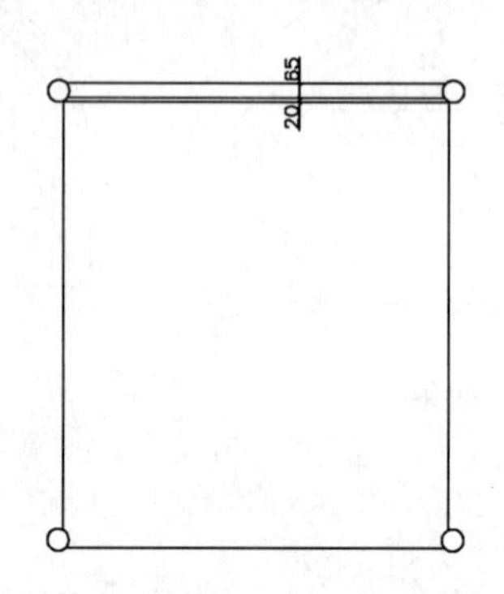

图 4-25　绘制线段

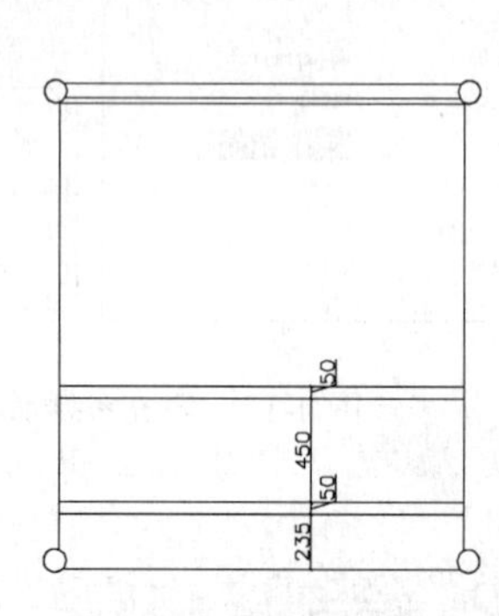

图 4-26　绘制线段

08 调用 HATCH/H 命令，在线段内填充 STARS 图案，填充参数设置和效果如图 4-27 所示。

09 绘制床头柜。调用 RECTANG/REC 命令，绘制一个尺寸为 700 × 450 的矩形，如图 4-28 所示。

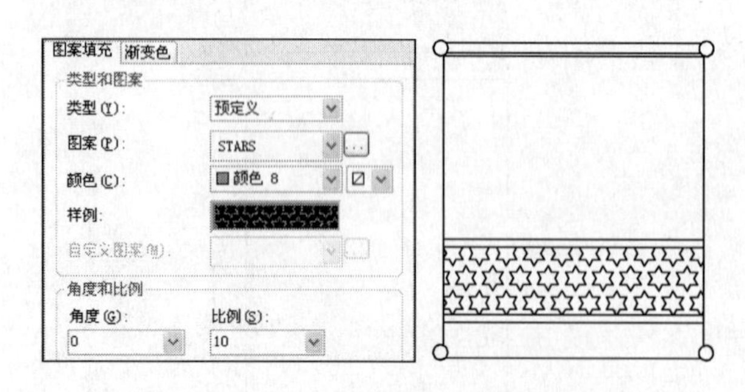

图 4-27　填充参数设置和效果

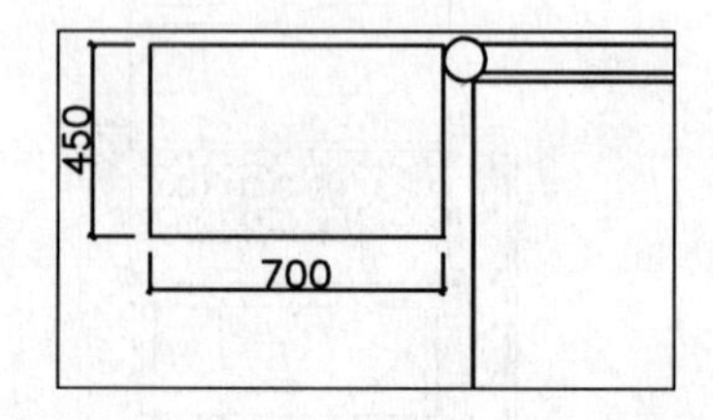

图 4-28　绘制矩形

10 调用 LINE/L 命令，绘制线段，如图 4-29 所示。

11 调用 RECTANG/REC 命令，绘制矩形，然后将矩形向内偏移 25，如图 4-30 所示。

12 调用 LINE/L 命令，绘制辅助线，如图 4-31 所示。

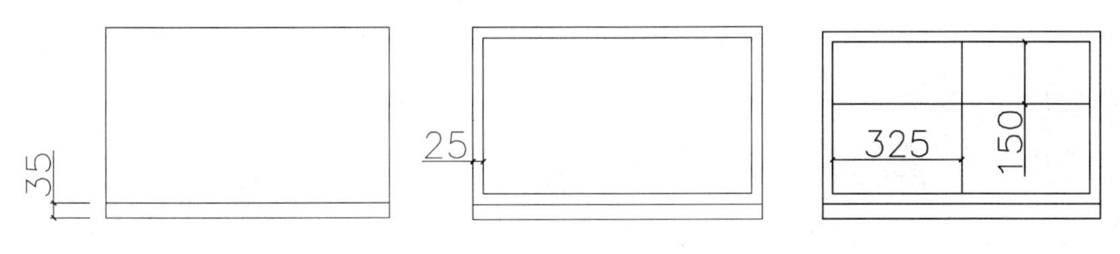

图 4-29　绘制线段　　图 4-30　偏移矩形　　图 4-31　绘制辅助线

13 调用 CIRCLE/C 命令，以辅助线的交点为圆心，绘制半径为 100 的圆，如图 4-32 所示。

14 调用 OFFSET/O 命令，将圆向内偏移 30，如图 4-33 所示。

15 调用 LINE/L 命令，绘制线段，如图 4-34 所示。

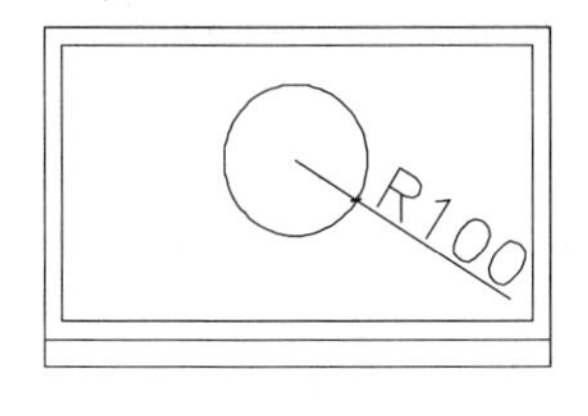

图 4-32　绘制圆

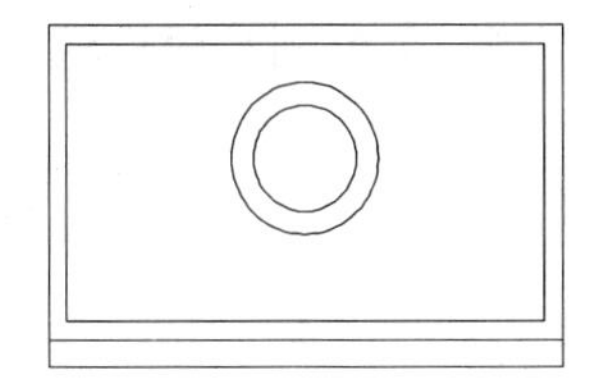

图 4-33　偏移圆

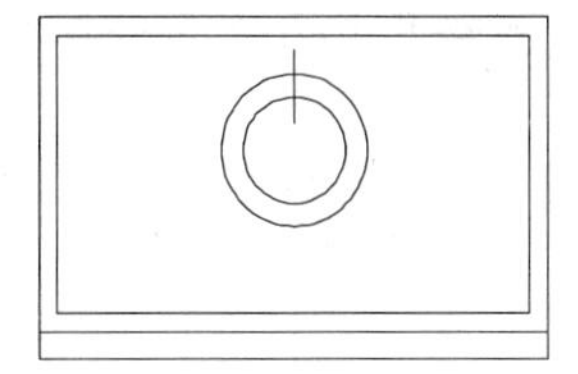

图 4-34　绘制线段

16 调用 COPY/CO 命令和 ROTATE/RO 命令，对线段进行复制和旋转，效果如图 4-35 所示。

17 调用 COPY/CO 命令，将床头柜复制到床的另一侧，如图 4-36 所示。

18 绘制床尾凳。调用 RECTANG/REC 命令，绘制尺寸为 1660×600 的矩形，如图 4-37 所示。

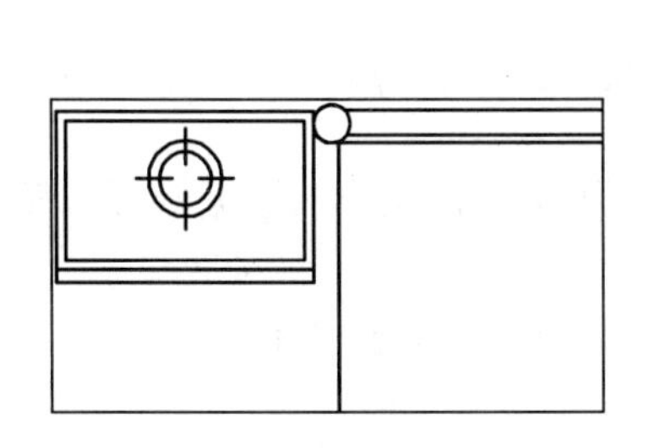

图 4-35　对线段进行复制和旋转

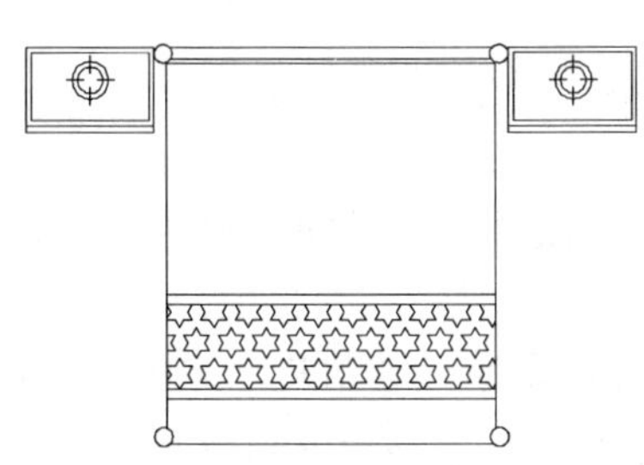

图 4-36　复制床头柜

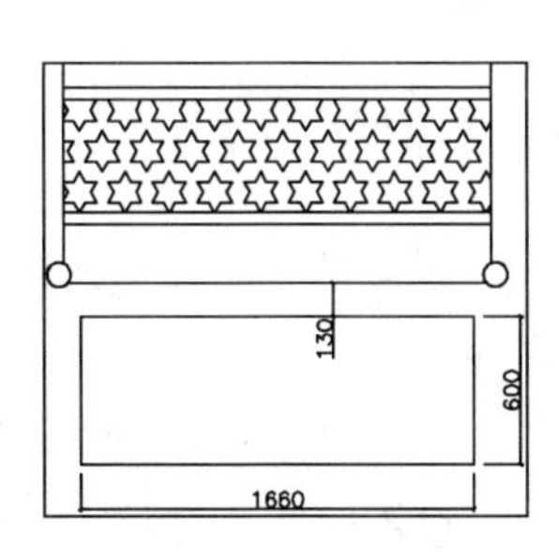

图 4-37　绘制矩形

19 调用 LINE/L 命令，绘制线段，如图 4-38 所示。

20 绘制地毯。调用 RECTANG/REC 命令，绘制尺寸为 2365×1715，圆角半径为 20 的圆角矩形，如图 4-39 所示。

21 调用 TRIM/TR 命令，对圆角矩形与床相交的位置进行修剪，如图 4-40 所示。

22 调用 OFFSET/O 命令，将圆角矩形向外偏移 50，如图 4-41 所示。

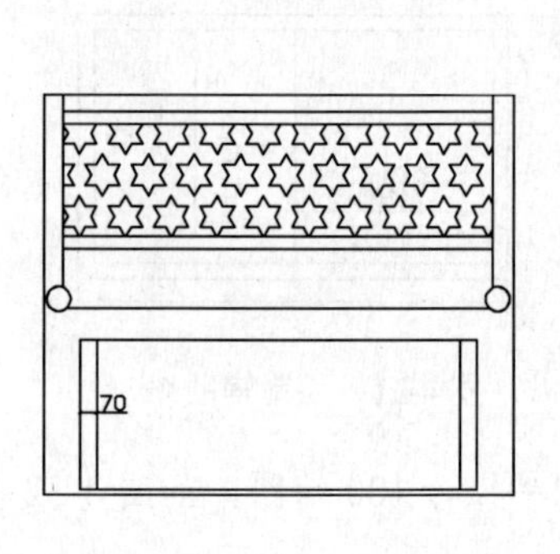

图 4-38　绘制线段

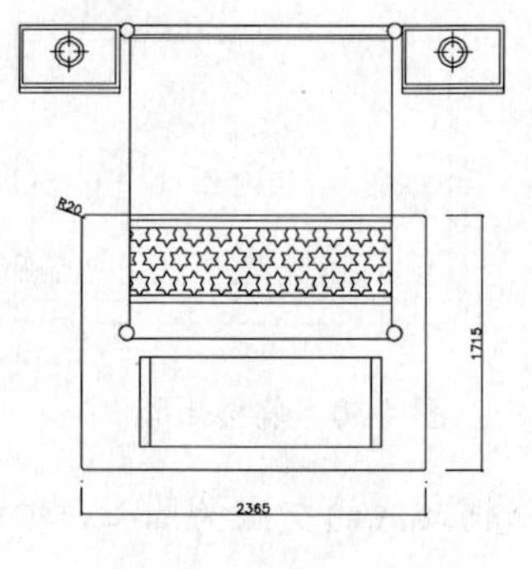

图 4-39　绘制圆角矩形

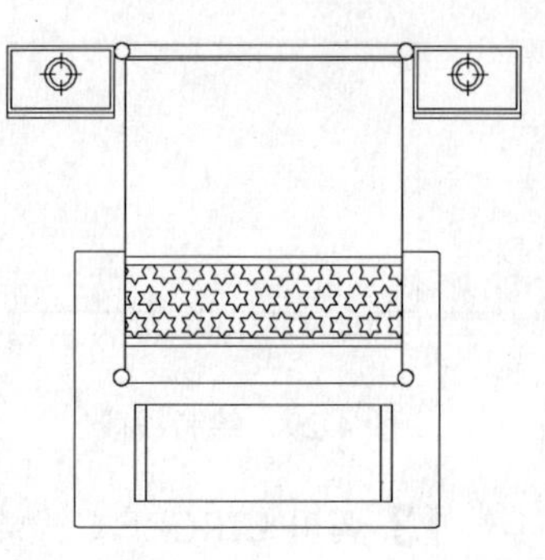

图 4-40　修剪线段

23 调用 HATCH/H 命令，在圆角矩形内填充 CROSS 图案，填充效果如图 4-42 所示。

24 插入图块。按 Ctrl+O 快捷键，打开配套光盘提供的“第 4 章\家具图例.dwg”文件，选择其中的枕头和被子图块，将其复制到床的区域，完成床和床头柜的绘制。

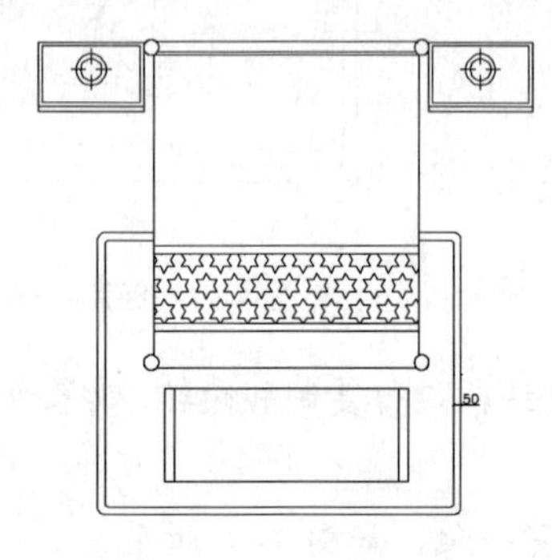

图 4-41　偏移圆角矩形

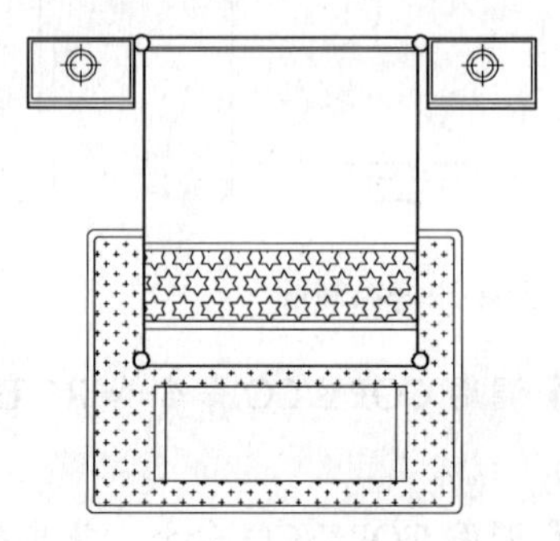

图 4-42　填充效果

4.3　绘制煤气灶

本实例介绍煤气灶平面图形的绘制方法，其中主要调用了【矩形】、【圆】、【修剪】等命令。

01 调用 RECTANG/REC 命令，绘制尺寸为 394 × 700 的矩形，如图 4-43 所示。

02 调用 EXPLODE/X 命令，分解圆角矩形。

03 调用 OFFSET/O 命令，选择矩形的下边向上偏移，结果如图 4-44 所示。

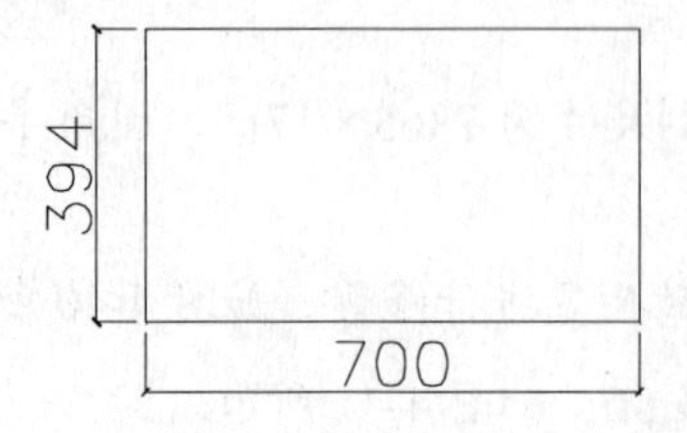

图 4-43　绘制矩形

图 4-44　偏移线段

04 调用 OFFSET/O 命令，设置偏移距离为 13，偏移线段；调用 TRIM/TR 命令，修剪多余线段，结果如图 4-45 所示。

05 调用 RECTANG/REC 命令，绘制尺寸为 218×218 的矩形，如图 4-46 所示。

图 4-45 偏移并修剪

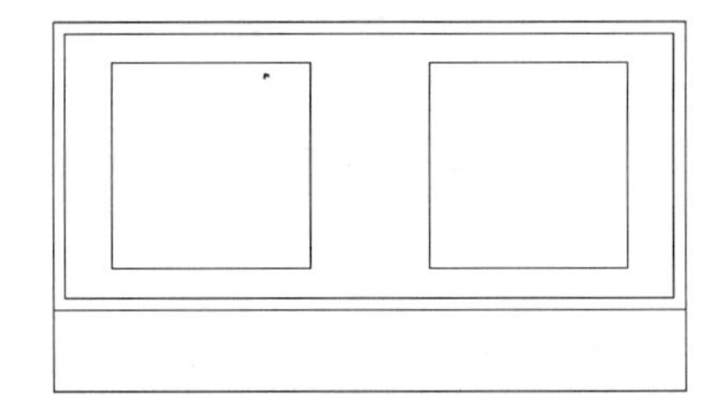

图 4-46 绘制矩形

06 调用 CIRCLE/C 命令，绘制半径为 88 的圆形，结果如图 4-47 所示。

07 调用 OFFSET/O 命令，设置偏移距离为 43，向内偏移圆形；调用 LINE/L 命令，绘制直线，如图 4-48 所示。

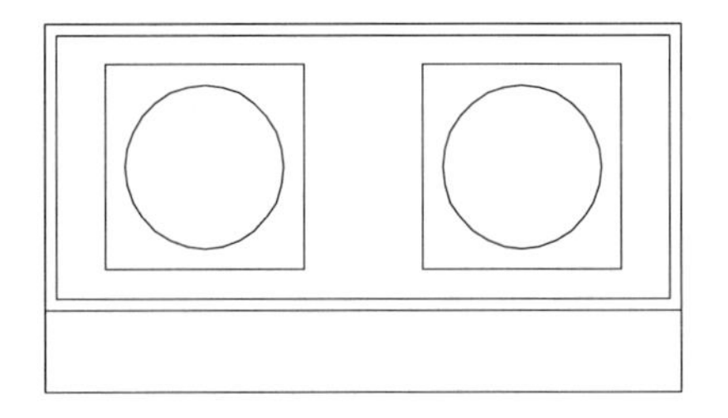

图 4-47 绘制圆形

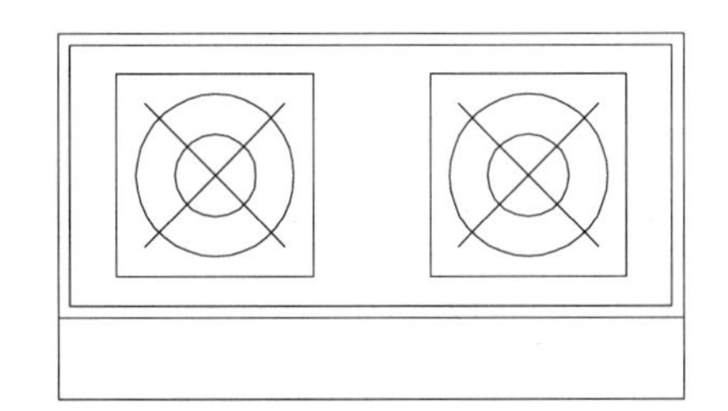

图 4-48 绘制直线

08 调用 TRIM/TR 命令，修剪多余线段，结果如图 4-49 所示。

09 调用 CIRCLE/C 命令，绘制半径为 21 和 13 的同心圆。

10 调用 RECTANG/REC 命令，绘制尺寸为 45×8 的矩形，如图 4-50 所示。

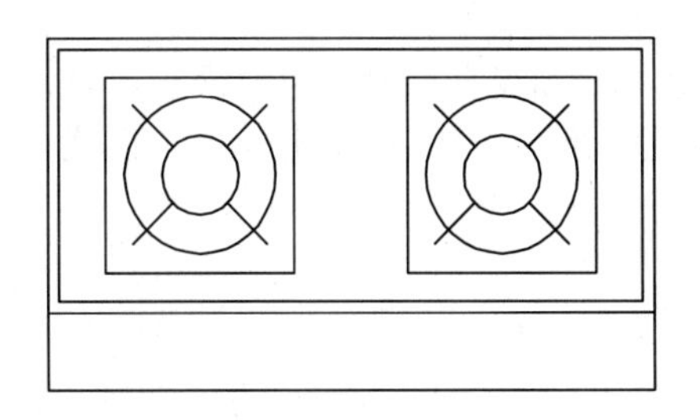

图 4-49 修剪结果

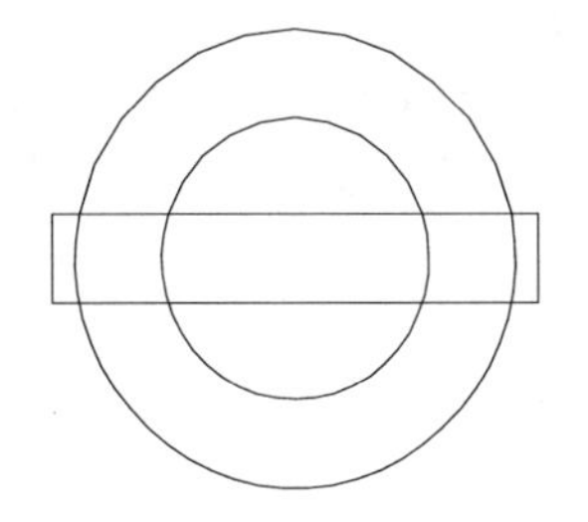

图 4-50 绘制圆和矩形

11 调用 TRIM/TR 命令，修剪多余线段，结果如图 4-51 所示。

12 调用 RECTANG/REC 命令，绘制尺寸为 74×61 的矩形。完成煤气灶平面图形的绘制，结果如图 4-52 所示。

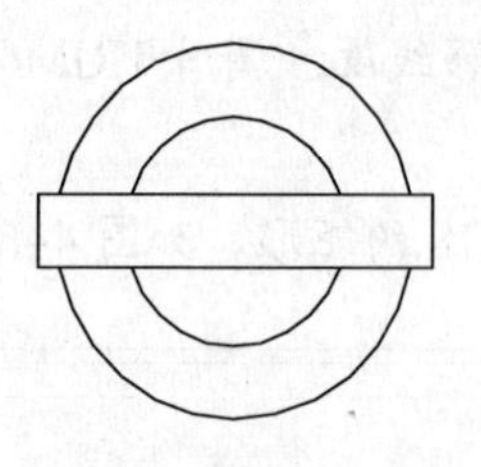

图 4-51　修剪图形

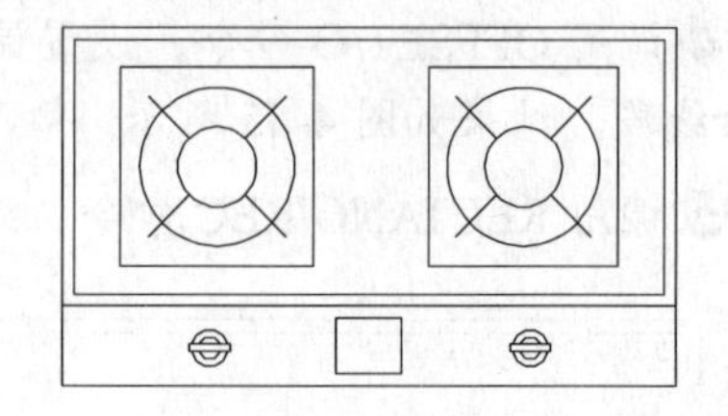

图 4-52　绘制结果

4.4 绘制钢琴

本实例介绍钢琴的绘制方法，其中主要调用了【矩形】、【偏移】、【填充】等命令。

01 调用 RECTANG/REC 命令，分别绘制尺寸为 1575×356 和 1524×305 的两个矩形，如图 4-53 所示。

02 调用 LINE/L 命令，绘制直线；调用 RECTANG/REC 命令，分别绘制尺寸为 914×50 的矩形，如图 4-54 所示。

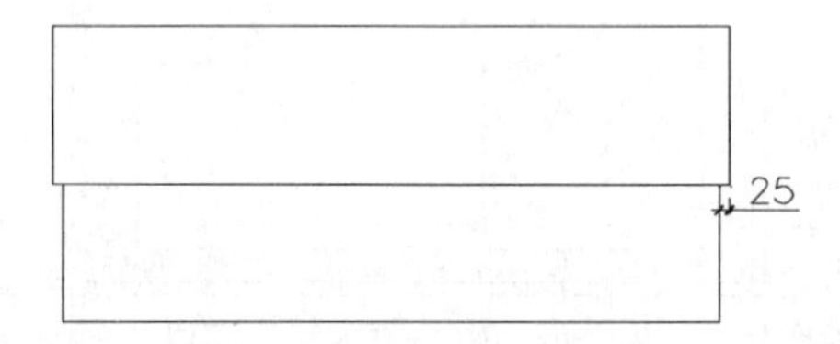

图 4-53　绘制矩形

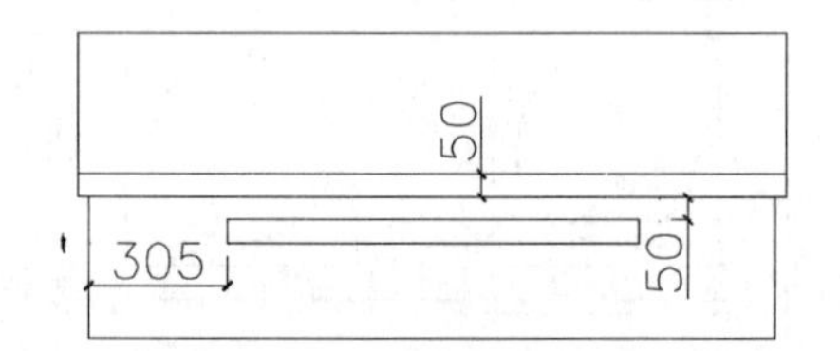

图 4-54　绘制结果

03 调用 RECTANG/REC 命令，分别绘制尺寸为 1422×127 的矩形；调用 EXPLODE/X 命令，分解矩形。

04 选择【绘图】|【点】|【定距等分】命令，选取矩形的上边为等分对象，指定等分距离为 44；调用 LINE/L 命令，根据等分点绘制直线，结果如图 4-55 所示。

05 调用 RECTANG/REC 命令，绘制尺寸为 38×76 的矩形。

06 调用 HATCH/H 命令，在弹出的“图案填充和渐变色”对话框中设置参数，如图 4-56 所示；单击【添加：拾取点】按钮，拾取尺寸为 38×76 的矩形为填充区域，填充结果如图 4-57 所示。

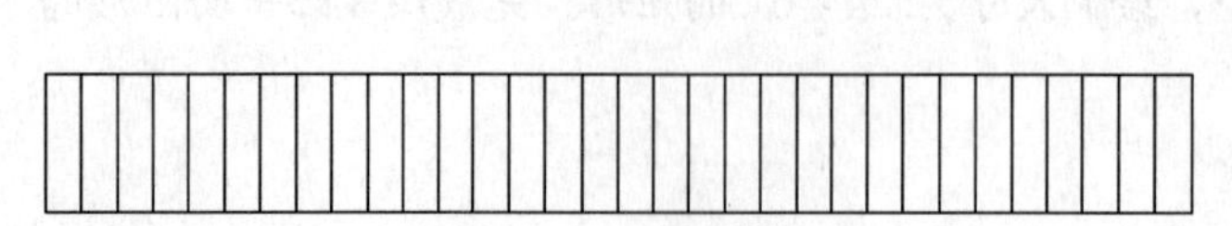

图 4-55　绘制直线

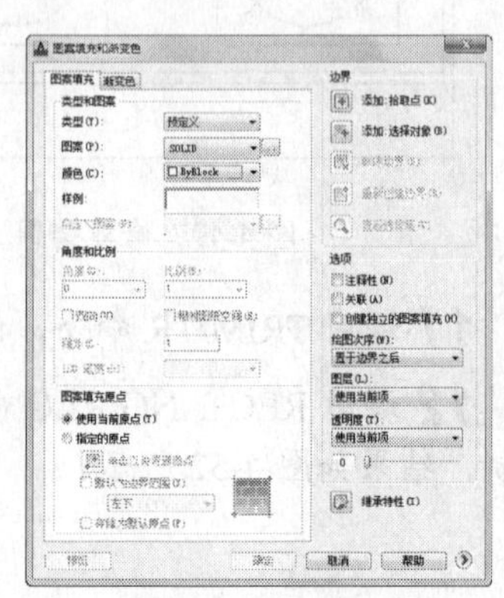

图 4-56　设置参数

07 调用 RECTANG/REC 命令，绘制尺寸为 914×390 的矩形；调用 SPLINE/SPL 命令绘制曲线，完成座椅的绘制。钢琴的绘制结果如图 4-58 所示。

图 4-57　填充结果

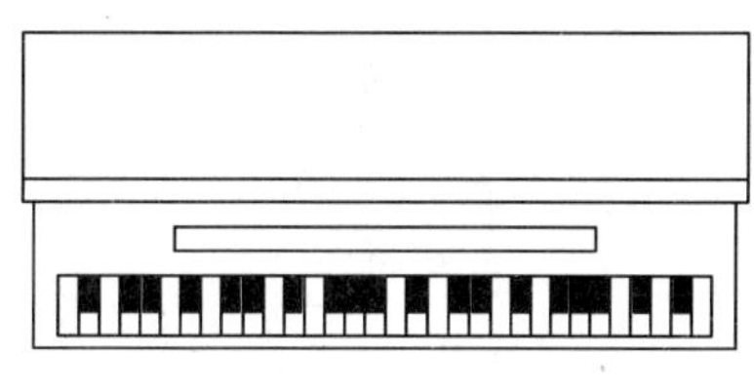

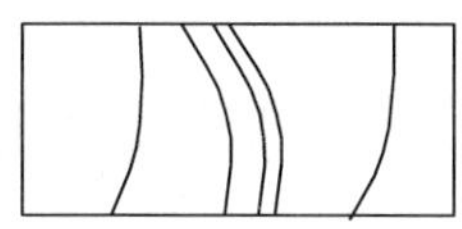

图 4-58　钢琴最终效果

4.5　绘制电脑椅

本例讲解如图 4-59 所示圆形电脑椅的绘制方法及技巧。

01 绘制坐垫。调用 CIRCLE/C 命令，绘制一个半径为 250 的圆，如图 4-60 所示。

02 调用 OFFSET/O 命令，将圆向外偏移 20，如图 4-61 所示。

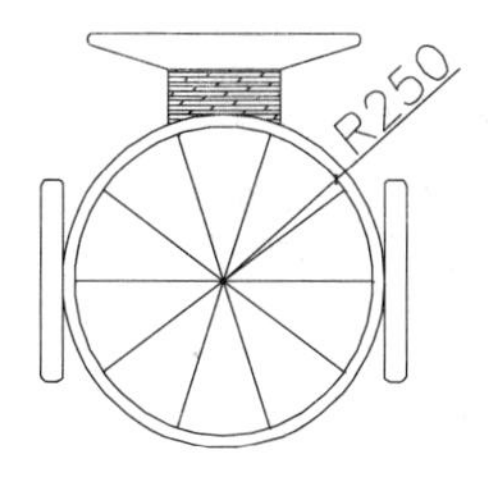

图 4-59　电脑椅

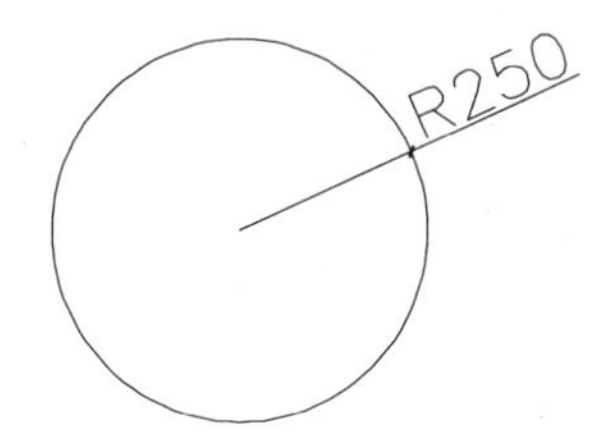

图 4-60　绘制圆

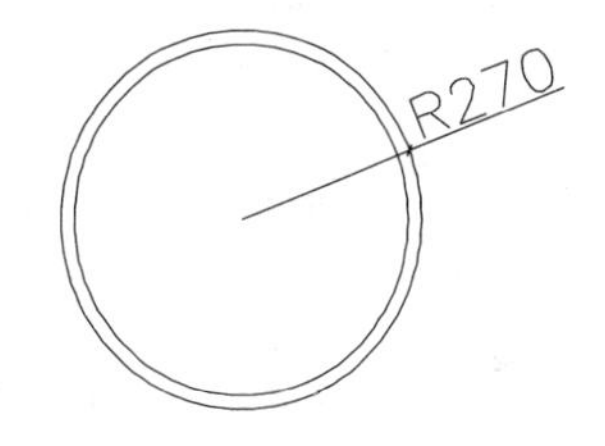

图 4-61　偏移圆

03 调用 LINE/L 命令，捕捉内圆象限点，绘制线段如图 4-62 所示。

04 调用 ARRAY/AR 命令，对线段进行环形阵列，如图 4-63 所示。

05 绘制扶手。调用 RECTANG/REC 命令，绘制一个尺寸为 35×325，圆角半径为 10 的圆角矩形，如图 4-64 所示。

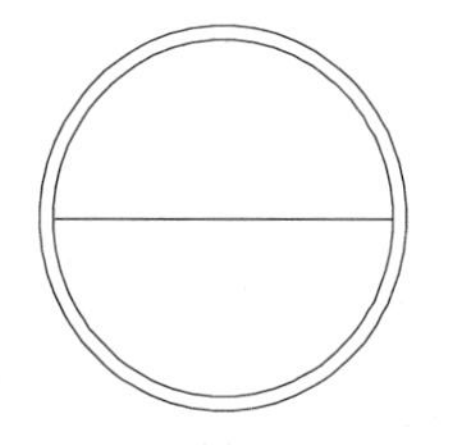

图 4-62　绘制线段

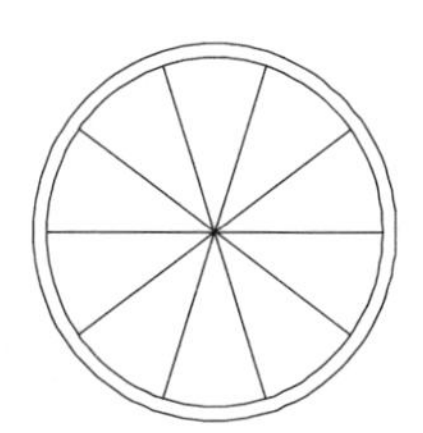

图 4-63　环形阵列

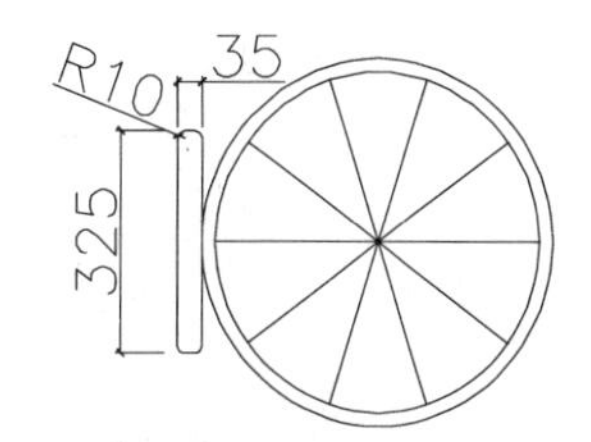

图 4-64　绘制圆角矩形

06 调用 MIRROR/MI 命令，将圆角矩形镜像到右侧，如图 4-65 所示。

07 绘制靠背。调用 PLINE/PL 命令，绘制多段线，如图 4-66 所示。

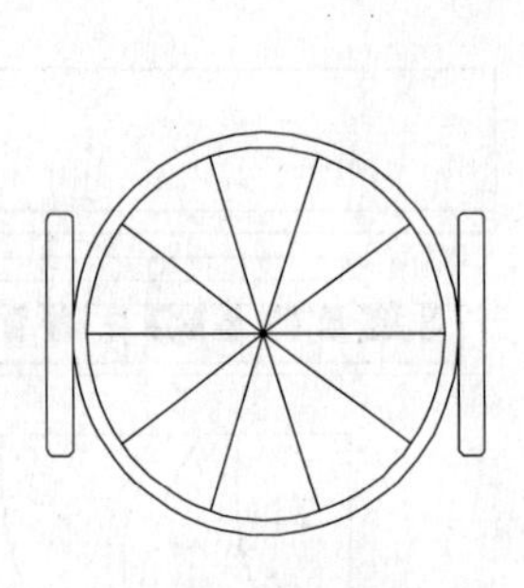

图 4-65　镜像圆角矩形

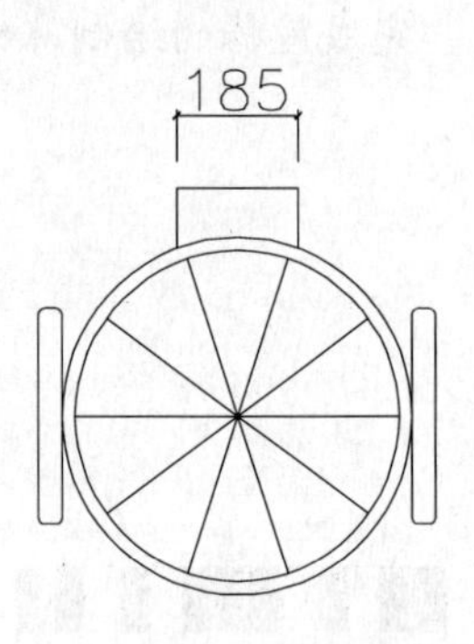

图 4-66　绘制多段线

08 调用 HATCH/H 命令，在多段线内填充 DOLMIT 图案，填充参数设置和效果如图 4-67 所示。

09 调用 RECTANG/REC 命令，绘制尺寸为 460×20，圆角半径为 10 的圆角矩形，如图 4-68 所示。

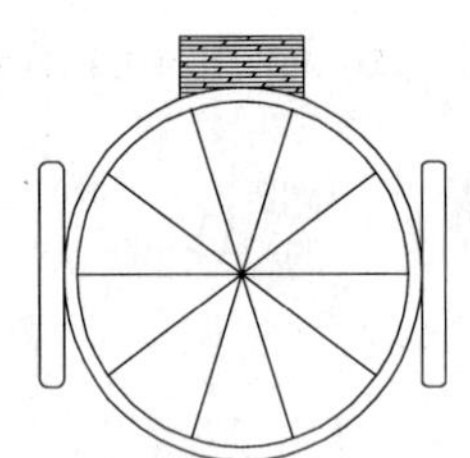

图 4-67　填充参数设置和效果

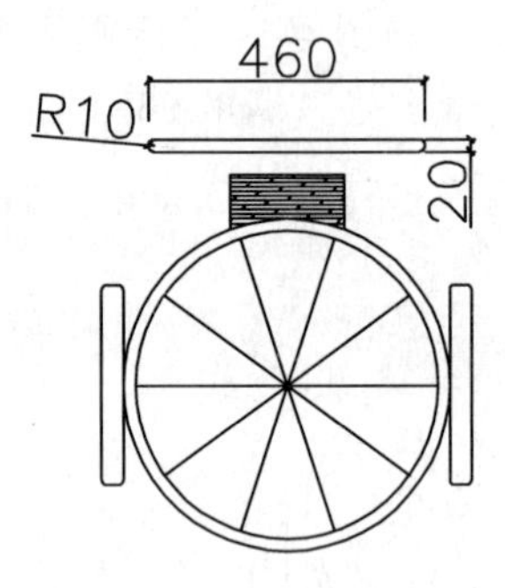

图 4-68　绘制圆角矩形

10 调用 LINE/L 命令，连接端点绘制线段，如图 4-69 所示。

11 调用 EXPLODE/X 命令，对圆角矩形进行分解，然后删除多余的线段，如图 4-70 所示，完成电脑椅的绘制。

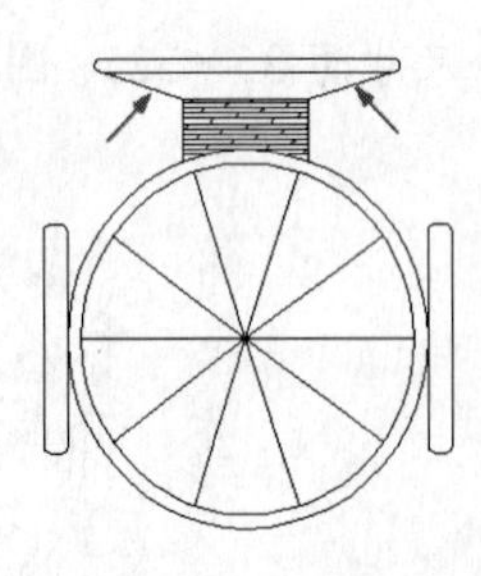

图 4-69　绘制线段

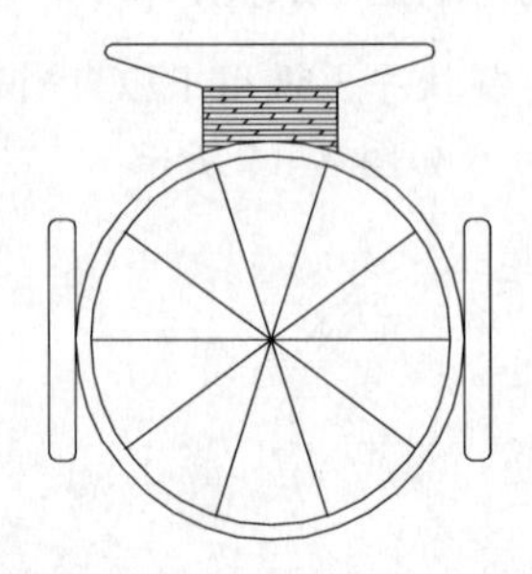

图 4-70　删除多余的线段

4.6 绘制浴缸

浴缸有心形、圆形、椭圆形、长方形和三角形等，本例讲解如图 4-71 所示心形浴缸的绘制方法。心形浴缸大多放在墙角，以充分利用卫生间的空间。

01 调用 RECTANG/REC 命令，绘制一个边长为 1300 的矩形，如图 4-72 所示。

02 调用 CHAMFER/CHA 命令，对最外侧的矩形进行倒角，倒角的距离为 700，如图 4-73 所示。

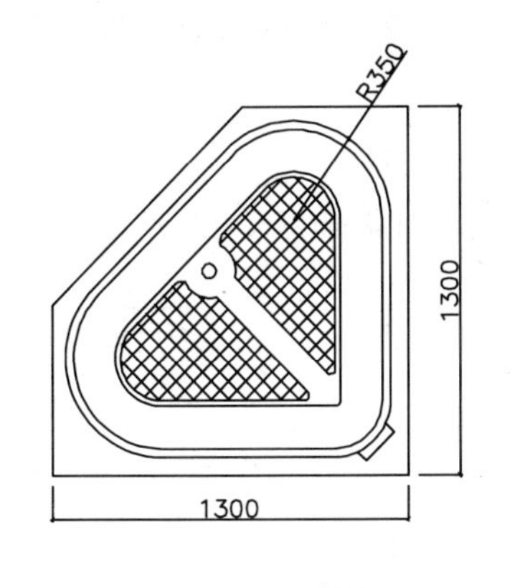

图 4-71 浴缸

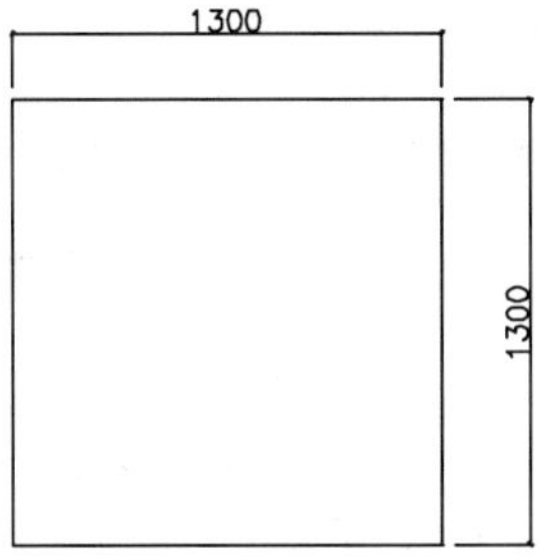

图 4-72 绘制矩形

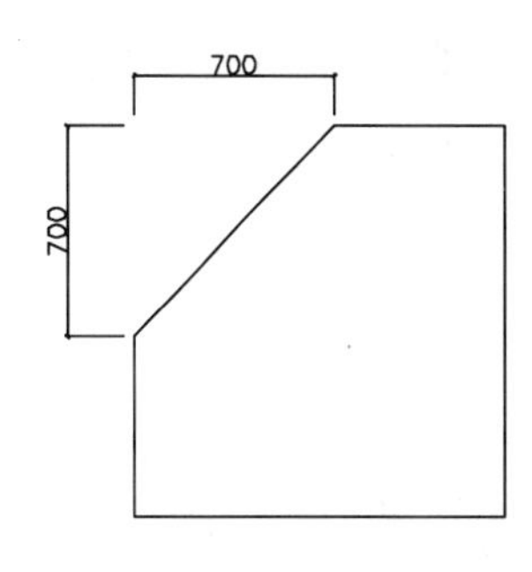

图 4-73 创建倒角

03 调用 OFFSET/O 命令，将倒角后的矩形向内偏移 65、30、150 和 20，如图 4-74 所示。

04 调用 FILLET/F 命令，对偏移后的矩形进行圆角，如图 4-75 所示。

05 调用 LINE/L 命令，捕捉端点和中点绘制线段，如图 4-76 所示。

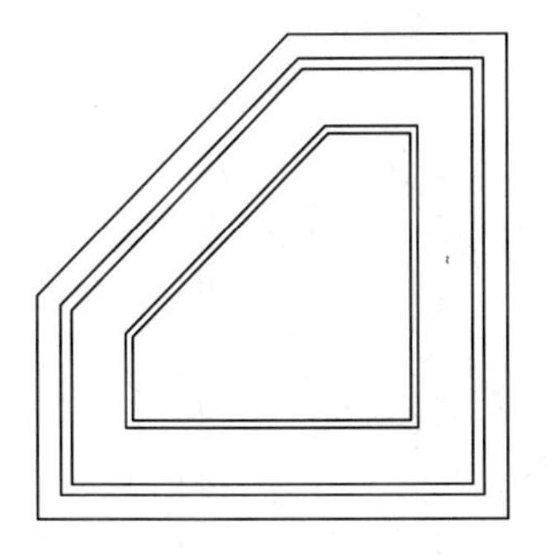

图 4-74 偏移线段

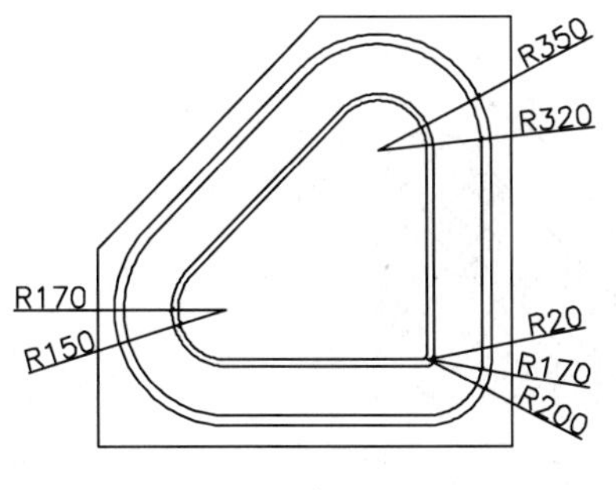

图 4-75 圆角

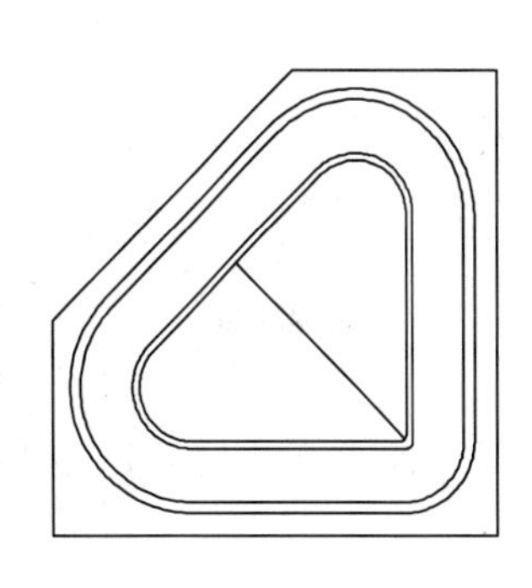

图 4-76 绘制线段

06 调用 OFFSET/O 命令，将线段分别向两侧偏移 35，如图 4-77 所示。

07 调用 TRIM/TR 命令，修剪多余的线段，如图 4-78 所示。

08 调用 LINE/L 命令，绘制辅助线，如图 4-79 所示。

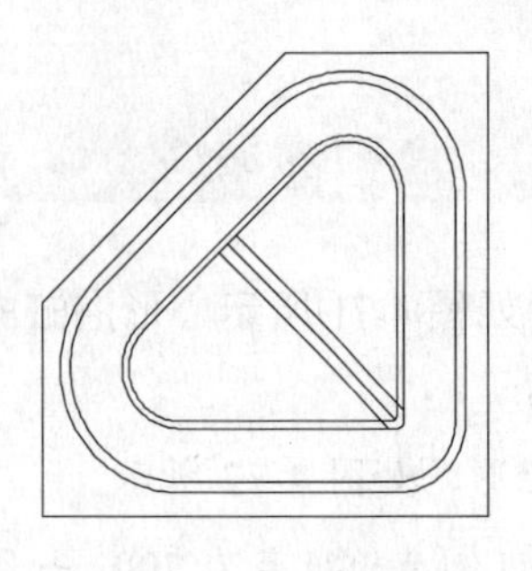

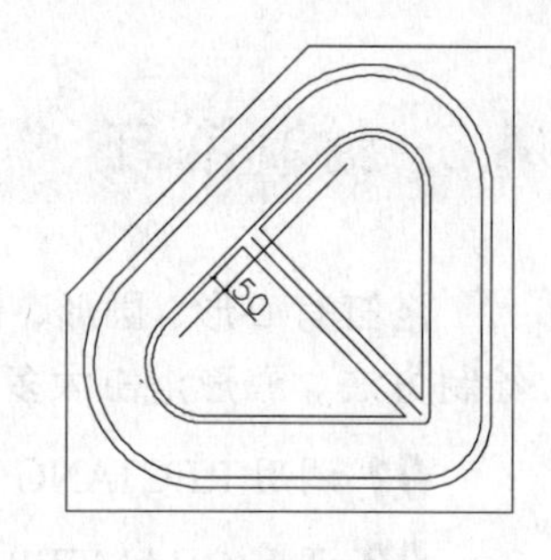

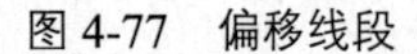

图 4-77　偏移线段　　图 4-78　修剪线段　　图 4-79　绘制辅助线

09 调用 CIRCLE/C 命令，以辅助线的交点为圆心绘制半径为 25 和 95 的圆，然后删除辅助线，如图 4-80 所示。

10 调用 TRIM/TR 命令，修剪多余的线段和圆，如图 4-81 所示。

11 调用 ARC/A 命令，绘制圆弧，并对线段进行调整，使其效果如图 4-82 所示。

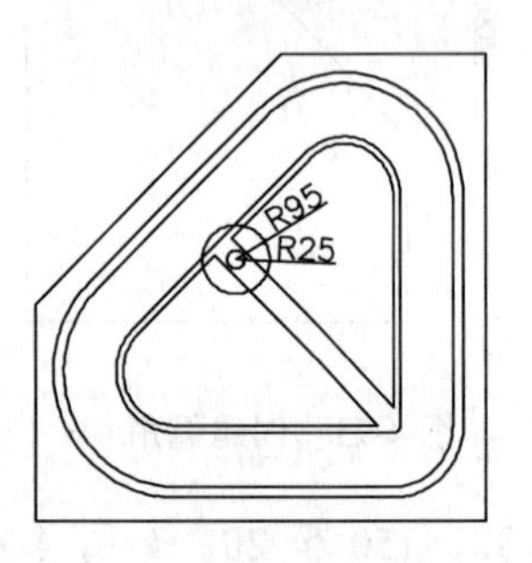

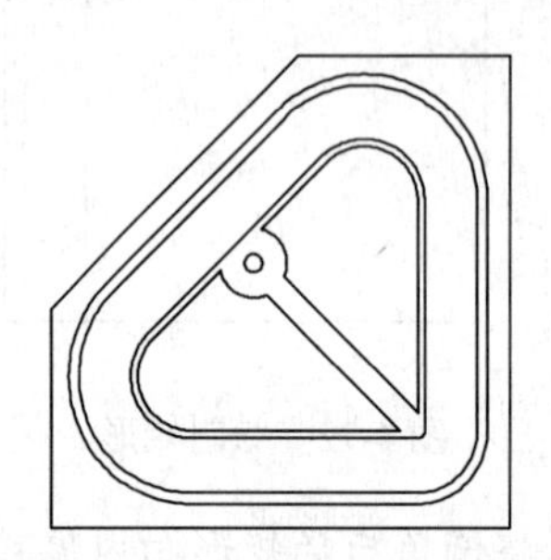

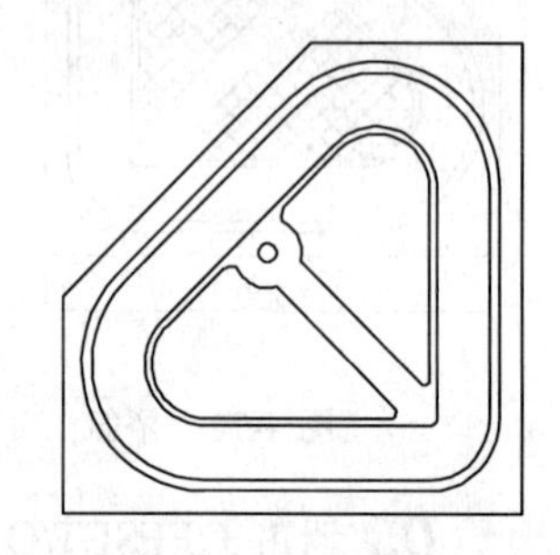

图 4-80　绘制圆　　图 4-81　修剪线段和圆　　图 4-82　绘制圆弧和调整线段

12 调用 HATCH/H 命令，在图形内填充"用户定义"图案，填充参数设置和效果如图 4-83 所示。

13 调用 PLINE/PL 命令，绘制多段线，如图 4-84 所示，完成浴缸的绘制。

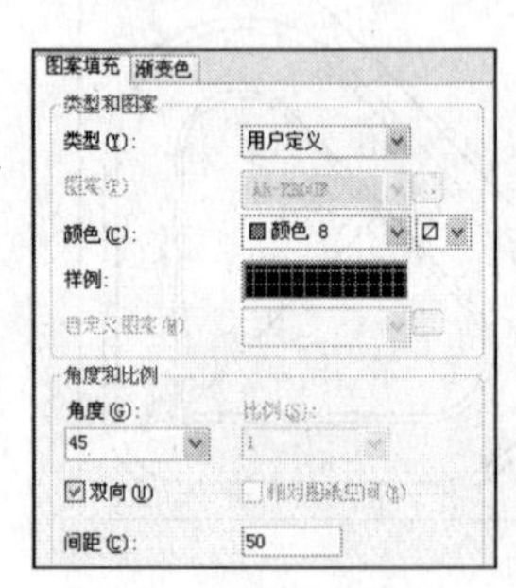

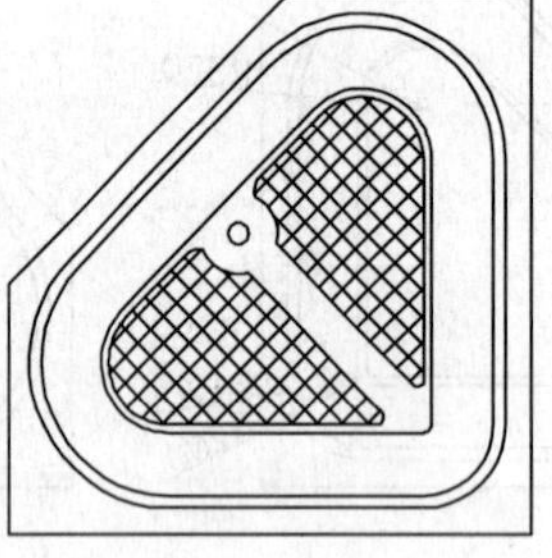

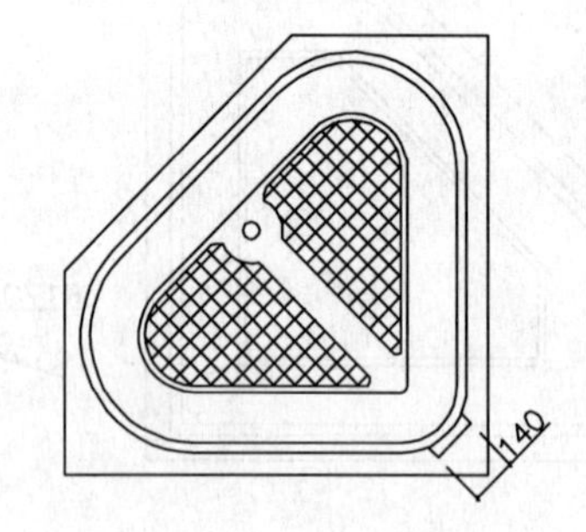

图 4-83　填充参数设置和效果　　图 4-84　绘制多段线

4.7　绘制坐便器

本实例介绍坐便器平面图形的绘制方法，其中主要调用了【矩形】、【椭圆】、【修剪】

等命令。

01 调用 RECTANG/REC 命令，绘制圆角半径为 15，尺寸为 448 × 180 的矩形，如图 4-85 所示。

02 调用 ELLIPSE/EL 命令，绘制椭圆，命令选项如下：

```
命令: ELLIPSE↙                                          //调用【椭圆】命令
指定椭圆的轴端点或 [圆弧(A)/中心点(C)]:                   //指定椭圆的轴端点
指定轴的另一个端点:                                      //指定另一个端点
指定另一条半轴长度或 [旋转(R)]: 175                       //指定半轴长度，绘制椭圆
结果如图 4-86 所示
```

03 调用 EXPLODE/X 命令，分解圆角矩形。

04 调用 OFFSET/O 命令，设置偏移距离为 80，选择矩形的上边向上偏移，结果如图 4-87 所示。

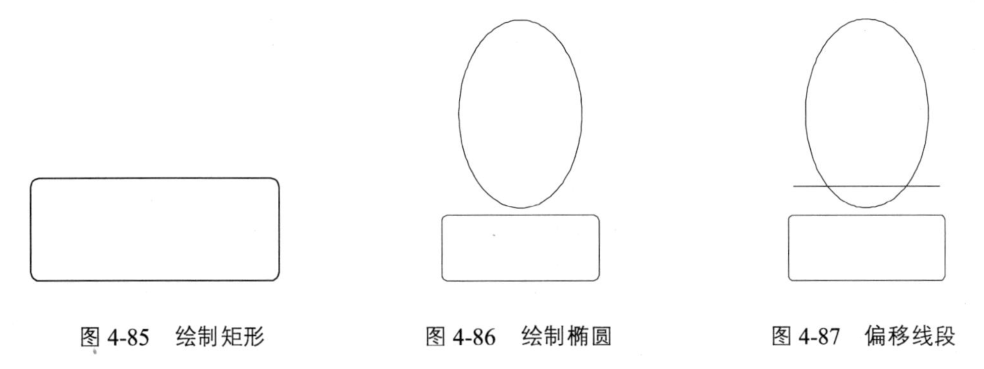

图 4-85　绘制矩形　　图 4-86　绘制椭圆　　图 4-87　偏移线段

05 调用 TRIM/TR 命令，修剪多余线段，结果如图 4-88 所示。

06 调用 ARC/A 命令，绘制圆弧，结果如图 4-89 所示。

07 调用 MIRROR/MI 命令，镜像复制圆弧图形。完成坐便器平面图形的绘制，如图 4-90 所示。

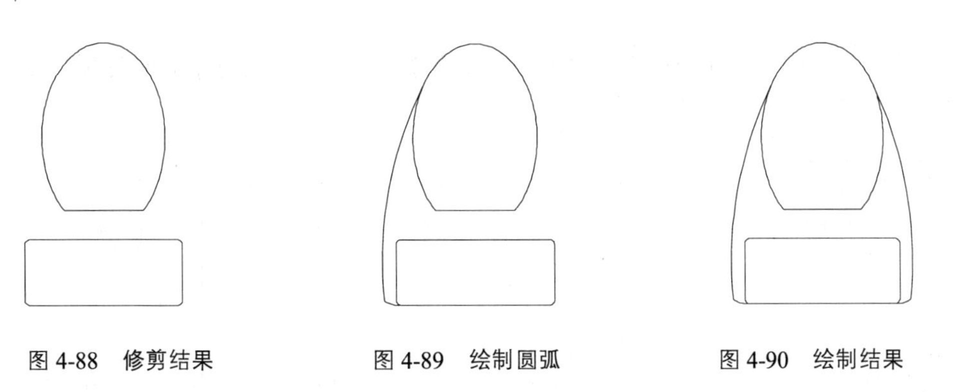

图 4-88　修剪结果　　图 4-89　绘制圆弧　　图 4-90　绘制结果

4.8 绘制地面拼花

地面拼花是指地面装饰材料的拼接方法，常用于别墅客厅、餐厅等地面装修，本例讲

解图 4-91 所示地面拼花的绘制方法。

01 调用 RECTANG/REC 命令，绘制一个边长为 2500 的矩形，如图 4-92 所示。

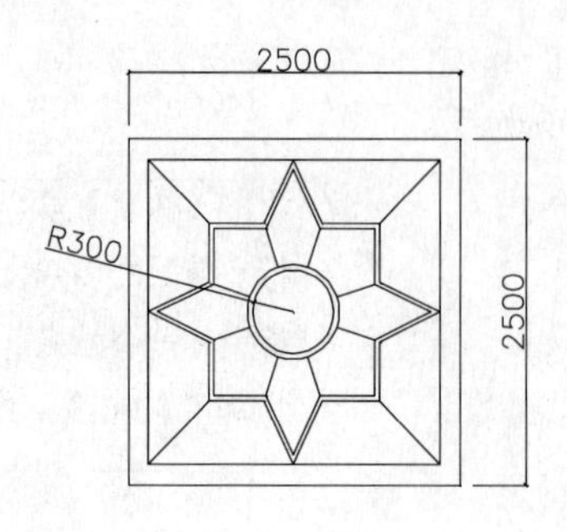

图 4-91　地面拼花

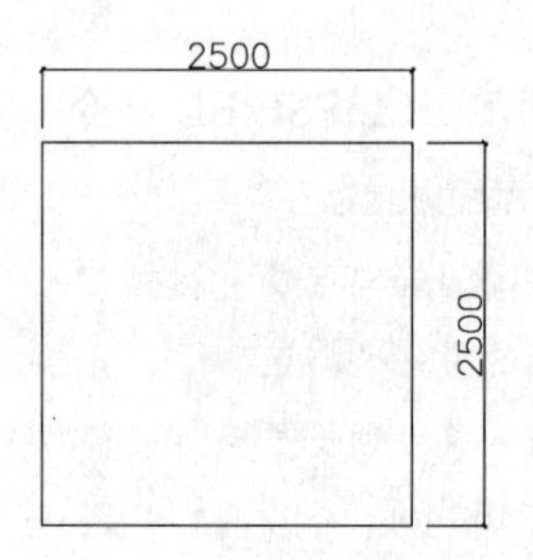

图 4-92　绘制矩形

02 调用 OFFSET/O 命令，将矩形向内偏移 150、460 和 40，如图 4-93 所示。

03 调用 LINE/L 命令，绘制线段连接矩形的对角线，如图 4-94 所示。

04 调用 PLINE/PL 命令，绘制多段线，如图 4-95 所示。

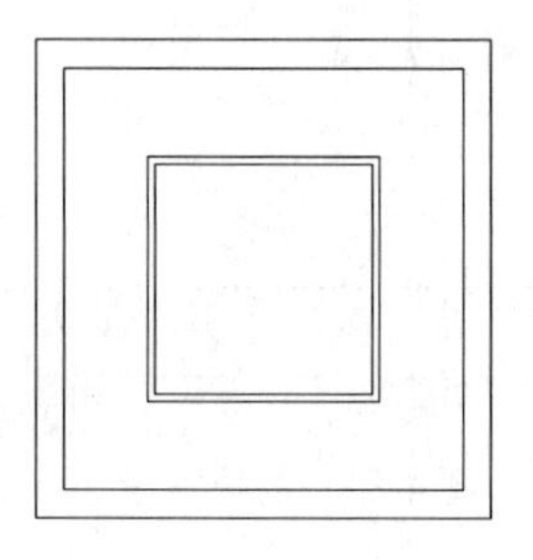

图 4-93　偏移矩形

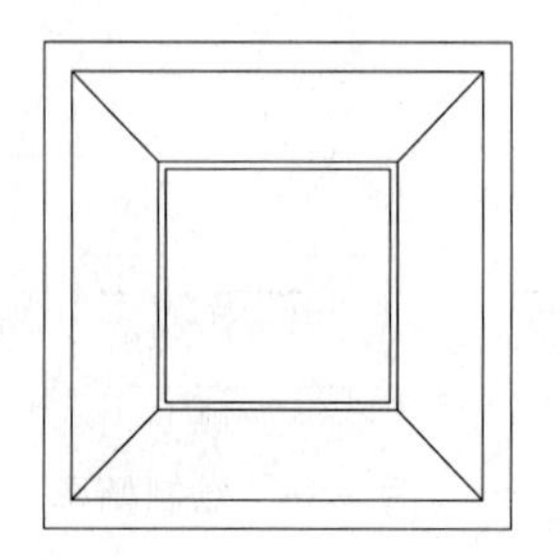

图 4-94　绘制对角线

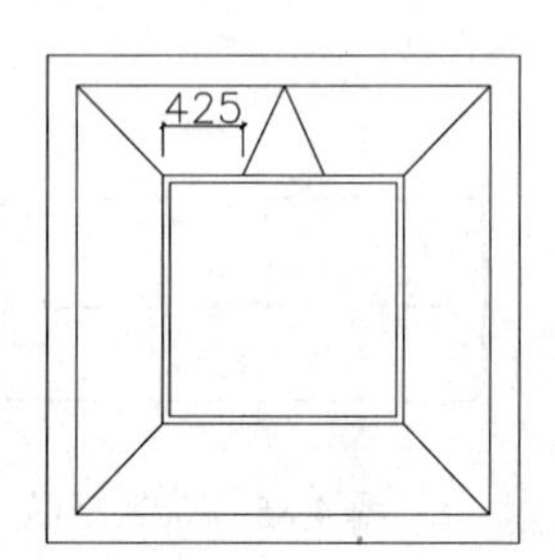

图 4-95　绘制多段线

05 调用 OFFSET/O 命令，将多段线向内偏移 40，如图 4-96 所示。

06 调用 TRIM/TR 命令，对多余的线段进行修剪，然后对线段进行调整，如图 4-97 所示。

07 调用 COPY/CO 命令和 ROTATE/RO 命令，对多段线进行复制和旋转，并对多余的线段进行修剪，如图 4-98 所示。

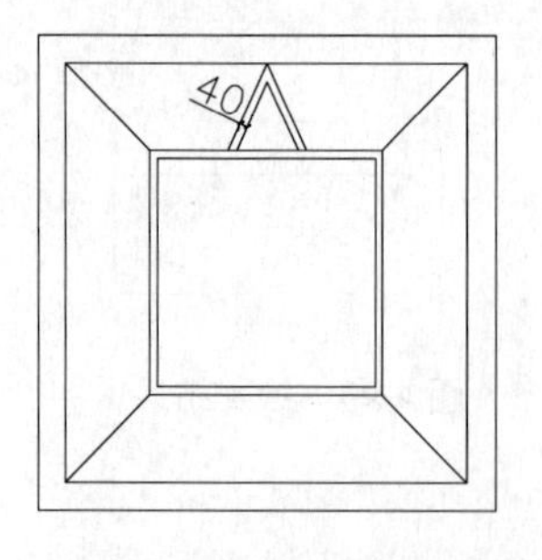

图 4-96　偏移多段线

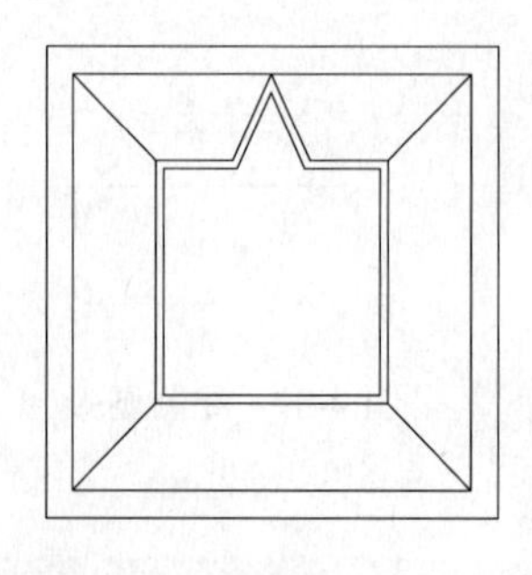

图 4-97　修剪调整线段

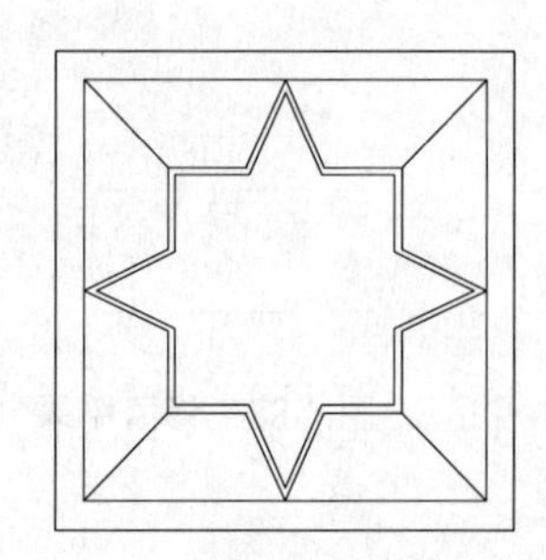

图 4-98　复制和旋转多段线

08 调用 CIRCLE/C 命令，以矩形的中点为圆心，绘制半径为 300 和 340 的圆，如图

4-99 所示。

09 调用 LINE/L 命令，绘制线段，如图 4-100 所示。

10 调用 TRIM/TR 命令，对线段进行修剪，如图 4-101 所示，完成地面拼花的绘制。

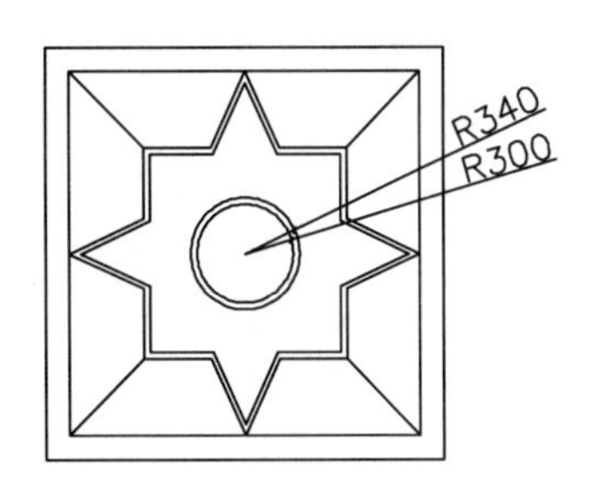

图 4-99 绘制圆

图 4-100 绘制线段

图 4-101 修剪线段

4.9 绘制会议桌

会议桌通常用于办公空间的会议室内，其类型有方形、长形、圆形和椭圆形等。本例介绍图 4-102 所示椭圆形会议桌的绘制方法。

01 调用 ELLIPSE/EL 命令，绘制长轴长度为 6900，短轴长度为 3900 的椭圆，如图 4-103 所示。

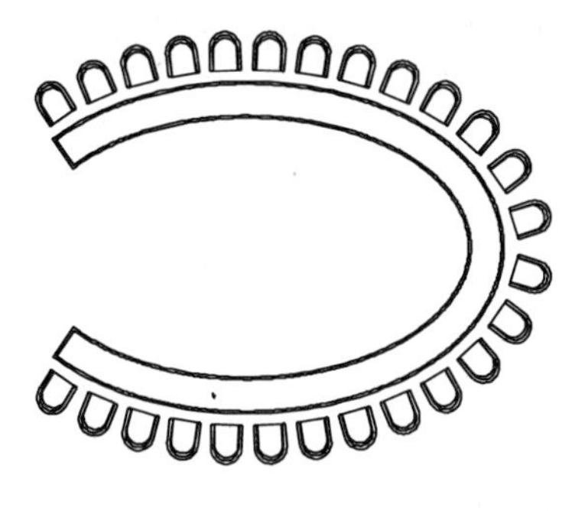

图 4-102 会议桌

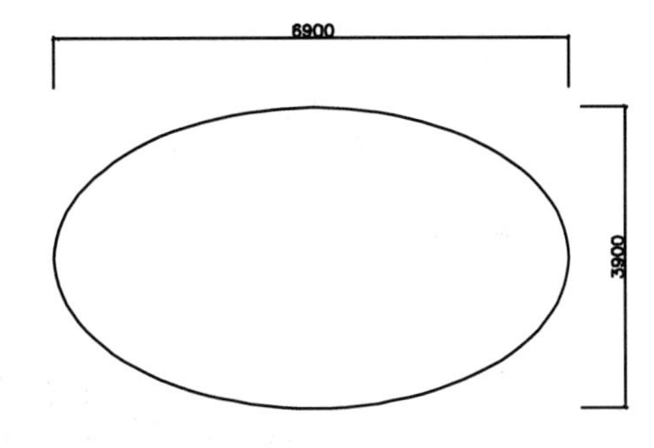

图 4-103 绘制椭圆

02 调用 OFFSET/O 命令，将椭圆向外偏移 40、470 和 40，如图 4-104 所示。

03 调用 LINE/L 命令，绘制线段，如图 4-105 所示。

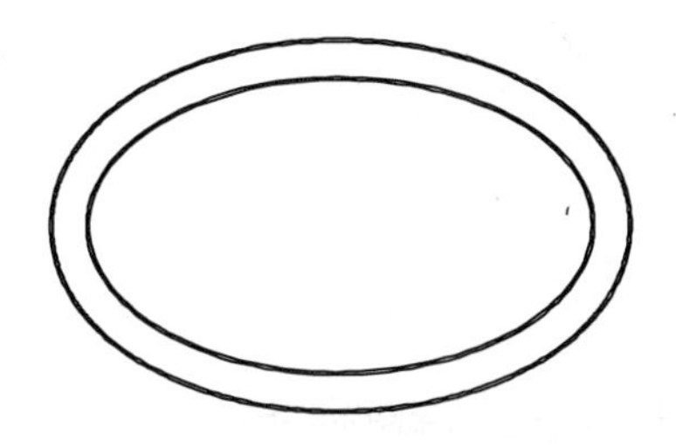

图 4-104 偏移椭圆

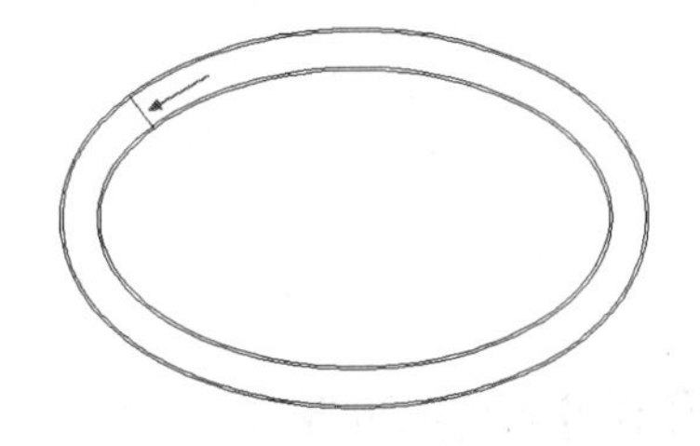

图 4-105 绘制线段

04 调用 OFFSET/O 命令，将线段向内偏移，偏移距离为 30，然后对线段进行调整，如图 4-106 所示。

05 调用 MIRROR/MI 命令，对线段进行镜像，如图 4-107 所示。

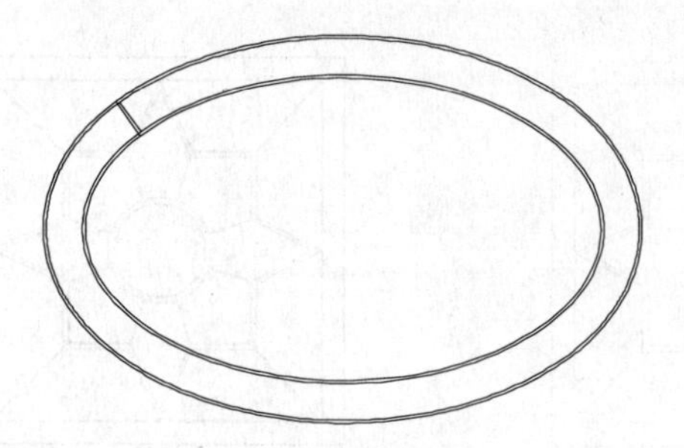

图 4-106　偏移线段

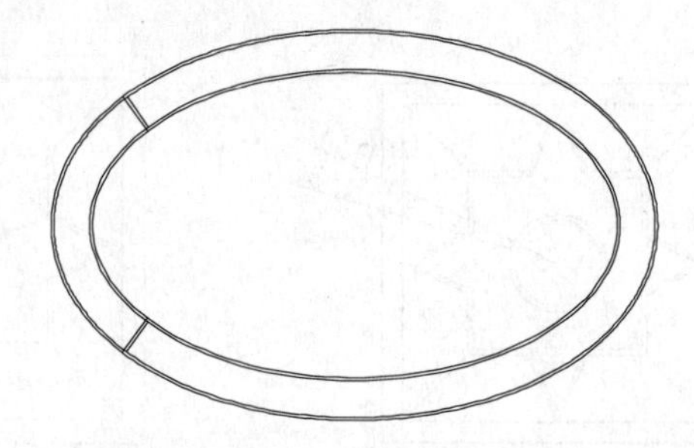

图 4-107　镜像线段

06 调用 TRIM/TR 命令，对线段和椭圆进行修剪，如图 4-108 所示。

07 从图库中插入办公椅图块，如图 4-109 所示。

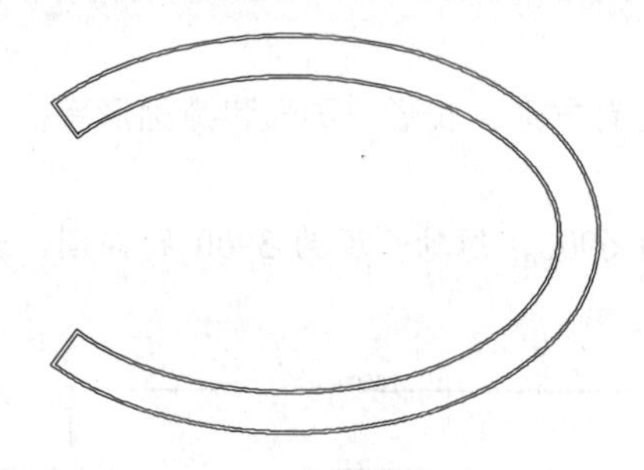

图 4-108　修剪椭圆和线段

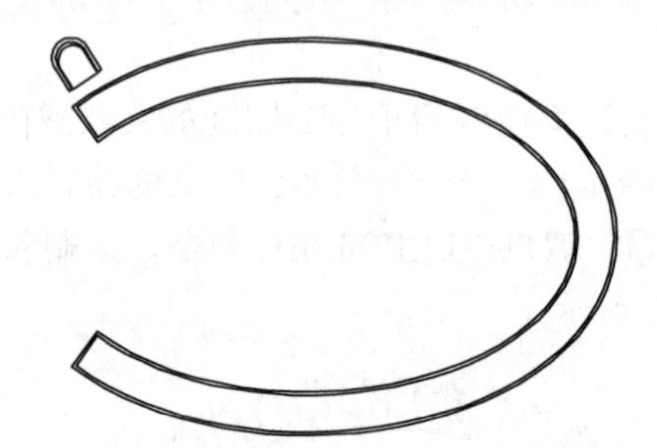

图 4-109　插入图块

08 调用 ARRAY/AR 命令，对办公椅进行路径阵列，选择外围椭圆作为路径曲线，设置项目为 13，距离为 650，效果如图 4-110 所示。

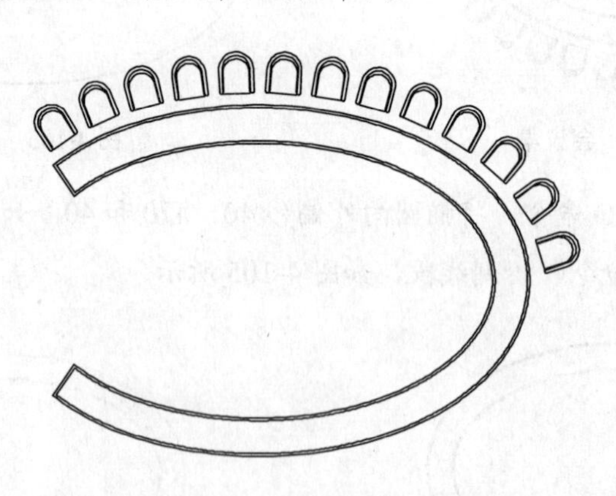

图 4-110　路径阵列

09 调用 MIRROR/MI 命令，对办公椅进行镜像，完成会议桌的绘制。

第5章

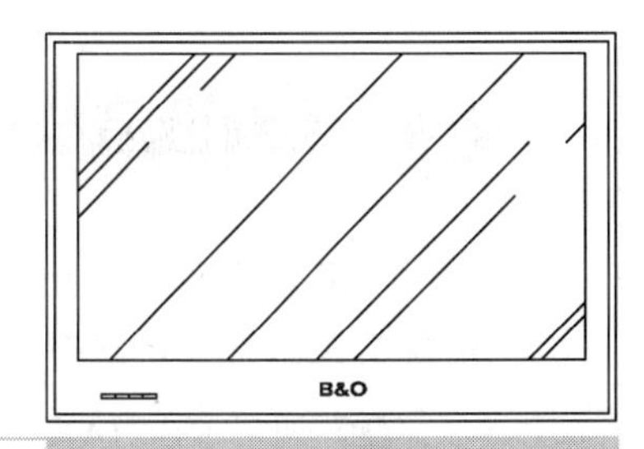

本章导读：

在绘制客厅、卧室等室内设计立面图时，往往要绘制家具的立面图，以更充分地表达设计意图。本章将讲解常见的家具立面图的绘制方法，读者可以了解这些家具的立面结构，并掌握其绘制方法。

本章重点：

- 绘制液晶电视
- 绘制冰箱
- 绘制中式木格窗
- 绘制饮水机
- 绘制坐便器
- 绘制台灯
- 绘制铁艺栏杆
- 绘制壁炉
- 绘制欧式门

绘制常用家具立面图

5.1 绘制液晶电视

液晶电视通常装置在客厅或卧室内，其特点是轻薄时尚，本实例介绍图 5-1 所示液晶电视的绘制方法，其中主要调用了矩形、填充、偏移等命令。

01 调用 RECTANG/REC 命令，绘制尺寸为 1286×860 的矩形，如图 5-2 所示，表示液晶电视外壳。

02 调用 OFFSET/O 命令，设置偏移距离为 17，向内偏移矩形。

03 调用 RECTANG/REC 命令，绘制尺寸为 1162×680 的矩形，表示液晶屏幕，如图 5-3 所示。

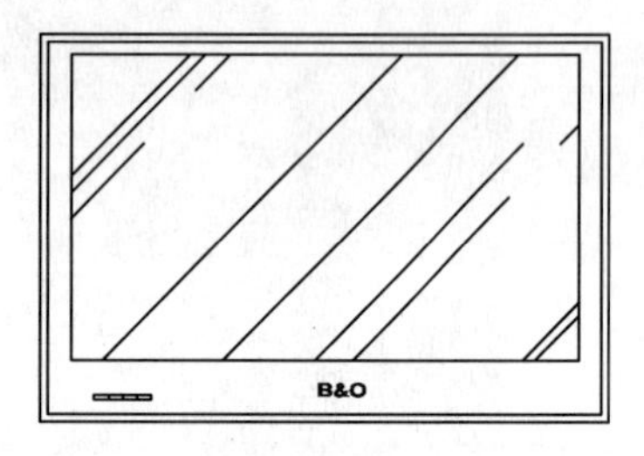

图 5-1　液晶电视

1286
860

图 5-2　绘制矩形

图 5-3　绘制矩形

04 调用 RECTANG/REC，绘制尺寸为 32×9 的矩形表示控制按钮，如图 5-4 所示。

05 调用 HATCH/H 命令，在弹出的“图案填充和渐变色”对话框中设置参数，如图 5-5 所示。

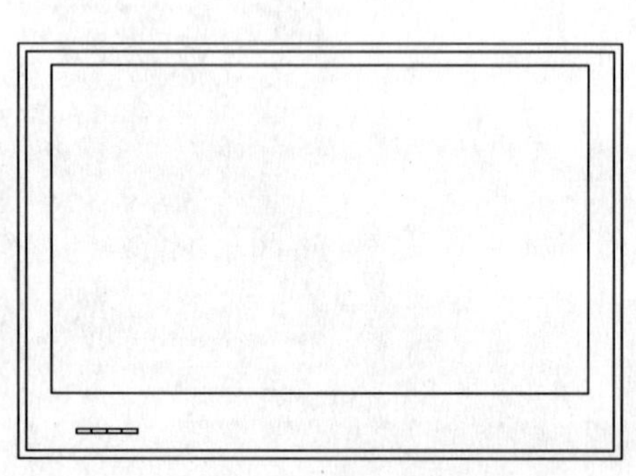

图 5-4　绘制矩形

图 5-5　设置参数

06 单击【添加：拾取点】按钮，在电视屏幕位置单击鼠标，指定填充区域，填充结果如图 5-6 所示。

07 按 Ctrl+O 组合键，打开“第 5 章/家具图例.dwg”文件，将其中的“商标”图形复制粘贴到图形中，结果如图 5-7 所示。

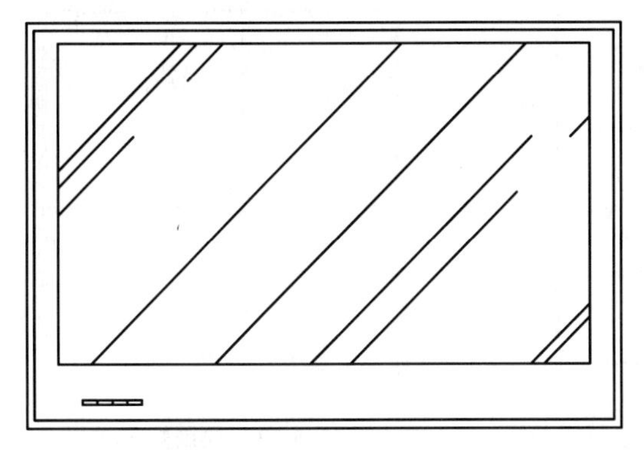

图 5-6 绘制矩形

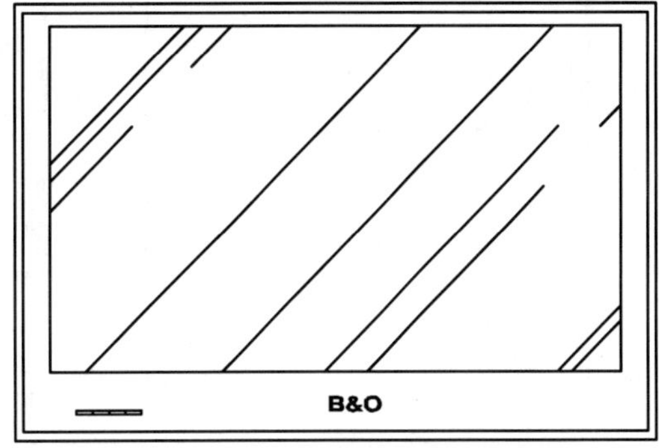

图 5-7 插入图块

5.2 绘制冰箱

冰箱是家居常备电器，一般摆放在厨房或餐厅墙角位置。本例介绍图 5-8 所示双开门冰箱的绘制方法。

01 调用 RECTANG/REC 命令，绘制一个尺寸为 1000 × 1650 的矩形，如图 5-9 所示。

02 调用 EXPLODE/X 命令，分解矩形。

03 调用 OFFSET/O 命令，向内偏移分解后的矩形线段，然后对线段进行调整，如图 5-10 所示。

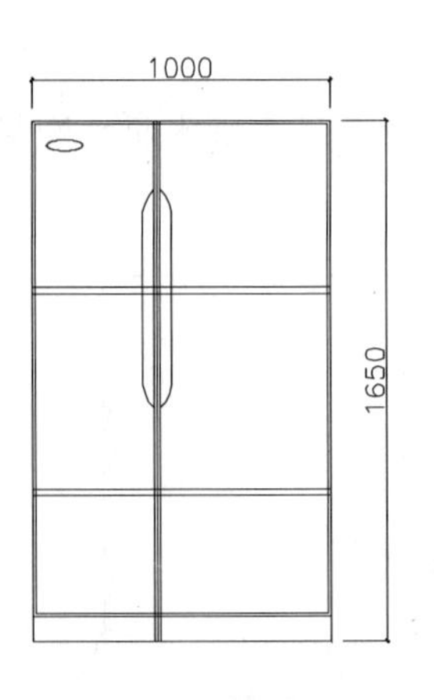

图 5-8 冰箱

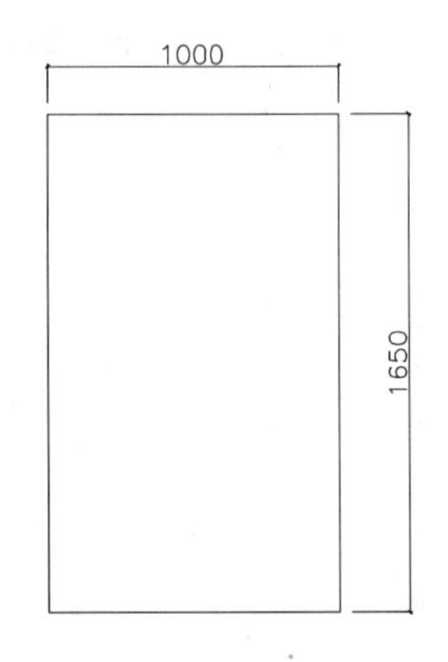

图 5-9 绘制矩形

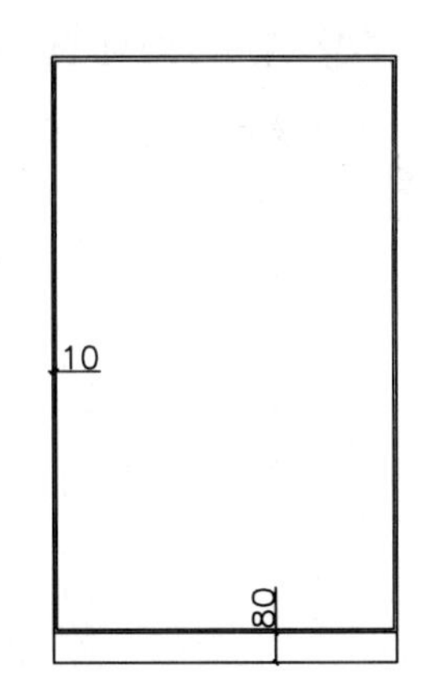

图 5-10 分解矩形和偏移线段

04 调用 LINE/L 命令和 OFFSET/O 命令，绘制线段，如图 5-11 所示。

05 调用 LINE/L 命令和 OFFSET/O 命令，绘制线段，如图 5-12 所示。

06 绘制拉手。调用 RECTANG/REC 命令，绘制尺寸为 95 × 550 的矩形，如图 5-13 所示。

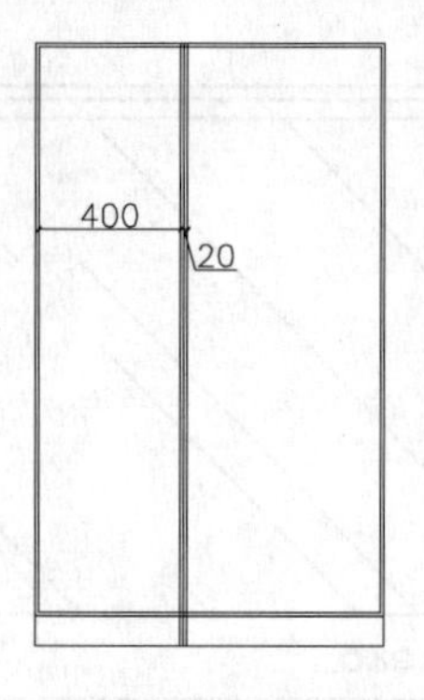

图 5-11 绘制线段

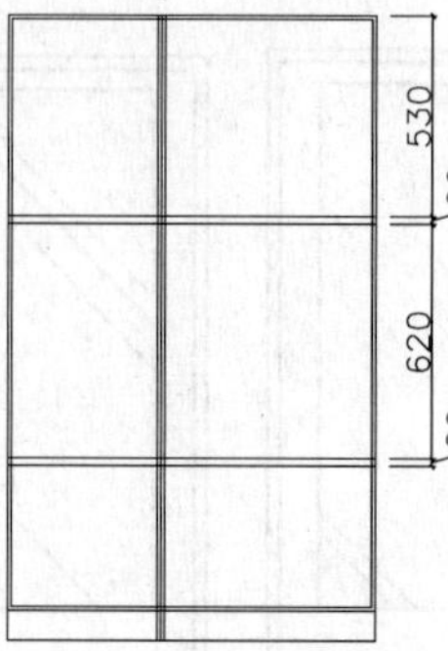

图 5-12 绘制线段

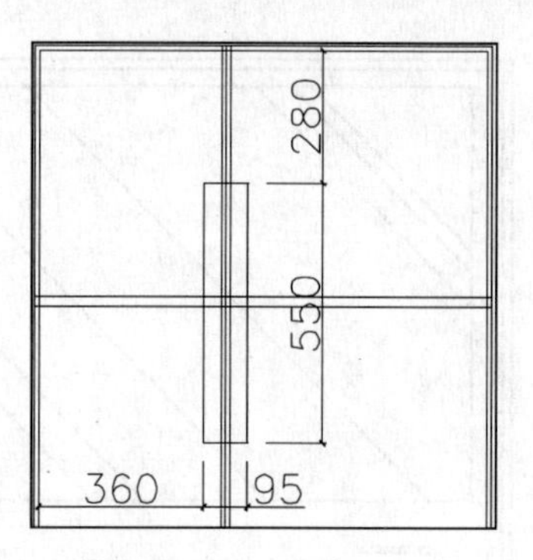

图 5-13 绘制矩形

07 调用 ARC/A 命令，绘制圆弧，如图 5-14 所示。

08 调用 MIRROR/MI 命令，对圆弧进行镜像，如图 5-15 所示。

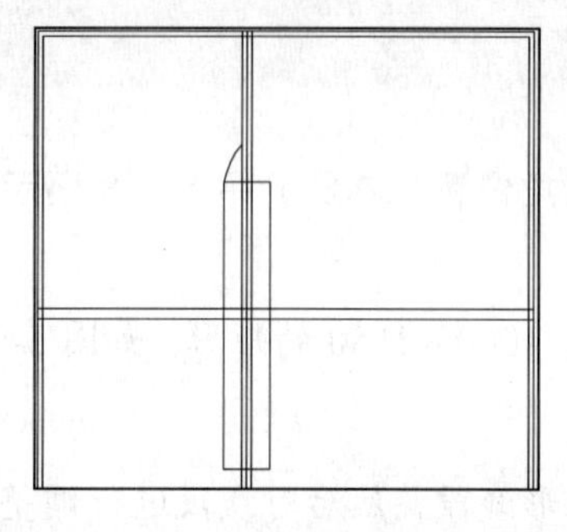

图 5-14 绘制圆弧

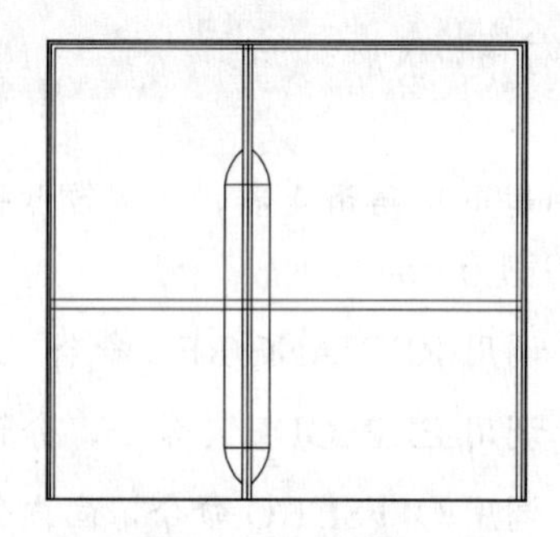

图 5-15 镜像圆弧

09 调用 TRIM/TR 命令，修剪多余的线段，如图 5-16 所示。

10 调用 ELLIPSE/EL 命令，绘制椭圆表示商标，如图 5-17 所示，完成冰箱的绘制。

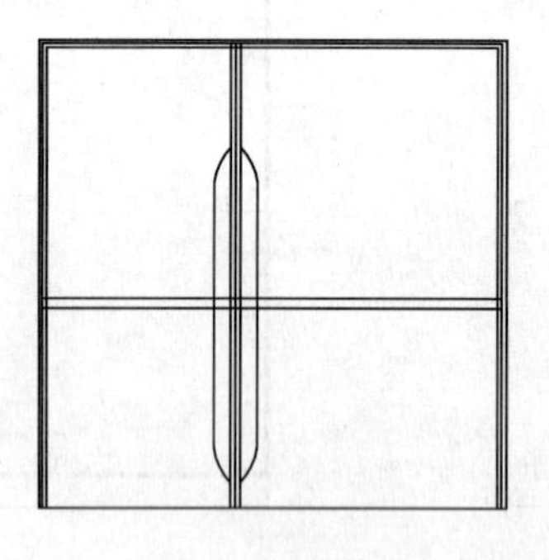

图 5-16 修剪线段

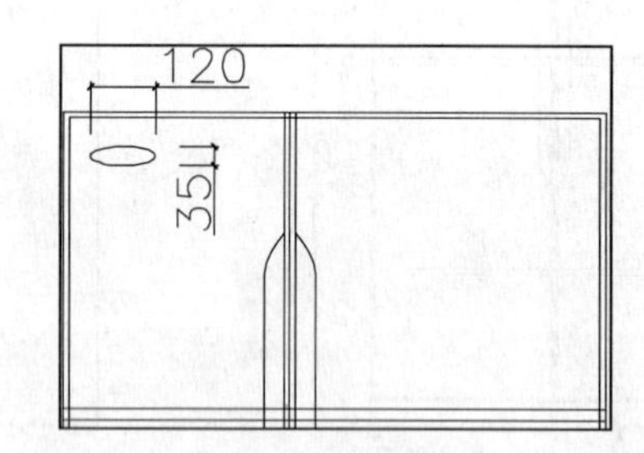

图 5-17 绘制椭圆

5.3 绘制中式木格窗

中式木格窗以木质为主，讲究雕刻彩绘，造型典雅，多采用酸枝木或大叶檀等高档硬木，本实例介绍如图 5-18 所示中式木格窗图例的绘制方法。

01 调用 RECTANG/REC 命令，绘制一个尺寸为 2000×1400 的矩形，如图 5-19 所示。

02 调用 CHAMFER/CHA 命令，对矩形进行倒角，倒角距离全部设置为 700，效果如图 5-20 所示。

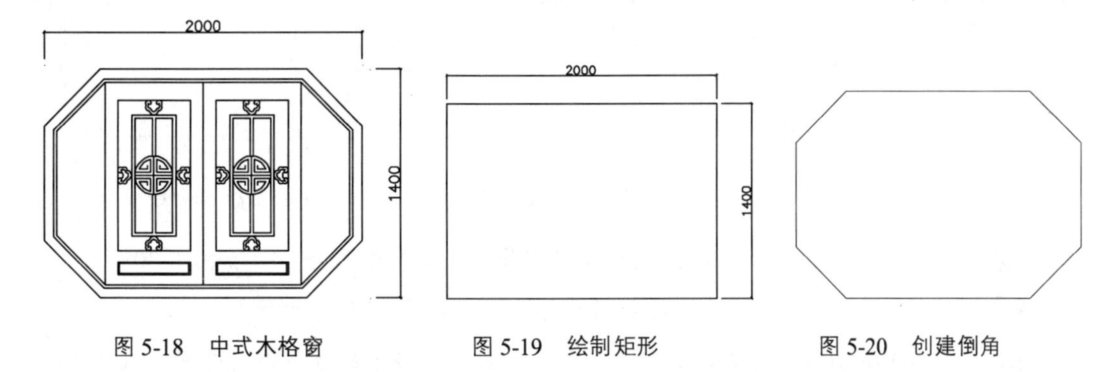

图 5-18　中式木格窗　　图 5-19　绘制矩形　　图 5-20　创建倒角

03 调用 OFFSET/O 命令，将图形向内偏移 60 和 20，如图 5-21 所示。

04 调用 RECTANG/REC 命令，绘制尺寸为 615 × 1240 的矩形，如图 5-22 所示。

05 继续调用 RECTANG/REC 命令，绘制尺寸为 455 × 920 的矩形，并移动到相应的位置，如图 5-23 所示。

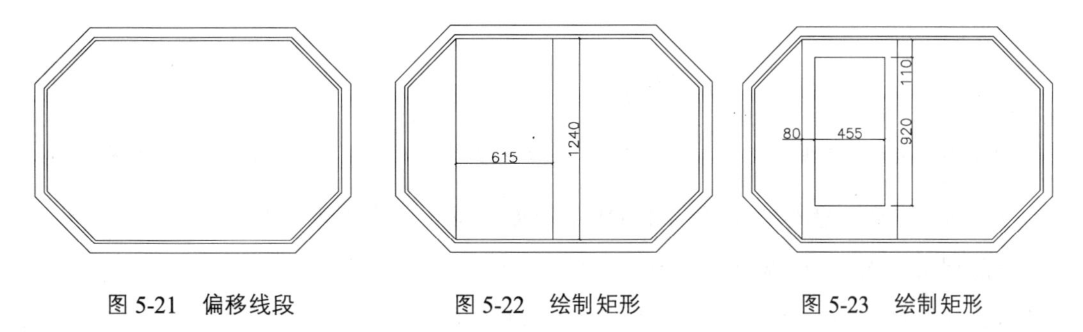

图 5-21　偏移线段　　图 5-22　绘制矩形　　图 5-23　绘制矩形

06 调用 OFFSET/O 命令，将矩形向内偏移 90 和 20，如图 5-24 所示。

07 调用 LINE/L 命令和 OFFSET/O 命令，绘制线段，如图 5-25 所示。

08 调用 TRIM/TR 命令，对线段进行修剪，如图 5-26 所示。

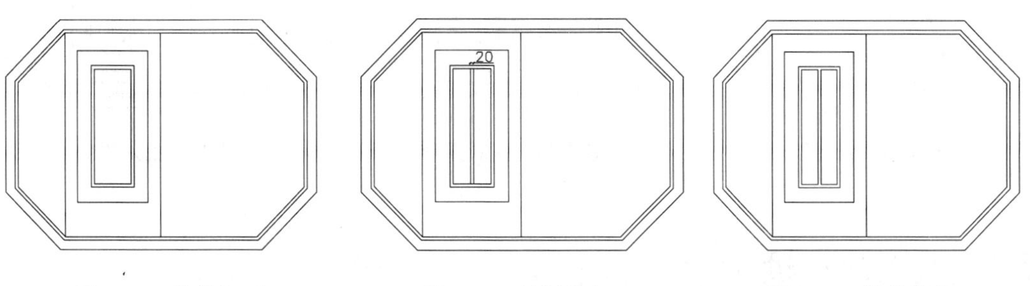

图 5-24　偏移矩形　　图 5-25　绘制线段　　图 5-26　修剪线段

09 调用 LINE/L 命令，捕捉中点绘制线段，如图 5-27 所示。

10 调用 CIRCLE/C 命令，以线段的交点为圆心绘制半径为 118 的圆，如图 5-28 所示。

11 调用 LINE/L 命令，捕捉圆象限点绘制线段，然后修剪多余的线段，如图 5-29 所示。

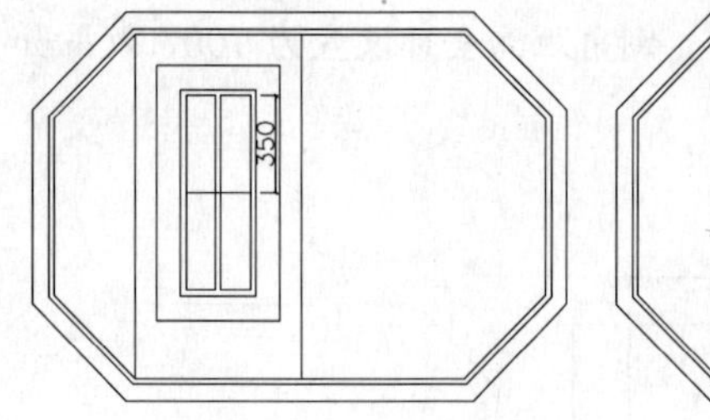

图 5-27 绘制线段

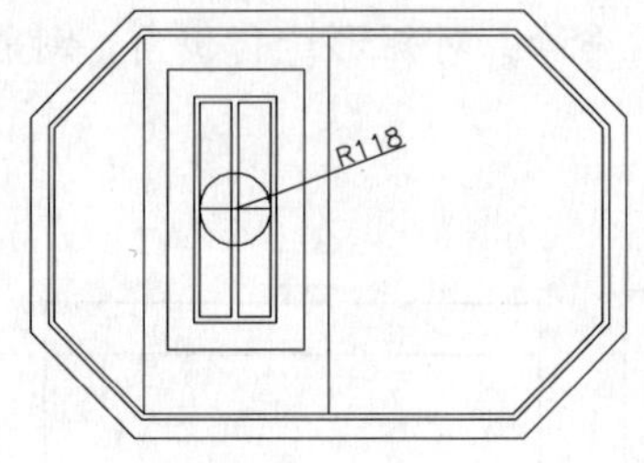

图 5-28 绘制圆

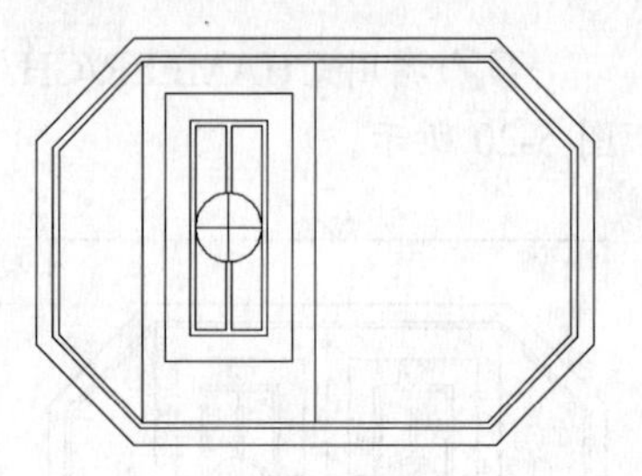

图 5-29 修剪线段

12 调用 OFFSET/O 命令，对线段和圆进行偏移，偏移距离为 20，如图 5-30 所示。

13 调用 TRIM/TR 命令，对线段和圆进行修剪，如图 5-31 所示。

14 调用 MIRROR/MI 命令，镜像复制图形，然后对多余的线段进行修剪，效果如图 5-32 所示。

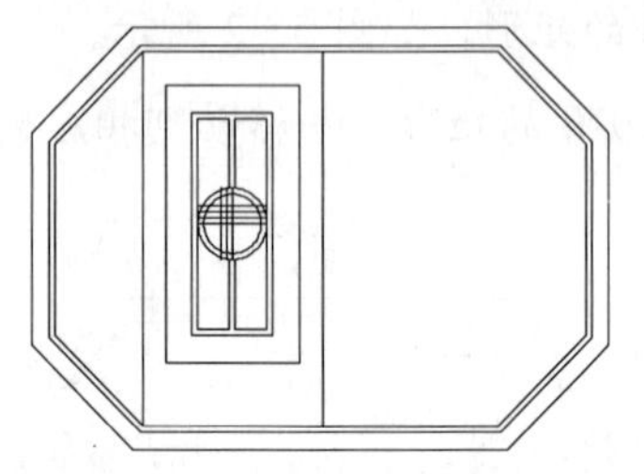

图 5-30 偏移圆和线段

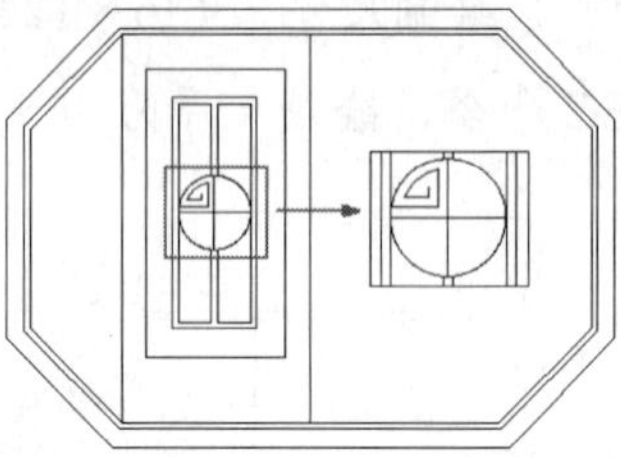

图 5-31 修剪线段和圆

图 5-32 镜像图形

15 调用 RECTANG/REC 命令和 OFFSET/O 命令，绘制图形，如图 5-33 所示。

16 调用 COPY/CO 命令，将图形复制到右侧，如图 5-34 所示。

17 从图库中插入雕花图块到木格窗内，效果如图 5-35 所示，完成中式木格窗的绘制。

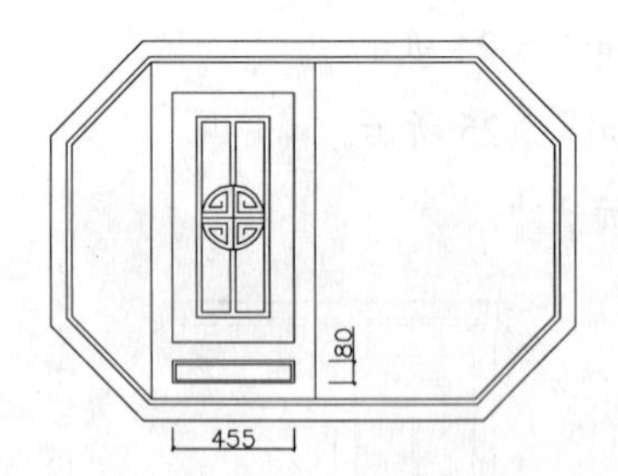

图 5-33 绘制图形

图 5-34 复制图形

图 5-35 插入图块

5.4 绘制饮水机

饮水机通常摆放在客厅或餐厅区域，下面讲解如图 5-36 所示饮水机的绘制方法。

01 调用 RECTANG/REC 命令，绘制一个尺寸为 325×40 的矩形，如图 5-37 所示。

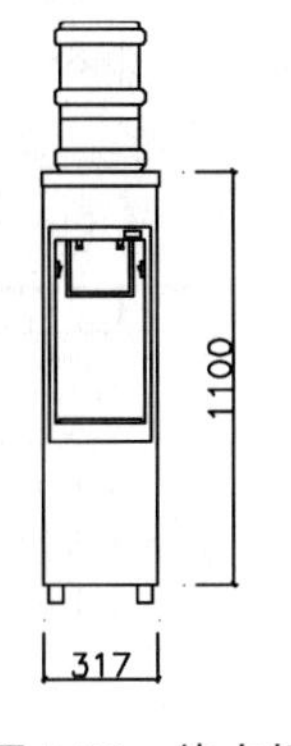

图 5-36 饮水机

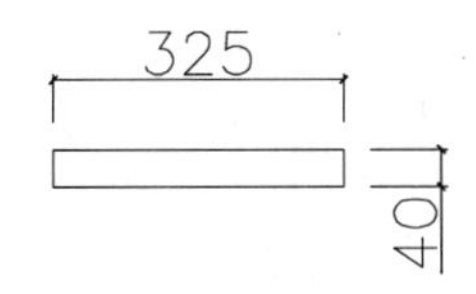

图 5-37 绘制矩形

02 调用 PLINE/PL 命令，绘制多段线，如图 5-38 所示。

03 继续调用 PLINE/PL 命令和 COPY/CO 命令，绘制多段线，如图 5-39 所示。

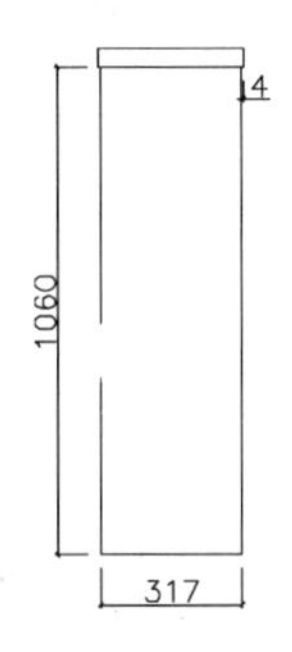

图 5-38 绘制多段线

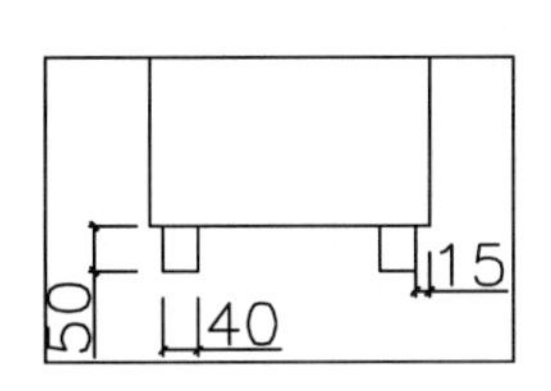

图 5-39 绘制多段线

04 调用 RECTANG/REC 命令，绘制尺寸为 280 × 572 的矩形，并移动到相应的位置，如图 5-40 所示。

05 继续调用 RECTANG/REC 命令，绘制尺寸为 245 × 485 的矩形，如图 5-41 所示。

06 调用 PLINE/PL 命令，绘制多段线，如图 5-42 所示。

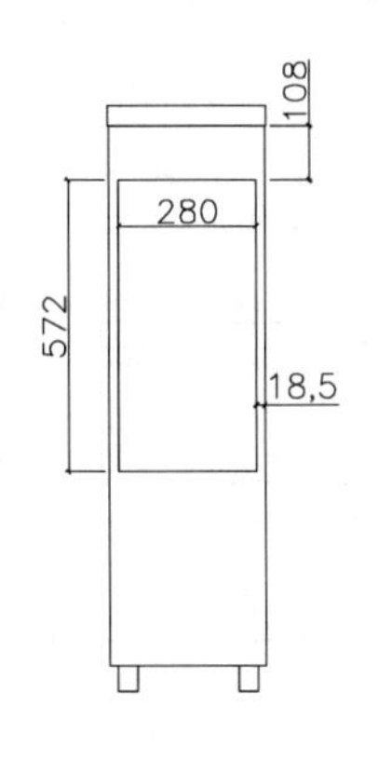

图 5-40 绘制矩形

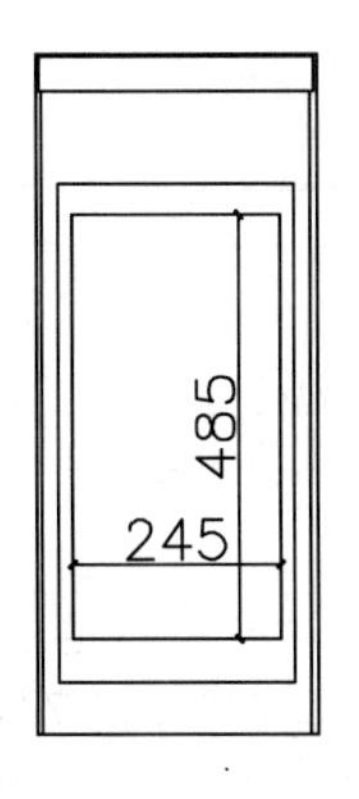

图 5-41 绘制矩形

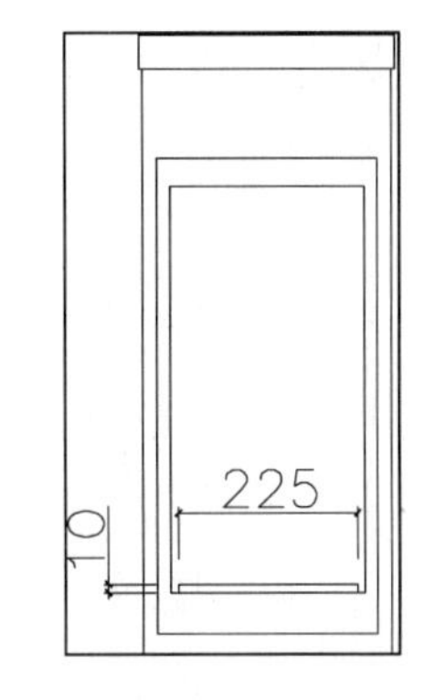

图 5-42 绘制多段线

07 调用 PLINE/PL 命令，绘制多段线，如图 5-43 所示。

08 调用 OFFSET/O 命令，将多段线向内偏移 10，如图 5-44 所示。

09 调用 RECTANG/REC 命令、PLINE/PL 命令和 COPY/CO 命令，绘制其他组件，如图 5-45 所示。

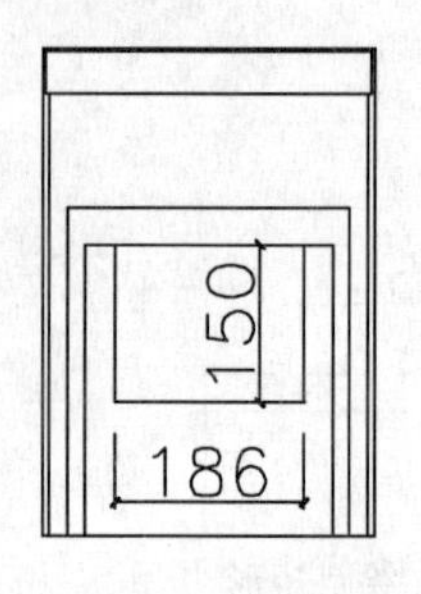

图 5-43　绘制多段线

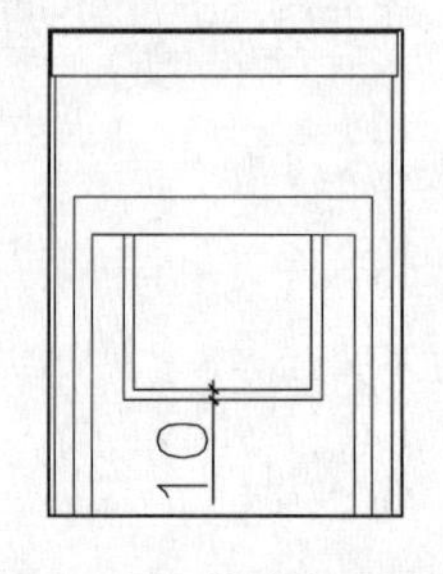

图 5-44　偏移多段线

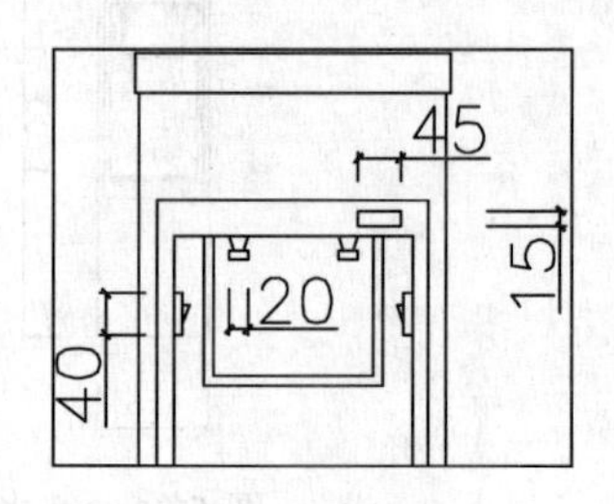

图 5-45　绘制组件

10 调用 PLINE/PL 命令，绘制多段线，如图 5-46 所示。

11 调用 RECTANG/REC 命令，绘制尺寸为 250×40 的矩形，如图 5-47 所示。

12 调用 FILLET/F 命令，对矩形进行圆角，圆角半径为 10，如图 5-48 所示。

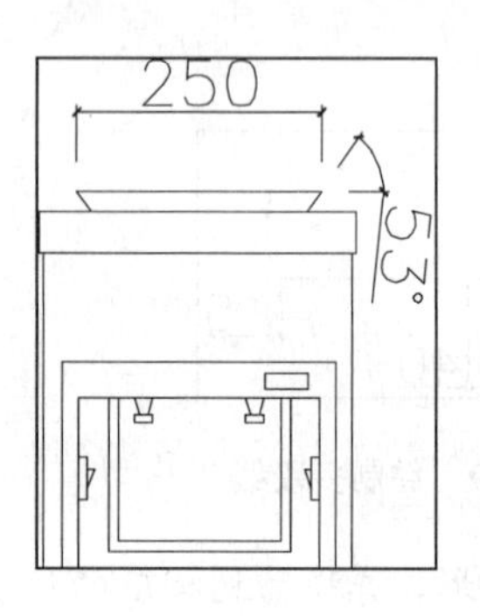

图 5-46　绘制多段线

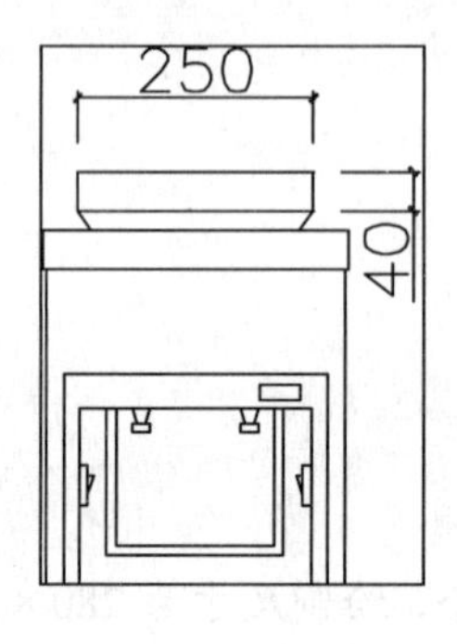

图 5-47　绘制矩形

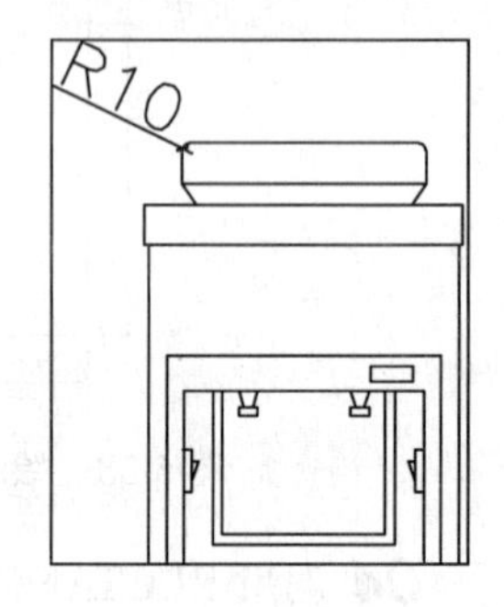

图 5-48　创建圆角

13 调用 COPY/CO 命令，将矩形向上复制，如图 5-49 所示。

14 调用 FILLET/F 命令，对矩形进行圆角，圆角半径为 10，如图 5-50 所示。

15 调用 PLINE/PL 命令，绘制多段线，如图 5-51 所示。

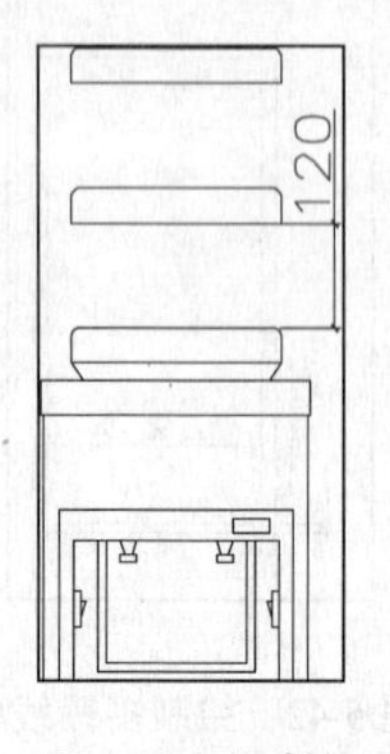

图 5-49　复制矩形

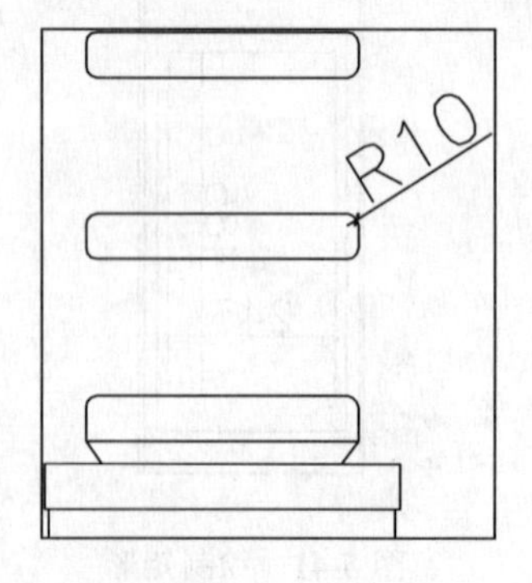

图 5-50　圆角

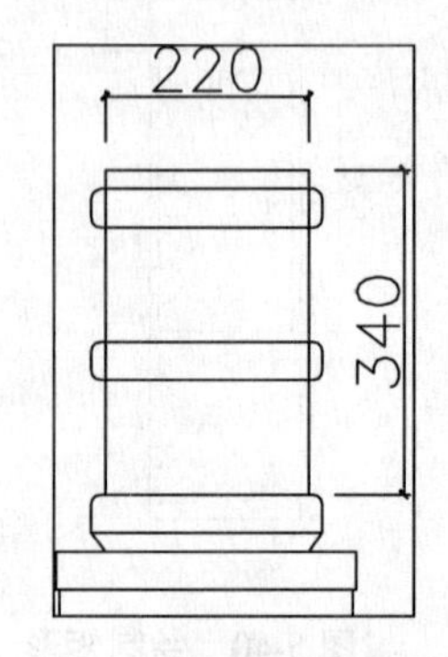

图 5-51　绘制多段线

16 调用 LINE/L 命令，绘制线段，如图 5-52 所示。

17 调用 TRIM/TR 命令，对线段相交的位置进行修剪，如图 5-53 所示。

18 调用 FILLET/F 命令，对多段线进行圆角，如图 5-54 所示，完成饮水机的绘制。

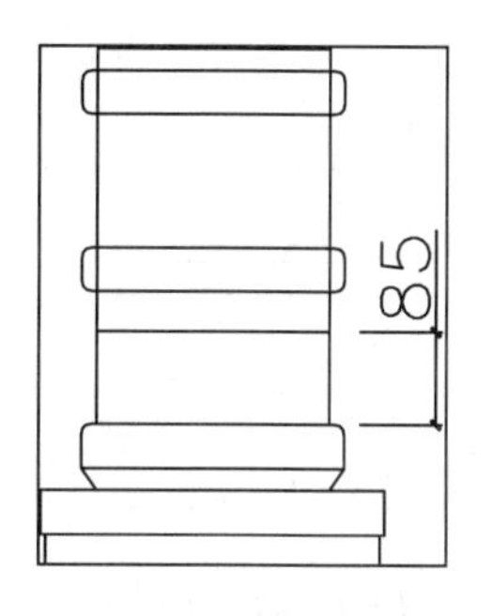

图 5-52　绘制线段

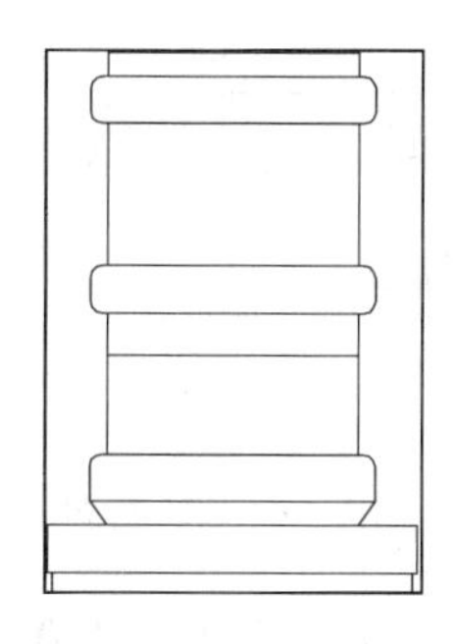
图 5-53　修剪线段

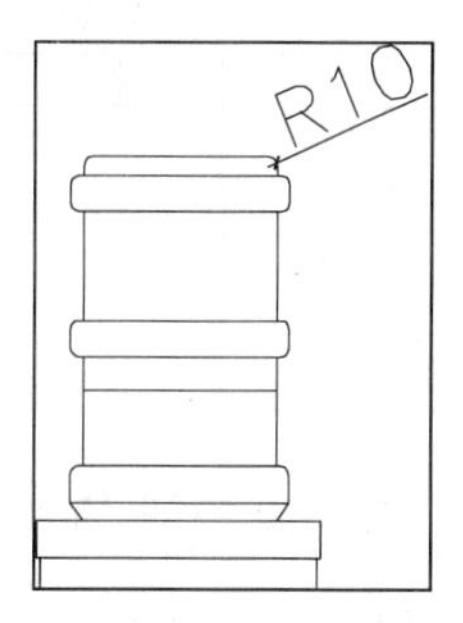

图 5-54　圆角

5.5 绘制坐便器

坐便器一般用于主卫生间，其下水口与坐便器的距离为 0.5m 以内。本例讲解如图 5-55 所示坐便器的绘制方法。

01 调用 RECTANG/REC 命令，绘制一个尺寸为 525 × 50 的矩形，如图 5-56 所示。

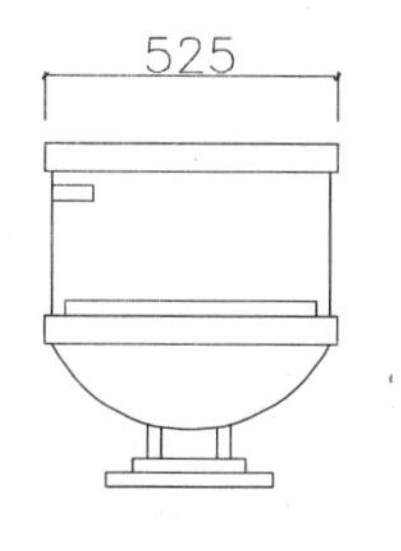

图 5-55　坐便器

图 5-56　绘制矩形

02 调用 COPY/CO 命令，将矩形向下复制，如图 5-57 所示。

03 调用 LINE/L 命令，绘制线段，如图 5-58 所示。

04 调用 PLINE/PL 命令，绘制多段线，如图 5-59 所示。

图 5-57　复制矩形

图 5-58　绘制线段

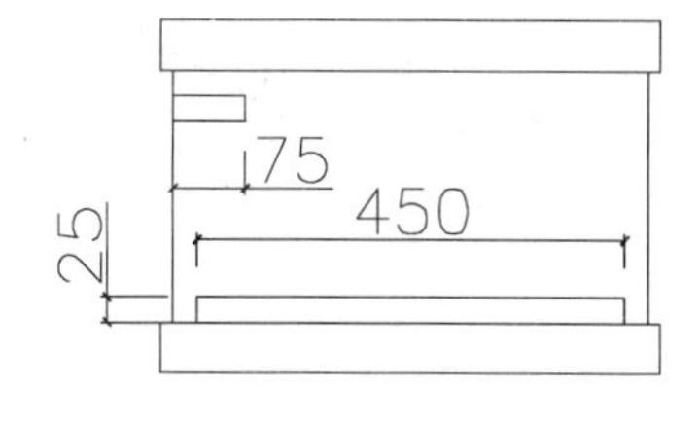

图 5-59　绘制多段线

05 调用 LINE/L 命令，绘制辅助线，如图 5-60 所示。

06 调用 CIRCLE/C 命令，以辅助线的交点为圆心绘制半径为 280 的圆，然后删除辅助线，如图 5-61 所示。

07 调用 TRIM/TR 命令，对圆进行修剪，如图 5-62 所示。

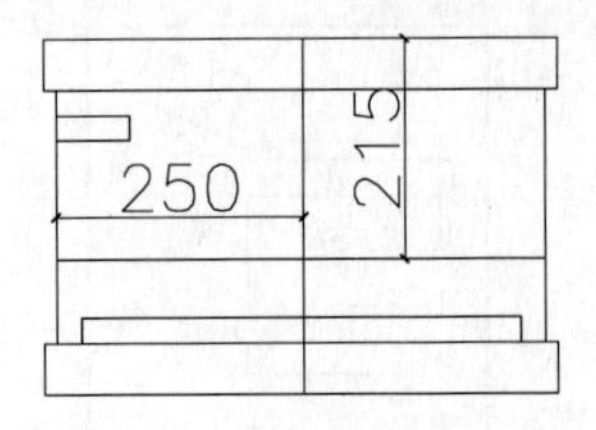

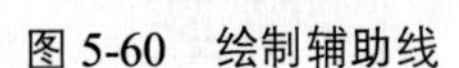
图 5-60　绘制辅助线

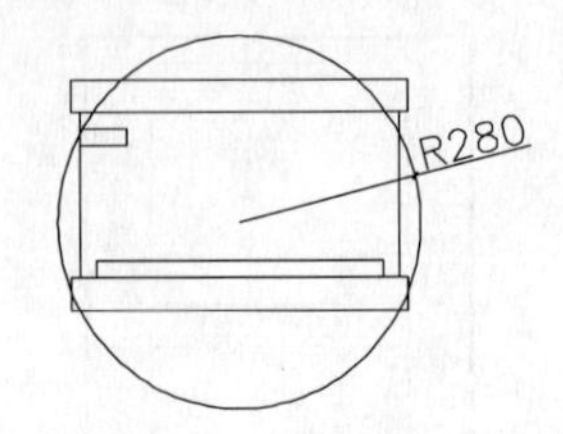

图 5-61　绘制圆

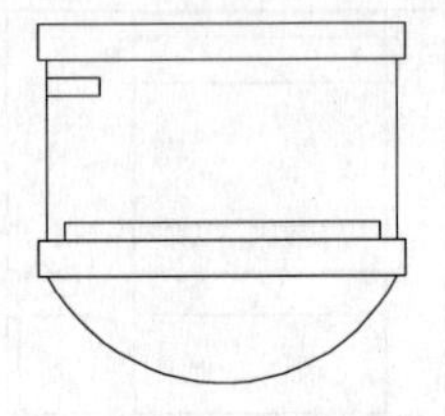

图 5-62　修剪圆

08 调用 RECTANG/REC 命令，绘制尺寸为 300 × 25 的矩形，如图 5-63 所示。

09 继续调用 RECTANG/REC 命令，绘制尺寸为 200 × 25 的矩形，如图 5-64 所示。

10 调用 LINE/L 命令和 OFFSET/O 命令，绘制线段，如图 5-65 所示，完成坐便器的绘制。

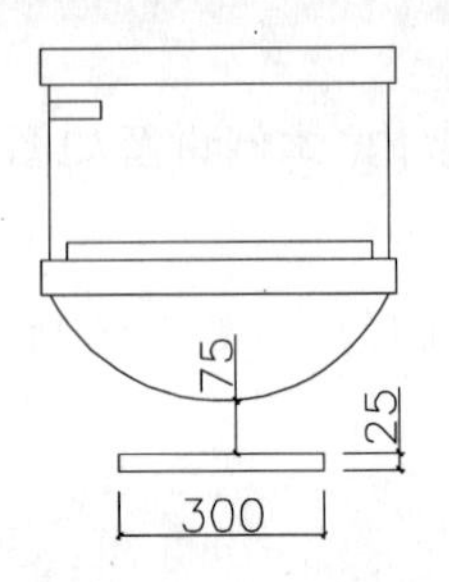

图 5-63　绘制矩形

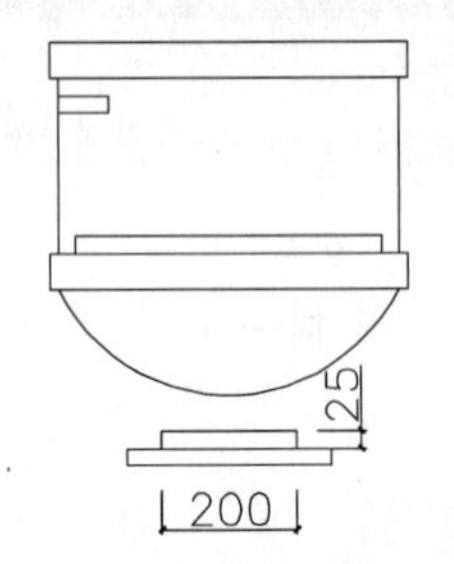

图 5-64　绘制矩形

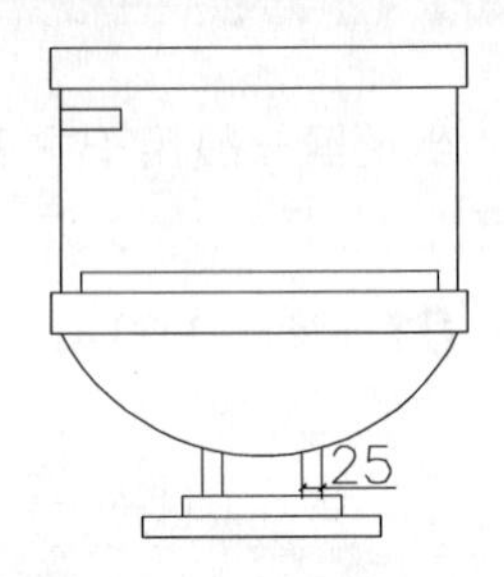

图 5-65　绘制线段

5.6 绘制台灯

台灯通常放置在卧室的床头柜上，或者是书房中，用来辅助照明或装饰空间，以烘托气氛。本例介绍如图 5-66 所示台灯的绘制方法。

01 绘制灯罩。调用 CIRCLE/C 命令，绘制半径为 200 的圆，如图 5-67 所示。

02 调用 LINE/L 命令，捕捉圆象限点绘制过圆心线段，如图 5-68 所示。

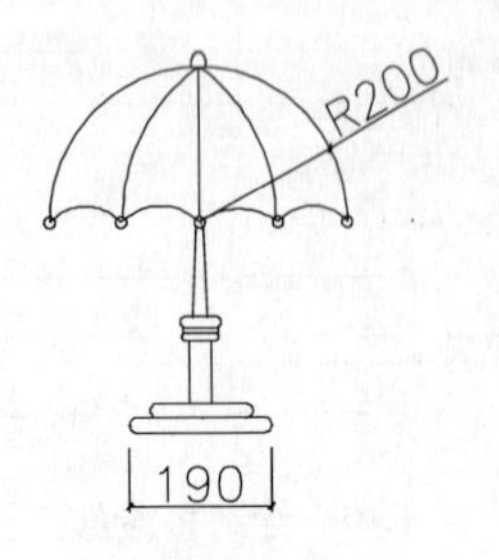

图 5-66　台灯

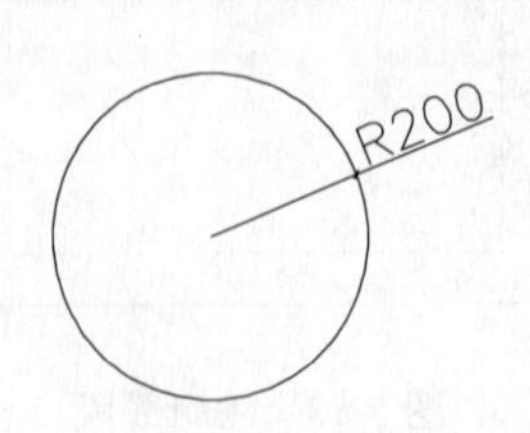

图 5-67　绘制圆

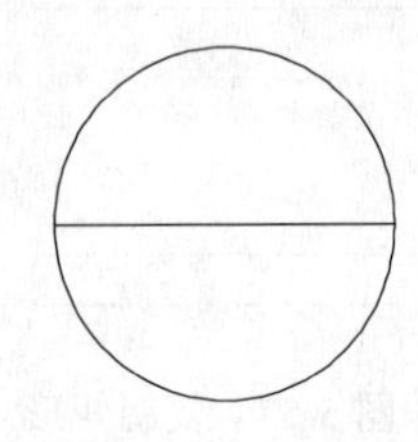

图 5-68　绘制线段

03 调用 TRIM/TR 命令，修剪得到半圆，如图 5-69 所示。

04 调用 CIRCLE/C 命令，以线段的端点为圆心绘制半径为 7 的圆，如图 5-70 所示。

05 调用 COPY/CO 命令，对圆进行复制，如图 5-71 所示。

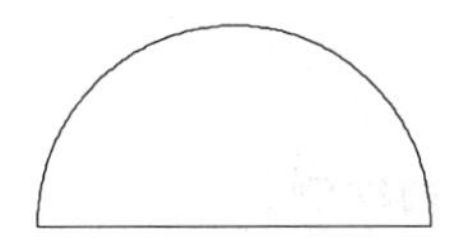

图 5-69 修剪圆

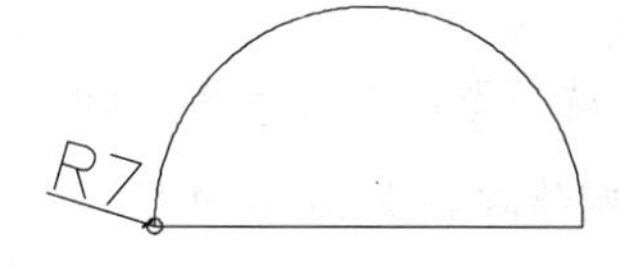

图 5-70 绘制圆

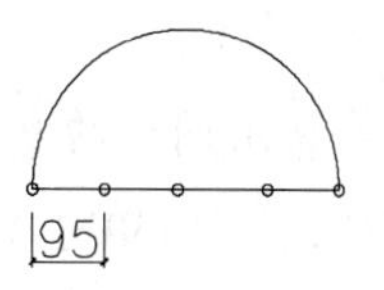

图 5-71 复制圆

06 删除半圆下的水平线段，如图 5-72 所示。

07 调用 LINE/L 命令和 OFFSET/O 命令，绘制辅助线，如图 5-73 所示。

08 调用 CIRCLE/C 命令，以辅助线的交点为圆心，绘制半径为 65 的圆，然后删除辅助线，如图 5-74 所示。

09 调用 TRIM/TR 命令，对圆进行修剪，如图 5-75 所示。

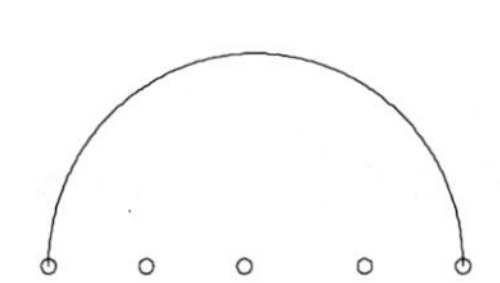

图 5-72 删除线段

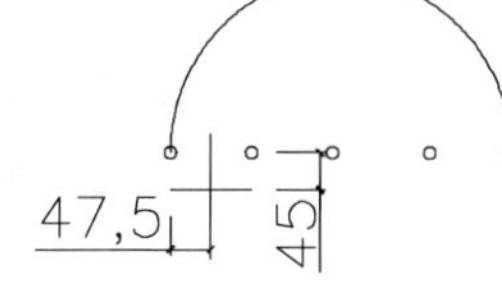

图 5-73 绘制辅助线

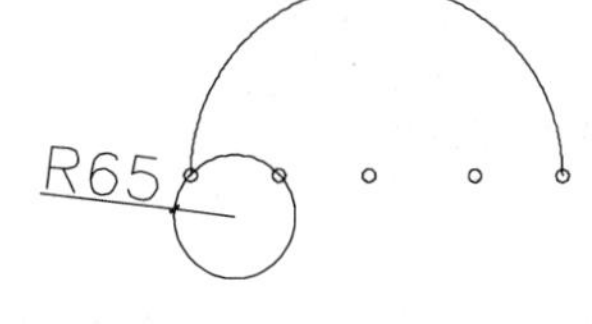

图 5-74 绘制圆

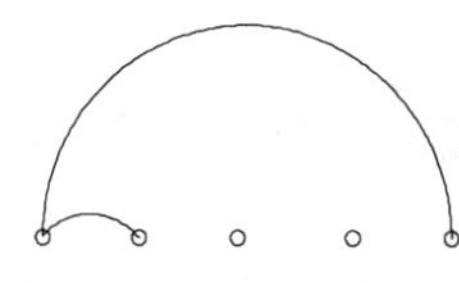

图 5-75 修剪圆

10 调用 LINE/L 命令，绘制线段，如图 5-76 所示。

11 调用 COPY/CO 命令，复制圆弧，如图 5-77 所示。

12 调用 ARC/A 命令和 MIRROR/MI 命令，绘制圆弧，如图 5-78 所示。

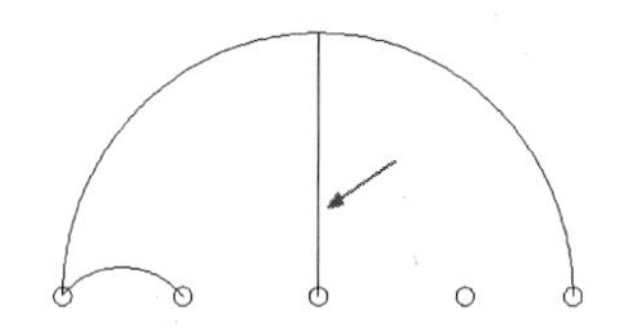

图 5-76 绘制线段

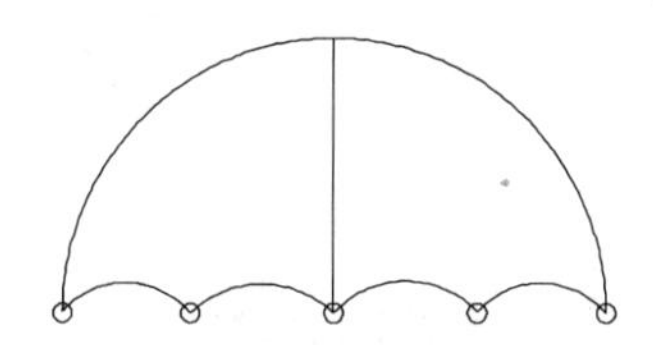

图 5-77 复制圆弧

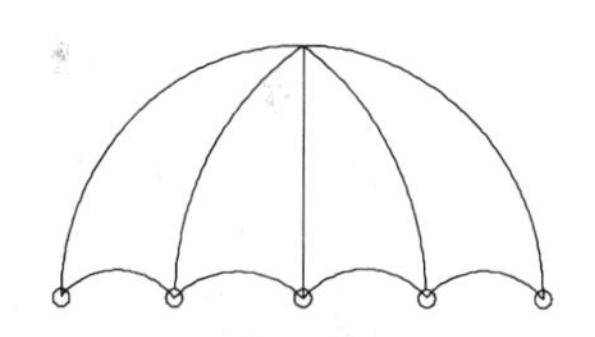

图 5-78 绘制圆弧

13 调用 ELLIPSE/EL 命令，绘制椭圆，如图 5-79 所示。

14 调用 TRIM/TR 命令，对椭圆进行修剪，如图 5-80 所示。

15 绘制灯柱。调用 RECTANG/REC 命令，绘制一个尺寸为 190 × 20、圆角半径为 10 的圆角矩形，如图 5-81 所示。

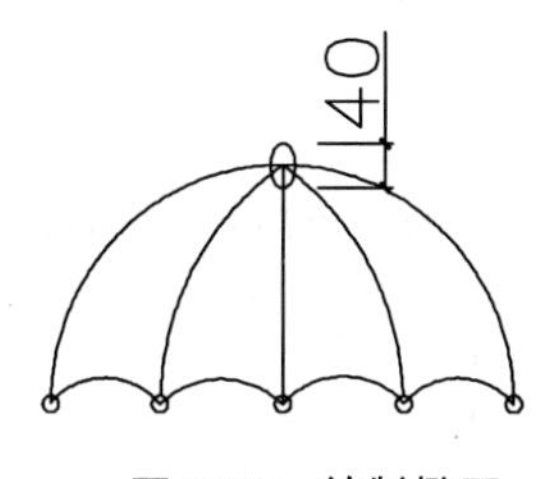

图 5-79 绘制椭圆

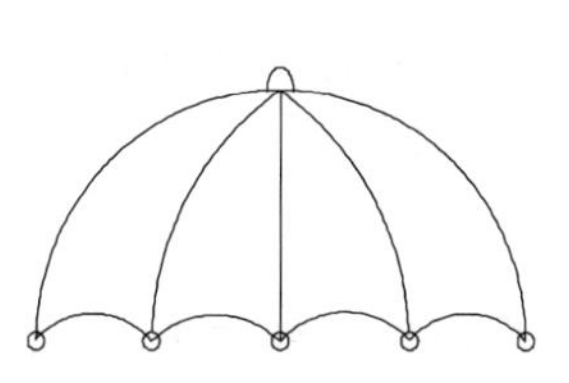

图 5-80 修剪椭圆

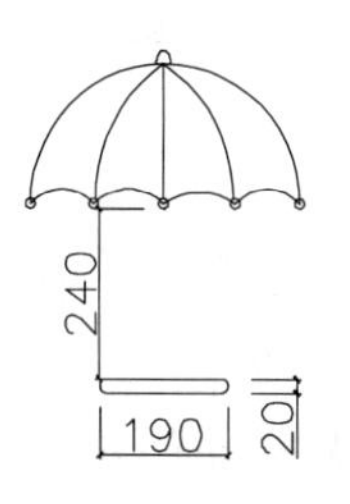

图 5-81 绘制圆角矩形

16 继续调用 RECTANG/REC 命令，绘制尺寸为 135×17、圆角半径为 8 的圆角矩形，如图 5-82 所示。

17 使用同样的方法绘制圆角矩形，如图 5-83 所示。

18 调用 LINE/L 命令，绘制线段，如图 5-84 所示，完成台灯的绘制。

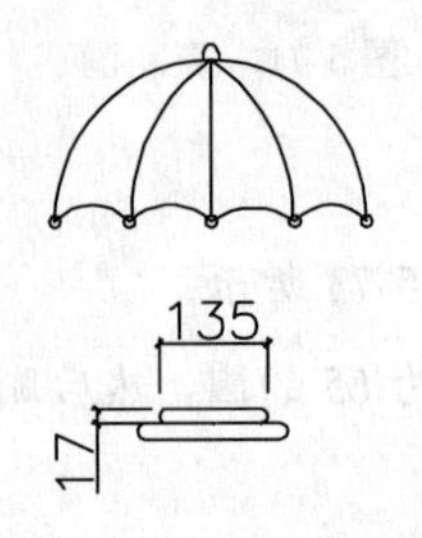

图 5-82 绘制圆角矩形

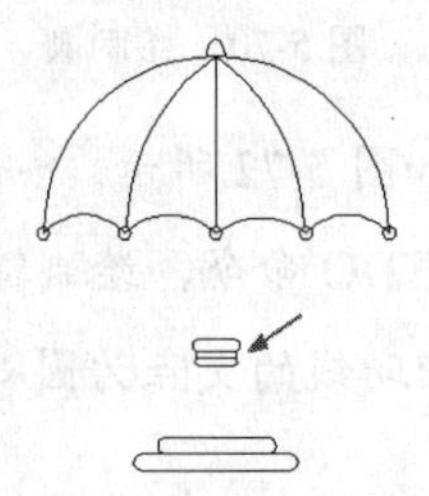

图 5-83 绘制圆角矩形

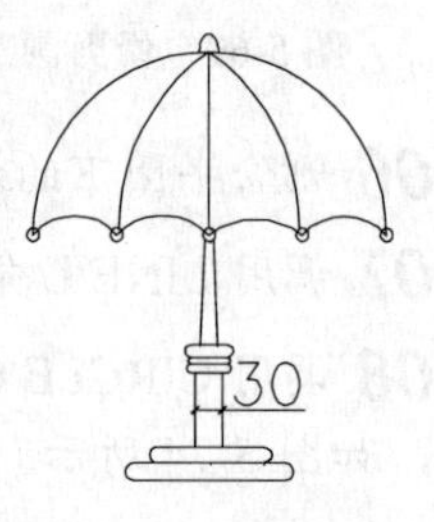

图 5-84 绘制线段

5.7 绘制铁艺栏杆

栏杆主要起保护作用。铁艺栏杆在艺术造型上、图案纹理上，都带有西方造型艺术风格的烙印。本例讲解如图 5-85 所示铁艺栏杆的绘制方法。

01 调用 RECTANG/REC 命令，绘制一个尺寸为 11×350 的矩形，如图 5-86 所示。

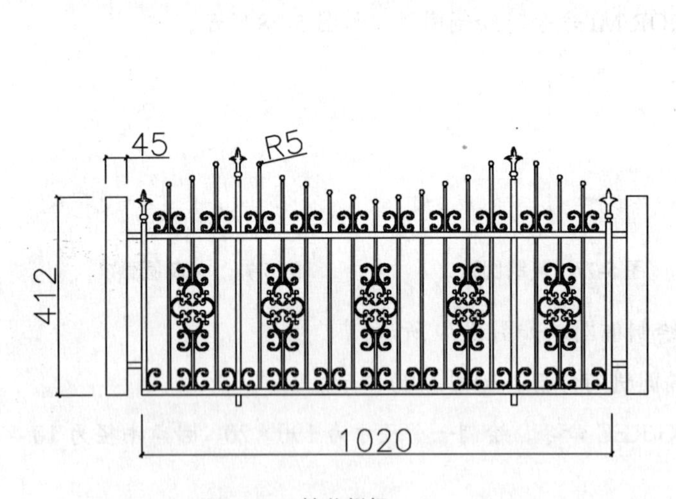

图 5-85 铁艺栏杆

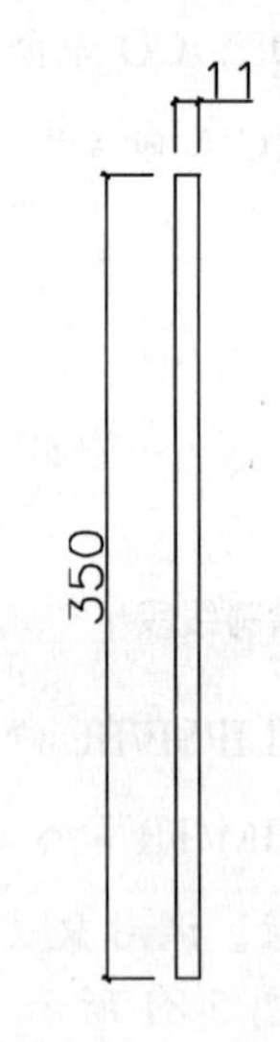

图 5-86 绘制矩形

02 调用 PLINE/PL 命令，绘制多段线，如图 5-87 所示。

03 调用 RECTANG/REC 命令，绘制尺寸为 15×10、圆角半径为 5 的圆角矩形，如图 5-88 所示。

04 调用 COPY/CO 命令，将图形复制到右侧，如图 5-89 所示。

05 调用 RECTANG/REC 命令，在图形的下方绘制尺寸为 1020×11 的矩形，如图 5-90 所示。

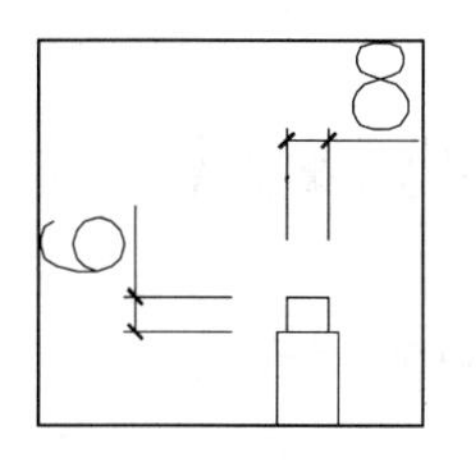

图 5-87 绘制多段线

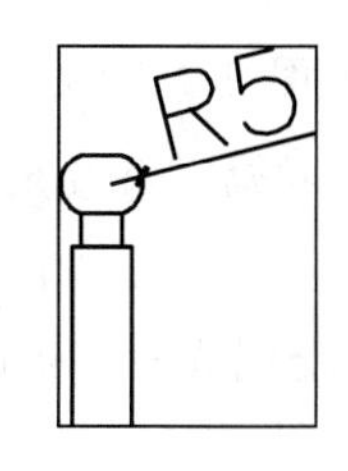

图 5-88 绘制圆角矩形

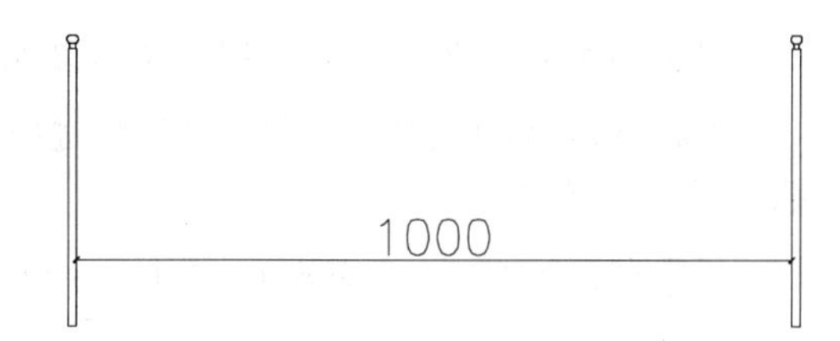

图 5-89 复制图形

06 使用相同的方法绘制其他两根栏杆，如图 5-91 所示。

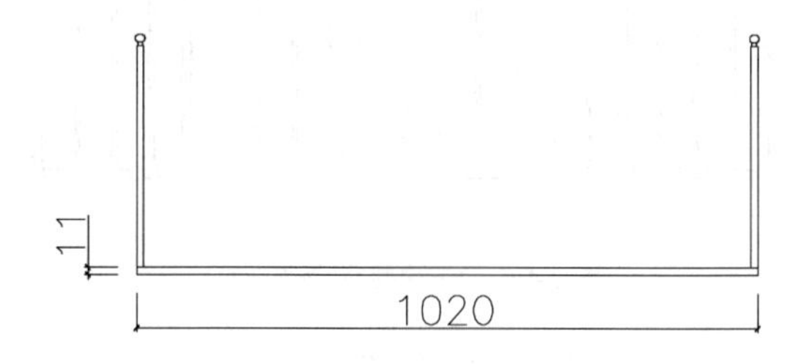

图 5-90 绘制矩形

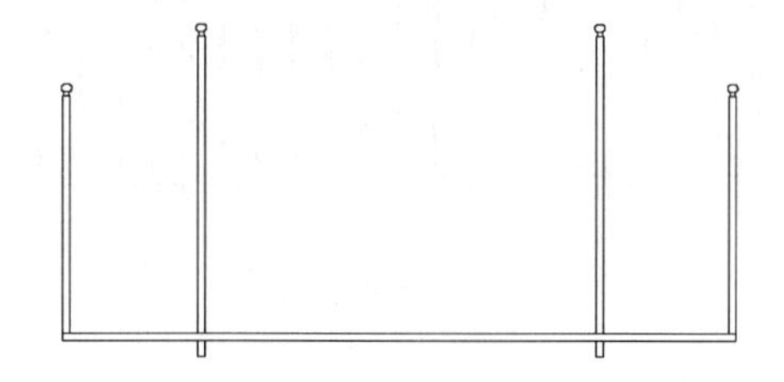

图 5-91 绘制栏杆

07 调用 PLINE/PL 命令，绘制多段线，如图 5-92 所示。

08 调用 PLINE/PL 命令，绘制多段线，如图 5-93 所示。

09 调用 RECTANG/REC 命令，绘制尺寸为 6 × 1.5 的矩形，如图 5-94 所示。

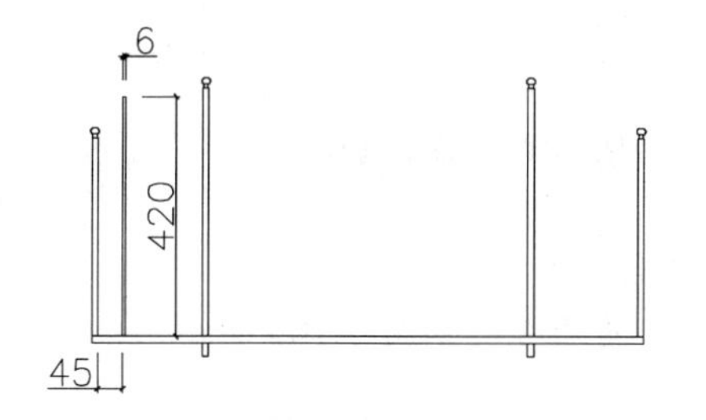

图 5-92 绘制多段线

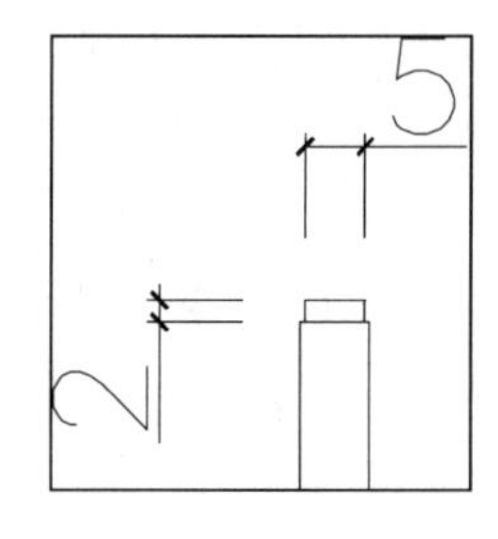

图 5-93 绘制多段线

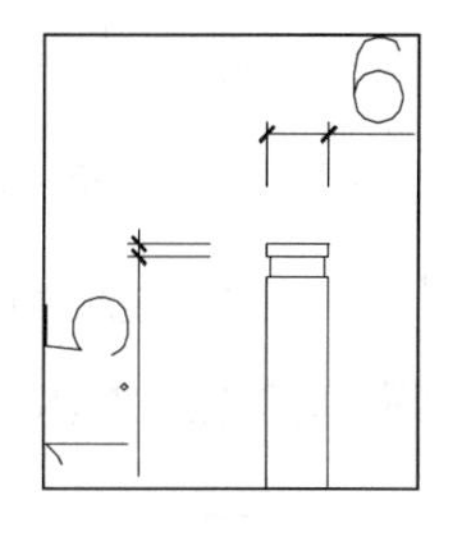

图 5-94 绘制矩形

10 调用 LINE/L 命令，绘制辅助线，如图 5-95 所示。

11 调用 CIRCLE/C 命令，以辅助线的交点为圆心绘制半径为 5 的圆，如图 5-96 所示。

12 调用 TRIM/TR 命令，对圆和矩形相交的位置进行修剪，如图 5-97 所示。

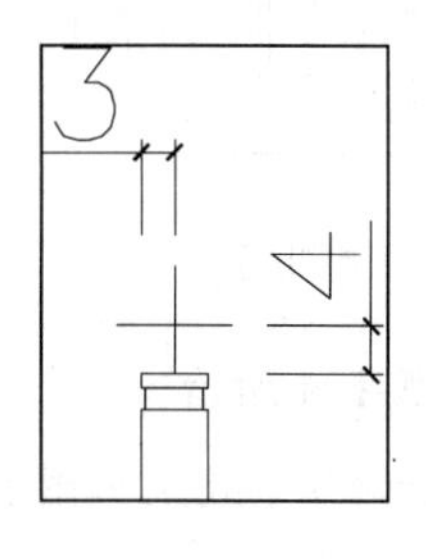

图 5-95 绘制辅助线

图 5-96 绘制圆

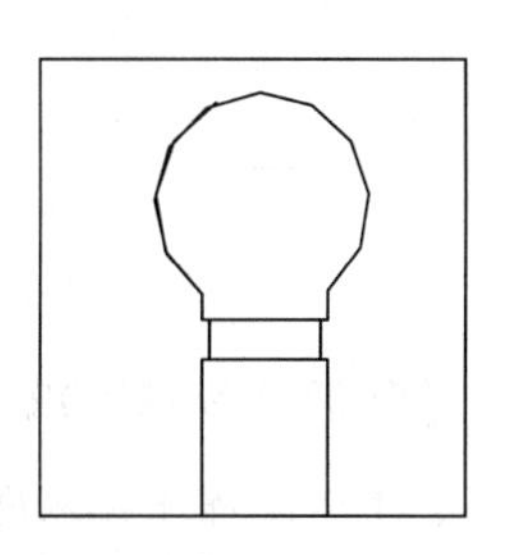

图 5-97 修剪

13 调用 COPY 命令，将图形向右复制，如图 5-98 所示。

14 调用 MOVE/M 命令，对图形进行上下移动，并使用夹点功能调整线段，使其效果如图 5-99 所示。

15 调用 LINE/L 命令和 OFFSET/O 命令，绘制线段，如图 5-100 所示。

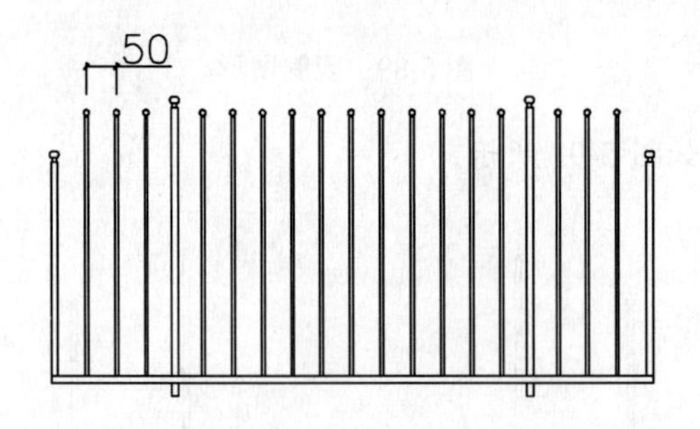

图 5-98　复制图形

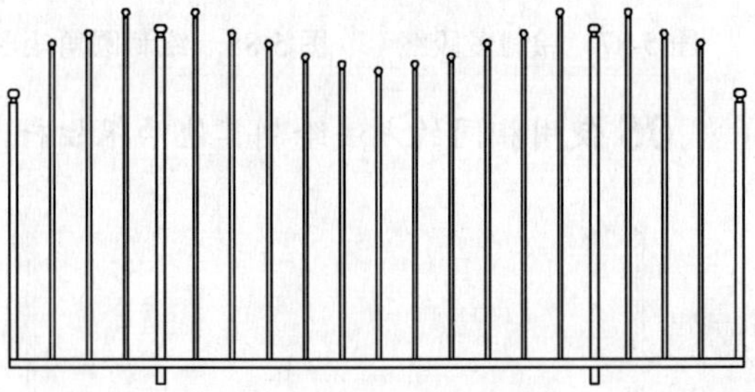

图 5-99　移动并调整图形

16 调用 TRIM/TR 命令，对线段相交的位置进行修剪，如图 5-101 所示。

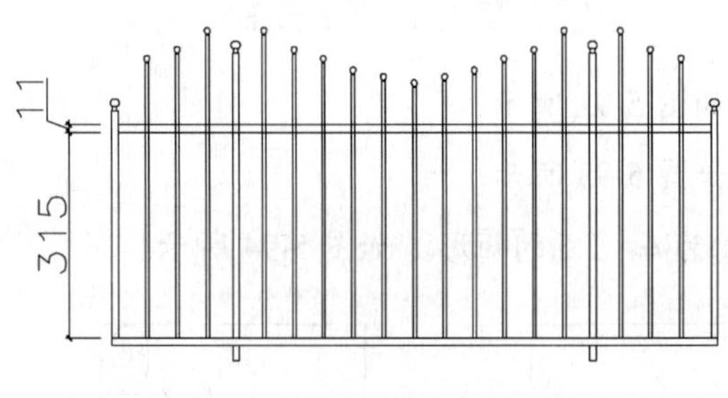

图 5-100　绘制线段

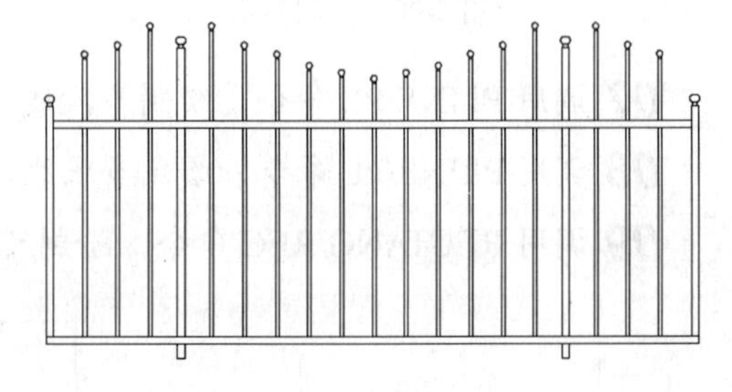

图 5-101　修剪线段

17 调用 LINE/L 命令和 OFFSET/O 命令，绘制线段，如图 5-102 所示。

18 调用 RECTANG/REC 命令，绘制尺寸为 45×412 的矩形，如图 5-103 所示。

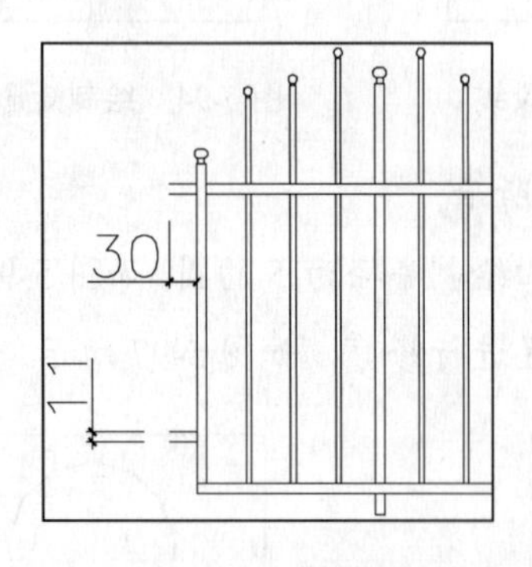

图 5-102　绘制线段

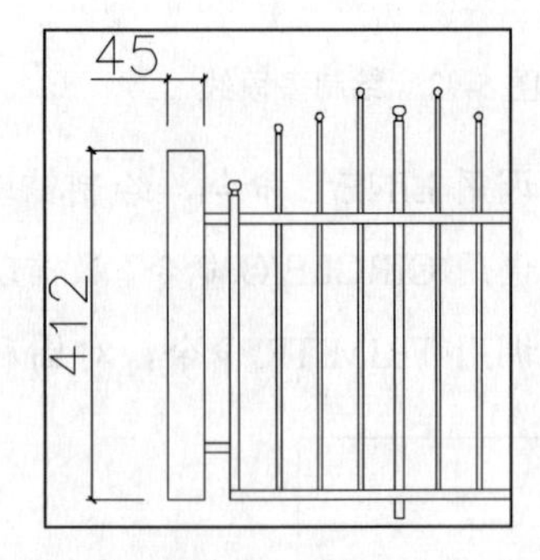

图 5-103　绘制矩形

19 调用 MIRROR/MI 命令，将矩形和线段镜像到右侧，如图 5-104 所示。

20 从图库中插入雕花图案，然后对线段与图案相交的位置进行修剪，效果如图 5-105 所示，完成铁艺栏杆的绘制。

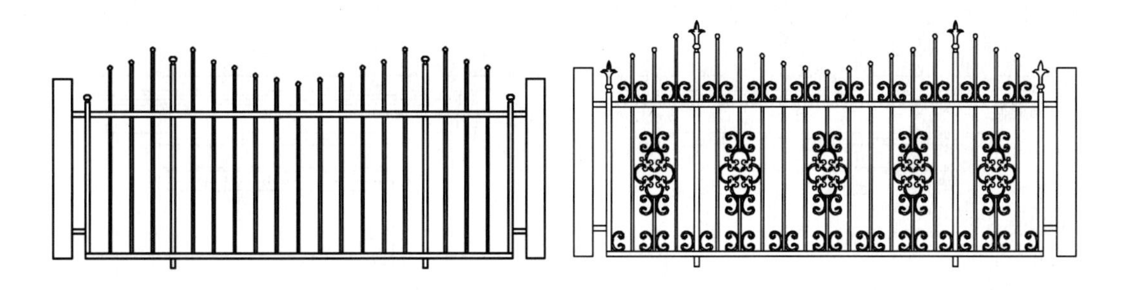

图 5-104 镜像矩形和线段　　图 5-105 插入图块

5.8 绘制壁炉

本实例介绍壁炉立面图形的绘制方法，其中主要调用了矩形、直线、修剪等命令。

01 调用 RECTANG/REC 命令，绘制尺寸为 1500 × 51 和 1405 × 16 的矩形；调用 COPY/CO 命令，移动复制尺寸为 1405 × 16 的矩形，结果如图 5-106 所示。

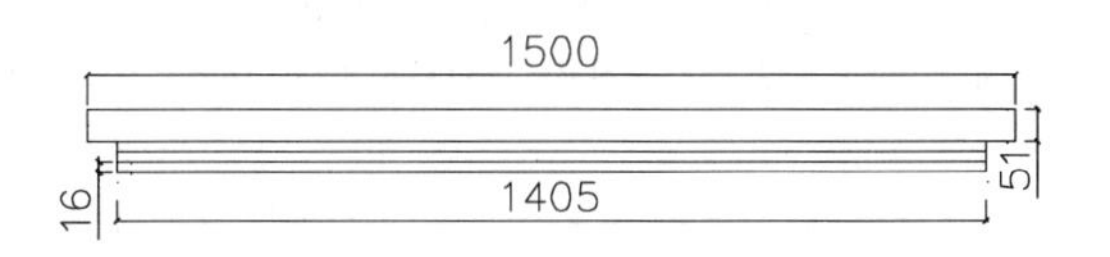

图 5-106 复制结果

02 调用 RECTANG/REC 命令，绘制尺寸为 1264 × 100、1524 × 20 和 1494 × 130 的矩形，绘制结果如图 5-107 所示。

03 调用 RECTANG/REC 命令，绘制尺寸为 150 × 190 的矩形；调用 LINE/L 命令，绘制直线，结果如图 5-108 所示。

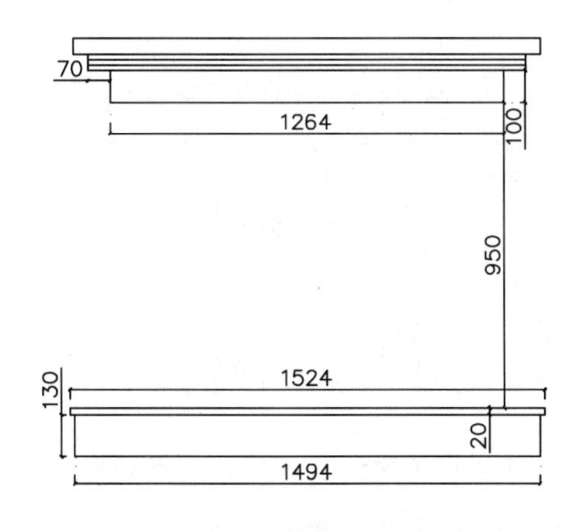

图 5-107 绘制矩形

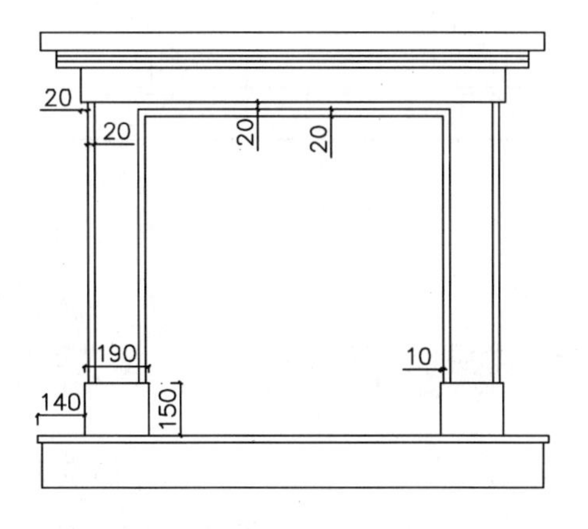

图 5-108 绘制矩形和直线

04 调用 OFFSET/O 命令，偏移直线，结果如图 5-109 所示。

05 调用 OFFSET/O 命令，偏移直线；调用 TRIM/TR 命令，修剪多余线段，结果如

图 5-110 所示。

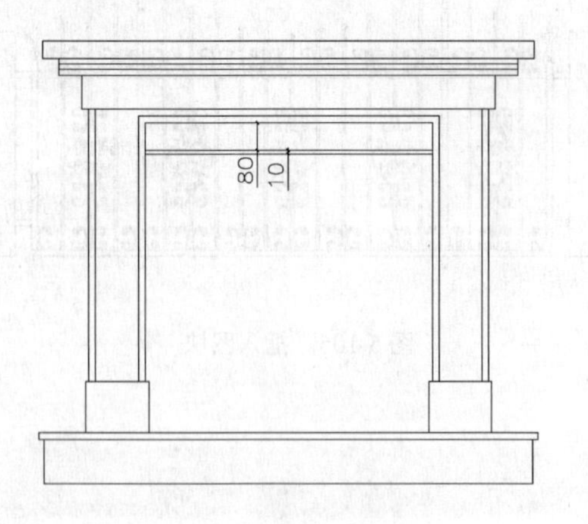

图 5-109　偏移直线

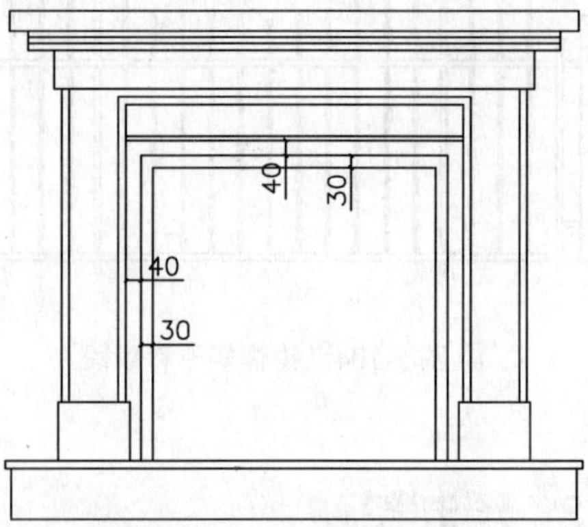

图 5-110　修剪线段

06 调用 CIRCLE/C 命令，绘制半径为 15 的圆形；调用 COPY/CO 命令，移动复制圆形，结果如图 5-111 所示。

07 按 Ctrl+O 组合键，打开配套光盘提供的“第 5 章/家具图例.dwg”文件，将其中的“壁炉构件”移动复制到当前图形中；调用 TRIM/TR 命令，修剪多余线段，结果如图 5-112 所示。

图 5-111　偏移直线

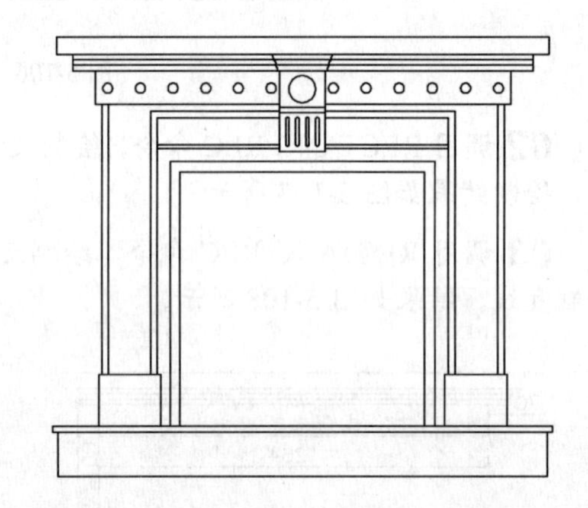

图 5-112　插入图块

5.9 绘制欧式门

本实例介绍欧式门立面图的绘制方法，其中主要调用了矩形、偏移、圆形等命令。

01 调用 RECTANG/REC 命令，绘制尺寸为 2335 × 1100 的矩形；调用 EXPLODE/X 命令，分解矩形。

02 调用 OFFSET/O 命令，偏移矩形边；调用 TRIM/TR 命令，修剪多余线段，结果如图 5-113 所示。

03 调用 RECTANG/REC 命令，绘制尺寸为 145×145 的矩形；调用 TRIM/TR 命令，修剪多余线段；调用 LINE/L 命令，绘制矩形的对角线，结果如图 5-114 所示。

04 调用 RECTANG/REC 命令，绘制尺寸为 211×236、881×236 和 287×236 的矩形，结果如图 5-115 所示。

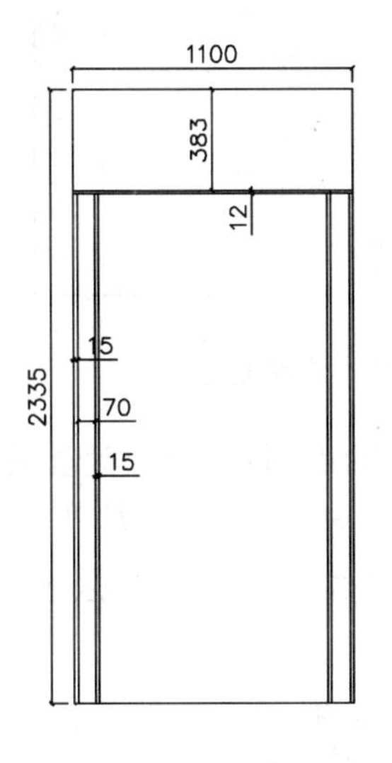

图 5-113　修剪图形

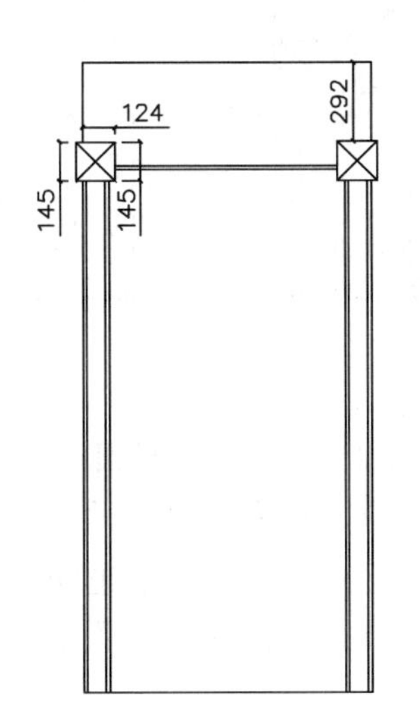

图 5-114　绘制对角线

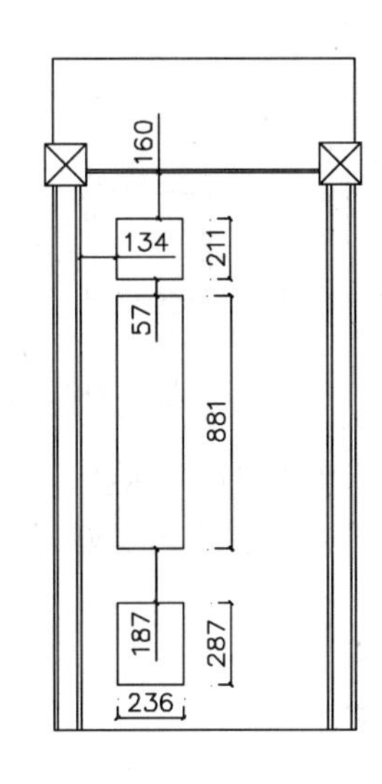

图 5-115　绘制矩形

05 调用 OFFSET/O 命令，设置偏移距离为 15，向内偏移矩形；调用 LINE/L 命令，绘制矩形的对角线，结果如图 5-116 所示。

06 调用 MIRROR/MI 命令，镜像复制绘制完成的图形，结果如图 5-117 所示。

07 调用 ARC/A 命令，绘制圆弧，结果如图 5-118 所示。

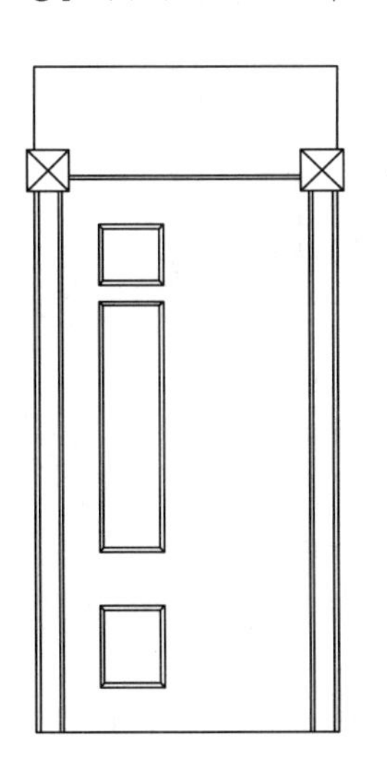
图 5-116　绘制结果

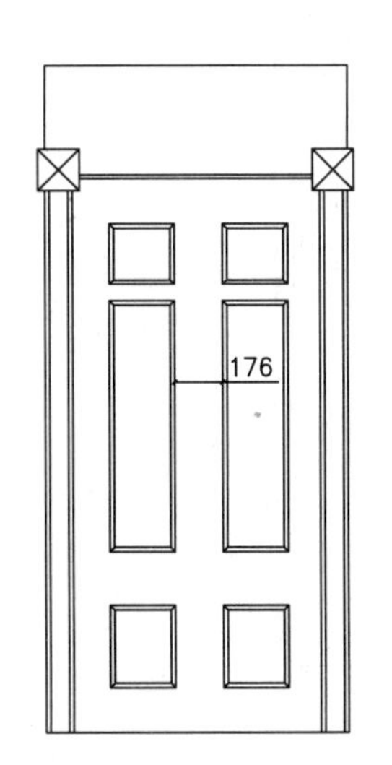

图 5-117　镜像复制

图 5-118　绘制圆弧

08 调用 OFFSET/O 命令，设置偏移距离分别为 15、85、25，向下偏移圆弧；调用 TRIM/TR 命令，修剪多余线段，结果如图 5-119 所示。

09 调用 OFFSET/O 命令，偏移矩形边；调用 TRIM/TR 修剪命令，修剪多余线段，结果如图 5-120 所示。

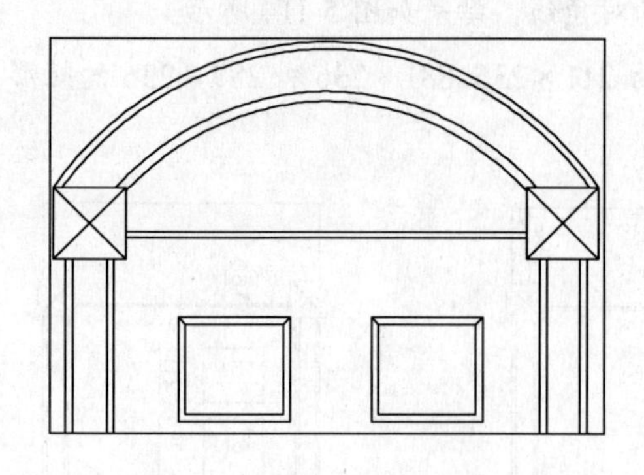

图 5-119 修剪结果

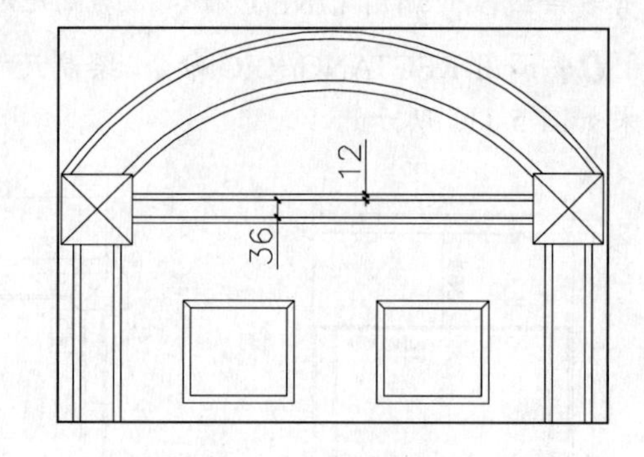

图 5-120 偏移直线

10 调用 CIRCLE/C 命令，绘制半径为 69 的圆形；调用 OFFSET/O 命令，设置偏移距离为 15，向内偏移圆形；调用 TRIM/TR 命令，修剪多余线段，结果如图 5-121 所示。

11 调用 LINE/L 命令，绘制直线；调用 OFFSET/O 命令，偏移直线；调用 TRIM/TR 命令，修剪多余线段。完成欧式门的绘制，结果如图 5-122 所示。

图 5-121 修剪结果

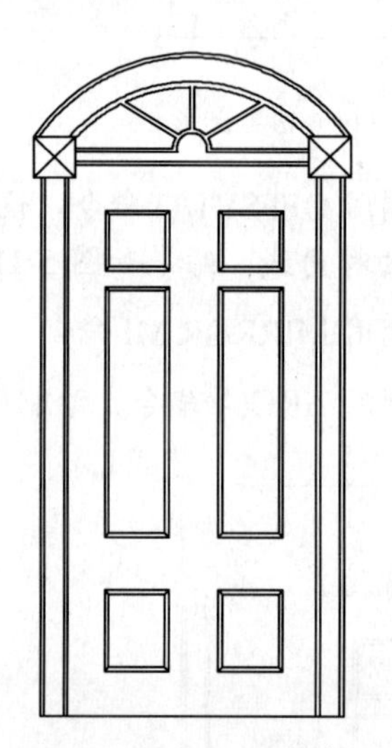

图 5-122 绘制欧式门

第6章

单身公寓小户型室内设计

本章导读：

近年来，由于小户型面积小，总价低，迎合了大批年轻的消费者，因此十分热销。小户型的居住对象多半是单身的年轻人、新婚夫妇或独立生活的老年夫妇。其中，30～60 ㎡这类超小户型的住户群主要以单身青年为主；60 ㎡以上相对较大的小户型住户群则以小家庭单元为主，主要解决基本居住问题，需求人群多为28岁以下年轻人。

小户型的空间如何分割、家具如何布置、色调如何搭配等都是小户型的设计要点。小户型空间虽然小，但只要在装饰时合理地规划设计，小空间也可出大效果。本章通过讲解小户型的设计方法和绘制施工图的方法，使读者掌握小户型的设计技巧。

本章重点：

- 小户型设计概述
- 调用样板新建文件
- 绘制小户型原始户型图
- 绘制小户型平面布置图
- 绘制小户型地材图
- 绘制小户型顶棚图
- 小户型电气设计及图形绘制
- 绘制小户型立面图

6.1 小户型设计概述

小户型面积在 60 ㎡以下，在居室装修过程中，无论房间多少、空间大小，每种户型都有一定的设计规律，不仅反映在面积和房间数目上，更多的是体现在装修的设计和布置上。

6.1.1 小户型的布局

1. 色调

色彩设计在结合个人爱好的同时，一般可选择浅色调、中间色作为家具、床罩、沙发和窗帘的基调。这些色彩具有扩散性和后退性，使居室能给人以清新开朗、明亮宽敞的感受。

当整个空间有很多相对不同的色调安排，房间的视觉效果将大大提高。但是，在同一空间内不要过多地采用不同的材质及色彩，这样会造成视觉上的压迫感，最好以柔和亮丽的色彩为主调，或玻璃材质的家具和桌椅等，将空间变得明亮又宽敞，如图 6-1 所示。

图 6-1　色调示例

2. 家具

宜使用造型简单、质感轻、小巧的家具。尤其是可随意组合、拆装、收纳的家具比较适合小户型，或选用占地面积小、比较高的家具，既可以容纳大量物品，又不浪费空间。

如果房间小，又希望有自己独立的空间，可以在居室中采用隔屏、滑轨拉门或采用可移动家具来取代原有封闭的隔断墙，使整体空间具有通透感。

3. 空间分割

小户型的居室，对于性质类似的活动空间可进行统一布置，对性质不同或相反的活动空间进行分离。如会客区、用餐区等都是人比较多、热闹的活动区，可以布置在统一空间，如客厅内；而睡眠、学习则需要安静，可纳入同一空间。因此，会客、进餐与睡眠、学习应该在空间上有硬性或软性的分隔。

6.1.2 小户型各空间设计要点

客厅和餐厅：宜用较小规格的瓷砖，如 300mm×300mm 的瓷砖；或富有质感的，如复古砖；也可以使用木地板。电视背景墙不宜突出，以免占空间。餐厅需具备多功能性，餐桌可设计成多种用途。

书房：居家办公一体化是普遍需要的，需要为计算机等相应设备预留空间及线路。

卧室：因为面积狭小，小户型的衣柜采用入墙式为宜，床宜露脚而显得高挑悬空，可以丰富空间层次，减少局促感。

卫生间：可以设置为全玻璃门饰淋浴房，节省空间并具有通透感，洗面盆可采用悬挂式陶瓷面盆或玻璃台式面盆。

厨房：作为主体构件的橱柜宜选用具备功能多、效率高的橱柜，墙砖则选用 100mm×100mm 的小规格浅色砖。

6.2 调用样板新建文件

本书第 3 章创建了室内装潢施工图样板，该样板已经设置了相应的图形单位、样式、图层和图块等，原始户型图可以直接在此样板的基础上进行绘制。

01 执行【文件】|【新建】命令，打开“选择样板”对话框。

02 单击使用样板按钮 DWT，选择“室内装潢施工图”样板，如图 6-2 所示。

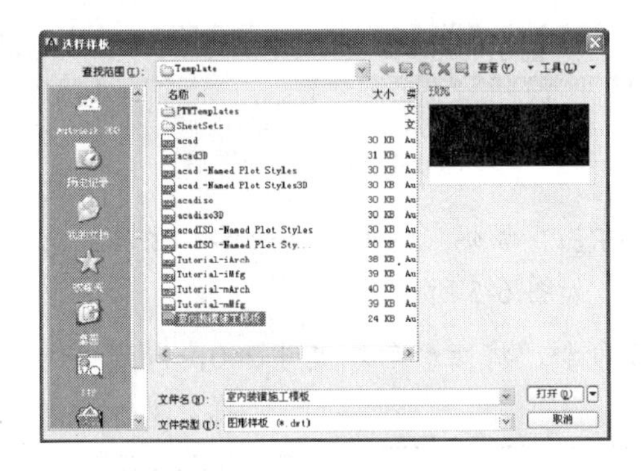

图 6-2 “选择样板”对话框

03 单击“打开”按钮，以样板创建图形，新图形中包含了样板中创建的图层、样式和图块等内容。

04 选择【文件】|【保存】命令，打开“图形另存为”对话框，在“文件名”框中输入文件名，单击“保存”按钮保存图形。

6.3 绘制小户型原始户型图

在进行设计之前，首先要到现场测量数据，将测量结果用图表示出来，包括房型结构、空间关系和尺寸等，这是设计前所要绘制的第一张图，即原始户型图。其他的施工图都是在原始户型图的基础上进行绘制的，包括平面布置图、顶棚图、地材图、立面图和电气图等。图 6-3 所示为本例小户型原始户型图，下面讲解其绘制方法。

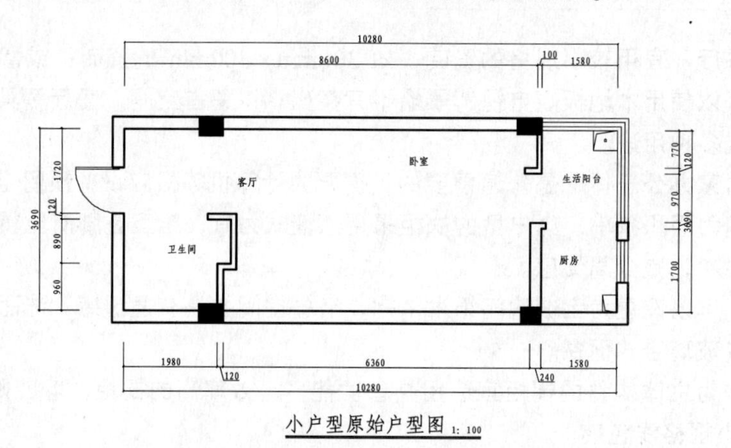

图 6-3　小户型原始户型图

6.3.1　绘制墙体

通常在量房的时候，所量的尺寸为内空的尺寸，内空是指除墙体厚度外房间内部的尺寸。本例可以直接先绘制一个矩形，再将矩形向外偏移即可得到墙体，下面讲解绘制方法。

01 在“图层”工具栏下拉表中选择“QT_000 墙体”为当前图层，如图 6-4 所示。

图 6-4　设置当前图层

02 调用 RECTANG/REC 命令，或单击“绘图”工具栏上的“矩形”按钮，绘制 10280×3690 大小的矩形，如图 6-5 所示。

03 调用 OFFSET/O 命令，将矩形向外偏移 240，得到墙线，如图 6-6 所示。

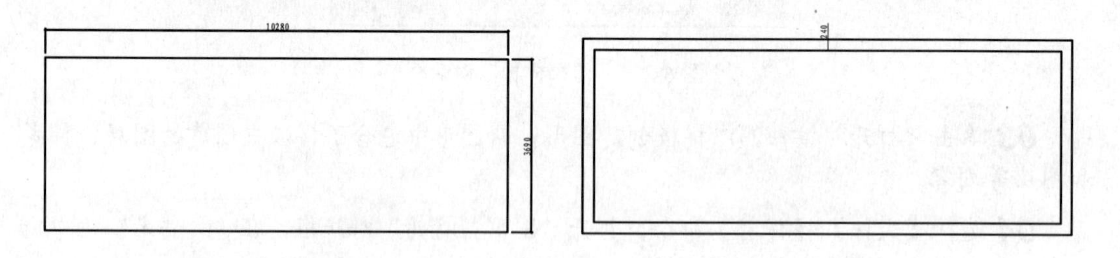

图 6-5　绘制矩形　　　　图 6-6　偏移矩形

04 绘制内部墙体。调用 PLINE/PL 命令，绘制多段线，命令选项如下：

```
命令: PLINE↙                                    //调用【多段线】命令
指定起点:1980↙
/捕捉如图 6-7 所示端点，然后右移光标配合对象捕捉追踪输入 1980/
```

当前线宽为 0.0000
指定下一个点或 [圆弧(A)/半宽(H)/长度(L)/放弃(U)/宽度(W)]: 960↙
/垂直向上移光标定位到90° 极轴追踪线上，输入960，确定多段线第一点/
指定下一点或 [圆弧(A)/闭合(C)/半宽(H)/长度(L)/放弃(U)/宽度(W)]: 275↙
/水平向右移动光标，当出现0° 极轴追踪线时输入275，并按回车键，确定线段第二点/
指定下一点或 [圆弧(A)/闭合(C)/半宽(H)/长度(L)/放弃(U)/宽度(W)]: 890↙
/垂直向上移光标定位到90° 极轴追踪线上，输入890，确定多段线第三点/
指定下一点或 [圆弧(A)/闭合(C)/半宽(H)/长度(L)/放弃(U)/宽度(W)]: 480↙
/水平向左移动光标，当出现180° 极轴追踪线时输入480，并按回车键，结果如图6-8所示/

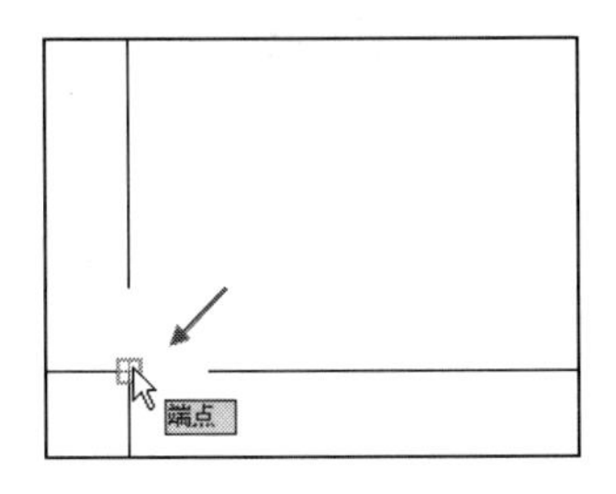

图 6-7 拾取端点

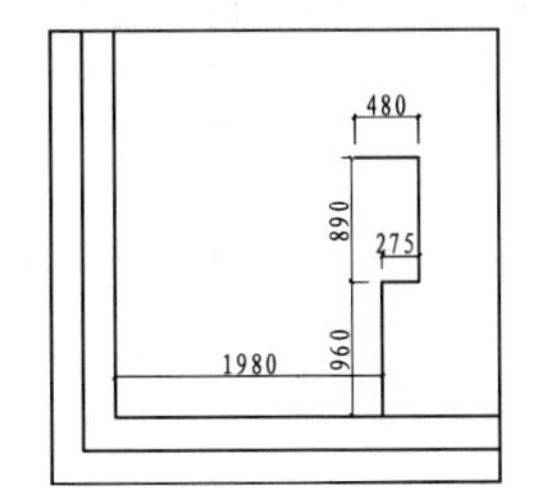

图 6-8 绘制多段线

05 调用 OFFSET/O 命令，将多段线向外偏移 120，并调用 LINE/L 命令，封闭线段，效果如图 6-9 所示。

06 使用相同的方法绘制其他内部墙体，效果如图 6-10 所示。

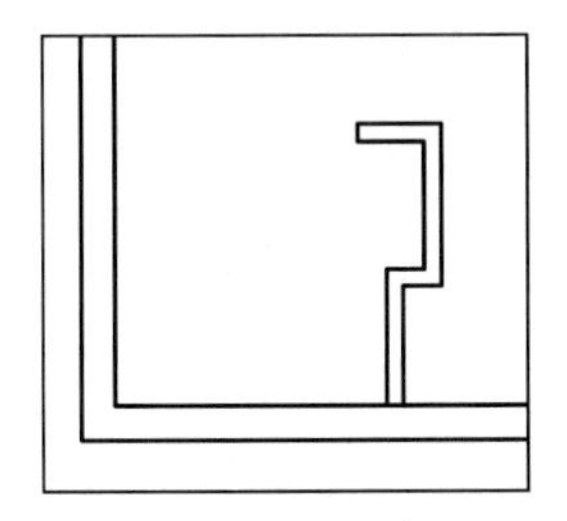
图 6-9 偏移并封闭多段线

图 6-10 绘制其他墙体

6.3.2 标注尺寸

01 在“样式”工具栏中选择“室内标注样式”为当前标注样式，如图 6-11 所示。

图 6-11 设置当前标注样式

02 在状态栏右侧设置当前注释比例为 1:100，设置“BZ_标注”图层为当前图层，如图 6-12 所示。

图 6-12　设置注释比例

03 调用 RECTANG/REC 命令，绘制一个比户型稍大的辅助矩形，以方便标注尺寸，如图 6-13 所示。

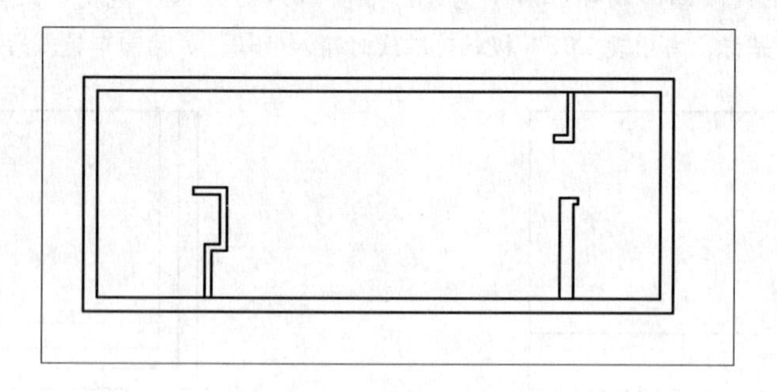

图 6-13　绘制辅助矩形

04 在命令行中输入 DIMLINEAR/DLI 并按回车键，或单击“标注”工具栏中的【线性】按钮，调用线性标注命令，捕捉墙体端点与矩形交点，如图 6-14 与图 6-15 所示，标注房间内空尺寸如图 6-16 所示。

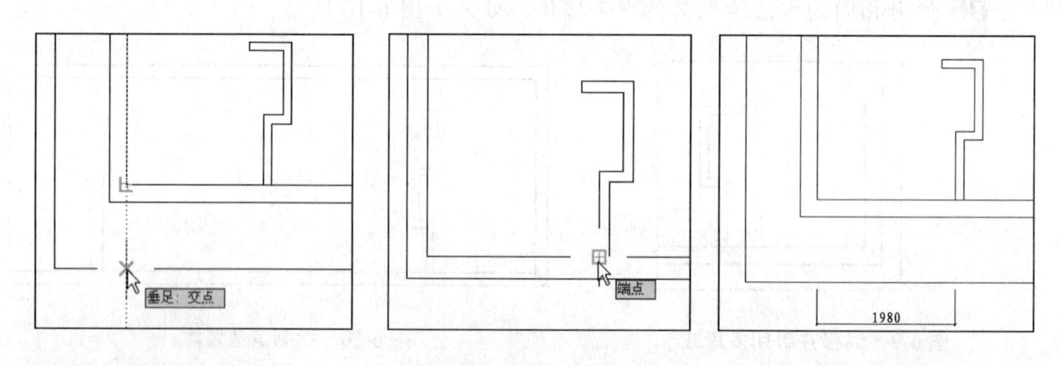

图 6-14　捕捉轴线端点　　图 6-15　捕捉另一条轴线端点　　图 6-16　标注尺寸

05 选择【标注】|【连续】命令，或在窗口中输入 DIMCONTINUE/DCO 并按回车键，按系统提示继续标注，如图 6-17 所示。

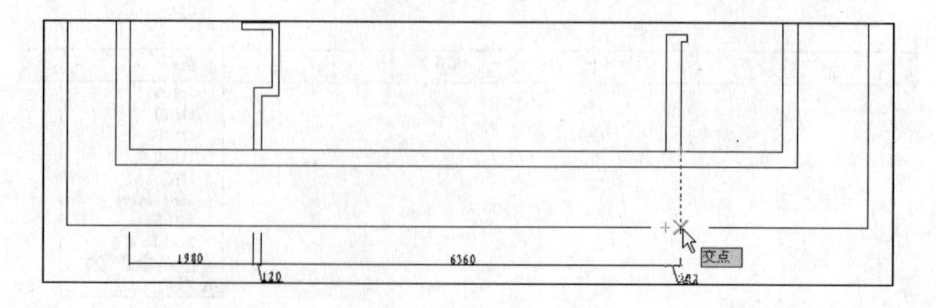

图 6-17　连续标注

06 使用同样的方法标注其他尺寸，标注后删除前面绘制的辅助矩形，结果如图 6-18 所示。

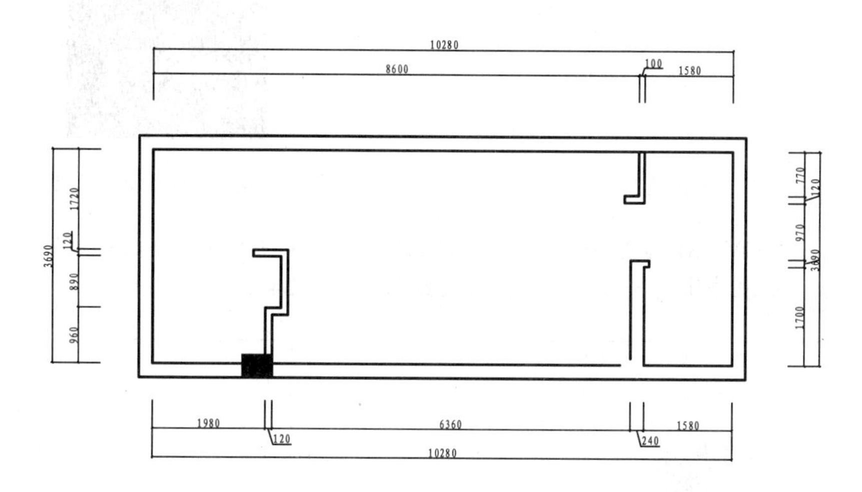

图 6-18　标注尺寸

6.3.3 绘制柱子

柱子是建筑的承重结构，需要在原始户型图中准确地表示出来。

01 建立新图层，命名为“ZZ-柱子”，颜色选取灰色，并设置为当前图层。

02 绘制柱子。单击“绘图”工具栏中的【矩形】按钮，在任意位置绘制一个尺寸为 510×390 的矩形，如图 6-19 所示。

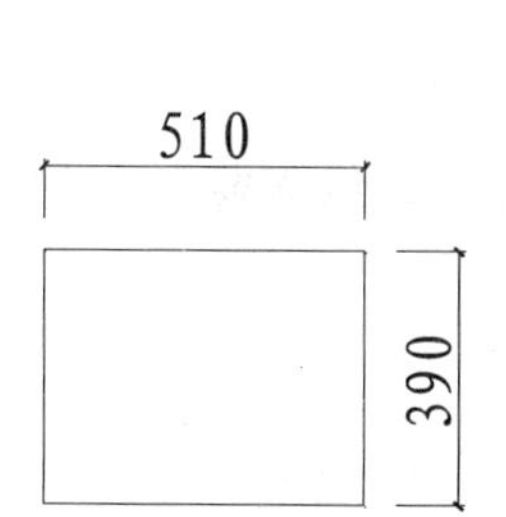

图 6-19　柱子轮廓

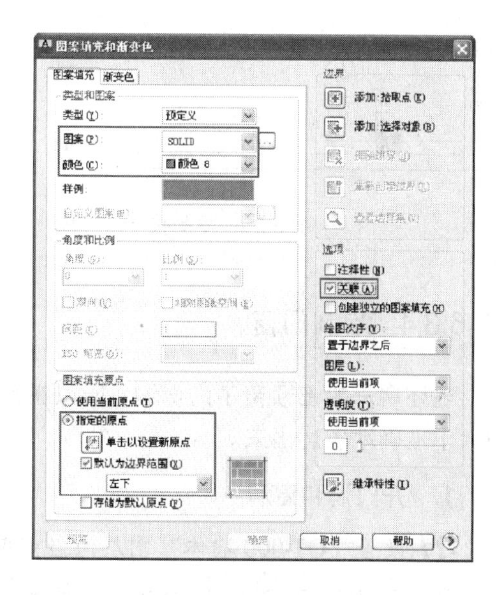

图 6-20　填充参数设置

03 单击“绘图”工具栏中的【图案填充...】按钮，弹出“图案填充和渐变色”对话框，参数设置如图 6-20 所示，在柱子轮廓内单击鼠标指定填充区域，如图 6-21 所示，按右键确认填充区域，返回到对话框，选择填充图样为 SOLID，单击【确定】按钮完成填充，如图 6-22 所示。

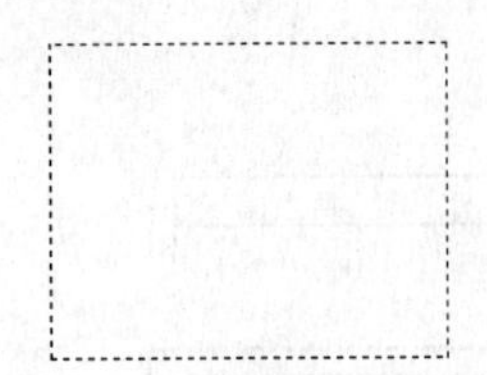
图 6-21　指定填充区域

图 6-22　选择填充区域

04 调用 MOVE/M 命令将矩形移到墙体位置，拾取柱子右下角端点为移动基点，如图 6-23 所示，拾取墙体端点为目标点，移动结果如图 6-24 所示。

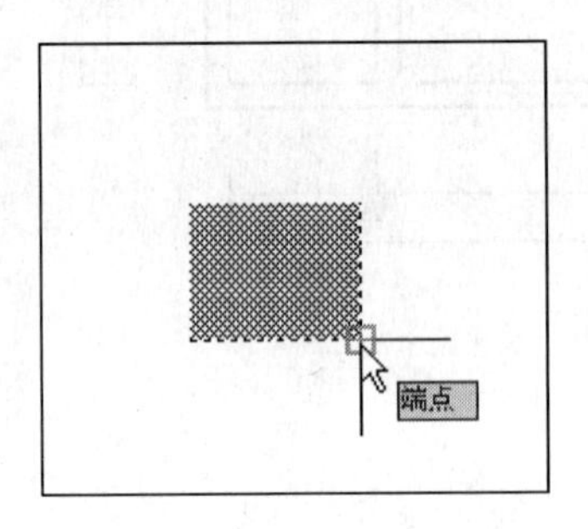

图 6-23　拾取柱子移动基点

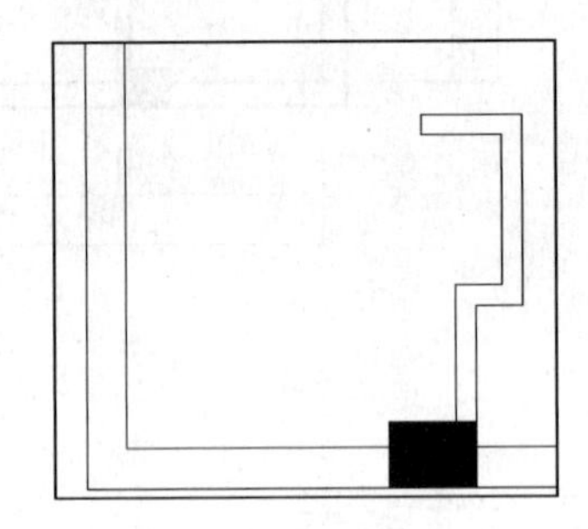
图 6-24　移动结果

05 调用 COPY/CO 命令，将柱子复制到其他位置，效果如图 6-25 所示。

06 使用同样的方法复制得到其他柱子，结果如图 6-26 所示。

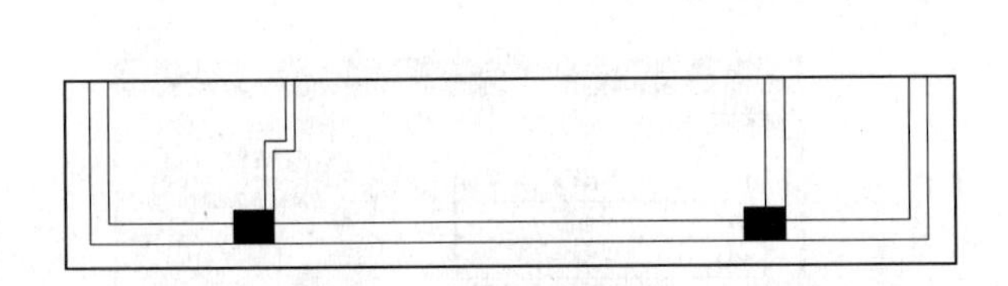
图 6-25　复制柱子

图 6-26　复制得到其他柱子

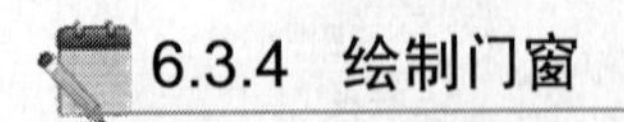

6.3.4　绘制门窗

毛坯房一般都预留了门窗洞，所以在绘制原始户型图的时候需要将这些门窗洞的位置和大小准确地表达出来。

1. 开门洞和窗洞

01 设置“QT-000 墙体”图层为当前图层，并隐藏“ZX_轴线”图层。

02 调用 EXPLODE/X 命令，分解墙体，选择的多线被分解成独立的线段。

03 调用 OFFSET/O 命令，偏移如图 6-27 箭头所示墙体，偏移后结果如图 6-28 所示。

04 使用夹点功能，分别延长线段至另一侧墙体，如图 6-29 所示。

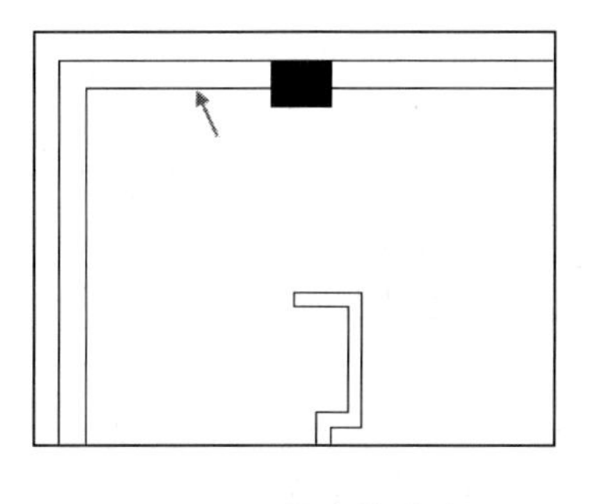

图 6-27　指定偏移线段

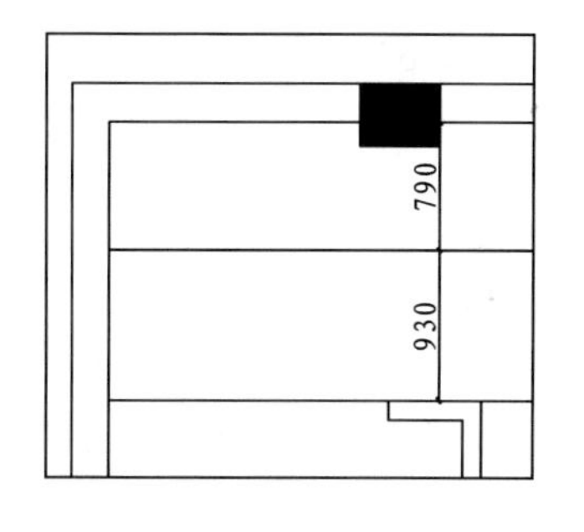

图 6-28　偏移线段

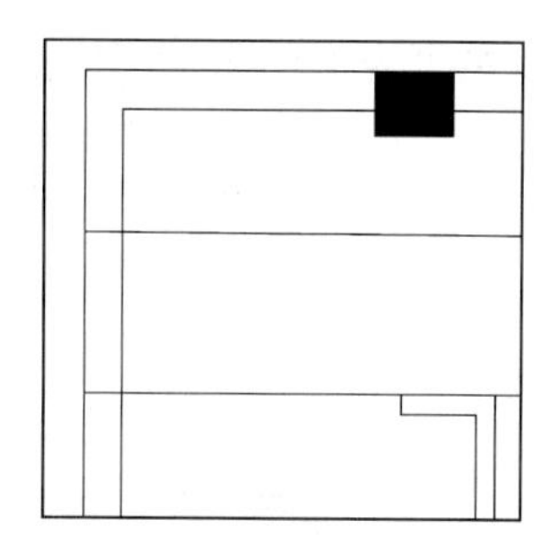

图 6-29　延长线段

05 调用 TRIM/TR 命令修剪出门洞，效果如图 6-30 所示。

06 使用同样的方法绘制其他门洞和窗洞，效果如图 6-31 所示。

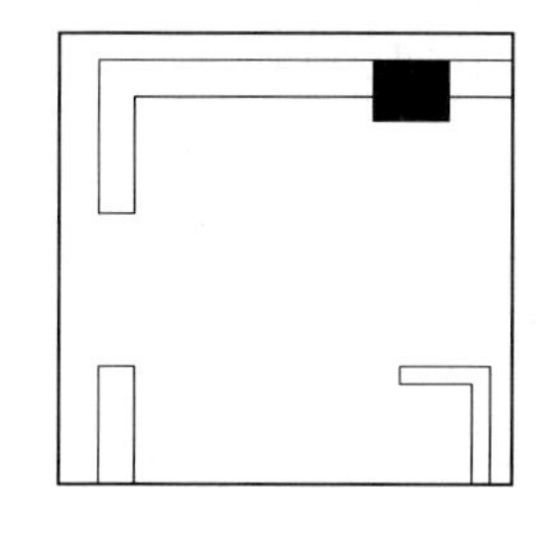

图 6-30　修剪门洞

图 6-31　修剪门洞和窗洞

2. 绘制门

下面以入口处的门为例，介绍门图块的调用方法。

01 设置“M-门”图层为当前图层。

02 调用 INSERT/I 命令，打开“插入”对话框，在“名称”栏中选择“门（1000）”，设置“X”轴方向的缩放比例为 0.93（门宽为 930），旋转角度为-90，如图 6-32 所示。单击【确定】按钮关闭对话框，将门图块定位在如图 6-33 所示位置，门绘制完成。

图 6-32　“插入”对话框

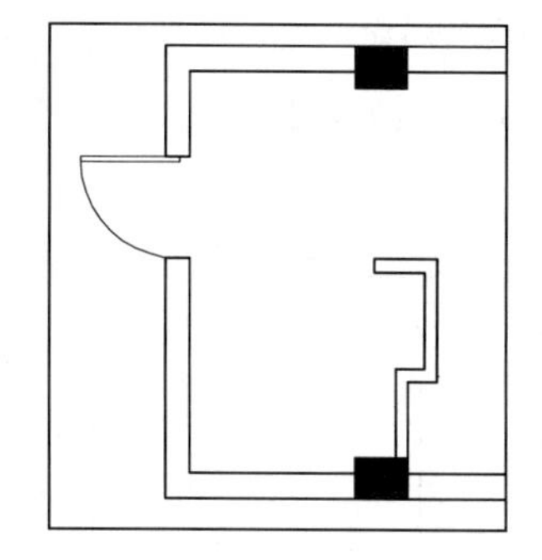

图 6-33　插入门图块

3. 绘制窗

下面以绘制如图 6-34 所示平开窗图形为例介绍“窗（1000）”图块的调用方法。由于尺寸不符，在插入“窗（1000）”图块时，需要对缩放比例进行调整。在创建绘图样板时绘制的“窗（1000）”图块尺寸如图 6-35 所示。

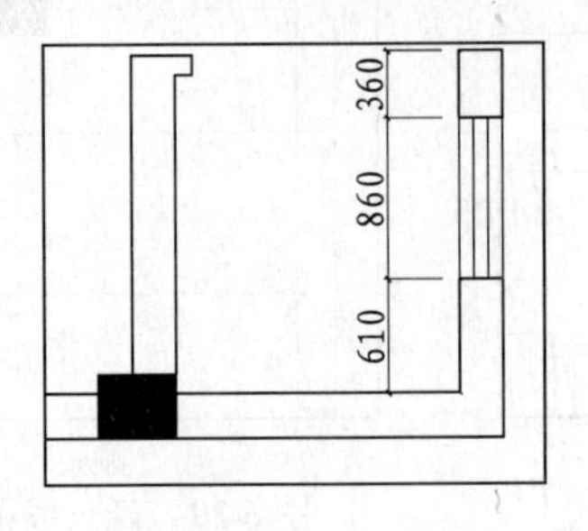

图 6-34　窗图形

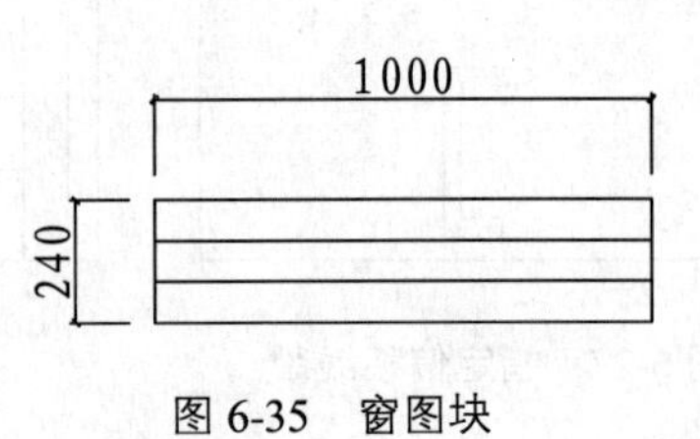

图 6-35　窗图块

01 设置“C_窗”图层为当前图层。

02 在命令行中输入 INSERT/I 并按回车键，或执行【插入】|【块】命令，打开“插入”对话框，在“插入”对话框的“名称”列表中选择“窗（1000）”图块，设置“X”轴方向的缩放比例为 0.86，“角度”设置为 90，如图 6-36 所示。

03 单击【确定】按钮关闭“插入”对话框，捕捉如图 6-37 所示墙体端点，向上移动光标到 90° 极轴追踪线上，输入 610，按回车键后窗图块定位到如图 6-38 所示位置。

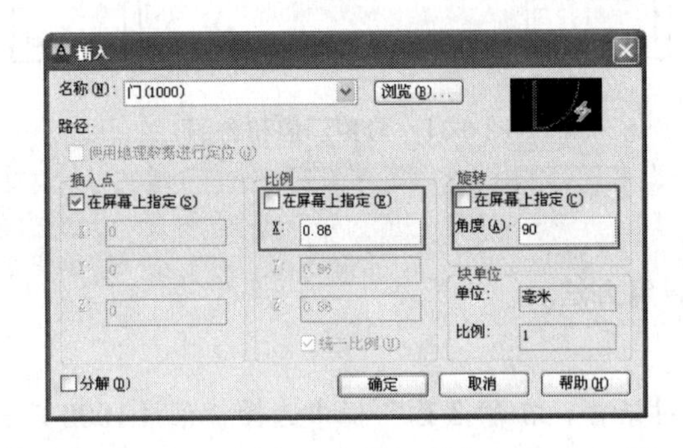

图 6-36　插入窗

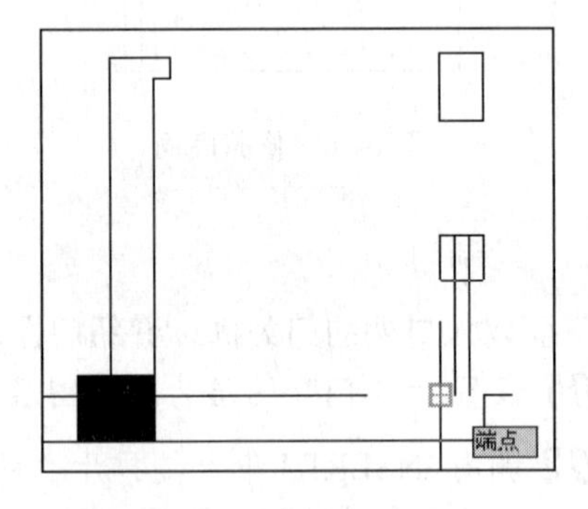

图 6-37　捕捉端点

4. 绘制飘窗

下面以绘制小户型阳台的飘窗为例，介绍具有特殊结构的窗图形绘制方法，其尺寸如图 6-39 所示。

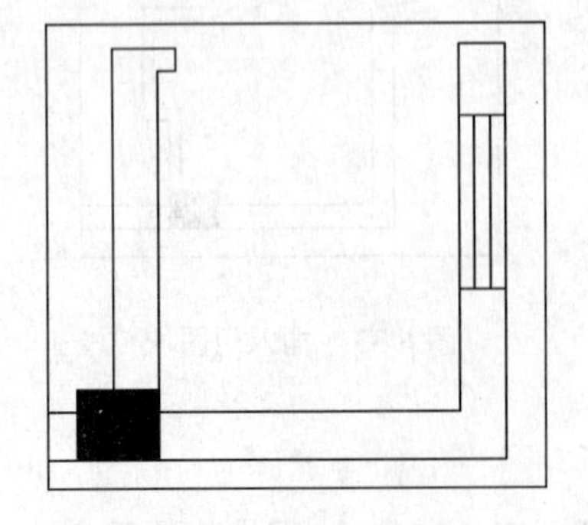

图 6-38　插入的窗图块

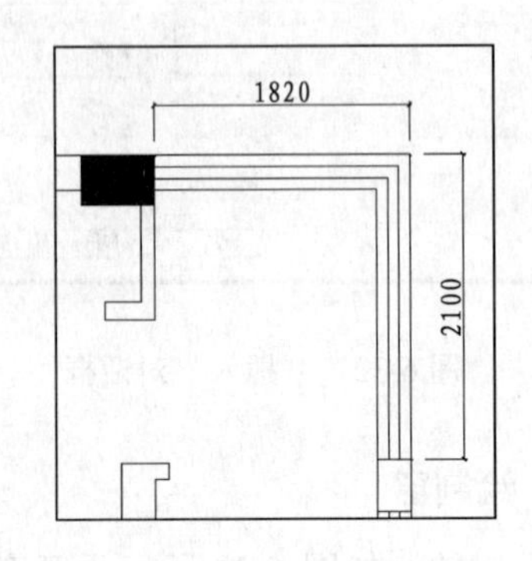

图 6-39　飘窗尺寸

01 调用 PLINE/PL 命令，以墙体的端点为起点绘制多段线，如图 6-40 所示。

02 调用 OFFSET/O 命令，向内偏移多段线，偏移距离为 80，偏移 3 次，得到飘窗平面图形，如图 6-41 所示。

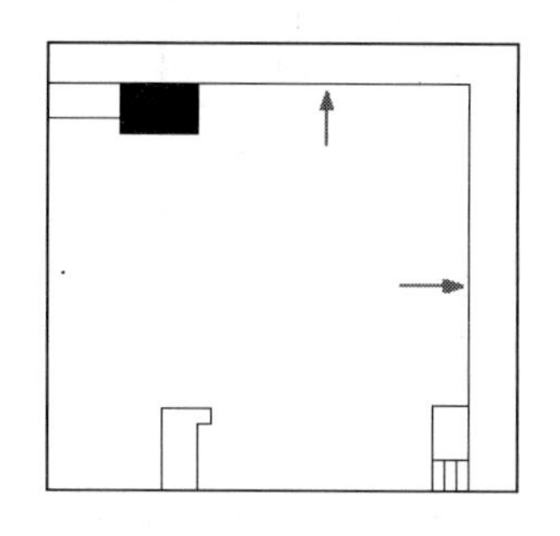

图 6-40　绘制多段线

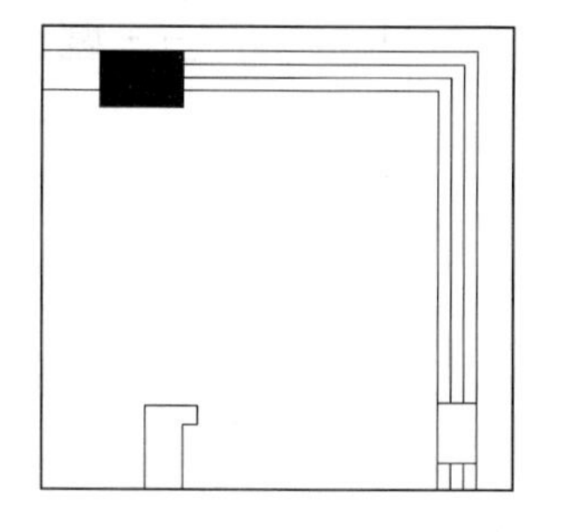

图 6-41　偏移多段线

6.3.5　文字标注

01 单击“绘图”工具栏中的【多行文字…】按钮 A，在需要标注文字的位置画一个框，弹出“文字格式”对话框，如图 6-42 所示，输入文字内容“客厅”，如图 6-43 所示，单击【确定】按钮。

图 6-42　“文字格式”对话框

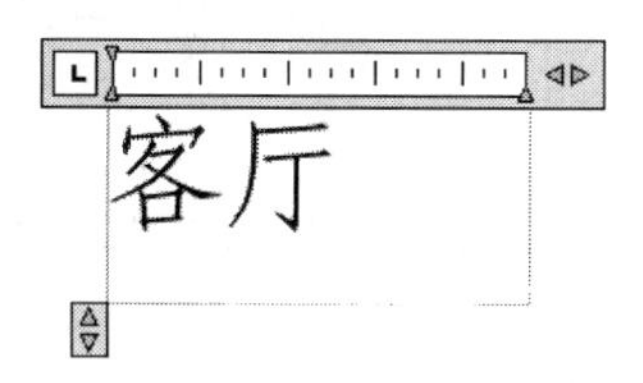

图 6-43　输入文字

02 用同样的方法标注其他房间，结果如图 6-3 所示。

6.3.6　插入图名和绘制管道

01 调用 INSERT/I 命令，插入图名，命令选项如下：

```
命令: INSERT↙                                              //调用【插入】命令
指定插入点或 [基点(B)/比例(S)/X/Y/Z/旋转(R)]: //在户型图下方拾取一点作为插入点
输入属性值
请输入比例: <比例>: 1:100↙                          //输入绘制原始户型图时所用的比例
请输入图名: <图名>: 小户型原始户型图↙
```

02 插入图名结果如图 6-44 所示。

03 绘制生活阳台和厨房的管道图形，完成本例小户型原始户型图的绘制。

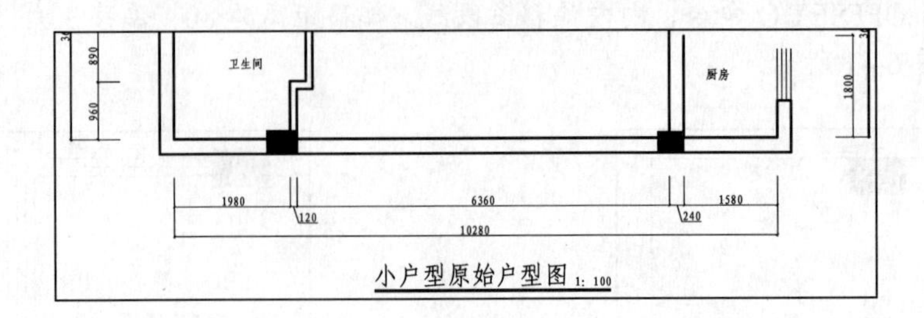

图 6-44 插入图名

6.4 绘制小户型平面布置图

平面布置图是以平行于地坪面的剖切面将建筑物剖切后，移去上部分而形成的正投影图，通常剖切面选择在距地坪面 1500mm 左右的位置或略高于窗台的位置。如图 6-45 所示为小户型的平面布置图，此小户型虽然建筑面积不大，但设计合理、功能齐全，具备睡眠、学习、烹饪、洗浴等功能。

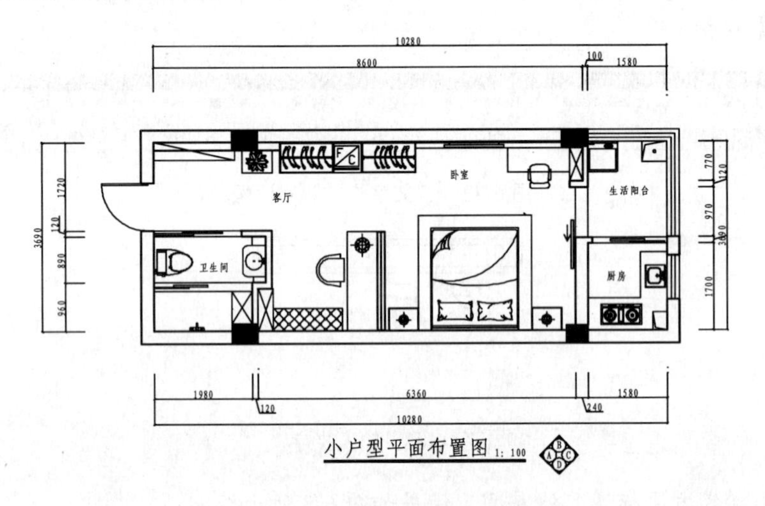

图 6-45 小户型平面布置图

6.4.1 绘制客厅平面布置图

如图 6-46 所示为客厅的平面布置图，客厅与卧室进行了隔断，由于小户型的空间比较小，设置了书桌和一个皮墩，可以接待客人，在书桌的左侧设置了衣柜，在两衣柜中间可以放置冰箱，接下来讲解绘制方法。

由于原始户型图中含有已经绘制好的墙体窗、门等图形，为了提高工作效率，可以直接在原始户型图基础上绘制平面布置图。

1. 绘制图形

01 调用 COPY/CO 命令，将原始户型图复制一份，并粘贴到一侧。

02 绘制柜子。设置“JJ_家具”图层为当前图层。

03 调用 RECTANG/REC 命令，绘制矩形表示柜子，效果如图 6-47 所示。

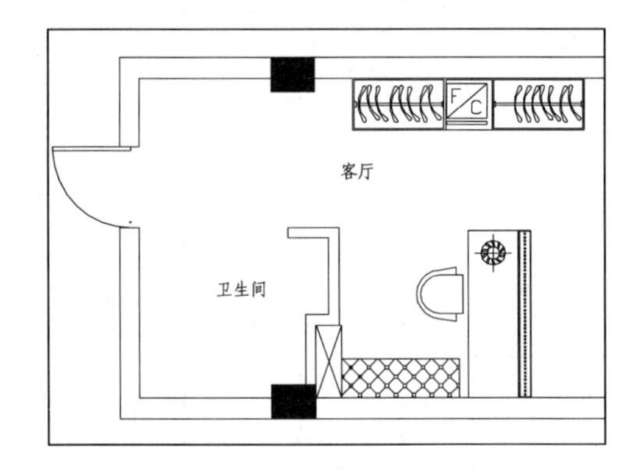

图 6-46 客厅平面布置图

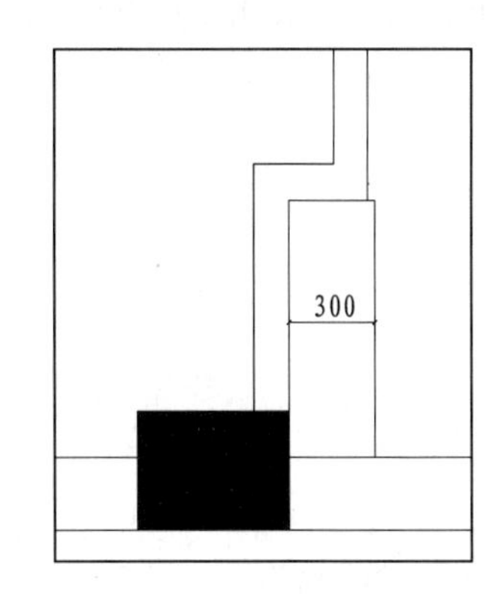

图 6-47 绘制矩形

04 调用 LINE/L 命令，绘制矩形的对角线，表示这是一个高柜，如图 6-48 所示，矮柜一般使用一条对角线表示。

05 绘制皮墩。调用 RECTANG/REC 命令，绘制一个尺寸为 1400×450 的矩形，表示皮墩的轮廓，如图 6-49 所示。

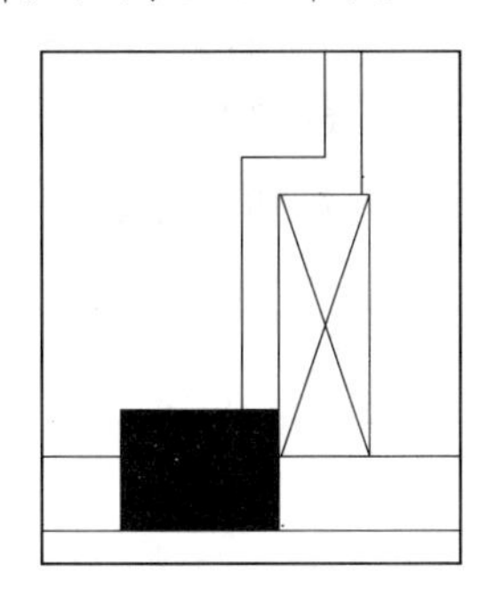

图 6-48 绘制对角线

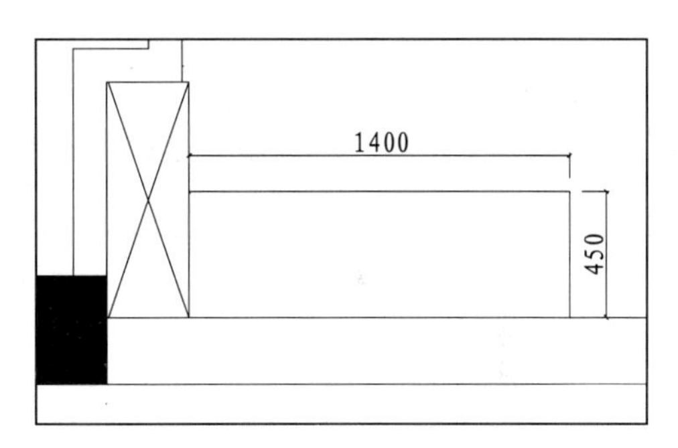

图 6-49 绘制矩形

06 调用 RECTANG/REC 命令，在任意位置绘制边长为 150 的正方形，将其旋转 45°。

07 调用 MOVE/M 命令，将矩形移到矩形中，效果如图 6-50 所示。

08 调用 COPY/CO 命令，复制矩形，得到如图 6-51 所示效果。调用 TRIM/TR 命令，将矩形修剪成如图 6-52 所示效果。

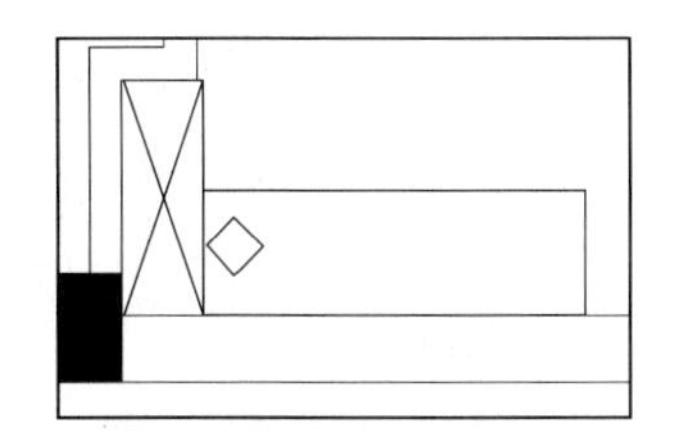

图 6-50 移动矩形

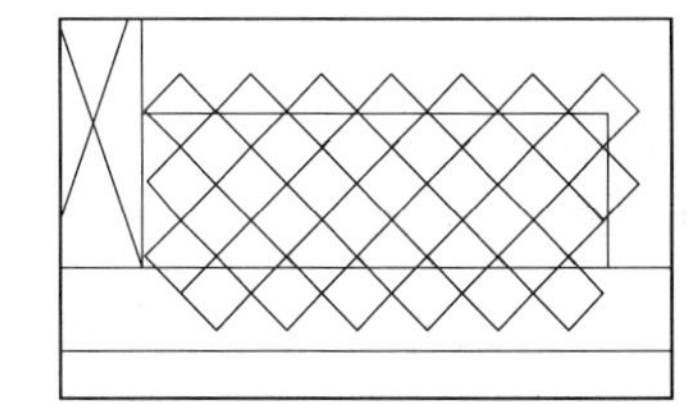

图 6-51 复制矩形

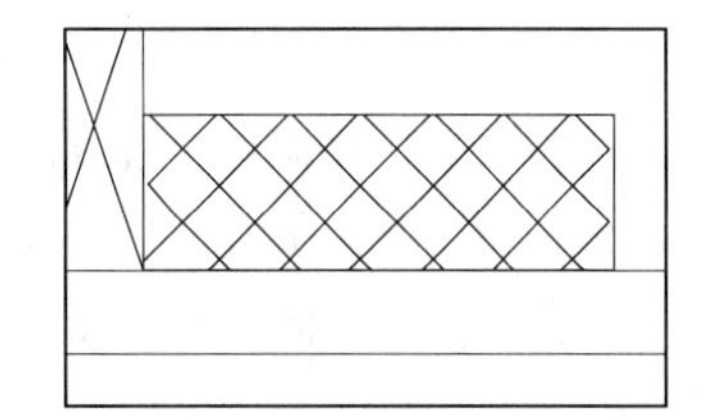

图 6-52 修剪矩形

09 调用 RECTANG/REC 命令，绘制边长为 40 的正方形，并将其中心点与边长为 150

的正方形角点对齐，结果如图 6-53 所示。调用 TRIM/TR 命令将小矩形内的线段删除，结果如图 6-54 所示。

10 绘制书桌。调用 RECTANG/REC 命令绘制书桌的桌面，效果如图 6-55 所示。

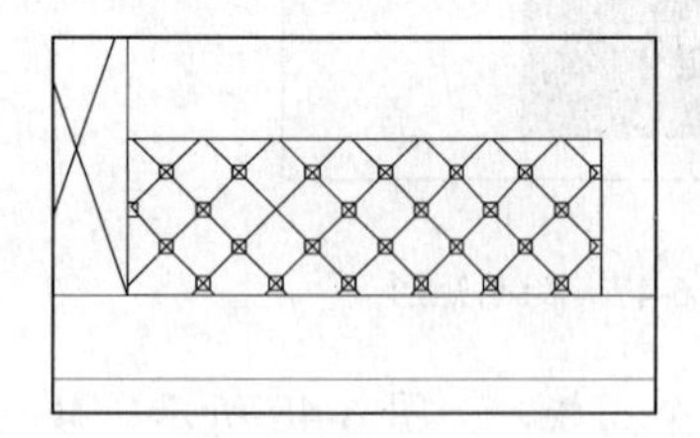

图 6-53　绘制矩形

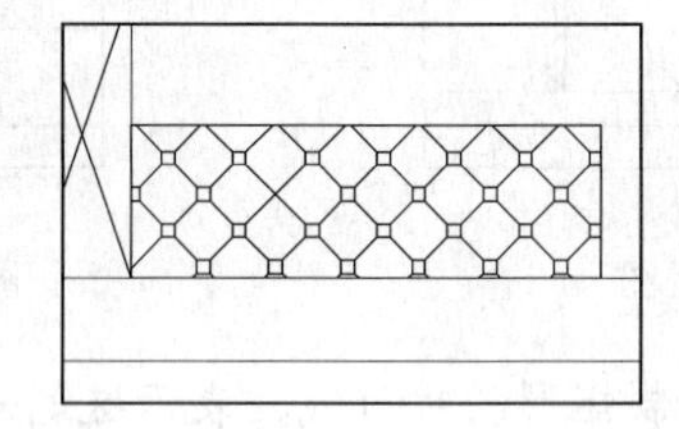

图 6-54　修剪线段

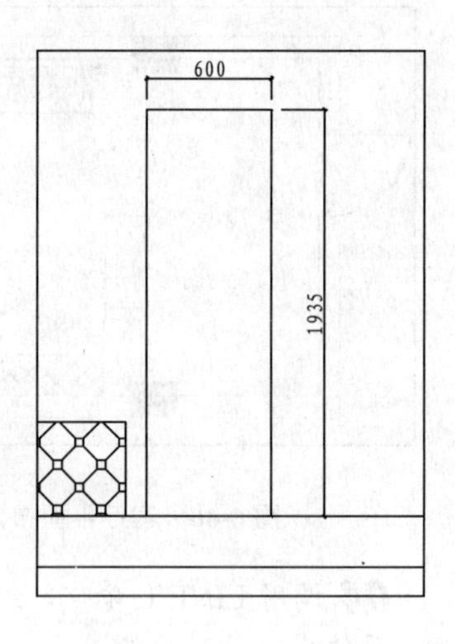

图 6-55　绘制矩形

11 绘制隔断。调用 RECTANG/REC 命令，绘制一个尺寸为 1395×140 的矩形，如图 6-56 所示。

12 调用 OFFSET/O 命令，将矩形向内偏移 10，效果如图 6-57 所示。

13 调用 CIRCLE/C 命令，绘制一个半径为 11 的圆，如图 6-58 所示。

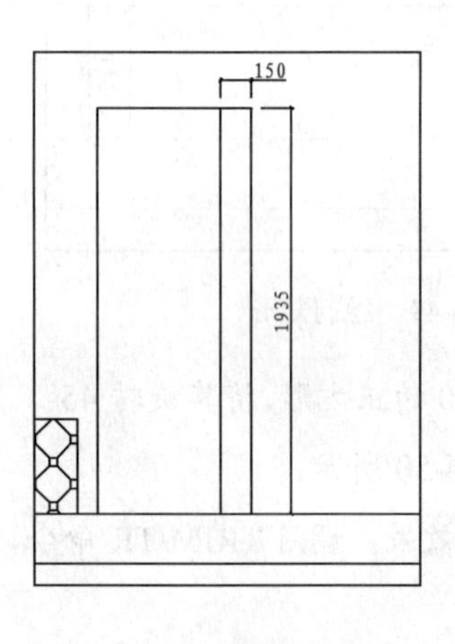

图 6-56　绘制矩形

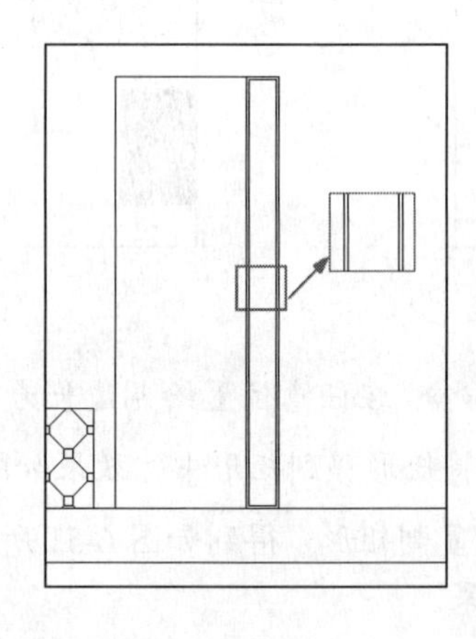

图 6-57　偏移矩形

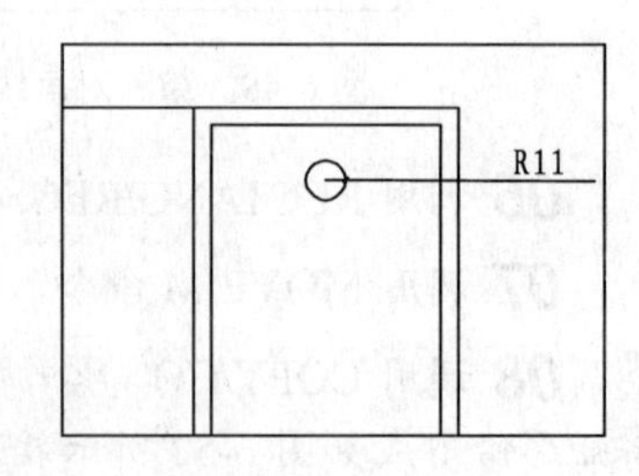

图 6-58　绘制圆

14 调用 ARRAY/AR 命令阵列圆。设置阵列类型为“矩形阵列”，设置行数为 45，列数为 1，行偏移为-42，得到如图 6-59 所示结果。

15 绘制衣柜。调用 RECTANG/REC 命令，绘制衣柜轮廓，如图 6-60 所示。

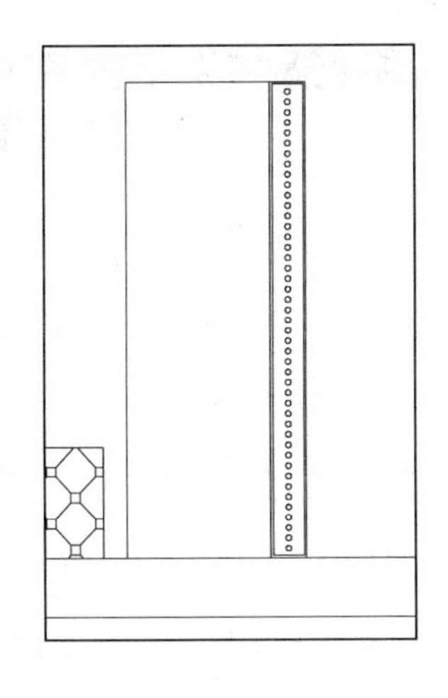

图 6-59　阵列圆

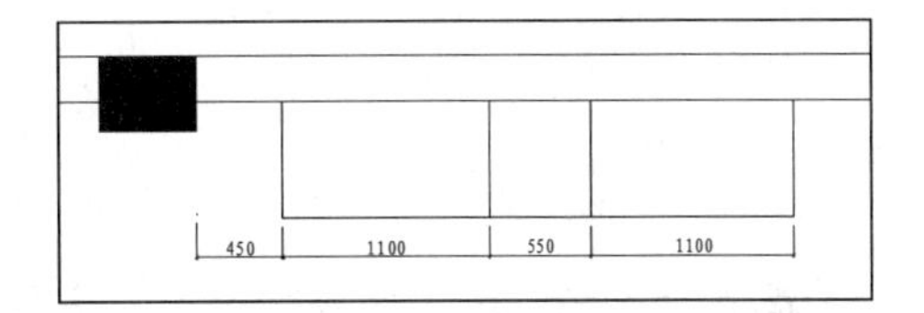

图 6-60　绘制矩形

16 调用 OFFSET/O 命令，向内偏移衣柜轮廓，偏移距离为 20，并删除放置冰箱下方的线段，如图 6-61 所示。

17 调用 RECTANG/REC 命令，在偏移矩形中间位置绘制矩形表示衣柜挂衣杆，如图 6-62 所示。

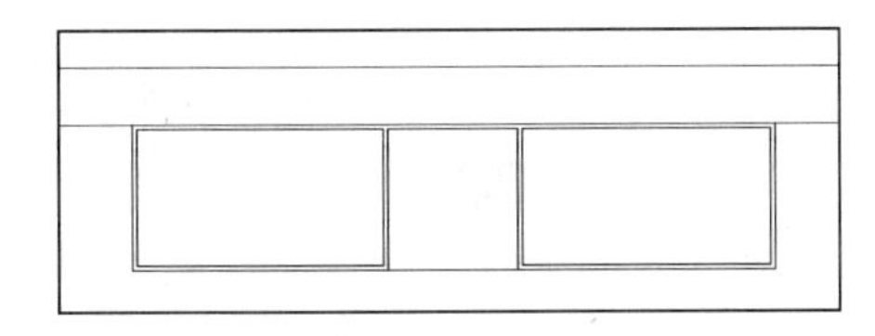

图 6-61　偏移矩形

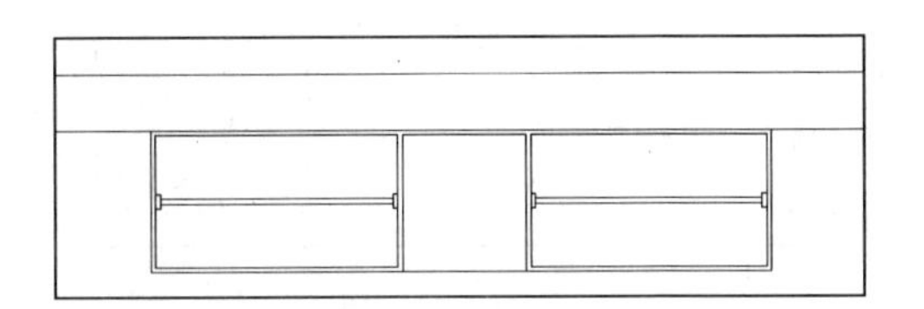

图 6-62　绘制挂衣杆

2. 插入图块

AutoCAD“设计中心”是 AutoCAD 图形的浏览器和管理中心，用于浏览、查找、预览图形文件以及插入各种 AutoCAD 对象，包括块、样式和外部参照等，它可以使用以下三种方式打开：

- ➢ 按 Ctrl+2 快捷键。
- ➢ 在命令窗口中输入 ADCENTER/ADC 并按回车键。
- ➢ 执行【工具】|【选项板】|【设计中心】命令。
- ➢ 单击“标准”工具栏中的【设计中心】按钮。

下面通过 AutoCAD“设计中心”从其他图形文件中调入图块，完成衣架图形的绘制。

01 设置“JJ_家具”图层为当前图层。

02 按下 Ctrl+2 快捷键打开“设计中心”窗口，在左侧树状目录列表中找到图块所在的文件，如本书配套光盘提供的“家具图例.dwg”文件。单击文件左侧“+”图标，展开其下级列表，选择其中的“块”选项，如图 6-63 所示。

03 在 AutoCAD“设计中心”右侧窗口中找到衣架图块，如图 6-63 所示。在图块上方双击鼠标，打开如图 6-64 所示“插入”对话框，单击【确定】按钮。

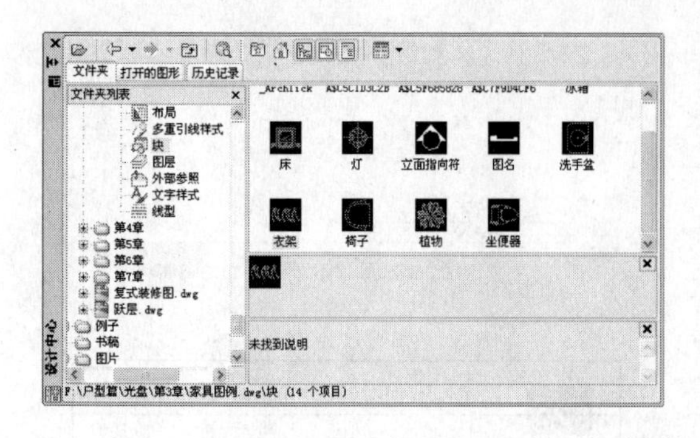

图 6-63　查找图块

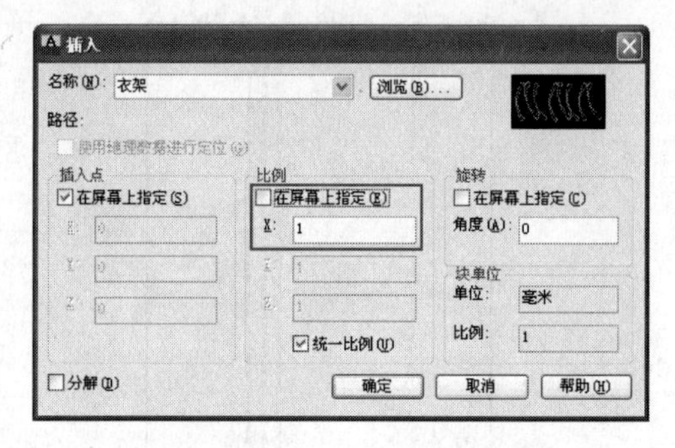

图 6-64　“插入”对话框

04 在“衣柜”适当处拾取一点，将衣架图块插入到衣柜中，结果如图 6-65 所示。

05 使用相同的方法插入其他图形，包括椅子和灯具等图块，结果如图 6-66 所示。

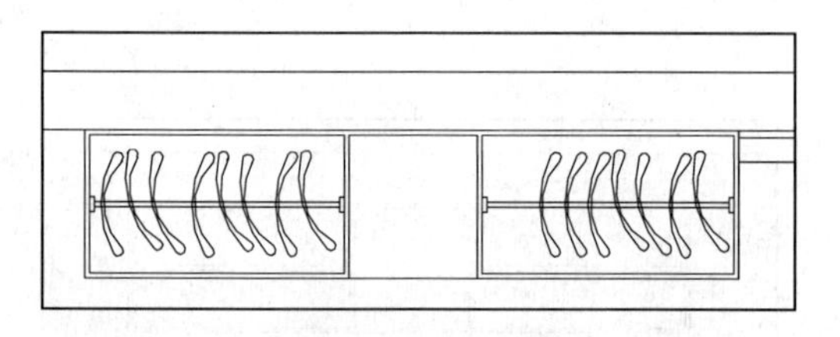

图 6-65　插入图块

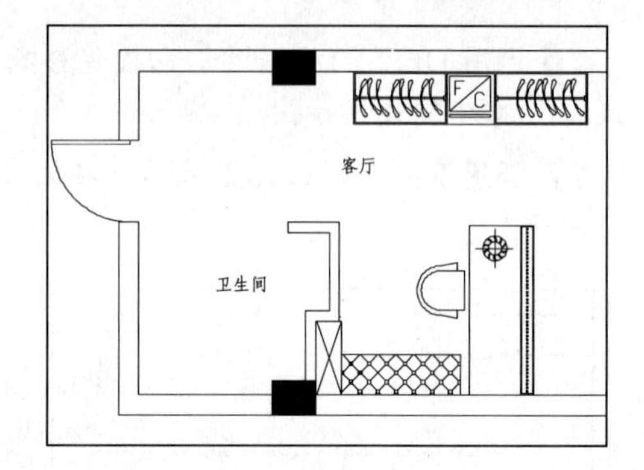

图 6-66　插入图块

在大多数情况下，插入图块的颜色在打印样式中并没有对应的颜色样式，这样在打印时就不能得到正确的打印结果。此时就需要将图块颜色更改为打印样式中的颜色，或者编辑颜色打印样式表，添加该图块颜色的相应打印样式。

有两种方法可以更改图块颜色：

➢ 使用 EXPLODE/X 命令打散图块，再修改颜色。该方法不会影响图块本身。

➢ 使用 BEDIT/BE 命令，进入块编辑器更改图形颜色。

下面以椅子为例，介绍第二种方法的操作。

06 选择椅子图块，调用 BEDIT/BE 命令，打开“编辑块定义”对话框，单击【确定】按钮，进入“块编辑器”对话框。

07 选择需要修改颜色的线段，如图 6-67 所示。

08 按下快捷键【Ctrl+1】，打开“特性”选项板，设置选择颜色为“Bylayer”（随层），如图 6-68 所示。

09 单击 关闭块编辑器(C) 按钮，当弹出

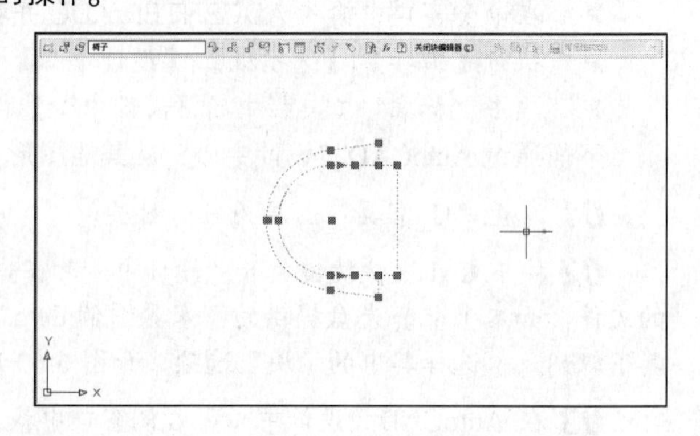

图 6-67　选择图形

对话框询问“是否将修改保存到椅子？”时，单击【是】按钮。此时图块颜色已经修改，与当前图层颜色相同。

10 使用同样的方法修改其他图块的颜色，客厅平面布置图绘制完成。

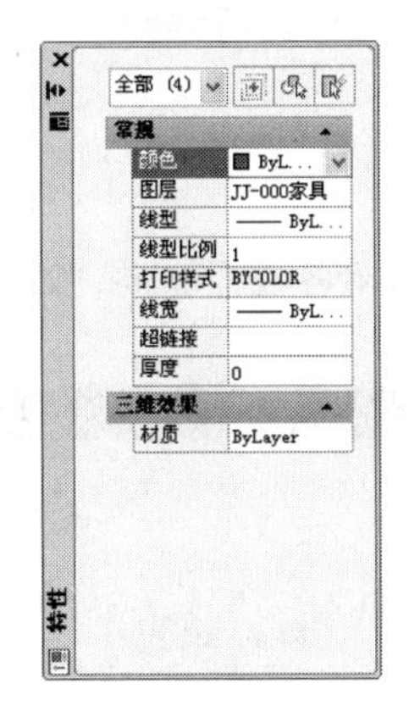

图 6-68 设置图形颜色

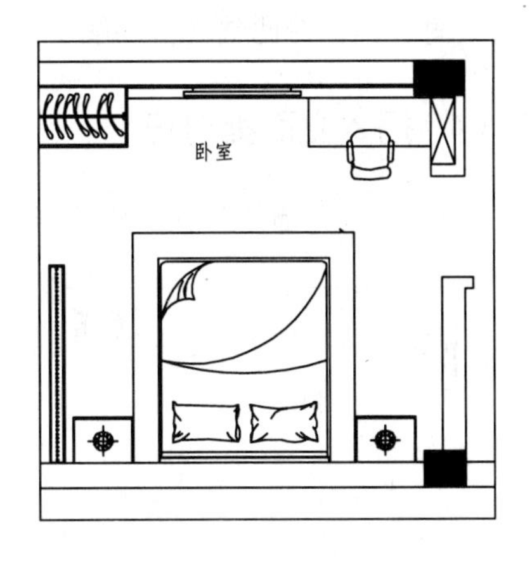

图 6-69 卧室平面布置图

6.4.2 绘制卧室平面布置图

如图 6-69 所示为卧室平面布置图。需要绘制的图形有电视背景墙、电视、梳妆台、椅子、柜子床以及床头柜。其中床、椅子和电视可以直接调用图块，其他图形需要手工绘制。

01 绘制电视背景墙。电视背景墙的造型比较简单，调用 LINE/L 命令，绘制线段表示电视背景墙，效果如图 6-70 所示。

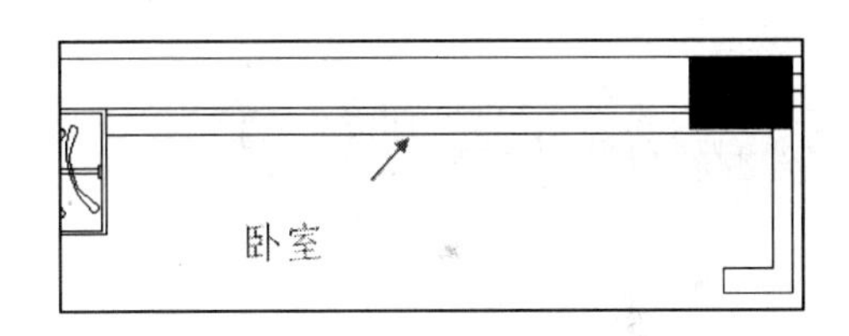

图 6-70 绘制线段

02 绘制梳妆台及柜子。调用 RECTANG/REC 命令和 LINE/L 命令绘制柜子，效果如图 6-71 所示。

03 调用 RECTANG/REC 命令绘制梳妆台，效果如图 6-72 所示。

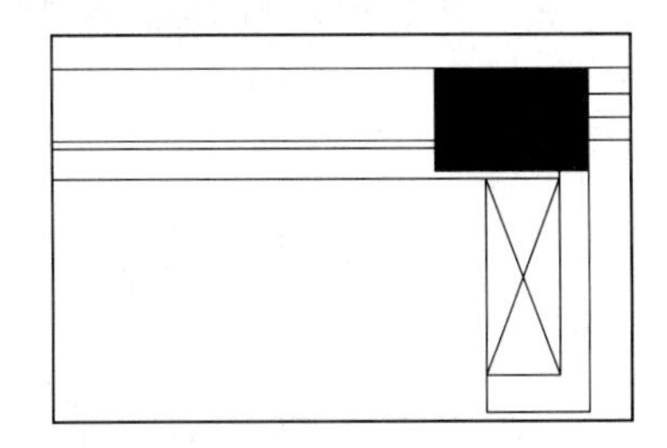

图 6-71 绘制柜子

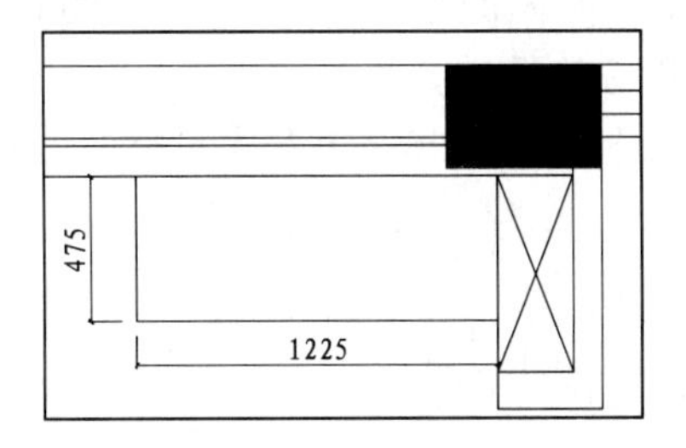

图 6-72 绘制梳妆台

04 插入图块。卧室中的电视、床、椅子以及床头柜等图形，可以从本书光盘中的“家具图例.dwg”文件中直接调用，完成后的效果如图 6-73 所示。

6.4.3 绘制其他空间平面布置图

其他房间布置有卫生间、厨房和阳台，绘制方法与前面介绍的各空间平面布置图的绘制方法大同小异，在此就不再讲解了，请读者参考前面的方法进行绘制。

6.4.4 插入立面指向符

调用 INSERT/I 命令插入“立面指向符”图块，以便指明各立面方向，如图 6-74 所示。

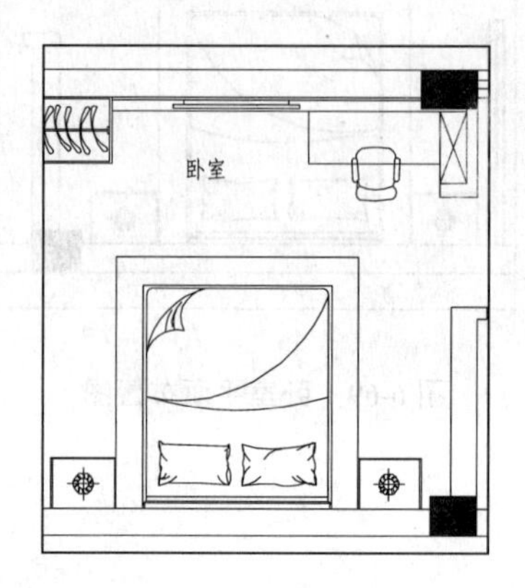

图 6-73 插入图块

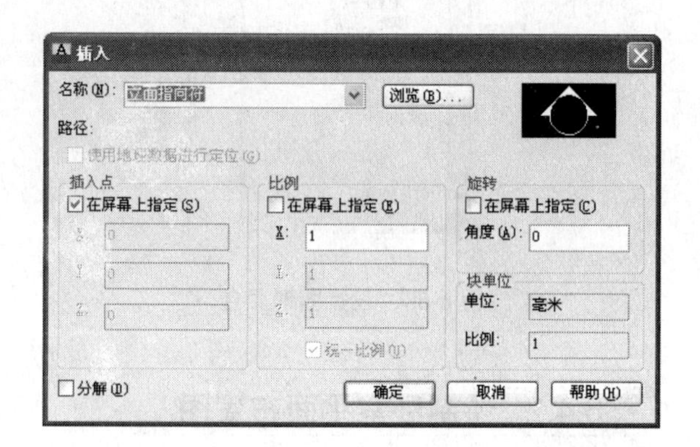

图 6-74 插入立面指向符

6.5 绘制小户型地材图

地面材料是需要在室内平面图中表示的内容之一，当地面做法比较简单时，只要用文字对材料、规格进行说明即可，但是，很多时候要求用材料图例在平面图上直观地表示，同时进行文字说明。

6.5.1 地材图概述

地材图是用来表示地面做法的图样，包括地面用材和形式。其形式方法与平面布置图相同，所不同的是地面平面图不需绘制室内家具，只需绘制地面所使用的材料和固定于地面的设备与设施图形。

如图 6-75 所示是几种常见材料的表示形式。

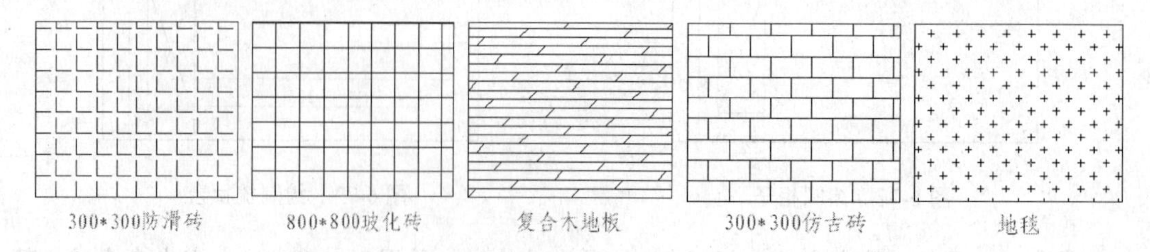

图 6-75 地面材料图样示例

6.5.2 地面装饰材料种类

常用的地面装饰材料有如下几种：

木地板：是一种传统的地面材料。木地板古朴大方、有弹性、行走舒适、美观隔声。

石材：铺地用石材主要是天然大理石和花岗石。它们高雅华丽，装饰效果好。

陶瓷地砖、陶瓷锦砖：陶瓷地砖坚固耐用、色彩鲜艳、易清洗、防火、耐腐蚀、耐磨、较石材质地轻，所以应用很广泛。

塑料地板：与涂料、地毯相比，塑料地板使用性能较好，适应性强，耐腐蚀，行走舒适，花色品种多，装饰效果好。

地毯：纯毛地毯质地优良，柔软弹性好，美观高贵，但价格昂贵，且易虫蛀霉变。化纤地毯重量轻，耐磨、富有弹性而脚感舒适，色彩鲜艳且价格低于纯毛地毯。

如图 6-76 所示为本例小户型的地材图，采用的地面材料有实木地板、玻化砖、防滑砖和仿古砖，下面讲解小户型地材图的绘制方法。

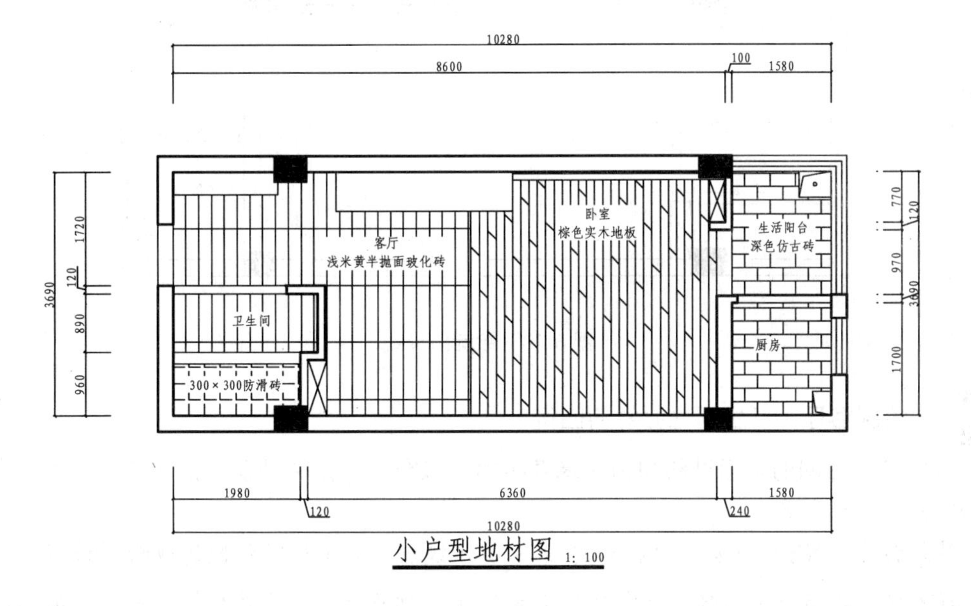

图 6-76 小户型地材图

6.5.3 绘制客厅、卫生间地材图

1. 复制图形

地材图可以在平面布置图的基础上进行绘制，因为地材图需要用到平面布置图中的墙体等相关图形。调用 COPY/CO 命令，复制小户型平面布置图，选择所有与地材图无关的图形（如家具和陈设），按 Delete 键将其删除，由于某些固定于地面的装饰墙、隔断、设备或设置所在的位置不需要铺设地面材料，所以在地材图中将其保留，结果如图 6-77 所示。

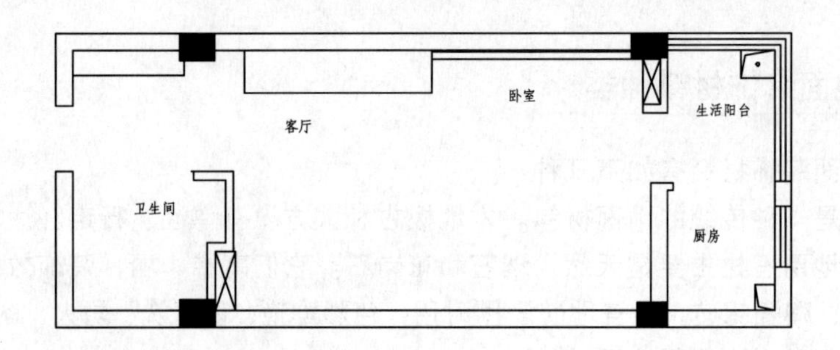

图 6-77　整理图形

2. 绘制门槛线

01 设置“DD_地面”图层为当前图层。

02 调用 LINE/L 命令绘制门槛线，封闭填充图案区域，如图 6-78 所示。

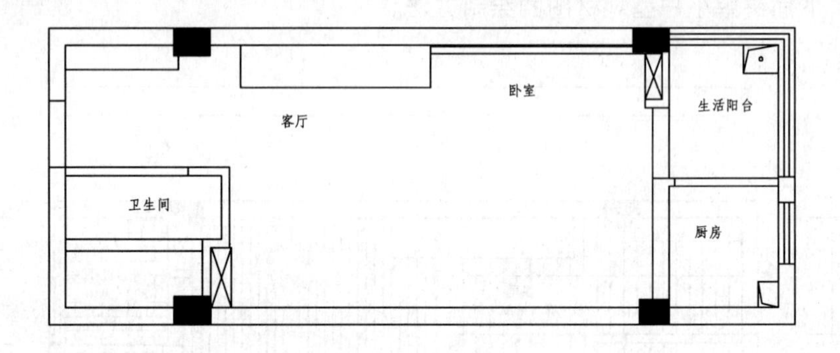

图 6-78　绘制门槛线

3. 绘制客厅、卫生间地面材料图例

客厅和卫生间的地面材料均为浅米黄半抛面玻化砖，这种地面做法可使用 LINE 命令和 OFFSET 命令绘制。

01 调用 LINE/L 命令，绘制如图 6-79 所示线段，表示线段两侧的地面材料不同。

02 标注地面材料。双击“客厅”文字标注，打开“文字格式”对话框，添加客厅地面材料名称，结果如图 6-80 所示。

03 调用 LINE/L 命令，绘制如图 6-81 所示线段。

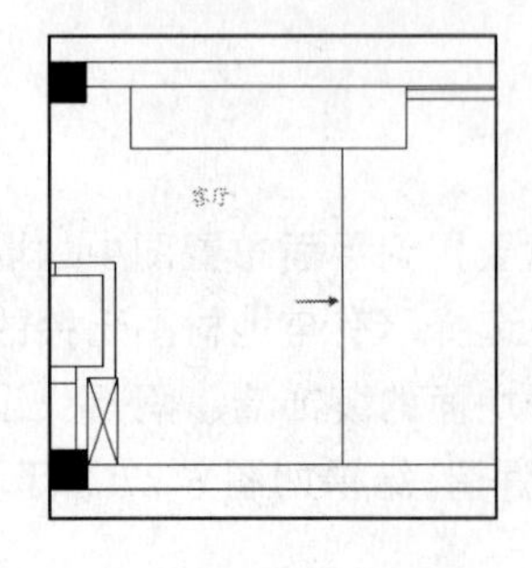

图 6-79　绘制线段

图 6-80　文字标注

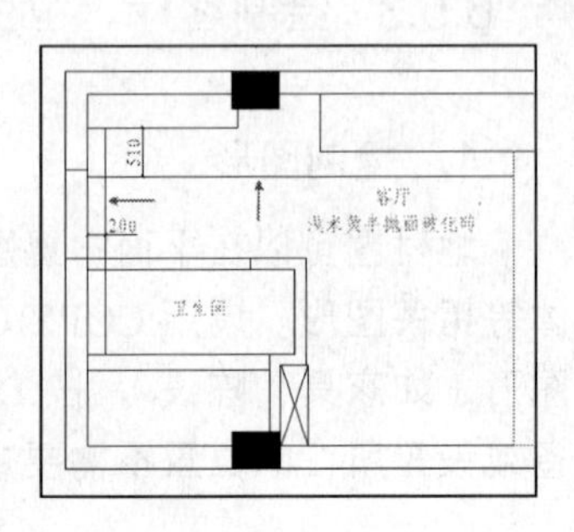

图 6-81　绘制线段

04 调用 OFFSET/O 命令，将线段进行偏移，并使用夹点功能延长线段，效果如图 6-82 所示。

05 调用 TRIM/TR 命令，对地面进行修剪，效果如图 6-83 所示，客厅和卫生间地材图绘制完成。

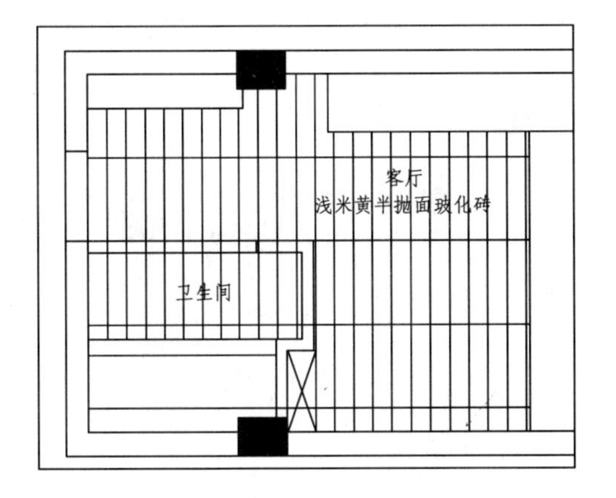

图 6-82　偏移线段

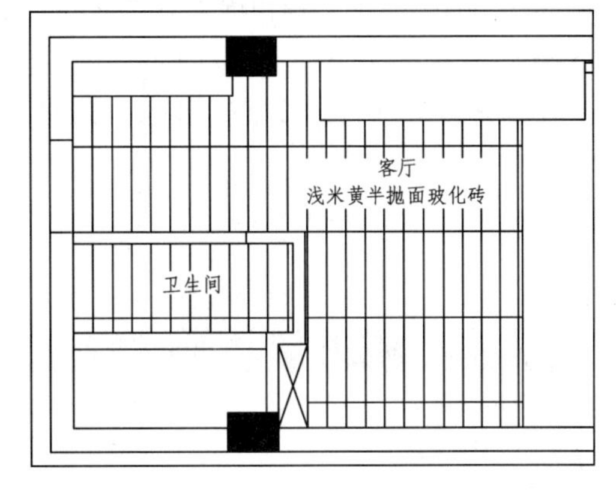

图 6-83　修剪地面

6.5.4　绘制卧室地材图

卧室地面材料为实木地板，这种地面做法可直接使用 HATCH/H 命令绘制。

1.　绘制材质图例

01 调用 HATCH/H 命令，打开“图案填充和渐变色”对话框，单击【添加：拾取点】按钮，在卧室内拾取一点确定填充边界，按回车键返回“图案填充和渐变色”对话框，设置参数如图 6-84 所示，填充效果如图 6-85 所示。

02 双击文字内容添加地面材料名称。

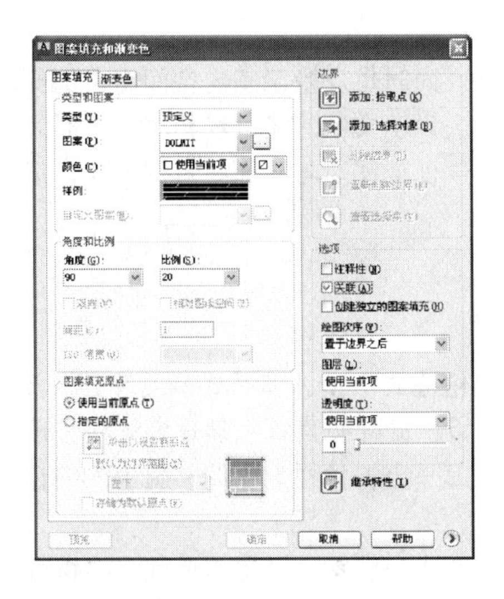

图 6-84　填充参数设置

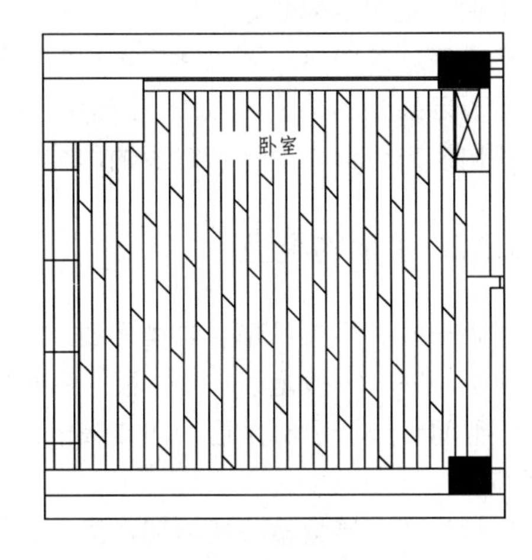

图 6-85　填充效果

2. 背景遮罩

可以看到填充的图案和刚才输入的文字有交叉的现象，可以使用 AutoCAD 的遮罩功能把交叉的去掉。单击输入的文字，选择所有文字单击鼠标右键，在弹出的快捷菜单中选择【背景遮罩】命令，弹出“背景遮罩”对话框，勾选“使用背景遮罩”复选框，边界偏移因子为 1.5，勾选“使用图形背景颜色”复选框，单击“确定”按钮，背景遮罩参数设置如图 6-86 所示。

使用背景遮罩后的效果如图 6-87 所示，卧室地材图绘制完成。

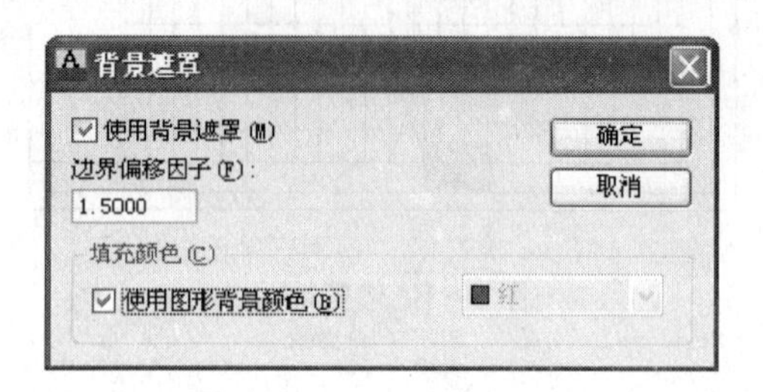

图 6-86 背景遮罩参数设置

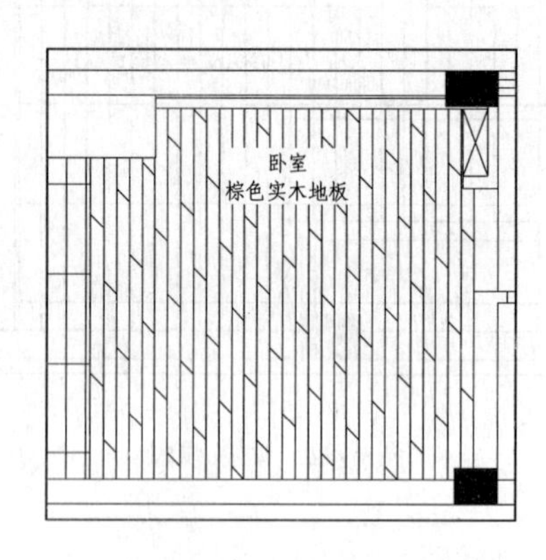

图 6-87 背景遮罩效果

6.6 绘制小户型顶棚图

顶棚图是用于表达室内顶棚造型、灯具及相关电器布置的顶面水平镜像投影图。本章将依次讲解如何绘制顶面造型、灯具布置、文字尺寸标注、符号标注等内容。

6.6.1 顶棚图概述

顶棚图主要用来表示顶面的造型和灯具的布置，同时也反映了室内空间组合的标高关系和尺寸等。其内容主要包括各种装饰图形、灯具、说明文字、尺寸和标高。有时为了更详细地表示某处的构造和做法，还需要绘制该处的剖面详图。与平面布置图一样，顶棚图也是室内装饰设计图中不可缺少的图样。

6.6.2 吊顶的类型

吊顶一般有平板吊顶、异型吊顶、局部吊顶、格栅式吊顶、藻井式吊顶等五大类型。

平板吊顶：一般是以 PVC 板、铝扣板、石膏板、矿棉吸声板、玻璃纤维板、玻璃等材料，照明灯卧于顶部平面之内或吸于顶上，房间顶一般安排在卫生间、厨房、阳台和玄关等部位。

异型吊顶：异型吊顶是局部吊顶的一种，主要适用于卧室、书房等房间，在楼层比较低的房间，异型吊顶采用的云形波浪线或不规则弧线，一般不超过整体顶面面积的三分之一，超过或小于这个比例，就难以达到好的效果。

局部吊顶：局部吊顶是为了避免居室的顶部有水、暖、气管道，而且房间的高度又不允许进行全部吊顶的情况下，采用的一种局部吊顶的方式。

格栅式吊项：先用木材作成框架，镶嵌上透光或磨沙玻璃，光源在玻璃上面。这也属于平板吊顶的一种，但是造型要比平板吊顶生动和活泼，装饰的效果比较好。一般适用于居室的餐厅、门厅。它的优点是光线柔和，轻松和自然。

藻井式吊顶：这类吊顶的前提是，房间必须有一定的高度（高于 2.85m），且房间较大。它的式样是在房间的四周进行局部吊顶，可设计成一层或两层，装修后的效果有增加空间高度的感觉，还可以改变室内的灯光照明效果。

无吊顶装修：随着装修的时尚，吊顶装修的热潮很快过去了。由于城市的住房普遍较低，吊顶后，感到压抑和沉闷。所以，顶面不加修饰的装修，开始流行起来。无吊顶装修的方法是，顶面做简单的平面造型处理，采用现代的灯饰灯具，配以精致的角线，也给人一种轻松自然怡人的感觉。

图 6-88 所示为本例小户型顶棚图，下面讲解绘制方法。

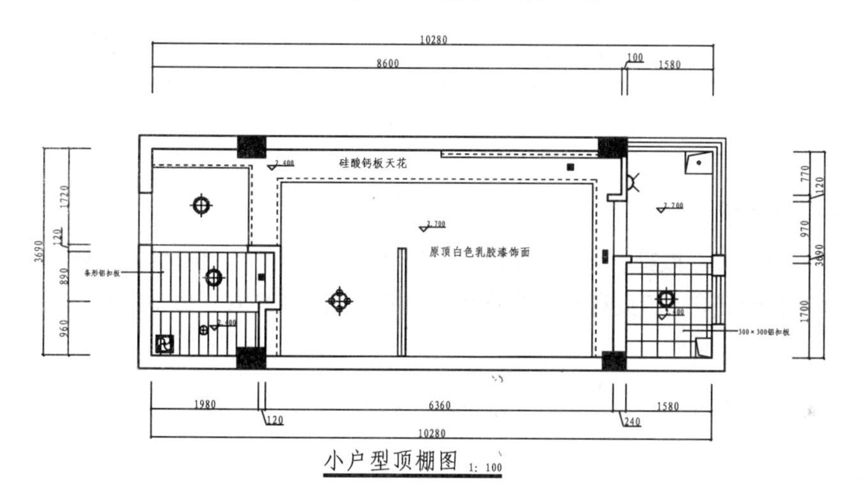

图 6-88　小户型顶棚图

6.6.3 绘制客厅和卧室顶棚图

图 6-89 所示为本例客厅和卧室的顶面设计。

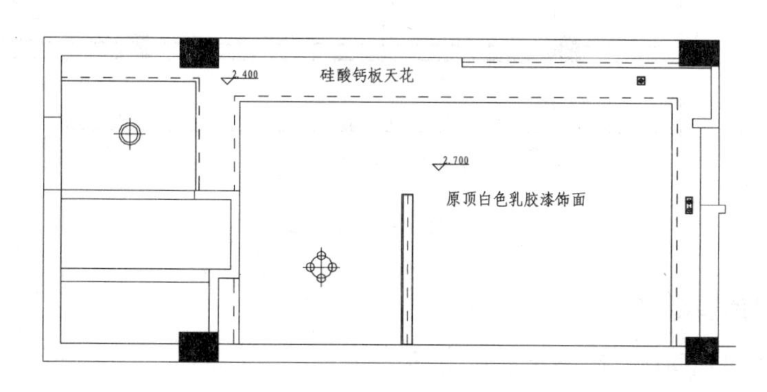

图 6-89　客厅和卧室顶棚图

1. 复制图形

顶棚图可以在平面布置图的基础上绘制，调用 COPY/CO 命令复制小户型平面布置图，并删除与顶棚图无关的图形，效果如图 6-90 所示。

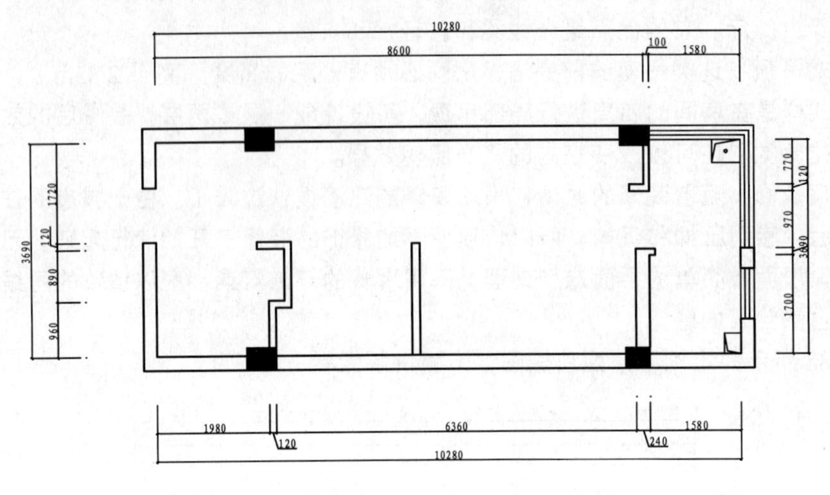

图 6-90　整理图形

2. 绘制墙体线

根据顶棚图的形成原理，水平剖切面在门的位置，所以顶棚图中的门图形，需要将门梁的内外边缘表示出来，门页和开启方向可以省略，调用 LINE/L 命令连接门洞，如图 6-91 所示。

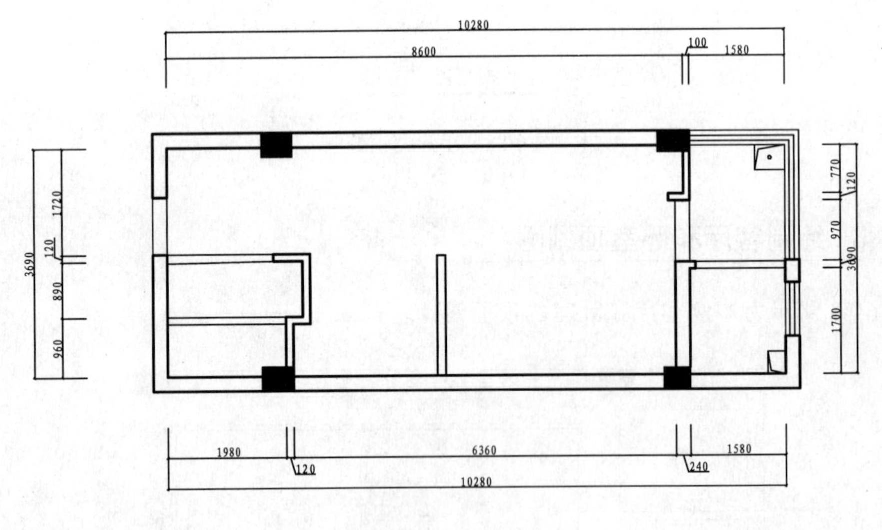

图 6-91　绘制墙体线

3. 绘制吊顶造型

01 设置“DD_吊顶”图层为当前图层。

02 调用 PLINE/PL 命令，绘制如图 6-92 所示多段线。

03 调用 OFFSET/O 命令，将多段线向外偏移 70，表示灯带，并进行修剪，灯带由于被吊顶遮挡，在顶棚图中不可见，所以需要用虚线表示。选择灯带的轮廓线，在“特性”工具栏线型列表框中选择 — — ACAD...3W10C 线型，效果如图 6-93 所示。

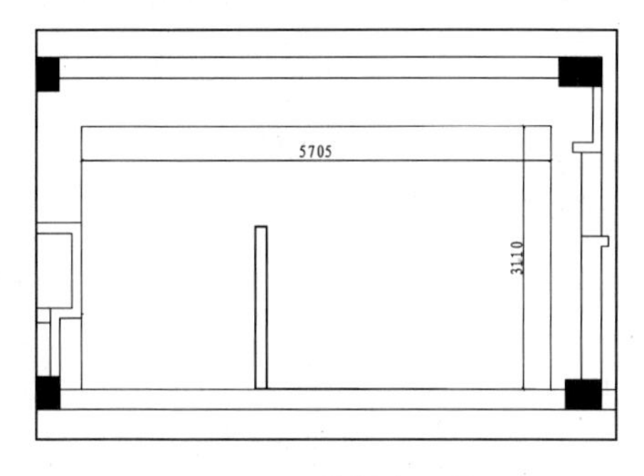

图 6-92 绘制多段线

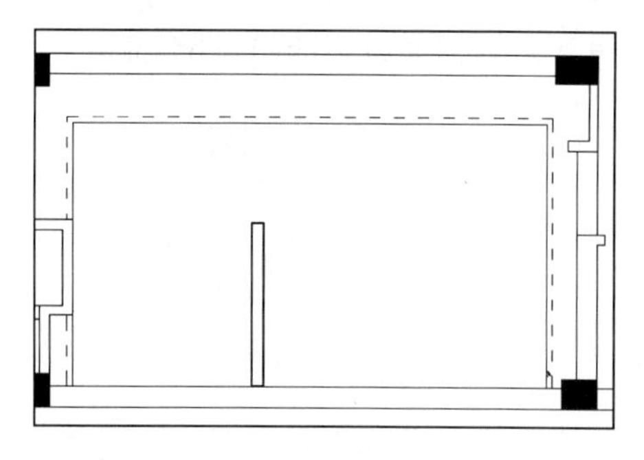

图 6-93 绘制灯带

04 使用同样的方法，绘制入口处的吊顶造型，效果如图 6-94 所示。

05 调用 LINE/L 命令，在隔断中绘制一条线段表示灯带，同样使用虚线表示，如图 6-95 所示。

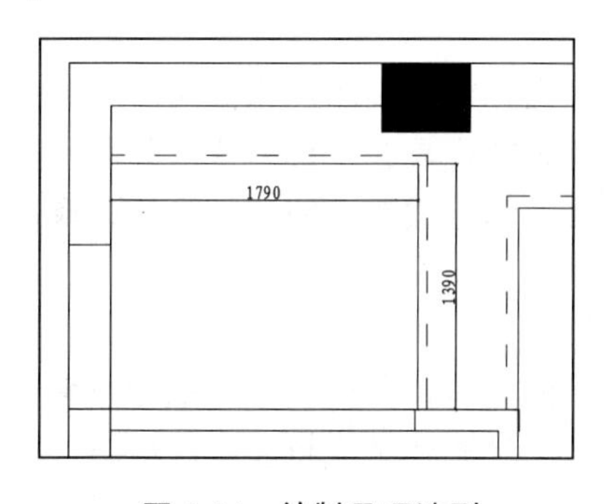

图 6-94 绘制吊顶造型

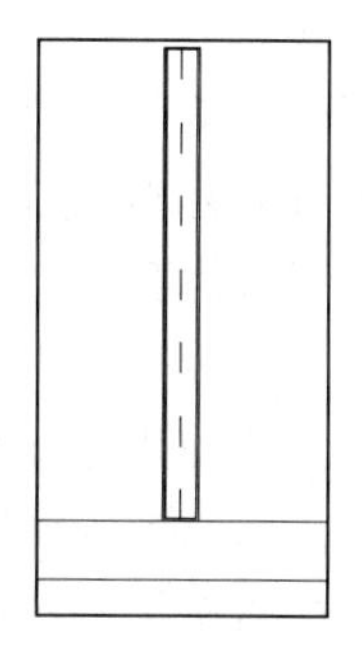

图 6-95 绘制线段

06 调用 PLINE/PL 命令和 LINE/L 命令，绘制电视背景墙上方的吊顶，效果如图 6-96 所示。

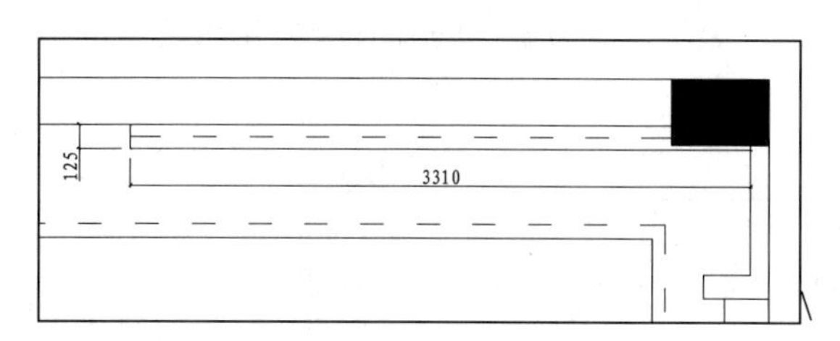

图 6-96 绘制吊顶造型

4. 标注标高

此时标注标高可以方便后面的相关操作，比如可以比较直观地分辨吊顶的层次关系。标注标高可以直接调用 INSERT/I 命令插入“标高”图块，命令选项如下：

```
命令:INSERT↙                                     //调用【插入】命令
指定插入点或 [基点(B)/比例(S)/旋转(R)]:          //在需要标高的地方单击一下
```

```
指定旋转角度 <0>:↙                                //按回车键
输入属性值
请输入标高值: <0.000>: 2.700↙                     //输入顶面的高度2.700
```

插入标高后的效果如图6-97所示。

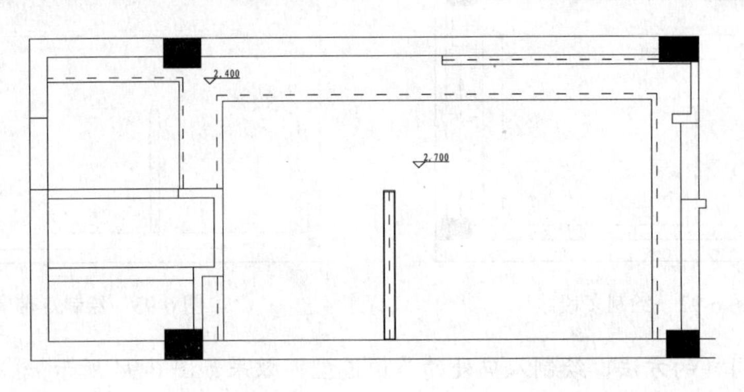

图6-97 插入标高

5. 布置灯具

在室内照明中，常用的灯具有白炽灯、荧光灯、卤钨灯、高压水银荧光灯等。按其照射方式的不同可分为直射式灯具、反射式灯具、半直射式灯具、半反射式灯具等；按其安装方式的不同又可分为吸顶嵌入式、半嵌入式、悬吊式和壁式等。照明灯具的选择，应根据房间的功能、装饰风格来确定。

客厅和卧室主要使用了吸顶灯、小吊灯和筒灯。

在布置灯具之前需要绘制相应的灯具图形，由于灯具目前还没有统一的表示方法，因此需要为顶棚图中所有用到的灯具图形添加文字说明，并制作成图例表，以说明灯具图形所表示的灯具类型。本例小户型用到的灯具有吸顶灯、防雾灯、小吊灯、筒灯和壁灯。

01 布置灯具。打开配套光盘提供的"家具图例.dwg"文件，将该文件中事先绘制的图例表复制到顶棚图中，如图6-98所示。灯具图例表具体绘制方法这里就不详细讲解了。

02 调用COPY/CO命令，将图例表中的灯具图形复制到顶棚图中，结果如图6-99所示。

图标	名称	图标	名称
	排气扇		单相插座
	小吊灯		二、三孔插座
	吸顶灯		三孔插座
	防雾灯		电视网络出线
	单头筒灯		一般电话出线
	双头筒灯		网络线路专用出线
	壁灯		三位开关
	配电箱		单联双控开关

图6-98 图例表

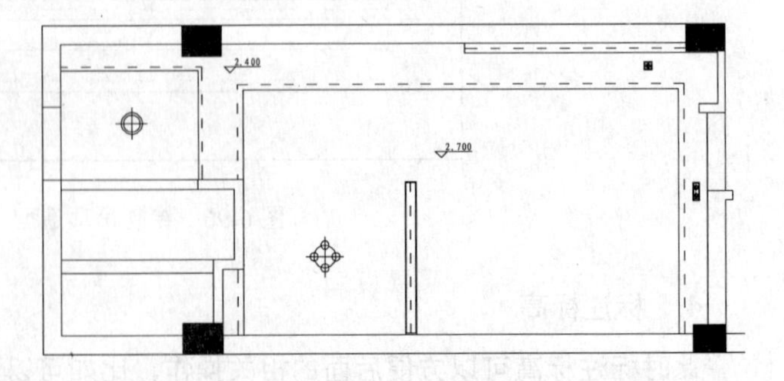

图6-99 布置灯具

6. 文字说明

顶棚图的尺寸、标高和文字说明应标注清楚，以方便施工人员施工，其中说明文字用于说明顶棚的用材和做法。

调用 MTEXT/MT 命令标注顶棚材料说明，完成后的效果如图 6-89 所示，客厅和卧室顶棚图绘制完成。

6.6.4　绘制厨房顶棚图

厨房为 300×300 铝扣板吊顶，属于无造型悬吊式顶棚。由于没有造型，可以直接用图案表示出顶棚的材料和分格，并布置灯具、标注标高和文字说明，如图 6-100 所示。

厨房顶棚使用的是“用户定义”类型图案，参数设置如图 6-101 所示。

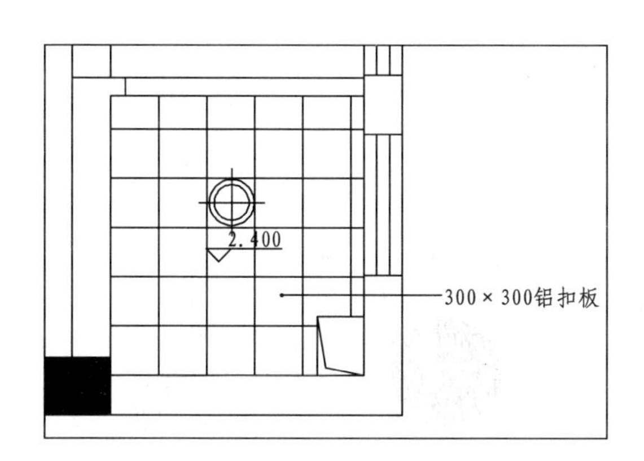

图 6-100　厨房顶棚图

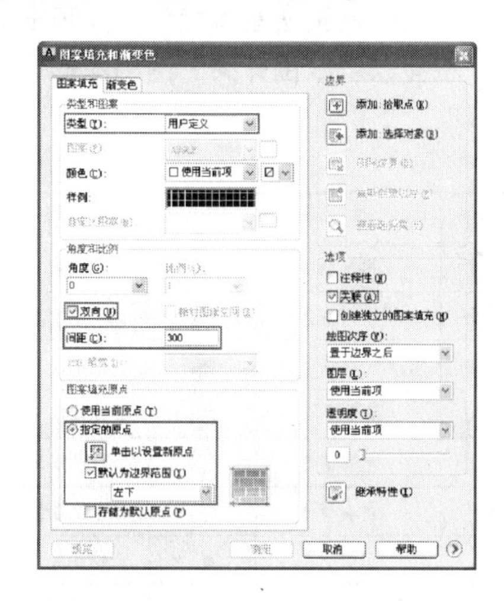

图 6-101　填充参数

6.7　小户型电气设计及图形绘制

电气图是用来反映室内装修的配电情况，包括配电箱规格、型号、配置以及照明、插座开关等线路的敷设方式和安装说明等。

室内电气图由图例表、配电系统图、施工说明和平面图组成，其中平面图又分为三个部分：插座平面图、照明平面图和弱电平面图，本节将介绍它们的绘制方法以及相关电气方面的知识。

6.7.1　强电和弱电系统

现代家庭的电气设计包括强电系统和弱电系统两大部分。

强电系统指用电电压在 220V 的交流电力系统，其特点是电压高、电流大、功率大、频率较低，照明灯具、电热水器、取暖器、冰箱、电视机、洗衣机、空调和音响设备等家用电器均为强电电器设备。

弱电是针对强电而言的，它是指直流电路或音频、视频线路、网络线路、电视机的信号输入（有线电视线路）、音响设备（输出端线路）等电器均为弱电电器设备。弱电的处理对象主要是信息，即信息的传送和控制，其特点是电压低、电流小、功率小、频率高。

 6.7.2 绘制图例表

图例表用来说明各种图例图形的名称、规格以及安装形式等。图例表由图例图形、图例名称和安装说明等几个部分组成，如图 6-102 所示为本节绘制的图例表。

电气图图例按照其类别可分为开关类图例、灯具类图例、插座类图例和其他类图例，下面按照图例类型分别介绍绘制方法。

1. 绘制开关类图例

开关类图例画法基本相同，先画出其中的一个，通过复制、修改即可完成其他图例的绘制。下面以“三位开关”图例图形为例，介绍开关类图例的画法，其尺寸如图 6-103 所示。

图标	名称	图标	名称
	排气扇		单相插座
	小吊灯		二、三孔插座
	吸顶灯		三孔插座
	防雾灯		电视网络出线
	单头筒灯		一般电话出线
	双头筒灯		网络线路专用出线
	壁灯		三位开关
	配电箱		单联双控开关

图 6-102 图例表

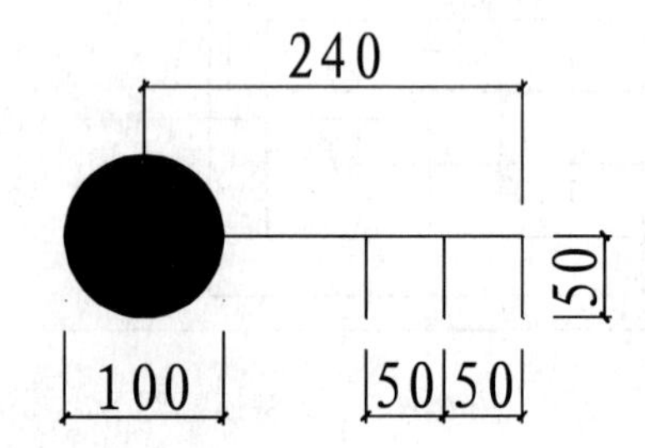

图 6-103 三位开关尺寸

01 调用 LINE/L 命令，绘制如图 6-104 所示偏移线段。

02 调用 OFFSET/O 命令偏移线段，效果如图 6-105 所示。

图 6-104 偏移线段

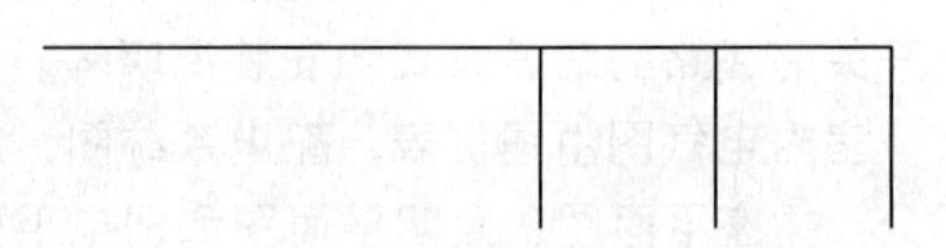

图 6-105 绘制线段

03 调用 DONUT/DO 命令，绘制填充圆环，命令选项如下：

```
命令：DONUT↙                              //调用【圆环】命令
指定圆环的内径 <0.5000>：0↙               //指定圆环的内径为 0
指定圆环的外径 <1.0000>：100↙             //直径圆环的外径为 100
指定圆环的中心点或 <退出>:↙                //捕捉并单击如图 6-106 所示位置作为圆环的中心点
指定圆环的中心点或 <退出>:↙                //按回车键退出命令
```

04 调用 ROTATE/RO 命令旋转绘制的图形，命令选项如下：

```
命令：ROTATE↙                             //调用【旋转】命令
```

```
UCS 当前的正角方向： ANGDIR=逆时针  ANGBASE=0
选择对象：指定对角点：找到 1 个       //选择刚才绘制的所有对象
选择对象：↙                           //按回车键结束对象选择
指定基点：                            //捕捉并单击如图 6-107 所示位置作为旋转的中心点
指定旋转角度，或 [复制(C)/参照(R)] <0>： 45↙   //输入旋转角度 45 并按回车键，图形
旋转 45°，“三位开关”图例图形绘制完成，效果如图 6-108 所示
```

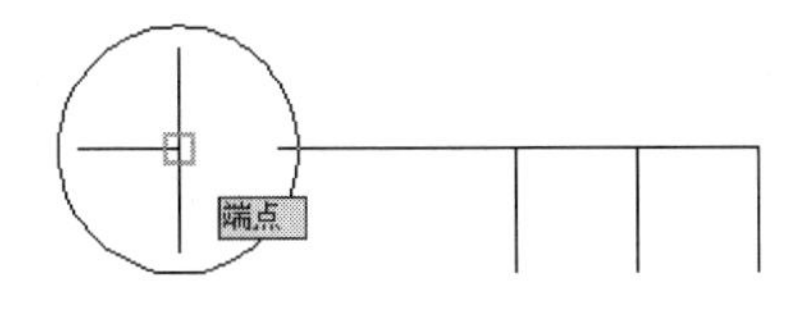

图 6-106　指定圆环的中心点

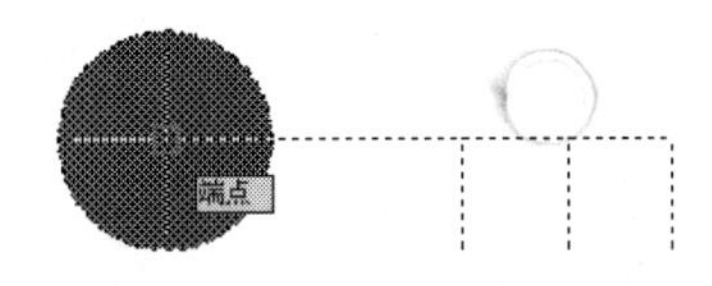

图 6-107　指定旋转的基点

2. 绘制灯具类图例

灯具类图例图形包括小吊灯、吸顶灯、防雾灯和筒灯等，在绘制顶棚图时，我们直接调用了图库中的图例，为了提高大家的绘图技能，这里以小吊灯为例，介绍灯具图形的一般画法。

吊灯图形及其尺寸如图 6-109 所示。

01 绘制小吊灯中间的大灯图形，调用 CIRCLE/C 命令，绘制半径为 144 的圆，如图 6-110 所示。

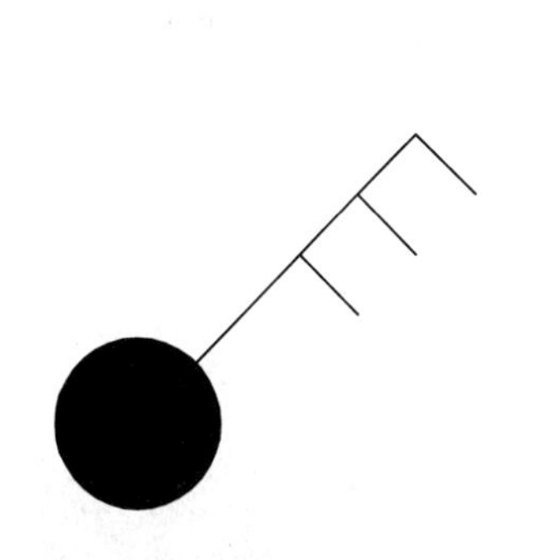

图 6-108　旋转图形

图 6-109　小吊灯图形及尺寸

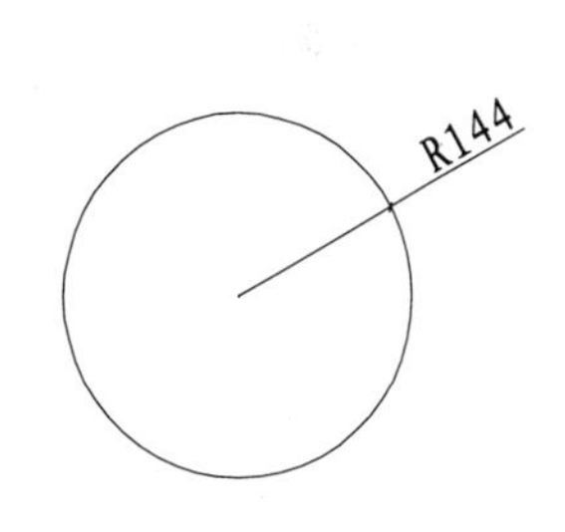

图 6-110　绘制线段

02 调用 LINE/L 命令，通过圆的圆心绘制两条互相垂直的线段，线段长度为 480，如图 6-111 所示。

03 绘制小吊灯周边的灯具图形，调用 CIRCLE/C 命令，以线段与前面绘制圆的交点为圆心，绘制一个半径为 50 的圆，结果如图 6-112 所示。

04 选择小灯具图形，调用 ARRAY/AR 命令，设置阵列方式为“环形阵列”，拾取大灯图形的圆心作为阵列中心点，设置“项目总数”为 4，“填充角度”为 360，得到阵列结果如图 6-113 所示，小吊灯图形绘制完成。

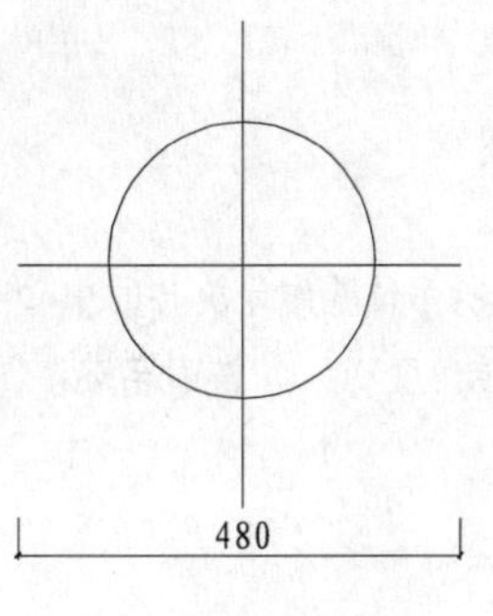

图 6-111 绘制圆

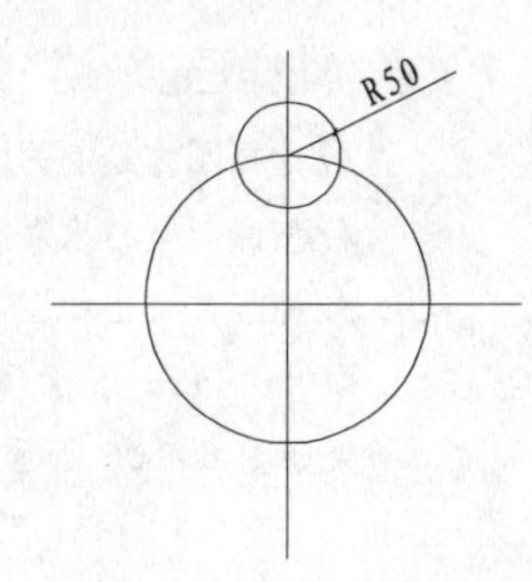

图 6-112 绘制小灯具图形

图 6-113 灯具阵列结果

3. 绘制插座类图例

插座类图形基本相似，这里以“单相插座”图形为例，介绍插座类图形的画法。“单相插座”图例图形尺寸如图 6-114 所示。

01 调用 CIRCLE/C 命令，在图形窗口空白处绘制半径为 90 的圆。调用 LINE/L 命令，绘制圆的直径，结果如图 6-115 所示。

02 调用 TRIM/TR 命令，修剪圆的下半部分，得到一个半圆，结果如图 6-116 所示。

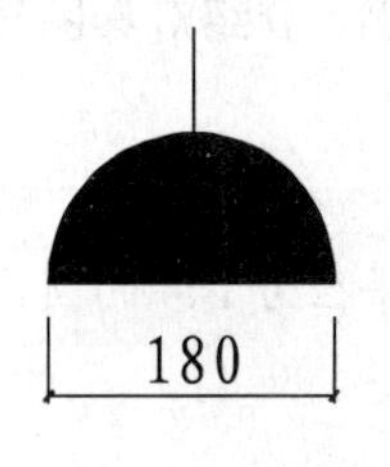

图 6-114 单相插座

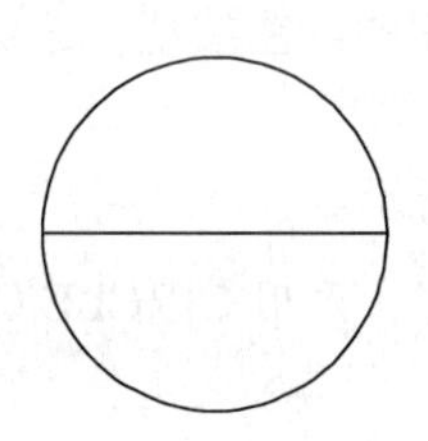

图 6-115 绘制圆

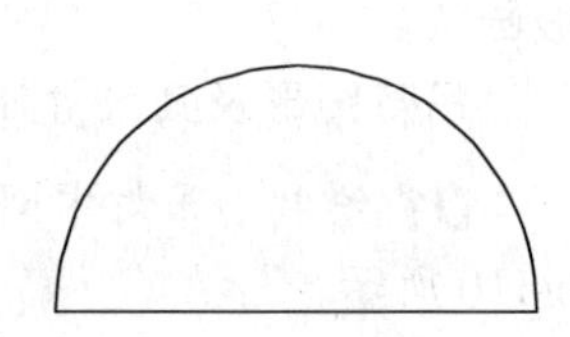

图 6-116 修剪圆

03 调用 LINE/L 命令，在半圆上方绘制线段，结果如图 6-117 所示。调用 HATCH/H 命令在半圆内填充图案，如图 6-118 所示，得到“单相插座”图例图形。

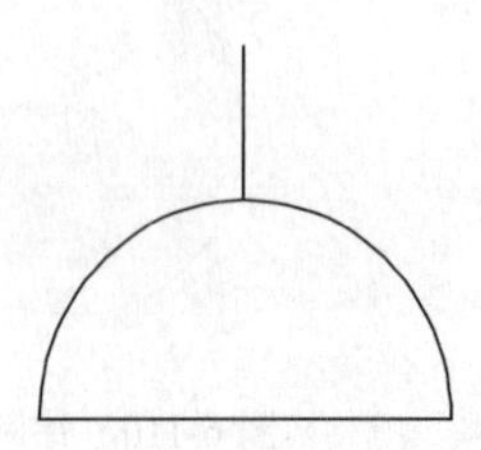

图 6-117 绘制线段

图 6-118 填充半圆

6.7.3 绘制插座平面图

在电气图中，插座图主要反映了插座的安装位置、数量等情况。插座平面图在平面布置图基础上绘制，主要由插座和配电箱等部分组成，下面介绍绘制方法。

1. 复制图形

调用 COPY/CO 命令复制小户型平面布置图。

2. 绘制插座和配电箱

复制图例表中的插座、配电箱等图例到“小户型平面布置图”中的相应位置，如图6-119所示。

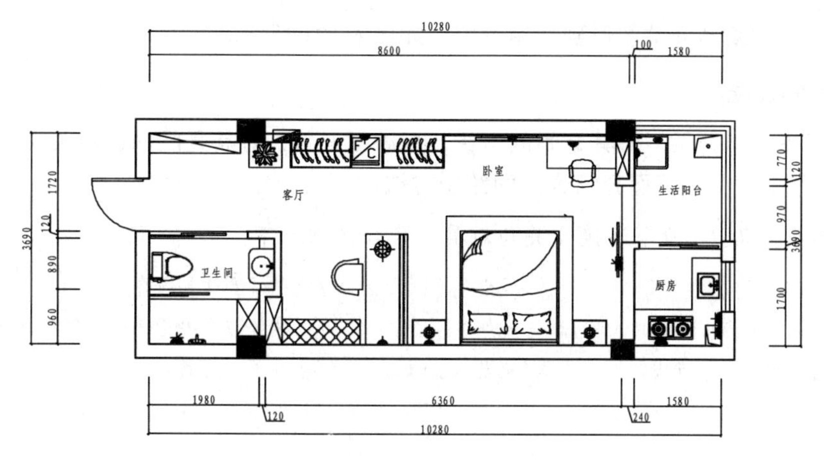

图6-119　小户型插座平面图

提 示： 家具图形在电气图中主要起参照作用，比如在摆放有床头灯的位置，就应该考虑在此处设置一个插座，此外还可以根据家具的布局合理安排插座、开关的位置。

6.7.4 绘制照明平面图

照明平面图反映了灯具、开关的安装位置、数量和线路的走向，是电气施工不可缺少的图样，同时也是将来电气线路检修和改造的主要依据。

照明平面图在顶棚图基础上绘制，主要由灯具、开关以及它们之间的连线组成，如图6-120所示。

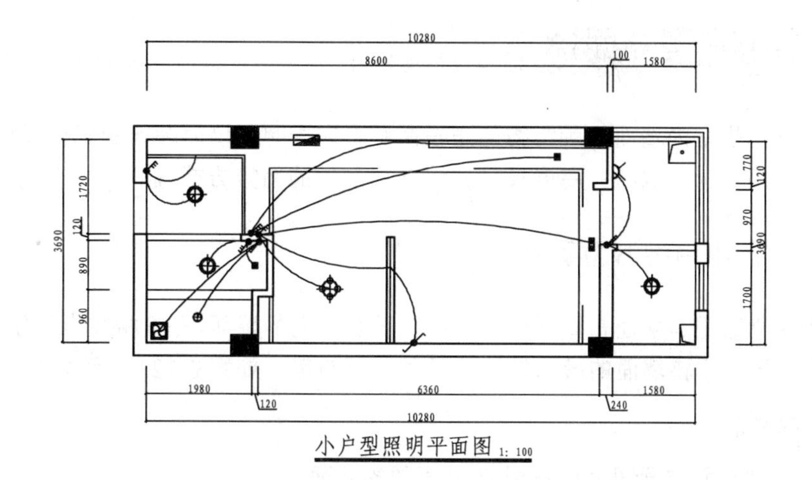

图6-120　小户型照明平面图

1. 复制图形

调用 COPY/CO 命令，复制小户型顶棚图。

2. 绘制开关和配电箱

从图例表中复制开关图形到顶棚图中，如图 6-121 所示。

3. 绘制连线

连线用来表示开关、灯具之间的电线，反映了开关、灯具之间的连接关系。连线可使用 ARC/A 命令绘制，下面介绍连线的绘制方法。

01 调用 ARC/A 命令连接开关与灯具，命令选项如下：

```
命令 ARC↙                                   //调用【圆弧】命令
指定圆弧的起点或 [圆心(C)]:                  //任意拾取开关上的一点作为弧线的起点
指定圆弧的第二个点或 [圆心(C)/端点(E)]:       //在开关与灯具之间单击一下
指定圆弧的端点:                              //拾取灯具的中心点，为弧线的端点，结果
如图 6-122 所示
```

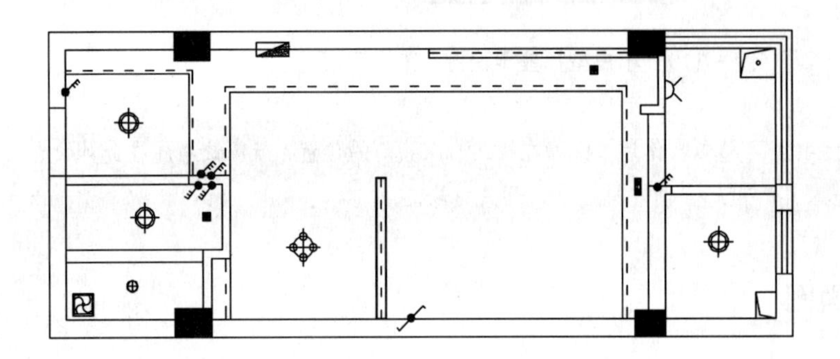

图 6-121　复制开关图形

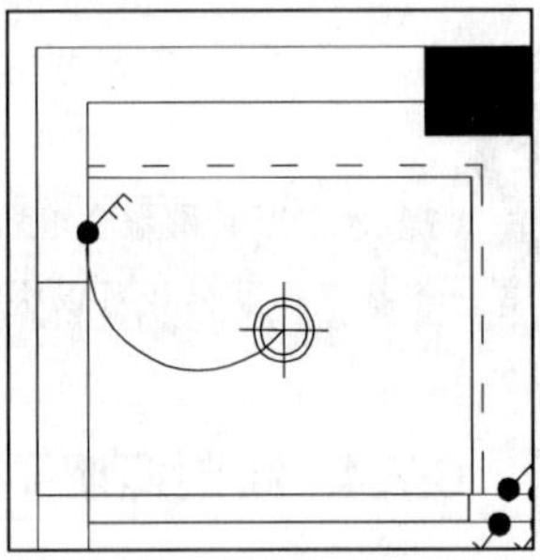

图 6-122　绘制弧线

02 使用同样的方法绘制其他连线，结果如图 6-120 所示。

6.8 绘制小户型立面图

施工立面图是室内墙面与装饰物的正投影图，它表明了墙面装饰的式样及材料、位置尺寸，墙面与门、窗、隔断的高度尺寸，墙与顶、地的衔接方式等。

6.8.1 绘制小户型 B 立面图

小户型B立面图是平面布置图中立面指向符B方向的墙面，是衣柜和电视所在的墙面，B 立面图主要表现了该墙面的装饰做法、尺寸、材料等，如图 6-123 所示。

1. 复制图形

复制小户型平面布置图上小户型 B 立面图的平面部分。

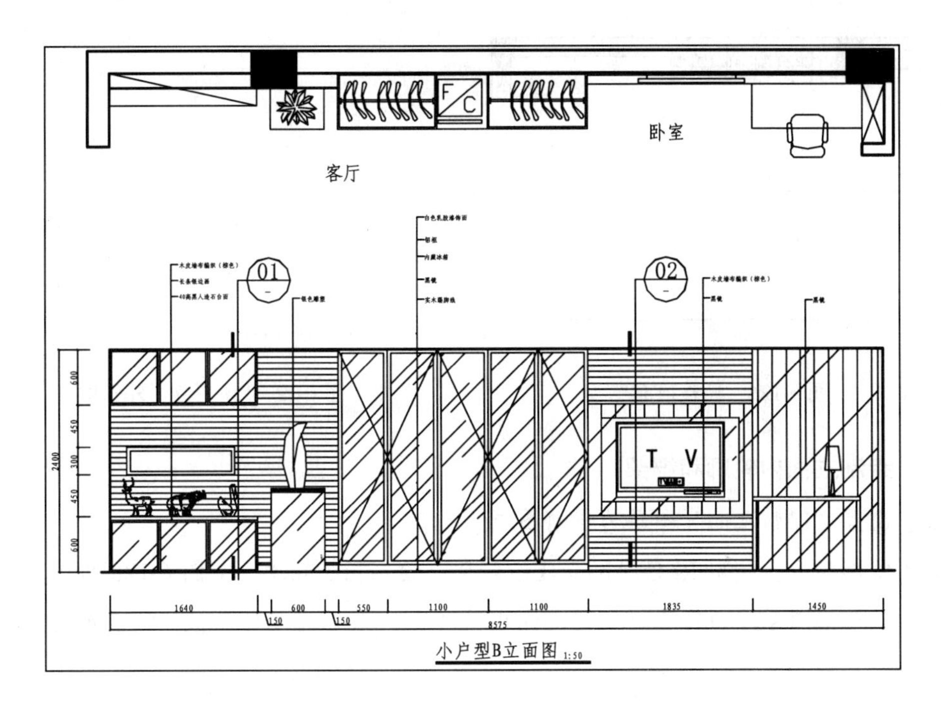

图 6-123　小户型 B 立面图

2. 绘制立面轮廓线

01 设置“LM-立面”图层为当前图层。

02 调用 LINE/L 命令，绘制小户型 B 立面墙体的投影线，如图 6-124 所示。

03 调用 LINE/L 命令，在投影线下方绘制一条水平线段表示地面，如图 6-125 所示。

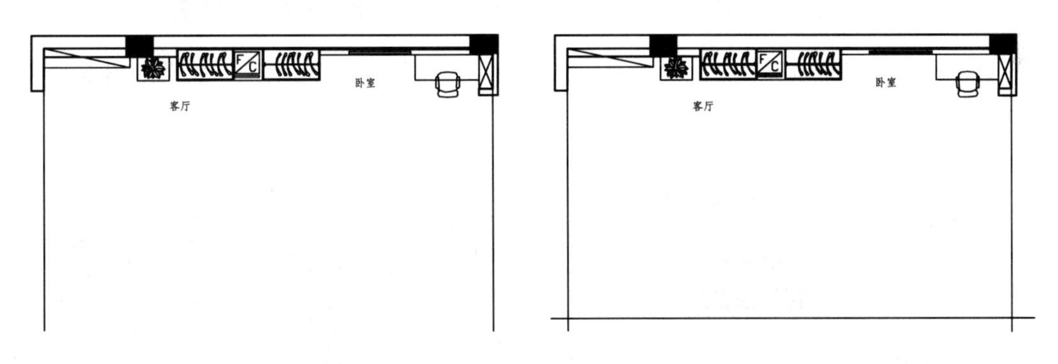

图 6-124　绘制投影线　　　　图 6-125　绘制地面

04 调用 OFFSET/O 命令向上偏移顶面，得到标高为 2400 的顶面轮廓，如图 6-126 所示。

05 调用 TRIM/TR 命令或使用夹点功能，修剪得到 B 立面外轮廓，并转换至“QT_墙体”图层，如图 6-127 所示。

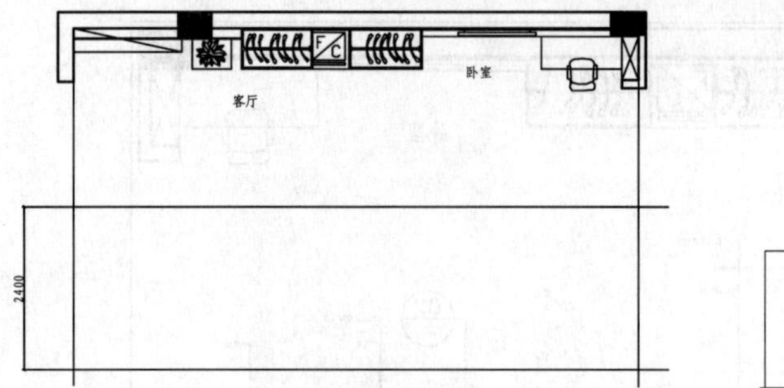

图 6-126　偏移顶面

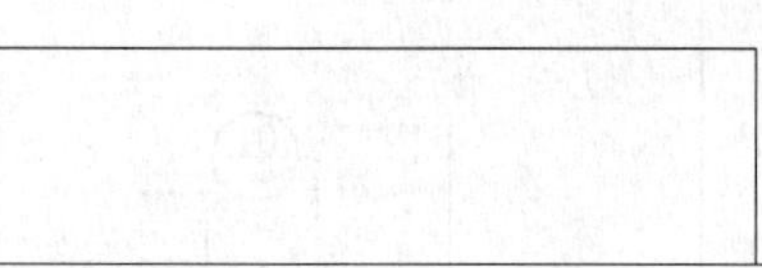

图 6-127　修剪立面外轮廓

3. 绘制立面内轮廓和细部

01 设置“LM_立面”图层为当前图层。

02 绘制柜子。调用 RECTANG/REC 命令，绘制柜子轮廓，如图 6-128 所示。

03 调用 OFFSET/O 命令，将矩形向内偏移 20，表示柜子的面板，效果如图 6-129 所示。

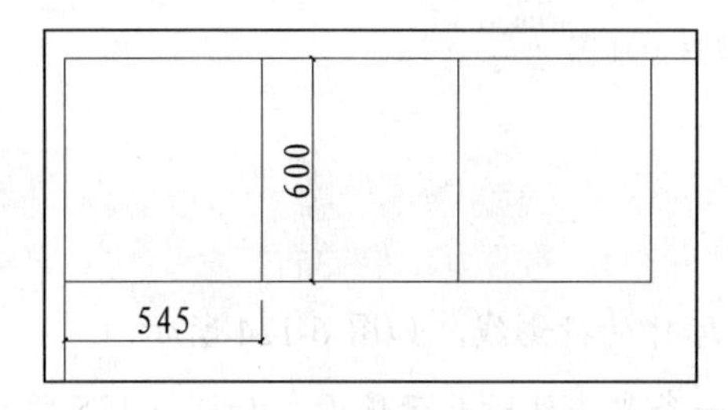

图 6-128　绘制矩形

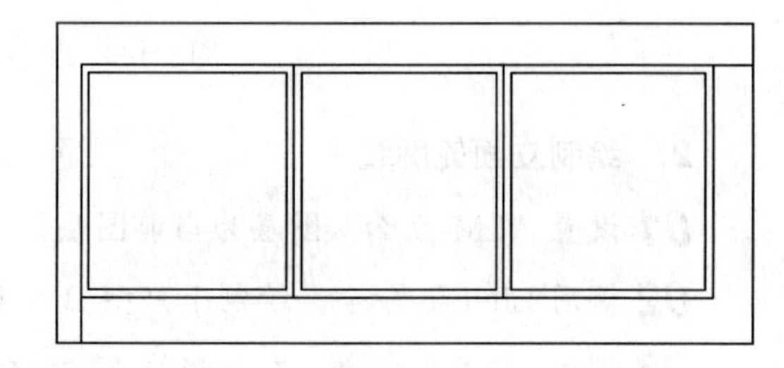

图 6-129　偏移矩形

04 调用 HATCH/H 命令，对面板填充 AR-RROOF 图案，填充参数和效果如图 6-130 所示。

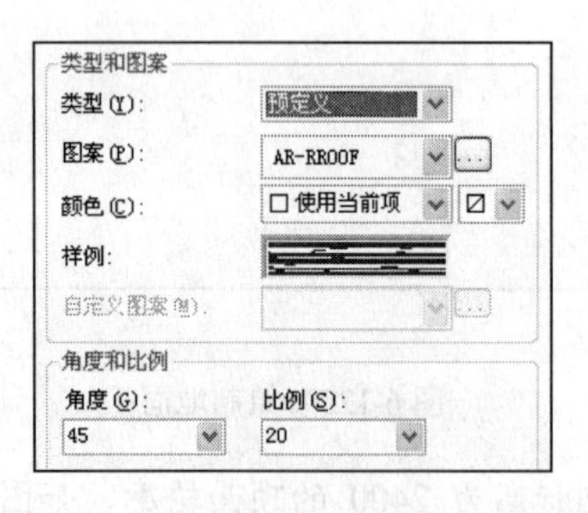

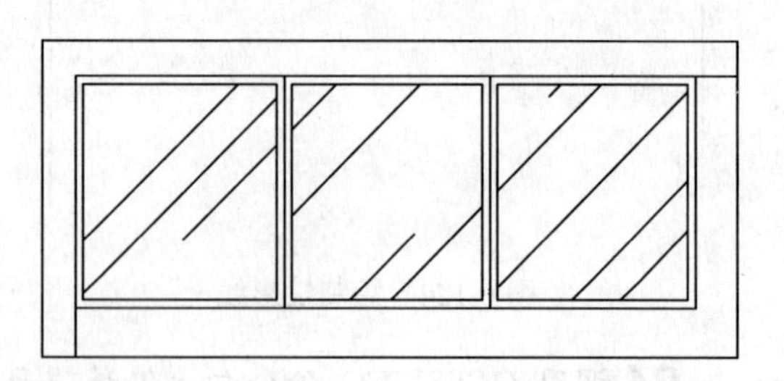

图 6-130　填充参数和效果

05 使用同样的方法绘制下方的柜体，效果如图 6-131 所示。

06 调用 RECTANG/REC 命令和 OFFSET/O 命令绘制中间的装饰盒，效果如图 6-132 所示。

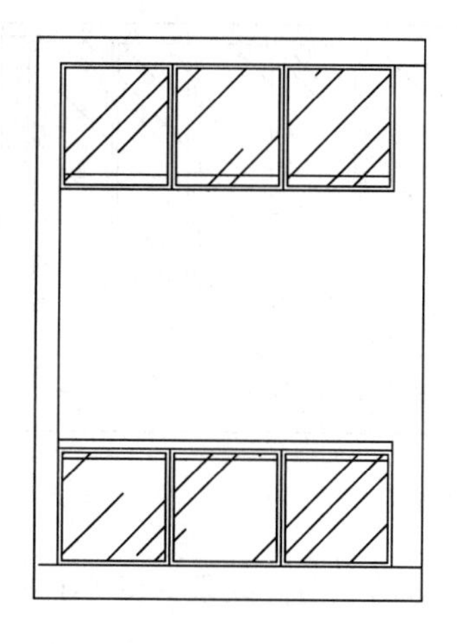

图 6-131　绘制柜子

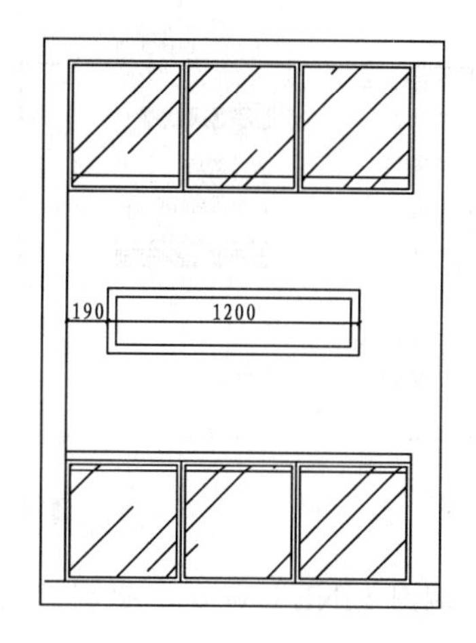

图 6-132　绘制装饰盒

07 绘制衣柜。调用 OFFSET/O 命令，根据平面图尺寸，将左侧墙体线向内偏移 2540 和 2750，修剪多余线段，并转换至“LM_立面”图层，得到衣柜轮廓线，如图 6-133 所示。

08 调用 LINE/L 命令，绘制线段表示衣柜下方面板，如图 6-134 所示。

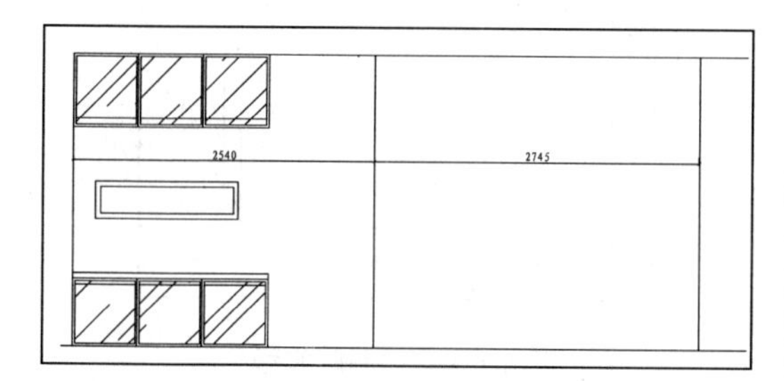

图 6-133　绘制衣柜轮廓线

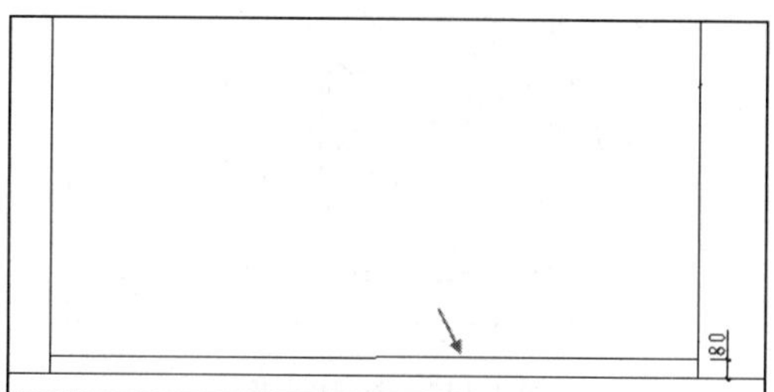

图 6-134　绘制线段

09 绘制衣柜柜门分隔线。调用 RECTANG/REC 命令，将衣柜划分成 5 个尺寸为 2750 × 550 的矩形，如图 6-135 所示。

10 调用 OFFSET/O 命令，将矩形分别向内偏移 40，效果如图 6-136 所示。

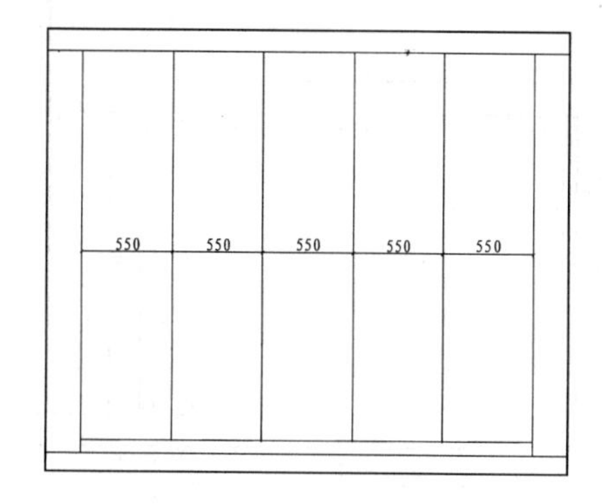

图 6-135　绘制矩形

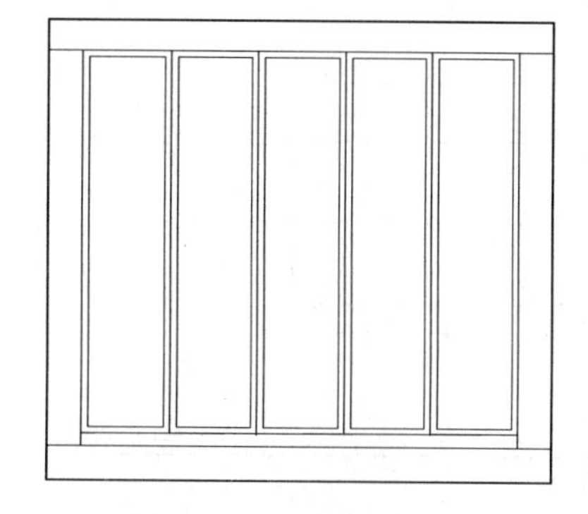

图 6-136　偏移矩形

11 调用 HATCH/H 命令，对衣柜面板填充 AR-RROOF 图案，填充参数和效果如图 6-137 所示。

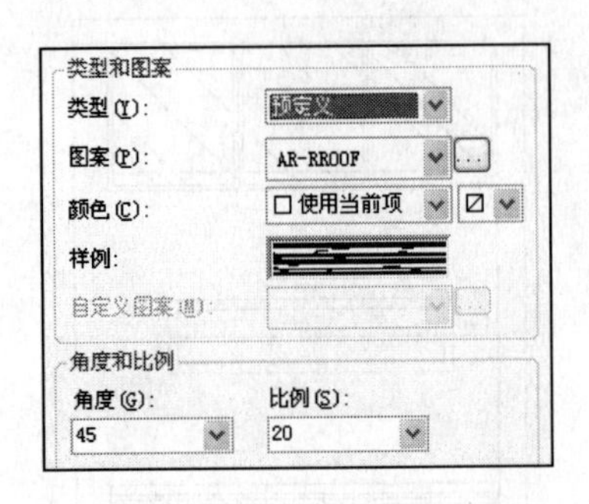

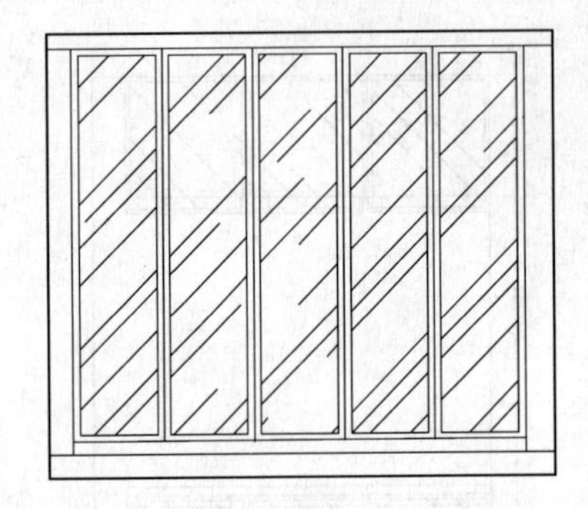

图 6-137　填充参数和效果

12 调用 LINE/L 命令，绘制折线，表示衣柜门开启的方向，效果如图 6-138 所示。

13 绘制踢脚线。调用 LINE/L 命令，绘制如图 6-139 所示线段表示踢脚线。

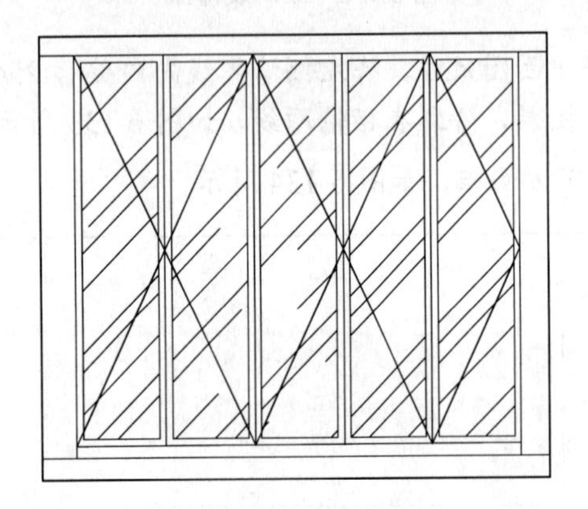

图 6-138　绘制踢脚线

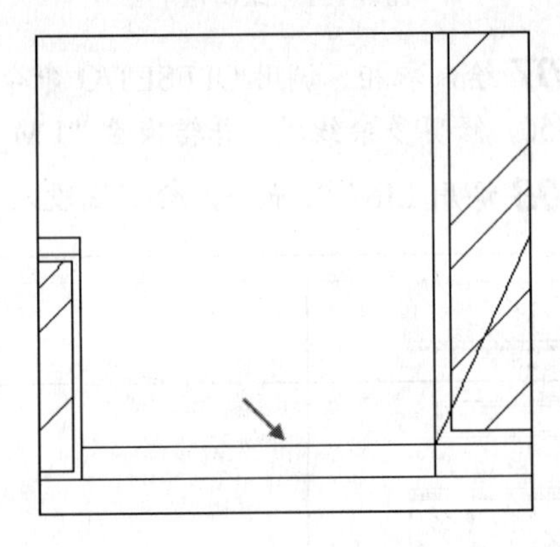

图 6-139　绘制踢脚线

14 调用 RECTANG/REC 命令，绘制电视背景墙造型轮廓，如图 6-140 所示。

15 绘制梳妆台。调用 RECTANG/REC 命令，绘制梳妆台桌面和支撑结构，效果如图 6-141 所示。

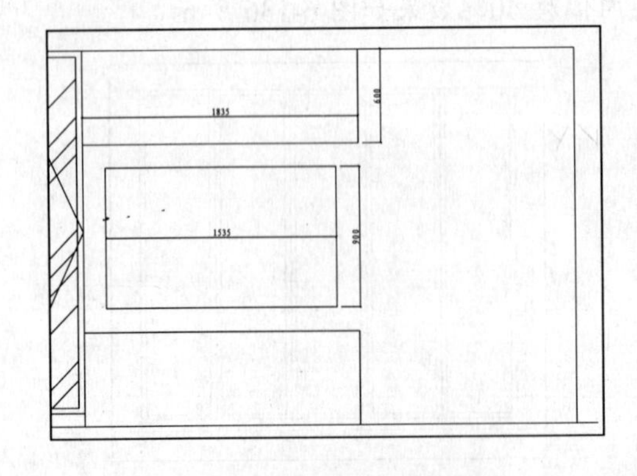

图 6-140　绘制电视背景墙

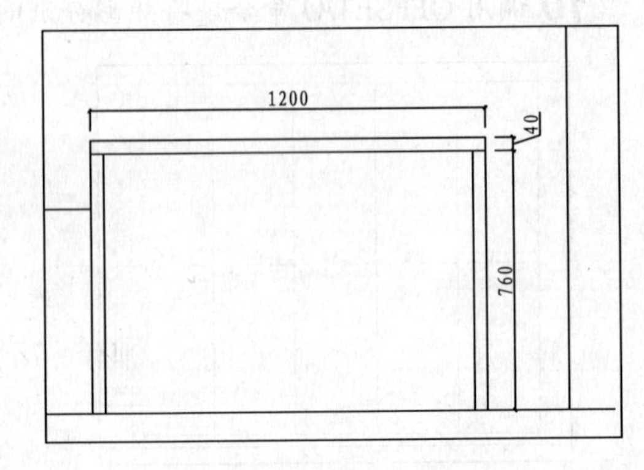

图 6-141　绘制梳妆台矩形

16 调用 HATCH/H 命令，对入口柜子墙面和电视背景墙上下造型墙面填充 ANSI31 图案，填充参数和效果如图 6-142 所示。

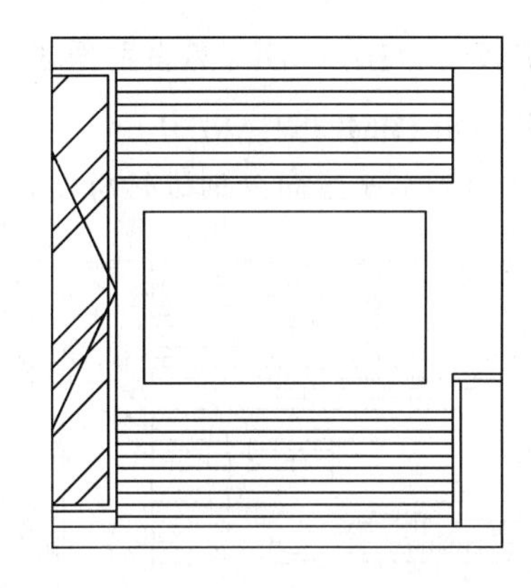

图 6-142 填充参数和效果

17 调用 HATCH/H 命令，对电视背景墙墙面填充 LINE 图案和 AR-RROOF 图案，填充参数如图 6-143 所示，填充效果如图 6-144 所示。

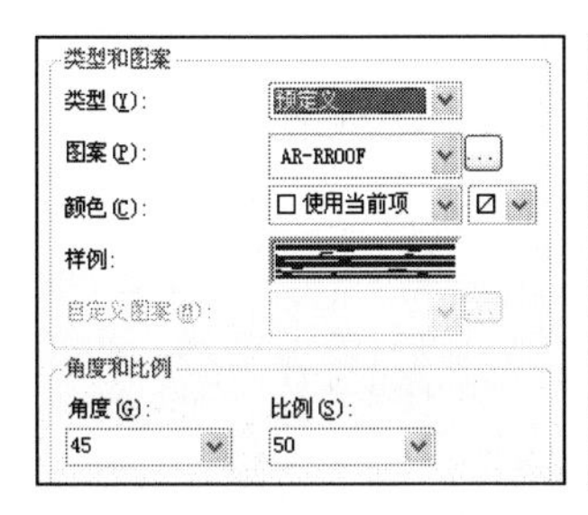

图 6-143 填充参数

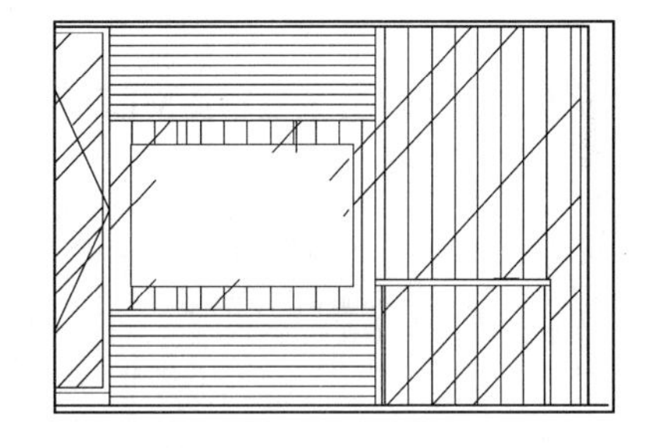

图 6-144 填充效果

4. 插入图块

按 Ctrl+O 快捷键，打开配套光盘提供的“第 6 章\家具图例.dwg”文件，选择其中的装饰物、雕塑、电视和台灯等图块，将其复制至立面区域，并调用 TRIM/TR 命令进行修剪，如图 6-145 所示。

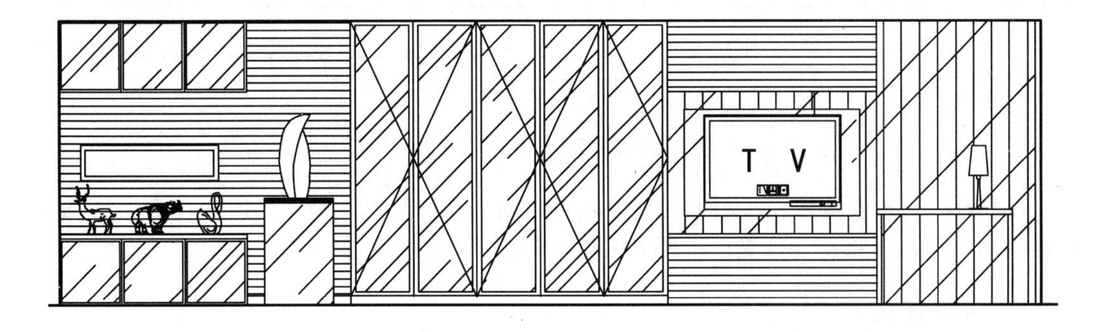

图 6-145 插入图块

5. 标注尺寸和材料说明

室内立面图打印输出比例通常为 1:50 和 1:30 等，本例采用 1:50。

01 设置“BZ-标注”为当前图层。设置当前注释比例为 1:50。

02 调用 DIMLINEAR/DLI 命令，或执行【标注】|【线性】命令标注尺寸，本图应该在垂直方向和水平方向分别进行标注，标注结果如图 6-146 所示。

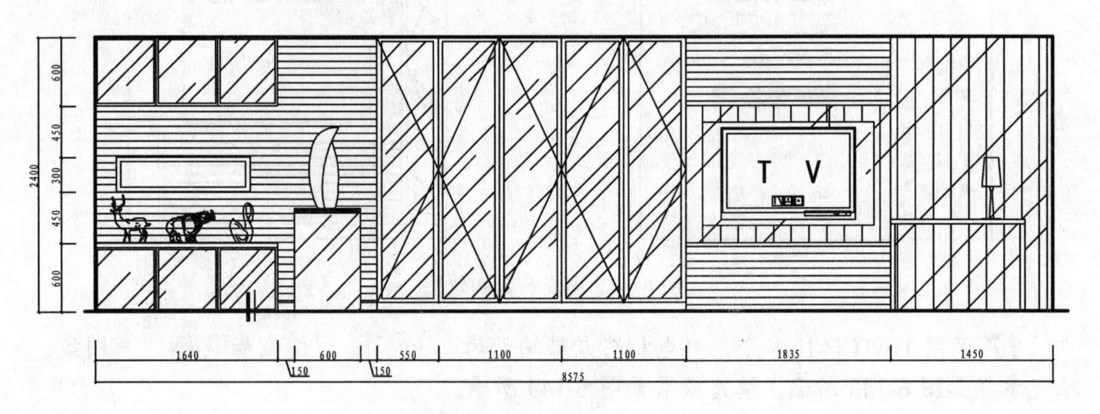

图 6-146 标注尺寸

03 调用 MLEADER/MLD 命令进行材料标注，标注结果如图 6-147 所示。

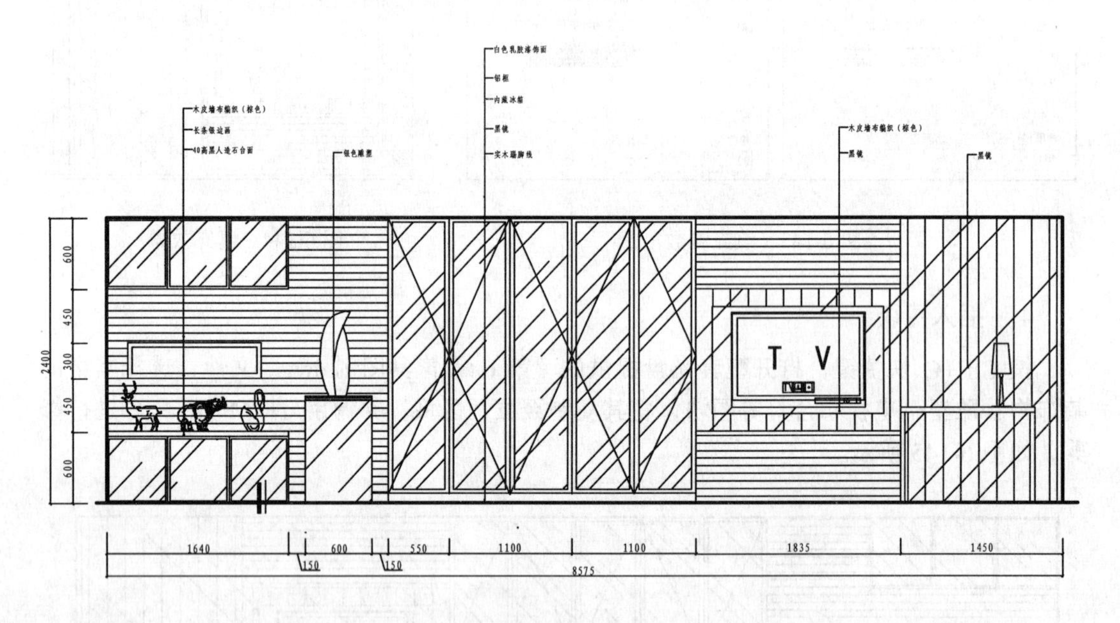

图 6-147 材料说明

04 为了详细表达出柜子和电视背景墙的做法，需要绘制剖面图，因此在 B 立面图中绘制剖切符，表示出剖切位置，如图 6-123 所示。

6. 插入图名

调用插入图块命令 INSERT/I，插入“图名”图块，设置名称为“小户型 B 立面图”。小户型 B 立面图绘制完成。

6.8.2　绘制小户型㉛剖面图

1．剖面图

小户型㉛剖面图如图6-148所示，该剖面图详细表达了小户型B立面左侧柜体之间的立面关系和柜体的内部结构。

01 调用LINE/L命令，在立面图左侧绘制剖面水平投影线，如图6-149所示。

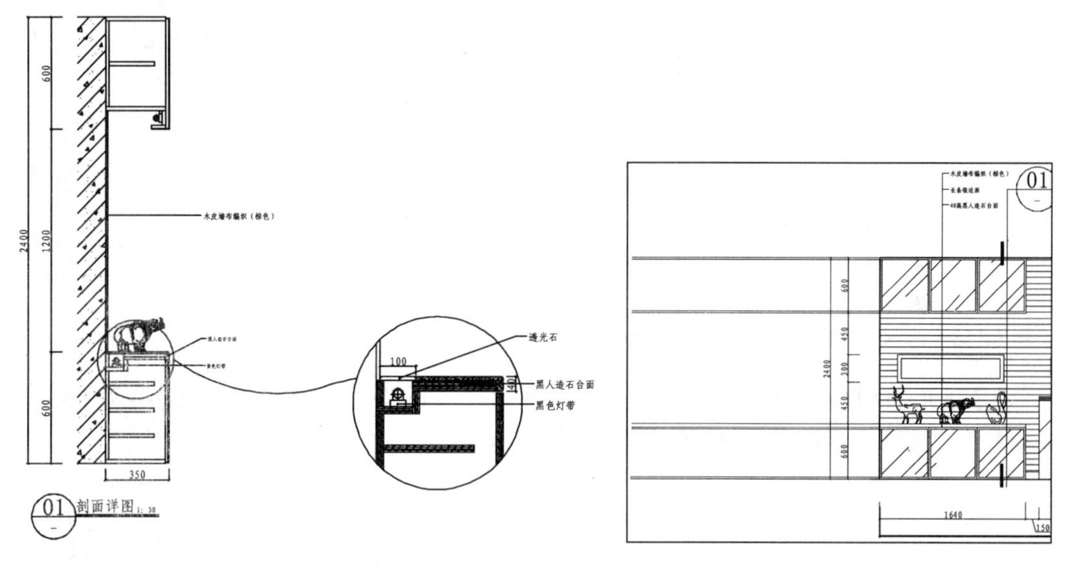

图6-148　㉛剖面详图　　　　图6-149　绘制投影线

02 绘制剖面墙体。调用LINE/L命令在投影线右侧绘制一条垂直线，即墙体线如图6-150所示。

03 调用OFFSET/O命令，向左侧偏移垂直线，偏移距离为120，得到墙体厚，向右偏移350得到柜体厚，如图6-151所示。

04 调用TRIM/TR命令，修剪掉多余线段，结果如图6-152所示。

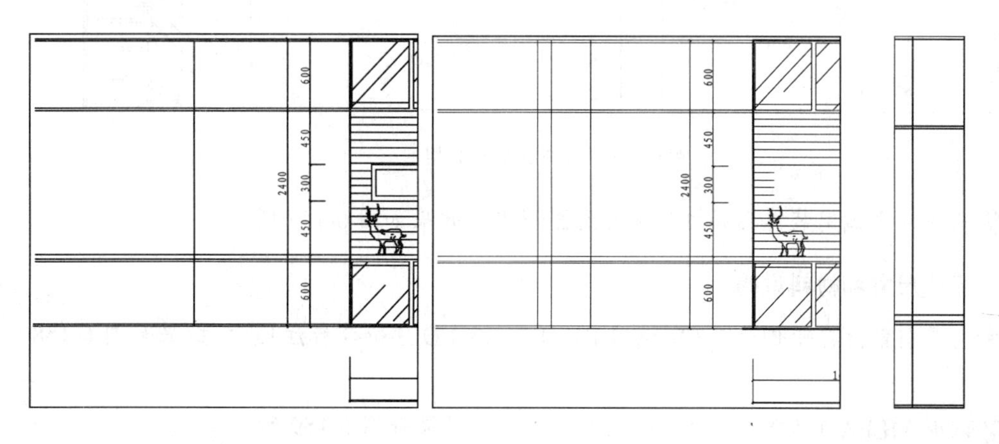

图6-150　绘制垂直线　　　　图6-151　偏移线段　　　　图6-152　修剪多余线段

05 绘制柜体剖面，调用 OFFSET/O 命令，偏移出柜体内部结构，并进行修剪，效果如图 6-153 所示。

06 调用 PLINE/PL 命令，绘制台面的造型，效果如图 6-154 所示。

07 调用 RECTANG/REC 命令，绘制柜内板材结构，效果如图 6-155 所示。

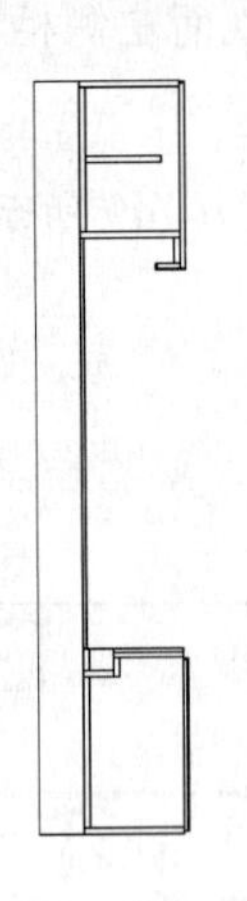

图 6-153 绘制柜体内部结构

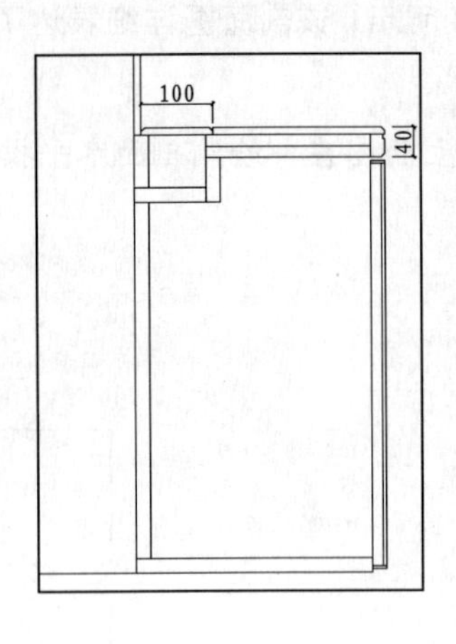

图 6-154 绘制多段线

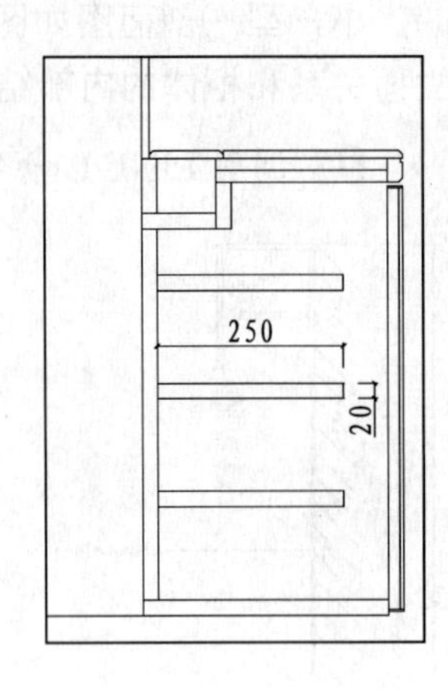

图 6-155 绘制柜内结构

08 调用 HATCH/H 命令，对墙体内填充 AR-CONC 图案和 ANSI31 图案，填充后删除墙体左侧的线段，填充参数和效果如图 6-156 所示。

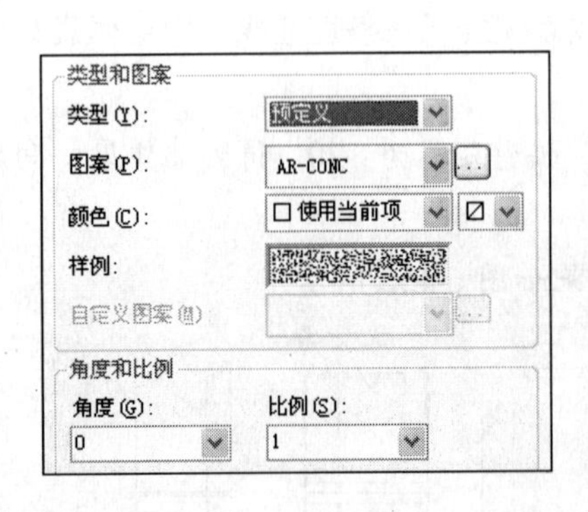

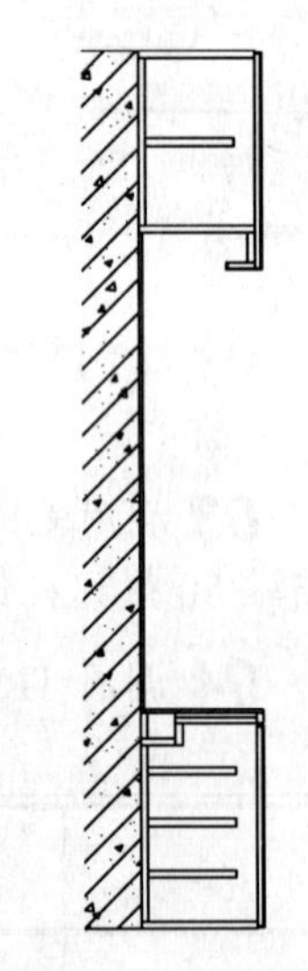

图 6-156 填充参数和效果

09 从图库中调用装饰品和灯具图形到图形中，效果如图 6-157 所示。

2. 标注尺寸和材料说明

01 设置当前注释比例为 1:30，调用 DIMLINEAR/DLI 命令标注尺寸，效果如图 6-158 所示。

02 调用 MLEADER/MLD 命令标注文字说明，效果如图 6-159 所示。

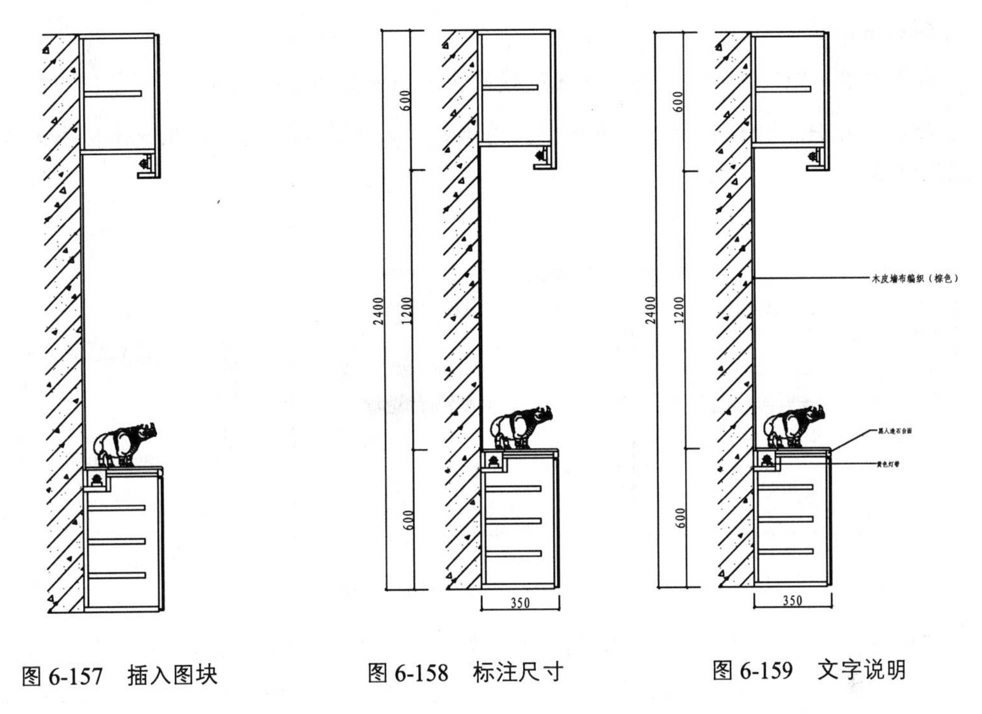

图 6-157 插入图块　　图 6-158 标注尺寸　　图 6-159 文字说明

03 调用 INSERT/I 命令，插入“图名”图块和“剖切索引”图块，结果如图 6-148 所示，㉑剖面图绘制完成。

3. 绘制大样图

01 调用 CIRCLE/C 命令，在㉑剖面图中需要放大的位置绘制圆，如图 6-160 所示。

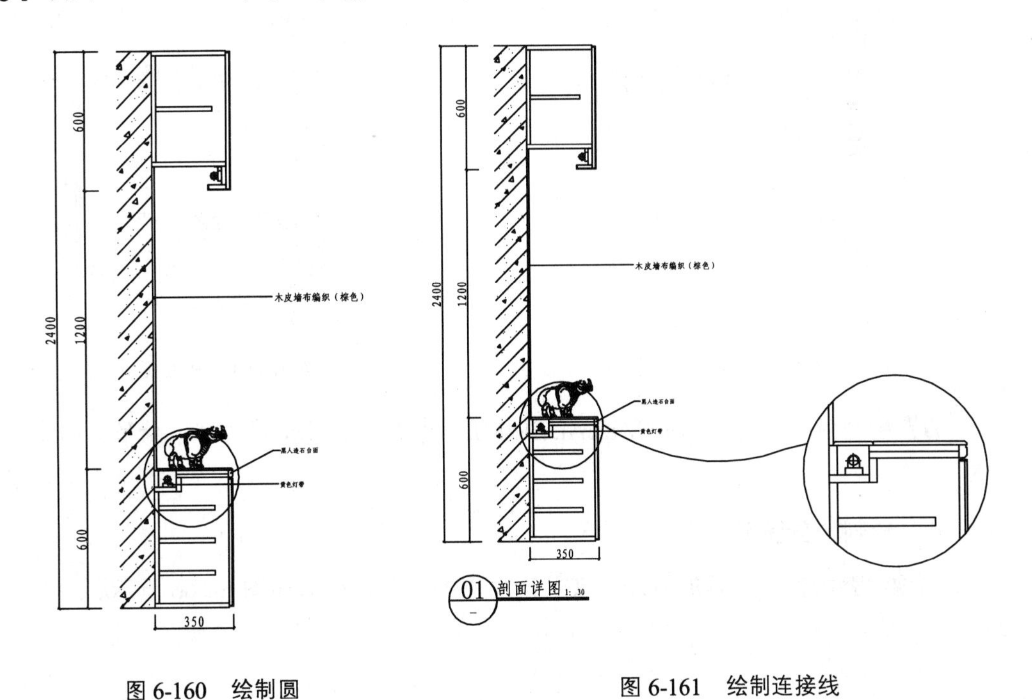

图 6-160 绘制圆　　图 6-161 绘制连接线

02 调用 COPY/CO 命令，将圆内图形复制到剖面图右下角，并调用 SCALE/SC 命令将复制的图形放大。

03 调用 ARC/A 命令，绘制弧线连接两个圆，如图 6-161 所示。

04 调用 HATCH/H 命令，填充柜内的板材，表示出剖面材料，填充参数和效果如图 6-162 所示。

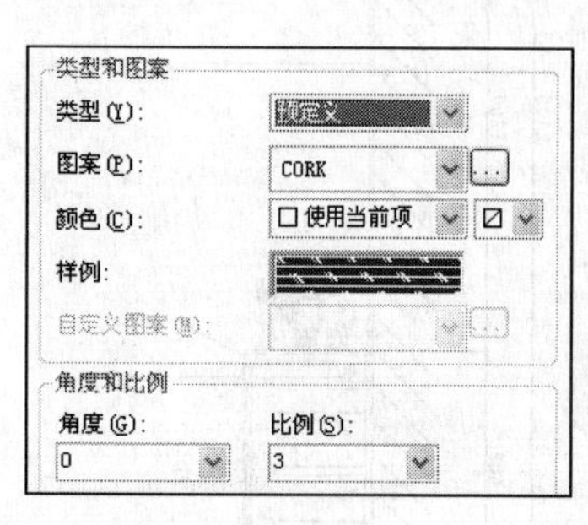

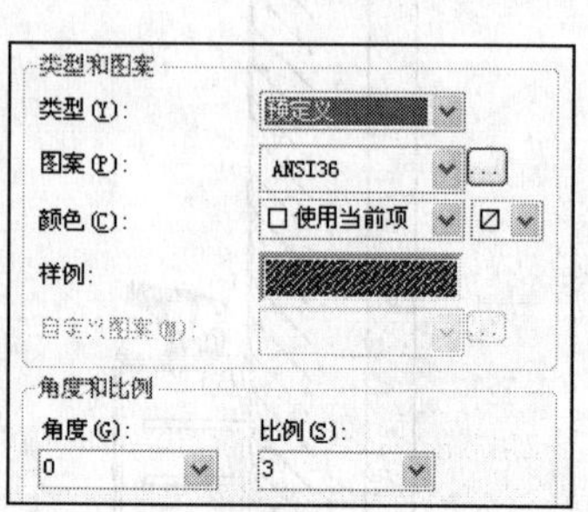

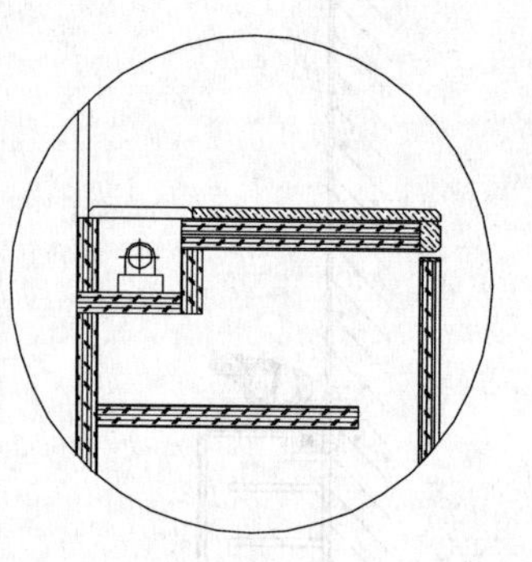

图 6-162　填充参数和效果

05 标注尺寸。调用 DIMLINEAR/DLI 命令，为放大的图形标注尺寸，但所标注的尺寸会与实际尺寸有差别，这是因为图形被放大的原故，如图 6-163 所示，因此需要对尺寸文字进行修改。

06 调用 DDEDIT/ED 命令，单击尺寸文字，对其进行修改，结果如图 6-164 所示。

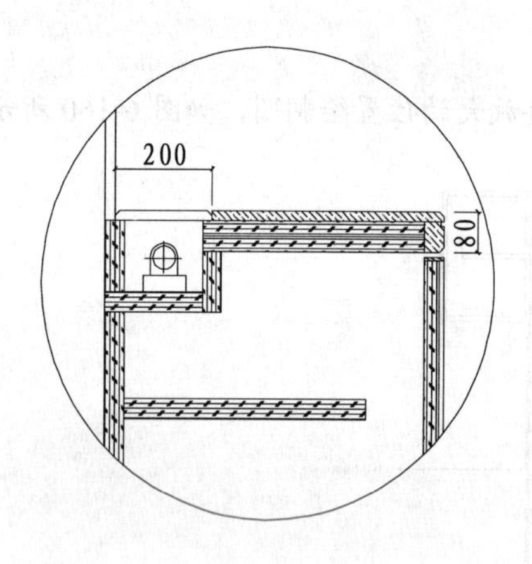

图 6-163　标注尺寸

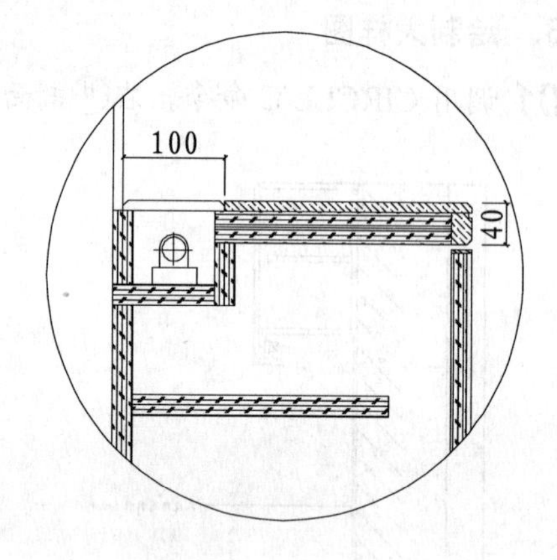

图 6-164　修改尺寸

07 绘制材料说明。调用 MLEADER/MLD 命令，标注说明文字，结果如图 6-165 所示。

4. 绘制㉒剖面图

请读者参考前面讲解的方法完成㉒剖面图的绘制，结果如图 6-166 所示。

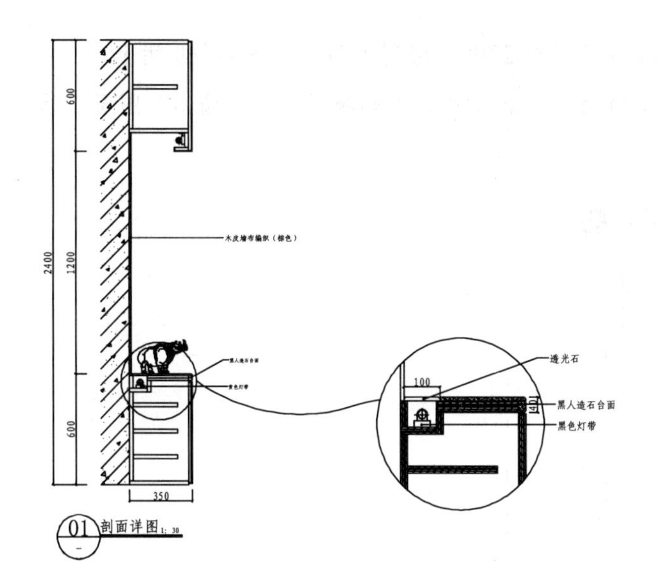

图 6-165　大样图

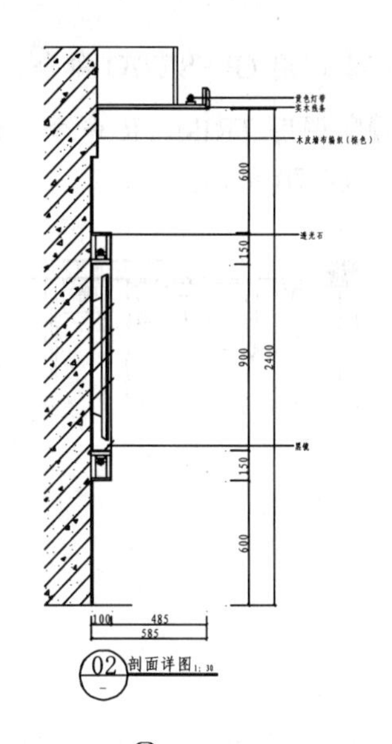

图 6-166　02剖面详图

 6.8.3　绘制小户型 D 立面图

小户型 D 立面图是床和书桌所在的立面，采用了玻璃隔断划分两个空间，如图 6-167 所示。下面讲解其绘制方法。

1．绘制立面外轮廓

01 设置“LM_立面”图层为当前图层。

02 立面图绘制常借助于平面布置图，复制小户型平面布置图上 D 立面的平面部分，并对图形进行旋转。

03 调用 LINE/L 命令，应用投影法绘制小户型 D 立面左、右侧轮廓线和地面，结果如图 6-168 所示。

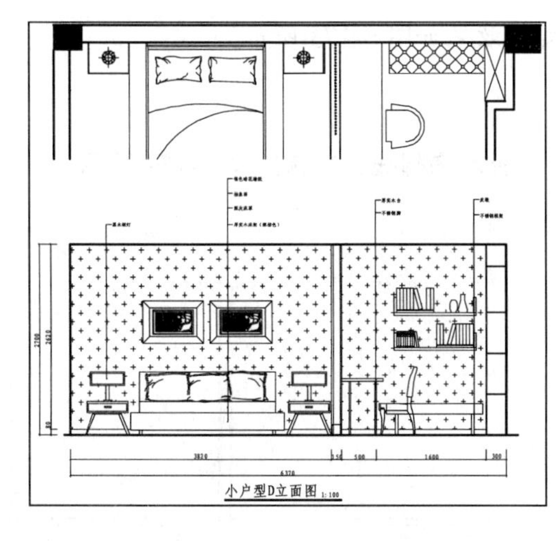

图 6-167　小户型 D 立面图

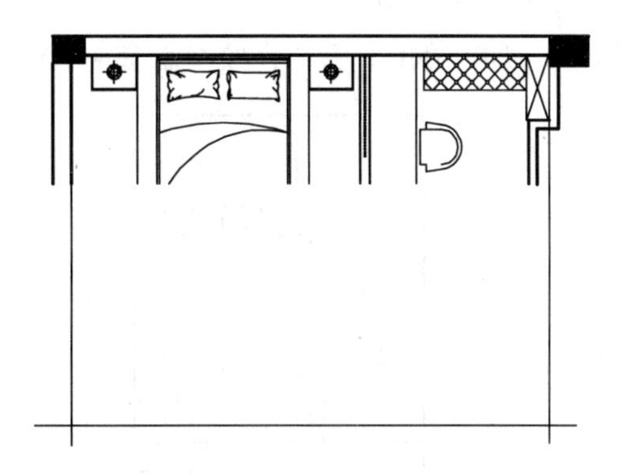

图 6-168　绘制墙体和地面

04 调用 OFFSET/O 命令，向上偏移地面线 2700，得到顶面，如图 6-169 所示。

05 调用 TRIM/TR 命令，修剪出 D 立面外轮廓线，并转换至“QT_墙体”图层，结果如图 6-170 所示。

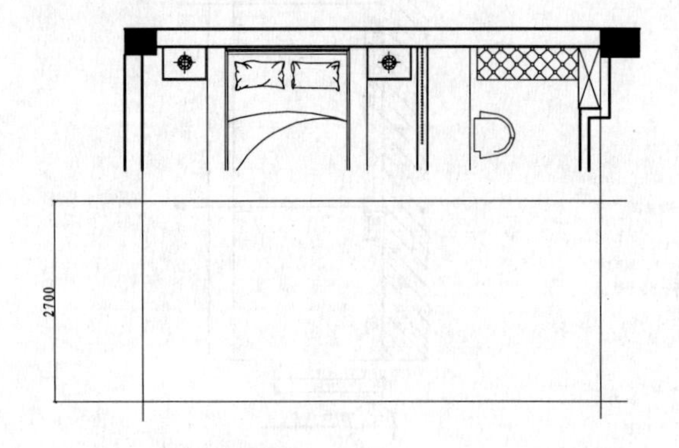

图 6-169 绘制顶面

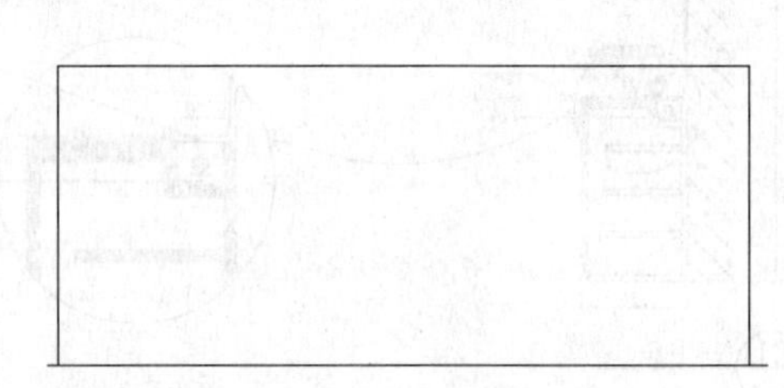

图 6-170 修剪立面外轮廓

2. 绘制隔断

01 调 PLINE/PL 命令，绘制隔断的外轮廓，效果如图 6-171 所示。

02 调用 OFFSET/O 命令，将线段向内偏移 25，效果如图 6-172 所示。

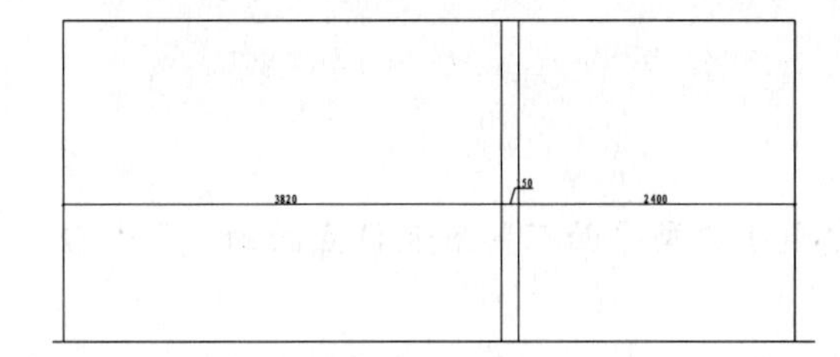

图 6-171 绘制线段

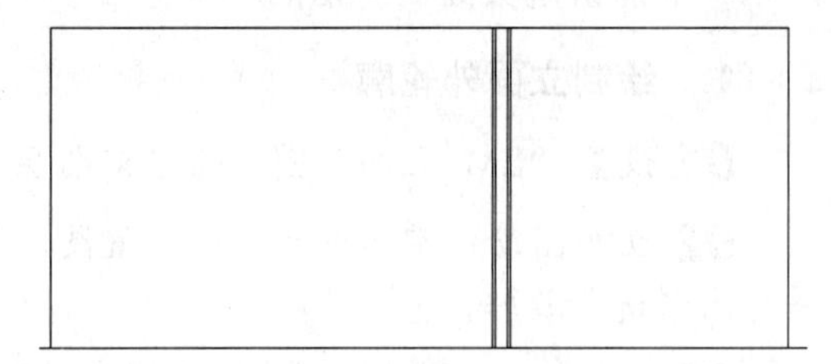

图 6-172 偏移线段

03 调用 PLINE/PL 命令，绘制隔断接口处，效果如图 6-173 所示。

3. 绘制踢脚线

调用 LINE/L 命令，绘制高度为 80 的线段，表示踢脚线，效果如图 6-174 所示。

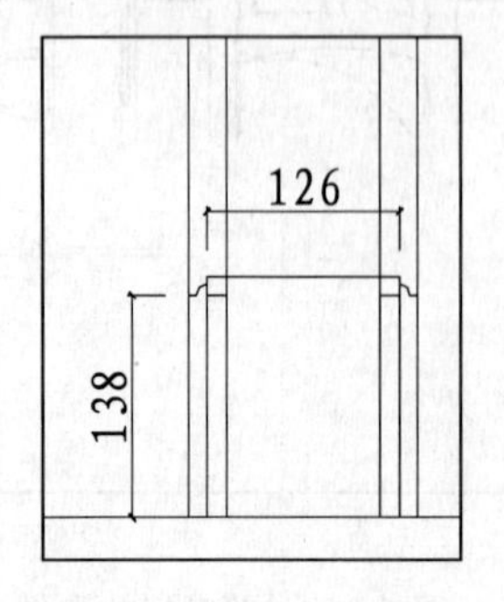

图 6-173 绘制多段线

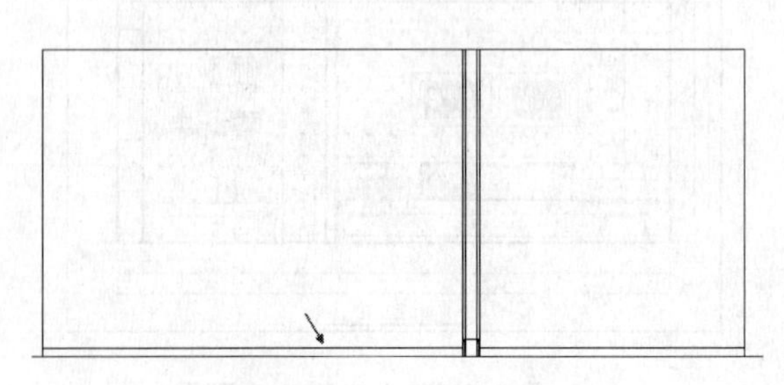

图 6-174 绘制踢脚线

4. 绘制书桌和书柜

01 调用 RECTANG/REC 命令绘制书桌和皮墩，效果如图 6-175 所示。

02 调用 TRIM/TR 命令，将绘制的图形与踢脚线相交的位置进行修剪，效果如图 6-176 所示。

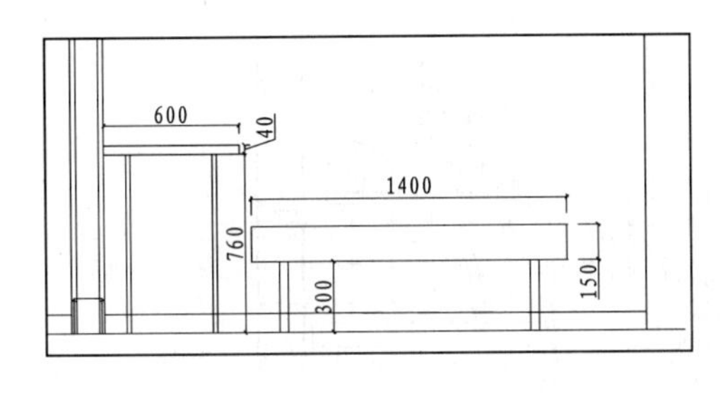

图 6-175 绘制书桌和皮墩

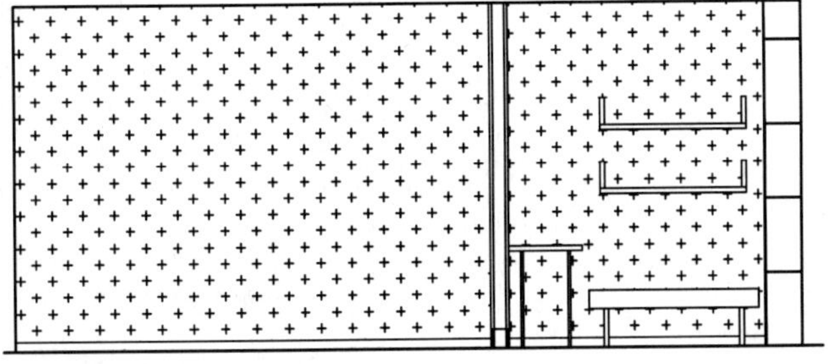
图 6-176 修剪线段

03 调用 RECTANG/REC 命令、COPY/CO 命令和 MOVE/M 命令，绘制书架，效果如图 6-177 所示。

04 调用 LINE/L 命令、TRIM/TR 命令和 OFFSET/O 命令绘制书柜，效果如图 6-178 所示。

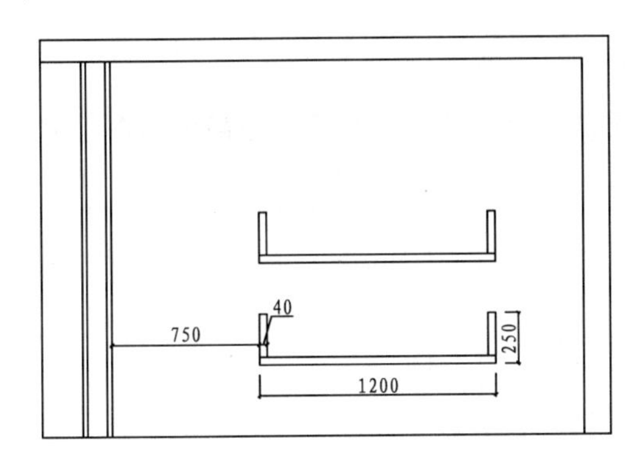

图 6-177 绘制书架

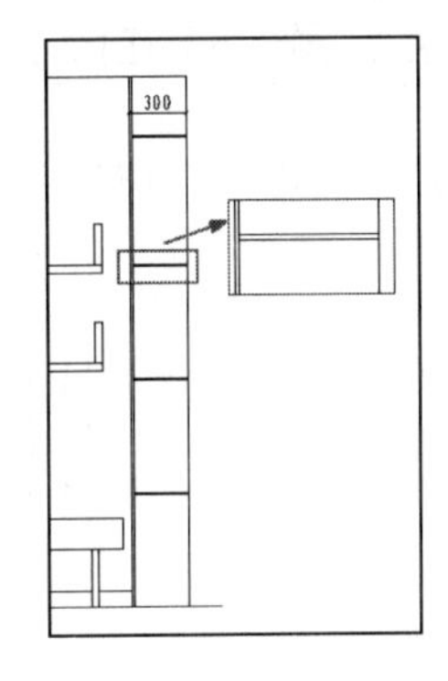

图 6-178 绘制书柜

5. 绘制墙面

墙面均贴银色暗花墙纸，调用 HATCH/H 命令，对墙面填充 CROSS 图案，填充参数和效果如图 6-179 所示。

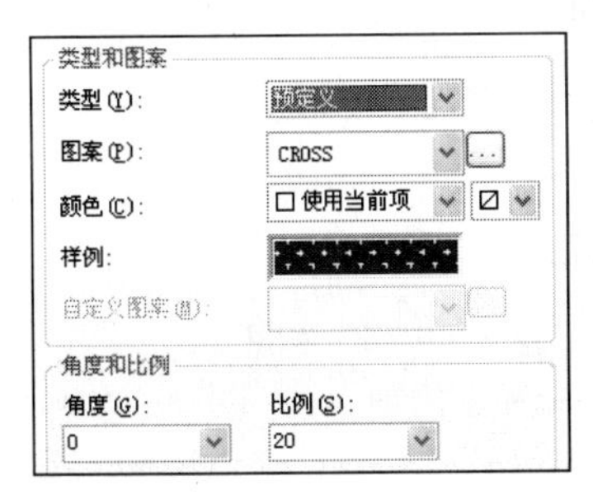

图 6-179 填充参数和效果

6. 插入图块

从图库中插入床、床头柜、挂画和书本等图形，将其复制至立面区域，并进行修剪，效果如图 6-180 所示。

图 6-180 插入图块

7. 标注尺寸和文字说明

使用前面所学方法标注尺寸和材料说明，完成后的结果如图 6-167 所示。

6.8.4 绘制客厅 C 立面图

客厅 C 立面图如图 6-181 所示，它的绘制方法非常简单，请读者参考前面讲解的方法进行绘制。

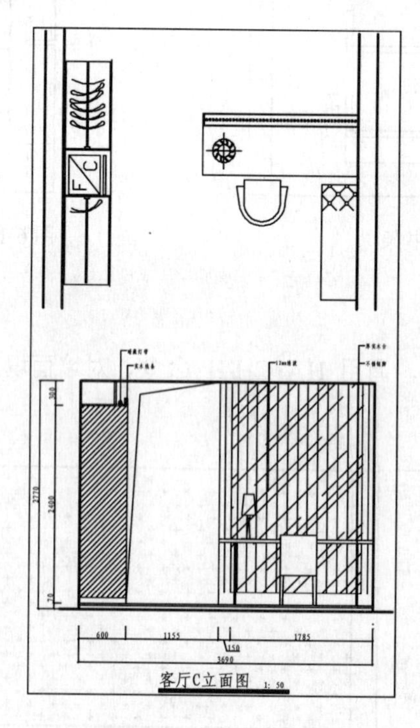

图 6-181 客厅 C 立面图

第 7 章

日式风格两居室室内设计

本章导读：

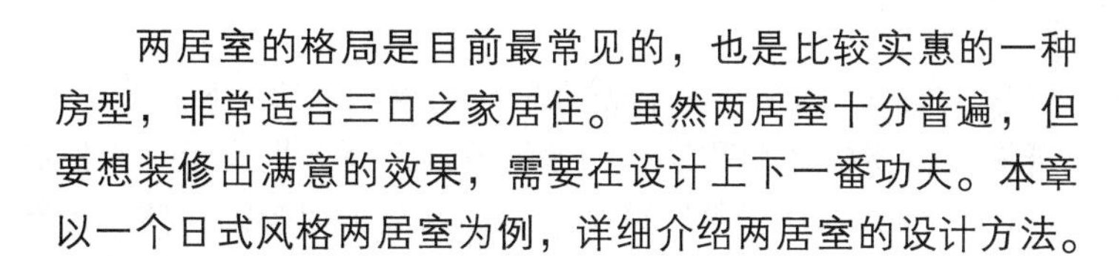

两居室的格局是目前最常见的，也是比较实惠的一种房型，非常适合三口之家居住。虽然两居室十分普遍，但要想装修出满意的效果，需要在设计上下一番功夫。本章以一个日式风格两居室为例，详细介绍两居室的设计方法。

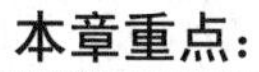

本章重点：

- 日式风格设计概述
- 调用样板新建文件
- 绘制两居室原始户型图
- 墙体改造
- 绘制两居室平面布置图
- 绘制两居室地材图
- 绘制两居室顶棚图
- 绘制两居室立面图

7.1 日式风格设计概述

日式风格是中国汉唐与日本传统文明相结合的产物，其特点是优雅柔和，在装饰材料的选择上多以原木为主，造型比较简练，讲究使用功能和文化特征。推拉式门窗、复式地板以及榻榻米式结构是日式风格的典型代表，如图 7-1 所示。

7.1.1 日式风格特点

日式风格的一个重要特点是它的自然性。它常以自然界的材料作为装饰材料，采用木、竹、树皮、草、泥土、石等，既讲究材质的选用和结构的合理性，又充分地展示其天然的材质之美，木造部分只单纯地刨出木料的本色，再以镀金或铜的用具加以装饰，体现人与自然的融合。日式客厅以平淡节制，清雅脱俗为主；造型以直线为主，线条比较简洁，一般不多加繁琐的装饰，更重视实际的功能，如图 7-2 所示。

图 7-1 日式风格示例

图 7-2 日式风格示例

7.1.2 日式风格设计要素

- 墙壁饰面材料一般采用浅色素面暗纹壁纸饰面，顶面饰面材料一般采用深色的木纹顶纸饰面。
- 可采用实木装饰吊顶，体现出典雅、华贵的特色。还可以采用一种颇有新意的饰材竹席进行吊顶，营造出自然、朴实的风格。
- 家具常用材料有山毛榉、桦木、柏木、杉木、松木、胡桃木、紫檀、桃花芯木和香枝木等木材。

7.1.3 榻榻米设计要点

榻榻米是由稻草和蔺草做成的，有很好的保暖效果。是日本传统用于睡觉的地方，榻榻米主要适用于卧室、多功能客厅和书房等。以下为榻榻米设计要点：

- 榻榻米有标准正规矩形和非标准矩形，正规矩形的长度比为 1800mm × 900mm，标准厚度为 35mm、45mm、55mm，但一般均采用 55mm 厚度规格，其他尺寸很少用。

➢ 榻榻米不能直接敷设在水泥地面上，应敷设在设计好的木地台上。

➢ 不设计升降桌时，地台高度一般设计在 150~200mm 之间。

➢ 在地台平面上需敷设木芯或夹板，以保证地台平面的平整。

7.2 调用样板新建文件

本书第 3 章创建了室内装潢施工图样板，该样板已经设置了相应的图形单位、样式、图层和图块等，原始户型图可以直接在此样板的基础上进行绘制。

01 执行【文件】|【新建】命令，打开“选择样板”对话框。

02 单击使用样板按钮 DWT，选择“室内装潢施工图”样板，如图 7-3 所示。

03 单击【打开】按钮，以样板创建图形，新图形中包含了样板中创建的图层、样式和图块等内容。

04 选择【文件】|【保存】命令，打开“图形另存为”对话框，在“文件名”框中输入文件名，单击【保存】按钮保存图形。

7.3 绘制两居室原始户型图

如图 7-4 所示是本例两居室的原始户型图，一般情况下先绘制轴网，之后再绘制墙体、门窗和家具等固定设施，下面讲解其绘制方法。

图 7-3 “选择样板”对话框

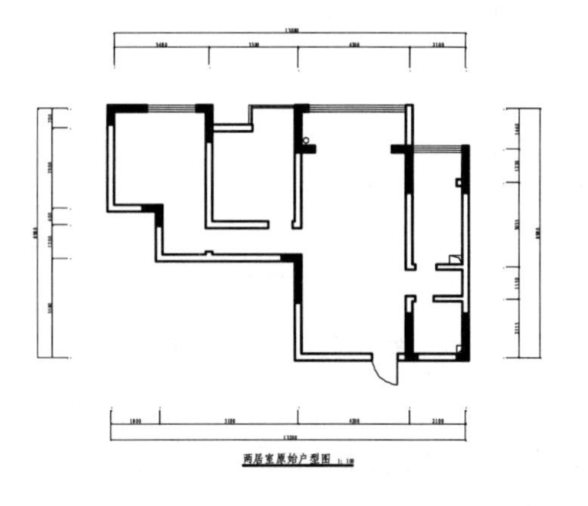

图 7-4 两居室原始户型图

7.3.1 绘制轴线

图 7-5 所示为绘制完成的轴网，下面介绍具体的绘制方法。

01 设置“ZX-轴线”图层为当前图层。

02 调用 LINE/L 命令，在图形窗口中绘制长度为 14000（略大于原始平面最大尺寸）的水平线段，确定水平方向尺寸范围，如图 7-6 所示。

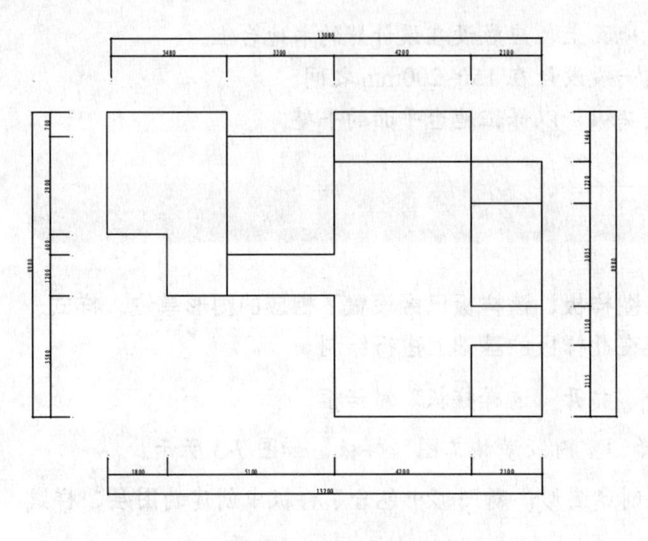

图 7-5　完成的轴网　　　　图 7-6　绘制水平线段

03 调用 LINE/L 命令，在图 7-7 所示位置绘制一条长约 10000 的垂直线段，确定垂直方向尺寸范围。

04 调用 OFFSET/O 命令，根据如图 7-5 所示尺寸，依次向右偏移上开间、下开间墙体的垂直轴线和依次向上偏移上进深、下进深墙体水平轴线，结果如图 7-8 所示。

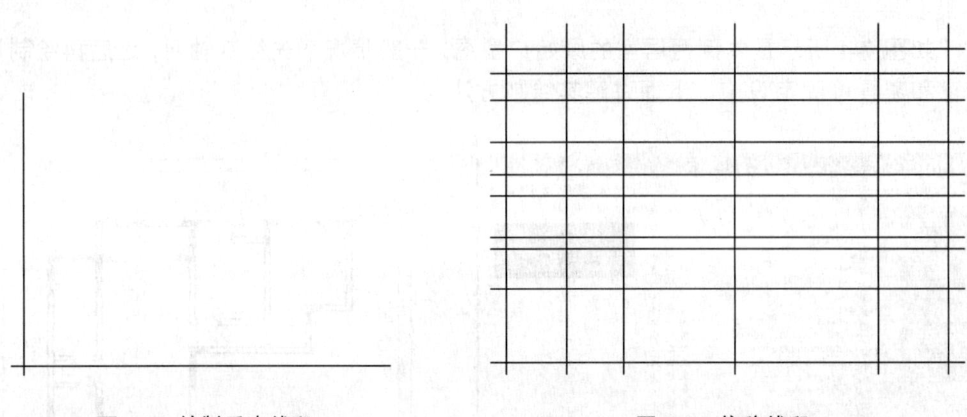

图 7-7　绘制垂直线段　　　　图 7-8　偏移线段

7.3.2　标注尺寸

设置“BZ-标注”为当前图层。设置当前注释比例为 1∶100。调用 DIMLINEAR/DLI 命令，或执行【标注】|【线性】命令标注尺寸，结果如图 7-9 所示。

7.3.3　修剪轴线

绘制的轴网需要修剪成墙体结构，以方便将来使用多线命令绘制墙体图形。修剪轴线可使用 TRIM/TR 命令，也可使用拉伸夹点法，轴网修剪后的效果如图 7-10 所示。这里介绍如何使用拉伸夹点法。

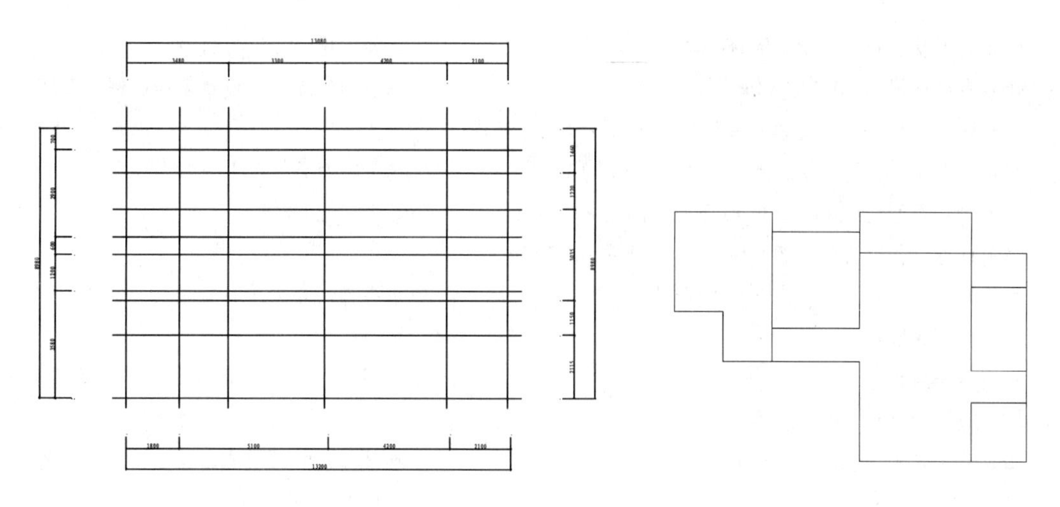

图 7-9 标注尺寸　　　　图 7-10 修剪轴线

01 选择最左侧垂直线段，如图 7-11a 所示，单击选择线段下端的夹点，垂直向上移动光标到尺寸 600 的轴线下端，当出现“交点”捕捉标记时单击鼠标，如图 7-11b 所示，确定线段端点的位置，如图 7-11c 所示。

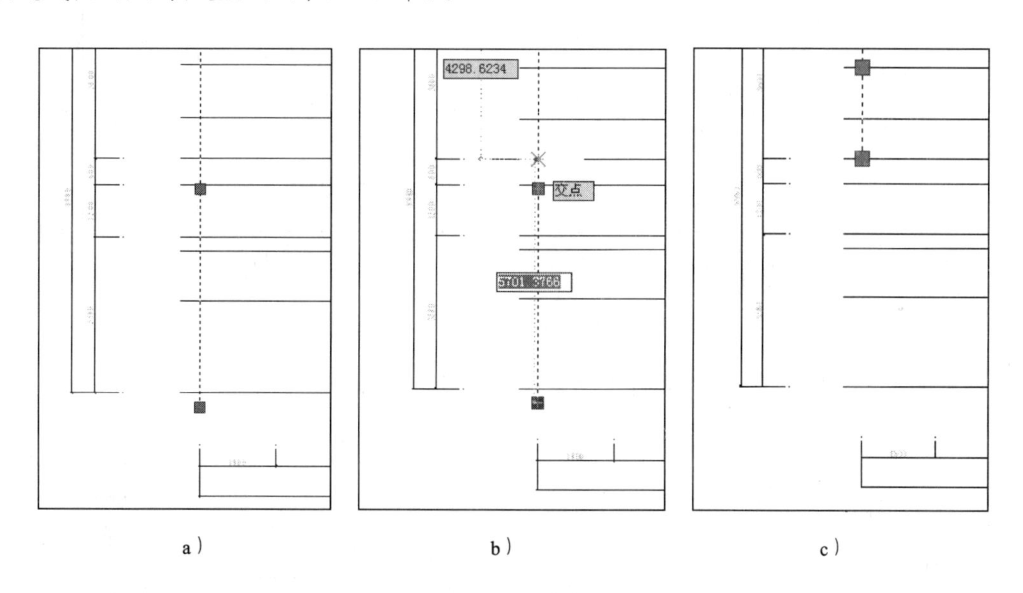

a）　　b）　　c）

图 7-11 修剪线段

02 使用拉伸夹点法修剪轴线，完成后的效果如图 7-10 所示。

7.3.4 绘制墙体

使用多线可以非常轻松地绘制墙体图形，具体操作步骤如下：

01 设置“QT_墙体”图层为当前图层。

02 调用 MLINE/ML 命令，命令选项如下：

```
命令:MLINE↙                                    //调用【多线】命令
当前设置:对正=上，比例=1.00，样式=STANDARD
```

```
指定起点或[对正(J)/比例(S)/样式(ST)]:S↙          //选择“比例(S)”选项
输入多线比例<1.00>:240↙                         //按照墙体厚度,设置多线比例为 240
当前设置:对正=上,比例=240.00,样式 =STANDARD
指定起点或[对正(J)/比例(S)/样式(ST)]:J↙          //选择“对正(J)”选项
输入对正类型[上(T)/无(Z)/下(B)]<上>:Z↙           //选择“无(Z)”选项
当前设置:对正=无,比例=240.00,样式=STANDARD
指定起点或[对正(J)/比例(S)/样式(ST)]:            //捕捉并单击左下角轴线交点为多线起
点,如图 7-12a 所示
指定下一点:                                      //捕捉并单击右下角的轴线交点为多线
的第二个端点,如图 7-12b 所示
指定下一点或[放弃(U)]:……                        //继续指定多线端点,绘制外墙线如图
7-13 所示
```

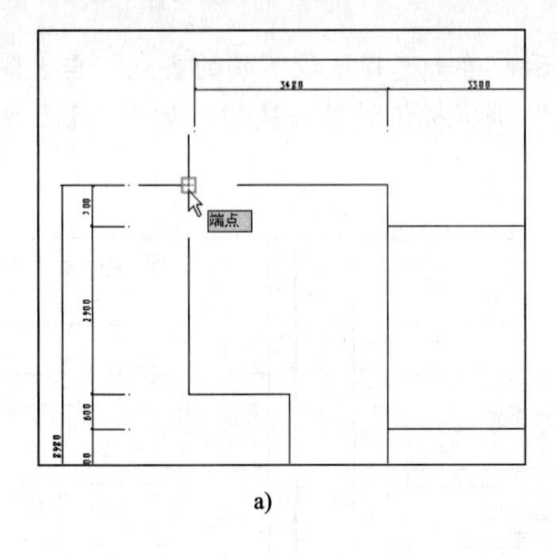

a)

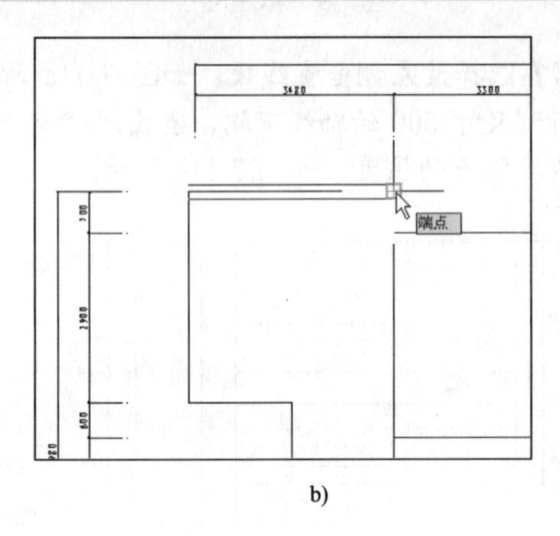

b)

图 7-12 绘制多线

03 调用 MLINE/ML 命令绘制其他墙线,如图 7-14 所示。

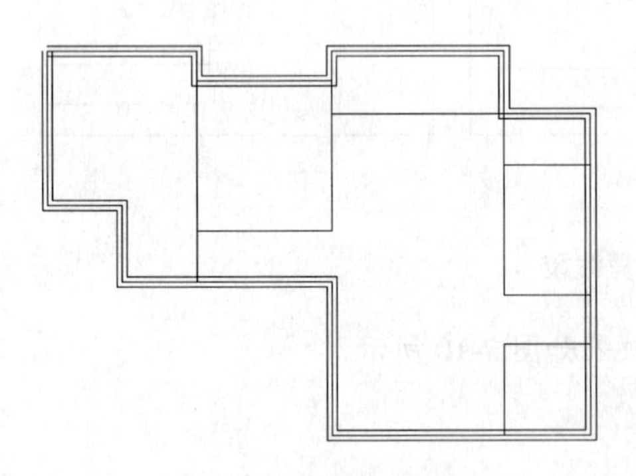

图 7-13 绘制外墙线

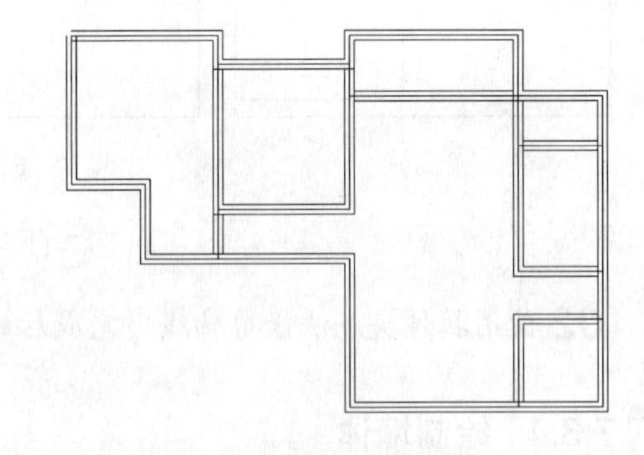

图 7-14 绘制其他墙体线

技 巧: 如果需要绘制其他宽度的墙体,重新设置多线的比例即可,如绘制宽度 120 的墙体就设置多线比例为 120。如果轴线两侧的宽度不同,如图 7-15 所示,则需要创建新多线样式,设置参数如图 7-16 所示。

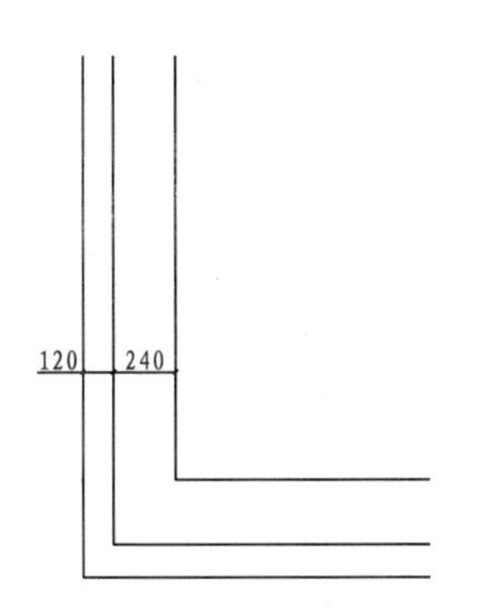

图 7-15　不同宽度的墙体

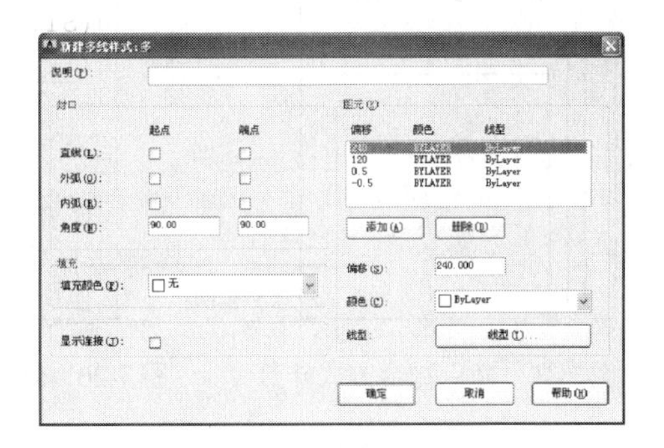

图 7-16　设置多线样式

7.3.5　修剪墙体

本节介绍调用 MLEDIT 命令修剪墙线的方法，该命令主要用于编辑多线相交或相接部分。例如，多线与多线之间的闭合与断开位置。下面介绍编辑多线的方法。

注 意：使用 MLEDIT 命令编辑多线时，确认多线没有使用 EXPLODE/X 命令炸开。

在命令行中输入 MLEDIT，并按回车键，调用 MLEDIT 命令，打开如图 7-17 所示“多线编辑工具”对话框。该对话框第一列用于处理十字交叉的多线；第二列用于处理 T 形交叉的多线；第三列用于处理角点连接和顶点；第四列用于处理多线的剪切和接合。单击第一行第三列的“角点接合”样例图标，然后按系统提示进行如下操作：

命令:MLEDIT↙　　　　//调用【编辑多线】命令
选择第一条多线:
选择第二条多线:　　　　//单击选择如图 7-18 所示虚框内的多线，得到修剪效果如图 7-19 所示
选择第一条多线或[放弃(U)]：↙　　　　//按回车键退出命令，或继续单击要修剪的多线

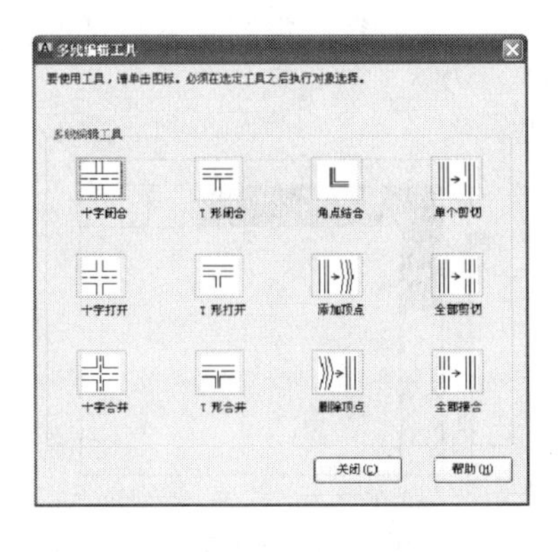

图 7-17　“多线编辑工具”对话框

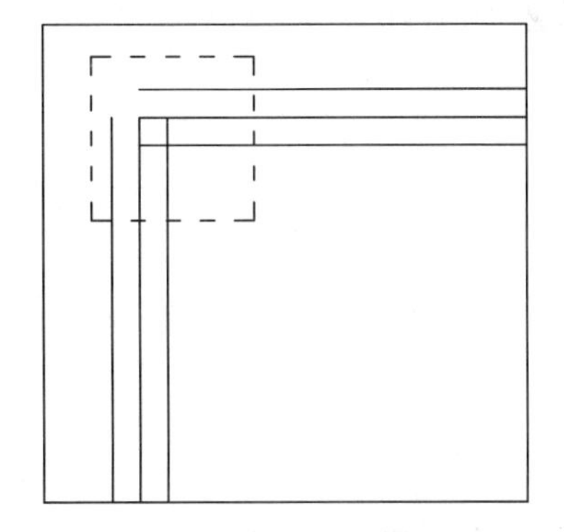

图 7-18　修剪虚框内的多线

继续调用 MLEDIT 命令，在“多线编辑工具”对话框中选择第二列第二行的“T 形打开”样例图标，然后分别单击如图 7-20 所示虚框内的多线（先单击水平多线，再单击垂直多线，得到修剪效果如图 7-21 所示。

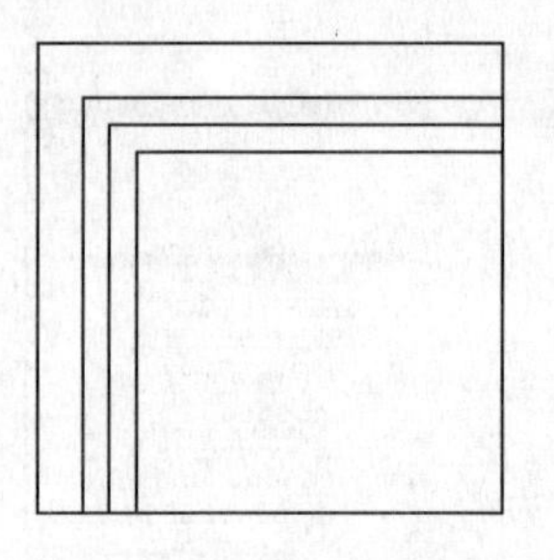

图 7-19 角点结合方式修剪

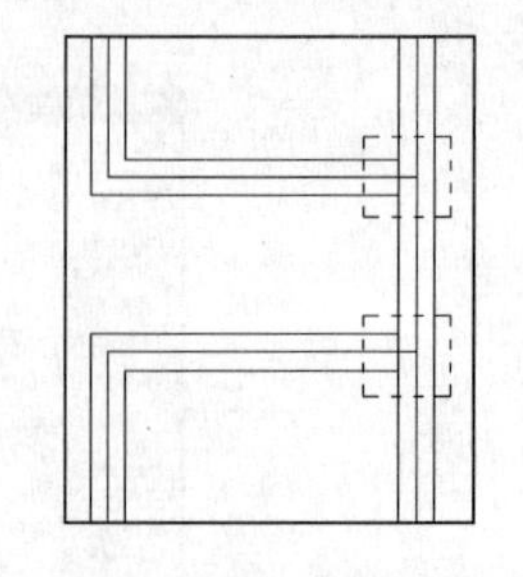

图 7-20 修剪虚框内的多线

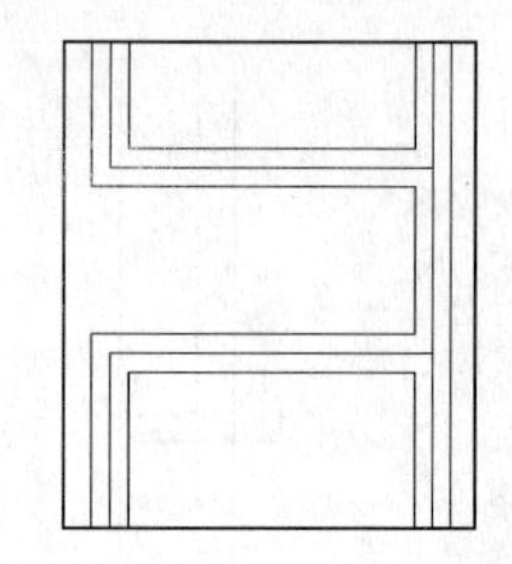

图 7-21 T 形打开方式修剪

继续使用其他编辑方法修剪墙线，最终得到如图 7-22 所示的结果。

7.3.6 绘制承重墙

在平面图中表示出承重墙的位置是很有必要的，这对墙体的改造具有重要的参考价值。承重墙可使用填充的实体表示，如图 7-23 所示为完成的承重墙体效果。

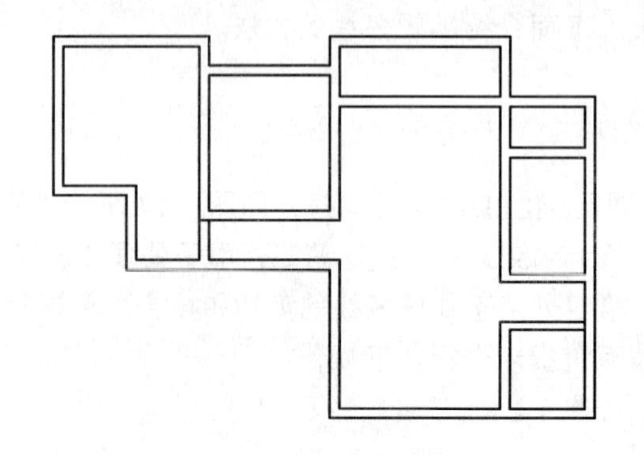

图 7-22 修剪墙线

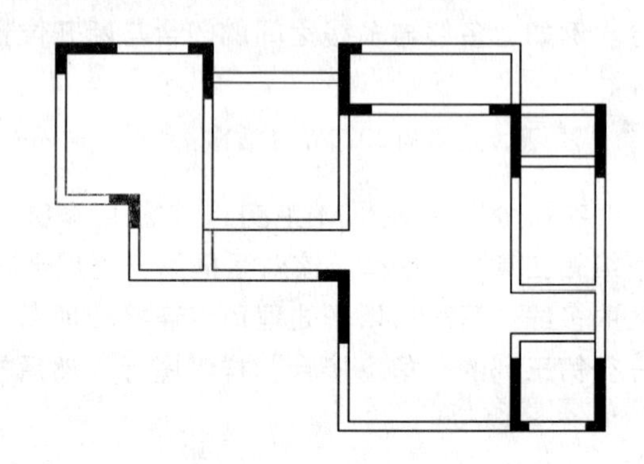

图 7-23 绘制承重墙

承重墙可使用实体填充图案表示，下面介绍绘制承重墙的方法。

01 调用 LINE/L 命令，在承重墙上绘制线段得到一个闭合的区域，如图 7-24 所示。

02 调用 HATCH/H 命令，对承重墙内填充 SOLID 图案，得到填充效果如图 7-25 所示。

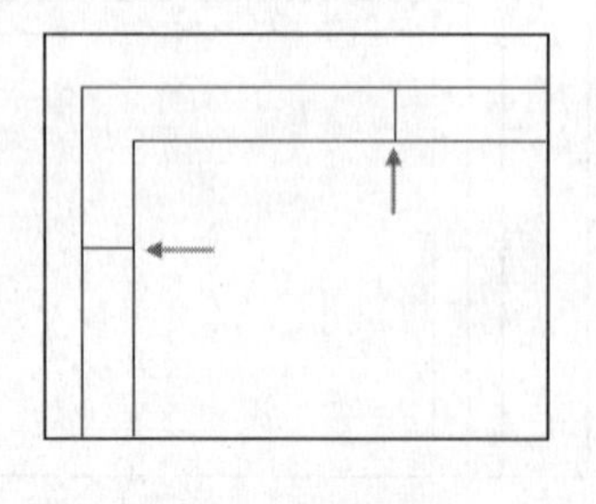

图 7-24 绘制线段

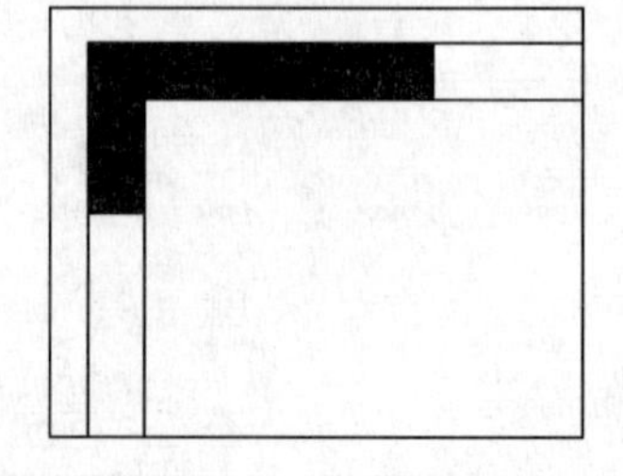

图 7-25 填充效果

03 使用相同的方法绘制其他承重墙，结果如图 7-23 所示。

注 意： 在对墙体进行装修改造时，如在墙体内开一扇门或做衣柜，应考虑墙体是否为承重墙，承重墙不能进行拆、砸等操作。

7.3.7 绘制门窗

1. 开门洞

先使用 OFFSET/O 命令偏移墙体线，绘制出洞口边界线，然后使用 TRIM/TR 命令修剪出门洞，效果如图 7-26 所示。

2. 绘制门

本书第 3 章中已经详细讲解了绘制门的方法，因此这里直接调用 INSERT/I 命令插入门图块，再对门图块进行镜像即可，结果如图 7-27 所示。

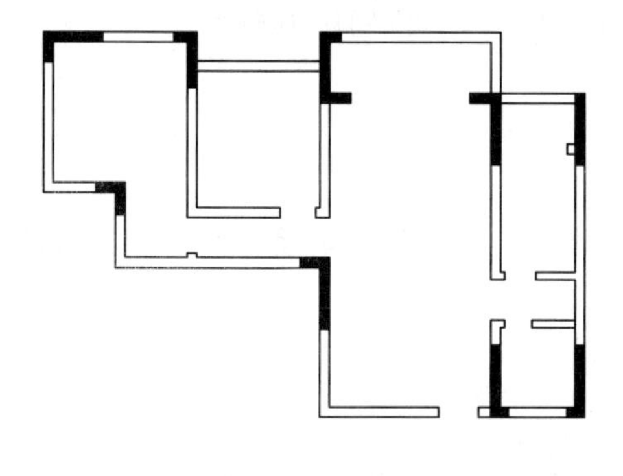

图 7-26　开门洞

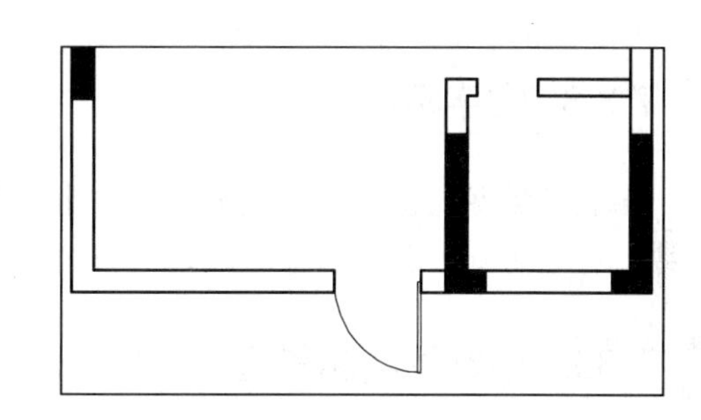

图 7-27　插入门图块

3. 开窗洞

开窗洞的方法与开门洞的方法基本相同，这里就不再详细地讲解了，效果如图 7-28 所示。

4. 绘制窗

01 设置“C-窗”图层为当前图层。

02 调用 LINE/L 命令，绘制线段连接墙体，如图 7-29 所示。

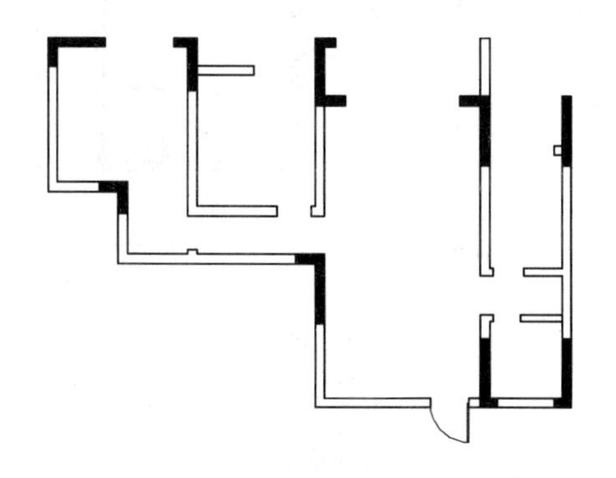

图 7-28　开窗洞

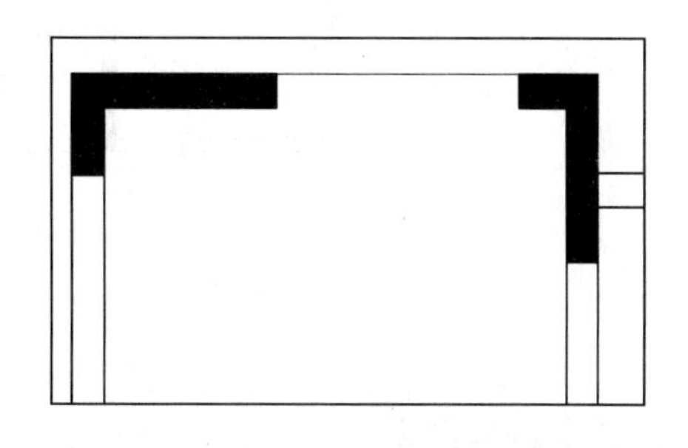

图 7-29　绘制线段

03 调用 OFFSET/O 命令，连续偏移绘制的线段 3 次，偏移的距离为 80，得出窗户图形，如图 7-30 所示。

04 使用以上的方法完成其他窗的绘制，效果如图 7-31 所示。

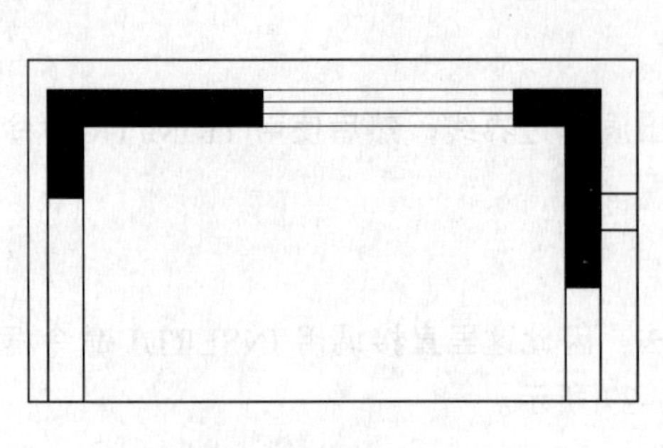

图 7-30　偏移线段

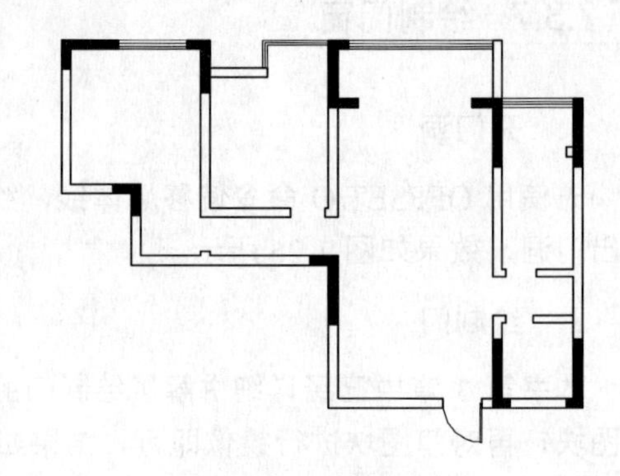

图 7-31　绘制窗

7.3.8　文字标注

单击“绘图”工具栏【多行文字…】工具按钮 A，或者在命令行中输入 MTEXT/MT 命令，标注房间名称和功能分区，结果如图 7-32 所示。

7.3.9　绘制图名和管道

直接调用 INSERT/I 命令插入“图名”图块。需要注意的是，应将当前注释比例设置为 1∶100，使之与整个注释比例相符，结果如图 7-4 所示。

调用 CIRCLE/C 命令、RECTANG/REC 命令和 LINE/L 命令绘制下水道和烟道，结果如图 7-4 所示，两居室原始户型图绘制完成。

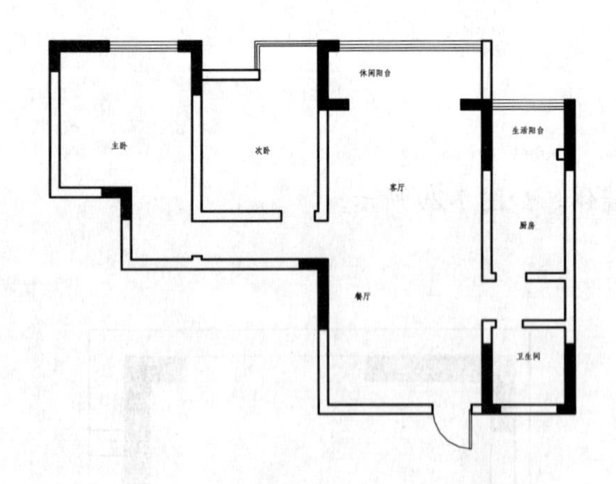

图 7-32　文字标注

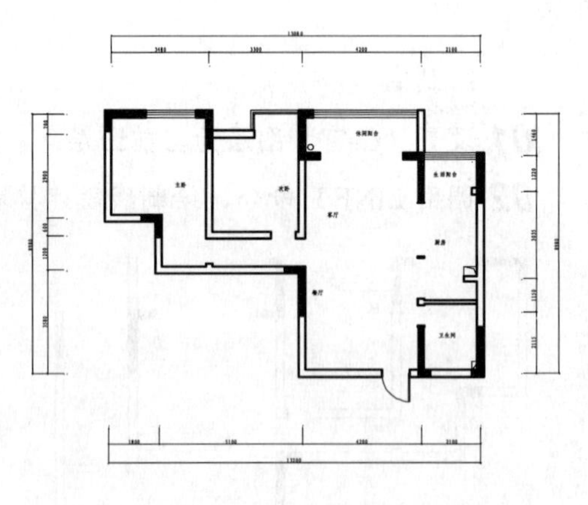

图 7-33　墙体改造

7.4　墙体改造

在平面布置之前，有些设计师会根据客户要求改变原有墙体，弥补户型的缺点或不足。本例墙体改造的位置在厨房和卫生间，改造后的空间如图 7-33 所示。接下来讲解两居室墙体改造的方法。

应客户要求，将厨房门改造为从客厅进入，扩大门的宽度，并改为推拉门，将卫生间的墙体宽度改为120，扩大卫生间的空间，如图7-34和图7-35所示为改造前后的效果。

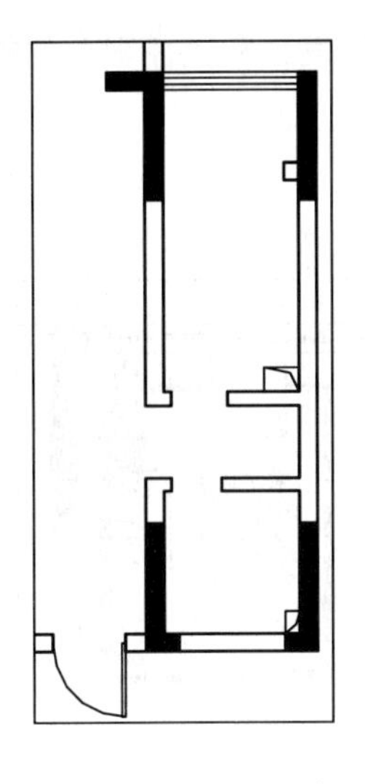

图7-34　改造前

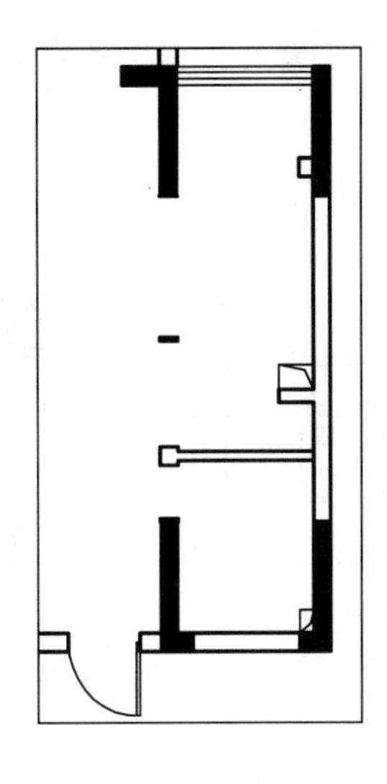

图7-35　改造后

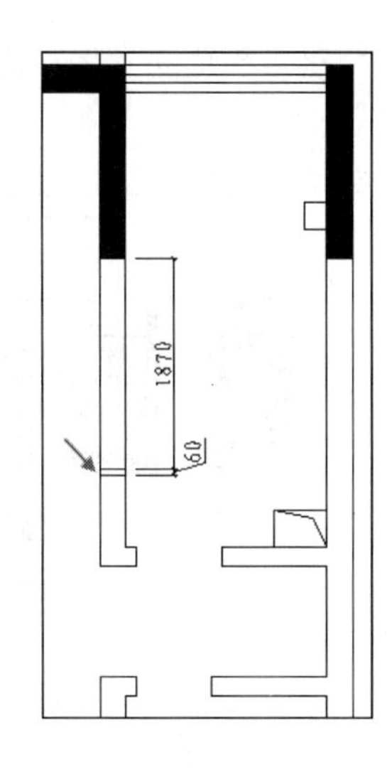

图7-36　绘制线段

01 调用LINE/L命令，绘制如图7-36所示线段，再调用TRIM/TR命令进行修剪，效果如图7-37所示。

02 删除卫生间的墙体，并使用夹点功能封闭线段，如图7-38所示。

03 调用PLINE/PL命令，绘制厨房与卫生间之间的隔墙，效果如图7-39所示，墙体改造绘制完成。

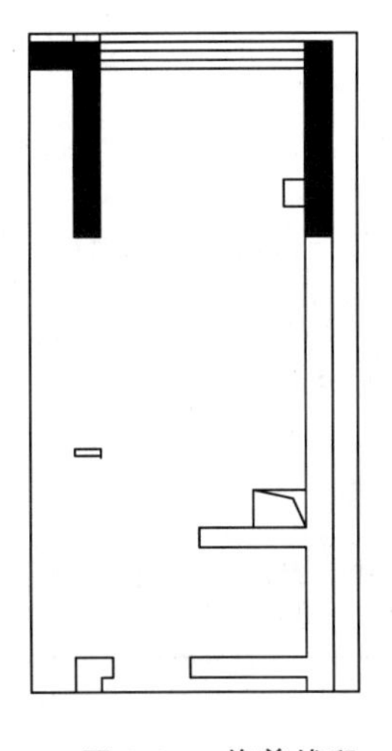

图7-37　修剪线段

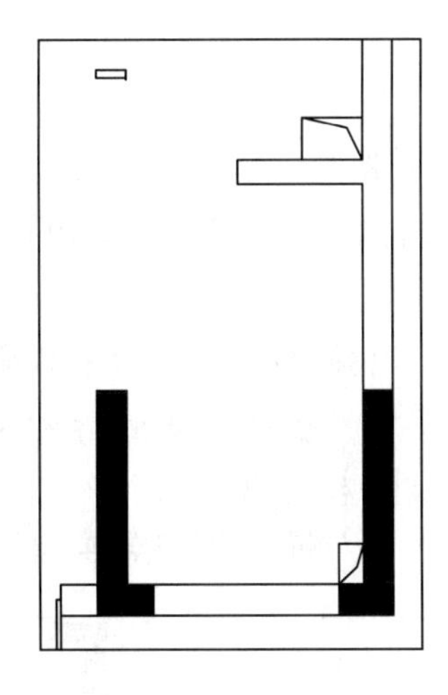

图7-38　删除墙体

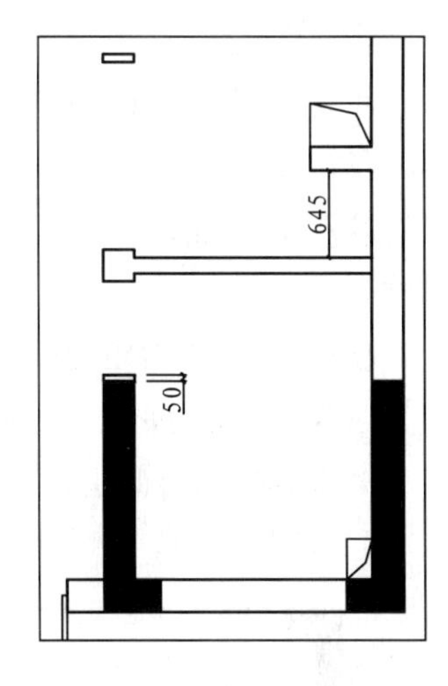

图7-39　绘制墙体

7.5 绘制两居室平面布置图

本章将采用各种方法，逐步完成日式风格两居室各空间平面布置图的绘制，绘制完成的平面布置图如图 7-40 所示。

7.5.1 绘制客厅平面布置图

客厅平面布置图如图 7-41 所示，客厅设置了电视柜、电视、沙发组和通往阳台的推拉门。

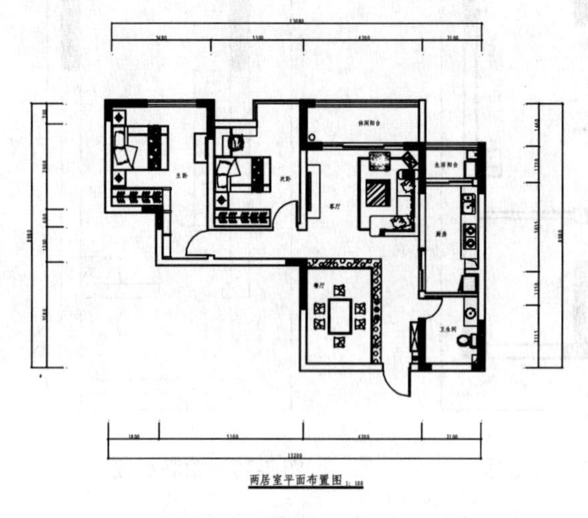

图 7-40 两居室平面布置图

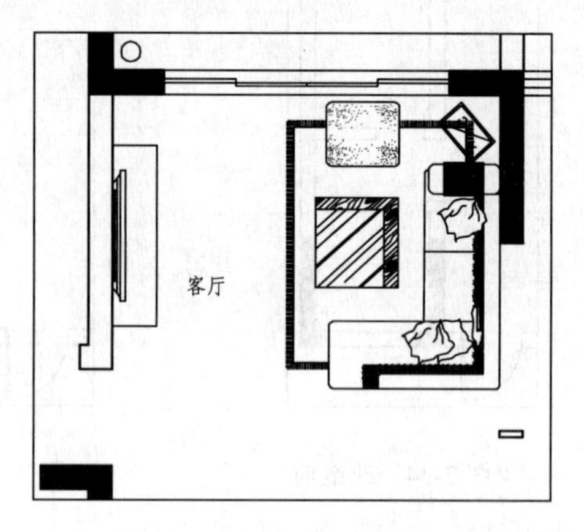

图 7-41 客厅平面布置图

1. 复制图形

平面布置图可在原始户型图的基础上进行绘制，调用 COPY/CO 命令，复制两居室的原始户型图。

2. 绘制推拉门

推拉门图形由 4 个矩形组成。

01 设置“M_门”图层为当前图层。

02 调用 LINE/L 命令在推拉门洞口内（客厅通往阳台处）绘制一条辅助线，如图 7-42 所示。

03 调用 DIVIDE/DIV 命令，将辅助线分成 4 等分，命令选项如下：

```
命令: DIVIDE↙                        //调用【定数等分】命令
选择要定数等分的对象:                 //选择辅助线
输入线段数目或 [块(B)]: 4↙            //输入 4 按回车键，辅助线被分成 4 等分，如图 7-43 所示
```

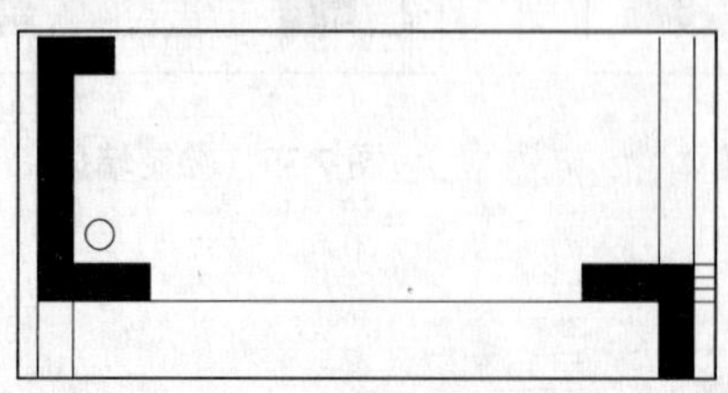

图 7-42 绘制线段

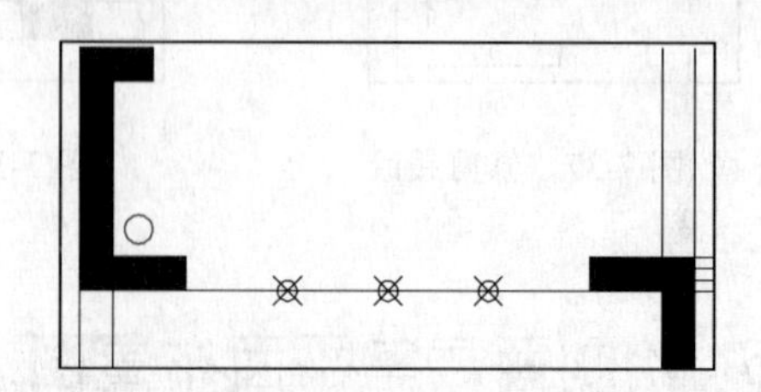

图 7-43 等分辅助线

提 示：如果看不到等分点，只需执行【格式】|【点样式】命令，在打开的“点样式”对话框中选择一种特殊的点样式即可，如图 7-44 所示。

04 调用 RECTANG/REC 命令绘制矩形推拉门，效果如图 7-45 所示。

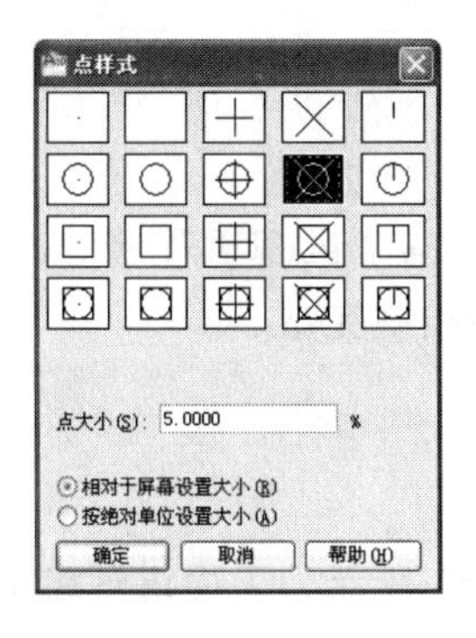

图 7-44 “点样式“对话框

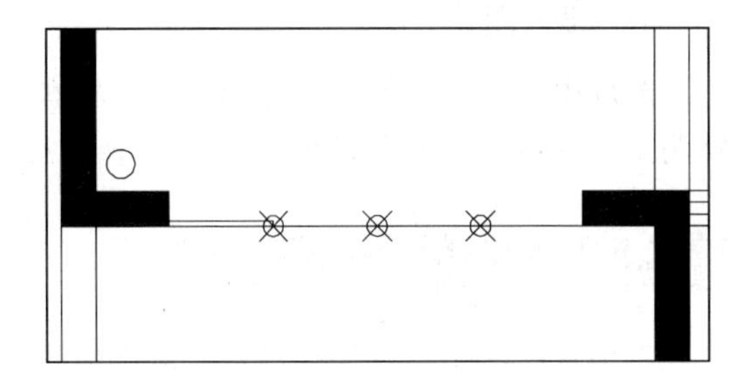

图 7-45 绘制矩形

05 删除辅助线和等分点，调用 COPY/CO 命令复制刚才绘制的矩形，并进行移动，使它们的位置如图 7-46 所示。

06 调用 MIRROR/MI 命令，将推拉门镜像到另一侧，命令选项如下：

```
命令:MIRROR↙                                  //调用【镜像】命令
选择对象：指定对角点：找到两个                  //选择推拉门图形
选择对象：↙                                    //按回车键（或空格键）结束对象选择
指定镜像线的第一点：指定镜像线的第二点：        //拾取矩形的端点垂直向上移动，如图
7-47 所示，然后单击鼠标
要删除源对象吗？[是(Y)/否(N)] <N>:↙            //输入“N“并按回车键（或空格键），
不删除源对象，得到结果如图 7-48 所示
```

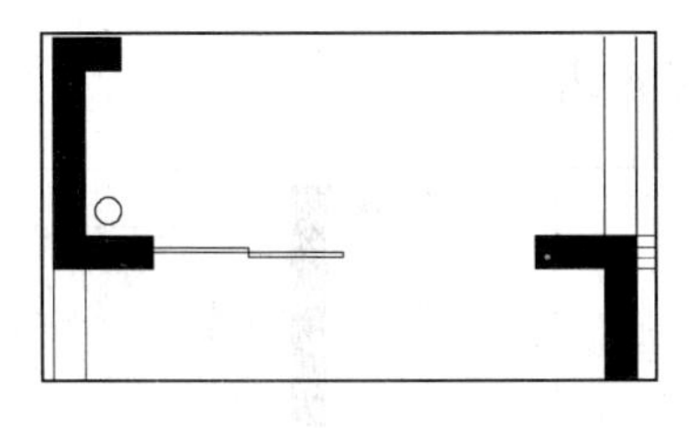

图 7-46 复制矩形

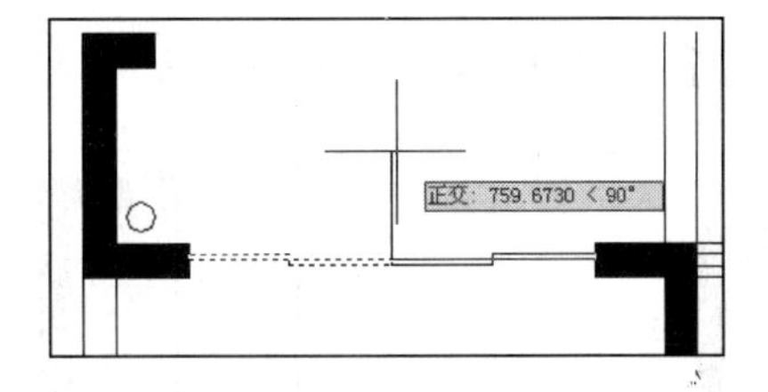

图 7-47 拾取镜像点

07 调用 LINE/L 命令绘制两侧的门槛边界线，完成推拉门绘制，结果如图 7-49 所示。

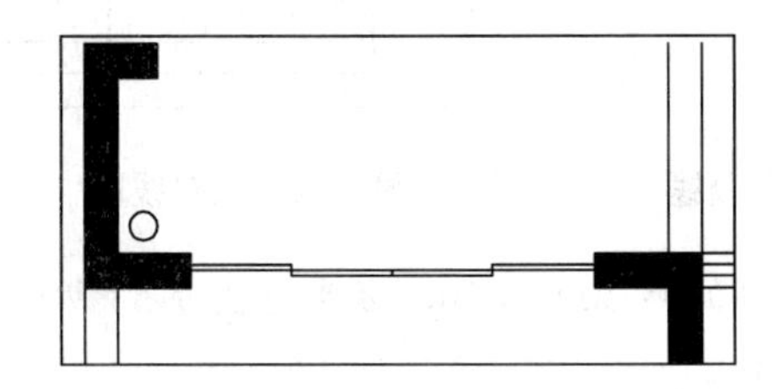

图 7-48 镜像结果

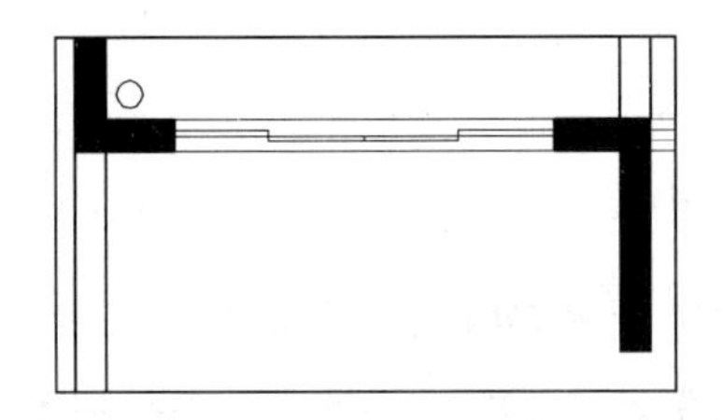

图 7-49 绘制门槛线

3. 绘制电视柜

01 设置“JJ_家具”图层为当前图层。

02 调用 RECTANG/REC 命令，绘制一个尺寸为 450×1800 的矩形表示电视柜，如图 7-50 所示。

4. 插入图块

客厅中的电视和沙发组图形，可以从本书光盘中的“第 7 章\家具图例.dwg”文件中直接调用，完成后的效果如图 7-41 所示，客厅平面布置图绘制完成。

7.5.2 绘制餐厅平面布置图

本例餐厅采用的是榻榻米式，其平面布置图如图 7-51 所示，下面讲解绘制方法。

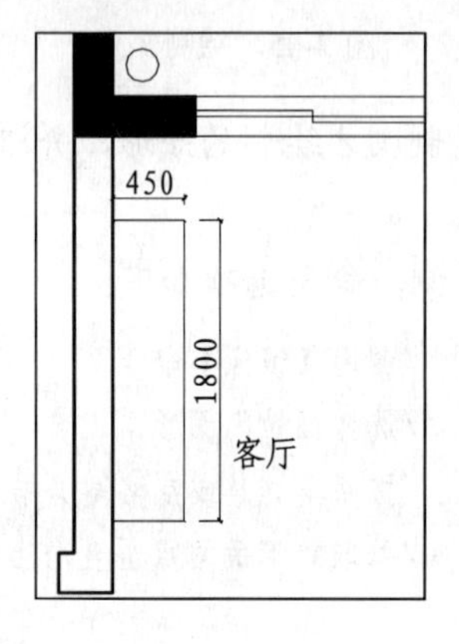

图 7-50 绘制矩形

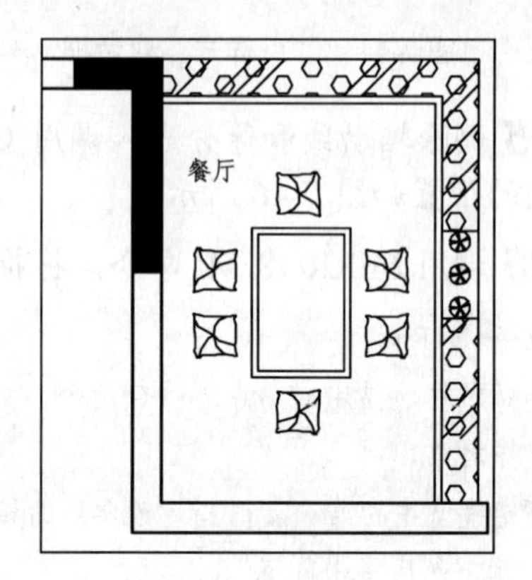

图 7-51 餐厅平面布置图

1. 绘制隔断

01 调用 PLINE/PL 命令，绘制如图 7-52 所示多段线。

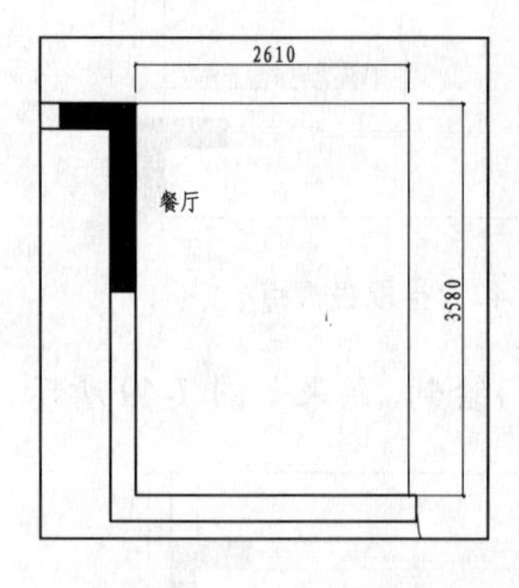

图 7-52 绘制多段线

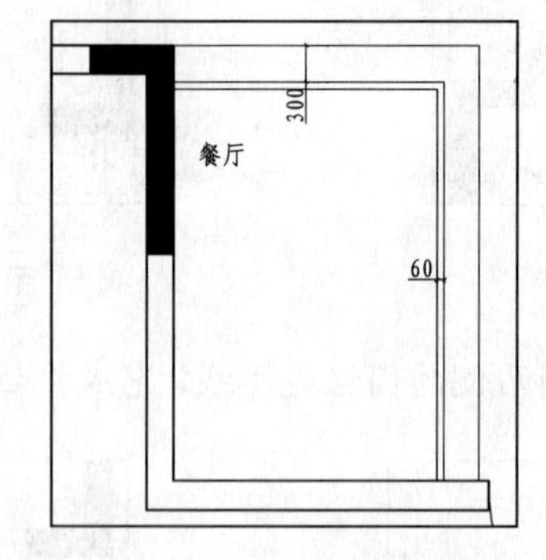

图 7-53 偏移多段线

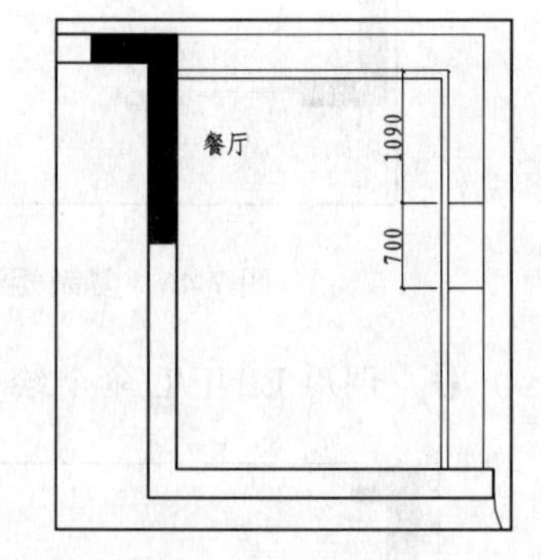

图 7-54 绘制线段

02 调用 OFFSET/O 命令，将多段线依次向内偏移 300 和 60，效果如图 7-53 所示。

03 调用 LINE/L 命令，绘制如图 7-54 所示线段。

04 调用 HATCH/H 命令，对多段线内填充 HEX 图案和 AR-RROOF 图案，填充参数和效果如图 7-55 所示。

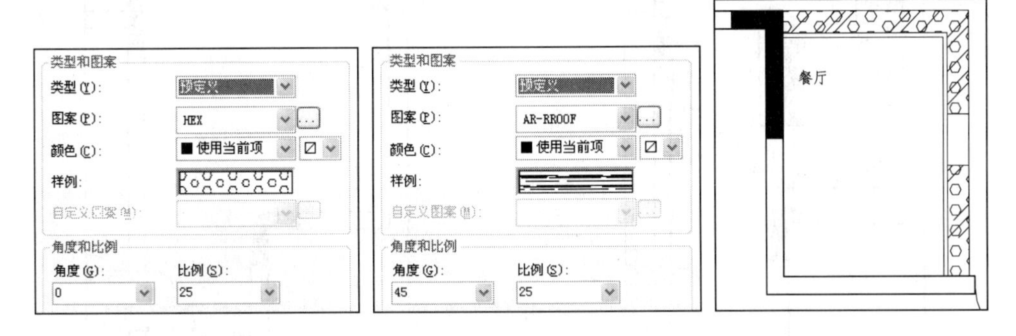

图 7-55 填充参数和效果

2. 绘制桌子

01 调用 RECTANG/REC 命令，绘制一个尺寸为 800 × 1200 的矩形表示桌子，并移动到相应的位置，效果如图 7-56 所示。

02 调用 OFFSET/O 命令，将矩形向内偏移 50，效果如图 7-57 所示。

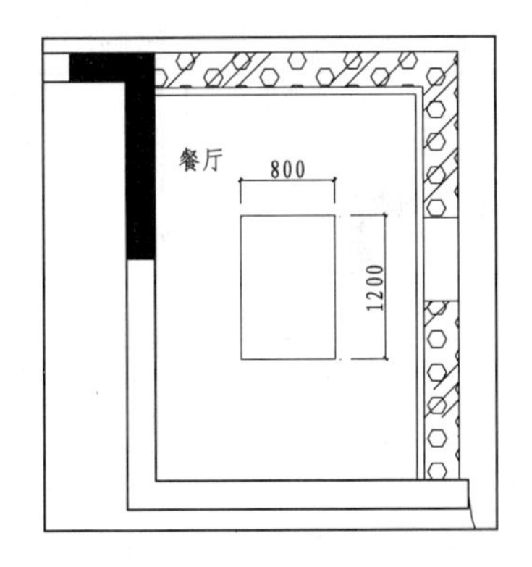

图 7-56 绘制矩形

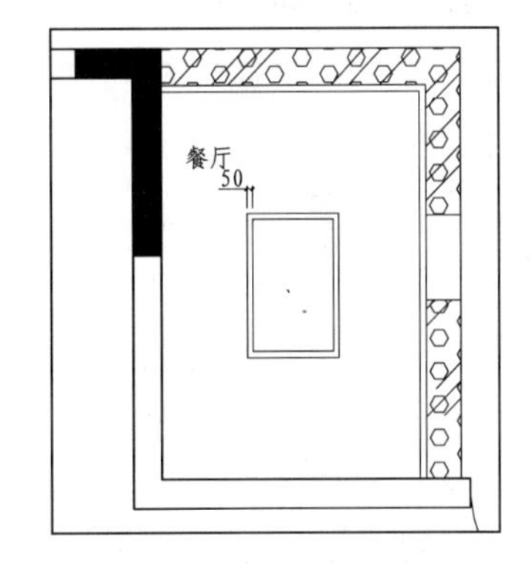

图 7-57 偏移矩形

3. 插入图块

从本书光盘中的“第 7 章\家具图例.dwg”文件中插入坐垫和装饰物等图块，完成后的效果如图 7-51 所示，餐厅平面布置图绘制完成。

7.5.3 绘制主卧平面布置图

主卧平面布置图如图 7-58 所示，需要绘制的图形包括衣柜、架子、床、电视柜和电视等。

1. 插入门图块

调用 INSERT/I 命令，插入“门（1000）”图块，完成门的绘制，结果如图 7-59 所示。由于“门（1000）”图块为动态块，因此可以对其进行缩放、旋转等操作，下面就以主卧的门为例，重点介绍“门（1000）”动态块的调整方法。

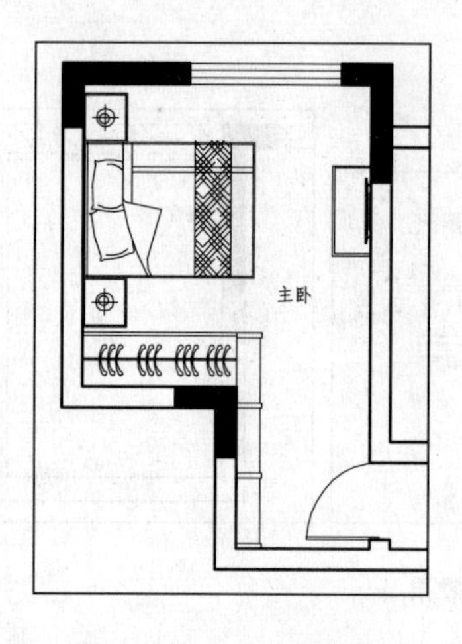

图 7-58 主卧平面布置图

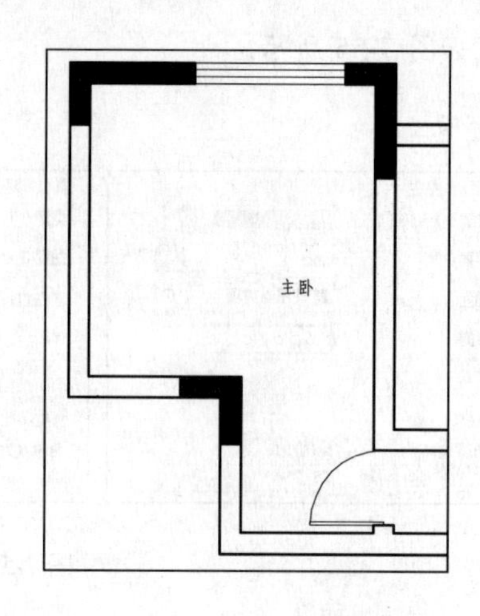

图 7-59 插入门图块

01 设置“M_门”图层为当前图层。

02 调用 INSERT/I 命令，打开“插入”对话框，在“名称”列表中选择“门(1000)”图块，不需要设置参数，直接单击【确定】按钮确认，拾取门洞内墙体线的中点，确定门图块的位置，如图 7-60 所示。

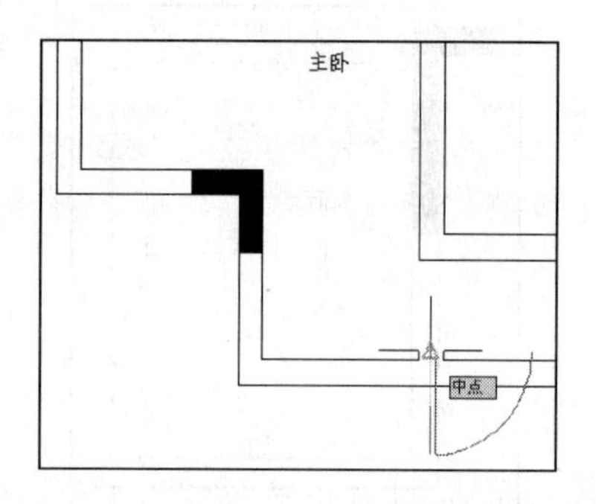

图 7-60 插入门图块

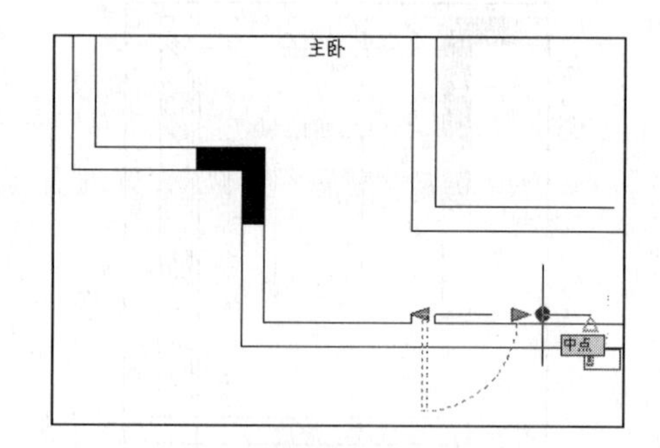

图 7-61 选择旋转控制点

03 此时门开启方向不正确，下面进行调整。选择插入的门图块，上面出现三个可调的控制点，单击选择右侧的圆点控制点，如图 7-61 所示，向左上角方向移动光标，调整门的开启方向如图 7-62 所示。

04 调用 MIRROR/MI 命令，得到不同开启方向的门，效果如图 7-63 所示。

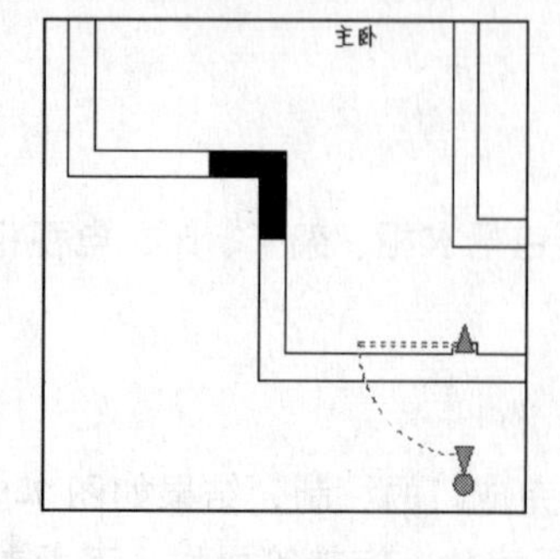

图 7-62 旋转门图块

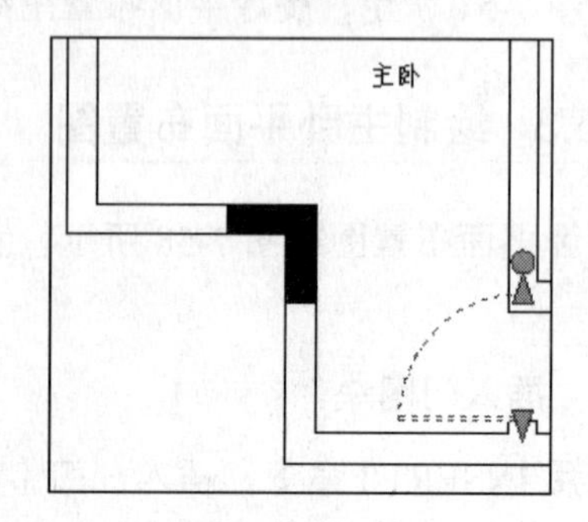

图 7-63 镜像门图块

05 调整门的大小。单击选择如图 7-64 所示三角形控制点，向下移动到门洞一侧的墙体中点，使门大小与门洞匹配，如图 7-65 所示。

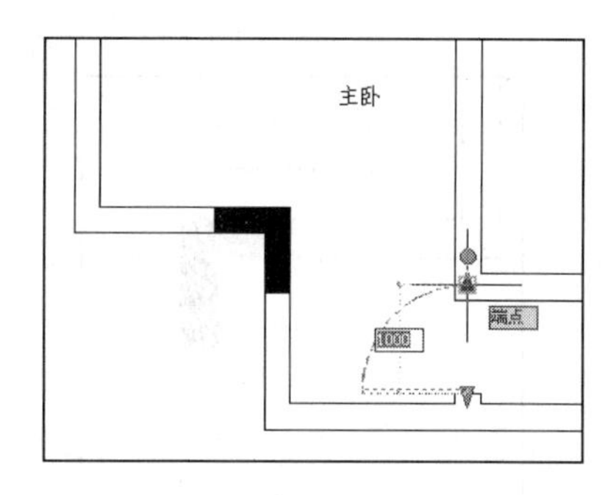

图 7-64　拾取缩放控制点

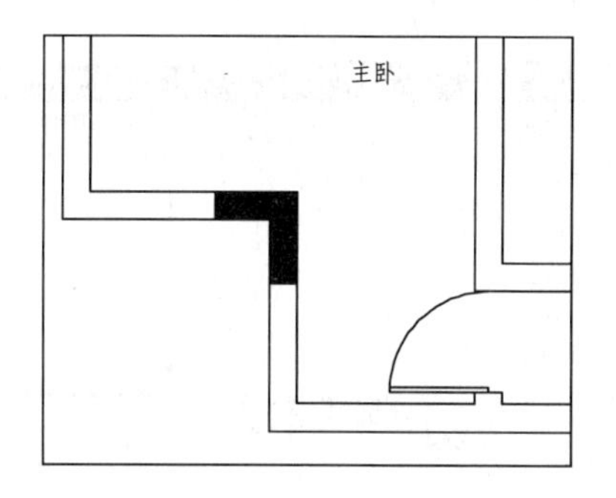

图 7-65　缩放结果

2. 绘制衣柜和架子

01 绘制衣柜。调用 RECTANG/REC 命令绘制衣柜轮廓，如图 7-66 所示。

02 调用 LINE/L 命令，绘制线段，得出衣柜板材的厚度，如图 7-67 所示。

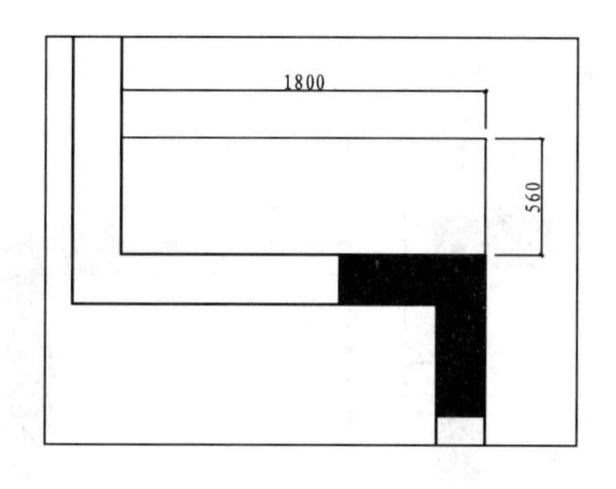

图 7-66　绘制矩形

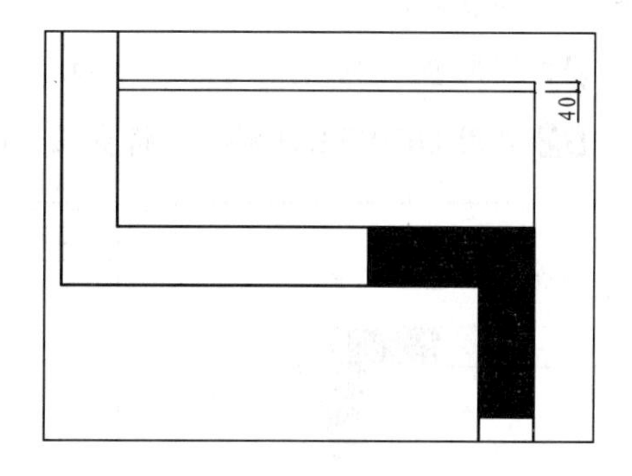

图 7-67　绘制线段

03 调用 RECTANG/REC 命令，在矩形中间绘制宽度为 20 的矩形表示衣柜挂衣杆，如图 7-68 所示。

04 绘制架子。调用 RECTANG/REC 命令，内墙体的端点为矩形的第一个角点绘制一个尺寸为 300 × 60 的矩形，如图 7-69 所示。

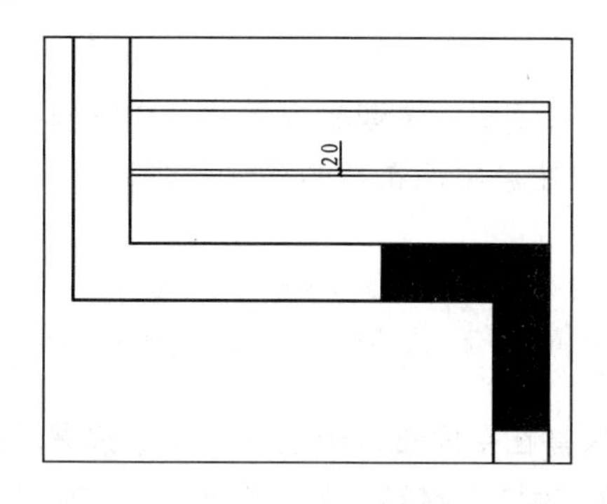

图 7-68　绘制矩形

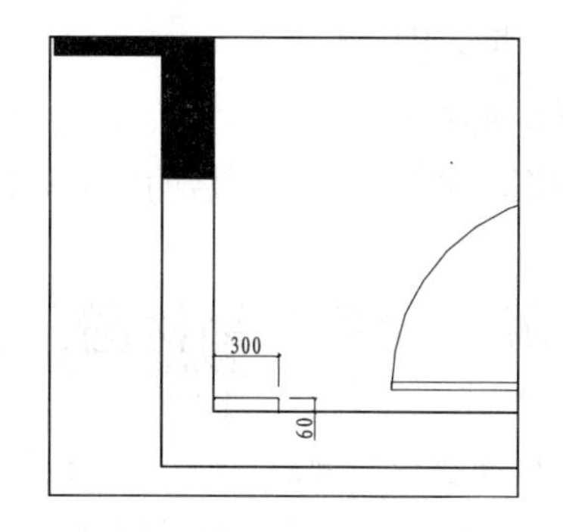

图 7-69　绘制矩形

05 调用 ARRAY/AR 命令，对绘制的矩形进行阵列，阵列参数如图 7-70 所示，阵列效果如图 7-71 所示。

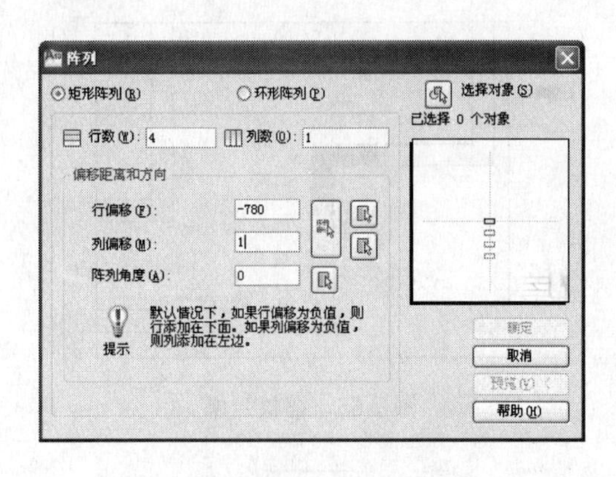

图 7-70 阵列参数设置

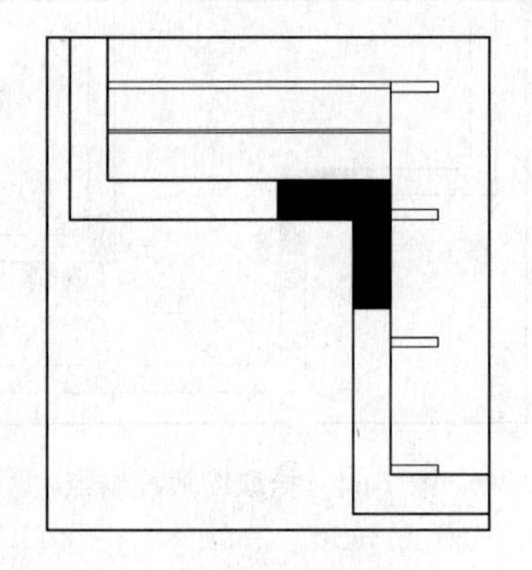

图 7-71 阵列效果

06 调用 LINE/L 命令，绘制线段连接各个矩形，效果如图 7-72 所示。

3. 绘制电视柜

01 调用 PLINE/PL 命令，绘制电视柜的轮廓，如图 7-73 所示。

02 调用 OFFSET/O 命令，将多段线向内偏移 25，效果如图 7-74 所示。

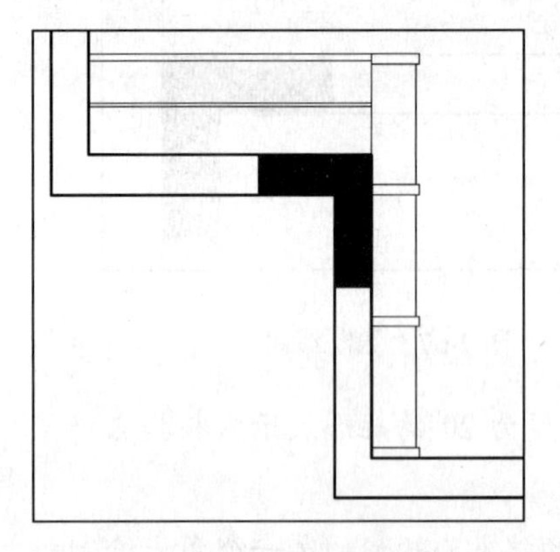

图 7-72 绘制线段

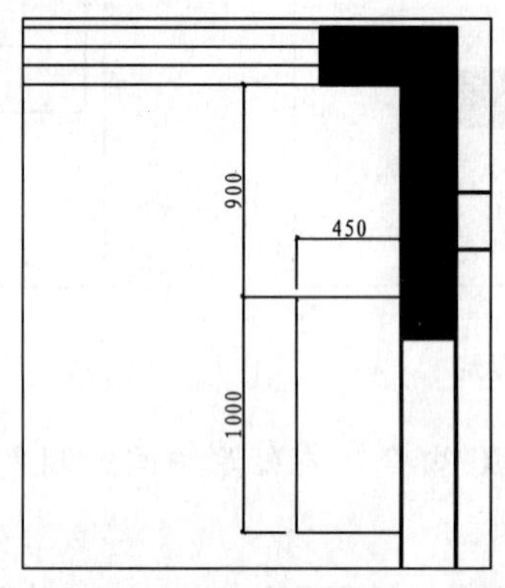

图 7-73 绘制多段线

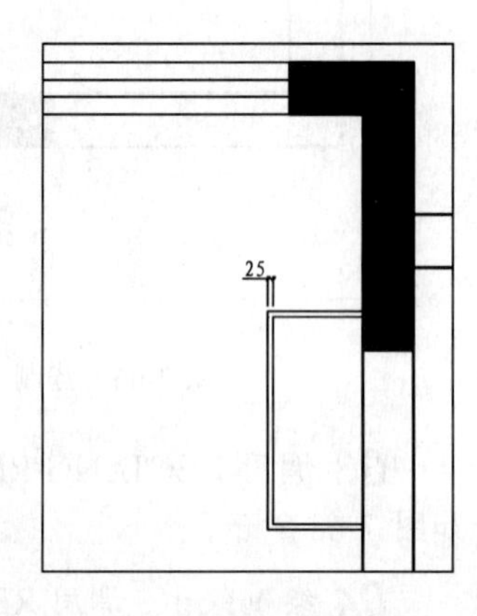

图 7-74 偏移多段线

4. 插入图块

主卧需要调用的图块有床、床头柜衣架和电视等图形，请读者应用前面介绍的插入方法完成图块的调用，完成后的效果如图 7-58 所示，主卧平面布置图绘制完成。

7.6 绘制两居室地材图

当地面材料非常简单时，可以不画地材图，只需在平面布置中找一块不被家具、陈设遮挡，又能充分表示地面做法的地方，画出一部分，标注上材料、规格就可以了，如图 7-75 所示。但如果地面材料较复杂，既有多种材料，又有多变的图案和颜色时，就需要用单独的平面图表示地面材料。

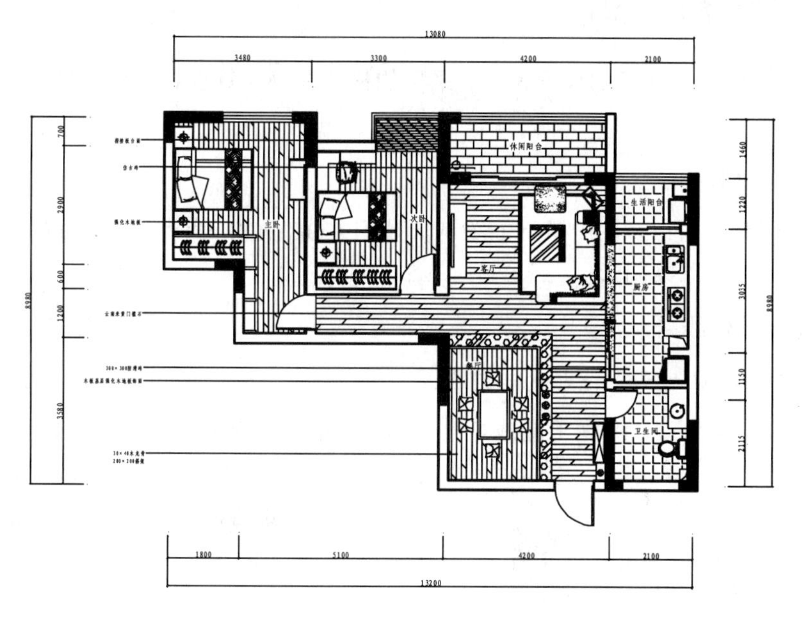

图 7-75 两居室地材图

7.7 绘制两居室顶棚图

本例两居室主卧、次卧、阳台、厨房和卫生间均为直接式顶面，客厅、餐厅和过道等则进行了造型设计，如图 7-76 所示，下面讲解两居室顶棚图的绘制方法。

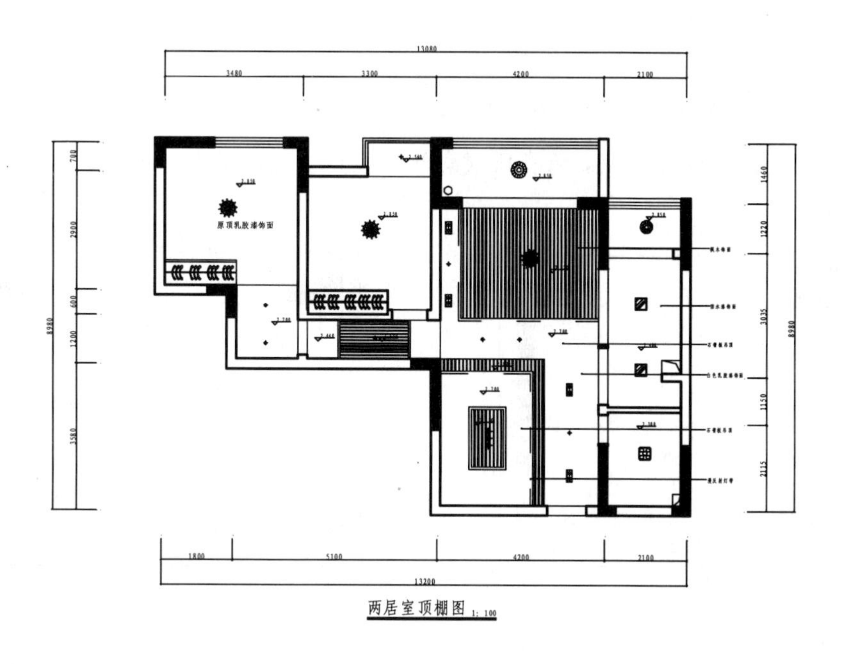

图 7-76 两居室顶棚图

 7.7.1 绘制客厅顶棚图

如图 7-77 所示为客厅的顶面设计，采用的材料是枫木饰面，并配以灯带，下面讲解绘制方法。

1. 复制图形

顶棚图可在平面布置图的基础上绘制。调用 COPY/CO 命令，将平面布置图复制到一旁，并删除里面的家具图形。

2. 绘制墙体线

01 设置“DM-地面”图层为当前图层。

02 删除入口的门，并调用直线命令 LINE/L 连接门洞，封闭区域，如图 7-78 所示。

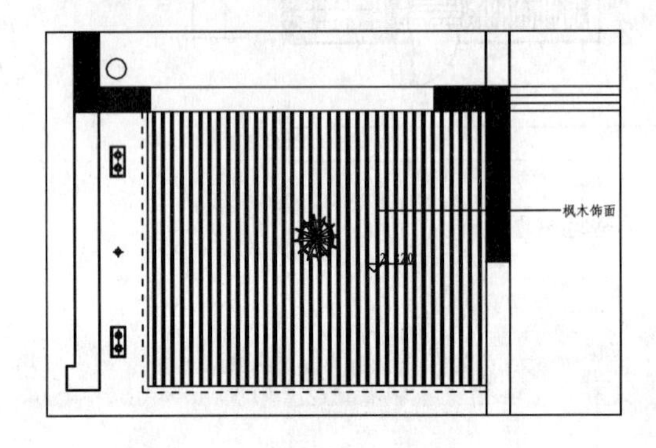

图 7-77 客厅顶棚图

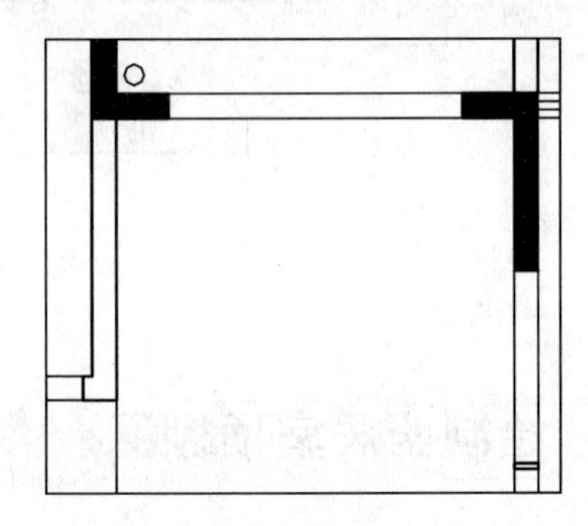

图 7-78 绘制墙体线

3. 绘制吊顶造型轮廓

01 设置“DD_吊顶”图层为当前图层。

02 调用 PLINE/PL 命令，绘制如图 7-79 所示多段线。

03 调用 OFFSET/O 命令，将多段线向外偏移 60，并设置为虚线表示灯带，效果如图 7-80 所示。

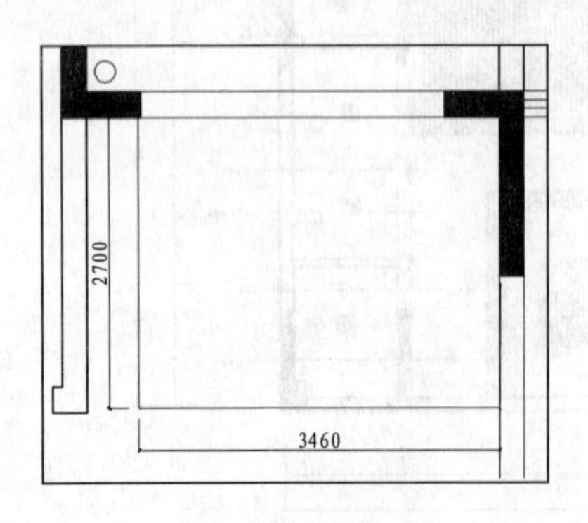

图 7-79 绘制多段线

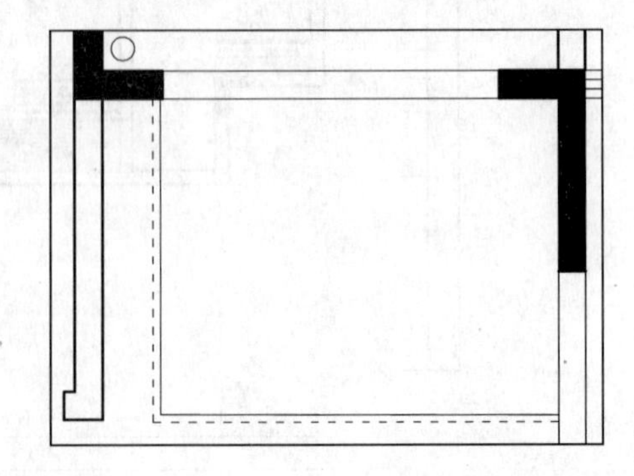

图 7-80 偏移多段线

04 调用 HATCH/H 命令，对多段线内填充 PLAST 图案，填充参数和效果如图 7-81 所示。

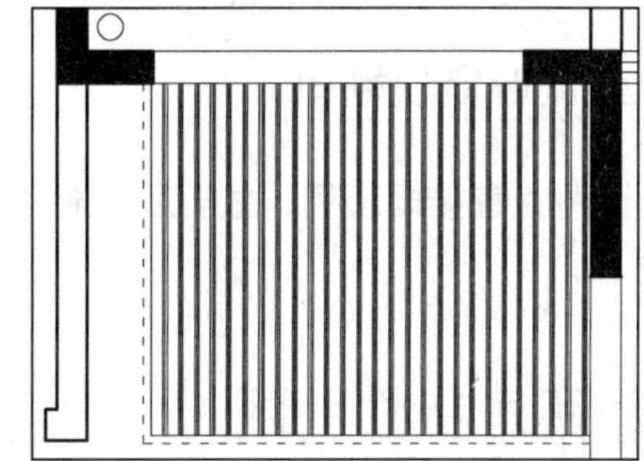

图 7-81 填充参数和填充效果

4. 布置灯具

01 调用 LINE/L 命令，绘制如图 7-82 所示辅助线。

02 调用 COPY/CO 命令，复制吊灯图形到客厅吊顶内，吊灯中心点与辅助线中点对齐。

03 删除辅助线，结果如图 7-83 所示。

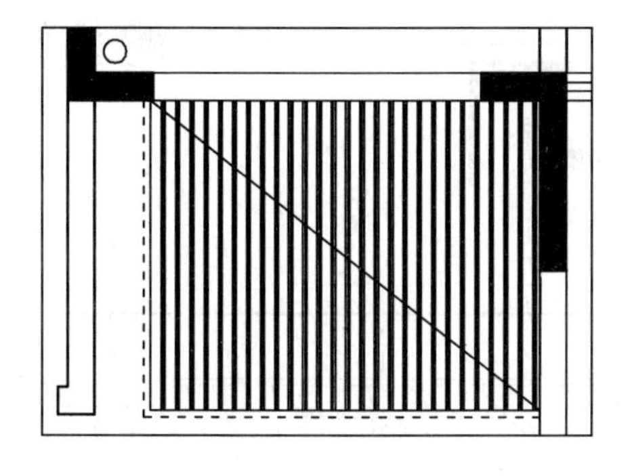

图 7-82 绘制辅助线

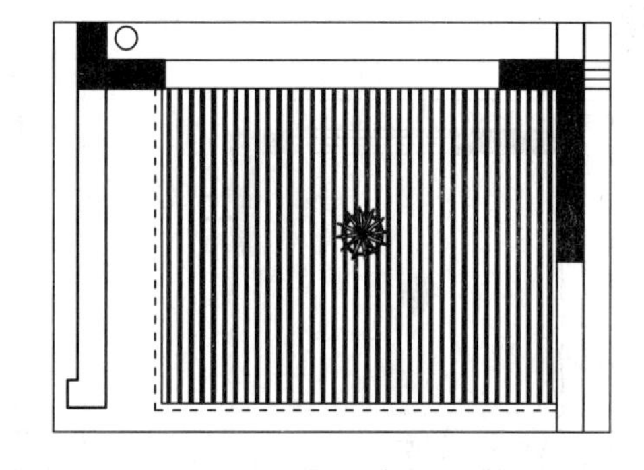

图 7-83 布置吊灯

04 调用 COPY/CO 命令，复制其他灯具到客厅顶棚图中，效果如图 7-84 所示。

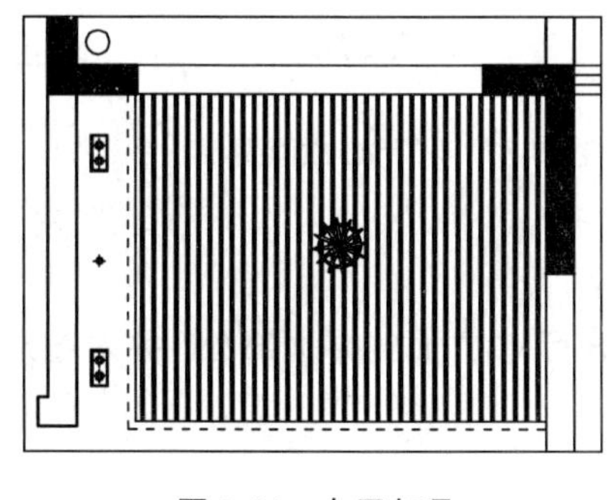

图 7-84 布置灯具

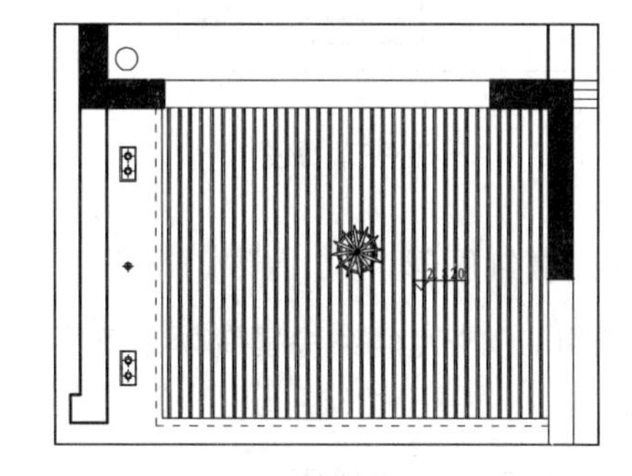

图 7-85 标注标高

5. 标注标高和文字说明

01 调用 INSERT/I 命令，插入“标高”图块标注标高，如图 7-85 所示。

02 调用 MLEADER/MLD 命令标注文字说明，结果如图 7-77 所示，客厅顶棚图绘制完成。

7.7.2 绘制卧室顶棚图

卧室顶棚图为直接式顶棚，由于没有造型，可以直接布置灯具、标注标高和文字说明，如图 7-86 所示。

7.8 绘制两居室立面图

本节以客厅、厨房和卫生间立面图为例，介绍立面图的画法与相关内容。

7.8.1 绘制客厅 C 立面图

客厅 C 立面图是沙发所在的墙面，也包括厨房入口门和玄关所在的墙面，C 立面图主要表现了该墙面的装饰做法、尺寸和材料等，如图 7-87 所示。

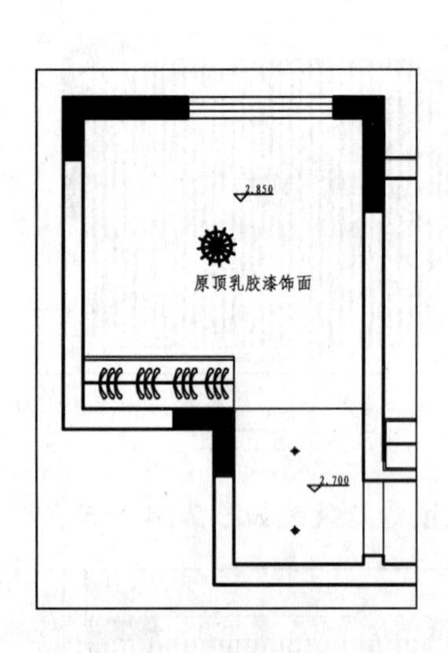

图 7-86 卧室顶棚图

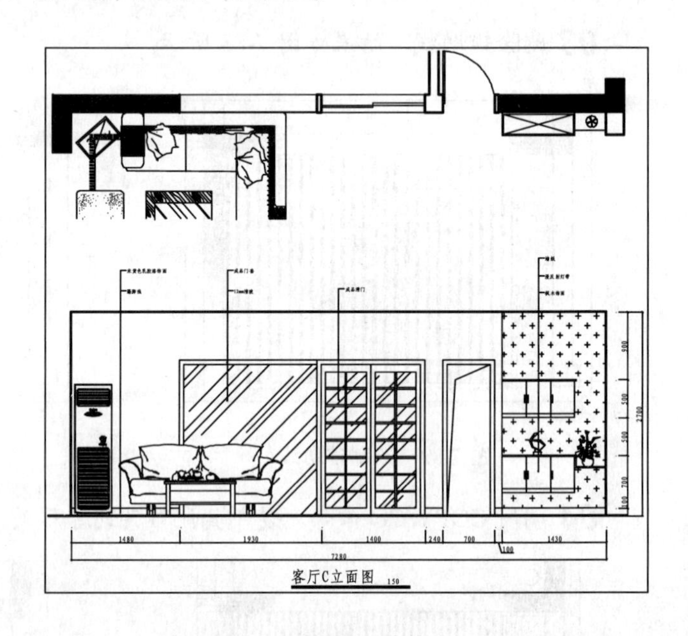

图 7-87 客厅 C 立面图

1. 复制图形

调用 COPY/CO 命令复制两居室平面布置图上客厅 C 立面的平面部分，并对图形进行旋转。

2. 绘制立面外轮廓

01 设置“LM_立面”图层为当前图层。

02 调用 LINE/L 命令，向下绘制出客厅左右墙体的投影线，即得到立面图左右墙体的轮廓线，如图 7-88 所示。

03 绘制地面。调用 PLINE/PL 命令，在投影线下方绘制一水平线段表示地面，如图 7-89 所示。

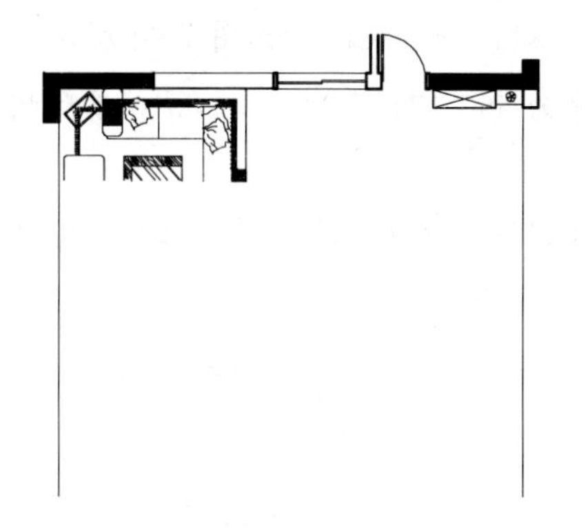

图 7-88 绘制投影线

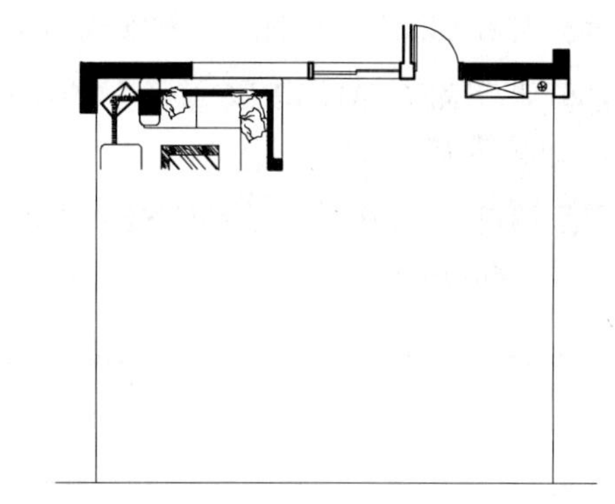

图 7-89 绘制地面

04 绘制顶棚地面轮廓线。参考顶棚图，调用 LINE/L 命令，在距离地面 2700 的位置绘制水平线段表示顶棚，如图 7-90 所示。

05 调用 TRIM/TR 命令，修剪得到如图 7-91 所示立面轮廓，并转换至“QT_墙体”图层。

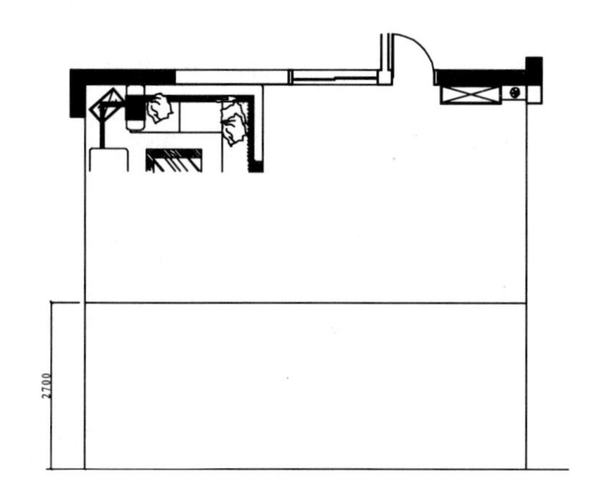

图 7-90 绘制顶棚

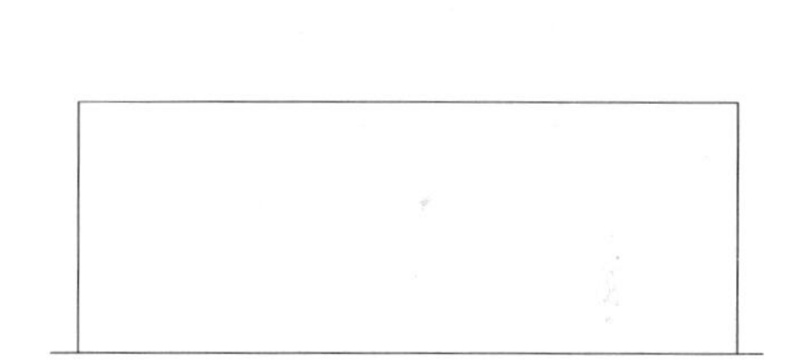

图 7-91 立面轮廓

3. 绘制内部轮廓线

01 绘制滑门。调用 PLINE/PL 命令，绘制滑门的外轮廓，效果如图 7-92 所示。

02 调用 OFFSET/O 命令，将多段线向内偏移 60，得到门套，效果如图 7-93 所示。

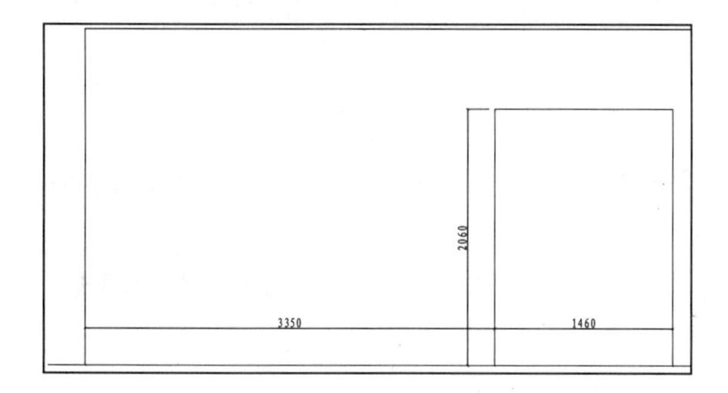

图 7-92 绘制多段线

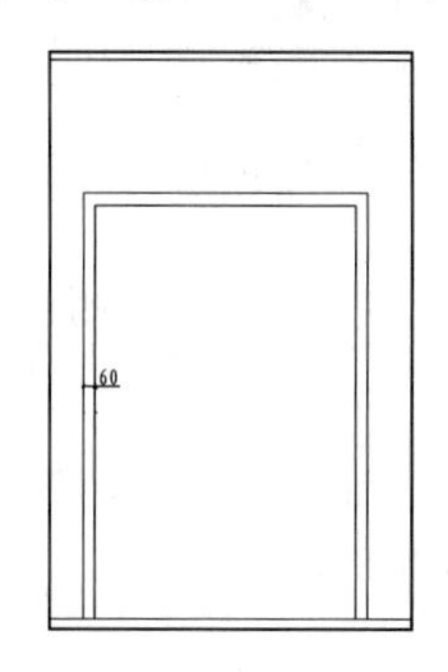

图 7-93 绘制线段

03 调用 LINE/L 命令，以多段线的中点为起点绘制一条线段，如图 7-94 所示。

04 调用 RECTANG/REC 命令，绘制一个尺寸为 550×1800 的矩形，并移动到相应的位置，如图 7-95 所示。

05 调用 LINE/L 命令、OFFSET/O 命令和 TRIM/TR 命令，绘制滑门上玻璃的造型，效果如图 7-96 所示。

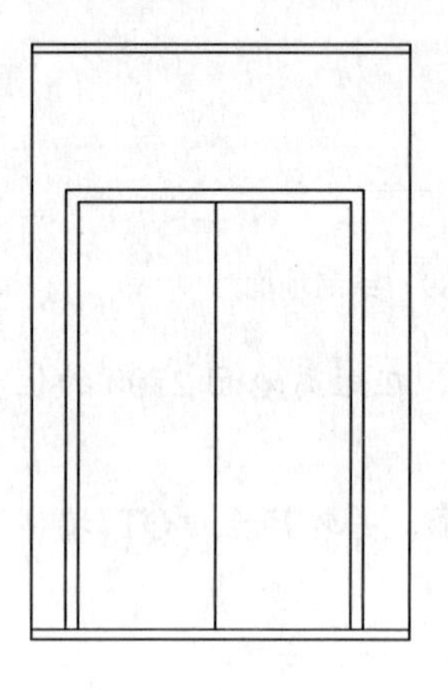

图 7-94　偏移多段线

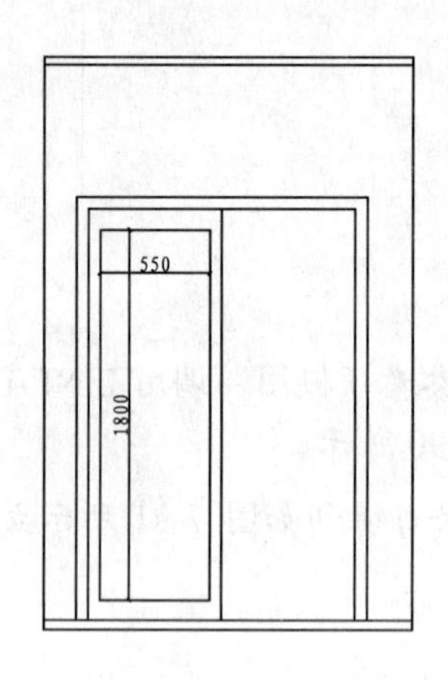

图 7-95　绘制图形

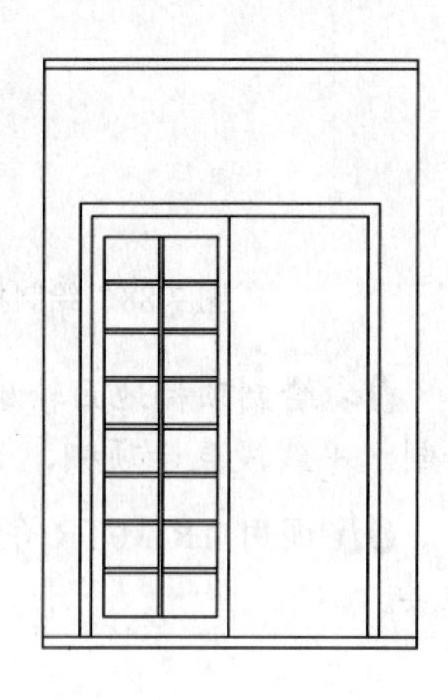

图 7-96　绘制矩形

06 由于右边的造型和左边的一致，调用 MIRROR/MI 命令，通过镜像得到另一侧的图案，效果如图 7-97 所示。

07 调用 HATCH/H 命令，对滑门填充 AR-RROOF 图案，填充参数和效果如图 7-98 所示。

图 7-97　镜像图形

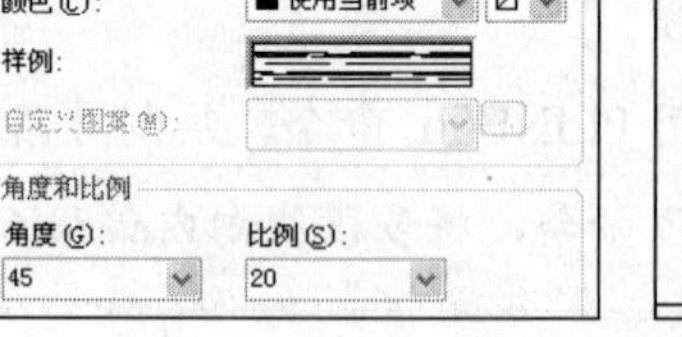

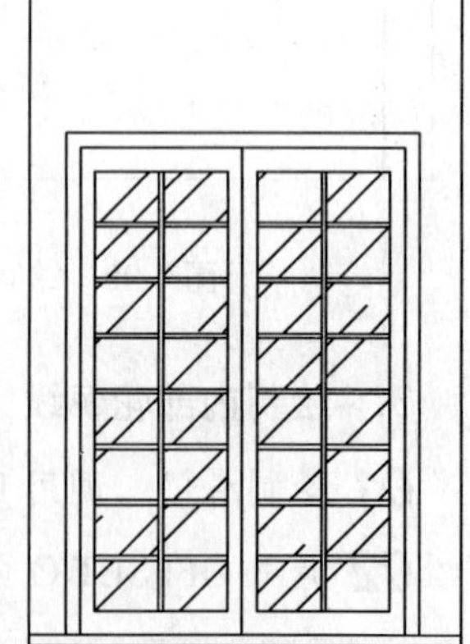

图 7-98　填充参数和效果

08 绘制左侧的门。左侧门比较简单，绘制方法和滑门基本一致，绘制完成的效果如图 7-99 所示。

09 绘制卫生间的门。调用 PLINE/PL 命令和 OFFSET/O 命令，绘制卫生间门的门套，效果如图 7-100 所示。

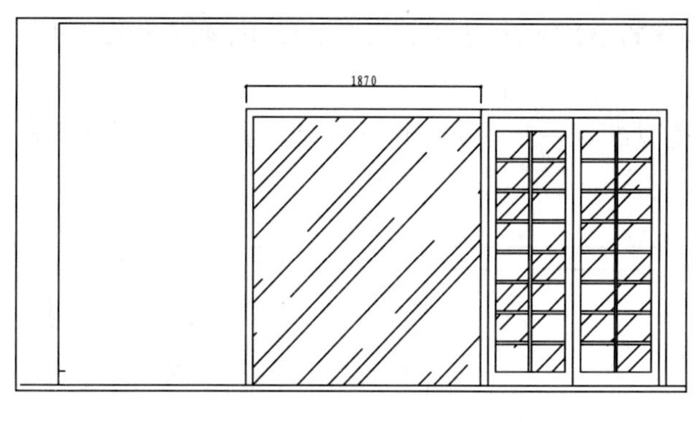

图 7-99 绘制门

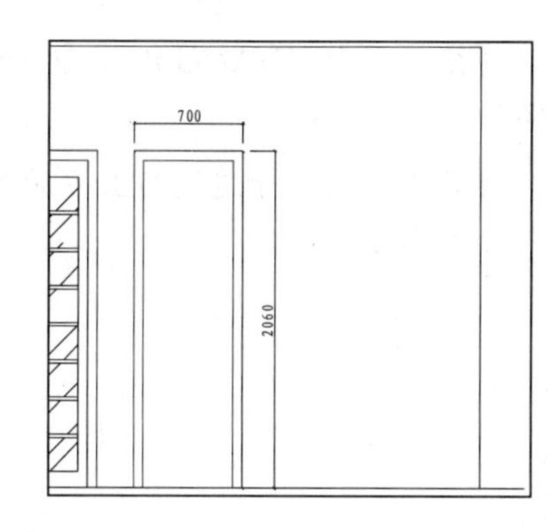

图 7-100 绘制门套

10 调用 LINE/L 命令，在门内绘制折线，效果如图 7-101 所示。

11 绘制踢脚线。调用 LINE/L 命令，在距离地面 100 的位置绘制踢脚线，效果如图 7-102 所示。

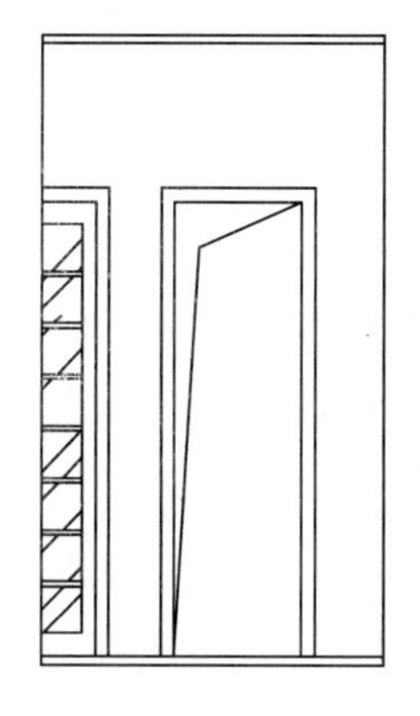

图 7-101 绘制折线

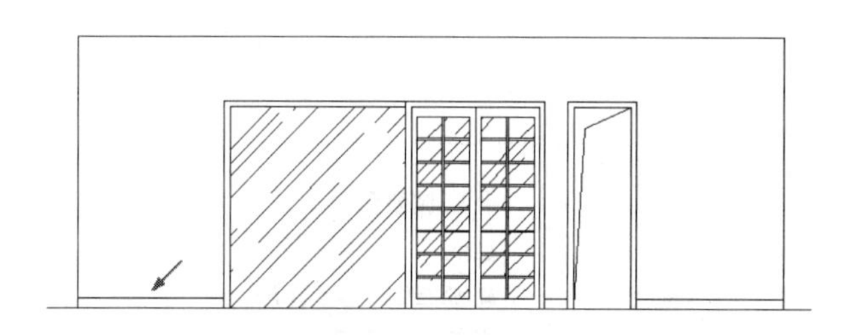

图 7-102 绘制踢脚线

12 调用 LINE/L 命令，绘制如图 7-103 所示线段。

13 绘制柜子。调用 RECTANG/REC 命令，绘制柜子的面板，效果如图 7-104 所示。

14 调用 RECTANG/REC 命令和 COPY/CO 命令，绘制柜子的柜体，效果如图 7-105 所示。

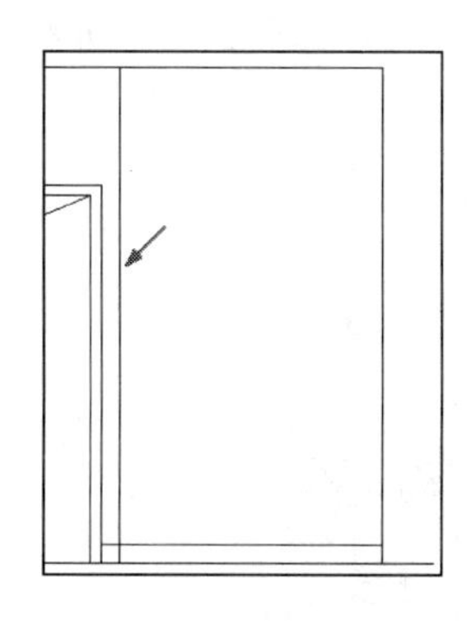

图 7-103 绘制线段

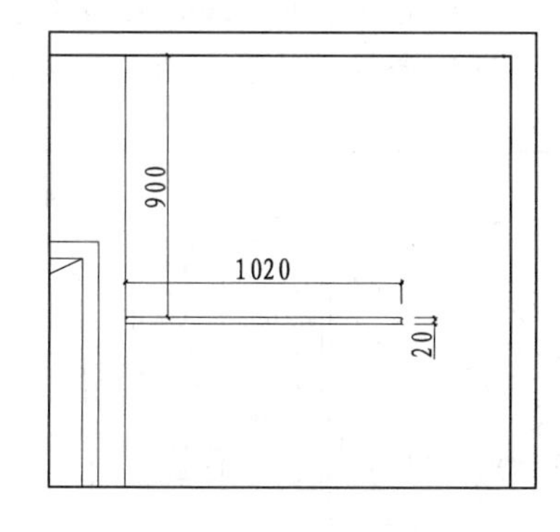

图 7-104 绘制矩形

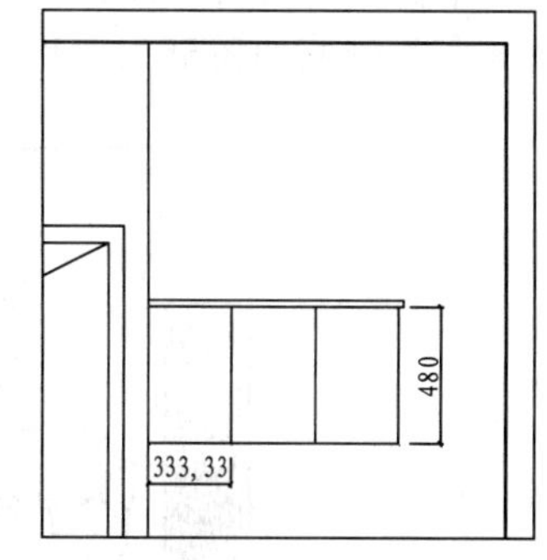

图 7-105 绘制矩形

15 调用 LINE/L 命令，绘制如图 7-106 所示线段，并设置为虚线，表示漫反射灯带。

16 调用 RECTANG/REC 命令和 COPY/CO 命令，绘制柜门上的拉手，效果如图 7-107 所示。

17 下方的柜子造型与上方的柜子造型基本一致，使用相同的方法绘制，得到效果如图 7-108 所示。

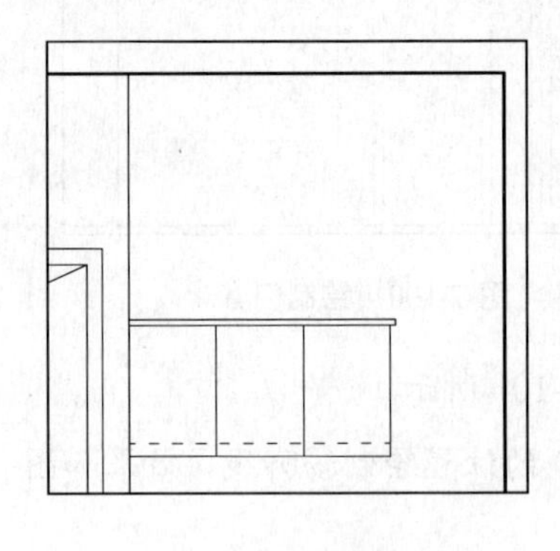

图 7-106　绘制拉手

图 7-107　绘制线段

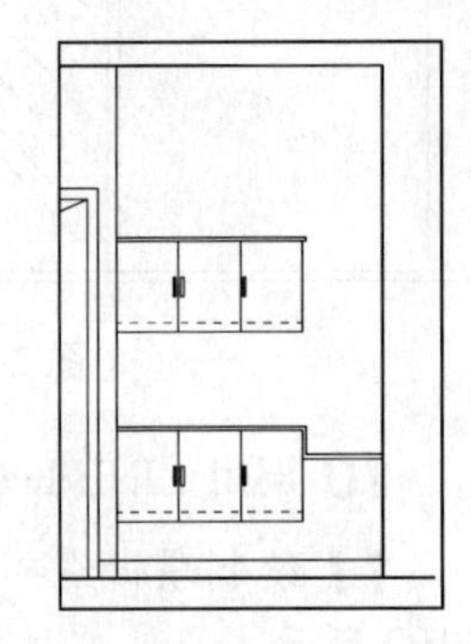

图 7-108　绘制柜子

18 调用 HATCH/H 命令，对柜子所在的墙面填充 CROSS 图案，填充参数和效果如图 7-109 所示。

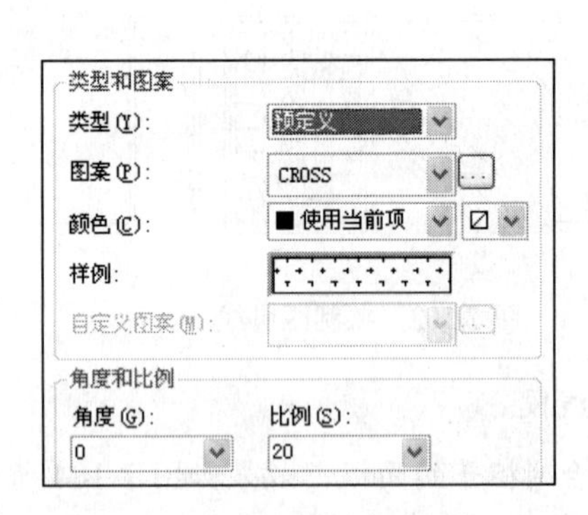

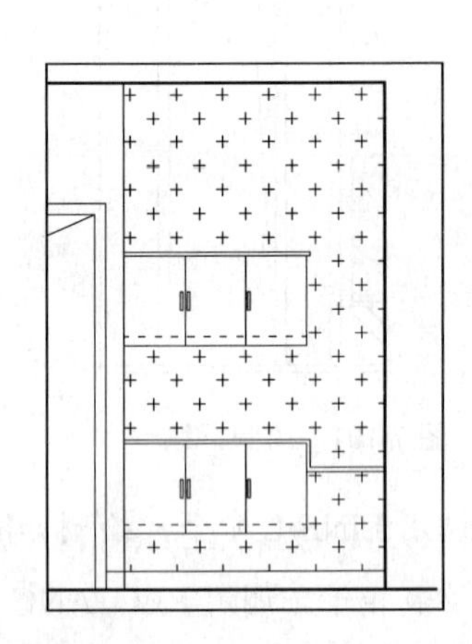

图 7-109　填充参数和效果

19 插入图块。从本书光盘中调入沙发、空调和装饰品等图形到 C 立面图中，并将图块与前面绘制的图形相交的位置进行修剪，结果如图 7-110 所示。

图 7-110　插入图块

4. 标注尺寸和材料说明

01 设置“BZ_标注”图层为当前图层，设置当前注释比例为 1∶50。

02 调用 DIMLINEAR/DLI 命令，或执行【标注】|【线性】命令标注尺寸，如图 7-111 所示。

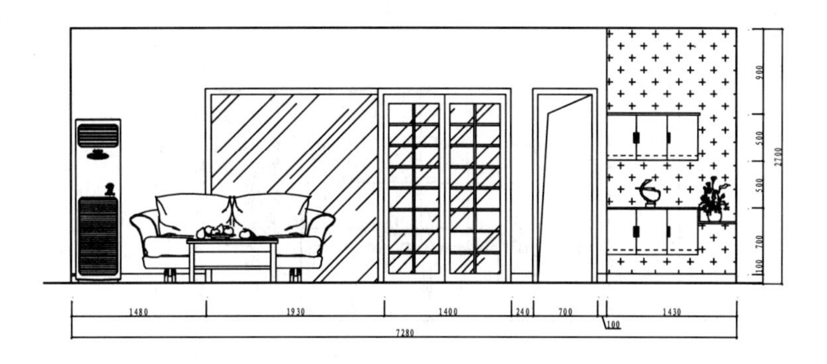

图 7-111　尺寸标注

03 调用 MLEADER/MLD 命令进行材料标注，标注结果如图 7-112 所示。

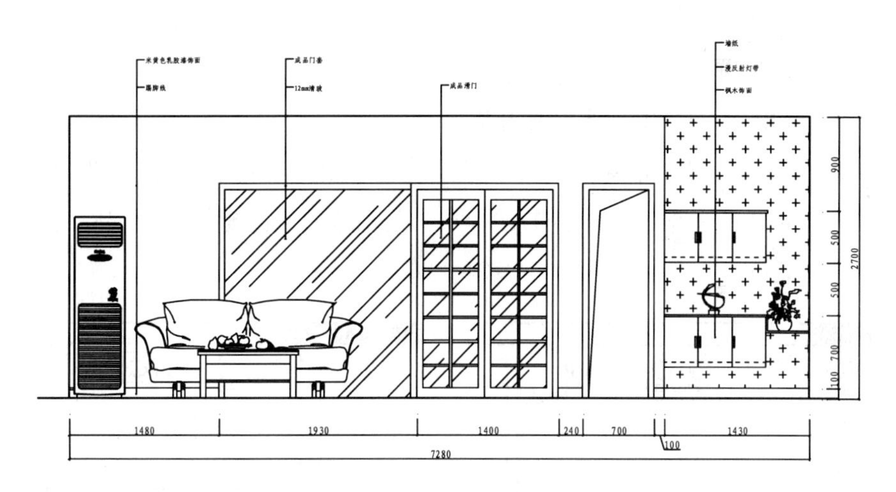

图 7-112　文字说明

04 调用 INSERT/I 命令，插入“图名”图块，设置名称为“客厅 C 立面图”，客厅 C 面图绘制完成。

 7.8.2　绘制厨房 C 立面图

厨房 C 立面图如图 7-113 所示，该立面主要表达了橱柜、吊柜和墙面的做法以及它们之间的关系。

1. 复制图形

调用 COPY/CO 命令，复制两居室平面布置图上厨房 C 立面的平面部分，并对图形进行旋转。

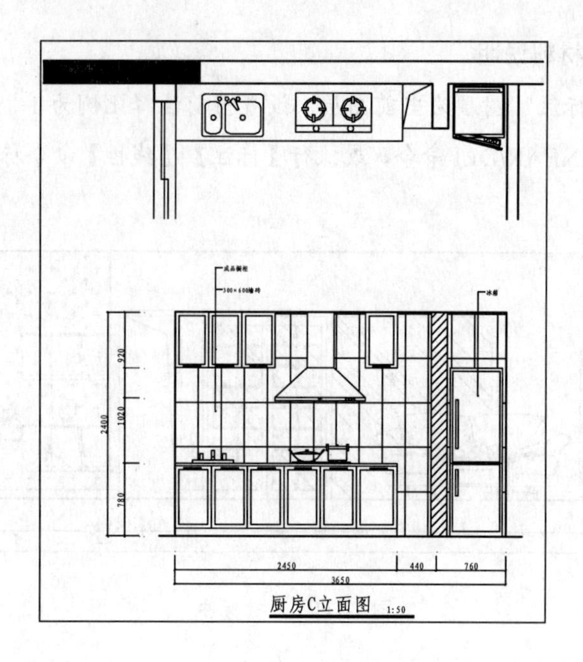

图 7-113 厨房 C 立面图

2. 绘制立面轮廓

01 设置“LM_立面”图层为当前图层。

02 使用投影法，调用 LINE/L 命令，在厨房平面图上绘制投影线，如图 7-114 所示。

03 调用 LINE/L 命令和 OFFSET/O 命令，绘制地面和高度为 2400 的顶棚线，如图 7-115 所示。

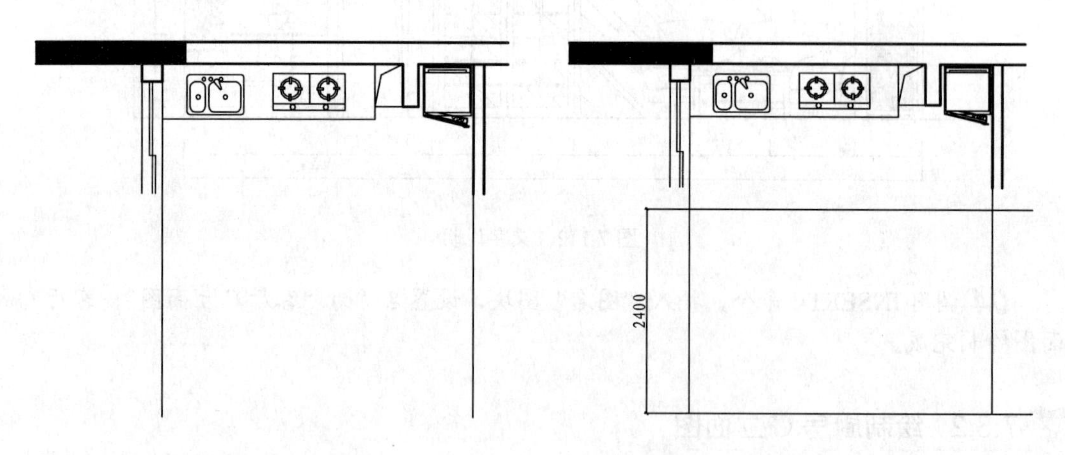

图 7-114 绘制投影线

图 7-115 绘制地面和顶棚

04 调用 TRIM/TR 命令，修剪地面以及顶棚线之外的线段，并转换至“QT_墙体”图层，如图 7-116 所示。

05 调用 LINE/L 命令，绘制厨房中的墙体，再调用 TRIM/TR 命令修剪，得到如图 7-117 所示效果。

图 7-116　立面外轮廓

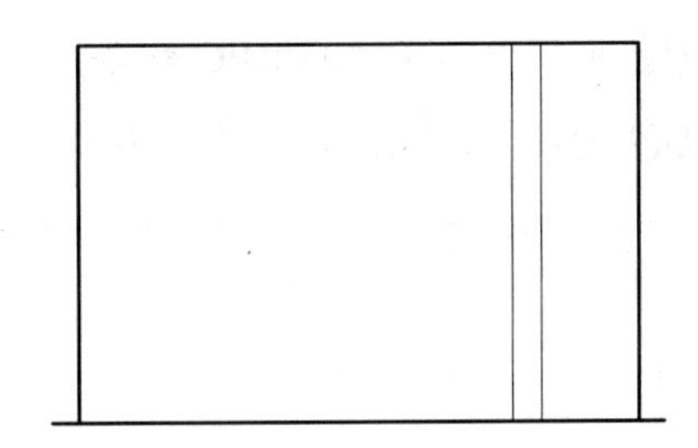

图 7-117　绘制墙体

3. 填充墙体

调用 HATCH/H 命令，对厨房中的墙体填充 ANSI31 图案，填充参数和效果如图 7-118 所示。

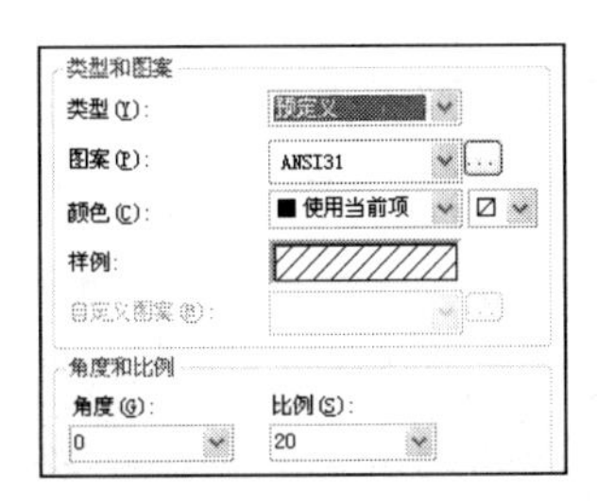

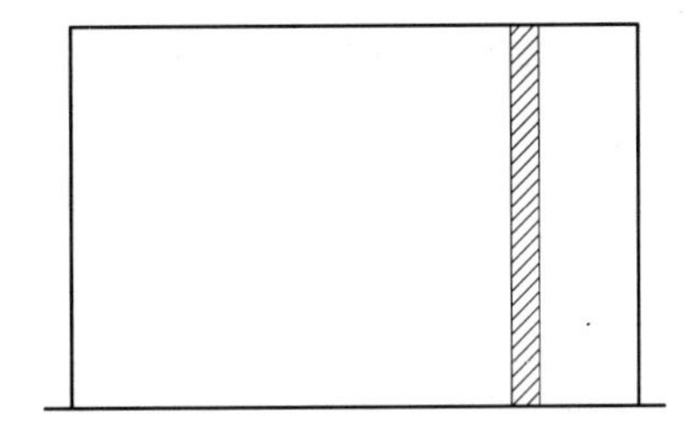

图 7-118　填充参数和效果

4. 绘制吊柜

01 调用 RECTANG/REC 命令，绘制吊柜的轮廓，如图 7-119 所示。

02 调用 OFFSET/O 命令，将矩形向内偏移 40，效果如图 7-120 所示。

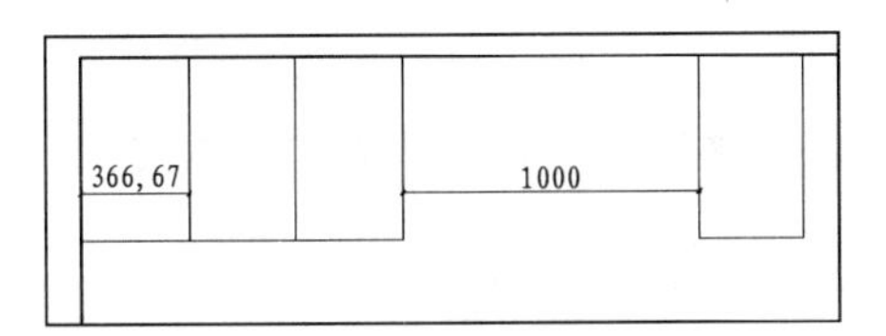

图 7-119　绘制吊柜

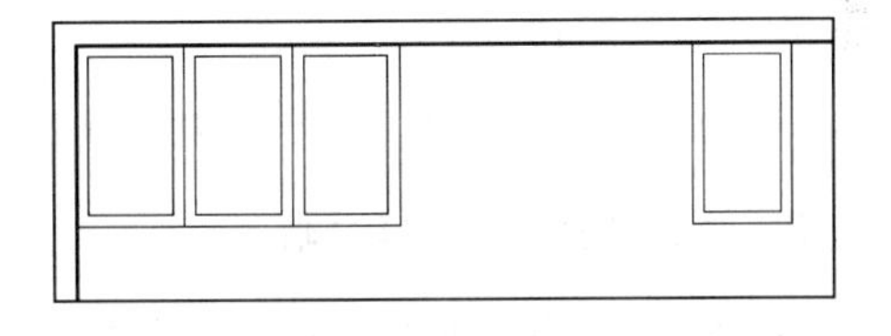

图 7-120　偏移矩形

03 调用 RECTANG/REC 命令和 COPY/CO 命令，绘制吊柜的拉手，如图 7-121 所示。

5. 绘制橱柜

01 调用 RECTANG/REC 命令，绘制橱柜的台面和柜底，效果如图 7-122 所示。

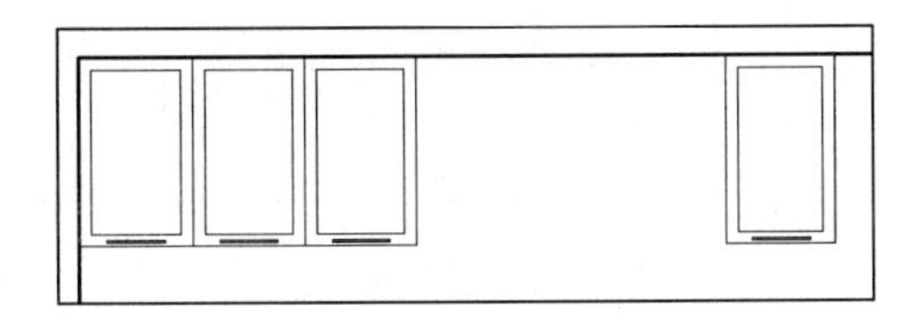

图 7-121　绘制拉手

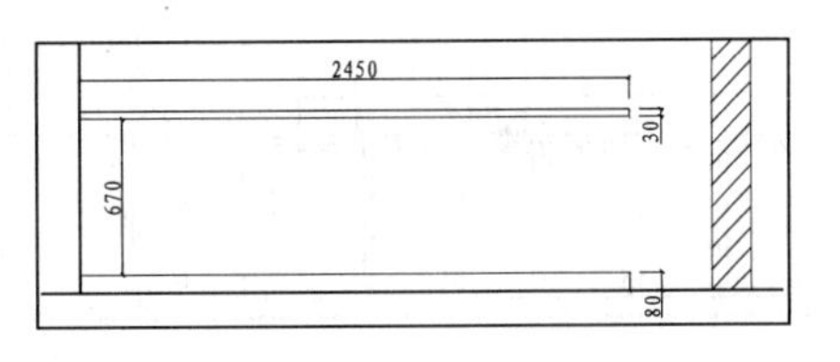

图 7-122　绘制橱柜

02 调用 RECTANG/REC 命令，绘制柜形效果如图 7-123 所示。

03 调用 OFFSET/O 命令，偏移矩形得到橱柜的柜门，效果如图 7-124 所示。

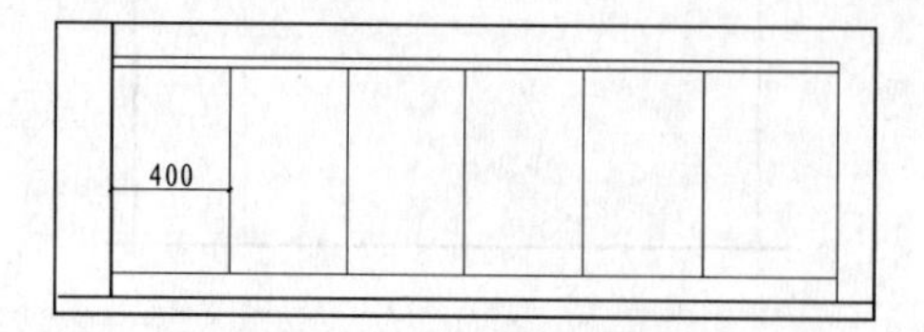

图 7-123　绘制矩形

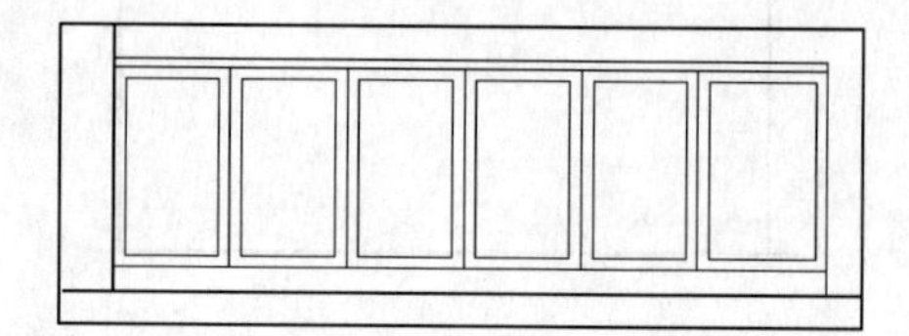

图 7-124　偏移矩形

04 调用 RECTANG/REC 命令和 COPY/CO 命令，绘制柜门的拉手，效果如图 7-125 所示。

6. 绘制墙面

厨房的墙面为 300×600 墙砖，调用 HATCH/H 命令对墙面填充 LINE 图案，结果如图 7-126 所示。

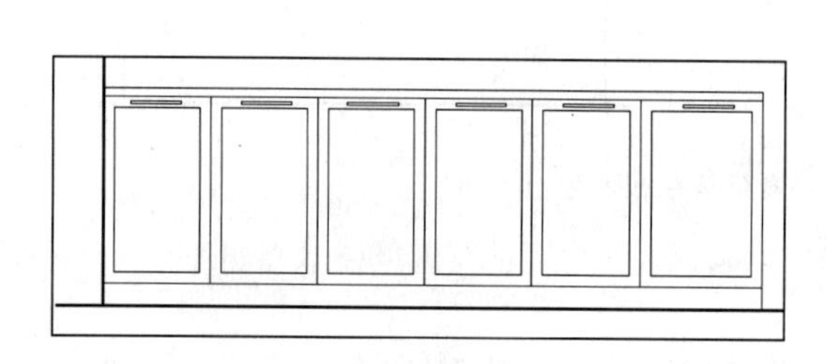

图 7-125　绘制拉手

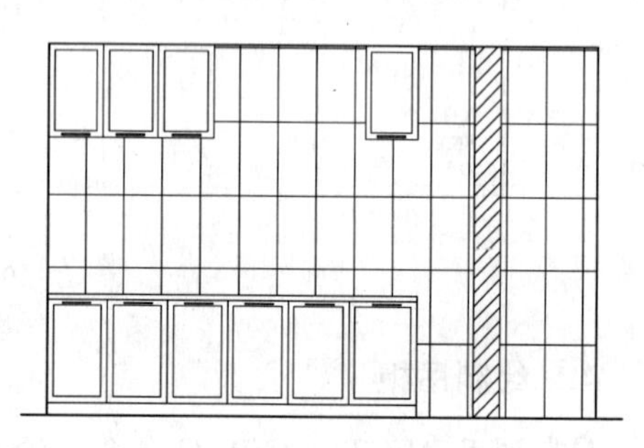

图 7-126　填充墙面

7. 插入图块

从图库中插入冰箱、燃气灶和抽油烟机等图块，并进行修剪，效果如图 7-127 所示。

8. 标注尺寸和材料说明

01 设置“BZ_标注”标注图层为当前图层，设置当前注释比例为 1∶50。

02 调用 DIMLINEAR/DLI 命令标注尺寸，结果如图 7-128 所示。

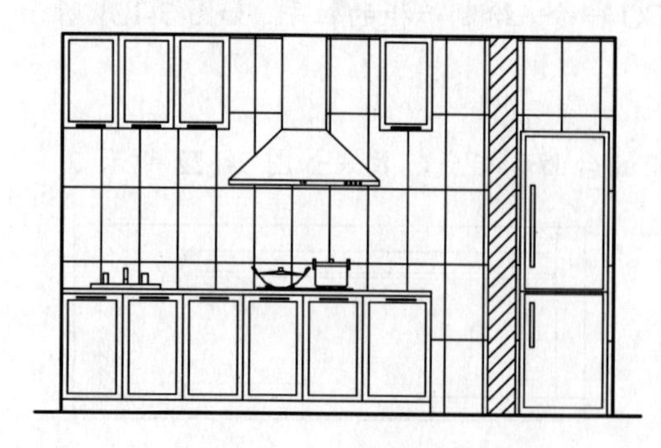

图 7-127　插入图块

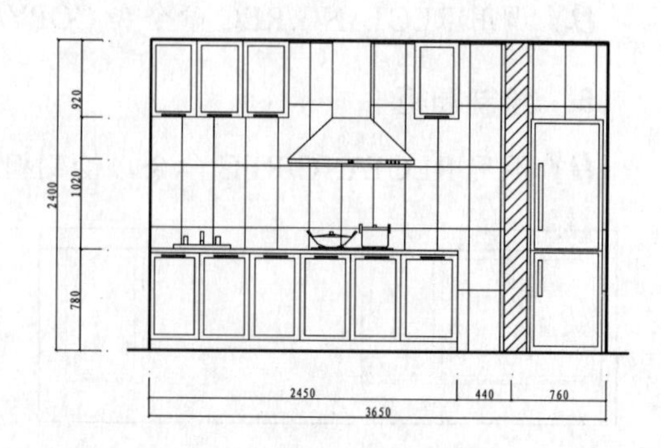

图 7-128　尺寸标注

03 调用 MLEADER/MLD 命令进行材料标注结果如图 7-129 所示。

04 调用 INSERT/I 命令，插入“图名”图块，设置 C 立面图名称为“厨房 C 立面图”，厨房 C 立面图绘制完成。

7.8.3 绘制卫生间 C 立面图

卫生间 C 立面是洗手台所在的墙面，C 立面图主要表现了该墙面的装饰做法、尺寸和材料等，如图 7-130 所示。

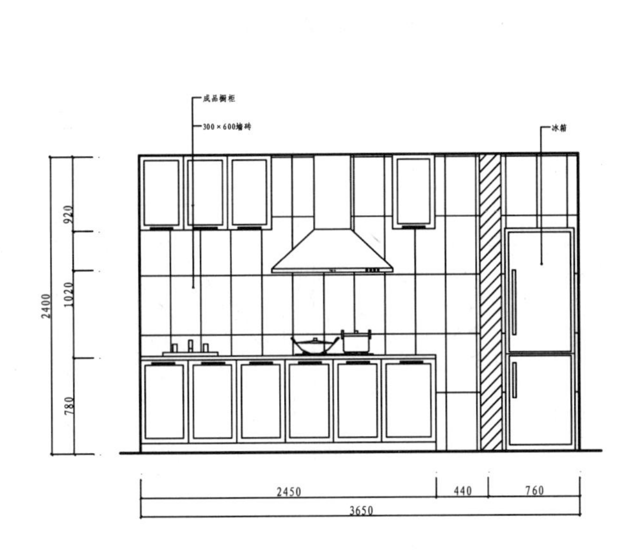

图 7-129　材料标注

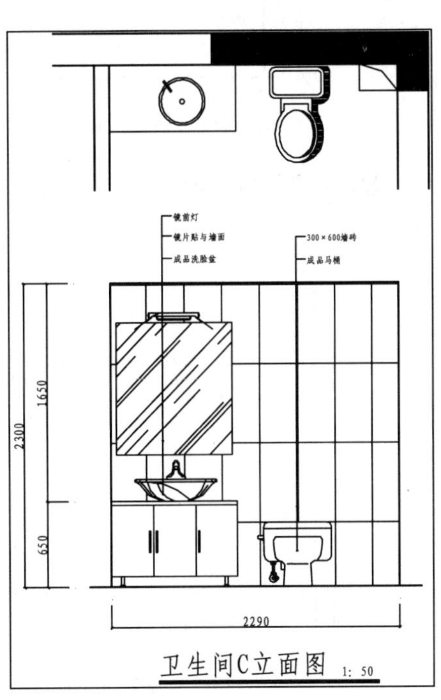

图 7-130　卫生间 C 立面图

1. 复制图形

调用 COPY/CO 命令，复制两居室平面布置图上卫生间 C 立面的平面部分，并对图形进行旋转。

2. 绘制立面外轮廓

01 设置“LM-立面”图层为当前图层。

02 调用 LINE/L 命令绘制墙体、顶面和地面，如图 7-131 所示。

03 调用 TRIM/TR 命令，对立面外轮廓进行修剪，并将立面外轮廓转换至“QT_墙体”图层，如图 7-132 所示。

3. 绘制镜子

01 调用 RECTANG/REC 命令，绘制一个尺寸为 920×1000 的矩形，并移动到相应的位置，如图 7-133 所示。

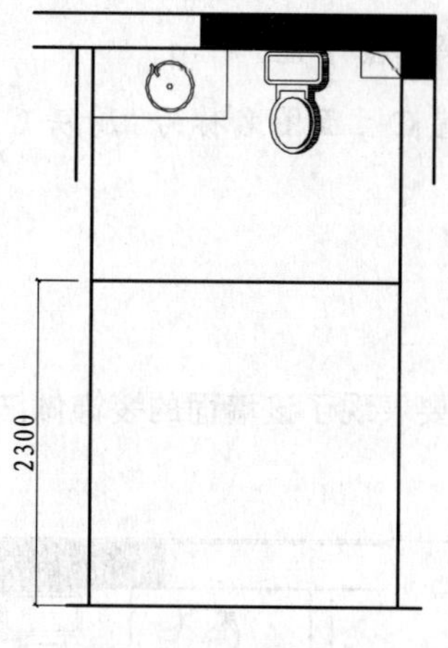

图 7-131　绘制投影线

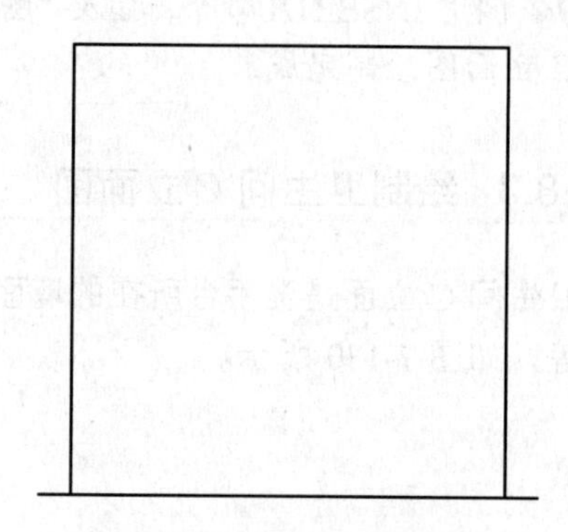

图 7-132　修剪立面外轮廓

02 调用 HATCH/H 命令，对矩形内填充 AR-RROOF 图案，填充参数和效果如图 7-134 所示。

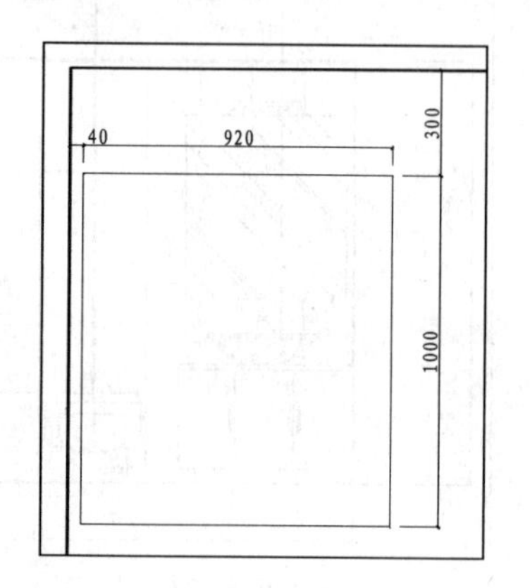

图 7-133　绘制矩形

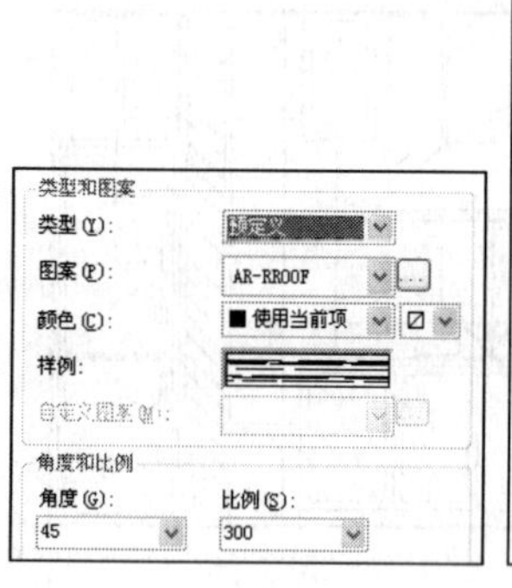

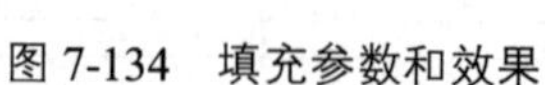

图 7-134　填充参数和效果

4. 绘制柜子

01 调用 RECTANG/REC 命令，绘制柜子的台面，效果如图 7-135 所示。

02 调用 LINE/L 命令，绘制柜体，效果如图 7-136 所示。

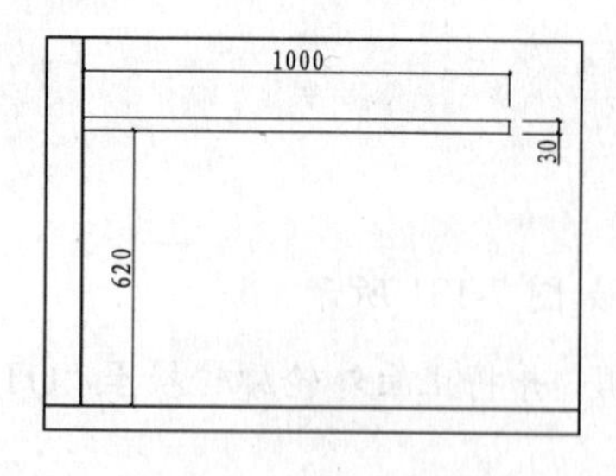

图 7-135　绘制台面

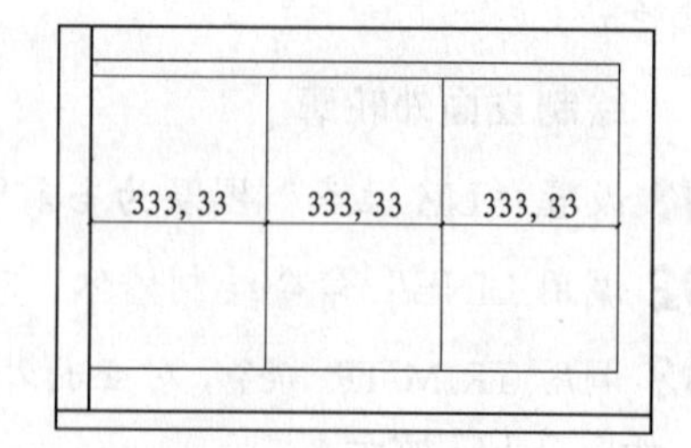

图 7-136　绘制柜体

03 调用 RECTANG/REC 命令和 LINE/L 命令绘制柜脚，效果如图 7-137 所示。

04 调用 RECTANG/REC 命令和 COPY/CO 命令，绘制柜子的拉手，效果如图 7-138 所示。

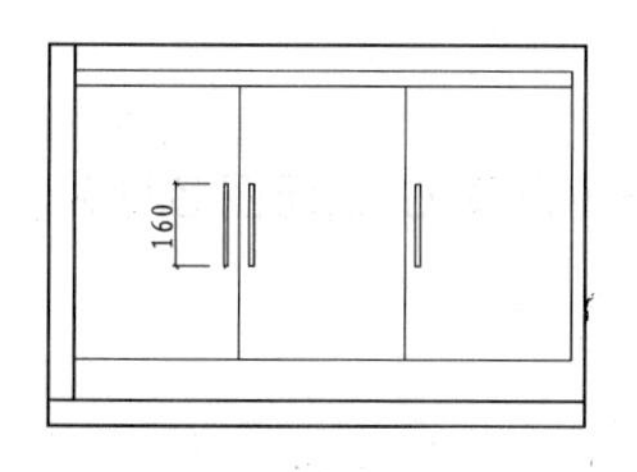

图 7-137　绘制拉手

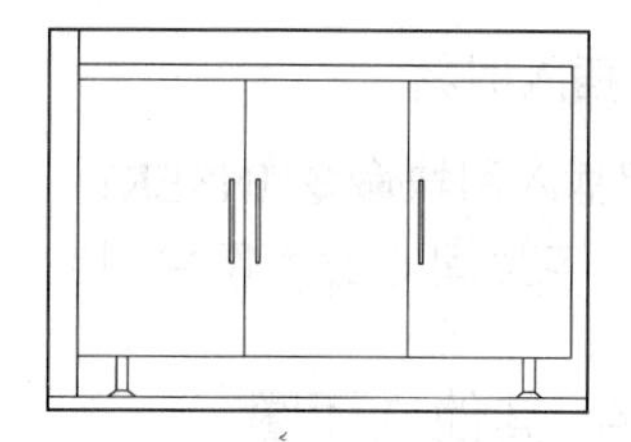

图 7-138　绘制拉手

5. 绘制墙面

卫生间墙面使用的是 300×600 墙砖，调用 HATCH/H 命令对墙面填充 LINE 图案，结果如图 7-139 所示。

6. 插入图块

按 Ctrl+O 快捷键，打开配套光盘提供的“第 7 章\家具图例.dwg”文件，选择其中的镜前灯、洗手盆和马桶图块，复制到卫生间立面区域，并进行修剪，如图 7-140 所示。

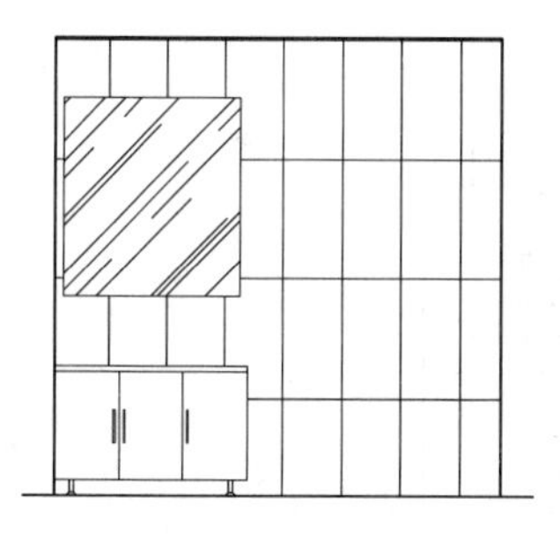

图 7-139　绘制墙面

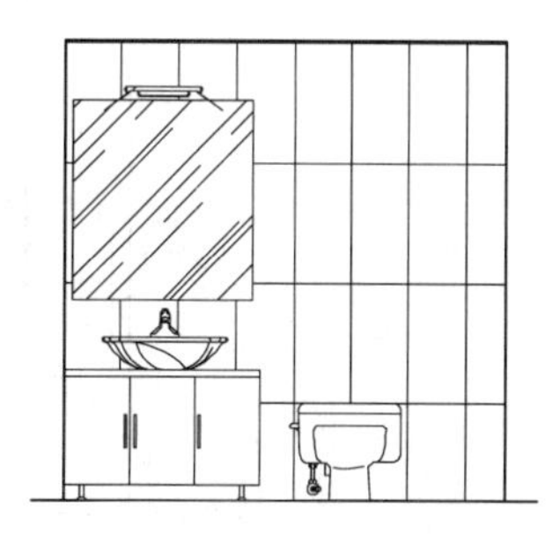

图 7-140　插入图块

7. 标注尺寸、材料说明

01 设置“BZ-标注”为当前图层，设置当前注释比例为 1∶50。调用 DIMLINEAR/DLI 命令进行线性尺寸标注，如图 7-141 所示。

02 调用 MLEADER/MLD 命令对材料进行标注，结果如图 7-142 所示。

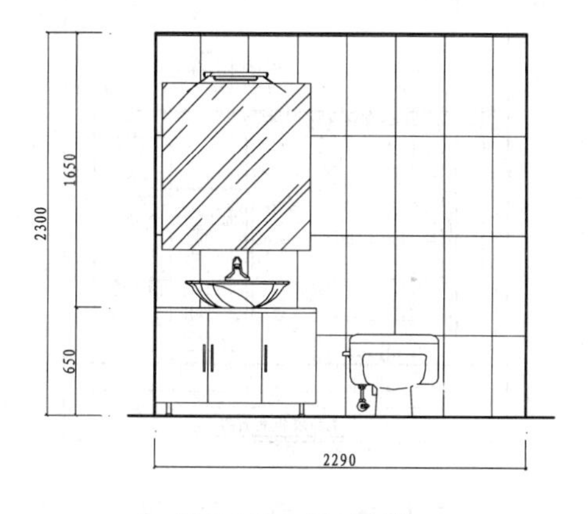

图 7-141　尺寸标注

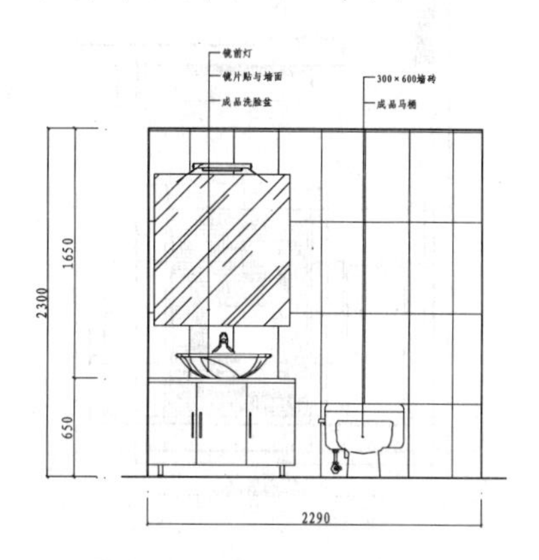

图 7-142　材料说明

8. 插入图名

调用插入图块命令 INSERT/I，插入“图名”图块，设置 C 立面图名称为“卫生间 C 立面图”。卫生间 C 立面图绘制完成。

7.8.4 其他立面图

使用前面介绍的方法绘制卧室 A 立面图、客厅 A 立面图和主卧衣柜立面图，完成结果如图 7-143～图 7-145 所示。

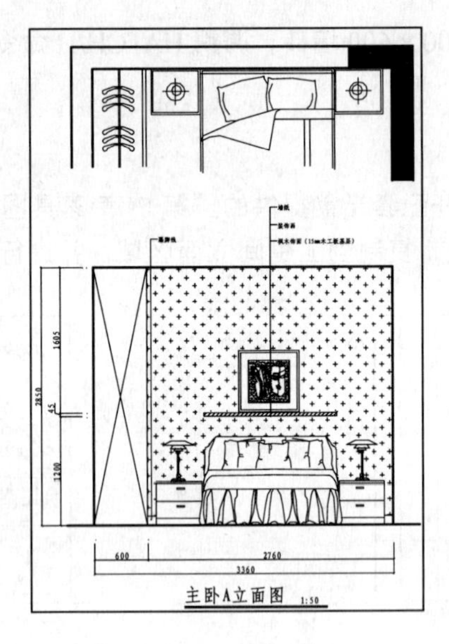

图 7-143 主卧 A 立面图

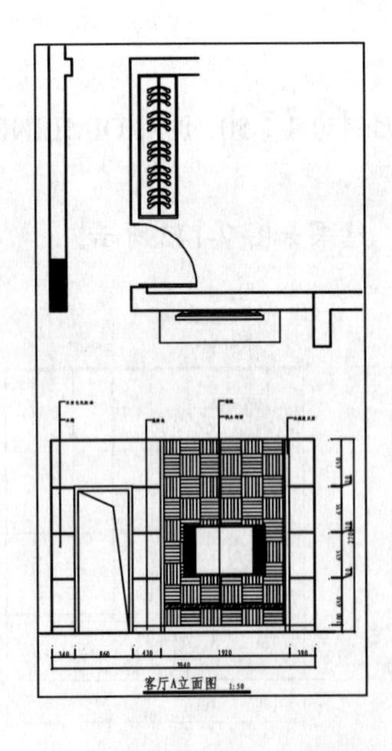

图 7-144 客厅 A 立面图

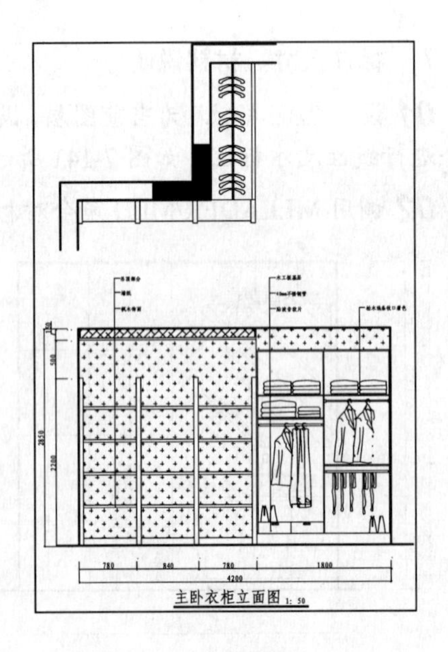

图 7-145 主卧衣柜立面图

第8章

简欧三居室室内设计

本章导读：

三居室是一种相对成熟的户型，住户可以涵盖各种家庭，但大部分有一定的经济实力和社会地位，住户年限大部分比较长。这种户型对风格比较重视，功能分区明确，本章以某简欧风格三居室为例，讲解三居室设计和施工图的绘制方法。

本章重点：

- 简欧三居室设计概述
- 调用样板新建文件
- 绘制三居室原始户型图
- 墙体改造
- 绘制三居室平面布置图
- 绘制三居室地材图
- 绘制三居室顶棚图
- 绘制三居室立面图

8.1 简欧三居室设计概述

简欧风格继承了传统欧式风格的装饰特点，吸取了其风格的“形神”特征，在设计上追求空间变化的连续性和形体变化的层次感，室内多采用带有图案的壁纸、地毯、窗帘、床罩、帐幔及古典装饰画，体现华丽的风格。家具门窗多漆为白色，画框的线条部位装饰为线条或金边，在造型设计上既要突出凹凸感，又要有优美的弧线。

8.1.1 三居室设计要点

- 三居室在布置时，应注意布置其两个厅，可根据需要将厅布置成餐厅和客厅，两个厅的风格可按主人的爱好来布置，风格应统一。
- 三居室的布置应考虑业主成员的构成，在满足基本需求的基础上，可再布置书房之类的功能居室，书房或工作室应布置在厅内，如在主卧中布置书房，应有灵活分隔，以免影响休息。
- 客厅的会客功能突出，要有一定的视听要求，在厅的设计中，大多增设玄关（门厅），墙面装饰要有一定的品味，灯具选用要考虑风格格调。

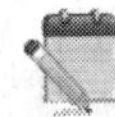

8.1.2 简欧风格的装饰特点

❑ 家具

选择暗红色或白色、带有西方复古的图案、线条以及非常西化的造型，实木桌边及餐桌椅都应该有精细的曲线或图案，如图 8-1 所示。

图 8-1　简欧风格家具示例

❑ 墙纸

可选择一些比较有特色的墙纸装饰房间，比如条纹和碎花图案。

❑ 灯具

可以是一些外形线条柔和或者光线柔和的，有一点造型、有一点朴素。

❑ 装饰画

应选用线条繁琐，看上去比较厚重的画框，才能与之匹配，而且尽量选用描金、雕花等看起来较为隆重的装饰画，更能体现其风格所在。

❑ 配色

大多采用白色、淡色为主，家具则是白色或深色都可以，但是要成系列，风格统一。同时，一些布艺的面料和质感很重要，丝质面料会显得比较高贵。

❑ 地毯

地毯的舒适感和典雅的独特质地要与西式家具搭配得当，选择时最好是图案和色彩相对淡雅，过于花哨的地面会与简欧风格古典的宁静和谐相冲突。

8.2 调用样板新建文件

本书第 3 章创建了室内装潢施工图样板，该样板已经设置了相应的图形单位、样式、图层和图块等，原始户型图可以直接在此样板的基础上进行绘制。

01 执行【文件】|【新建】命令，打开“选择样板”对话框。

02 单击使用样板按钮，选择“室内装潢施工图”样板，如图 8-2 所示。

03 单击【打开】按钮，以样板创建图形，新图形中包含了样板中创建的图层、样式和图块等内容。

04 选择【文件】|【保存】命令，打开“图形另存为”对话框，在“文件名”框中输入文件名，单击【保存】按钮保存图形。

8.3 绘制三居室原始户型图

本例原始户型图如图 8-3 所示，下面讲解绘制方法。

图 8-2 “选择样板”对话框

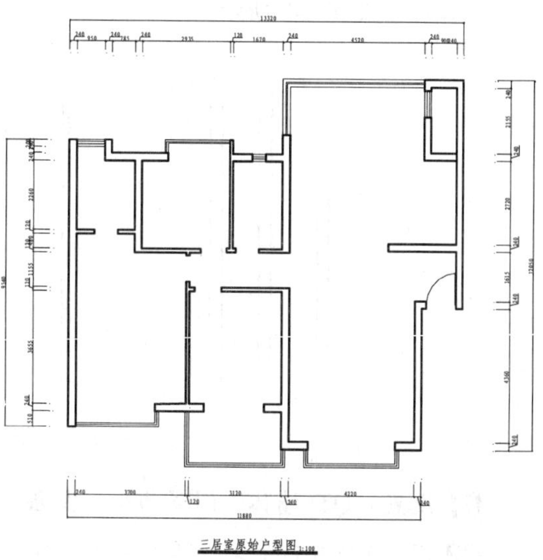

图 8-3 三居室原始户型图

8.3.1 绘制墙体

下面介绍墙体的绘制方法，绘制结果如图 8-4 所示，墙体通常使用两条平行线表示，有偏移和多线等多种绘制方法，本例采用偏移的方法绘制墙体。

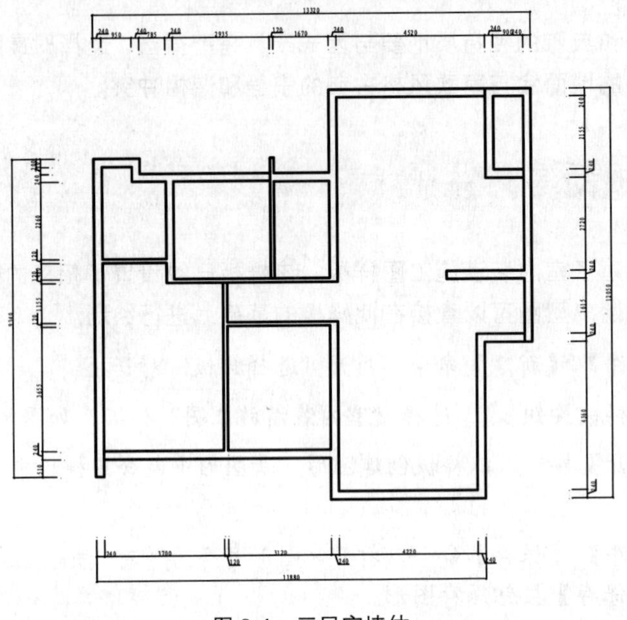

图 8-4 三居室墙体

1. 绘制上开间墙体

为了方便讲解，这里将三居室墙体区分为上开间、下开间、左进深和右进深墙体。所谓开间，通俗的说就是房间或建筑的宽度，进深就是指房间或建筑纵向的长度，三居室上开间墙体尺寸如图 8-5 所示。

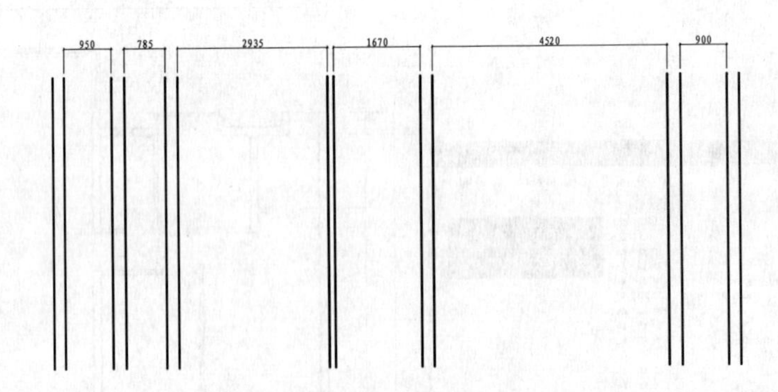

图 8-5 上开间墙体尺寸

01 设置“QT_墙体”图层为当前图层。

02 调用 LINE/L 命令，绘制一条垂直线段，表示最右侧的墙体线，如图 8-6 所示。

03 调用 OFFSET/O 命令，偏移绘制的垂直线段，偏移距离为 240，得到墙体的厚度（这里外墙厚度均为 240），如图 8-7 所示。

04 调用 OFFSET/O 命令，向右偏移第二根垂直线段，即开间尺寸，如图 8-8 所示。

05 使用相同方法，根据如图 8-5 所示尺寸偏移出其他上开间墙体线。

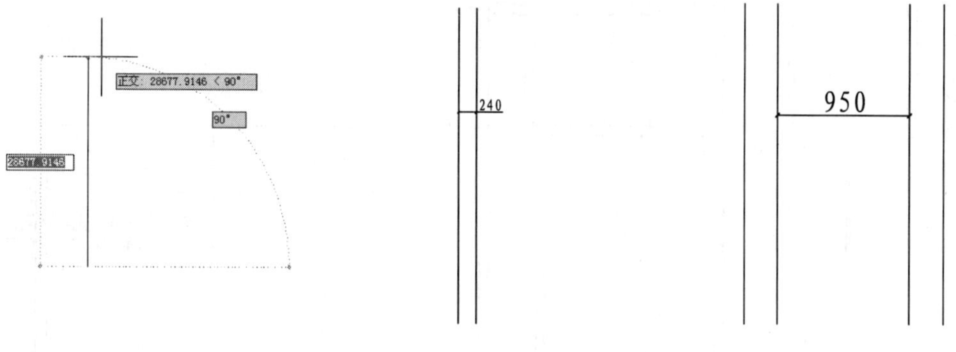

图 8-6　绘制垂直线段　　图 8-7　偏移墙体　　图 8-8　偏移垂直线段

2. 绘制下开间墙体

下开间尺寸如图 8-9 所示，绘制方法如下：

01 选择上开间最左侧墙体线，使用夹点功能，将其向下延长，使其长度与进深尺寸相符，如图 8-10 所示。

02 延长右侧墙体线，其长度与左侧墙体线相等，如图 8-11 所示。

03 调用 OFFSET/O 命令，根据如图 8-9 所示下开间尺寸，偏移墙体线，完成下开间绘制。

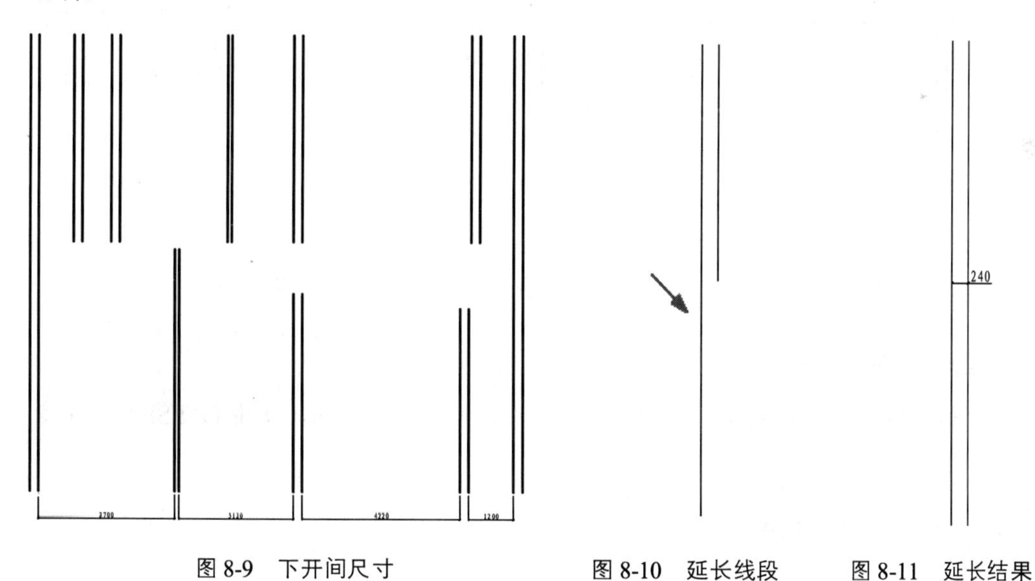

图 8-9　下开间尺寸　　图 8-10　延长线段　　图 8-11　延长结果

3. 绘制右进深墙体

右进深尺寸如图 8-12 所示，绘制方法如下：

01 调用 LINE/L 命令，以上开间最右侧垂直直线的顶端点为起点（如图 8-13 箭头所指），水平向左绘制线段，结果如图 8-14 所示。

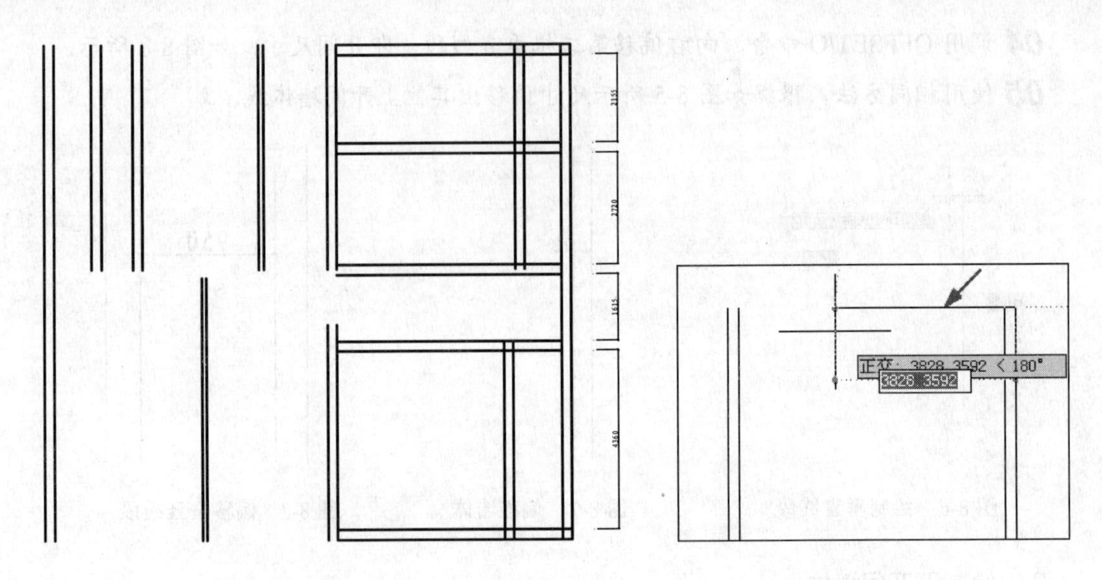

图 8-12 右进深尺寸　　　　图 8-13 绘制线段

02 调用 OFFSET/O 命令，向下偏移绘制的水平线段，偏移距离为 240，得到墙体厚度，如图 8-15 所示。

03 继续调用 OFFSET/O 命令，根据如图 8-12 所示右进深尺寸，偏移出其他水平线，完成右进深墙体线绘制。

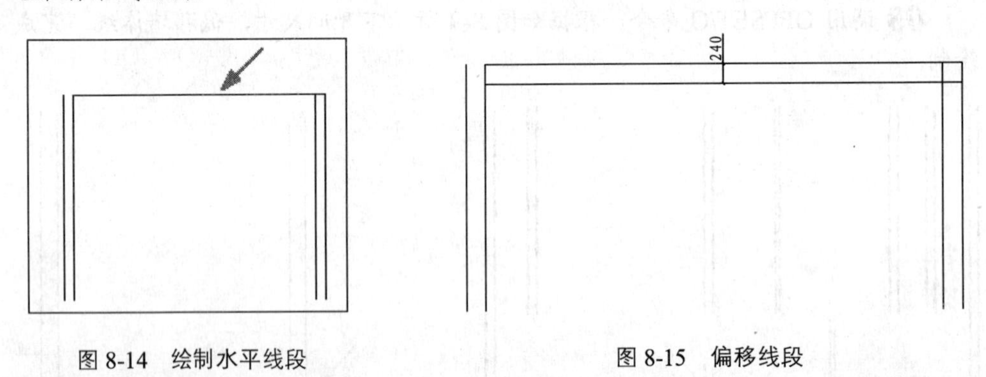

图 8-14 绘制水平线段　　　　图 8-15 偏移线段

4. 绘制左进深墙体

左进深尺寸如图 8-16 所示，其绘制方法与右进深的绘制相同，使用 OFFSET/O 命令偏移线段即可。

 8.3.2 修剪和整理墙体图形

前面绘制的墙体线还要做进一步的修剪调整，才能准确表达户型的结构。修剪墙体线可使用 TRIM/TR 命令、FILLET/F 命令和 EXTEND/EX 等命令，也可使用夹点法，如图 8-17 所示为修剪后的效果。

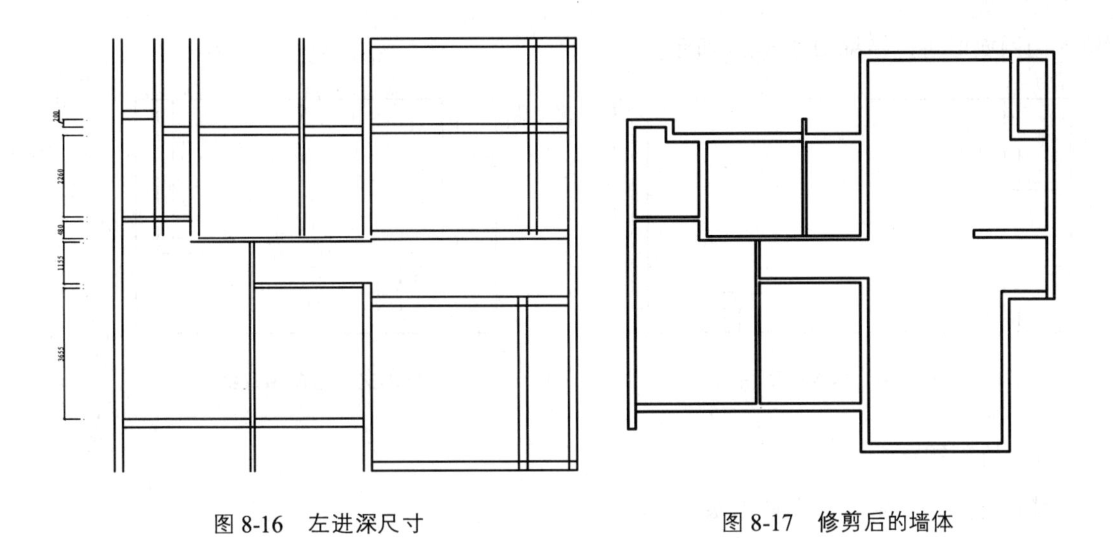

图 8-16　左进深尺寸　　　　图 8-17　修剪后的墙体

8.3.3 标注尺寸

绘制完墙体后，即可对墙体进行标注。标注尺寸使用 DIMLINEAR/DLI 命令，效果如图 8-18 所示。

8.3.4 绘制门窗

1. 开门洞和窗洞

开门洞和窗洞的方法在前面的章节已讲解过，即先使用 OFFSET/O 命令偏移墙体线，绘制出洞口边界线，然后使用 TRIM/TR 命令修剪出门洞，结果如图 8-19 所示。

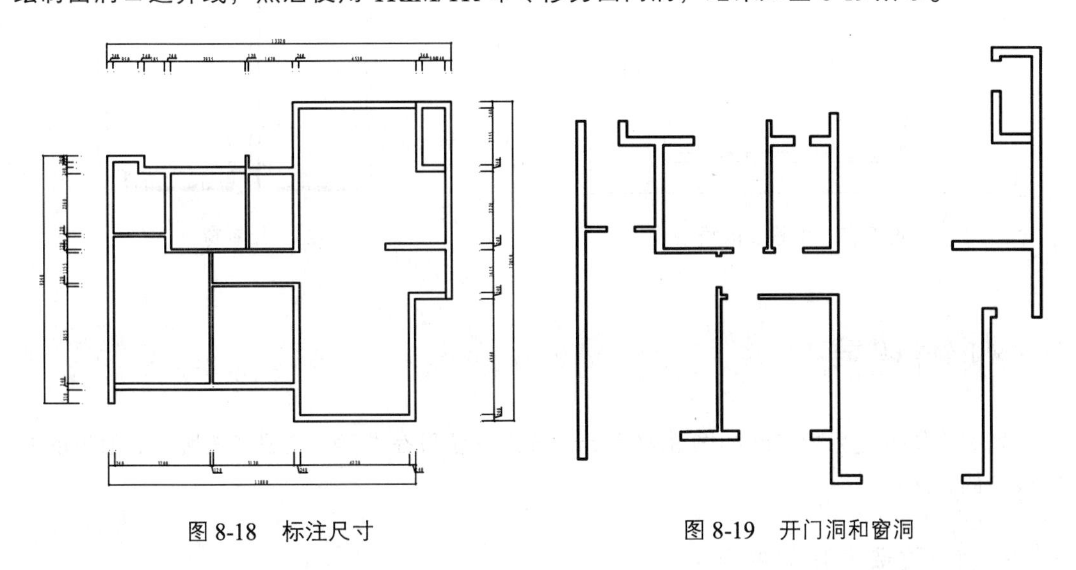

图 8-18　标注尺寸　　　　图 8-19　开门洞和窗洞

2. 绘制门

本书在前面章节中已经详细讲解了绘制门的方法，因此这里直接调用 INSERT/I 命令插入门图块即可，结果如图 8-20 所示。

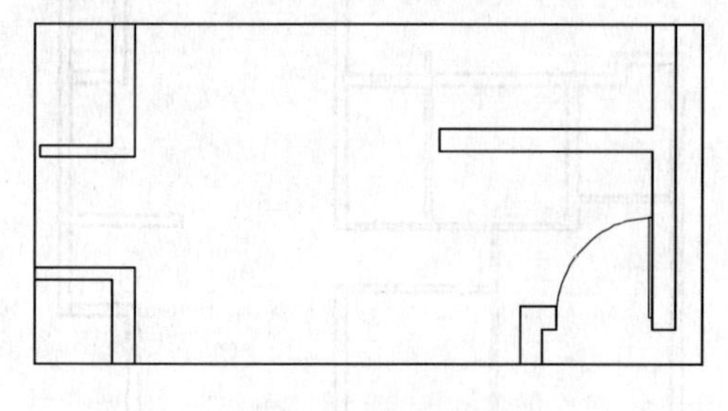

图 8-20　插入门图块

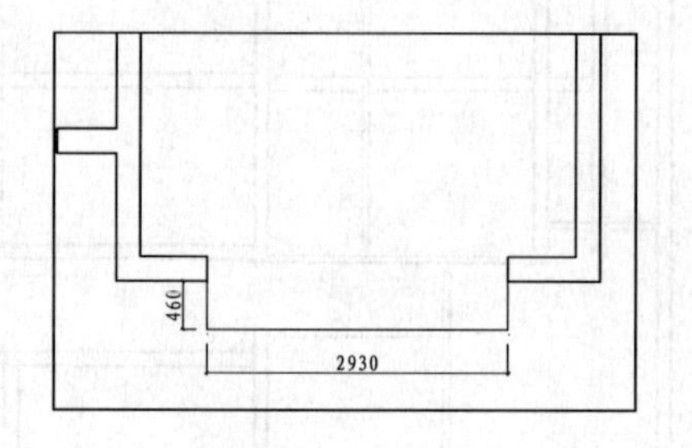

图 8-21　绘制多段线

3. **绘制飘窗**

01 设置“C_窗”为当前图层。

02 绘制窗图形。调用多段线 PLINE/PL 命令，绘制飘窗轮廓，效果如图 8-21 所示。

03 调用 OFFSET/O 命令，向外偏移多段线，偏移的距离为 60，偏移 2 次，得到飘窗平面图形，如图 8-22 所示。

04 使用相同的方法绘制其他窗，结果如图 8-23 所示，原始户型图绘制完成。

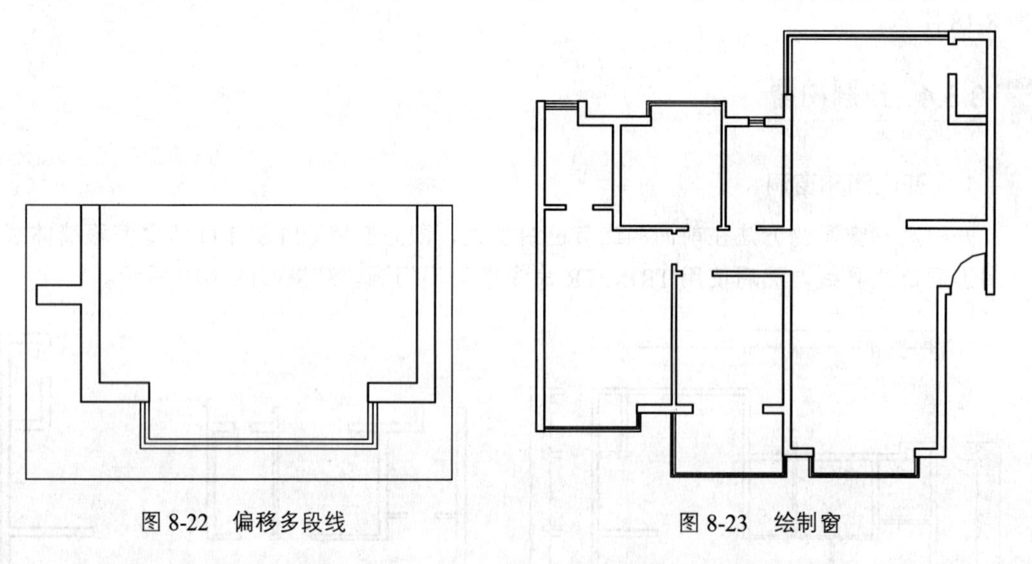

图 8-22　偏移多段线　　图 8-23　绘制窗

8.4 墙体改造

本例墙体改造后的空间如图 8-24 所示，改造的位置在书房、主卫和主卧，下面讲解墙体改造的方法。

8.4.1 改造主卧和主卫

主卧墙体通过改造，增加一个衣帽间，增强了房间的使用功能，如图 8-25 所示为改造前后的效果。

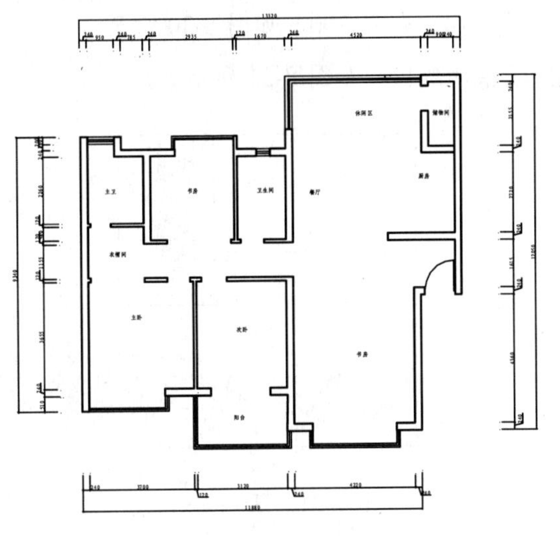

图 8-24　墙体改造

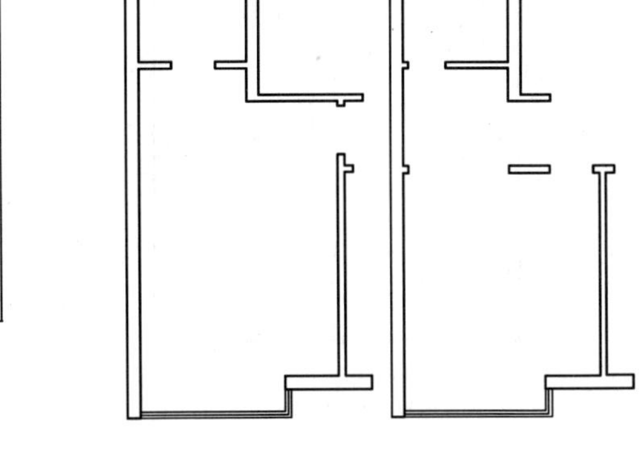

图 8-25　改造前后

01 设置“QT_墙体”图层为当前图层。

02 调用 PLINE/PL 命令，在主卧中绘制墙体，分隔出衣帽间，并进行修剪，效果如图 8-26 所示。

03 对主卧与次卧之间的内墙进行修改，可使用 TRIM/TR 和 PLINE/PL 等命令，效果如图 8-27 所示。

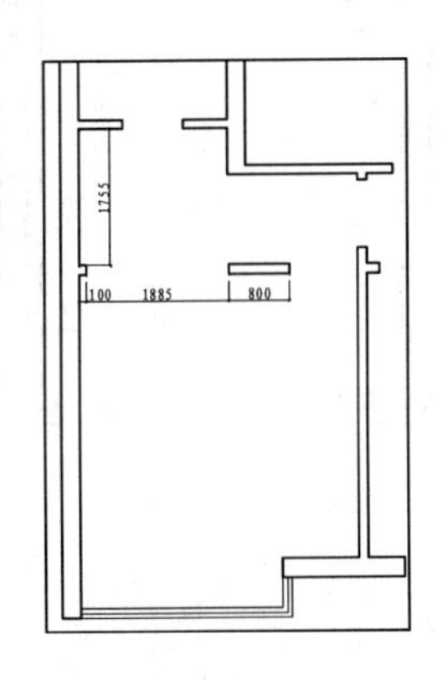

图 8-26　绘制墙体

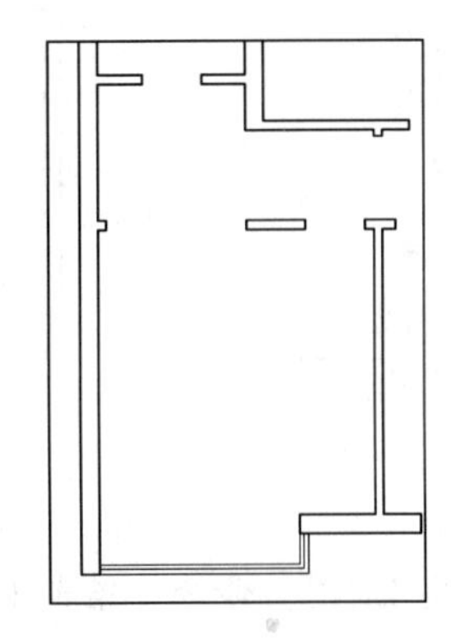

图 8-27　修改墙体

04 改造卫生间墙体。调用 LINE/L 命令，绘制如图 8-28 所示线段。

05 调用 TRIM/TR 命令，对线段右侧的墙体进行修剪，效果如图 8-29 所示。

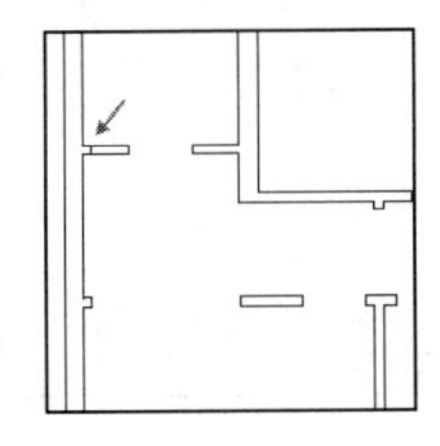

图 8-28　绘制线段

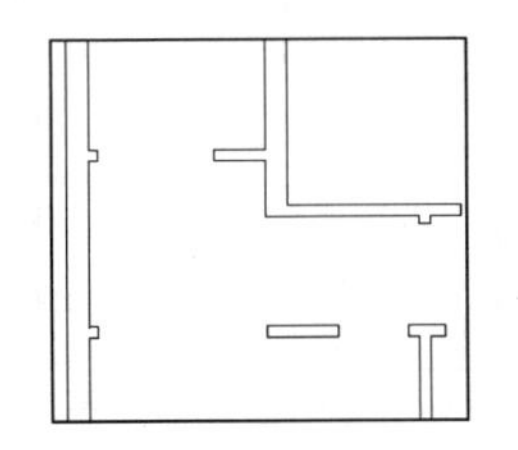

图 8-29　修剪线段

06 调用 OFFSET/O 命令，将前面绘制的线段向右偏移 700，如图 8-30 所示。

07 使用夹点功能延长右侧墙体，并删除多余的线段，如图 8-31 所示。

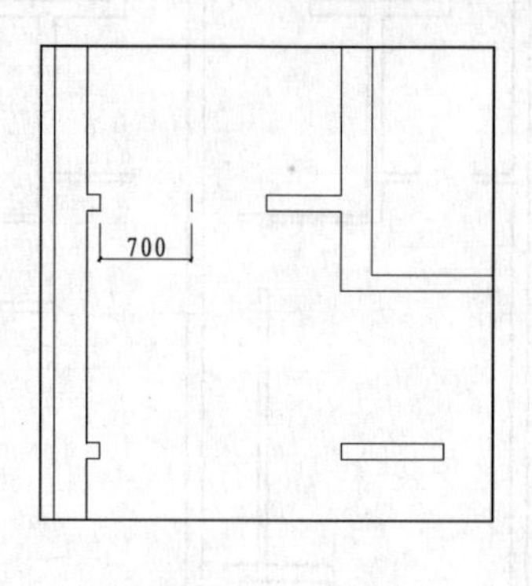

图 8-30 偏移线段

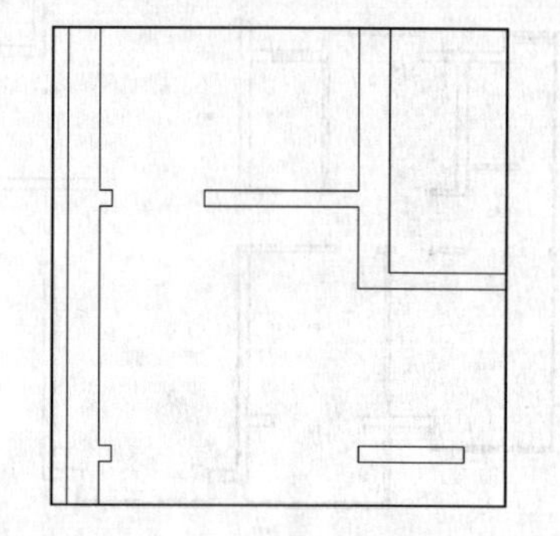

图 8-31 延长线段

8.4.2 改造书房

书房入口门通过改造将门洞宽度设置为 2250，以便使用推拉门，如图 8-32 所示为改造前后的效果。

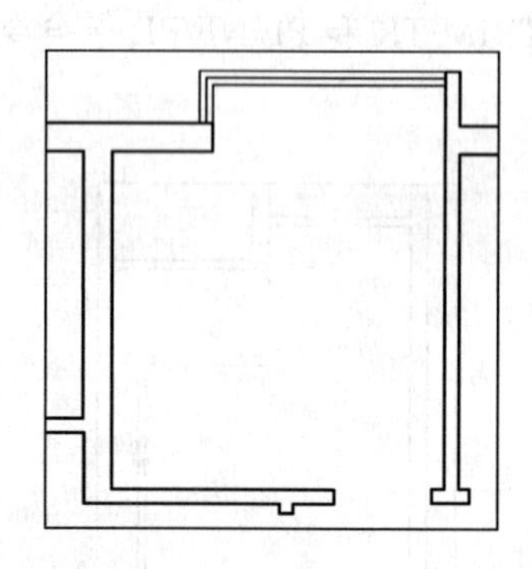

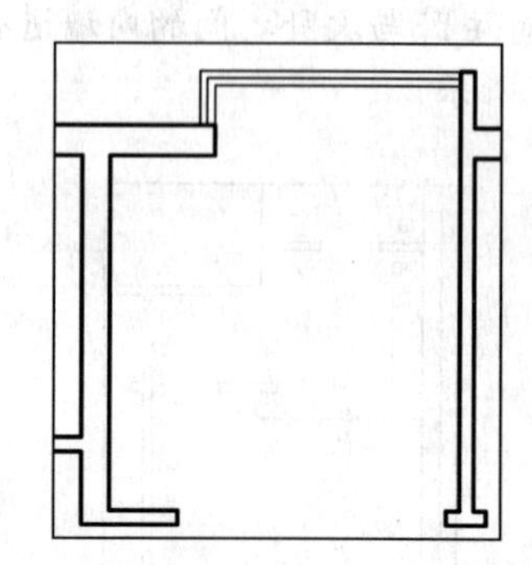

图 8-32 改造前后

01 调用 LINE/L 命令，绘制如图 8-33 所示线段。

02 调用 TRIM/TR 命令，修剪线段，效果如图 8-34 所示。

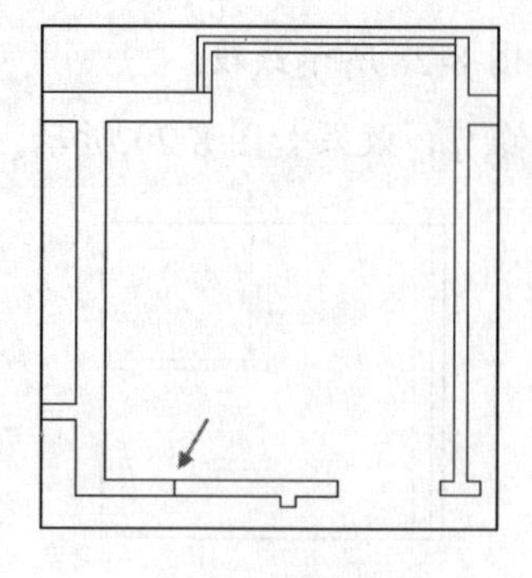

图 8-33 绘制线段

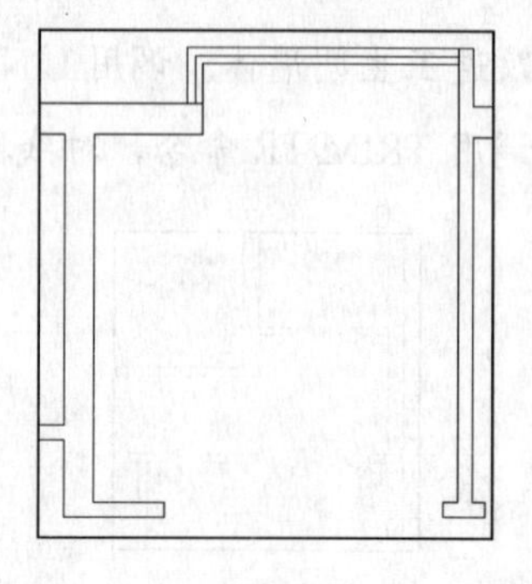

图 8-34 修剪线段

8.4.3 空间功能划分

墙体改造完后，接下来划分各空间功能，需要为各房间注上房间名称，效果如图 8-24 所示。

8.5 绘制三居室平面布置图

本节讲解简欧风格三居室平面布置图的画法，绘制完成的平面布置图如图 8-35 所示。

8.5.1 绘制玄关及客厅平面布置图

玄关及客厅平面布置图如图 8-36 所示，需要绘制的图形有鞋柜和电视柜，其他图形可以从图库中调用。

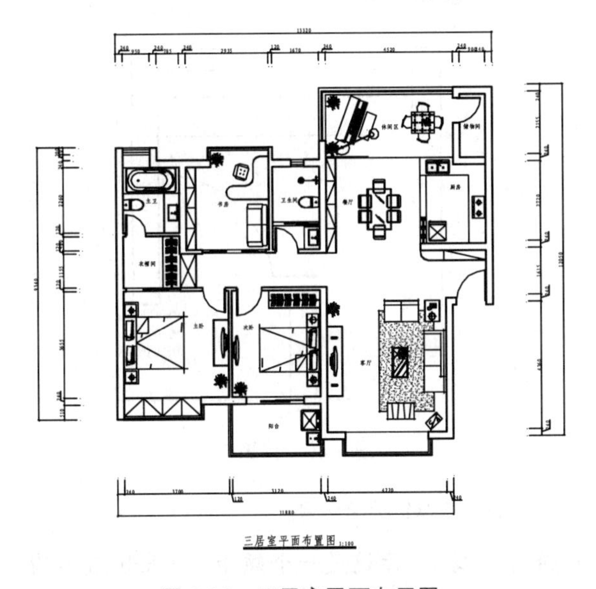

图 8-35 三居室平面布置图

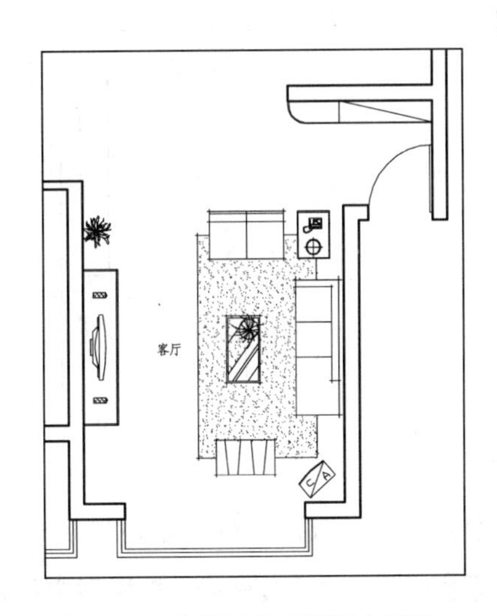

图 8-36 玄关及客厅平面布置图

1. **复制图形**

平面布置图可在原始户型图的基础上进行绘制，调用 COPY/CO 命令，复制三居室的原始户型图。

2. **绘制鞋柜**

01 设置 "JJ_家具" 图层为当前图层。

02 调用 RECTANG/REC 命令，绘制两个矩形，如图 8-37 所示。

03 调用 EXPLODE/X 命令分解矩形。

04 调用 OFFSET/O 命令，偏移线段，得到辅助线，如图 8-38 所示。

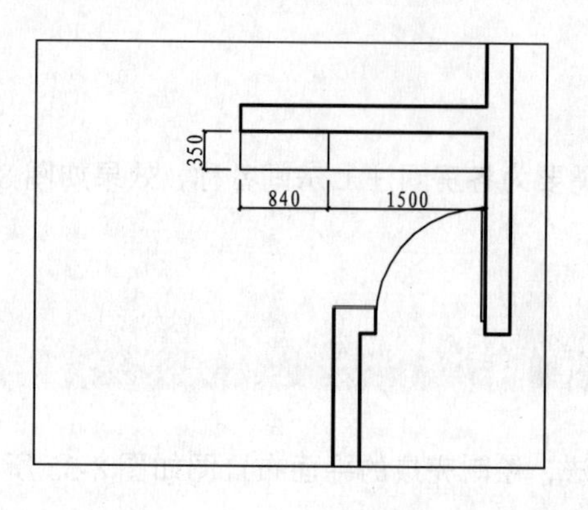

图 8-37　绘制矩形

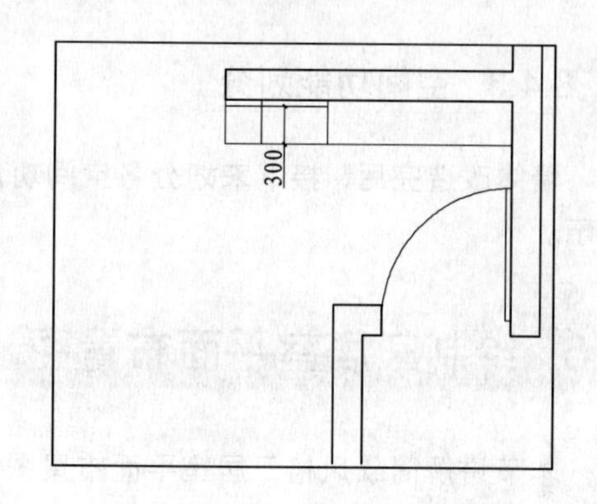

图 8-38　偏移线段

05 调用 CIRCLE/C 命令，以辅助线的交点为圆心绘制一个半径为 280 的圆，并删除辅助线，如图 8-39 所示。

06 调用 TRIM/TR 命令，对圆进行修剪，如图 8-40 所示。

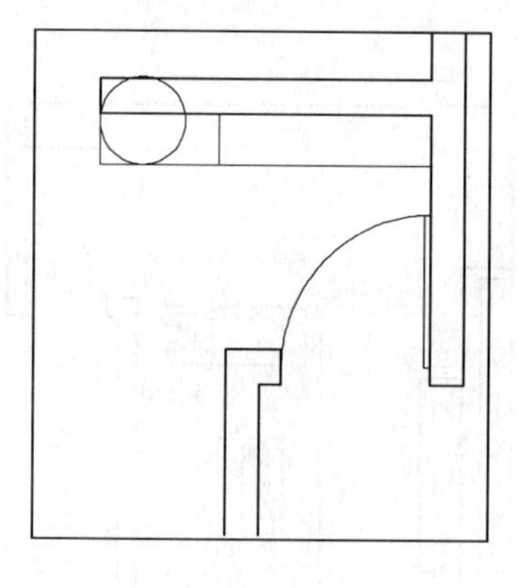

图 8-39　绘制圆

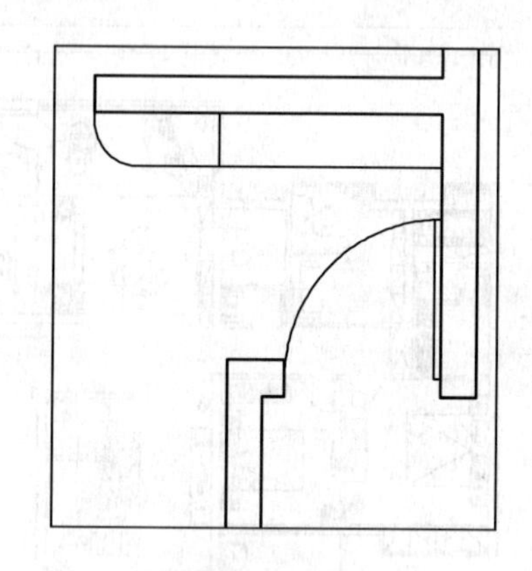

图 8-40　修剪圆

07 调用 OFFSET/O 命令，通过偏移的得到如图 8-41 所示效果。

08 调用 LINE/L 命令，在矩形中绘制一条对角线，表示这是一个矮柜，效果如图 8-42 所示。

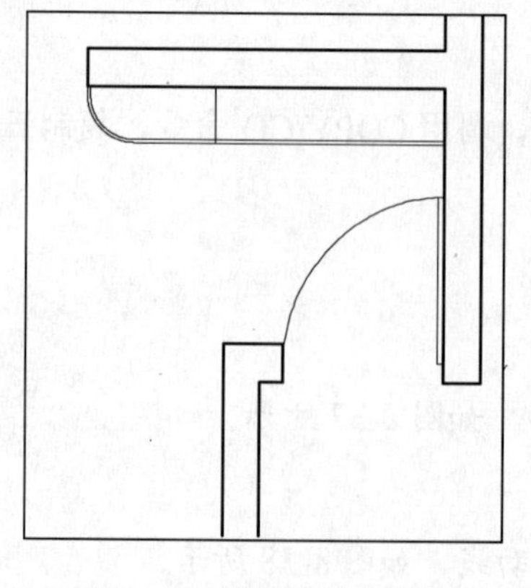

图 8-41　偏移线段和圆弧

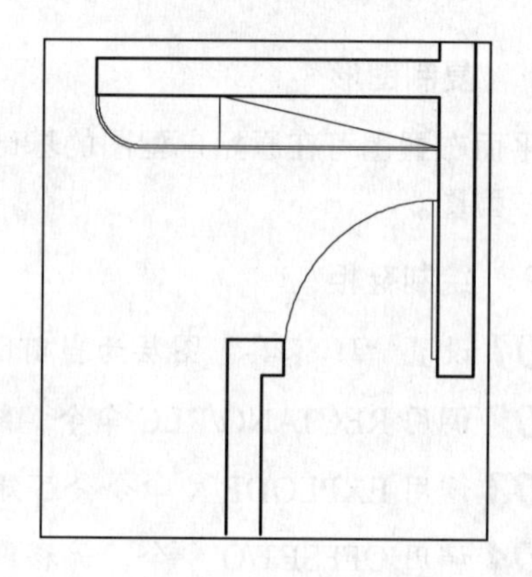

图 8-42　绘制线段

3. 绘制电视柜

01 调用 PLINE/PL 命令，绘制电视柜的轮廓，效果如图 8-43 所示。

02 调用 OFFSET/O 命令，将绘制的多段线向内偏移 20，效果如图 8-44 所示。

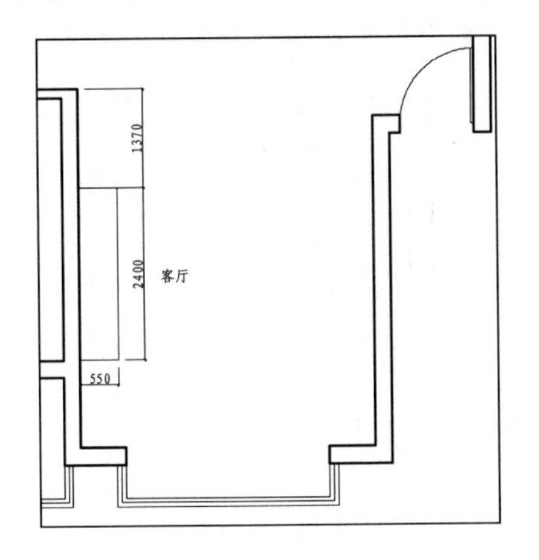

图 8-43　绘制多段线

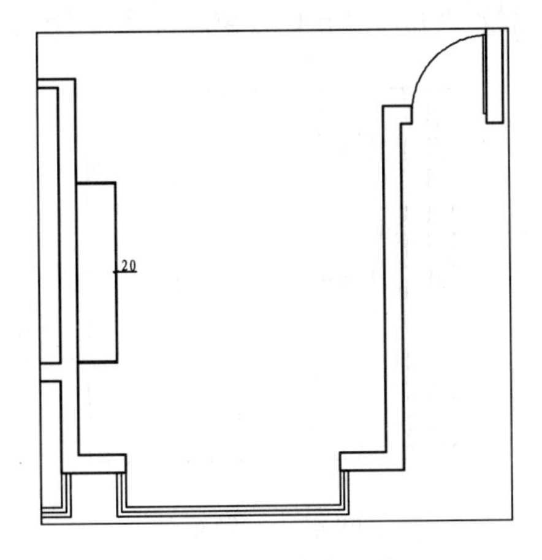

图 8-44　偏移多段线

4. 插入图块

打开本书配套光盘中的“第 8 章\家具图例.dwg”文件，分别选择植物、电视、音响及沙发等图形，复制到客厅平面布置图中，然后使用 MOVE/M 命令将图形移到相应的位置，结果如图 8-36 所示，玄关及客厅平面布置图绘制完成。

8.5.2 绘制餐厅平面布置图

餐厅的平面布置图如图 8-45 所示，下面讲解其绘制方法。

1. 绘制隔断

餐厅与休闲区采用的是玻璃隔断，调用 RECTANG/REC 命令和 LINE/L 命令绘制，效果如图 8-46 所示。

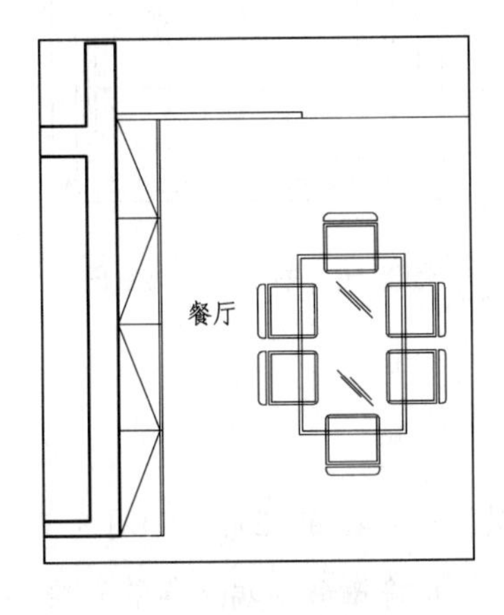

图 8-45　餐厅平面布置图

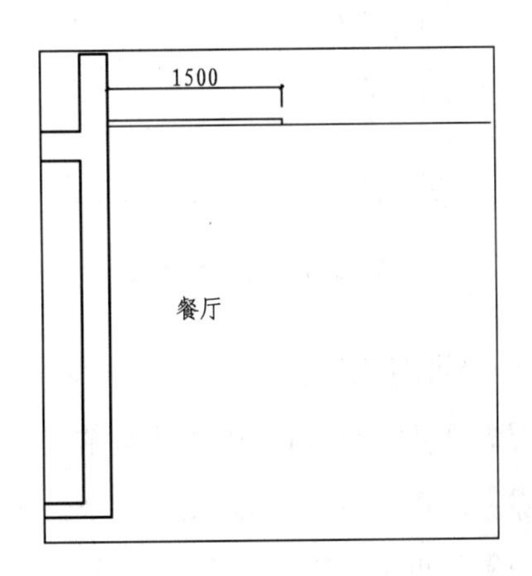

图 8-46　绘制隔断

2. 绘制装饰柜

01 调用 RECTANG/REC 命令和 COPY/CO 命令，绘制装饰柜的轮廓，效果如图 8-47 所示。

02 调用 LINE/L 命令在矩形中绘制一条线段，表示板材，效果如图 8-48 所示。

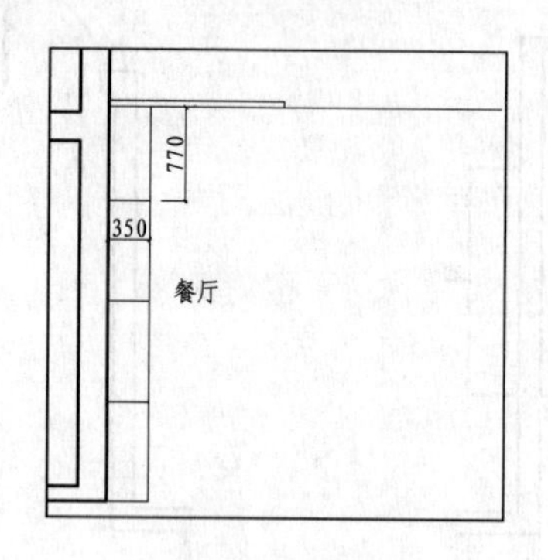

图 8-47 绘制矩形

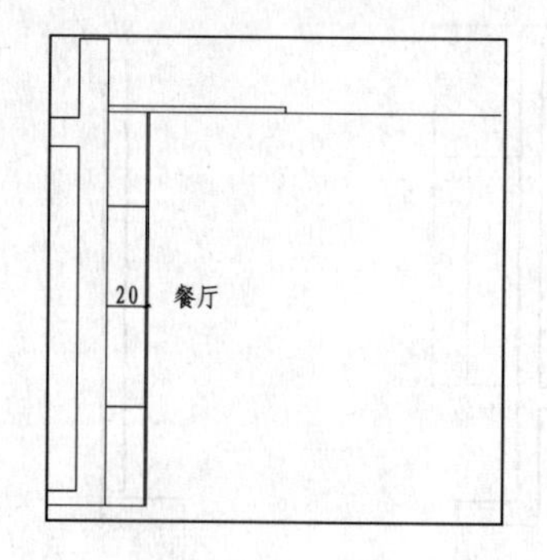

图 8-48 绘制线段

03 调用 LINE/L 命令，在矩形中绘制一条对角线，效果如图 8-49 所示。

3. 插入图块

从图库中插入餐桌图块，效果如图 8-45 所示，餐厅平面布置图绘制完成。

8.5.3 绘制书房平面布置图

书房安排在与卧室相对的位置，以方便主人休息和工作。书房平面布置图如图 8-50 所示，设置了书柜、书桌、植物和沙发等家具。

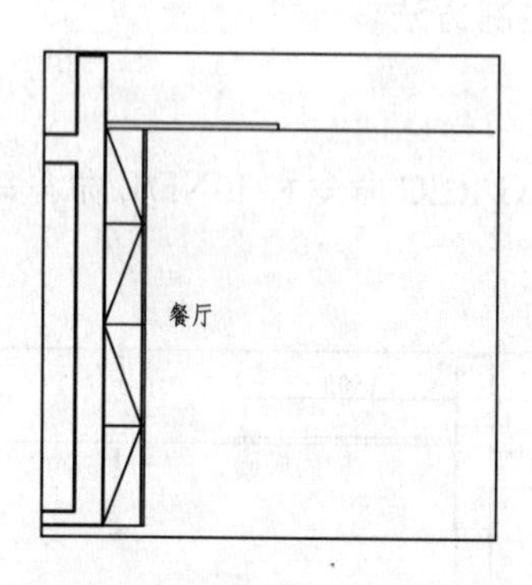

图 8-49 绘制对角线

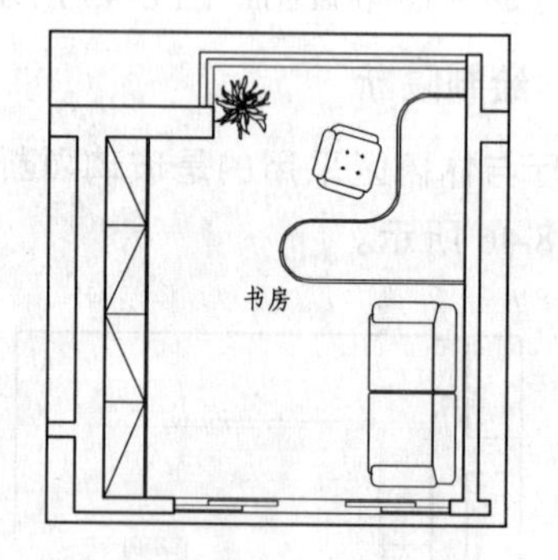

图 8-50 书房平面布置图

1. 绘制推拉门

01 设置“M_门”图层为当前图层。

02 调用 RECTANG/REC 命令，绘制一个尺寸为 565×40 的矩形，如图 8-51 所示。

03 调用 COPY/CO 命令，将矩形复制到其上方，并将矩形的端点与前面绘制的矩形中点对齐，如图 8-52 所示。

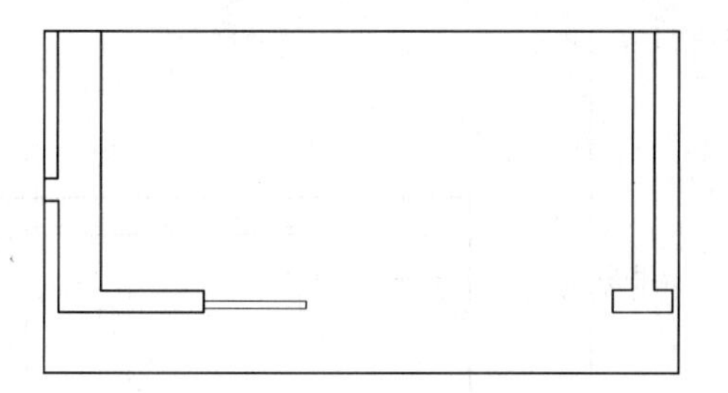

图 8-51 绘制矩形

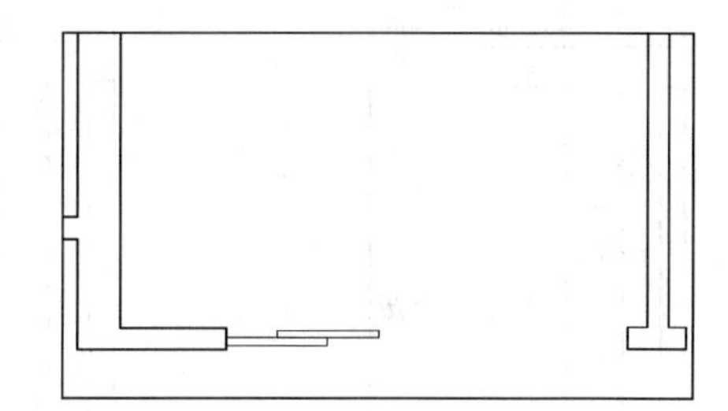

图 8-52 复制矩形

04 调用 MIRROR/MI 命令，得到另一侧的门，效果如图 8-53 所示。

05 调用 LINE/L 命令，在门的两侧绘制门槛线，效果如图 8-54 所示。

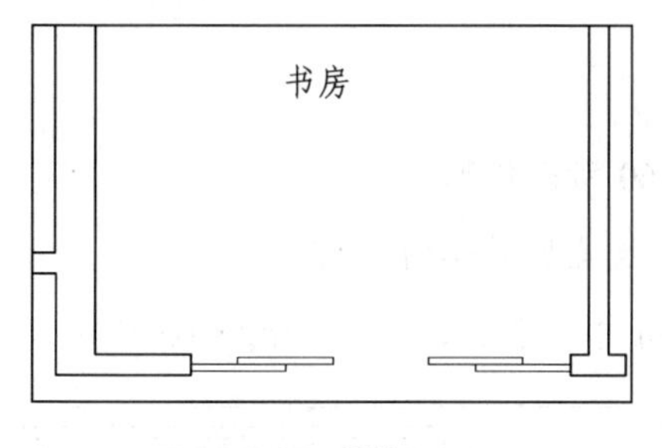

图 8-53 镜像图形

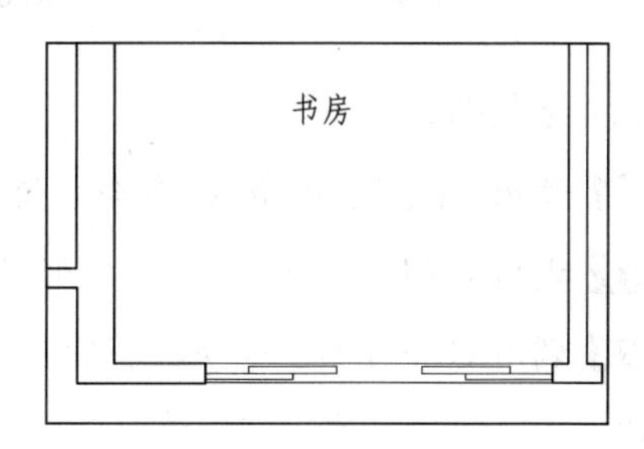

图 8-54 绘制门槛线

2. 绘制书柜

01 调用 OFFSET/O 命令，偏移如图 8-55 所示箭头所指墙体线，并将偏移后的线段转换至“JJ_家具”图层。

02 调用 DIVIDE/DIV 命令，将偏移后的线段分成 4 份，如图 8-56 所示。

03 调用 LINE/L 命令，过等分点绘制水平线段，如图 8-57 所示。

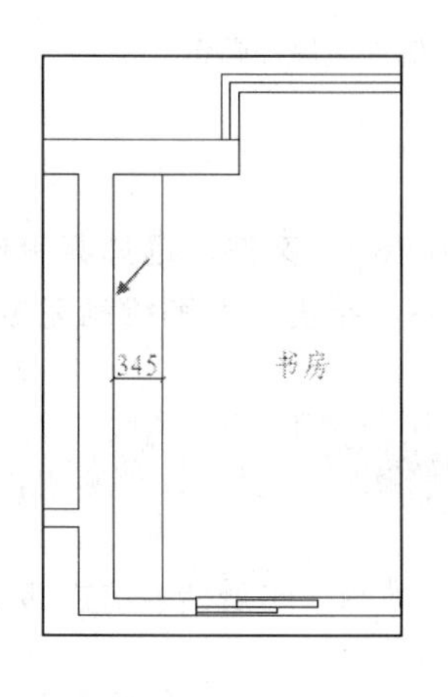

图 8-55 等分线段

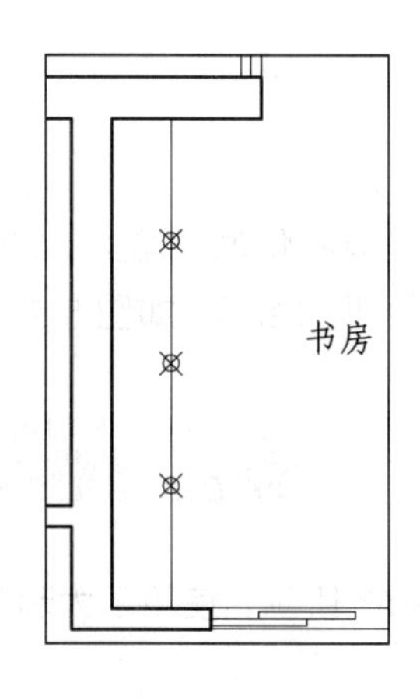

图 8-56 偏移线段

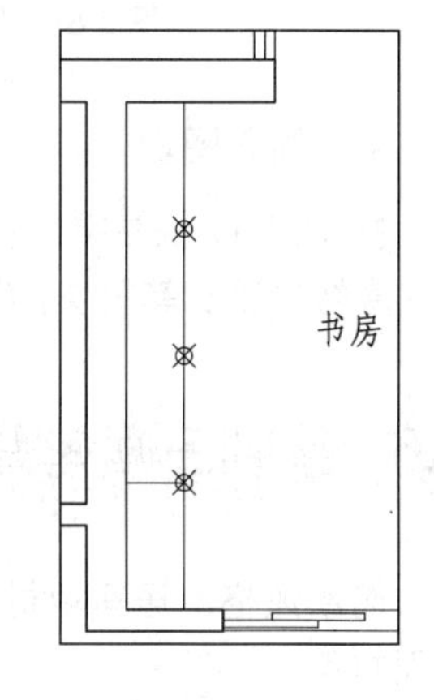

图 8-57 复制线段

04 选择水平线段，调用 COPY/CO 命令复制水平线段到其他等分点，并删除等分点，结果如图 8-58 所示。

05 调用 LINE/L 命令，绘制表示板材的线段和对角线，结果如图 8-59 所示。

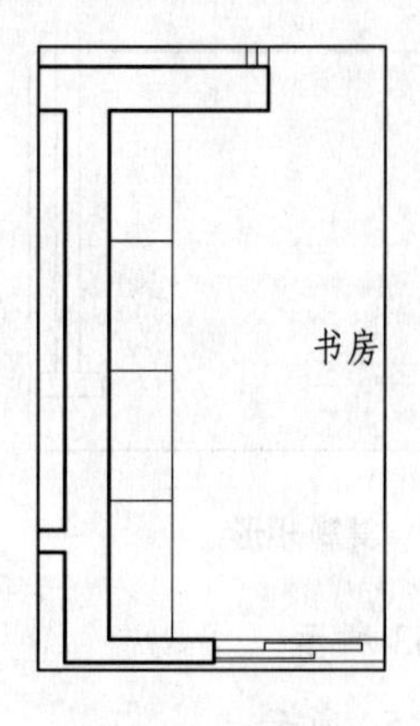

图 8-58　绘制线段

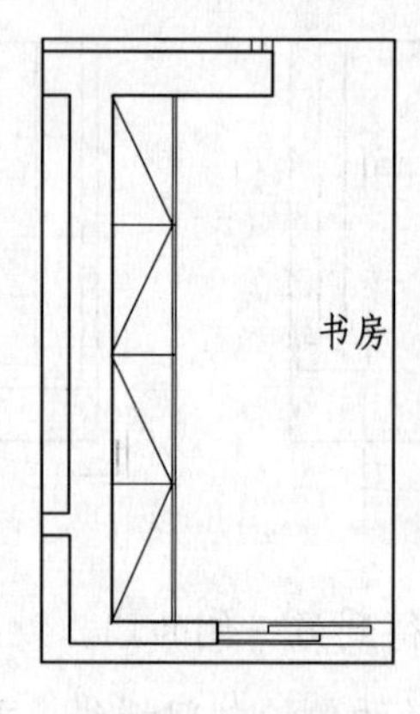

图 8-59　绘制线段

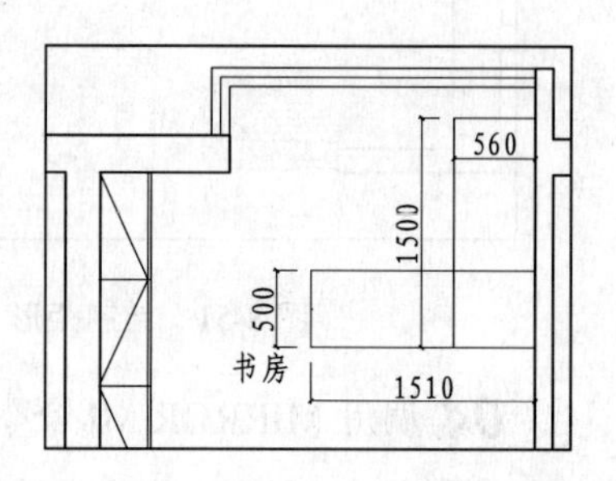

图 8-60　绘制矩形

3. 绘制书桌

01 调用 RECTANG/REC 命令，绘制如图 8-60 所示矩形。

02 调用 FILLET/F 命令，对矩形进行圆角，效果如图 8-61 所示。

03 调用 OFFSET/O 命令，将圆角后的矩形向内偏移 20，效果如图 8-62 所示。

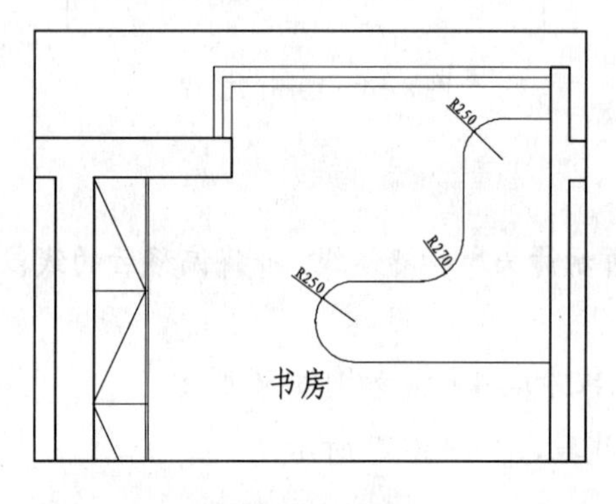

图 8-61　圆角

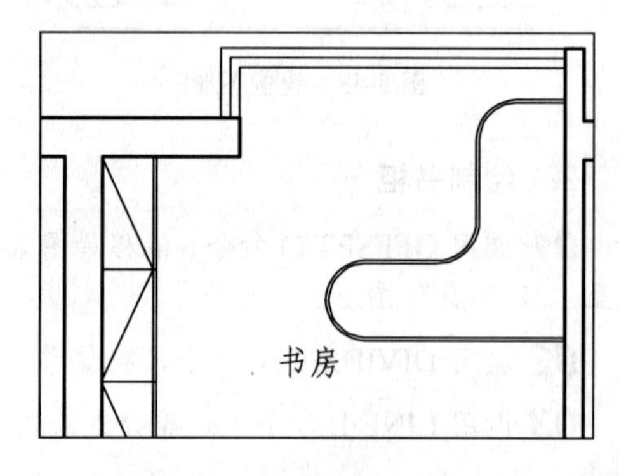

图 8-62　偏移线段和圆弧

4. 插入图块

按 Ctrl+O 快捷键，打开配套光盘提供的“第 8 章\家具图例.dwg”文件，选择其中椅子、植物和沙发等图块，将其复制至书房区域，如图 8-50 所示，书房平面布置图绘制完成。

8.6 绘制三居室地材图

简欧风格三居室地材图如图 8-63 所示，使用了大理石、实木地板、防滑砖、仿古砖等地面材料。

8.6.1 绘制客厅、餐厅及过道地材图

客厅、餐厅及过道地材图如图 8-64 所示，由于这三个空间采用的地面材质均为 800×800 地砖面可以一同进行绘制。

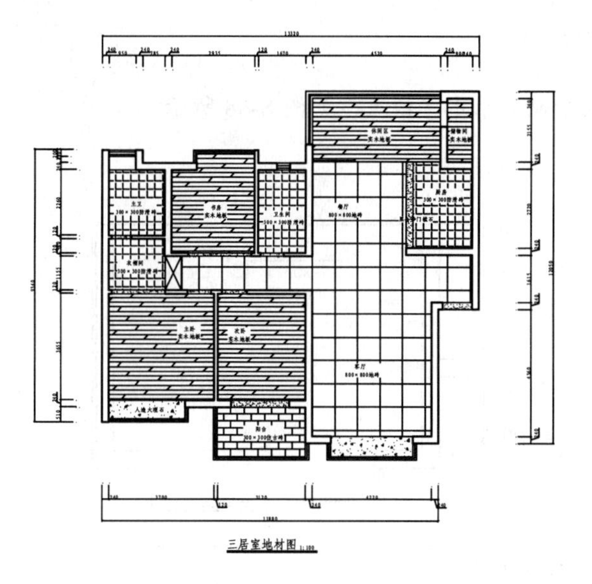

图 8-63 三居室地材图

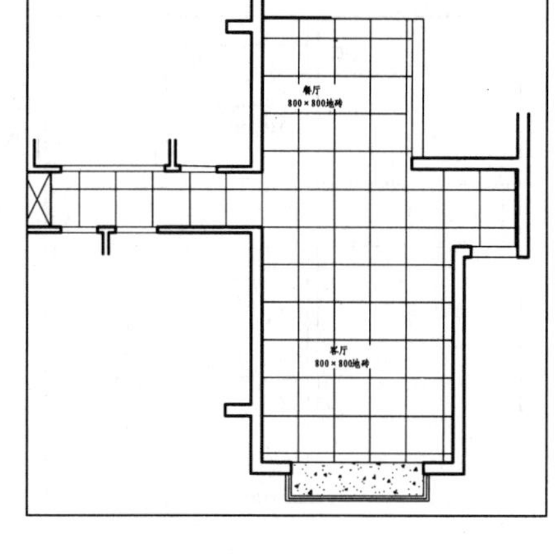

图 8-64 客厅、餐厅及过道地材图

1. 复制图形

01 地材图可以在平面布置图的基础上进行绘制，调用 COPY/CO 命令，将平面布置图复制一份。

02 删除平面布置图中与地材图无关的图形，结果如图 8-65 所示。

2. 绘制门槛线

01 设置“DM_地面”图层为当前图层。

02 调用 LINE/L 命令，在门洞内绘制门槛线，效果如图 8-66 所示。

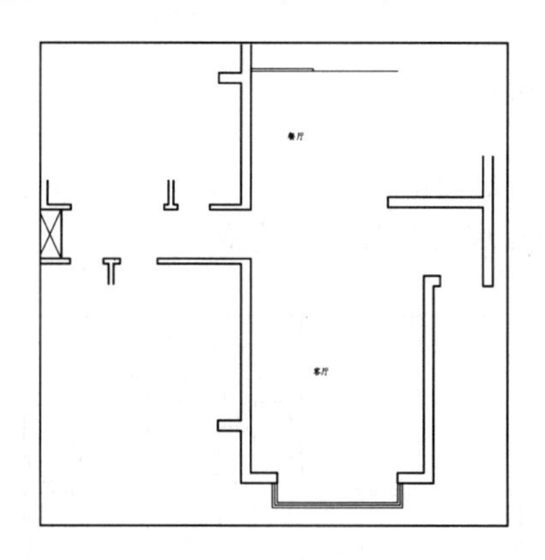

图 8-65 删除图形

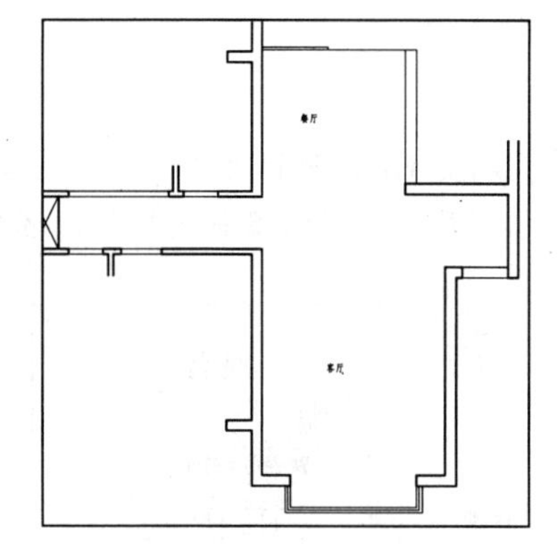

图 8-66 绘制门槛线

3. 材料说明

双击前面标注的房间名称，将地面材料名称添加到文字内容中，并调用 RECTANG/REC 命令框住文字，效果如图 8-67 所示。

4. 绘制地面材质图例

01 调用 LINE/L 命令，在客厅阳台处绘制一条水平线段，如图 8-68 所示。

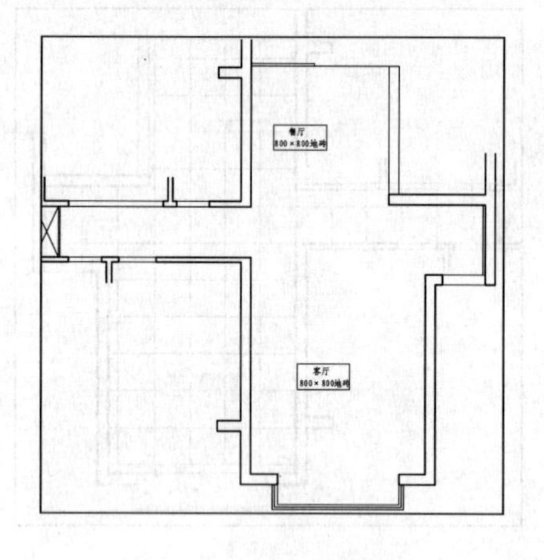

图 8-67 标注材料名称

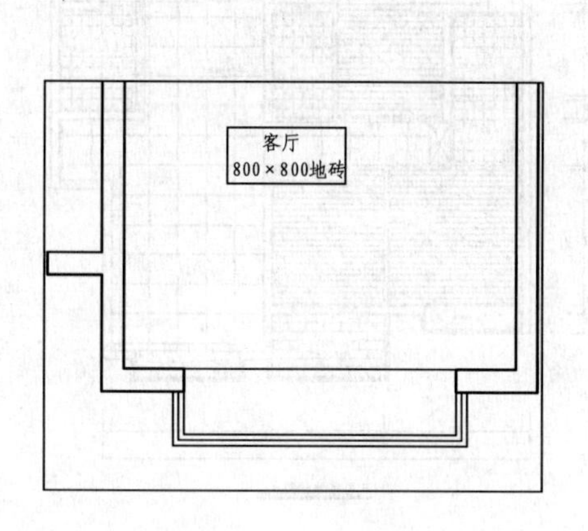

图 8-68 绘制线段

02 调用 HATCH/H 命令，在阳台位置填充 AR-CONC 图案，表示大理石，填充参数和效果如图 8-69 所示。

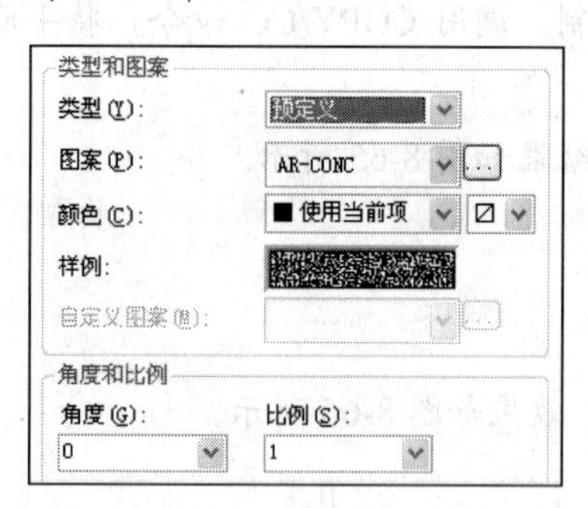

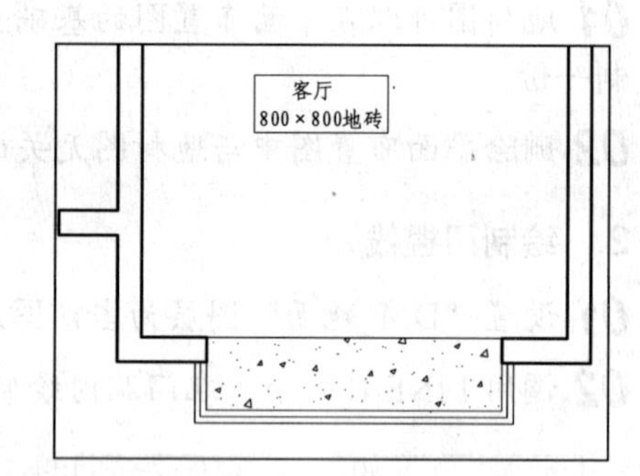

图 8-69 填充参数和效果

03 调用 HATCH/H 命令，填充图案表示相应的地面材料，填充参数和效果如图 8-70 所示，填充后删除前面绘制的矩形，客厅、餐厅和过道地材图绘制完成。

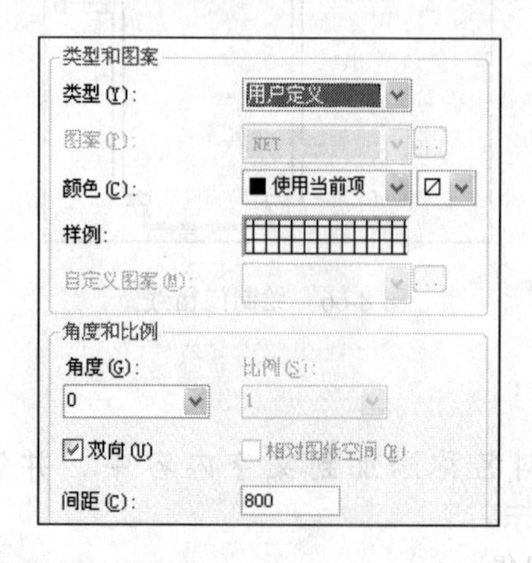

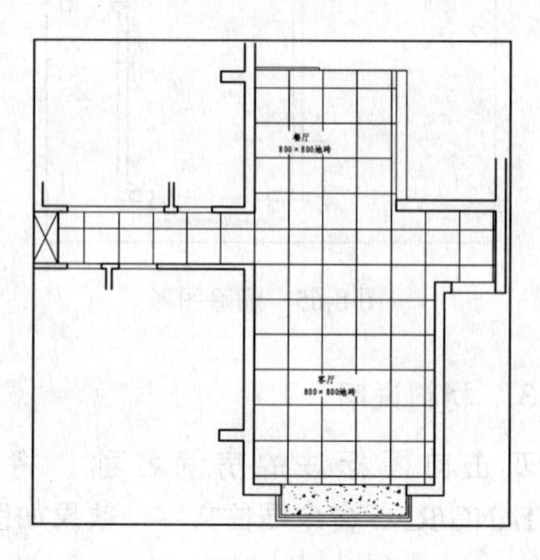

图 8-70 填充参数和效果

8.6.2　绘制卧室、书房、休闲区及储物间地材图

本例所有卧室、书房、休闲区及储物间均铺设“实木地板”。其填充参数如图 8-71 所示。如果要修改地板的铺设方向，只需在“图案填充和渐变色”对话框中修改“角度”参数即可。

8.7　绘制三居室顶棚图

简欧风格家具顶棚设计一般较为复杂，如图 8-72 所示为本例三居室顶棚图，下面讲解其绘制方法。

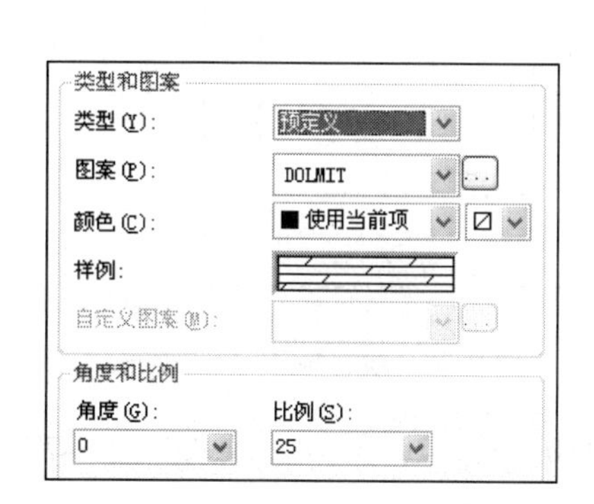

图 8-71　填充参数设置

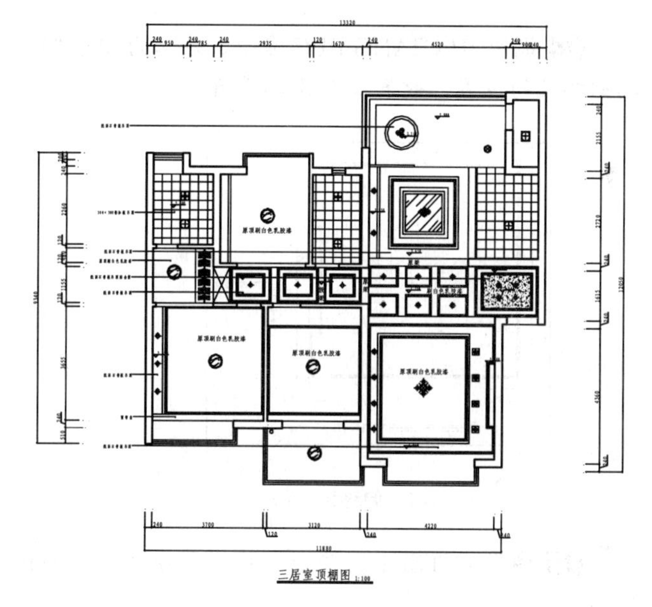

图 8-72　三居室顶棚图

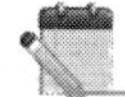

8.7.1　绘制客厅顶棚图

客厅顶棚图如图 8-73 所示，下面讲解绘制方法。

1. 复制图形

顶棚图可在平面布置图的基础上绘制，复制三居室平面布置图，删除与顶棚图无关的图形。并在门洞处绘制墙体线。

2. 绘制吊顶造型

01 设置“DD_吊顶”图层为当前图层。

02 调用 PLINE/PL 命令，绘制如图 8-74 所示多段线。

03 调用 OFFSET/O 命令，将多段线分别向内偏移 30、20 和 10，效果如图 8-75 所示。

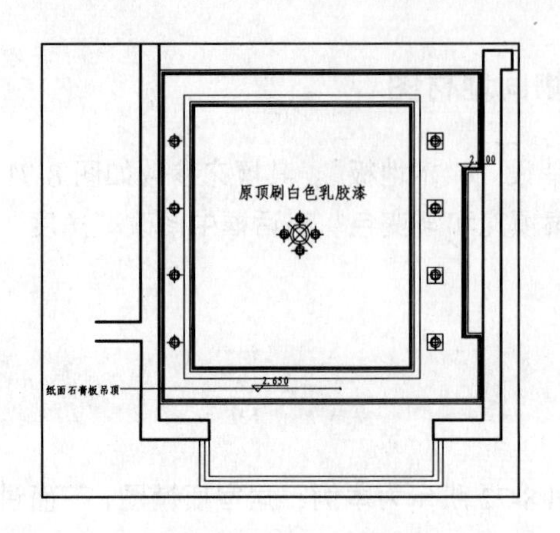

图 8-73　绘制客厅顶棚图

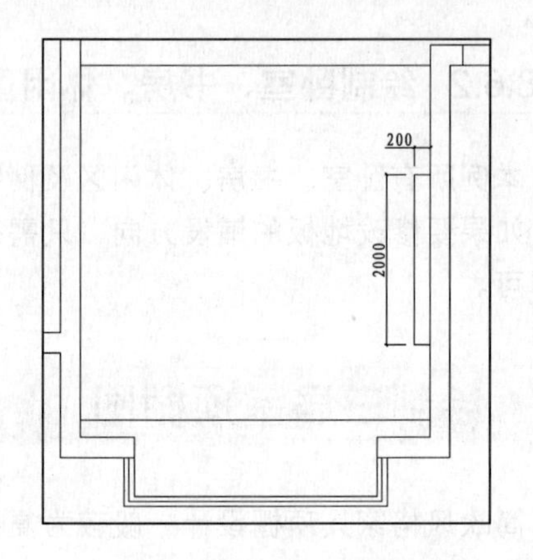

图 8-74　绘制多段线

04 调用 RECTANG/REC 命令，在客厅中绘制一个尺寸为 3080×3520 的矩形，并移动到相应的位置，效果如图 8-76 所示。

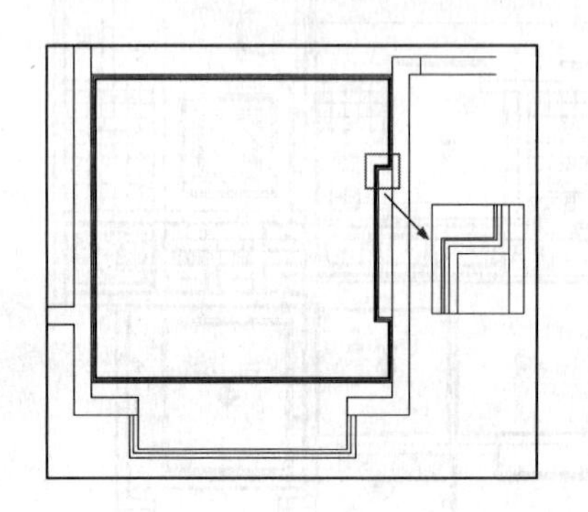

图 8-75　偏移多段线

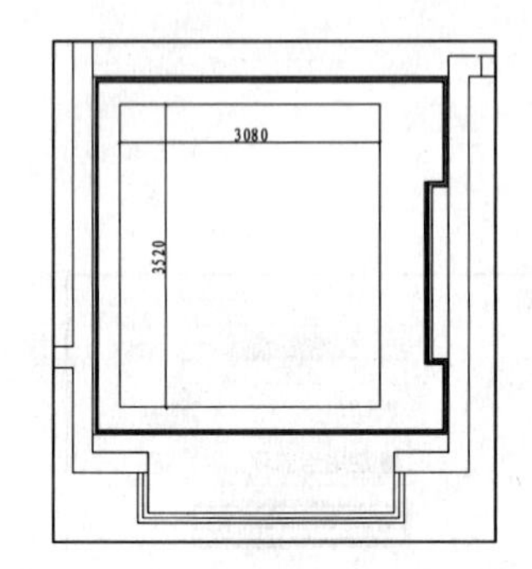

图 8-76　绘制矩形

05 调用 OFFSET/O 命令，将矩形分别向内偏移 110、30、20 和 10，效果如图 8-77 所示。

3. 绘制灯具

客厅所用到的灯具主要有吊灯和射灯，布置方法如下：

01 调用 LINE/L 命令，绘制辅助线，如图 8-78 所示。

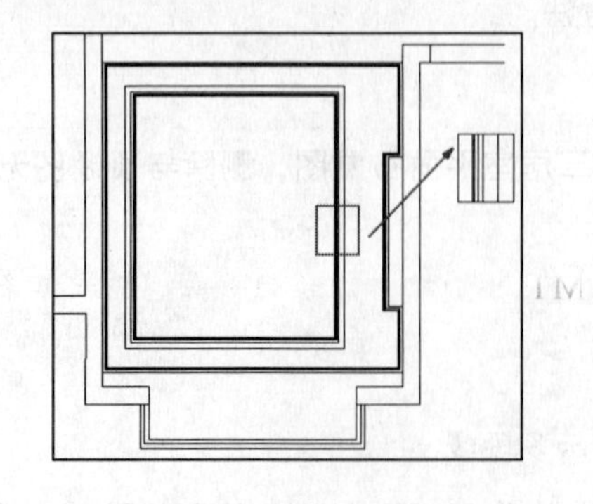

图 8-77　偏移多段线

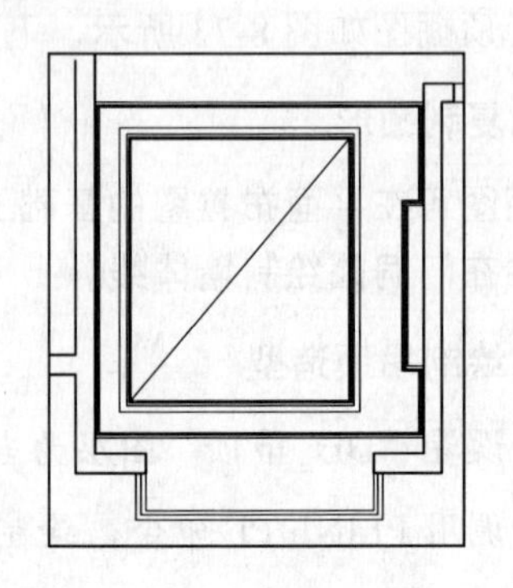

图 8-78　绘制辅助线

02 调用灯具图形。打开本书光盘中“第 8 章\家具图例.dwg”文件，将该文件中绘制好的灯具图例表复制到本图中，如图 8-79 所示。

03 选择灯具图例表中的吊灯图形，调用 COPY/CO 命令，将其复制到客厅顶棚图中，注意吊灯中心点与辅助线中点对齐，然后删除辅助线，结果如图 8-80 所示。

图例	名称
	艺术吸顶灯
	吸顶灯
	下垂式吊灯
	小射灯
	吊灯
	浴霸
	筒灯

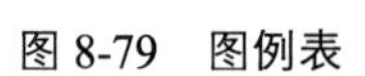

图 8-79　图例表

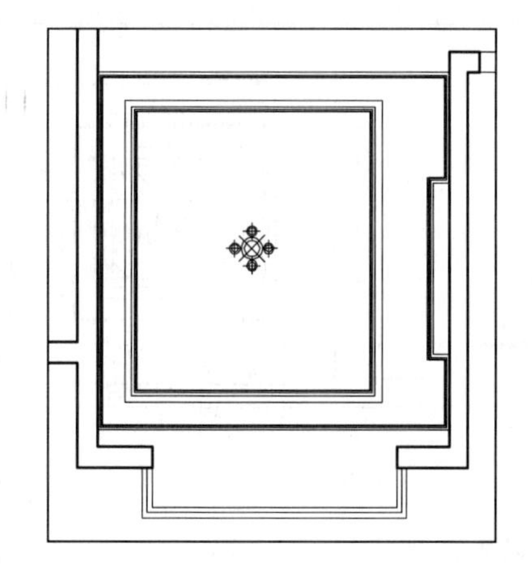

图 8-80　复制灯具

04 调用 COPY/CO 命令布置其他灯具，结果如图 8-81 所示。

4. 标注标高和文字说明

01 调用插入图块命令 INSERT/I，插入标高图块，并设置正确的标高值，结果如图 8-82 所示。

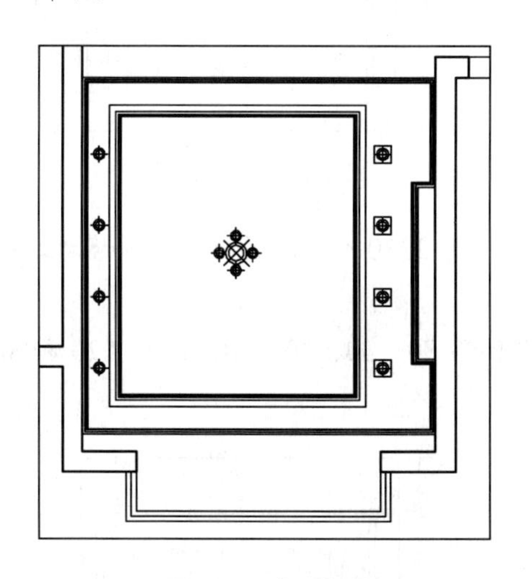

图 8-81　布置灯具

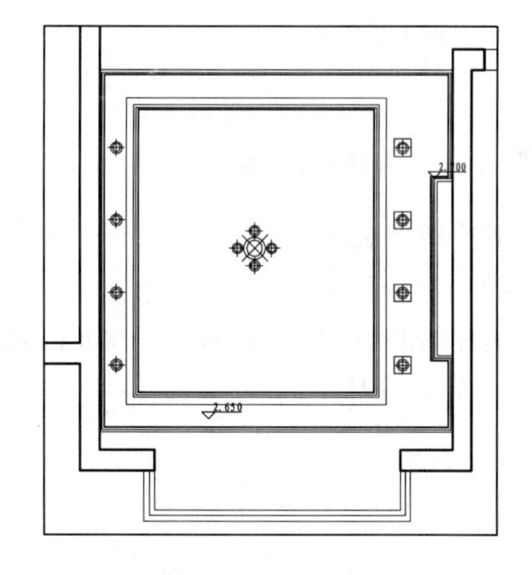

图 8-82　插入标高

02 调用 MLEADER/MLD 命令和 MTEXT/MT 命令对材料进行标注，结果如图 8-73 所示，客厅顶棚图绘制完成。

8.7.2 绘制餐厅顶棚图

餐厅顶棚图如图 8-83 所示，其绘制方法比较简单，下面讲解绘制方法。

1. 绘制吊顶造型

01 设置“DD_吊顶”图层为当前图层。

02 调用 LINE/L 命令和 OFFSET/O 命令，绘制原梁，效果如图 8-84 所示。

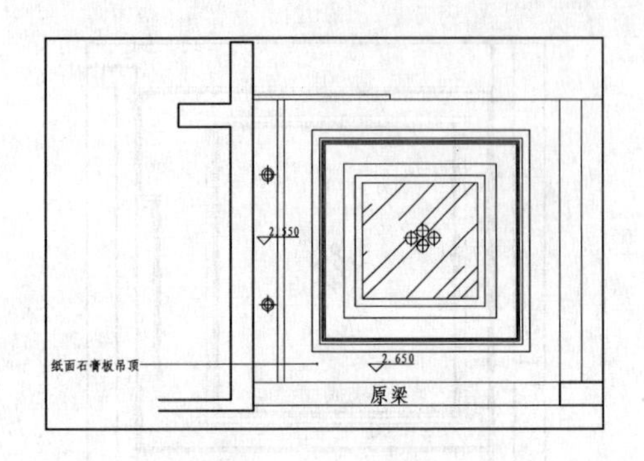

图 8-83 餐厅顶棚图

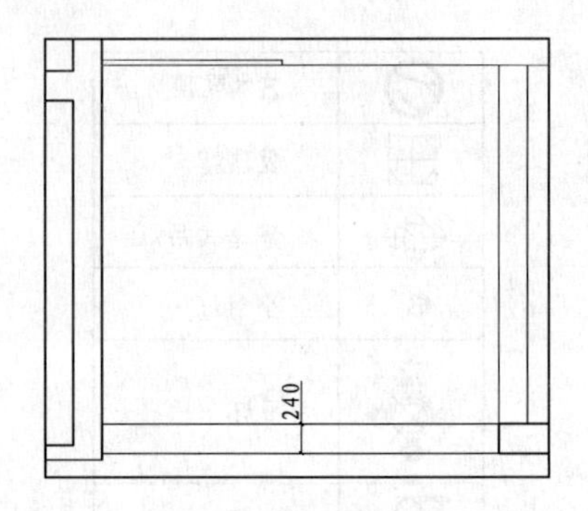

图 8-84 绘制原梁

03 调用 LINE/L 命令，绘制如图 8-85 所示线段。

04 调用 OFFEST/O 命令，将绘制的线段向内偏移 80，效果如图 8-86 所示。

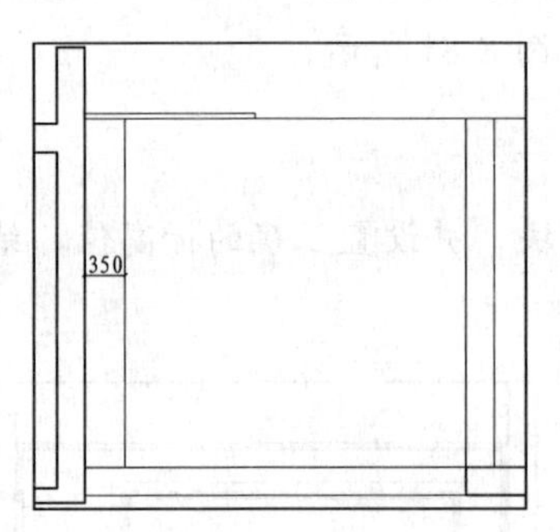

图 8-85 绘制线段

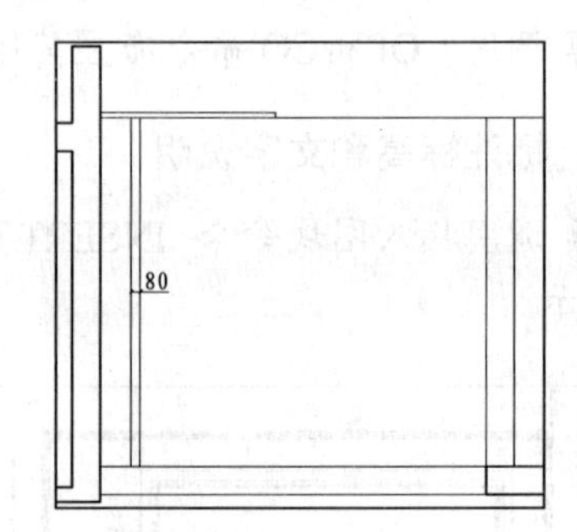

图 8-86 偏移线段

05 调用 RECTANG/REC 命令，绘制一个尺寸为 2330×2305 的矩形，并移动到相应的位置，效果如图 8-87 所示。

06 调用 OFFSET/O 命令，将矩形依次向内偏移 80、30、20、10、210、120 和 80，效果如图 8-88 所示。

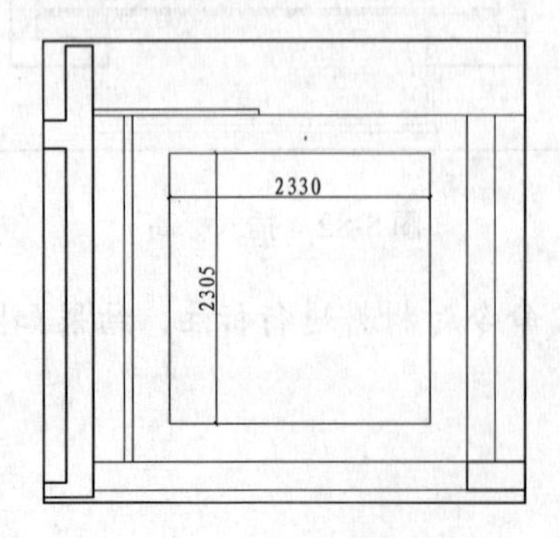

图 8-87 偏移矩形

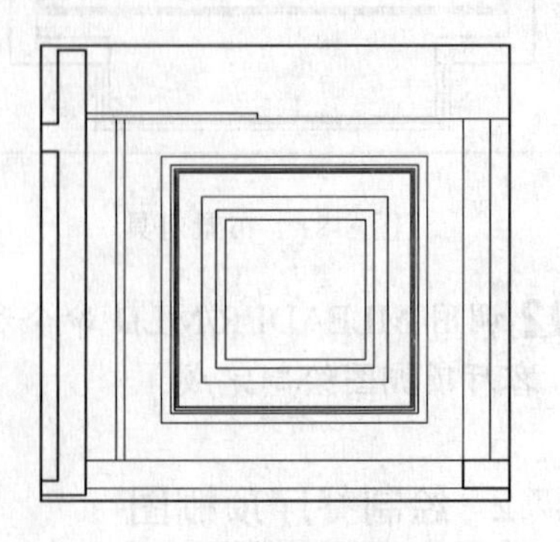

图 8-88 绘制矩形

07 调用 HATCH/H 命令，在矩形中填充 AR-RROOF 图案，填充参数和效果如图 8-89 所示。

2. 布置灯具

从图库中插入灯具图形，如布置的灯具与吊顶有重合，我们需要修剪掉重合的部分，结果如图 8-90 所示。

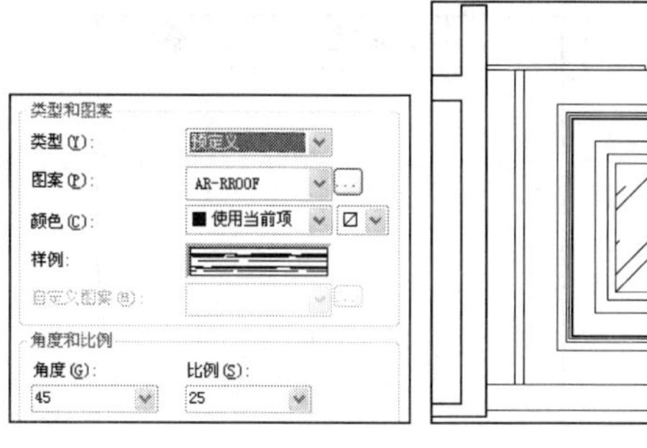

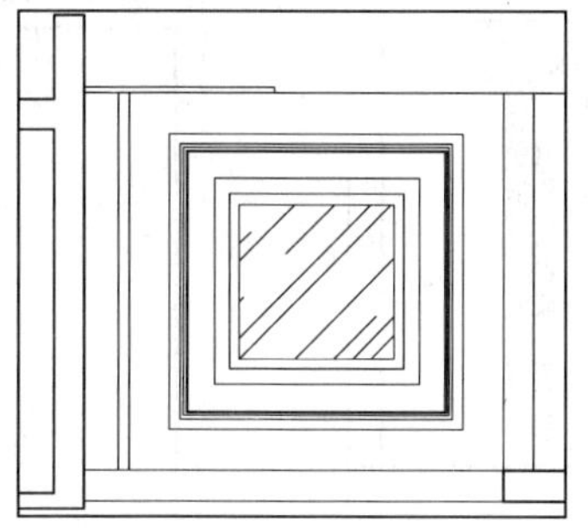

图 8-89　填充参数和效果

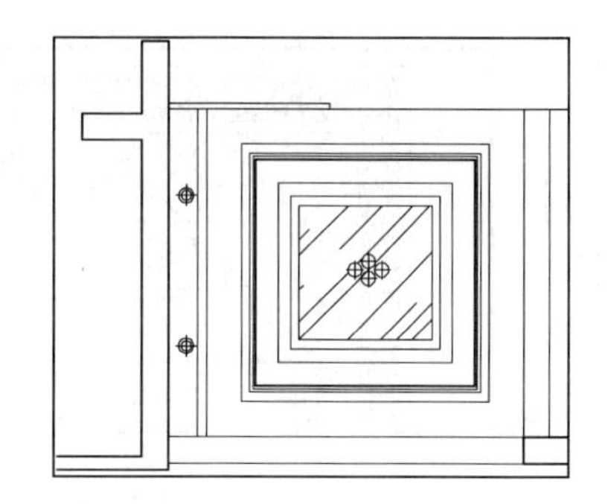

图 8-90　布置灯具

3. 标注标高和文字说明

01 调用 INSERT/I 命令插入标高图块。

02 设置“ZS_注释”图层为当前图层，使用多重引线命令标出顶棚的材料，完成餐厅顶棚图的绘制。

8.8 绘制三居室立面图

本节以客厅和餐厅及休闲区立面为例，介绍立面图的画法。

8.8.1 绘制客厅 A 立面图

客厅 A 立面图是电视所在的墙面，A 立面图主要表现了该墙面的装饰做法、尺寸和材料等，如图 8-91 所示。

1. 复制图形

复制三居室平面布置图上客厅 A 立面的平面部分，并对图形进行旋转。

2. 绘制立面外轮廓

01 设置“LM_立面”图层为当前图层。

02 调有 LINE/L 命令，从客厅平面图中绘制出左右墙体的投影线。调用 PLINE/PL 命令绘制地面轮廓线，结果如图 8-92 所示。

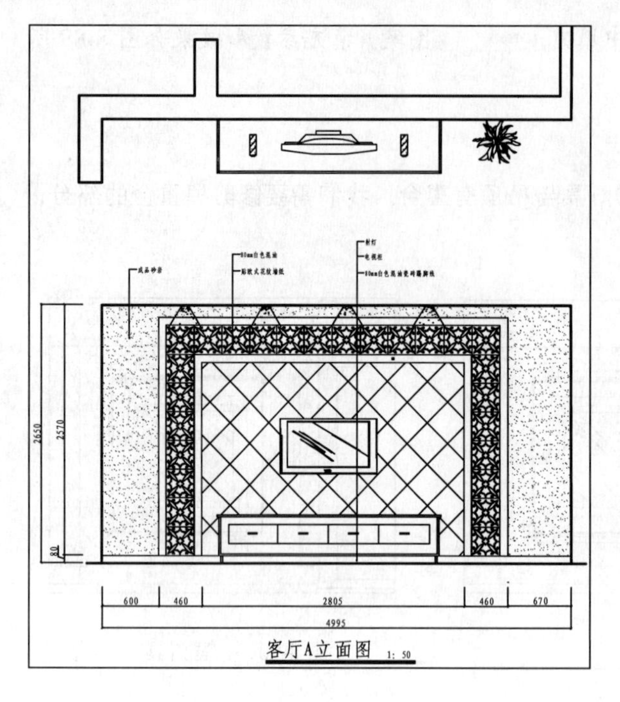

图 8-91 客厅 A 立面图

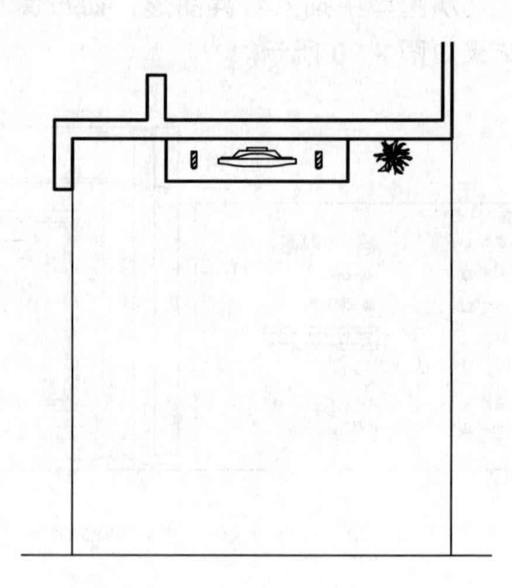

图 8-92 绘制墙体和地面

03 调用 LINE/L 命令绘制顶棚底面，如图 8-93 所示。

04 调用 TRIM/TR 命令或夹点功能，修剪得到 A 立面外轮廓，并转换至“QT_墙体”图层，如图 8-94 所示。

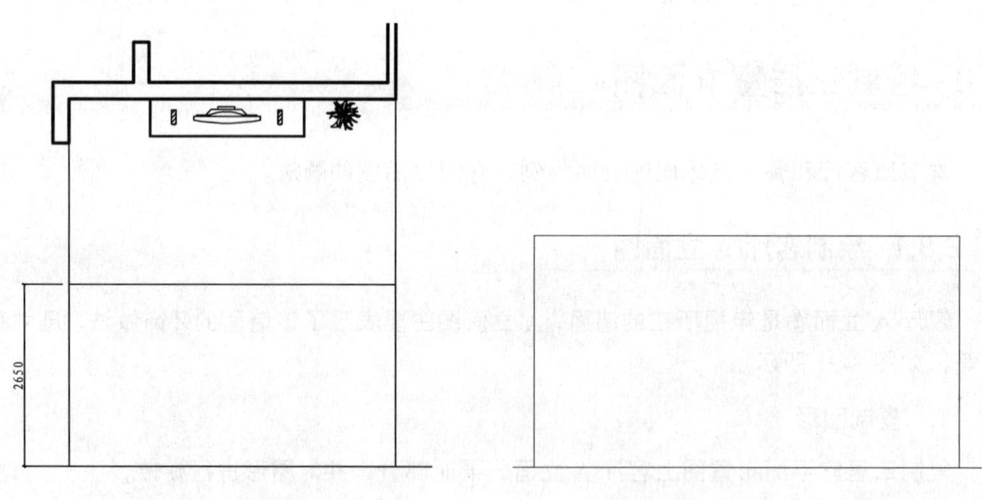

图 8-93 绘制顶棚

图 8-94 修剪立面外轮廓

3. 绘制踢脚线

调用 LINE/L 命令，绘制踢脚线，踢脚线的高度为 80，如图 8-95 所示。

4. 绘制背景墙

01 调用 PLINE/PL 命令，绘制背景墙轮廓，效果如图 8-96 所示。

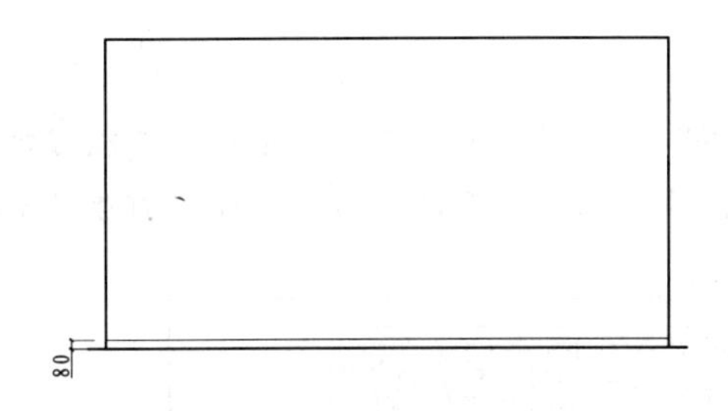

图 8-95　绘制踢脚线

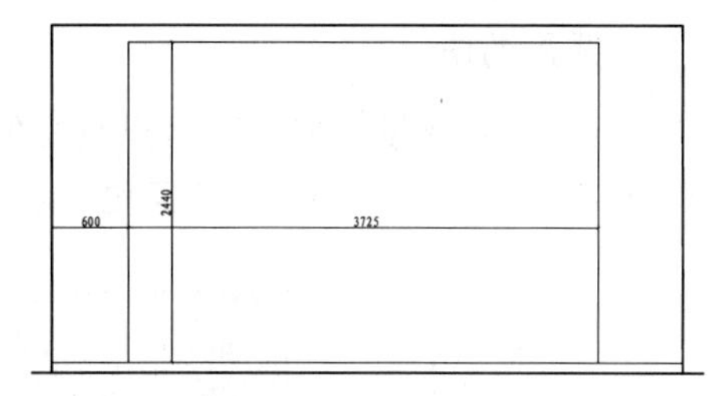

图 8-96　绘制多段线

02 调用 OFFSET/O 命令，将多段线向内偏移 80、300 和 80，效果如图 8-97 所示。

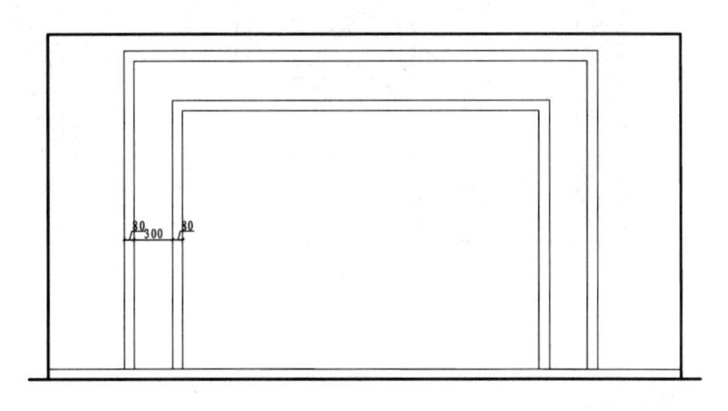

图 8-97　偏移多段线

03 调用 HATCH/H 命令，对背景墙填充“用户定义”图案，填充参数和效果如图 8-98 所示。

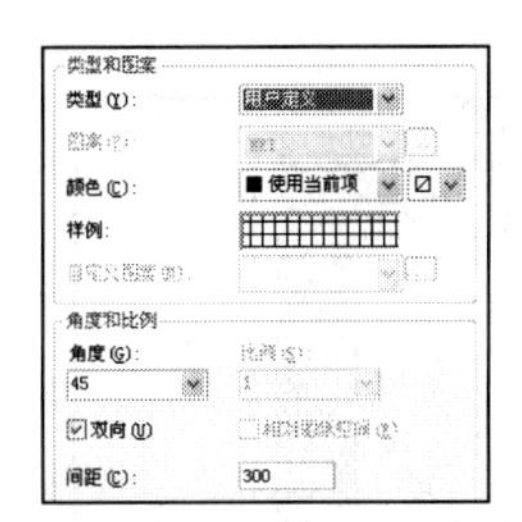

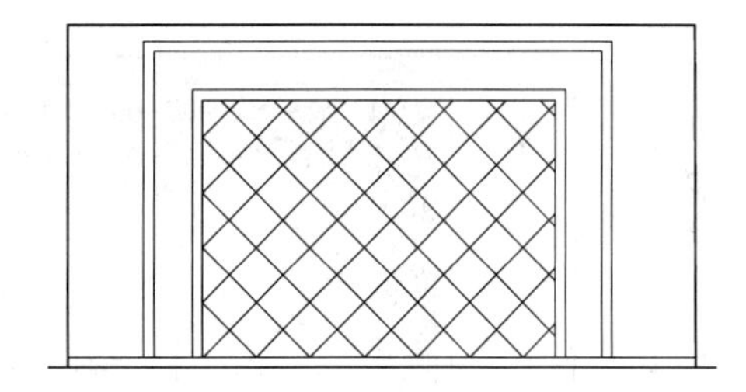

图 8-98　填充参数和效果

5. 绘制墙面

墙面使用的是砂岩，调用 HATCH/H 命令，填充 AR-SAND 图案，填充参数和效果如图 8-99 所示。

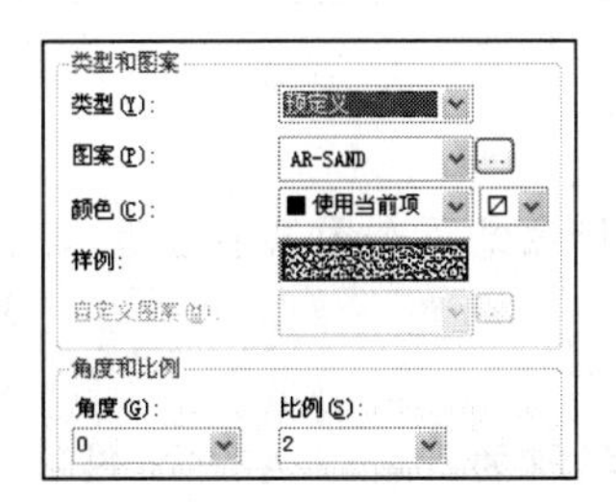

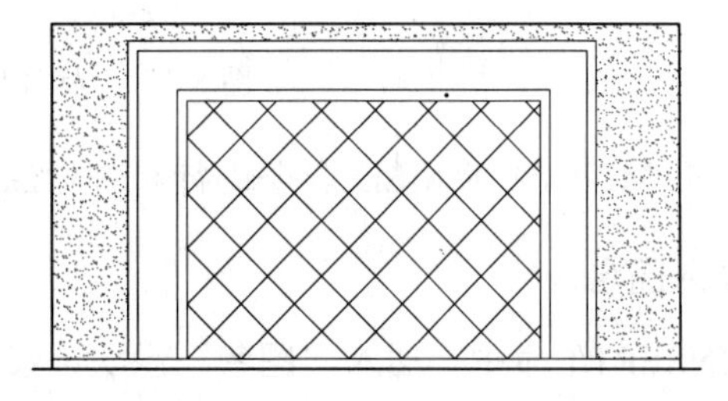

图 8-99　填充参数和效果

6. 插入图块

按 Ctrl+O 快捷键，打开配套光盘提供的“第 8 章\家具图例.dwg”文件，选择其中的雕花和电视柜等图块复制至客厅区域，并对重叠的图形进行修剪，效果如图 8-100 所示。

图 8-100 插入图块

7. 标注尺寸和材料说明

01 设置“BZ_标注”图层为当前图层，设置当前注释比例为 1∶50。

02 调用 DIMLINEAR/DLI 命令，或执行【标注】|【线性】命令标注尺寸，如图 8-101 所示。

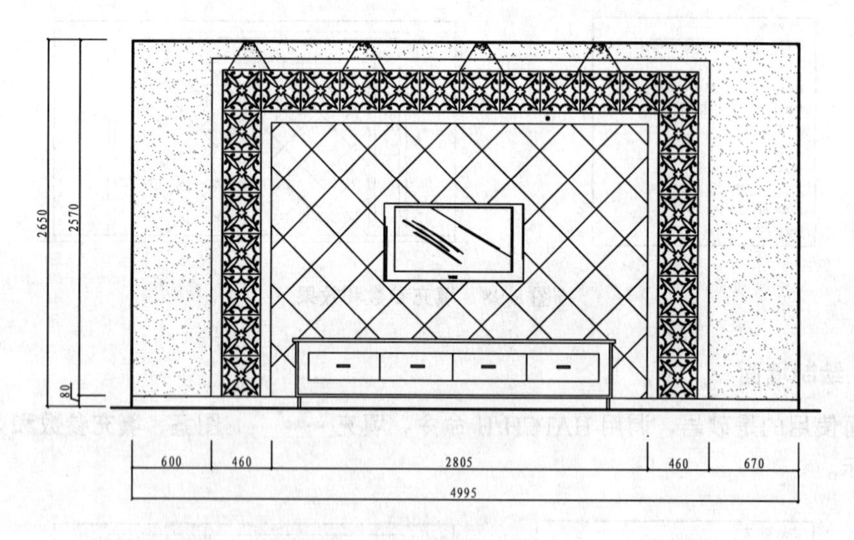

图 8-101 标注尺寸

03 调用 MLEADER/MLD 命令进行材料标注，标注结果如图 8-102 所示。

8. 插入图名

调用 INSERT/I 命令，插入“图名”图块，设置名称为“客厅 A 立面图”，客厅 A 立面图绘制完成。

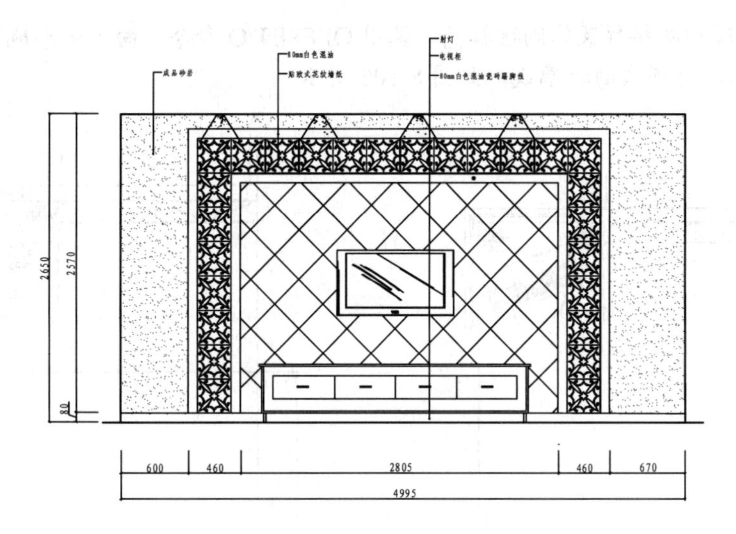

图 8-102　材料说明

8.8.2 绘制餐厅及休闲区立面图

餐厅及休闲区 A 立面图如图 8-103 所示，下面讲解绘制方法。

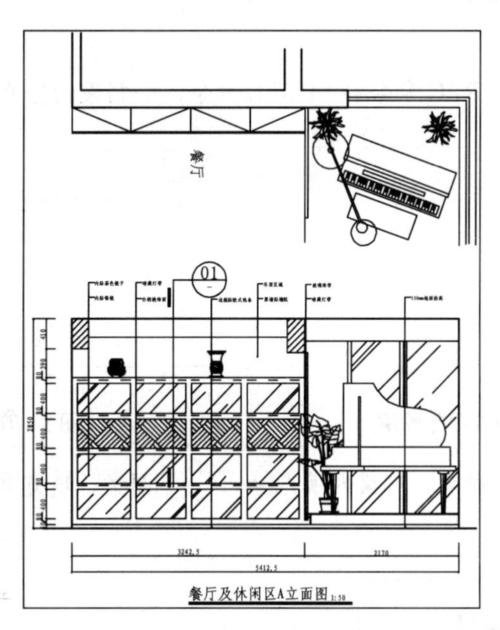

图 8-103　餐厅及休闲区 A 立面图

1. 复制图形

复制三居室平面布置图上餐厅及休闲区 A 立面图的平面部分，并对图形进行旋转。

2. 绘制立面基本轮廓

01 设置“LM_立面”图层为当前图层。

02 调用 LINE/L 命令，绘制 A 立面左、右侧墙体和地面轮廓线，如图 8-104 所示。

03 根据顶棚图餐厅及休闲区标高，调用 OFFSET/O 命令，向上偏移地面轮廓线，偏移距离为 2850，得到顶面轮廓线，如图 8-105 所示。

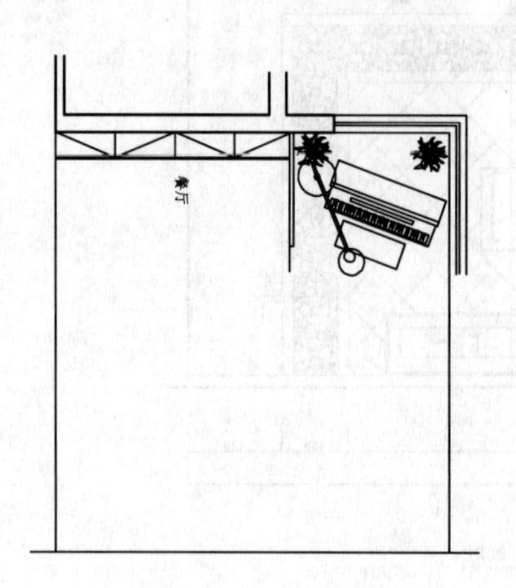

图 8-104　绘制墙体和地面

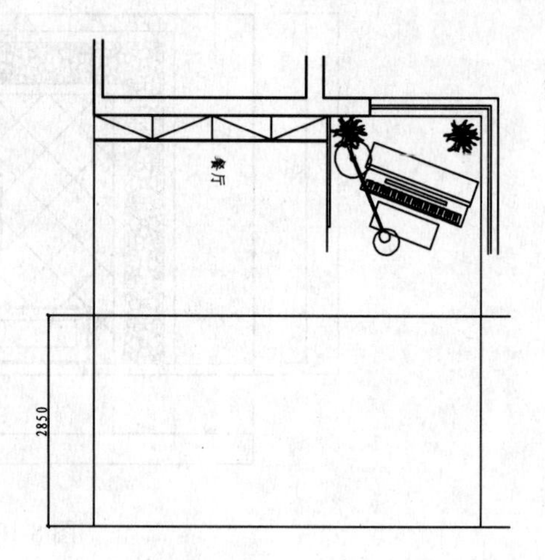

图 8-105　绘制顶面

04 调用 TRIM/TR 命令，修剪多余线段，并转换至“QT-墙体”图层，结果如图 8-106 所示。

3. 绘制梁

01 调用 RECTANG/REC 命令和 LINE/L 命令，绘制梁的轮廓，如图 8-107 所示。

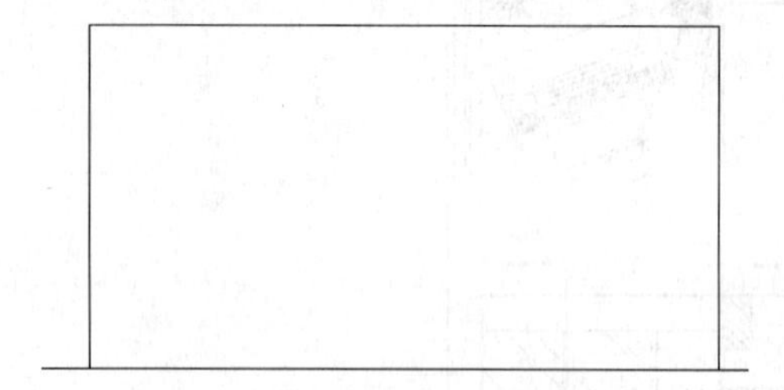

图 8-106　修剪立面外轮廓

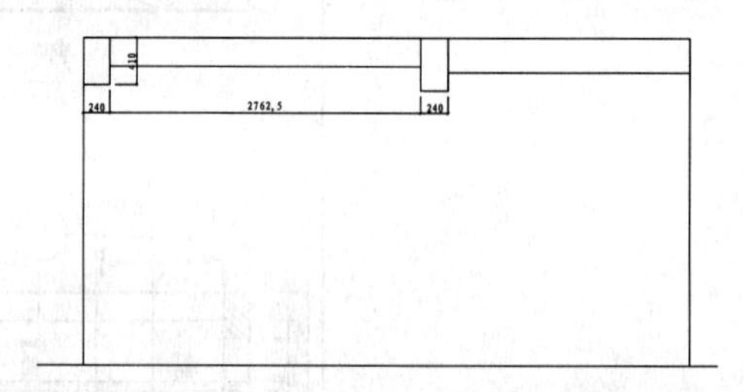

图 8-107　绘制梁

02 调用 HATCH/H 命令，对梁内填充 ANSI31 图案，填充参数和效果如图 8-108 所示。

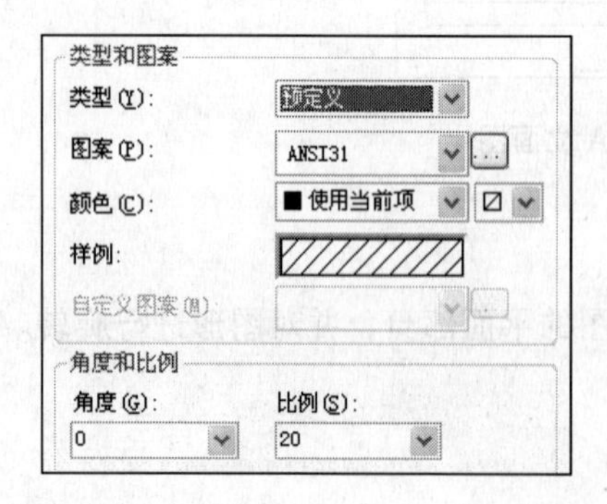

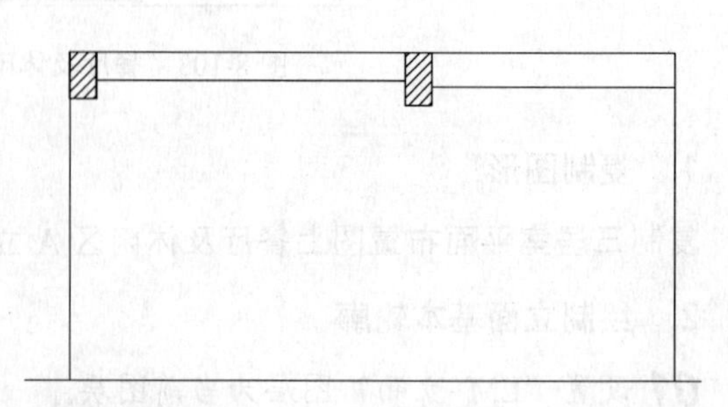

图 8-108　填充参数和效果

4. 绘制踢脚线

调用 LINE/L 命令，绘制高度为 50 的踢脚线，效果如图 8-109 所示。

5. 绘制装饰柜

01 调用 RECTANG/REC 命令，绘制一个尺寸为 730 × 400 的矩形，并移动到相应的位置，如图 8-110 所示。

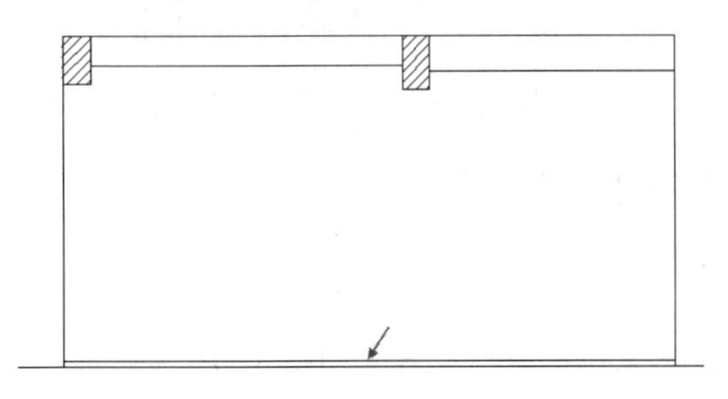

图 8-109　绘制踢脚线

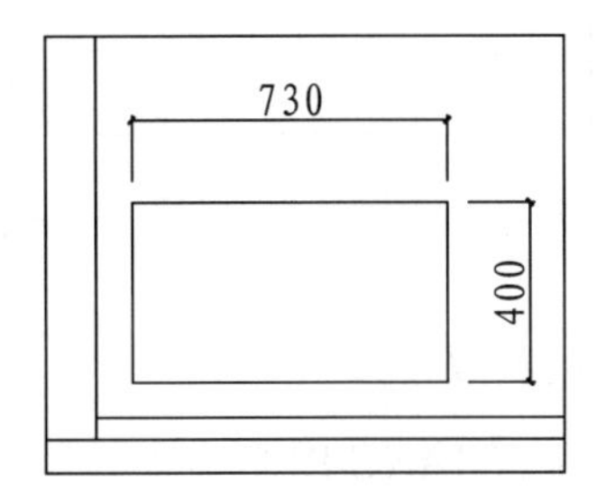

图 8-110　绘制矩形

02 调用 LINE/L 命令，在矩形的上方绘制一条线段，并设置为虚线，表示灯带，效果如图 8-111 所示。

03 调用 ARRAY/AR 命令，对矩形进行阵列，结果如图 8-112 所示。

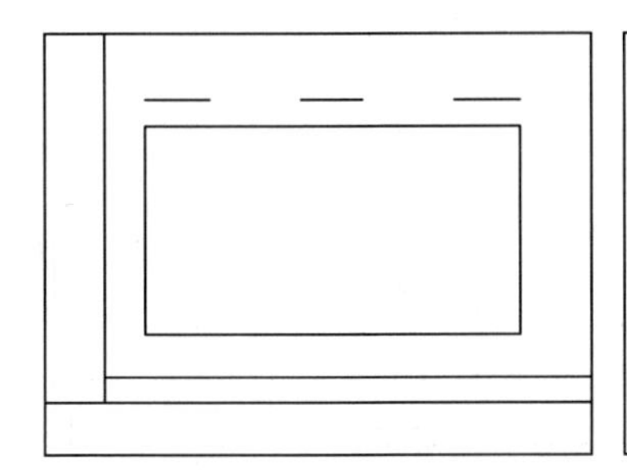

图 8-111　绘制线段

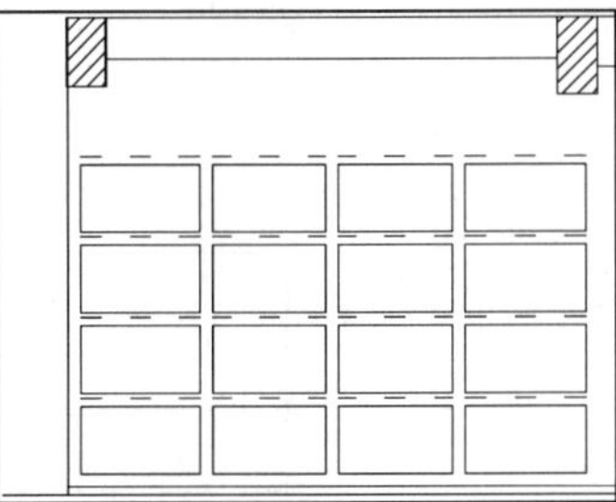

图 8-112　阵列图形

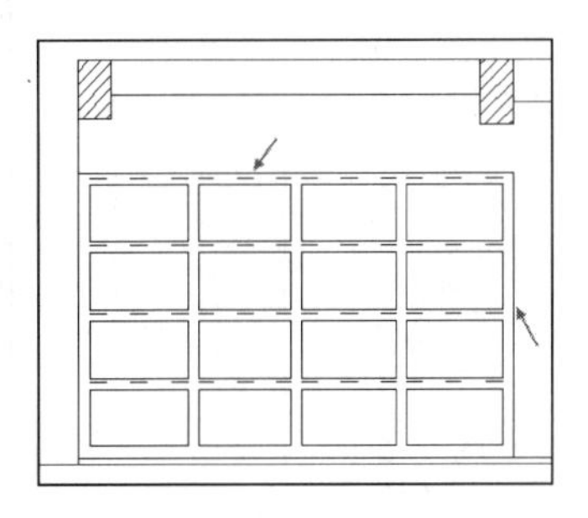

图 8-113　绘制线段

04 调用 LINE/L 命令，在装饰柜的上方和右侧绘制一条线段，效果如图 8-113 所示。

05 调用 HATCH/H 命令，对装饰柜 1、3 和 4 行矩形内填充 AR-RROOF 图案，填充参数和效果如图 8-114 所示。

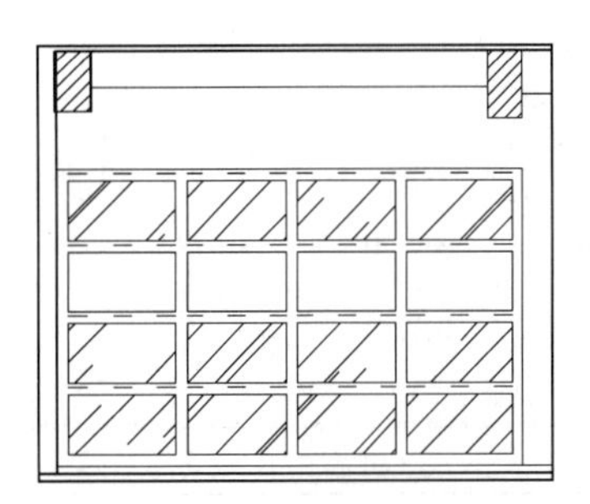

图 8-114　填充参数和效果

06 调用 HATCH/H 命令，对第 2 行矩形内填充 AR-PARQ1 图案，填充参数和效果如图

8-115 所示。

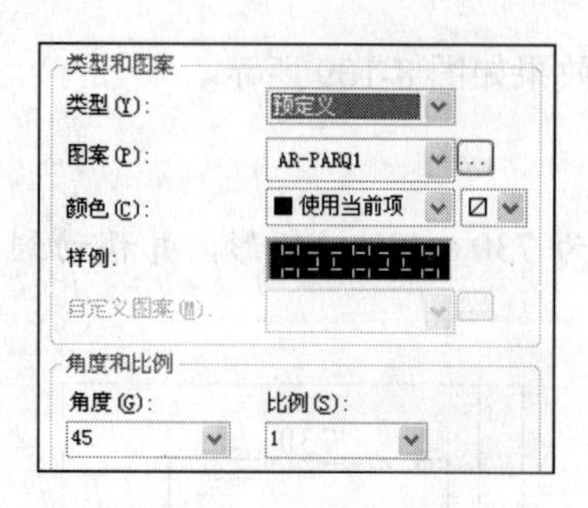

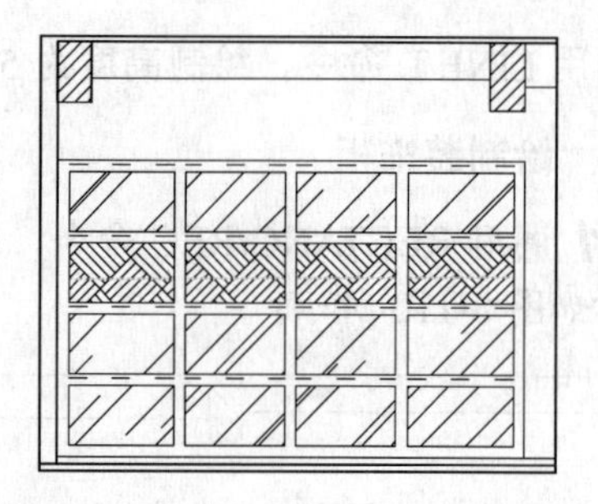

图 8-115　填充参数和效果

6. 绘制隔断

调用 RECTANG/REC 命令绘制餐厅与休闲区之间的隔断，效果如图 8-116 所示。

7. 绘制休闲区立面造型

01 休闲区地面抬高了 50，调用 PLINE/PL 命令、OFFSET/O 命令和 TRIM/TR 命令，绘制效果如图 8-117 所示。

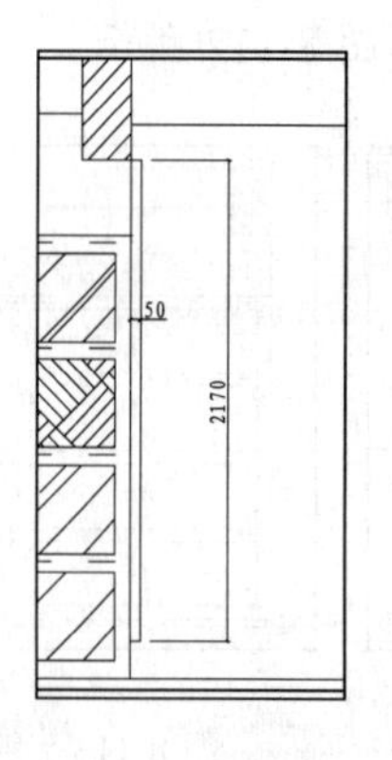

图 8-116　绘制矩形

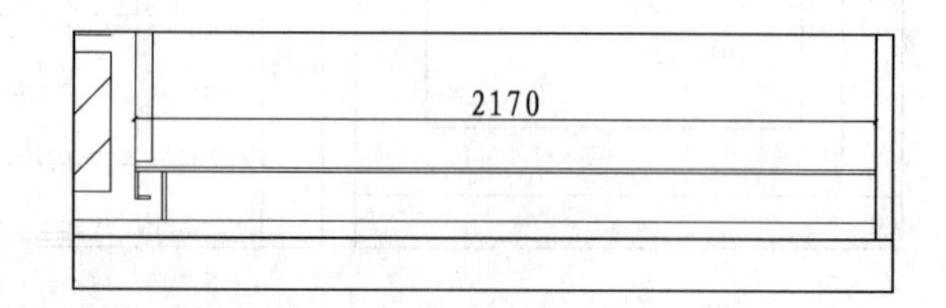

图 8-117　绘制线段

02 从图库中插入灯具图块，如图 8-118 所示。

03 调用 LINE/L 命令和 OFFSET/O 命令，绘制落地窗轮廓，效果如图 8-119 所示。

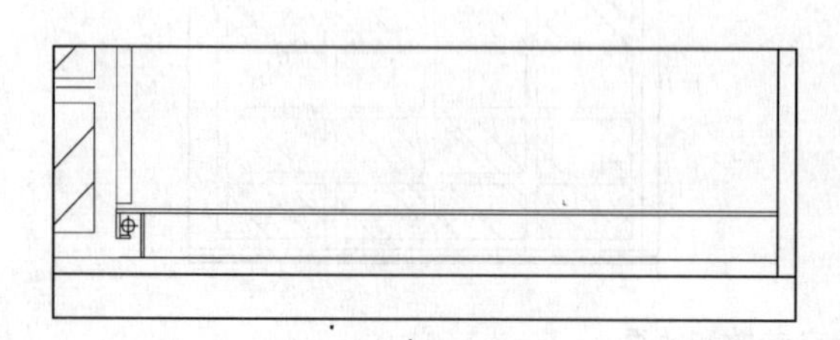

图 8-118　插入灯具

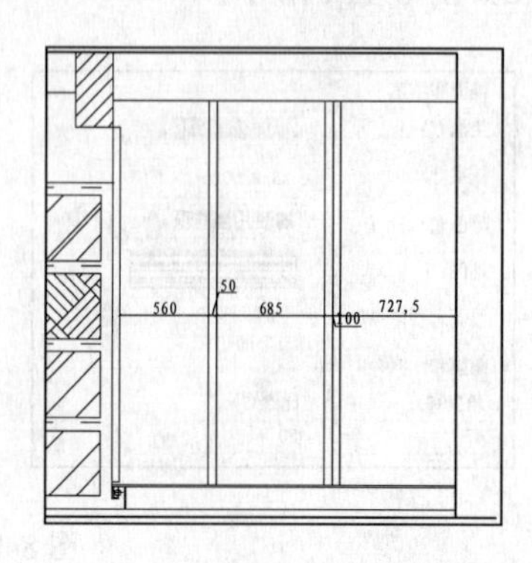

图 8-119　绘制线段

04 调用 HATCH/H 命令，对窗户填充 AR-RROOF 图案，填充参数和效果如图 8-120 所示。

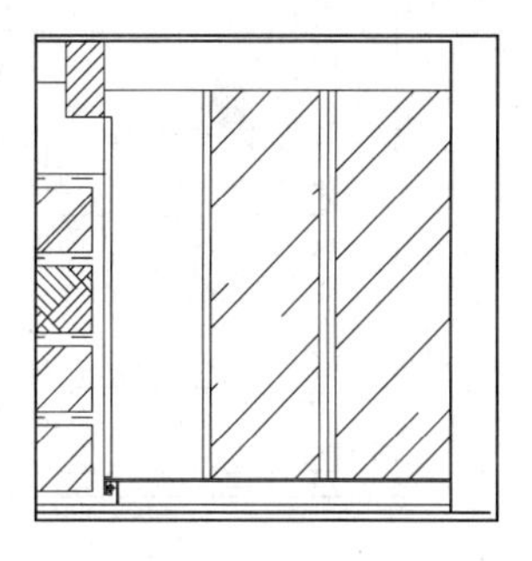

图 8-120　填充参数和效果

8. 插入图块

装饰品、植物和钢琴等图形可直接从图库中调用，效果如图 8-121 所示。

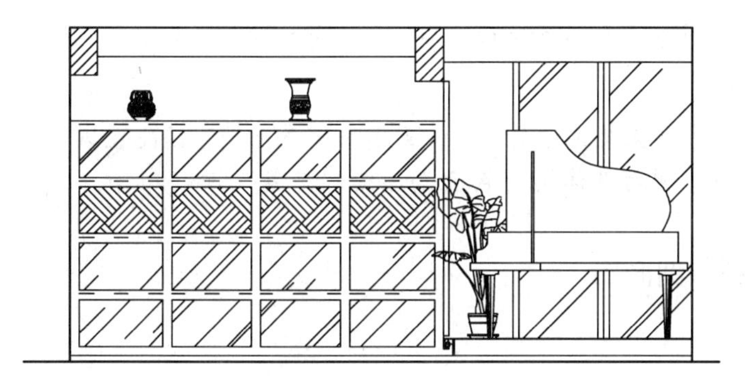

图 8-121　插入图块

9. 标注尺寸、材料说明

01 设置“BZ-标注”为当前图层，设置当前注释比例为 1∶50。调用 DIMLINEAR/DLI 命令进行线性尺寸标注，如图 8-122 所示。

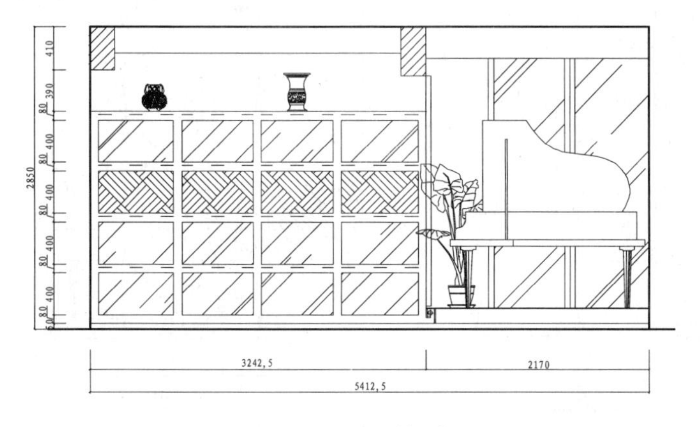

图 8-122　尺寸标注

02 调用多重引线命令对材料进行标注，结果如图 8-123 所示。

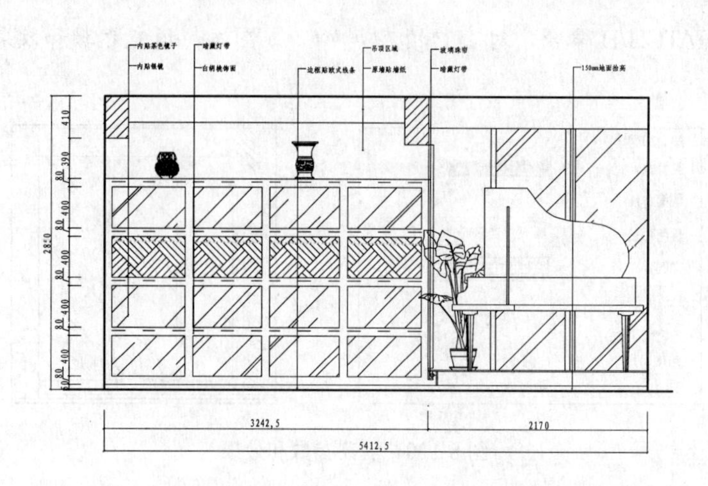

图 8-123　材料说明

10. 插入图名和剖切索引符号

01 调用插入图块命令 INSERT/I，插入“图名”图块，设置 A 立面图名称为“餐厅及休闲区 A 立面图”。

02 为了详细表达出装饰柜的做法，需要绘制剖面图，因此在 A 立面图中插入剖切符号表示出剖切位置，餐厅及休闲区 A 立面图绘制完成。

8.8.3 绘制01剖面图

1. 剖面图

01剖面图如图 8-124 所示，该剖面图详细表达了餐厅装饰柜的内部结构。

01 调用 LINE/L 命令，在立面图右侧绘制剖面水平投影线，如图 8-125 所示。

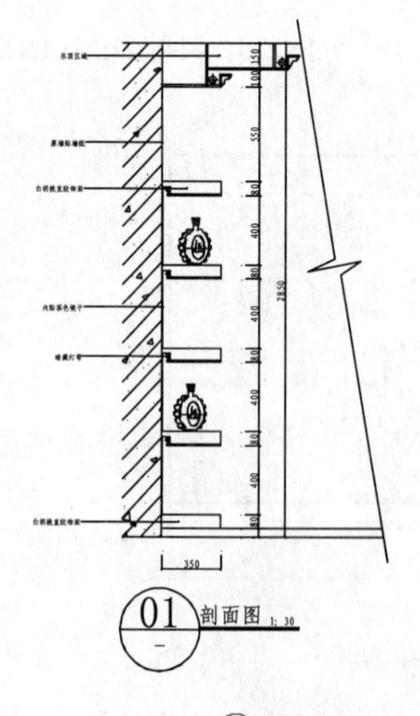

图 8-124　01剖面图

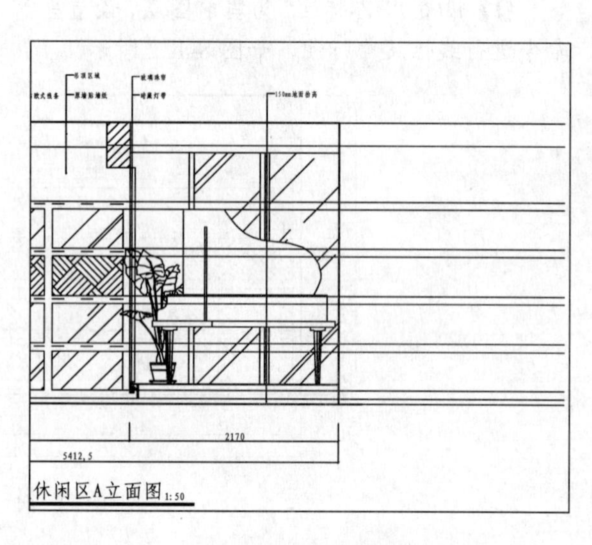

图 8-125　绘制投影线

02 绘制剖面墙体。调用 LINE/L 命令在投影线右侧绘制一条垂直线段，如图 8-126 所示。

03 调用 OFFSET/O 命令，向左偏移垂直线段，偏移距离为 240，得到墙体厚，向右偏移 350，得到装饰柜厚，如图 8-127 所示。

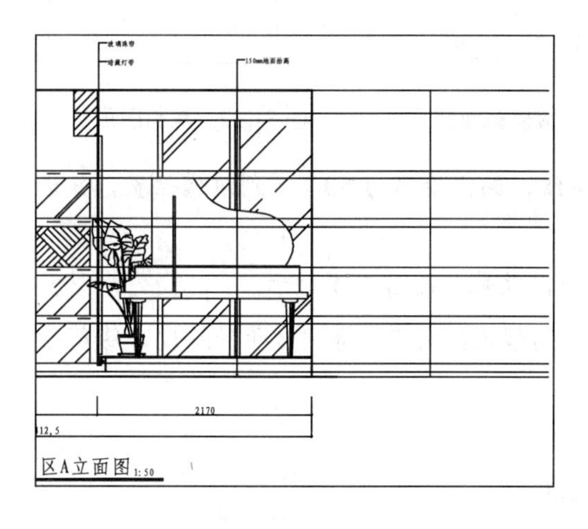

图 8-126 绘制垂直线段

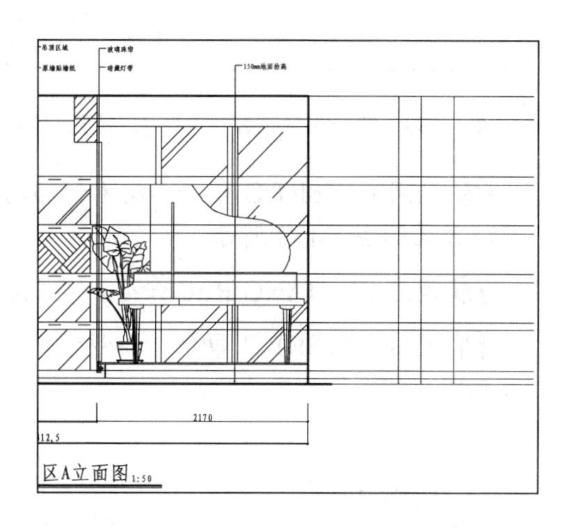

图 8-127 偏移线段

04 调用 TRIM/TR 命令，修剪掉多余线段，如图 8-128 所示。

05 调用 HATCH/H 命令，对墙体内填充 ANSI31 图案和 AR-CONC 图案，填充后删除左侧表示墙体的线段，效果如图 8-129 所示。

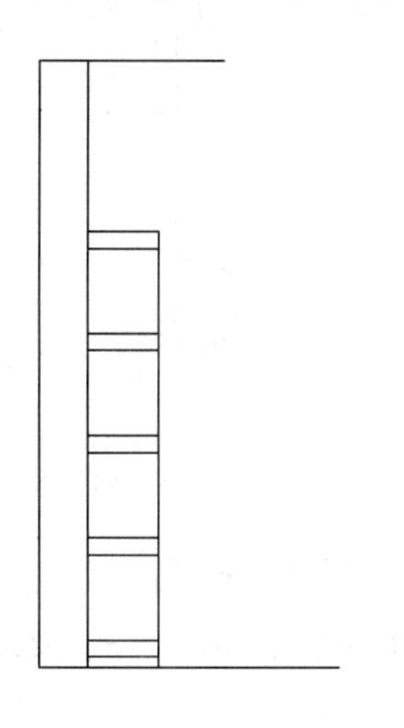

图 8-128 修剪线段

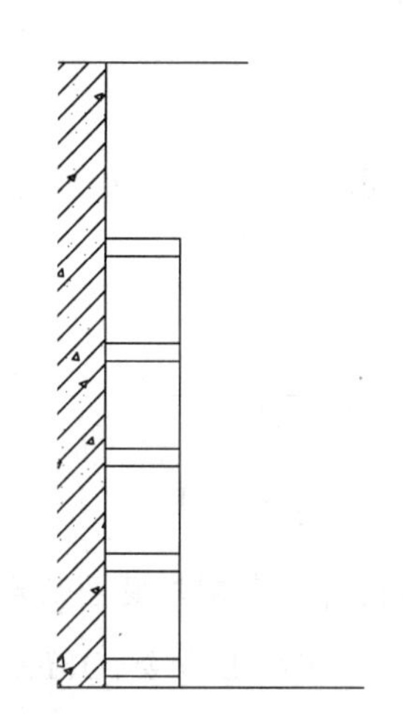

图 8-129 填充墙体

06 调用 LINE/L 命令、OFFSET/O 命令和 TRIM/TR 命令，绘制吊顶造型，如图 8-130 所示。

07 调用 SPLINE/SPL 命令、LINE/L 命令和 TRIM/TR 命令，绘制吊顶角线的横截面图，效果如图 8-131 所示。

08 调用 COPY/CO 命令，复制到吊顶中，如图 8-132 所示。

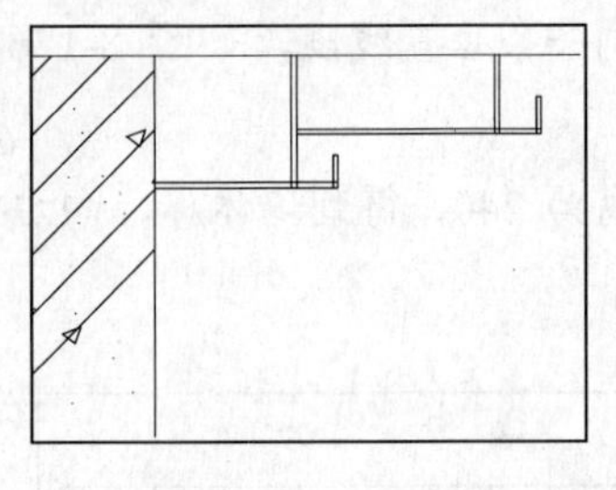

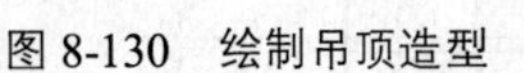

图 8-130 绘制吊顶造型

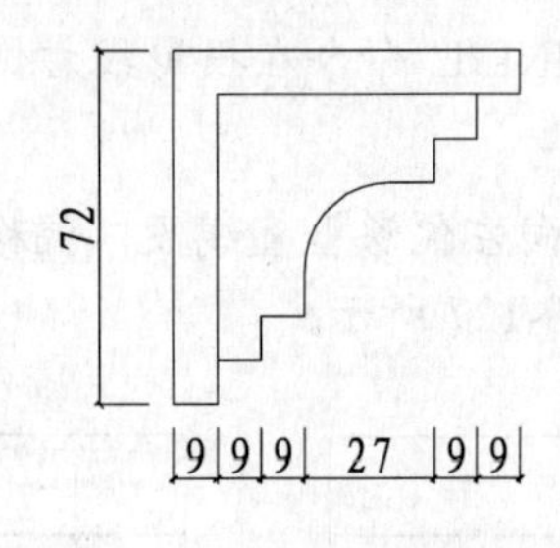

图 8-131 角线横截面

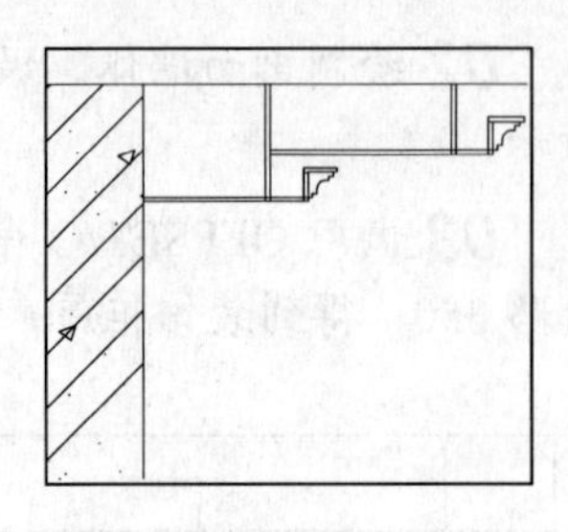

图 8-132 复制图形

09 调用 OFFSET/O 命令，向右偏移墙体线，偏移距离为 50，得到灯槽位置，并进行修剪，效果如图 8-133 所示。

10 调用 RECTANG/REC 命令，绘制板材，效果如图 8-134 所示。

11 调用 OFFSET/O 命令，偏移墙体线，偏移距离为 5，得到镜子的厚度，修剪后的效果如图 8-135 所示。

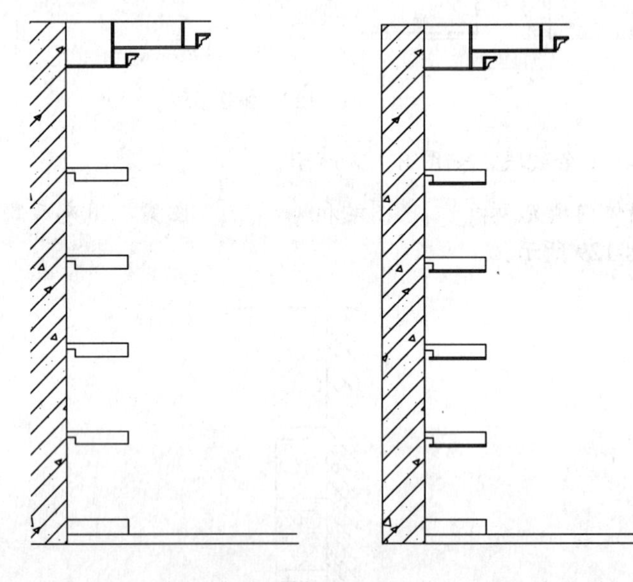

图 8-133 绘制灯槽

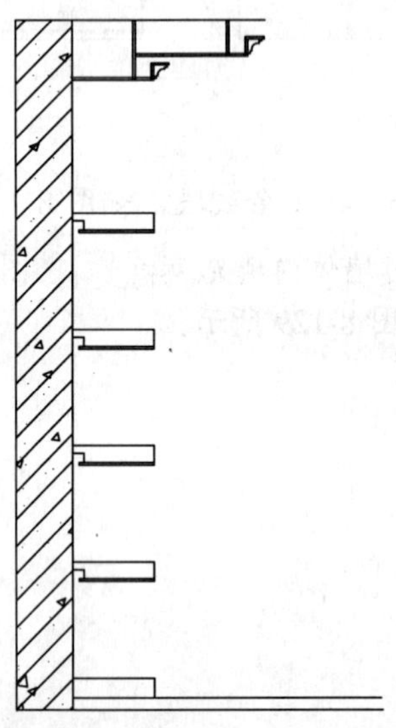

图 8-134 绘制矩形

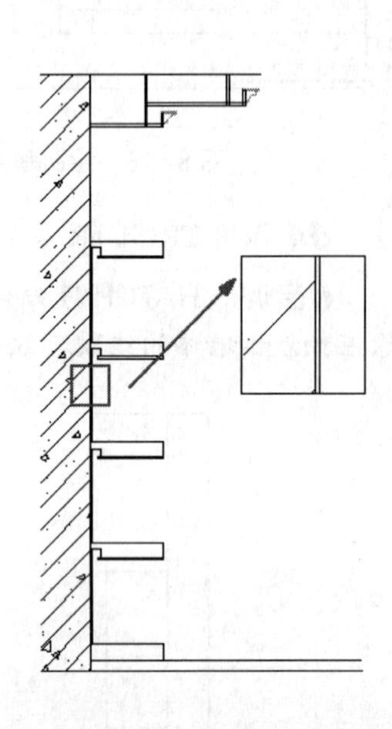

图 8-135 绘制镜子

12 从图库中复制灯具图形和装饰品到剖面图中，如图 8-136 所示。

13 调用 LINE/L 命令、OFFSET/O 命令和 TRIM/TR 命令，绘制折断线，效果如图 8-137 所示。

2. 标注尺寸和材料标注

01 设置“BZ_标注”为当前图层，设置当前注释比例为 1：30。

02 调用 DIMLINEAR/DLI 命令标注剖面图尺寸，结果如图 8-138 所示。

03 调用 MLEADER/MLD 命令进行材料标注，调用 INSERT/I 命令，插入“图名”图块和“剖切索引”图块，结果如图 8-124 所示，⓪₁剖面图绘制完成。

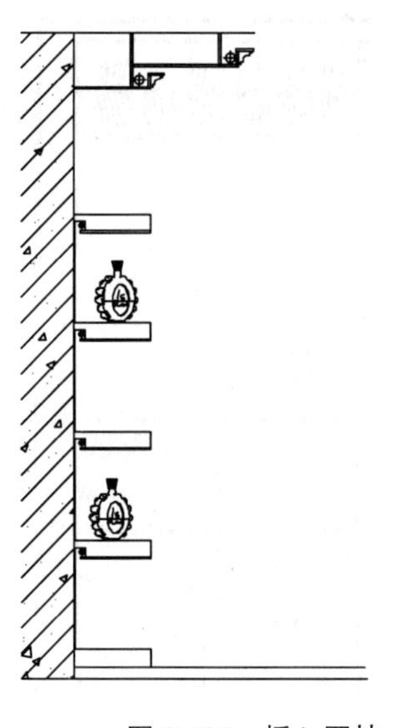

图 8-136　插入图块

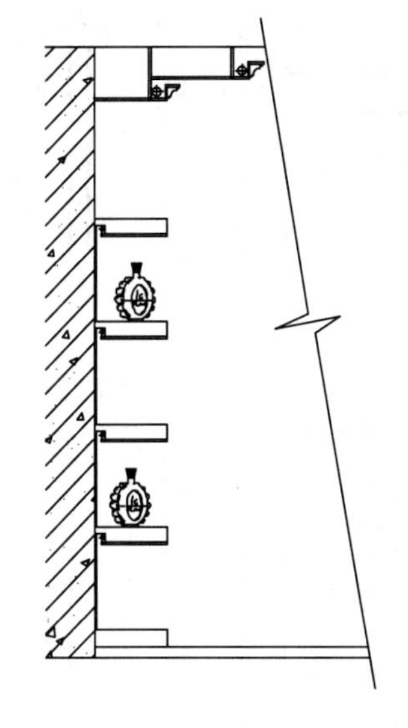

图 8-137　绘制折断线

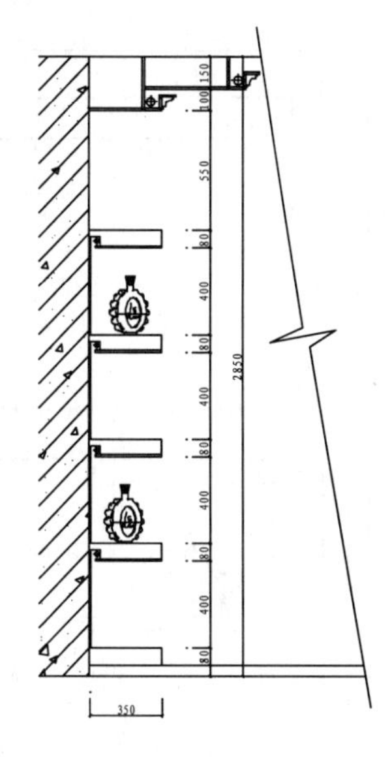

图 8-138　尺寸标注

8.8.4 绘制其他立面图

使用上述方法绘制如图 8-139～图 8-142 所示立面图，这里就不再详细讲解了。

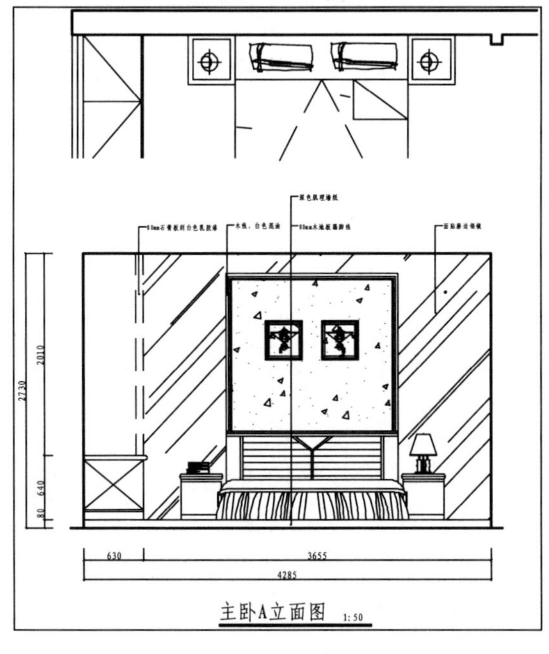

图 8-139　主卧 A 立面图

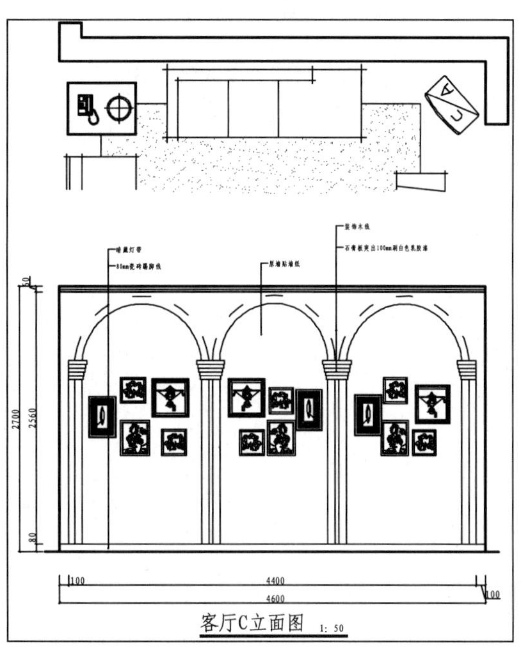

图 8-140　客厅 C 立面图

内藏小射灯
暗藏灯带
人造黑胡桃饰面
石膏板刮白刷乳胶漆
石膏板刮白刷乳胶漆
原墙刮白刷乳胶漆
500
460
430
430
430
550
50
2850
80
860
80
820
80
860
80
2860
书房A立面图 1:50

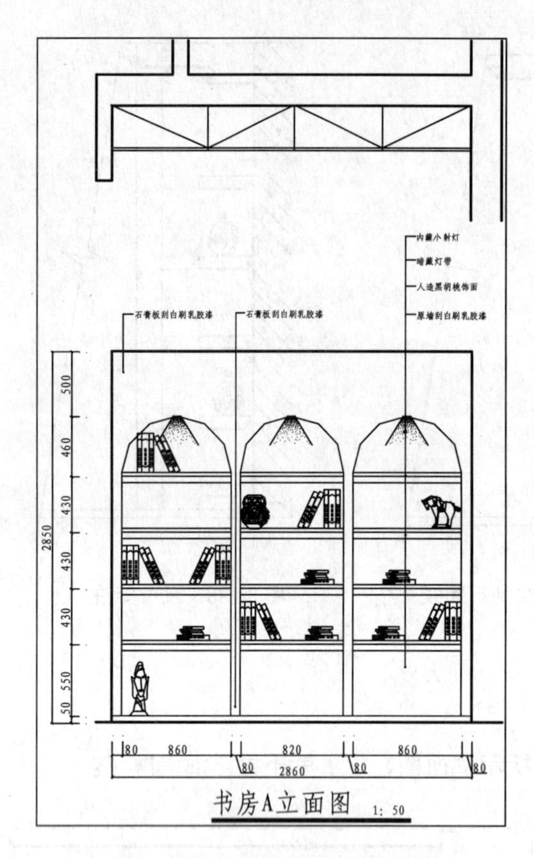

图 8-141 书房 A 立面图

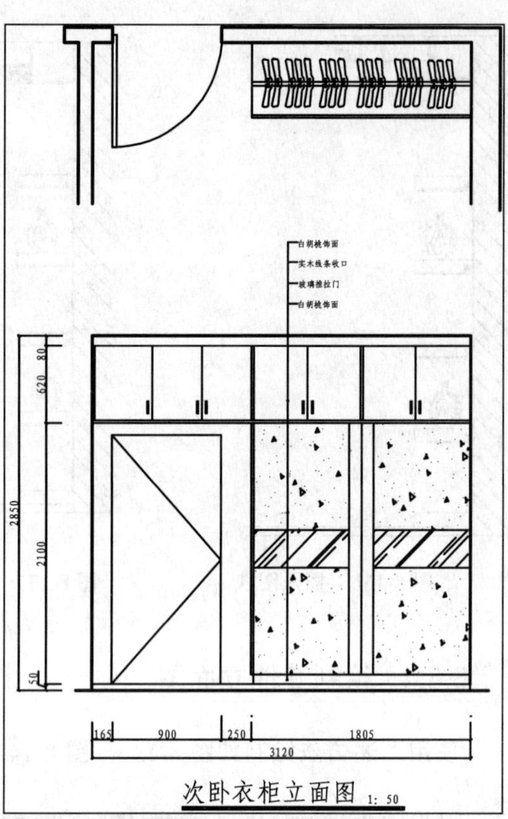

白胡桃饰面
实木线条收口
玻璃推拉门
白胡桃饰面
80
620
2100
50
2850
165
900
250
1805
3120
次卧衣柜立面图 1:50

图 8-142 次卧衣柜立面图

第 9 章

本章导读：

四居室是一种相对比较大的户型，可以涵盖各种家居功能区，适合四、五口之家，建筑面积在 140~150 ㎡之间。本章以欧式风格四居室为例，讲解欧式风格住宅的设计方法和施工图的绘制方法。

本章重点：

- 欧式风格概述
- 调用样板新建文件
- 绘制四居室原始户型图
- 绘制四居室平面布置图
- 绘制四居室地材图
- 绘制四居室顶棚图
- 绘制四居室立面图

欧式风格四居室设计

9.1 欧式风格概述

欧式风格是从古希腊、古罗马的文化艺术发展而来的。主基调为白色，主要的用材为石膏线、石材、铁艺、玻璃、壁纸、涂料等，来体现出欧式的美感，欧式风格独特门套及窗套的造型更能体现出欧美风情。

9.1.1 欧式风格设计要点

1. 灯饰

在欧式风格的家居空间里，灯饰设计应选择具有西方风情的造型，比如壁灯，在整体明快、简约、单纯的房屋空间里，传承着西方文化底蕴的壁灯静静泛着影影绰绰的灯光。

房间可采用反射式灯光照明或局部灯光照明，置身其中，舒适、温馨的感觉袭人，如图 9-1 所示。

2. 家具

欧式风格的家居宜选用现代感强烈的家具组合，特点是简单、抽象、明快、现代感强，组合家具的颜色选用白色或流行色，配上合适的灯光及现代化的电器。

3. 挂画

在欧式风格的家居空间里，最好能在墙上挂金属框抽象画或摄影作品，也可以选择一些西方艺术家名作的赝品，如图 9-2 所示。比如人体画，直接把西方艺术带到家里，以营造浓郁的艺术氛围，表现主人的文化涵养。

图 9-1 欧式风格灯饰示例

图 9-2 欧式风格挂画示例

9.1.2 欧式风格的细节

欧式的居室有的不只是豪华大气，更多的是惬意和浪漫。通过完美的典线，精益求精的细节处理，带给家人不尽的舒服触感。同时，欧式装饰风格最适用于大面积房子，若空间太小，不但无法展现其风格气势，反而对生活在其间的人造成一种压迫感。

门的造型设计，包括房间的门和各种柜门，既要突出凹凸感，又要有优美的弧线，两种造型相映成趣，风情万种。

柱的设计也很有讲究，可以设计成典型的罗马柱造型，使整体空间具有更强烈的西方传统审美气息。

壁炉是西方文化的典型载体，选择欧式风格家装时，可以设计一个真的壁炉，也可以设计一个壁炉造型，辅以灯光，营造西方生活情调。

9.2 调用样板新建文件

本书第 3 章创建了室内装潢施工图样板，该样板已经设置了相应的图形单位、样式、图层和图块等，原始户型图可以直接在此样板的基础上进行绘制。

01 执行【文件】|【新建】命令，打开“选择样板”对话框。

02 单击使用样板按钮 DWT，选择“室内装潢施工图”样板，如图 9-3 所示。

03 单击【打开】按钮，以样板创建图形，新图形中包含了样板中创建的图层、样式和图块等内容。

04 选择【文件】|【保存】命令，打开“图形另存为”对话框，在“文件名”框中输入文件名，单击【保存】按钮保存图形。

9.3 绘制四居室原始户型图

除了现场量房之外，在进行室内设计时，有时需要从业主提供的原始户型图开始。平面布置图可在原始户型图的基础上进行绘制，如图 9-4 所示为本例四居室原始户型图。

图 9-3 “选择样板”对话框

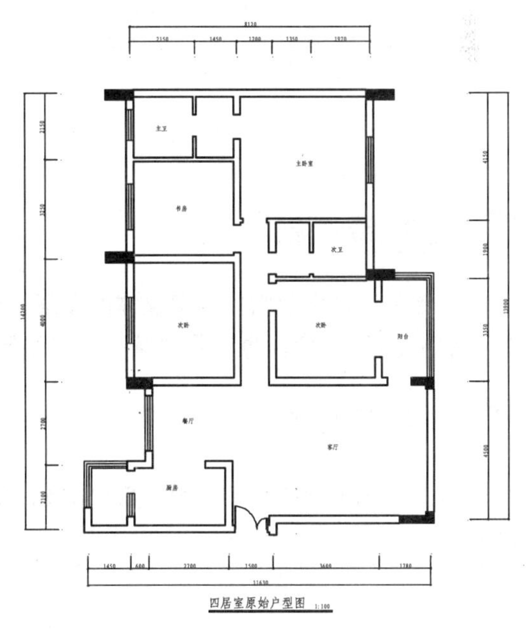

图 9-4 四居室原始户型图

 9.3.1 绘制轴线

由于是根据业主提供的原始户型图进行设计，采用轴网法绘制墙体比较方便。图 9-5 所示为本例轴网，由于全部是正交轴线，因此可使用 OFFSET/O 命令，通过偏移得到，具体绘制方法这里就不详细讲解了。

9.3.2 标注尺寸

绘制完轴线后，即可开始标注尺寸，以方便确定墙体的位置和走向。尺寸标注包括局部和总体两部分，正交部分的轴线尺寸使用 DIMLINEAR/DLI 命令标注，标注结果如图 9-6 所示。

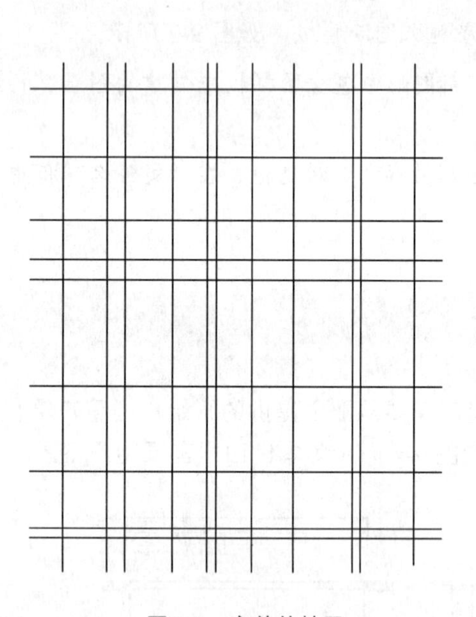

图 9-5 完善的轴网

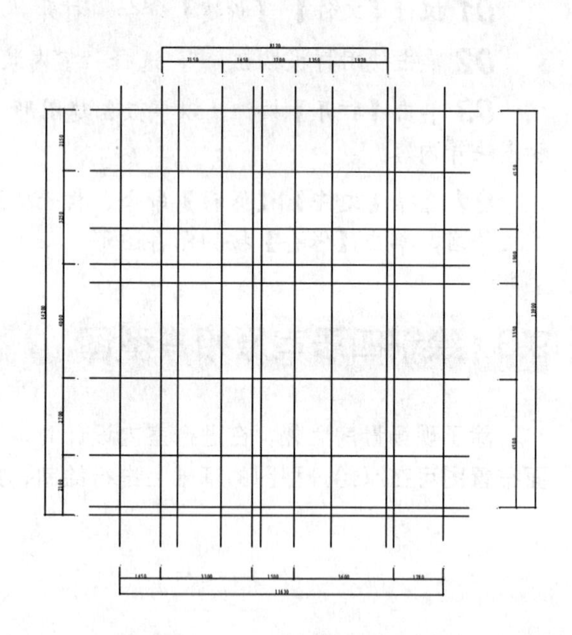

图 9-6 标注尺寸

9.3.3 绘制墙体

在绘制墙体之前需要确定墙体的厚度，外墙与内墙的尺寸一般不同。墙体的绘制可使用 MLINE/ML 命令，也可通过偏移轴线绘制，绘制完成的墙体如图 9-7 所示。

9.3.4 绘制柱子

调用 RECTANG/REC 命令、PLINE/PL 命令和 HATCH/H 命令绘制柱子，结果如图 9-8 所示。

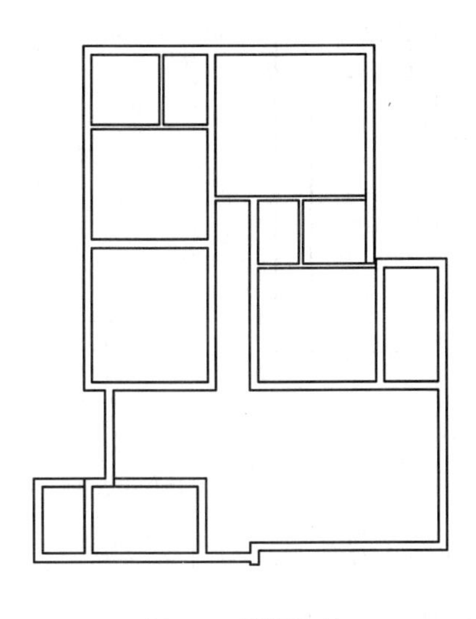

图 9-7 绘制墙体

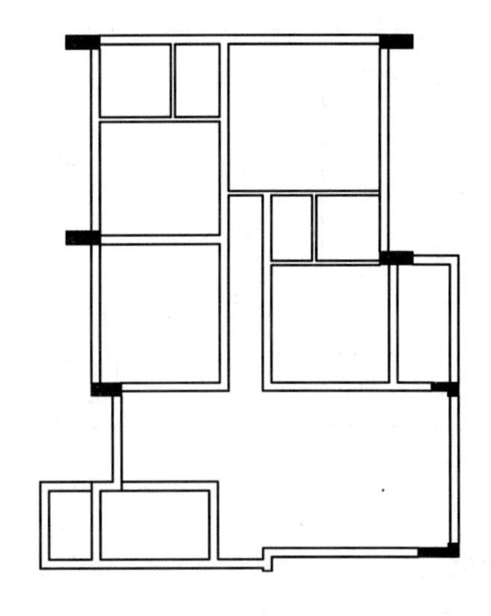

图 9-8 绘制柱子

9.3.5 开门窗洞及绘制门窗

1. 开门洞和窗洞

调用 OFFSET/O 命令和 TRIM/TR 命令开窗洞和门洞，效果如图 9-9 所示。

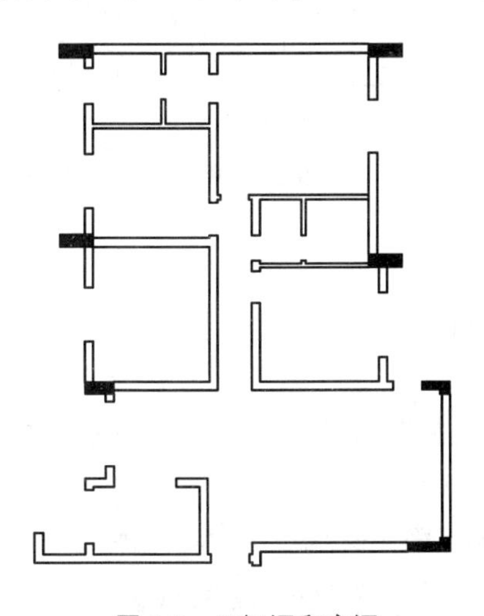

图 9-9 开门洞和窗洞

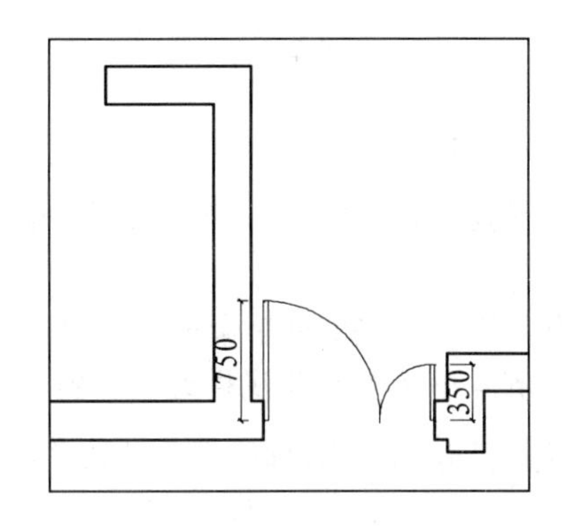

图 9-10 子母门尺寸

2. 绘制门

本例使用的门为子母门，尺寸参数如图 9-10 所示，下面介绍绘制方法。

01 设置“M_门”图层为当前图层。

02 调用 RECTANG/REC 命令，以左侧墙体的中点为矩形的第一个角点绘制一个尺寸为 30×750 的矩形，如图 9-11 所示。

03 调用 RECTANG/REC 命令，以右侧墙体的中点为矩形的第一个角点绘制一个尺寸为 30×350 的矩形，如图 9-12 所示。

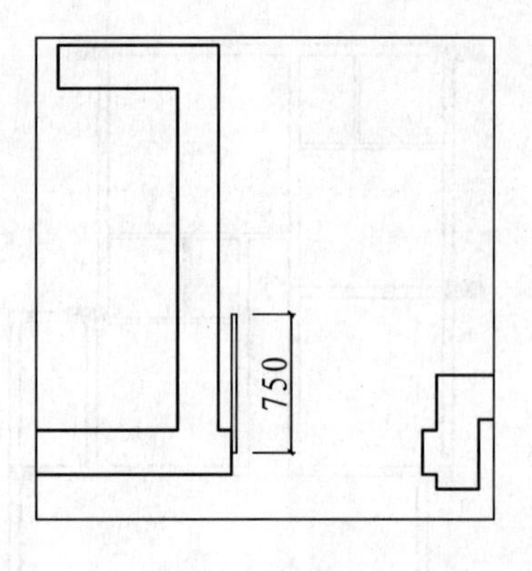

图 9-11　绘制矩形

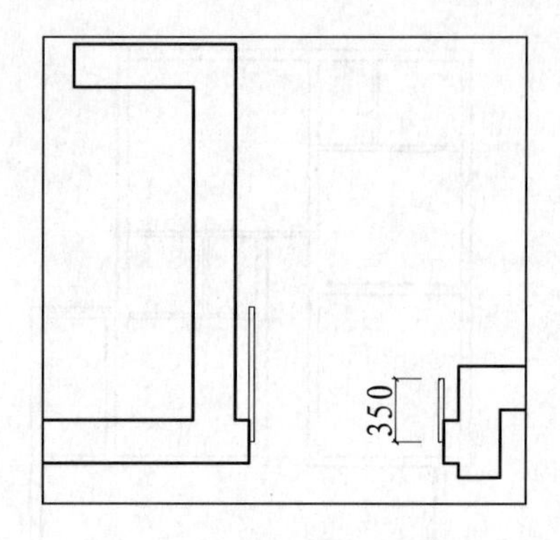

图 9-12　绘制矩形

04 调用 CIRCLE/C 命令，分别绘制半径为 750 和 350 的圆，如图 9-13 所示。

05 调用 TRIM/TR 命令，对圆进行修剪，效果如图 9-14 所示。

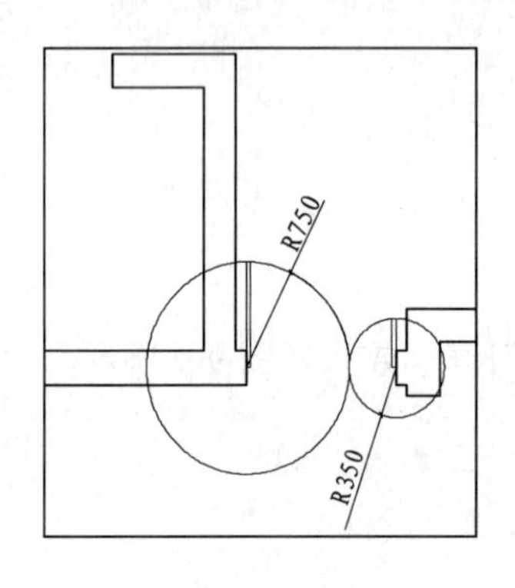

图 9-13　绘制圆

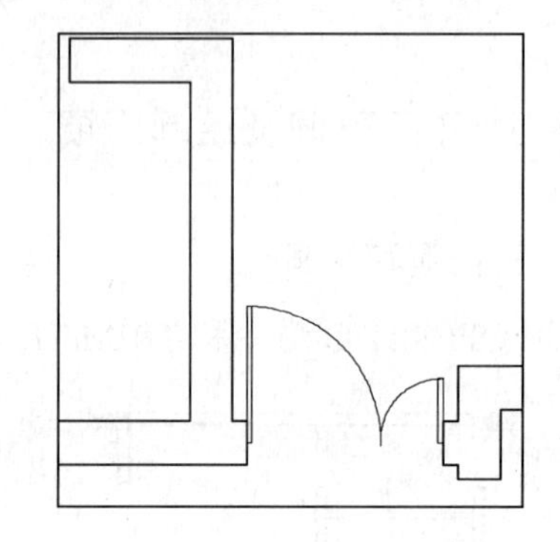

图 9-14　修剪圆

3. 绘制窗

除了插入窗图块的方法，也可以使用 MLINE/ML 命令直接绘制窗，下面介绍其绘制方法。

01 调用 MLSTYLE 命令，新建一个多线样式，单击【继续】按钮，在打开的对话框中设置有 4 个元素的多线样式，如图 9-15 所示。

02 调用 MLINE/ML 命令以该多线样式在墙体内绘制多线，命令选项如下：

```
命令:MLINE↙                                          //调用【多线】命令
当前设置:对正=无，比例=1.00，样式=W
指定起点或[对正(J)/比例(S)/样式(ST)]:S↙               //选择“比例(S)”选项
输入多线比例 <1.00>:1↙                               //设置多线比例为 1
当前设置:对正=无，比例=1.00，样式=W
指定起点或[对正(J)/比例(S)/样式(ST)]:                  //捕捉并单击上方墙体中点为线段的起点，如图 9-16 所示
指定下一点:                                           //捕捉并单击下方墙体中点为多线的端点，效果如图 9-17 所示
```

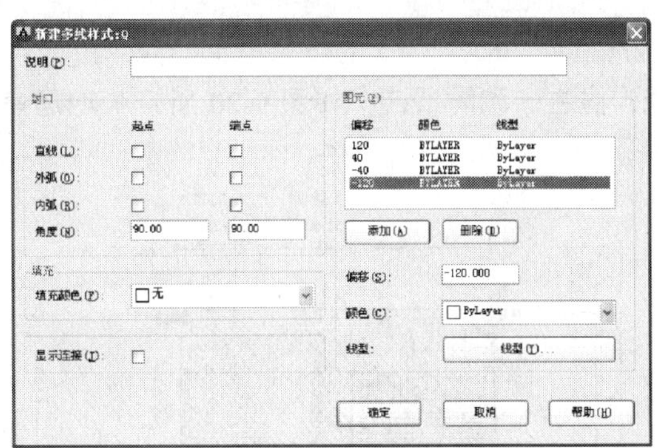

图 9-15　多线样式设置

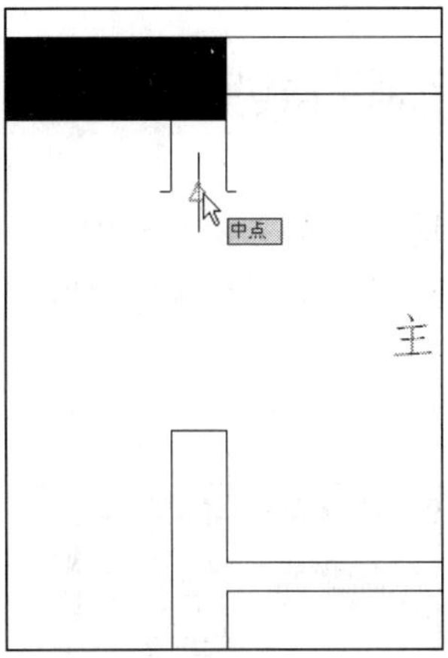

图 9-16　指定多线的起点

03 使用同样的方法绘制其他窗，完成后的结果如图 9-18 所示。

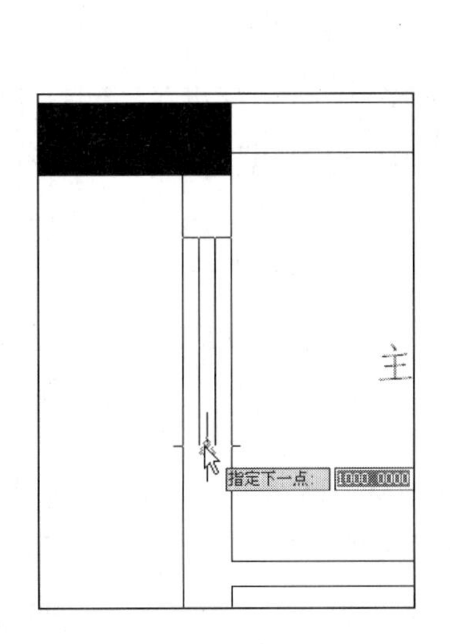

图 9-17　指定多线端点

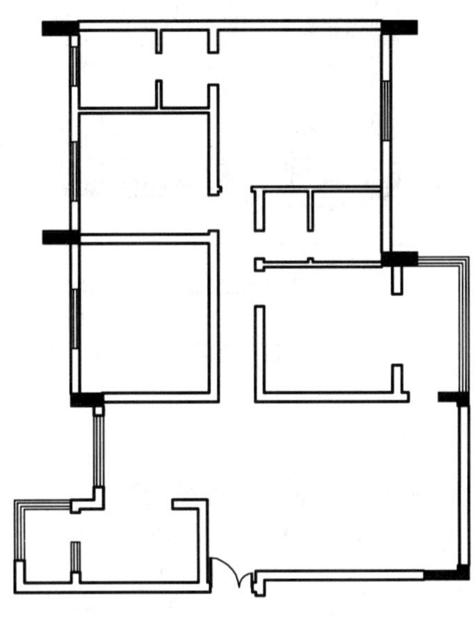

图 9-18　绘制门窗

9.3.6　文字标注

调用 MTEXT/MT 命令对各个房间的名称进行标注，结果如图 9-4 所示，四居室原始户型图绘制完成。

9.4　绘制四居室平面布置图

本例装修为欧式风格，运用前面所学方法，打开“第 9 章\家具图例.dwg”文件，选择调入相应家具图块，完成四居室平面布置，如图 9-19 所示，这里就不详细讲解了。

9.5 绘制四居室地材图

本例地面材料主要有玻化砖、地板、地毯、仿古砖和防滑砖。如图 9-20 所示为四居室地材图，下面以客厅和餐厅为例介绍绘制方法。

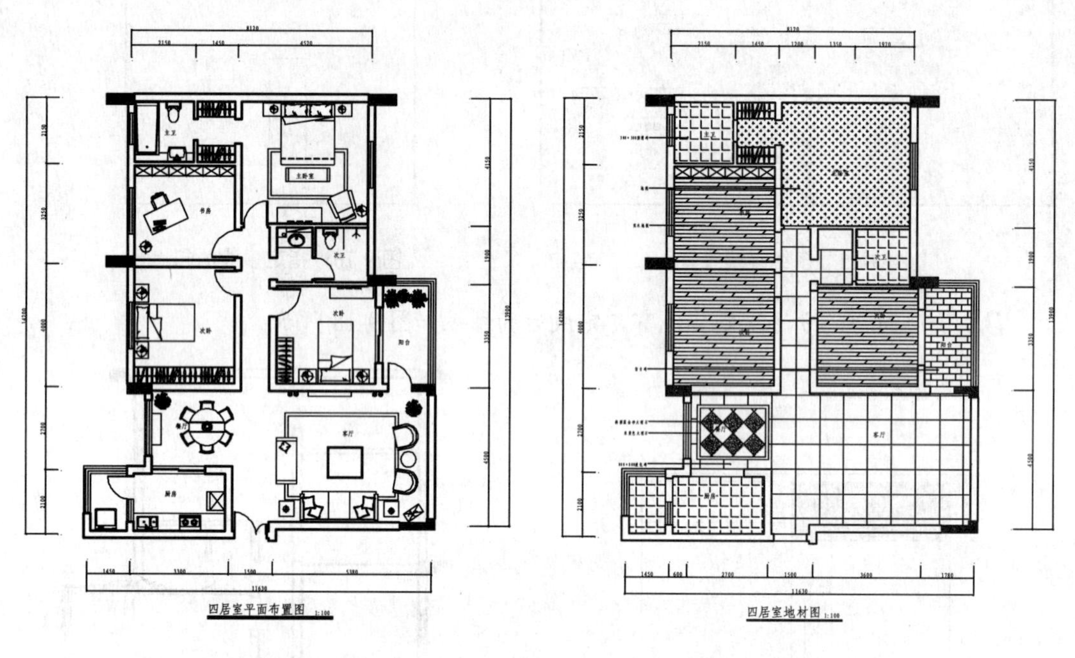

图 9-19　四居室平面布置图　　　　图 9-20　四居室地材图

1. 复制图形

地材图可在平面布置图的基础上进行绘制，因为地材图需要用到平面布置图中的墙体等图形。调用 COPY/CO 命令，复制四居室平面布置图，然后删除所有与地材图无关的图形。

2. 绘制门槛线

01 设置“DM_地面”图层为当前图层。

02 调用 LINE/L 命令，在门洞位置绘制门槛线，如图 9-21 所示。

3. 绘制地面图案

在餐厅中铺设了大理石拼花图案，由于 CAD 图库中没有这种尺寸的填充图案，因此需要手动进行绘制。

01 调用 RECTANG/REC 命令，绘制一个尺寸为 2400×1760 的矩形，并移动到相应的位置，如图 9-22 所示。

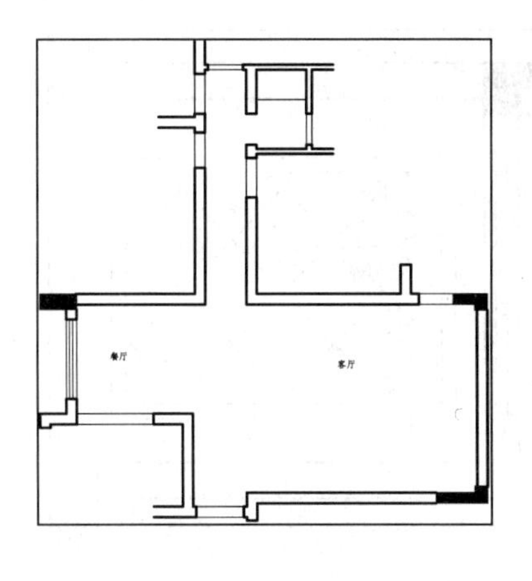

图 9-21　整理图形

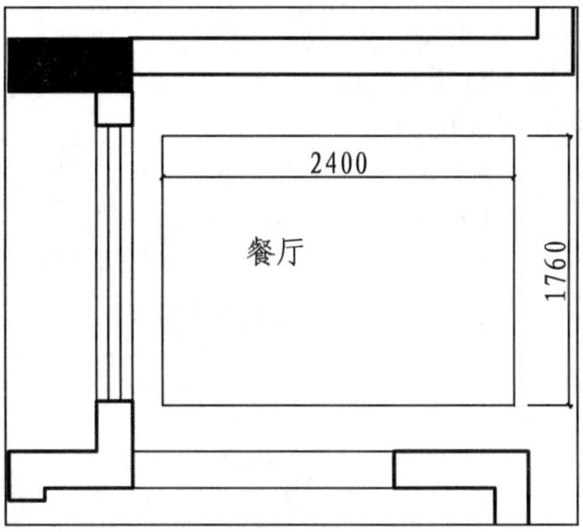

图 9-22　绘制矩形

02 调用 OFFSET/O 命令，将矩形向内偏移 100，如图 9-23 所示。

03 调用 RECTANG/REC 命令，绘制一个边长为 500，旋转 45° 的矩形，并移动到相应的位置，如图 9-24 所示。

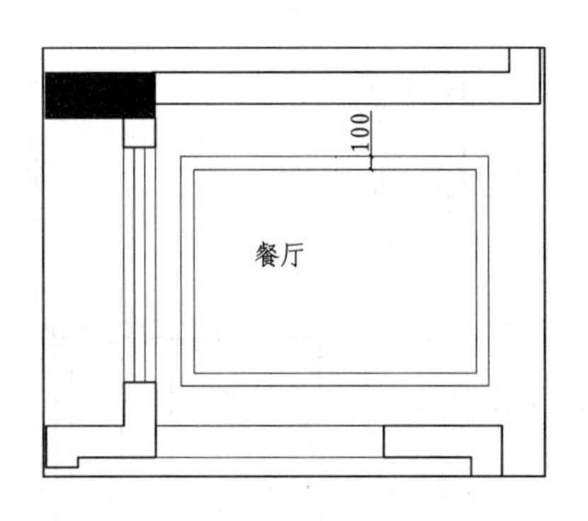

图 9-23　偏移矩形

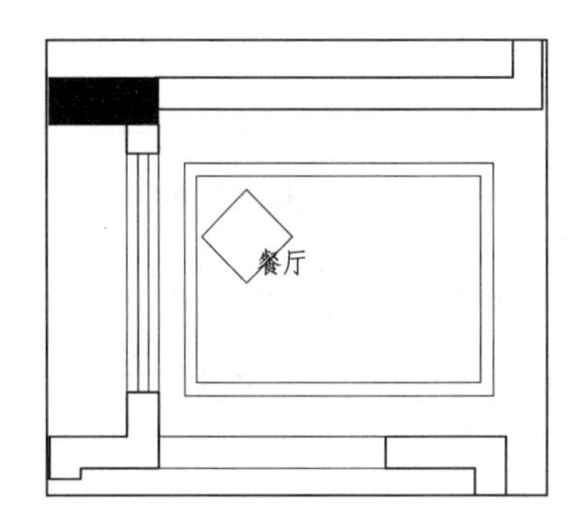

图 9-24　绘制矩形

04 调用 COPY/CO 命令，复制矩形，效果如图 9-25 所示。

05 调用 TRIM/TR 命令，修剪多余的图形，效果如图 9-26 所示。

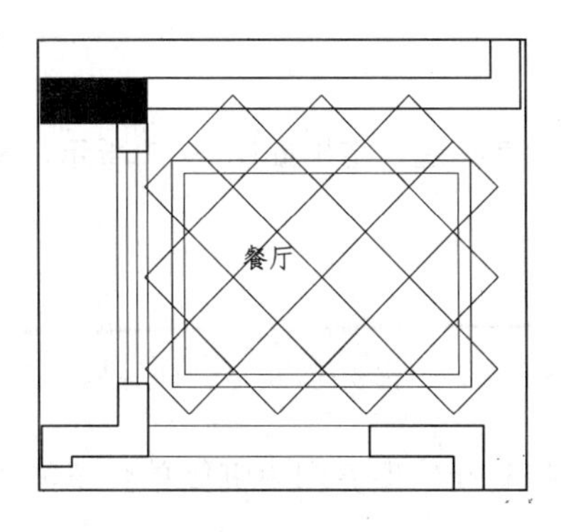

图 9-25　复制矩形

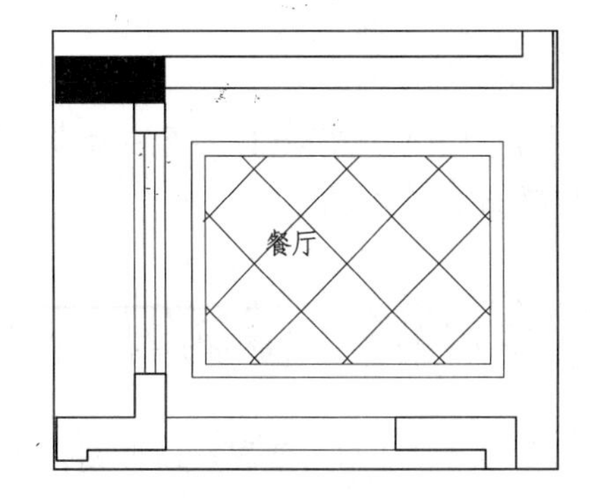

图 9-26　修剪矩形

06 调用 HATCH/H 命令，对矩形填充 AR-SAND 图案，填充参数和效果如图 9-27 所示。

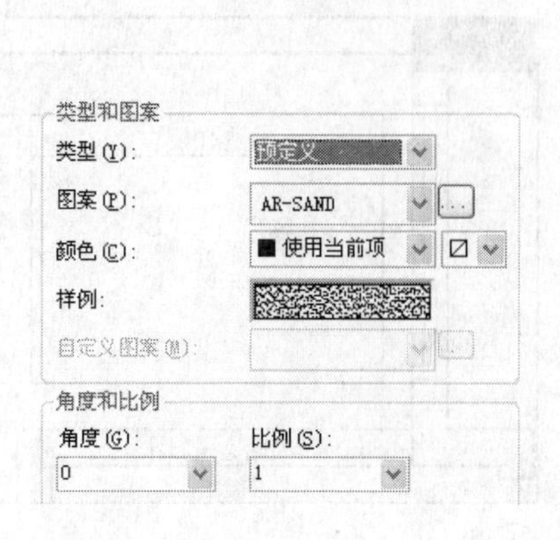

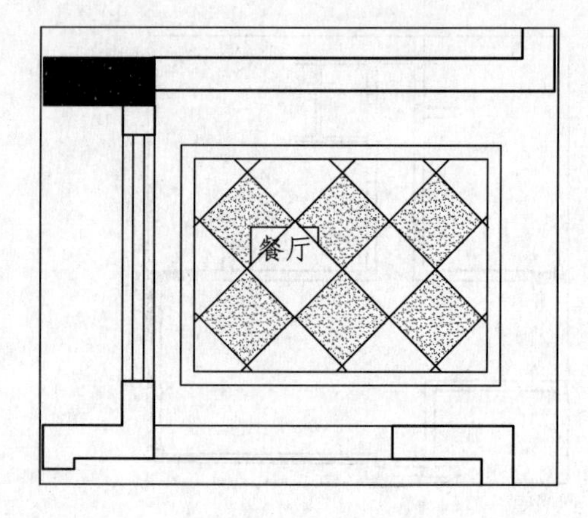

图 9-27 填充参数和效果

07 调用 HATCH/H 命令，对客厅和餐厅其他区域填充“用户定义”图案，填充参数和效果如图 9-28 所示。

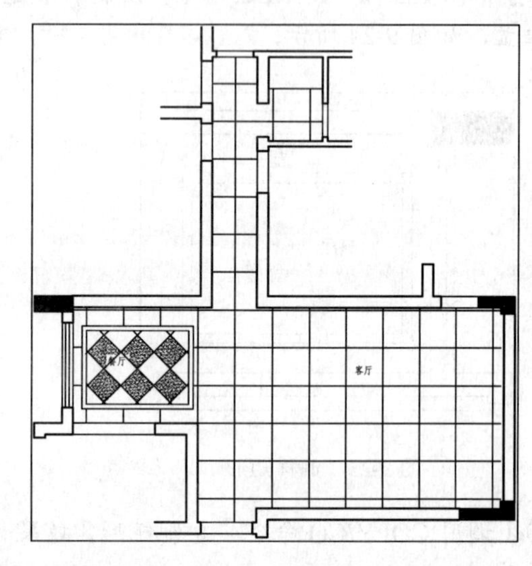

图 9-28 填充参数和效果

4. 文字说明

调用 MLEADER/MLD 命令，对地面材料进行文字标注，结果如图 9-29 所示，客厅和餐厅地材图绘制完成。

9.6 绘制四居室顶棚图

如图 9-30 所示为四居室顶棚图，下面以客厅和餐厅的顶棚图为例简单介绍其绘制方法。

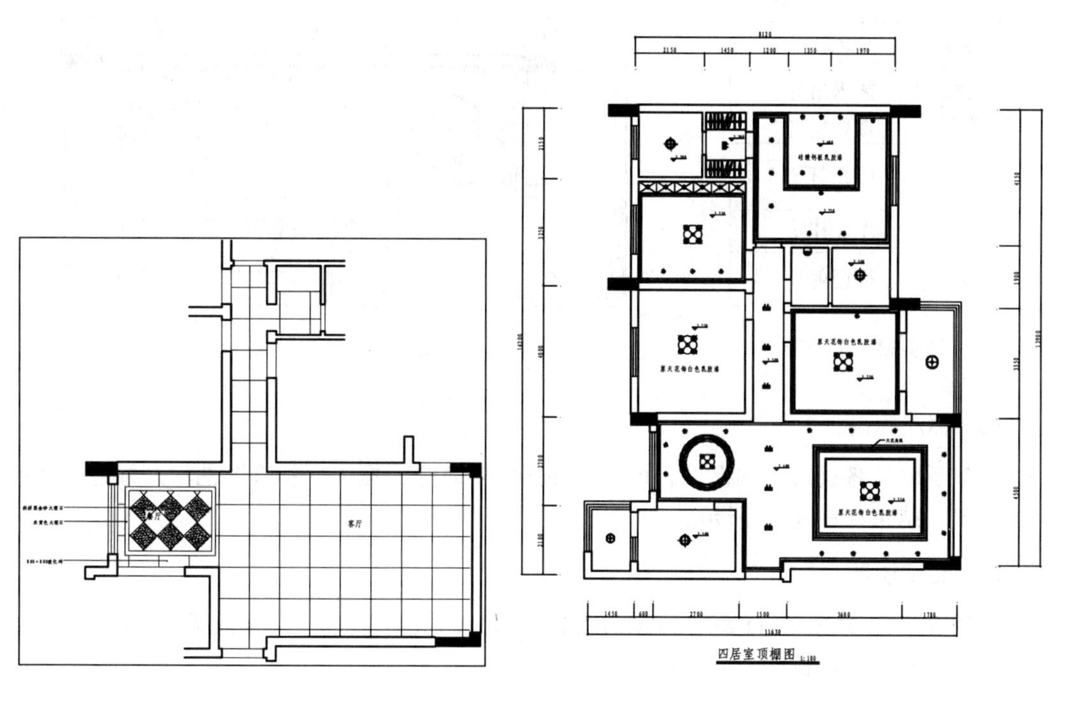

图 9-29　文字说明　　　　图 9-30　四居室顶棚图

1. 复制图形

绘制顶棚图需要用到平面布置图中的墙体图形，还需要依据平面布置图来定位相关图形，如灯具等。删除与顶棚图无关的图形，并调用 LINE/L 命令绘制墙体线，如图 9-31 所示。

2. 绘制顶棚造型

欧式顶棚造型主要为直线和圆形结构，如图 9-32 所示。可使用 RECTANG/REC 命令、CIRCLE/C 命令、PLINE/PL 命令和 OFFSET/O 命令绘制，请读者根据图 9-32 所示尺寸，自行完成，这里就不详细讲解了。

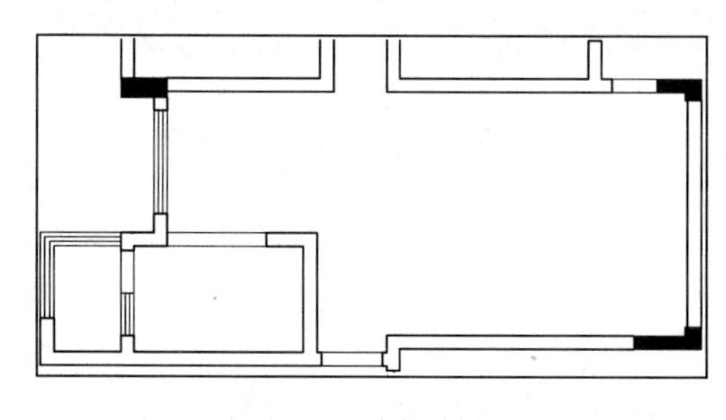

图 9-31　绘制墙体线

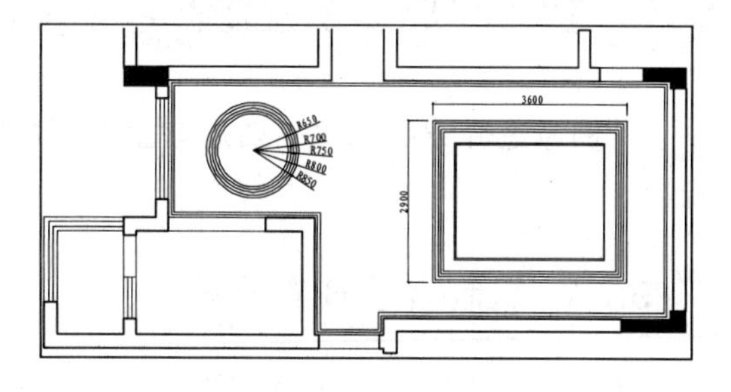

图 9-32　绘制顶棚造型

3. 布置灯具

打开本书配套光盘中的"第 9 章\家具图例"文件，将本例所用到的灯具图例表复制到当前图形中，如图 9-33 所示。

从灯具图例表中复制相应的灯具图形到顶棚图中，结果如图 9-34 所示。

图例	名称
	艺术吊灯
	双臂壁灯
	吸顶灯
	普通射灯
	格栅射灯

图 9-33　图例表

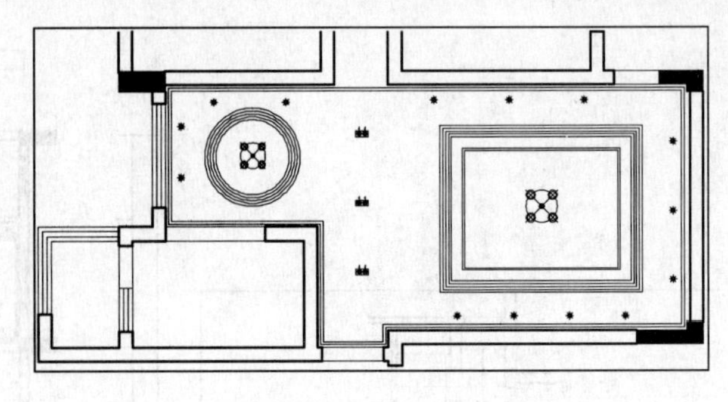

图 9-34　布置灯具

4. **标注标高**

标高反映了各级吊顶的高度，调用 INSERT/I 命令，插入“标高”图块，标注出各级吊顶标高，结果如图 9-35 所示。

5. **文字说明**

调用 MLEADER/MLD 命令和 MTEXT/MT 命令，对吊顶进行文字说明，结果如图 9-36 所示。客厅和餐厅顶棚图绘制完成。

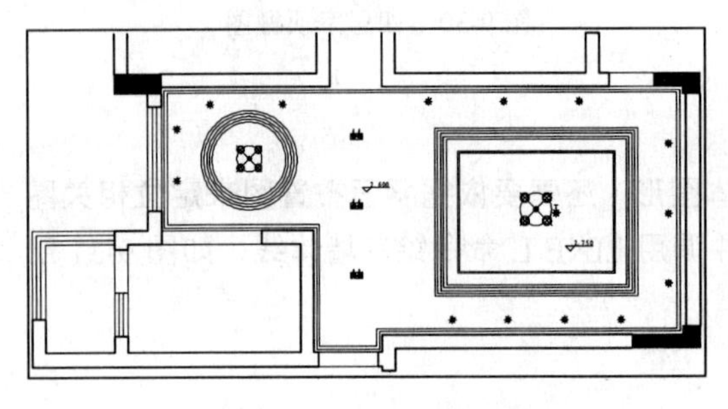

图 9-35　插入标高

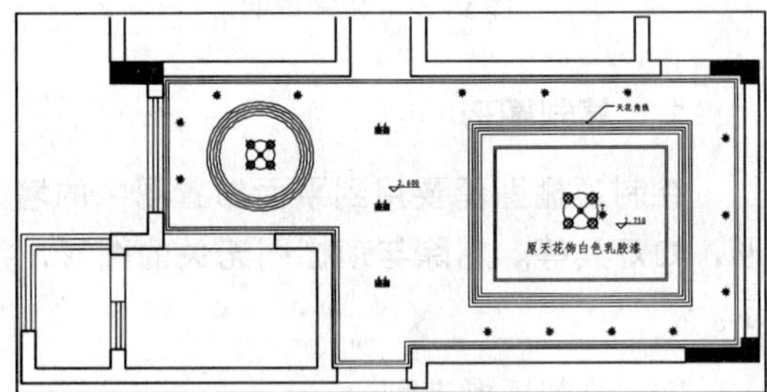

图 9-36　文字说明

9.7 绘制四居室立面图

本例通过介绍欧式风格四居室立面图的绘制，以了解和掌握欧式风格墙面的装饰做法。

9.7.1 绘制客厅 B 立面图

客厅 B 立面图如图 9-37 所示，该立面图为客厅壁炉和餐厅的公用墙面。

1. **复制图形**

调用 COPY/CO 命令，复制平面布置图上客厅 B 立面图的平面部分。

2. **绘制 B 立面基本轮廓**

01 调用 LINE/L 命令，根据平面图绘制 B 立面墙体投影线和地面轮廓线，如图 9-38

所示。

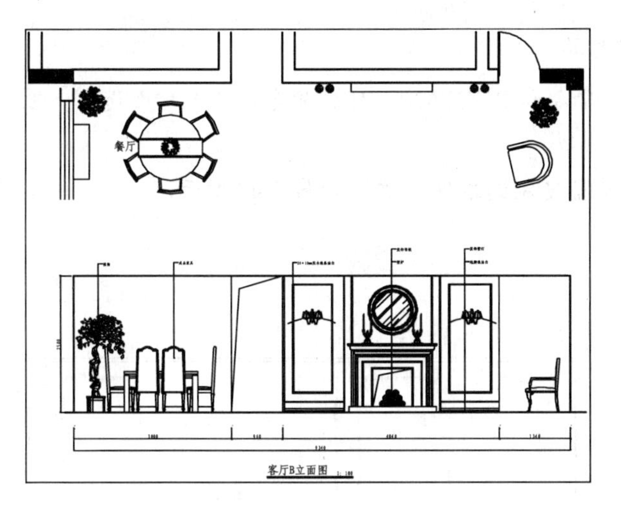

图 9-37 客厅 B 立面图

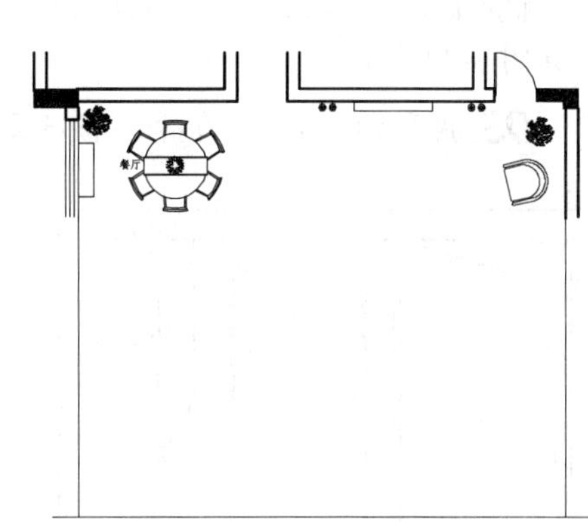

图 9-38 绘制墙体和地面

02 调用 OFFSET/O 命令，向上偏移地面轮廓线，偏移距离为 2500，得到顶面轮廓线，如图 9-39 所示。

03 调用 TRIM/TR 命令，修剪掉多余的线段，并转换至“QT_墙体”图层，效果如图 9-40 所示。

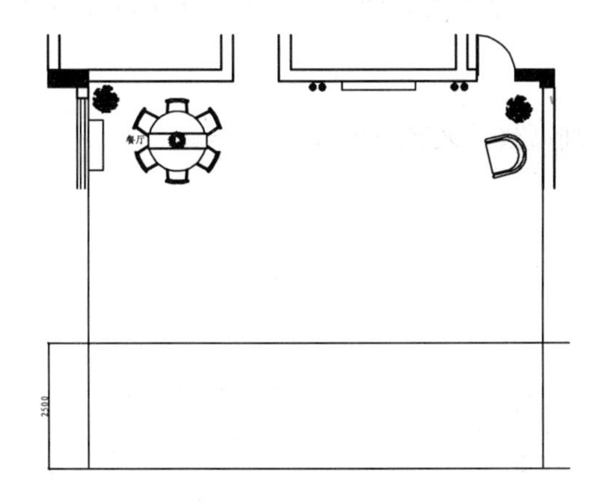

图 9-39 绘制顶棚

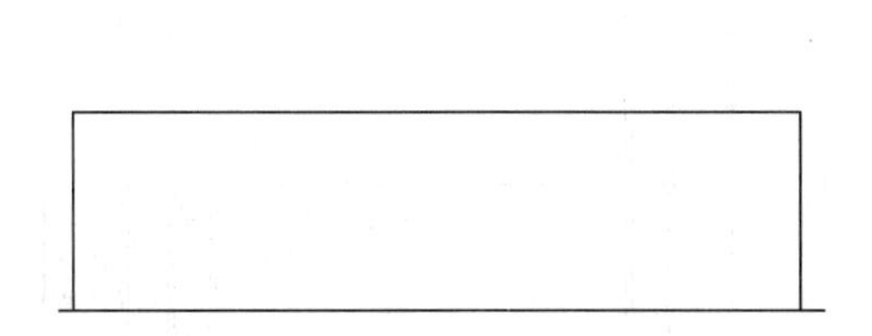

图 9-40 修剪立面外轮廓

3. 绘制过道

调用 LINE/L 命令和 TRIM/TR 命令，绘制过道投影线，并在过道内绘制折线，如图 9-41 所示。

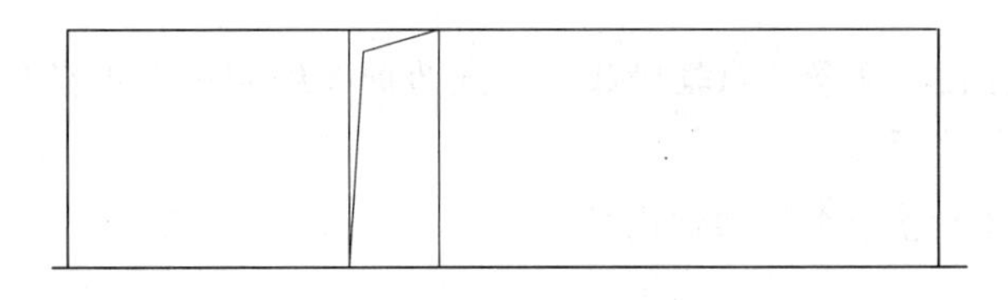

图 9-41 绘制过道

4. 绘制墙面造型

01 设置“LM_立面”图层为当前图层。

02 调用 LINE/L 命令、OFFSET/O 命令和 RECTANG/REC 命令，绘制墙面造型，效果如图 9-42 所示。

03 调用 COPY/CO 命令，将墙面造型复制到右侧，效果如图 9-43 所示。

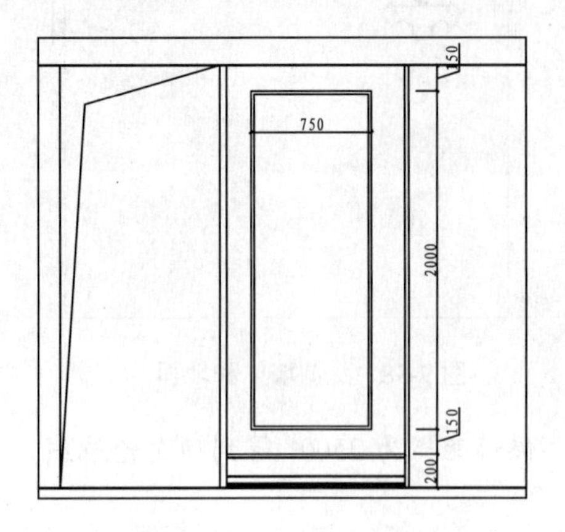

图 9-42 绘制墙面造型图案

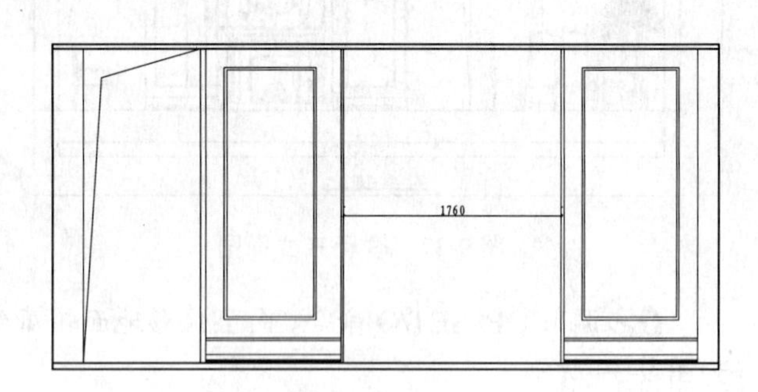

图 9-43 复制图形

04 调用 LINE/L 命令和 OFFSET/O 命令，绘制壁炉所在的墙面造型，如图 9-44 所示。

5. 绘制铜镜

01 调用 OFFSET/O 命令，通过偏移得到辅助线，效果如图 9-45 所示。

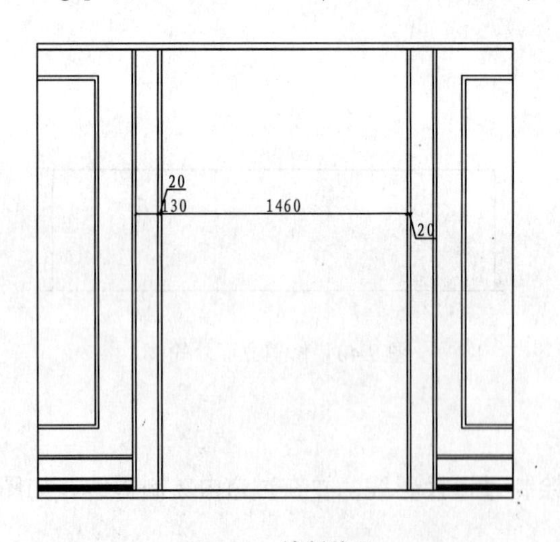

图 9-44 绘制线段

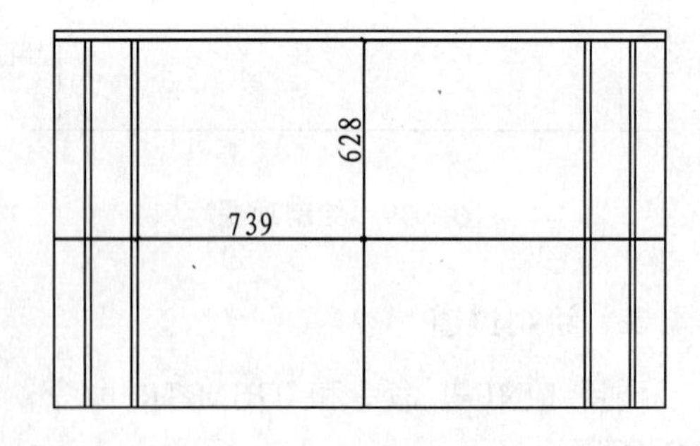

图 9-45 绘制辅助线

02 调用 CIRCLE/C 命令，以辅助线的交点为圆心绘制一个半径为 330 的圆，然后删除辅助线，如图 9-46 所示。

03 调用 OFFSET/O 命令，将圆向外偏移，如图 9-47 所示。

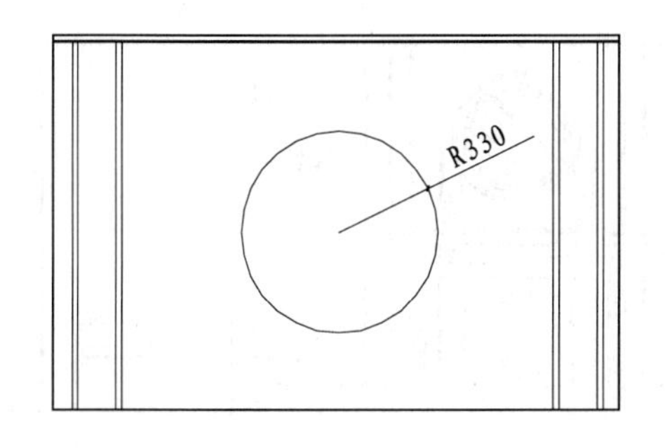

图 9-46 绘制圆

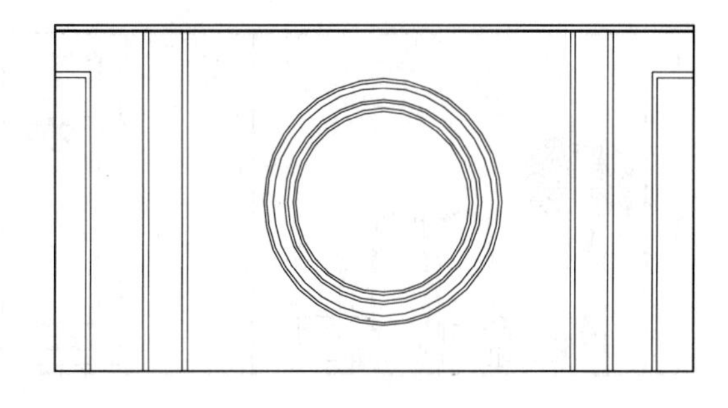

图 9-47 偏移圆

04 调用 HATCH/H 命令，对圆内填充 AR-RROOF 图案，填充参数和效果如图 9-48 所示。

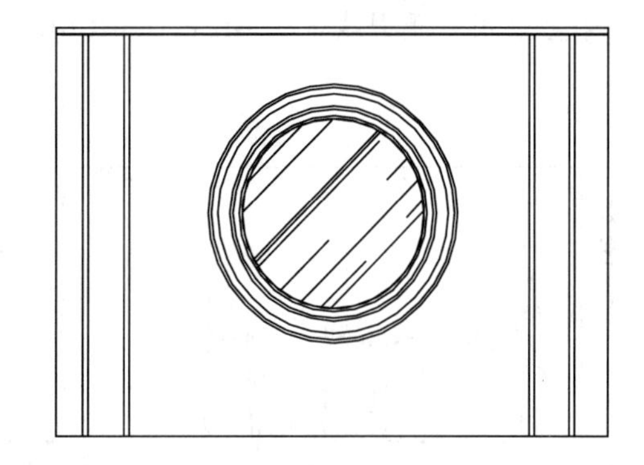

图 9-48 填充参数和效果

6. 插入图块

从图库中调入餐桌椅、植物、壁炉和椅子等图块，并进行修剪，完成后的效果如图 9-49 所示。

图 9-49 插入图块

7. 标注尺寸和材料说明

01 设置“BZ-标注”图层为当前图层。设置当前注释比例为 1∶50。调用 DIMLINEAR/DLI 命令进行线性尺寸标注，结果如图 9-50 所示。

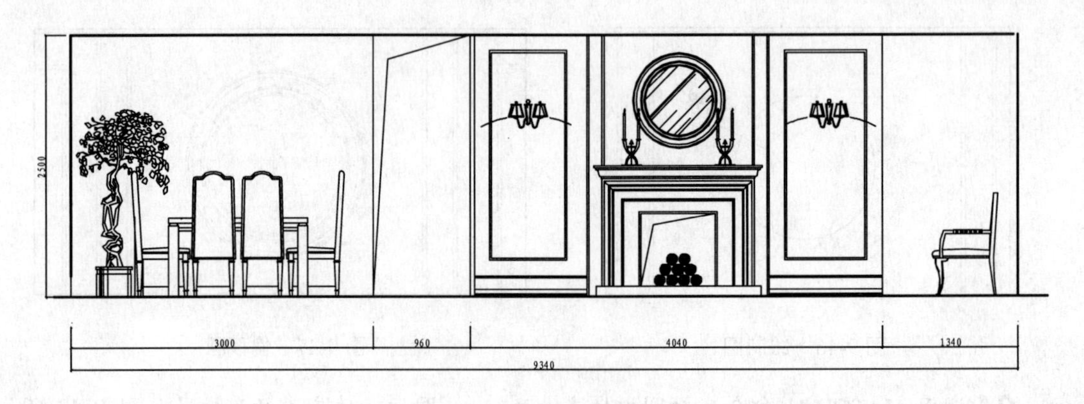

图 9-50　尺寸标注

02 使用多重引线命令 MLEADER/MLD 对材料进行标注，如图 9-51 所示。

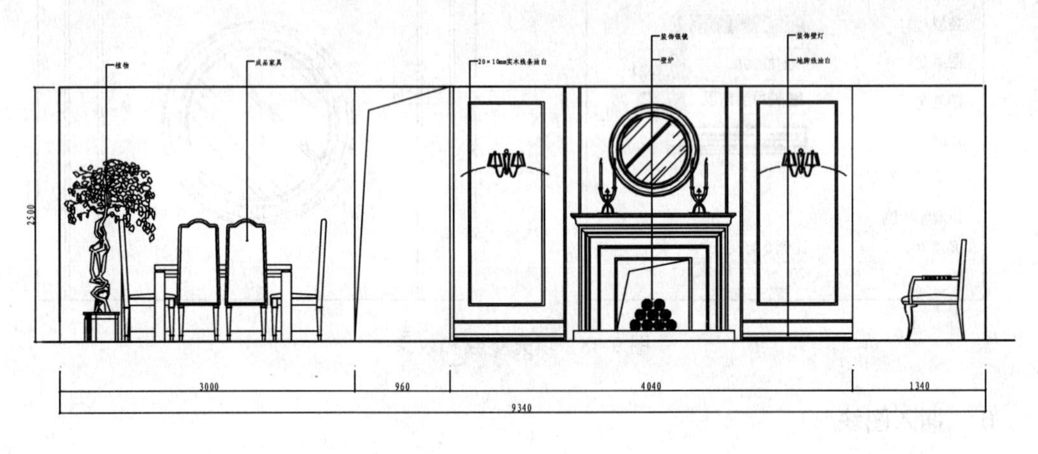

图 9-51　材料说明

8. 插入图名

使用插入图块命令 INSERT/I，插入“图名”图块，设置图名为“客厅 B 立面图”。客厅 B 立面图完成。

9.7.2 绘制厨房 D 立面图

厨房 D 立面是厨房的一个主要立面，如图 9-52 所示。该立面主要表达了橱柜和吊柜的做法以及与其他设备之间的位置关系，下面简单介绍其绘制过程。

1. 复制图形

调用 COPY/CO 命令，复制平面布置图上厨房 D 立面的平面部分。

2. 绘制立面轮廓

01 设置“LM_立面”图层为当前图层。

02 使用投影法，调用 LINE/L 命令，在厨房平面图上绘制投影线，如图 9-53 所示。

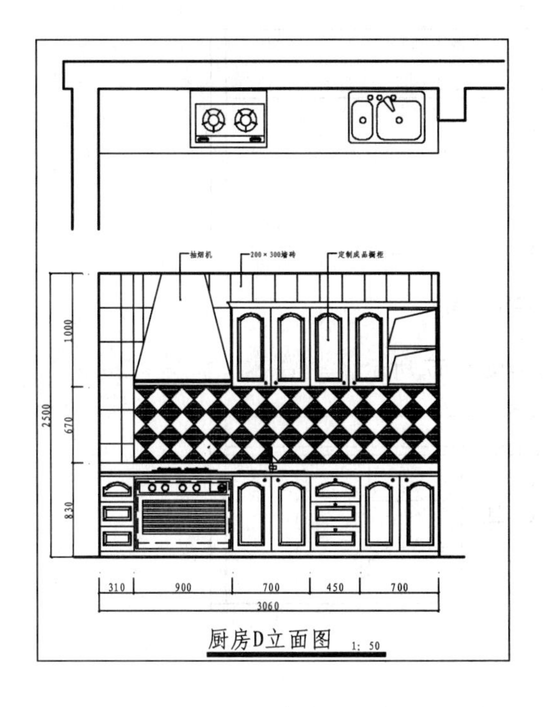

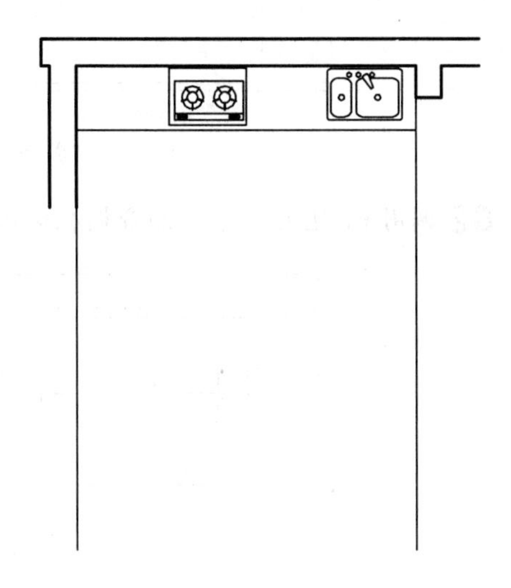

图 9-52　厨房 D 立面图

图 9-53　绘制墙体投影线

03 调用 LINE/L 命令、OFFSET/O 命令，绘制地面和高度为 2500 的顶棚线，如图 9-54 所示。

04 调用 TRIM/TR 命令，修剪地面及顶棚线之外的线段，并转换至 “QT_墙体” 图层，结果如图 9-55 所示。

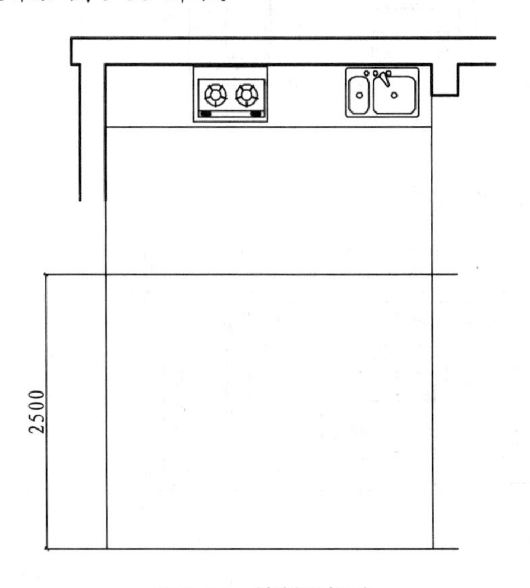

图 9-54　绘制顶棚线

图 9-55　修剪立面外轮廓

3. 绘制橱柜

01 调用 RECTANG/REC 命令绘制橱柜台面，如图 9-56 所示。

图 9-56 绘制台面

02 调用 LINE/L 命令，划分橱柜区域，如图 9-57 所示。

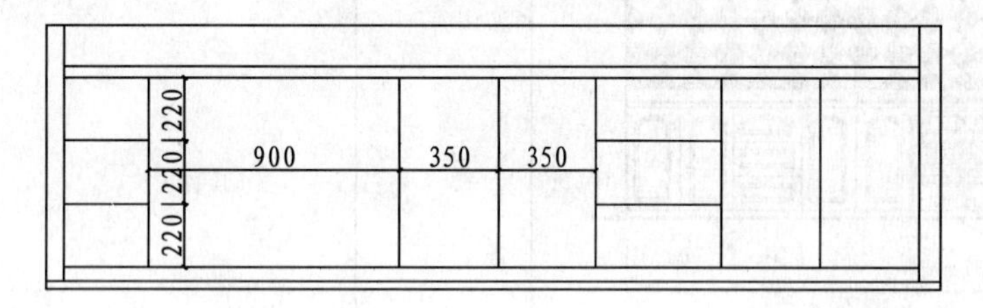

图 9-57 划分区域

03 调用 PLINE/PL 命令、ARC/A 命令和 OFFSET/O 命令，绘制橱柜面板的造型图案，如图 9-58 所示。

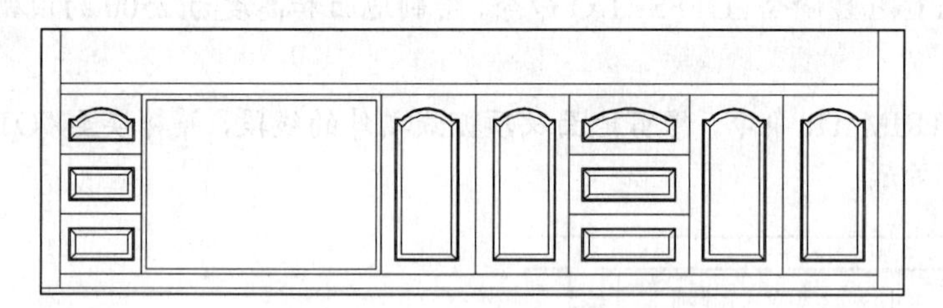

图 9-58 绘制造型图案

04 调用 CIRCLE/C 命令绘制门把手，如图 9-59 所示。

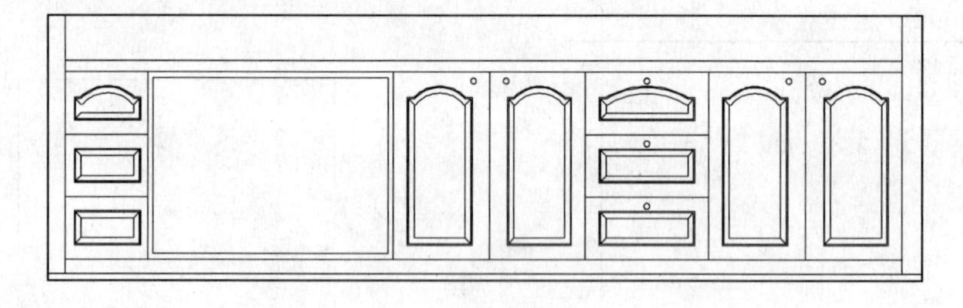

图 9-59 绘制把手

4. 绘制吊柜

吊柜的绘制方法与橱柜基本相同，D 立面中的吊柜造型如图 9-60 所示，其图形绘制比较简单，在确定吊柜尺寸之后，采用 LINE/L 命令、RECTANG/REC 命令和 OFFSET/O 命令进行绘制。

5. 插入图块

从图库中插入燃气灶、洗菜盘、抽油烟机和消毒柜等图块，并定位到适当位置，结果如图 9-61 所示。

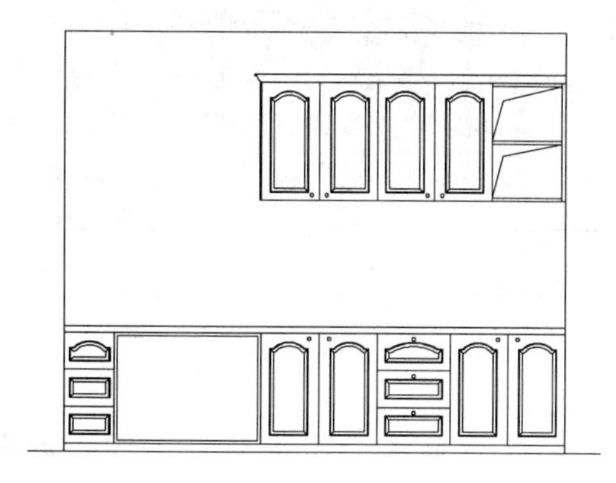

图 9-60　绘制吊柜

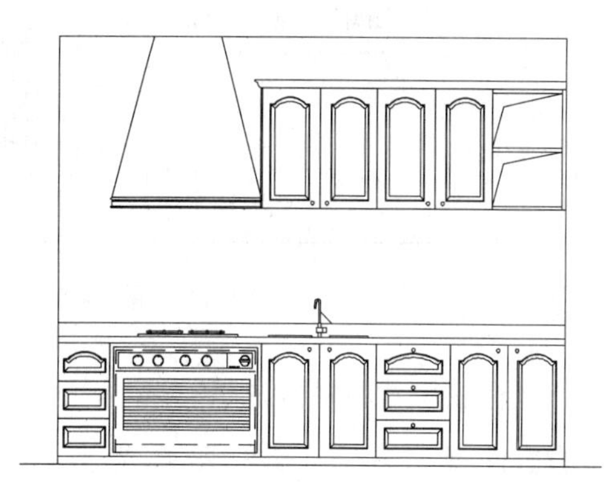

图 9-61　插入图块

6. 绘制墙面图案

01 调用 LINE/L 命令，绘制如图 9-62 所示线段。

02 调用 LINE/L 命令、OFFSET/O 命令和 TRIM/TR 命令，绘制厨房左侧和上方的墙面图案，效果如图 9-63 所示。

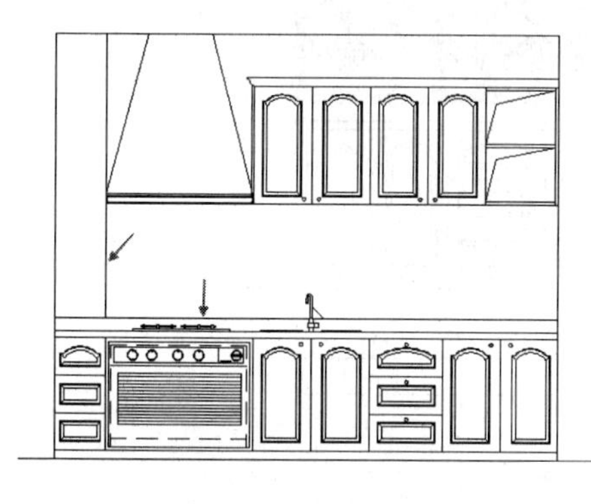

图 9-62　绘制线段

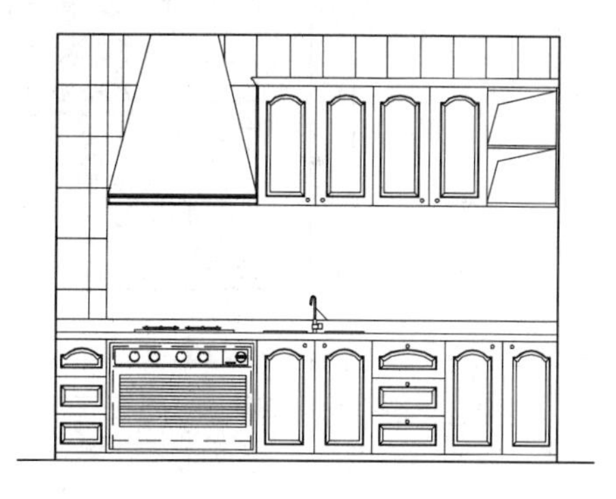

图 9-63　绘制墙面图案

03 调用 HATCH/H 命令，对厨房墙面填充"用户定义"图案，效果如图 9-64 所示。

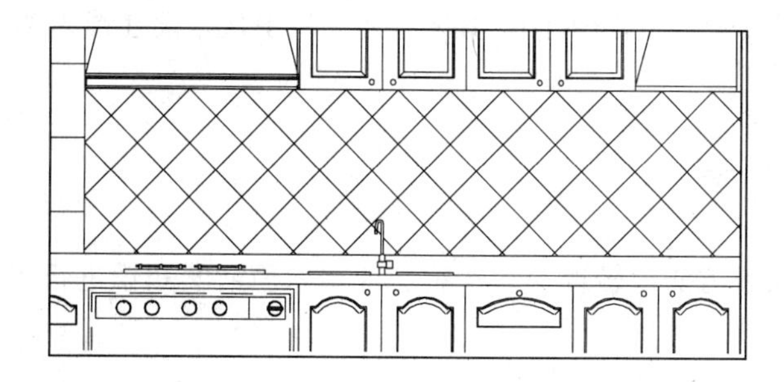

图 9-64　绘制墙面图案

04 调用 HATCH/H 命令，对墙面填充 DOTS 图案，填充参数和效果如图 9-65 所示。

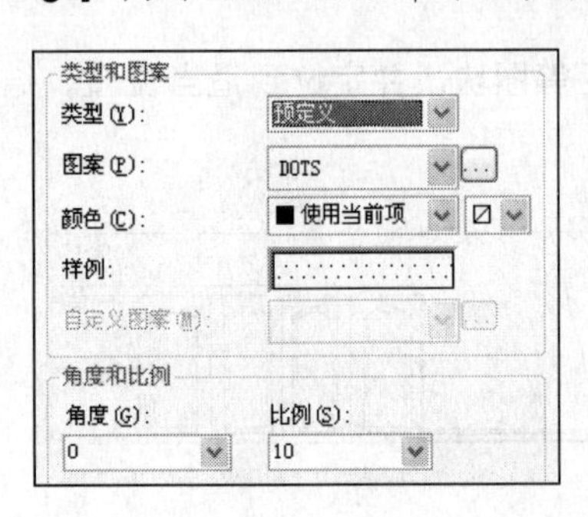

图 9-65　填充参数和效果

7. 标注尺寸和材料说明

01 设置“BZ-标注”图层为当前图层。设置当前注释比例为 1∶50。调用 DIMLINEAR/DLI 命令进行线性尺寸标注，结果如图 9-66 所示。

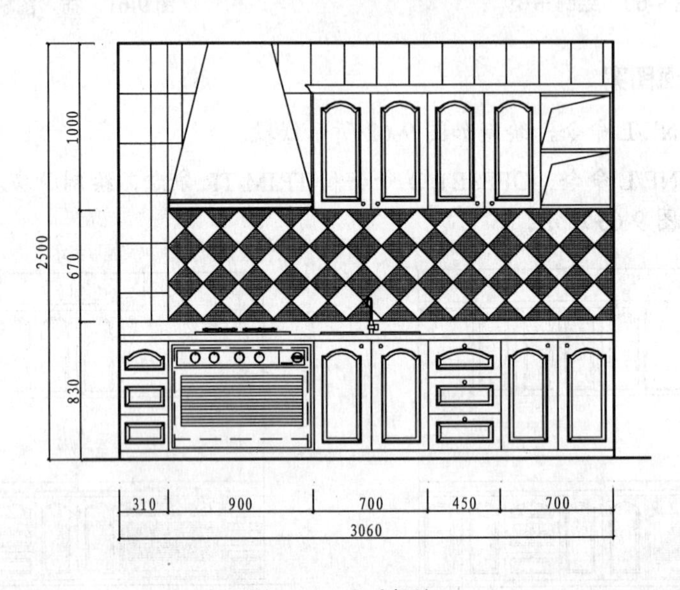

图 9-66　尺寸标注

02 设置“ZS-注释”为当前图层。使用多重引线命令 MLEADER/MLD 对材料进行标注。

03 使用插入图块命令 INSERT/I，插入“图名”图块，设置图名为“厨房 D 立面图”。厨房 D 立面图完成。

9.7.3 其他立面图

其他立面图的绘制方法比较简单，请读者应用前面所学知识进行绘制，如图 9-67～图 9-69 所示。

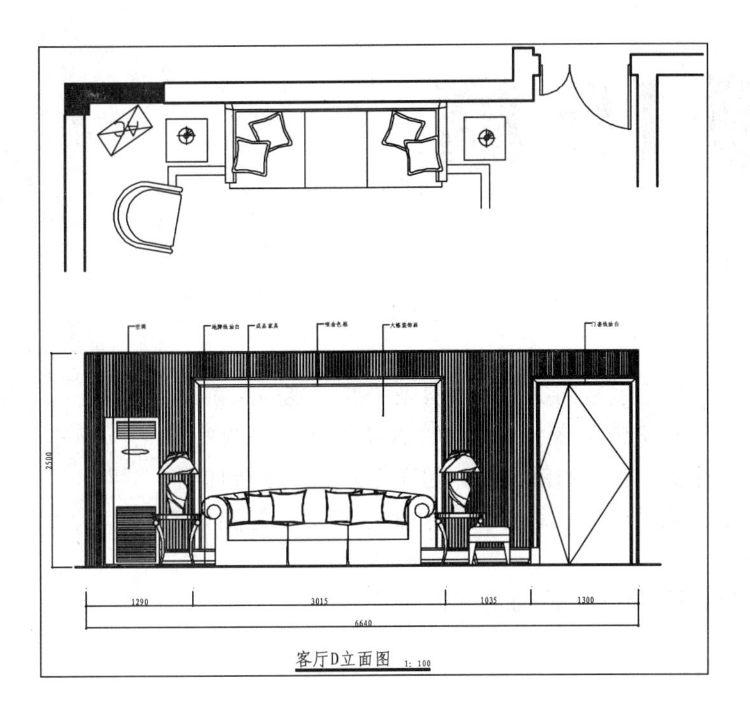

图 9-67 客厅 D 立面图

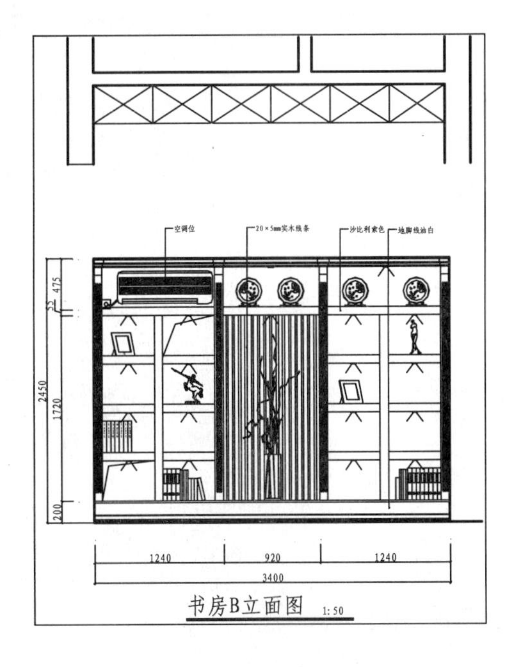

图 9-68 书房 B 立面图

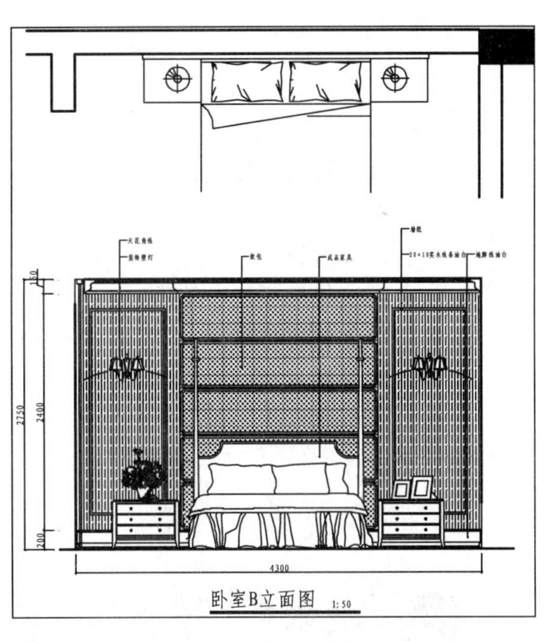

图 9-69 卧室 B 立面图

第10章

本章导读：

随着人们生活水平的提高，对房型的要求越来越挑剔，精明的开发商摸透消费者的心理，在建房时也越来越把精力注重于居住生活空间的舒适性，因而相继有了多层住宅、中高层住宅、高层住宅，联体别墅、独立别墅，错层住宅也应运而生。

本章讲解错层设计和施工图的绘制方法。

本章重点：

- 错层设计概述
- 调用样板新建文件
- 绘制错层原始户型图
- 墙体改造
- 绘制错层平面布置图
- 绘制错层地材图
- 绘制错层顶棚图
- 绘制错层立面图

错层室内设计

10.1 错层设计概述

错层是指其不同使用功能不在同一平面层上，形成多个不同标高平面的使用空间和变化的视觉效果。住宅室内环境错落有致，极富韵律感。通常进门的第一层面为公共区域，往里上几级楼梯形成第二区域，不同的错层形成了不同的功能区。

错层不同于现在流行的复式或跃层式住宅。虽然错开了住宅的层次，但可以合理有效地控制单套住宅的面积，错层房屋丰富了居家生活的画面层次，在动静分区、私密性，舒适性方面有了提高和完善。

10.1.1 错层住宅的错层方式

- 左右错层

即东西错层，一般为起居室和卧室错层。

- 前后错层

即南北错层，一般为客厅和餐厅的错层。利用平面上的错层，是静与动、食寝、会客与餐厅的功能分区布置，避免相互干扰，有利形成具有个性的室内环境，如图10-1所示。

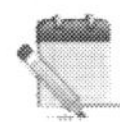

10.1.2 错层设计原则

- 设计上

目前比较流行的装修风格主要有三种：第一种是可以采用铁艺栏杆装饰错层，这种风格感觉大方，且不占用空间和影响采光；第二种是采用玻璃隔断、地柜或者楼梯栏杆，这种风格比较实用；第三种是设计一个小吧台，这种设计时尚感强。

- 色彩上

大部分的错层处于居室的中心位置，很多情况下起到了客厅与餐厅隔断的作用。因此，错层的色彩应该与客厅保持协调一致，这样居室的整体效果会好一些。错层的设计不妨别致一些，让这一块空间成为住宅的一个亮点。比如，可以考虑将这部分空间做绿化处理，在错层附近摆放一些绿色植物，这样可以把视觉吸引到空间上而不是仅限于地面，如图10-2所示。

图10-1　前后错层示例

图10-2　错层示例1

❑ 安全上

首先从材料上讲无论是选用木质的、玻璃的还是铁质的，都不能忽略材料的安全性，其安全性主要指是否有污染和材料是否光滑，其次，如家里有老人和孩子，一定要注意他们上下错层时的安全问题，如图 10-3 所示。

10.1.3 错层的上下尺度

- 错层上下尺度以 30~60mm 为宜。因为目前住宅通常层高 2.8m，净高 2.62m 左右，错层若大于 60mm，要注意上下楼板结构梁或板底的相对高度关系，避免碰头或产生压迫感。
- 错层上下高差较大时，可采用其他错层形式，如“L”和“冂”形。

10.2 调用样板新建文件

本书第 3 章创建了室内装潢施工图样板，该样板已经设置了相应的图形单位、样式、图层和图块等，原始户型图可以直接在此样板的基础上进行绘制。

01 执行【文件】|【新建】命令，打开“选择样板”对话框。

02 单击使用样板按钮 DWT，选择“室内装潢施工图”样板，如图 10-4 所示。

图 10-3 错层示例 2

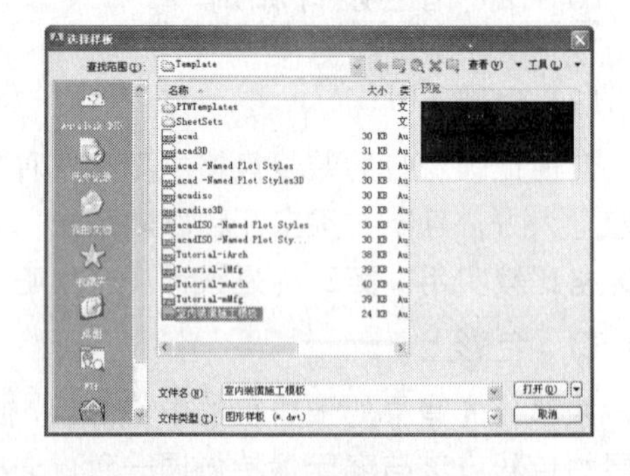

图 10-4 “选择样板”对话框

03 单击【打开】按钮，以样板创建图形，新图形中包含了样板中创建的图层、样式和图块等内容。

04 选择【文件】|【保存】命令，打开“图形另存为”对话框，在“文件名”框中输入文件名，单击【保存】按钮保存图形。

10.3 绘制错层原始户型图

图 10-5 所示为错层的原始户型图，房间各功能空间划分为客厅、餐厅、厨房、主卧、儿童房、书房、卫生间、阳台、休闲区、储物间和客房，下面讲解绘制方法。

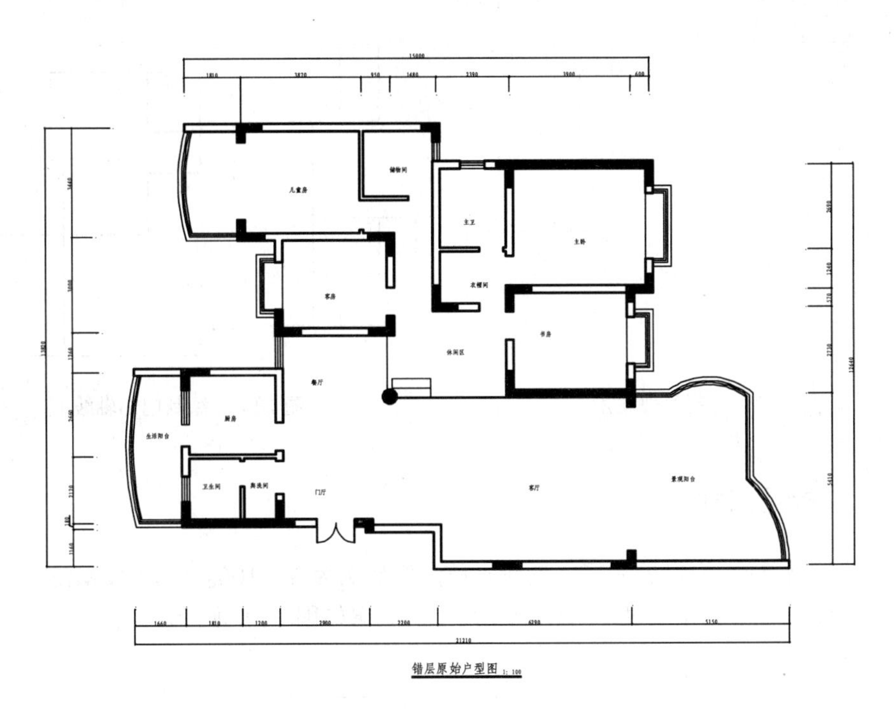

图 10-5　原始户型图

10.3.1　绘制轴网

绘制完成的轴网如图 10-6 所示，在绘制过程中，主要使用了 PLINE/PL 命令。

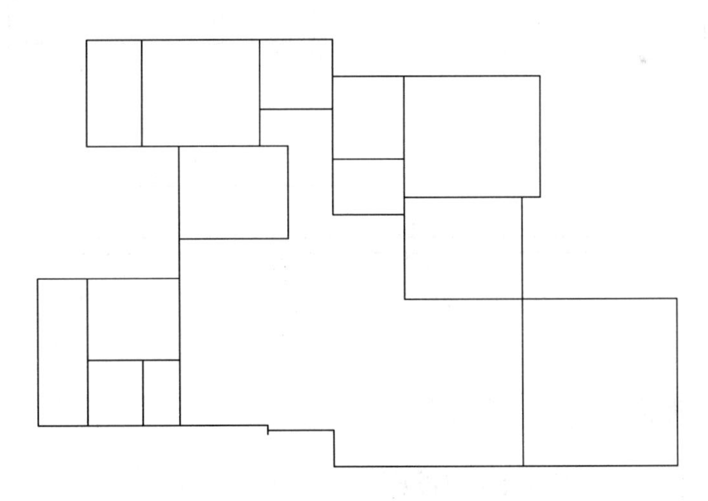

图 10-6　完善的轴网

01 设置“ZX-轴线”图层为当前图层。

02 调用 PLINE/PL 命令，绘制轴网的外轮廓，如图 10-7 所示。

03 找到需要分隔的房间，调用 PLINE/PL 命令绘制，结果如图 10-8 所示。

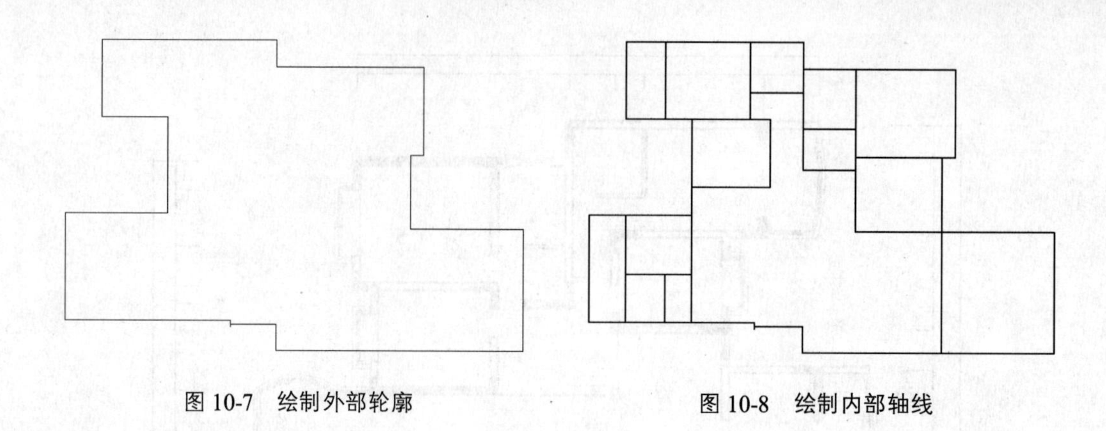

图 10-7　绘制外部轮廓　　　　图 10-8　绘制内部轴线

10.3.2 标注尺寸

设置“BZ-标注”为当前图层，设置当前注释比例为 1∶100。调用 DIMLINEAR/DLI 命令，或执行【标注】|【线性】命令标注尺寸，结果如图 10-9 所示。

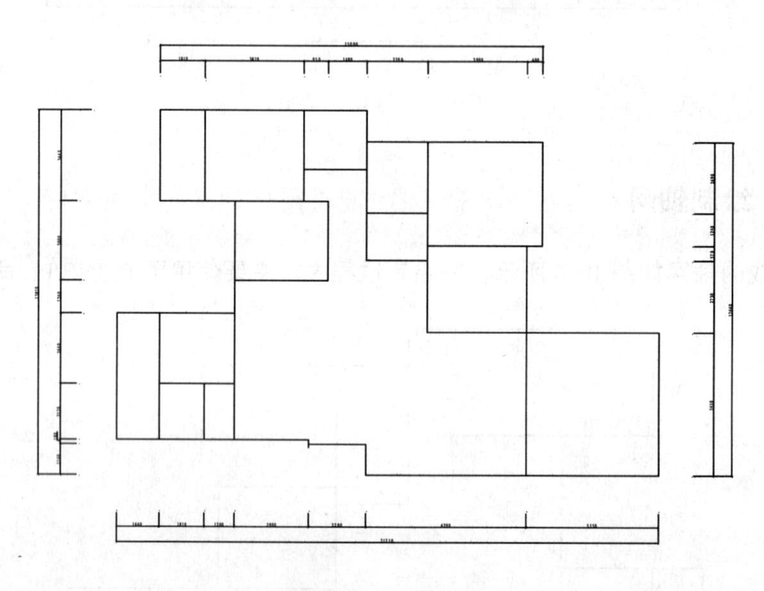

图 10-9　标注尺寸

10.3.3 绘制墙体

01 设置“QT-墙体”图层为当前图层。

02 调用 MLINE/ML 命令绘制墙体，墙体的厚度为 240，效果如图 10-10 所示。

10.3.4 修剪墙线

01 隐藏“ZX_轴线”图层，以便于修剪操作。

02 调用 EXPLODE/X 命令分解多线。

03 多线分解之后，即可使用 TRIM/TR 命令和 CHAMFER/CHA 命令进行修剪，调用 LINE/L 封闭墙体线，效果如图 10-11 所示。

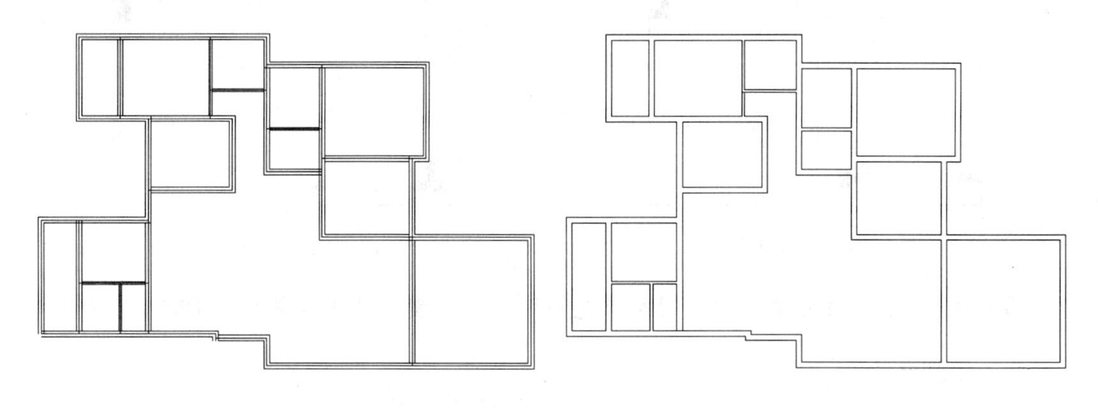

图 10-10　绘制墙体　　　　图 10-11　修剪墙体

10.3.5　绘制承重墙

调用 LINE/L 命令和 HATCH/H 命令绘制承重墙，效果如图 10-12 所示。

10.3.6　绘制圆柱和台阶

绘制完成后的圆柱和台阶如图 10-13 所示，下面介绍其绘制方法。

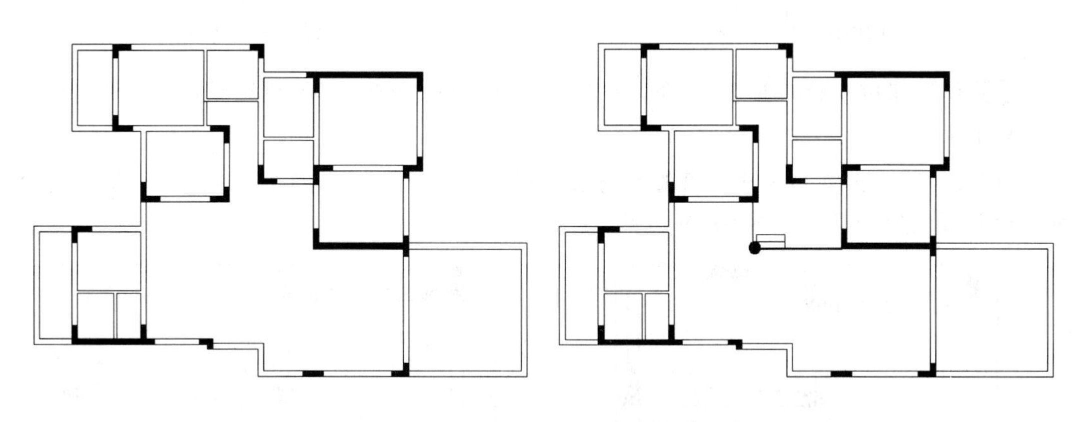

图 10-12　绘制承重墙　　　　图 10-13　绘制圆柱和台阶

1. 绘制圆柱

01 设置“ZZ_柱子”图层为当前图层。

02 调用 OFFSET/O 命令，绘制辅助线，如图 10-14 所示。

03 调用 CIRCLE/C 命令，以辅助线的交点为圆心，绘制一个半径为 225 的圆，并删除辅助线，如图 10-15 所示。

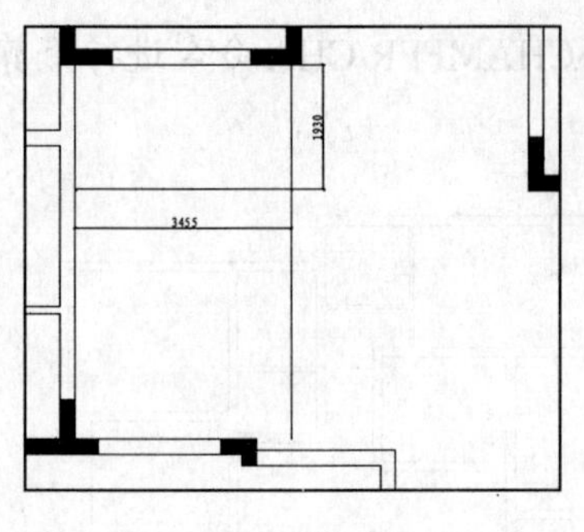

图 10-14　绘制辅助线

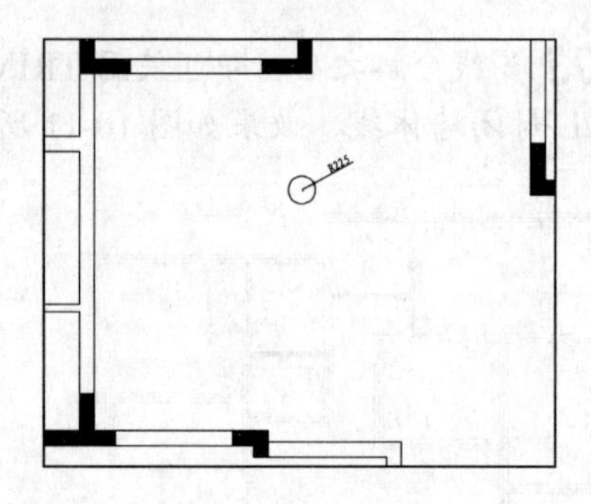

图 10-15　绘制圆

04 调用 HATCH/H 命令，在圆内填充SOLID图案，填充效果如图 10-16 所示。

2. 绘制台阶

01 调用 LINE/L 命令，绘制如图 10-17 箭头所示线段。

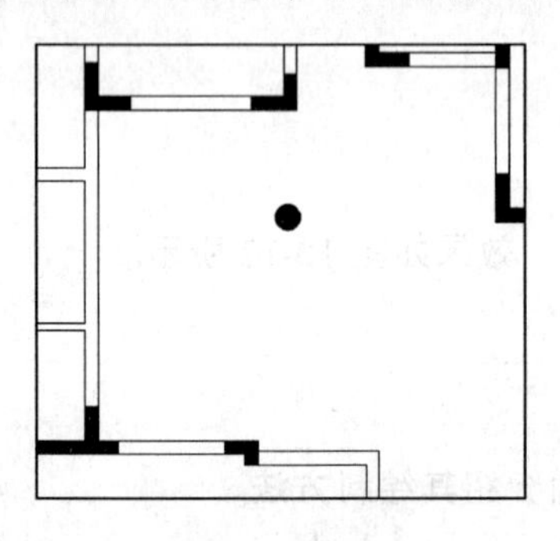

图 10-16　填充圆柱

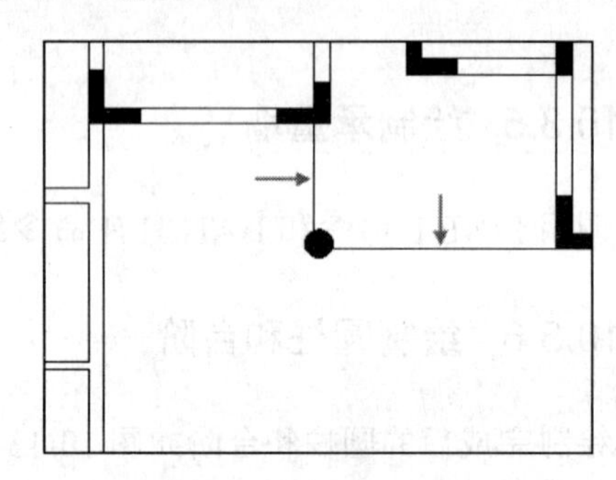

图 10-17　绘制线段

02 调用 RECTANG/REC 命令，绘制一个尺寸为 1260×300 的矩形表示台阶，如图 10-18 所示。

03 调用 COPY/CO 命令，将矩形向上复制，然后调用 TRIM/TR 命令，对台阶与圆柱相交的位置进行修剪，如图 10-19 所示。

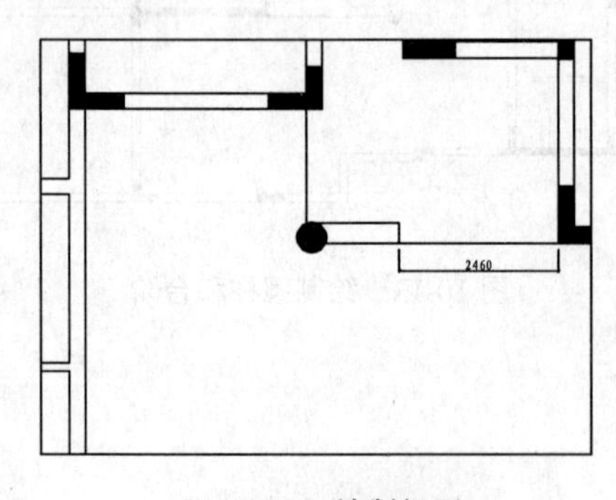

图 10-18　绘制矩形

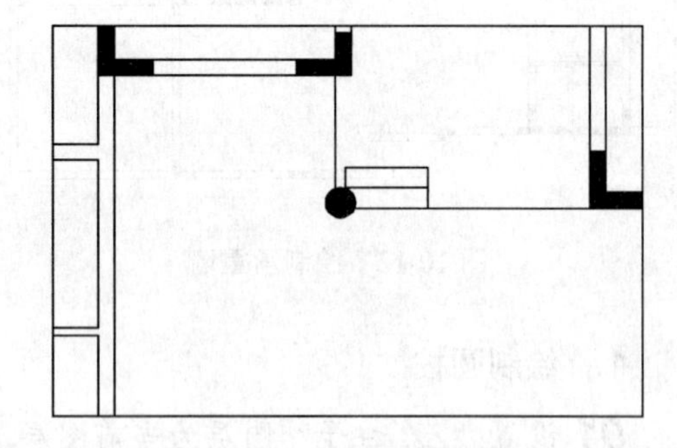

图 10-19　绘制台阶

10.3.7 开门洞及绘制门

由于篇幅有限，开门洞和绘制门的具体操作过程在此就不再介绍，请参照前面的方法进行绘制，最终效果如图 10-20 所示。

10.3.8 绘制窗和阳台

如图 10-21 所示为绘制窗和阳台的平面图，下面以弧形阳台为例讲解阳台的绘制方法。

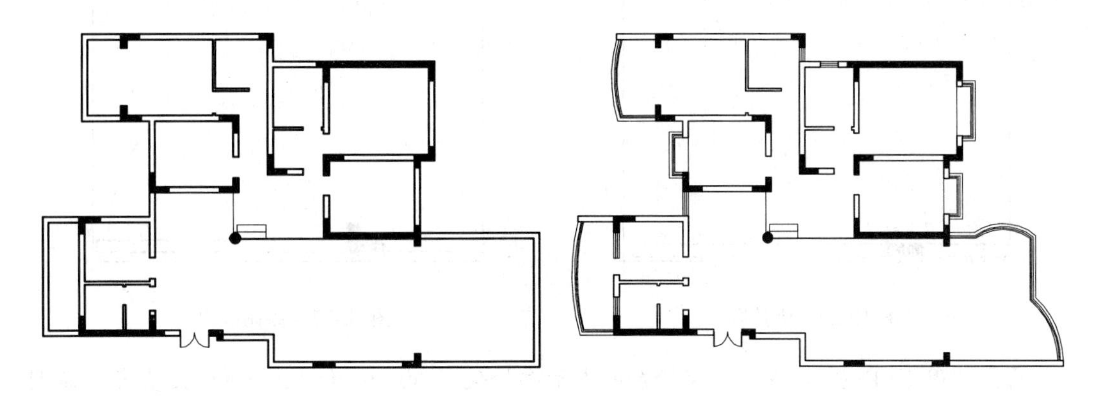

图 10-20　开门洞及绘制门　　　图 10-21　绘制窗和阳台

01 设置“C_窗”图层为当前图层。

02 调用 LINE/L 命令和 TRIM/TR 命令，修剪掉多余的墙体，如图 10-22 所示。

03 调用 PLINE/PL 命令，绘制如图 10-23 所示线段。

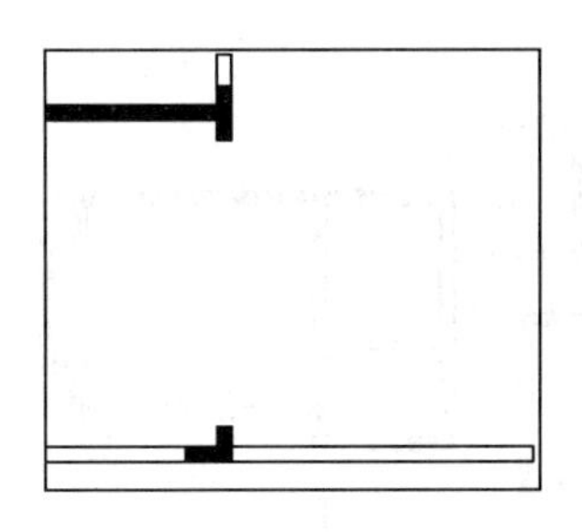

图 10-22　修剪墙体

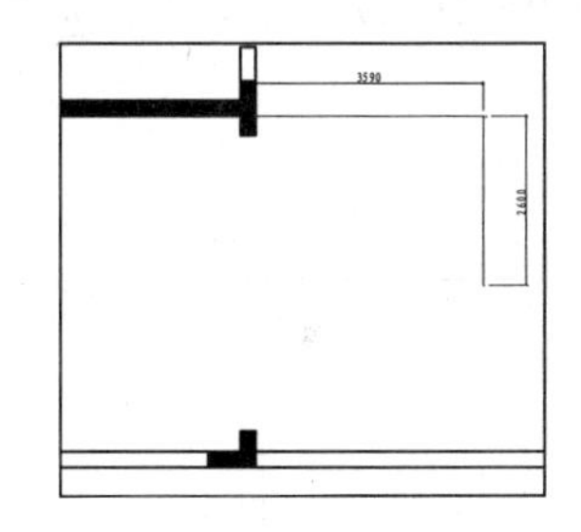

图 10-23　绘制线段

04 调用 OFFSET/O 命令，绘制辅助线，如图 10-24 所示。

05 调用 CIRCLE/C 命令，以辅助线的交点为圆心绘制一个半径为 2035 的圆，然后删除辅助线，如图 10-25 所示。

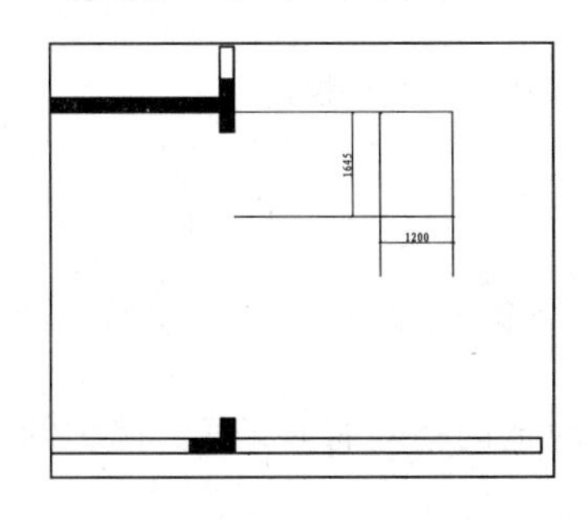

图 10-24　绘制辅助线

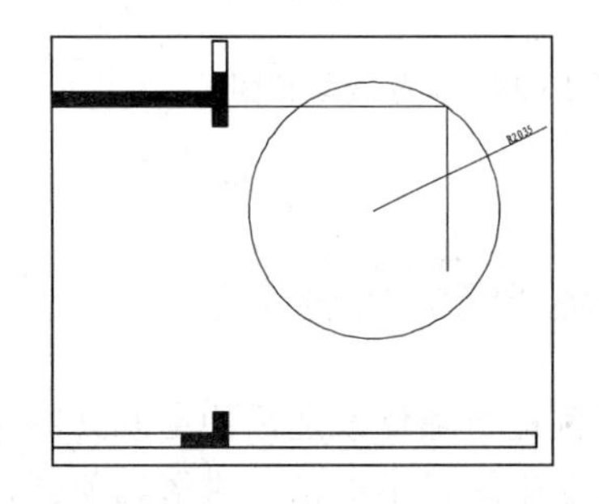

图 10-25　绘制圆

06 调用 TRIM/TR 命令，对圆进行修剪，如图 10-26 所示。

07 使用同样的方法绘制阳台下端，效果如图 10-27 所示。

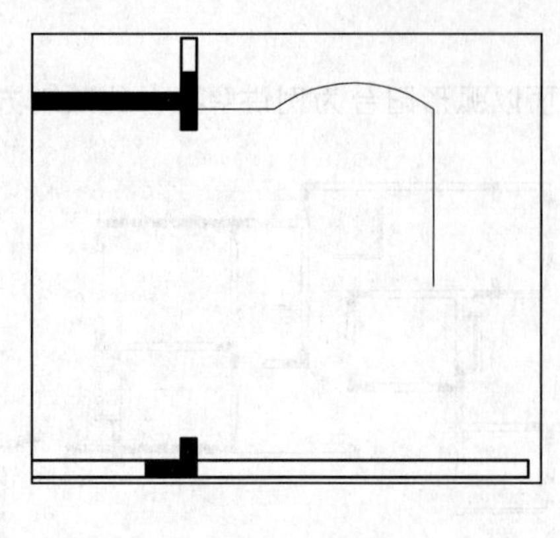

图 10-26　修剪圆

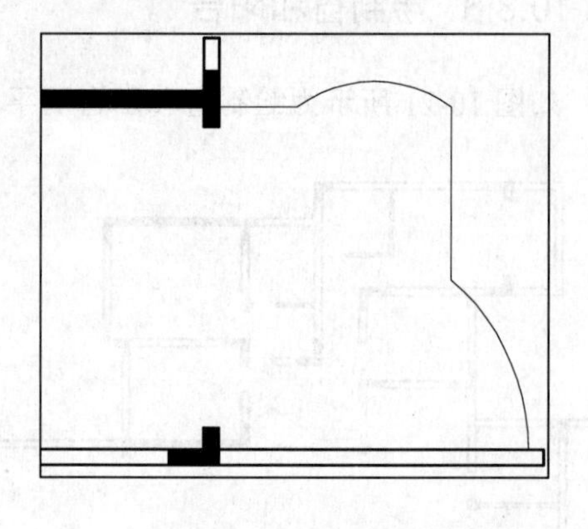

图 10-27　绘制圆弧

08 调用 OFFSET/O 命令，将绘制的图形向外偏移 60、60 和 120，并使用夹点功能调整线段，效果如图 10-28 所示。

10.3.9　文字标注

最后需要为各房间注上文字说明。调用 TEXT/T 命令（或 MTEXT/MT 命令）输入文字，效果如图 10-29 所示，错层原始户型图绘制完成。

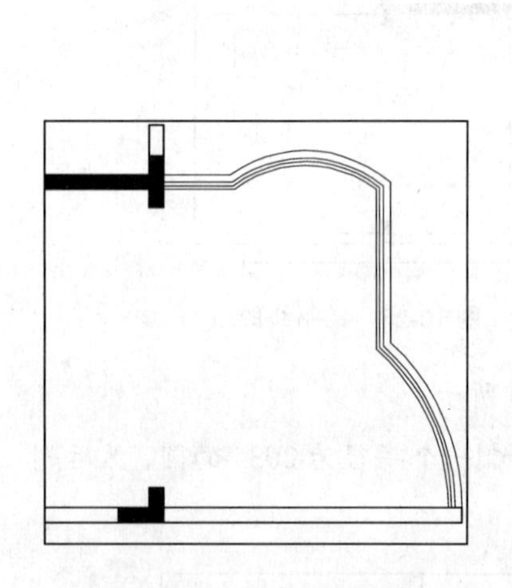

图 10-28　偏移线段和圆弧

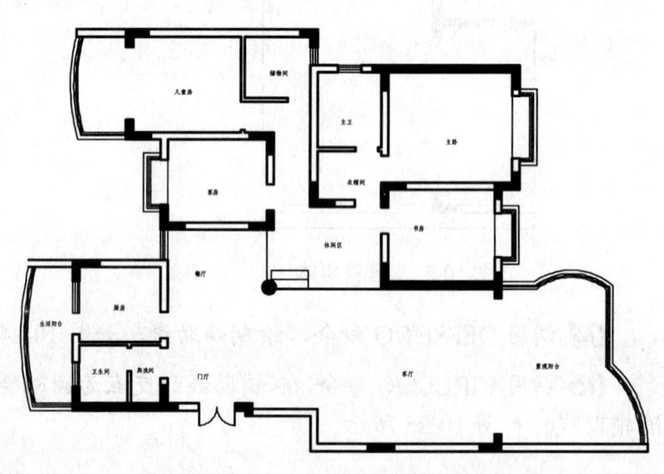

图 10-29　文字标注

10.4　墙体改造

本例进行墙体改造后的空间如图 10-30 所示，其改造的空间有儿童房、储物间、主卧、厨房和卫生间，下面依次讲解如何进行墙体改造。

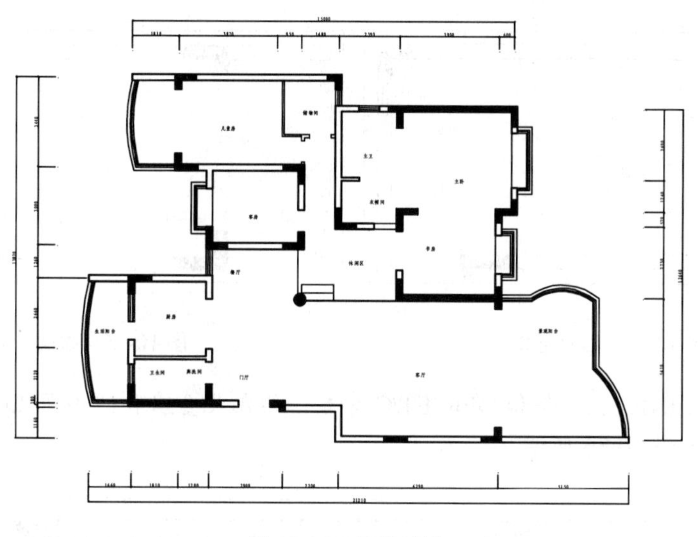

图 10-30 墙体改造

10.4.1 改造儿童房和储物间

儿童房和储物间改造前后如图 10-31 所示，下面讲解绘制方法。

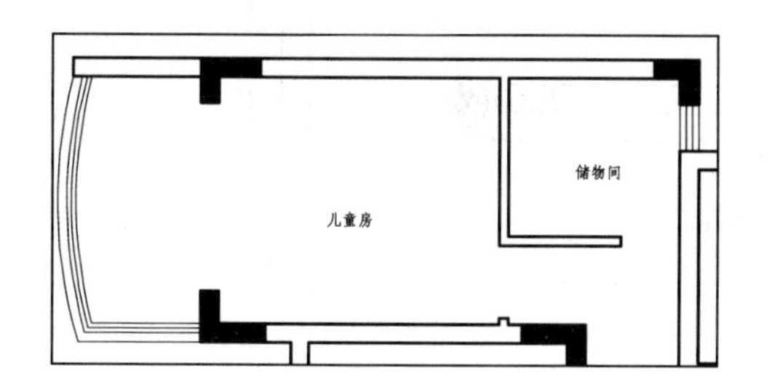

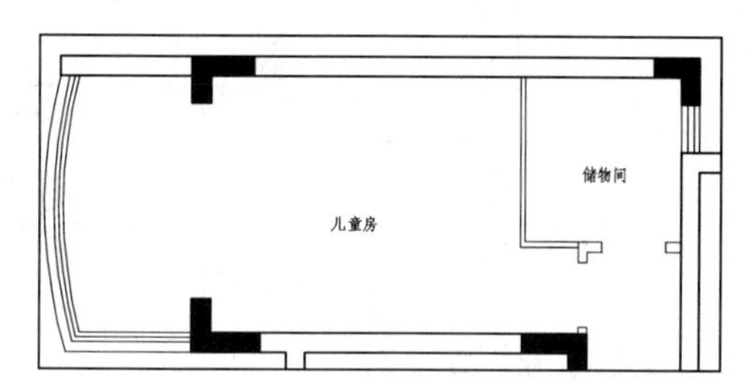

图 10-31 儿童房和储物间改造前后

01 调用 LINE/L 命令，绘制如图 10-32 所示。

02 调用 TRIM/TR 命令，对线段两则多余的线段进行修剪，并使用夹点功能闭合线段，如图 10-33 所示。

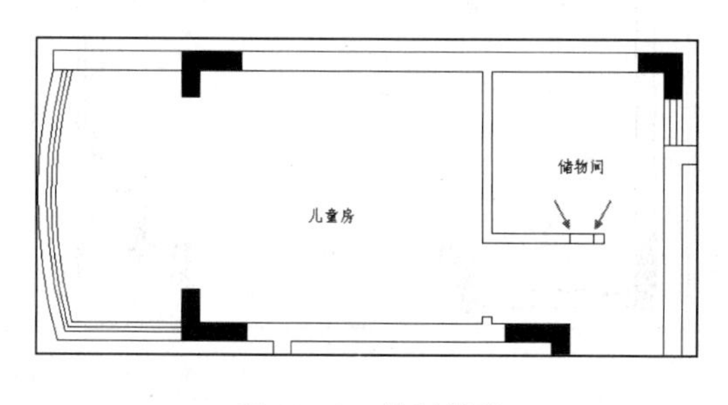

图 10-32 绘制线段

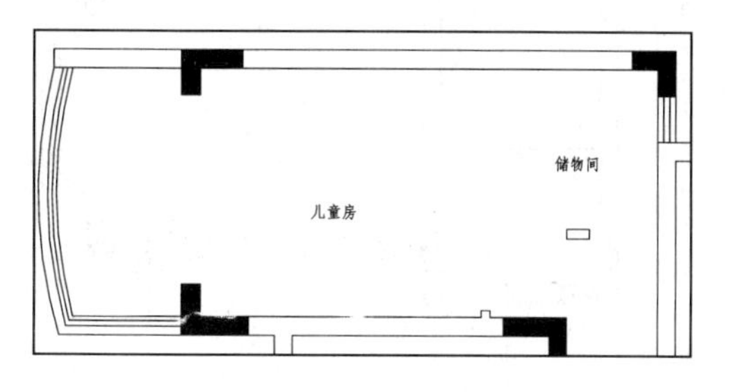

图 10-33 修剪线段

03 调用 MOVE/M 命令，将下端的墙体向右移动 1010，并使用夹点功能闭合线段，如图 10-34 所示。

04 调用 PLINE/PL 命令，绘制如图 10-35 箭头所示墙体。

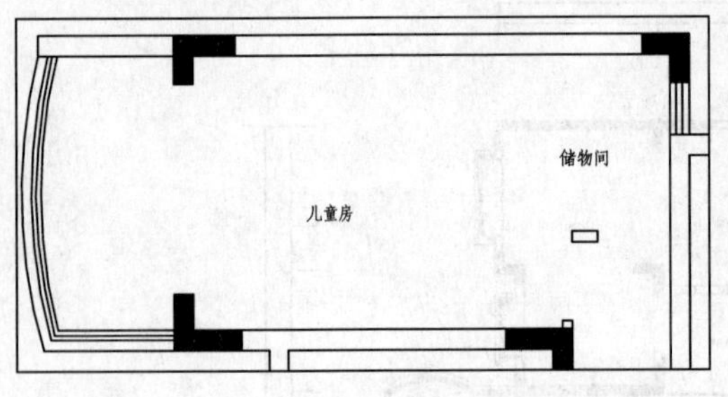

图 10-34　移动墙体

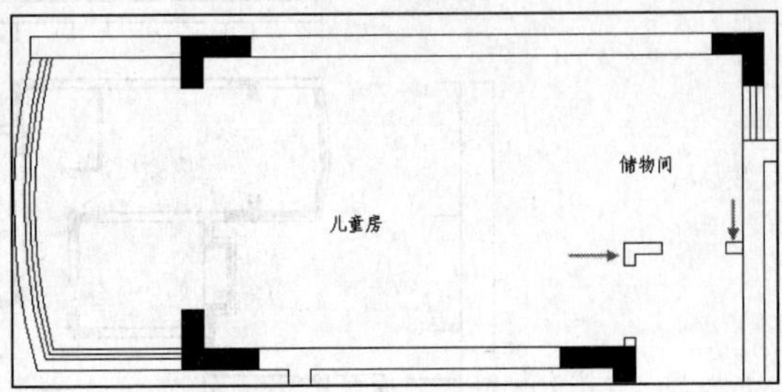

图 10-35　绘制墙体

05 调用 PLINE/PL 命令和 OFFSET/O 命令，绘制儿童房和储物间之间的隔断，隔断的宽度为 60，如图 10-36 所示。

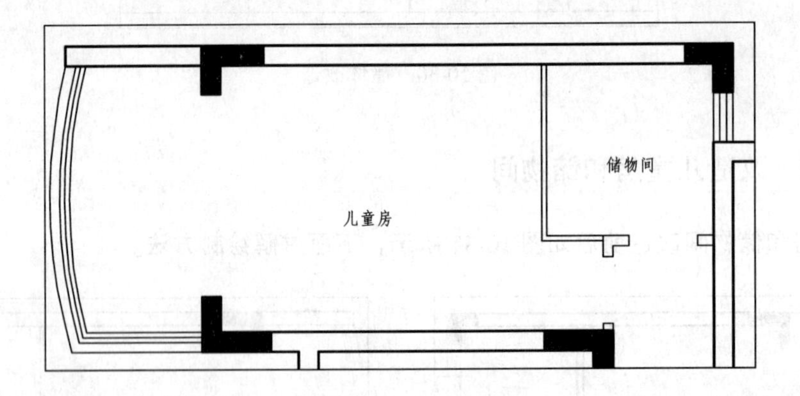

图 10-36　绘制隔断

10.4.2 改造主卧

主卧改造前后如图 10-37 所示，下面讲解绘制方法。

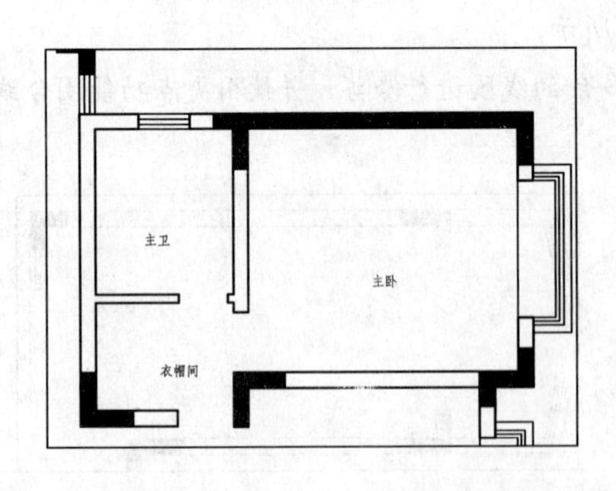

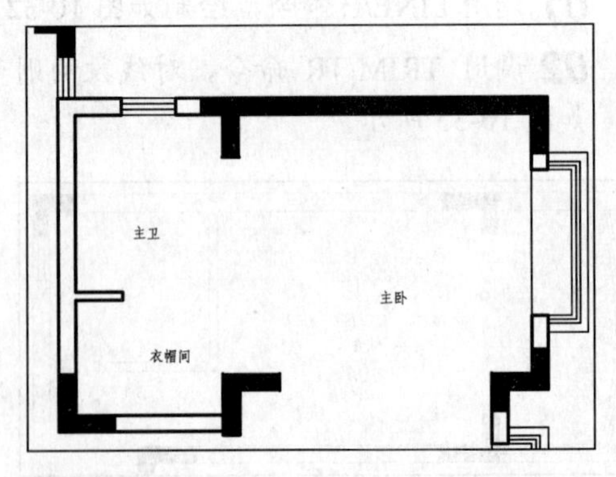

图 10-37　主卧改造前后

01 使用夹点功能延长衣帽间下端的墙体，并删除多余的线段，如图 10-38 所示。

02 调用 TRIM/TR 命令，对主卧中的墙体进行修剪，效果如图 10-39 所示。

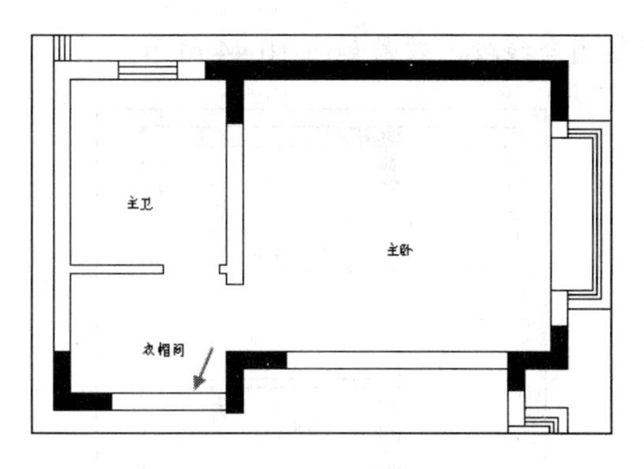

图 10-38 延长线段

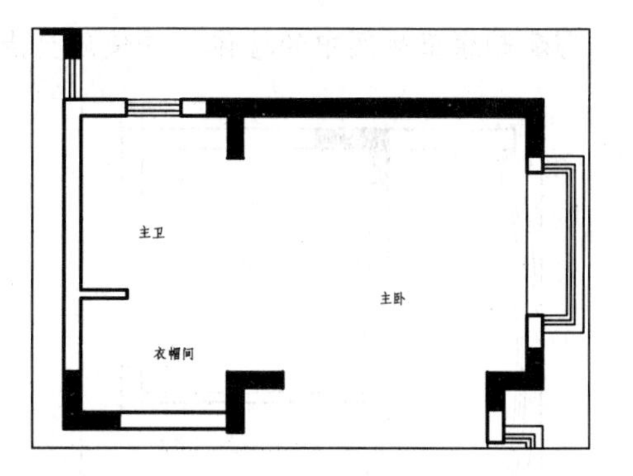

图 10-39 修剪线段

10.4.3 改造厨房和卫生间

厨房和卫生间改造前后如图 10-40 所示，下面讲解绘制方法。

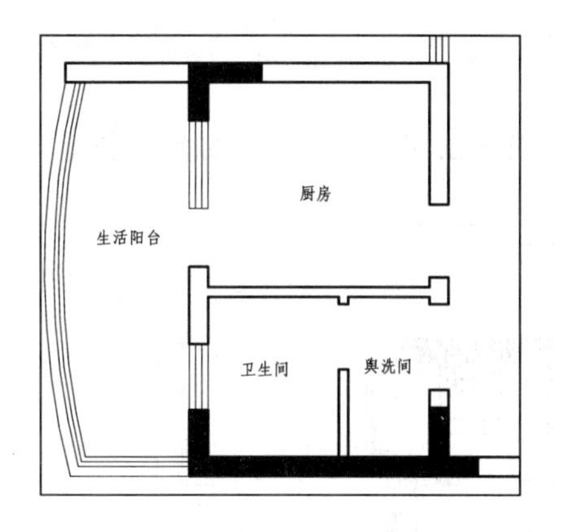

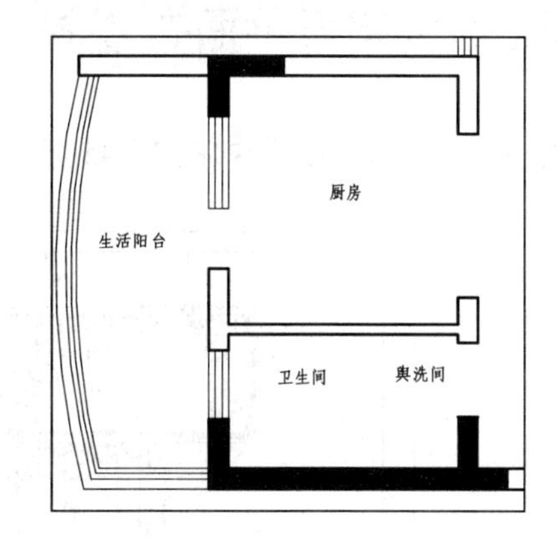

图 10-40 厨房和卫生间改造前后

01 调用 OFFSET/O 命令，将如图 10-41 所示线段向上偏移 800。

02 调用 TRIM/TR 命令，修剪线段下方的墙体，如图 10-42 所示。

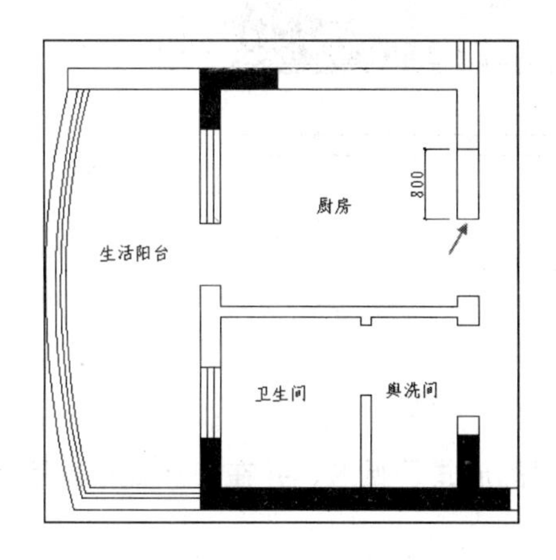

图 10-41 偏移线段

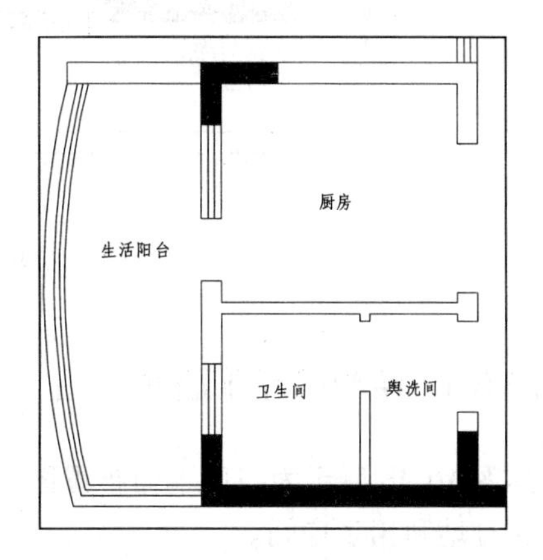

图 10-42 修剪线段

03 使用同样的方法改造另一端的墙体，效果如图 10-43 所示。

04 删除卫生间中的墙体，并使用夹点功能闭合线段，效果如图 10-44 所示。

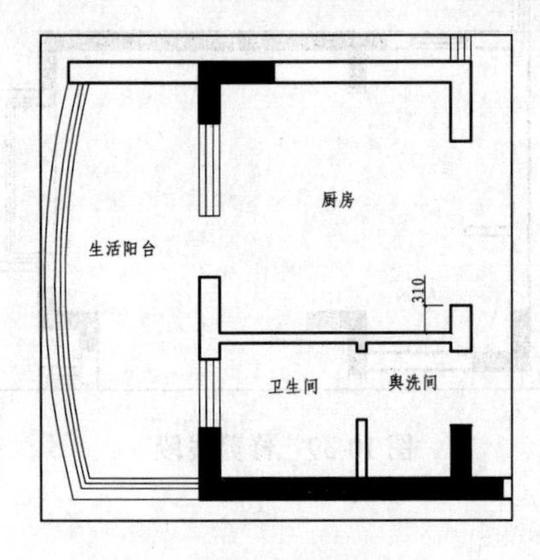

图 10-43　改造墙体

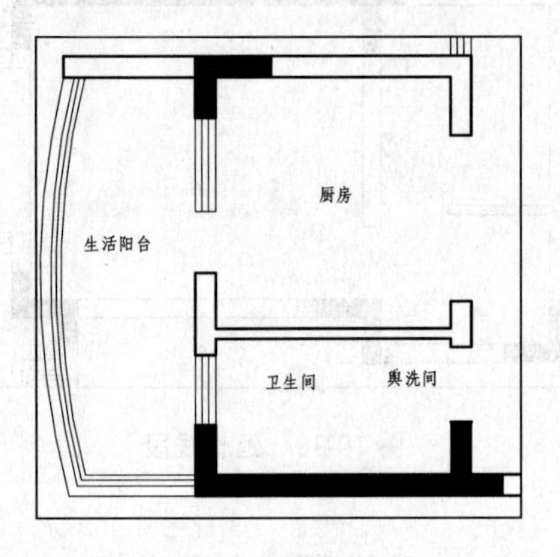

图 10-44　删除墙体

10.5　绘制错层平面布置图

本例错层平面布置图如图 10-45 所示，下面讲解错层平面布置图的绘制方法。

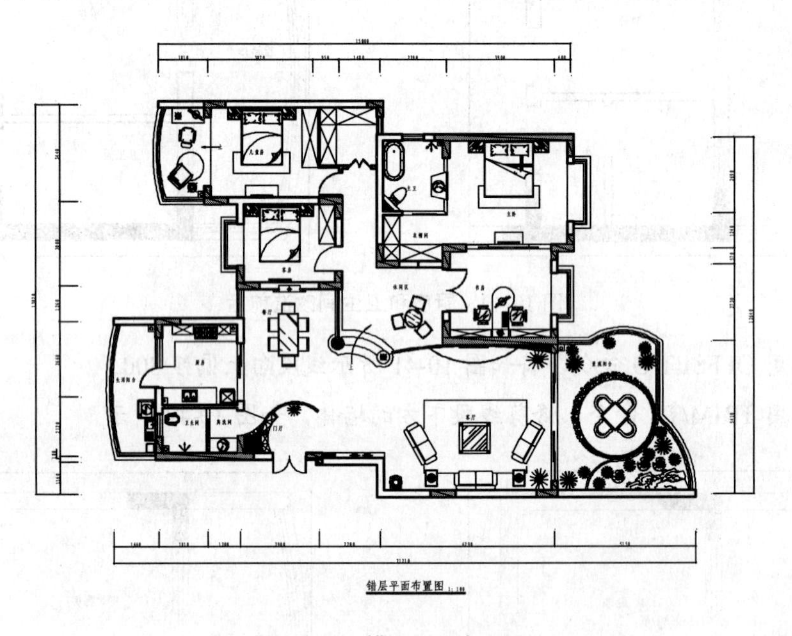

图 10-45　错层平面布置图

10.5.1　绘制门厅平面布置图

如图 10-46 所示为门厅平面布置图，门厅采用的形式是弧形，并在门厅处设置了装饰柜，充分地利用了空间。

01 设置“JJ_家具”图层为当前图层。

02 调用 LINE/L 命令，绘制如图 10-47 所示辅助线。

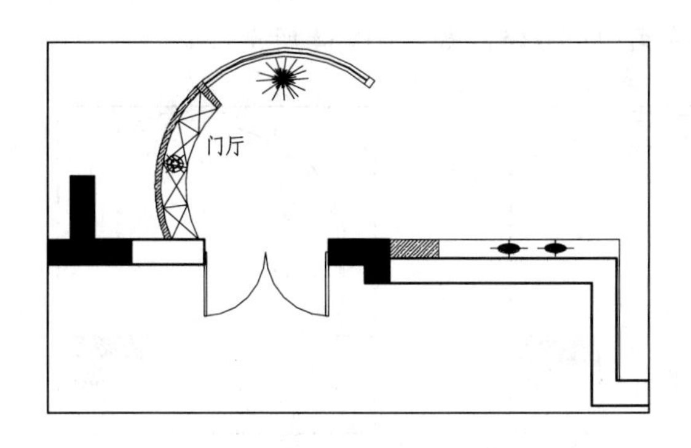

图 10-46　门厅平面布置图

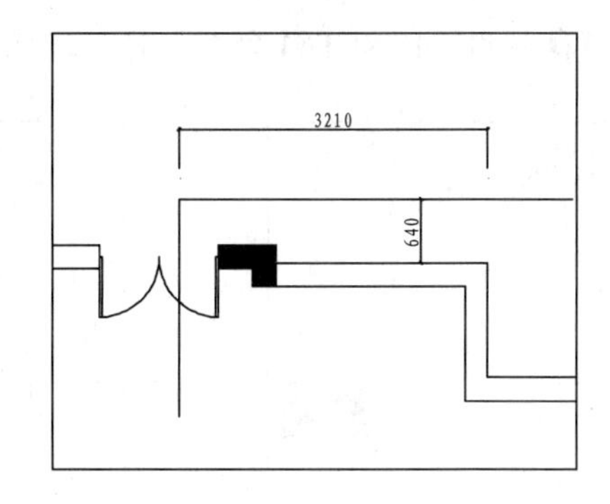

图 10-47　绘制辅助线

03 调用 CIRCLE/C 命令，以辅助线的交点为圆心绘制一个半径为 1275 的圆，然后删除辅助线，如图 10-48 所示。

04 调用 OFFSET/O 命令，将圆向外偏移 80，如图 10-49 所示。

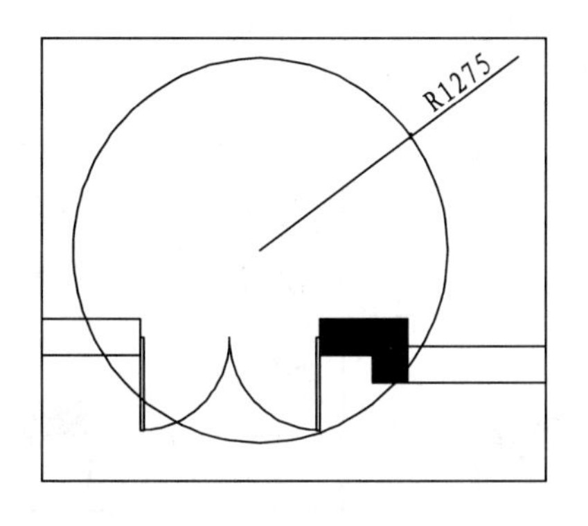

图 10-48　绘制圆

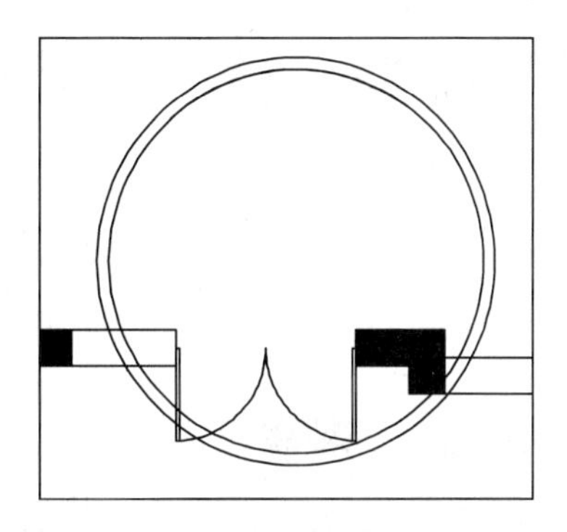

图 10-49　偏移圆

05 调用 LINE/L 命令，绘制如图 10-50 箭头所示线段。

06 调用 TRIM/TR 命令，对多余的线段进行修剪，效果如图 10-51 所示。

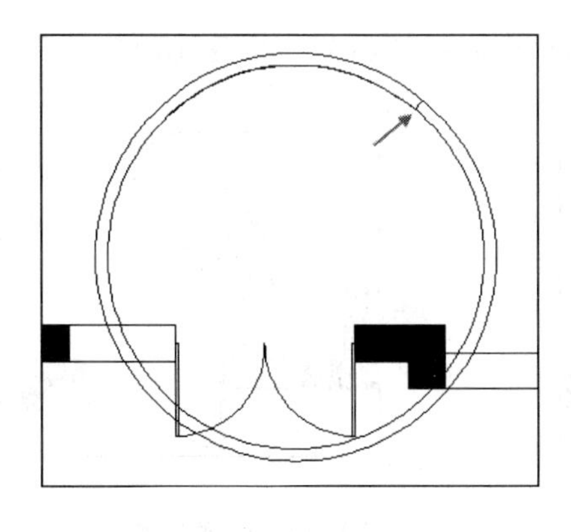

图 10-50　绘制线段

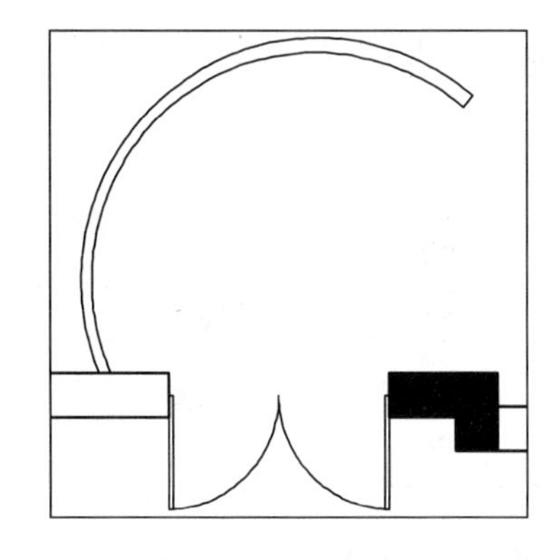

图 10-51　修剪线段

07 调用 LINE/L 命令，以圆心为起点绘制一条线段。

08 调用 OFFSET/O 命令和 TRIM/TR 命令，得到如图 10-52 所示图形。

09 调用 TRIM/TR 命令，对弧线与多段线相交的位置进行修剪，效果如图 10-53 所示。

10 调用 OFFSET/O 命令，将下端弧线向右偏移 245，如图 10-54 所示。

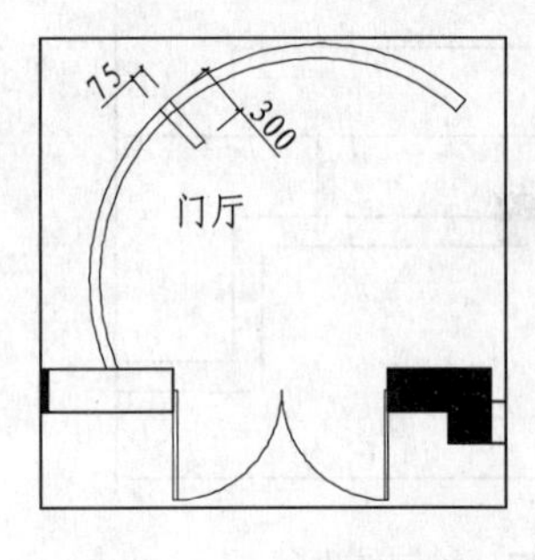

图 10-52　绘制多段线

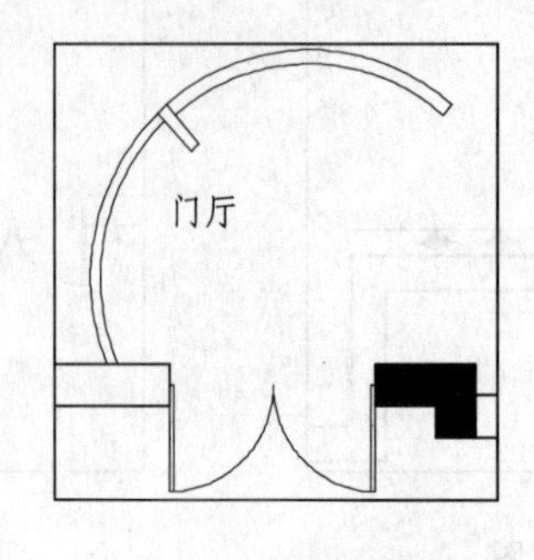

图 10-53　修剪线段

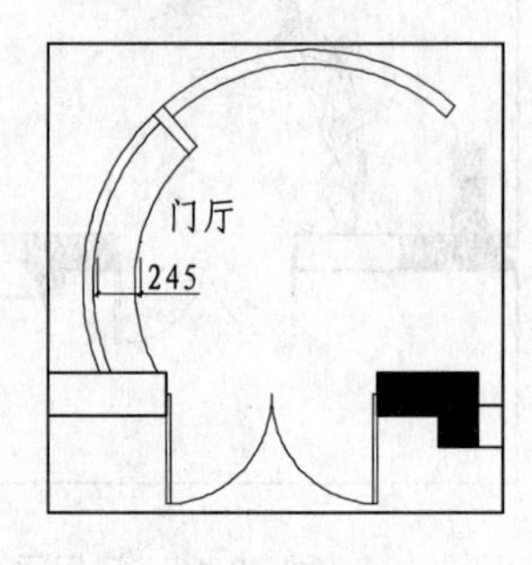

图 10-54　偏移弧线

11 调用 DIVIDE/DIV 命令，将弧线分成 4 等份，如图 10-55 所示。

12 调用 LINE/L 命令和 TRIM/TR 命令，根据等分点和圆心位置绘制直线，并删除等分点，效果如图 10-56 所示。

13 调用 LINE/L 命令，绘制对角线，效果如图 10-57 所示。

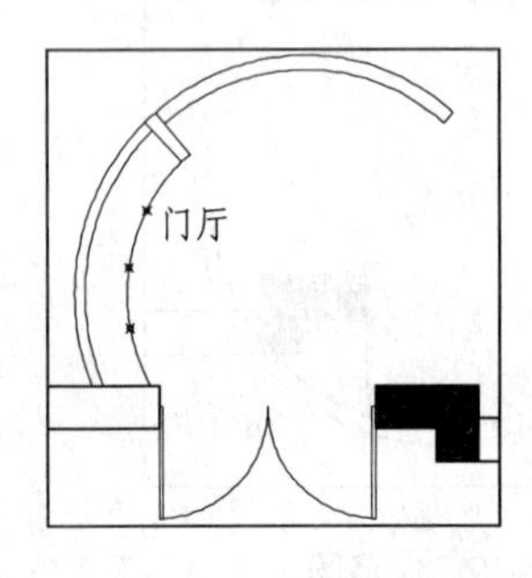

图 10-55　等分弧线

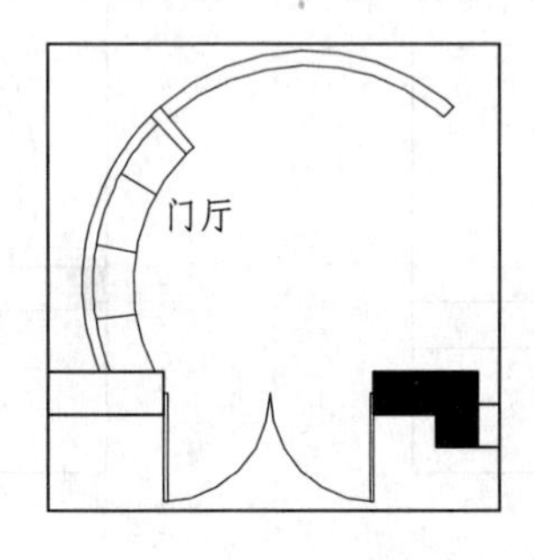

图 10-56　绘制线段

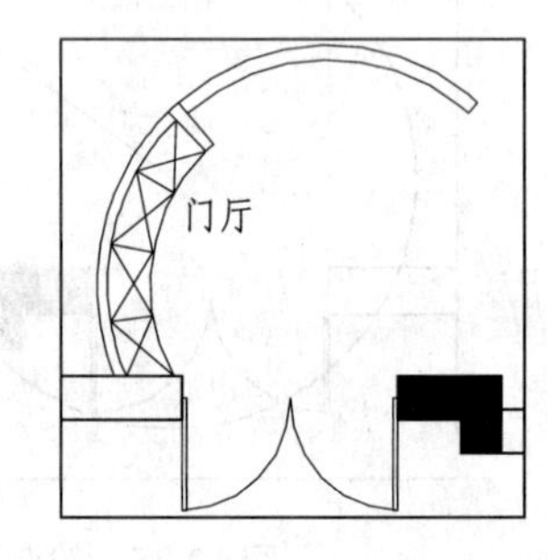

图 10-57　绘制对角线

14 调用 HATCH/H 命令，对弧线内填充 ANSI33 图案，填充参数和效果如图 10-58 所示。

15 调用 OFFSET/O 命令，偏移上端弧线，向内偏移 35 和 10，如图 10-59 所示。

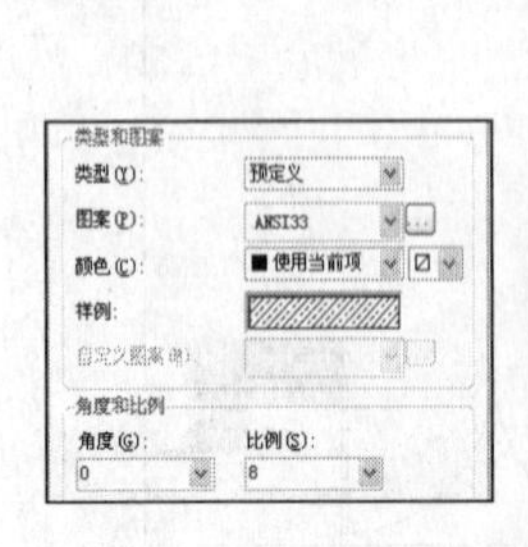

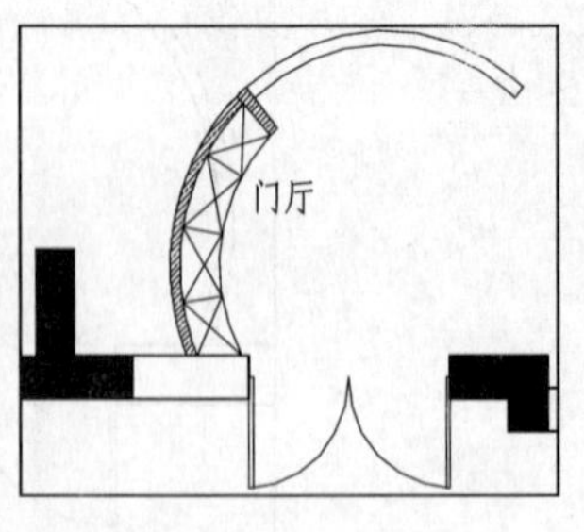

图 10-58　填充参数和效果

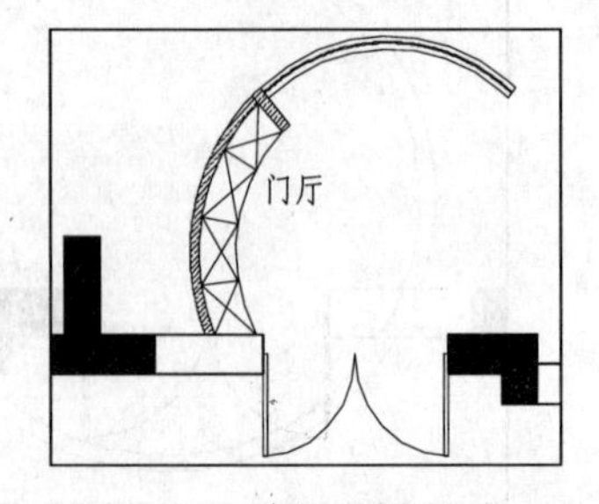

图 10-59　偏移弧线

16 调用 LINE/L 命令和 TRIM/TR 命令，细化门厅隔断结构，效果如图 10-60 所示。

17 绘制门厅右侧图形。调用 PLINE/PL 命令，绘制如图 10-61 所示多段线。

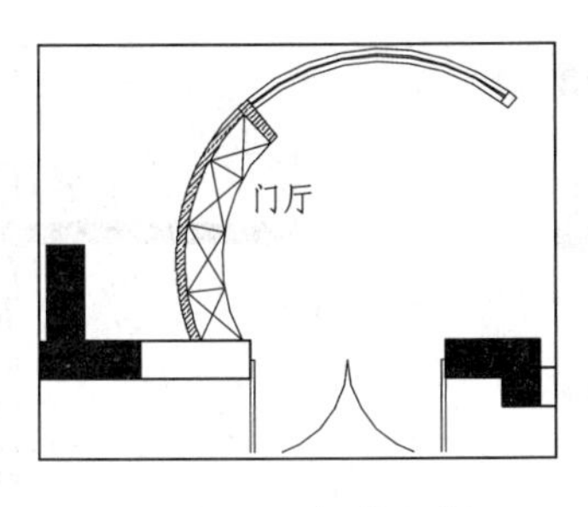

图 10-60　细化隔断

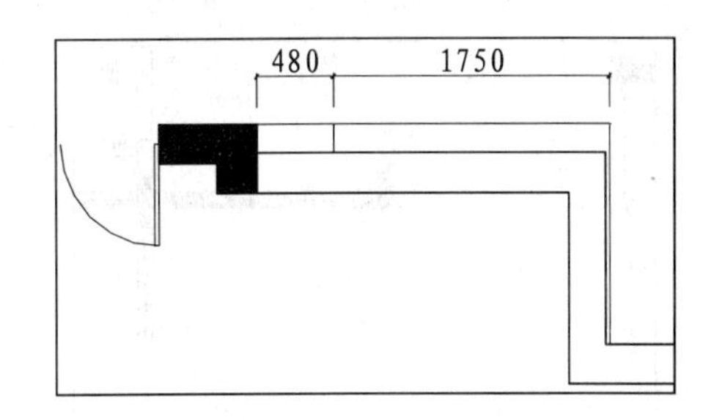

图 10-61　绘制多段线

18 调用 HATCH/H 命令，对图形内填充 ANSI33 图案，设置比例为 8，效果如图 10-62 所示。

19 从图库中插入门厅中需要的图块，效果如图 10-63 所示，门厅平面布置图绘制完成。

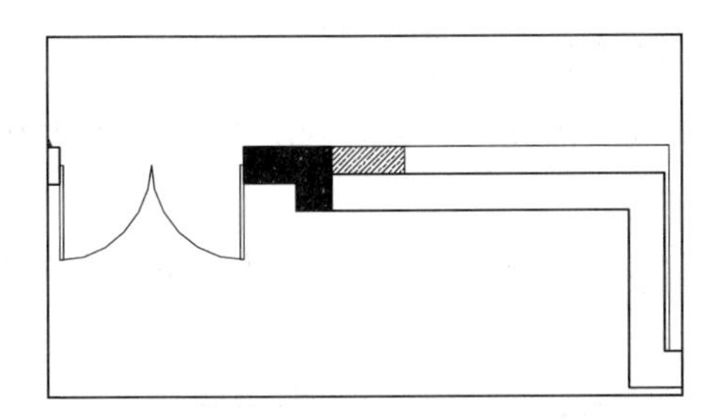

图 10-62　填充参数和效果

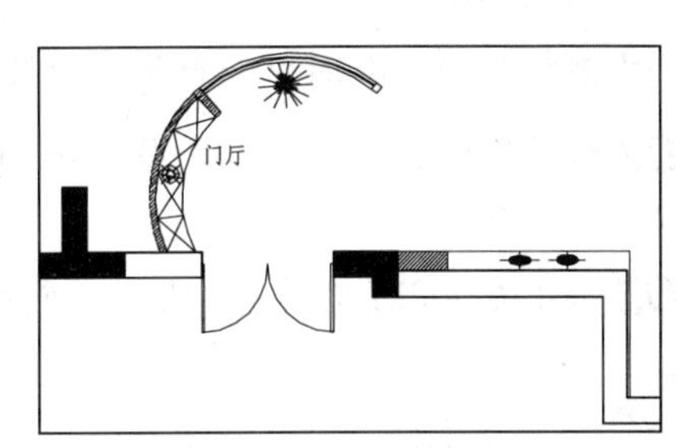

图 10-63　插入图例

10.5.2 绘制客厅平面布置图

客厅未布置前如图 10-64 所示，布置完成的平面布置图如图 10-65 所示。

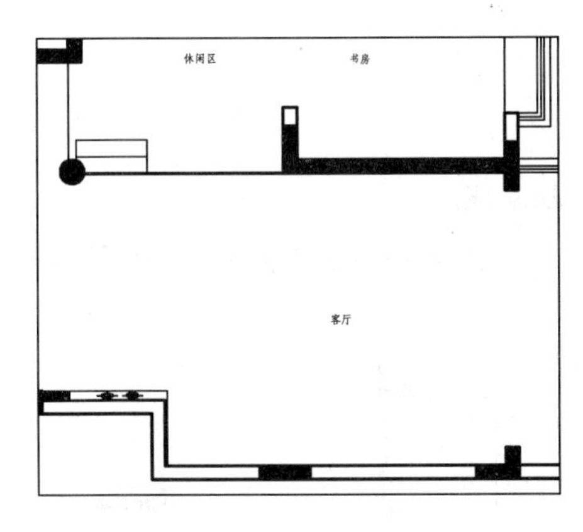

图 10-64　客厅未布置前

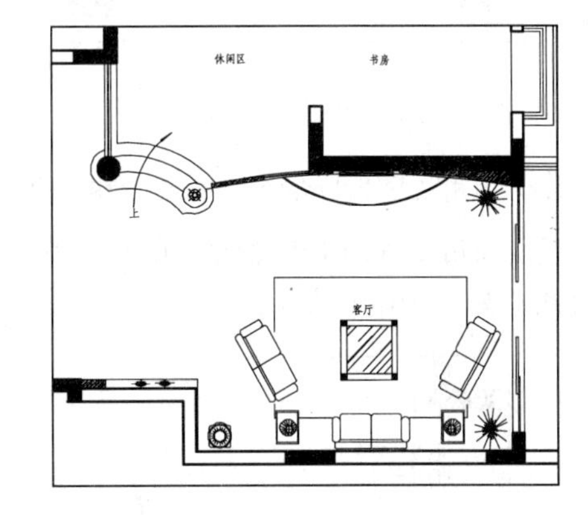

图 10-65　客厅平面布置图

1. 绘制推拉门

推拉门的绘制方法在前面的章节已经讲解过了，请读者自行完成，效果如图 10-66 所示。

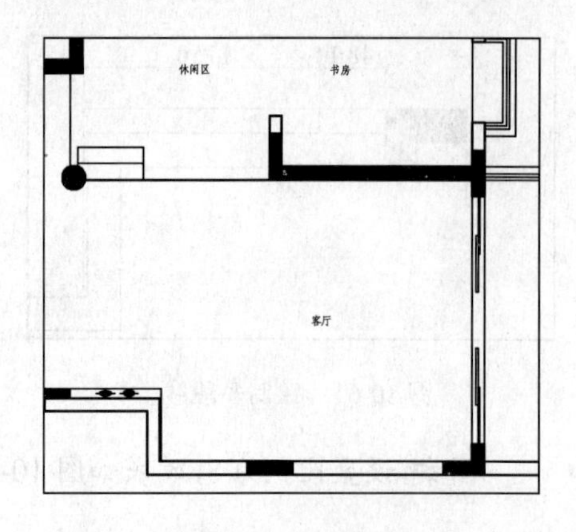

图 10-66　绘制推拉门

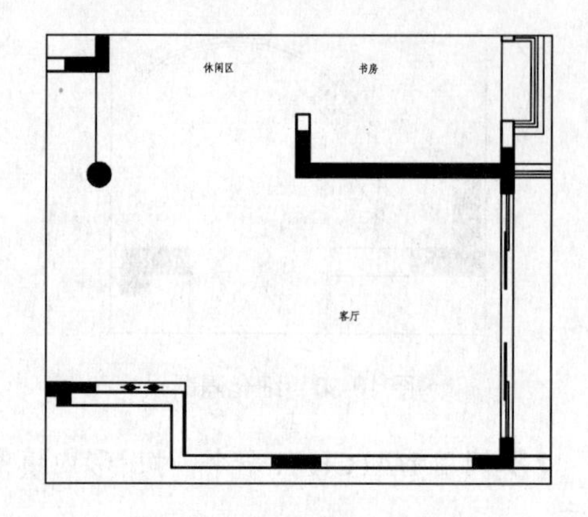

图 10-67　删除原有台阶

2．绘制台阶

01 删除原始户型图中的台阶，效果如图 10-67 所示。

02 调用 OFFSET/O 命令，将如图 10-67 所示线段依次向右偏移 60、15、45 和 120，效果如图 10-68 所示。

03 调用 CIRCLE/C 命令，绘制一个半径为 225 的圆，并移动到相应的位置，如图 10-69 所示。

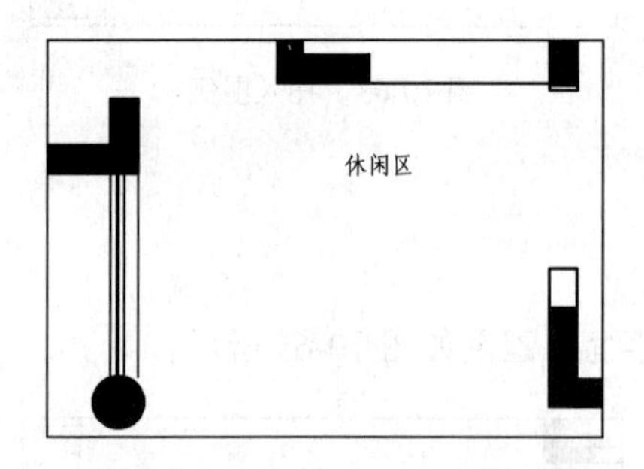

图 10-68　偏移线段

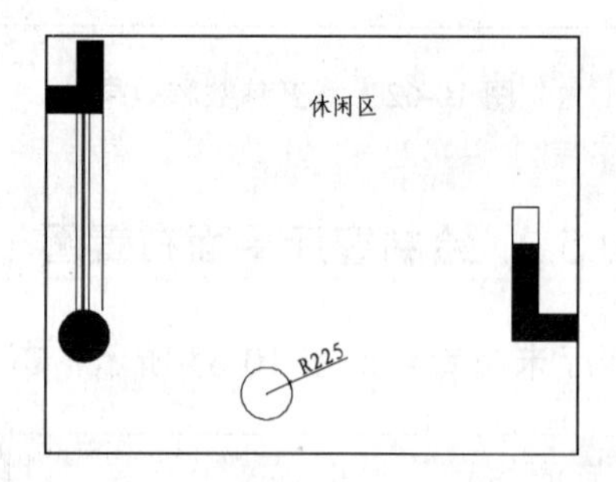

图 10-69　绘制圆

04 调用 LINE/L 命令，绘制如图 10-70 所示辅助线。

05 调用 CIRCLE/C 命令，以辅助线的交点为圆心绘制一个半径为 1630 的圆，并删除辅助线，如图 10-71 所示。

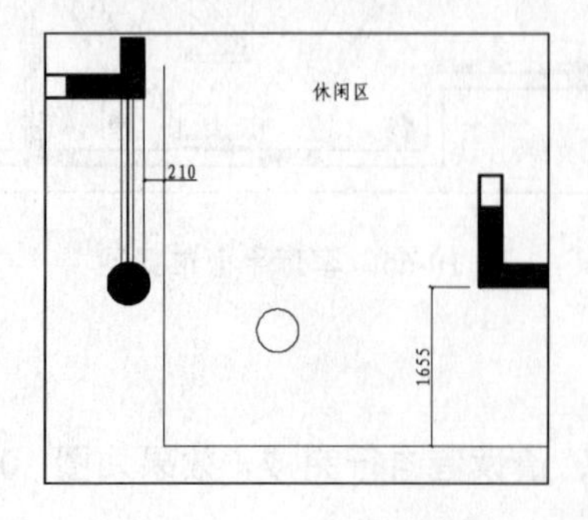

图 10-70　绘制辅助线

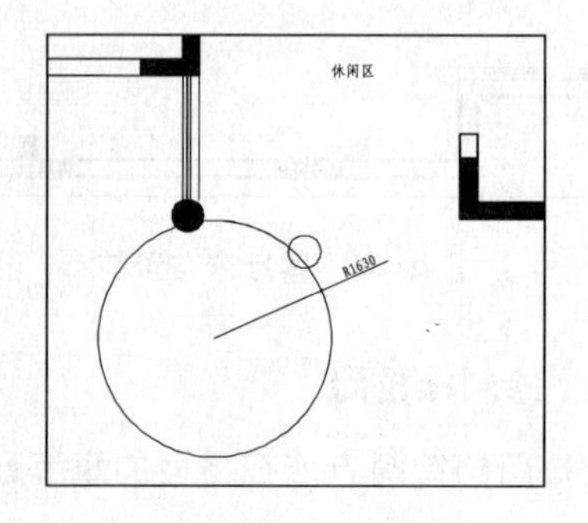

图 10-71　绘制圆

06 调用 TRIM/TR 命令，对圆进行修剪，效果如图 10-72 所示。

07 调用 OFFSET/O 命令，将圆弧向下偏移 300，向上偏移 300 和 240，并使用夹点功能对圆弧进行调整，效果如图 10-73 所示。

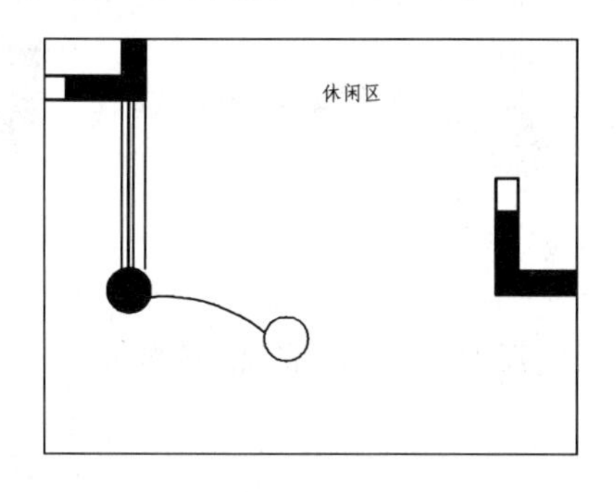

图 10-72 修剪圆

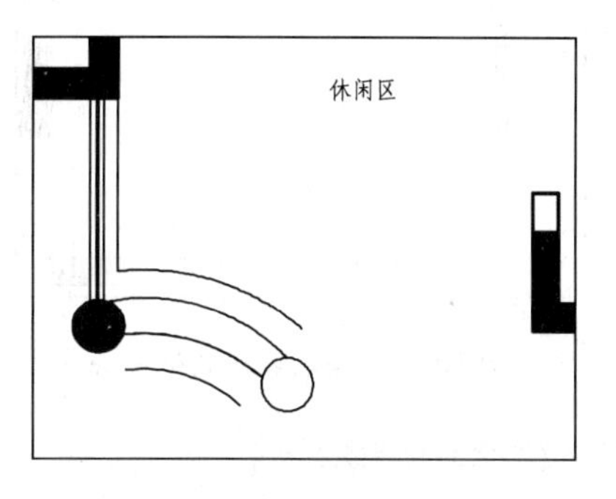

图 10-73 偏移圆弧

08 调用 CIRCLE/C 命令、LINE/L 命令、TRIM/TR 命令，绘制台阶两侧的圆弧，效果如图 10-74 所示。

09 从图库中插入灯具到图形中，效果如图 10-75 所示。

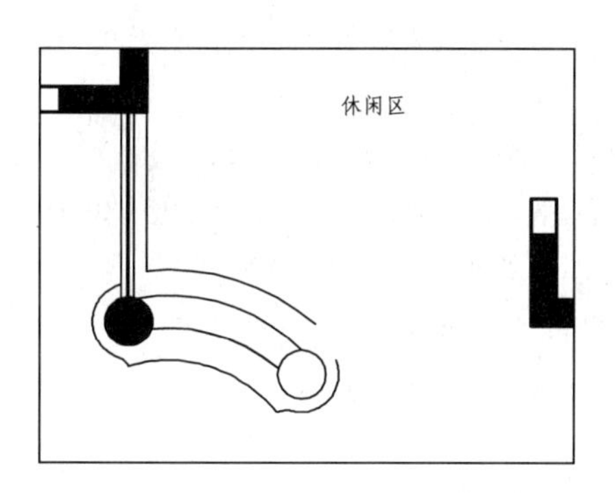

图 10-74 绘制圆弧

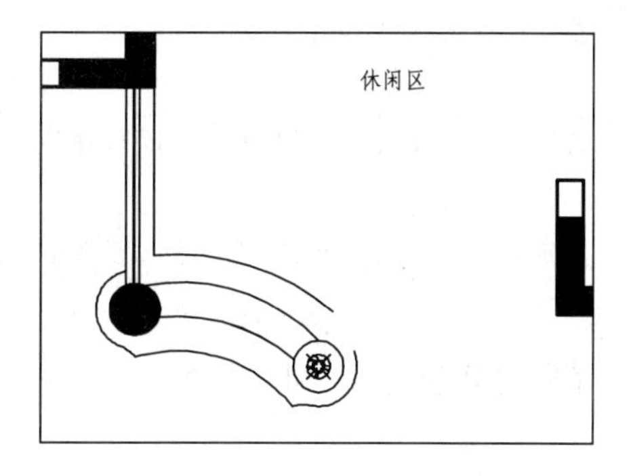

图 10-75 插入灯具

10 绘制指向箭头和说明文字。调用 PLINE/PL 命令绘制台阶的指向箭头，命令选项如下：

```
命令:PLINE↙                                    //调用【多线段】命令
指定起点:                                      //在如图 10-76 所示光标位置拾取一点作为多段线的起点
当前线宽为 1.0000
指定下一个点或 [圆弧(A)/半宽(H)/长度(L)/放弃(U)/宽度(W)]: <正交 关> a↙  //选择“圆弧(A)”选项
指定圆弧的端点或
[角度(A)/圆心(CE)/方向(D)/半宽(H)/直线(L)/半径(R)/第二个点(S)/放弃(U)/宽度(W)]:
A↙                                             //选择“角度(A)”选项
指定包含角: -90↙                               //设置弧形角度为-90
指定圆弧的端点或 [圆心(CE)/半径(R)]:           //在如图 10-77 所示光标位置拾取一点作为圆的端点
```

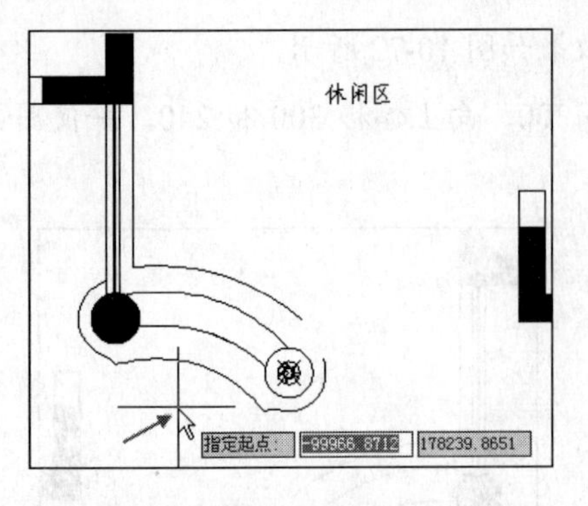

图 10-76 指定多段线的起点

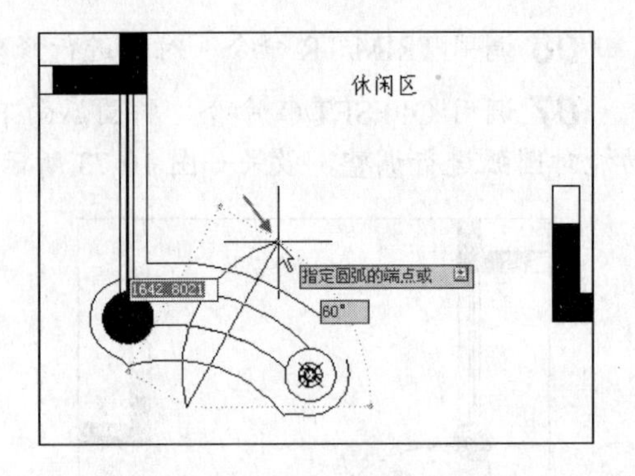

图 10-77 指定多段线的端点

指定圆弧的端点或

[角度(A)/圆心(CE)/闭合(CL)/方向(D)/半宽(H)/直线(L)/半径(R)/第二个点(S)/放弃(U)/宽度(W)]: l↙ //选择"直线(L)"选项直线(L)

指定下一点或 [圆弧(A)/闭合(C)/半宽(H)/长度(L)/放弃(U)/宽度(W)]: w↙

//选择"宽度(W)"选项

指定起点宽度 <1.0000>: 30↙

指定端点宽度 <30.0000>: 0↙ //分别设置多段线起点宽为 30，端点宽为 0，得到箭头效果

指定下一点或 [圆弧(A)/闭合(C)/半宽(H)/长度(L)/放弃(U)/宽度(W)]:

//在适当位置拾取一点，得到多段线如图 10-78 所示

指定下一点或 [圆弧(A)/闭合(C)/半宽(H)/长度(L)/放弃(U)/宽度(W)]: ↙

//按空格键或回车键退出命令

11 调用 MTEXT/MT 命令编写文字说明，效果如图 10-79 所示。

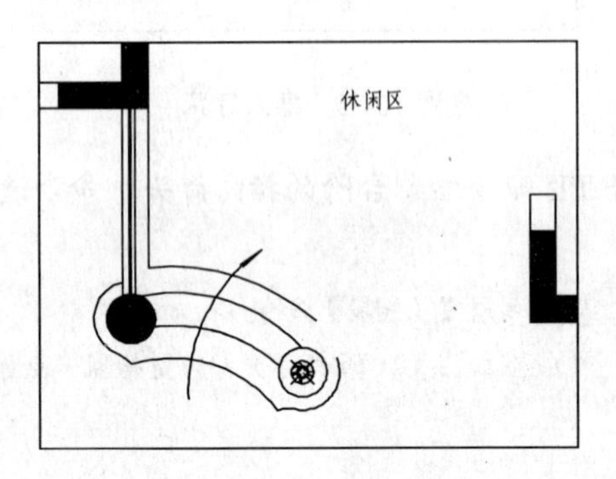

图 10-78 绘制多段线

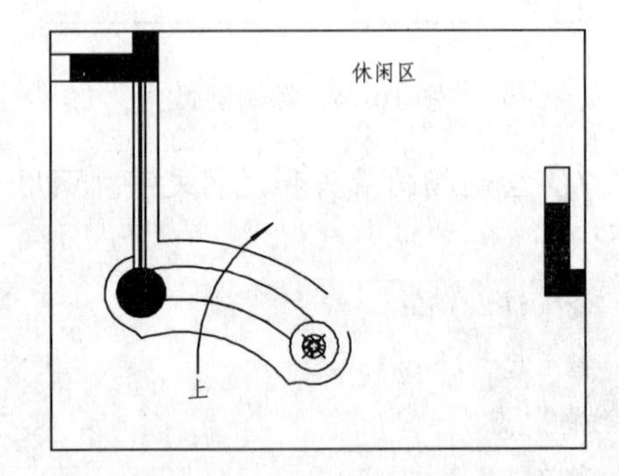

图 10-79 文字说明

3. 绘制电视背景墙

01 调用 LINE/L 命令，绘制如图 10-80 所示辅助线。

02 调用 ARC/A 命令，命令选项如下：

命令： ARC↙ //调用【圆弧】命令

指定圆弧的起点或 [圆心(C)]: 220↙ //捕捉如图 10-80 所示点 1，垂直向下移动光标到 270° 极轴追踪线上，输入 220，确定圆弧起点指定圆弧的第二个点或 [圆心(C)/端点(E)]: m2p↙ //输入"_m2p",设置当前捕捉点为"两点之间的中点"

中点的第一点:中点的第二点: //分别拾取如图10-80所示点1和点2,系统将自动取这两个点的中点作为圆弧的第二个点

指定圆弧的端点: 220↙ //捕捉如图10-80所示点2,垂直向下移动光标到270°极轴追踪线上,输入220,确定圆弧端点,然后删除辅助线,结果如图10-81所示

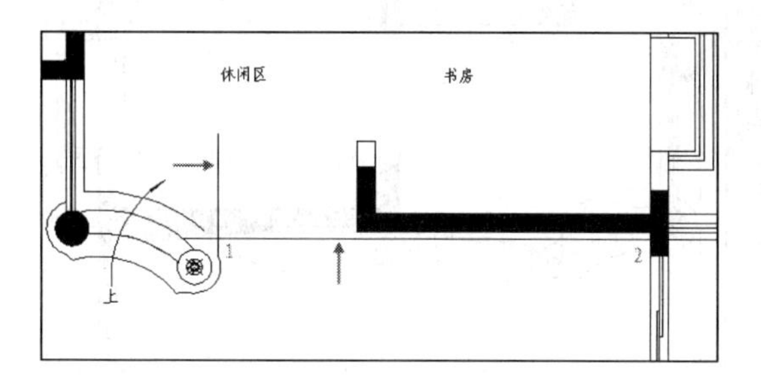

图10-80 绘制线段

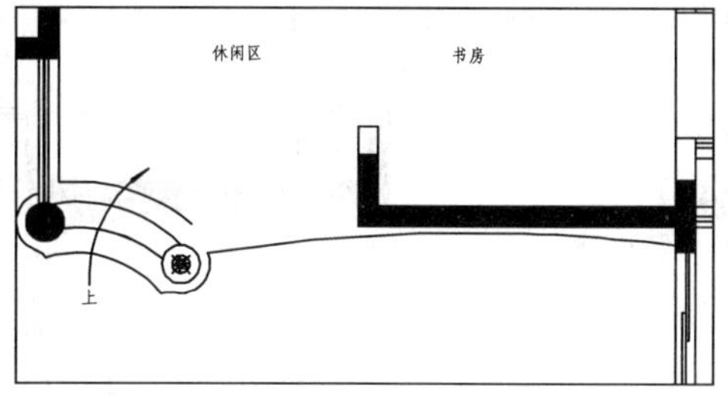

图10-81 绘制弧线

03 调用OFFSET/O命令,将弧线向上偏移80,如图10-82所示。

04 调用LINE/L命令和OFFSET/O命令,细化背景墙,并调用TRIM/TR命令进行修剪,效果如图10-83所示。

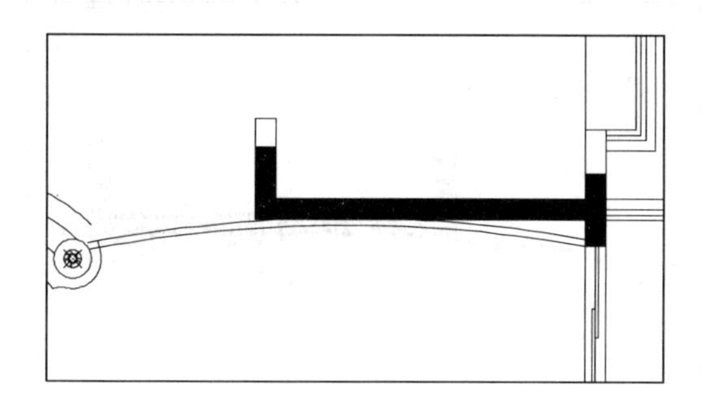

图10-82 偏移弧线

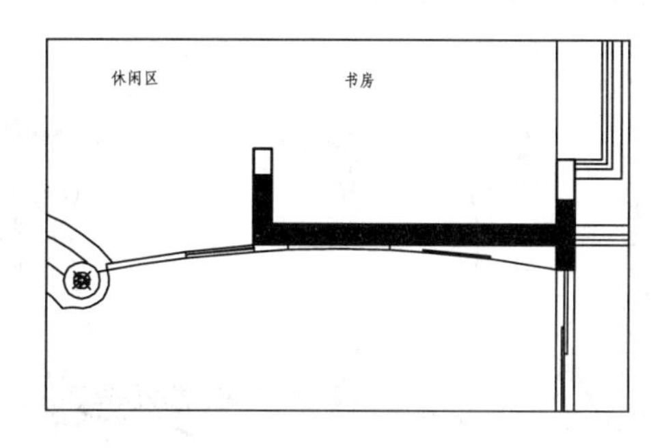

图10-83 细化背景墙

05 调用HATCH/H命令,对背景墙内填充ANSI33图案,填充参数和效果如图10-84所示。

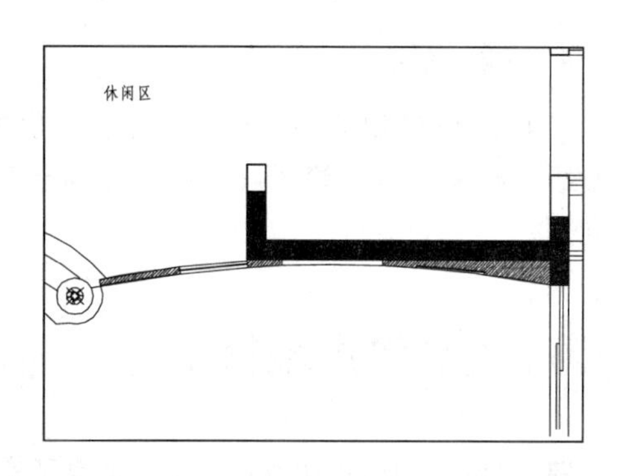

图10-84 填充参数和效果

06 绘制弧形造型。调用 LINE/L 命令绘制辅助线，如图 10-85 所示。

07 调用 CIRCLE/C 命令，以辅助线的交点为圆心绘制一个半径为 2695 的圆，然后删除辅助线，如图 10-86 所示。

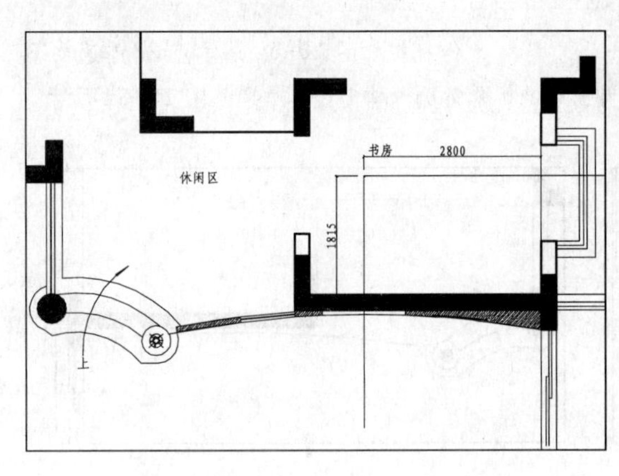

图 10-85　绘制辅助线

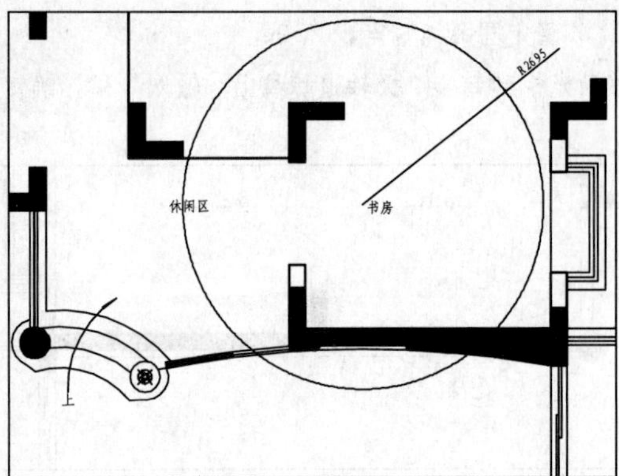

图 10-86　绘制圆

08 调用 OFFSET/O 命令，将圆向外偏移 20，效果如图 10-87 所示。

09 调用 TRIM/TR 命令，对圆进行修剪，效果如图 10-88 所示。

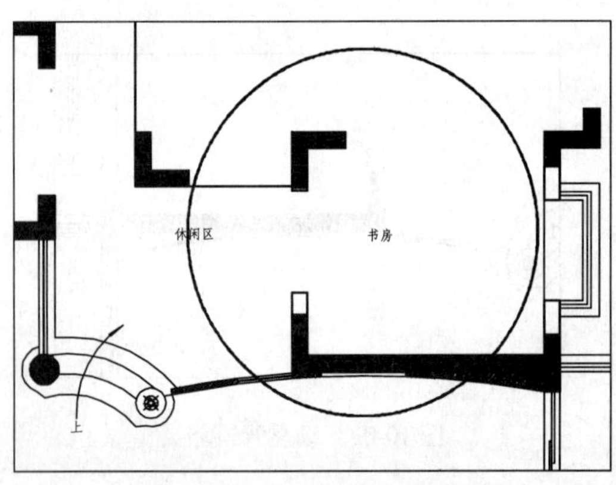

图 10-87　偏移圆

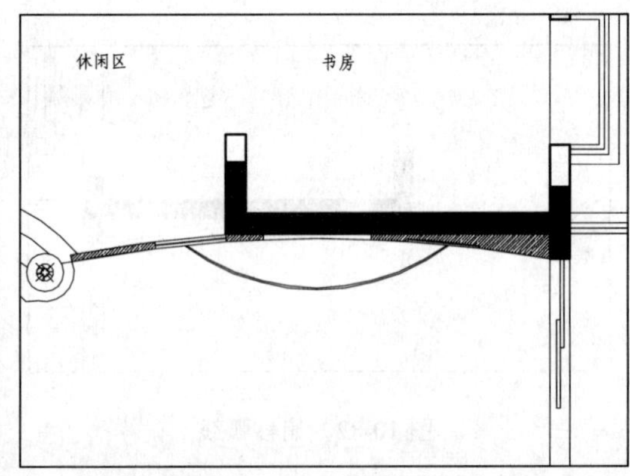

图 10-88　修剪圆

4. 插入图块

按 Ctrl+O 快捷键，打开配套光盘提供的“第 10 章\家具图例.dwg”文件，选择其中的沙发组、植物和电视等图块，将其复制至客厅区域，如图 10-89 所示，客厅平面布置图绘制完成。

10.6 绘制错层地材图

错层地材图如图 10-90 所示，使用了实木地板、玻化砖、亚光砖、防滑砖和仿古砖等地面材料。

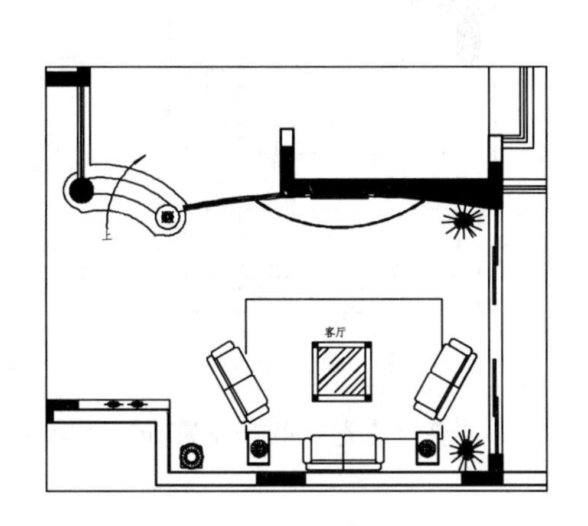

图 10-89 插入图块

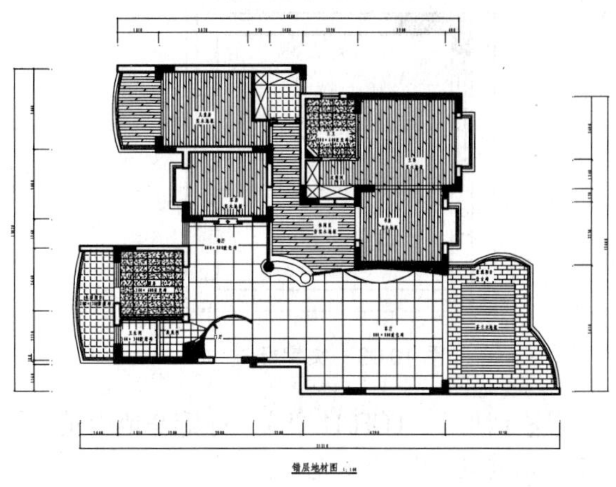

图 10-90 地材图

10.6.1 绘制厨房地材图

厨房地材图如图 10-91 所示，采用的地面材料是亚光砖，下面介绍其绘制方法。

1. 复制图形

复制错层的平面布置图并且删除里面的家具。

2. 绘制门槛线

01 设置“DM_地面”图层为当前图层。

02 调用 LINE/L 命令，连接门洞，效果如图 10-92 所示。

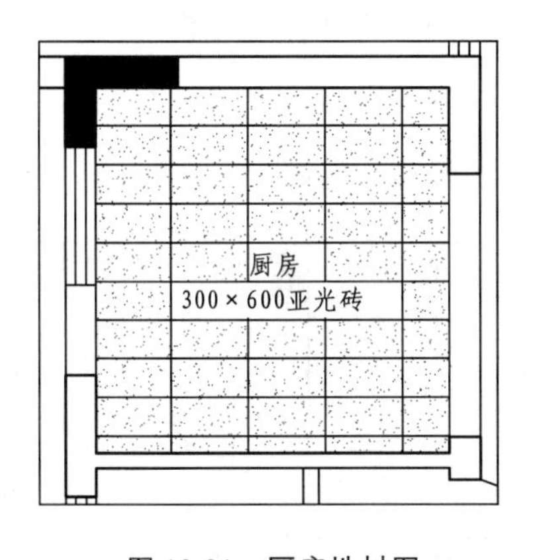

图 10-91 厨房地材图

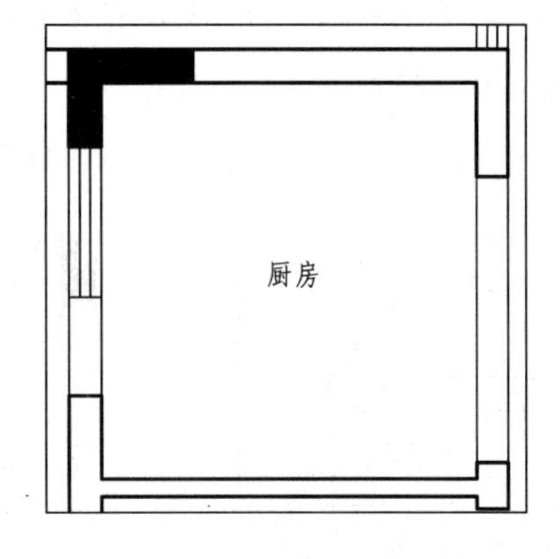

图 10-92 绘制门槛线

3. 文字标注

调用 MTEXT/MT 命令，对厨房地面材料进行文字标注，如图 10-93 所示。

4. 绘制地面图例

01 调用 LINE/L 命令和 OFFSET/O 命令，绘制地面图案，并对图形与文字相交的位置进行修剪，效果如图 10-94 所示。

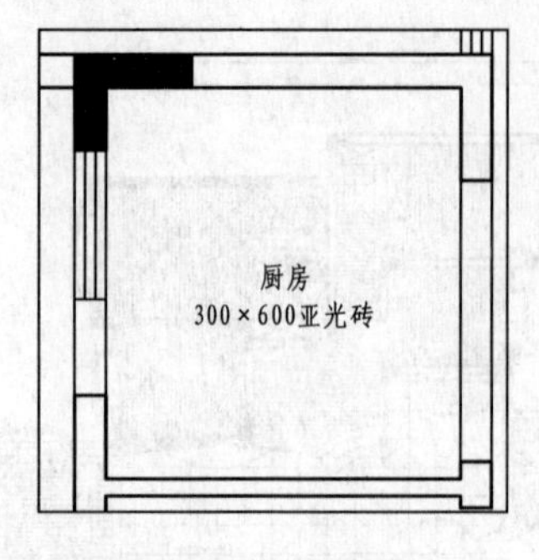

图 10-93　文字标注

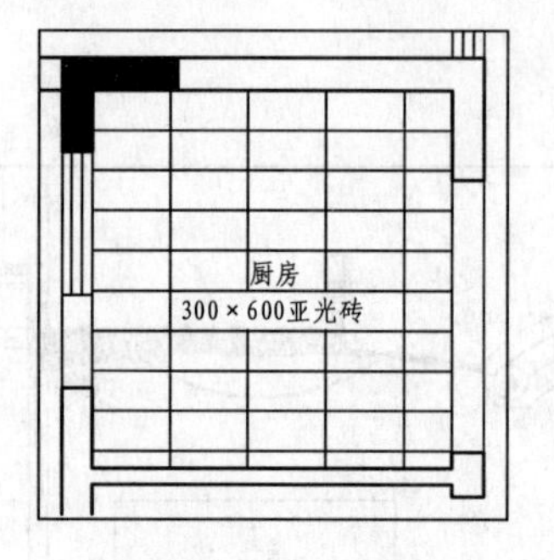

图 10-94　绘制地面图案

02 调用 HATCH/H 命令，对厨房地面填充 AR-SAND 图案，填充参数和效果如图 10-95 所示，厨房地材图绘制完成。

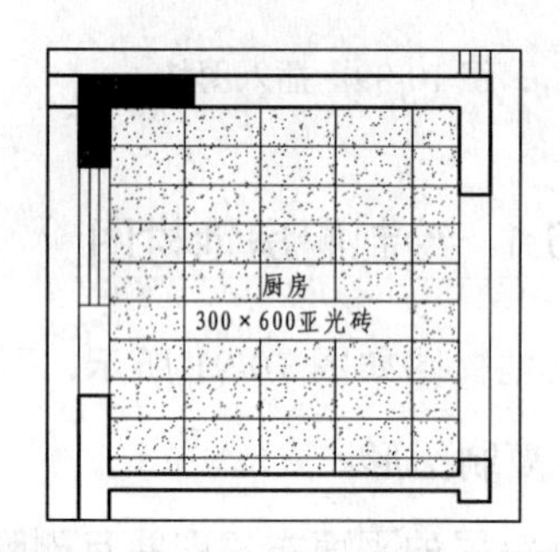

图 10-95　填充参数和效果

10.6.2　绘制景观阳台地材图

景观阳台地材图如图 10-96 所示，采用的地面材料有仿古砖和木地板。

1.　文字标注

调用 MTEXT/MT 命令，对阳台地面材料进行文字标注，如图 10-97 所示。

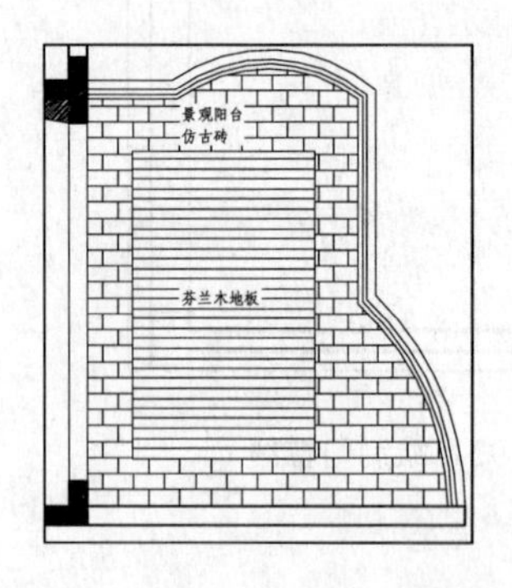

图 10-96　景观阳台地材图

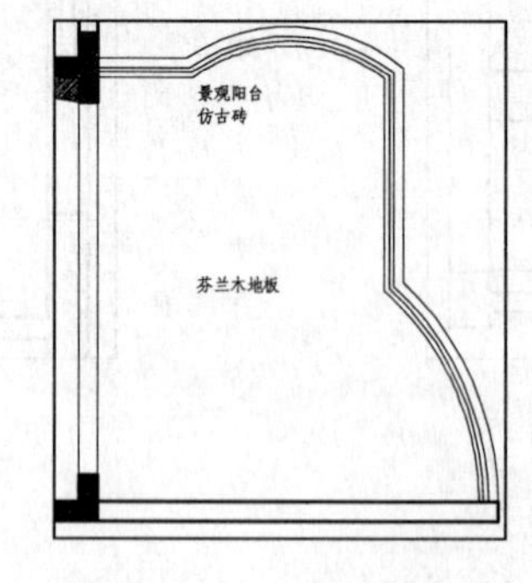

图 10-97　文字标注

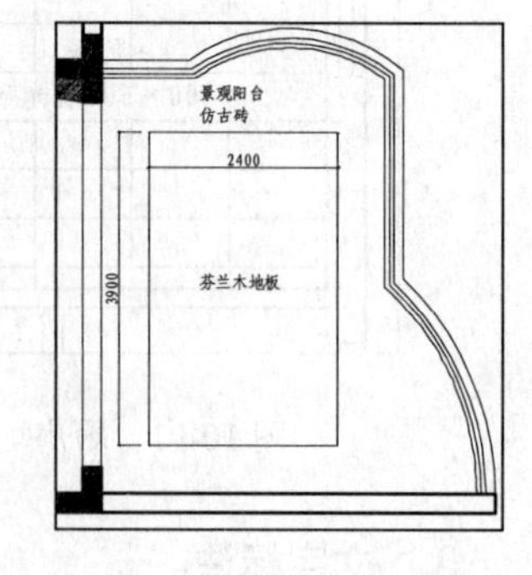

图 10-98　绘制矩形

2.　绘制地面图例

01 调用 RECTANG/REC 命令，绘制一个尺寸为 2400×3900 的矩形，并移动到相应的位置，如图 10-98 所示。

02 调用 HATCH/H 命令，对矩形内填充 LINE 图案，填充参数和效果如图 10-99 所示。

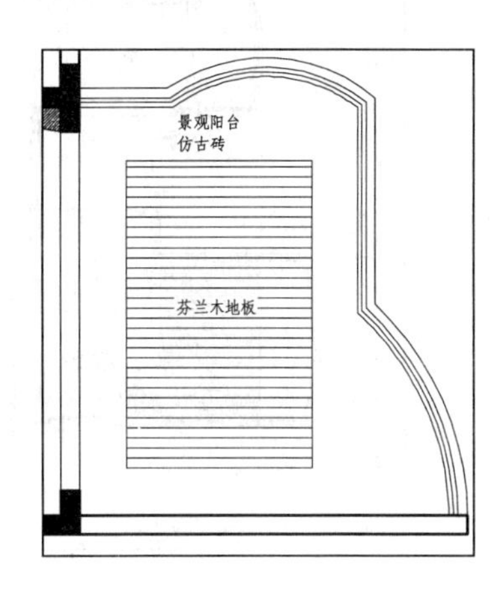

图 10-99　填充参数和效果

03 调用 HATCH/H 命令，对矩形外区域填充 AR-B816 图案，填充参数和效果如图 10-100 所示，景观阳台地材图绘制完成。

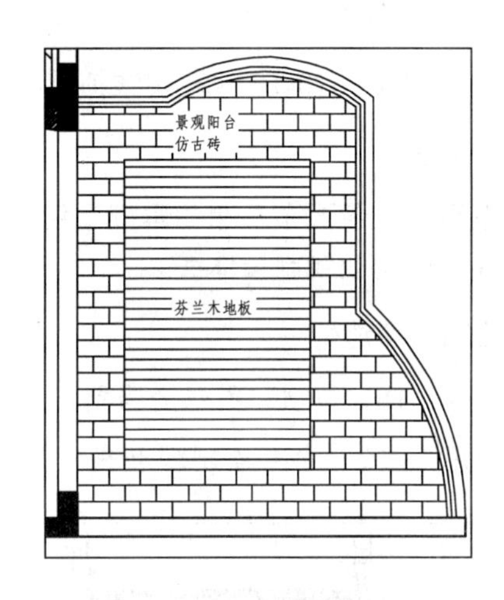

图 10-100　填充参数和效果

10.6.3　绘制其他房间地材图

其他的房间如客厅、餐厅、卧室、和书房等，请大家应用前面所介绍的方法完成绘制，此处就不再详细讲解了。

10.7　绘制错层顶棚图

错层顶棚图如图 10-101 所示，在本节中以客厅和卧室为例讲解错层顶棚图的绘制方法。

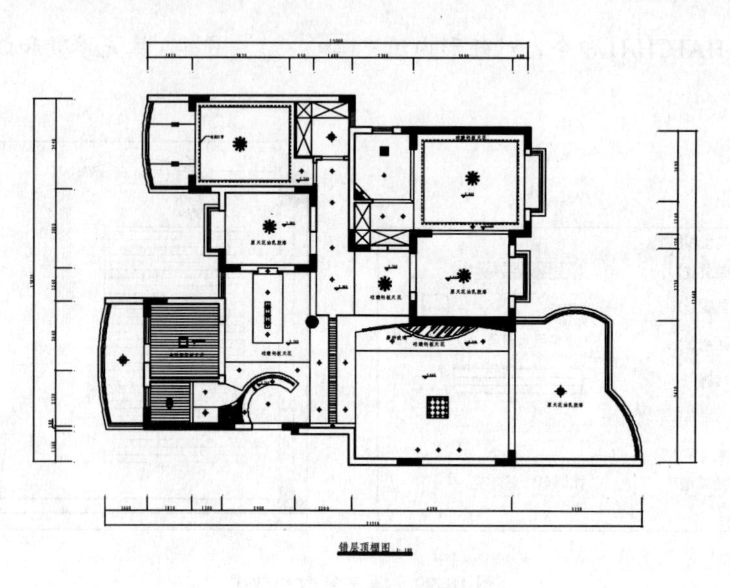

图 10-101 错层顶棚图

10.7.1 绘制客厅顶棚图

客厅顶棚图如图 10-102 所示，该顶棚在电视上方采用了磨砂玻璃吊顶，既简洁又时尚。

1. 复制图形

顶棚图可以在平面布置图的基础上绘制，复制错层的平面布置图，删除与顶棚图无关的图形，并在门洞处绘制墙体线。

2. 绘制吊顶造型

01 设置“DD_吊顶”图层为当前图层。

02 调用 LINE/L 命令绘制辅助线，如图 10-103 所示。

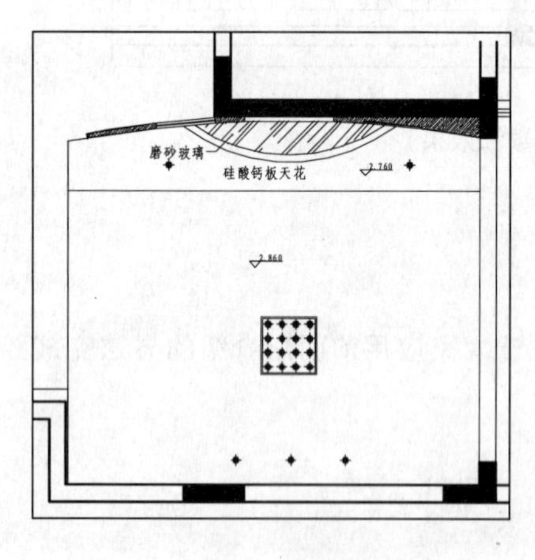

图 10-102 客厅顶棚图

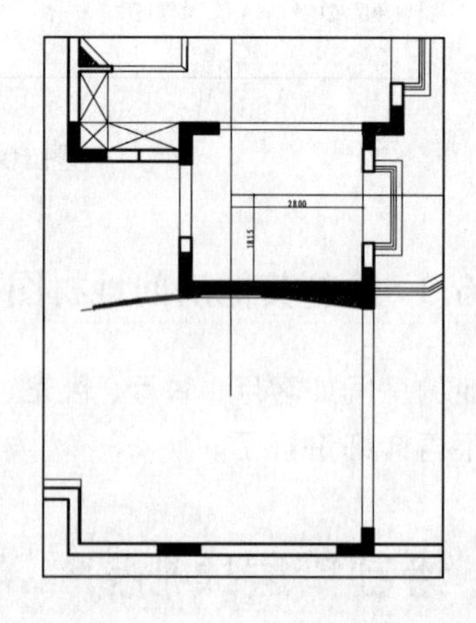

图 10-103 绘制辅助线

03 调用 CIRCLE/C 命令，以辅助线的交点为圆心绘制一个半径为 2590 的圆，然后删除辅助线,，如图 10-104 所示。

04 调用 OFFSET/O 命令，将圆向外偏移 100，效果如图 10-105 所示。

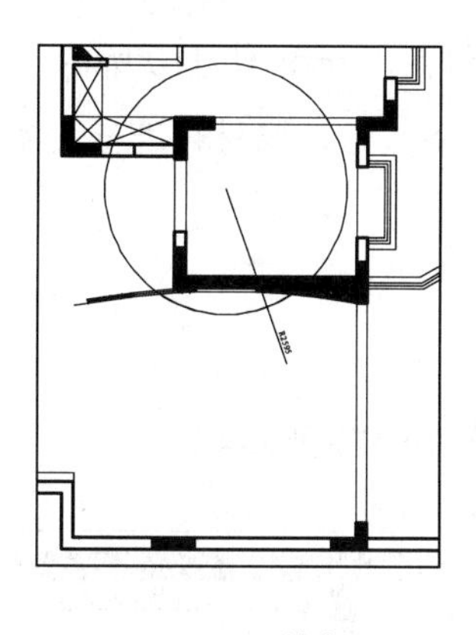

图 10-104　绘制圆

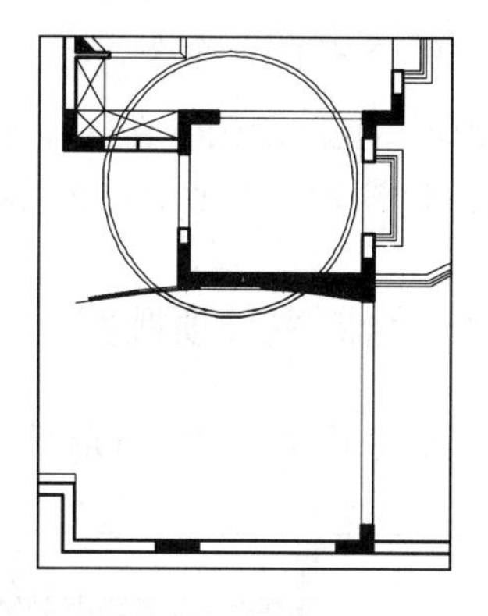

图 10-105　偏移圆

05 调用 TRIM/TR 命令，对圆进行修剪，效果如图 10-106 所示。

06 调用 HATCH/H 命令，对圆弧内填充 AR-RROOF 图案，填充参数和效果如图 10-107 所示。

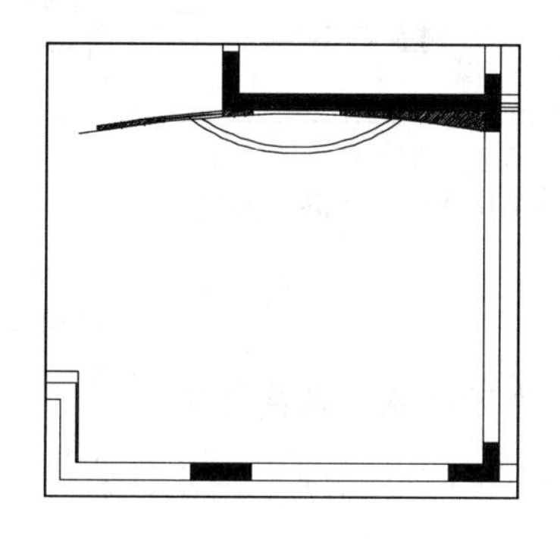

图 10-106　修剪圆

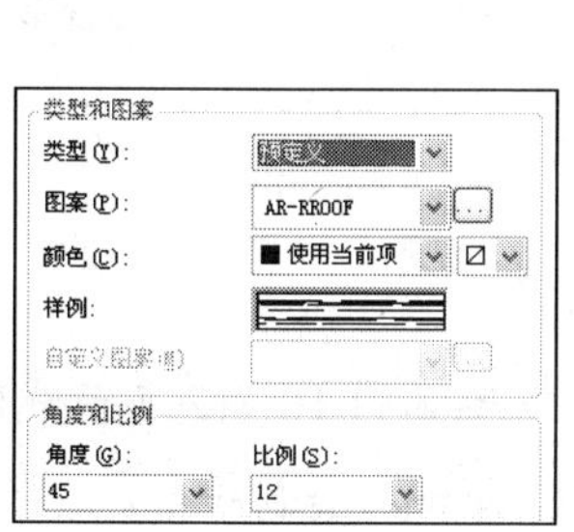

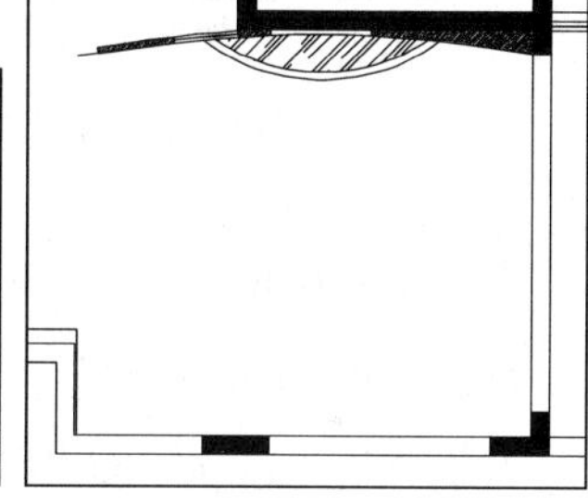

图 10-107　填充参数和效果

07 调用 PLINE/PL 命令，绘制如图 10-108 所示多段线。

3.　布置灯具

按 Crl+O 快捷键，打开配套光盘提供的“第 10 章\家具图例.dwg”文件，选择其中的灯具图块，将其复制至顶棚内，结果如图 10-109 所示。

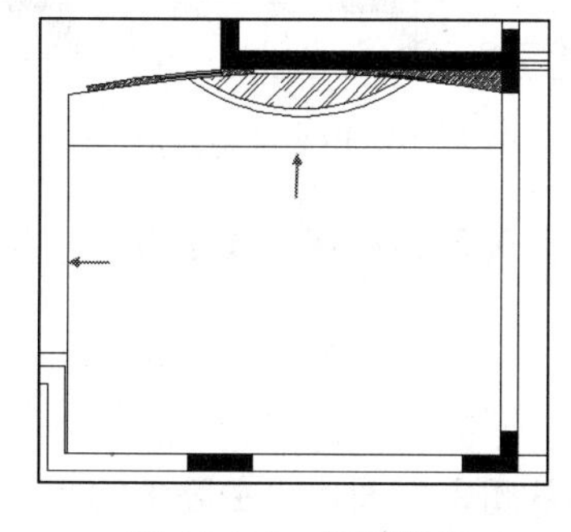

图 10-108　绘制线段

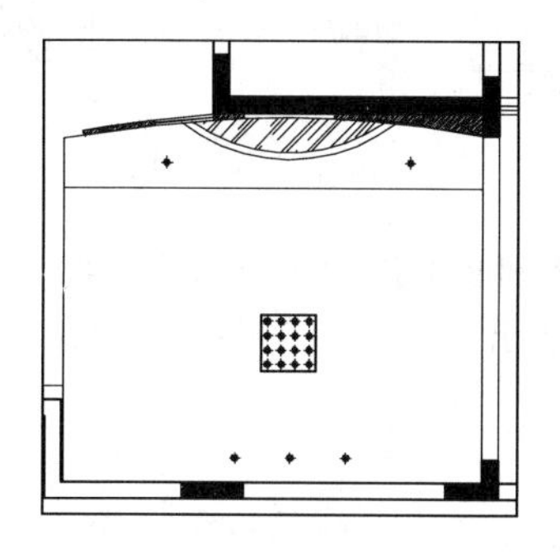

图 10-109　布置灯具

4. 标注标高和文字说明

01 调用 INSERT/I 命令，插入“标高”图块标注标高，如图 10-110 所示。

02 调用 MLEADER/MLD 命令和 MTEXT/MT 命令，对顶棚材料进行文字说明，完成后的效果如图 10-102 所示，客厅顶棚图绘制完成。

10.7.2 绘制主卧顶棚图

主卧顶棚采用了常见的方形吊顶，内藏灯带，如图 10-111 所示。

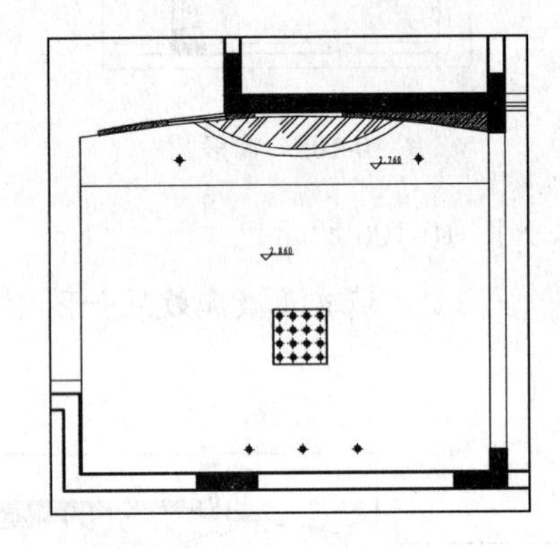

图 10-110 插入标高

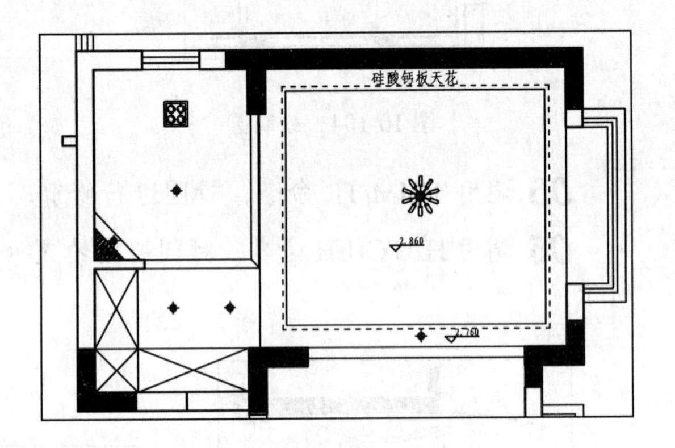

图 10-111 主卧顶棚图

1. 绘制吊顶造型

01 调用 LINE/L 命令，绘制如图 10-112 所示线段，表示线段两侧高度不同。

02 调用 RECTANG/REC 命令，绘制一个尺寸为 3660×3090 的矩形，并移动到相应的位置，效果如图 10-113 所示。

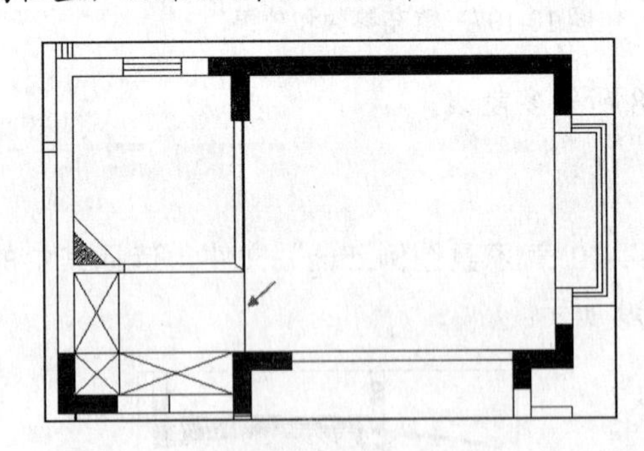

图 10-112 绘制线段

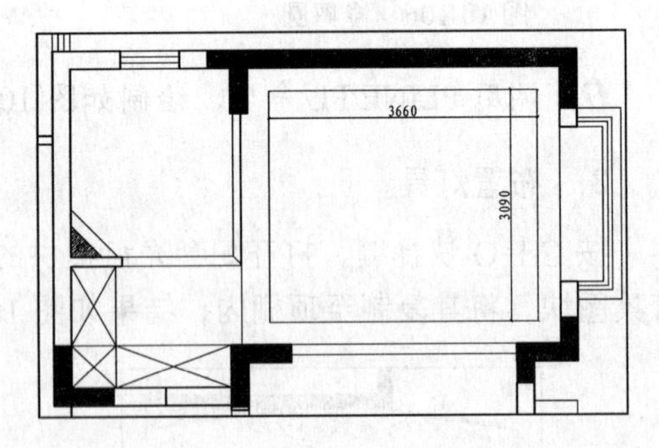

图 10-113 绘制矩形

03 调用 OFFSET/O 命令，将矩形向外偏移 60，并设置为虚线，表示灯带，效果如图 10-114 所示。

2. 布置灯具

主卧中的灯具由吊灯和灯带产生照明，吊灯图形从图库中调用，主卧中的主卫和衣帽间采用的是直接式顶棚，直接调入灯具即可，完成后的效果如图 10-115 所示。

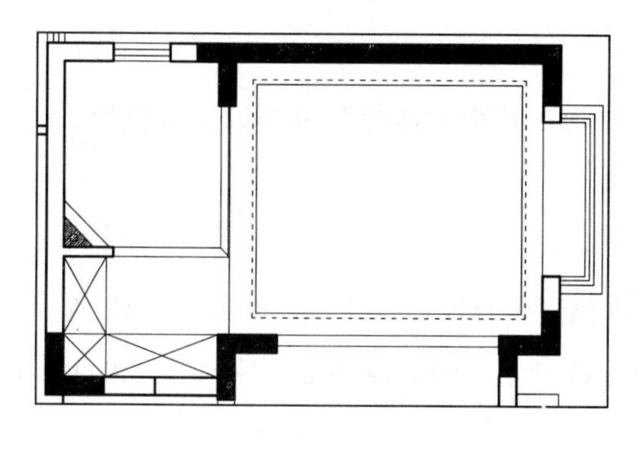

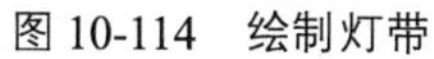
图 10-114　绘制灯带

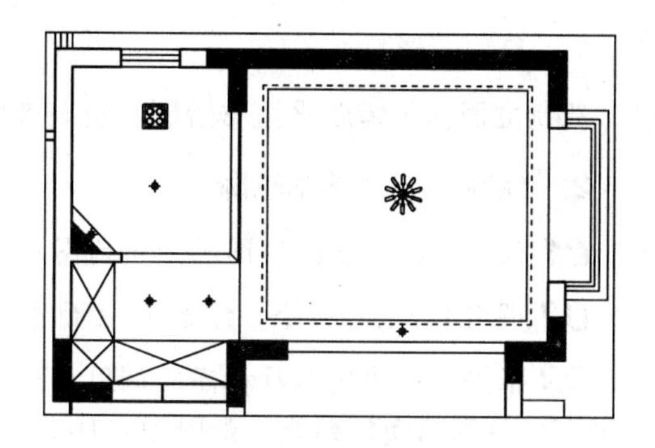

图 10-115　布置灯具

3. **标注标高和文字说明**

01 调用 INSERT/I 命令，插入“标高”图块标注标高，如图 10-116 所示。

02 调用 MTEXT/MT 命令，对顶棚材料进行文字说明，完成后的效果如图 10-111 所示，主卧顶棚图绘制完成。

10.8 绘制错层立面图

本节以客厅、儿童房和卫生间典型立面施工图为例，讲解错层立面施工图的画法，并简单介绍相关结构和工艺。

10.8.1 绘制客厅 B 立面图

客厅 B 立面图是客厅装饰的重点，该立面是电视所在墙面，如图 10-117 所示。

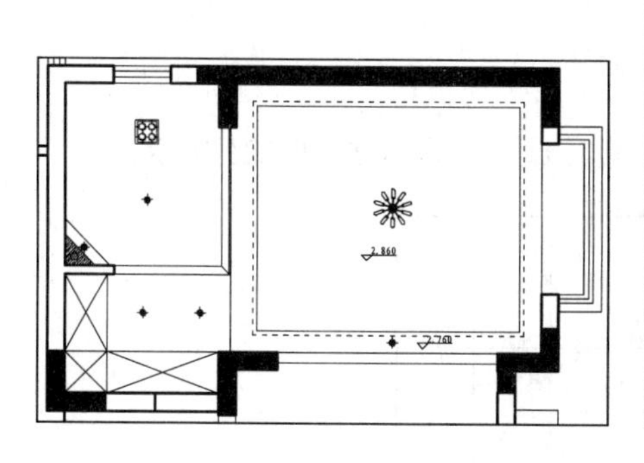

图 10-116　标注标高

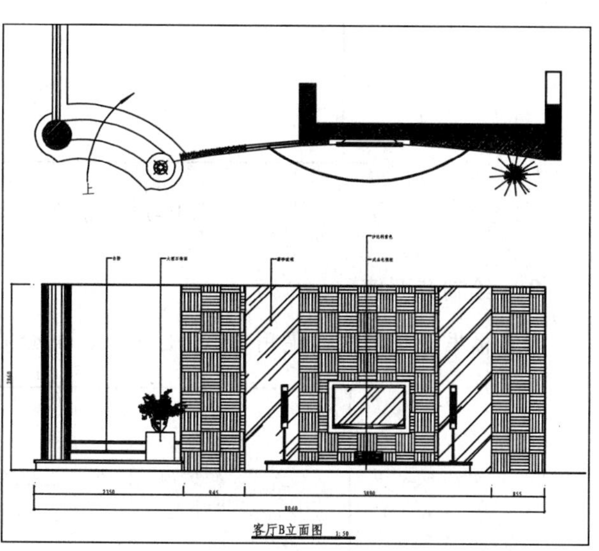

图 10-117　客厅 B 立面图

1. 复制图形

绘制立面需要借助平面布置图，复制错层平面布置图上客厅 B 立面的平面部分。

2. 绘制 A 立面基本轮廓

01 设置“LM_立面”图层为当前图层。

02 调用 LINE/L 命令，绘制 B 立面左、右侧墙体和地面轮廓线，如图 10-118 所示。

03 根据顶棚图的客厅标高，调用 OFFSET/O 命令，向上偏移地面轮廓线，偏移距离为 2860，得到顶面轮廓线，如图 10-119 所示。

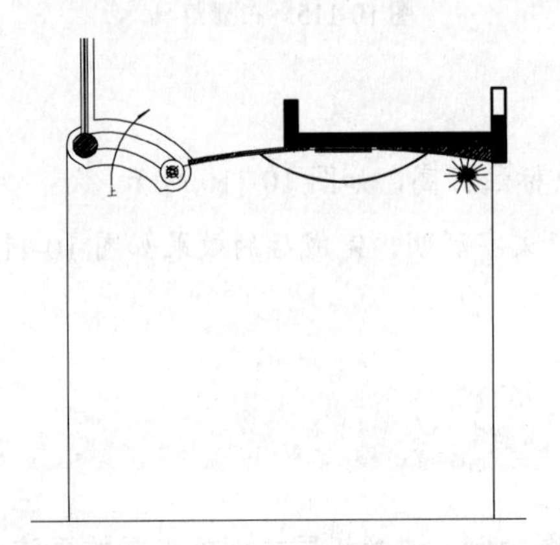

图 10-118 绘制墙体和地面

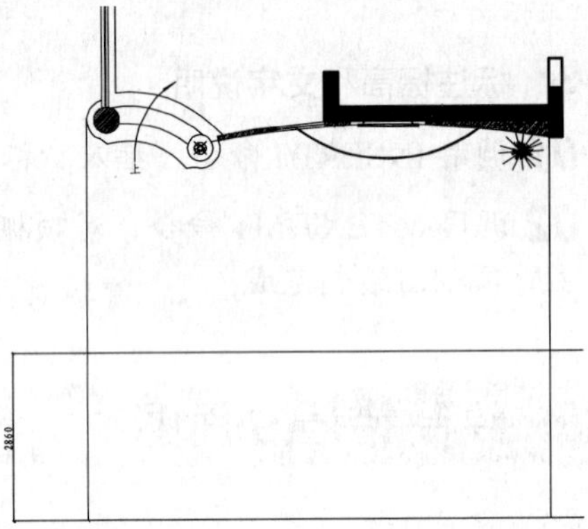

图 10-119 绘制顶棚

04 调用 TRIM/TR 命令修剪立面轮廓，并将立面外轮廓转换至“QT_墙体”图层，如图 10-120 所示。

图 10-120 修剪立面外轮廓

3. 绘制造型墙

01 根据造型尺寸，调用 LINE/L 命令，划分墙面区域，结果如图 10-121 所示。

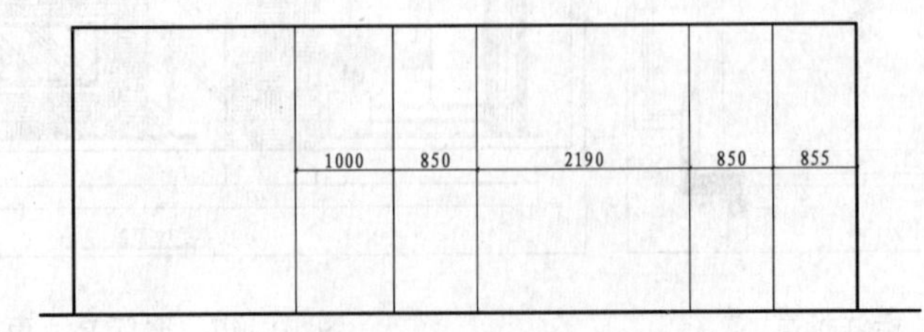

图 10-121 划分墙面区域

02 调用 HATCH/H 命令，对造型墙填充 AR-PARQ1 图案，填充参数和效果如图 10-122 所示。

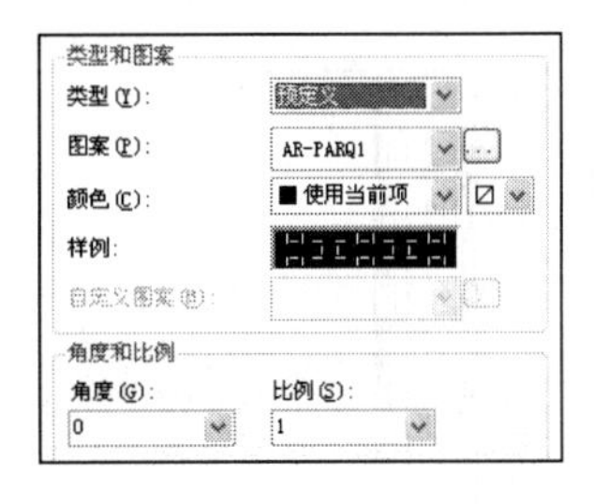

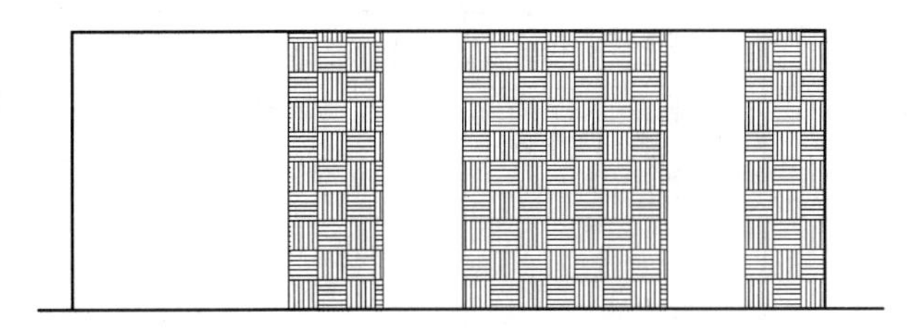

图 10-122　填充参数和效果

03 调用 HATCH/H 命令，填充 AR-RROOF 图案，填充参数和效果如图 10-123 所示。

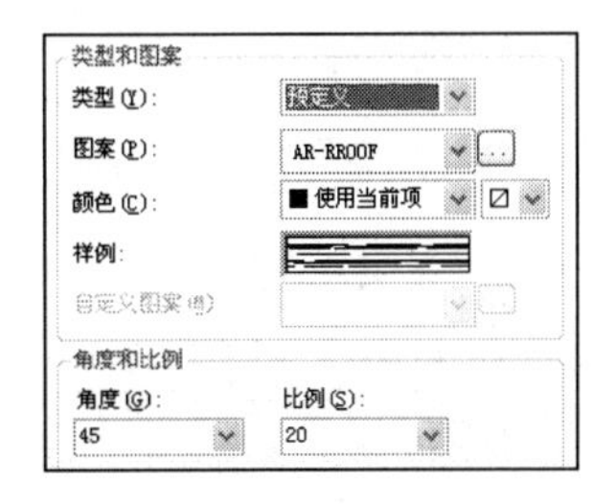

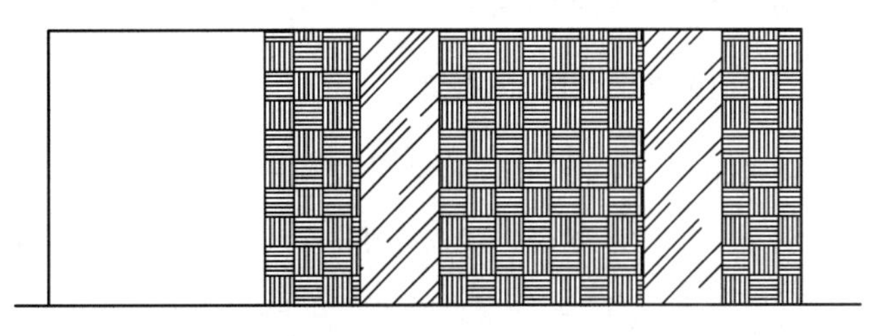

图 10-123　填充参数和效果

4. 绘制台阶和圆柱

01 调用 RECTANG/REC 命令，绘制一个尺寸为 2315 × 120 的矩形表示一级台阶，如图 10-124 所示。

02 调用 PLINE/PL 命令，绘制台阶的台面，效果如图 10-125 所示。

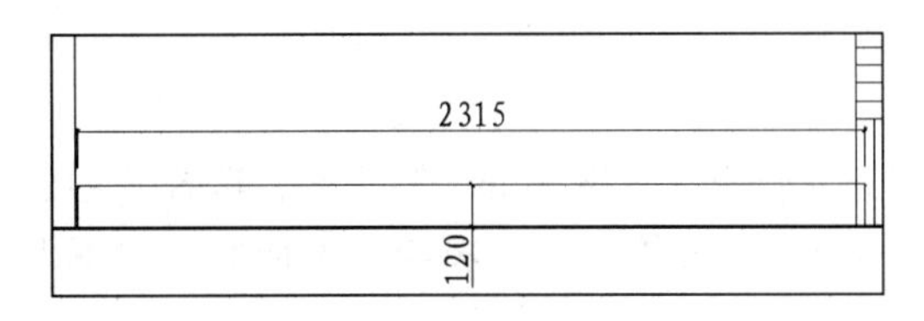

图 10-124　绘制矩形

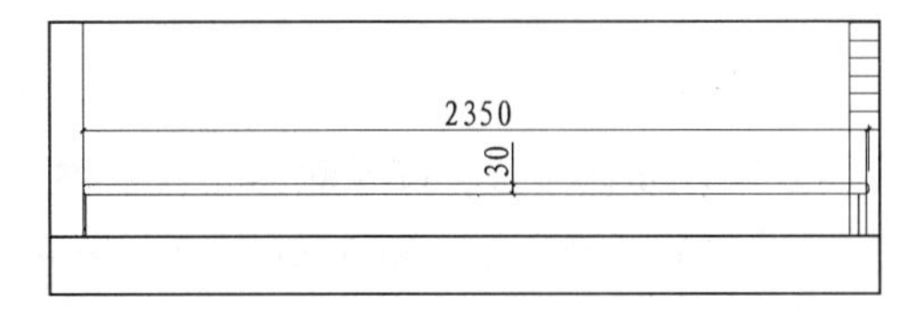

图 10-125 绘制天面

03 调用 TRIM/TR 命令，修剪掉多余的线段，如图 10-126 所示。

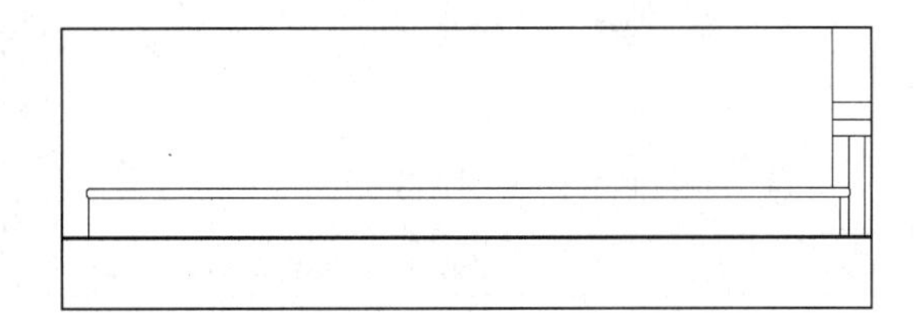

图 10-126　修剪线段

04 绘制圆柱。调用 LINE/L 命令，绘制圆柱的投影线，再调用 TRIM/TR 命令，进行修剪，效果如图 10-127 所示。

05 调用 LINE/L 命令和 OFFSET/O 命令，细化圆柱，效果如图 10-128 所示。

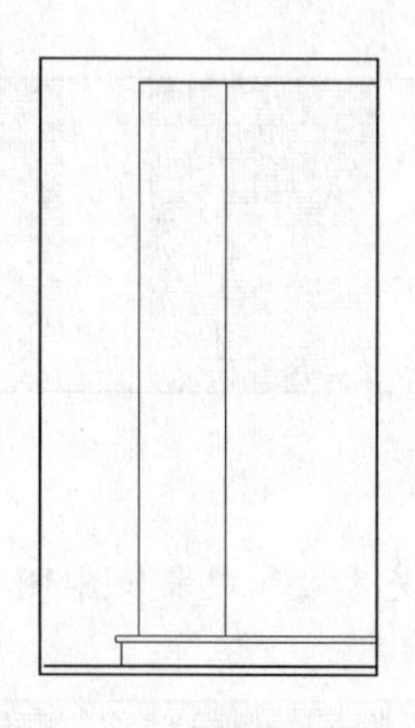

图 10-127 绘制圆柱轮廓

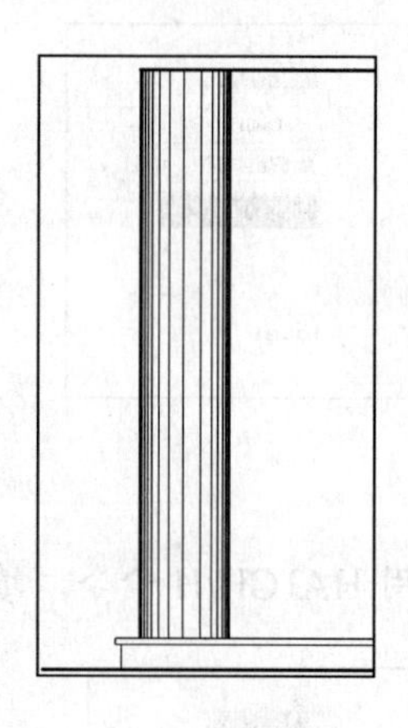

图 10-128 细化圆柱

06 调用 RECTANG/REC 命令，绘制一个边长为 450 的矩形，效果如图 10-129 所示。

07 调用 LINE/L 命令、PLINE/PL 命令和 TRIM/TR 命令，绘制二、三级台阶，效果如图 10-130 所示。

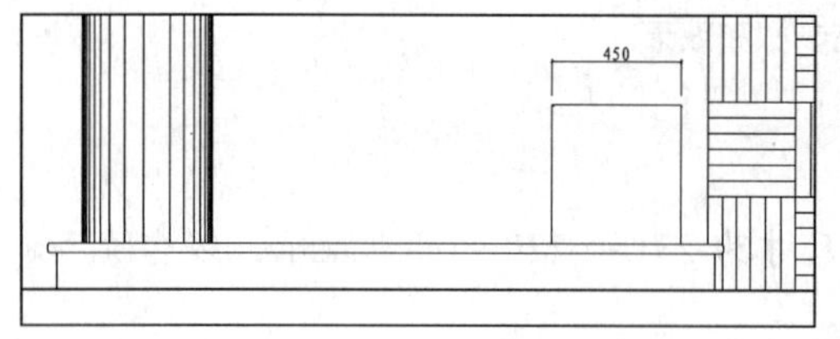

图 10-129 绘制矩形

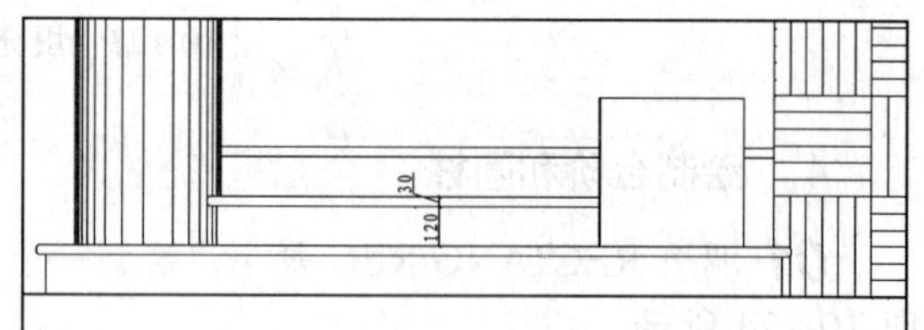

图 10-130 绘制台阶

5. 插入图块

按 Ctrl+O 快捷键，打开配套光盘提供的“第 10 章\家具图例.dwg”文件，选择其中的电视、电视柜、陈设品和音响等图块，将其复制至客厅立面内，并将与前面所绘制的图形相交的位置进行修剪，结果如图 10-131 所示。

图 10-131 插入图块

6. 标注尺寸和材料说明

01 设置“BZ_标注”图层为当前图层，设置当前注释比例为1∶50。

02 调用DIMLINEAR/DLI命令，或执行【标注】|【线性】命令标注尺寸，结果如图10-132所示。

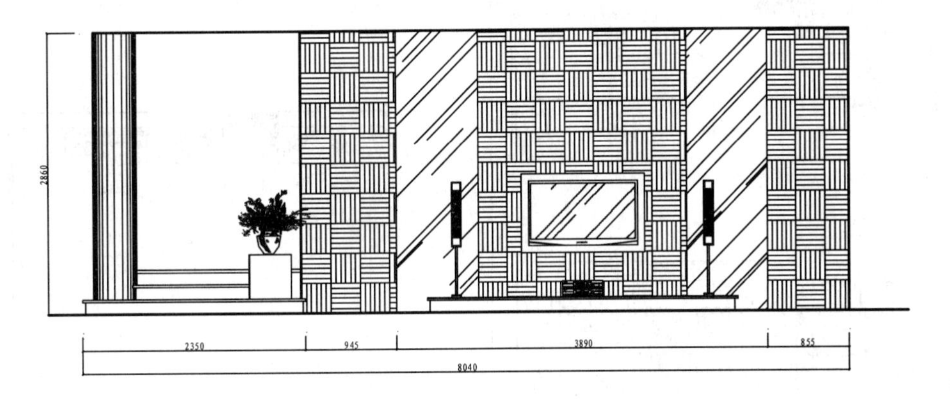

图10-132　尺寸标注

03 调用MLEADER/MLD命令进行材料标注，标注结果如图10-133所示。

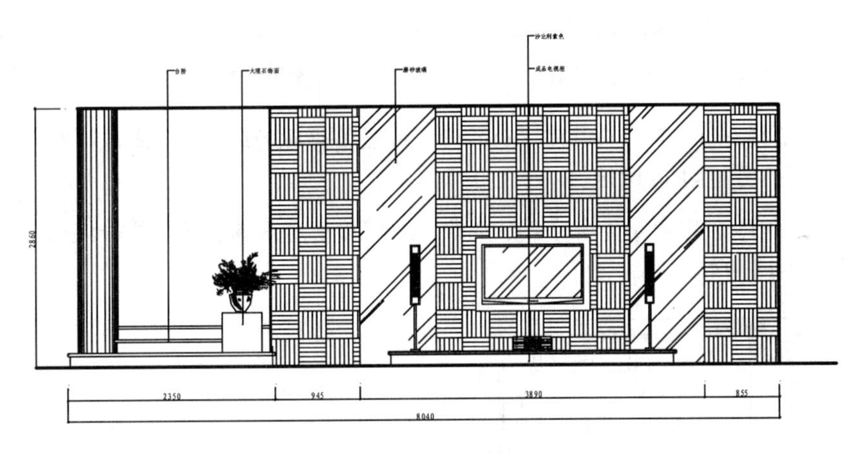

图10-133　材料标注

7. 插入图名

调用插入图块命令INSERT/I，插入“图名”图块，设置B立面图名称为“客厅B立面图”，客厅B立面图绘制完成。

10.8.2 绘制儿童房B立面图

儿童房立面图如图10-134所示，儿童房的书桌是布置在阳台，其立面反映了各空间的位置关系和过渡方式。

1. 复制图形

复制错层平面布置图上儿童房B立面的平面部分。

2．绘制基本轮廓

01 设置“LM_立面”图层为当前图层。

02 调用 LINE/L 命令，绘制儿童房墙体投影线和地面轮廓，如图 10-135 所示。

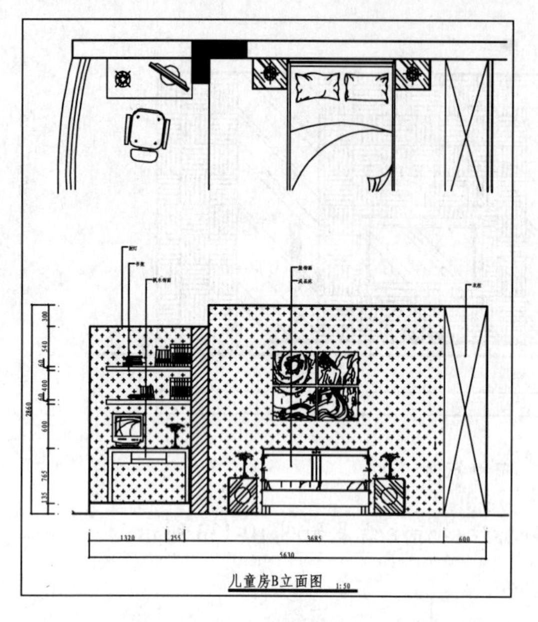

图 10-134　儿童房 B 立面图

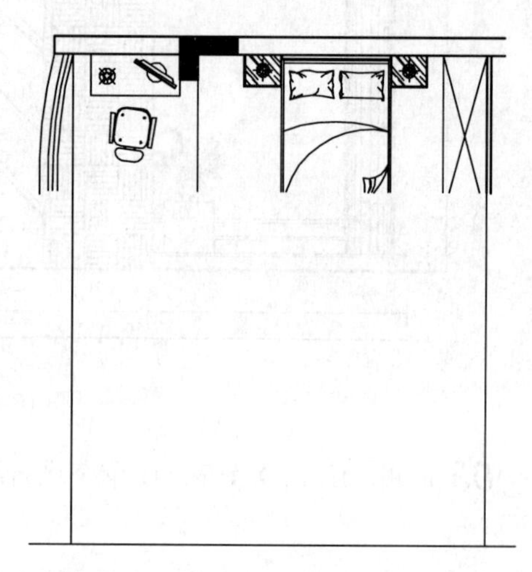

图 10-135　绘制墙体和地面

03 根据吊顶标高，调用 OFFSET/O 命令，向上偏移地面轮廓线，偏移距离分别为 2860 和 2560，结果如图 10-136 所示。

04 调用 TRIM/TR 命令，修剪多余线段，得到儿童房基本轮廓，并转换至“QT_墙体”图层，如图 10-137 所示。

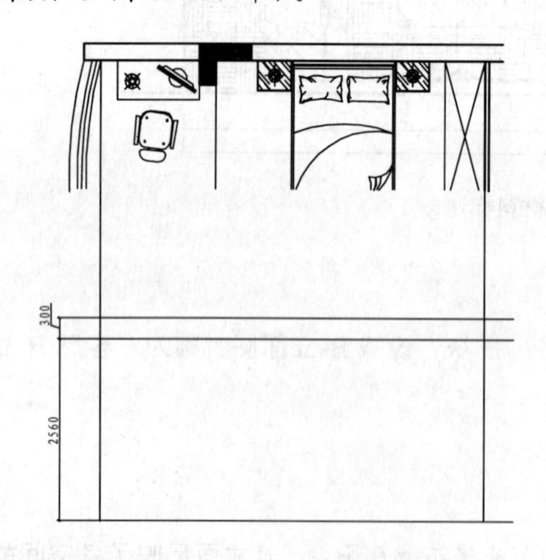

图 10-136　绘制顶棚

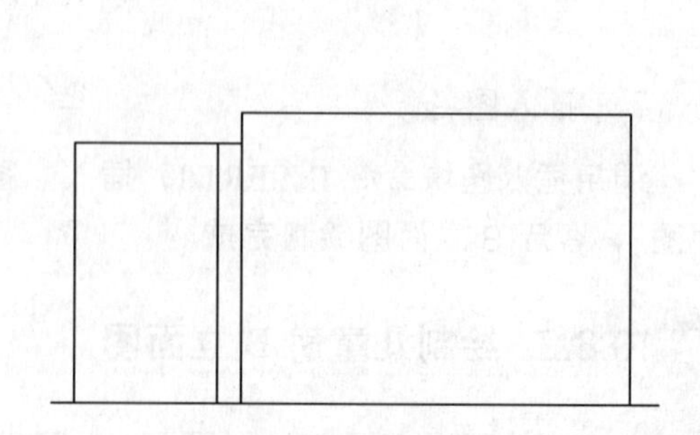

图 10-137　立面基本轮廓

05 填充墙体。调用 HATCH/H 命令，对墙体填充 ANSI31 图案，填充参数和效果如图 10-138 所示。

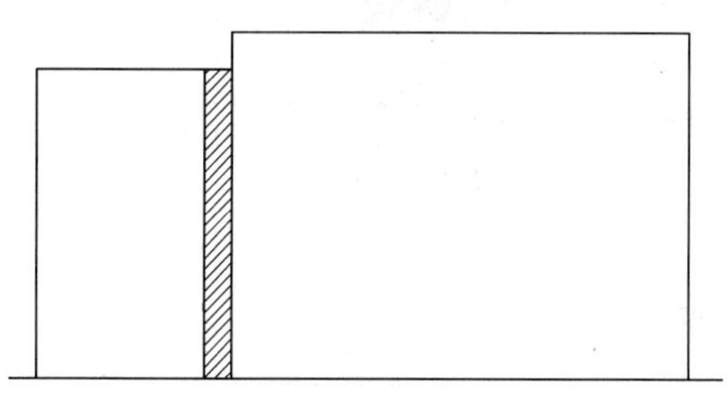

图 10-138 填充参数和效果

3. 绘制衣柜

01 调用 RECTANG/REC 命令，绘制衣柜轮廓，如图 10-139 所示。

02 调用 LINE/L 命令，绘制矩形的对角线，如图 10-140 所示。

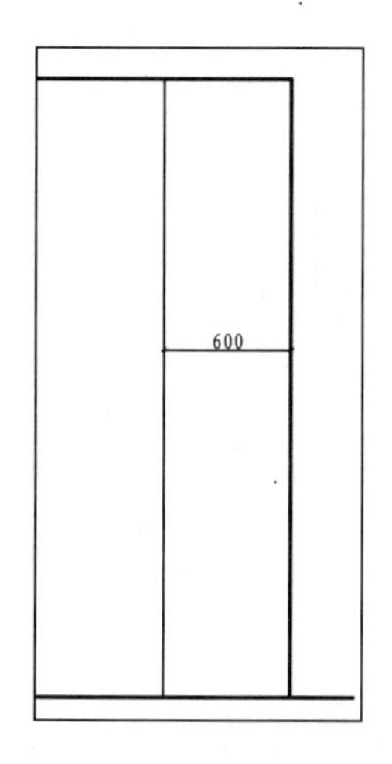

图 10-139 绘制衣柜轮廓

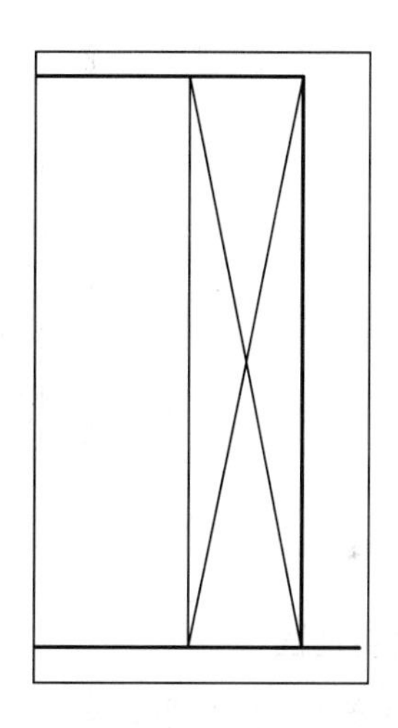

图 10-140 绘制对角线

4. 绘制地台和书架

01 阳台的地面抬高了 150，调用 RECTANG/REC 命令，绘制台面，如图 10-141 所示。

图 10-141 绘制台面

02 调用 HATCH/H 命令，对台面填充 ANSI38 图案，填充参数和效果如图 10-142 所示。

类型和图案
类型(Y): 预定义
图案(P): ANSI38
颜色(C): 使用当前项
样例:
自定义图案(M):
角度和比例
角度(G): 0
比例(S): 12

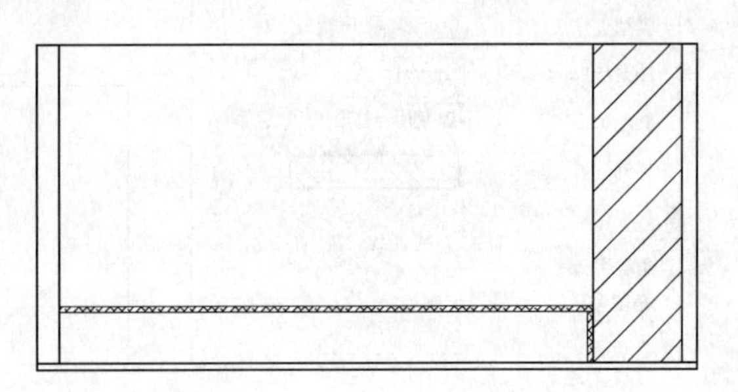

图 10-142　填充参数和效果

03 调用 RECTANG/REC 命令，绘制书架，效果如图 10-143 所示。

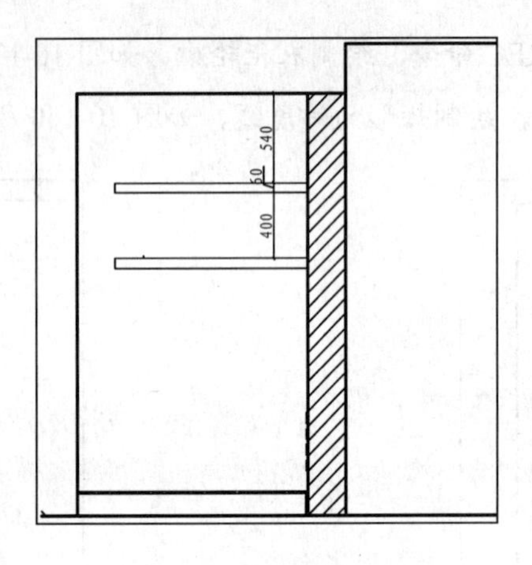

图 10-143　绘制书架

5. 绘制墙面

儿童房墙面使用的是墙纸，直接填充图案即可，调用 HATCH/H 命令，对儿童房墙面填充CROSS图案，填充参数和效果如图 10-144 所示。

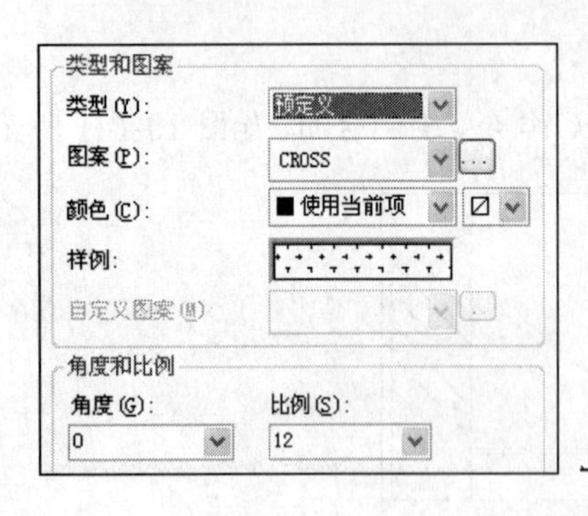

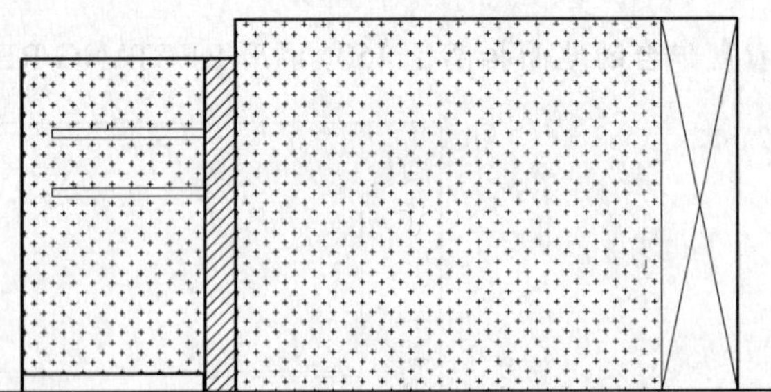

图 10-144　填充墙面

6. 插入图块

从图块中调入相关图形，包括装饰画、床、床头柜、书本、书桌和台灯等图形，并进行修剪，结果如图 10-145 所示。

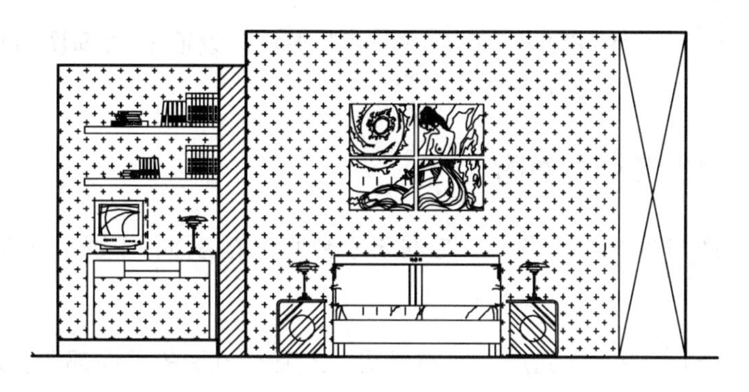

图 10-145　插入图块

7. 标注尺寸、材料说明

01 设置“BZ-标注”为当前图层，设置当前注释比例为 1∶50。调用 DIMLINEAR/DLI 命令进行线性尺寸标注，如图 10-146 所示。

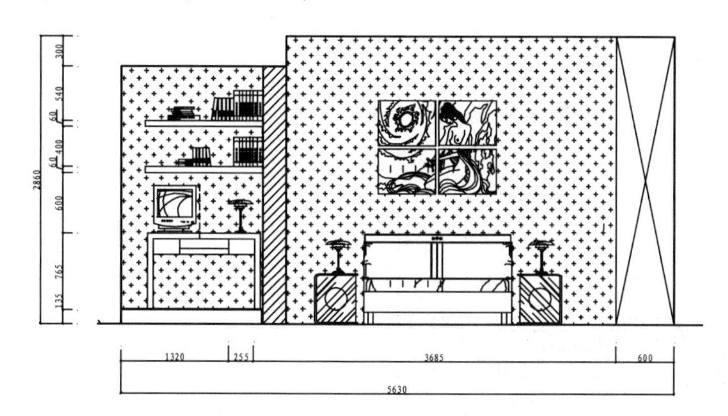

图 10-146　尺寸标注

02 调用 MLEADER/MLD 命令对材料进行标注，结果如图 10-147 所示。

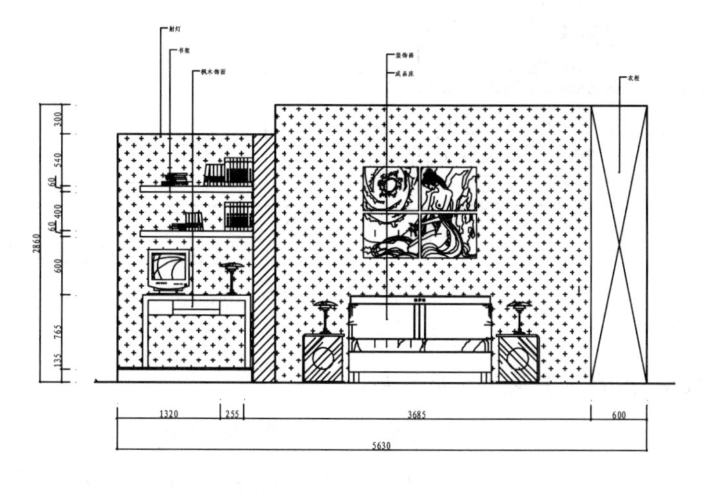

图 10-147　材料标注

8. 插入图名

调用插入图块命令 INSERT/I，插入“图名”图块，设置 B 立面图名称为“儿童房 B 立面图”。儿童房 B 立面图绘制完成。

10.8.3 绘制主卫 C 立面图

主卫 C 立面图如图 10-148 所示，它是洗手台所在的墙面，下面讲解绘制方法。

1. 复制图形

调用 COPY/CO 命令复制错层平面布置图上主卫 C 立面的平面部分，并对图形进行旋转。

2. 绘制立面外轮廓

调用 LINE/L 命令绘制墙体、顶面和地面，然后调用 TRIM/TR 命令，修剪出立面外轮廓，并将立面外轮廓转换至“QT_墙体”图层，如图 10-149 所示。

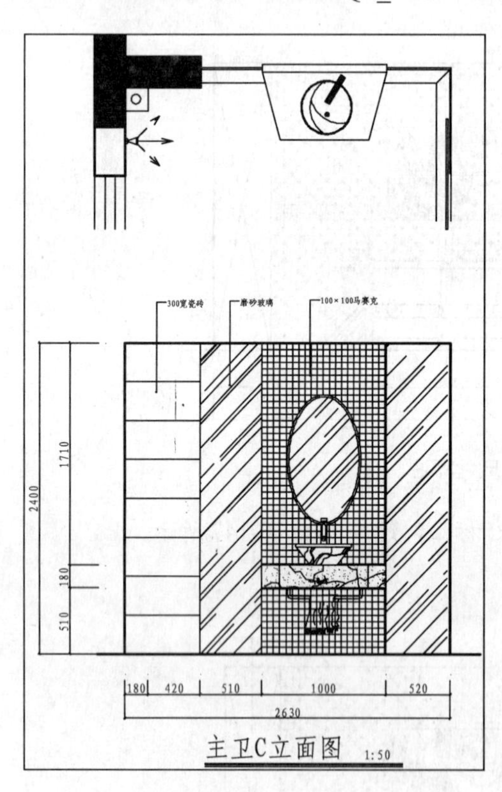

图 10-148 主卫 C 立面图

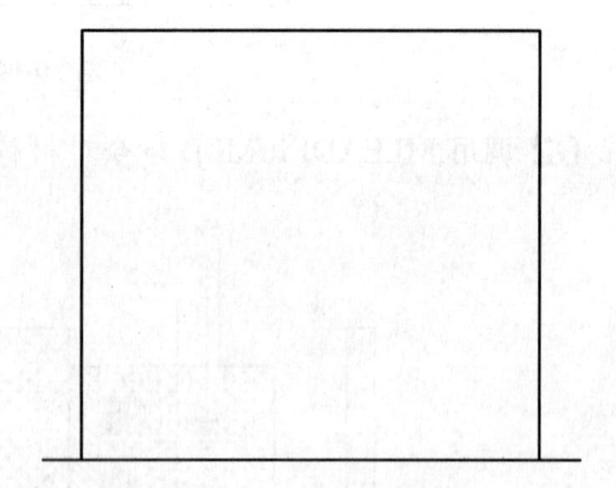

图 10-149 绘制立面外轮廓

3. 绘制墙面

01 设置“LM_立面”图层为当前图层。

02 调用 LINE/L 命令，划分墙面区域，如图 10-150 所示。

03 左侧墙砖宽度为 300，调用 LINE/L 命令和 OFFSET/O 命令绘制，效果如图 10-151 所示。

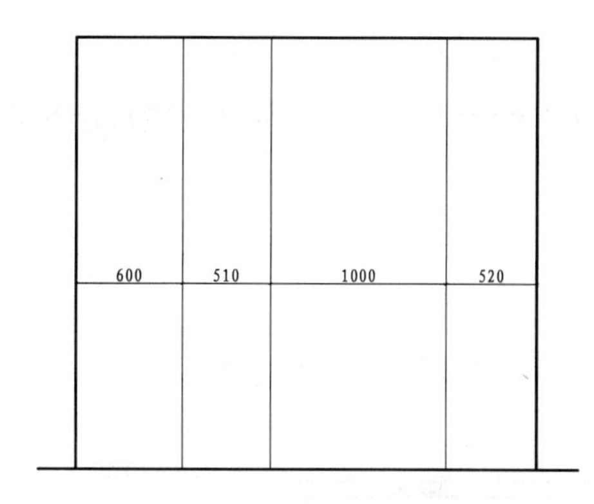

图 10-150　划分墙面

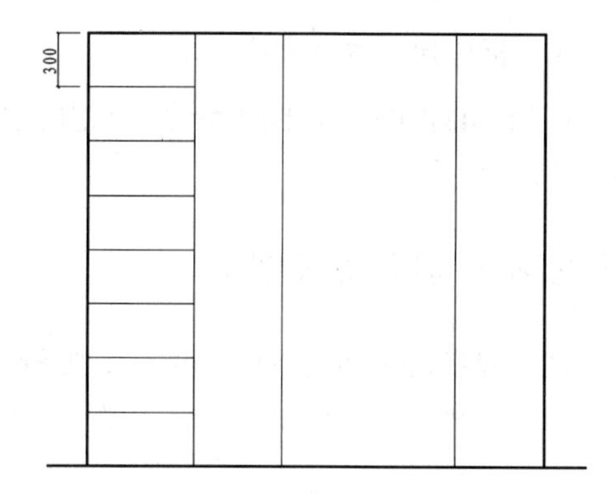

图 10-151　绘制墙面

04 调用 HATCH/H 命令，对洗手台所在的墙面填充“用户定义”图案，填充参数和效果如图 10-152 所示。

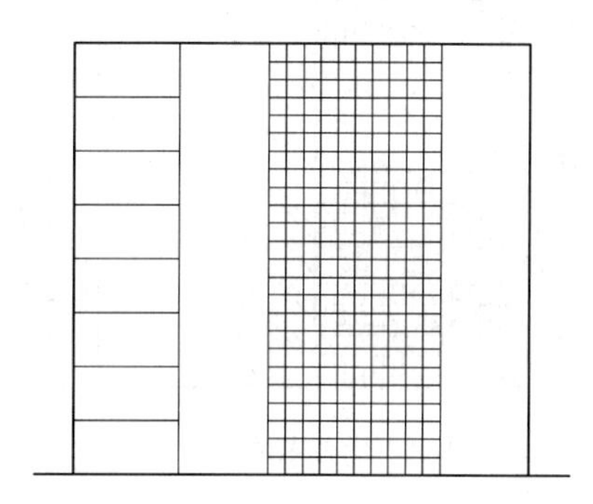

图 10-152　填充参数和效果

05 调用 HATCH/H 命令，对洗手台两侧墙面填充 AR-RROOF 图案，填充参数和效果如图 10-153 所示。

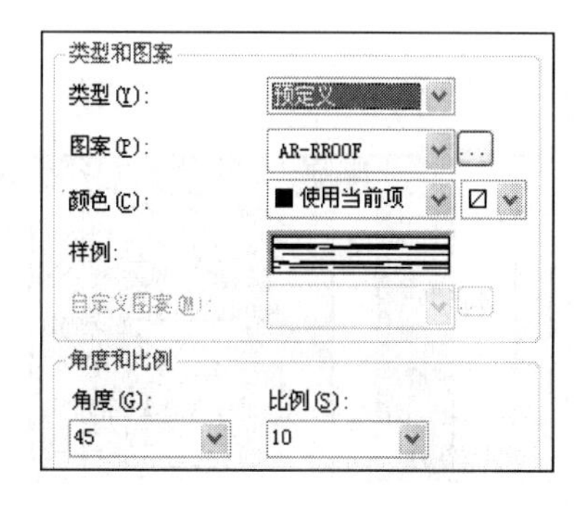

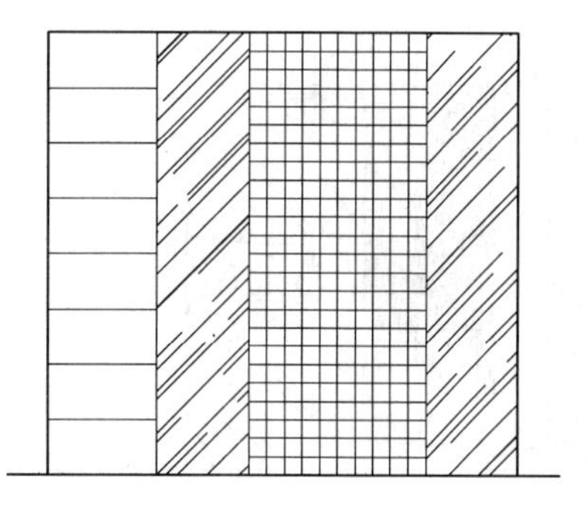

图 10-153　填充参数和效果

4. 插入图块

立面图中所用到的相关图块可以从图库中调用，请读者应用前面介绍的方法调用相关图块，并进行修剪，效果如图 10-154 所示。

5. 标注尺寸说明文字

调用 DIMLINEAR/DLI 命令、MLEADER/MLD 命令标注尺寸和材料，完成后的效果如图 10-148 所示。

10.8.4 其他立面图

请读者参考前面讲解的方法绘制如图 10-155～图 10-157 所示立面图，它们的绘制方法都比较简单，这里就不再详细讲解了。

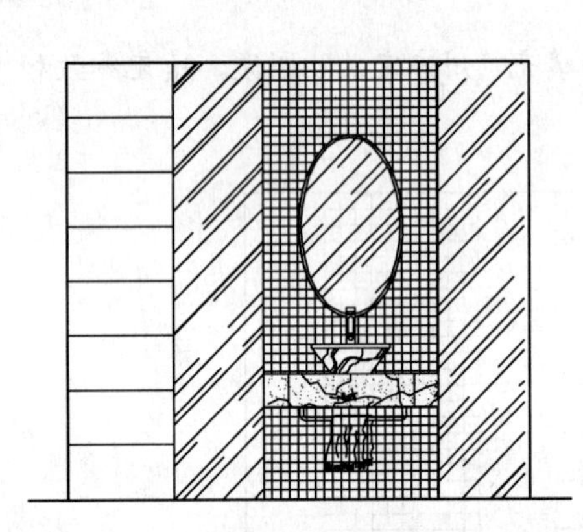

图 10-154 插入图块

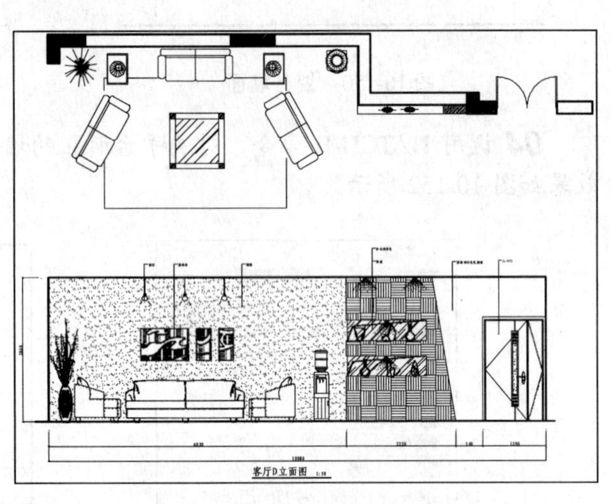

图 10-155 客厅 D 立面图

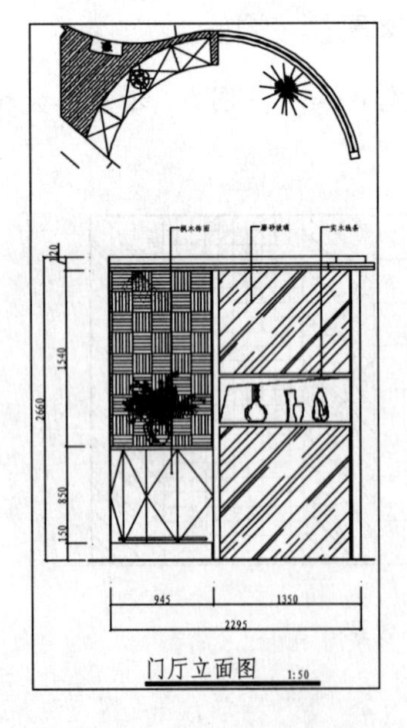

图 10-156 门厅立面图

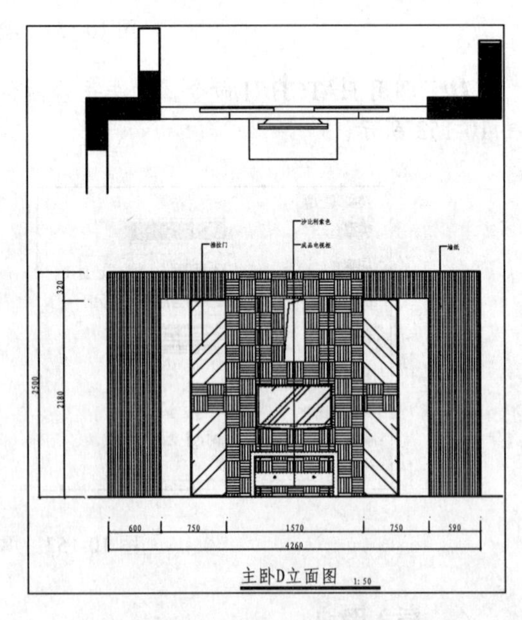

图 10-157 主卧 D 立面图

第11章

本章导读：

跃层式住宅是近年来流行的一种新颖住宅建筑形式。单纯从住宅的意义上说，跃层是一套住宅占有两个楼层，由内部楼梯联系上下楼层。全跃是房子的整个空间都做成两层，半跃是只有部分空间做成两层。本章以跃层为例讲解跃层的设计和施工图的绘制方法。

本章重点：

- 跃层设计概述
- 调用样板新建文件
- 绘制跃层原始户型图
- 绘制跃层平面布置图
- 绘制跃层地材图
- 绘制跃层顶棚图
- 绘制跃层立面图

跃层室内设计

11.1 跃层设计概述

跃层较平层住宅动静分区更为明确，但上下楼对于老人、孩子不方便。由于跃层式住宅只有进户层有公共走道，所以可以减少电梯的停站层。在设计跃层的时候需要重点考虑其功能分区和楼梯的设计。

11.1.1 跃层住宅特点

这类住宅的特点是住宅占有上下两层楼南，卧室、起居室、客厅、卫生间、厨房及其他辅助用房可以分层布置，上下层之间的交通不通过公共楼梯而采用户内独用小楼梯连接。优点是每户都有较大的采光面，通风较好，户内居住面积和辅助面积较大，布局紧凑，功能明确，相互干扰较小。在高层建筑中，由于每两层才设电梯平台，可缩小电梯公共平台面积，提高空间使用效率。但这类住宅也有不足之处，户内楼梯要占去一定的使用面积，同时由于二层只有一个出口，发生火灾时，人员不易疏散，消防人员也不易迅速进入。

11.1.2 跃层设计要点

❑ 功能布局实用舒适为重

一般来说，选择跃层的人，都是看重房屋的面积大，希望各个功能分区相对明确。而挑高户型的层高一般在 4.8～5.2m 之间，面积在 35～60m^2 左右，消费者选择挑高户型，也是为了将一层变为二层，获取更多的空间。比较常见的功能分区是将楼下设计为客厅、餐厅、卫生间、厨房等公共空间，把卧室、书房、起居室等设置在二楼，这样可以保证主人空间的私密性，也便于日常使用。

❑ 适合简约风格

太过繁复的风格会与整体的户型不搭调，跃层的装修比较注重功能，要追求创意的理性和灵便，讲求简洁明朗的色彩和流畅的线条。而现代简约主义风格则能以减法的形式将设计元素、色彩、材料等简化到最低的限度，如图 11-1 所示。

❑ 隔层和楼梯

隔层有三种结构，木结构常用在局部改造的小空间，比较容易受潮、腐烂，不利于防火、防虫，隔音效果差，难以和混凝土墙体牢固连接。但木结构的自重轻，对建筑主体不会造成负担，而且能形成特殊的装修风格与品位。

钢筋混凝土现浇也是常用的方法，它的震动小、隔音好、对下层空间干扰小，但自重大，而且施工工期相对较长，工序多质量不好控制，危险性不可预计，而且抗震性也较差，费用不低。而钢结构强度高、重量轻、抗震性能好，而且施工进度快。

楼梯是跃层设计的点睛之笔。应尽量选择钢木结构的楼梯，不论是旋转式还是带小弧度式、L 形的楼梯，最好采用镂空的形式，以增加空间的通透感，如图 11-2 所示。

图 11-1 跃层示例

图 11-2 楼梯示例

11.2 调用样板新建文件

本书第 3 章创建了室内装潢施工图样板，该样板已经设置了相应的图形单位、样式、图层和图块等，原始户型图可以直接在此样板的基础上进行绘制。

01 执行【文件】|【新建】命令，打开“选择样板”对话框。

02 单击使用样板按钮 ，选择“室内装潢施工图”样板，如图 11-3 所示。

图 11-3 “选择样板”对话框

03 单击【打开】按钮，以样板创建图形，新图形中包含了样板中创建的图层、样式和图块等内容。

04 选择【文件】|【保存】命令，打开“图形另存为”对话框，在“文件名”框中输入文件名，单击【保存】按钮保存图形。

11.3 绘制跃层原始户型图

跃层原始户型图如图 11-4 和图 11-5 所示，它由墙体、门窗、柱子和楼梯等构建组成，本节以跃层二层原始户型图为例简单介绍其绘制方法。

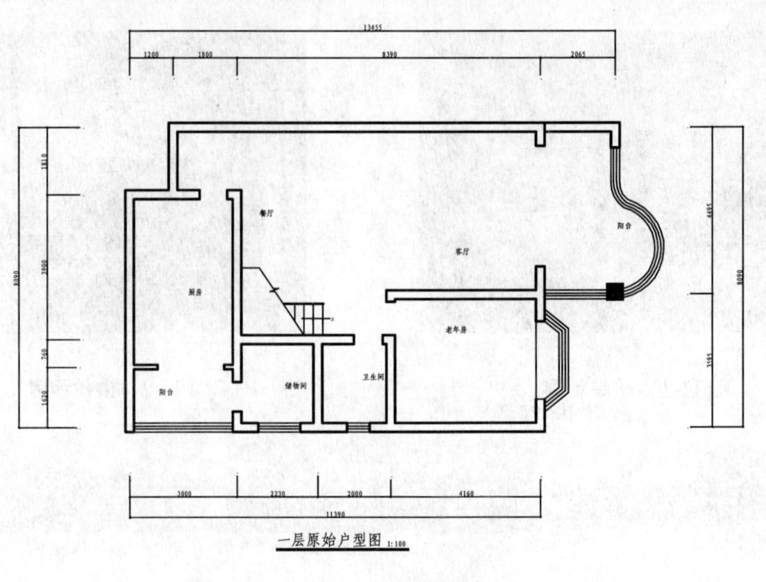

图 11-4　一层原始户型图

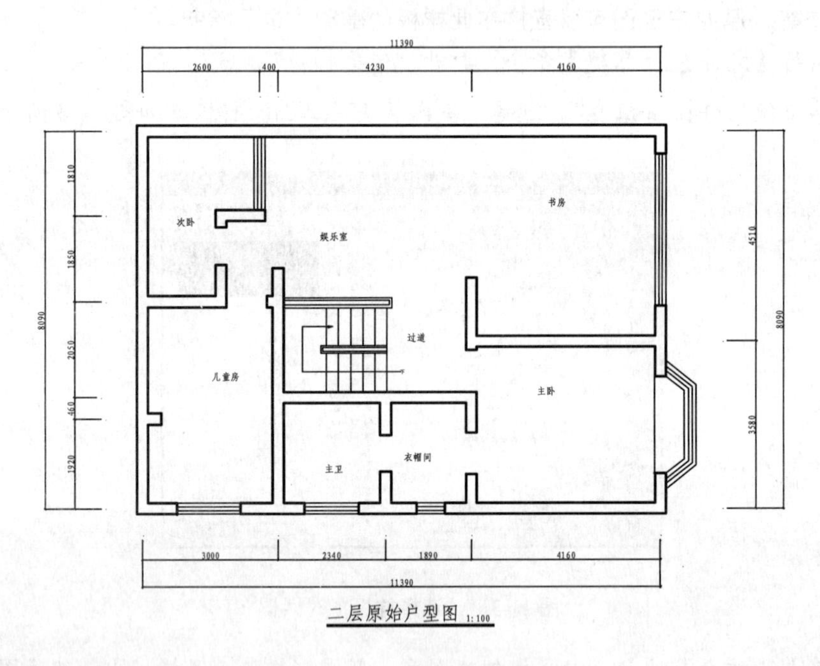

图 11-5　二层原始户型图

11.3.1　绘制轴线

轴线是墙体绘制的基础，通常在绘制轴线之前，要认真分析轴网的特征及规律。本例跃层二层轴网如图 11-6 所示，对于正交轴线部分，可使用 OFFSET/O 命令偏移线段的方法完成。

尺寸标注应包括局部和总体两部分，即各开间、进深之间的尺寸和总尺寸。正交部分的轴线尺寸使用 DIMLINEAR/DLI 命令标注，尺寸标注的比例选用 1∶100。

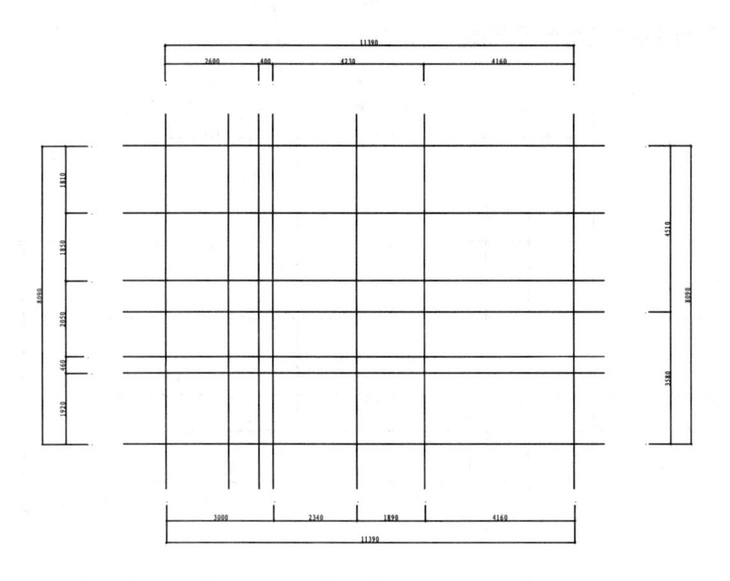

图 11-6 绘制轴线

11.3.2 绘制墙体

在绘制墙体之前需要确定墙体厚度，如外墙、内墙。墙体的绘制使用 MLINE/ML 命令，也可通过偏移轴线绘制墙体，完成后的效果如图 11-7 所示。

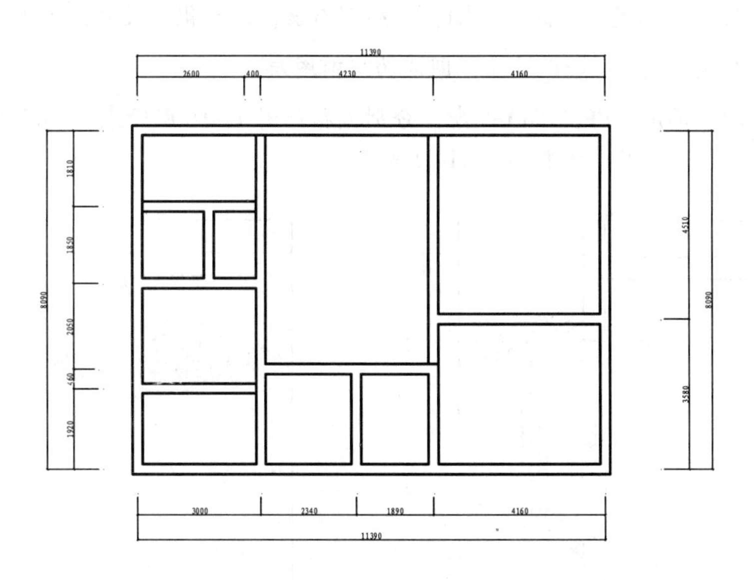

图 11-7 绘制墙体

11.3.3 开门窗洞及绘制窗

在绘制门窗洞时，需要弄清楚门窗的宽度和安装位置，门窗则根据门窗洞进行定位、确定大小，其中门开需要确定它的类型（如平开门、推拉门）和开启方向。

门窗都是常用且变化不大的图形对象，因此尽量采用插入图块的方法，提高绘图效率，如图 11-8 所示为绘制完成后的平面图。

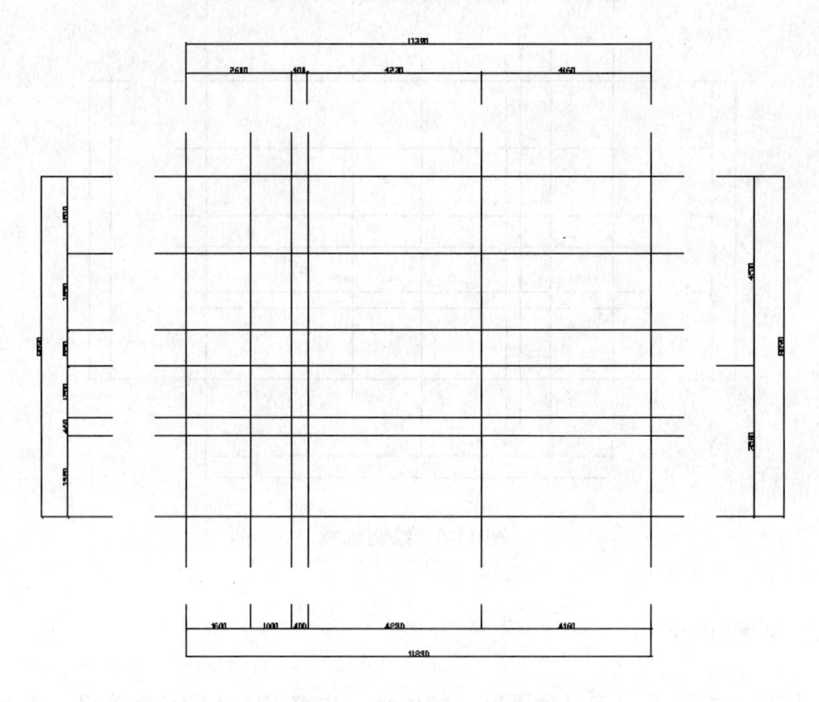

图 11-8　开门窗洞及绘制窗

下面以二层飘窗为例，讲解特殊飘窗的绘制方法，二层飘窗尺寸如图 11-9 所示。

01 绘制窗洞。设置“QT_墙体”图层为当前图层。

02 开窗洞。调用 OFFSET/O 命令，分别偏移如图 11-10 所示表示的墙体线，偏移距离分别为 640 和 630，偏移结果如图 11-11 所示。

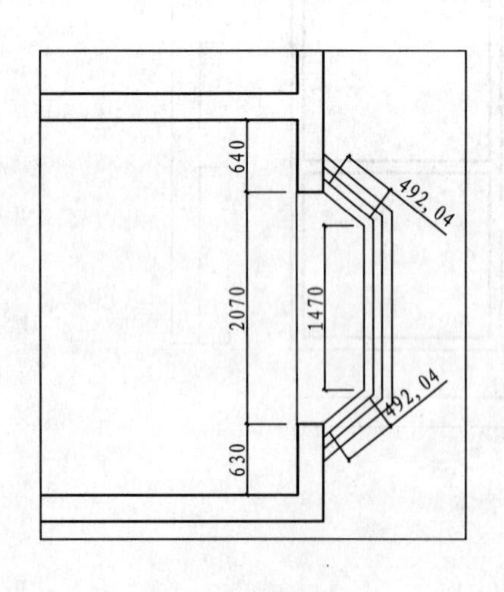

图 11-9　飘窗尺寸

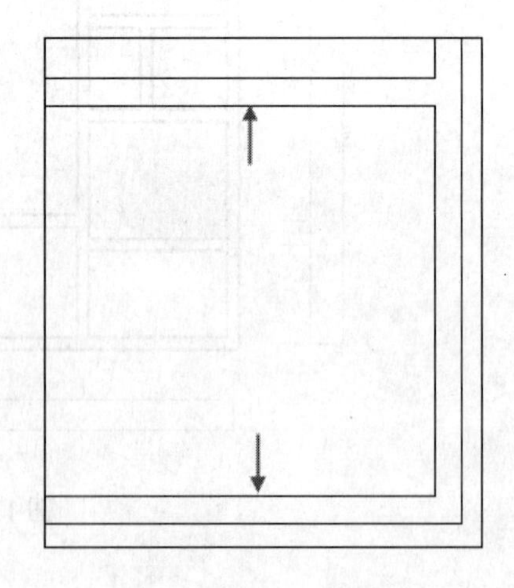

图 11-10　选择偏移线

03 使用夹点功能，分别延长偏移线段至另一侧强墙体线，如图 11-12 所示。然后调用 TRIM/TR 命令，修剪出如图 11-13 所示窗洞效果。

图 11-11　偏移墙体线

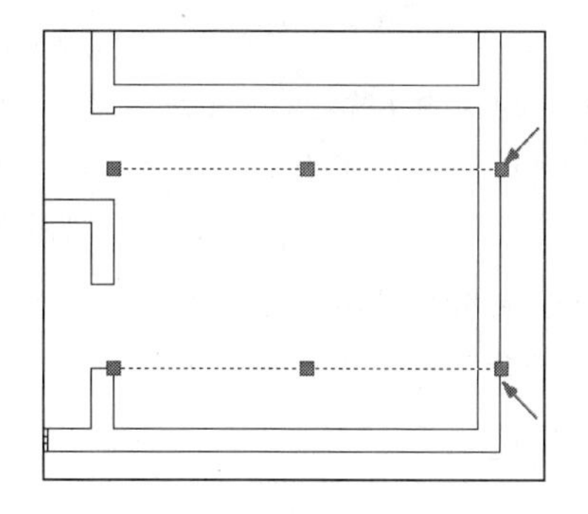

图 11-12　延长偏移线段

04 绘制窗图形。设置“C_窗”图层为当前图层。调用 LINE/L 命令，绘制如图 11-14 所示线段。

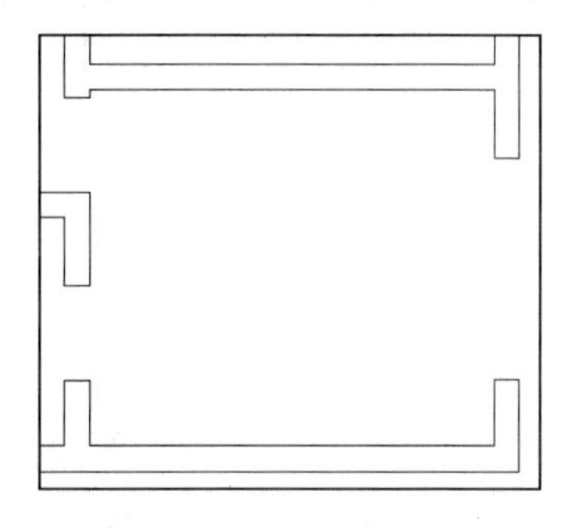

图 11-13　修剪墙体线

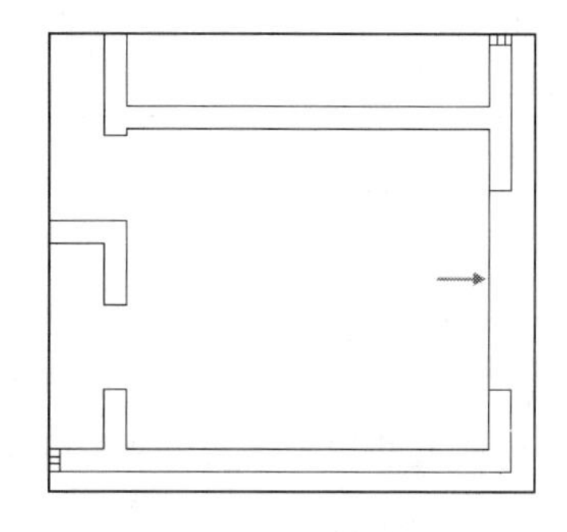

图 11-14　绘制线段

05 调用 PLINE/PL 命令，命令选项如下：

```
命令: PLINE↙                //调用【多线段】命令
指定起点:                   //捕捉如图 11-15 箭头所示墙体的端点，确定多段线地点
当前线宽为 0.0000
指定下一个点或 [圆弧(A)/半宽(H)/长度(L)/放弃(U)/宽度(W)]: <-38↙
角度替代: 322               //输入“<-38”并按回车键（或空格键），限制角度，如图 11-16 所示
```

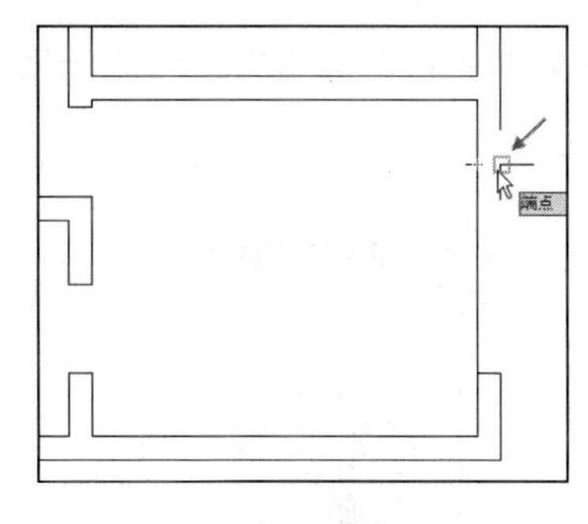

图 11-15　捕捉端点

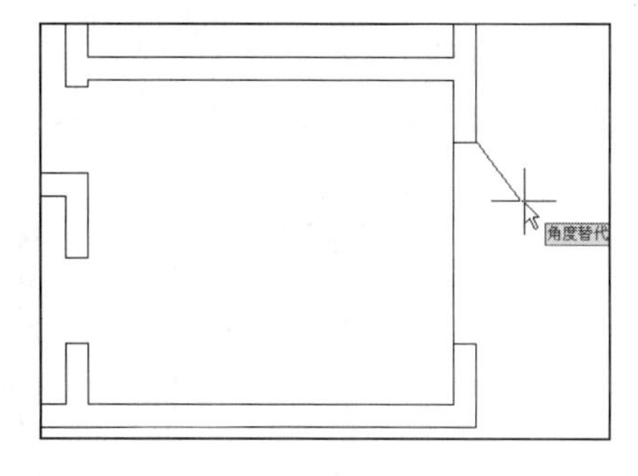

图 11-16　角度限制

```
指定下一个点或 [圆弧(A)/半宽(H)/长度(L)/放弃(U)/宽度(W)]: 492.04↙
                                   //输入 492.04，并按回车键（或空格键），确定多段线第二点
指定下一点或 [圆弧(A)/闭合(C)/半宽(H)/长度(L)/放弃(U)/宽度(W)]:  1470↙
```

　　　　　　　　　　　　　　//垂直向下移动光标定位到 90° 极轴追踪线上，输入 1470 并按回车键（或空格键）确定多段线第三点

指定下一点或 [圆弧(A)/闭合(C)/半宽(H)/长度(L)/放弃(U)/宽度(W)]：

　　　　　　　　　　　　　　//捕捉如图 11-17 箭头所示墙体的端点，确定多段线最后一点

06 调用 OFFSET/O 命令，将绘制的多段线向外偏移 3 次 80，并使用夹点功能调整线段，得到飘窗，如图 11-18 所示。

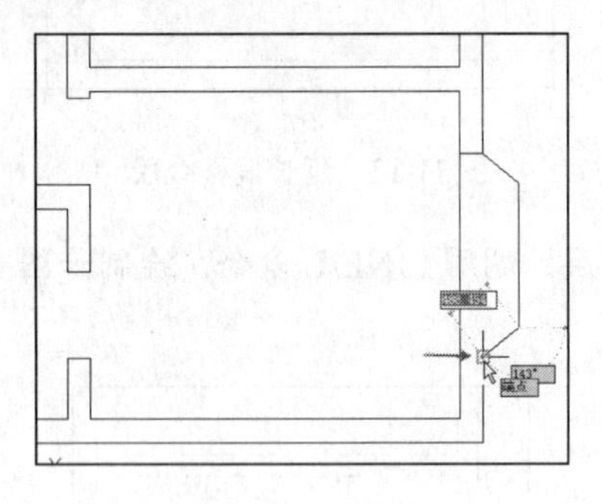

图 11-17　捕捉端点

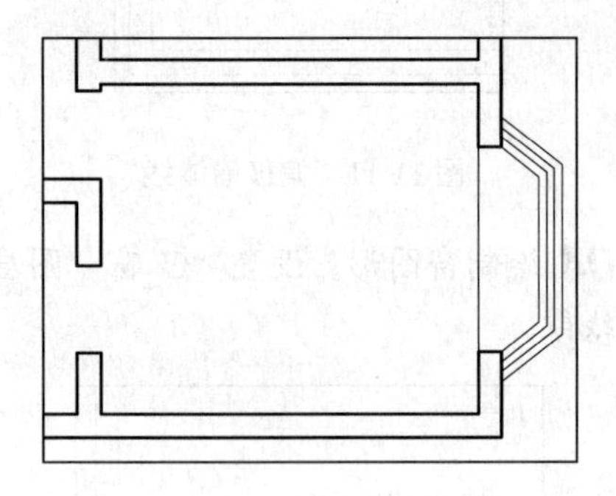

图 11-18　偏移多段线

11.3.4　绘制楼梯

楼梯是多层房屋上下交通的主要设施，两层及两层以上的住宅，必须设置楼梯。楼梯是由楼梯段（简称梯段，包括踏步或斜梁）、平台（包括平台板和梁）和栏板（或栏杆）等组成。

常见的楼梯有以下几种类型：

螺旋形：180º 的螺旋形楼梯是一种能真正节省空间的楼梯建造方式，目前大多数建筑设计都采用这类楼梯。该款式的特点为，造型可以根据旋转角度的不同而变化。

折线形：一般楼梯中会出现一个 90º 左右的弯折点，弯折点大多数出现在楼梯进口处，也有部分在楼梯出口处。

弧线形：以一个曲线来实现上下楼的连接，美观大方，行走起来没有直梯拐角那种生硬的感觉。

楼梯平面图是各层楼梯的水平剖面图，根据楼梯所在的楼层通常有三种表示形式，分别是首层楼梯、中间层楼梯和顶层楼梯，如图 11-19 所示。

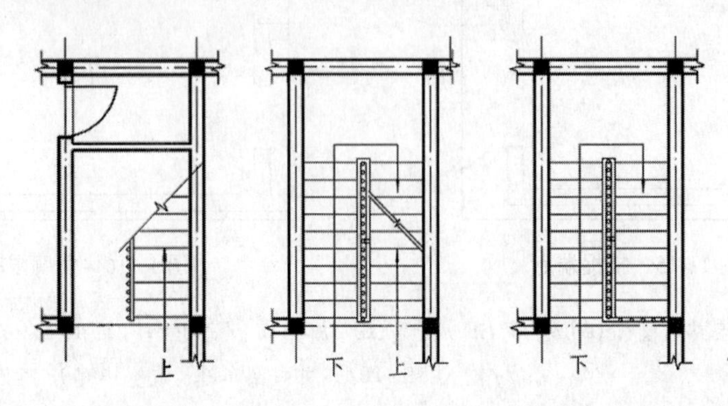

图 11-19　楼梯表示形式

01 设置“LT_楼梯”图层为当前图层。

02 调用 ZOOM/Z 命令，局部放大二层楼梯区域，以方便操作。

03 调用 PLINE/PL 命令，绘制扶手轮廓，如图 11-20 所示。

04 调用 OFFSET/O 命令，将多段线分别向内偏移 10、40 和 10，如图 11-21 所示。

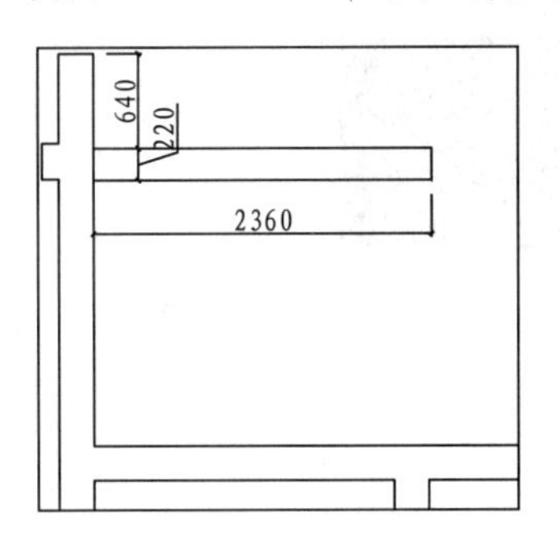

图 11-20　绘制多段线

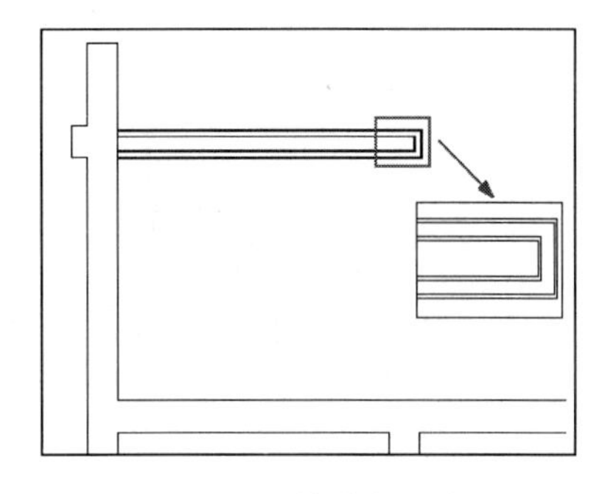

图 11-21　偏移多段线

05 调用 LINE/L 命令，绘制楼板边界线，如图 11-22 所示。

06 调用 OFFSET/O 命令，向左偏移刚才绘制的线段，偏移距离为 260（每一踏面宽为 260mm），偏移次数为 5 次，得到踏步平面图形，如图 11-23 所示。

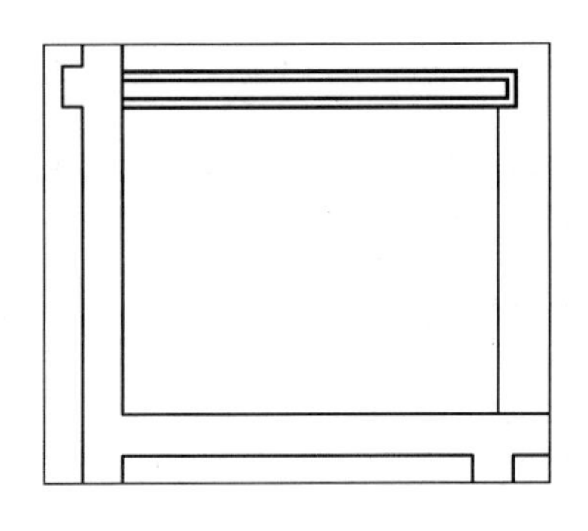

图 11-22　绘制线段

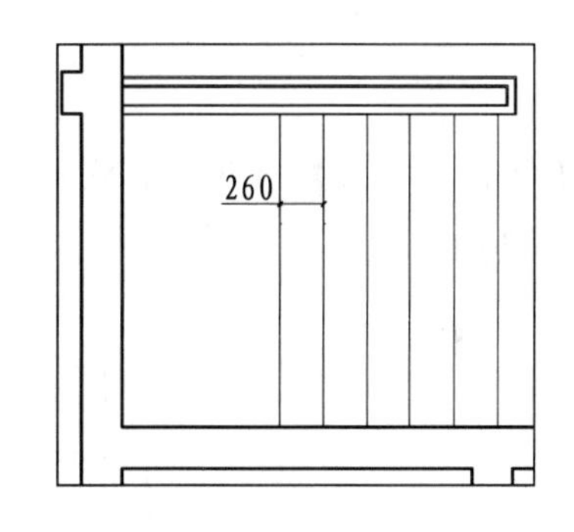

图 11-23　绘制踏步

07 调用 PLINE/PL 命令和 OFFSET/O 命令，在踏步的中心线上绘制扶手，如图 11-24 所示。

08 调用 TRIM/TR 命令，修剪多段线内的踏步线，得到效果如图 11-25 所示。

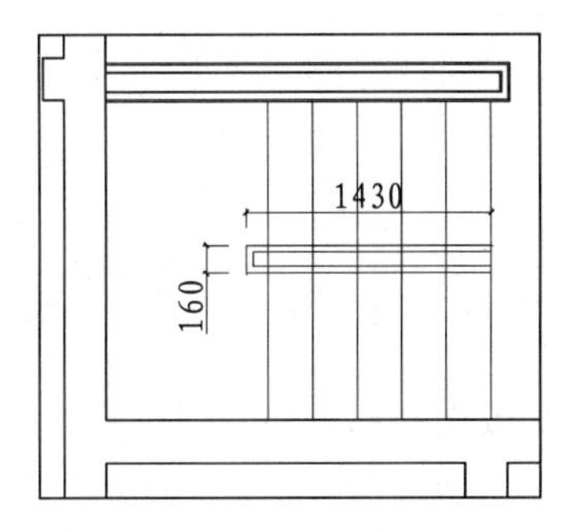

图 11-24　绘制扶手

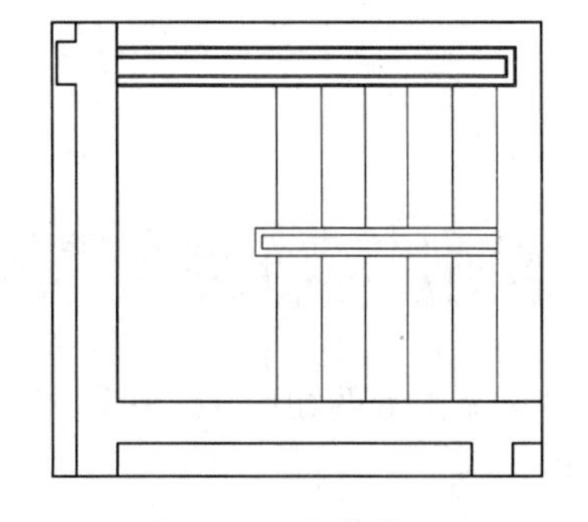

图 11-25　修剪线段

09 绘制箭头注释。由于此处箭头注释引线有 4 个折点，因此需要创建一个新的多重引线样式。调用 MLEADERSTYLE 命令，创建“箭头 2”多重引线样式，设置“最大引线点数”为 4，如图 11-26 所示。

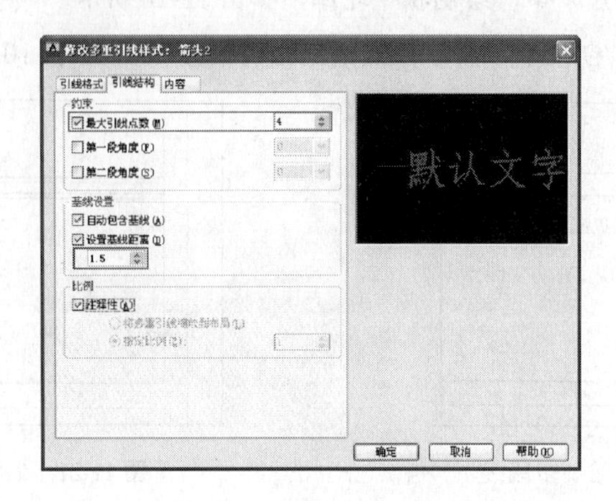

图 11-26　创建多重引线样式

10 在“样式”工具栏中设置多重引线样式为“箭头 2”，如图 11-27 所示。

图 11-27　设置引线样式

11 执行【标注】|【多重引线】命令，绘制楼梯平面箭头注释，如图 11-28 所示，楼梯绘制完成。

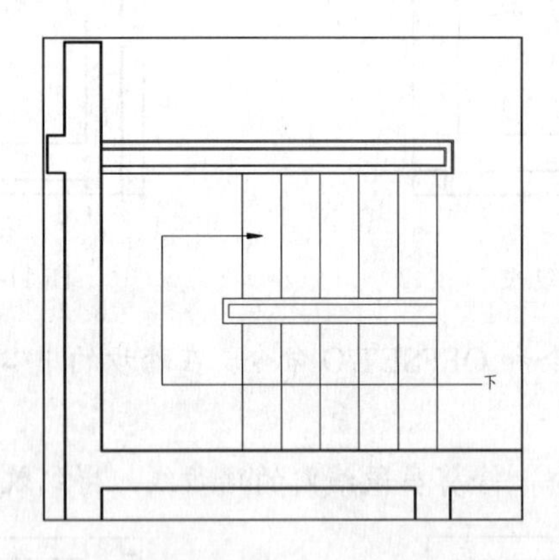

图 11-28　箭头注释

11.4 绘制跃层平面布置图

跃层平面布置图如图 11-29 和图 11-30 所示，本节以客厅和主卧为例讲解跃层平面布置的方法。

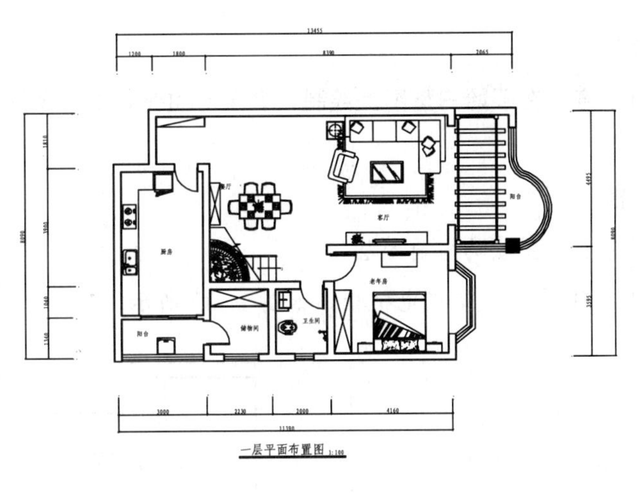

图 11-29　一层平面布置图

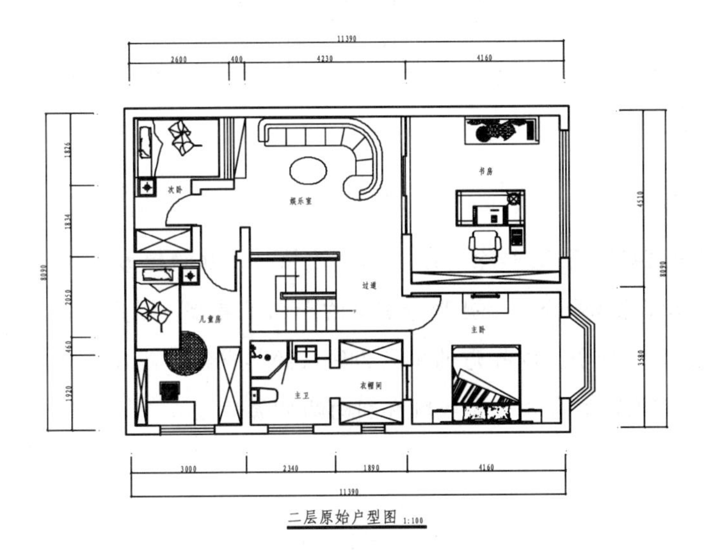

图 11-30　二层原始户型图

11.4.1　绘制客厅和阳台平面布置图

客厅和阳台平面布置图如图 11-31 所示，阳台布置了一个花架，下面讲解绘制方法。

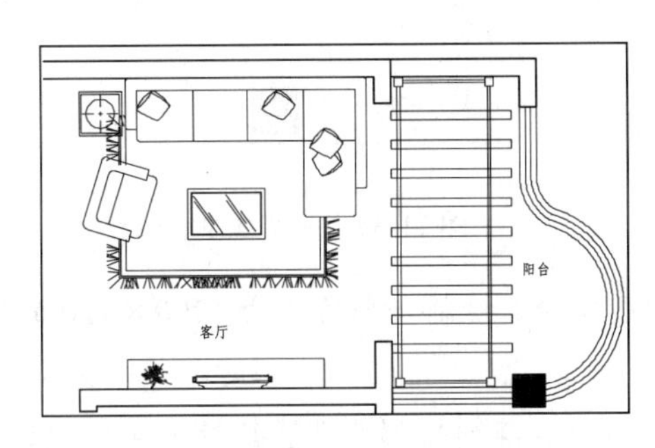

图 11-31　客厅和阳台平面布置图

1. 复制图形

平面布置图可以直接在原始户型图上绘制，调用 COPY/CO 命令复制跃层的原始户型图。

2. 绘制电视柜

01 设置“JJ_家具”图层为当前图层。

02 调用 PLINE/PL 命令，绘制电视柜，如图 11-32 所示。

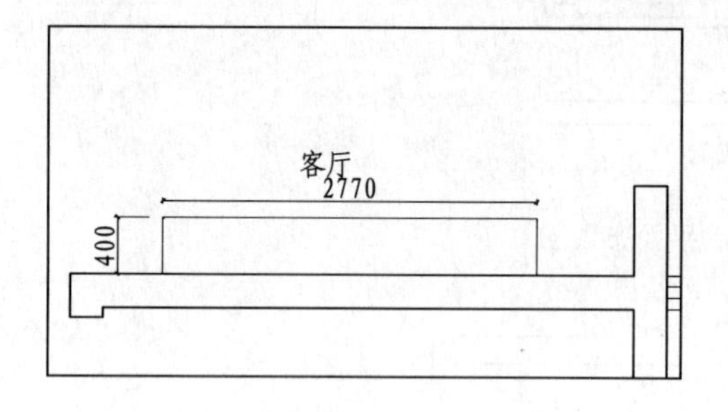

图 11-32　绘制电视柜

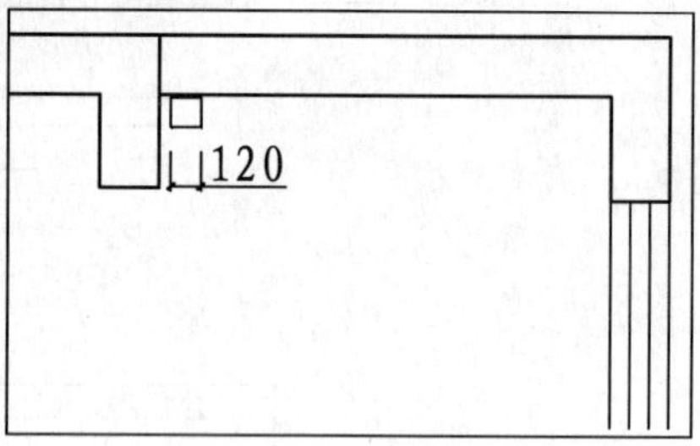

图 11-33　绘制矩形

3. 绘制花架

01 调用 RECTANG/REC 命令，绘制一个边长为 120 的矩形，如图 11-33 所示。

02 调用 COPY/CO 命令，将矩形分别向右和向下复制，效果如图 11-34 所示。

03 调用 LINE/L 命令，以矩形的中点为线段的起点绘制线段，如图 11-35 所示。

04 调用 OFFSET/O 命令，将线段分别向两侧偏移 20，然后删除中间的线段，如图 11-36 所示。

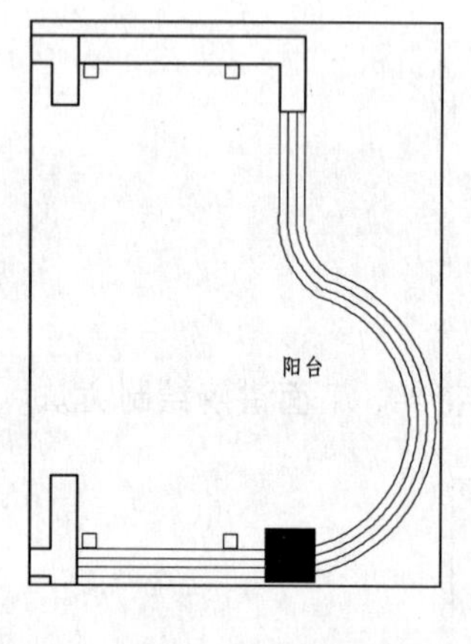

图 11-34　复制矩形

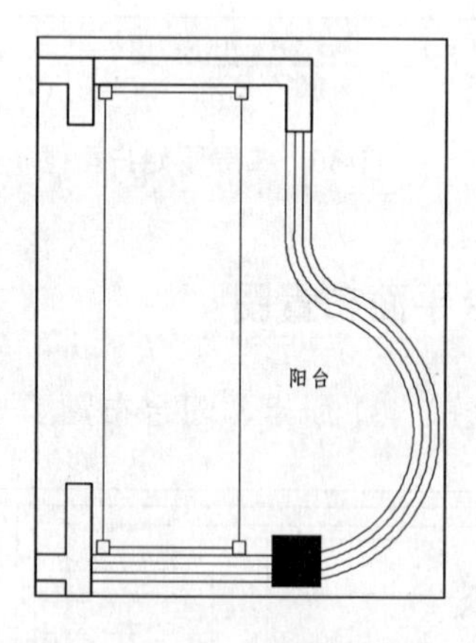

图 11-35　绘制线段

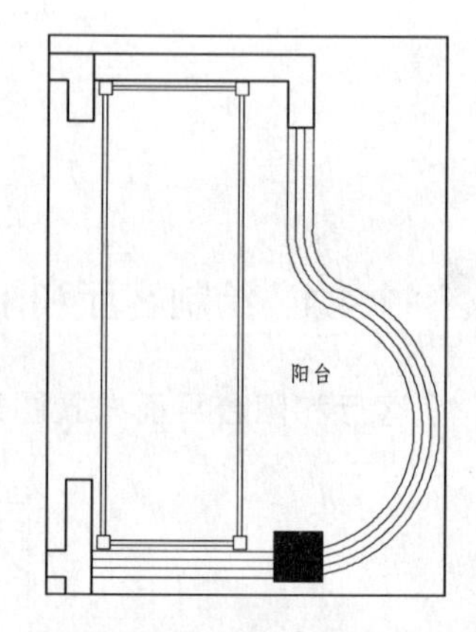

图 11-36　偏移线段

05 用 RECTANG/REC 命令，绘制一个尺寸为 1700×120 的矩形，然后移动到相应的位置，如图 11-37 所示。

06 调用 ARRAY/AR 命令，阵列矩形，设置行数为 4，列数为 1，行偏移距离为-670，阵列结果如图 11-38 所示。

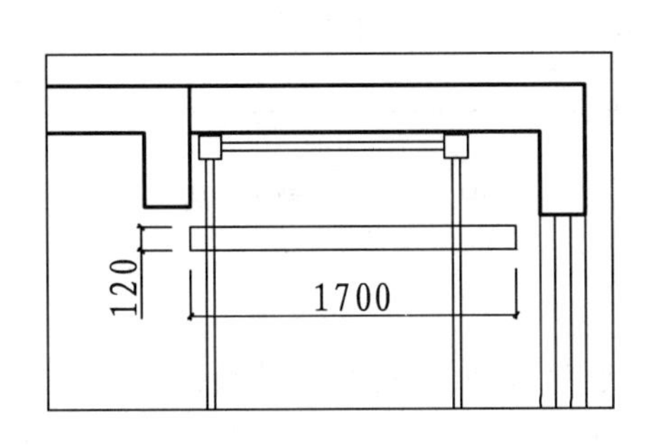

图 11-37 绘制矩形

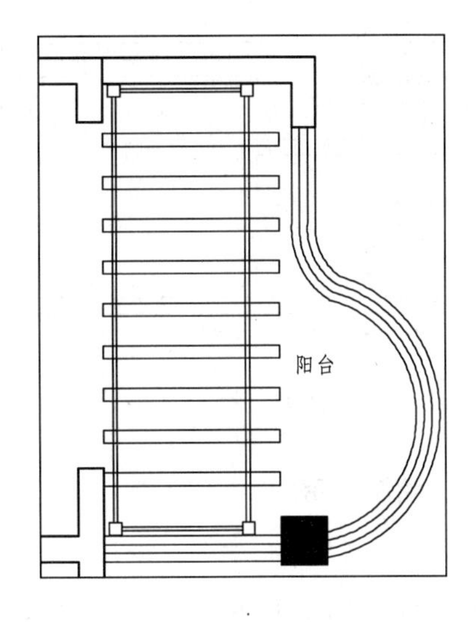

图 11-38 阵列结果

4. 插入图块

按 Ctrl+O 快捷键，打开配套光盘提供的“第 11 章\家具图例.dwg”文件，选择其中的沙发群、电视和陈设品等图块，将其复制至客厅区域，如图 11-39 所示，客厅和阳台平面布置图绘制完成。

11.4.2 绘制主卧平面布置图

如图 11-40 所示是主卧的平面布置图，这是一间面积较大的卧室，为了充分利用空间，用珠帘与衣帽间进行分隔，主卫采用淋浴房形式，以满足业主全方位要求。下面讲解主卧平面布置图的绘制方法。

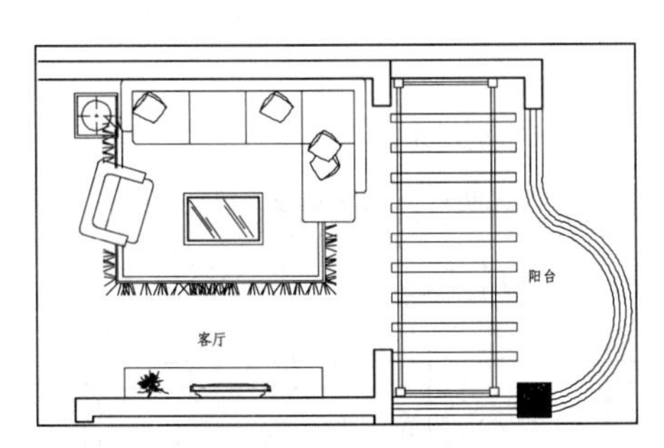

图 11-39 插入图块

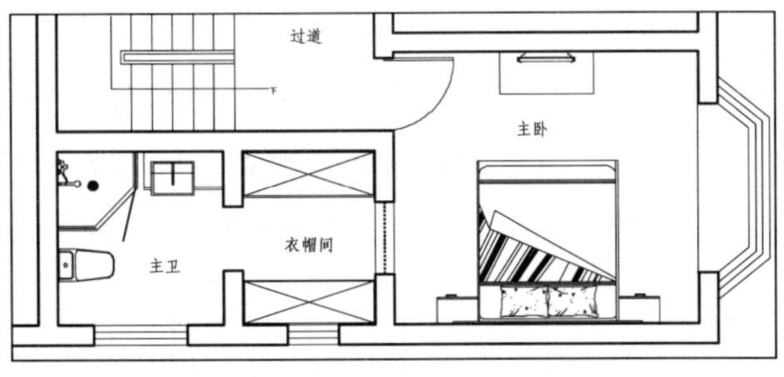

图 11-40 主卧平面布置图

1. 插入门图块

调用 INSERT/I 命令，插入门图块，如图 11-41 所示。

2. 绘制电视柜

调用 PLINE/PL 命令绘制电视柜，如图 11-42 所示。

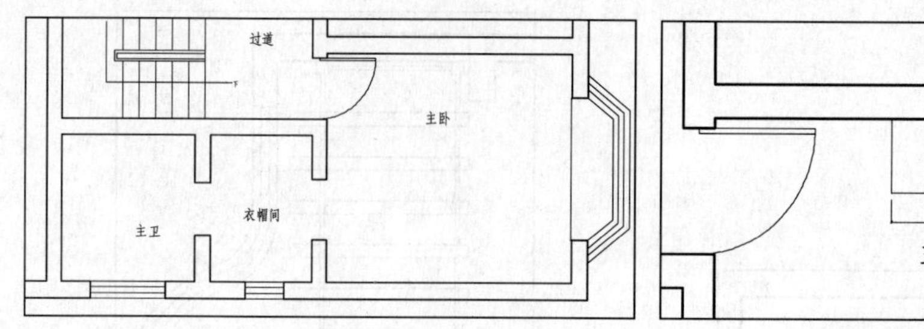

图 11-41　插入门图块

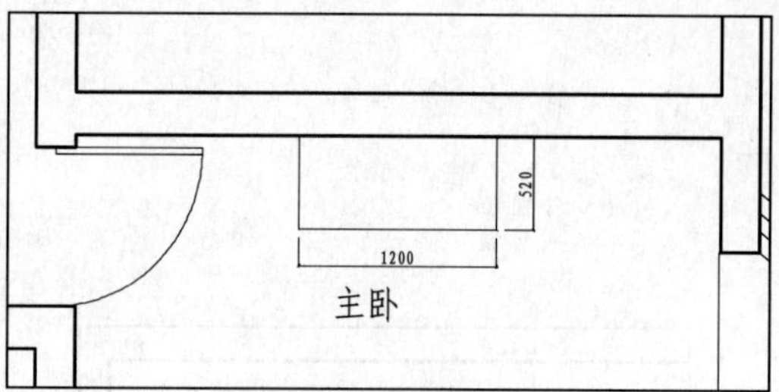

图 11-42　绘制电视柜

3. 绘制珠帘

01 调用 LINE/L 命令，以墙体的端点为起点绘制如图 11-43 所示线段。

02 调用 CIRCLE/C 命令，在线段内绘制一个半径为 12 的圆，如图 11-44 所示。

03 调用 ARRAY/AR 命令，对圆进行阵列，阵列结果如图 11-45 所示。

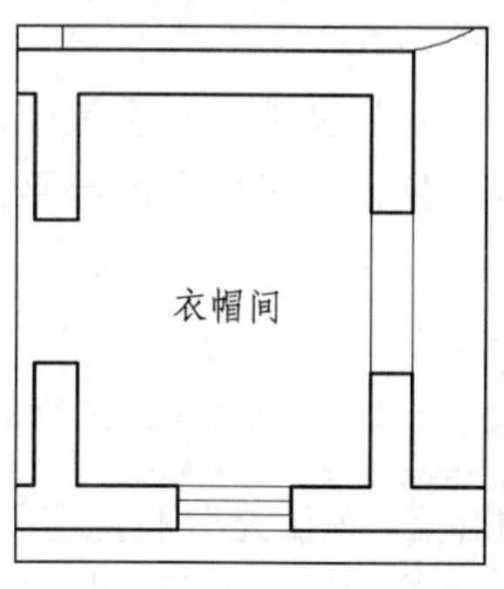

图 11-43　绘制线段

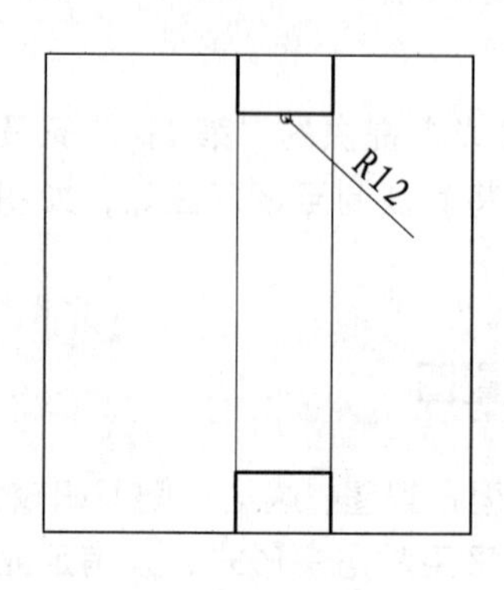

图 11-44　绘制圆

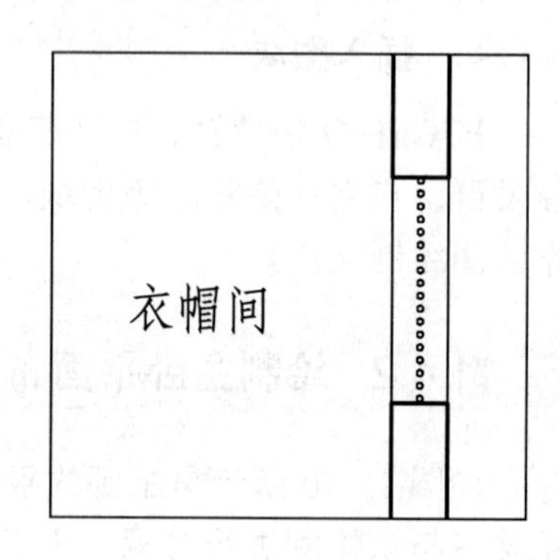

图 11-45　阵列圆

4. 绘制衣柜

01 调用 RECTANG/REC 命令，绘制衣柜轮廓，如图 11-46 所示。

02 调用 OFFSET/O 命令，将绘制的矩形向内偏移 20，如图 11-47 所示。

03 调用 LINE/L 命令，连接矩形的对角线，如图 11-48 所示。

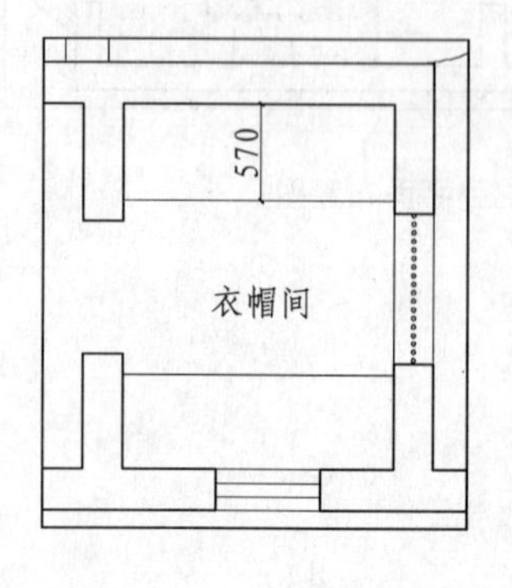

图 11-46　绘制矩形

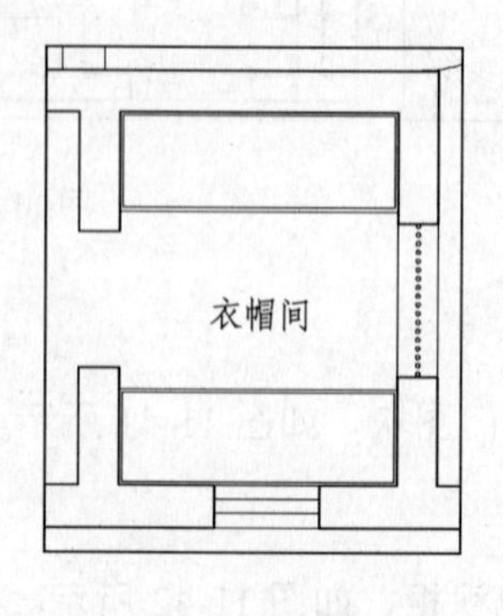

图 11-47　偏移矩形

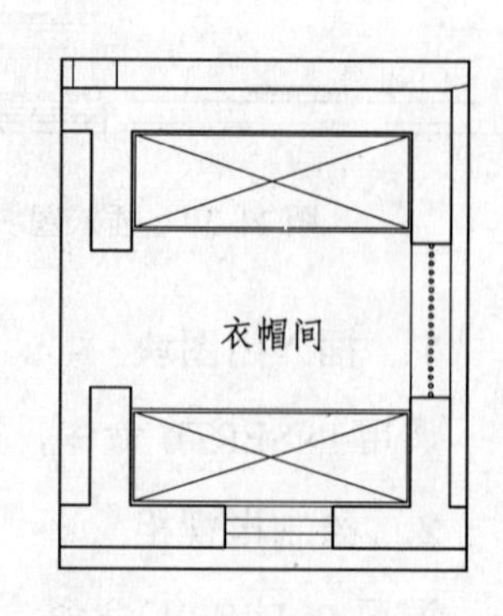

图 11-48　绘制对角线

5. 绘制洗面台

调用 PLINE/PL 命令，绘制洗面台，如图 11-49 所示。

6. 绘制淋浴房

01 调用 PLINE/PL 命令，绘制淋浴房轮廓，如图 11-50 所示。

02 调用 OFFSET/O 命令，将多段线向内偏移 50，如图 11-51 所示。

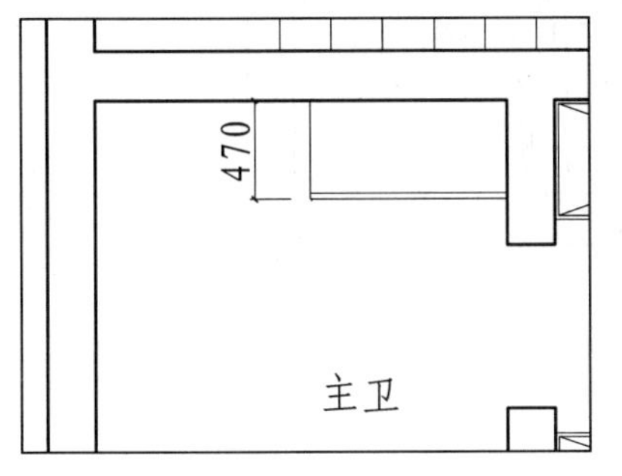

图 11-49 绘制洗面台

图 11-50 绘制淋浴房

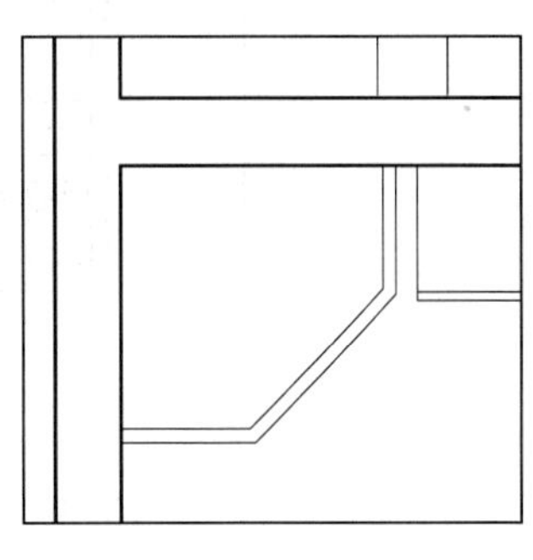

图 11-51 偏移多段线

03 调用 RECTANG/REC 命令和 ROTATE/RO 命令，绘制玻璃隔断，如图 11-52 所示。

7. 插入图块

按 Ctrl+O 快捷键，打开配套光盘提供的“第 11 章\家具图例.dwg”文件，选择其中的床、电视和马桶等图块，将其复制至主卧区域，并进行修剪，如图 11-53 所示，主卧平面布置图绘制完成。

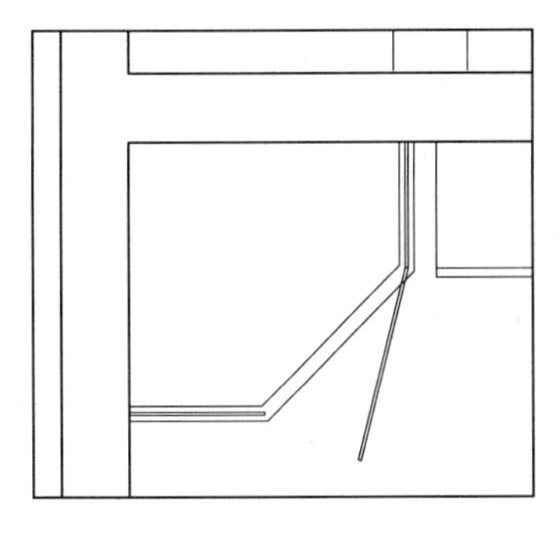

图 11-52 绘制玻璃隔断

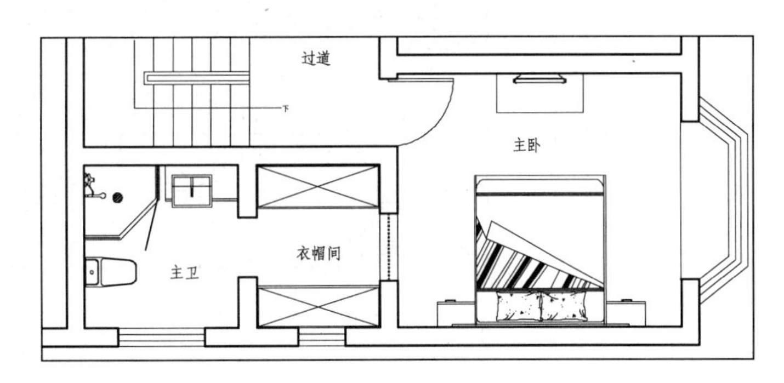

图 11-53 插入图块

11.5 绘制跃层地材图

跃层的地材图如图 11-54 和图 11-55 所示，使用了玻化砖、防滑砖、仿古砖和木地板，均可以调用 HATCH 命令，直接填充图案，这里就不再详细的讲解了，请读者参考前面讲解的方法自行完成。

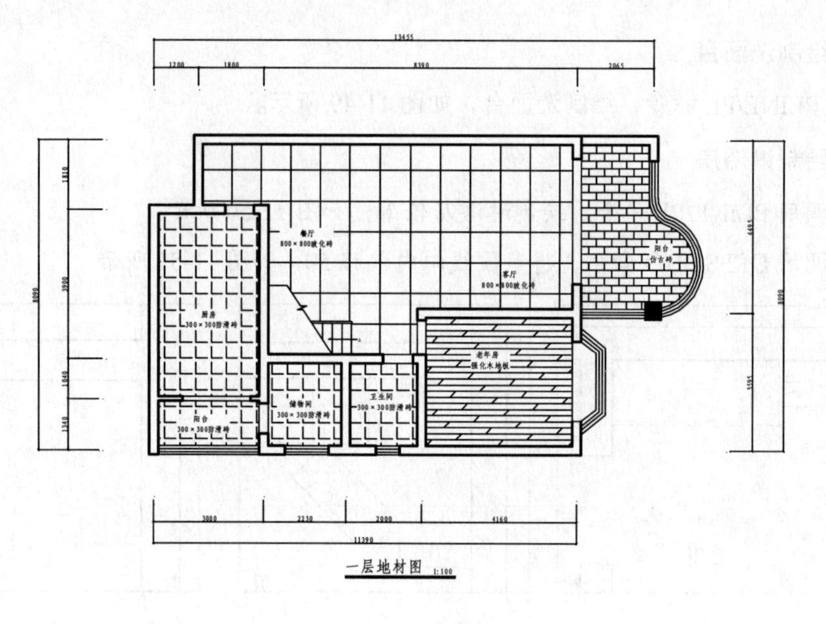

图 11-54　一层地材图

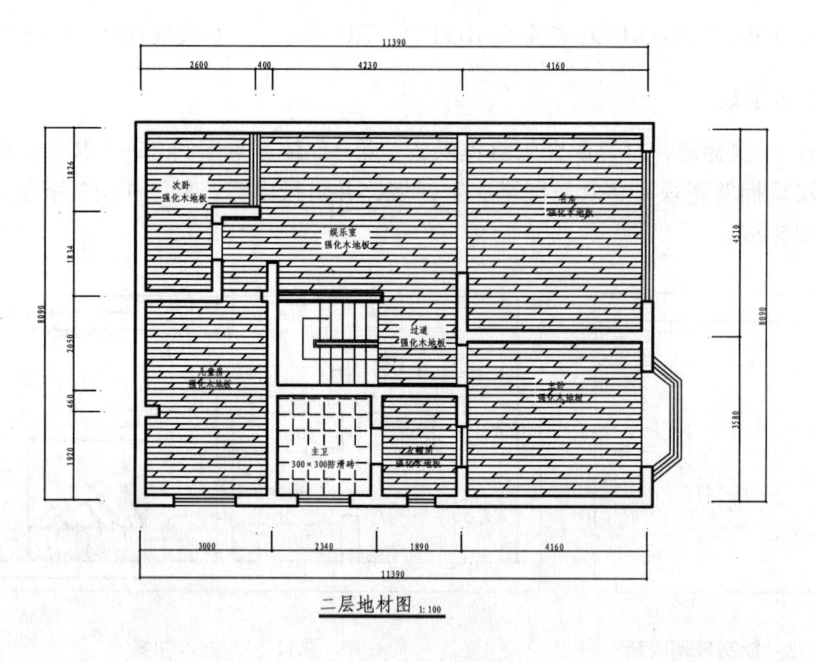

图 11-55　二层地材图

11.6 绘制跃层顶棚图

跃层顶棚图如图 11-56 和图 11-57 所示，通过本节的学习，将熟练掌握室内顶棚设计和施工图绘制方法。

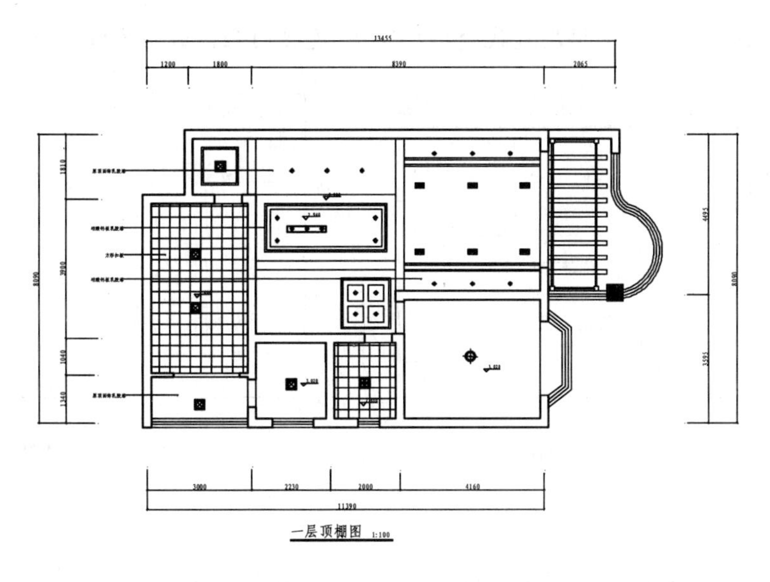

图 11-56 一层顶棚图

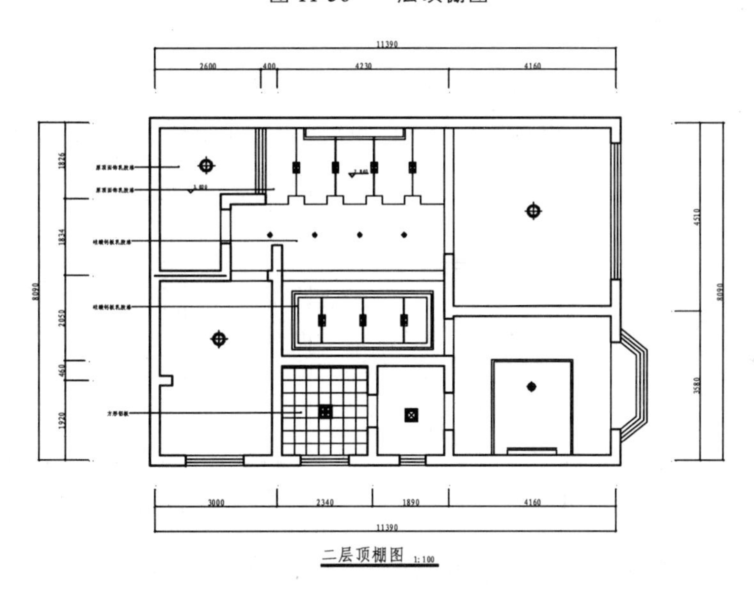

图 11-57 二层顶棚图

11.6.1 绘制餐厅和过道顶棚图

餐厅和过道顶棚图如图 11-58 所示，本例顶棚图在餐桌上方做造型，下面介绍具体绘制过程。

1. 复制图形

顶棚图可在平面布置图的基础上绘制。调用 COPY/CO 命令，将平面布置图复制到一旁，并删除里面的家具图形。

2. 绘制墙体线

01 设置“DM-地面”图层为当前图层。

02 删除入口的门，并调用直线命令 LINE/L 连接门洞，封闭区域，如图 11-59 所示。

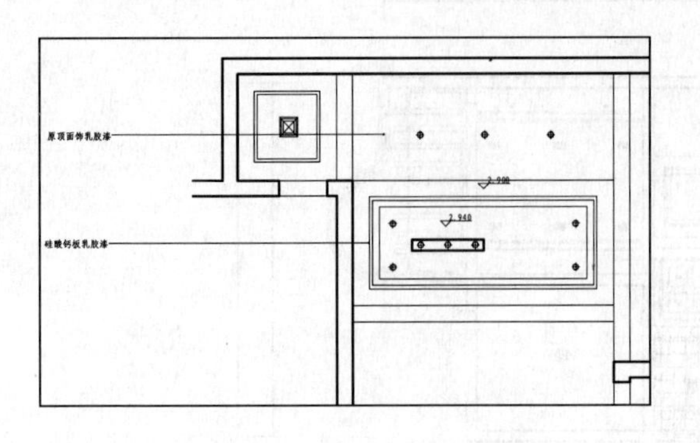

图 11-58　餐厅和过道顶棚图

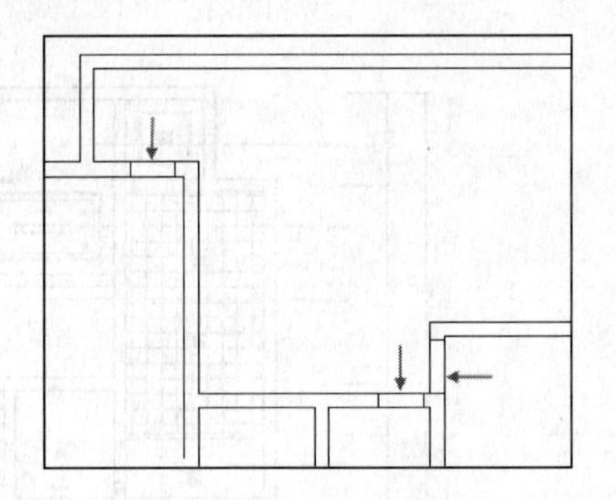
图 11-59　绘制墙体线

3. 绘制梁

调用 LINE/L 命令和 OFFSET/O 命令，绘制梁，如图 11-60 所示。

4. 绘制吊顶造型轮廓

01 设置"DD_吊顶"图层为当前图层。

02 调用 LINE/L 命令，绘制如图 11-61 所示线段，表示线段两侧高度不同。

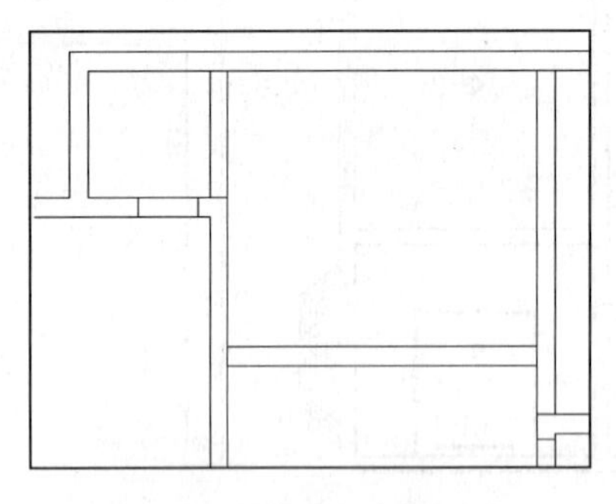
图 11-60　绘制梁

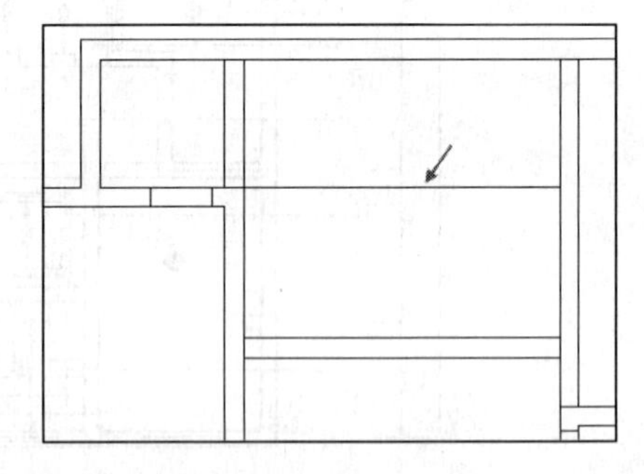
图 11-61　绘制线段

03 调用 RECTANG/REC 命令，绘制一个尺寸为 3490×1360 的矩形，并移动到相应的位置，如图 11-62 所示。

04 调用 OFFSET/O 命令，将矩形向内偏移 50 和 100，如图 11-63 所示。

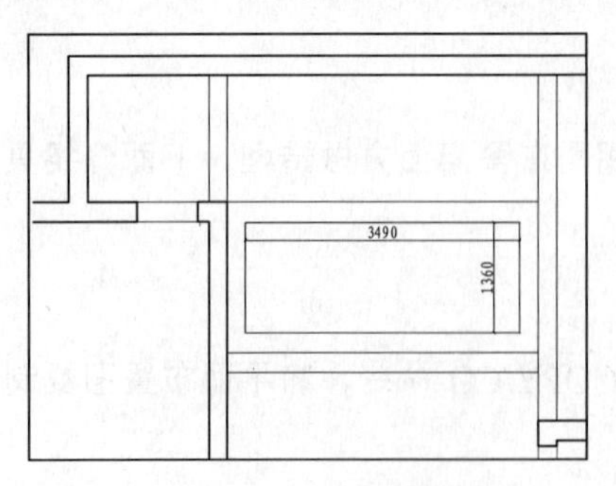

图 11-62　绘制矩形

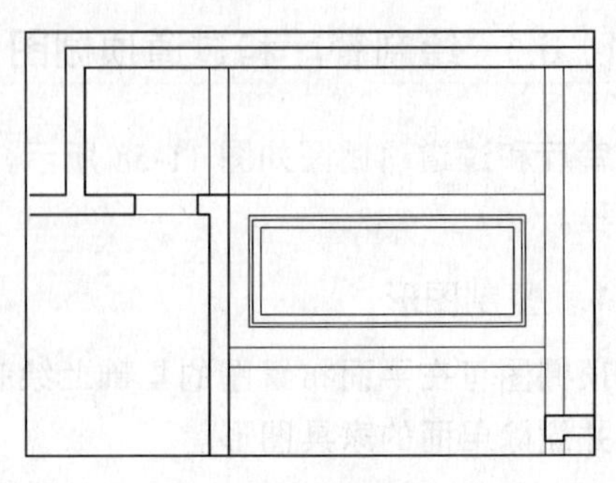
图 11-63　偏移矩形

05 使用同样的方法绘制过道的顶棚，如图 11-64 所示。

5. 布置灯具

打开配套光盘提供的“第 11 章\家具图例”文件，复制灯具图例图形到顶棚图中的相应位置，效果如图 11-65 所示。

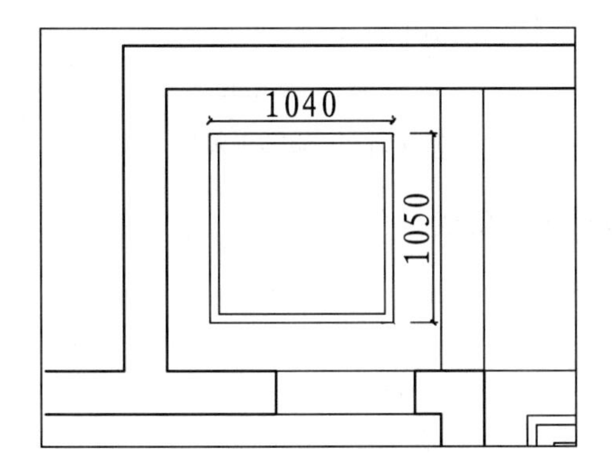

图 11-64　绘制过道顶棚

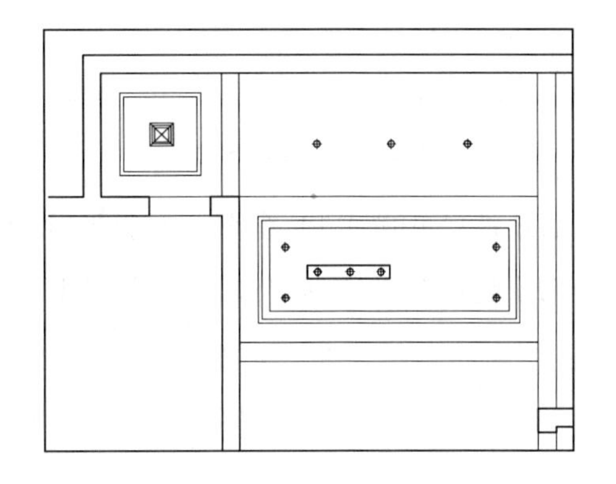

图 11-65　插入灯具

6. 标注标高和文字说明

01 调用 INSERT/I 命令插入“标高”图块创建标高，如图 11-66 所示。

02 调用 MLEADER/MLD 命令标注顶面材料说明，完成后的效果如图 11-58 所示。

11.6.2 绘制娱乐室顶棚图

娱乐室顶棚图如图 11-67 所示，下面讲解绘制方法。

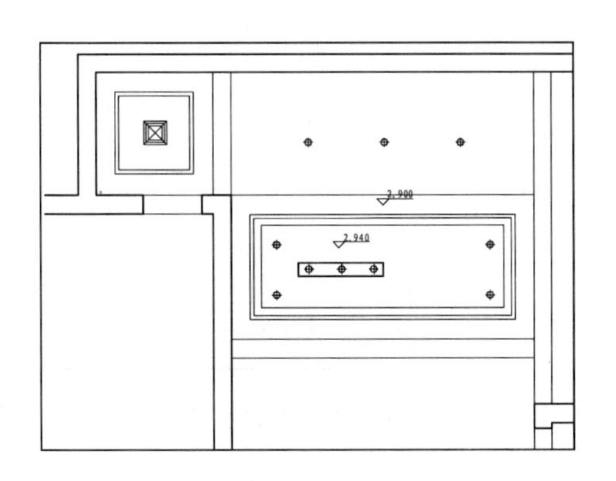

图 11-66　插入标高

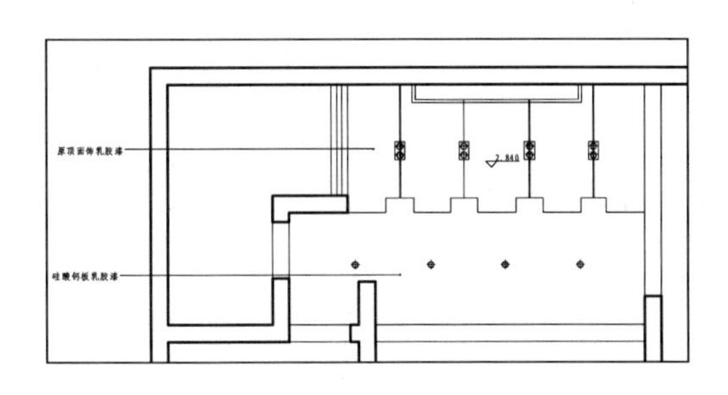

图 11-67　娱乐室顶棚图

1. 绘制顶棚造型

01 设置“DD_吊顶”图层为当前图层。

02 调用 PLINE/PL 命令，绘制如图 11-68 所示多段线。

03 调用 OFFSET/O 命令，将绘制的多段线向外偏移 50，效果如图 11-69 所示。

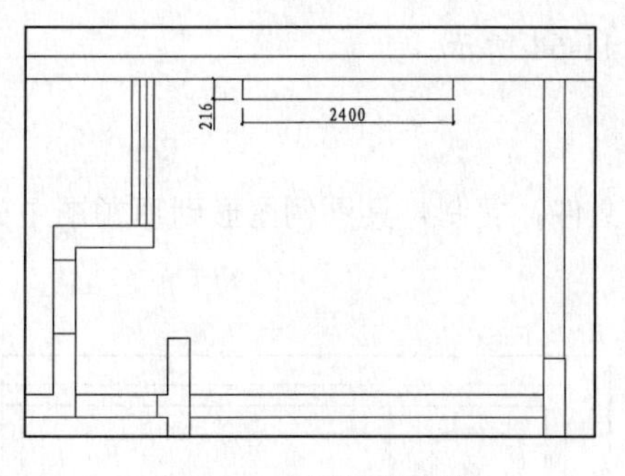

图 11-68　绘制多段线

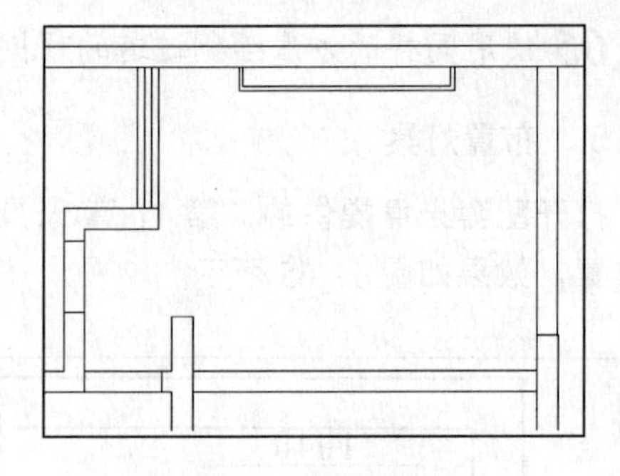

图 11-69　偏移多段线

04 调用 PLINE/PL 命令，绘制如图 11-70 所示多段线。

05 调用 LINE/L 命令，绘制如图 11-71 所示线段。

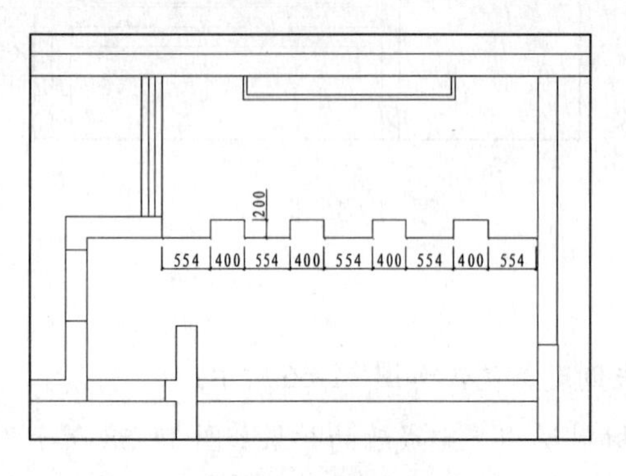

图 11-70　绘制多段线

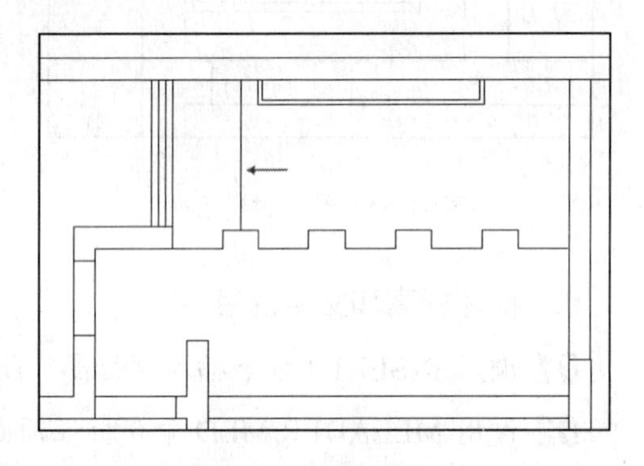

图 11-71　绘制线段

06 调用 OFFSET/O 命令，将线段依次向右偏移效果如图 11-72 所示。

07 调用 TRIM/TR 命令，对线段进行修剪，效果如图 11-73 所示。

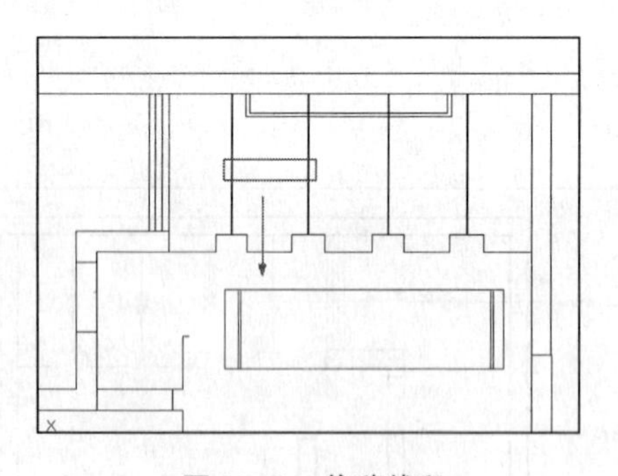

图 11-72　偏移线段

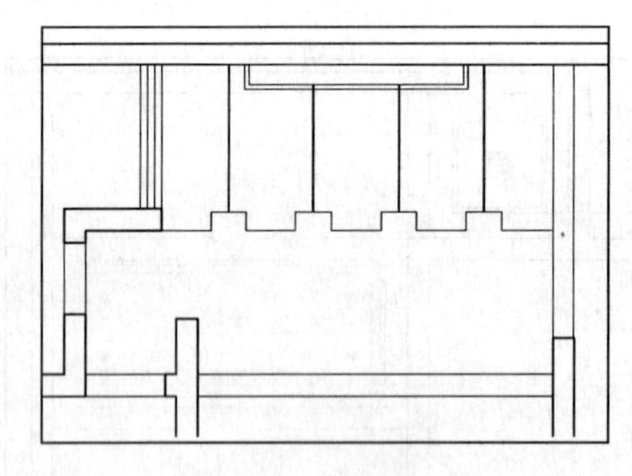

图 11-73　修剪图形

2. 绘制灯具

从图库中调用灯具到顶棚图内，效果如图 11-74 所示。

3. 标注标高、文字说明

01 调用 INSERT/I 命令，插入标高图块，效果如图 11-75 所示。

02 调用 MLEADER/MLD 命令，对顶棚材料进行文字标注，结果如图 11-67 所示，娱乐室顶棚图绘制完成。

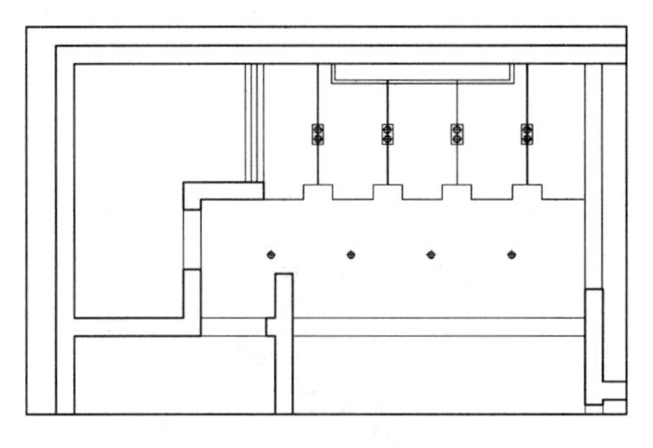

图 11-74 插入灯具

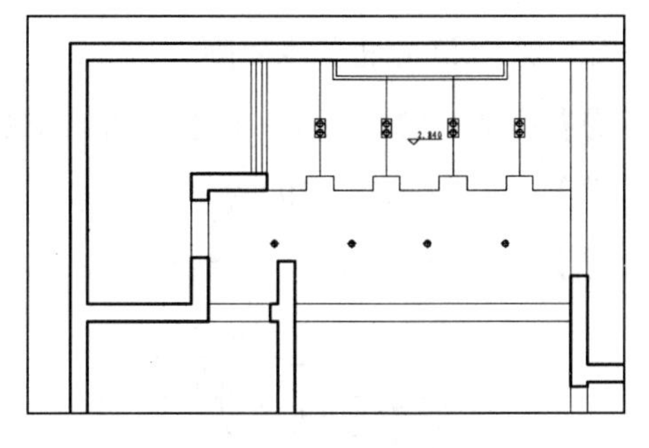

图 11-75 插入标高

11.7 绘制跃层立面图

本节精选客厅、书房、次卧、书房和娱乐室典型立面施工图，详细讲解跃层立面施工图的画法，并简单介绍相关结构和工艺。

11.7.1 绘制客厅和书房 D 立面图

客厅和书房 D 立面图，如图 11-76 所示，客厅 D 立面图是客厅装饰的重点，为电视背景墙所在的立面，书房 D 立面是书架所在的立面，由于跃层为二层，所以需要绘制楼梯，下面详细介绍绘制方法。

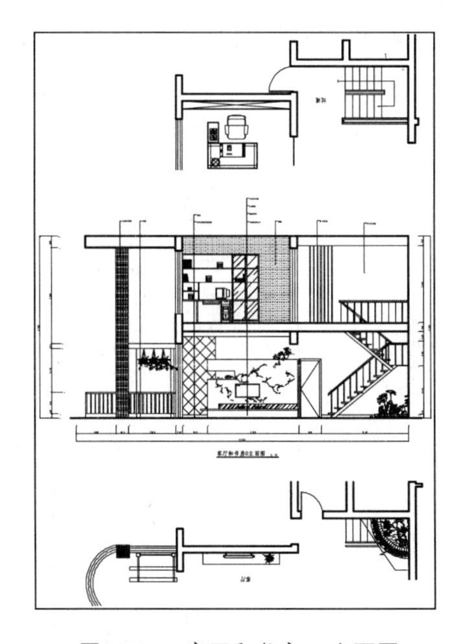

图 11-76 客厅和书房 D 立面图

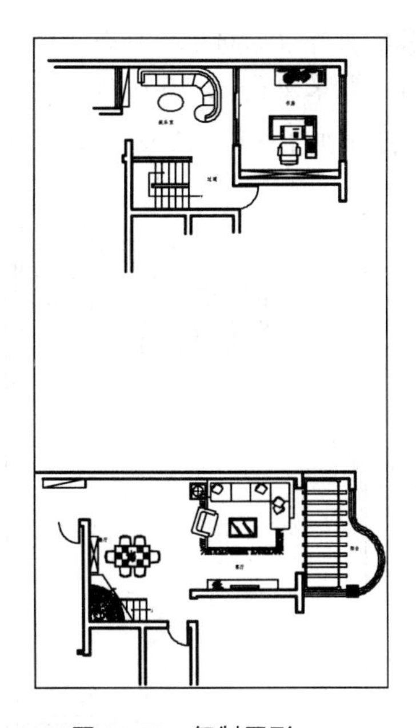

图 11-77 复制图形

1. 复制图形

调用 COPY/CO 命令，复制跃层平面布置图上客厅和书房的平面部分，并分开放置，将一层放置在下方，二层放置在上方，如图 11-77 所示。

2. 绘制 D 立面基本轮廓

01 设置“LM_立面”图层为当前图层。

02 调用 ROTATE/RO 命令，将客厅和书房平面图进行旋转，如图 11-78 所示。

03 调用 LINE/L 命令，绘制横切客厅和书房平面图的水平线，如图 11-79 所示。

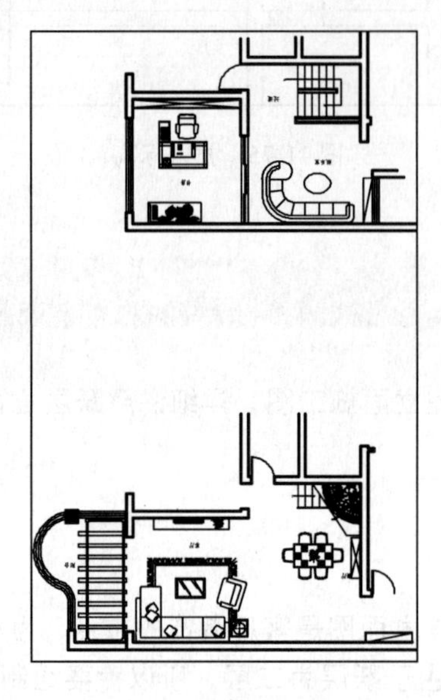

图 11-78　旋转图形

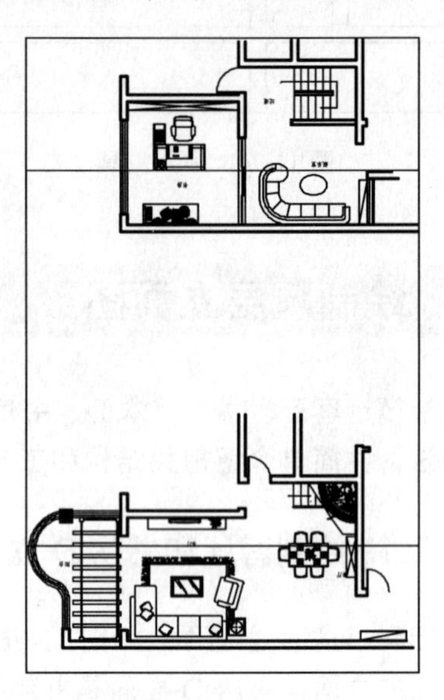

图 11-79　绘制水平线

04 调用 TRIM/TR 命令，修剪掉水平线以下的图形，并使用同样的方法修剪其他平面部分，效果如图 11-80 所示。

05 调用 LINE/L 命令，绘制 D 立面左右侧墙体和地面轮廓线，如图 11-81 所示。

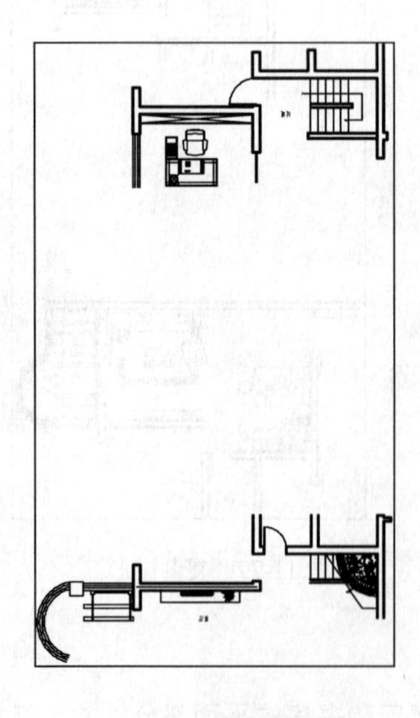

图 11-80　修剪图形

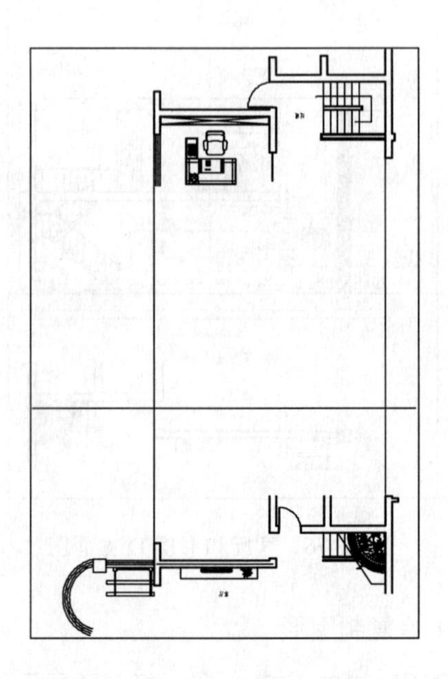

图 11-81　绘制墙体和地面

06 调用 LINE/L 命令，绘制 D 立面中的墙体投影线，如图 11-82 所示。

07 根据顶棚图的标高调用 OFFSET/O 命令，向上偏移地面轮廓线，得到顶面轮廓线，如图 11-83 所示。

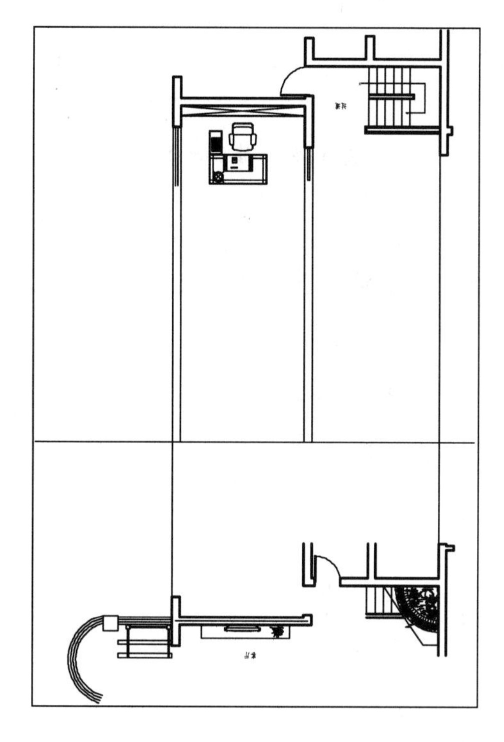

图 11-82 绘制墙体投影线

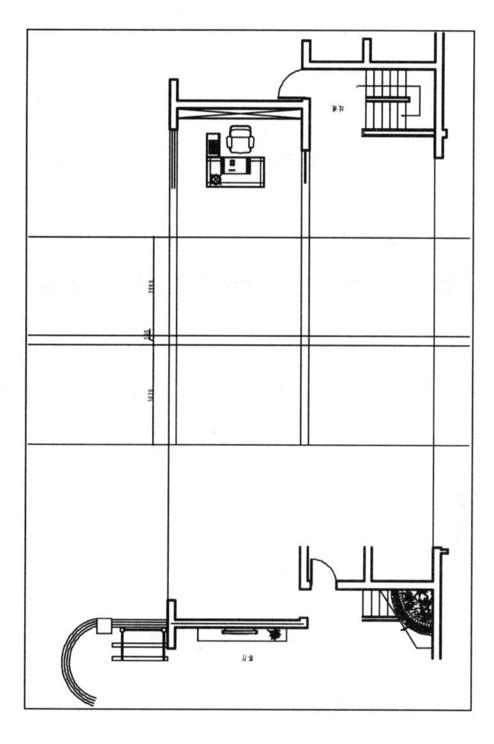

图 11-83 绘制顶面

08 调用 TRIM/TR 命令，修剪多余线段，修剪后转换至“QT_墙体”图层，如图 11-84 所示。

09 调用 RECTANG/REC 命令，绘制阳台上方的墙体，如图 11-85 所示。

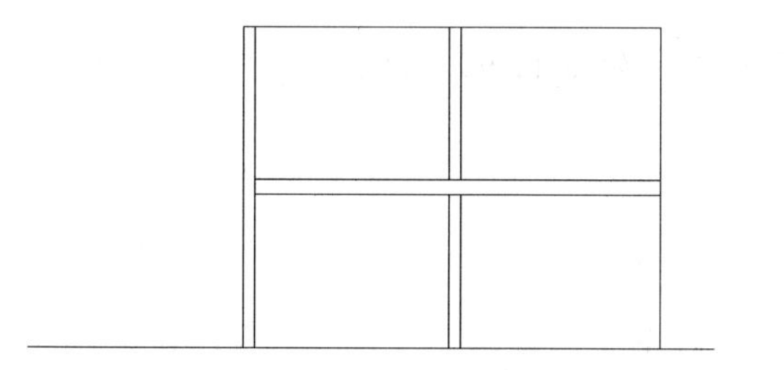

图 11-84 修剪立面轮廓

图 11-85 绘制阳台墙体

3. 绘制梁

01 调用 LINE/L 命令，绘制梁所在的位置，如图 11-86 所示。

02 调用 TRIM/TR 命令，对梁下方的墙体进行修剪，如图 11-87 所示。

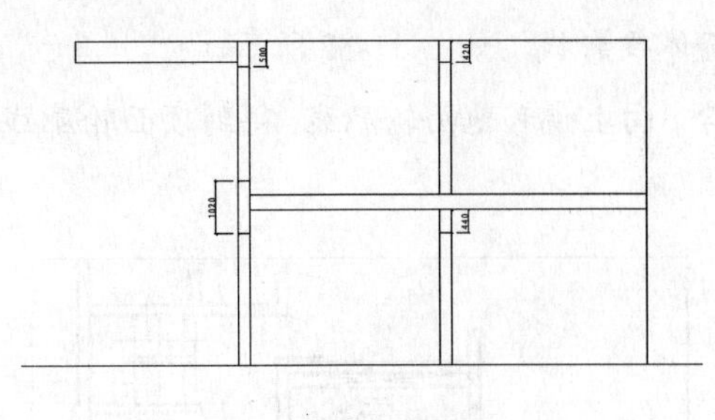

图 11-86　绘制梁

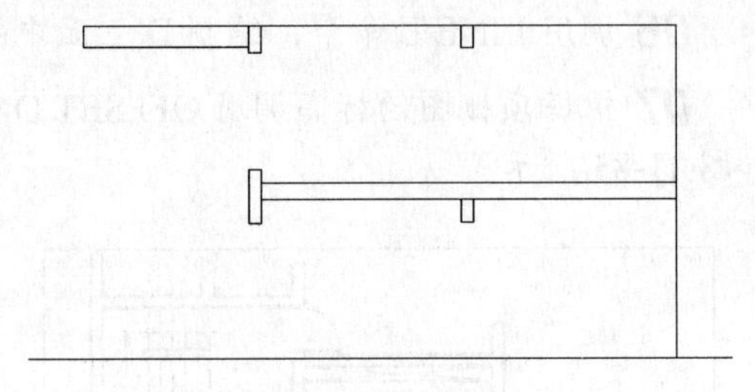

图 11-87　修剪墙体

4．绘制窗

调用 OFFSET/O 命令和 TRIM/TR 命令，绘制窗，效果如图 11-88 所示。

5．绘制柱子

01 调用 LINE/L 命令，绘制柱子投影线，如图 11-89 所示。

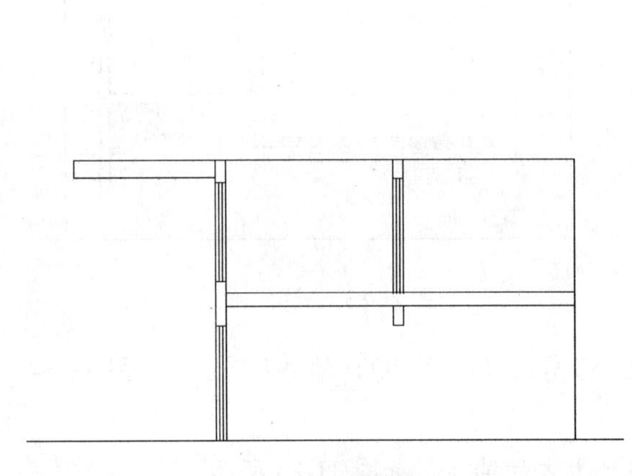

图 11-88　绘制窗

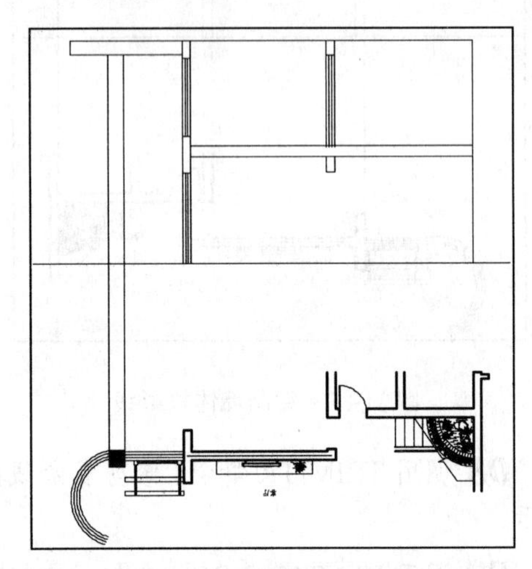

图 11-89　绘制柱子投影线

02 调用 TRIM/TR 命令，对投影线进行修剪，如图 11-90 所示。

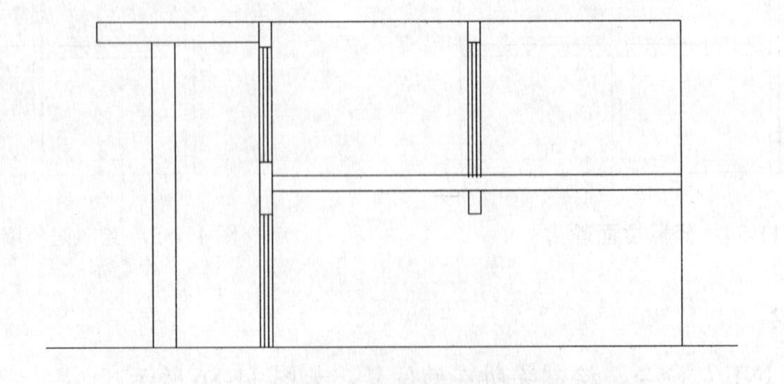

图 11-90　修剪线段

03 调用 HATCH/H 命令，对柱子内填充“用户定义”图案，填充参数如图 11-91 所示，填充效果如图 11-92 所示。

图 11-91　填充参数

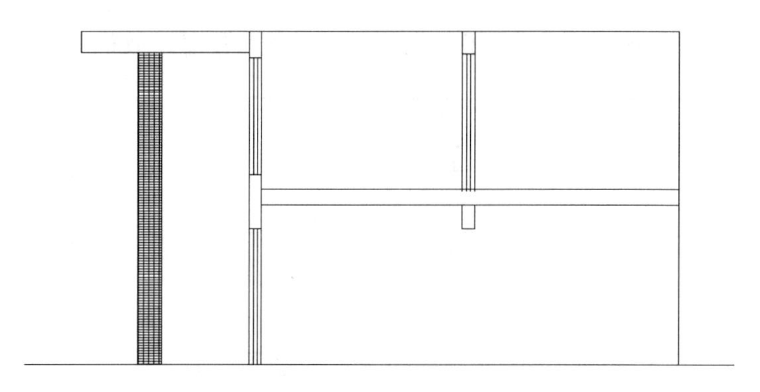

图 11-92　填充结果

6. 绘制阳台栏杆

01 阳台的地面抬高了 140，调用 LINE/L 命令，绘制如图 11-93 所示线段。

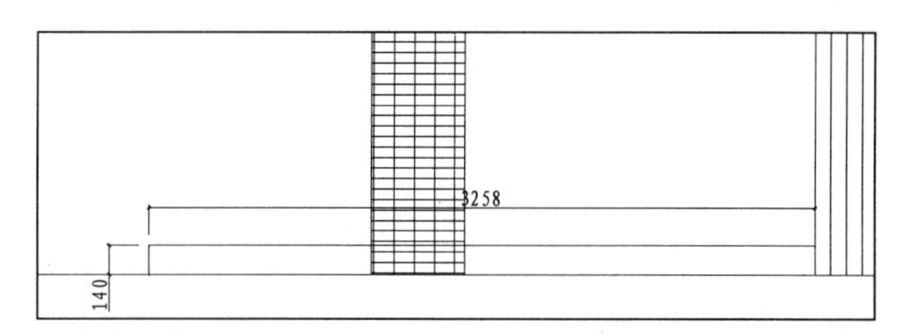

图 11-93　绘制线段

02 调用 TRIM/TR 命令，对线段进行修剪，如图 11-94 所示。

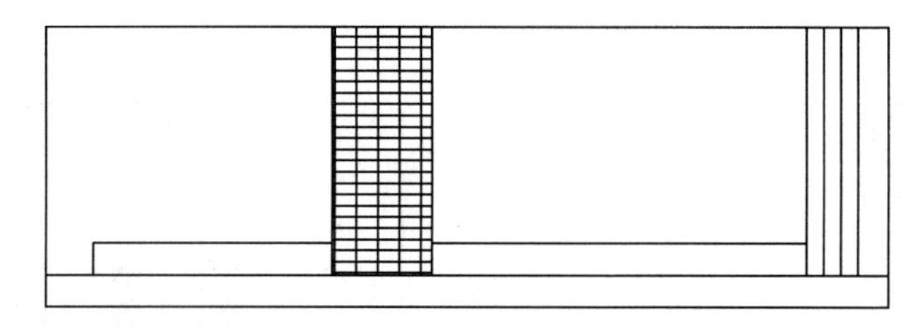

图 11-94　修剪线段

03 调用 RECTANG/REC 命令，绘制一个尺寸为 3233 × 50 的矩形，如图 11-95 所示。

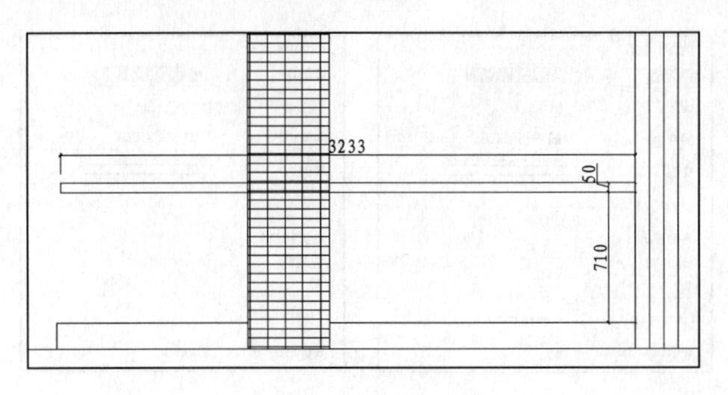

图 11-95　绘制矩形

04 调用 TRIM 命令，对矩形与柱子相交的位置进行修剪，效果如图 11-96 所示。

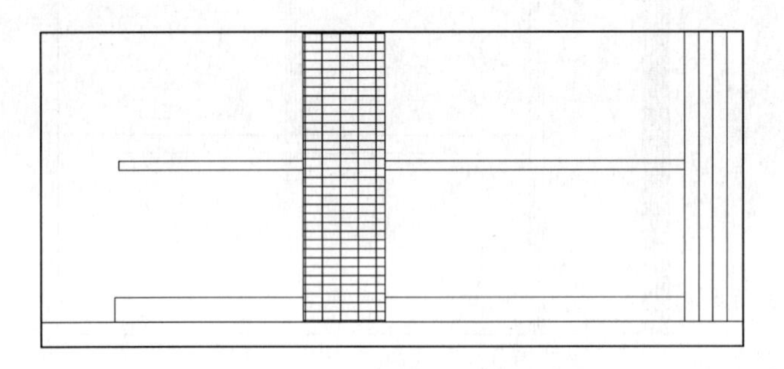

图 11-96　修剪矩形

05 调用 CIRCLE/C 命令，在矩形的左侧绘制一个半径为 25 的圆，如图 11-97 所示。

06 调用 TRIM/TR 命令，对圆内线段进行修剪，效果如图 11-98 所示。

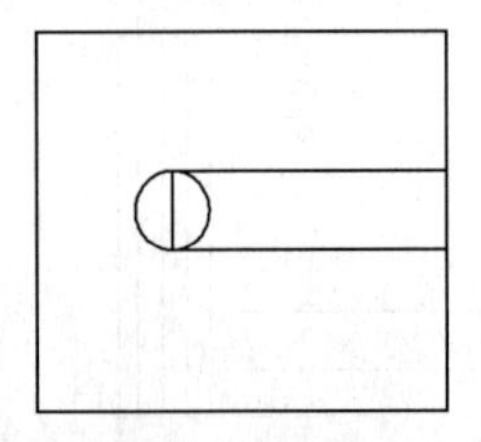

图 11-97　绘制圆

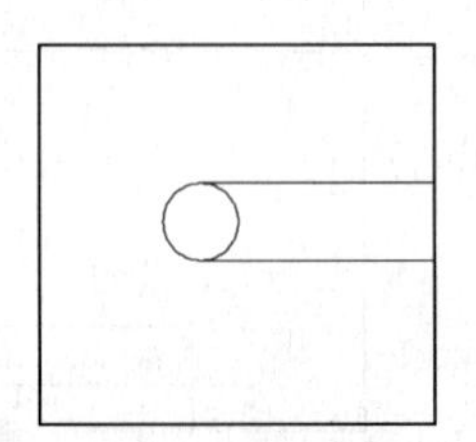

图 11-98　修剪线段

07 调用 LINE/L 命令，绘制如图 11-99 所示线段。

08 调用 OFFSET/O 命令，对线段进行偏移，并使用夹点功能进行调整，效果如图 11-100 所示。

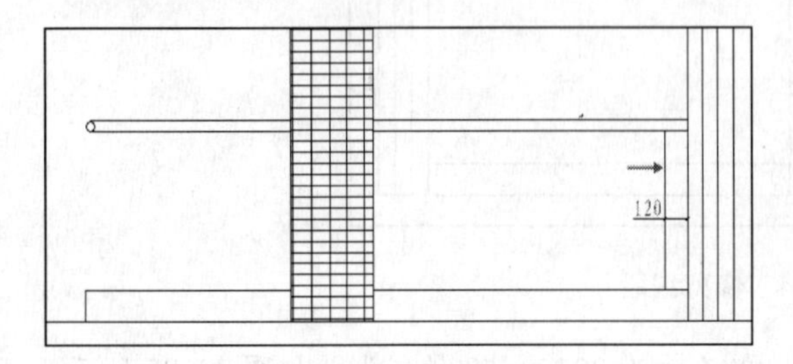

图 11-99　绘制线段

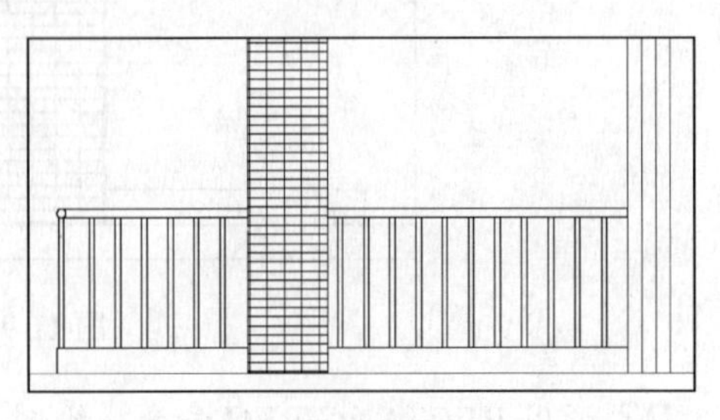

图 11-100　偏移线段

09 调用 RECTANG/REC 命令，绘制花架，如图 11-101 所示。

7. 绘制踢脚线

调用 LINE/L 命令，绘制踢脚线，踢脚线的高度为 100，如图 11-102 所示。

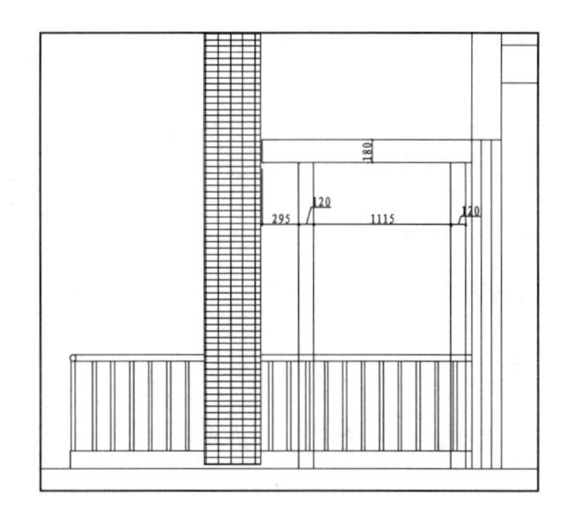

图 11-101　绘制花架

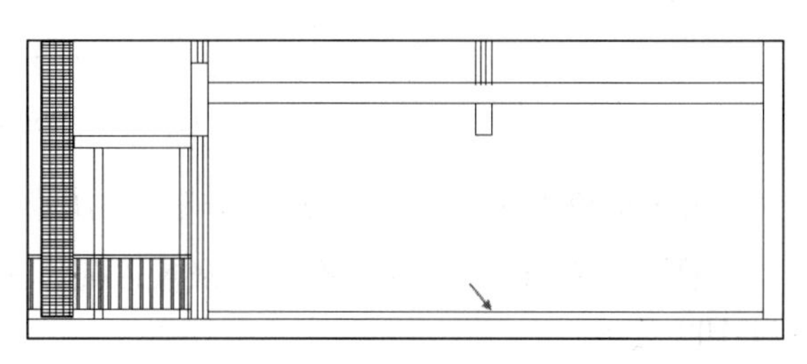

图 11-102　绘制踢脚线

8. 绘制电视背景墙

01 调用 PLINE/PL 命令，绘制电视背景墙的造型，如图 11-103 所示。

02 调用 TRIM/TR 命令，对多段线与踢脚线相交的位置进行修剪，效果如图 11-104 所示。

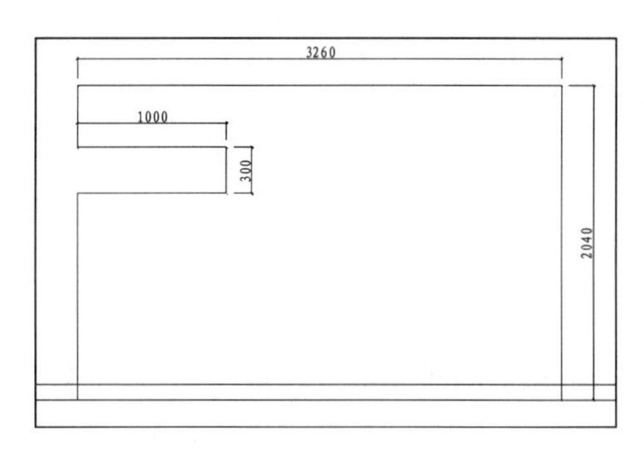

图 11-103　绘制电视背景墙造型

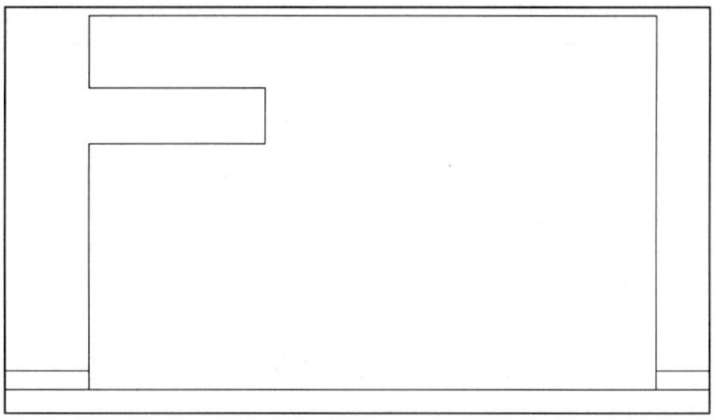

图 11-104　修剪线段

03 调用 RECTANG/REC 命令和 MOVE/M 命令，绘制台面，如图 11-105 所示。

04 调用 RECTANG/REC 命令，在台面的上方绘制一个尺寸为 2860 × 180 的矩形，如图 11-106 所示。

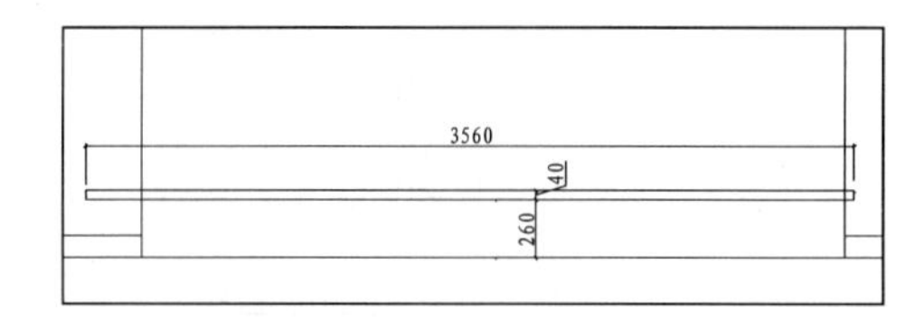

图 11-105　绘制台面

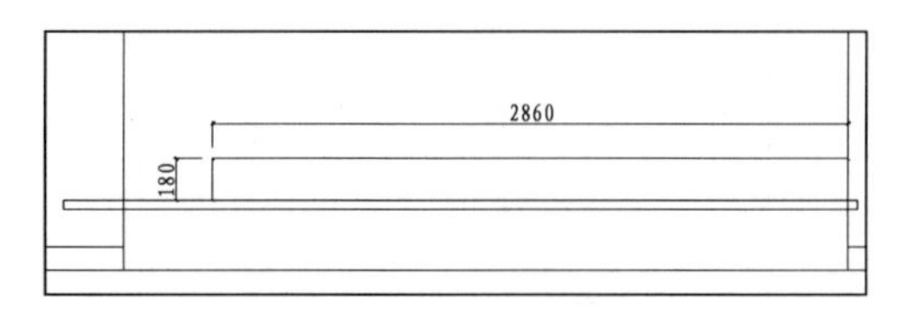

图 11-106　绘制矩形

05 调用 HATCH/H 命令，对矩形内填充 AR-RROOF 图案，填充参数和效果如图 11-107 所示。

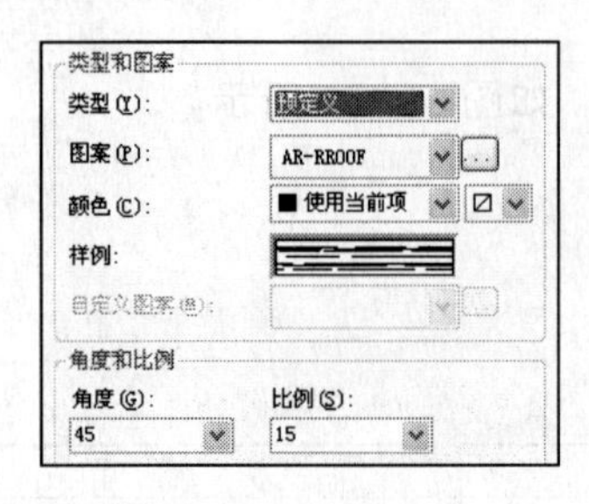

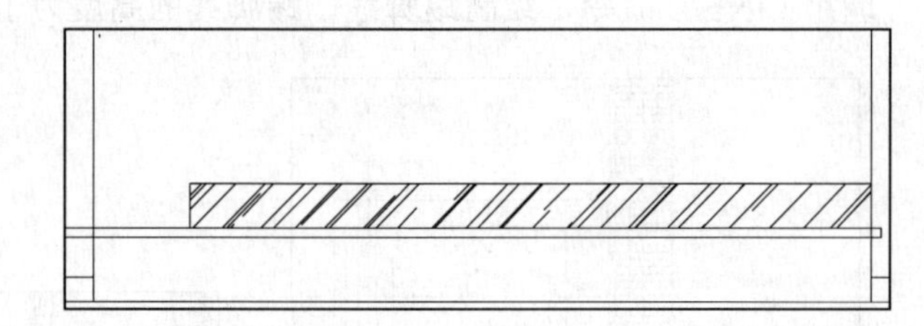

图 11-107　填充参数和效果

06 调用 LINE/L 命令，绘制如图 11-108 所示线段。

07 调用 HATCH/H 命令，对线段左侧填充“用户定义”图案，填充参数和效果如图 11-109 所示。

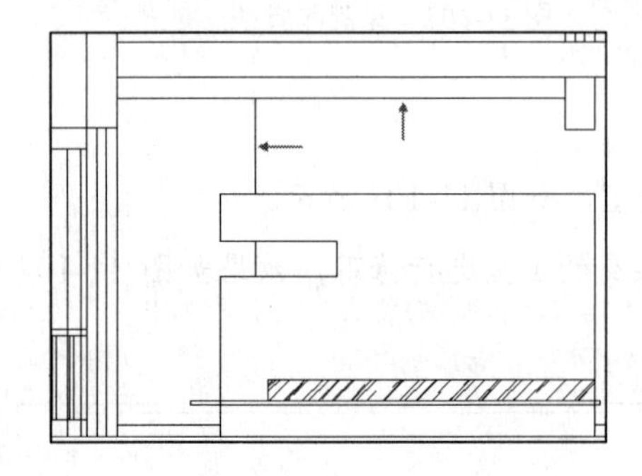

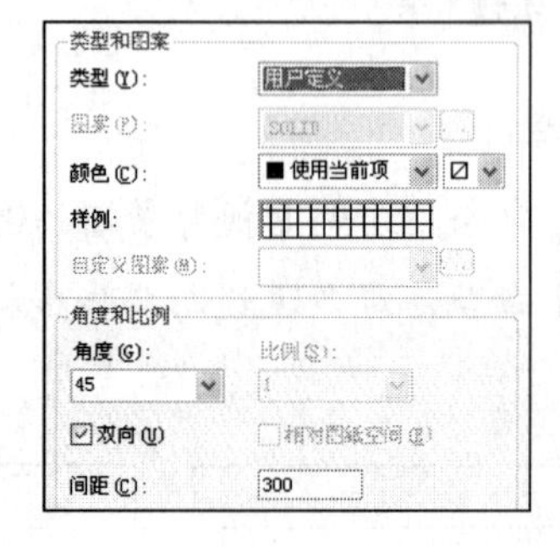

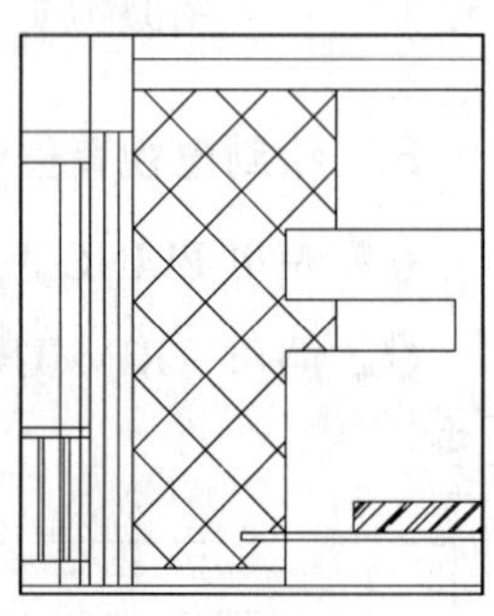

图 11-108　绘制线段

图 11-109　填充参数和效果

9. 绘制门

01 调用 PLINE/PL 命令，绘制门的轮廓，如图 11-110 所示。

02 调用 TRIM/TR 命令，对门的轮廓与踢脚线相交的位置进行修剪，如图 11-111 所示。

03 调用 OFFSET/O 命令，将多段线向内偏移 50 和 10，得到门套，如图 11-112 所示。

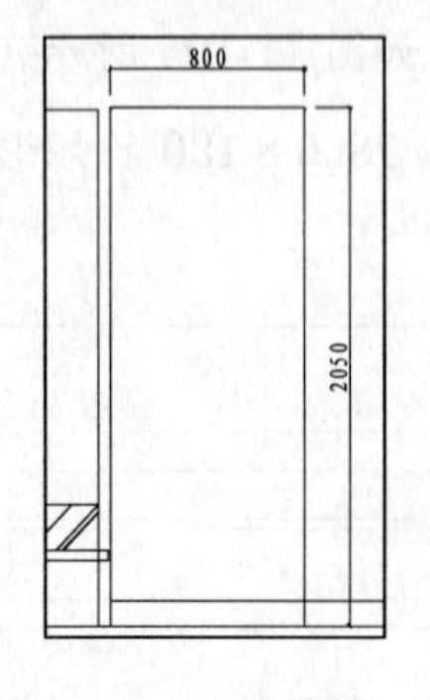

图 11-110　绘制门

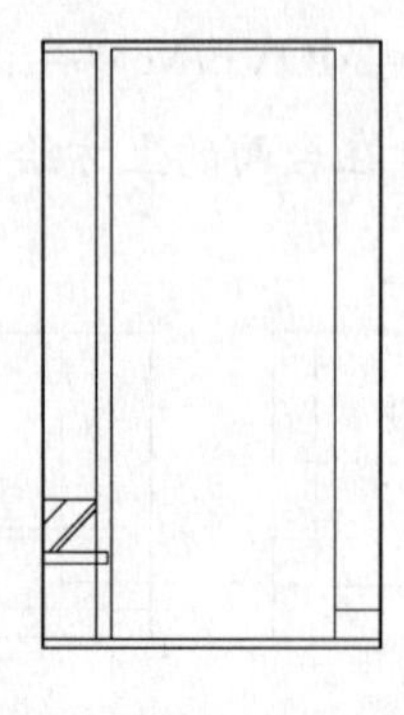

图 11-111　修剪线段

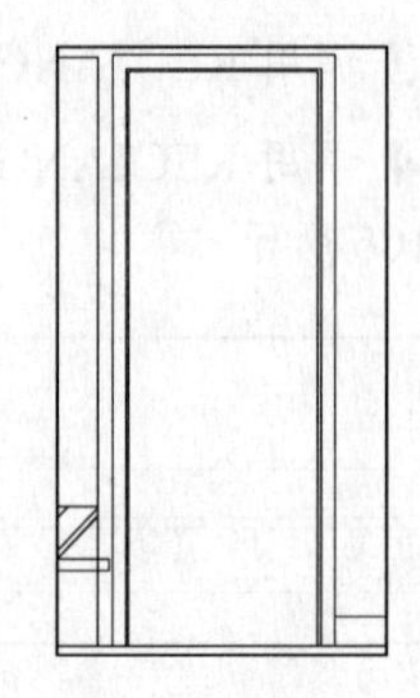

图 11-112　偏移多段线

04 调用 LINE/L 命令，连接多段线的交角处，效果如图 11-113 所示。

05 调用 LINE/L 命令，绘制门的折线，表示门的开启方向，如图 11-114 所示。

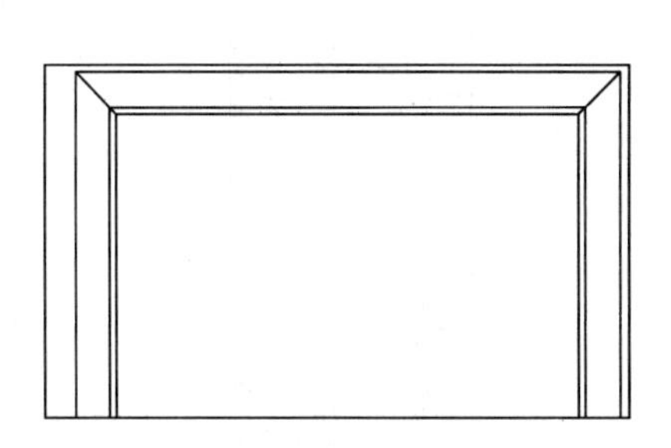

图 11-113　绘制线段

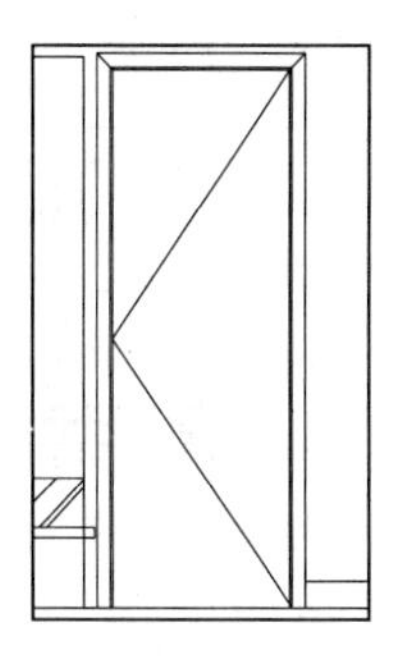

图 11-114　绘制折线

10. 绘制书架

01 调用 LINE/L 命令，绘制书架的轮廓，如图 11-115 所示。

02 调用 LINE/L 命令、OFFSET/O 命令和 TRIM/TR 命令绘制书架细部结构，如图 11-116 所示。

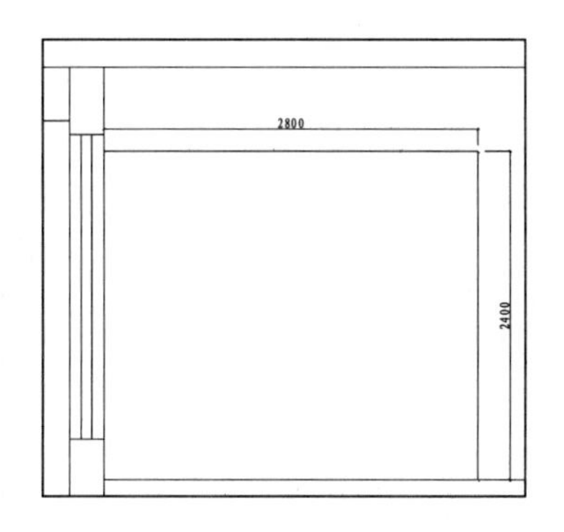

图 11-115　绘制书架轮廓

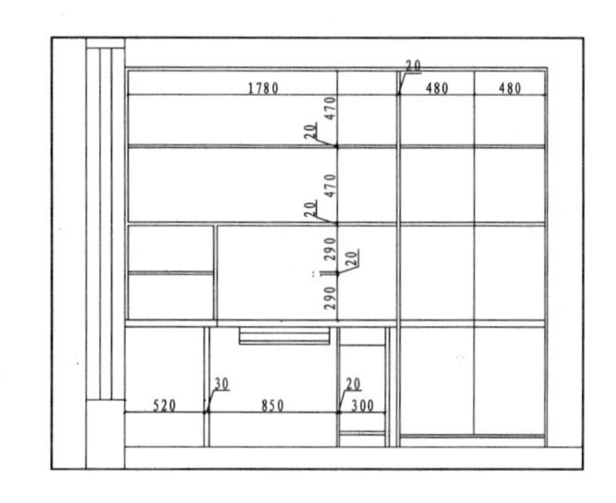

图 11-116　绘制书架细部结构

03 调用 RECTANG/REC 命令，绘制书柜的玻璃面板，如图 11-117 所示。

04 调用 TRIM/TR 命令，对玻璃面板与书柜结构相交的位置进行修剪，如图 11-118 所示。

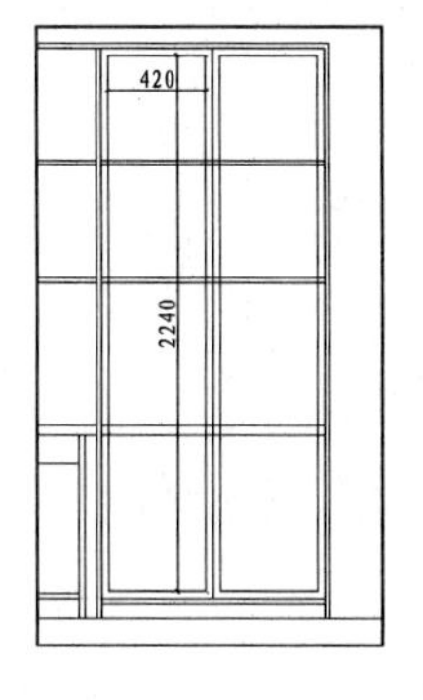

图 11-117　绘制玻璃面板

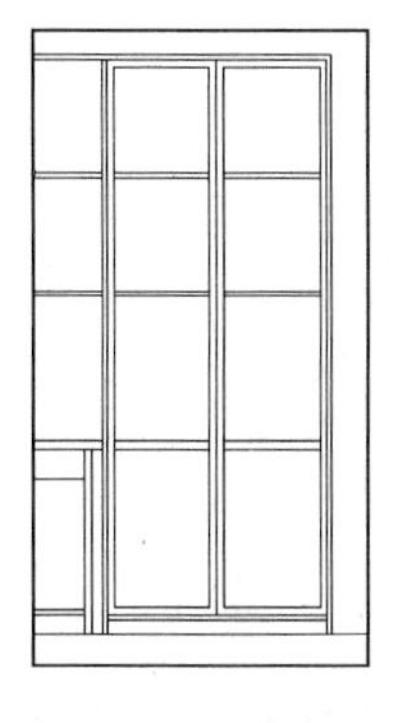

图 11-118　修剪线段

05 调用 HATCH/H 命令，对玻璃面板填充 AR-RROOF 图案，填充参数和效果如图 11-119 所示。

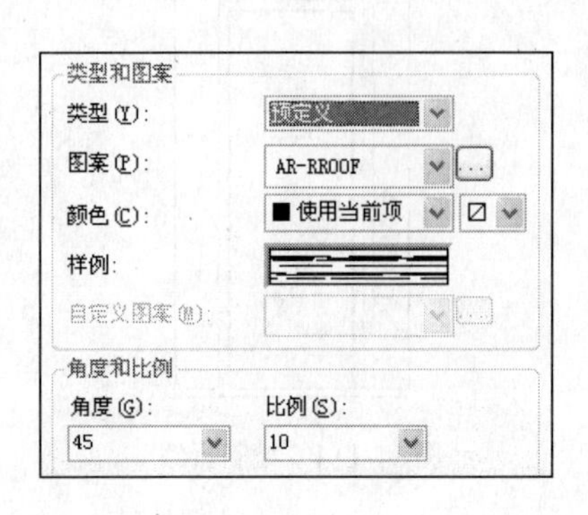

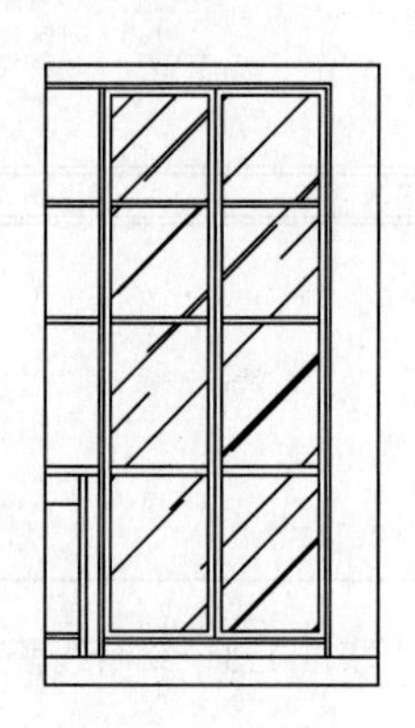

图 11-119 填充参数和效果

11. 绘制墙面造型图案

01 调用 HATCH/H 命令，对书架所在的墙面填充 DOTS 图案，填充参数和效果如图 11-120 所示。

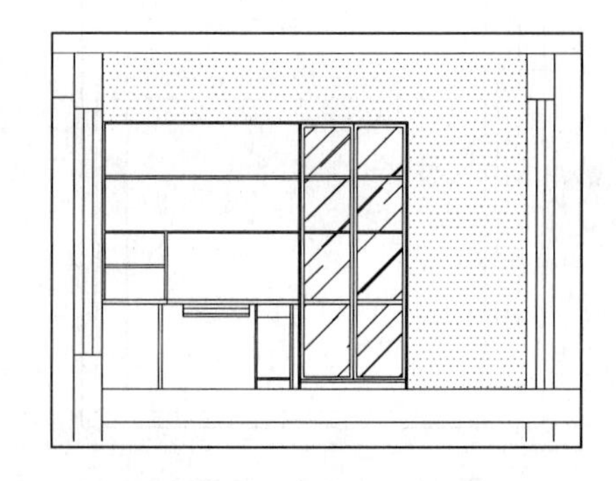

图 11-120 填充参数和效果

02 调用 LINE/L 命令，绘制如图 11-121 所示线段。

03 调用 LINE/L 命令和 OFFSET/O 命令，绘制实木线条造型，结果如图 11-122 所示。

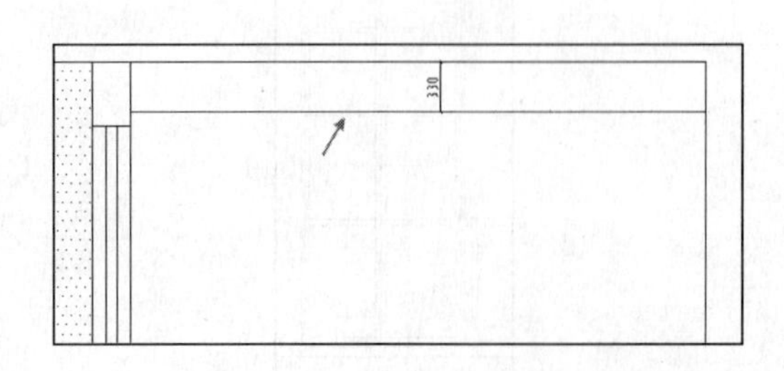

图 11-121 绘制线段

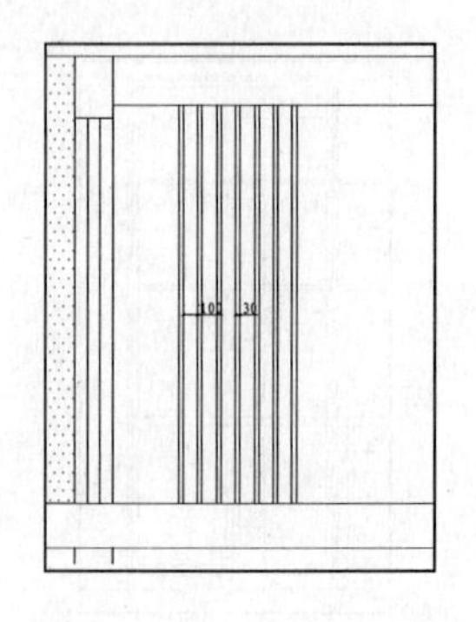

图 11-122 绘制实木线条造型

12. 绘制水池

01 调用 RECTANG/REC 命令，绘制水池轮廓，如图 11-123 所示。

02 调用 TRIM/TR 命令，对水池内的线段进行修剪，如图 11-124 所示。

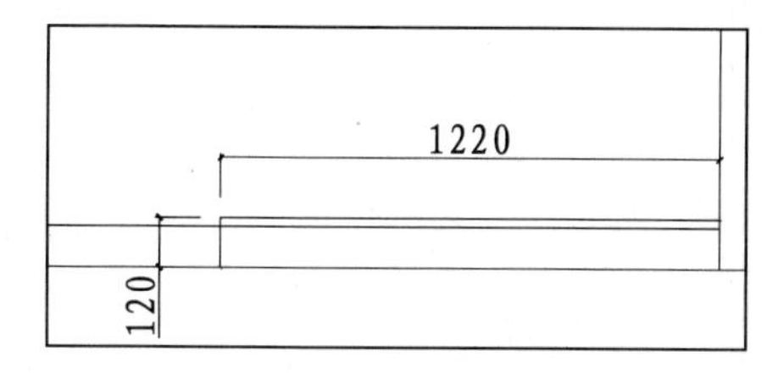

图 11-123　绘制水池

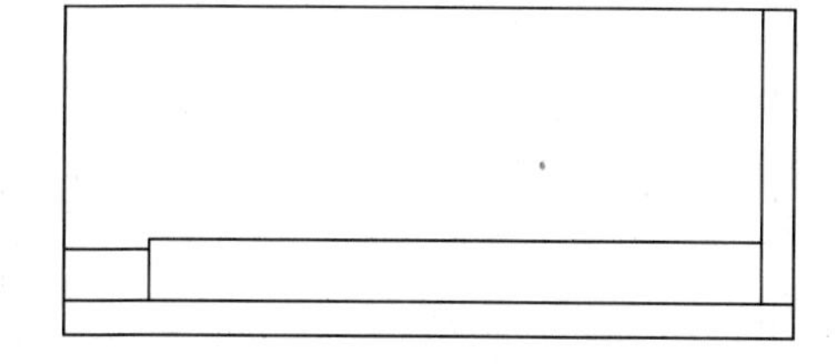

图 11-124　修剪线段

03 调用 HATCH/H 命令，对水池内填充 LINE 图案，填充参数和效果如图 11-125 所示。

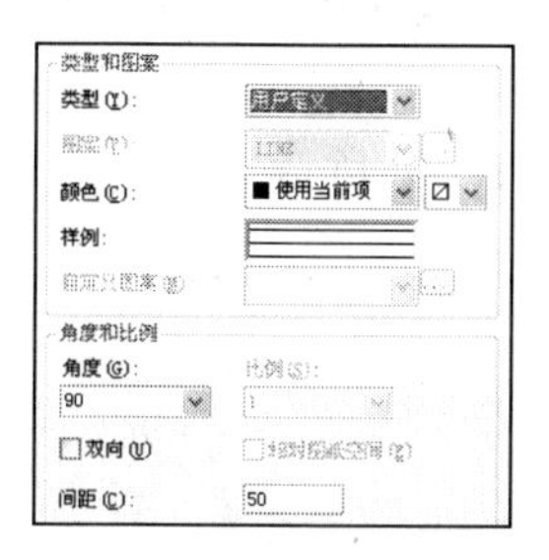

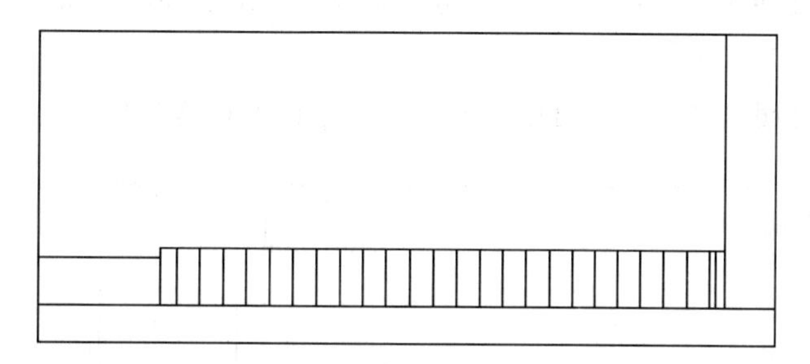

图 11-125　填充参数和效果

13. 绘制楼梯

楼梯是上下交通的主要设施，本例绘制完成后的楼梯如图 11-126 所示，下面讲解绘制方法。

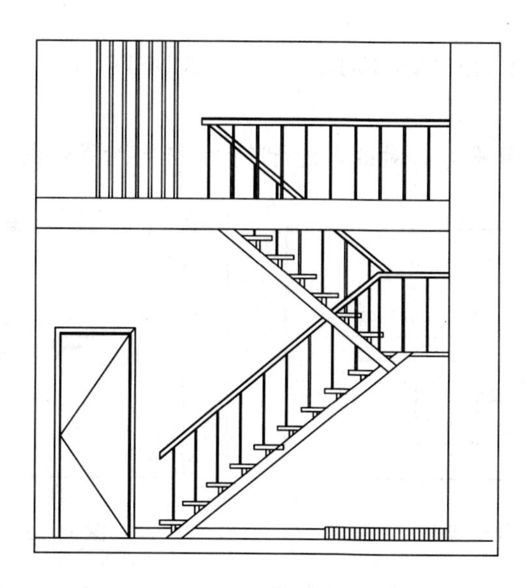

图 11-126　绘制楼梯

01 调用 RECTANG/REC 命令，绘制如图 11-127 所示矩形。

02 调用 PLINE/PL 命令，绘制多段线，效果如图 11-128 所示。

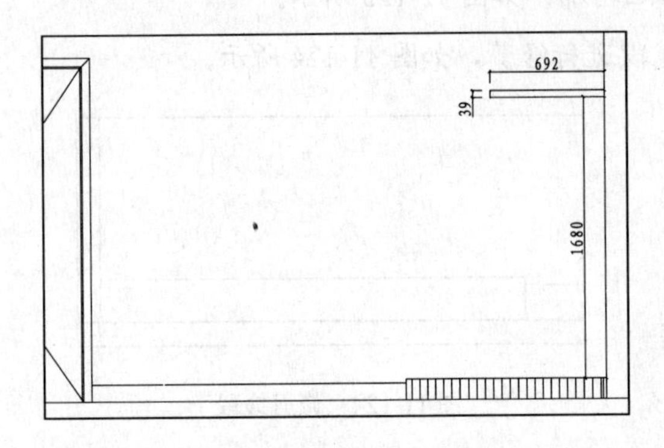

图 11-127 绘制矩形

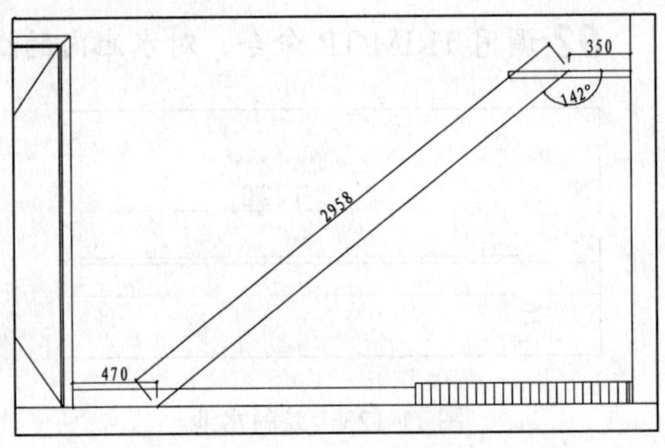

图 11-128 绘制多段线

03 调用 OFFSET/O 命令，将多段线向上偏移 162，并使用夹点功能调整多段线，如图 11-129 所示。

04 调用 TRIM/TR 命令，对多余的线段进行修剪，如图 11-130 所示。

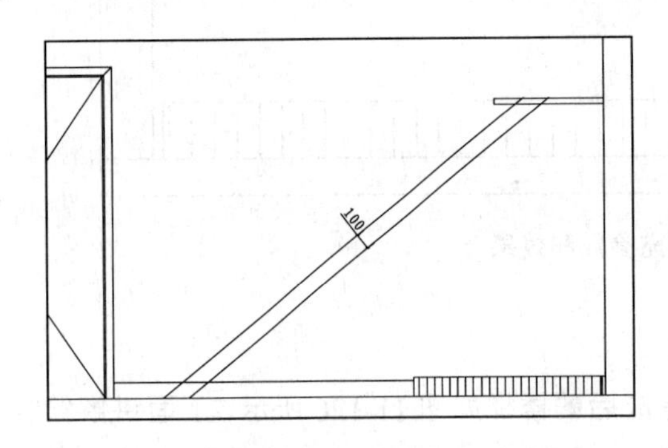

图 11-129 偏移线段

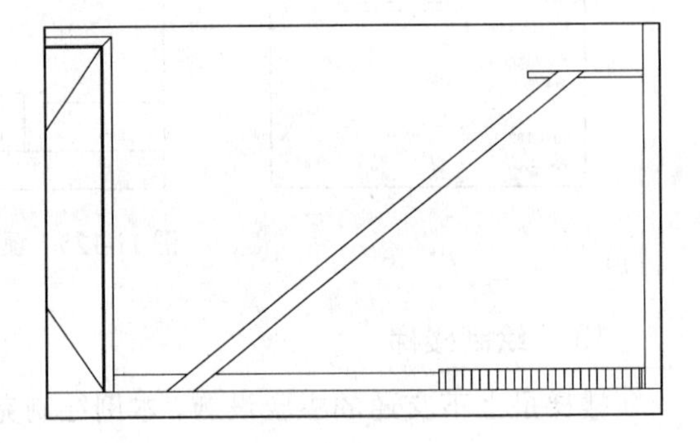

图 11-130 修剪线段

05 绘制踏步。调用 RECTANG/REC 命令和 TRIM/TR 命令，绘制如图 11-131 所示矩形。

06 调用 ARRAY/AR 命令，对矩形进行阵列，阵列结果如图 11-132 所示。

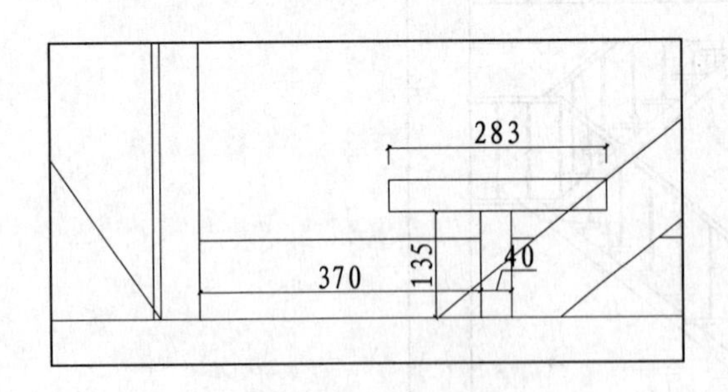

图 11-131 绘制矩形

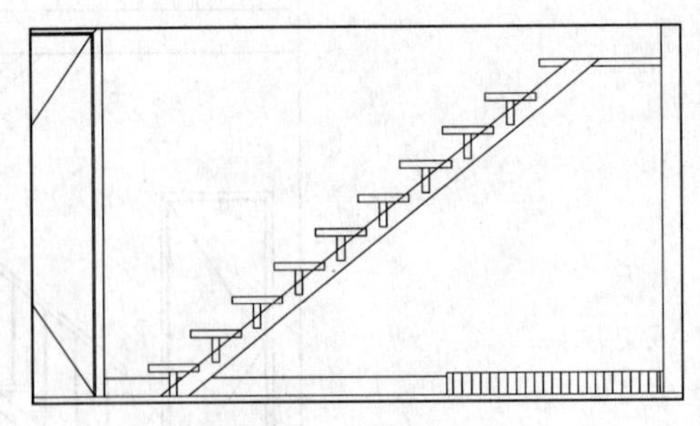

图 11-132 阵列结果

07 调用 TRIM/TR 命令，对矩形进行修剪，效果如图 11-133 所示。

08 调用 PLINE/PL 命令和 LINE/L 命令，绘制扶手，如图 11-134 所示。

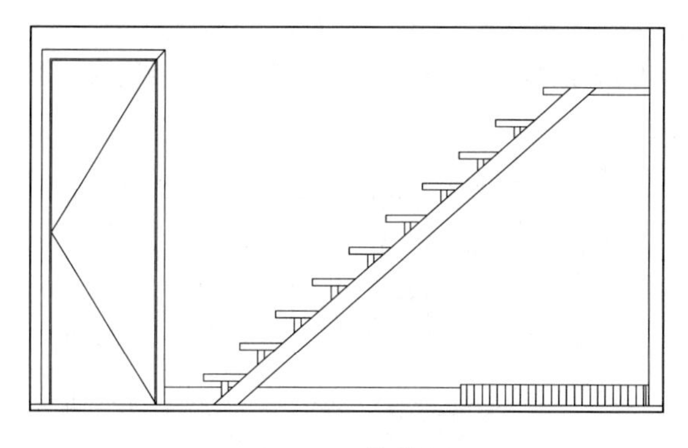

图 11-133　修剪矩形

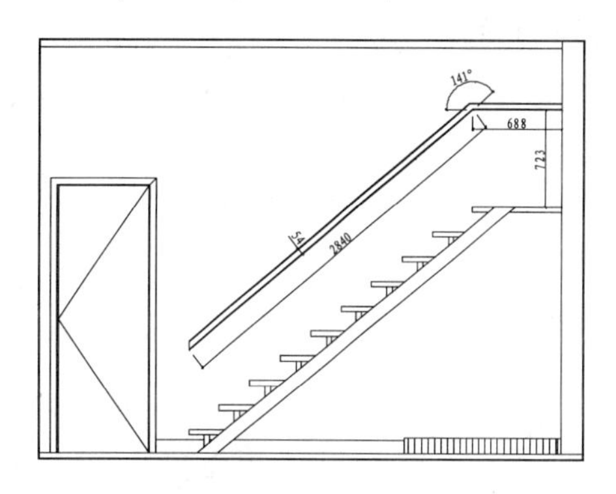

图 11-134　绘制扶手

09 调用 LINE/L 命令和 OFFSET/O 命令，绘制栏杆，如图 11-135 所示。

10 调用 PLINE/PL 命令和 OFFSET/O 命令，绘制楼板，如图 11-136 所示。

图 11-135　绘制栏杆

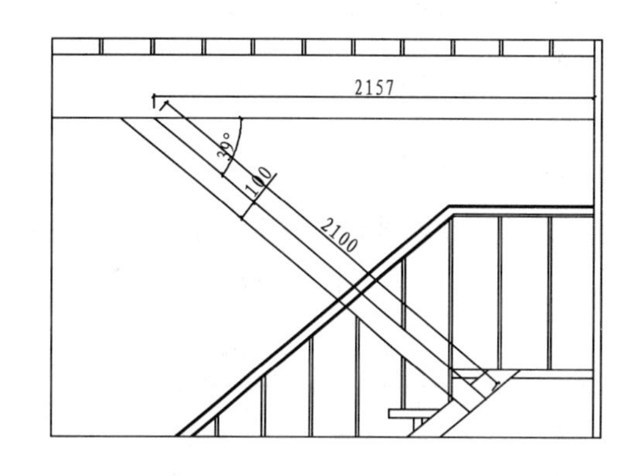

图 11-136　绘制楼板

11 调用 TRIM/TR 命令，修剪楼板与其他图形相交的位置，如图 11-137 所示。

12 绘制扶手。调用 OFFSET/O 命令，将多段线向上偏移，使用夹点功能对多段线进行调整，调用 TRIM/TR 命令，对多段线进行修剪，如图 11-138 所示。

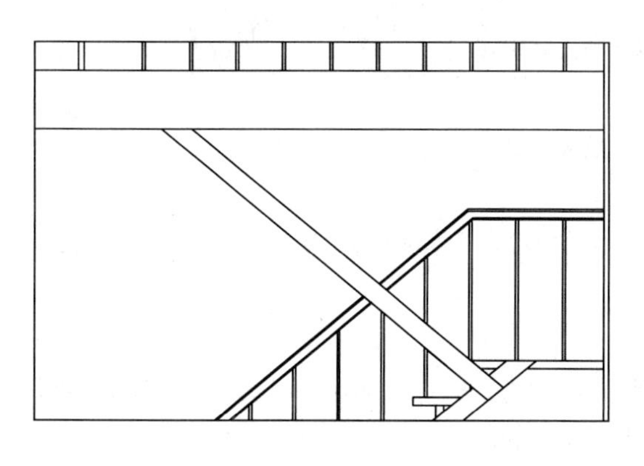

图 11-137　修剪楼板

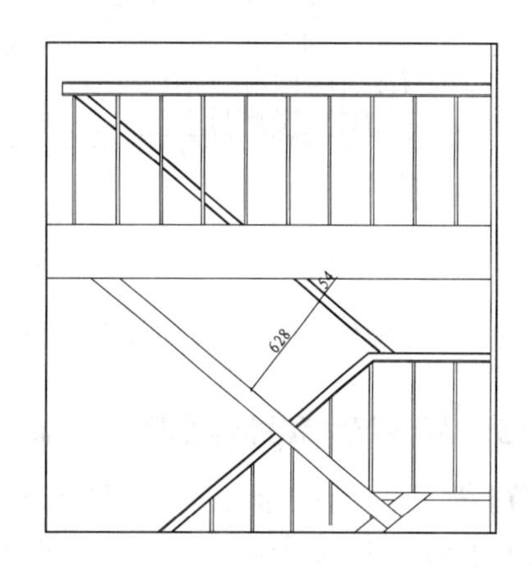

图 11-138　绘制扶手

13 调用 RECTANG/REC 命令、ARRAY/AR 命令和 TRIM/TR 命令，绘制踏步，如图 11-139 所示。

14 调用 LINE/L 命令、TRIM/TR 命令和 OFFSET/O 命令，绘制栏杆，如图 11-140 所示。

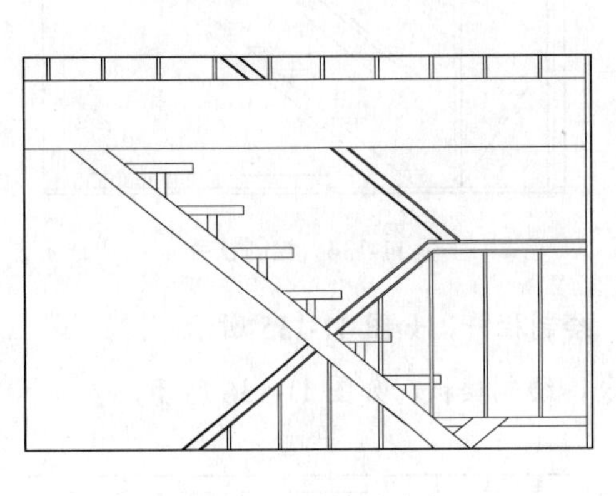

图 11-139　绘制踏步

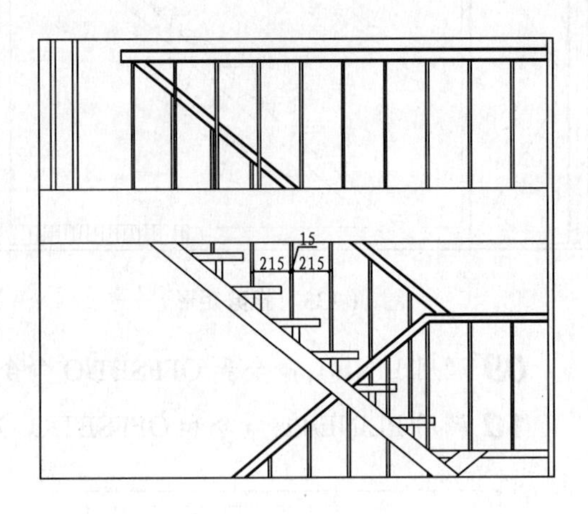

图 11-140　绘制栏杆

14. 插入图块

按 Ctrl+O 快捷键，打开配套光盘提供的“第 11 章\家具图例.dwg”文件，选择其中的电视、陈设品、装饰物等图块，将其复制至客厅和书房立面区域，如图 11-141 所示。

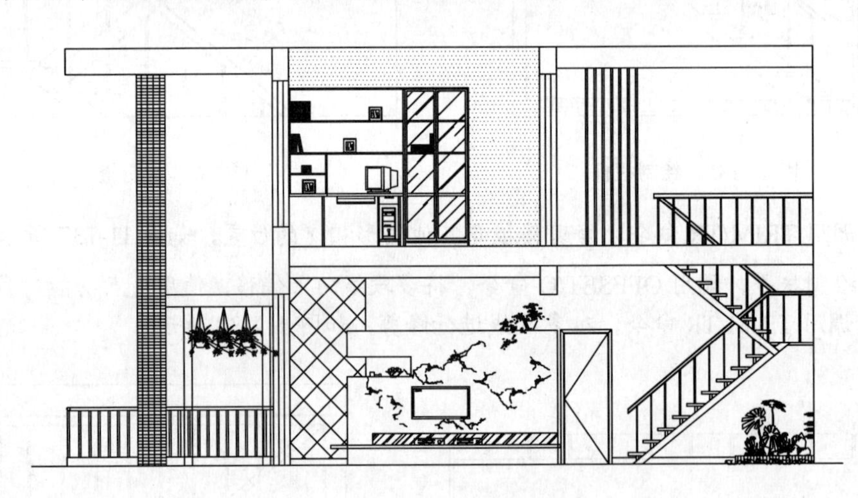

图 11-141　插入图块

注 意：当模型与立面图形重叠时，应修剪被遮挡的图形，以体现前后的层次关系。

15. 标注尺寸和材料说明

01 设置“BZ-标注”图层为当前图层。设置当前注释比例为 1∶50，调用 DIMLINEAR/DLI 命令标注尺寸，结果如图 11-142 所示。

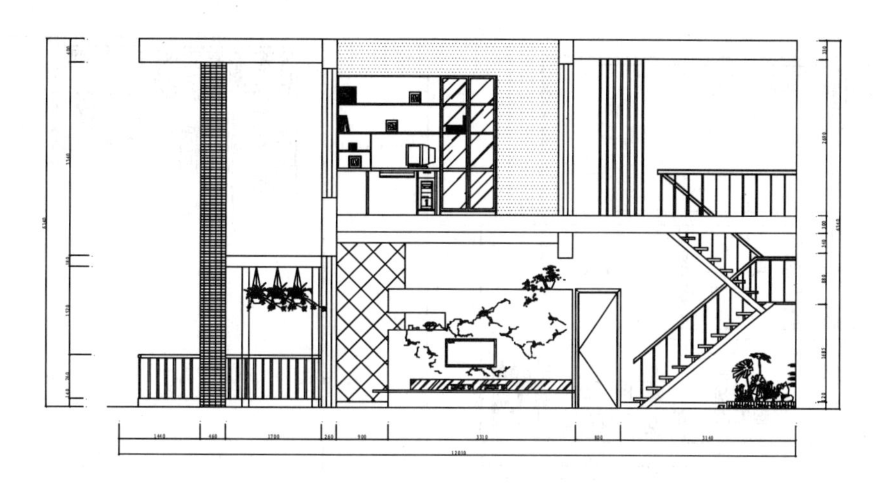

图 11-142　尺寸标注

02 调用 MLEADER/MLD 命令对材料进行标注，结果如图 11-143 所示。

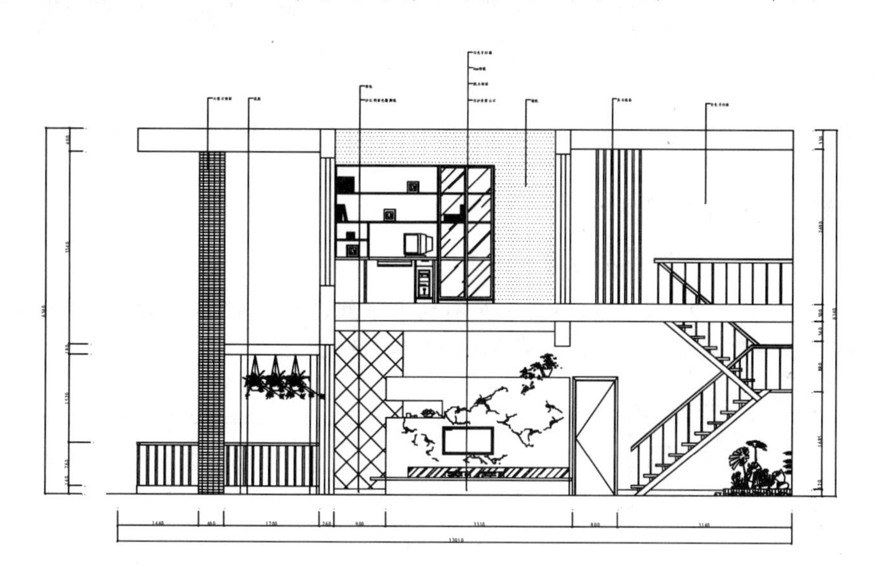

图 11-143　材料说明

16. 插入图名

调用 INSERT/I 命令，插入“图名”图块，设置图名为“客厅和书房 D 立面图”。客厅和书房 D 立面图完成。

11.7.2 绘制客厅、次卧、娱乐室和书房 B 立面图

客厅、次卧、娱乐室和书房 B 立面图如图 11-144 所示，下面讲解绘制方法。

1. 复制图形

调用 COPY/CO 命令，复制跃层平面布置图上客厅、次卧、娱乐室和书房的平面部分，并分开放置，将一层放置在下方；二层放置在上方，如图 11-145 所示。

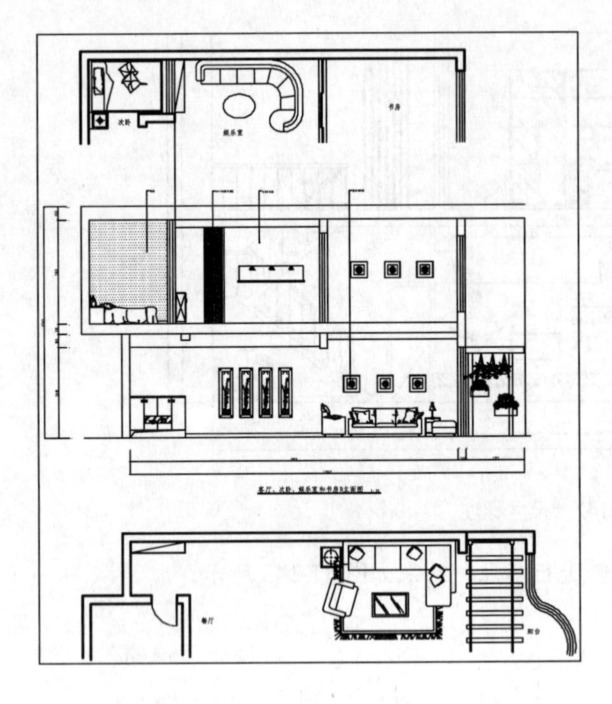
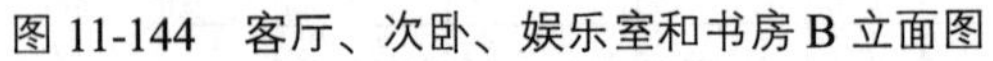

图 11-144 客厅、次卧、娱乐室和书房 B 立面图

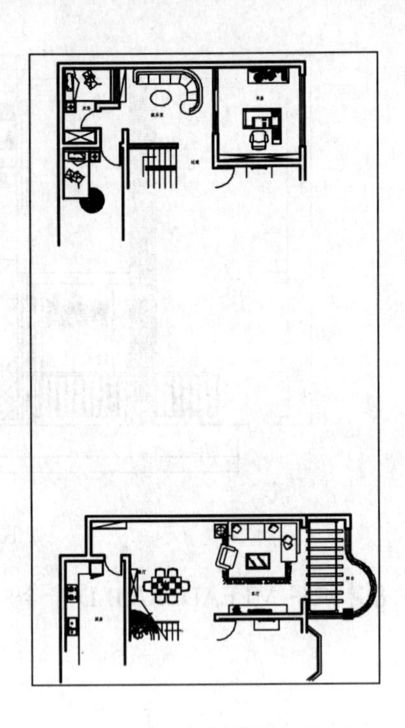

图 11-145 复制平面部分

2. 绘制 D 立面基本轮廓

01 设置“LM_立面”图层为当前图层。

02 调用 LINE/L 命令，绘制横切平面图的水平线，如图 11-146 所示，调用 TRIM/TR 命令，修剪掉水平线以下的图形，结果如图 11-147 所示。

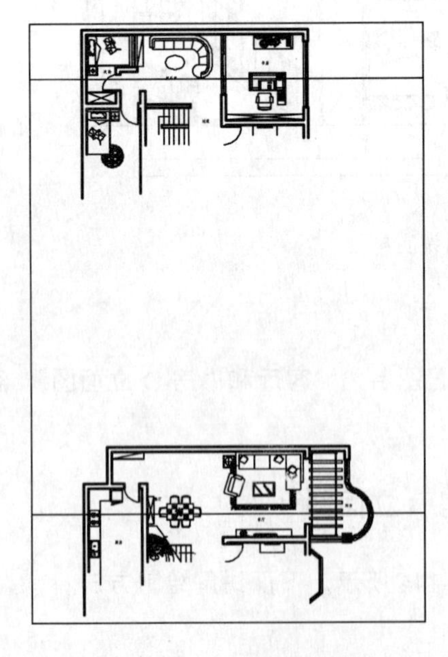

图 11-146 绘制水平线

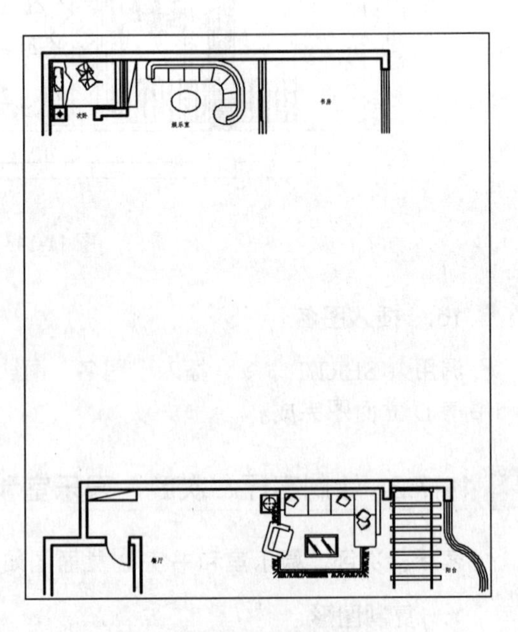

图 11-147 修剪水平面部分

03 调用 LINE/L 命令，绘制 B 立面墙体和地面轮廓线，如图 11-148 所示。

04 根据顶棚图的标高调用 OFFSET/O 命令，向上偏移地面轮廓线，得到顶面轮廓线，如图 11-149 所示。

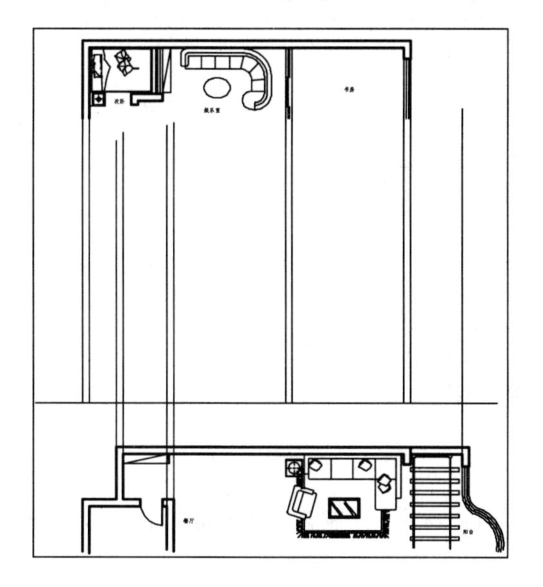

图 11-148　绘制墙体和地面

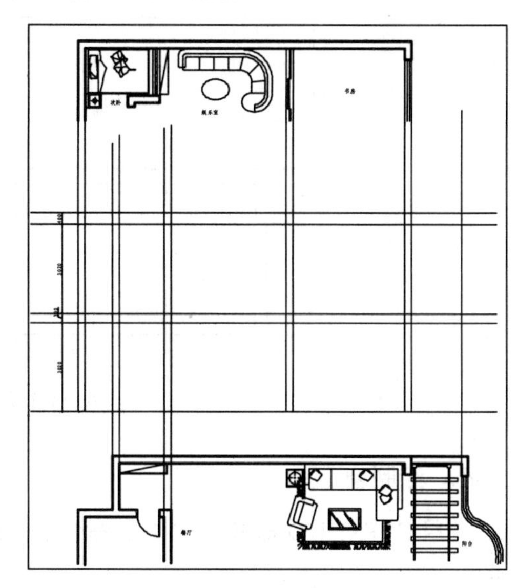

图 11-149　偏移线段

05 调用 TRIM/TR 命令，修剪多余线段，修剪后转换至“QT_墙体”图层，如图 11-150 所示。

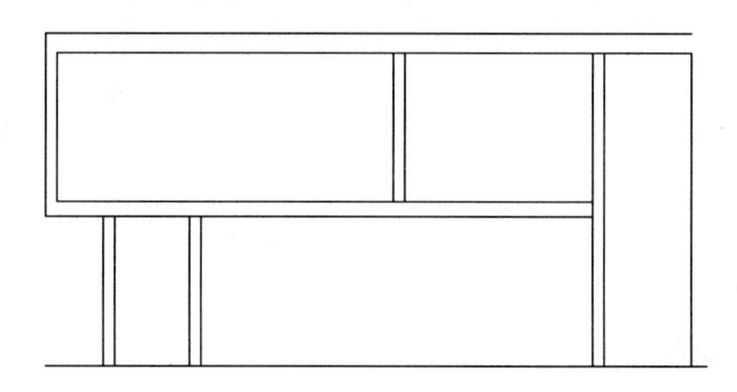

图 11-150　修剪立面轮廓

3. 绘制梁

01 调用 RECTANG/REC 命令，绘制梁所在的位置，如图 11-151 所示。

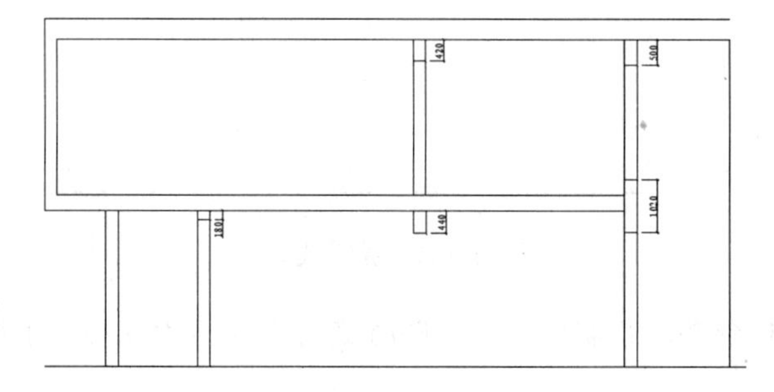

图 11-151　绘制梁

02 调用 TRIM/TR 命令，对梁与其他图形相交的位置进行修剪，如图 11-152 所示。

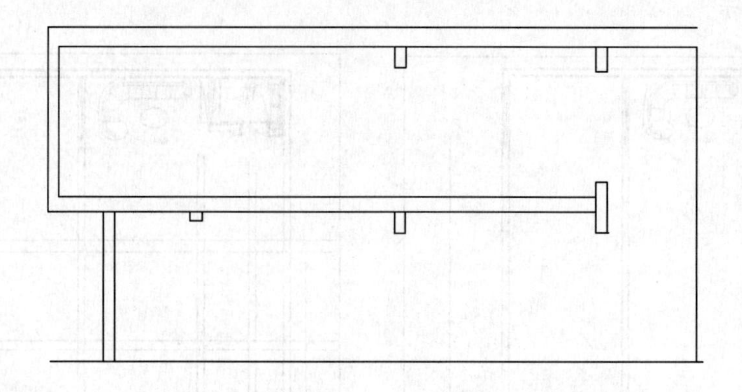

图 11-152　修剪线段

4. 绘制窗

调用 OFFSET/O 命令、LINE/L 命令和 TRIM/TR 命令，绘制窗，效果如图 11-153 所示。

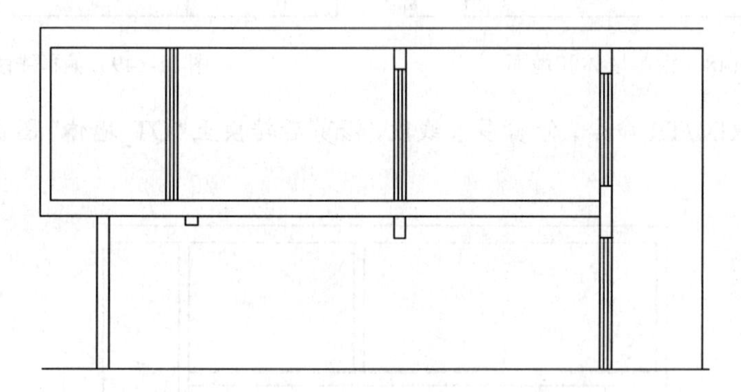

图 11-153　绘制窗

5. 绘制一层立面造型

01 调用 LINE/L 命令，绘制如图 11-154 所示线段。

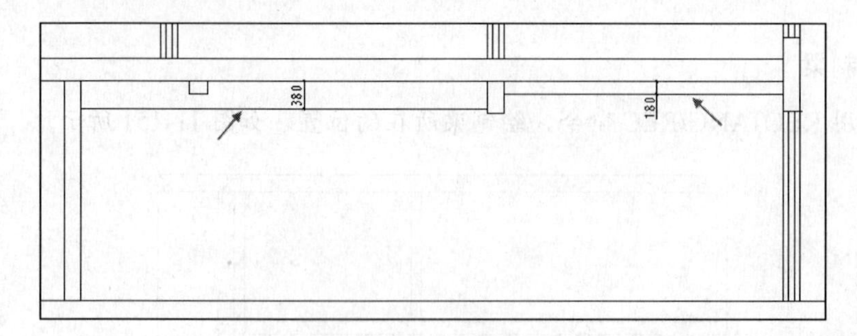

图 11-154　绘制线段

02 调用 LINE/L 命令，绘制踢脚线，踢脚线的高度为 100，如图 11-155 所示。

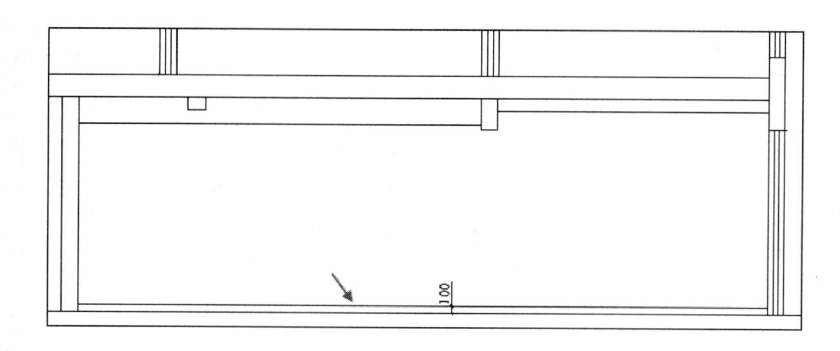

图 11-155　绘制踢脚线

03 调用 RECTANG/REC 命令，绘制阳台内的花架，效果如图 11-156 所示。

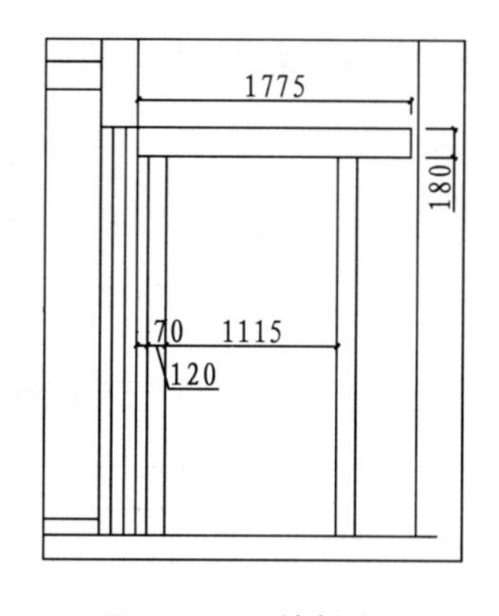

图 11-156　绘制花架

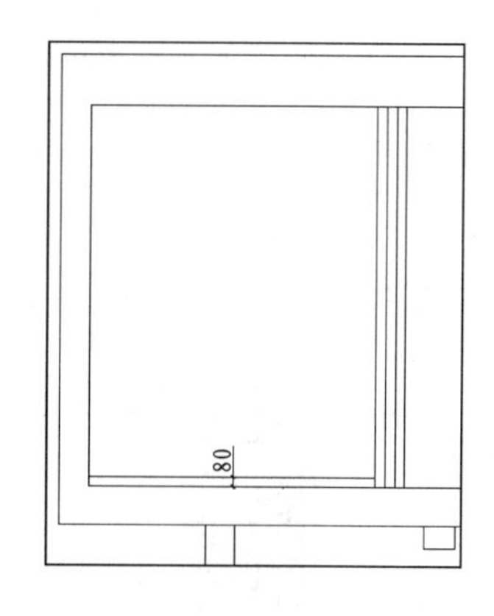

图 11-157　绘制踢脚线

6. 绘制二层立面造型

01 调用 LINE/L 命令，绘制踢脚线，如图 11-157 所示。

02 调用 HATCH/H 命令，对次卧墙面填充 DOTS 图案，填充参数和效果如图 11-158 所示。

03 调用 LINE/L 命令，在娱乐室立面中绘制如图 11-159 所示线段。

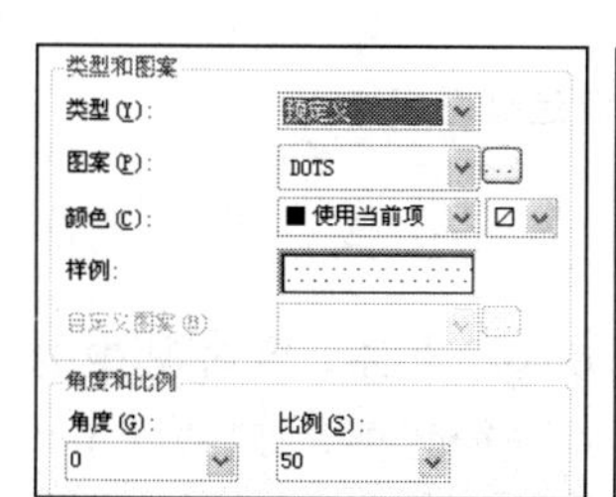

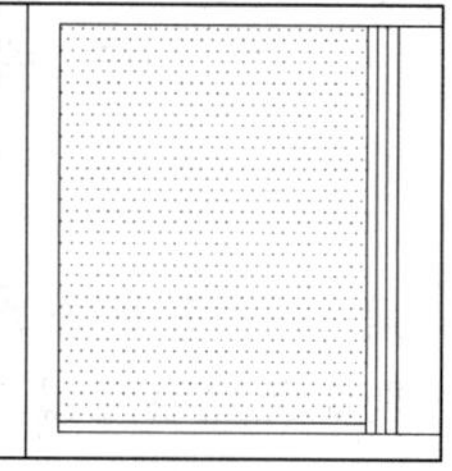

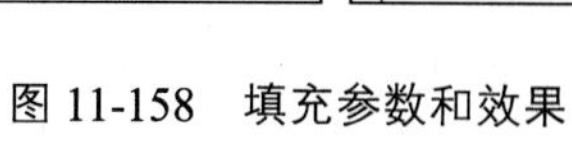

图 11-158　填充参数和效果

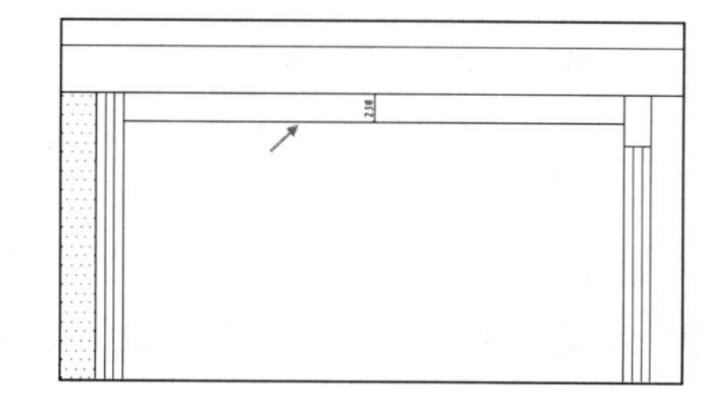

图 11-159　绘制线段

04 调用 LINE/L 命令和 OFFSET/O 命令，绘制墙面造型图案轮廓，如图 11-160 所示。

05 调用 HATCH/H 命令，对造型内填充“用户定义”图案，填充参数和效果如图 11-161 所示。

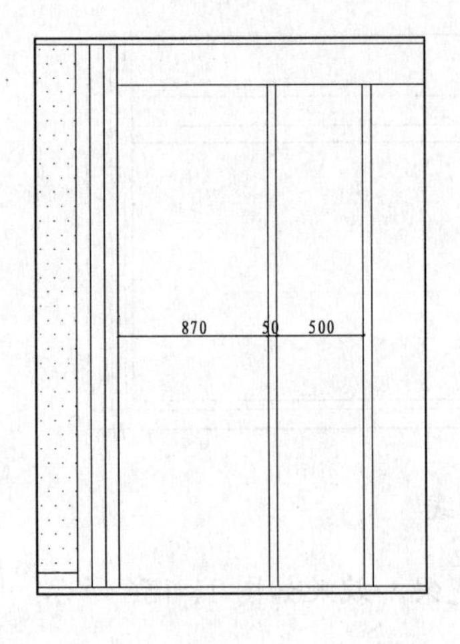

图 11-160　绘制造型图案

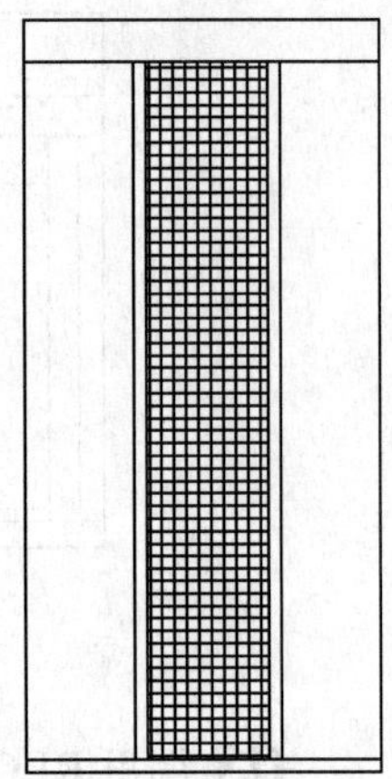

图 11-161　填充参数和效果

06 调用 EXPLODE/X 命令，对填充的图案进行分解。

07 调用 HATCH/H 命令，对造型内填充 SOLID 图案，填充效果如图 11-162 所示。

08 调用 PLINE/PL 命令和 RECTANG/REC 命令，绘制如图 11-163 所示造型图案。

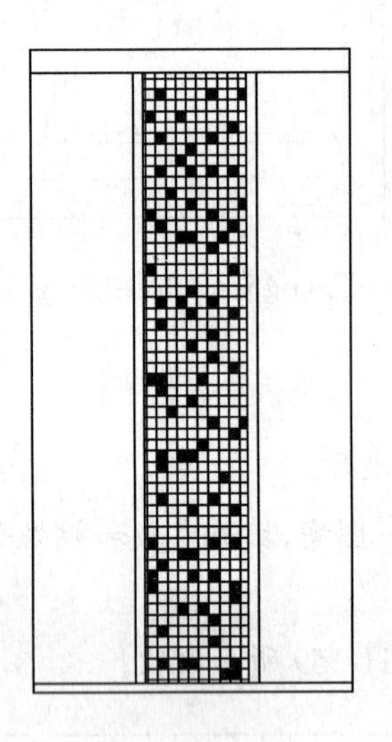

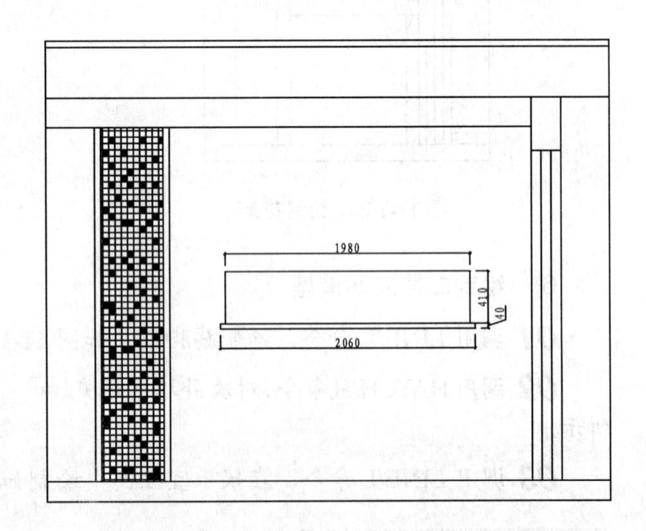

图 11-162　填充效果　　　　图 11-163　绘制造型图案

7. 插入图块

按 Ctrl+O 快捷键，打开配套光盘提供的“第 11 章\家具图例.dwg”文件，选择其中的床、植物、装饰画、沙发、储物柜等图块，将其复制至立面区域，并进行修剪，如图 11-164 所示。

8. 标注尺寸和材料说明

01 设置“BZ-标注”图层为当前图层。设置当前注释比例为 1∶50，调用 DIMLINEAR/DLI 命令标注尺寸，结果如图 11-165 所示。

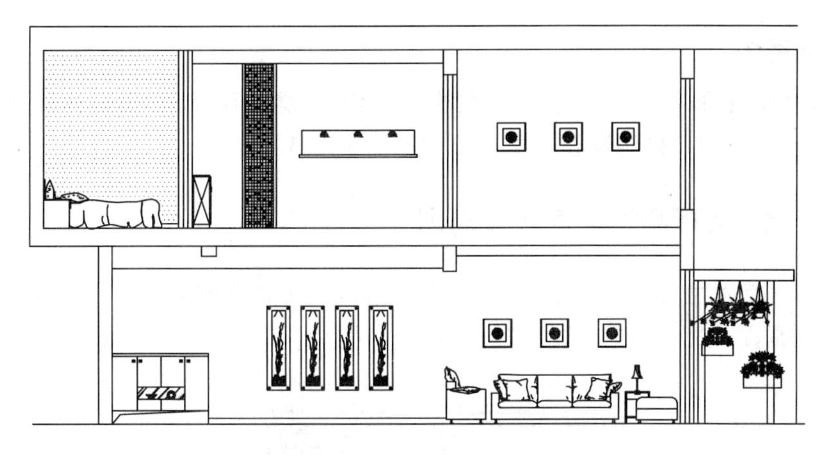

图 11-164　插入图块

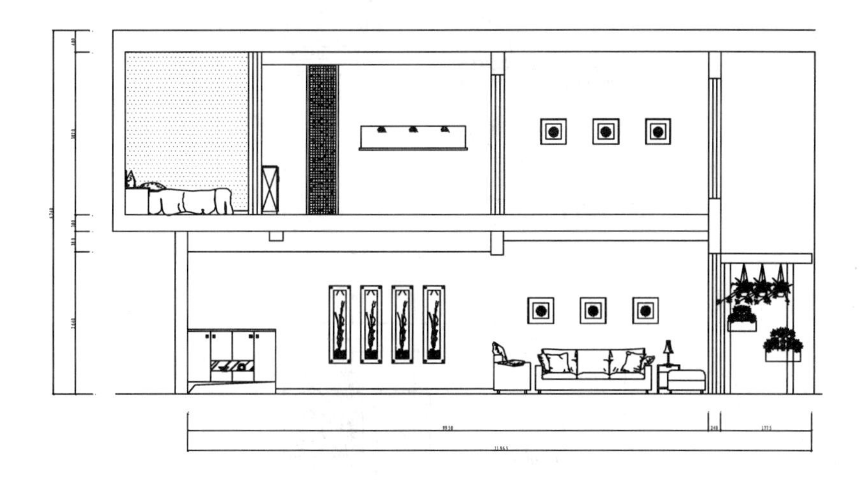

图 11-165　标注尺寸

02 调用 MLEADER/MLD 命令对材料进行标注，结果如图 11-166 所示。

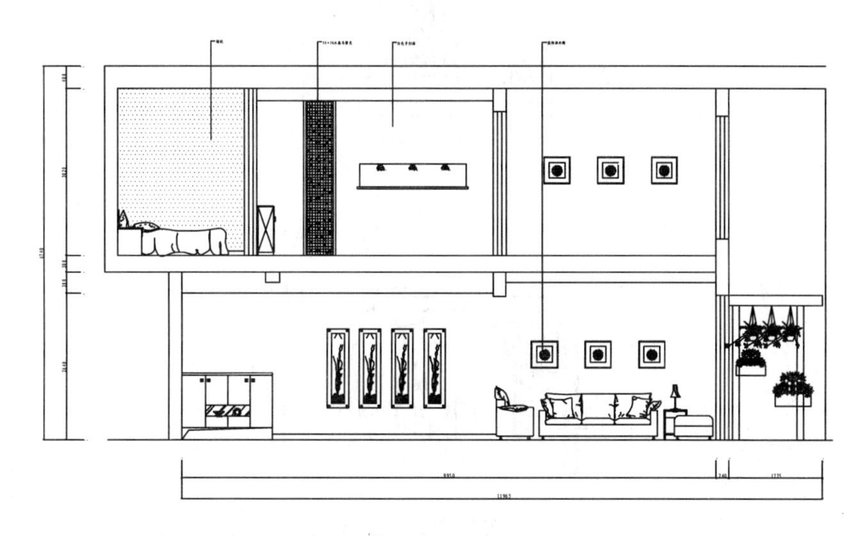

图 11-166　材料说明

9. 插入图名

调用 INSERT/I 命令，插入“图名”图块，设置图名为“客厅、次卧、娱乐室和书房 B 立面图”。客厅、次卧、娱乐室和书房 B 立面图绘制完成。

11.7.3 绘制餐厅和娱乐室 A 立面图

餐厅和娱乐室的立面图形比较简单，请读者参考前面讲解的方法自行完成，这里就不再做详细的讲解了，完成后的效果如图 11-167 所示。

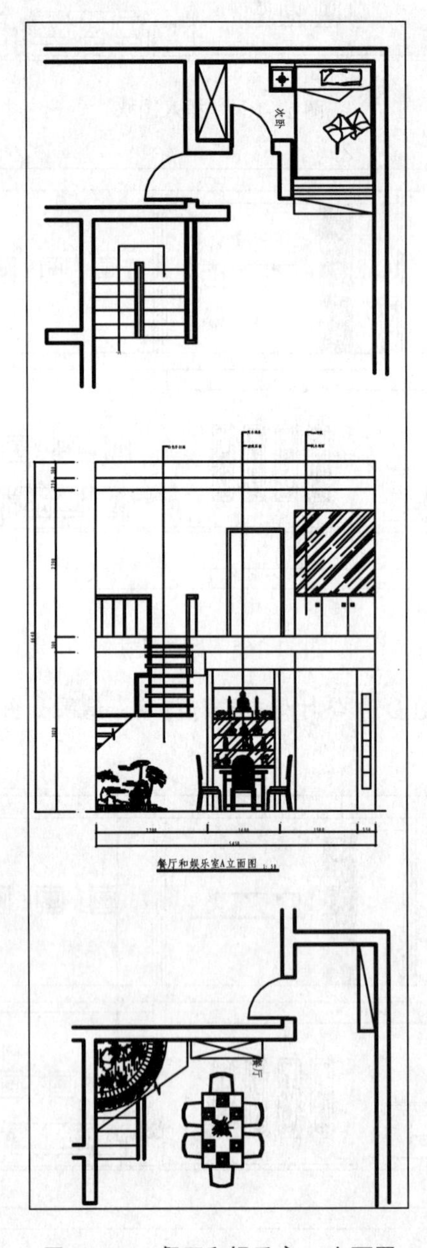

图 11-167　餐厅和娱乐室 A 立面图

第12章

复式室内设计

本章导读：

复式住宅是受跃层式住宅设计构思启发，实际是在层高较高的一层楼中增建一个夹层，两层合计的层高要大大低于跃层式住宅。其下层供起居用，如炊事、进餐、洗浴等；上层供休息睡眠和贮藏用。本例以复式为例讲解复式的设计方法和施工图的绘制方法。

本章重点：

- 复式设计概述
- 调用样板新建文件
- 绘制原始户型图
- 绘制平面布置图
- 绘制地材图
- 绘制顶棚图
- 绘制复式立面图

12.1 复式设计概述

复式住宅同时具备了省地、省料、省钱的特点。复式住宅也特别适合于三代、四代同堂的大家庭居住，既满足了隔代人的相对独立性，又达到了相互照应的目的。

12.1.1 复式住宅特点

- 平面利用系数高，通过夹层复合，可使住宅的使用面积提高 50%~70%，如图 12-1 所示。
- 户内隔层为木结构，将隔断、家具、装饰融为一体，既是墙，又是楼板、床、柜，降低了综合造价。
- 上层采用推拉窗户，通风采光好，与一般层高和面积相同住宅相比，土地利用率可提高 40%。

12.1.2 复式住宅使用的不足

- 复式住宅的面宽大，进深小，如采用内廊式平面组合必然导致一部分户型朝向不佳，自然采光较差。
- 层高过低，如厨房只有 2m 高度，长期使用易产生局促憋气的不适感，贮藏间较大，但层高只有 1.2m，很难充分利用。
- 由于室内的隔断楼板均采用轻薄的木隔断，木材成本较高，且隔音、防火功能差，房间的私密性、安全性较差。

12.2 调用样板新建文件

本书第 3 章创建了室内装潢施工图样板，该样板已经设置了相应的图形单位、样式、图层和图块等，原始户型图可以直接在此样板的基础上进行绘制。

01 执行【文件】|【新建】命令，打开“选择样板”对话框。

02 单击使用样板按钮 ，选择“室内装潢施工图”样板，如图 12-2 所示。

图 12-1 复式示例

图 12-2 “选择样板”对话框

03 单击【打开】按钮，以样板创建图形，新图形中包含了样板中创建的图层、样式和图块等内容。

04 选择【文件】|【保存】命令，打开“图形另存为”对话框，在“文件名”框中输入文件名，单击【保存】按钮保存图形。

12.3 绘制原始户型图

如图 12-3 所示为复式一层原始户型图，下面简单介绍其绘制方法。

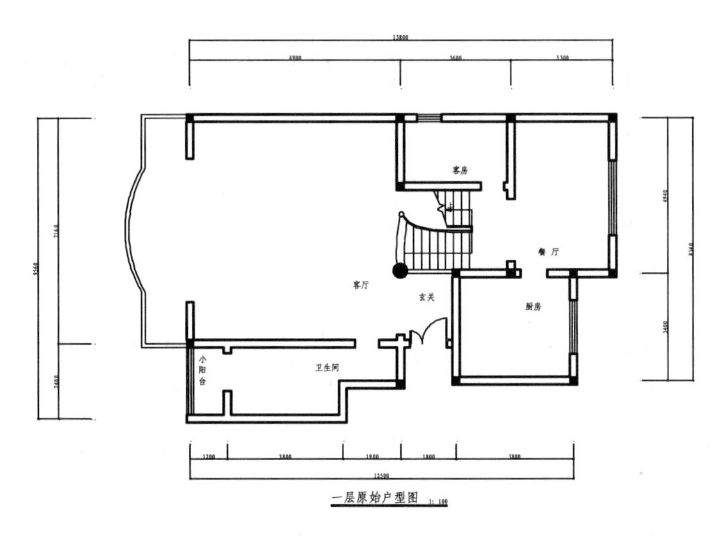

图 12-3 一层原始户型图

12.3.1 绘制轴线

如图 12-4 所示为复式一层轴网，主要使用了 PLINE/PL 命令绘制。

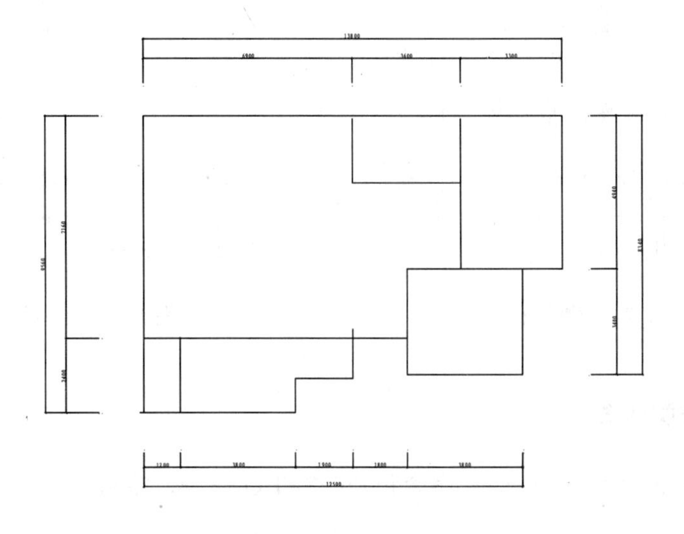

图 12-4 绘制轴网

12.3.2 绘制柱子

复式方形柱子尺寸为 240×240，圆柱半径为 243，用实心表示，在轴网中添加柱子后的效果如图 12-5 所示。

12.3.3 绘制墙体

墙体可使用 MLINE/ML 命令进行绘制，也可通过偏移轴线进行绘制，完成后的效果如图 12-6 所示。

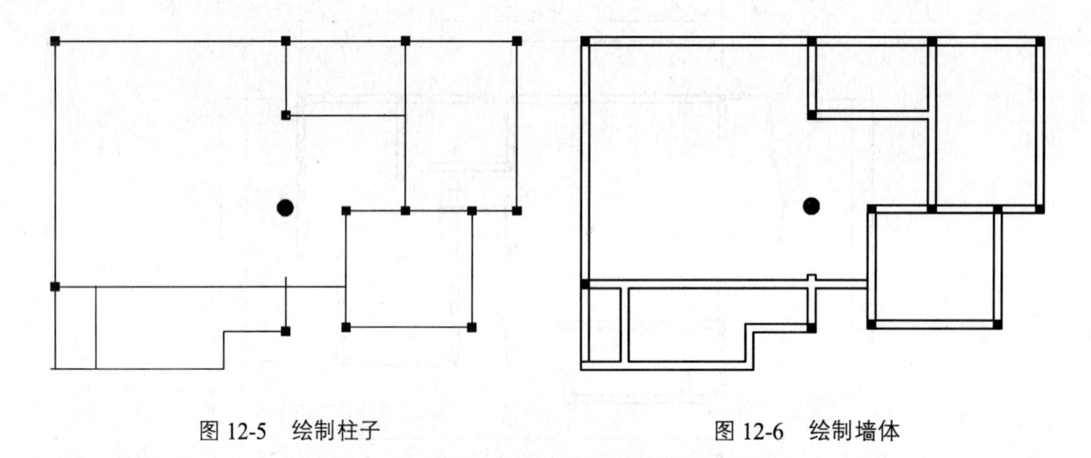

图 12-5 绘制柱子　　　　图 12-6 绘制墙体

12.3.4 绘制门、窗

先修剪出门洞和窗洞，然后调用 INSERT/I 命令插入门、窗图块，完成门窗的布置如图 12-7 所示。

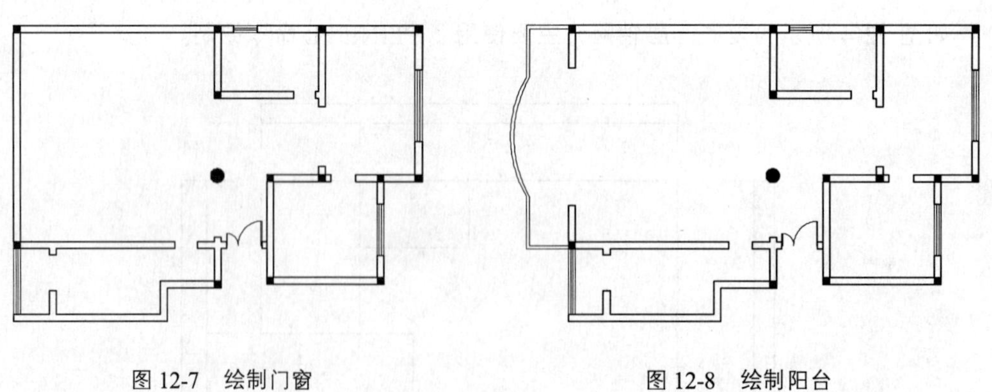

图 12-7 绘制门窗　　　　图 12-8 绘制阳台

12.3.5 绘制阳台

调用 PLINE/PL 命令、ARC/A 命令和 OFFSET/O 命令，绘制阳台，效果如图 12-8 所示。

12.3.6 绘制楼梯

绘制楼梯后的效果如图 12-9 所示。

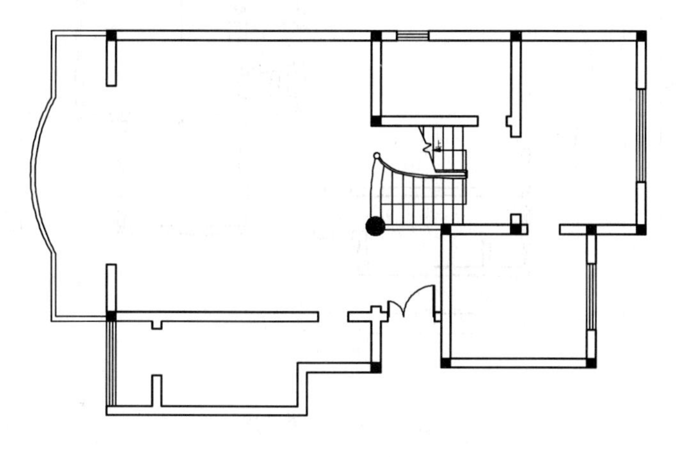

图 12-9 绘制楼梯

12.3.7 标注尺寸

调用 DIMLINEAR/DLI 命令进行标注，标注完成后如图 12-10 所示，调用 INSERT/I 命令插入图名。

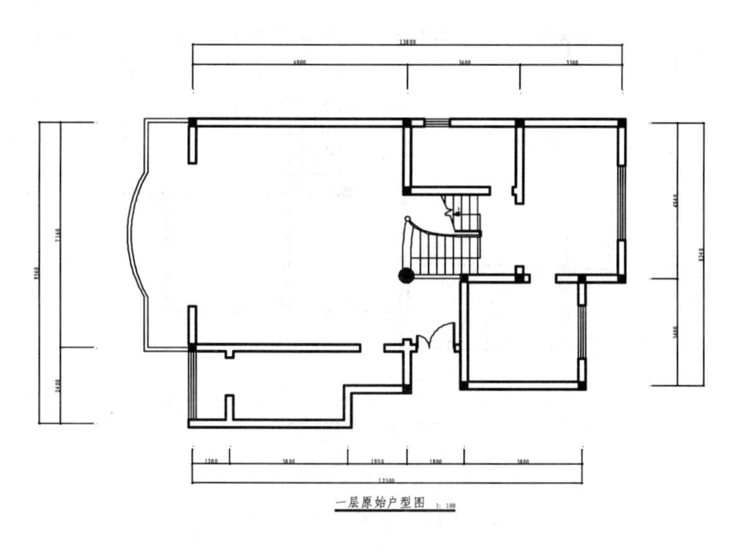

图 12-10 标注尺寸

12.3.8 文字标注

复式一层主要是由客厅、玄关、客房、厨房、餐厅、卫生间和阳台组成，其空间划分如图 12-11 所示。

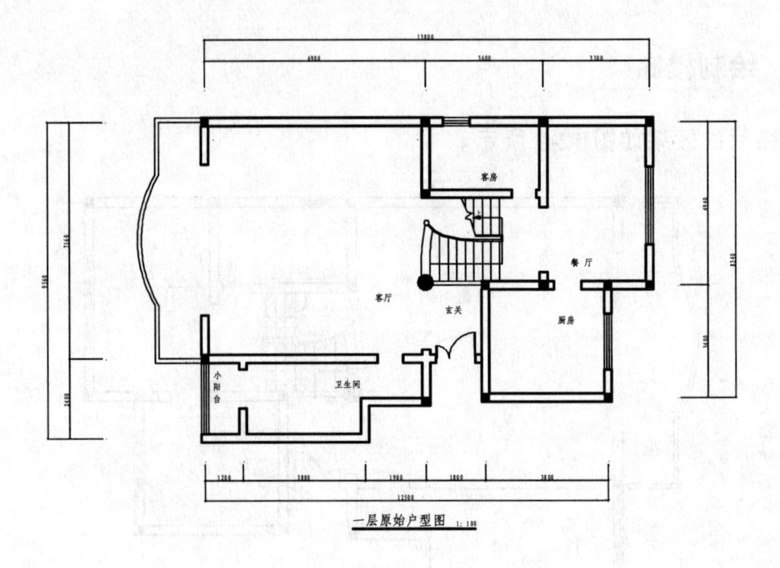

图 12-11　文字标注

12.3.9　二层原始户型图

使用同样的方法绘制如图 12-12 所示二层原始户型图。

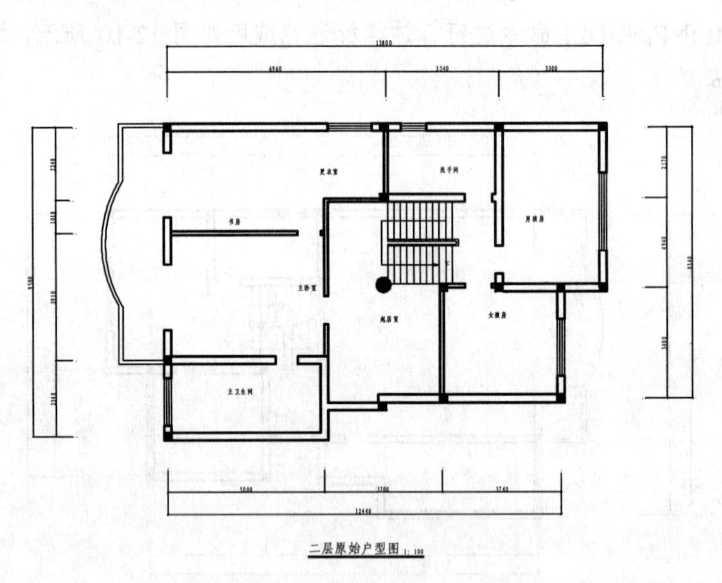

图 12-12　二层原始户型图

12.4　绘制平面布置图

如图 12-13 和图 12-14 所示为复式一层和二层的平面布置图，下面讲解平面布置图的绘制方法。

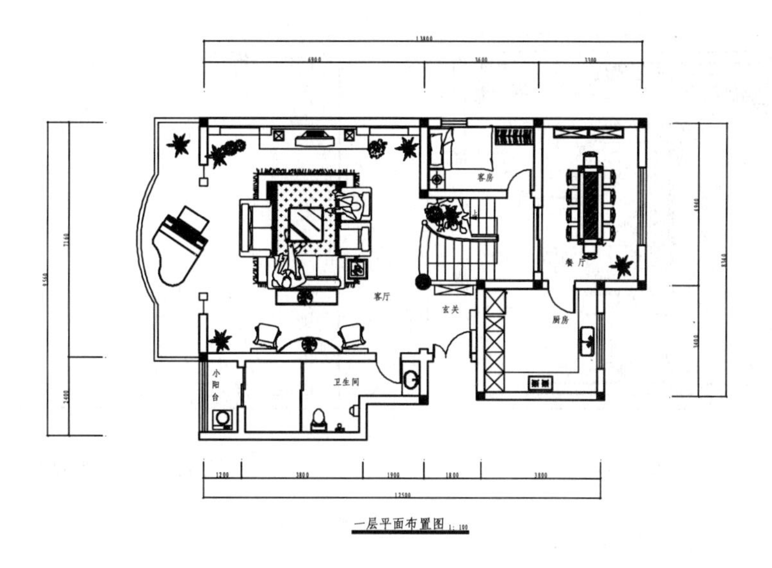

图 12-13　一层平面布置图

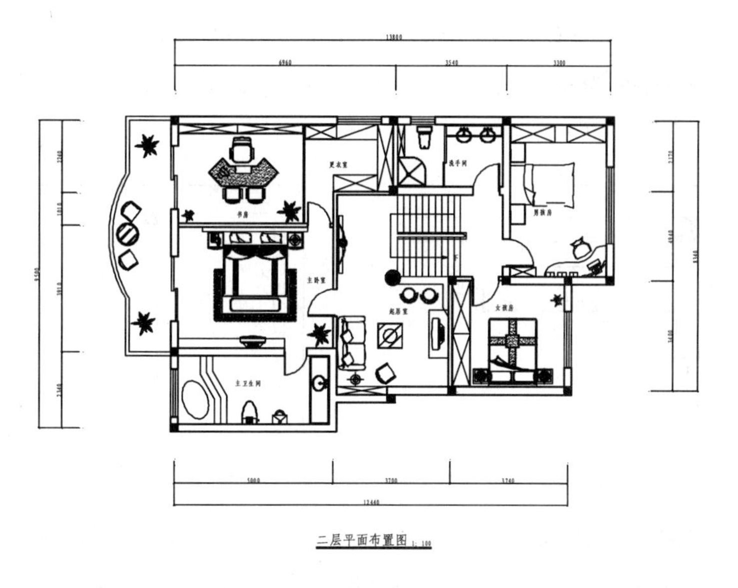

图 12-14　二层平面布置图

12.4.1　绘制客厅平面布置图

如图 12-15 所示为客厅平面布置图，客厅位于复式的一层，下面讲解绘制方法。

1.　复制图形

调用 COPY/CO 命令，复制复式一层原始户型图。

2.　绘制隔断

客厅与阳台之间采用的是隔断形式，调用 LINE/L 命令和 RECTANG/REC 命令绘制隔断，效果如图 12-16 所示。

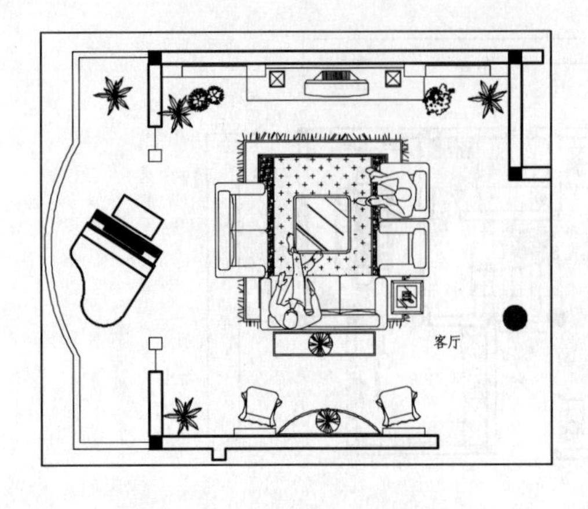

图 12-15 客厅平面布置图

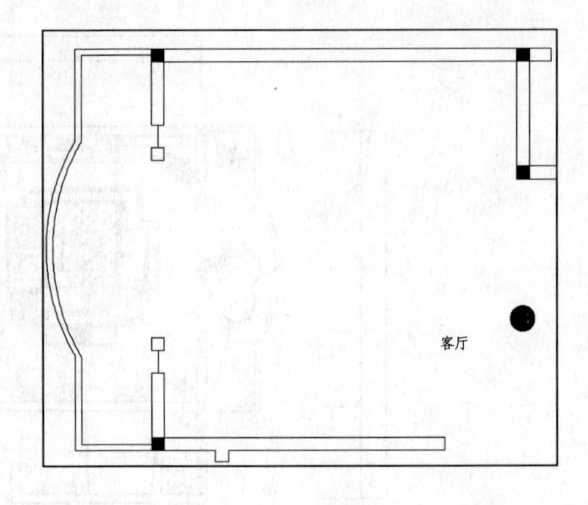

图 12-16 绘制隔断

3. 绘制电视背景墙造型

01 设置"JJ_家具"图层为当前图层。

02 调用 RECTANG/REC 命令，绘制一个尺寸为 2000 × 250 的矩形，如图 12-17 所示。

03 调用 RECTANG/REC 命令，绘制一个尺寸为 1225 × 215 的矩形，并移动到相应的位置，效果如图 12-18 所示。

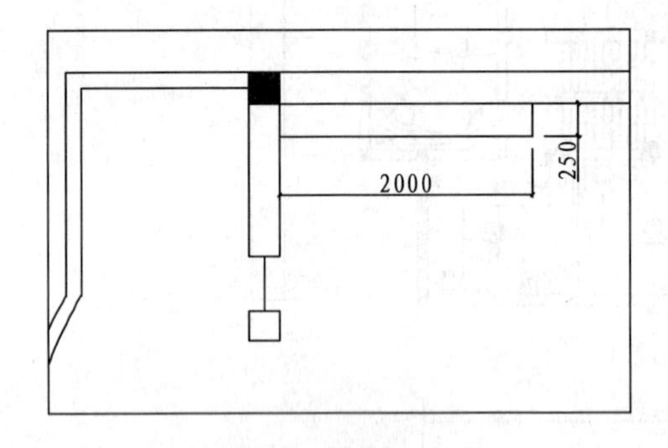

图 12-17 绘制矩形

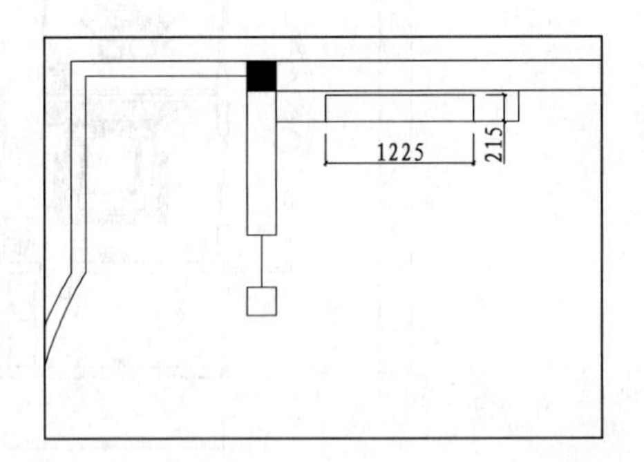

图 12-18 绘制矩形

04 调用 MIRROR/MI 命令，通过镜像，得到另一侧同样的造型，如图 12-19 所示。

05 调用 PLINE/PL 命令，绘制电视柜，如图 12-20 所示。

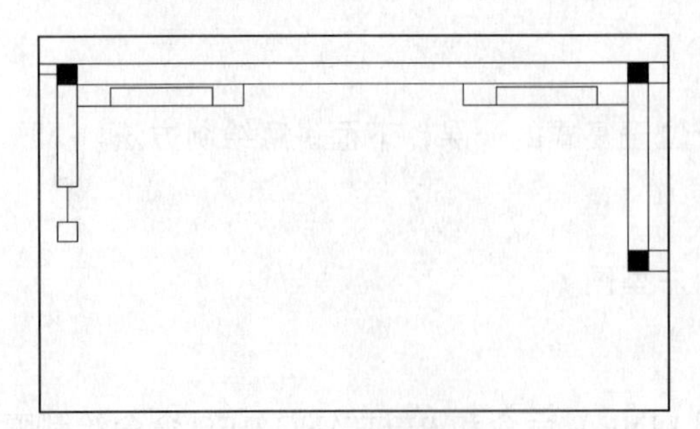
图 12-19 镜像图形

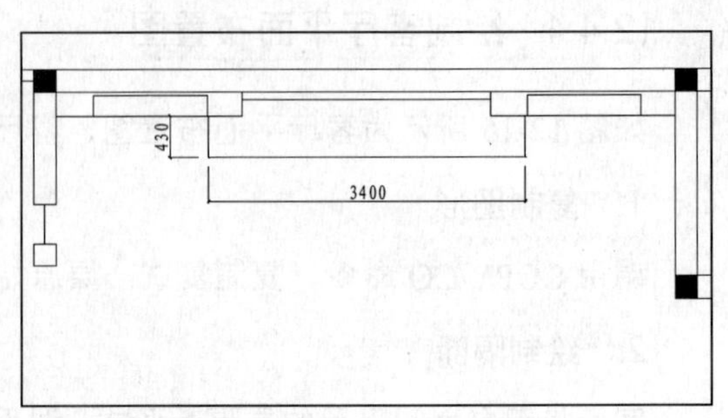

图 12-20 绘制多段线

4. 绘制沙发背景造型

01 调用 RECTANG/REC 命令，绘制如图 12-21 所示矩形。

02 调用 COPY/CO 命令，将矩形向左复制，效果如图 12-22 所示。

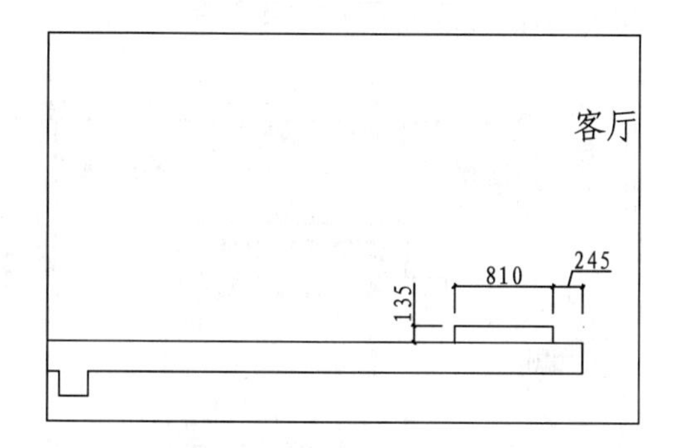

图 12-21　绘制矩形

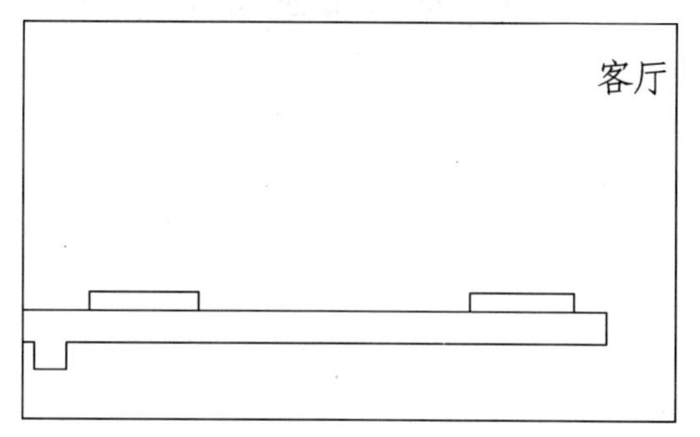

图 12-22　复制矩形

03 调用 CIRCLE/C 命令，以两个矩形之间的中点为圆心，绘制一个半径为 1270 的圆，并对圆进行移动，如图 12-23 所示。

04 调用 OFFSET/O 命令，将圆向外偏移 30，如图 12-24 所示。

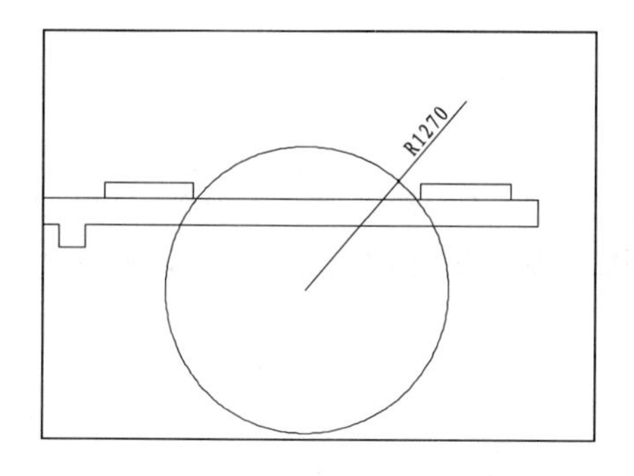

图 12-23　绘制圆

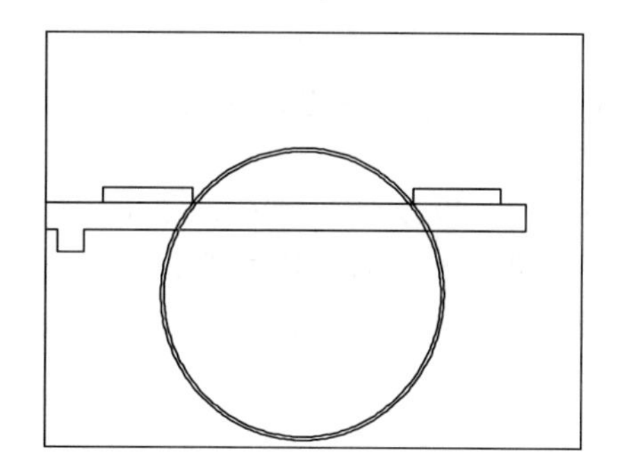

图 12-24　偏移圆

05 调用 TRIM/TR 命令，对圆进行修剪，如图 12-25 所示。

06 调用 OFFSET/O 命令，偏移如图 12-26 箭头所示墙体线，偏移的距离为 30，并将偏移后的线段转换至“JJ_家具”图层。

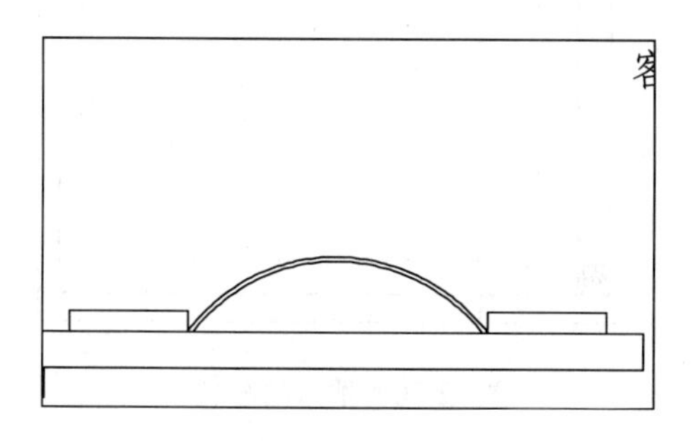

图 12-25　修剪圆

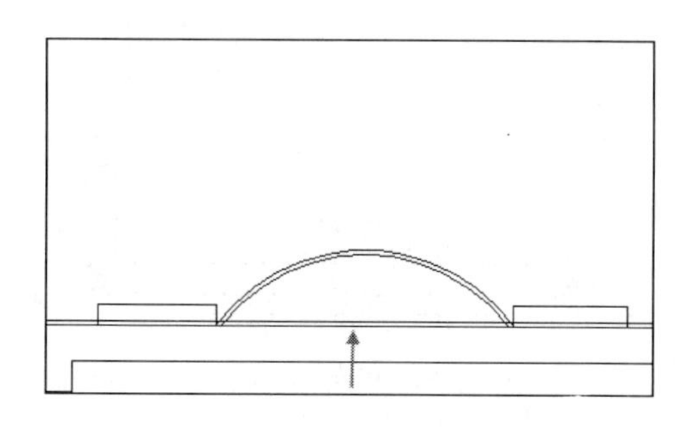

图 12-26　偏移线段

07 使用夹点功能调整线段和圆弧，效果如图 12-27 所示。

5. 插入图块

打开配套光盘提供的"第 12 章\家具图例.dwg"文件，选择其中沙发群、植物、电视和钢琴等图块，将其复制至客厅区域，如图 12-28 所示，客厅平面布置图绘制完成。

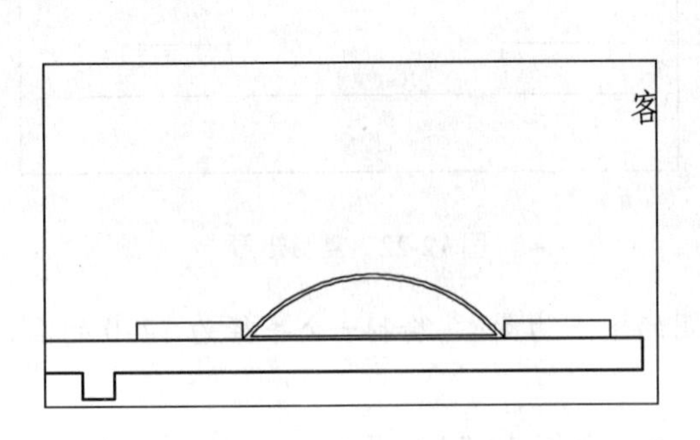

图 12-27 调整线段和圆弧

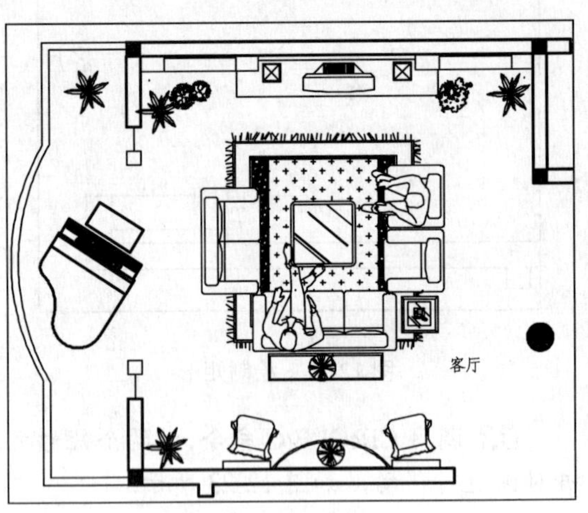

图 12-28 插入图块

12.4.2 绘制厨房平面布置图

如图 12-29 所示为厨房平面布置图，厨房采用的是"L"形布置，下面讲解绘制方法。重点应掌握橱柜位置、尺寸参数的合理设置。例如，橱柜的宽度应在 540～600mm 之间，并留出足够的空间放置诸如冰箱等厨房电器。

1. 插入门图块

调用 INSERT/I 命令，插入门图块，效果如图 12-30 所示。

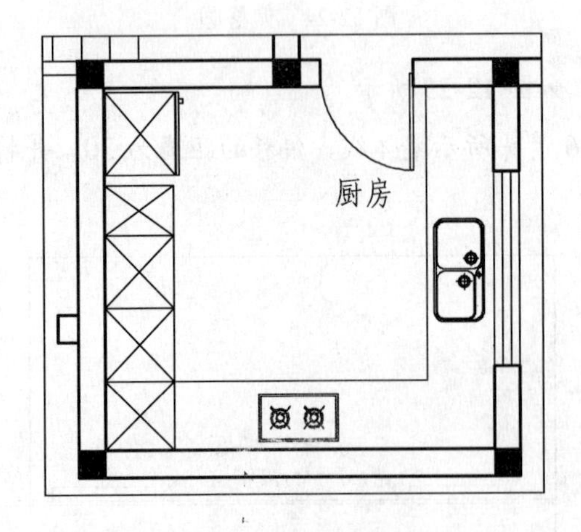

图 12-29 厨房平面布置图

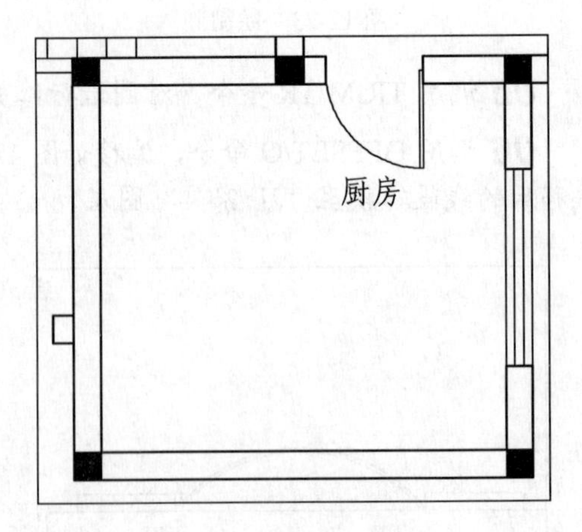

图 12-30 插入门图块

2. 绘制橱柜

01 调用 RECTANG/REC 命令，绘制如图 12-31 所示矩形。

02 调用 LINE/L 命令，连接矩形的对角线，表示是到顶的，如图 12-32 所示。

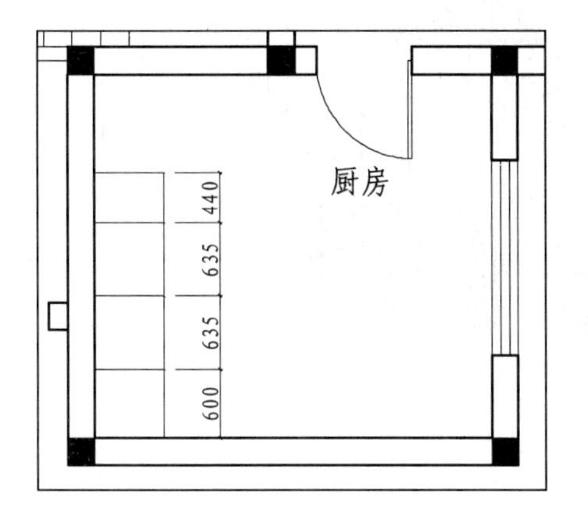

图 12-31 绘制矩形

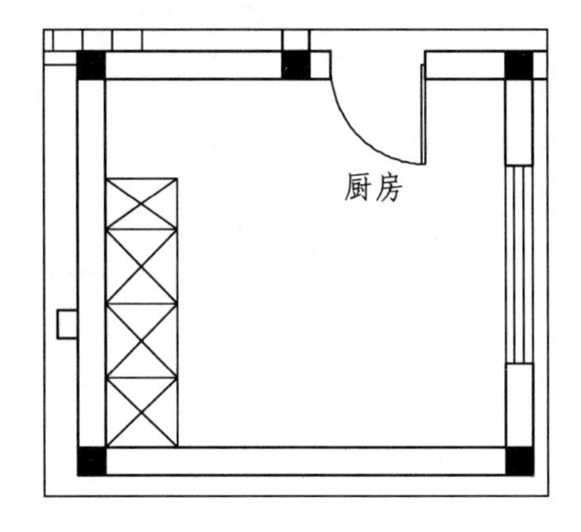

图 12-32 绘制对角线

03 调用 PLINE/PL 命令，绘制如图 12-33 所示多段线。

3. 插入图块

打开配套光盘提供的“第 12 章\家具图例.dwg”文件，选择其中的燃气灶和洗涤槽等图块，将其复制至厨房区域，如图 12-34 所示，厨房平面布置图绘制完成。

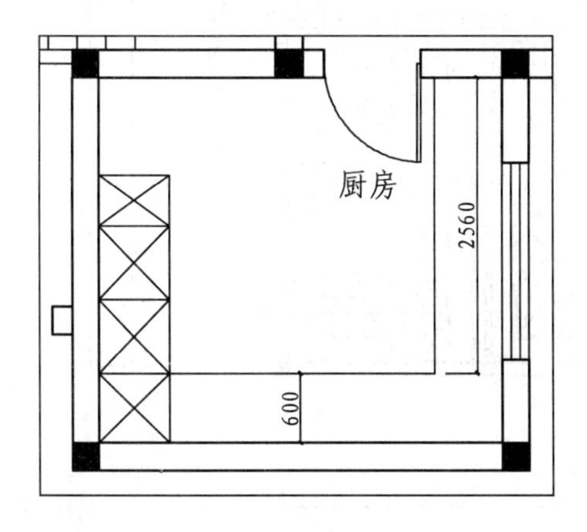

图 12-33 绘制多段线

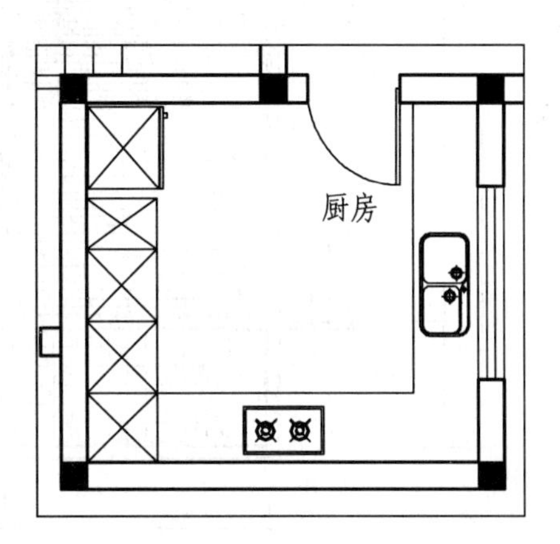

图 12-34 插入图块

12.5 绘制地材图

本节通过绘制复式地材图，如图 12-35 和图 12-36 所示，读者可以掌握各种地面材料的表示方法和绘制技巧。

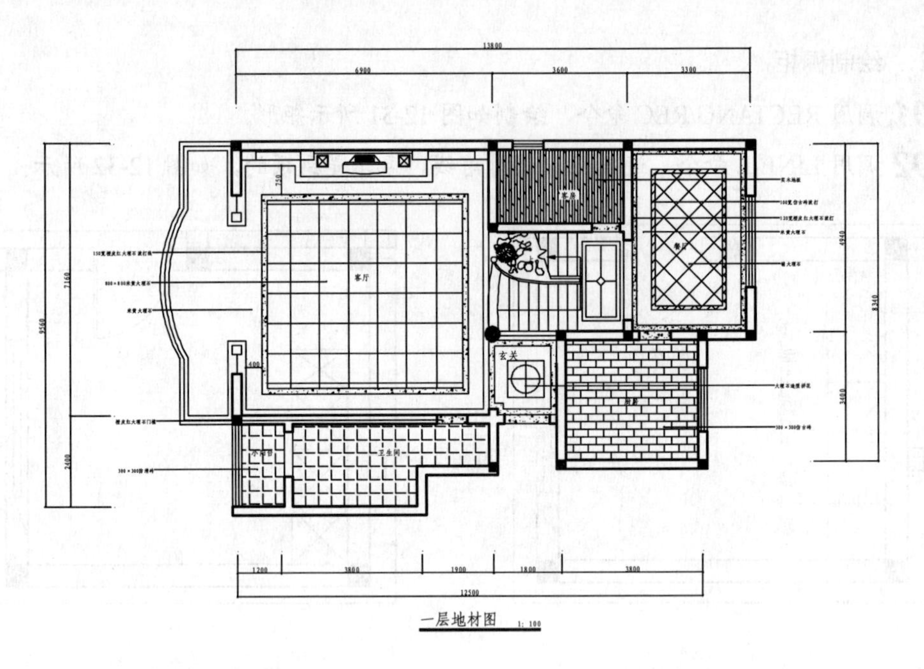

图 12-35　一层地材图

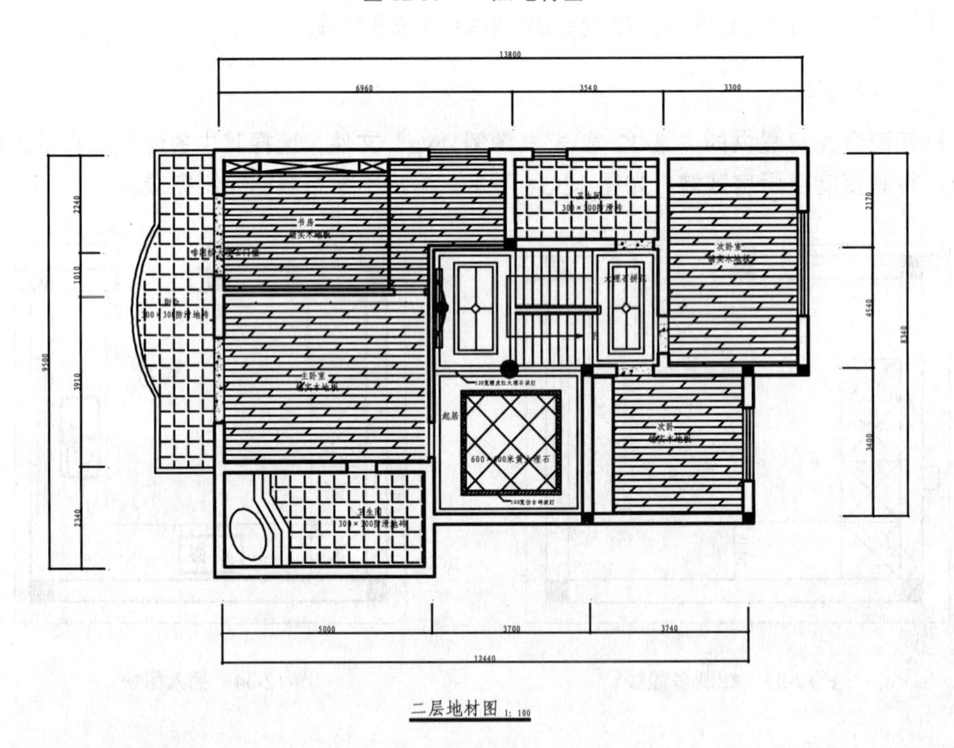

图 12-36　二层地材图

12.5.1　绘制客厅地材图

客厅地面主要是由大理石和波打线组成，如图 12-37 所示，下面讲解绘制方法。

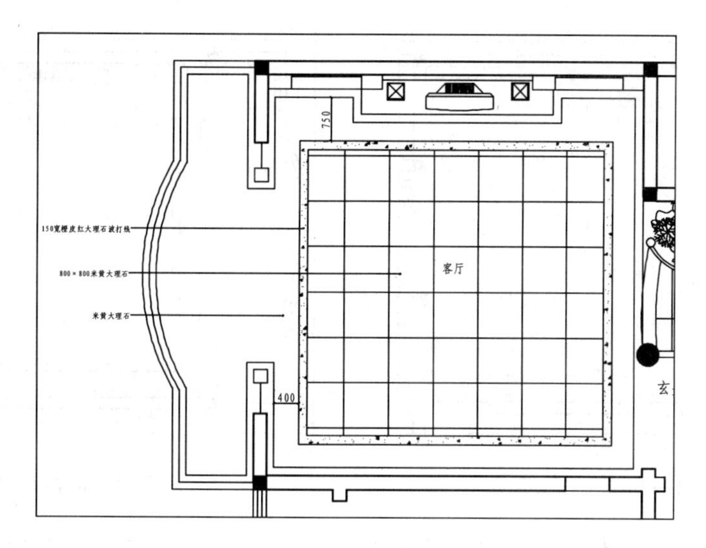

图 12-37 客厅地材图

1. 复制图形

复制复式一层平面布置图，删除里面的家具。

2. 绘制门槛线

01 设置“DM-地面”图层为当前图层。

02 删除门，并调用 LINE/L 命令，绘制门槛线，封闭填充图案区域，如图 12-38 所示。

3. 绘制地面图例

01 绘制波打线。调用 PLINE/PL 命令和 ARC/A 命令，沿客厅内墙线走一遍，然后调用 OFFSET/O 命令，将绘制的多段线和弧线向内偏移 120，并进行调整，如图 12-39 所示。

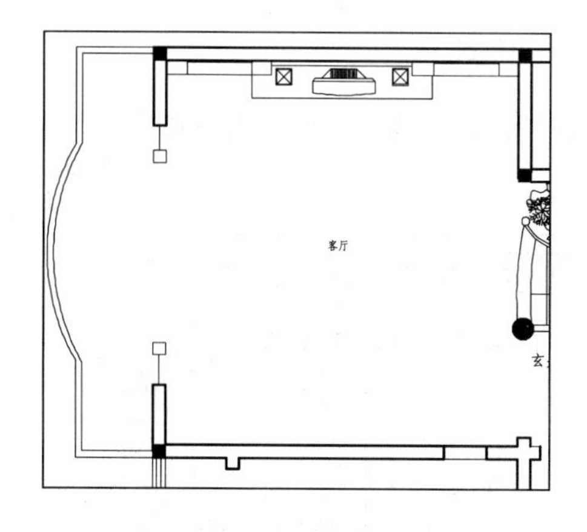

图 12-38 绘制门槛线

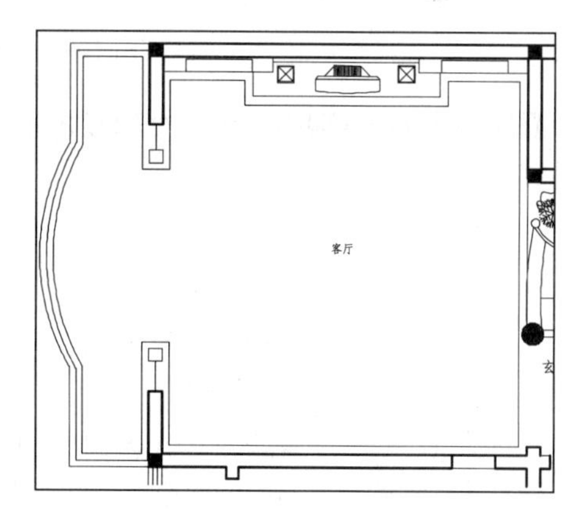

图 12-39 绘制波打线

02 调用 RECTANG/REC 命令，绘制一个尺寸为 5560×5260 的矩形，并移动到相应的位置，如图 12-40 所示。

03 调用 OFFSET/O 命令，将矩形向内偏移 150，如图 12-41 所示。

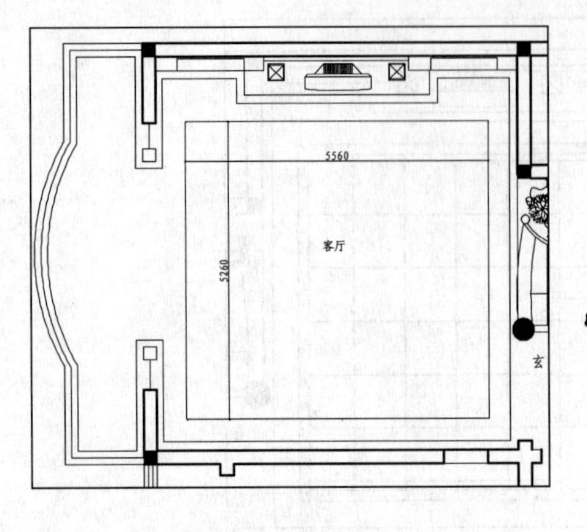

图 12-40　绘制矩形

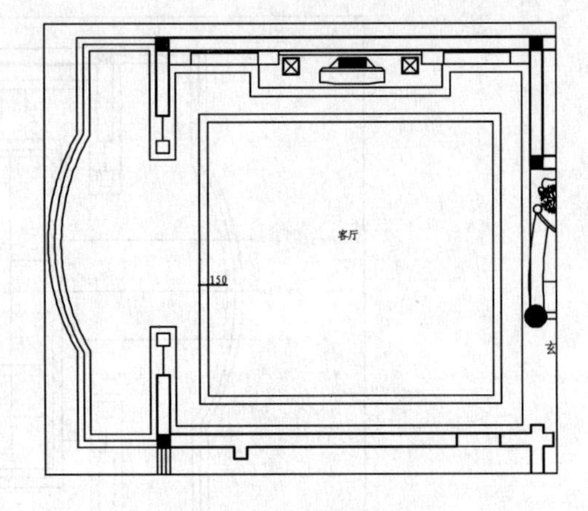

图 12-41　偏移矩形

04 调用 HATCH/H 命令，对波打线内填充 AR-CONC 图案，填充参数和效果如图 12-42 所示。

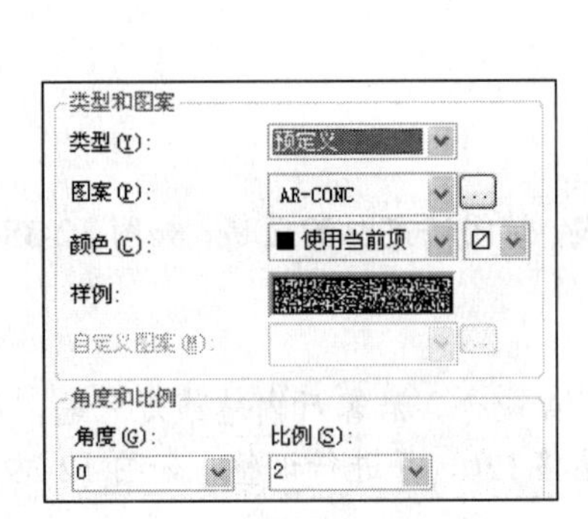

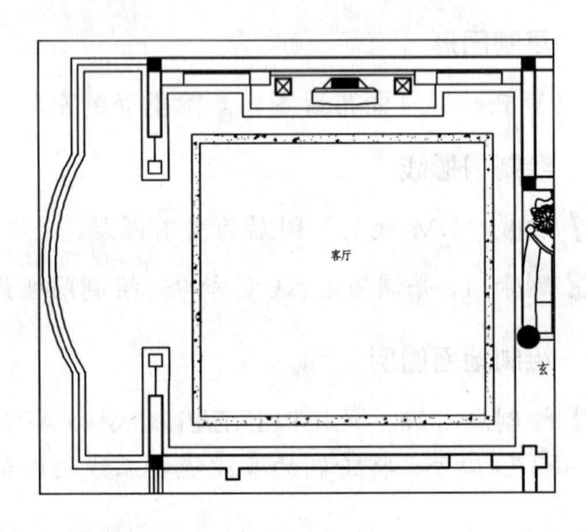

图 12-42　填充参数和效果

05 调用 HATCH/H 命令，对矩形内填充"用户定义"图案，填充参数和效果如图 12-43 所示。

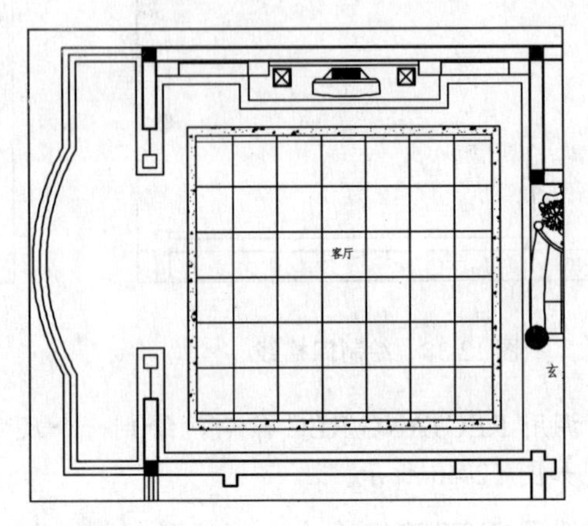

图 12-43　填充参数和效果

4. 标注尺寸和材料

调用 DIMLINEAR/DLI 命令，标注尺寸。调用 MLEADER/MLD 命令，标注地面材料说明，完成后的效果如图 12-44 所示，客厅地材图绘制完成。

12.5.2 绘制餐厅地材图

餐厅的地面由波打线和大理石组成，如图 12-45 所示，下面介绍其绘制方法。

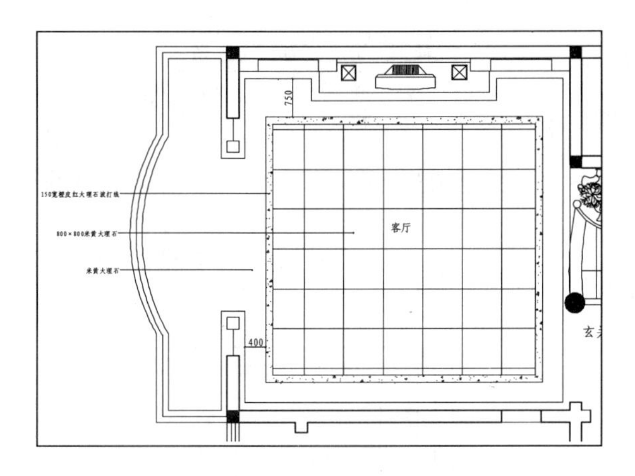

图 12-44 标注材料

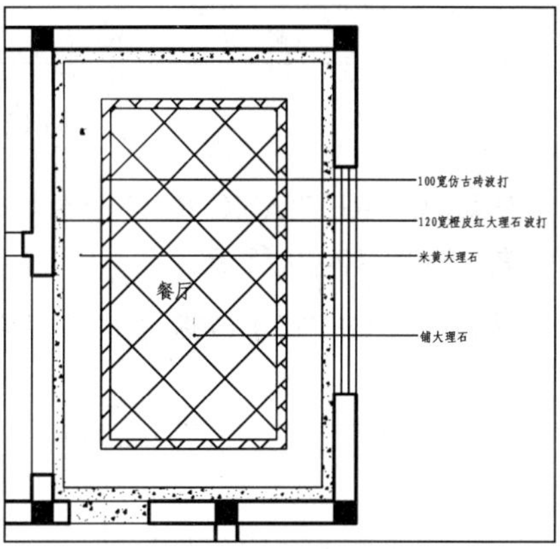

图 12-45 餐厅地材图

01 绘制波打线。调用 OFFSET/O 命令，向内偏移餐厅墙体线，偏移距离为 135，得到 135 宽波打线，并将偏移后的线段转换至“DM_地面”图层，如图 12-46 所示。

02 调用 CHAMFER/CHA 命令，对偏移后的线段进行倒角，效果如图 12-47 所示。

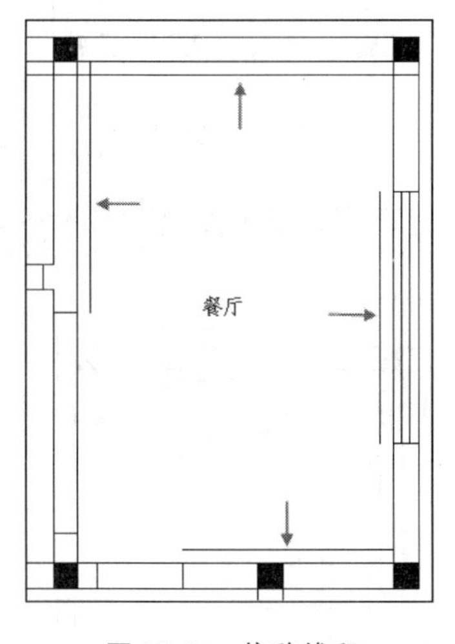

图 12-46 偏移线段

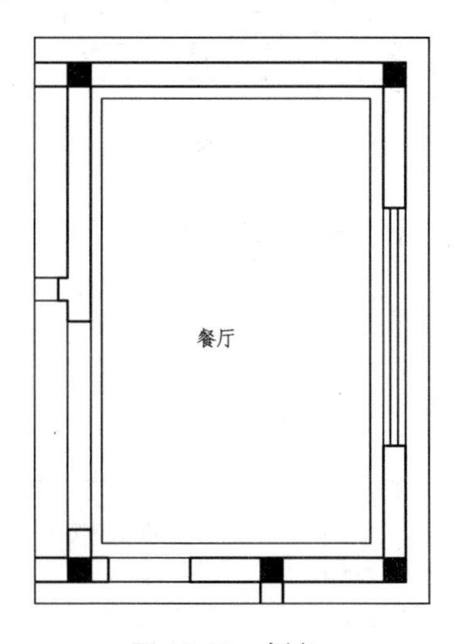

图 12-47 倒角

03 调用 HATCH/H 命令，对波打线和门槛内填充 AR-CONC 图案，填充参数和效果如图 12-48 所示。

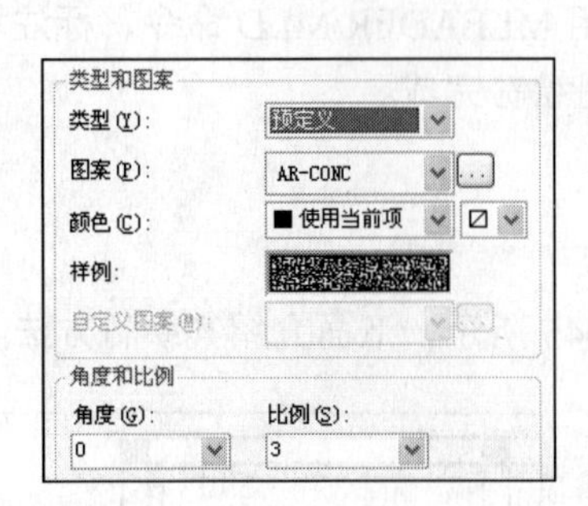

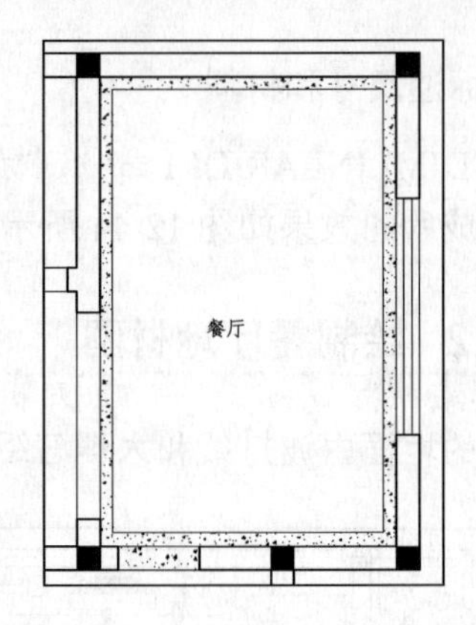

图 12-48 填充参数和效果

04 调用 RECTANG/REC 命令，绘制一个尺寸为 2005×3690 的矩形，并移动到相应的位置，如图 12-49 所示。

05 调用 OFFSET/O 命令，将矩形向内偏移 100，如图 12-50 所示。

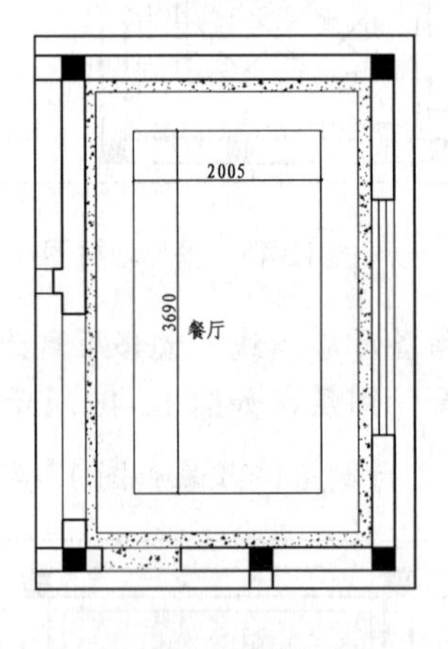

图 12-49 绘制矩形

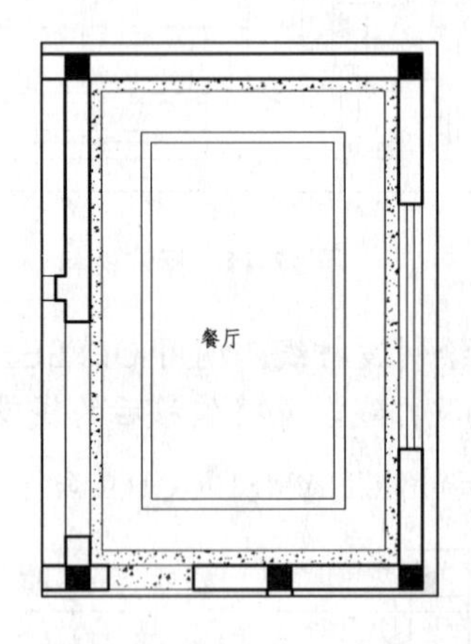

图 12-50 偏移矩形

06 调用 HATCH 命令，对波打线内填充 AR-HBONE 图案，填充参数和效果如图 12-51 所示。

类型和图案
类型(Y): 预定义
图案(P): AR-HBONE
颜色(C): 使用当前项
样例:
自定义图案(M):
角度和比例
角度(G): 0
比例(S): 8

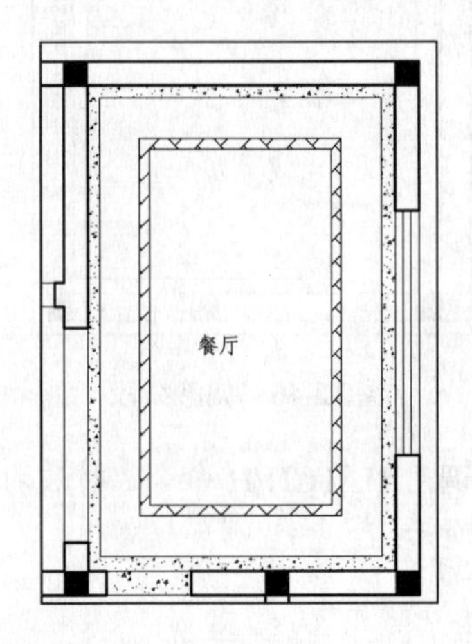

图 12-51 填充参数和效果

07 调用 HATCH/H 命令，在矩形内填充“用户定义”图案，填充参数和效果如图 12-52 所示。

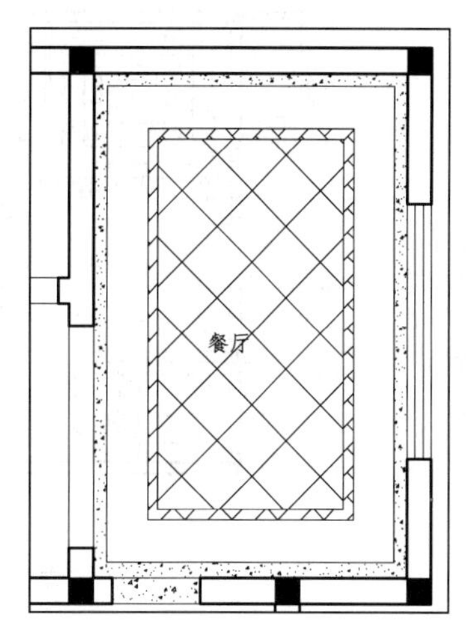

图 12-52　填充参数和效果

08 调用 MLEADER/MLD 命令进行地面材料标注，结果如图 12-45 所示。

12.6 绘制顶棚图

如图 12-53 和图 12-54 所示为本例复式的顶棚图，本节以客厅和主卧顶棚为例讲解顶棚的绘制方法。

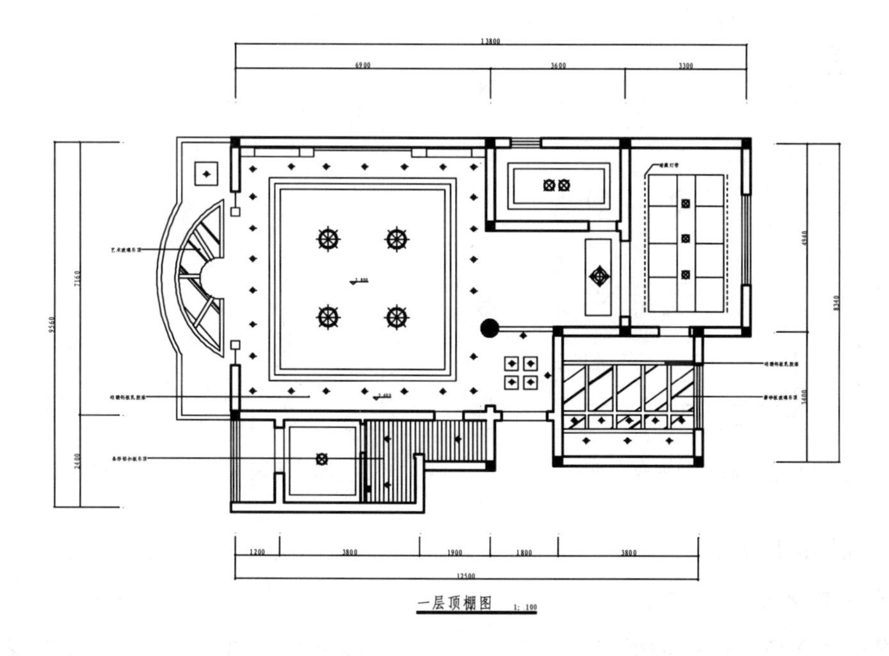

图 12-53　一层顶棚图

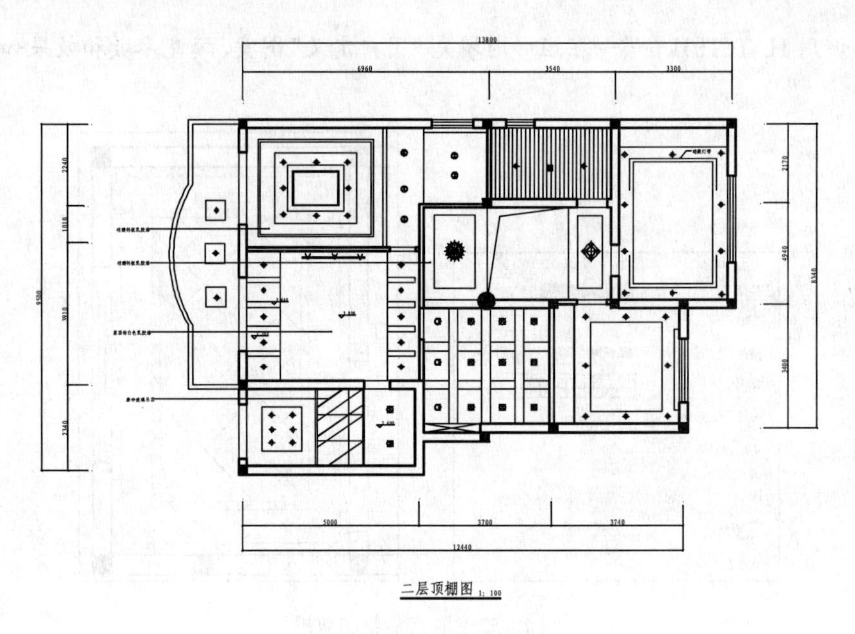

图 12-54　二层顶棚图

12.6.1　客厅和阳台顶棚图

如图 12-55 所示为客厅和阳台的顶面设计。

1. 复制图形

顶棚图可以在平面布置图的基础上绘制，复制复式的平面布置图，并删除与顶棚图无关的图形，并在门洞处绘制墙体线，如图 12-56 所示。

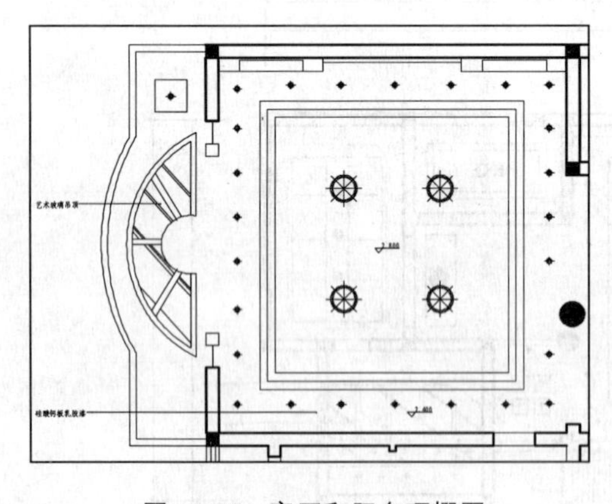

图 12-55　客厅和阳台顶棚图

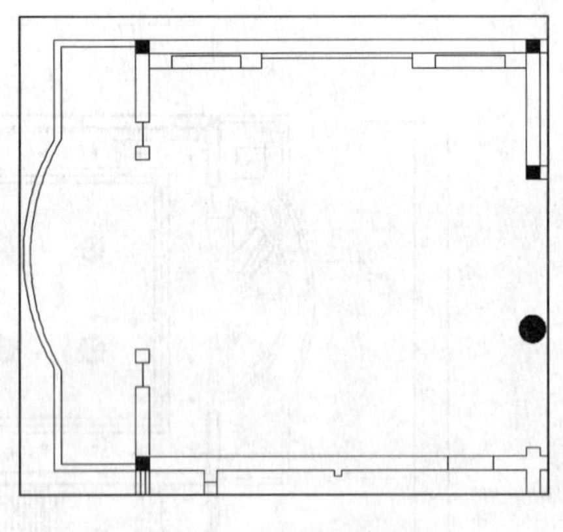

图 12-56　整理图形

2. 绘制吊顶造型

01 设置“DD_吊顶”图层为当前图层。

02 调用 RECTANG/REC 命令，绘制一个尺寸为 5060 × 5320 的矩形，并移动到相应的位置，效果如图 12-57 所示。

03 调用 OFFSET/O 命令，将矩形向内偏移两次 150，如图 12-58 所示。

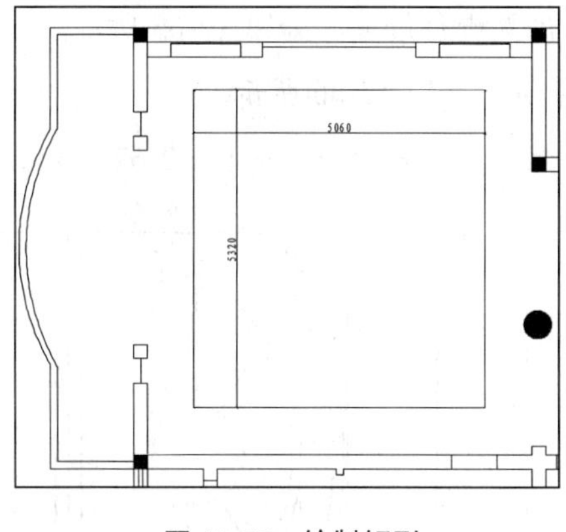

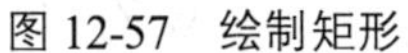

图 12-57　绘制矩形

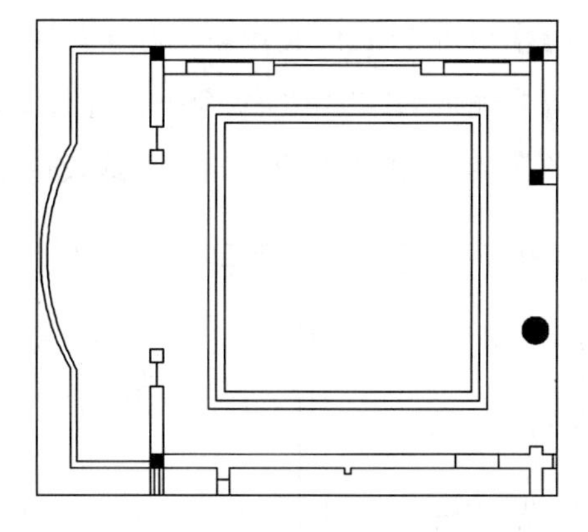

图 12-58　偏移矩形

04 调用 LINE/L 命令，绘制如图 12-59 所示辅助线。

05 调用 CIRCLE/C 命令，以辅助线的交点为圆心绘制一个半径为 2195 的圆，然后删除辅助线，如图 12-60 所示。

06 调用 OFFSET/O 命令，将绘制的圆向外偏移 100，如图 12-61 所示。

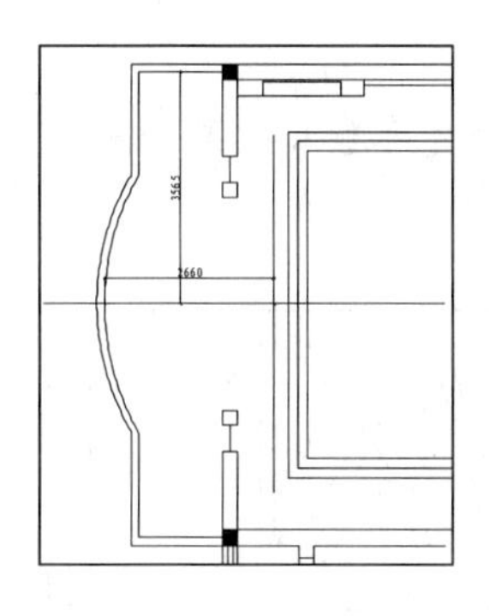

图 12-59　绘制辅助线

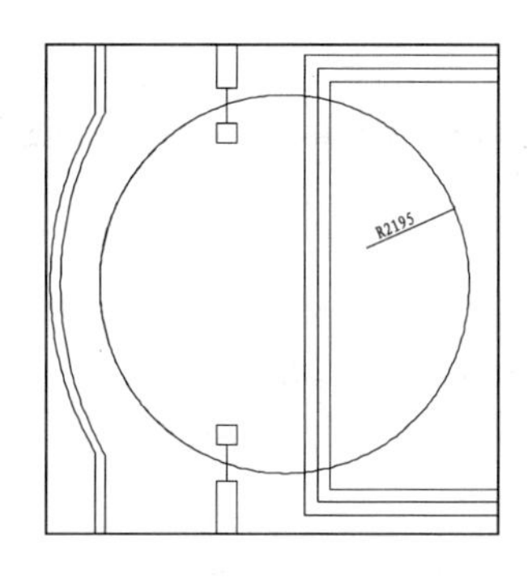

图 12-60　绘制圆

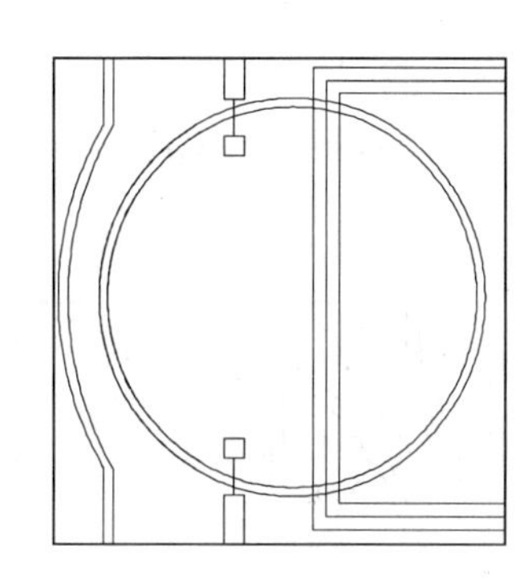

图 12-61　偏移圆

07 调用 LINE/L 命令和 OFFSET/O 命令，绘制如图 12-62 所示线段。

08 调用 TRIM/TR 命令，对圆进行修剪，效果如图 12-63 所示。

09 调用 CIRCLE/C 命令，以如图 12-64 箭头所示线段的中点为圆心绘制一个半径为 545 的圆，如图 12-64 所示。

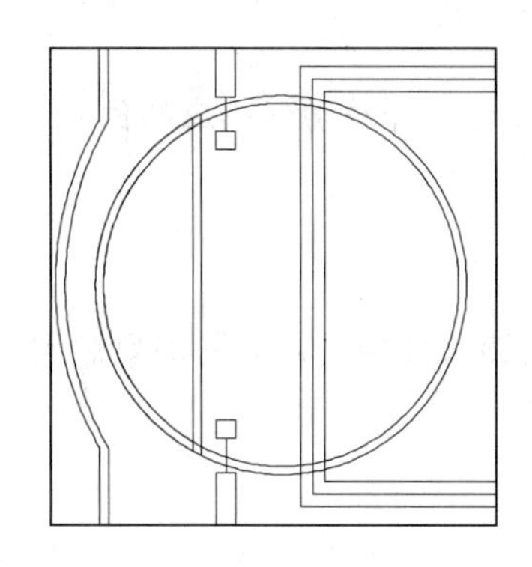

图 12-62　绘制线段

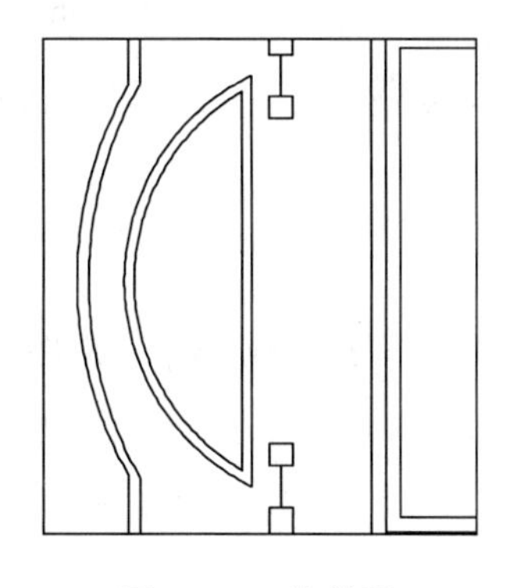

图 12-63　修剪圆

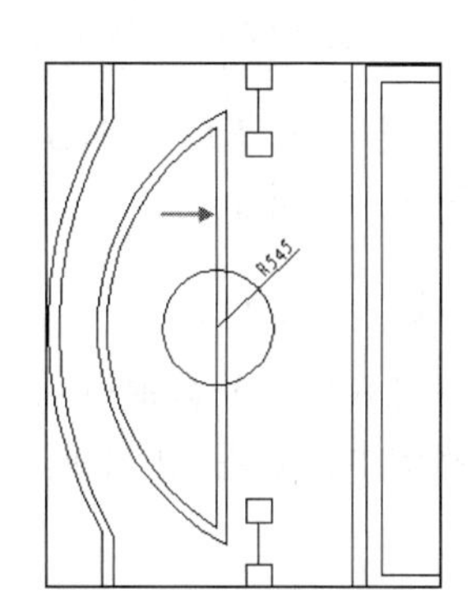

图 12-64　绘制圆

10 调用 TRIM/TR 命令，对圆与线段相交的位置进行修剪，如图 12-65 所示。

11 调用 DIVIDE/DIV 命令，将圆弧分成三等份，如图 12-66 所示。

12 调用 LINE/L 命令，绘制线段连接圆弧，然后删除等分点，如图 12-67 所示。

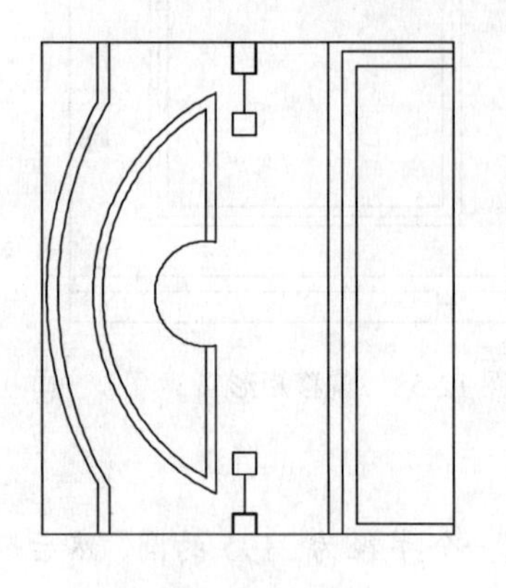

图 12-65 修剪圆

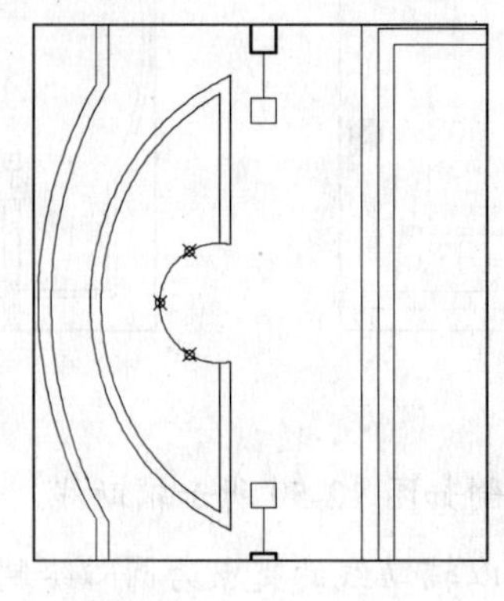

图 12-66 等分圆弧

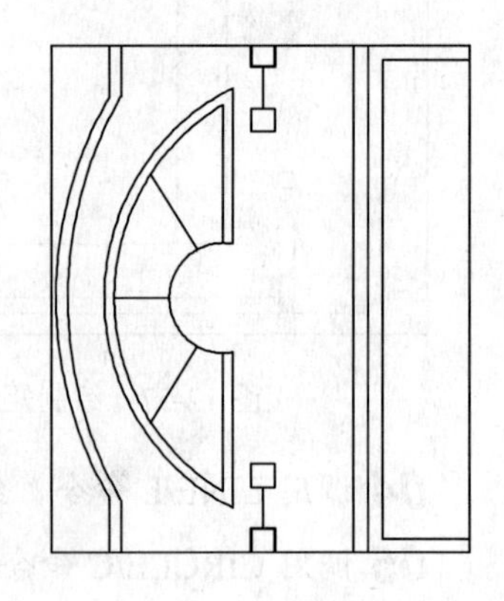

图 12-67 绘制线段

13 调用 OFFSET/O 命令，将线段向上或向下偏移 100，并使用夹点功能调整线段，如图 12-68 所示。

14 调用 HATCH/H 命令，对吊顶内填充 AR-RROOF 图案，填充参数和效果如图 12-69 所示。

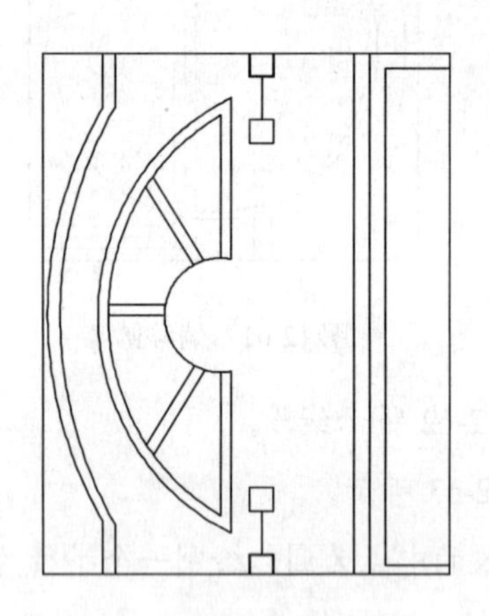

图 12-68 偏移线段

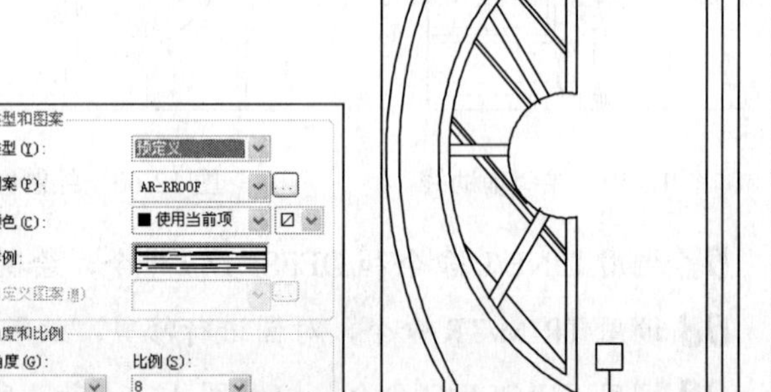

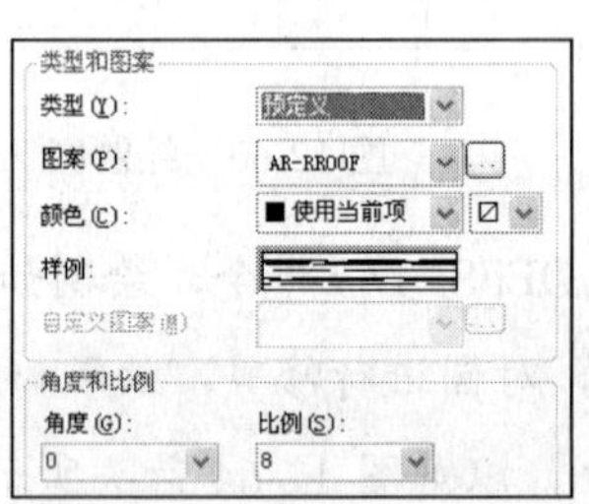

图 12-69 填充参数和效果

15 调用 RECTANG/REC 命令，绘制一个边长为 600 的矩形，并移动到相应的位置，如图 12-70 所示。

3. 布置灯具

打开配套光盘提供的“第 12 章\家具图例.dwg”文件，将该文件中的灯具图例复制到顶棚图中，如图 12-71 所示。

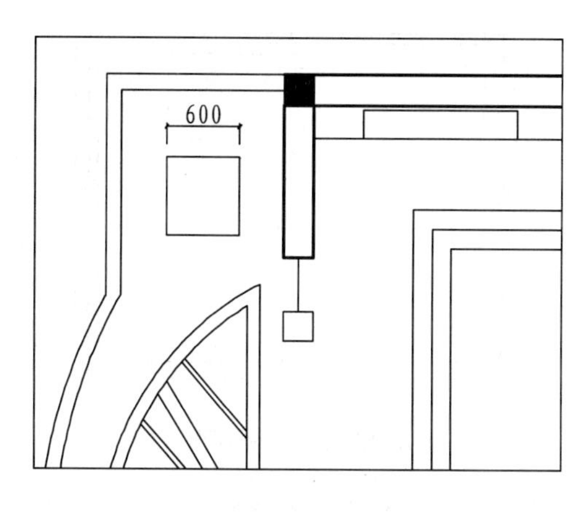

图 12-70 绘制矩形

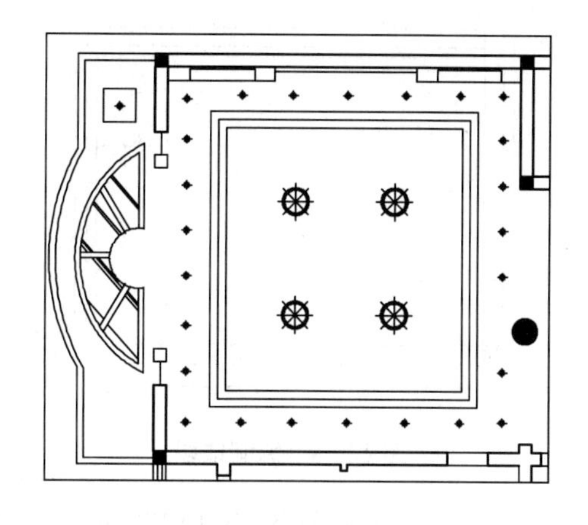

图 12-71 布置灯具

4. 插入标高和文字说明

01 调用 INSERT/I 命令，插入“标高”图块标注标高，如图 12-72 所示。

02 调用 MLEADER/MLD 命令，标注顶面材料说明，完成后的效果如图 12-55 所示，客厅和阳台顶棚如绘制完成。

12.6.2 绘制主卧顶棚图

主卧位于复式的二层，其顶棚图如图 12-73 所示，下面介绍其绘制方法。

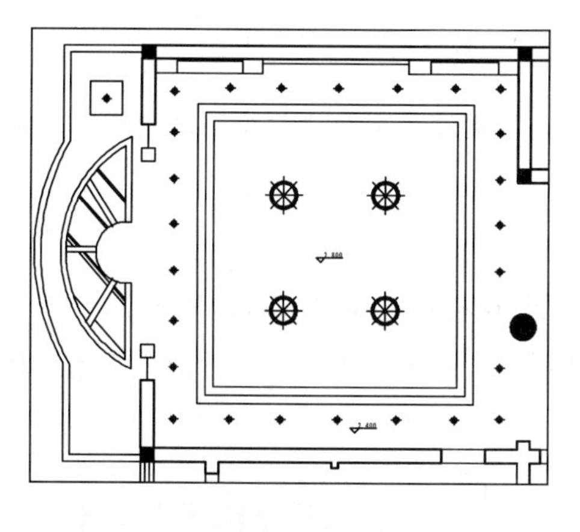

图 12-72 插入标高

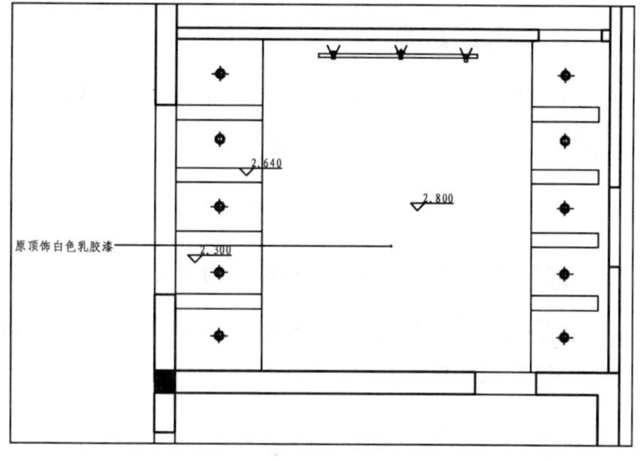

图 12-73 主卧顶棚图

1. 绘制吊顶造型

01 调用 LINE/L 命令，绘制如图 12-74 所示线段。

02 调用 RECTANG/REC 命令，绘制一个尺寸为 760 × 150 的矩形，如图 12-75 所示。

03 调用 ARRAY/AR 命令，对矩形进行阵列，设置阵列的行数为 4，列数为 1，行偏移距离为-670，阵列效果如图 12-76 所示。

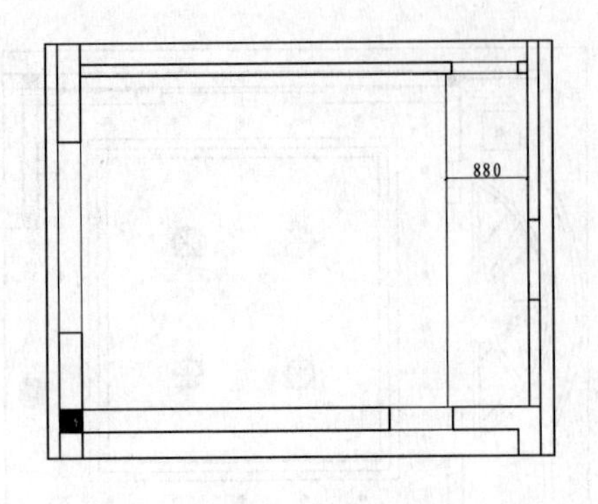

图 12-74　绘制线段

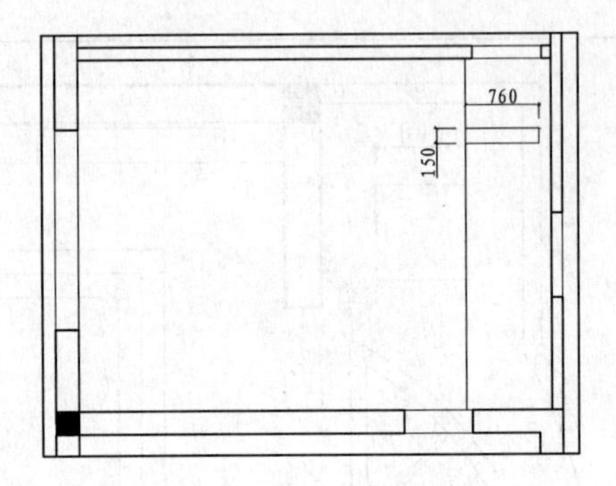

图 12-75　绘制矩形

04 调用 LINE 命令、OFFSET 命令和 TRIM 命令，绘制主卧左侧吊顶造型，如图 12-77 所示。

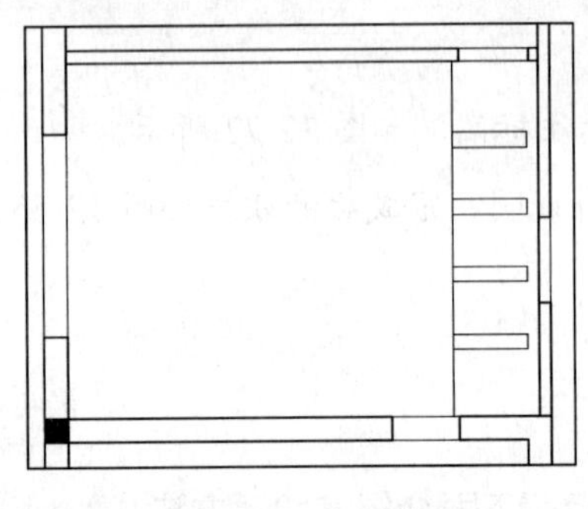

图 12-76　阵列结果

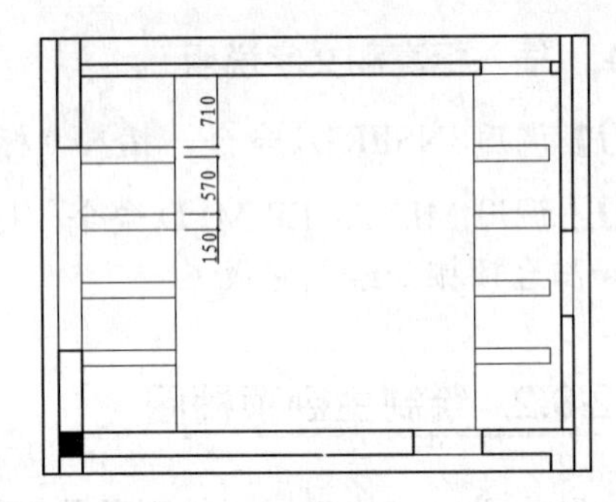

图 12-77　绘制左侧吊顶造型

2. 布置灯具

打开配套光盘提供的“第 12 章\家具图例.dwg”文件，将该文件中的灯具图例复制到顶棚图中，如图 12-78 所示。

3. 标注标高和文字说明

01 调用 INSERT/I 命令，插入“标高”图块创建标高，如图 12-79 所示。

02 调用 MLEADER/MLD 命令标出顶面的材料，结果如图 12-73 所示，完成主卧顶棚图的绘制。

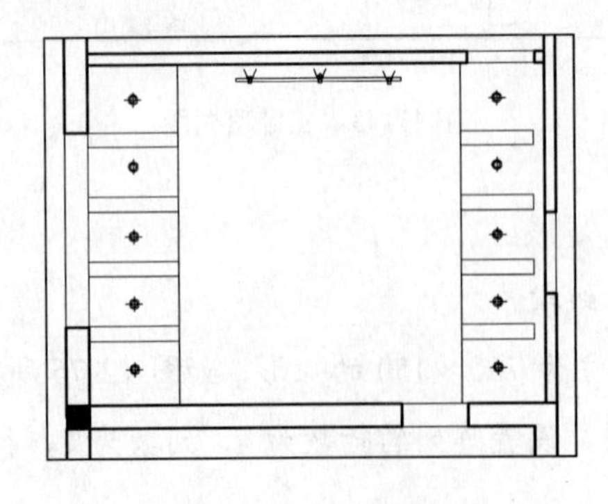

图 12-78　布置灯具

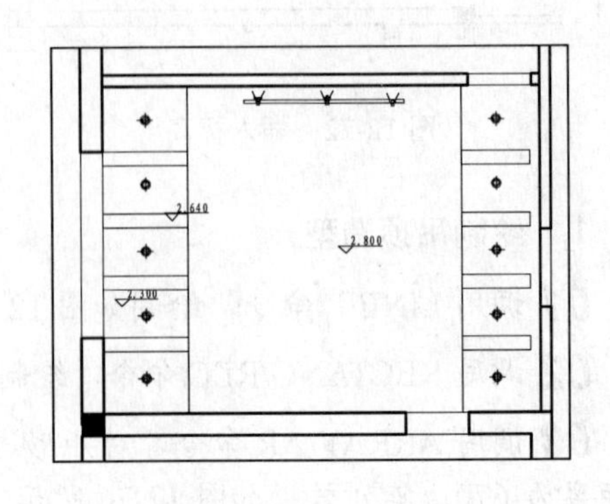

图 12-79　插入标高

12.7 绘制复式立面图

本节以客厅和餐厅立面为例，介绍立面图的画法和相关规则，通过本节的学习，读者可进一步掌握立面图的绘制方法及技巧。

12.7.1 绘制客厅 B 立面图

客厅是家庭群体活动的主要空间，通常作为会客、聚谈的中心，如图 12-80 所示为客厅 B 立面图，客厅 B 立面图表达的范围左至阳台，右至客厅，为求图形的精确，本例依然采用投影法进行绘制。

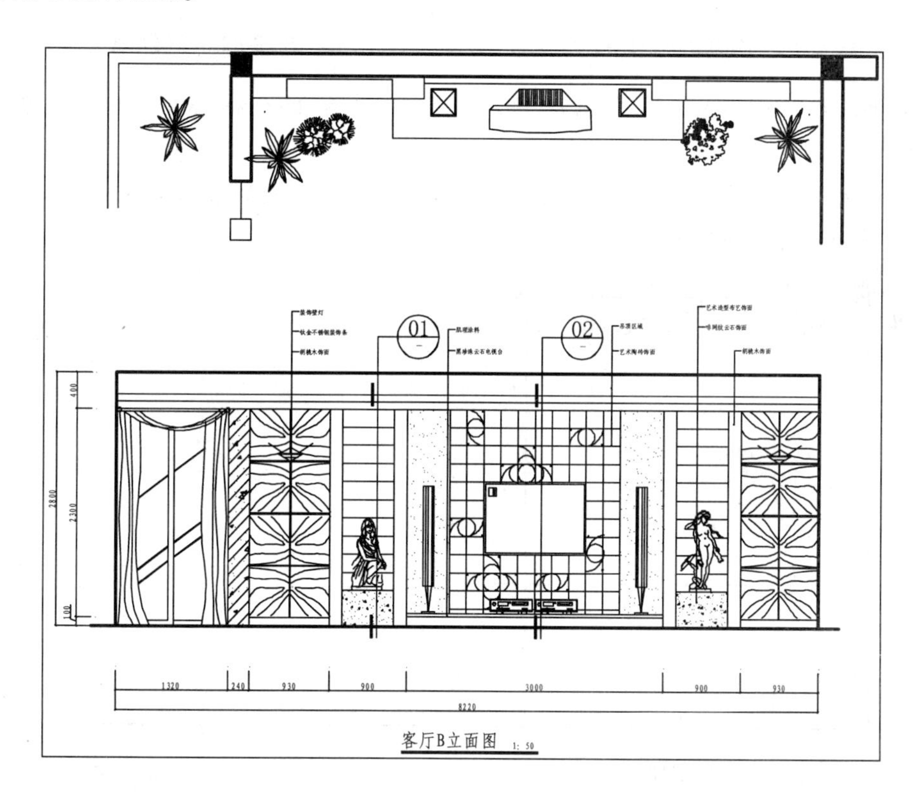

图 12-80　客厅 B 立面图

1. 复制图形

复制复式平面布置图上客厅 B 立面的平面部分。

2. 绘制立面轮廓线

01 设置“LM_立面”图层为当前图层。

02 调用 LINE/L 命令，绘制客厅 B 立面墙体投影线，如图 12-81 所示。

03 调用 LINE/L 命令，在投影线下方绘制一条水平线段表示地面，如图 12-82 所示。

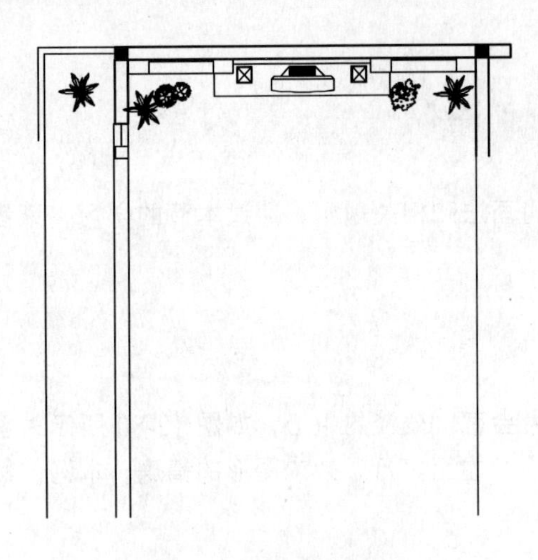

图 12-81　绘制墙体投影线

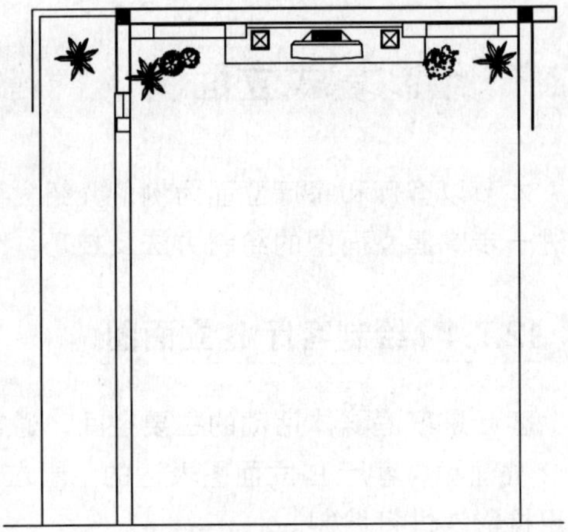

图 12-82　绘制地面

04 调用 OFFSET/O 命令向上偏移地面，得到标高为 2400 和 2800 的顶面轮廓，如图 12-83 所示。

05 调用 TRIM/TR 命令或使用夹点功能，修剪得到 B 立面的基本轮廓，并转换至“QT_墙体”图层，如图 12-84 所示。

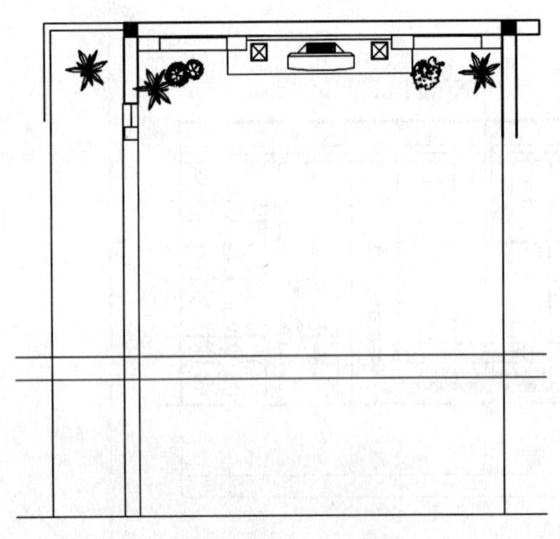

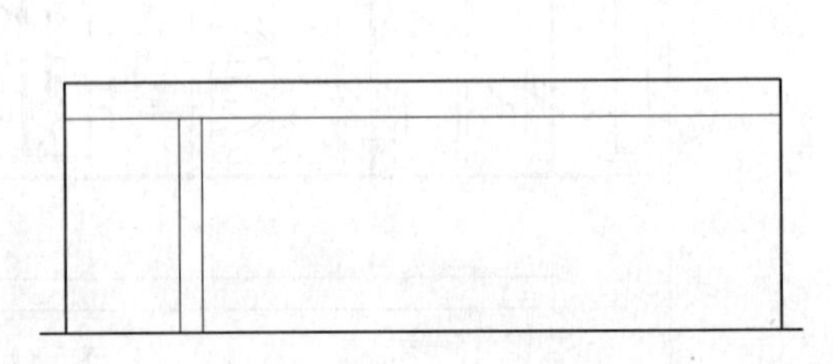

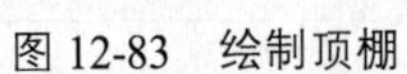

图 12-83　绘制顶棚

图 12-84　修剪面轮廓

06 填充墙体。调用 HATCH/H 命令，在墙体内填充 ANSI31 图案和 AR-CONC 图案，填充效果如图 12-85 所示。

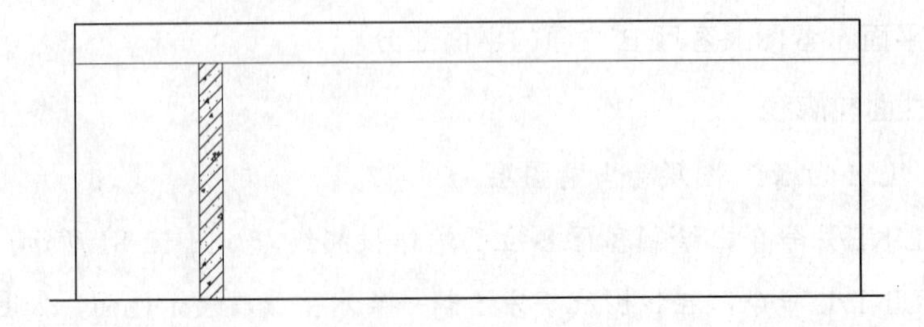

图 12-85　填充墙体

3. 绘制顶棚

调用 OFFSET/O 命令，将标高为 2400 的顶棚底面向上偏移两次 80，效果如图 12-86 所示。

图 12-86 偏移线段

4. 绘制电视背景墙

电视背景墙是客厅 B 立面的主体。

01 调用 LINE/L 命令和 OFFSET/O 命令，对电视背景墙进行划分，效果如图 12-87 所示。

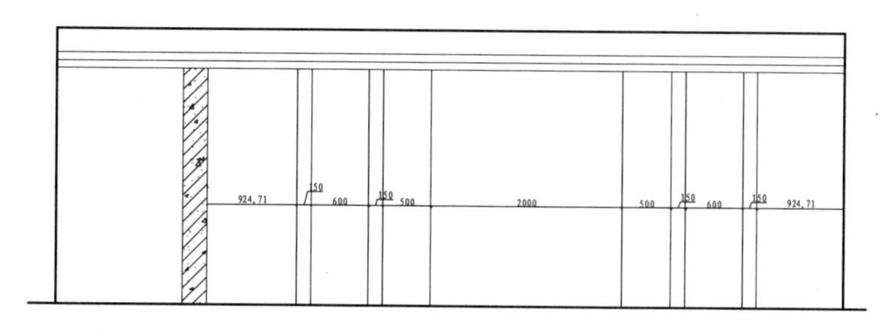

图 12-87 划分墙面区域

02 绘制墙面造型。调用 LINE/L 命令和 OFFSET/O 命令，绘制墙面造型图案，效果如图 12-88 所示。

03 调用 LINE/L 命令，绘制如图 12-89 所示线段。

04 调用 OFFSET/O 命令，将线段依次向下偏移 200，效果如图 12-90 所示。

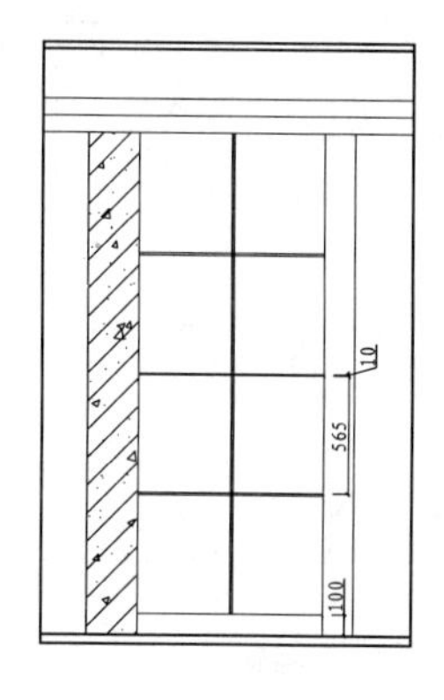

图 12-88 绘制墙面造型图案

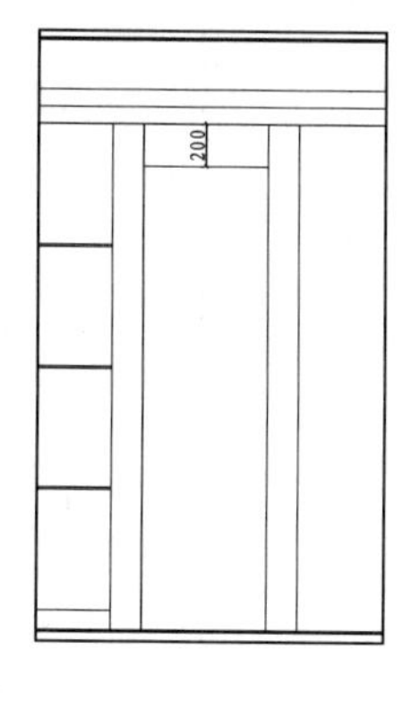

图 12-89 绘制线段

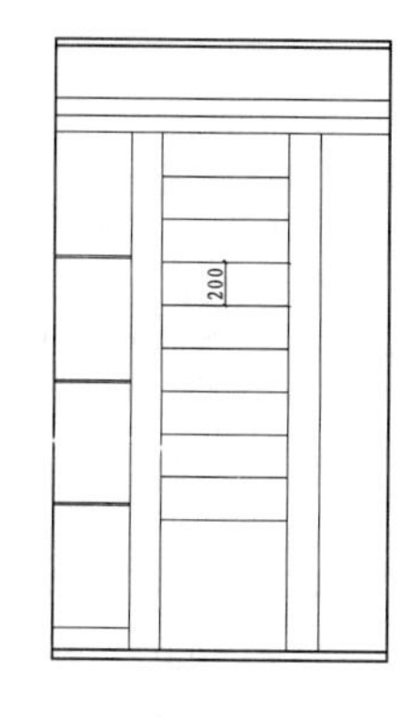

图 12-90 偏移线段

05 调用 PLINE/PL 命令，绘制如图 12-91 所示多段线。

06 调用 HATCH/H 命令，对多段线内填充 AR-CONC 图案，填充参数和效果如图 12-92 所示。

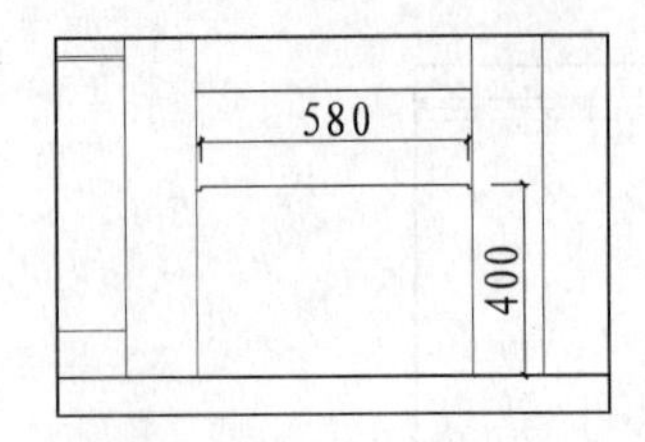

图 12-91 绘制多段线

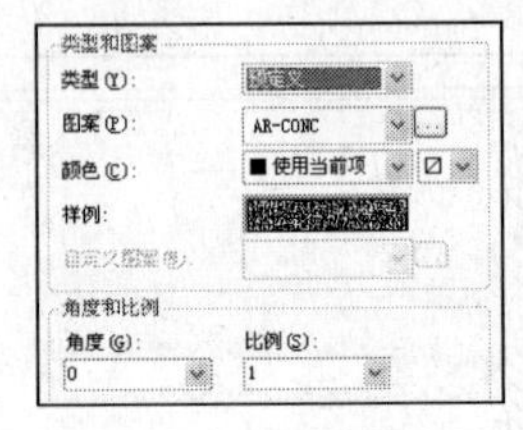

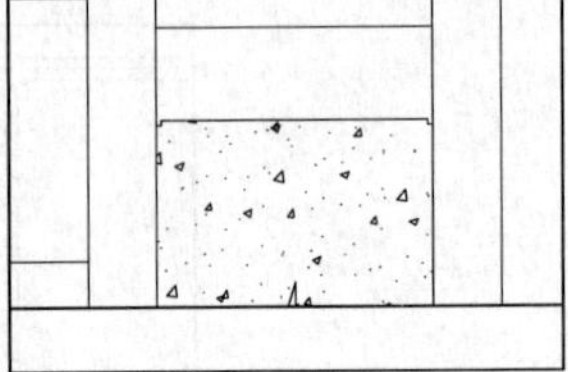

图 12-92 填充参数和效果

07 调用 LINE/L 命令和 OFFSET/O 命令，绘制台面，效果如图 12-93 所示，然后调用 TRIM/TR 命令，对相交的位置进行修剪，效果如图 12-94 所示。

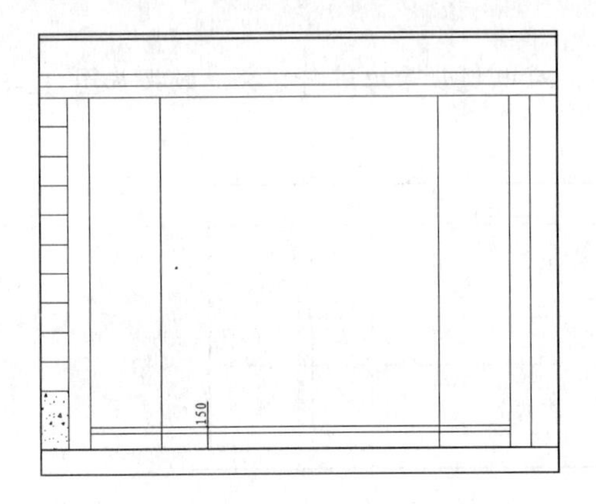

图 12-93 绘制台面

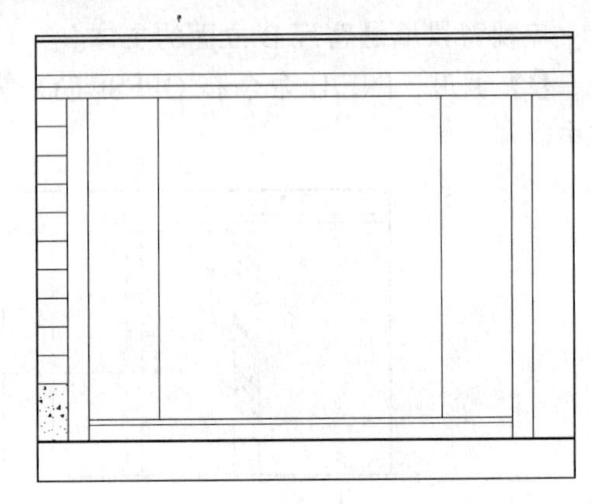

图 12-94 修剪线段

08 调用 HATCH/H 命令，对墙面填充 AR-SAND 图案，填充参数和效果如图 12-95 所示。

09 调用 LINE/L 命令和 OFFSET/O 命令，绘制电视所在的墙面，效果如图 12-96 所示。

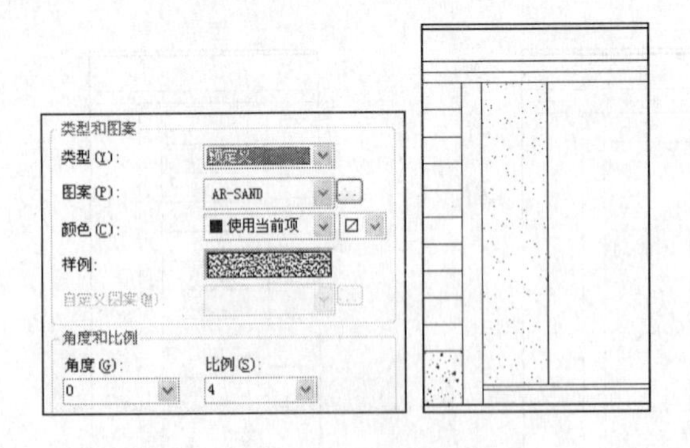

图 12-95 填充参数和效果

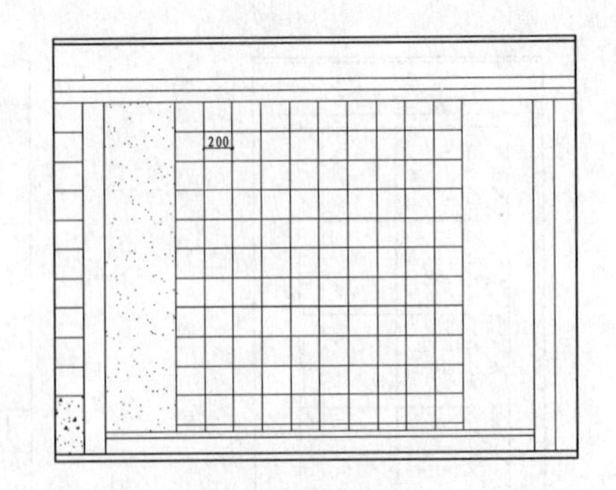

图 12-96 绘制墙面图案

10 由于电视背景墙左右两侧图案一致，调用 MIRROR/MI 命令，得到另一侧相同的图案，效果如图 12-97 所示。

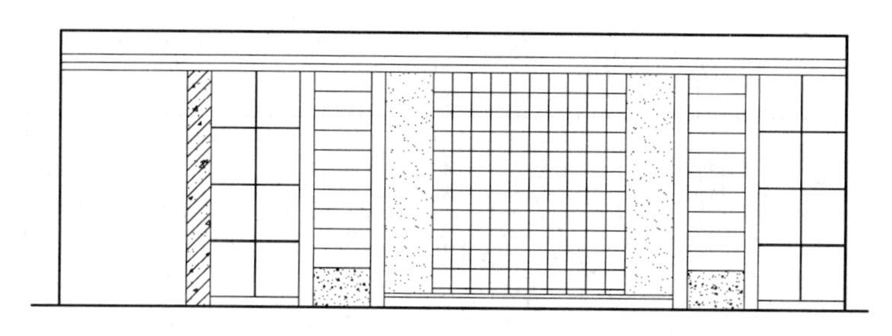

图 12-97 镜像图形

5. 插入图块

按 Ctrl+O 快捷键，打开配套光盘提供的“第 12 章\家具图例.dwg”文件，选择其中的电视、雕塑、壁灯等图块，将其复制至客厅立面区域，并进行修剪，结果如图 12-98 所示。

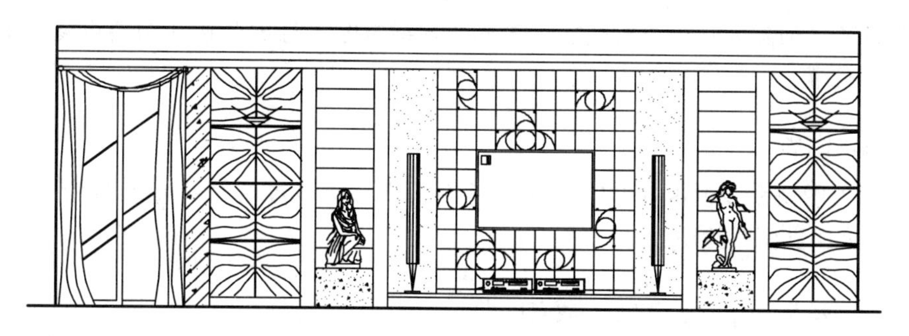

图 12-98 插入图块

6. 标注尺寸和材料说明

01 设置“BZ_标注”图层为当前图层，设置当前注释比例为 1：50。

02 调用 DIMLINEAR/MLI 命令，或执行【标注】|【线性】命令标注尺寸，结果如图 12-99 所示。

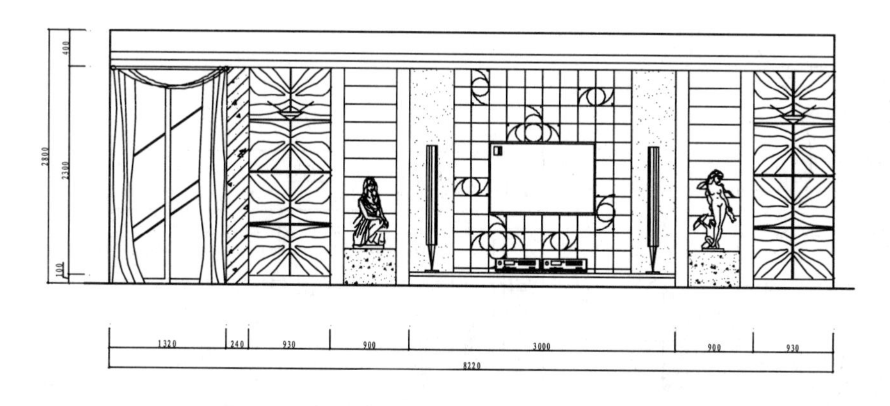

图 12-99 尺寸标注

03 调用 MLEADER/MLD 命令进行材料标注，标注结果如图 12-100 所示。

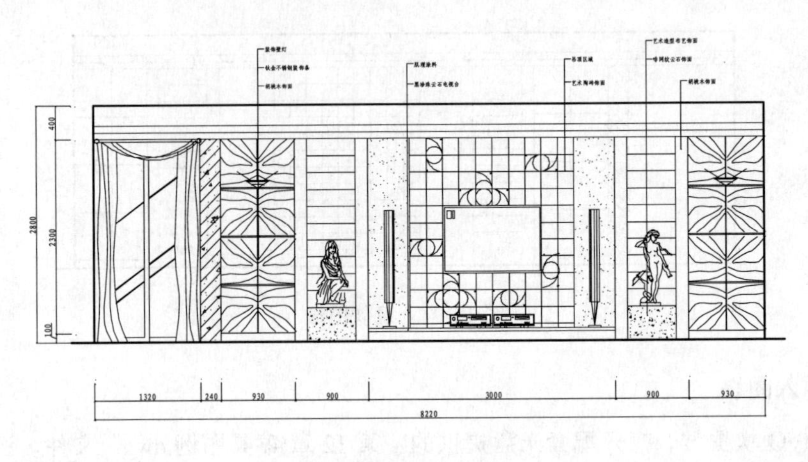

图 12-100　文字标注

04 为了详细表达背景墙的做法，需要绘制剖面图，因此在 B 立面图中插入剖切符，表示出剖切位置。

7. 插入图名

调用插入图块命令 INSERT/I，插入“图名”图块，设置 B 立面图名称为“客厅 B 立面图”，客厅 B 立面图绘制完成。

12.7.2 绘制01剖面图和大样图

1. 剖面图

01剖面图如图 12-101 所示，该剖面图详细表达了客厅中石墩所在墙面和电视背景墙与石墩之间的立面关系以及结构。

01 调用 LINE/L 命令，根据 B 立面图绘制投影线，并绘制一条垂直线段表示剖面墙体，如图 12-102 所示。

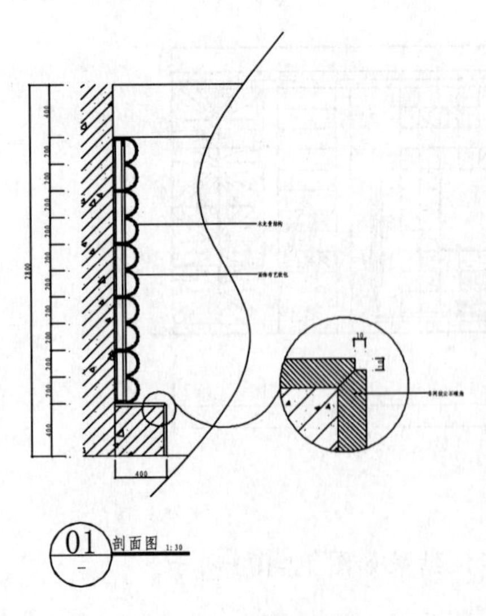

图 12-101　01剖面图

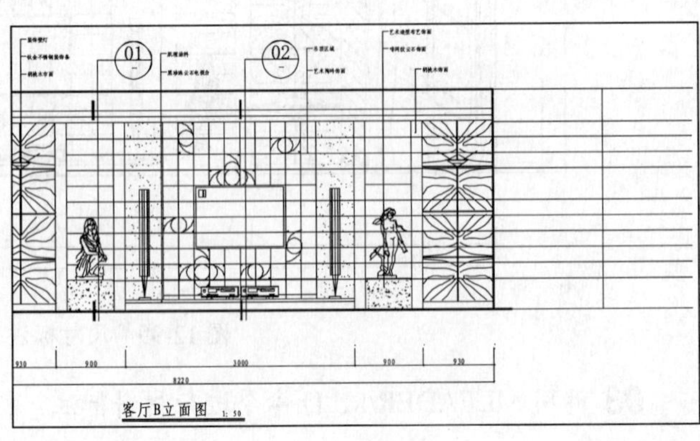

图 12-102　绘制投影线

02 调用 TRIM/TR 命令，修剪掉多余线段，如图 12-103 所示。

03 调用 OFFSET/O 命令，向右偏移墙体线，偏移距离分别为 90、1900 和 400，如图 12-104 所示。

04 调用 SPLINE/SPL 命令，绘制折断线，如图 12-105 所示。

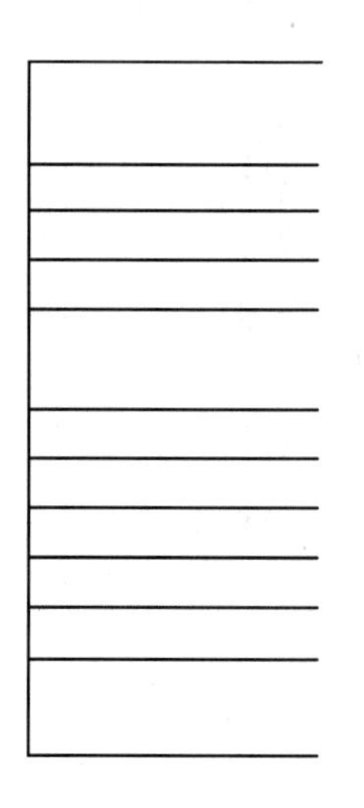

图 12-103 修剪线段

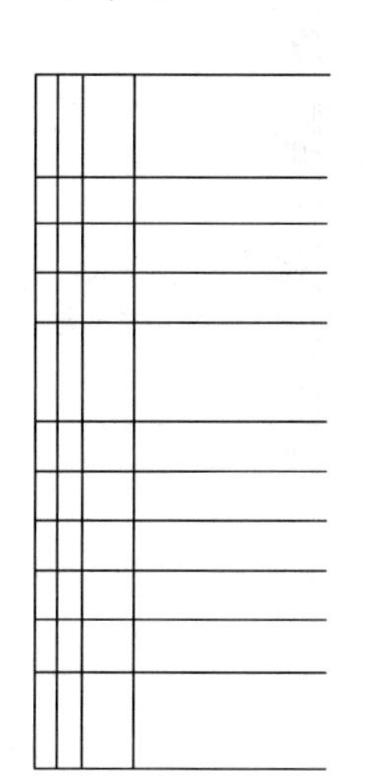

图 12-104 偏移线段

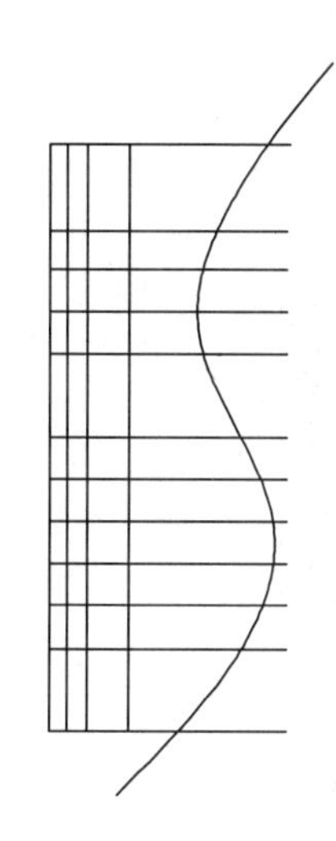

图 12-105 绘制折断线

05 调用 TRIM/TR 命令，修剪多余线段，得到如图 12-106 所示基本轮廓。

06 调用 LINE/L 命令、OFFSET/O 命令和 TRIM/TR 命令，偏移得到结构线，如图 12-107 所示。

07 调用 RECTANG/REC 命令、LINE/L 命令、COPY/CO 命令和 TRIM/TR 命令，绘制木方，如图 12-108 所示。

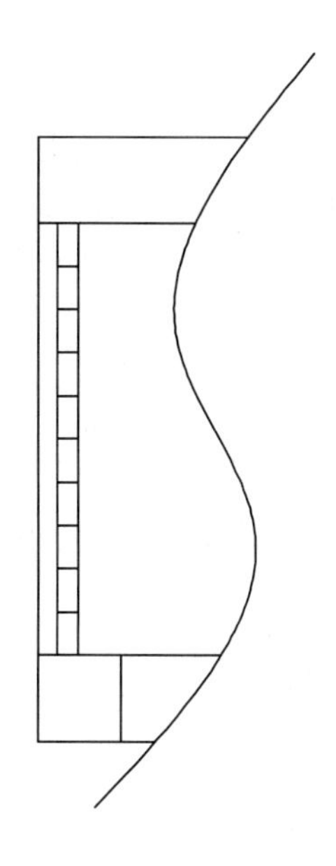

图 12-106 修剪线段

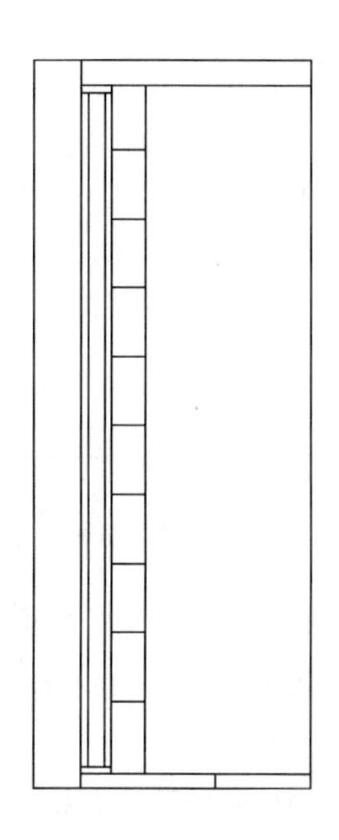

图 12-107 绘制结构线

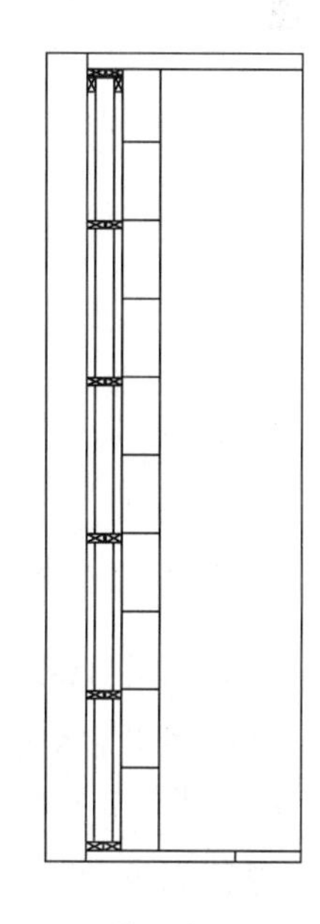

图 12-108 绘制木方

08 调用 CIRCLE/C 命令，绘制一个半径为 86 的圆，如图 12-109 所示。

09 调用 TRIM/TR 命令，对圆进行修剪，如图 12-110 所示。

10 调用 OFFSET/O 命令，将半圆向外偏移 9 和 5，如图 12-111 所示。

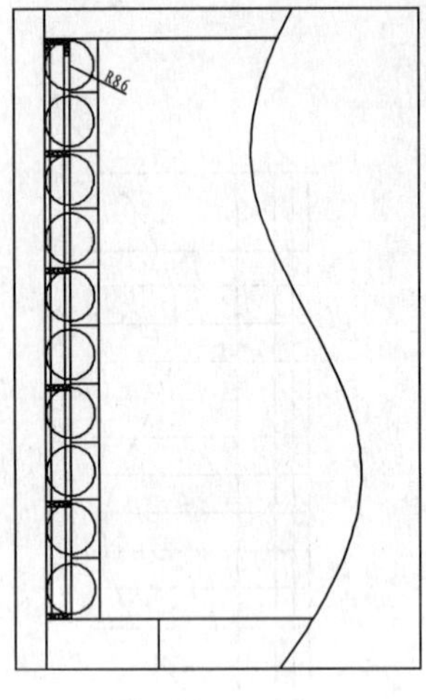

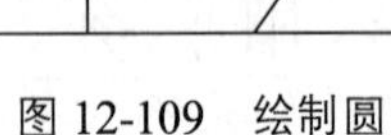

图 12-109　绘制圆

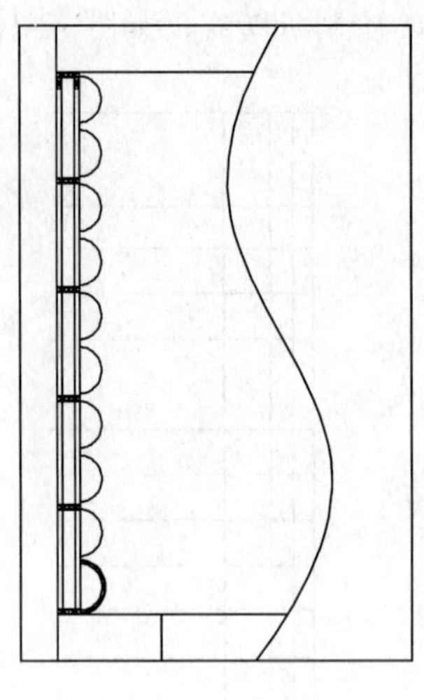

图 12-110　修剪圆

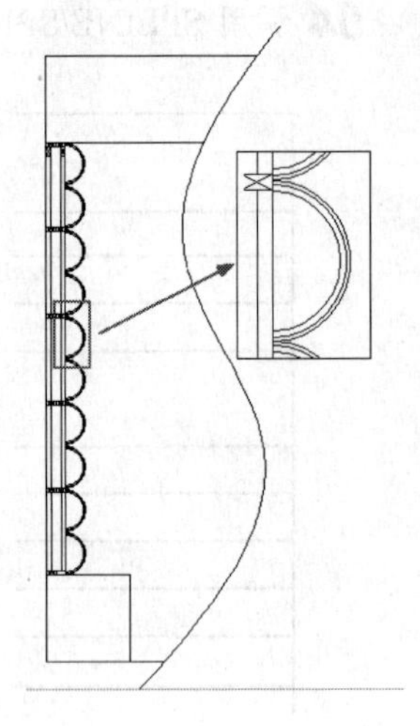

图 12-111　偏移半圆

11 调用 LINE/L 命令和 COPY/CO 命令，绘制木方，如图 12-112 所示。

12 调用 OFFSET/O 命令和 CHAMFER/CHA 命令，通过偏移得到石墩面板，如图 12-113 所示。

13 调用 LINE/L 命令和 TRIM/TR 命令，对石墩外部轮廓进行绘制，如图 12-114 所示。

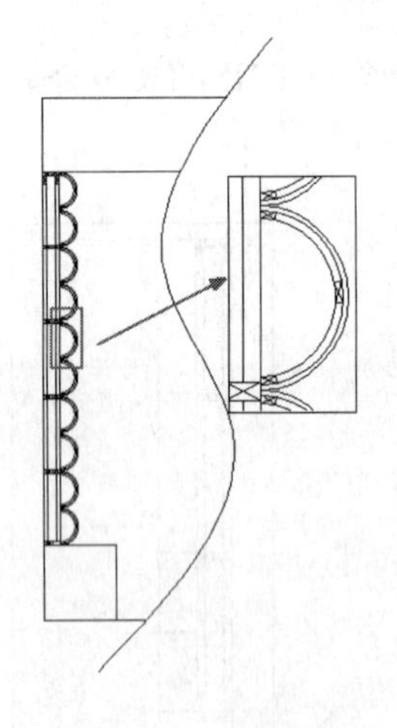

图 12-112　绘制木方

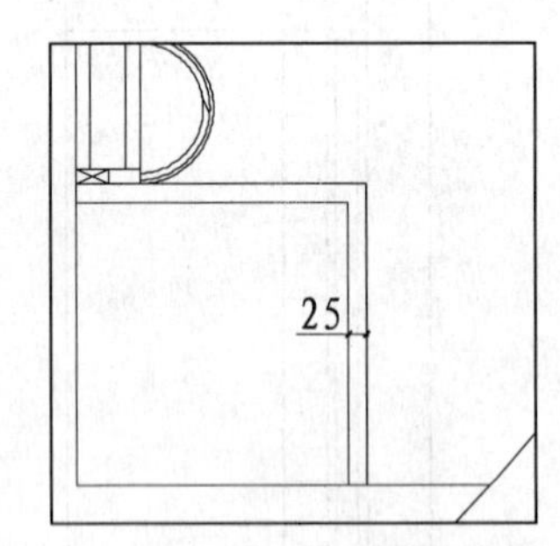

图 12-113　偏移线段

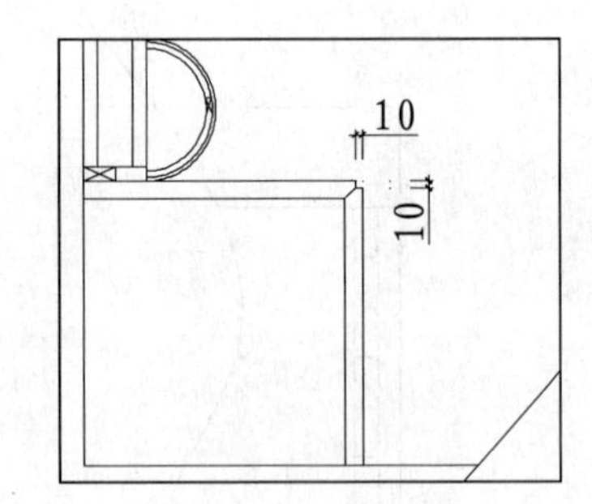

图 12-114　绘制石墩外部造型

14 调用 RECTANG/REC 命令，绘制墙体，如图 12-115 所示。

15 调用 HATCH/H 命令，对墙体和石墩内填充 ANSI31 和 AR-CONC 图案，然后删除矩形，如图 12-116 所示。

16 调用 DIMLINEAR/DLI 命令进行尺寸标注，如图 12-117 所示。

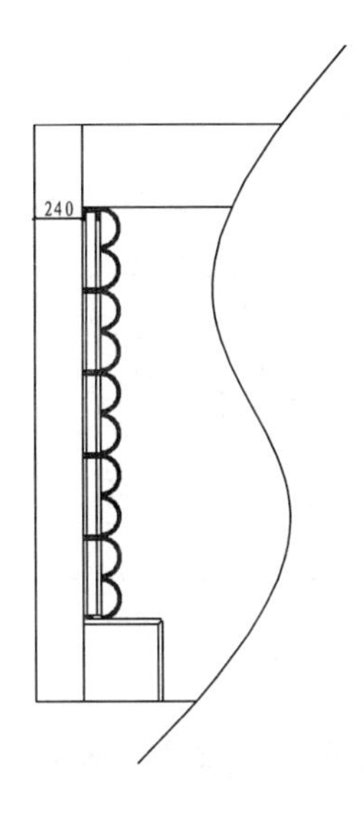

图 12-115 绘制墙体

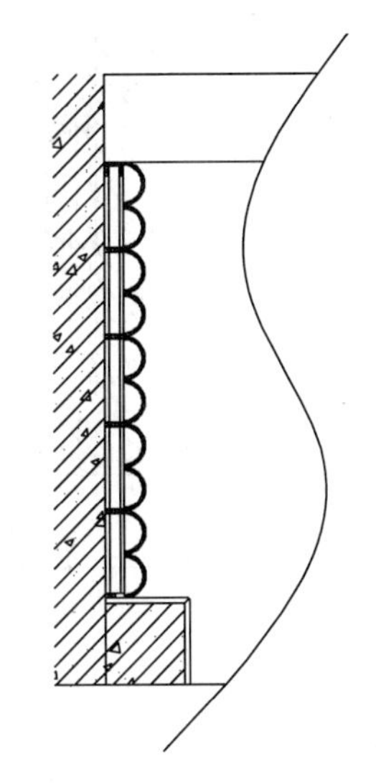

图 12-116 填充墙体和石墩

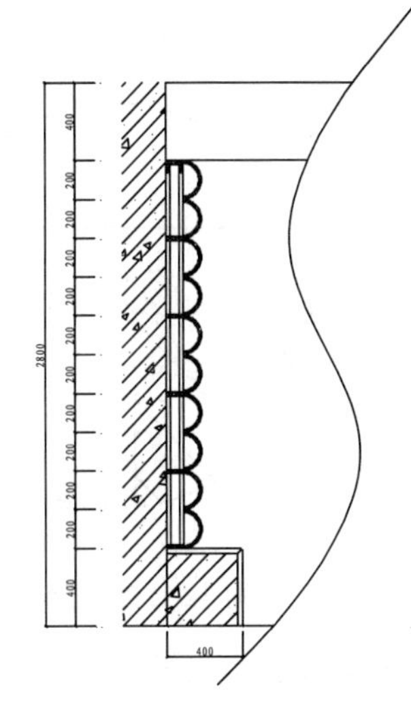

图 12-117 尺寸标注

17 调用 MLEADER/MLD 命令标注文字说明，结果如图 12-118 所示。

18 调用 INSERT/I 命令，插入“图名”图块和“剖切索引”图块。

19 调用 CIRCLE/C 命令，绘制圆框中需要放大的区域，如图 12-119 所示。

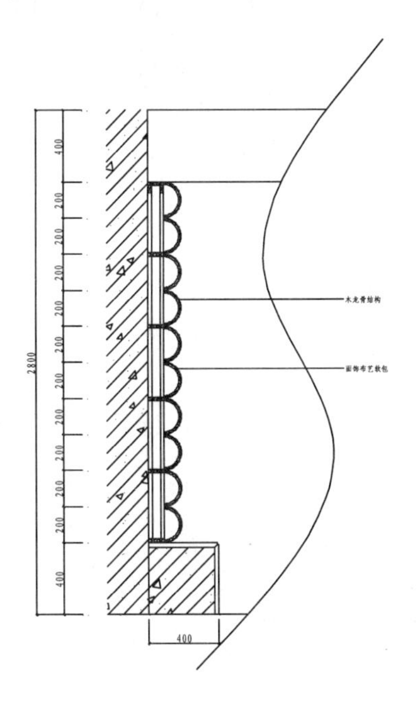

图 12-118 文字说明

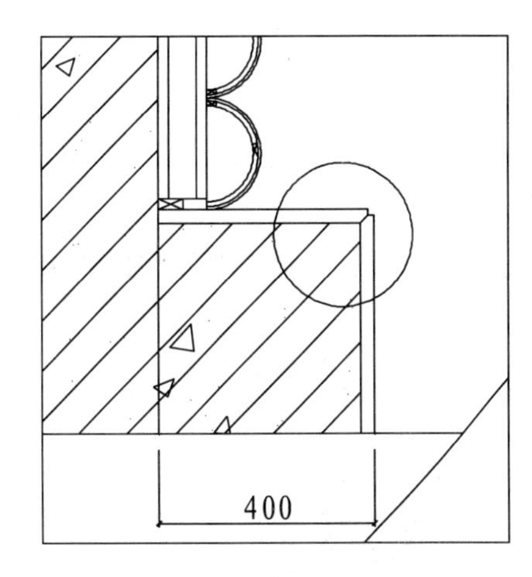

图 12-119 绘制圆

20 调用 COPY/CO 命令，复制出圆及其内部图形，调用 TRIM 命令，修剪掉圆外多余线段，并调用 SCALE/SC 命令将复制的图形放大，效果如图 12-120 所示。

21 调用 ARC/A 命令，绘制弧线连接两个圆，如图 12-121 所示。

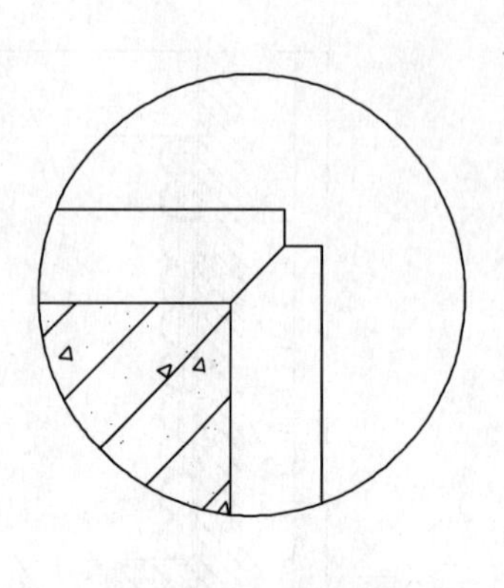

图 12-120　复制图形

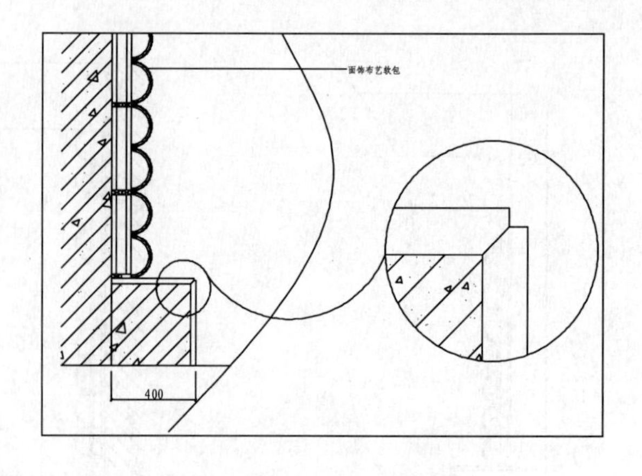

图 12-121　绘制弧线

22 调用 HATCH/H 命令，对石墩面板填充 ANSI31 图案，填充参数和效果如图 12-122 所示。

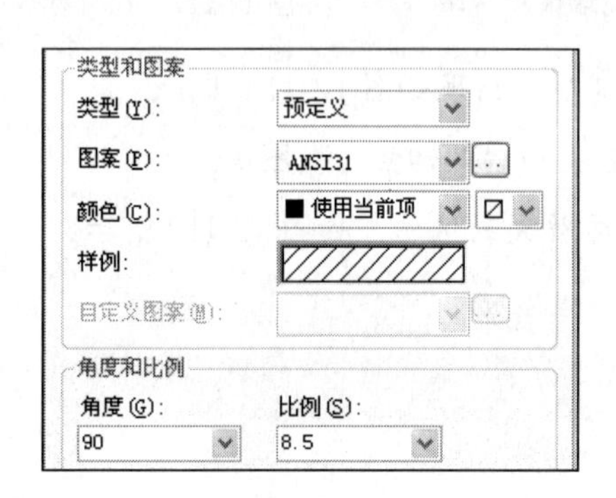

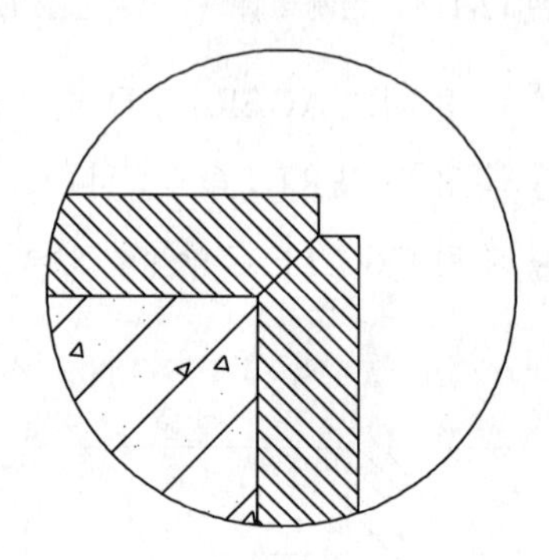

图 12-122　填充参数和效果

23 标注尺寸。调用 DIMLINEAR/DLI 命令，但所标注的尺寸会与实际尺寸有差别，这是因为图形被放大的原故，调用 DDEDIT/ED 命令，单击尺寸文字，对其进行修改，结果如图 12-123 所示。

24 绘制材料说明。调用 MLEADER/MLD 命令，标注说明文字，结果如图 12-124 所示。

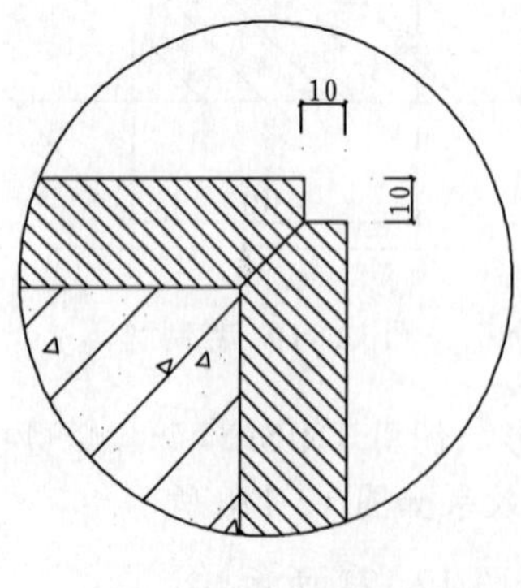

图 12-123　标注尺寸

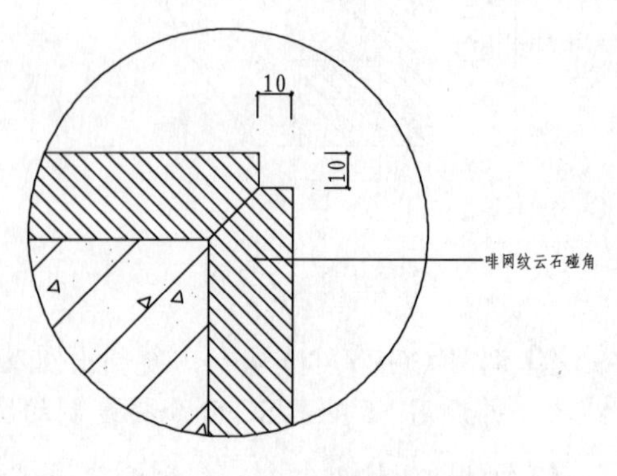

图 12-124　材料说明

2. 绘制㉒剖面图

请读者参考前面讲解的方法完成㉒剖面图的绘制，结果如图 12-125 所示。

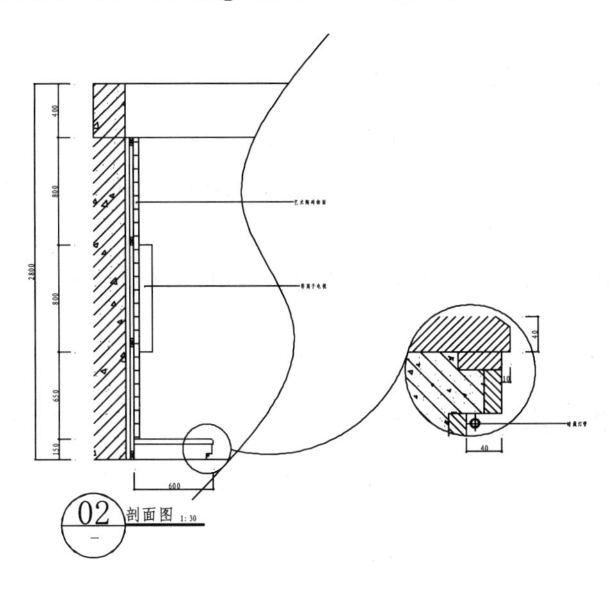

图 12-125 ㉒剖面图

12.7.3 绘制客厅 C 立面图

客厅 C 立面图主要表达了楼梯和客厅之间的关系，以及楼梯和玄关立面的做法，如图 12-126 所示。

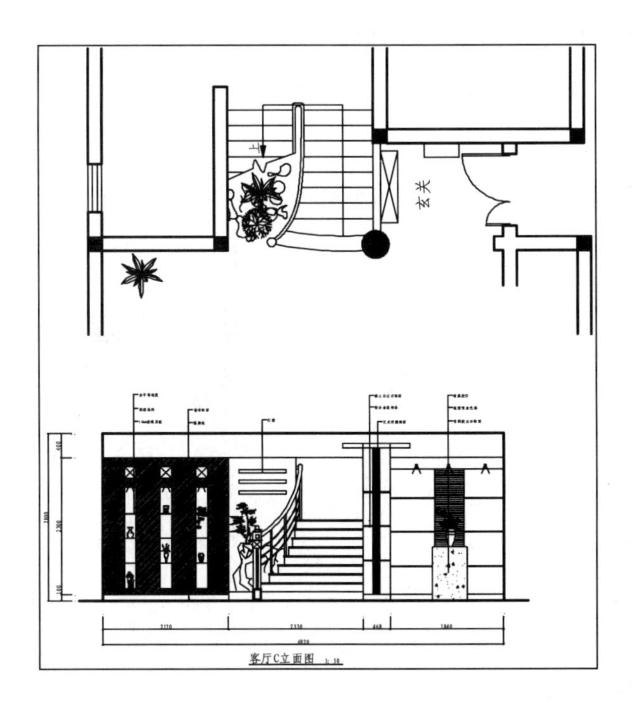

图 12-126 客厅 C 立面图

1. 复制图形

调用 COPY/CO 命令复制平面布置图上客厅 C 立面的平面部分，并对平面布置图进行旋转。

2. 绘制立面外轮廓和顶棚

01 设置“LM_立面”图层为当前图层。

02 调用 LINE/L 命令，绘制 C 立面最左侧和最右侧的墙体投影线，然后调用 PLINE/PL 命令绘制客厅地面，如图 12-127 所示。

03 调用 LINE/L 命令，在距离地面 2800 和 2400 的位置绘制水平线段表示顶面，如图 12-128 所示。

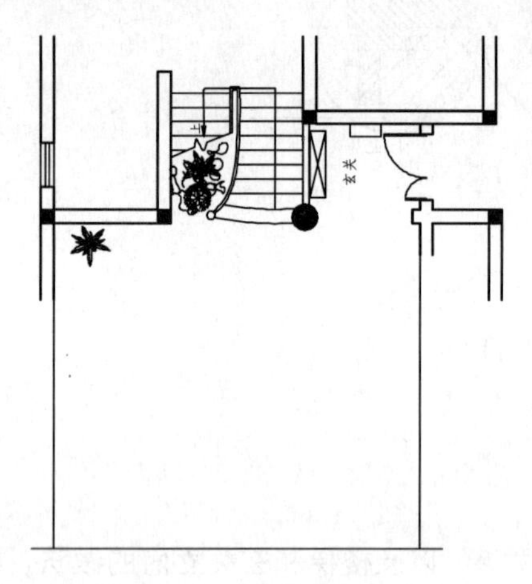

图 12-127 绘制墙体和地面

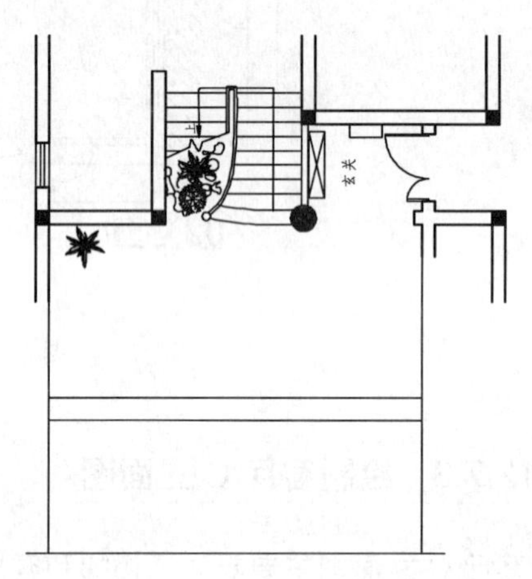

图 12-128 绘制顶面

04 调用 TRIM/TR 命令，修剪得到如图 12-129 所示效果，并转换至“QT_墙体”图层。

3. 绘制柱子

01 调用 LINE/L 命令，绘制柱子投影线，如图 12-130 所示。

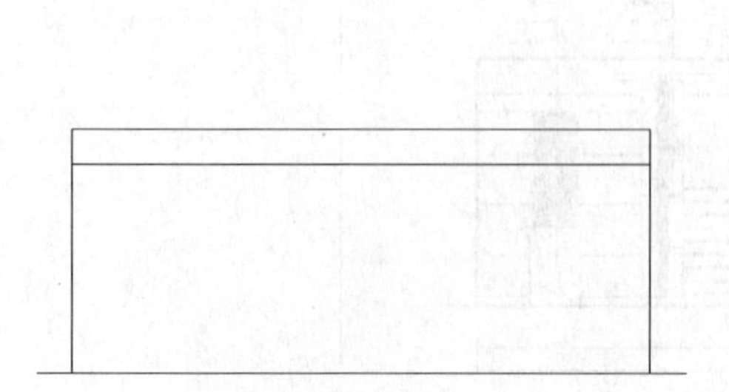

图 12-129 修剪立面轮廓

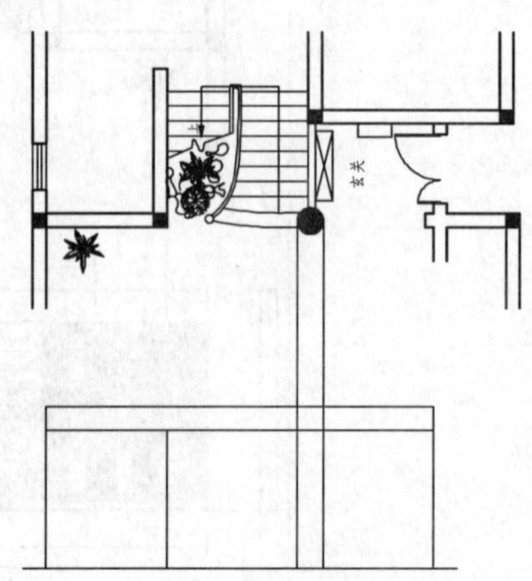

图 12-130 绘制柱子投影线

02 调用 TRIM/TR 命令，修剪柱子投影线，如图 12-131 所示。

03 调用 RECTANG/REC 命令，绘制一个尺寸为 1170 × 65 的矩形，放在如图 12-132 所示位置。

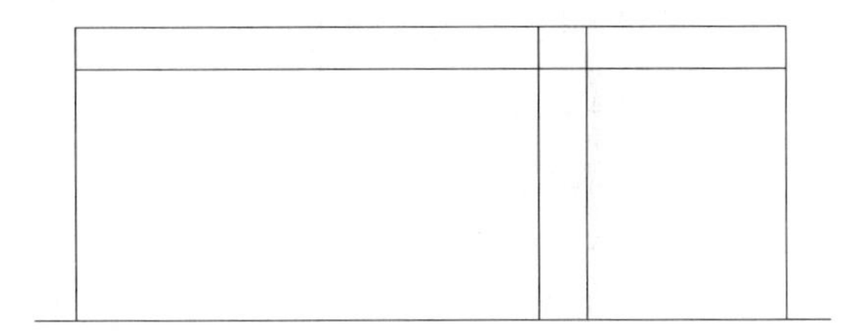

图 12-131　修剪柱子投影线

1170
175
65

图 12-132　绘制矩形

04 调用 TRIM/TR 命令，对多余的线段进行修剪，如图 12-133 所示。

05 调用 RECTANG/REC 命令、LINE/L 命令和 OFFSET/O 命令，绘制柱子内细部结构，如图 12-134 所示。

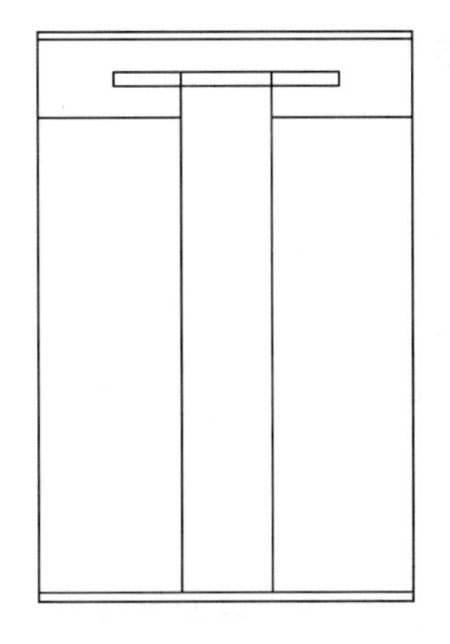

图 12-133　修剪多余线段

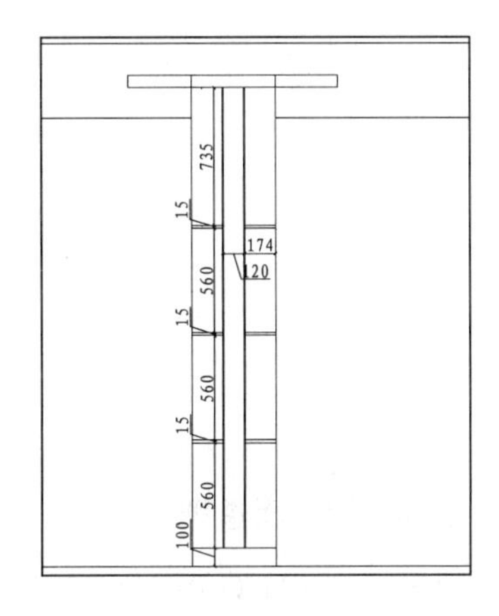

图 12-134　绘制柱子细部结构

06 调用 HATCH/H 命令，对柱子内填充 AR-RSHKE 图案，填充参数和效果如图 12-135 所示。

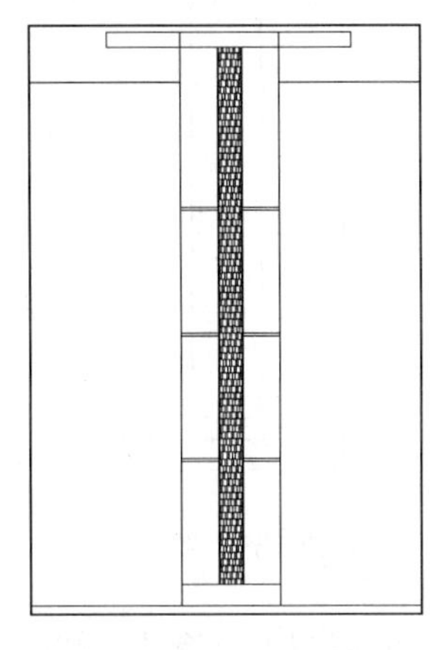

图 12-135　填充参数和效果

4. 绘制墙体

调用 LINE/L 命令，绘制如图 12-136 所示线段，划分立面。

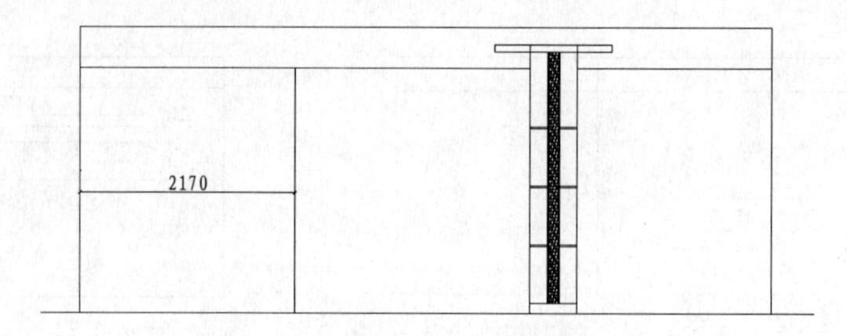

图 12-136 绘制线段

5. 绘制踢脚线

调用 LINE/L 命令，绘制踢脚线的高度为 100，如图 12-137 所示。

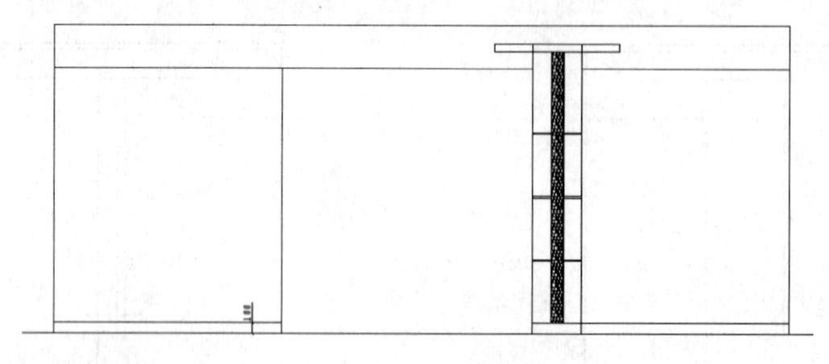

图 12-137 绘制踢脚线

6. 绘制客厅墙面造型

01 调用 RECTANG/REC 命令，绘制如图 12-138 所示矩形，并移动到相应的位置。

02 调用 LINE/L 命令，连接上方矩形的对角线，如图 12-139 所示。

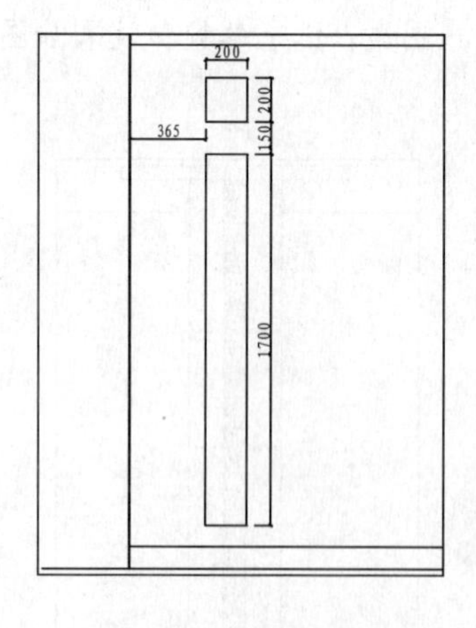

图 12-138 绘制矩形

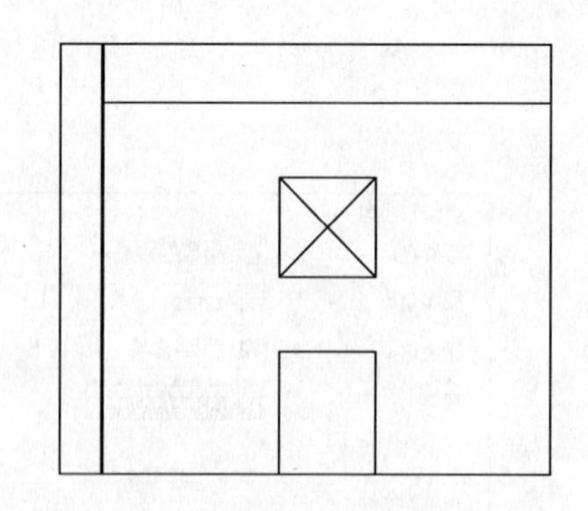

图 12-139 绘制对角线

03 调用 LINEL 命令和 OFFSET/O 命令，绘制下方矩形中的细部结构，如图 12-140 所示。

04 调用 ARRAY/AR 命令，对图形进行矩形阵列，行数为 1，列数为 3，列偏移为 617，阵列结果如图 12-141 所示。

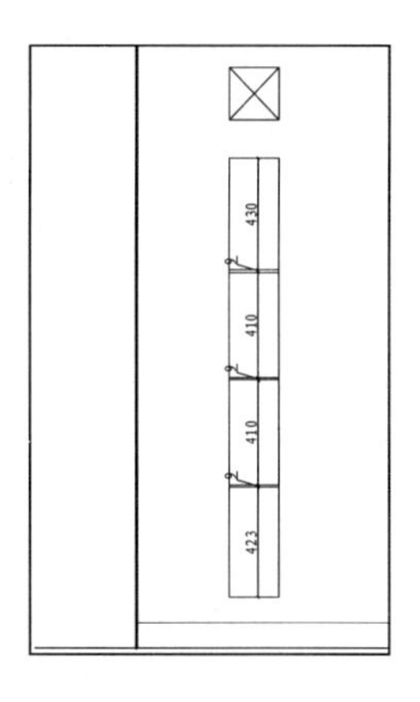

图 12-140　绘制细部结构

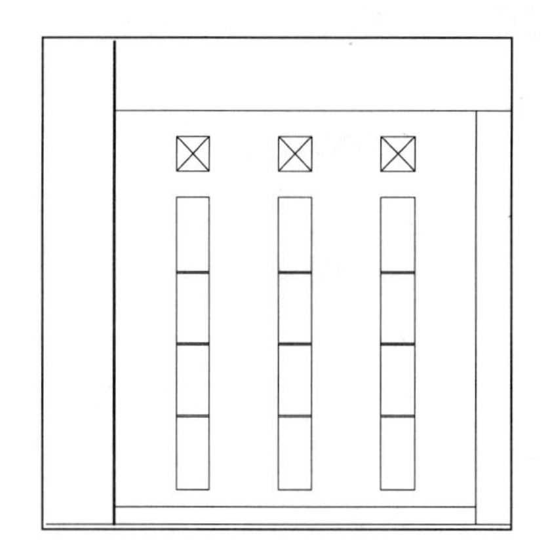

图 12-141　阵列结果

05 调用 HATCH/H 命令，对墙面填充 ANSI31 图案，填充参数和效果如图 12-142 所示。

7. 绘制玄关墙面造型

01 调用 OFFSET/O 命令，向下偏移顶棚地面，效果如图 12-143 所示。

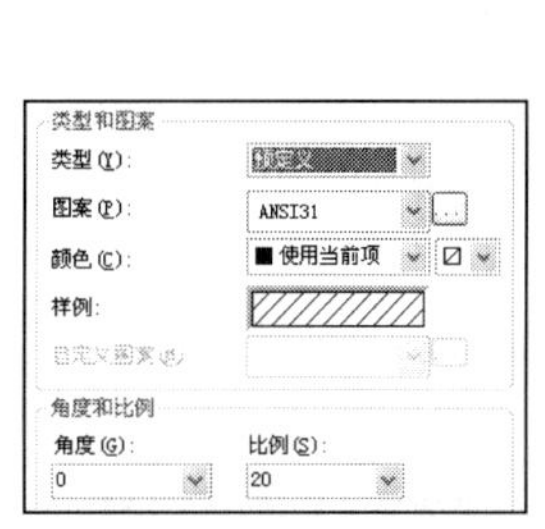

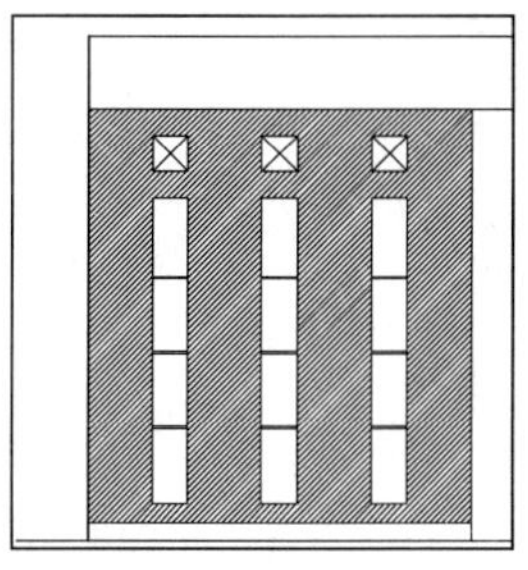

图 12-142　填充参数和效果

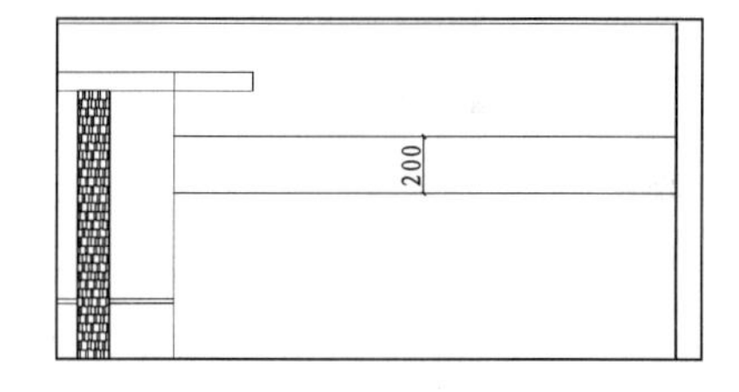

图 12-143　偏移线段

02 调用 PLINE/PL 命令绘制石墩轮廓，如图 12-144 所示。

03 调用 TRIM/TR 命令，对石墩与踢脚线相交的位置进行修剪，如图 12-145 所示。

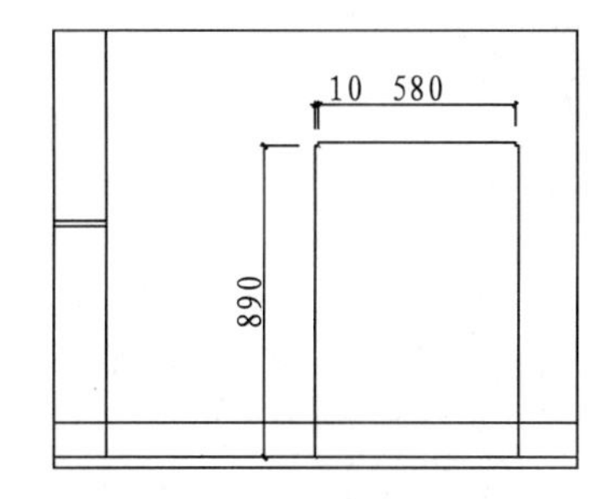

图 12-144　绘制石墩轮廓

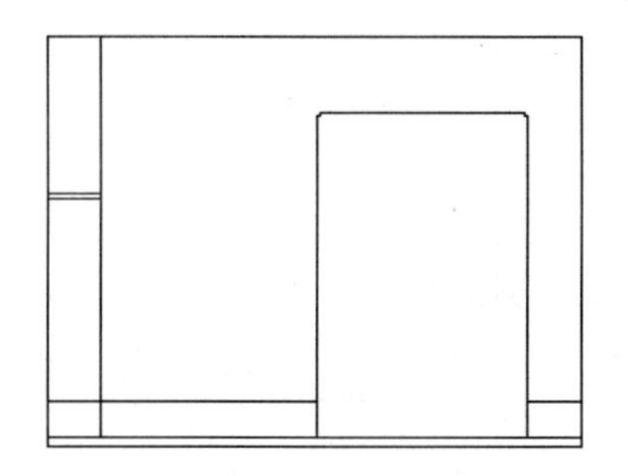

图 12-145　修剪线段

04 调用 HATCH/H 命令，对石墩内填充 AR-CONC 图案，填充参数和效果如图 12-146 所示。

05 调用 LINE/L 命令，在石墩上方绘制如图 12-147 所示线段。

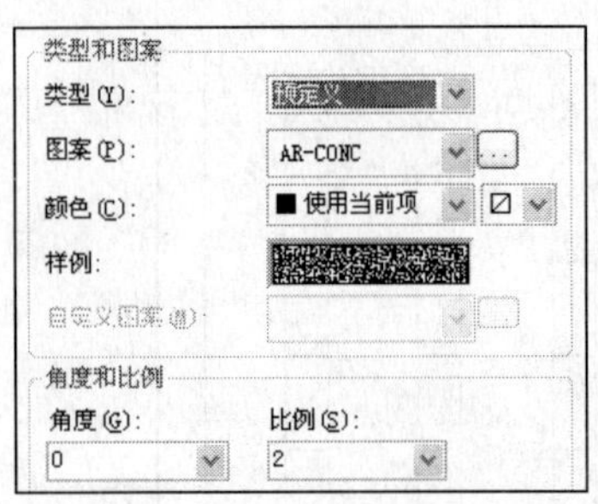

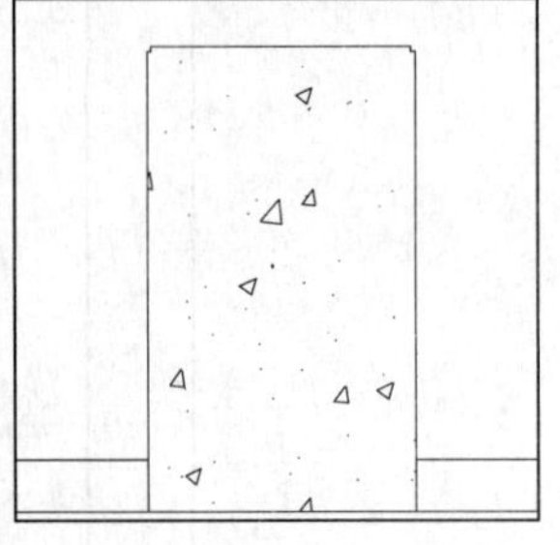

图 12-146 填充参数和效果

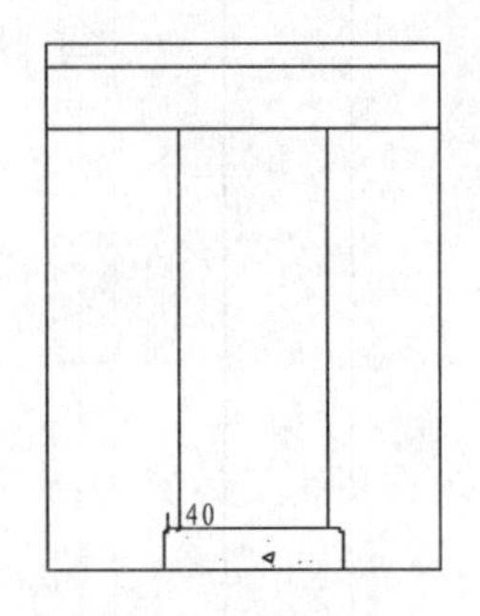

图 12-147 绘制线段

06 调用 HATCH/H 命令，对线段内填充 LINE 图案，填充参数和效果如图 12-148 所示。

07 调用 LINE/L 命令和 OFFSET/O 命令，绘制玄关墙面造型图案，效果如图 12-149 所示。

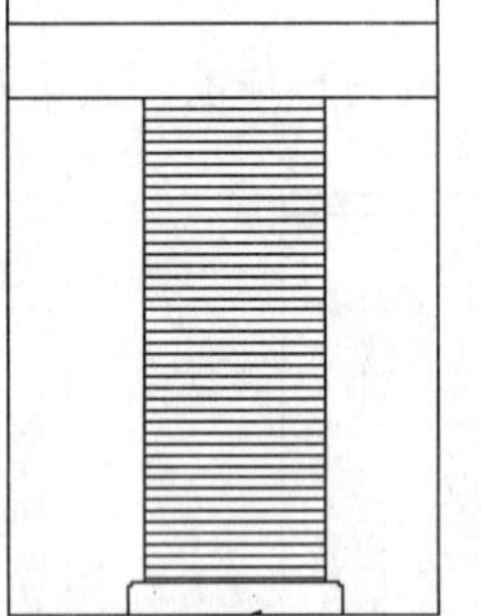

图 12-148 填充参数和效果

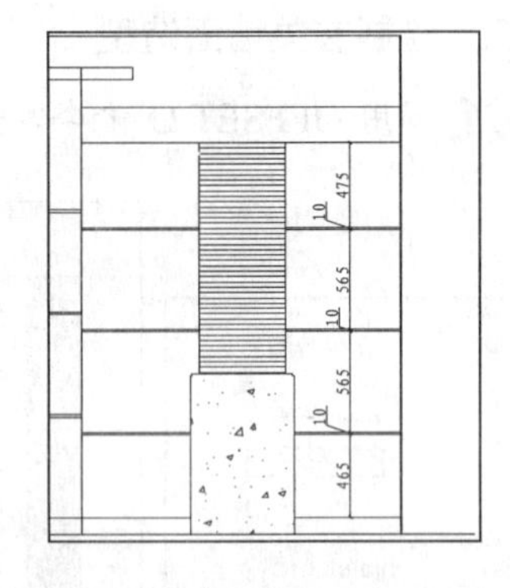

图 12-149 绘制墙面造型图案

8. 绘制楼梯

01 绘制墙面造型。调用 RECTANG/REC 命令，绘制如图 12-150 所示矩形。

02 调用 COPY/CO 命令，将矩形向下复制，效果如图 12-151 所示。

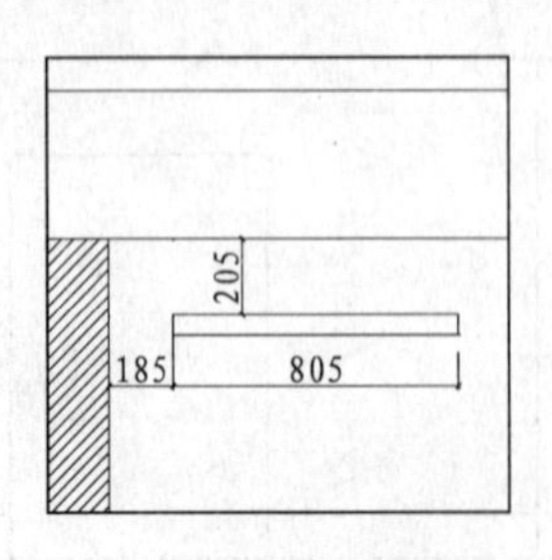

图 12-150 绘制矩形

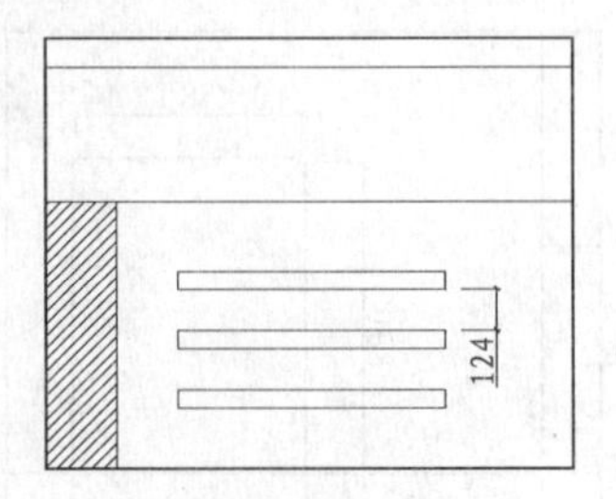

图 12-151 复制矩形

03 绘制踏步。调用 LINE/L 命令，绘制如图 12-152 所示线段。

04 调用 OFFSET/O 命令，将线段依次向上偏移，效果如图 12-153 所示。

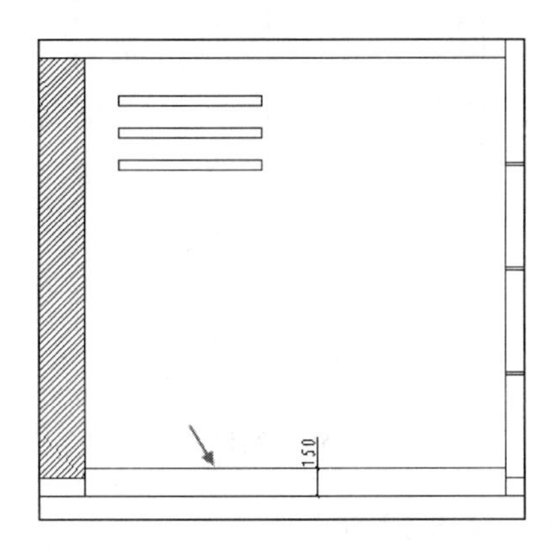

图 12-152　绘制线段

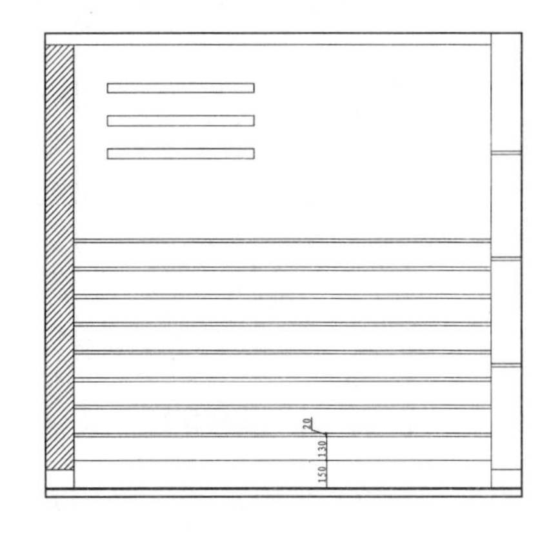

图 12-153　偏移线段

05 调用 LINE/L 命令，绘制线段，如图 12-154 所示。

06 调用 TRIM/TR 命令，对线段左侧图形进行修剪，效果如图 12-155 所示。

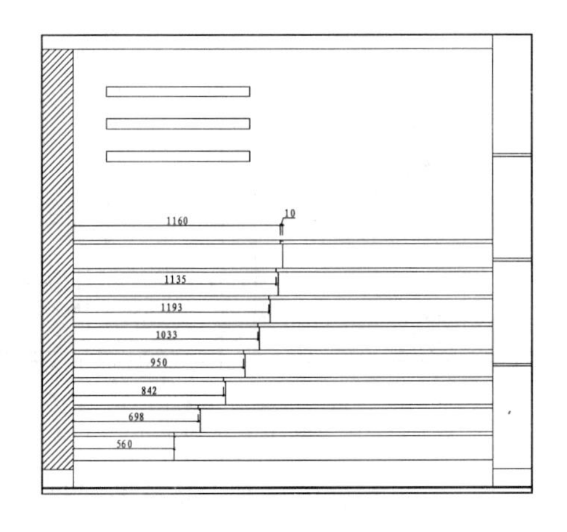

图 12-154　绘制线段

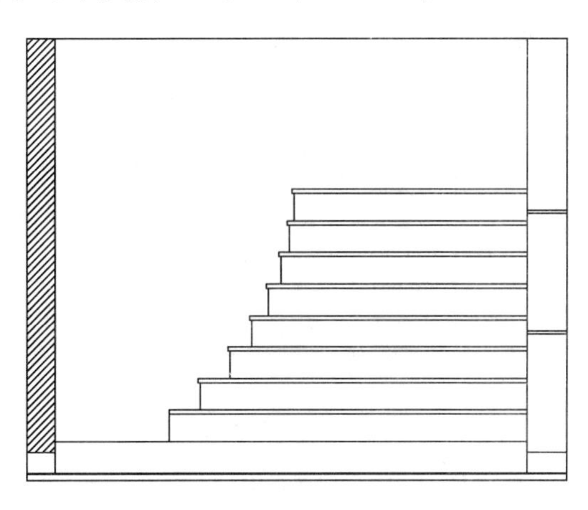

图 12-155　修剪线段

07 绘制扶手。调用 RECTANG/REC 命令，绘制如图 12-156 所示矩形。

08 调用 TRIM/TR 命令，对矩形内的线段进行修剪，效果如图 12-157 所示。

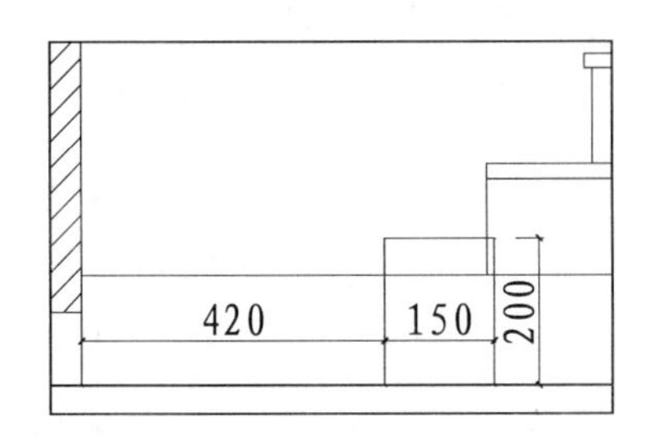

图 12-156　绘制矩形

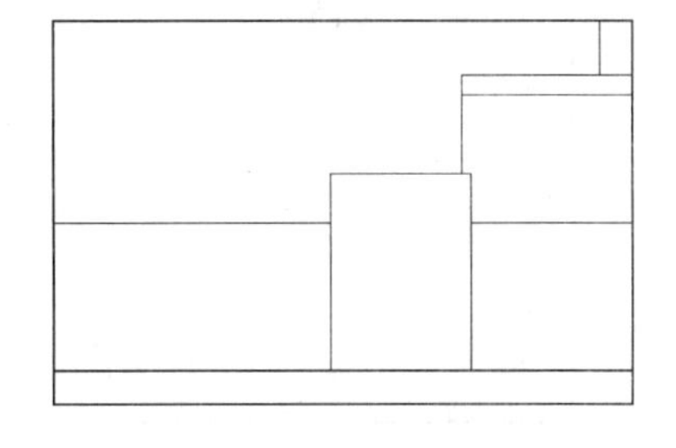

图 12-157　修剪线段

09 调用 OFFSET/O 命令，将矩形向内偏移 20 和 5，如图 12-158 所示。

10 调用 LINE/L 命令，在矩形的上方绘制长度为 670 的线段，如图 12-159 所示。

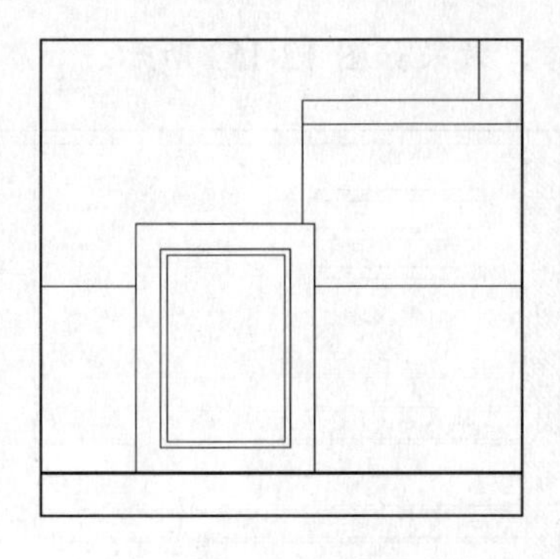

图 12-158 偏移矩形

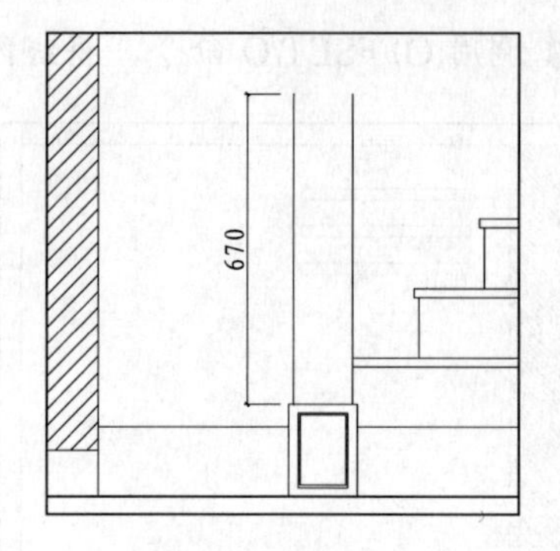

图 12-159 绘制线段

11 调用 OFFSET/O 命令，将线段向内偏移 50，如图 12-160 所示。

12 调用 HATCH/H 命令，对线段内填充 TRIANG 图案，填充参数和效果如图 12-161 所示。

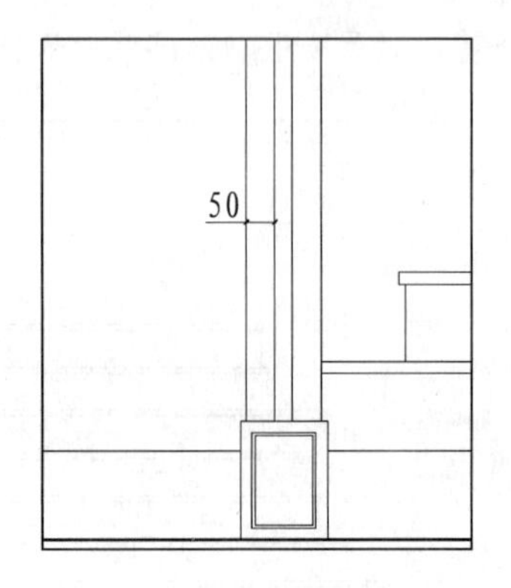

图 12-160 偏移线段

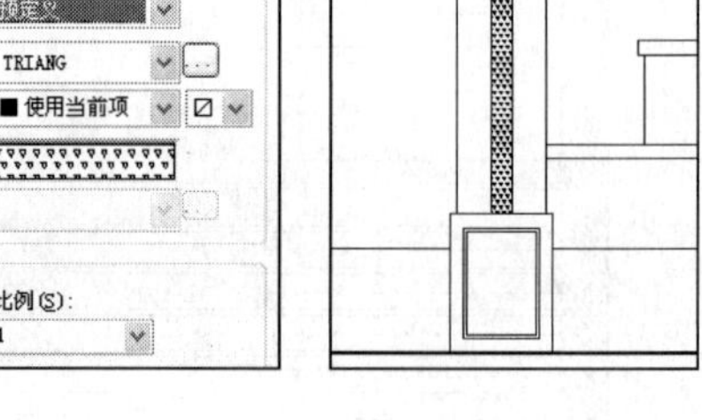

图 12-161 填充参数和效果

13 调用 RECTANG/REC 命令，绘制一个尺寸为 130×150 的矩形，并移动到相应的位置，如图 12-162 所示。

14 调用 RECTANG/REC 命令，绘制一个尺寸为 165×10，圆角半径为 6 的矩形，并移动到相应的位置，如图 12-163 所示。

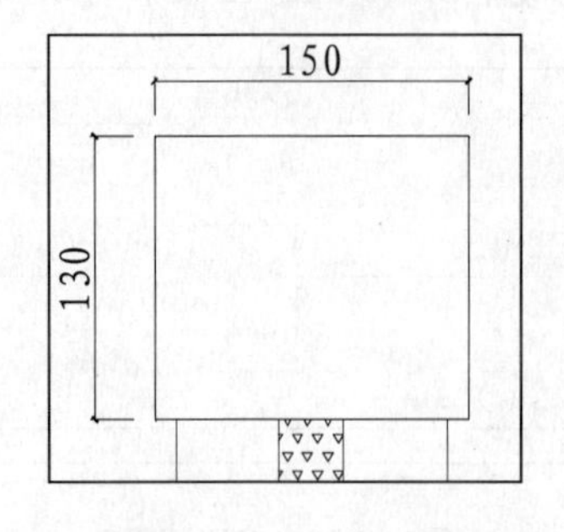

图 12-162 绘制矩形

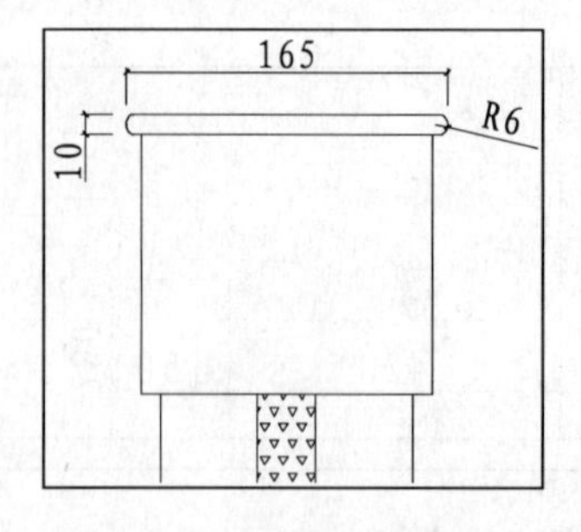

图 12-163 绘制圆角矩形

15 调用 COPY/CO 命令，将矩形和圆角矩形复制到上方，如图 12-164 所示。

16 调用 LINE/L 命令，连接矩形的对角线，如图 12-165 所示。

17 调用 OFFSET/O 命令，将矩形向内偏移 40 和 3，如图 12-166 所示。

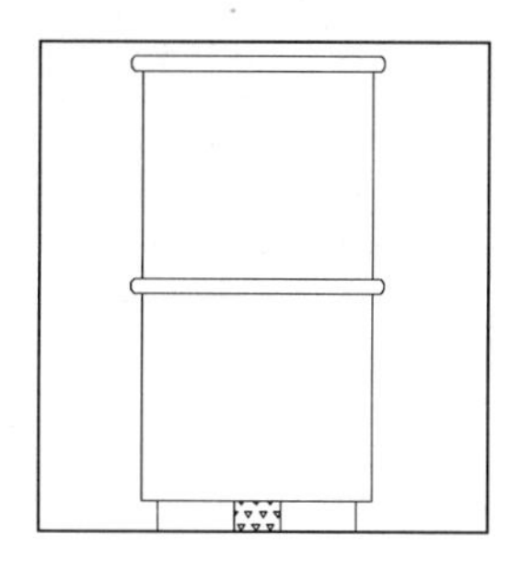

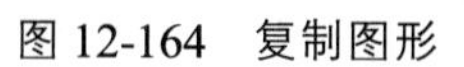

图 12-164　复制图形

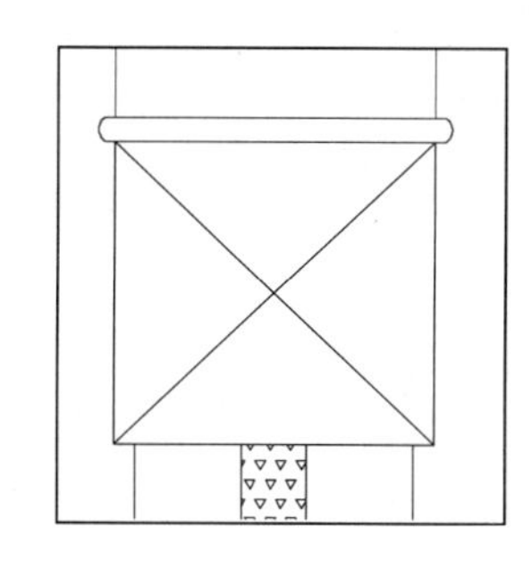

图 12-165　绘制对角线

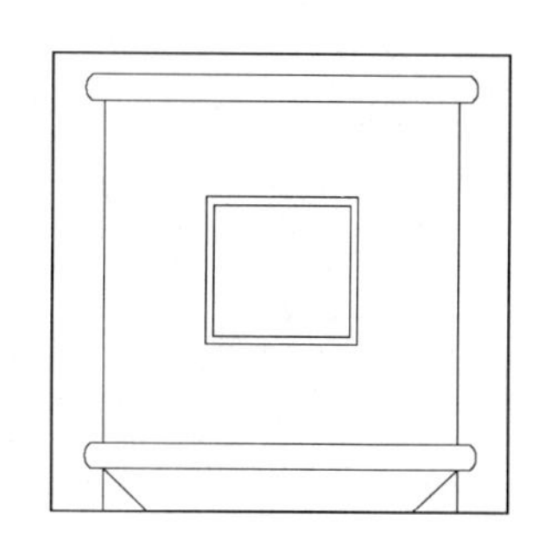

图 12-166　偏移矩形

18 调用 LINE/L 命令，绘制如图 12-167 所示辅助线。

19 调用 CIRCLE/C 命令，以辅助线的交点为圆心绘制一个半径为 32 的圆，然后删除辅助线，如图 12-168 所示。

20 调用 LINE/L 命令，绘制线段，连接矩形和圆，如图 12-169 所示。

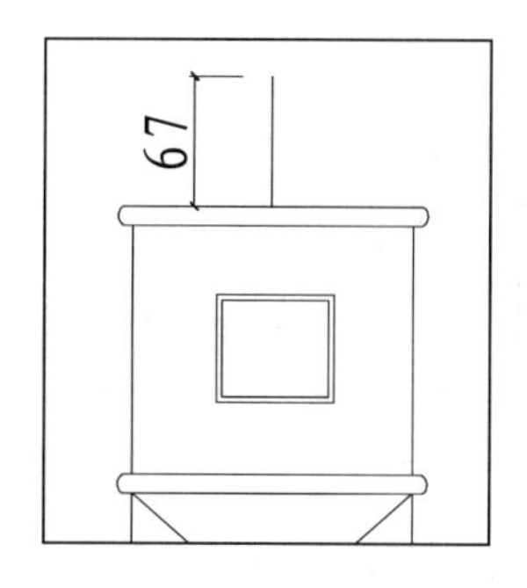

图 12-167　绘制辅助线

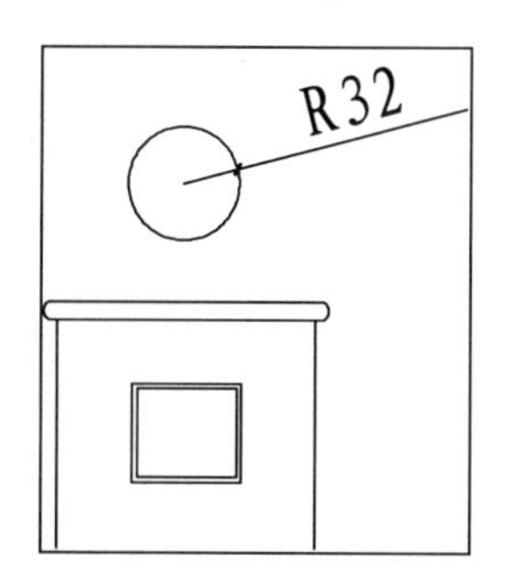

图 12-168　绘制圆

图 12-169　绘制线段

21 绘制栏杆。调用 LINE/L 命令、PLINE/PL 命令和 OFFSET/O 命令绘制如图 12-170 所示线段。

22 调用 LINE/L 命令，绘制如图 12-171 所示辅助线。

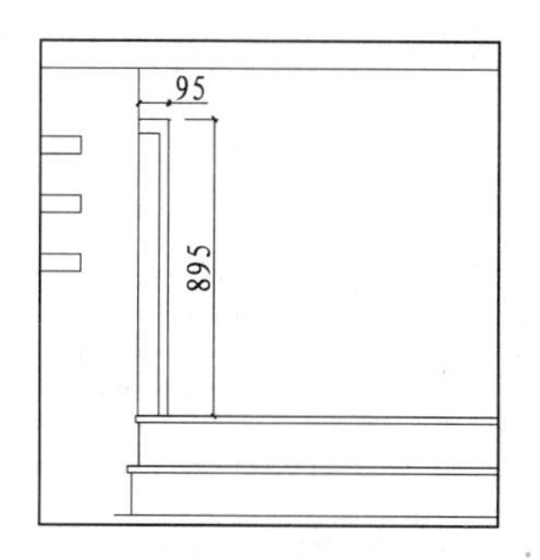

图 12-170　绘制线段

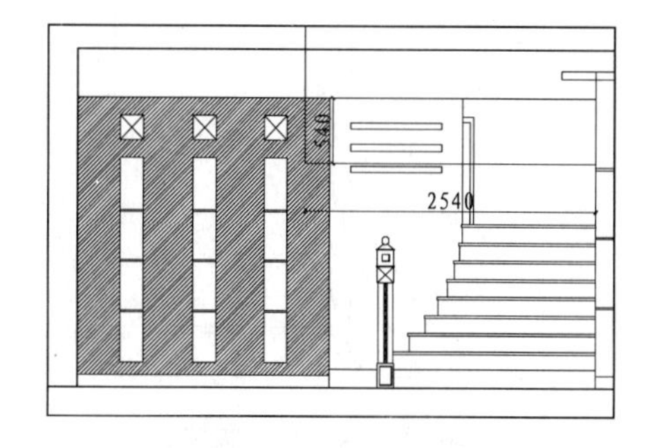

图 12-171　绘制辅助线

23 调用 CIRCLE/C 命令，以辅助线的交点为圆心绘制一个半径为 1487 的圆，然后删除辅助线，如图 12-172 所示。

24 调用 TRIM/TR 命令，对圆进行修剪，如图 12-173 所示。

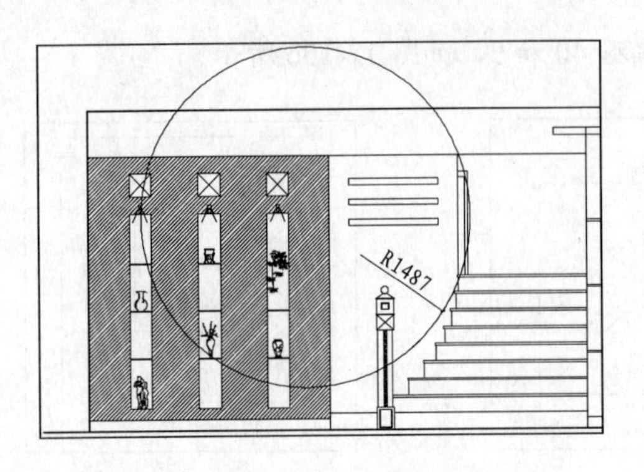

图 12-172　绘制圆

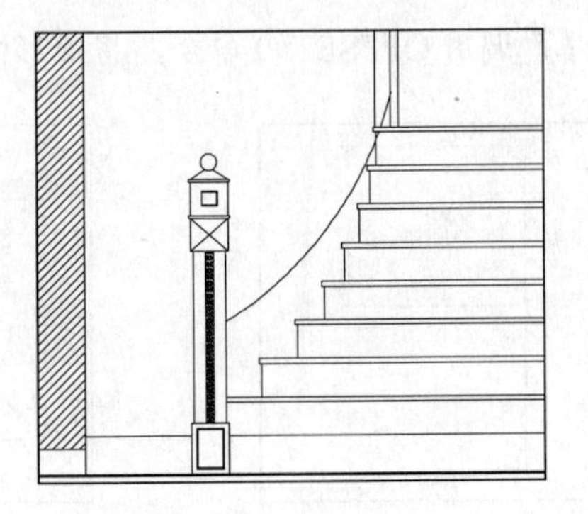

图 12-173　修剪圆

25 调用 OFFSET/O 命令，将圆弧向上偏移 10，效果如图 12-174 所示。

26 使用同样的方法绘制其他栏杆，效果如图 12-175 所示。

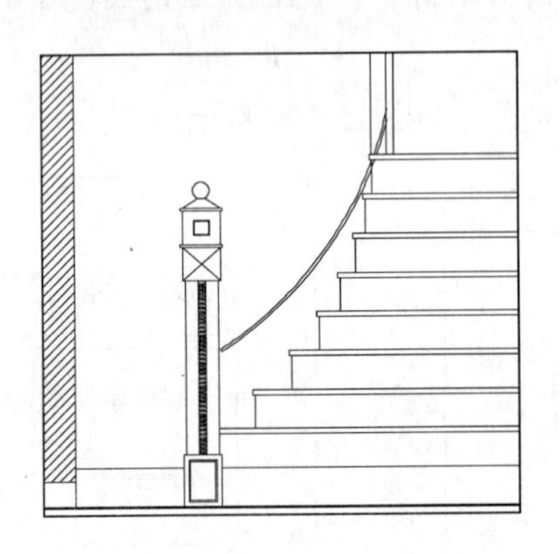

图 12-174　偏移圆弧

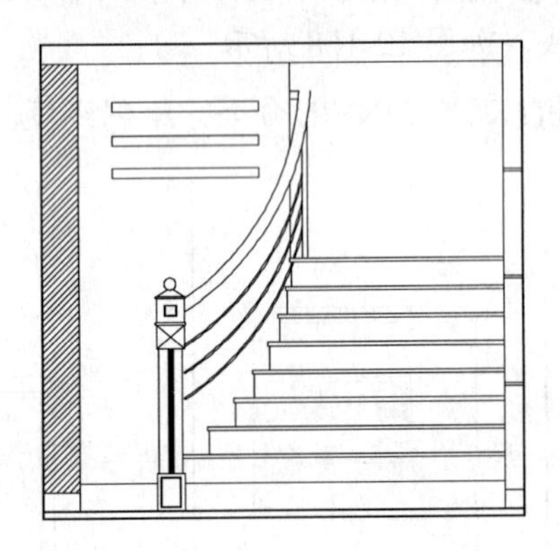

图 12-175　绘制其他栏杆

27 调用 CIRCLE/C 命令和 TRIM/TR 命令，绘制圆弧封闭弧线，如图 12-176 所示。

28 调用 LINE/L 命令和 OFFSET/O 命令，绘制栏杆，如图 12-177 所示。

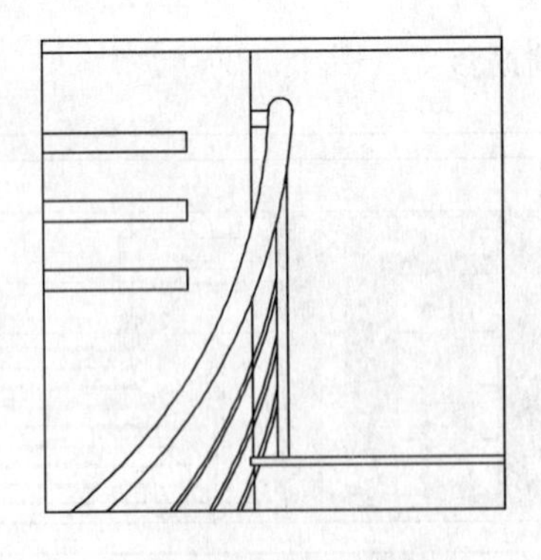

图 12-176　绘制圆弧

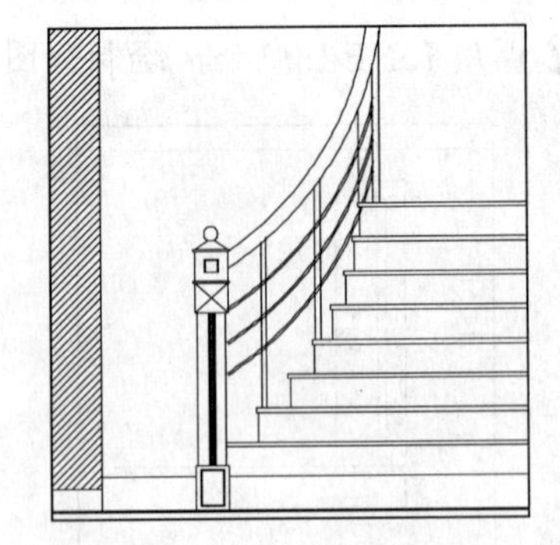

图 12-177　绘制栏杆

9．插入图块

按 Ctrl+O 快捷键，打开配套光盘提供的“第 12 章\家具图例.dwg”文件，选择其中的陈设品和植物等图块，将其复制至客厅立面区域，并进行修剪，结果如图 12-178 所示。

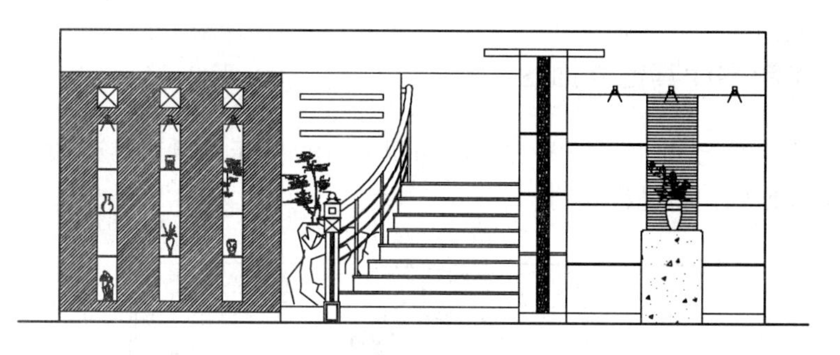

图 12-178　插入图块

10. 标注尺寸和材料说明

01 设置“BZ_标注”图层为当前图层，设置当前注释比例为 1∶50。

02 调用 DIMLINEAR/DLI 命令进行尺寸标注，结果如图 12-179 所示。

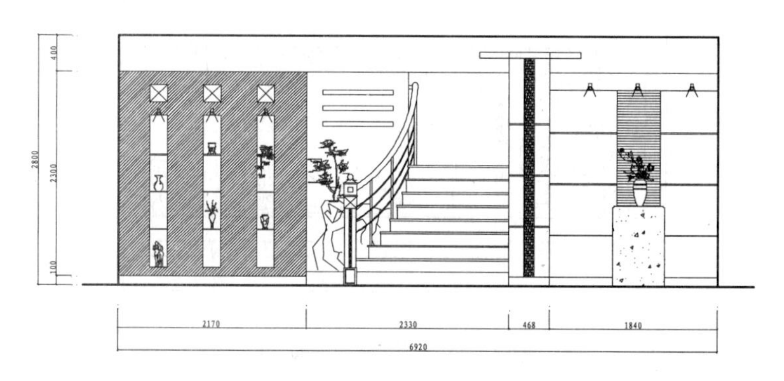

图 12-179　尺寸标注

03 调用 MLEADER/MLD 命令进行材料标注，标注结果如图 12-180 所示。

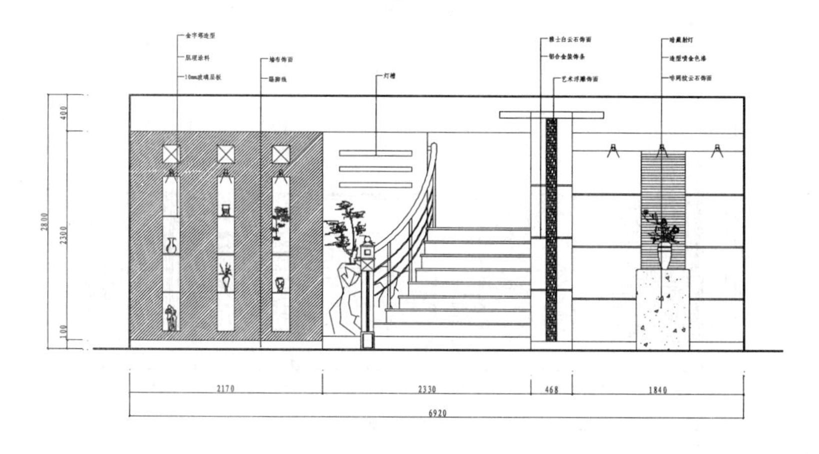

图 12-180　材料说明

11. 插入图名

调用插入图块命令 INSERT/I，插入“图名”图块，设置 B 立面图名称为“客厅 C 立面图”，客厅 C 立面图绘制完成。

12.7.4 绘制客厅其他立面图

客厅 A 立面和客厅 D 立面如图 12-181 和图 12-182 所示，它们的绘制方法都比较简单，请读者应用前面所学知识进行绘制。

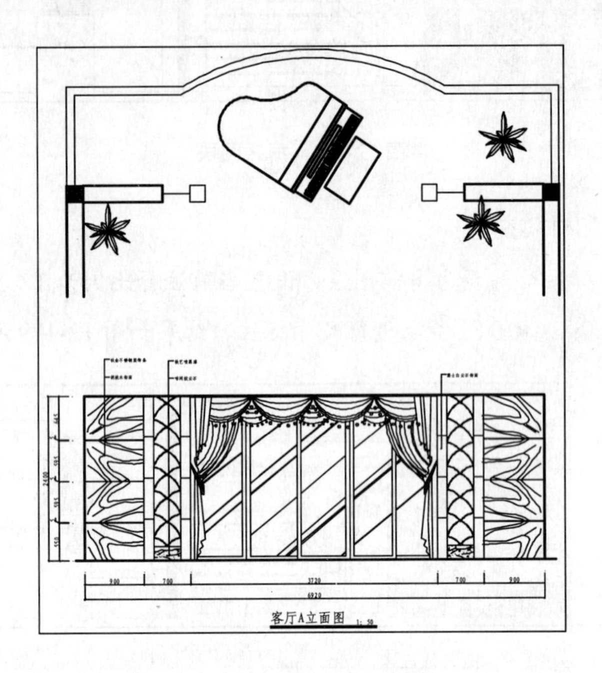

图 12-181 客厅 A 立面图

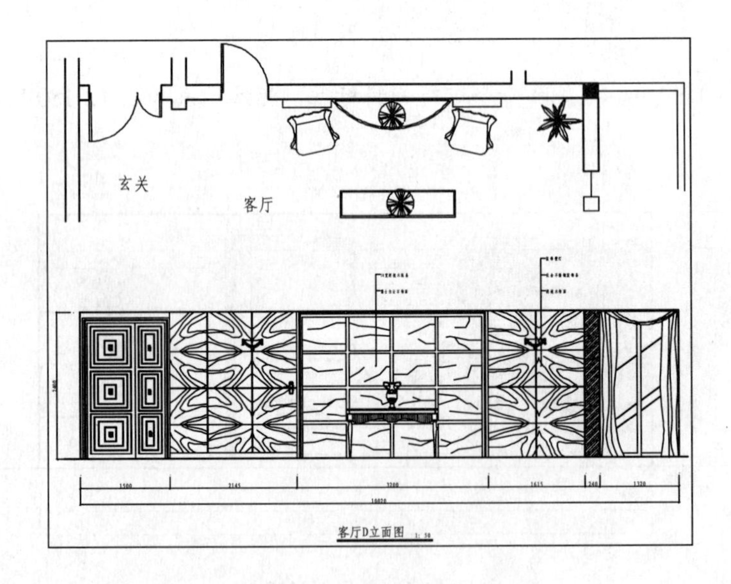

图 12-182 客厅 D 立面图

12.7.5 绘制餐厅 B 立面图

餐厅 B 立面图如图 12-183 所示，餐厅 B 立面图是餐厅酒柜和装饰柜所在的墙面，下面介绍餐厅 B 立面图的画法。

1. 复制图形

调用 COPY/CO 命令，复制复式平面布置图上餐厅 B 立面的平面部分。

2. 绘制 B 立面基本轮廓

01 设置“LM_立面”图层为当前图层。

02 调用 LINE 命令，根据平面图绘制 B 立面墙体投影线和地面轮廓线，如图 12-184 所示。

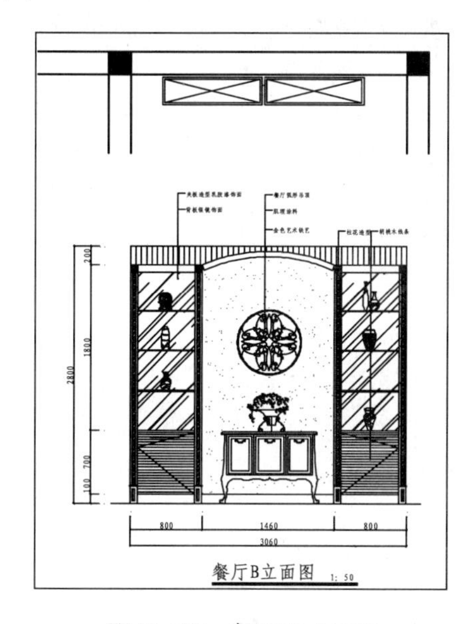

图 12-183　餐厅 B 立面图

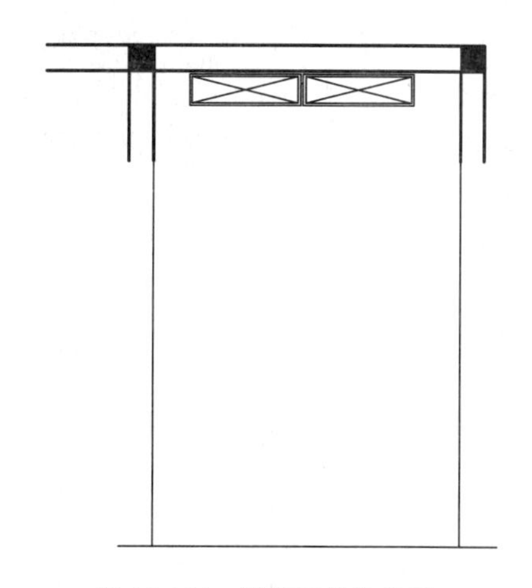

图 12-184　绘制墙体和地面

03 调用 OFFSET/O 命令，向上偏移地面轮廓线，偏移距离为 2800，得到顶面轮廓线，如图 12-185 所示。

04 调用 TRIM/TR 命令，修剪掉多余线段，并将立面外轮廓转换至“QT_墙体”图层，如图 12-186 所示。

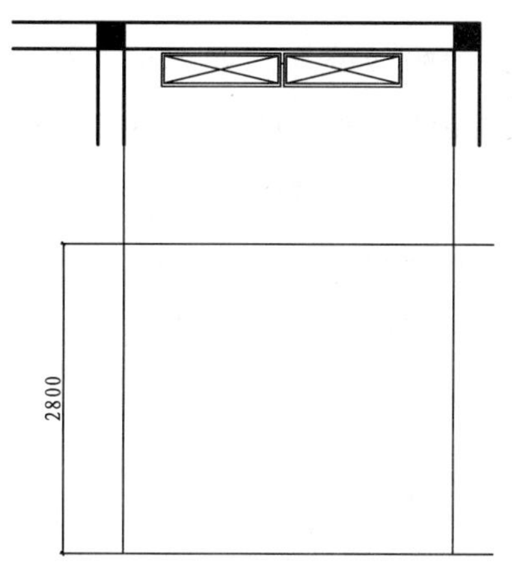

图 12-185　绘制顶面

图 12-186　修剪立面外轮廓

3. 绘制酒柜

01 调用 PLINE/PL 命令，绘制左侧酒柜轮廓，如图 12-187 所示。

02 调用 LINE/L 命令，绘制酒柜细部结构，如图 12-188 所示。

03 绘制柱花造型。调用 RECTANG/REC 命令，绘制一个尺寸为 92×10，圆角半径为 5 的矩形，命令选项如下：

```
命令: RECTANG↙                                                //调用【矩形】命令
当前矩形模式:  圆角=5.0000
指定第一个角点或 [倒角(C)/标高(E)/圆角(F)/厚度(T)/宽度(W)]: f↙   //选择“圆角(F)”备选项
指定矩形的圆角半径 <5.0000>: 5↙                                  //输入圆角的半径
指定第一个角点或 [倒角(C)/标高(E)/圆角(F)/厚度(T)/宽度(W)]:  //在任意位置拾取一点作为圆角矩形的第一个角点
指定另一个角点或 [面积(A)/尺寸(D)/旋转(R)]: @92,-10↙          //输入矩形的坐标，效果如图 12-189 所示
```

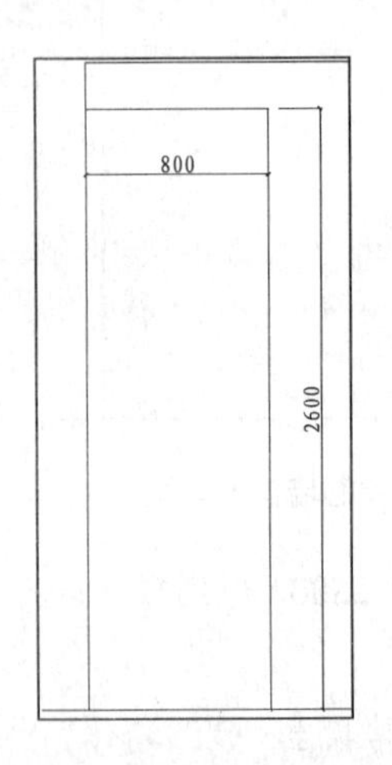

图 12-187　绘制酒柜轮廓

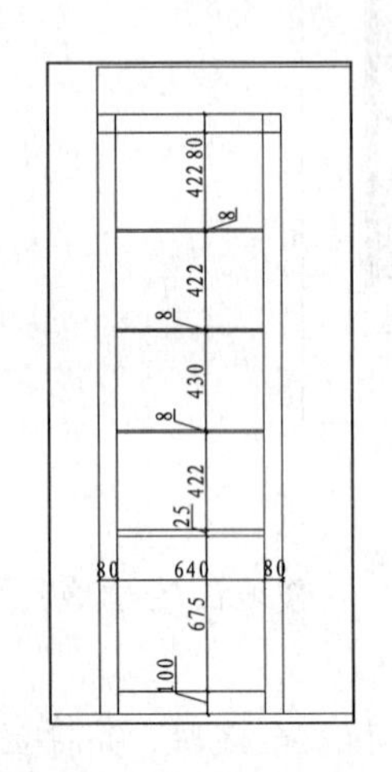

图 12-188　绘制酒柜西部轮廓

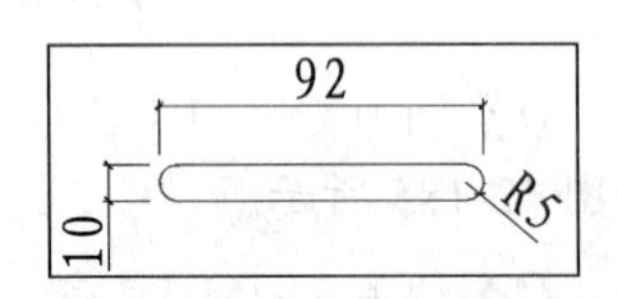

图 12-189　绘制圆角矩形

04 调用 MOVE/M 命令，将圆角矩形移动到柱子中，如图 12-190 所示。

05 调用 TRIM/TR 命令，对圆角矩形与线段相交的位置进行修剪，如图 12-191 所示。

06 使用同样的方法绘制右侧柱花造型，效果如图 12-192 所示。

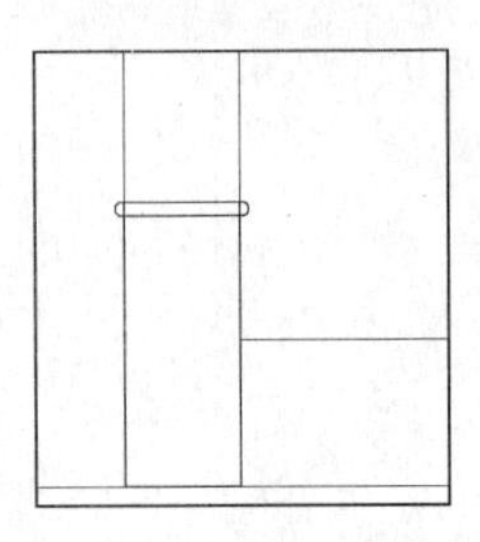

图 12-190　移动圆角矩形

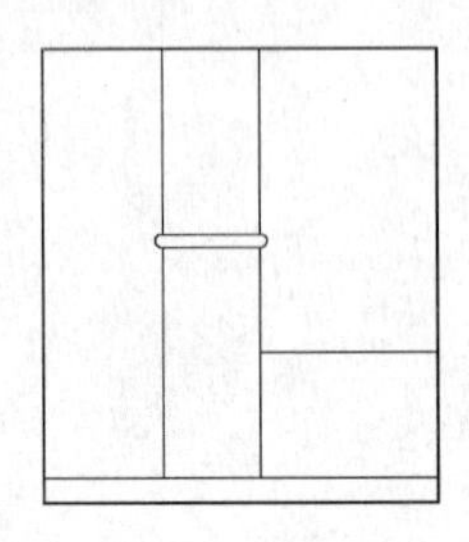

图 12-191　修剪线段

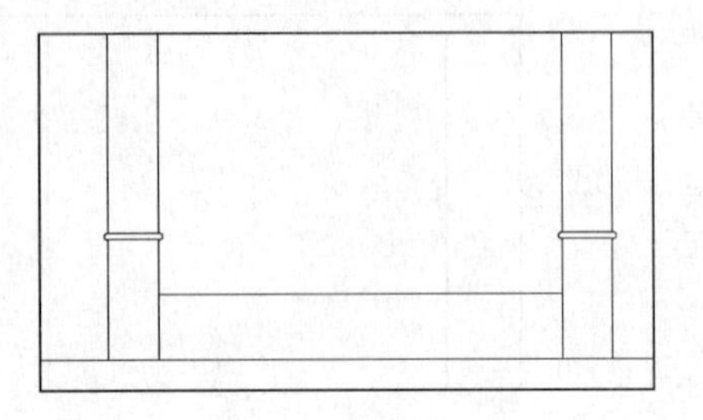

图 12-192　绘制圆角矩形

07 调用 HATCH/H 命令，在酒柜上方填充 AR-RROOF 图案，填充参数和效果如图 12-193 所示。

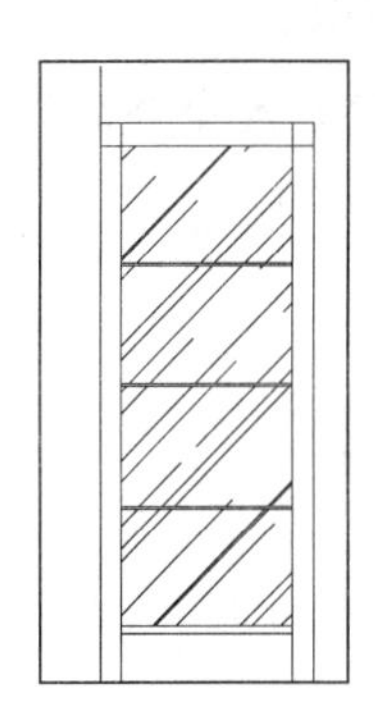

图 12-193 填充参数和效果

08 调用 HATCH/H 命令，在酒柜的下方填充 LINE 图案，填充参数和效果如图 12-194 所示。

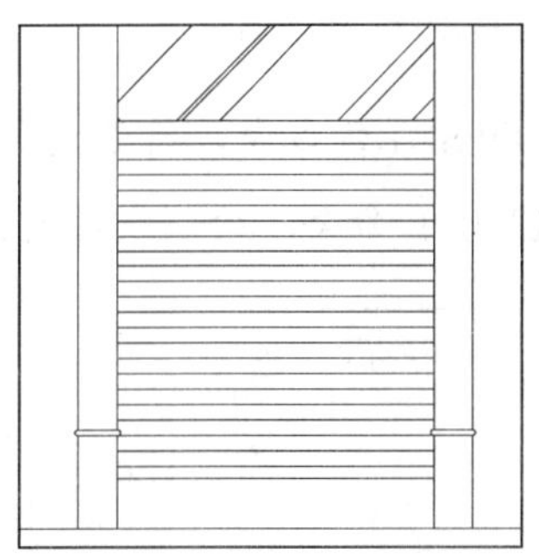

图 12-194 填充参数和效果

09 调用 RECTANG/REC 命令，在酒柜的下方绘制矩形，表示拉手，效果如图 12-195 所示。

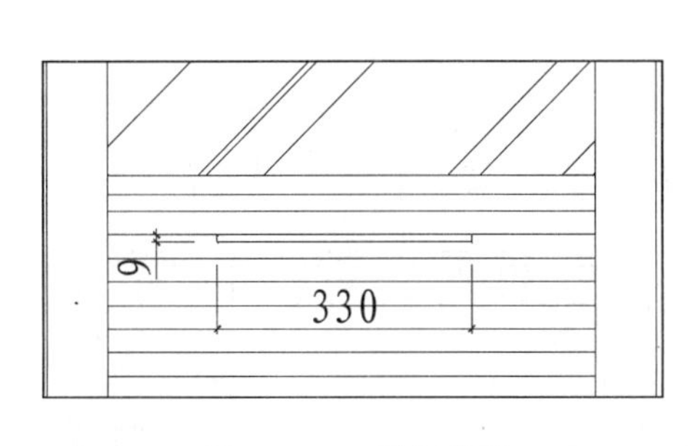

图 12-195 绘制拉手

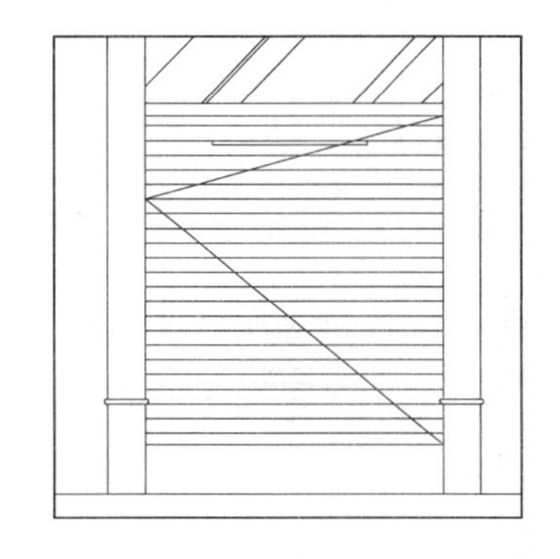

图 12-196 绘制折线

10 调用 LINE/L 命令，在酒柜的下方绘制折线，表示柜门的开启方向，如图 12-196 所示。

11 由于右侧酒柜造型和左侧的酒柜造型一致，调用 MIRROR/MI 命令，得到另一侧酒柜造型，如图 12-197 所示。

4. 绘制吊顶

01 调用 ARC/A 命令，绘制如图 12-198 所示弧线。

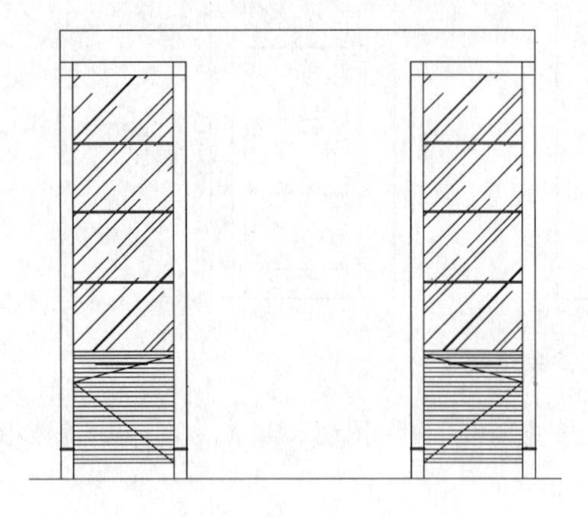

图 12-197 镜像酒柜

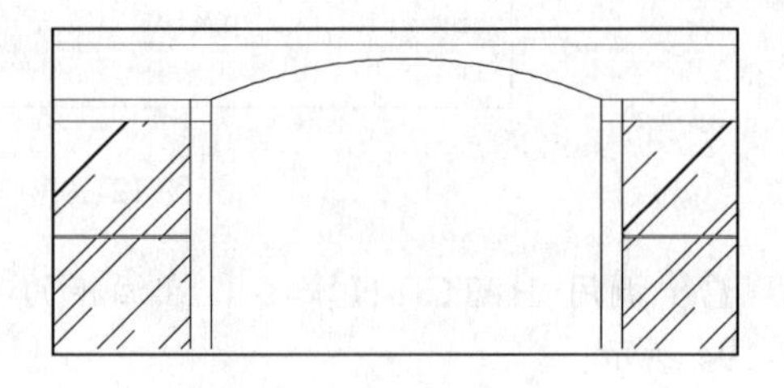

图 12-198 绘制弧线

02 调用 OFFSET/O 命令，将弧线向下偏移 60，如图 12-199 所示。

03 调用 LINE/L 命令，绘制线段连接两条弧形，如图 12-200 所示。

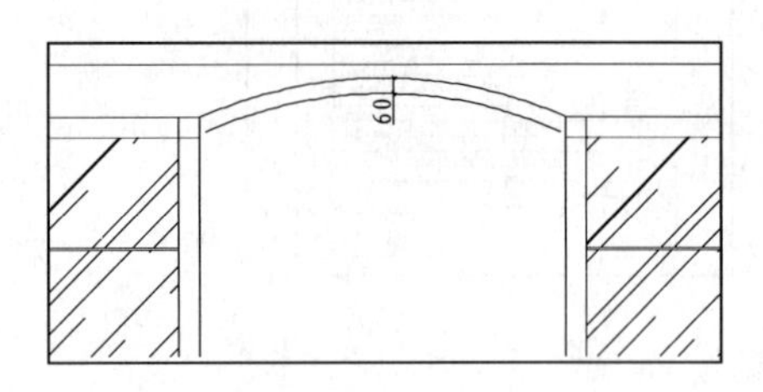

图 12-199 偏移弧线

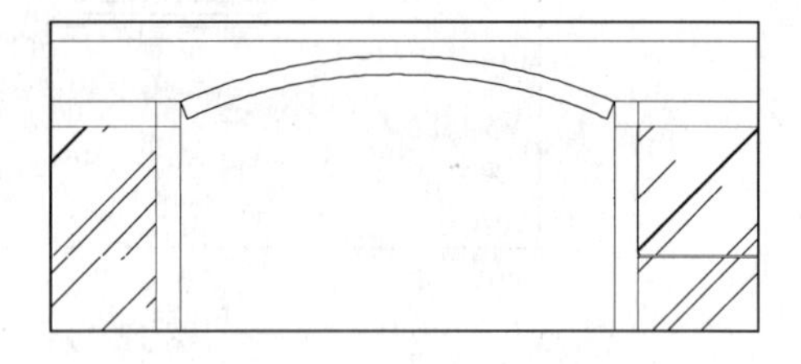

图 12-200 绘制线段

04 调用 HATCH/H 命令，对吊顶内填充 LINE 图案，填充参数和效果如图 12-201 所示。

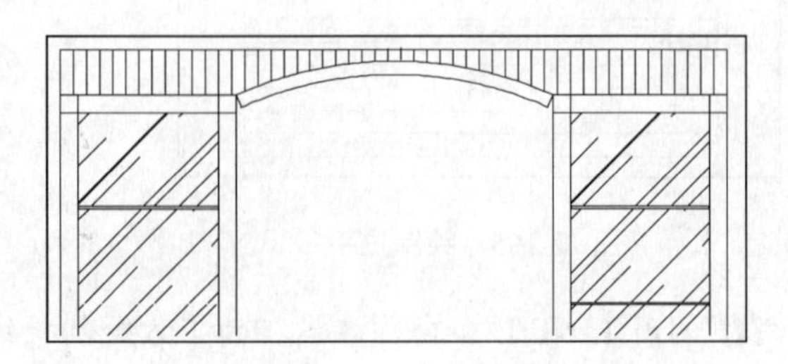

图 12-201 填充参数和效果

5. 绘制踢脚线

调用 LINE/L 命令绘制踢脚线，踢脚线的高度为 100，如图 12-202 所示。

6. 绘制墙面图案

调用 HATCH/H 命令，对餐厅墙面填充 AR-SAND 图案，设置比例为 5，效果如图 12-203 所示。

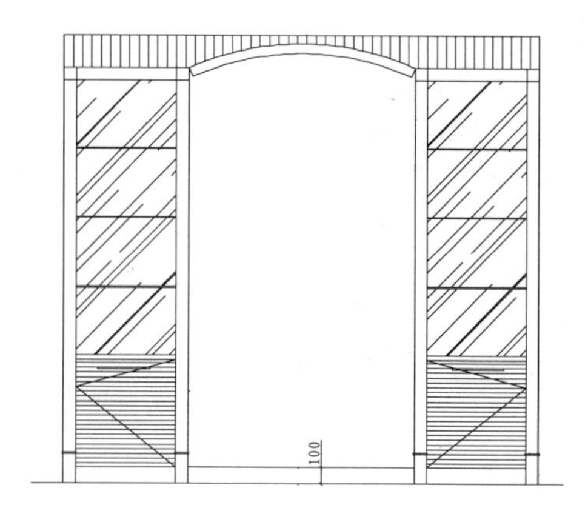

图 12-202 绘制踢脚线

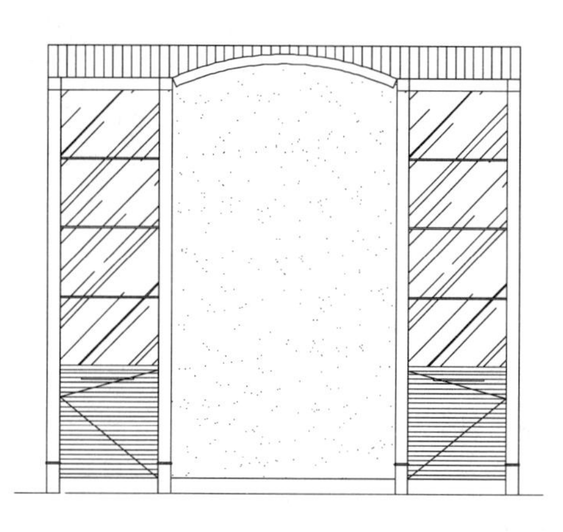

图 12-203 填充参数和效果

7. 插入图块

从图块中调入柱花造型、装饰柜、装饰品和铜镜等图块，并进行修剪，完成后的效果如图 12-204 所示。

8. 标注尺寸和说明文字

01 设置“BZ_标注”图层为当前图层，设置当前注释比例为 1∶50。

02 调用 DIMLINEAR/DLI 命令进行尺寸标注，结果如图 12-205 所示。

图 12-204 插入图块

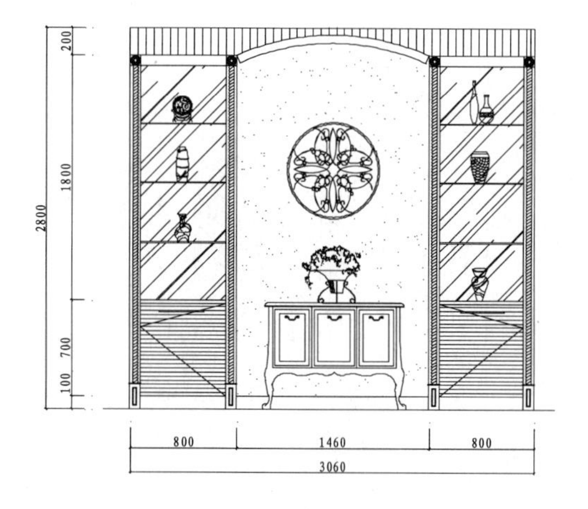

图 12-205 标注尺寸

03 调用 MLEADER/MLD 命令进行材料标注，标注结果如图 12-206 所示。

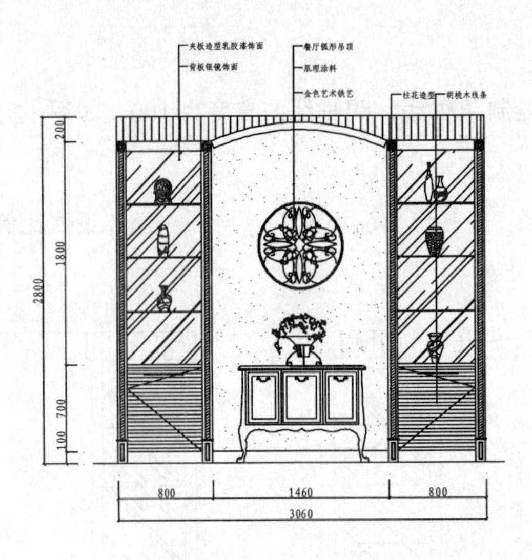

图 12-206　材料标注

9. 插入图名

调用插入图块命令 INSERT/I，插入“图名”图块，设置 B 立面图名称为“餐厅 B 立面图”，餐厅 B 立面图绘制完成。

12.7.6 绘制其他立面图

其他立面图包括门厅 B 立面图和起居室 D 立面图，请读者运用前面介绍的方法自行完成，如图 12-207 和图 12-208 所示。

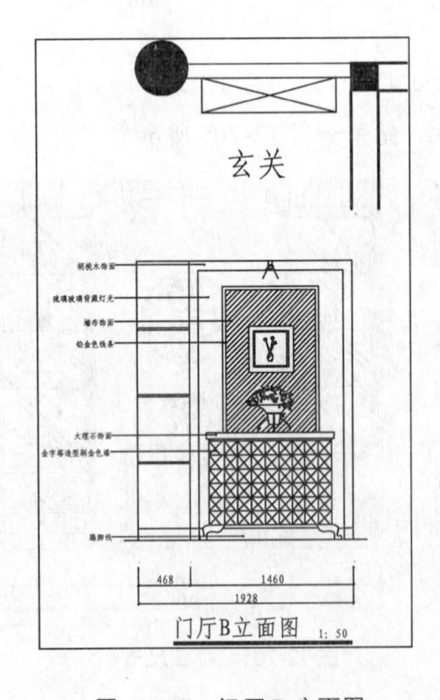

图 12-207　门厅 B 立面图

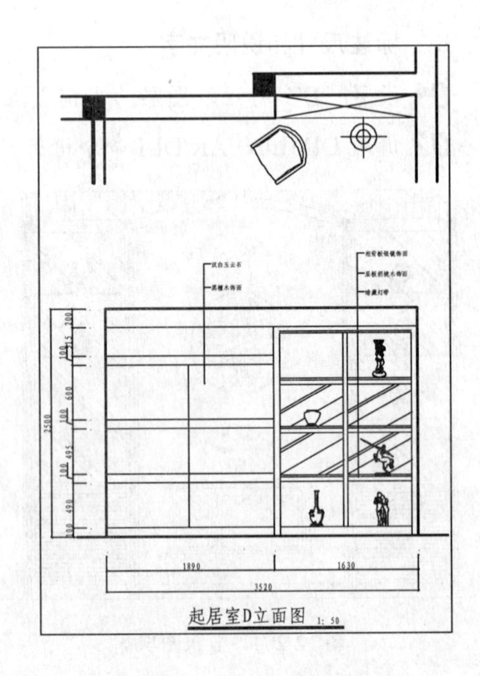

图 12-208　起居室 D 立面图

第13章

本章导读：

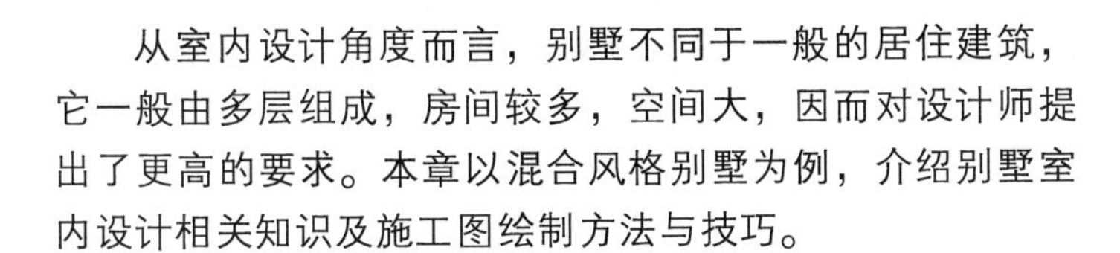

从室内设计角度而言，别墅不同于一般的居住建筑，它一般由多层组成，房间较多，空间大，因而对设计师提出了更高的要求。本章以混合风格别墅为例，介绍别墅室内设计相关知识及施工图绘制方法与技巧。

本章重点：

- 混合风格别墅设计概述
- 调用样板新建文件
- 绘制别墅原始户型图
- 绘制别墅平面布置图
- 绘制别墅地材图
- 绘制别墅顶棚图
- 绘制别墅立面图

混合风格别墅设计

13.1 混合风格别墅设计概述

混合风格是使用多种风格进行室内设计，在设计中不拘一格，运用多种风格，但设计中仍然是匠心独具，深入推敲形体、色彩和材质等方面的总体构图和视觉效果。

别墅区别于其他普通住宅及公寓，拥有相对独立的室外环境及较为宽敞的室内空间。外立面、室内外环境都会影响室内空间的设计。在平面功能分区上，别墅室内面积较大、层数较多，初步功能区域的设置，首先应依照居住者对别墅的使用方式来确定。其次，区别于其他类型的居住形式，别墅更强调室内的空间感、舒适程度，如图 13-1 所示。

13.1.1 别墅设计要点

❑ 入口空间

别墅一般都有两个入口：一个与主客厅相连，一个与庭院、厨房关系紧密。所以每个入口所连带空间的处理手法有所侧重。入口是别墅特有的建筑特征，一般设有台阶，有的主客厅入口还直接通往二楼。在主入口的设计上，因为连接客厅，是居室的第一门面，应加强展示部分，注重地面的铺设和顶面的装饰；在第二入口，因为连接厨房，主要供服务人员出入，因此在设计上相对弱化处理，注重功能设计，而不注重装饰。

❑ 共享空间或挑空

别墅的层高，尤其是挑空空间和顶层，都较普通住宅位高。可考虑通过吊顶增加一些顶面的辅助光源照明、竖向的墙面修饰、灯光处理、栏板的形式和选材以及视线上的流通处理来达到目的。

❑ 空间划分

包括休闲空间、过渡空间、收纳空间等。每个空间的划分都必须考虑衔接过渡的问题，对于小空间来说，因为本身面积小，每一处空间的划分都以实用功能性为准，对大别墅而言，更多是体现一种居住的品味与感受。

❑ 垂直交通（楼梯）

楼梯和楼梯所涉及的周边空间是别墅设计的一个重点。包括楼梯本身的形式，楼梯栏杆、扶手、踢面、踏面的材质选择，灯光的处理等，如图 13-2 所示。

图 13-1　别墅示例

图 13-2　别墅楼梯示例

❑ 观景露台

开敞或半开敞。成为休闲、观景的一个阳台，充分利用其空间，在阳台上打造宽敞舒适的休闲场所。露台是别墅的必需要素，在露台上可以铺设天然的鹅卵石，或者木制防水露台板，还可以布置自己喜爱的花草植物，摆放一些藤制或竹制的座椅、茶几，随意之间，纯朴的乡村气息扑面而来，将休闲风格发挥到极致。

13.1.2 别墅设计注意事项

- 利用材质转换及标识性设计合理融合入口空间与室内外空间。
- 由于面积较大、房间较多，家庭辅助人员的通道、入口及居住应与整体空间相协调。
- 会客及娱乐空间数量及分布层面较多，应注意动静区域的相对独立，互不干扰。
- 别墅层数较多，应考虑空间的垂直交通。如挑空空间，应根据其所在的位置不同发挥其空间特性。而楼梯部分，则应考虑其本身的形式、材质、所处空间、所负担的功能要求、与周围空间的形式美感及使用功能的协调。
- 各种设备在别墅空间的应用。如安防、空调、综合布线(小型家庭局域网、背景音乐、智能照明)，同时要考虑各种设备与顶面吊顶和墙体之间的处理关系。

13.2 调用样板新建文件

本书第 3 章创建了室内装潢施工图样板，该样板已经设置了相应的图形单位、样式、图层和图块等，原始户型图可以直接在此样板的基础上进行绘制。

01 执行【文件】|【新建】命令，打开“选择样板”对话框。

02 单击使用样板按钮 DWT，选择“室内装潢施工图”样板，如图 13-3 所示。

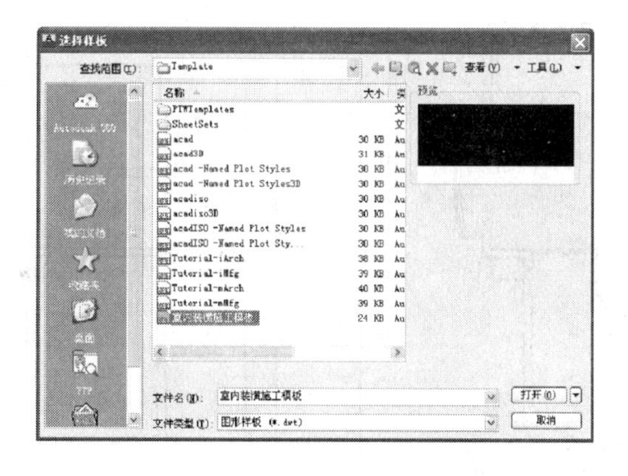

图 13-3 “选择样板”对话框

03 单击【打开】按钮，以样板创建图形，新图形中包含了样板中创建的图层、样式和图块等内容。

04 选择【文件】|【保存】命令，打开“图形另存为”对话框，在“文件名”框中输入文件名，单击【保存】按钮保存图形。

13.3 绘制别墅原始户型图

别墅的原始户型图需要绘制的内容有房屋平面的形状、大小、墙、柱子的位置和尺寸，门窗的类型和位置，烟囱和下水道的位置等。

请读者参考前面章节所介绍方法完成别墅原始户型图，如图 13-4～图 13-7 所示。

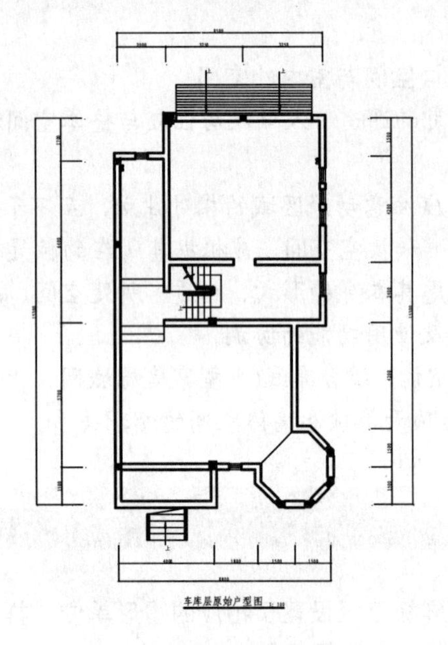

图 13-4　车库层原始户型图

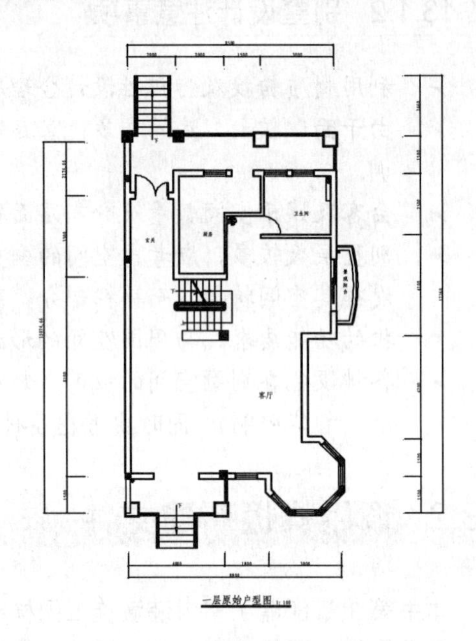

图 13-5　一层原始户型图

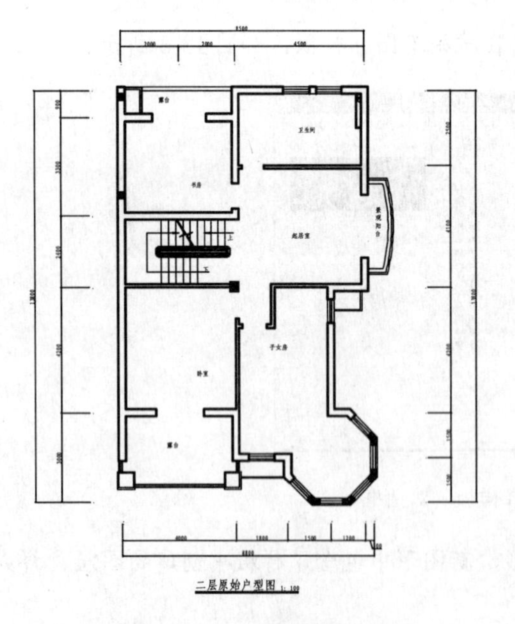

图 13-6　二层原始户型图

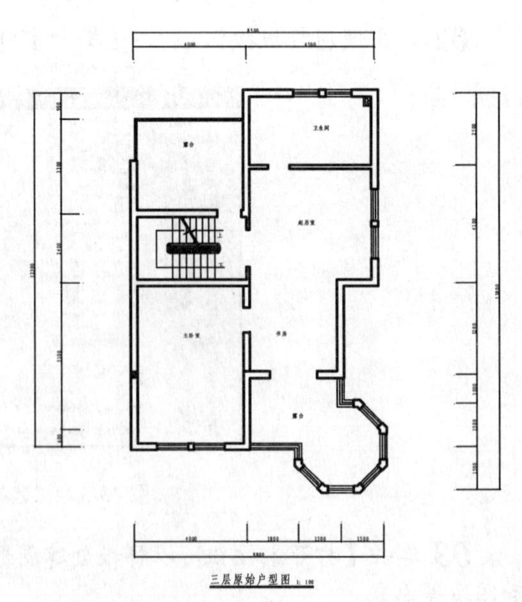

图 13-7　三层原始户型图

13.4 绘制别墅平面布置图

图 13-8～图 13-11 所示为别墅的平面布置图。别墅的面积相对较大，进行平面布置时合理的家具和空间设计是最关键的。下面介绍别墅平面布置图的画法。

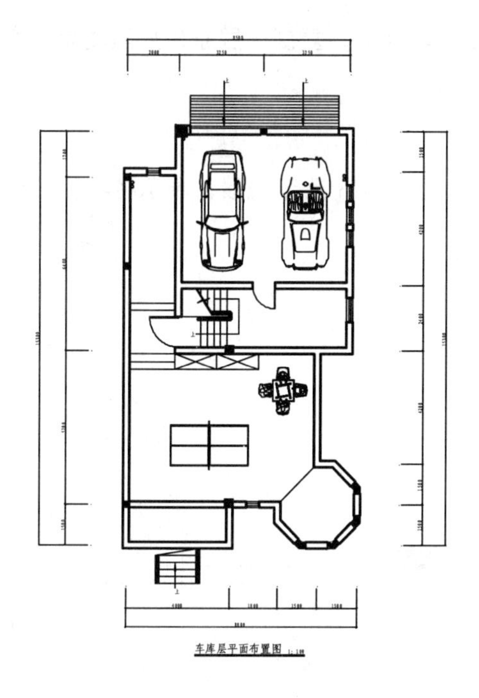

图 13-8　车库层平面布置图

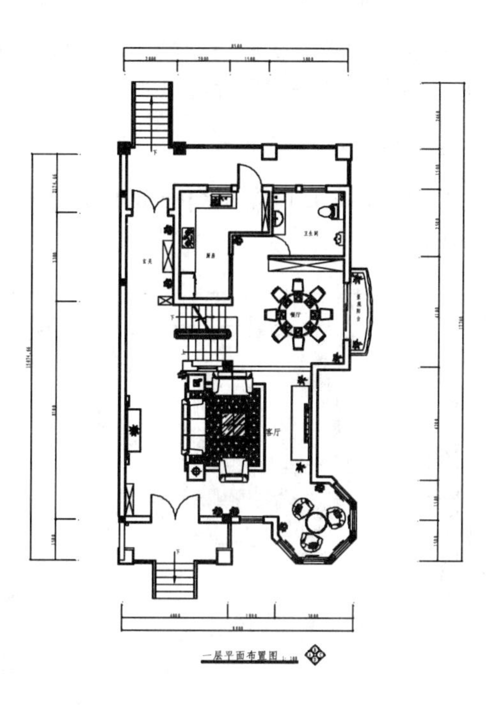

图 13-9　一层平面布置图

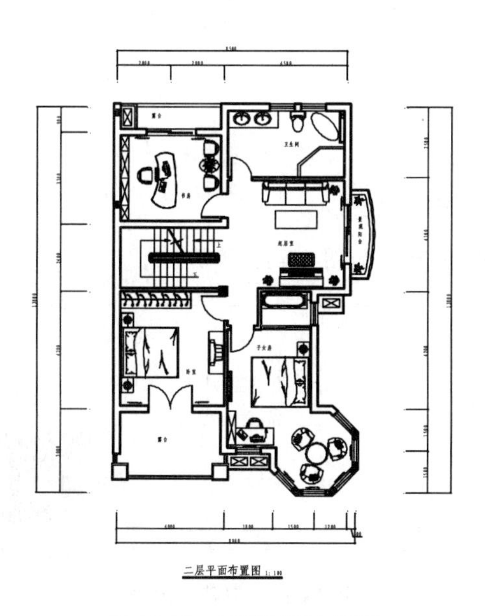

图 13-10　二层平面布置图

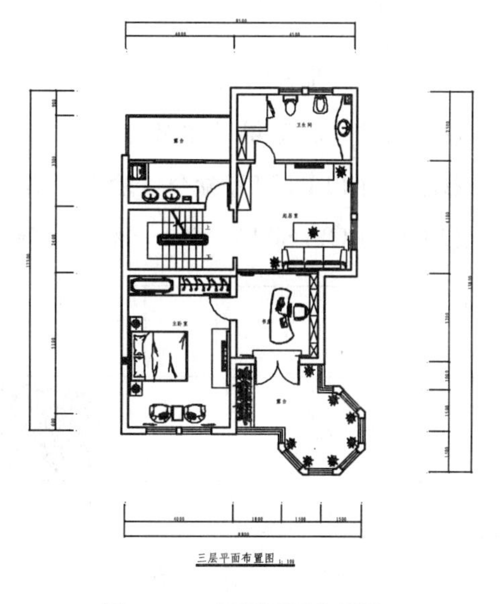

图 13-11　三层平面布置图

13.4.1 绘制客厅和露台平面布置图

客厅空间布局如图 13-12 所示，客厅左侧设置有装饰柜，沙发组放置在客厅中心，并在露台位置设置了休闲桌椅。

1. 复制图形

平面布置图可在原始户型图的基础上进行绘制。因此，复制一层原始户型图到一旁，并修改图名为“一层平面布置图”。

2. 绘制栏杆

调用 LINE/L 命令和 OFFSET/O 命令，绘制如图 13-13 所示线段，表示将客厅与餐厅分隔的栏杆。

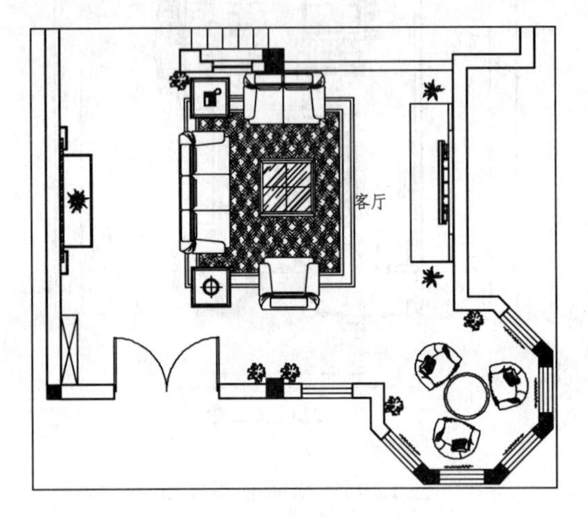

图 13-12 客厅平面布置图

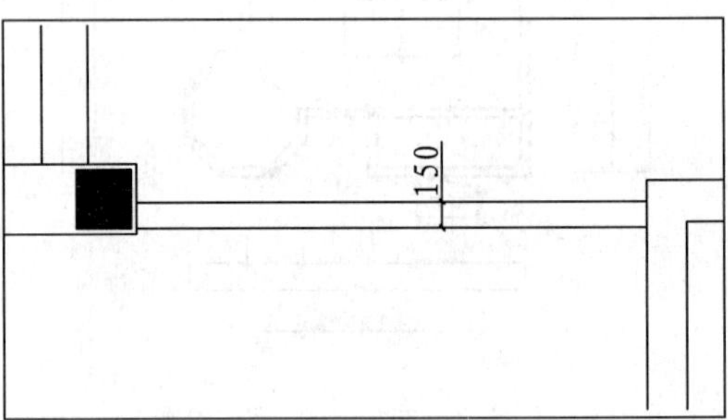

图 13-13 绘制线段

3. 绘制装饰柱造型

01 调用“JJ_家具”图层为当前图层。

02 调用 PLINE/PL 命令，绘制如图 13-14 所示多段线。

03 调用 OFFSET/O 命令，将多段线向内偏移 18，如图 13-15 所示。

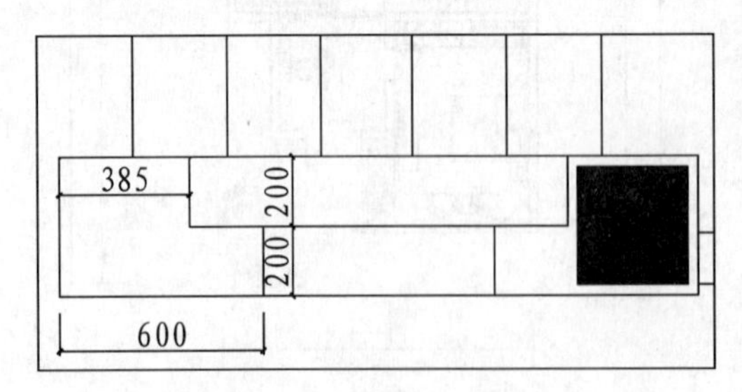

图 13-14 绘制多段线

图 13-15 偏移多段线

04 调用 LINE/L 命令，连接多段线的交角处，如图 13-16 所示。

05 调用 LINE/L 命令和 OFFSET/O 命令，绘制线段连接两个造型图案，如图 13-17 所示。

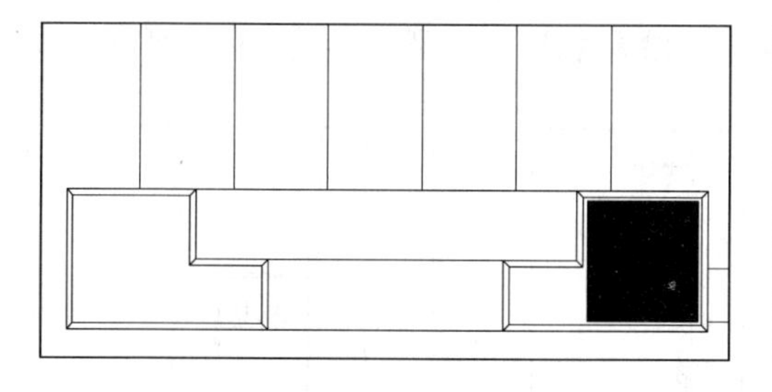
图 13-16　绘制线段

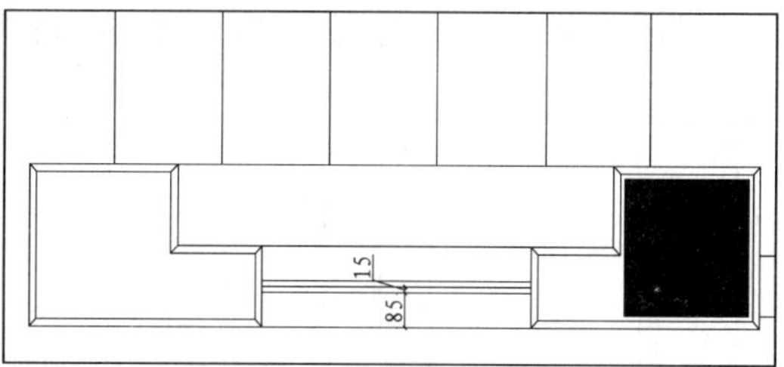

图 13-17　绘制线段

4. 绘制装饰柜

01 调用 RECTANG/REC 命令，以墙体的端点为矩形的第一个角点，绘制一个尺寸为 300×1200 的矩形，如图 13-18 所示。

02 调用 LINE/L 命令，绘制矩形的对角线，如图 13-19 所示。

03 调用 PLINE/PL 命令，绘制如图 13-20 所示多段线。

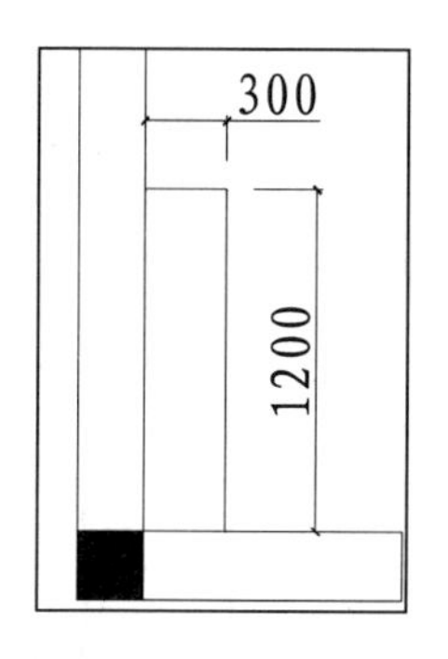

图 13-18　绘制矩形

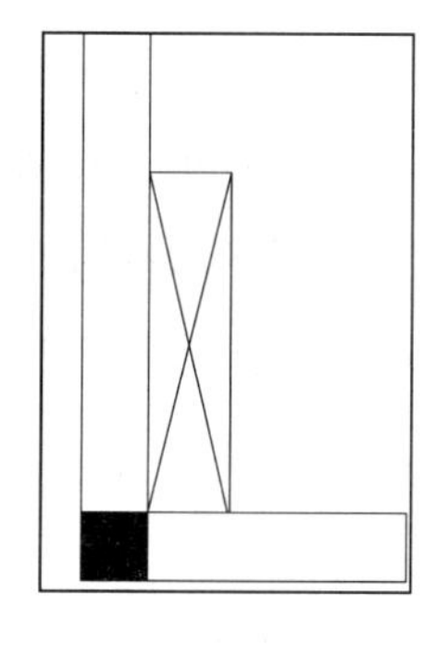
图 13-19　绘制对角线

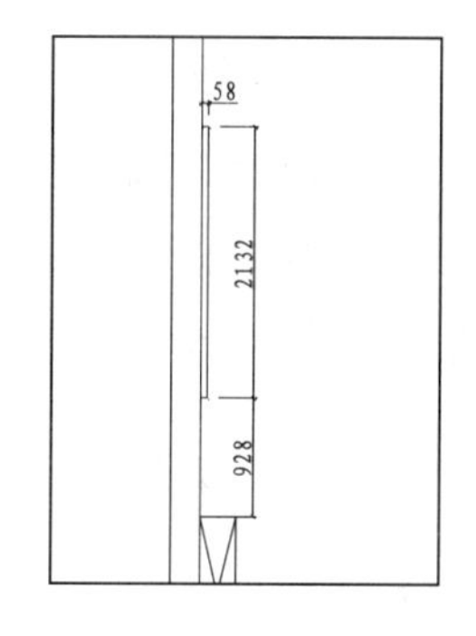

图 13-20　绘制多断线

04 调用 OFFSET/O 命令，将多段线向外偏移 8，如图 13-21 所示。

05 调用 HATCH/H 命令，对多段线内填充 SACNCR 图案，填充参数和效果如图 13-22 所示。

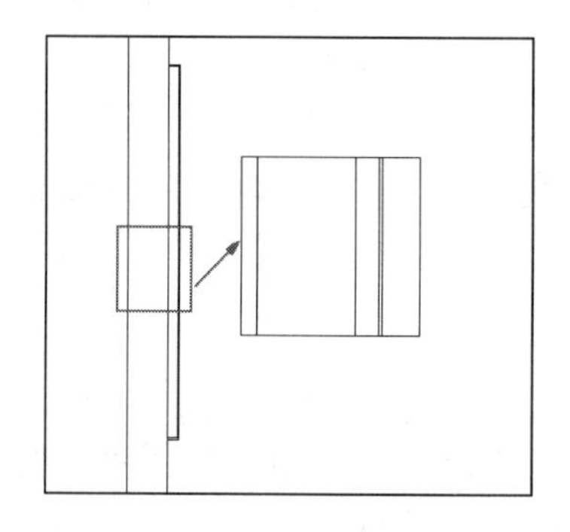
图 13-21　偏移多段线

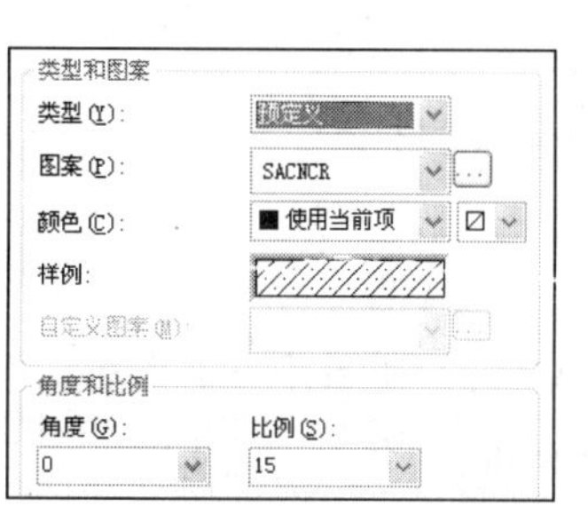

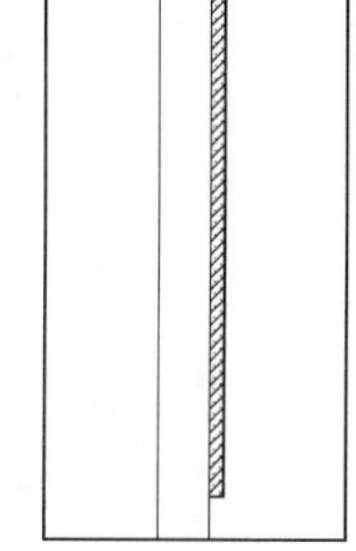
图 13-22　填充参数和效果

06 调用 PLINE/PL 命令和 OFFSET/O 命令，绘制如图 13-23 所示图形。

07 调用 MIRROR/MI 命令，得到另一侧同样的图形，如图 13-24 所示。

08 调用 PLINE/PL 命令和 OFFSET/O 命令，绘制装饰柜造型，如图 13-25 所示。

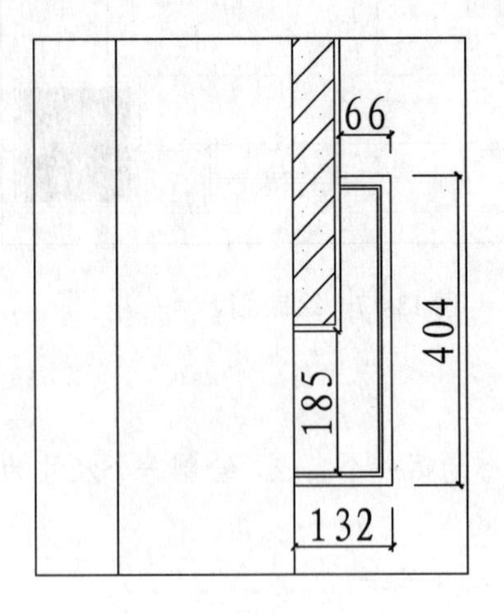

图 13-23　绘制多段线

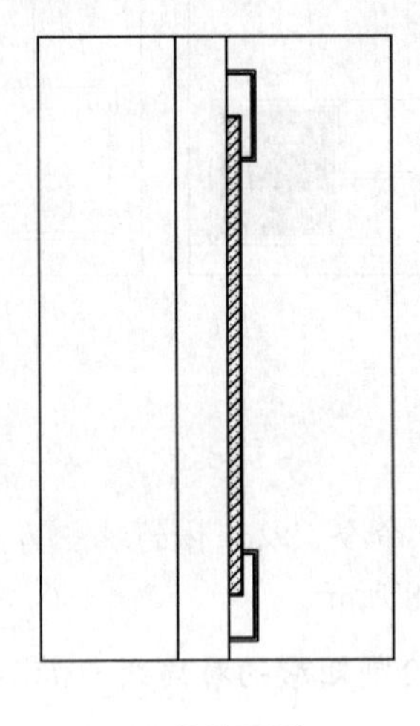

图 13-24　镜像图形

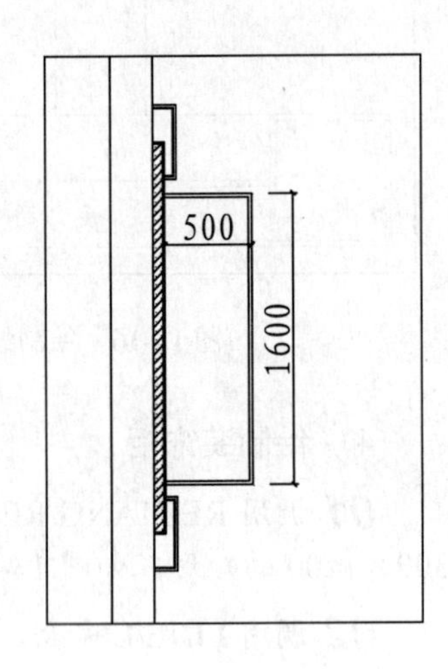

图 13-25　绘制装饰柜造型

5. 绘制电视柜

01 调用 PLINE/PL 命令，绘制电视柜轮廓，如图 13-26 所示。

02 调用 OFFSET/O 命令，将多段线向外偏移 6，如图 13-27 所示。

03 调用 PLINE/PL 命令和 LINE/L 命令，绘制电视柜细部结构，如图 13-28 所示。

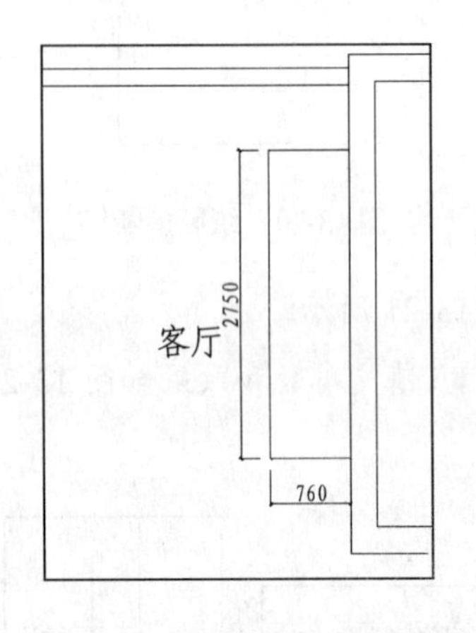

图 13-26　绘制多段线

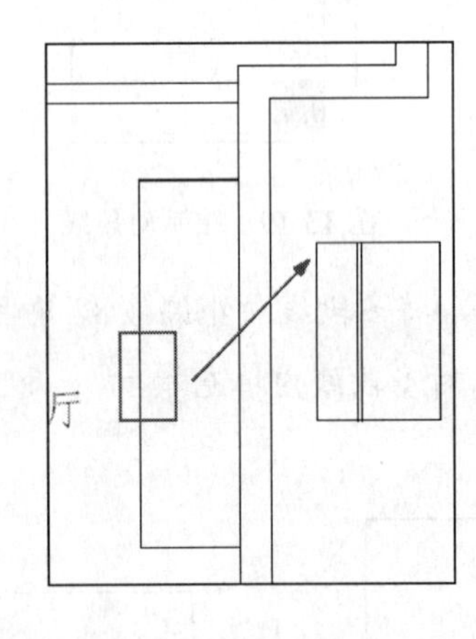

图 13-27　偏移多段线

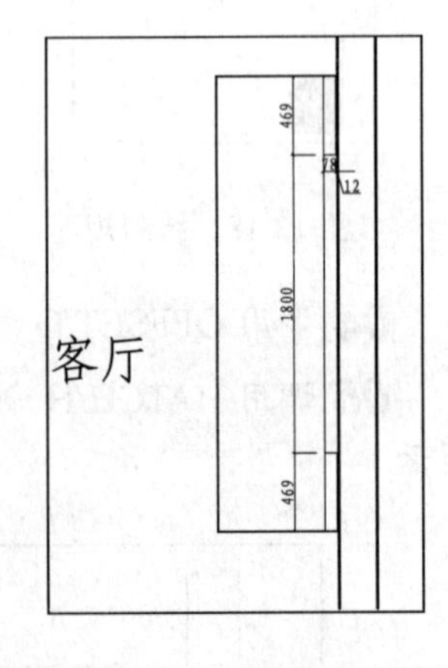

图 13-28　绘制线段

6. 绘制门

01 设置“M_门”图层为当前图层。

02 调用 INSERT/I 命令，打开“插入”对话框，选择“门（1000）”图块，选择“统一比例”复选框，设置“X”轴缩放比例为 0.93，如图 13-29 所示。

03 单击【确定】按钮确认，将图块插入到客厅门洞内，如图 13-30 所示。

图 13-29　“插入”对话框

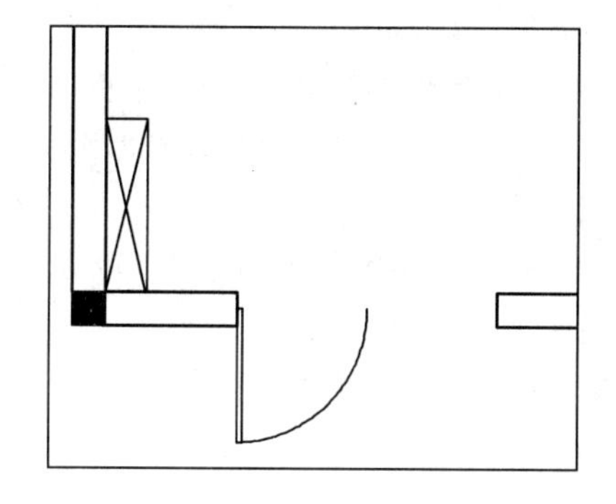

图 13-30　插入门图块

04 调用 MIRROR/MI 命令，水平镜像得到另一扇大门，如图 13-31 所示。

05 调用 MIRROR/MI 命令，将门垂直镜像到另一侧，调整门开启方向，如图 13-32 所示。

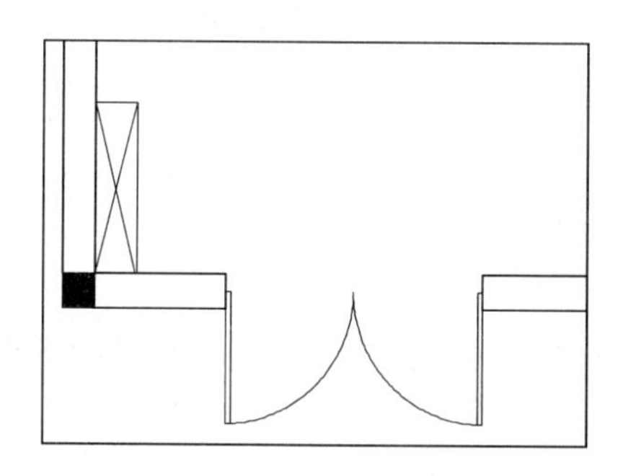

图 13-31　镜像门图形

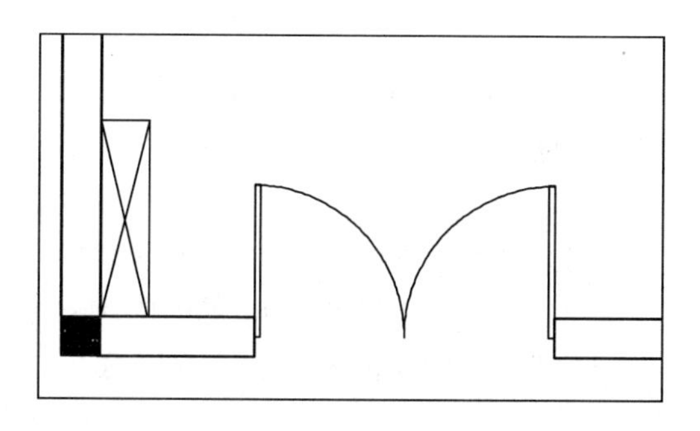

图 13-32　调整门开启方向

7. 绘制窗帘

01 窗帘平面图形如图 13-33 所示，主要使用 PLINE/PL 命令绘制，具体操作如下：

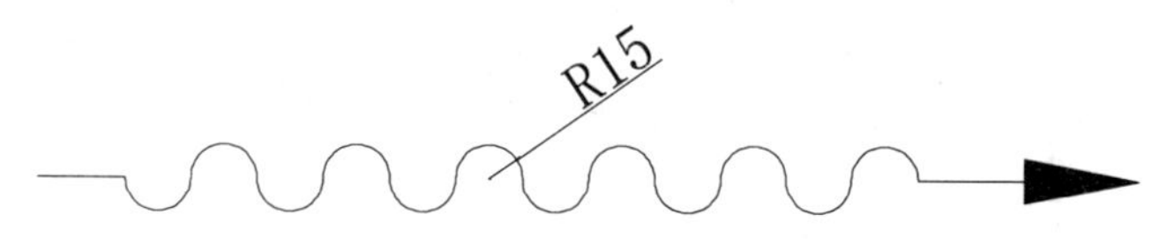

图 13-33　窗帘图形

```
命令:PLINE↙                                   //调用【多线段】命令
指定起点:                                     //在任意位置拾取一点，确定多段线的起点
当前线宽为 0.0000
指定下一个点或[圆弧(A)/半宽(H)/长度(L)/放弃(U)/宽度(W)]:
          //向右移动光标到 0° 极轴追踪线上，在适当位置拾取一点，确定多段线的第二点
指定下一个点或[圆弧(A)/半宽(H)/长度(L)/放弃(U)/宽度(W)]:A↙
                                              //选择“圆弧(A)”选项
指定圆弧的端点或
[角度(A)/圆心(CE)/方向(D)/半宽(H)/直线(L)/半径(R)/第二个点(S)/放弃(U)/宽度
(W)]:A↙                                       //选择“角度(A)”选项
```

指定包含角:180↙ //设置圆弧角度为180°

指定圆弧的端点或[圆心(CE)/半径(R)]:30↙ //向右移动光标到0°极轴追踪线上，输入30，并按回车键，确定圆弧端点，如图13-34所示

指定圆弧的端点或

[角度(A)/圆心(CE)/闭合(CL)/方向(D)/半宽(H)/直线(L)/半径(R)/第二个点(S)/放弃(U)/宽度(W)]:30↙ //保持光标在0°极轴追踪线上不变，输入30，按回车键，确定第二个圆弧端点

…… //重复上述操作，绘制出若干个圆弧，如图13-35所示

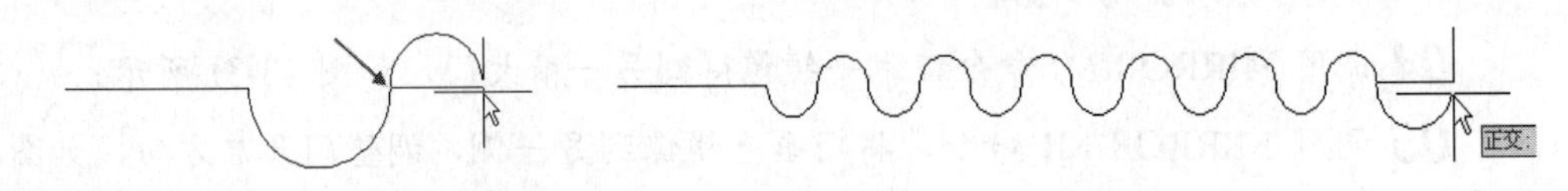

图 13-34 确定圆弧端点　　　　图 13-35 绘制圆弧

指定圆弧的端点或

[角度(A)/圆心(CE)/闭合(CL)/方向(D)/半宽(H)/直线(L)/半径(R)/第二个点(S)/放弃(U)/宽度(W)]:L↙ //选择"直线(L)"选项

指定下一点或[圆弧(A)/闭合(C)/半宽(H)/长度(L)/放弃(U)/宽度(W)]:

//向右移动光标到0°极轴追踪线上，在适当的位置拾取一点，如图13-36所示

指定下一点或[圆弧(A)/闭合(C)/半宽(H)/长度(L)/放弃(U)/宽度(W)]:W↙

//选择"宽度(W)"选项

指定起点宽度<0.0000>:20↙

指定端点宽度<10.0000>:0.1↙ //分别设置多段线起点宽为20，端点宽为0.1

指定下一点或[圆弧(A)/闭合(C)/半宽(H)/长度(L)/放弃(U)/宽度(W)]:

//在适当的位置拾取一点，完成窗帘绘制，结果如所示

指定下一点或[圆弧(A)/闭合(C)/半宽(H)/长度(L)/放弃(U)/宽度(W)]:↙

//按空格键退出命令

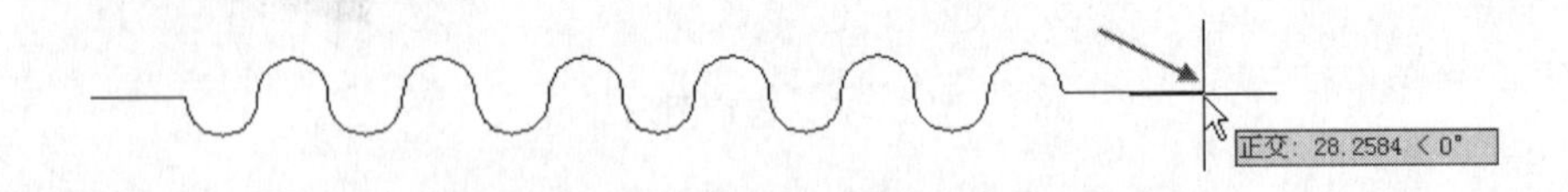

图 13-36 指定多段线端点

02 选择窗帘图形，调用 MOVE/M 命令、COPY/CO 命令和 ROTATE/RO 命令，将窗帘移动到平面布置图内，结果如图 13-37 所示。

8. 插入图块

按 Ctrl+O 快捷键，打开配套光盘提供的"第 13 章\家具图例.dwg"文件，选择其中的沙发、电视、植物和休闲桌椅等图形复制至本例图形窗口中，结果如图 13-38 所示，完成别墅客厅平面布置图的绘制。

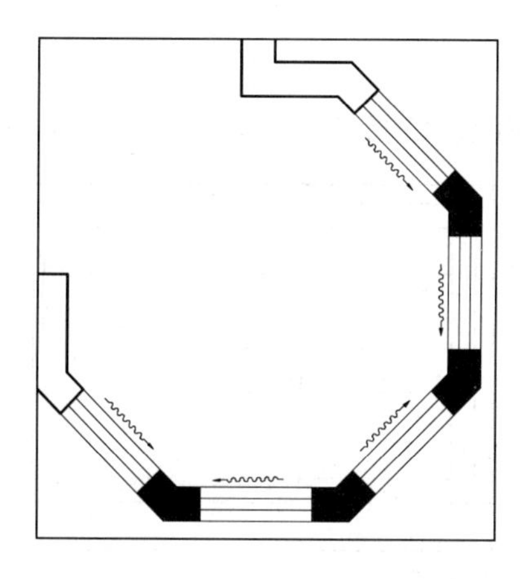

图 13-37　复制和旋转窗帘图形

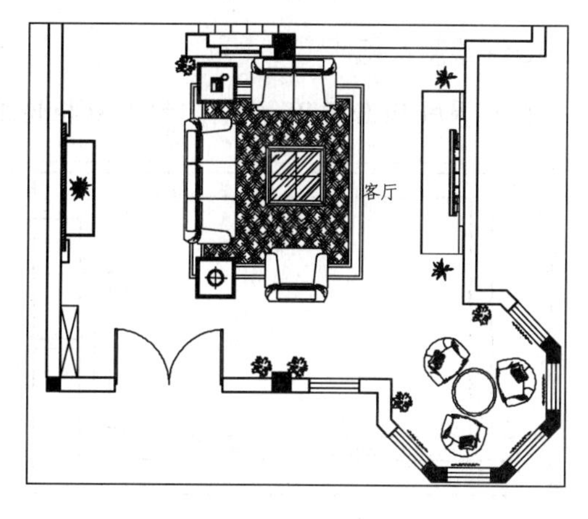

图 13-38　插入图块

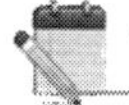

13.4.2　绘制子女房平面布置图

子女房平面布置图如图 13-39 所示，由衣帽间、睡眠区和休闲区三个空间组成，下面介绍相关图形绘制方法。

1.　绘制门

调用 INSERT/I 命令，插入门图块，效果如图 13-40 所示。

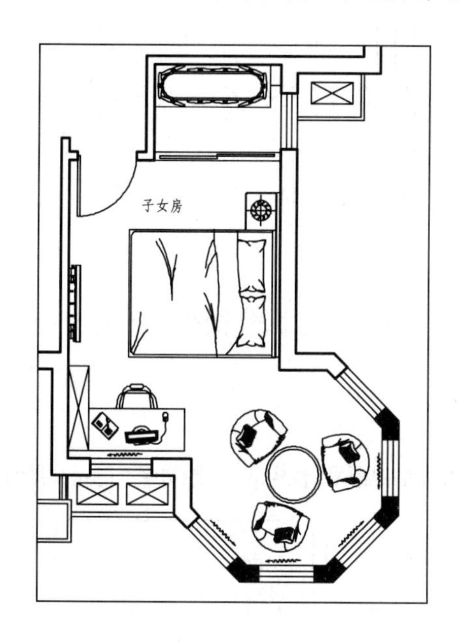

图 13-39　子女房平面布置图

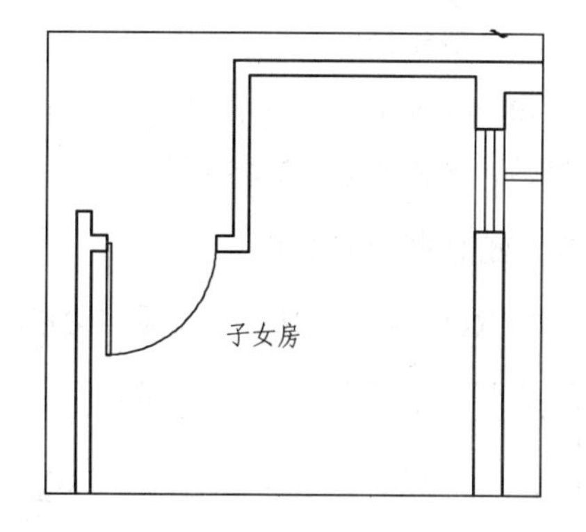

图 13-40　插入门图块

2.　添加衣帽间

子女房空间比较大，因此从卧室中隔出衣帽间，以方便换衣服，此衣帽间门设置为装饰推拉门，请读者参考前面章节介绍的推拉门绘制方法，完成如图 13-41 所示推拉门的绘制，这里就不再详细讲解了。

3. 绘制衣柜

01 调用 PLINE/PL 命令，绘制衣柜轮廓，如图 13-42 所示。

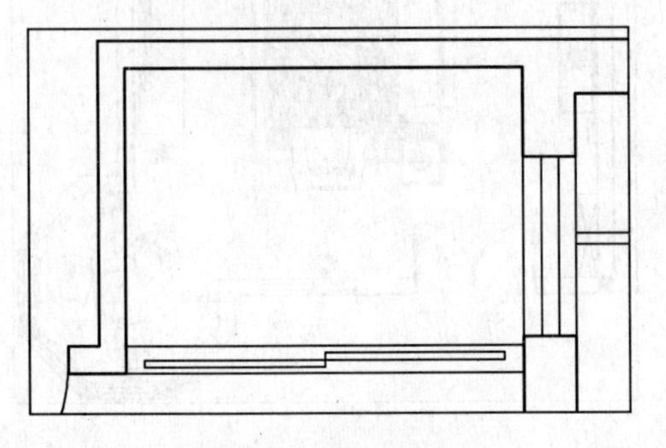

图 13-41 绘制推拉门

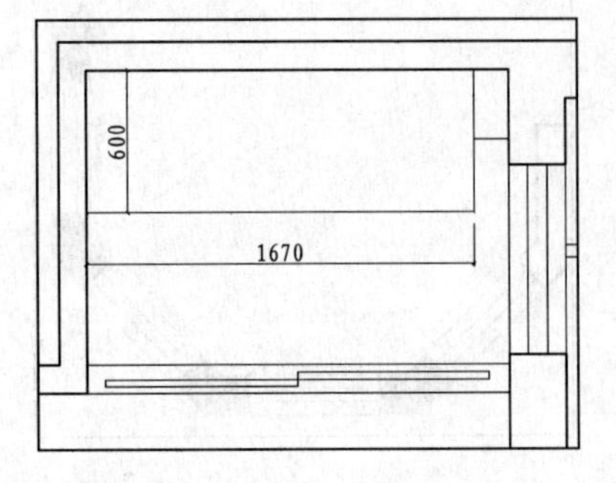

图 13-42 绘制衣柜轮廓

02 调用 RECTANG/REC 命令，在衣柜中绘制一个尺寸为 1465×400，半径为 200 的圆角矩形，如图 13-43 所示。

03 调用 OFFSET/O 命令，将圆角矩形向内偏移 30，如图 13-44 所示。

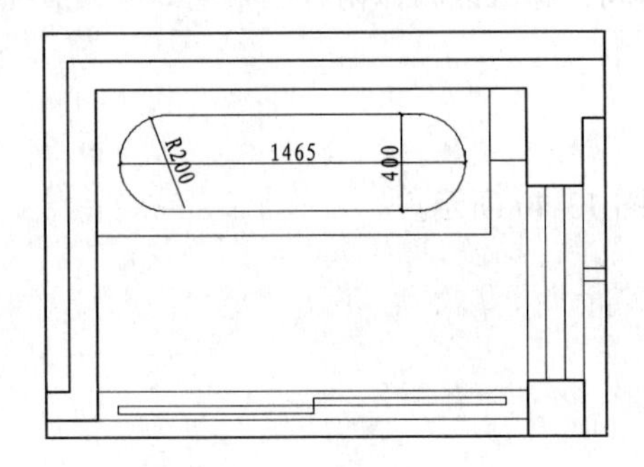

图 13-43 绘制圆角矩形

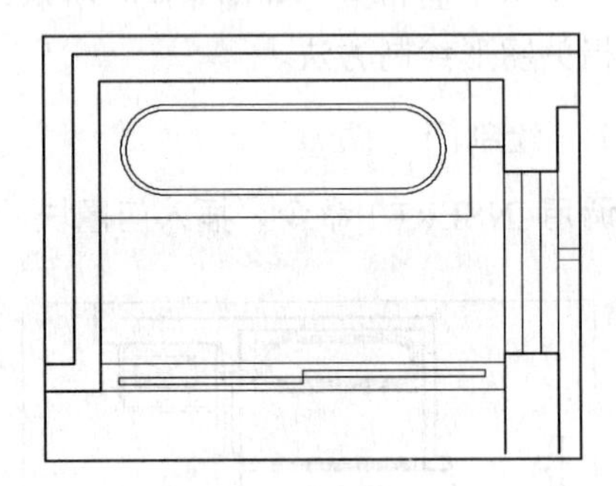

图 13-44 偏移圆角矩形

4. 绘制窗帘

调用 COPY/CO 命令，从前面绘制的客厅平面布置图中复制窗帘图形到子女房中，并进行旋转，效果如图 13-45 所示。

5. 绘制书桌和书柜

调用 RECTANG/REC 命令和 LINE/L 命令，绘制书桌和书柜，效果如图 13-46 所示。

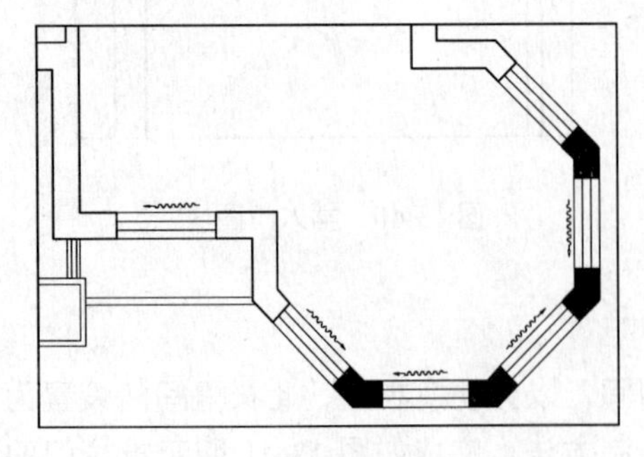

图 13-45 复制窗帘图形

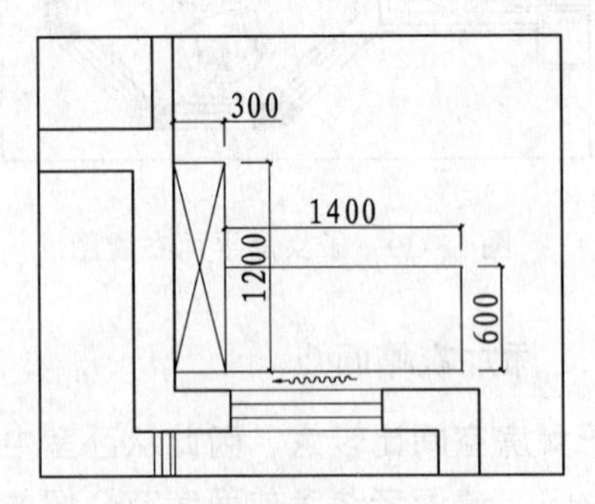

图 13-46 绘制书桌和书柜

6. 绘制其他图形

其他图形包括位于窗台位置的空调图形，调用 RECTANG/REC 命令和 LINE/L 命令绘制，效果如图 13-47 所示。

7. 插入图块

本图所需要调用的图块有床、衣架、休闲桌椅、电视、椅子和电脑等图形，打开本书配套光盘提供的“第 13 章\家具图例”文件从中复制相关图形到本例图形内，完成后的效果如图 13-48 所示。

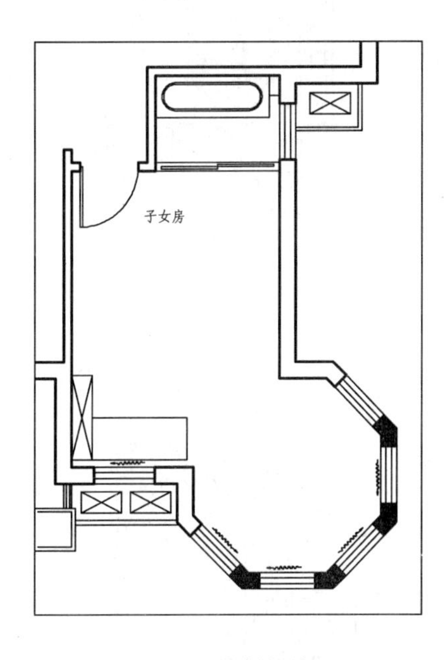

图 13-47 绘制其他图形

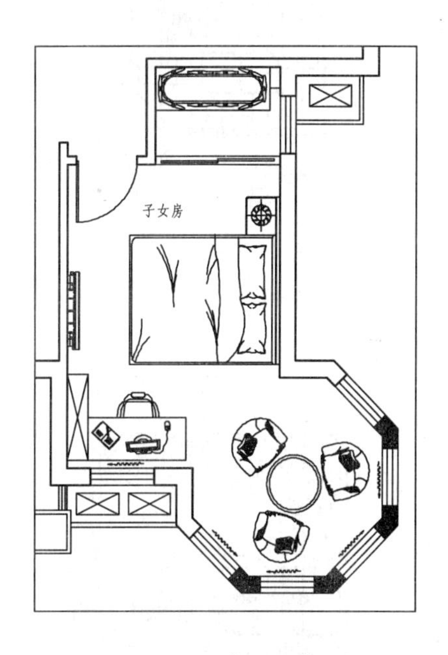

图 13-48 插入图块

13.4.3 绘制其他空间平面布置图

其他房间布置图有车库层，一层玄关、卫生间，二层书房、起居室、卫生间、三层主卧、书房、露台等，它们的绘制方法与前面介绍的各空间平面布置图的方法大同小异，在此就不一一讲解了，请读者参考前面的方法进行绘制。

13.5 绘制别墅地材图

地材图是用来表示地面做法的图样，包括地面铺设材料和形式。地材图形成方法与平面布置图相同，不同的是地材图不需要绘制家具，只需绘制地面所用的材料和固定与地面的设备和设施图形。

本例是一个以混合风格为主的别墅，大量使用了通体砖、玉石砖、大理石和实木地板，其地面材料比较简单，可以不画地材图，只需在平面布置图中找一块不被家具、陈设遮挡，又能充分表示地面做法的地方，画出一部分，标注上材料、规格就可以了，如图 13-49～图 13-52 所示。

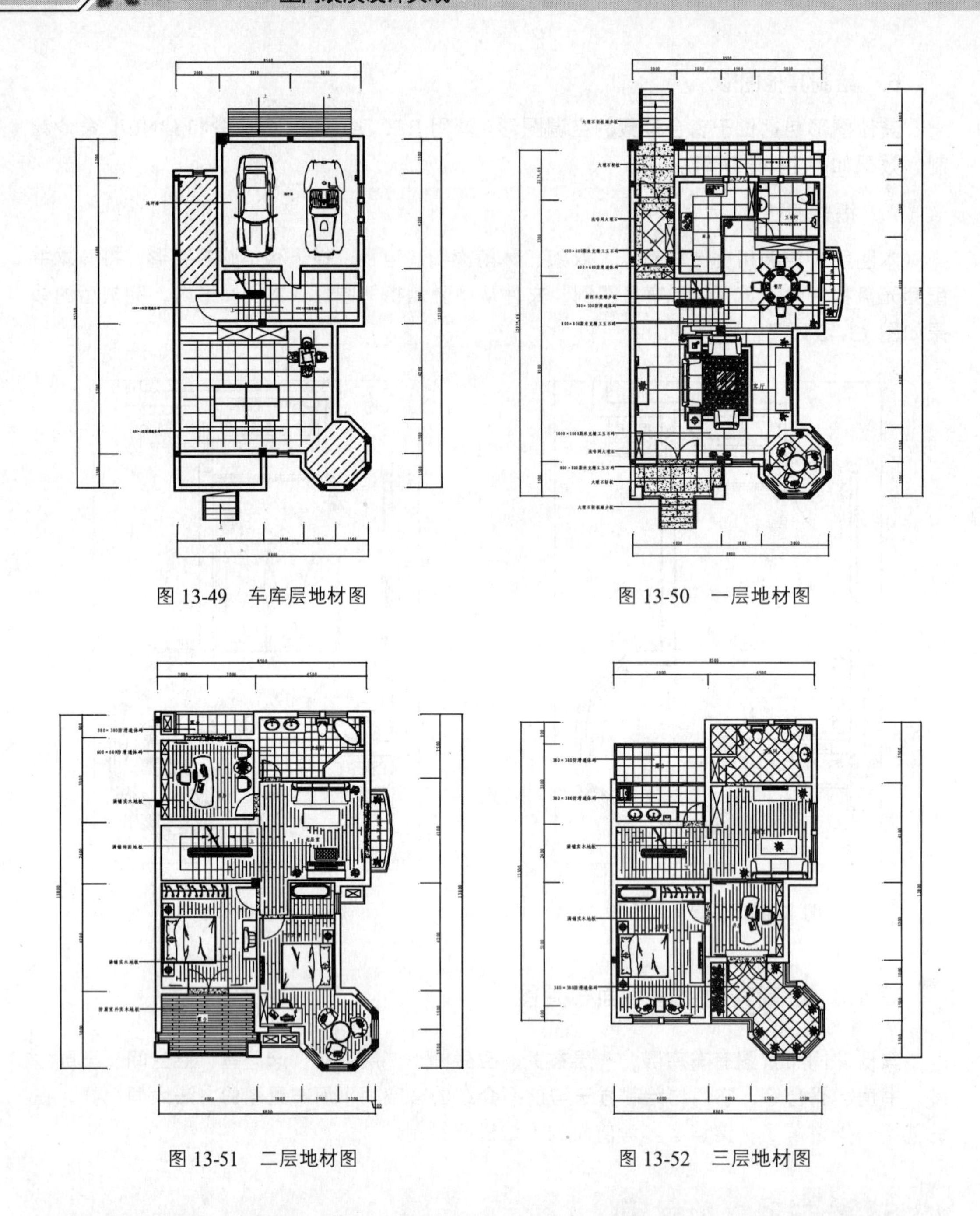

图 13-49　车库层地材图

图 13-50　一层地材图

图 13-51　二层地材图

图 13-52　三层地材图

13.6 绘制别墅顶棚图

顶棚图又称天花板，是指建筑空间上部的覆盖层。顶棚图是用假想水平剖切面从窗台上方把房屋剖开，移去下面的部分后，向顶棚方向正投影所生成的图形。

图 13-53～图 13-56 所示为本例混合风格别墅的顶棚图，通过本节的学习，读者可掌握复杂顶棚图的绘制方法。

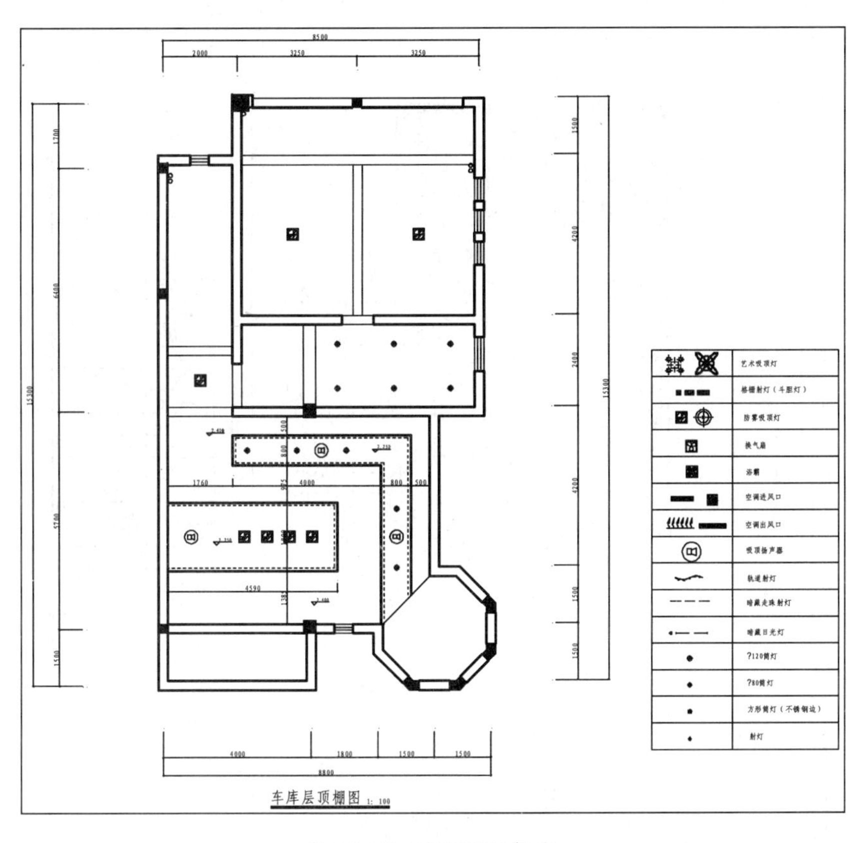

图 13-53　车库层顶棚图

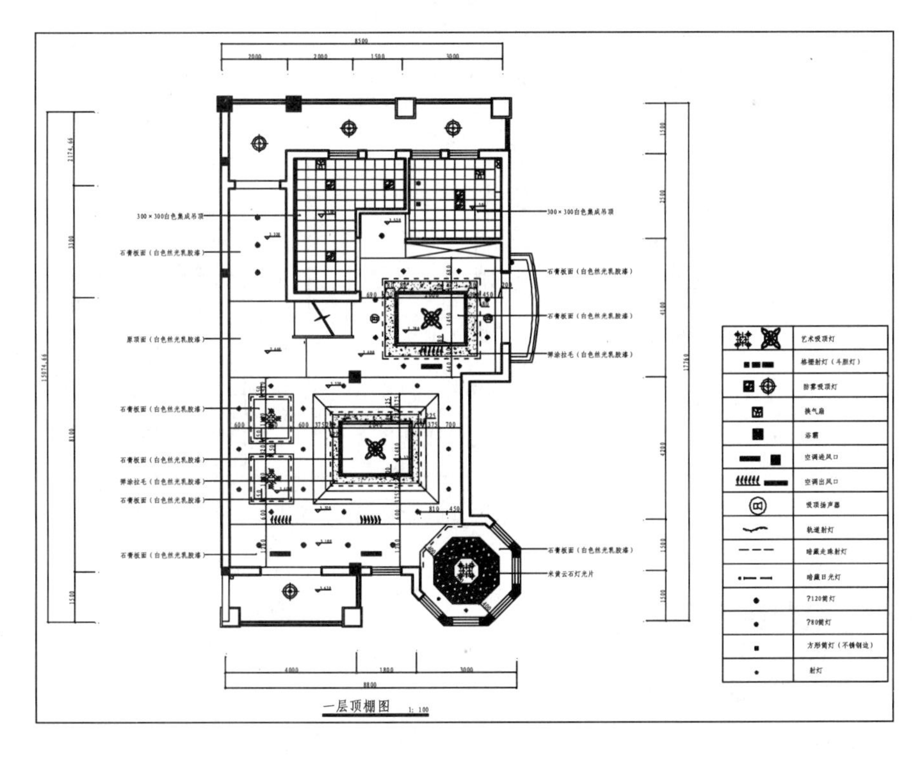

图 13-54　一层顶棚图

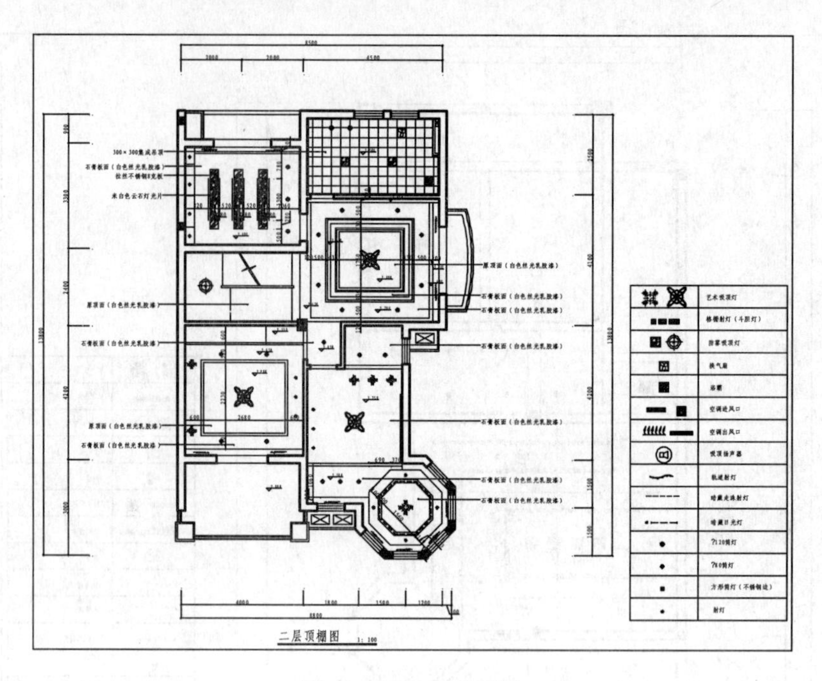

图 13-55　二层顶棚图

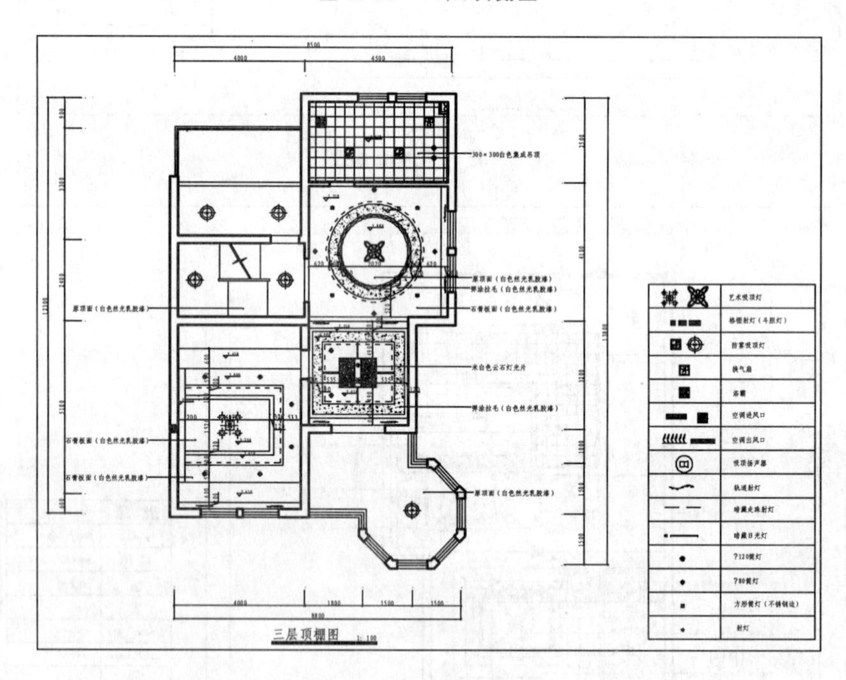

图 13-56　三层顶棚图

13.6.1　绘制客厅顶棚图

图 13-57 所示为客厅的顶面设计。

1. 复制图形

顶棚图可以在平面布置图的基础上绘制，调用 COPY/CO 命令，复制别墅的平面布置图，然后删除与顶面无关的图形，并在门洞处绘制墙体线。

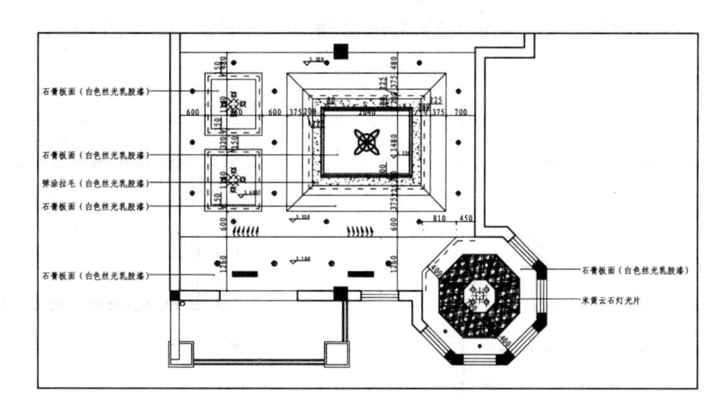

图 13-57 客厅顶棚图

2. 绘制吊顶造型

01 设置“DD_吊顶”图层为当前图层。

02 调用 LINE/L 命令，绘制如图 13-58 所示线段，此线段两侧的吊顶高度有所差别。

03 调用 OFFSET/O 命令，偏移如图 13-59 箭头所指的线段。

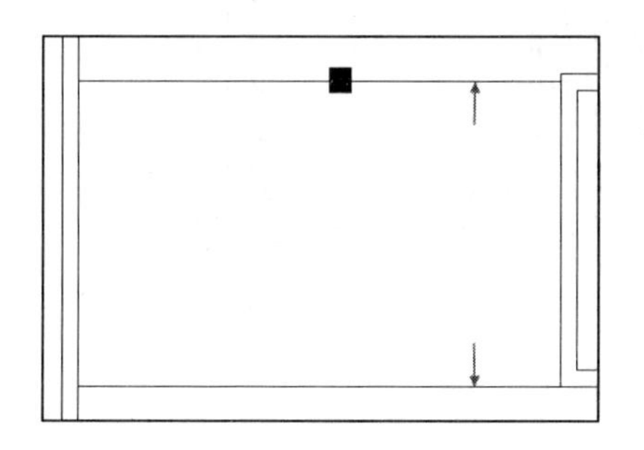

图 13-58 绘制线段

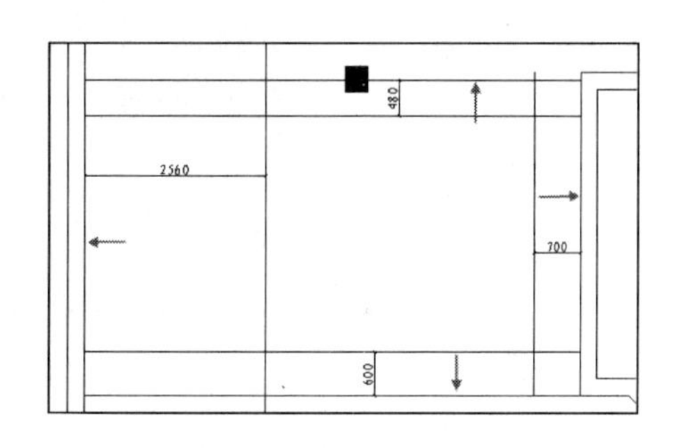

图 13-59 偏移线段

04 调用 CHAMFER/CHA 命令，对偏移后的线段进行倒角，选择所有偏移的线段，将其转换至“DD_吊顶”图层，如图 13-60 所示。

05 调用 OFFSET/O 命令，将修剪后的线段分别向内偏移 375、145、80、280、20、40 和 20，并调用 CHAMFER/CHA 命令修剪多余线段，得到吊顶轮廓线如图 13-61 所示。

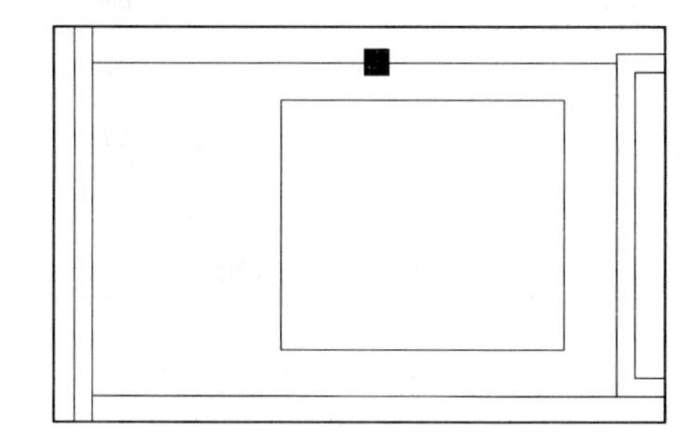

图 13-60 倒角

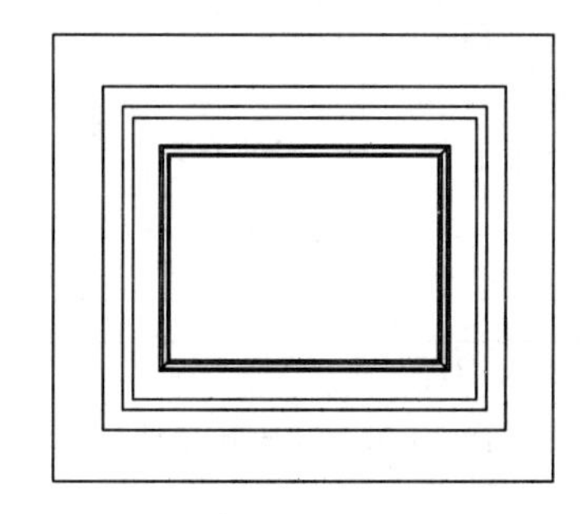

图 13-61 偏移矩形

06 将偏移 145 后的线段设置为虚线，表示灯带，如图 13-62 所示。

07 调用 LINE/L 命令，连接吊顶轮廓的交角处，如图 13-63 所示。

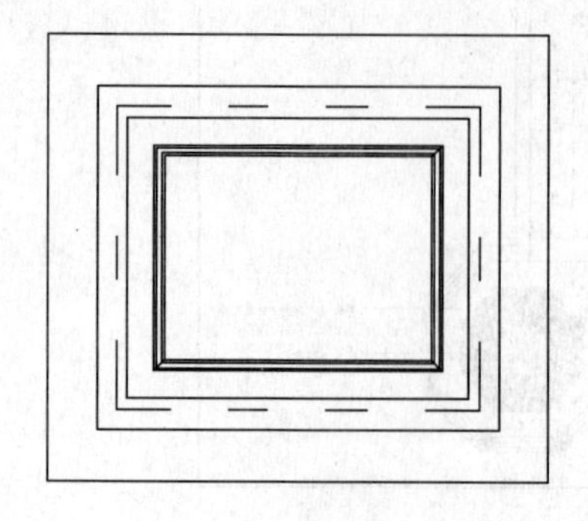

图 13-62　设置线型

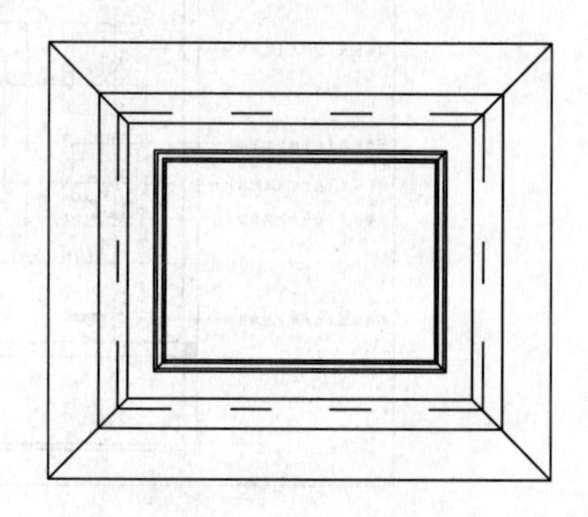

图 13-63　绘制线段

08 调用 HATCH/H 命令，对吊顶内填充 AR-CONC 图案，填充参数和效果如图 13-64 所示。

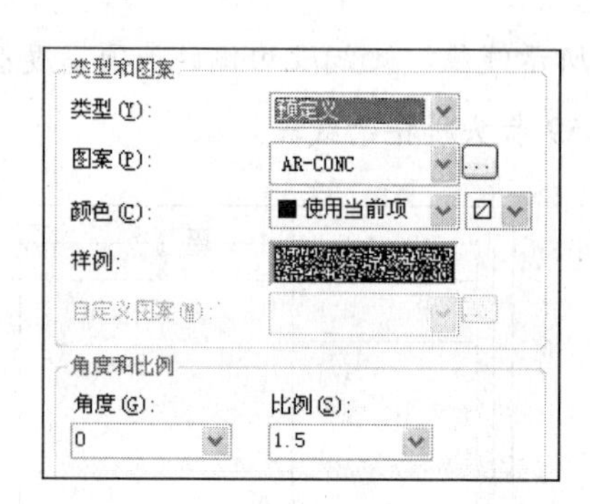

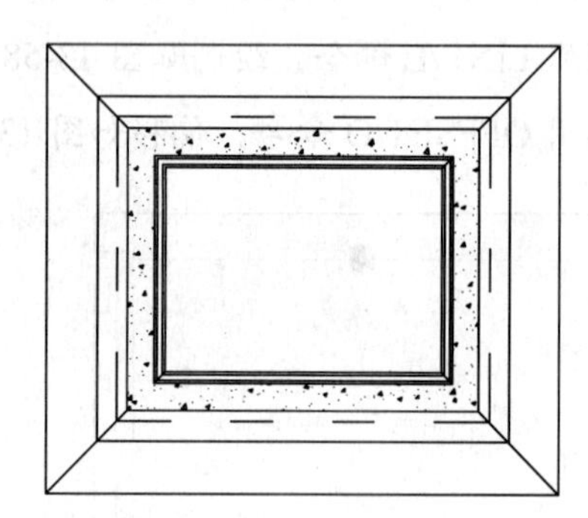

图 13-64　填充参数和效果

09 使用同样的方法绘制左侧吊顶造型，效果如图 13-65 所示。

10 调用 PLINE/PL 命令，绘制如图 13-66 所示多段线。

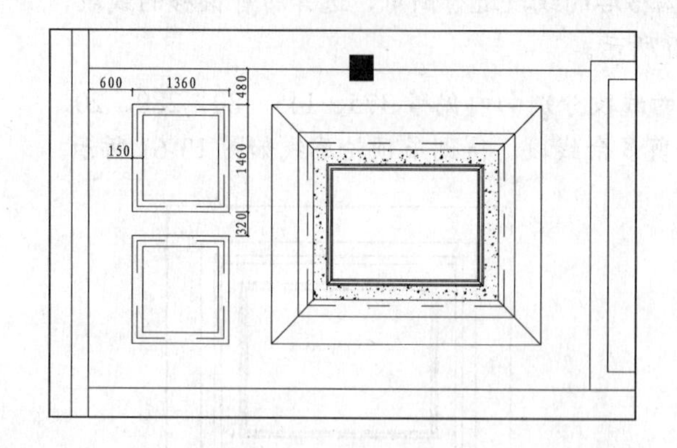

图 13-65　绘制吊顶造型

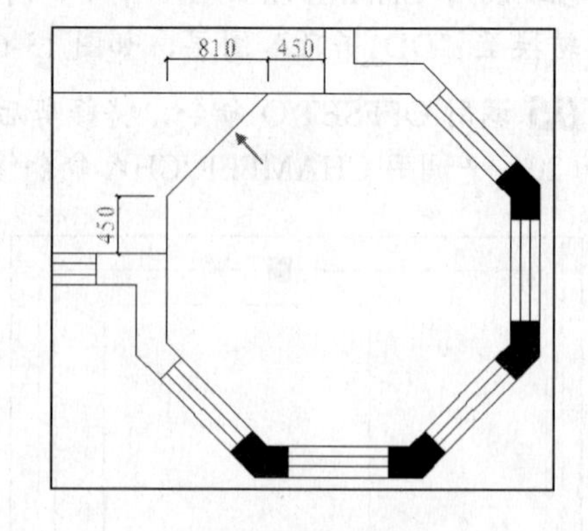

图 13-66　绘制多段线

11 调用 OFFSET/O 命令，将多段线向右侧偏移 80，并设置为虚线，效果如图 13-67 所示。

12 调用 OFFSET/O 命令，偏移如图 13-68 箭头所示线段，偏移距离为 400，如图 13-68 所示。

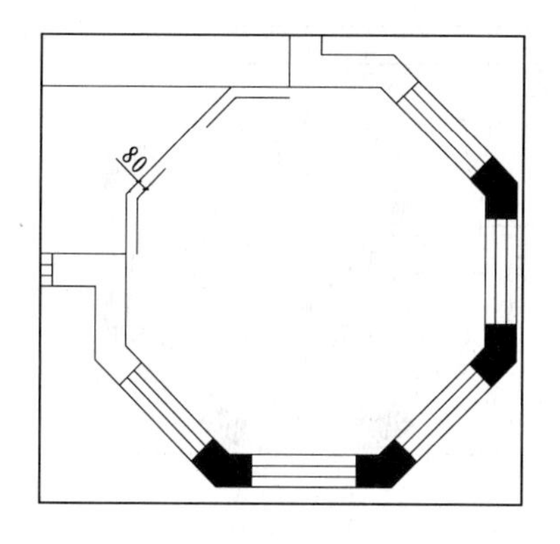

图 13-67 绘制灯带

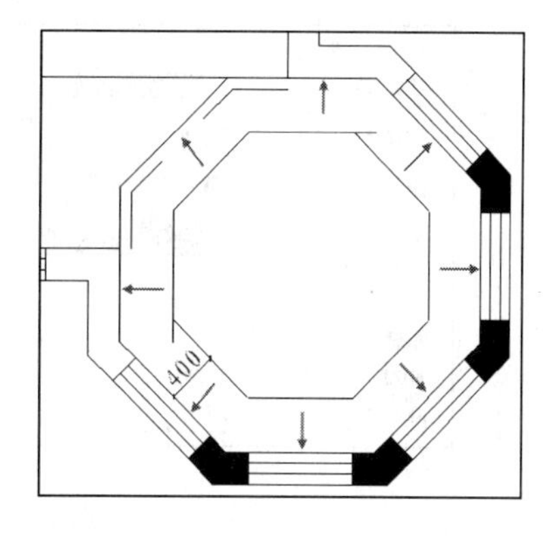

图 13-68 偏移线段

13 调用 CHAMFER/CHA 命令，对偏移后的线段进行倒角，效果如图 13-69 所示。

14 调用 OFFSET/O 命令，将修剪后的线段向内偏移 600，并调用 TRIM/TR 命令进行修剪，效果如图 13-70 所示。

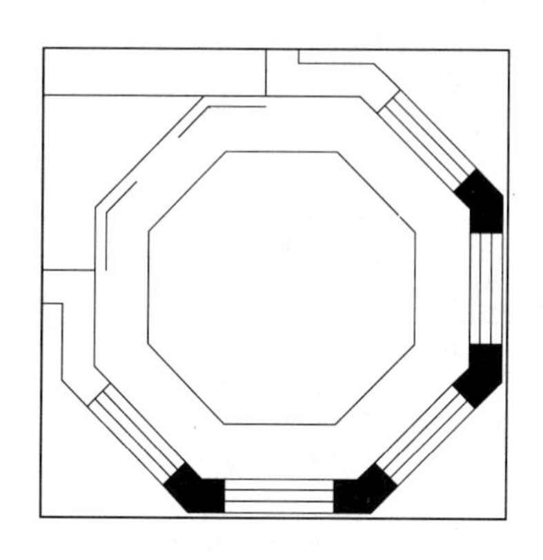

图 13-69 倒角

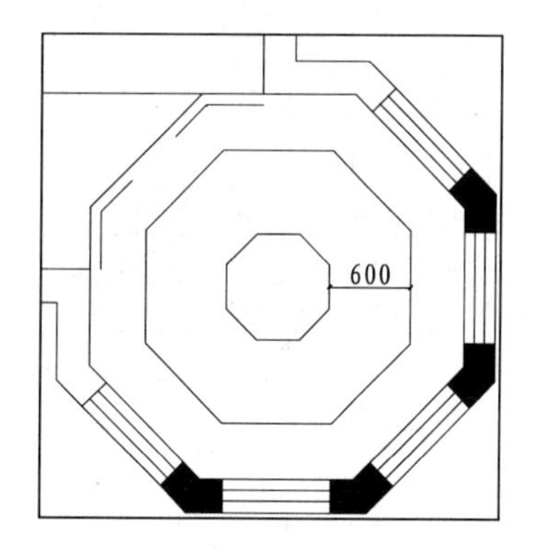

图 13-70 偏移线段

15 调用 LINE/L 命令，绘制线段连接两个吊顶造型，如图 13-71 所示。

16 调用 OFFSET/O 命令，偏移线段，并进行修剪，效果如图 13-72 所示。

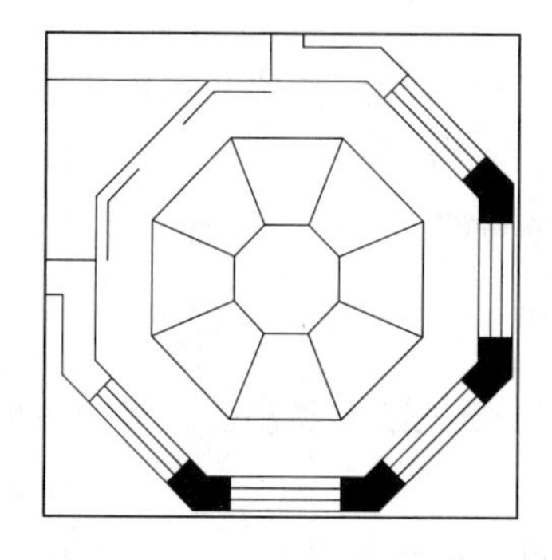

图 13-71 绘制线段

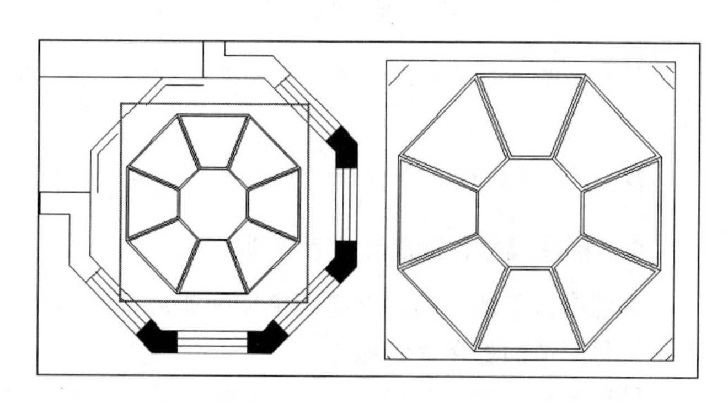

图 13-72 绘制细部造型

17 调用 HATCH/H 命令，对吊顶内填充 HOUND 图案，填充参数和效果如图 13-73 所示。

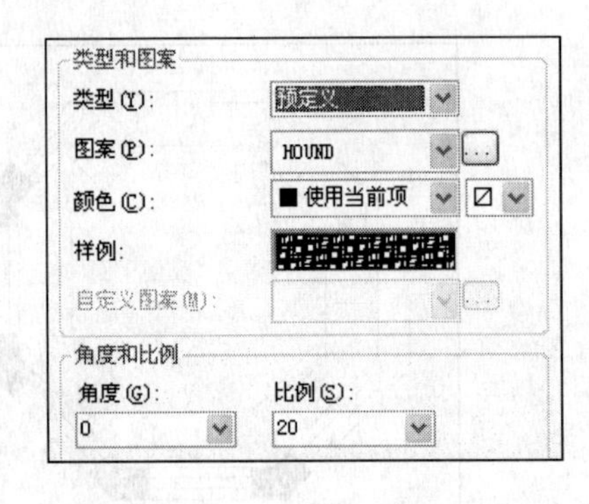

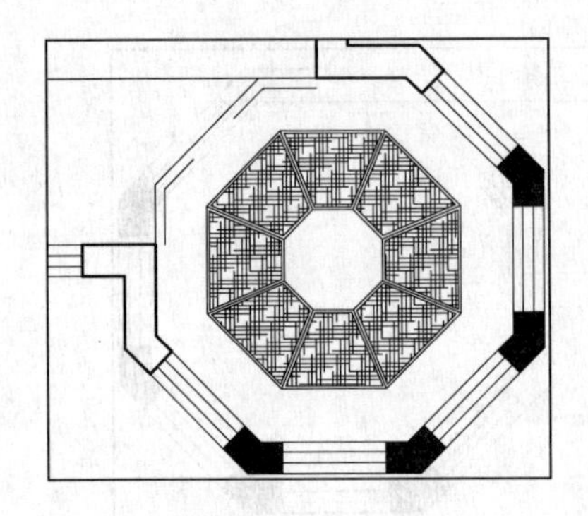

图 13-73　填充参数和效果

3. 布置灯具

01 打开配套光盘提供的"第 13 章\家具图例.dwg"文件，将该文件中事先绘制好的图例复制到本例顶面布置图中，如图 13-74 所示。

	艺术吸顶灯
	格栅射灯（斗胆灯）
	防雾吸顶灯
	换气扇
	浴霸
	空调进风口
	空调出风口
	吸顶扬声器
	轨道射灯
	暗藏走珠射灯
	暗藏日光灯
	?120筒灯
	?80筒灯
	方形筒灯（不锈钢边）
	射灯

图 13-74　图例表

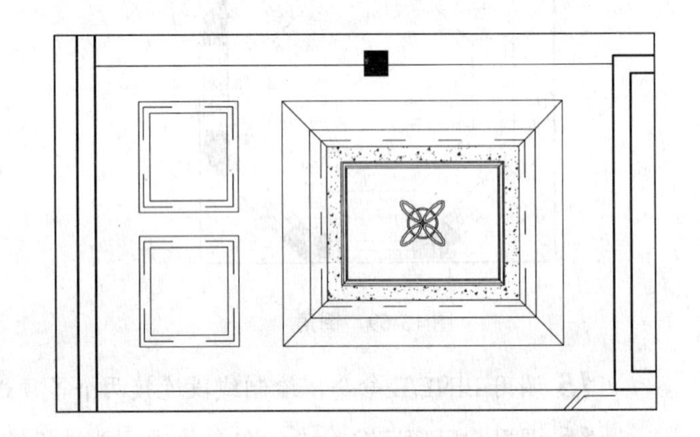

图 13-75　复制灯具

02 选择"图例表"中的"艺术吸顶灯"，调用 COPY/CO 命令，将其复制到本图吊顶内，如图 13-75 所示。

03 调用 COPY/CO 命令，复制其他灯具图形到客厅顶棚图内，效果如图 13-76 所示。

4. 标注尺寸、标高和文字说明

顶面布置图的尺寸、标高和文字说明应标注清楚，以方便施工人员施工，其中说明文字用于说明顶面的用材和做法。

01 设置"BZ_标注"图层为当前图层，设置 1∶00 为当前标注样式。

02 调用 DIMLINEAR/DLI 命令进行尺寸标注，尺寸标注要尽量详细，但应避免重复，如图 13-77 所示。

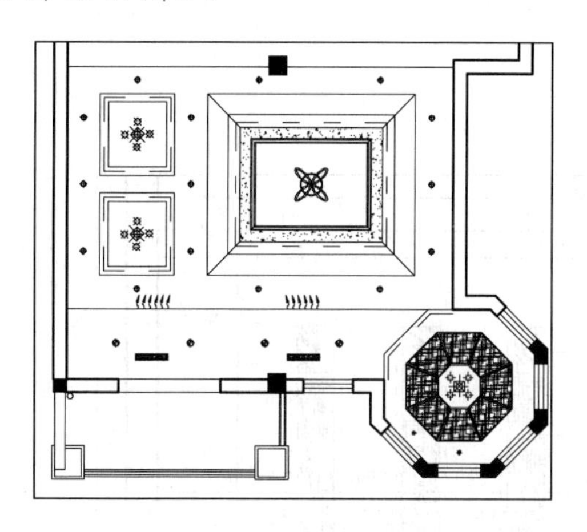

图 13-76　布置灯具

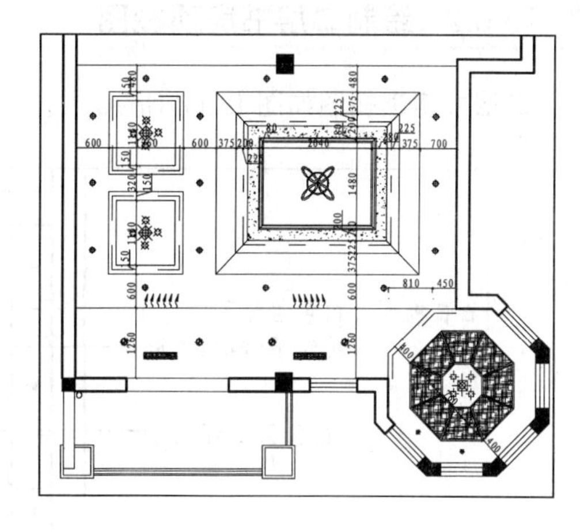

图 13-77　标注尺寸

03 调用 MLEADER/MLD 命令，标注顶面材料说明，完成后的效果如图 13-78 所示。

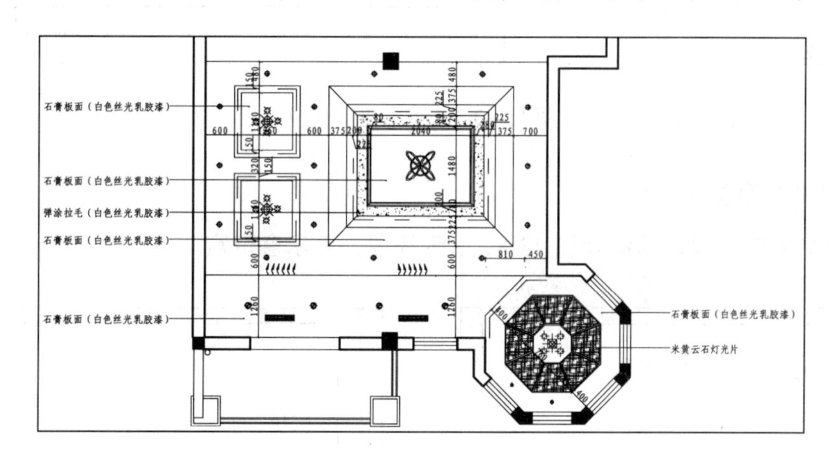

图 13-78　标注顶面材料

04 调用 INSERT/I 命令，插入“标高”图块标注吊顶标高，效果如图 13-79 所示，客厅顶棚图绘制完成。

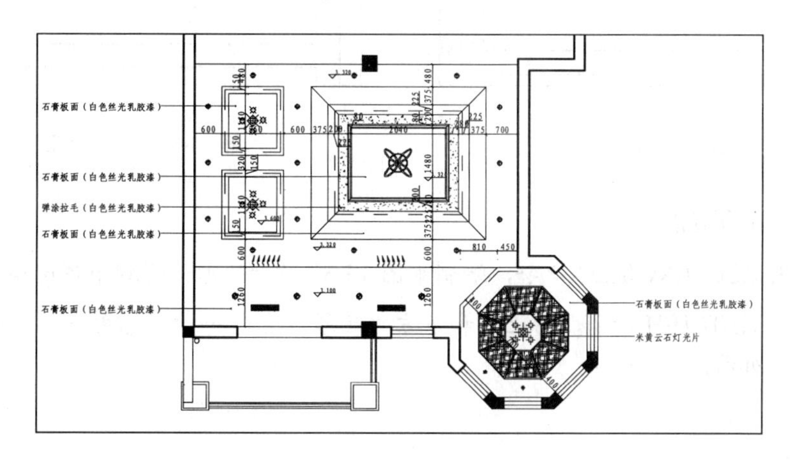

图 13-79　标注标高

13.6.2 绘制二层书房顶棚图

二层书房顶棚图如图 13-80 所示。

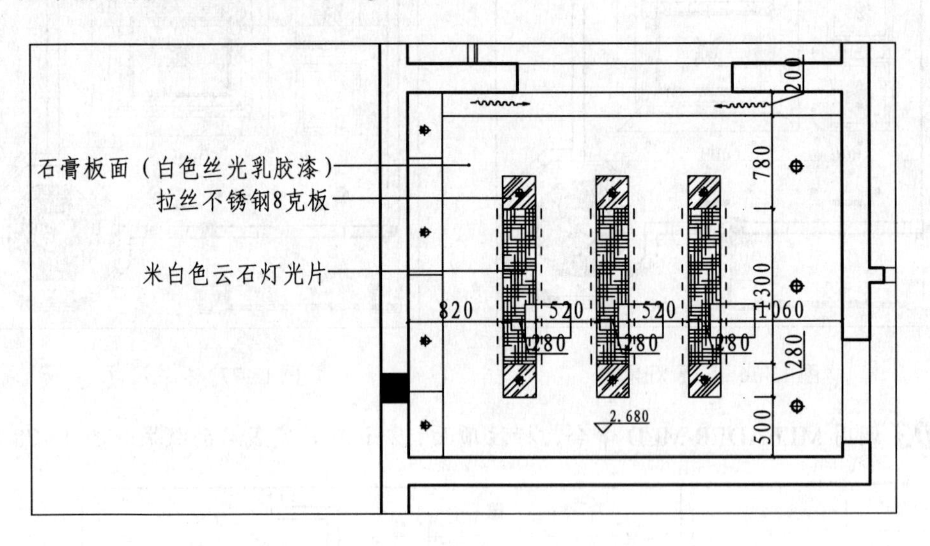

图 13-80　二层书房顶棚图

1. 绘制窗帘盒

调用 LINE/L 命令，绘制如图 13-81 所示线段，表示窗帘盒。

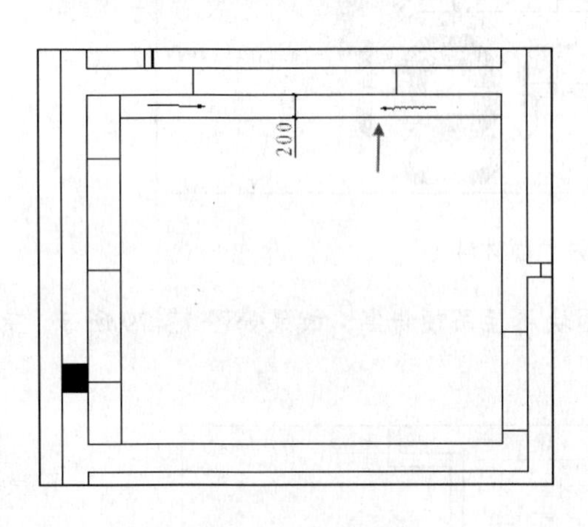

图 13-81　绘制线段

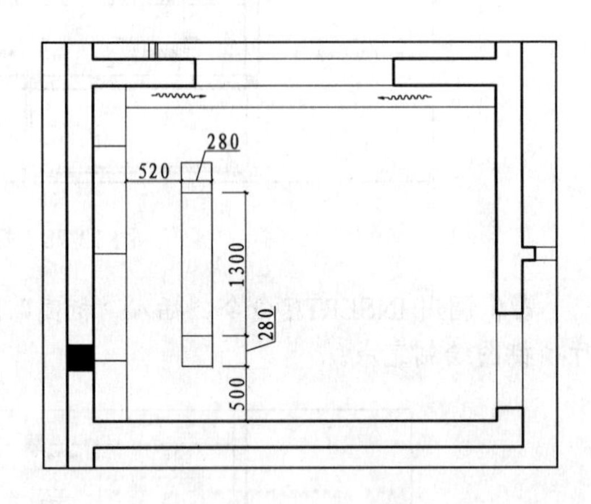

图 13-82　绘制矩形

2. 绘制吊顶轮廓

01 调用 RECTANG/REC 命令，绘制如图 13-82 所示矩形，得到吊顶造型轮廓。

02 调用 HATCH/H 命令，对上方和下方的矩形内填充 AR-RROOF 图案，填充参数和效果如图 13-83 所示。

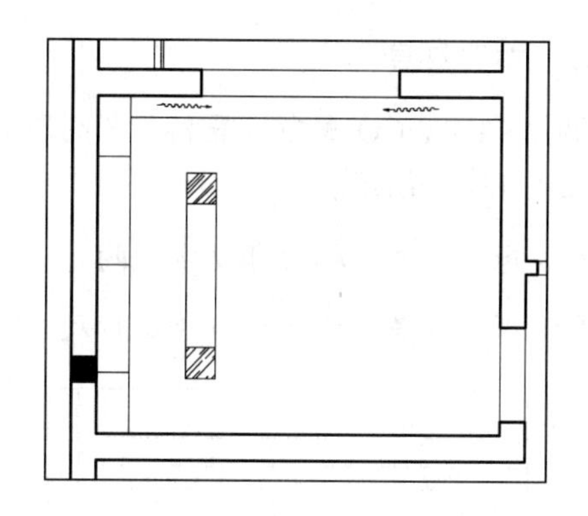

图 13-83 填充参数和效果

03 调用 HATCH/H 命令，在中间的矩形内填充 HOUND 图案，填充参数和效果如图 13-84 所示。

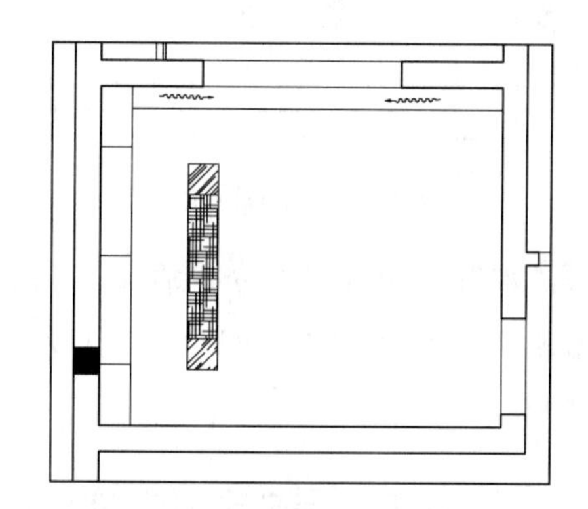

图 13-84 填充参数和效果

04 调用 LINE/L 命令和 OFFSET/O 命令，在吊顶造型两侧绘制线段，并设置为虚线，表示灯带，如图 13-85 所示。

05 调用 ARRAY/AR 命令，对吊顶造型进行阵列，设置行数为 1，列数为 3，列偏移距离为 800，阵列结果如图 13-86 所示。

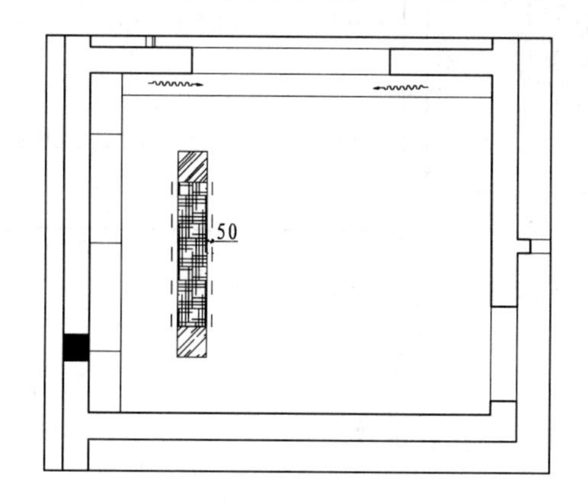

图 13-85 绘制灯带

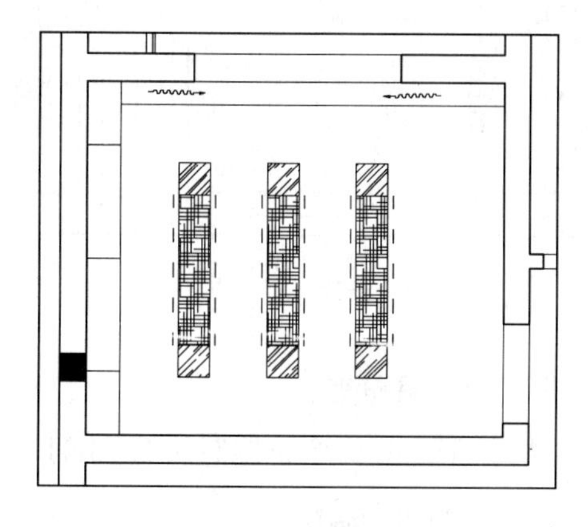

图 13-86 阵列结果

3. 布置灯具

调用 COPY/CO 命令，复制“图例表”中的“射灯”和“筒灯”图形到二层书房内，结果如图 13-87 所示。

4. 标注尺寸、标高和文字说明

01 调用相关尺寸标注命令进行尺寸标注，如图 13-88 所示。

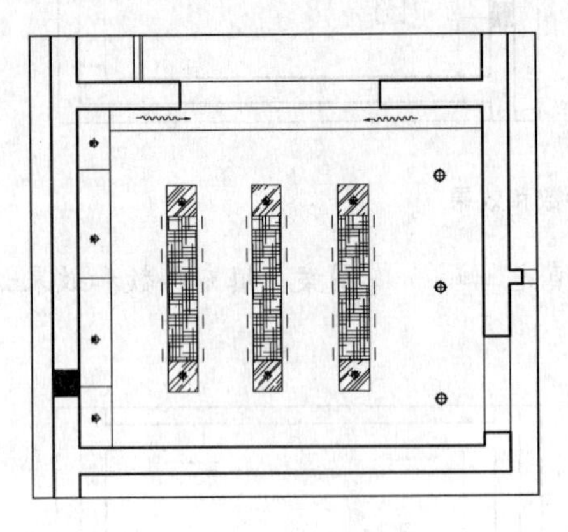

图 13-87 布置灯具

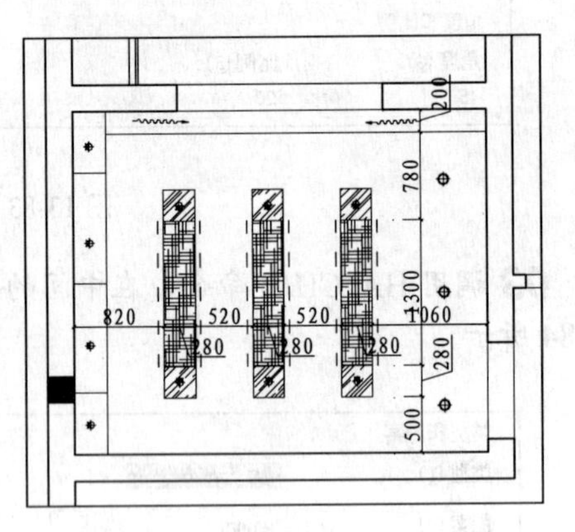

图 13-88 标注尺寸

02 调用 INSERT/I 命令，插入“标高”图块标注标高，如图 13-89 所示。

03 调用 MLEADER/MLD 命令标注文字说明，如图 13-80 所示，二层书房顶棚图绘制完成。

13.6.3 绘制三层书房顶棚图

三层书房顶棚图如图 13-90 所示，下面讲解绘制方法。

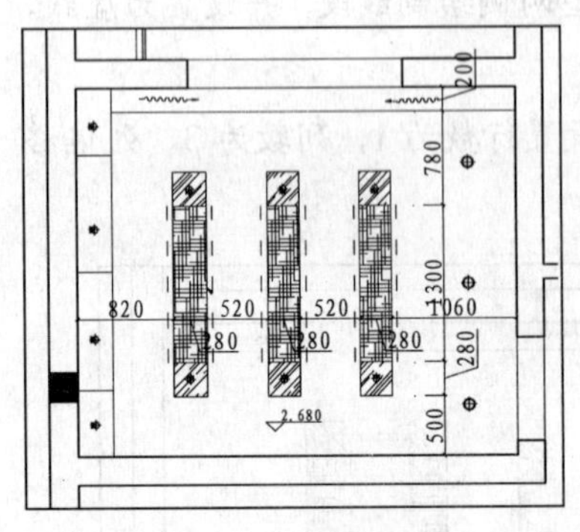

图 13-89 标注标高

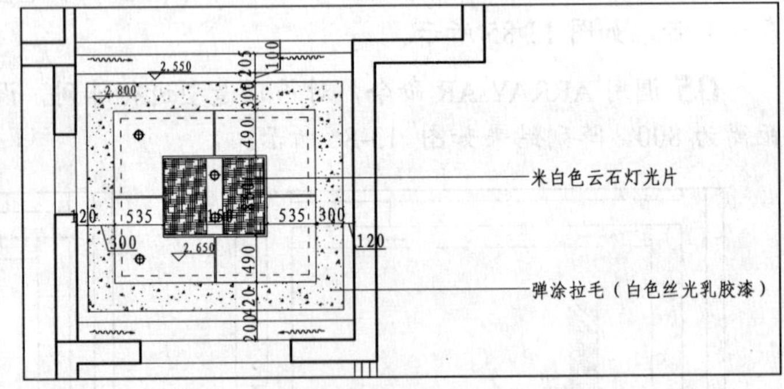

图 13-90 三层书房顶棚图

1. 绘制窗帘盒

调用 LINE/L 命令，绘制如图 13-91 所示线段，得到窗帘盒。

2. 绘制吊顶造型

01 调用 RECTANG/REC 命令，绘制如图 13-92 所示矩形，并移动到适当的位置。

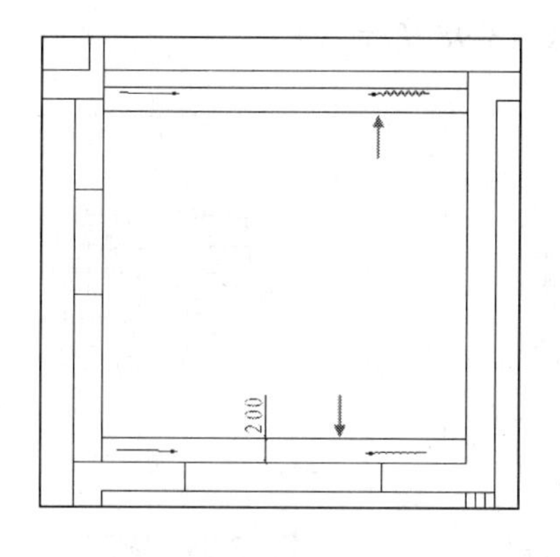

图 13-91　绘制线段

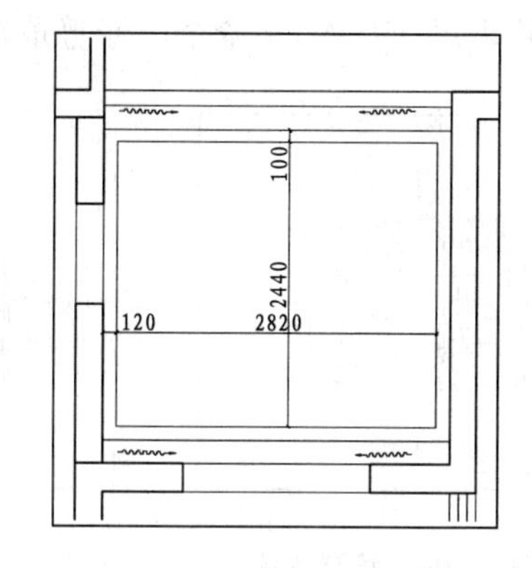

图 13-92　绘制矩形

02 调用 OFFSET/O 命令，对矩形进行偏移，偏移的距离为 300、80、155 和 20，并将偏移 80 后的线段设置为虚线，效果如图 13-93 所示。

03 调用 LINE/L 命令和 OFFSET/O 命令，绘制如图 13-94 所示线段。

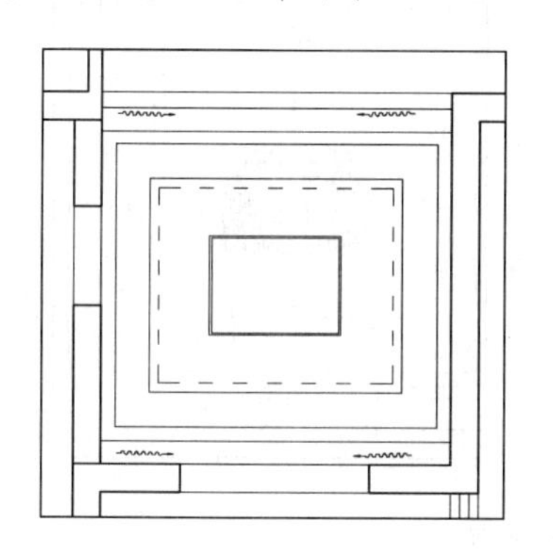

图 13-93　偏移矩形

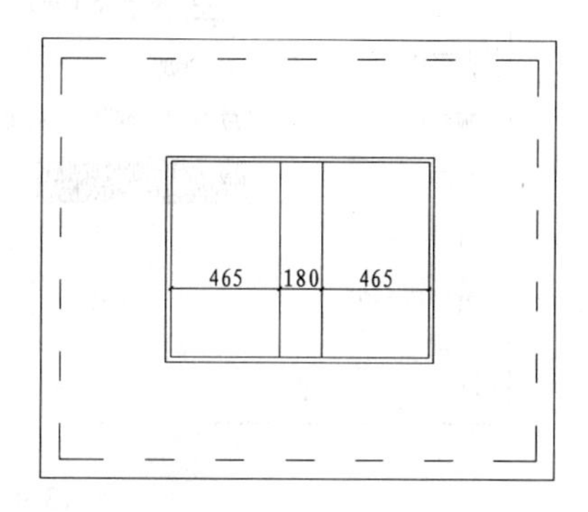

图 13-94　绘制线段

04 调用 HATCH/H 命令，在最小的矩形内填充 HOUND 图案，填充参数和效果如图 13-95 所示。

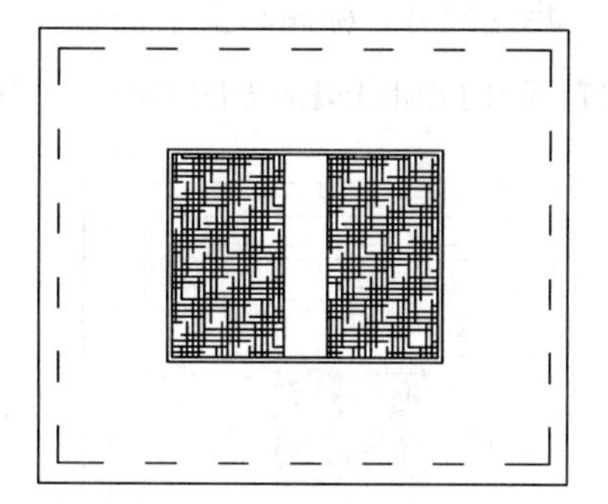

图 13-95　填充参数和效果

05 调用 LINE/L 命令，以矩形的中点为起点绘制如图 13-96 所示线段。

06 调用 OFFSET/O 命令，将线段向两侧偏移 10，然后删除中间的线段，如图 13-97 所示。

07 调用 TRIM/TR 命令，修剪吊顶造型，如图 13-98 所示。

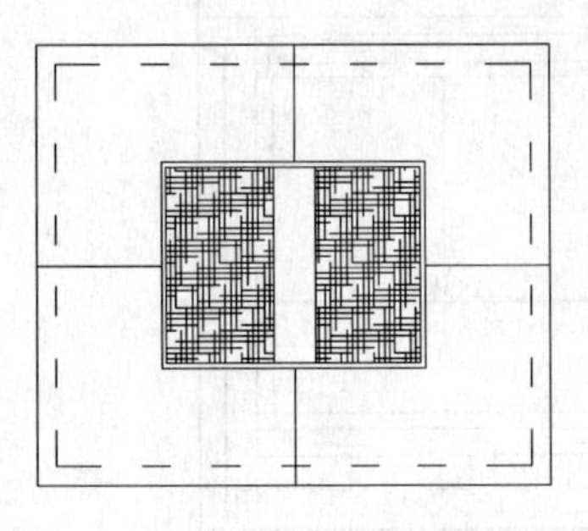

图 13-96　绘制线段

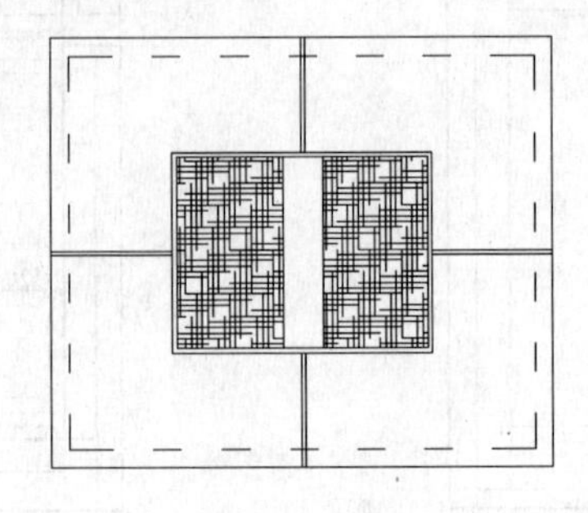

图 13-97　偏移线段

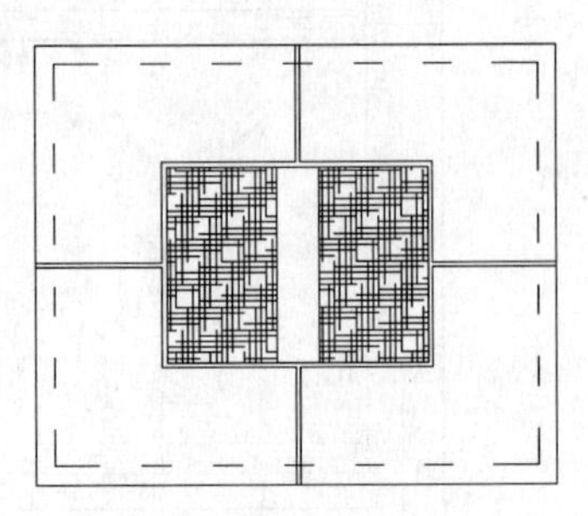

图 13-98　修剪线段

08 调用 HATCH/H 命令，对吊顶造型内填充 AR-CONC 图案，填充参数和效果如图 13-99 所示。

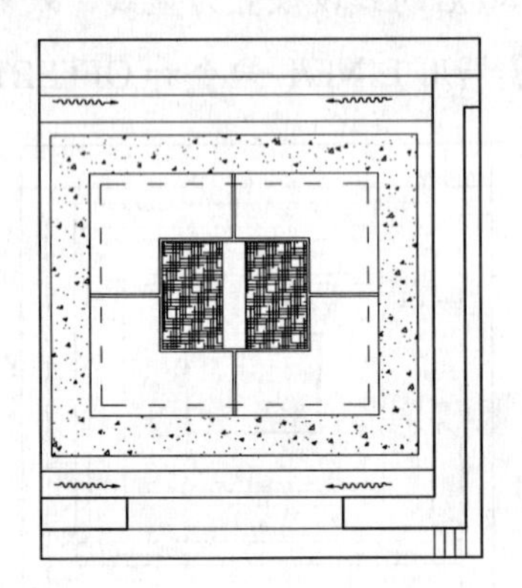

图 13-99　填充参数和效果

3. 布置灯具

从图例表中复制灯具图形到顶棚图中，如图 13-100 所示。

4. 标注尺寸、标高和文字说明

01 调用 DIMLINEAR/DLI 命令，标注尺寸，如图 13-101 所示。

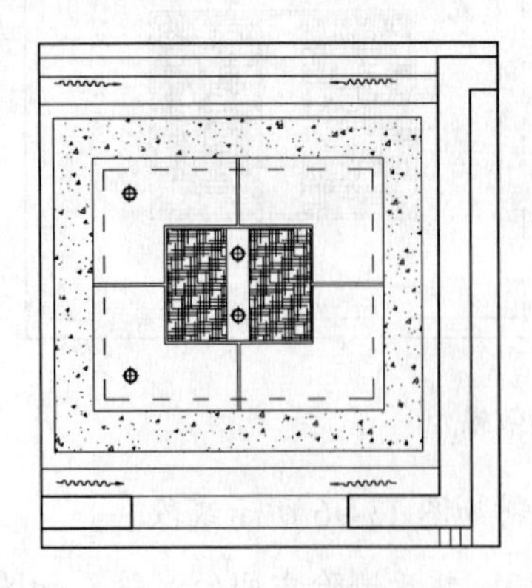

图 13-100　布置灯具

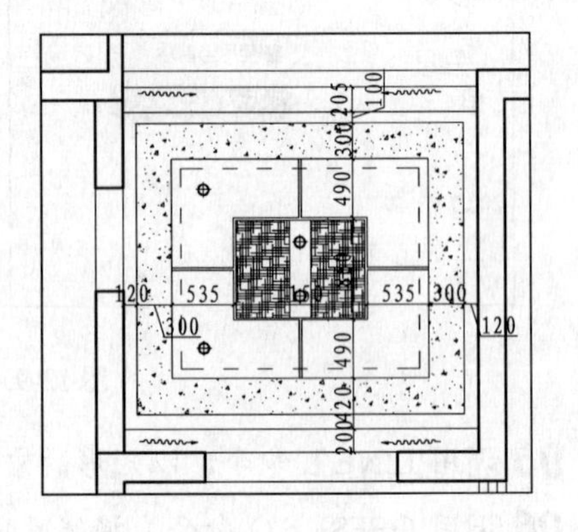

图 13-101　标注尺寸

02 调用 INSERT/I 命令，插入“标高”图块，如图 13-102 所示。

03 调用 MLEADER/MLD 命令，对顶棚材料进行文字说明，完成后的效果如图 13-90 所示，三层书房顶棚图绘制完成。

13.6.4 绘制三层起居室顶棚图

起居室位于别墅的三层，其顶棚图如图 13-103 所示。

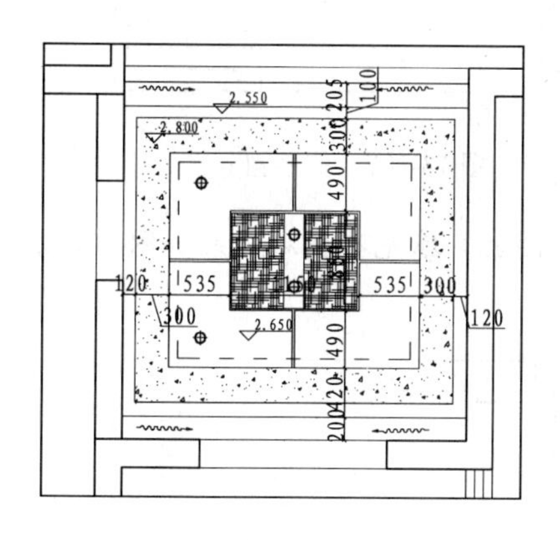

图 13-102 插入标高

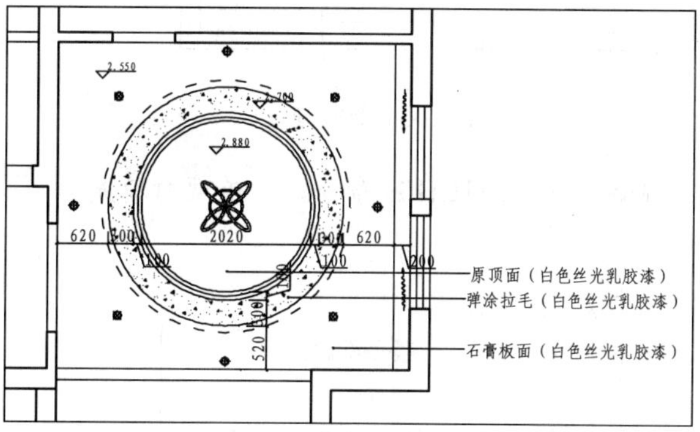

图 13-103 三层起居室顶棚图

1. 绘制窗帘盒

调用 LINE/L 命令，绘制如图 13-104 所示线段。

2. 绘制吊顶造型

01 调用 OFFSET/O 命令，偏移如图 13-105 箭头所示线段，得到辅助线。

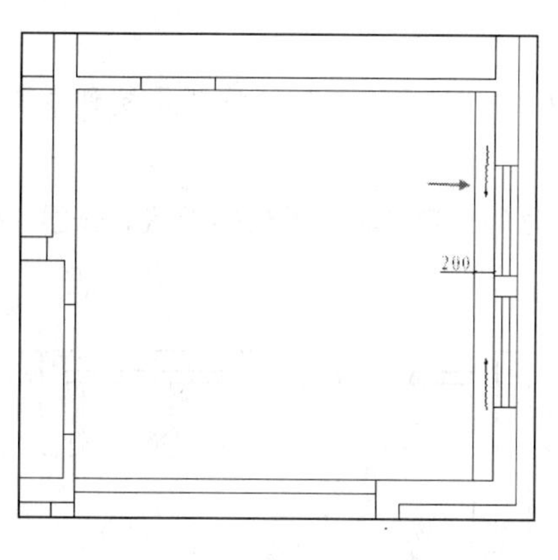

图 13-104 绘制线段

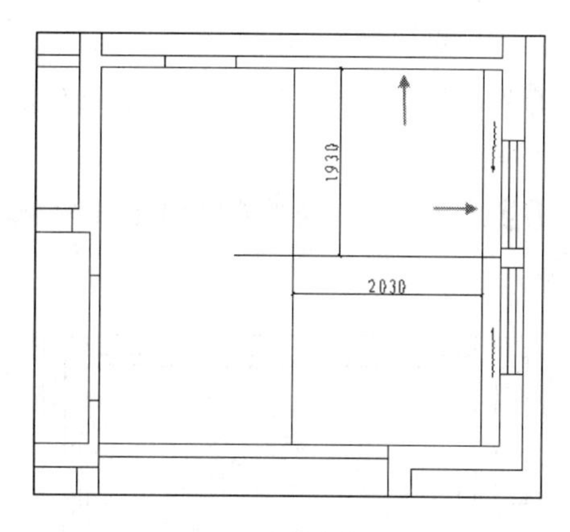

图 13-105 绘制辅助线

02 调用 CIRCLE/C 命令，以辅助线的交点为圆心绘制一个半径为 1010 的圆，然后删除辅助线，如图 13-106 所示。

03 调用 OFFSET/O 命令，将圆向外偏移 45、50、300 和 80，并将偏移 80 后的圆设置为虚线，表示灯带，如图 13-107 所示。

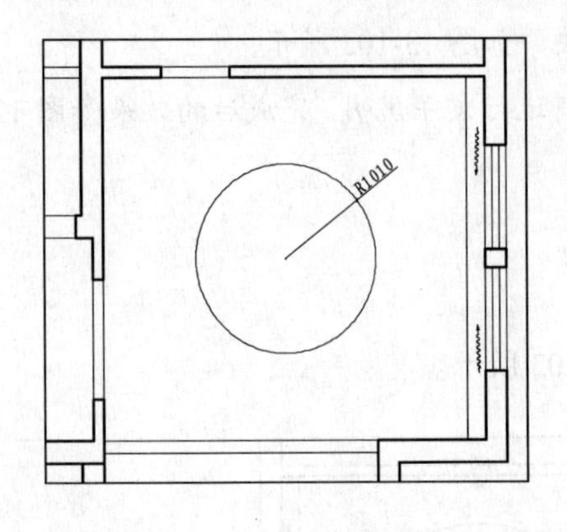

图 13-106 绘制圆

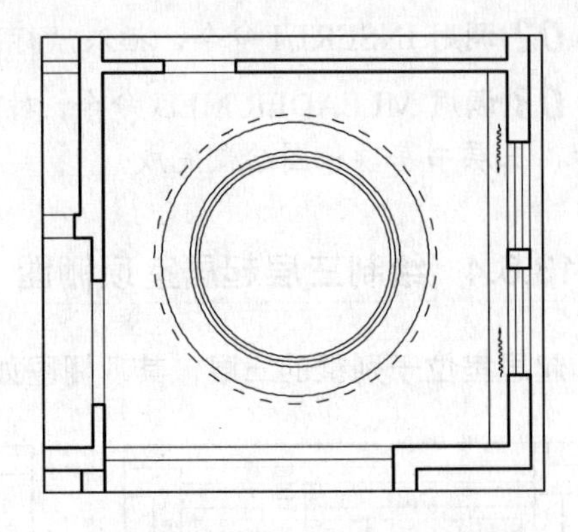

图 13-107 偏移圆

04 调用 HATCH/H 命令，对吊顶内填充 AR-CONC 图案，填充参数和效果如图 13-108 所示。

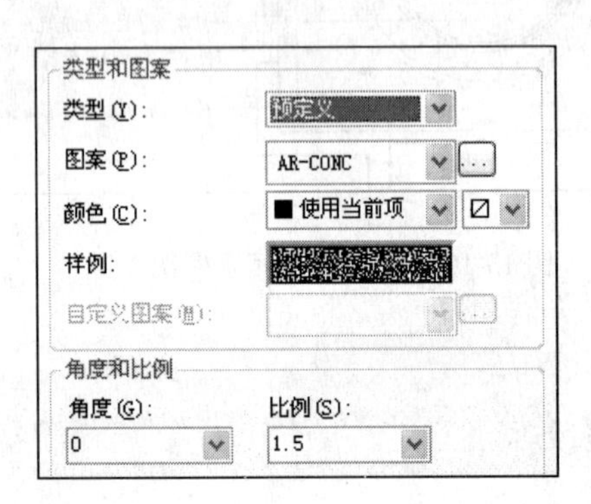

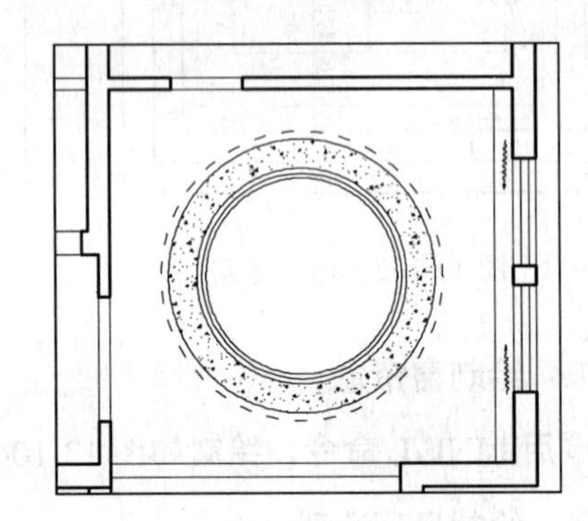

图 13-108 填充参数和效果

3. 布置灯具

01 选择“图例表”中的“艺术吸顶灯”，调用 COPY/CO 命令，将其复制到本图吊顶内，如图 13-109 所示。

02 布置筒灯。调用 OFFSET/O 命令，将灯带向外偏移 340，得到辅助线，如图 13-110 所示。

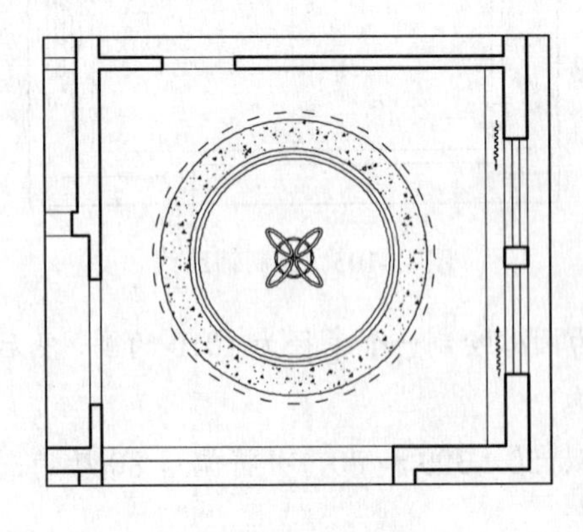

图 13-109 复制灯具

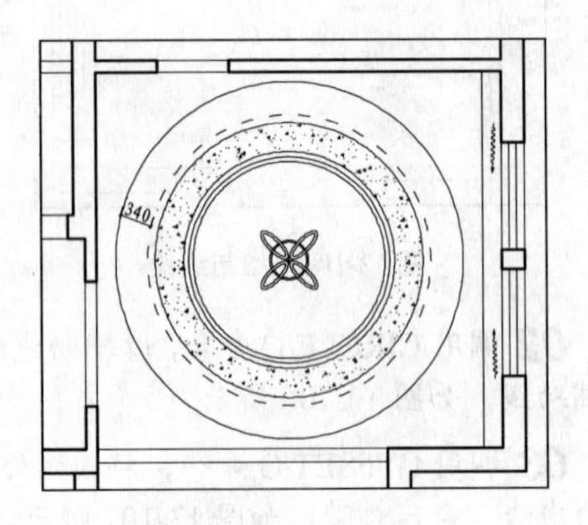

图 13-110 偏移圆

03 将筒灯图形创建成图块。执行【绘图】|【块】|【创建】命令，打开“块定义”对话框。

04 在“名称”文本框中输入图块名称“筒灯”，在“对象”选项组中单击“选择对象”按钮，在绘图区框选筒灯图形，按下空格键返回对话框。在“基点”选项组中单击【拾取点】按钮，在绘图区捕捉筒灯的中心点，作为图块的插入点，自动返回对话框，如图 13-111 所示。

05 单击【确定】按钮，完成“筒灯”图块的创建。

06 插入筒灯图块。调用 DIVIDE/DIV 命令，单击偏移 340 后的圆，输入 B，按下空格键，输入图块的名称“筒灯”，按下回车键。命令提示“是否对齐块和对象？[是(Y)/否(N)]<Y>:”时，按下空格键，采纳默认值，即将块与对象对齐。输入段数为 8，按下空格键结束命令，然后删除辅助圆，结果如图 13-112 所示。

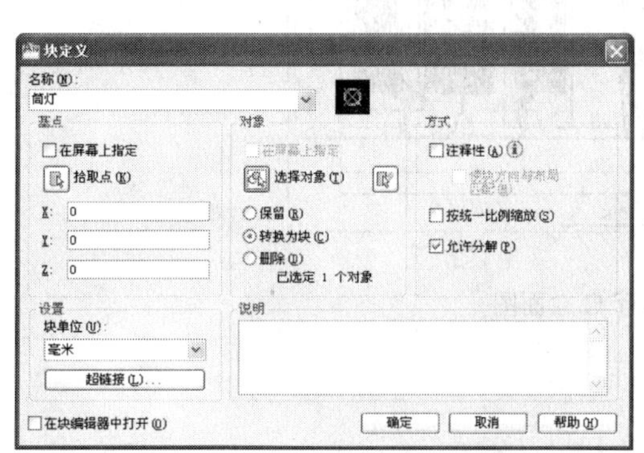

图 13-111 “块定义”对话框

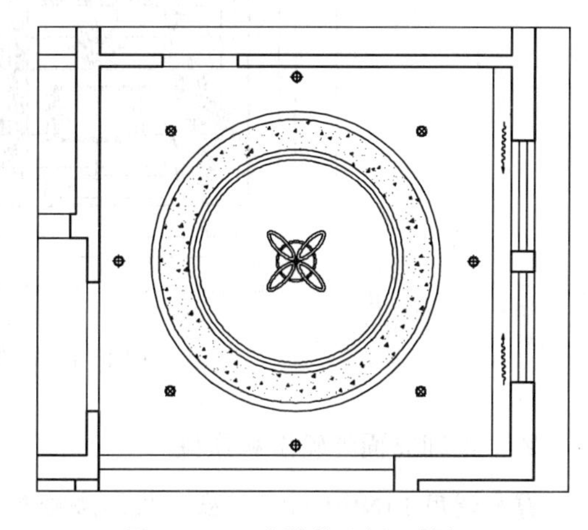

图 13-112 定数等分插入筒灯

4. 标注尺寸、标高和文字说明

标注尺寸、标高和文字说明的方法与前面讲解的方法相同，效果如图 13-103 所示，三层起居室顶棚图绘制完成。

13.7 绘制别墅立面图

本节以客厅、餐厅和卧室立面为例，介绍立面图的画法与相关规则。

13.7.1 绘制客厅 C 立面图

本例绘制的是包括露台在内的客厅立面，客厅 C 立面图是电视所在的墙面，如图 13-113 所示，下面讲解绘制方法。

1. 复制图形

调用 COPY/CO 命令，复制别墅平面布置图上客厅 C 立面的平面部分。

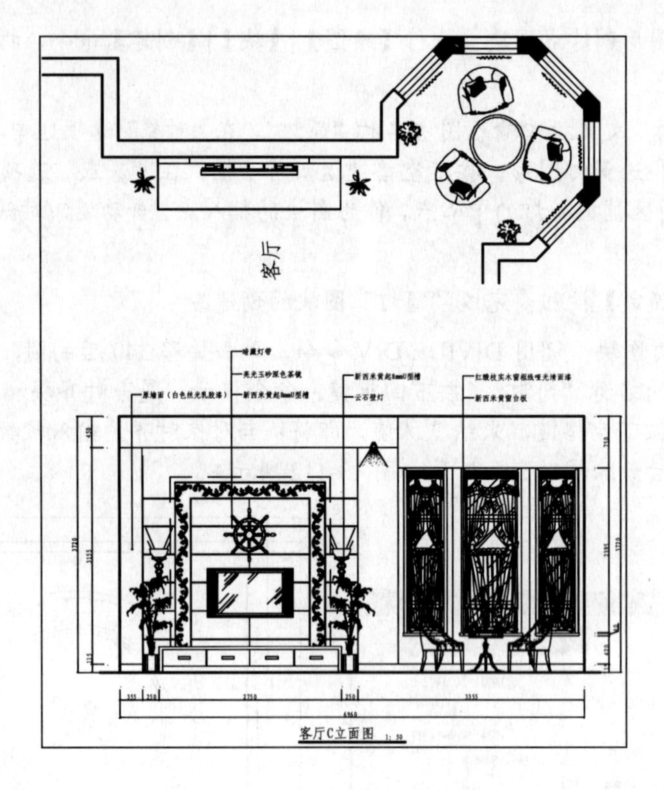

图 13-113　客厅 C 立面图

2. 绘制立面外轮廓和顶棚

01 调用 LINE/L 命令，应用投影法绘制客厅 C 立面左、右侧轮廓和地面，如图 13-114 所示。

02 调用 LINE/L 命令，绘制客厅与露台中的墙体，如图 13-115 所示。

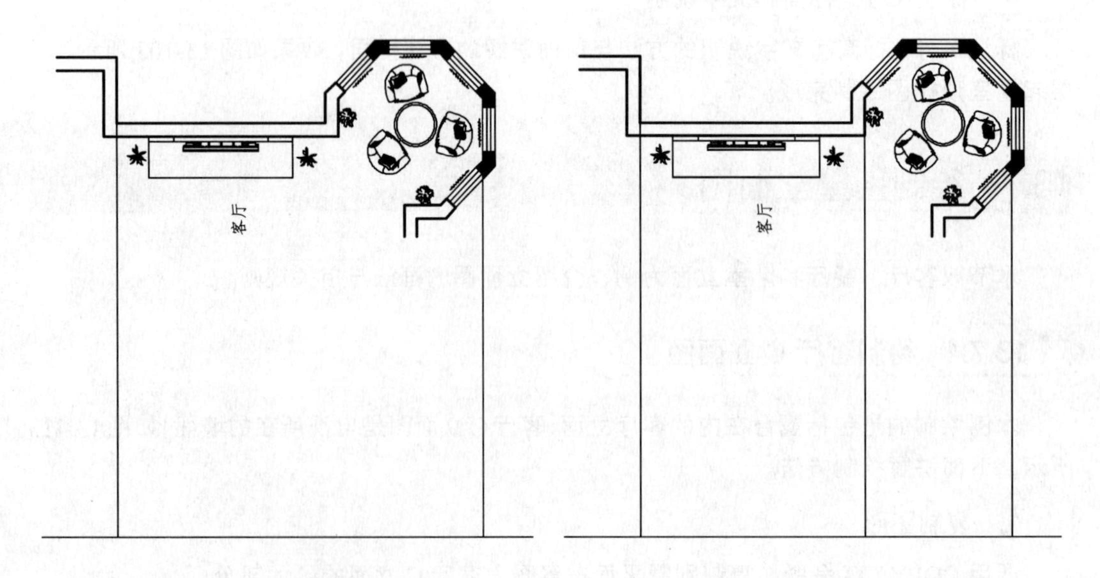

图 13-114　绘制墙体和地面　　图 13-115　绘制墙体

03 调用 OFFSET/O 命令，将地面轮廓线，向上偏移，得到顶棚线和顶棚底面，如图 13-116 所示。

04 调用 TRIM/TR 命令，修剪出立面轮廓，并将立面外轮廓转换至“LM_立面”图层，如图 13-117 所示。

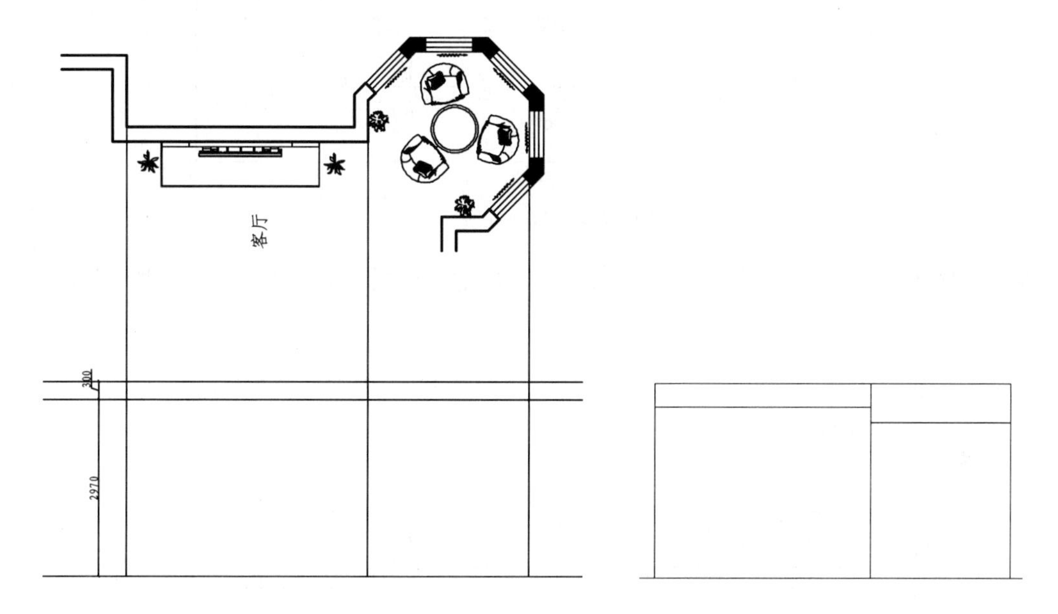

图 13-116　绘制顶棚　　　　图 13-117　修剪立面轮廓

3. 绘制电视柜

01 设置“LM_立面”图层为当前图层。

02 调用 PLINE/PL 命令，绘制电视柜轮廓，如图 13-118 所示。

图 13-118　绘制多段线

03 调用 OFFSET/O 命令，将多段线向内偏移 50，如图 13-119 所示。

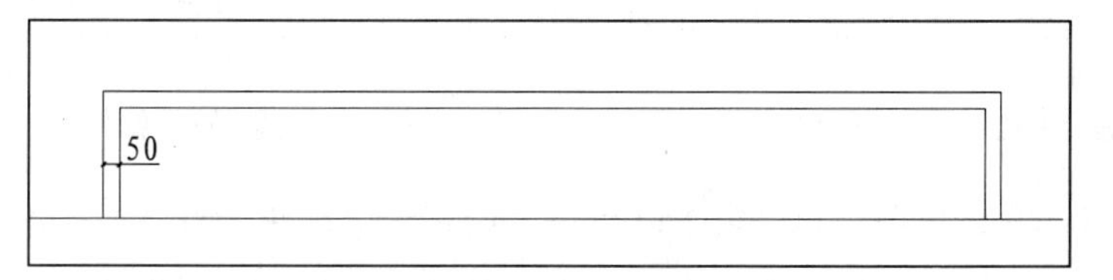

图 13-119　偏移多段线

04 调用 RECTANG/REC 命令和 COPY/CO 命令，绘制电视柜的抽屉，如图 13-120 所示。

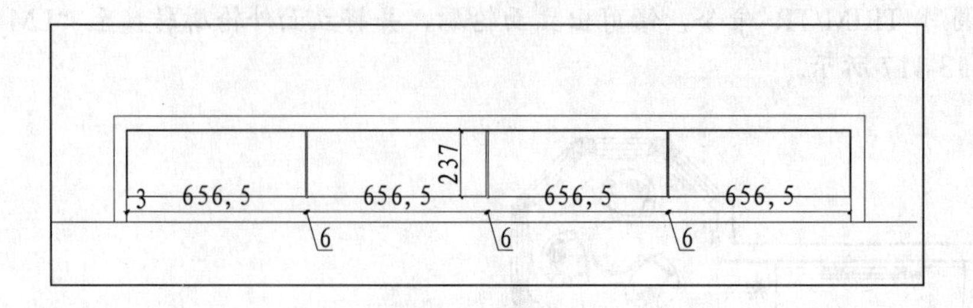

图 13-120　绘制抽屉

05 调用 RECTANG/REC 命令和 COPY/CO 命令，绘制抽屉拉手，效果如图 13-121 所示。

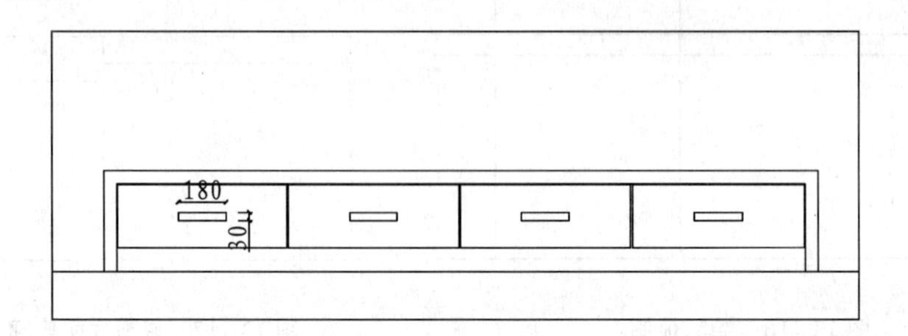

图 13-121　绘制拉手

4. 绘制电视背景墙造型

01 调用 LINE/L 命令和 PLINE/PL 命令，绘制如图 13-122 所示线段。

02 调用 OFFSET/O 命令，将线段分别向内或向外偏移 8，如图 13-123 所示。

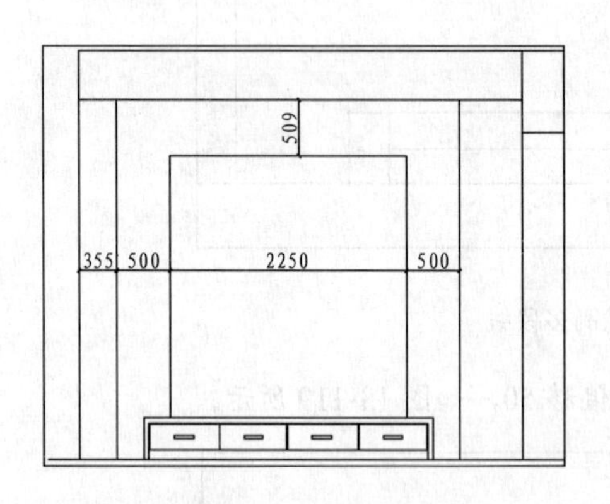

图 13-122　绘制多段线

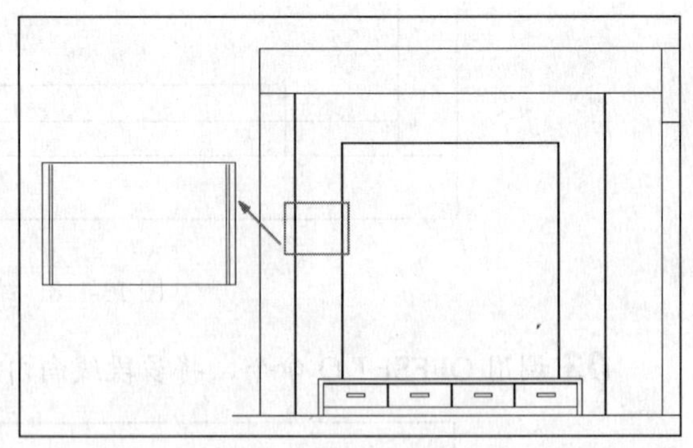

图 13-123　偏移多段线

03 调用 LINE/L 命令和 OFFSET/O 命令，绘制背景墙中的缝隙，如图 13-124 所示。

04 调用 TRIM/TR 命令，对缝隙位置进行修剪，效果如图 13-125 所示。

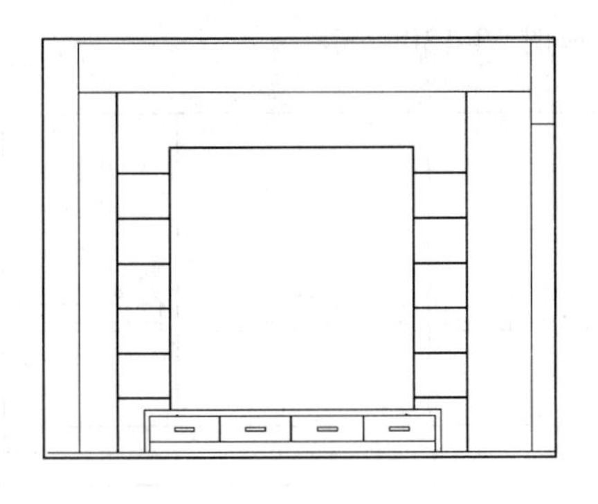

图 13-124　绘制线段

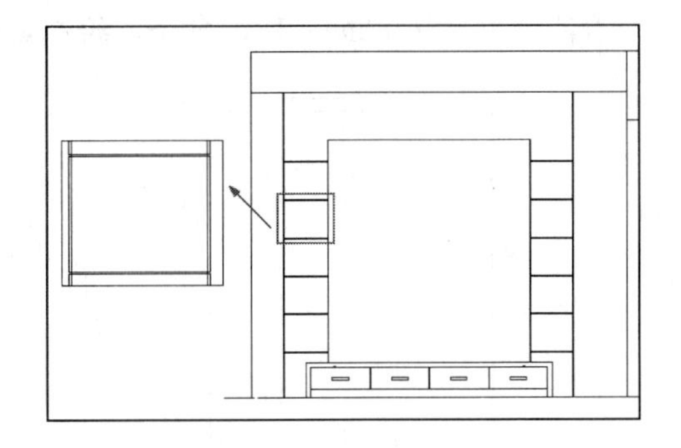

图 13-125　修剪线段

05 使用同样的方法绘制同样造型图案，效果如图 13-126 所示。

06 调用 PLINE/PL 命令，绘制多段线，并设置为虚线，表示灯带，如图 13-127 所示。

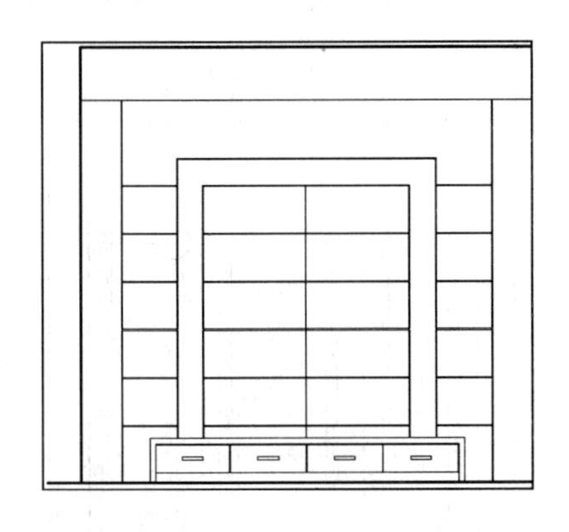

图 13-126　绘制电视背景墙造型

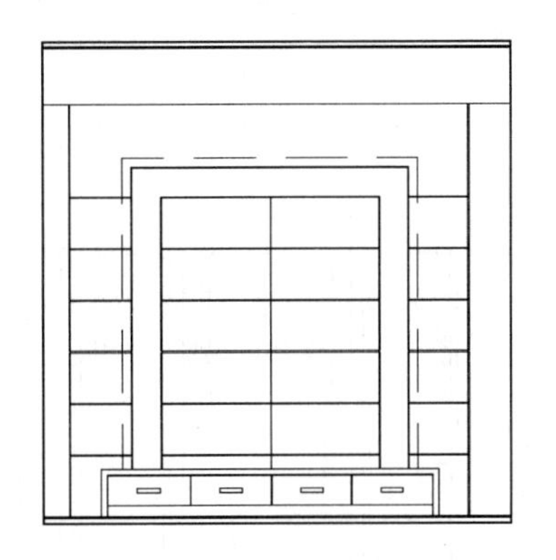

图 13-127　绘制灯带

5. 绘制踢脚线

调用 LINE/L 命令绘制踢脚线，踢脚线的高度为 115，如图 13-128 所示。

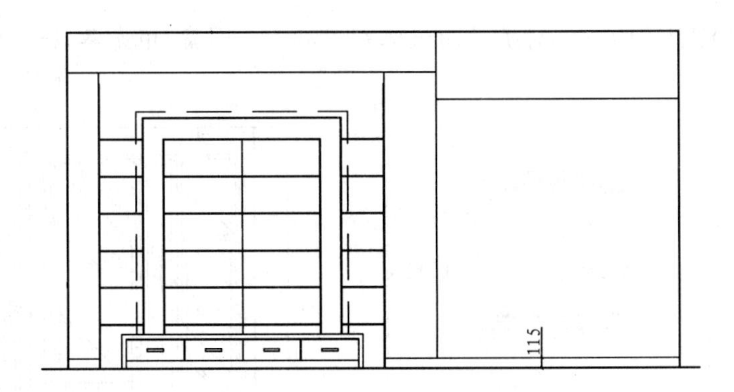

图 13-128　绘制踢脚线

6. 绘制窗户

01 调用 LINE/L 命令和 TRIM/TR 命令，绘制窗户投影线，如图 13-129 所示。

02 调用 RECTANG/REC 命令，绘制窗台，如图 13-130 所示。

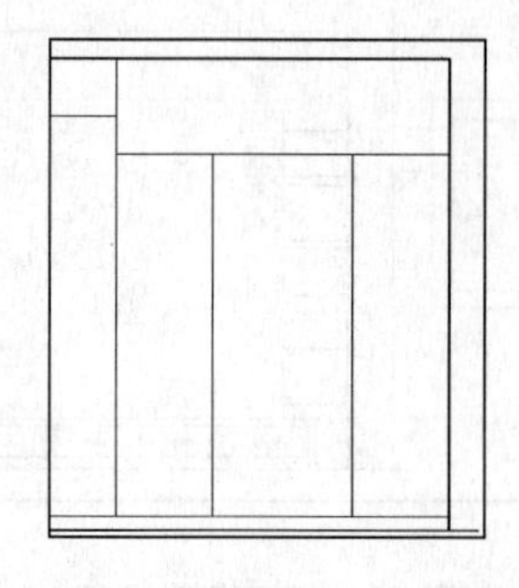

图 13-129 绘制窗户轮廓

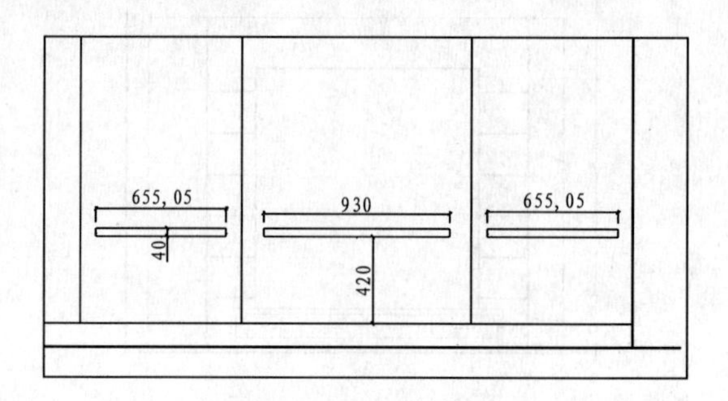

图 13-130 绘制窗台

03 调用 LINE/L 命令和 OFFSET/O 命令，绘制窗框，如图 13-131 所示。

04 调用 RECTANG/REC 命令和 OFFSET/O 命令，绘制窗户的玻璃面板，效果如图 13-132 所示。

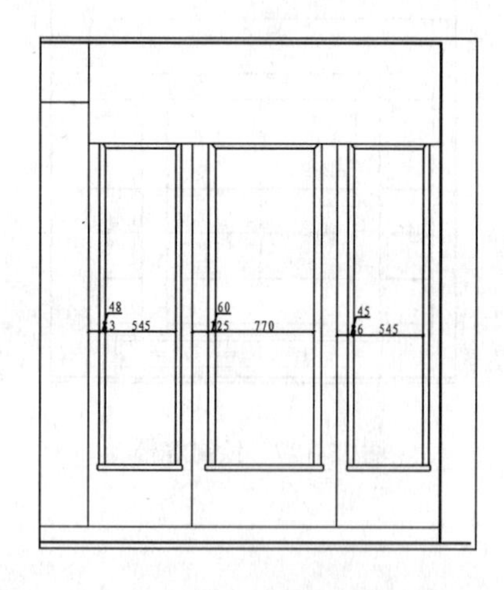

图 13-131 绘制窗框

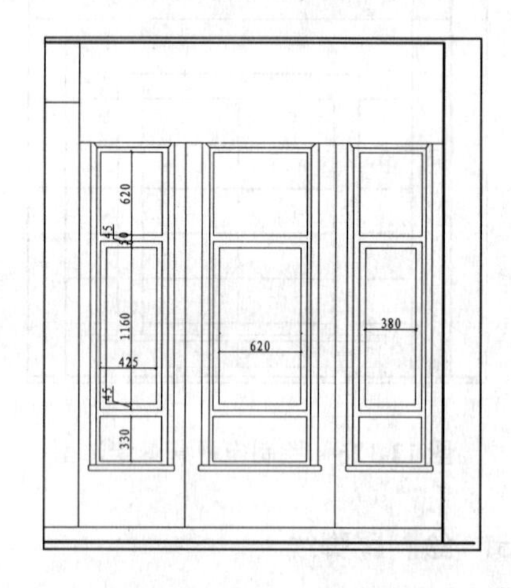

图 13-132 绘制窗户面板

05 调用 HATCH/H 命令，对玻璃面板填充 AR-RROOF 图案，填充参数和效果如图 13-133 所示。

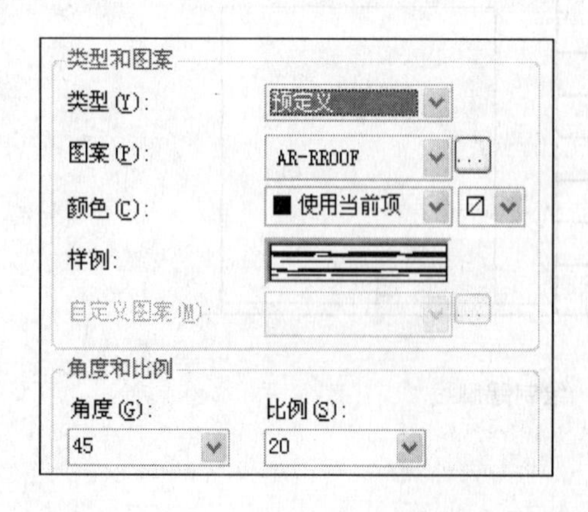

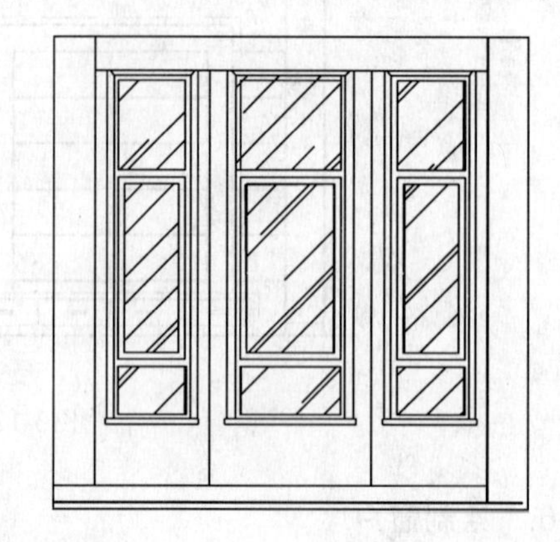

图 13-133 填充参数和效果

7. 插入图块

按 Ctrl+O 快捷键，打开配套光盘提供的“第 13 章\家具图例.dwg”文件，选择其中的射灯、壁灯、电视、窗帘和休闲桌椅等图块，将其复制至客厅立面区域，如图 13-134 所示。

图 13-134　插入图块

8. 标注尺寸、材料说明

01 设置“BZ_标注”为当前图层。设置当前注释比例为 1：50。

02 调用 DIMLINEAR/DLI 命令，标注尺寸，效果如图 13-135 所示。

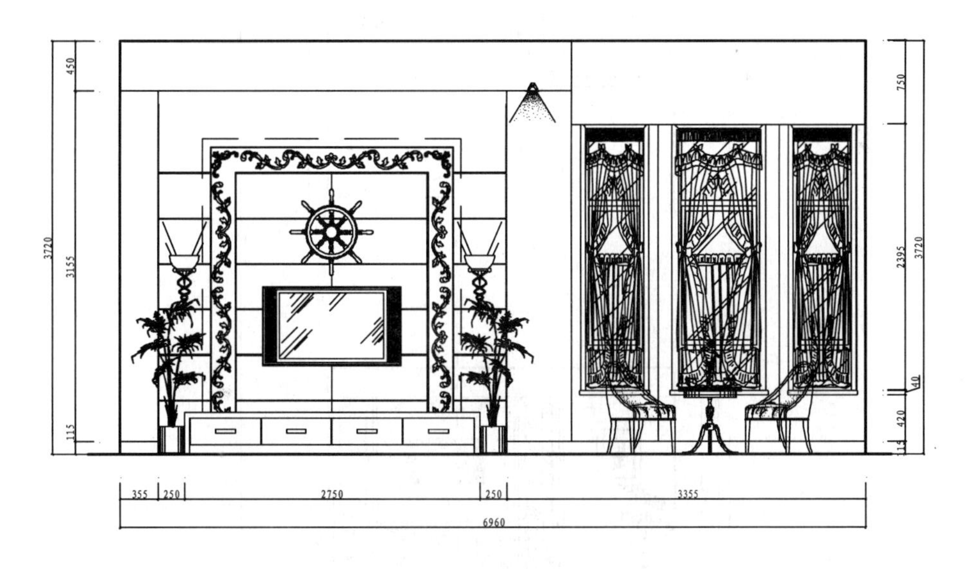

图 13-135　尺寸标注

03 调用 MLEADER 命令，标注材料说明，效果如图 13-136 所示。

04 调用 INSERT/I 命令，插入“图名”图块，设置 A 立面图名称为“客厅 C 立面图”。客厅 C 面图绘制完成。

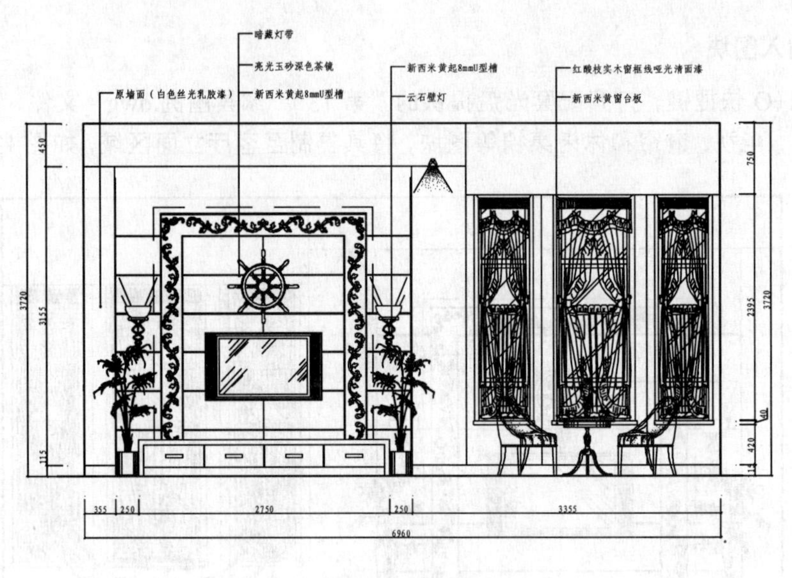

图 13-136　材料说明

 13.7.2　绘制餐厅 B 立面图

餐厅 B 立面图是餐柜所在的立面，如图 13-137 所示，下面讲解绘制方法.

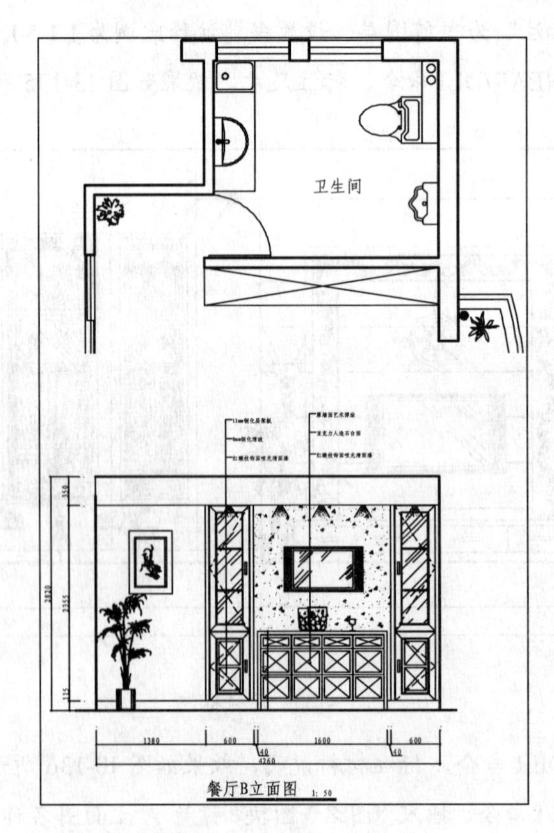

图 13-137　餐厅 B 立面图

1. 复制图形

调用 COPY/CO 命令，复制平面布置图上餐厅 B 立面的平面部分。

2. 绘制立面主要轮廓

01 调用 LINE/L 命令绘制墙体和地面，如图 13-138 所示。

02 调用 OFFSET/O 命令，向上偏移地面，得到顶棚，如图 13-139 所示。

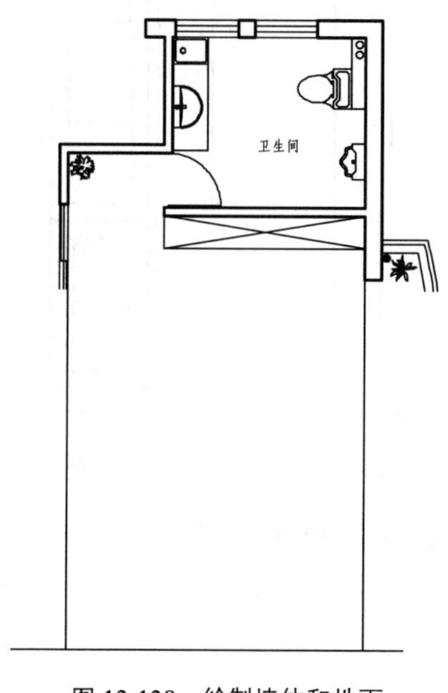

图 13-138 绘制墙体和地面

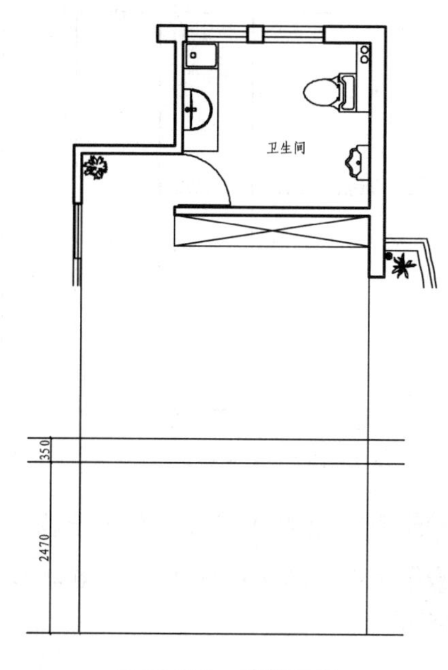

图 13-139 绘制顶棚

03 调用 TRIM/TR 命令，对立面基本轮廓进行修剪，并转换至“QT_墙体”图层，效果如图 13-140 所示。

3. 绘制踢脚线

调用 LINE/L 命令，绘制踢脚线，踢脚线的高度为 115，如图 13-141 所示。

图 13-140 修剪立面轮廓

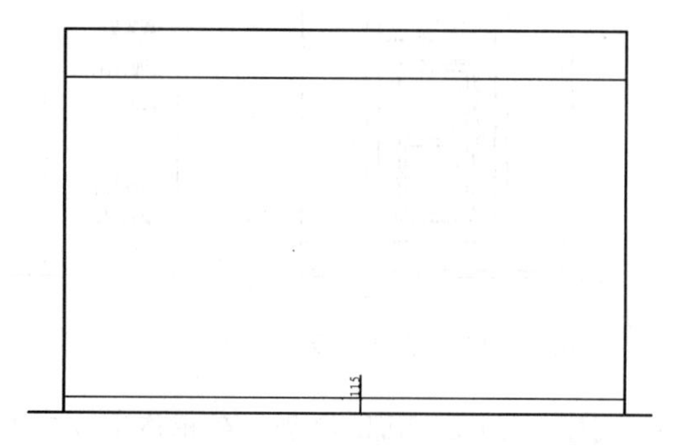

图 13-141 绘制踢脚线

4. 绘制餐柜

01 设置“LM_立面”图层为当前图层。

02 调用 LINE/L 命令，绘制线段，得到餐柜的轮廓，如图 13-142 所示。

03 绘制左侧餐柜。调用 OFFSET/O 命令，将线段向内偏移 50，如图 13-143 所示。

04 调用 RECTANG/REC 命令，绘制矩形，调用 OFFSET/O 命令，将矩形向内偏移，并调用 LINE/L 命令和 OFFSET/O 命令绘制层板，效果如图 13-144 所示。

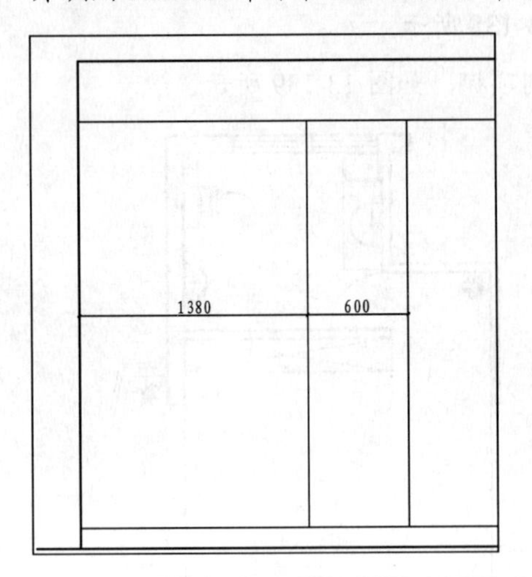

图 13-142　绘制线段

图 13-143　偏移线段

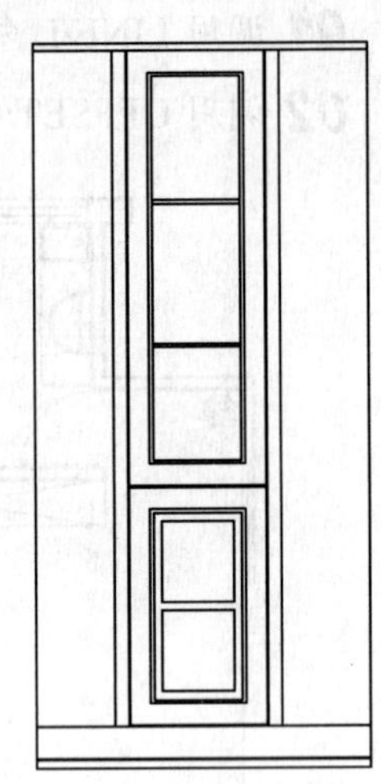

图 13-144　偏移矩形

05 调用 LINE/L 命令，绘制线段连接矩形的交角处，如图 13-145 所示。

06 调用 HATCH/H 命令，在柜体上方填充 AR-RROOF 图案，填充参数和效果如图 13-146 所示。

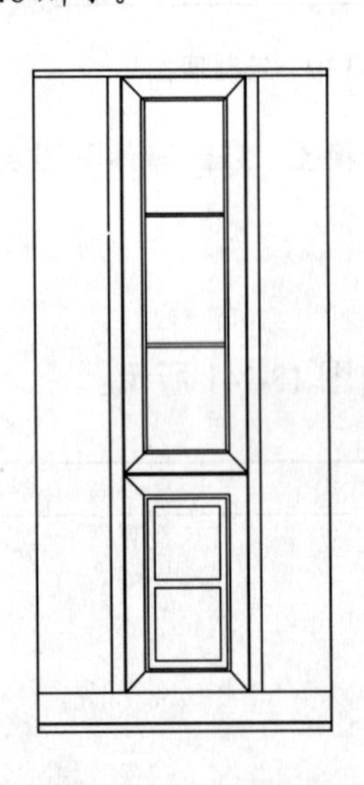

图 13-145　绘制线段

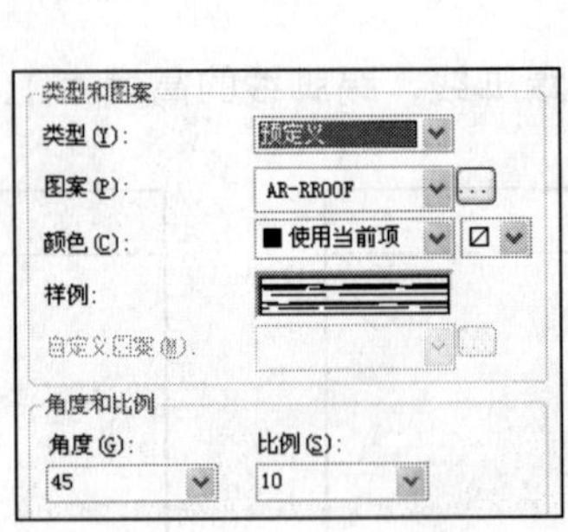

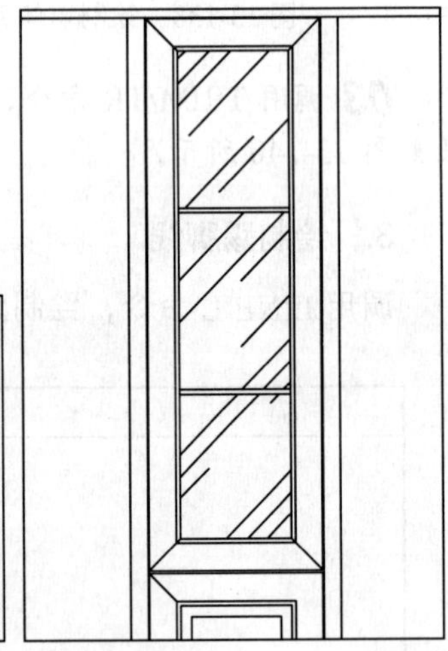

图 13-146　填充参数和效果

07 调用 LINE/L 命令，在柜体下方中的矩形内绘制对角线，如图 13-147 所示。

08 调用 LINE/L 命令，绘制折线，并设置为虚线，表示柜门的开启方向，效果如图 13-148 所示。

09 调用 RECTANG/REC 命令，绘制拉手，效果如图 13-149 所示。

图 13-147　绘制对角线

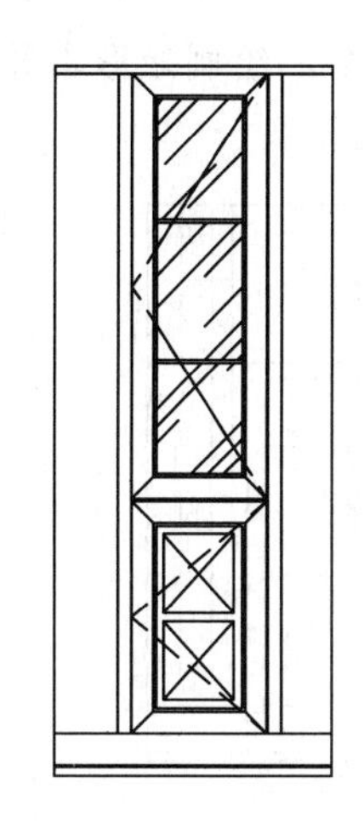

图 13-148　绘制折线

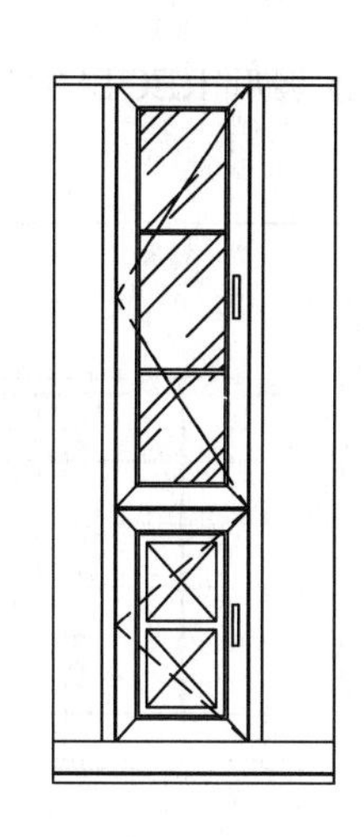

图 13-149　绘制拉手

10 右侧餐柜和左侧造型一致，调用 MIRROR/MI 命令，得到另一侧图形，效果如图 13-150 所示。

5. 绘制装饰柜

01 调用 PLINE/PL 命令，绘制装饰柜轮廓，如图 13-151 所示。

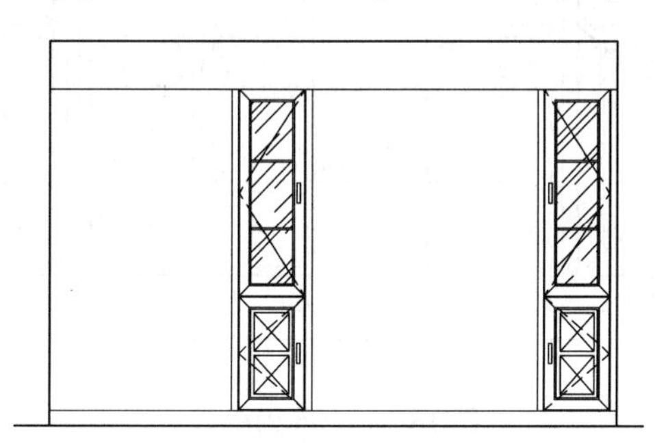

图 13-150　镜像图形

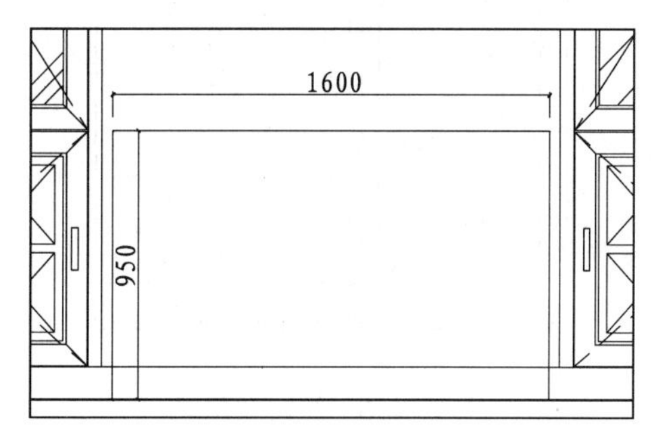

图 13-151　绘制多段线

02 调用 OFFSET/O 命令，将多段线向内偏移 40，效果如图 13-152 所示。

03 调用 TRIM/TR 命令，对多段线与踢脚线相交的位置进行修剪，如图 13-153 所示。

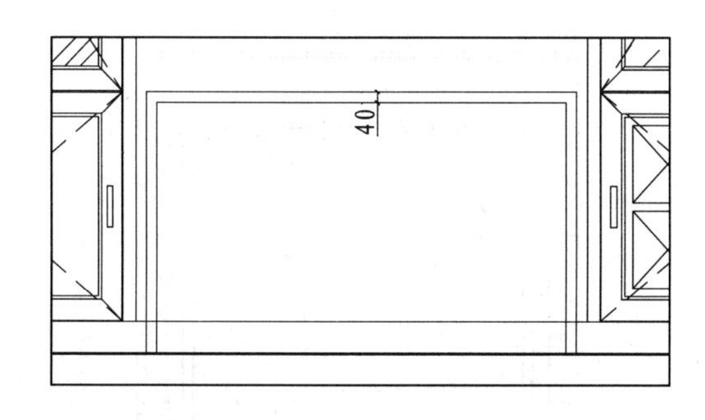

图 13-152　偏移多段线

图 13-153　修剪线段

04 调用 LINE/L 命令、OFFSET/O 命令和 TRIM/TR 命令，划分装饰柜，效果如图 13-154 所示。

05 调用 RECTANG/REC 命令，绘制矩形，并将矩形向内偏移 30，效果如图 13-155 所示。

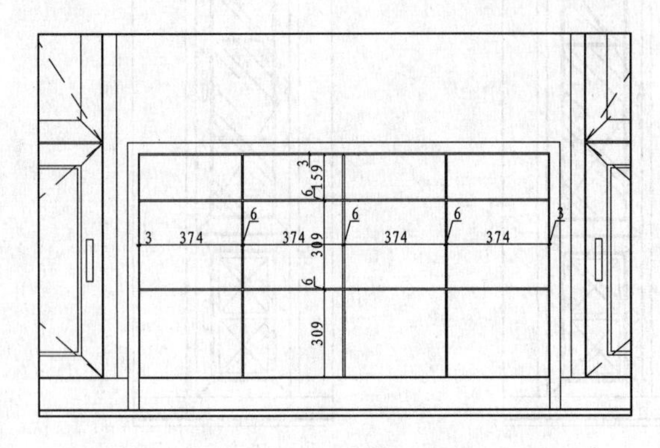

图 13-154　划分装饰柜

图 13-155　偏移矩形

06 调用 LINE/L 命令，连接矩形的对角线，效果如图 13-156 所示。

07 调用 ARRAY/AR 命令，对矩形进行阵列，行数为 1，列数为 4，列偏移为 380，阵列结果如图 13-157 所示。

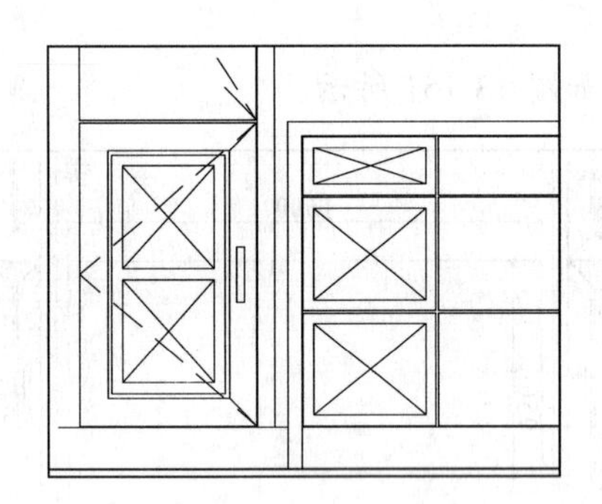
图 13-156　绘制对角线

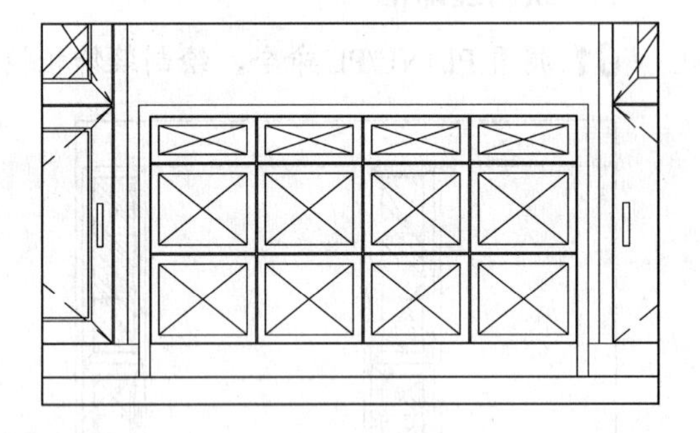
图 13-157　阵列结果

6. 绘制墙面图例

餐厅墙面可以直接填充图案，调用 HATCH/H 命令，对餐柜所在的墙面填充 AR-CONC 图案，填充参数和效果如图 13-158 所示。

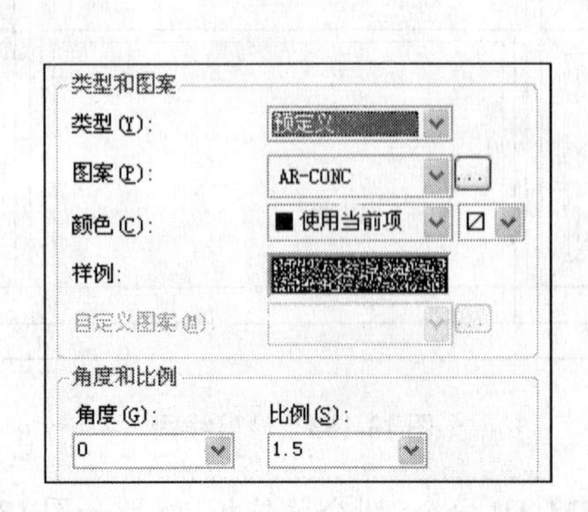

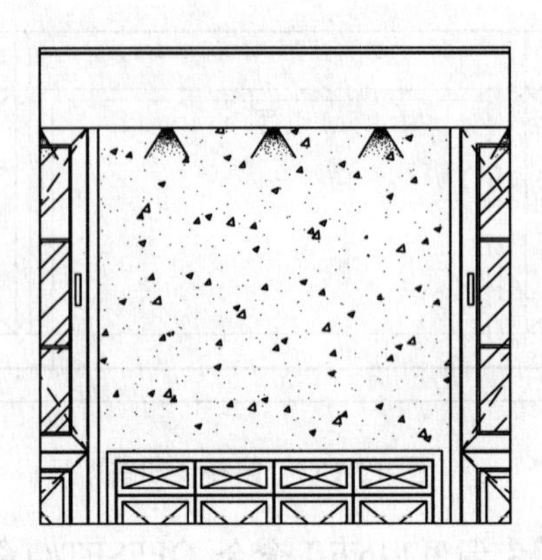
图 13-158　填充参数和效果

7. 插入图块

按Ctrl+O快捷键，打开配套光盘提供的“第13章\家具图例.dwg”文件，选择需要的图块，将其复制至餐厅立面区域，如图13-159所示。

图13-159 插入图块

8. 尺寸标注和文字注释

01 设置“BZ-标注”图层为当前图层，设置当前注释比例为1∶50。调用DIMLINEAR/DLI命令进行尺寸标注，结果如图13-160所示。

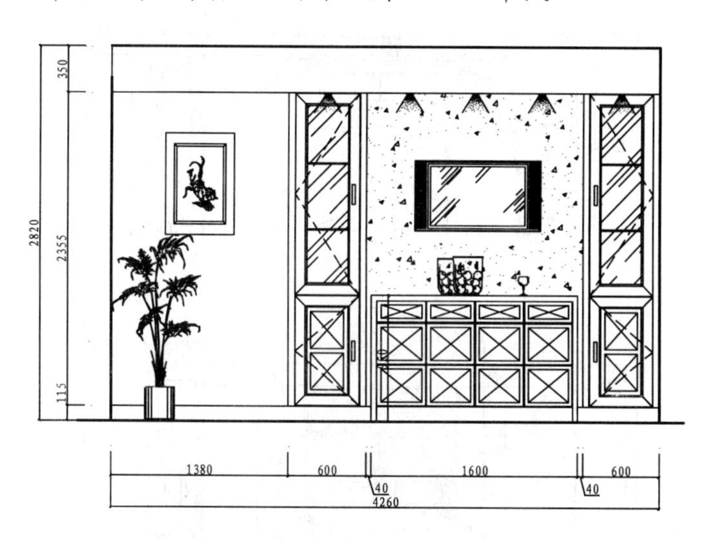

图13-160 尺寸标注

02 调用MLEADER/MLD命令，标注材料，效果如图13-161所示。

9. 插入图名

调用插入图块命令INSERT/I，插入“图名”图块，设置图名为“餐厅B立面图”，餐厅B立面图绘制完成。

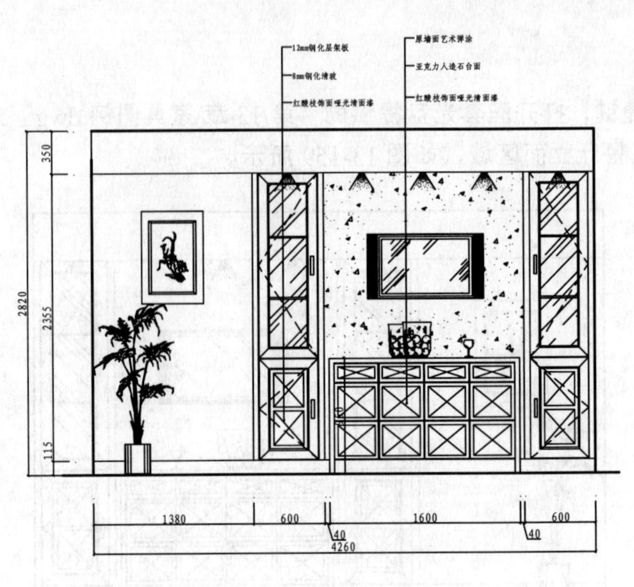

图 13-161　文字注释

13.7.3　绘制主卧 A 立面图

主卧 A 立面为床背景墙，需要表达的内容有床背景墙的装修做法、使用材料和衣柜的装修做法和尺寸等，如图 13-162 所示。

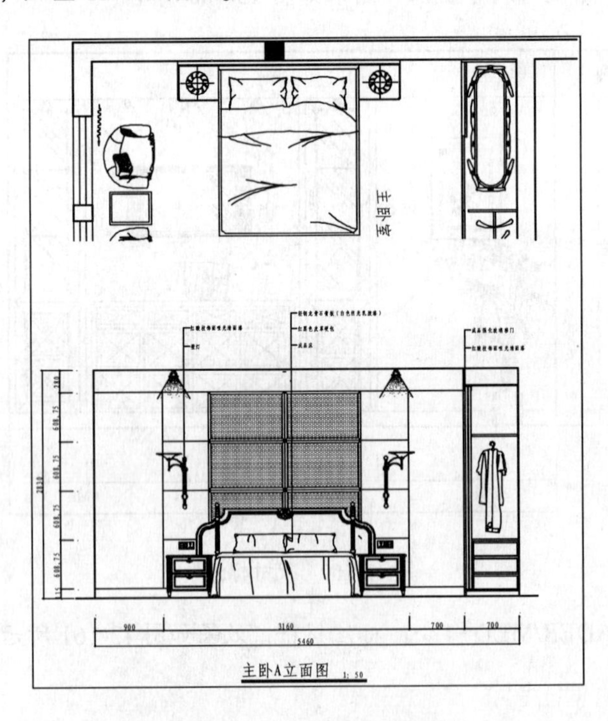

图 13-162　主卧 A 立面图

1. 复制图形

调用 COPY/CO 命令，复制平面布置图上主卧 A 立面的平面部分。

2．绘制立面外轮廓和顶棚

01 调用 LINE/L 命令，根据主卧平面布置图绘制左、右墙体和地面，如图 13-163 所示。

02 绘制顶棚轮廓，调用 LINE/L 命令，根据主卧顶棚图中的标高进行绘制，结果如图 13-164 所示。

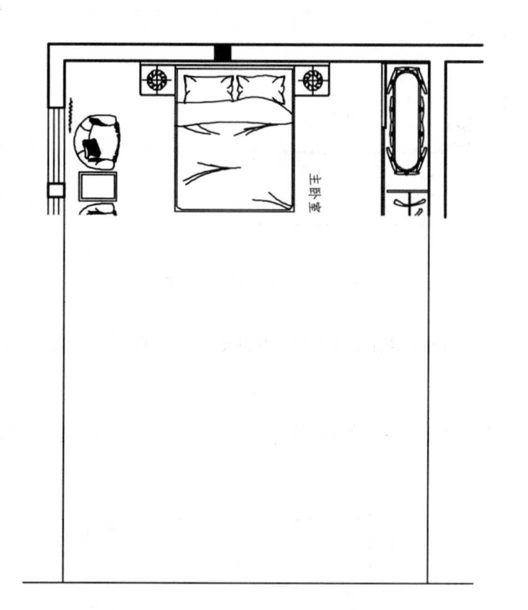

图 13-163　绘制墙体和地面

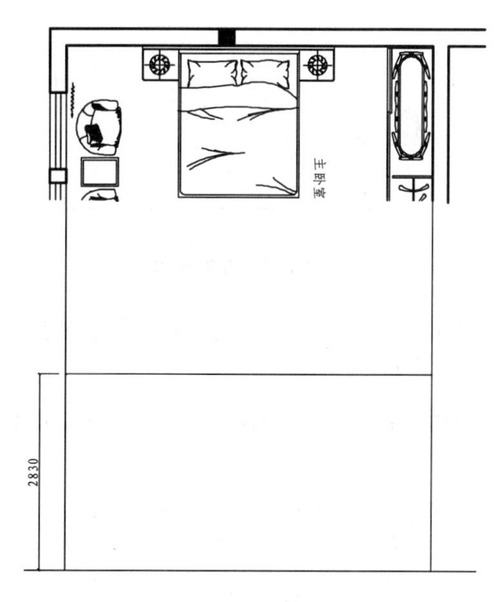

图 13-164　绘制顶棚轮廓

03 调用 TRIM/TR 命令或使用夹点功能，修剪得到 A 立面外轮廓，并转换至“QT_墙体”图层，如图 13-165 所示。

3．绘制衣柜

01 调用 LINE/L 命令，绘制如图 13-166 所示线段，得到衣柜的宽度。

图 13-165　修剪立面外轮廓

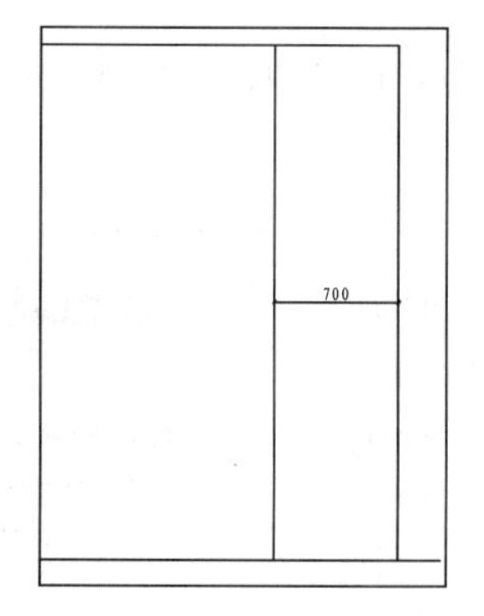

图 13-166　绘制线段

02 调用 LINE/L 命令、OFFSET/O 命令和 TRIM/TR 命令，绘制衣柜板材，如图 13-167 所示。

03 调用 PLINE/PL 命令、OFFSET/O 命令和 TRIM/TR 命令，绘制衣柜柜底结构，如图 13-168 所示。

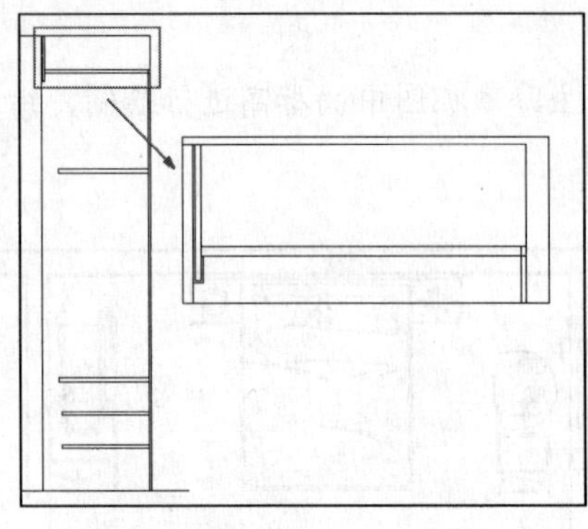

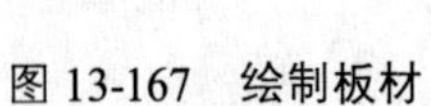

图 13-167　绘制板材

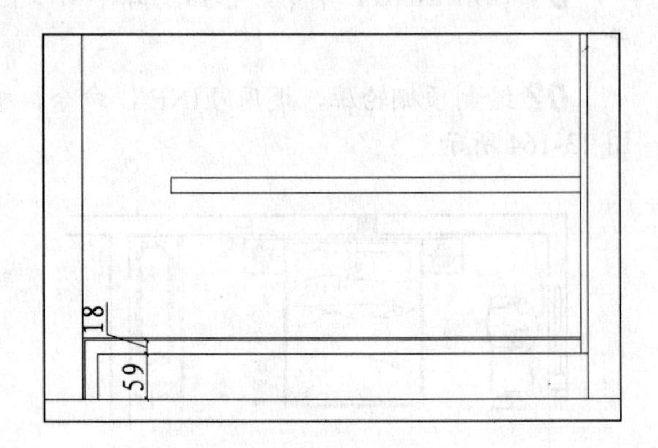

图 13-168　绘制柜底

04 衣柜使用的是推拉门，调用 PLINE/PL 命令和 RECTANG/REC 命令绘制推拉门，效果如图 13-169 所示。

05 调用 RECTANG/REC 命令和 OFFSET/O 命令，绘制衣柜抽屉的面板，如图 13-170 所示。

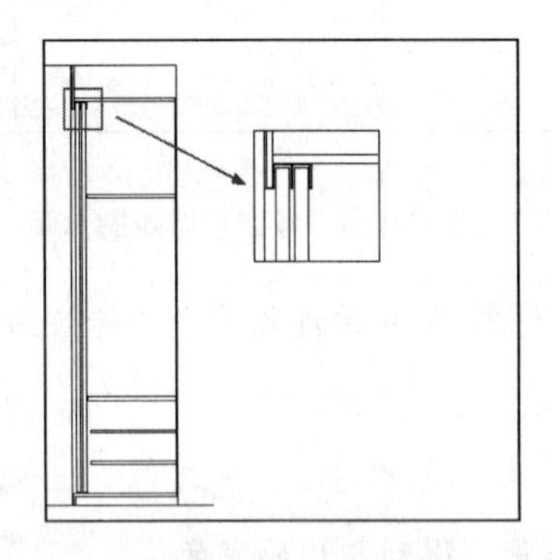

图 13-169　绘制推拉门

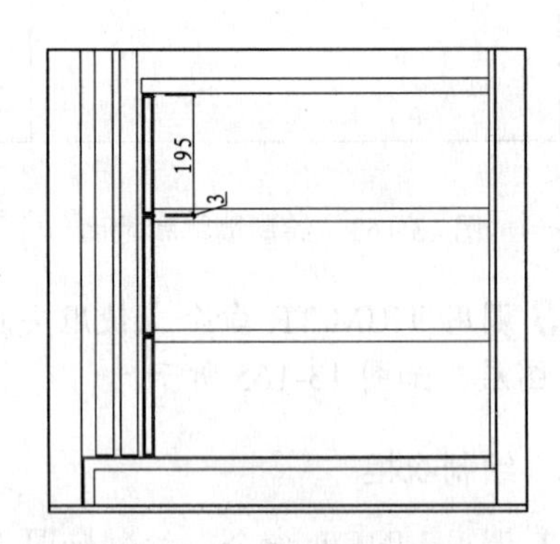

图 13-170　绘制抽屉面板

06 调用 HATCH/H 命令，对衣柜的面板填充 JIS_WOOD 图案，填充参数和效果如图 13-171 所示。

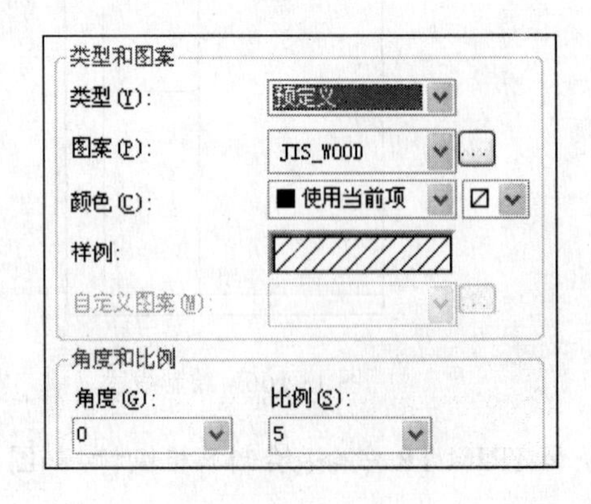

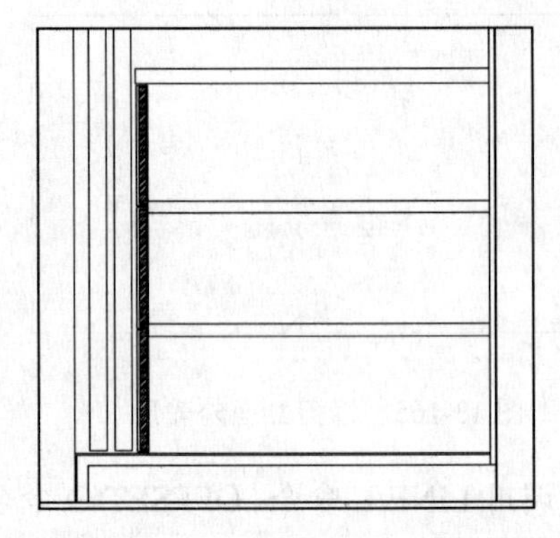

图 13-171　填充参数和效果

07 调用 PLINE/PL 命令，绘制抽屉细部结构，如图 13-172 所示。

4. 绘制顶棚和踢脚线

01 调用 LINE/L 命令，绘制线段，得到顶棚底面，如图 13-173 所示。

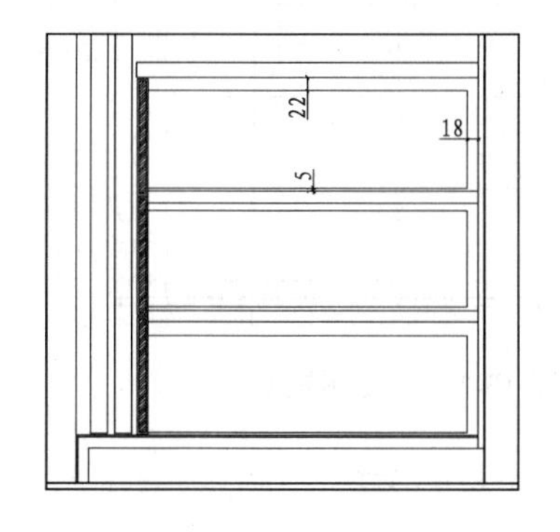

图 13-172 细化抽屉结构

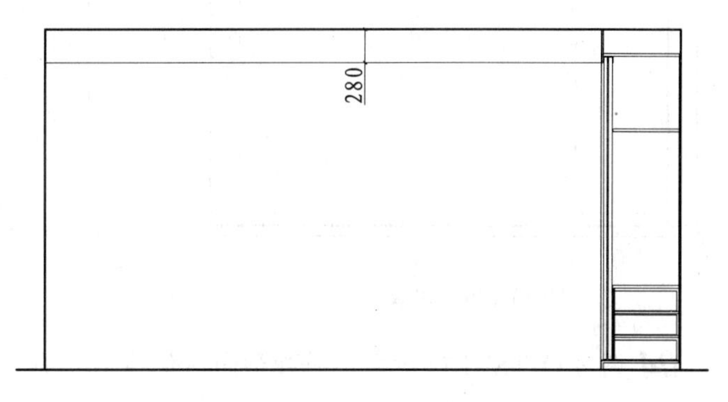

图 13-173 绘制线段

02 调用 LINE/L 命令，在距离地面 115 的位置绘制一条线段，表示踢脚线，如图 13-174 所示。

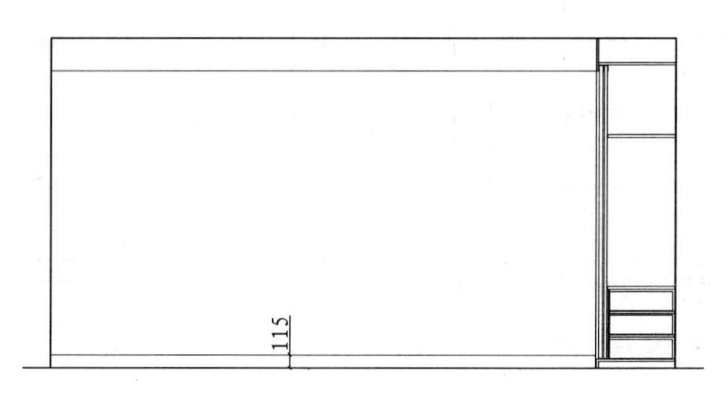

图 13-174 绘制踢脚线

5. 绘制软包图形

01 调用 LINE/L 命令，绘制两条垂直线段，如图 13-175 所示。

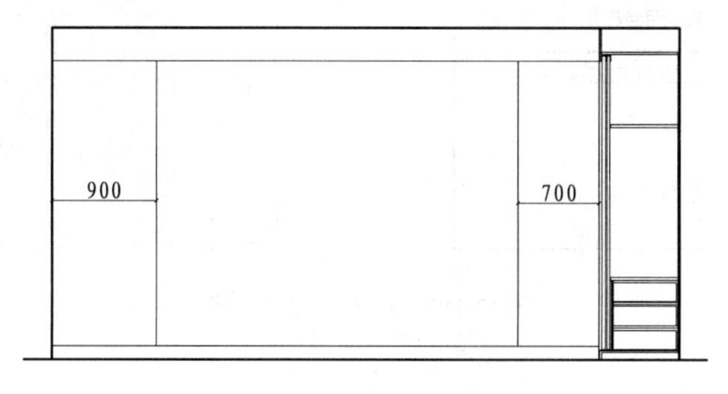

图 13-175 绘制垂直线段

02 调用 DIVIDE/DIV 命令，将垂直线段分成 4 等份，如图 13-176 所示。

03 调用 RECTANG/REC 命令，绘制矩形，用来表示软包图形，然后删除等分点，如

图 13-177 所示。

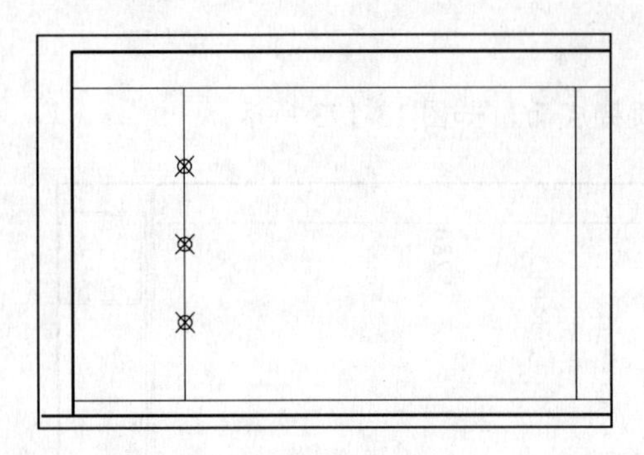

图 13-176 定数等分

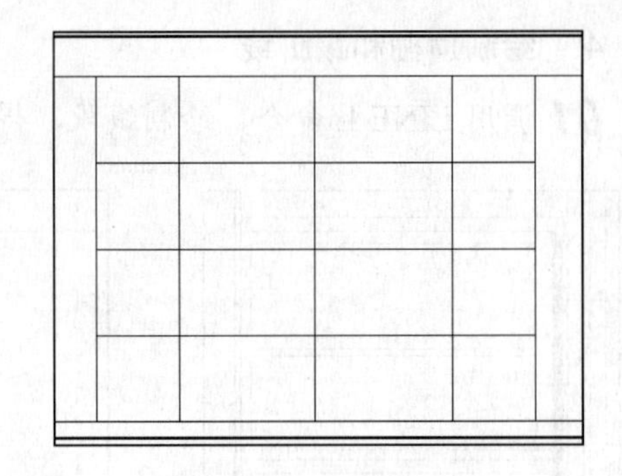

图 13-177 绘制矩形

04 调用 OFFSET/O 命令，将矩形向内偏移 30，如图 13-178 所示。

05 调用 LINE/L 命令，连接矩形的交角处，如图 13-179 所示。

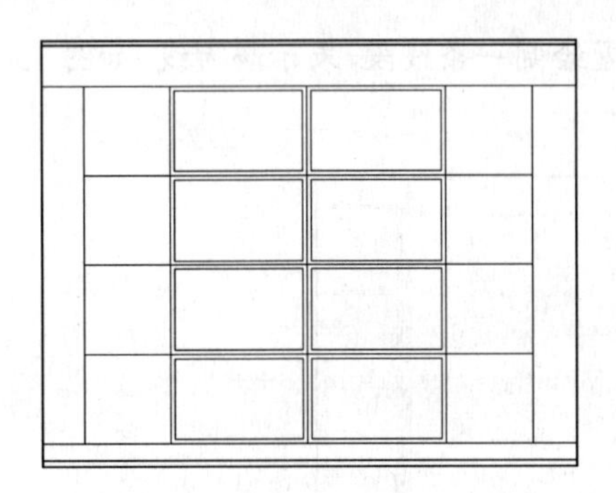

图 13-178 偏移矩形

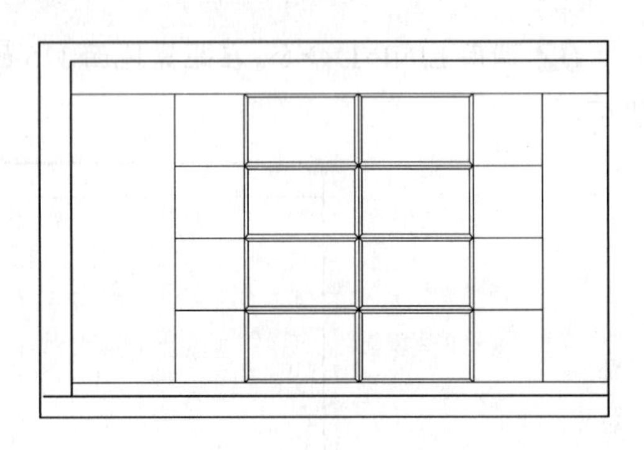

图 13-179 绘制线段

06 调用 HATCH/H 命令，对软包填充 HONEY 图案填充参数和效果如图 13-180 所示。

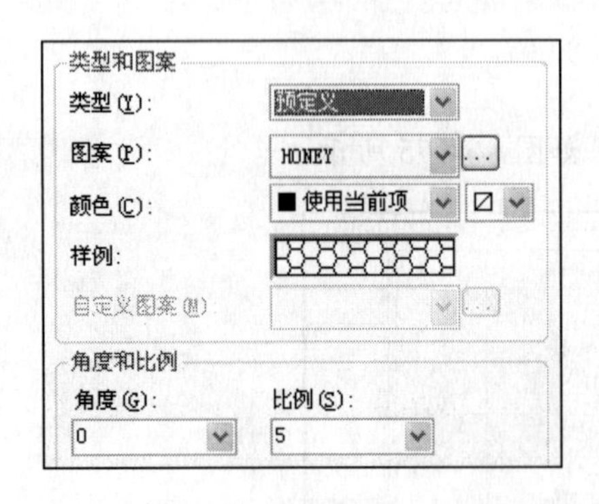

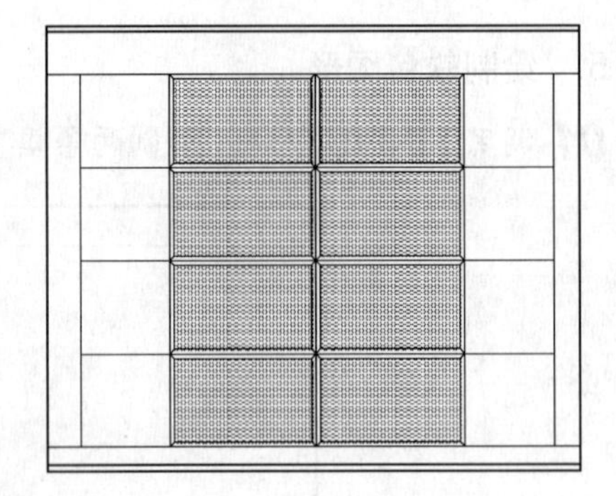

图 13-180 填充参数和效果

6. 调用家具图块

按 Ctrl+O 快捷键，打开配套光盘提供的“第 13 章\家具图例.dwg”文件，选择其中的床、艺术壁灯和衣服等图块，将其复制至主卧立面区域，并将图块与绘制图形相交的位置进行修剪，效果如图 13-181 所示。

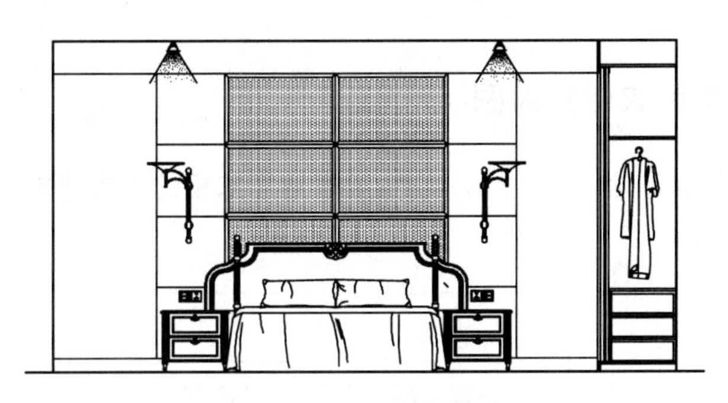

图 13-181　插入图块

7. 尺寸标注和文字注释

01 设置“BZ-标注”图层为当前图层，设置当前注释比例为 1∶50。调用 DIMLINEAR/DLI 命令进行尺寸标注，结果如图 13-182 所示。

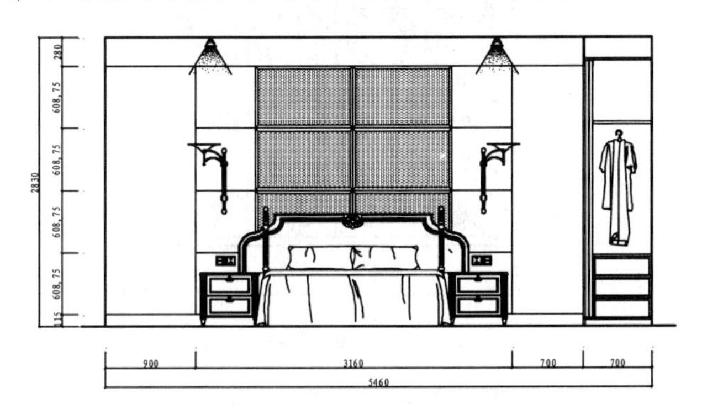

图 13-182　尺寸标注

02 调用 MLEADER/MLD 命令，标注材料，如图 13-183 所示。

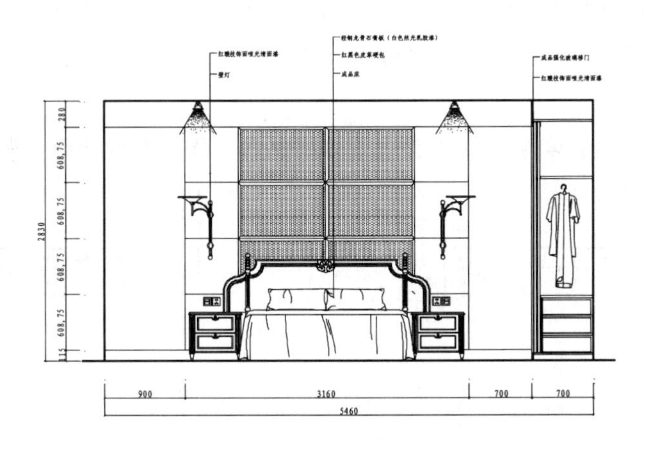

图 13-183　文字注释

8. 插入图名

调用插入图块命令 INSERT/I，插入“图名”图块，设置图名为“主卧 A 立面图”，主卧 A 立面图绘制完成。

13.7.4 绘制主卧衣柜立面图

主卧衣柜立面图如图 13-184 所示，它主要表达了衣柜的外观形式，其内部结构使用结构图单独表示。

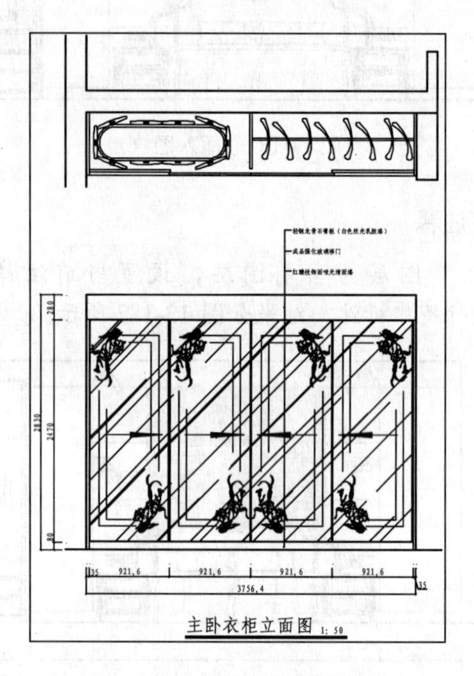

图 13-184　主卧衣柜立面图

1. 绘制寄存柜立面图

01 调用 COPY/CO 命令复制平面布置图上主卧衣柜的平面部分。

02 调用 LINE/L 命令，根据复制的寄存柜平面图绘制左、右侧墙体的投影线和地面，如图 13-185 所示。

03 调用 PLINE/PL 命令，在投影线下方绘制水平线段表示顶面，如图 13-186 所示。

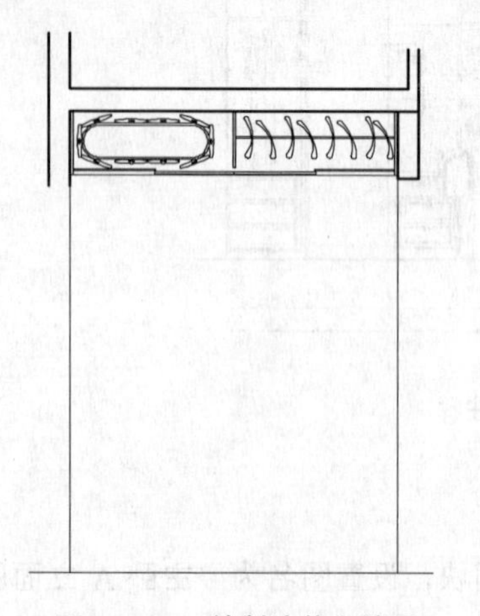

图 13-185　绘制墙体和地面

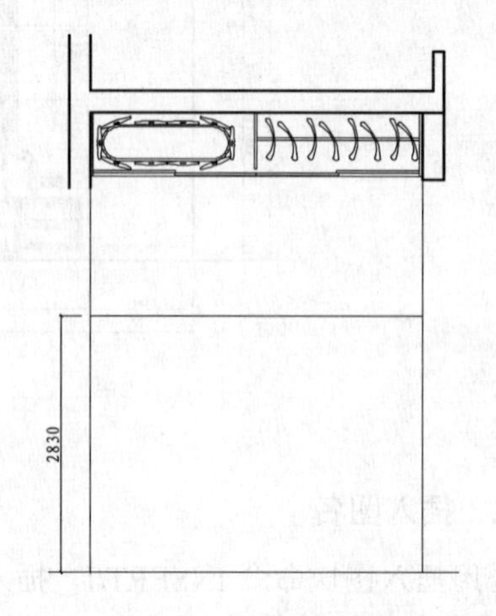

图 13-186　绘制顶面

04 调用 TRIM/TR 命令修剪出立面外轮廓，并转换至“QT_墙体”图层，如图 13-187 所示。

05 调用 OFFSET/O 命令，将地面轮廓线分别向上偏移 80 和 2470，得到衣柜的总高度，并将线段转换至“LM_立面”图层，如图 13-188 所示。

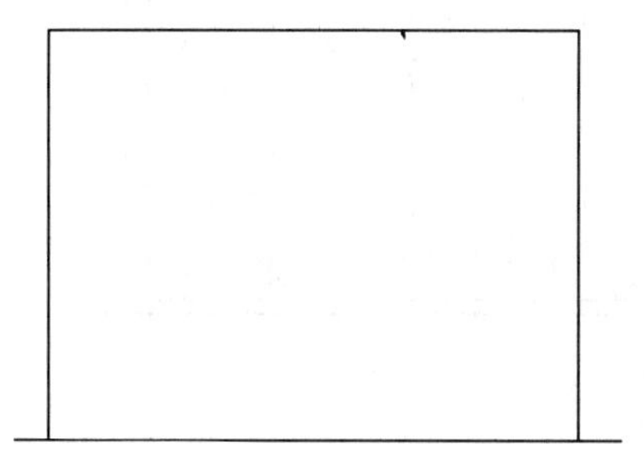

图 13-187　修剪立面外轮廓

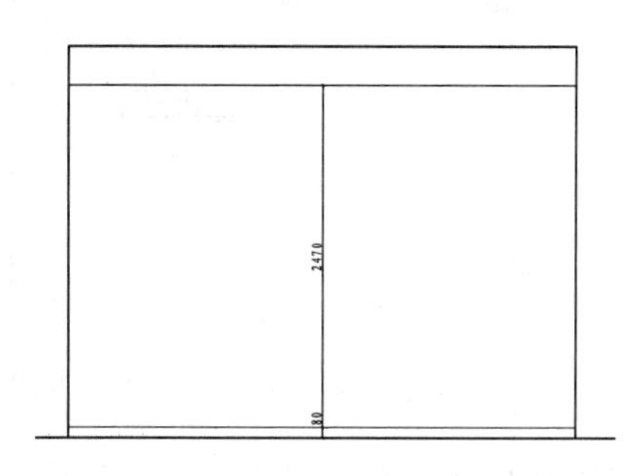

图 13-188　偏移线段

06 调用 LINE/L 命令，绘制线段，得到衣柜的边框，并使用夹点功能调整线段，效果如图 13-189 所示。

07 调用 DIVIDE/DIV 命令，将距离地面 80 的线段分成 4 等份，效果如图 13-190 所示。

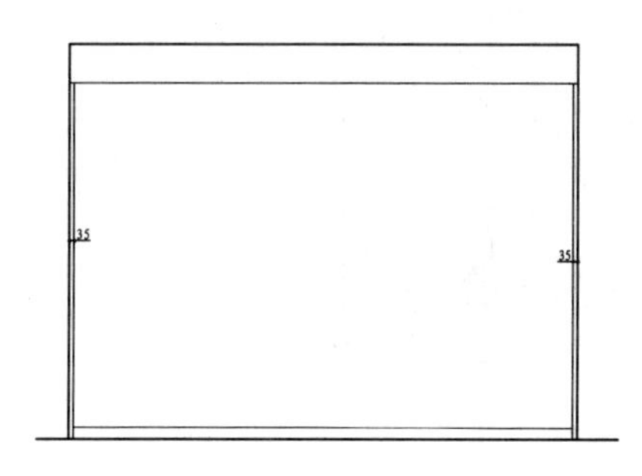

图 13-189　绘制线段

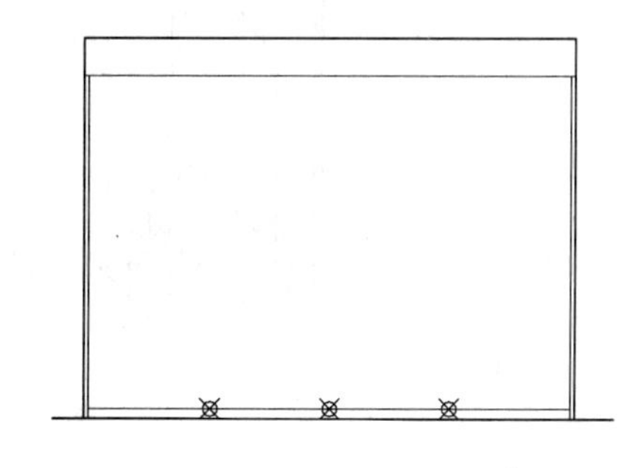

图 13-190　定数等分

08 调用 LINE/L 命令，以等分点为线段的起点绘制线段，然后删除等分点，效果如图 13-191 所示。

09 绘制完线段后，衣柜被分成 4 个矩形，调用 RECTANG/REC 命令，绘制矩形，并将矩形向内分别偏移 8、168 和 76，如图 13-192 所示。

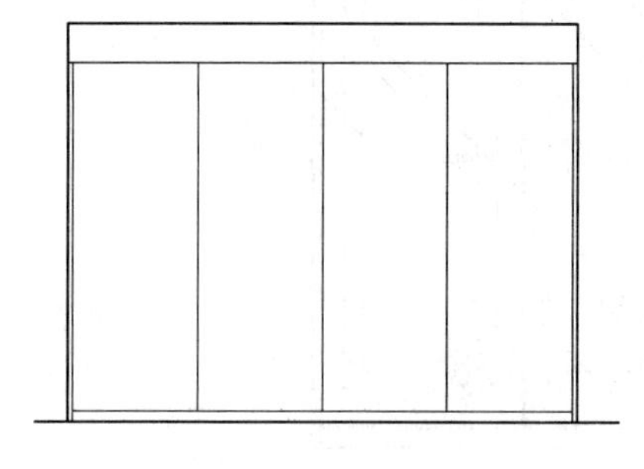

图 13-191　绘制线段

图 13-192　偏移矩形

10 调用 HATCH/H 命令，对衣柜面板填充 AR-RROOF 图案，填充参数和效果如图 13-193 所示。

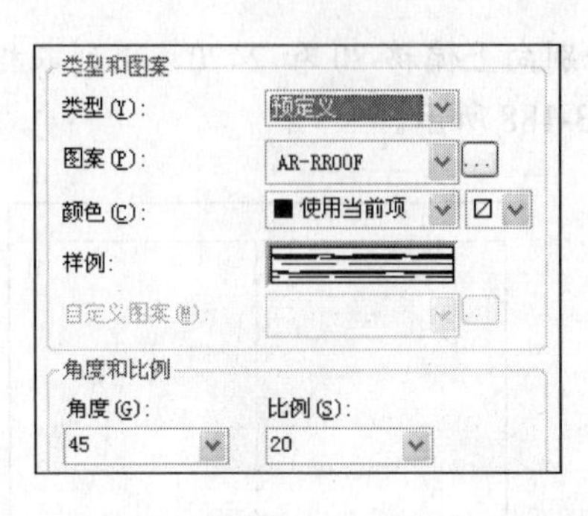

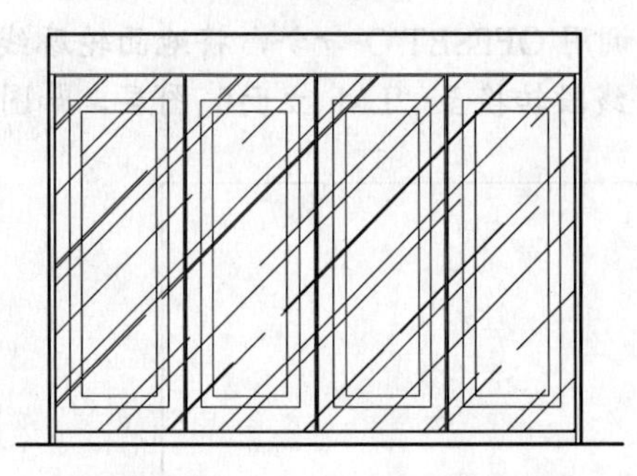

图 13-193　填充参数和效果

11 从图库中插入雕花图块，并移动到相应的位置，将其与矩形相交的位置进行修剪，效果如图 13-194 所示。

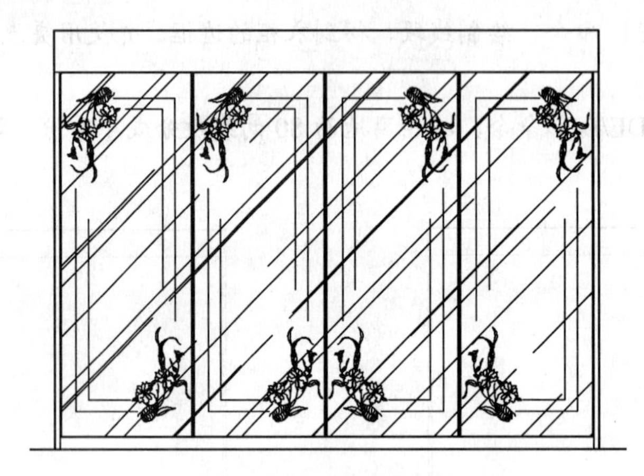

图 13-194　插入图块

12 调用 PLINE/PL 命令，绘制箭头，表示衣柜柜门的开启方向，效果如图 13-195 所示。

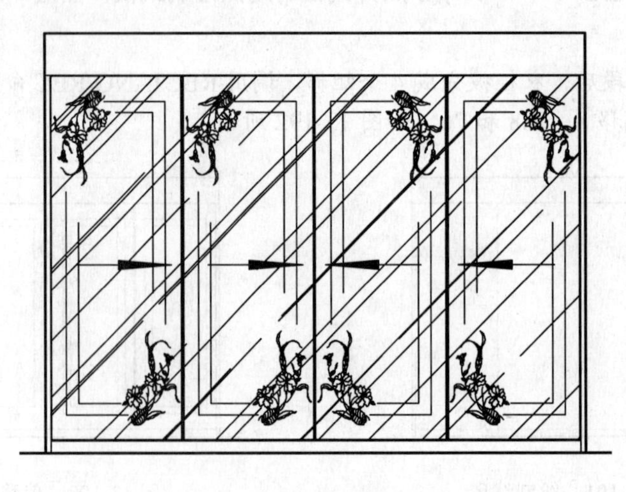

图 13-195　绘制箭头

13 图形绘制完成后，需要进行尺寸、文字说明和图名标注，最终完成衣柜立面图。

2. 绘制主卧衣柜内部结构图

在主卧衣柜立面图中，只表达了衣柜的外部形式，为了将其内部结构表达清楚，需要绘制衣柜内部结构图，衣柜内部结构图为柜门打开时的投影图形，如图 13-196 所示。

01 调用 COPY/CO 命令，复制出衣柜立面图，删除柜门和其他与结构图无关的图形，结果如图 13-197 所示。

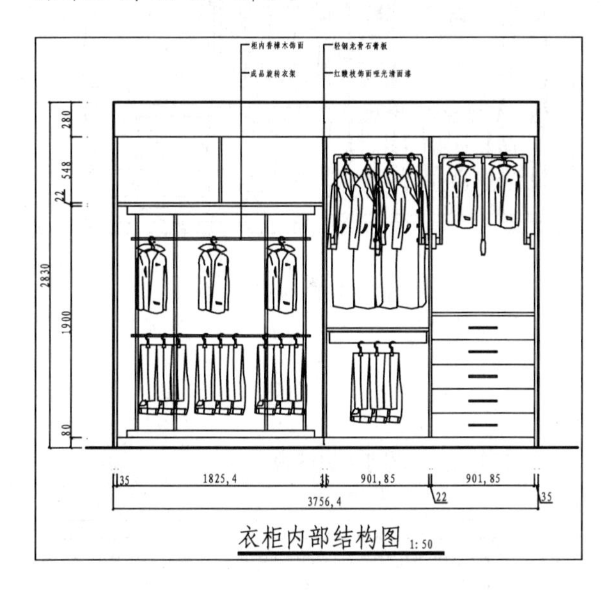

图 13-196　衣柜内部结构图

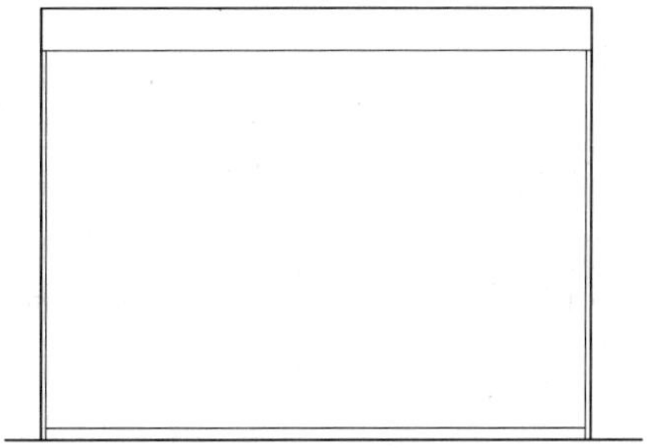

图 13-197　整理图形

02 调用 OFFSET/O 命令、CHAMFER/CHA 命令和 TRIM/TR 命令，绘制衣柜隔断的厚度，如图 13-198 所示。

03 调用 RECTANG/REC 命令、COPY/CO 命令和 PLINE/PL 命令，绘制挂衣杆，效果如图 13-199 所示。

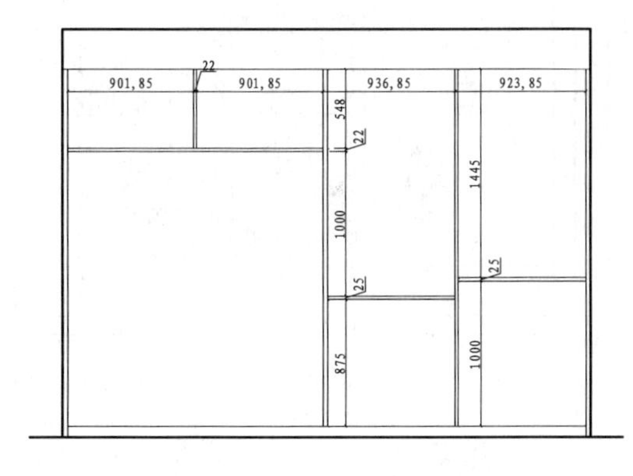

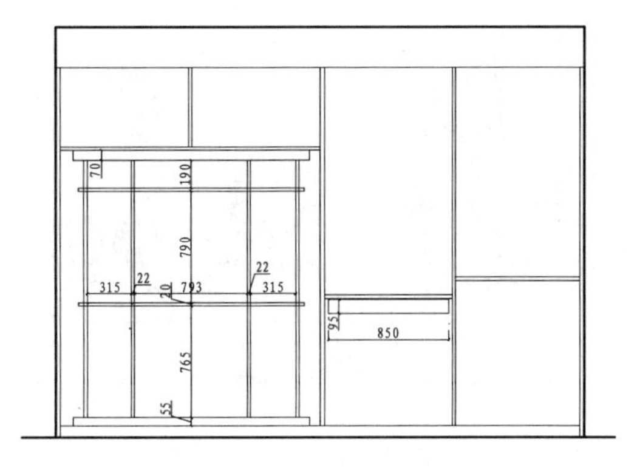

图 13-198　绘制衣柜隔板

图 13-199　绘制挂衣杆

04 调用 LINE/L 命令和 RECTANG/REC 命令，划分抽屉和绘制抽屉拉手，如图 13-200 所示。

05 从图库中调入结构图从所需要的图块，效果如图 13-201 所示。

06 进行尺寸标注和文字标注，完成衣柜内部结构图。

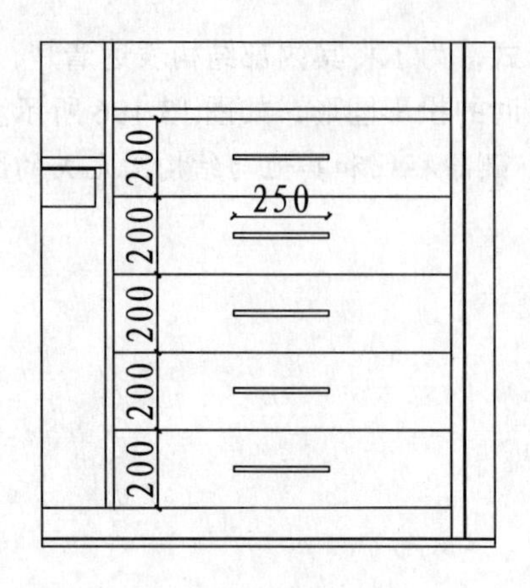

图 13-200 绘制抽屉

图 13-201 插入图块

13.7.5 绘制其他立面图

运用上述方法完成其他立面图的绘制，如图 13-202～图 13-206 所示。

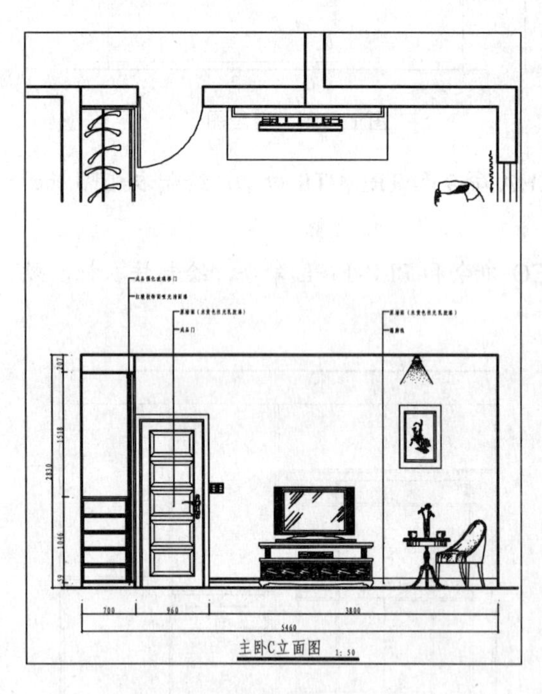

图 13-202 主卧 C 立面图

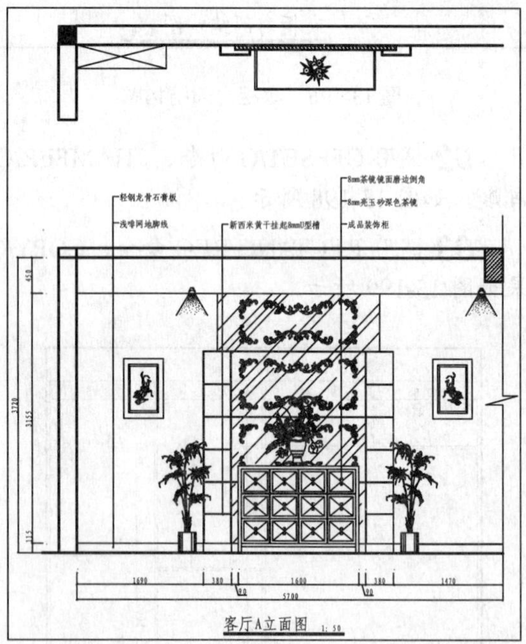

图 13-203 客厅 A 立面图

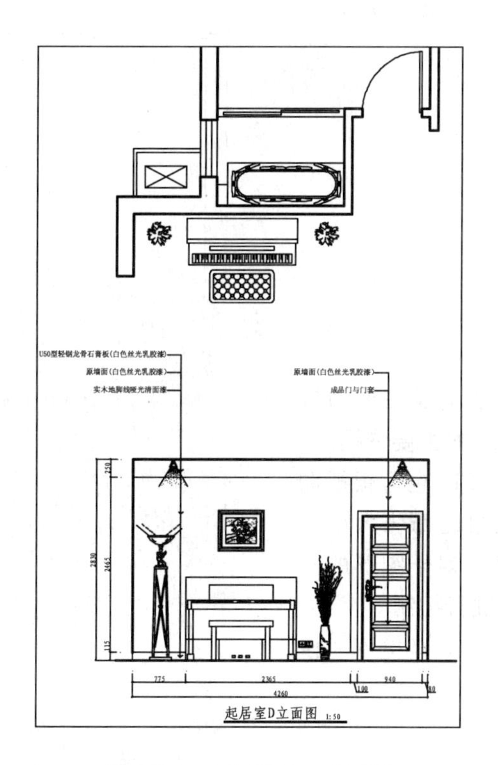

图 13-204　起居室 D 立面图

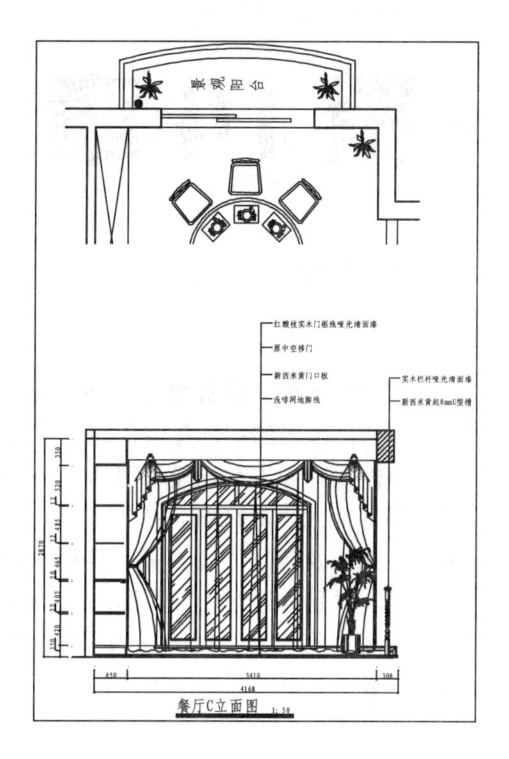

图 13-205　餐厅 C 立面图

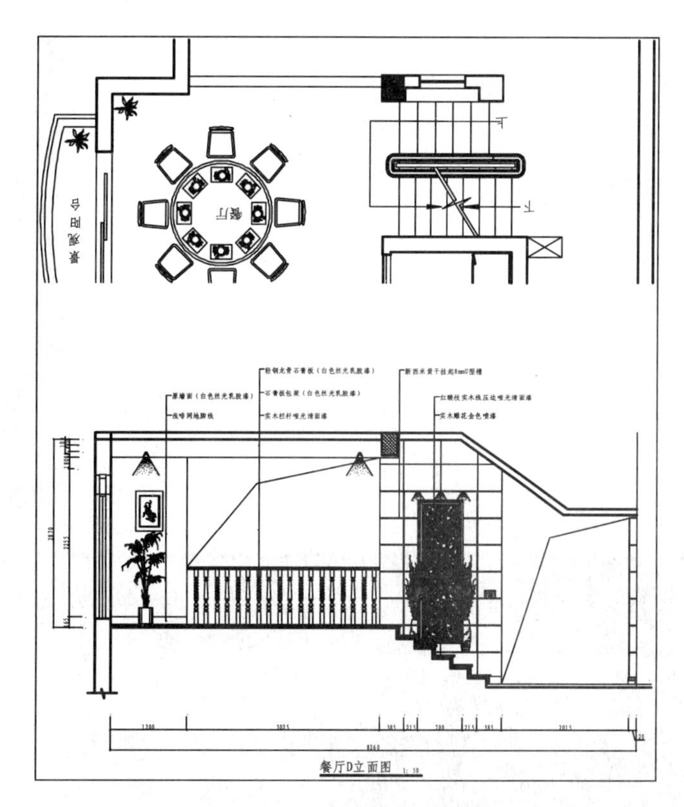

图 13-206　餐厅 D 立面图

第14章

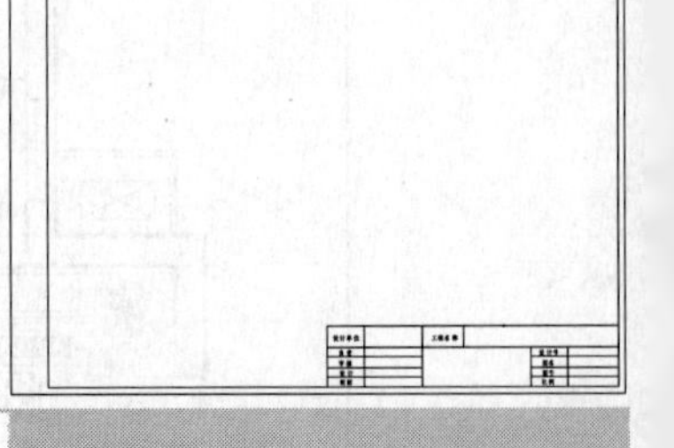

本章导读：

对于室内装潢设计施工图而言，其输出对象主要为打印机，打印输出的图样将成为施工人员施工的主要依据。

室内设计施工图一般采用 A3 纸进行打印，也可根据需要选用其他大小的纸张。在打印时，需要确定纸张大小、输出比例以及打印线宽、颜色等相关内容。对于图形的打印线宽、颜色等属性，均可通过打印样式进行控制。

在最终打印输出之前，需要对图形进行认真检查、核对，在确定正确无误之后方可进行打印。

本章重点：

- 模型空间单比例打印
- 图纸空间多比例打印

施工图打印方法与技巧

14.1 模型空间单比例打印

打印有模型空间打印和图纸空间打印两种方式。模型空间打印指的是在模型窗口进行相关设置并进行打印；图纸空间打印是指在布局窗口中进行相关设置并进行打印。

当打开或新建 AutoCAD 文档时，系统默认显示的是模型窗口。但如果当前工作区已经以布局窗口显示，可以单击状态栏“模型”标签(AutoCAD“二维草图与注释”工作空间)，或绘图窗口左下角“模型”标签(“AutoCAD 经典”工作空间)，从布局窗口切换到模型窗口。

本节以两居室平面布置图为例，介绍模型空间的打印方法。

14.1.1 调用图签

01 打开本书第 7 章绘制的“平面布置图.dwg”文件。

02 施工图在打印输出时，需要为其加上图签。图签在创建样板时就已经绘制好，并创建为图块，这里直接调用即可。调用 INSERT/I 命令，插入“A3 图签”图块到当前图形，如图 14-1 所示。

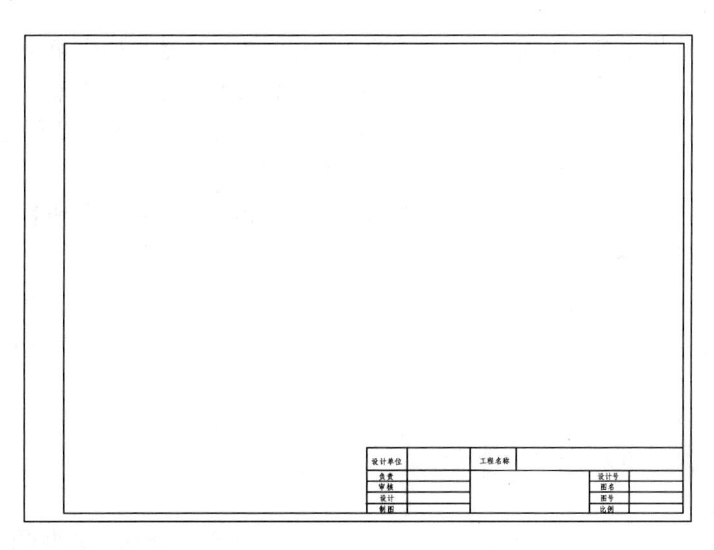

图 14-1 插入的图签

03 由于样板中的图签是按 1:1 的比例绘制的，即图签图幅大小为 420 × 297(A3 图纸)，而平面布置图的绘图比例同样是 1:1，其图形尺寸为 14000 × 10000。为了使图形能够打印在图签之内，需要将图签放大，或者将图形缩小，缩放比例为 1:75 (与该图的尺寸标注比例相同)。为了保持图形的实际尺寸不变，这里将图签放大，放大比例为 75 倍。

04 调用 SCALE/SC 命令将图签放大 75 倍。

05 图签放大之后，便可将图形置于图签之内。调用 MOVE/M 命令，移动图签至平面布置图上方，如图 14-2 所示。

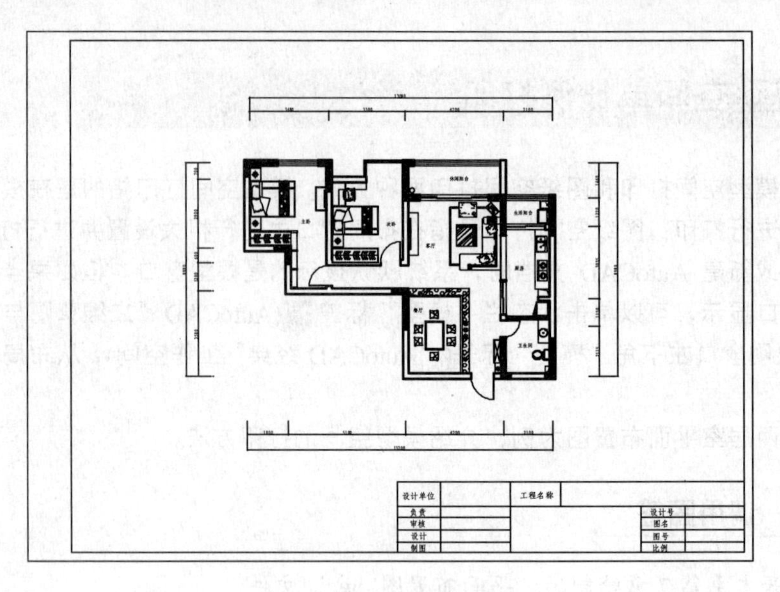

图 14-2 加入图签后的效果

14.1.2 页面设置

页面设置是出图准备过程中的最后一个步骤。页面设置是包括打印设备、纸张、打印区域、打印样式、打印方向等影响最终打印外观和格式的所有设置的集合。页面设置可以命名保存，可以将同一个命名页面设置应用到多个布局图中，下面介绍页面设置的创建和设置方法。

01 在命令行中输入 PAGESETUP/PAG 并按回车键，或执行【文件】|【页面设置管理器】命令，打开“页面设置管理器”对话框，如图 14-3 所示。

02 单击【新建】按钮，打开如图 14-4 所示“新建页面设置”对话框，在对话框中输入新页面设置名称“A3 图纸页面设置”，单击【确定】按钮，即创建了新的页面设置“A3 图纸页面设置”。

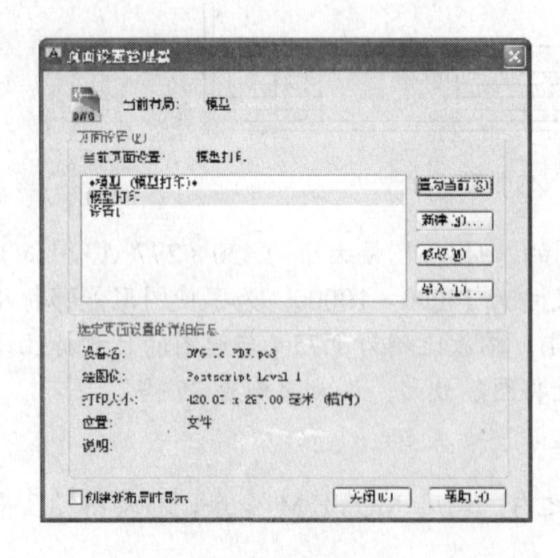

图 14-3 “页面设置管理器”对话框

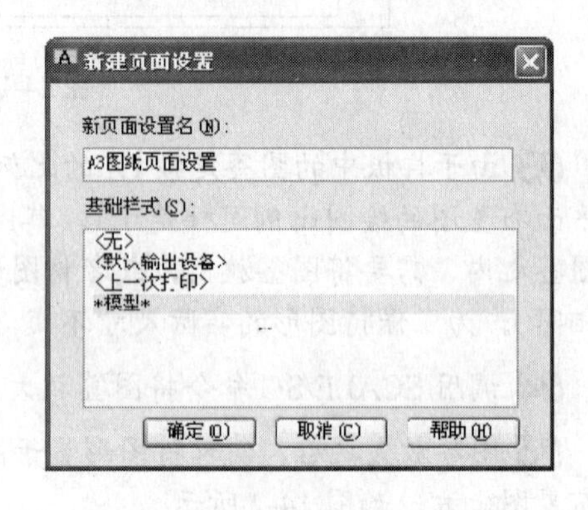

图 14-4 “新建页面设置”对话框

03 系统弹出“页面设置”对话框，如图 14-5 所示。在“页面设置”对话框“打印机/绘图仪”选项组中选择用于打印当前图纸的打印机。在“图纸尺寸”选项组中选择 A3 类图纸。

04 在“打印样式表”列表中选择样板中已设置好的打印样式“A3 纸打印样式表”，如图 14-6 所示。在随后弹出的“问题”对话框中单击【是】按钮，将指定的打印样式指定给所有布局。

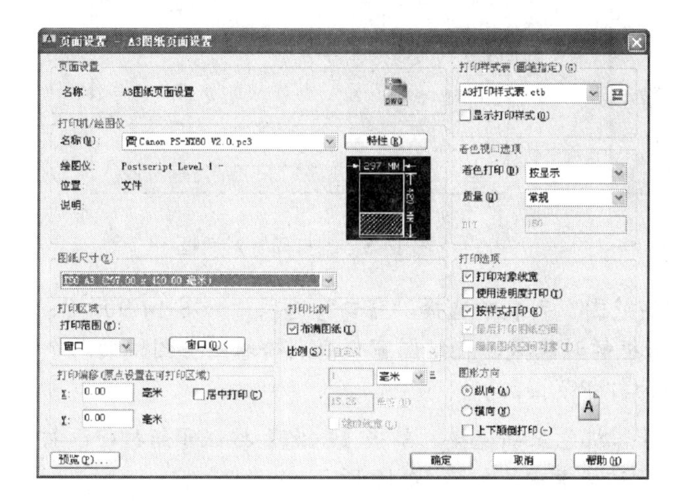

图 14-5 “页面设置”对话框

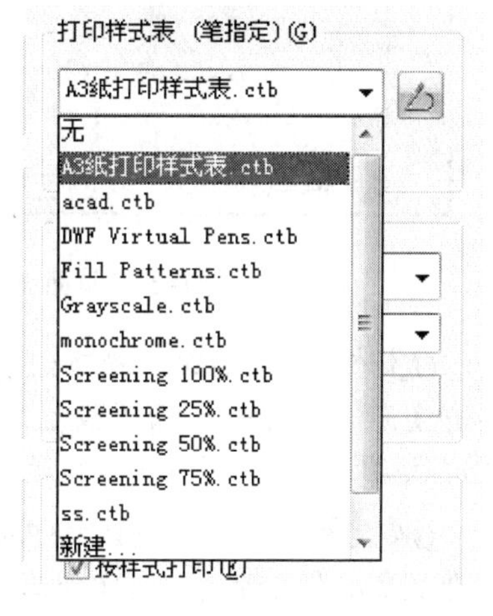

图 14-6 选择打印样式

05 勾选“打印选项”选项组“按样式打印”复选框，如图 14-5 所示，使打印样式生效，否则图形将按其自身的特性进行打印。

06 勾选“打印比例”选项组“布满图纸”复选框，图形将根据图纸尺寸缩放打印图形，使打印图形布满图纸。

07 在“图形方向”栏设置图形打印方向为横向。

08 设置完成后单击【预览】按钮，检查打印效果。

09 单击【确定】按钮返回“页面设置管理器”对话框，在页面设置列表中可以看到刚才新建的页面设置“A3 图纸页面设置”，选择该页面设置，单击【置为当前】按钮，如图 14-7 所示。

10 单击【关闭】按钮关闭对话框。

14.1.3 打印

01 执行【文件】|【打印】命令，或按 Ctrl+P 快捷键，打开“打印”对话框，如图 14-8 所示。

02 在“页面设置”选项组“名称”列表中选择前面创建的“A3 图纸页面设置”，如图 14-8 所示。

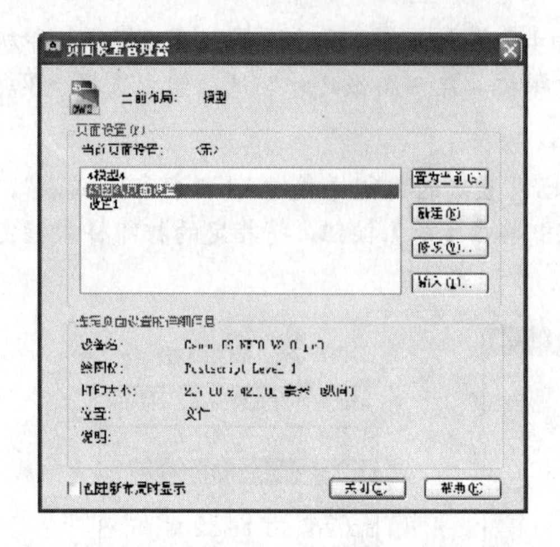

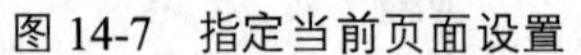

图 14-7　指定当前页面设置

图 14-8　“打印”对话框

03 在“打印区域”选项组“打印范围”列表中选择“窗口”选项，如图 14-9 所示。单击【窗口】按钮，“页面设置”对话框暂时隐藏，在绘图窗口分别拾取图签图幅的两个对角点确定一个矩形范围，该范围即为打印范围。

04 完成设置后，确认打印机与计算机已正确连接，单击【确定】按钮开始打印。打印进度显示在打开的“打印作业进度”对话框中，如图 14-10 所示。

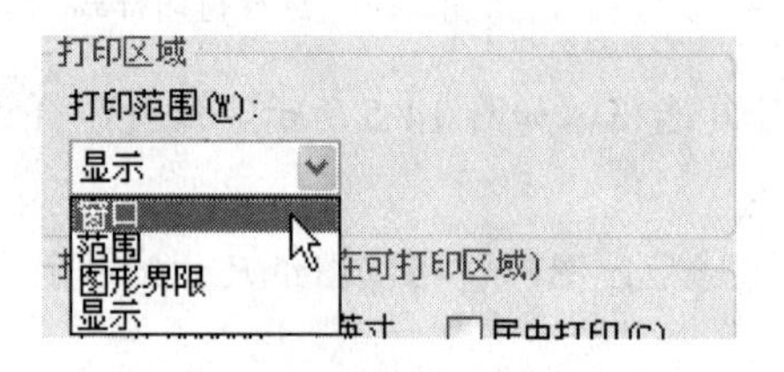

图 14-9　设置打印范围

图 14-10　“打印作业进度”对话框

14.2 图纸空间多比例打印

模型空间打印方式只适用于单比例图形打印，当需要在一张图纸中打印输出不同比例的图形时，可使用图纸空间打印方式。本节以剖面图及节点图为例，介绍图纸空间的视口布局和打印方法。

14.2.1 进入布局空间

按 Ctrl+O 快捷键，打开本书第 6 章绘制的“单身公寓室内设计.dwg”文件，删除其他图形至只留下电视背景墙剖面和装饰柜剖面图及大样图。

要在图纸空间打印图形，必须在布局中对图形进行设置。在“AutoCAD 经典”工作空间下，单击绘图窗口左下角的“布局 1”或“布局 2”选项卡即可进入图纸空间。在任意“布局”选项卡上单击鼠标右键，从弹出的快捷菜单中选择“新建布局”命令，可以创建新的布局。

单击图形窗口左下角的“布局 1”选项卡进入图纸空间。当第一次进入布局时，系统会自动创建一个视口，该视口一般不符合我们的要求，可以将其删除，删除后的效果如图 14-11 所示。

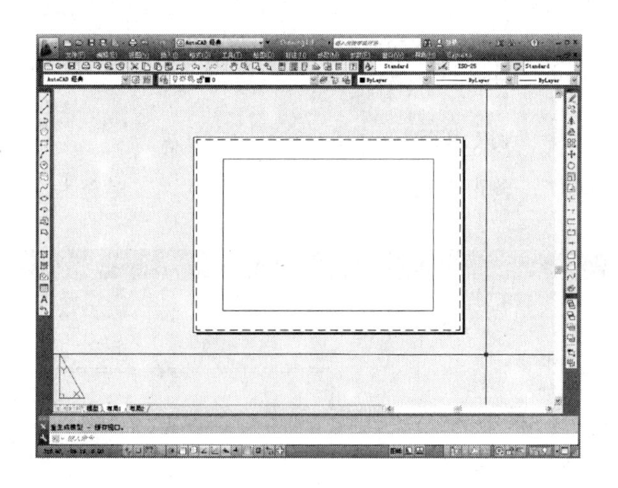

图 14-11 布局空间

14.2.2 页面设置

在图纸空间打印，需要重新进行页面设置。

01 在“布局 1”选项卡上单击鼠标右键，从弹出的快捷菜单中选择【页面设置管理器】命令，如图 14-12 所示。在弹出的“页面设置管理器”对话框中单击【新建】按钮创建“A3 图纸页面设置-图纸空间”新页面设置。

02 进入“页面设置”对话框后，在“打印范围”列表中选择“布局”，在“比例”列表中选择 1∶1，其他参数设置如图 14-13 所示。

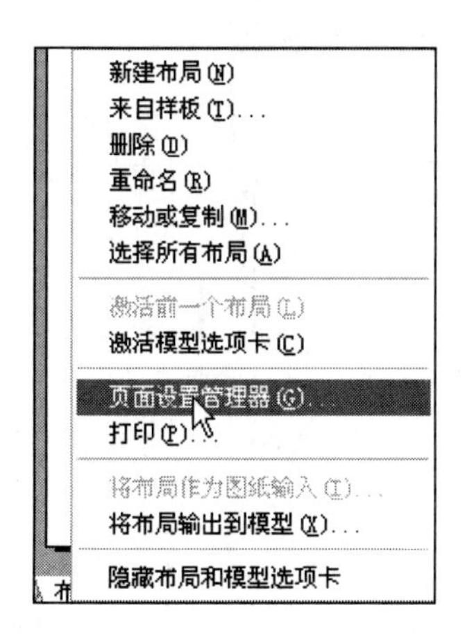

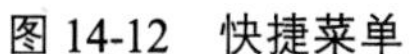

图 14-12 快捷菜单

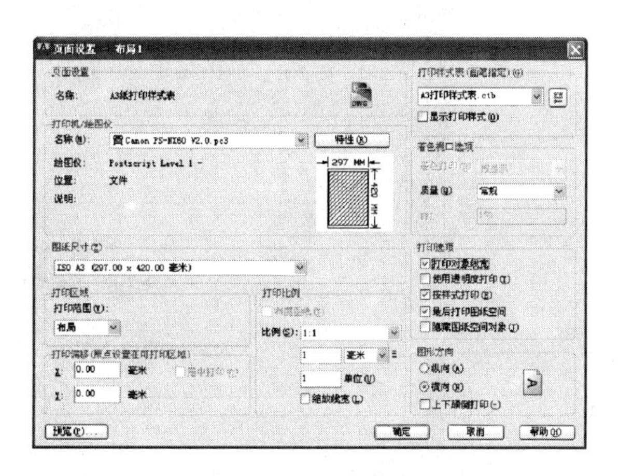

图 14-13 “页面设置”对话框

03 设置完成后单击【确定】按钮关闭“页面设置”对话框，在“页面设置管理器”对话框中选择新建的“A3 图纸页面设置-图纸空间”页面设置，单击【置为当前】按钮，将该页面设置应用到当前布局。

14.2.3 创建视口

通过创建视口，可将多个图形以不同的打印比例布置在同一张图纸空间中。创建视口的命令有 VPORTS 和 SOLVIEW，下面介绍使用 VPORTS 命令创建视口的方法，以将立面图和剖面图用不同比例打印在同一张图纸中。

01 创建一个新图层“VPORTS”，并设置为当前图层。

02 创建第一个视口。调用 VPORTS 命令打开“视口”对话框，如图 14-14 所示。

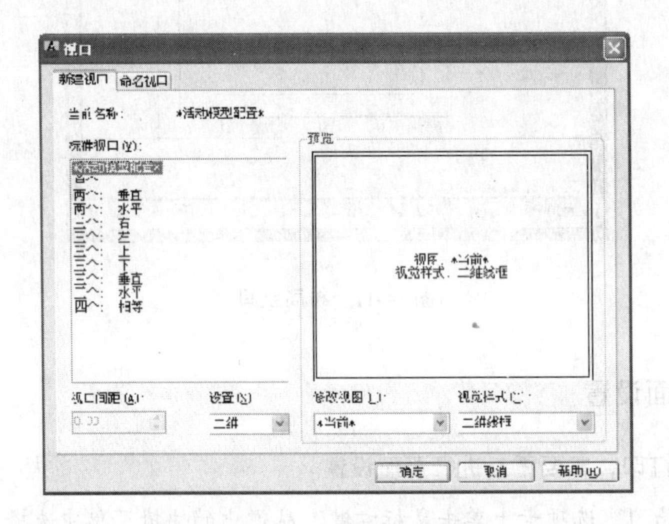

图 14-14 “视口”对话框

03 在“标准视口”框中选择“单个”，单击【确定】按钮，在布局内拖动鼠标创建一个视口，如图 14-15 所示，该视口用于显示“01剖面图及大样图”。

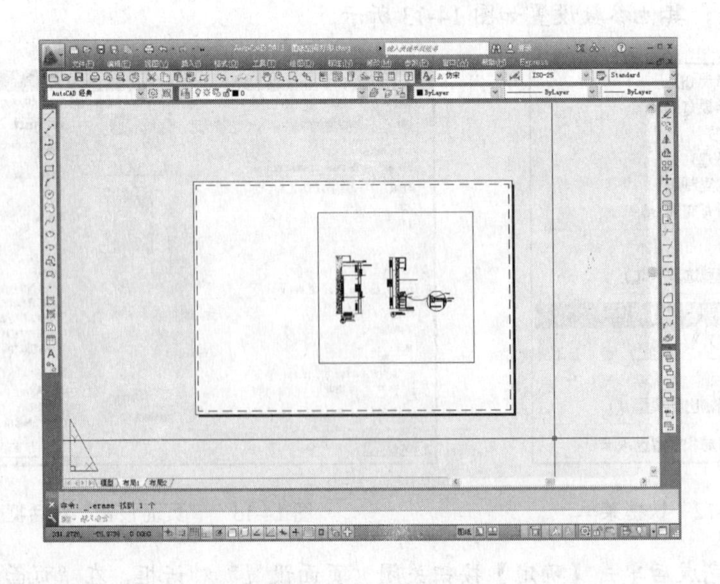

图 14-15 创建视口

04 在创建的视口中双击鼠标，进入模型空间，或在命令窗口中输入 MSPACE/MS 并按回车键。处于模型空间的视口边框以粗线显示。

05 在状态栏右下角设置当前注释比例为 1∶10，如图 14-16 所示。调用 PAN/P 命令平移视图，使“01剖面图及大图”在视口中显示出来。注意，视口的比例应根据图纸的尺寸适当设置，在这里设置为 1∶10 以适合 A3 图纸，如果是其他尺寸图纸，则应做相应调整。

图 14-16　设置比例

视口比例应与该视口内图形（即在该视口内打印的图形）的尺寸标注比例相同，这样在同一张图纸内就不会有不同大小的文字或尺寸标注出现（针对不同视口）。

AutoCAD 从 2008 版开始新增了一个自动匹配的功能，即视口中的“可注释性”对象（如文字、尺寸标注等）可随视口比例的变化而变化。假如图形尺寸标注比例为 1∶50，当视口比例设置为 1∶10 时，尺寸标注比例也自动调整为 1∶10。要实现这个功能，只需要单击状态栏右下角的按钮使其亮显即可，如图 14-17 所示。启用该功能后，就可以随意设置视口比例，而无须手动修改图形标注比例（前提是图形标注为“可注释性”）。

图 14-17　开启添加比例功能

06 在视口外双击鼠标，或在命令行中输入 PSPACE/PS 并按回车键，返回到图纸空间。

07 选择视口，使用夹点法适当调整视口大小，使视口内只显示“01剖面图及大样图”，结果如图 14-18 所示。

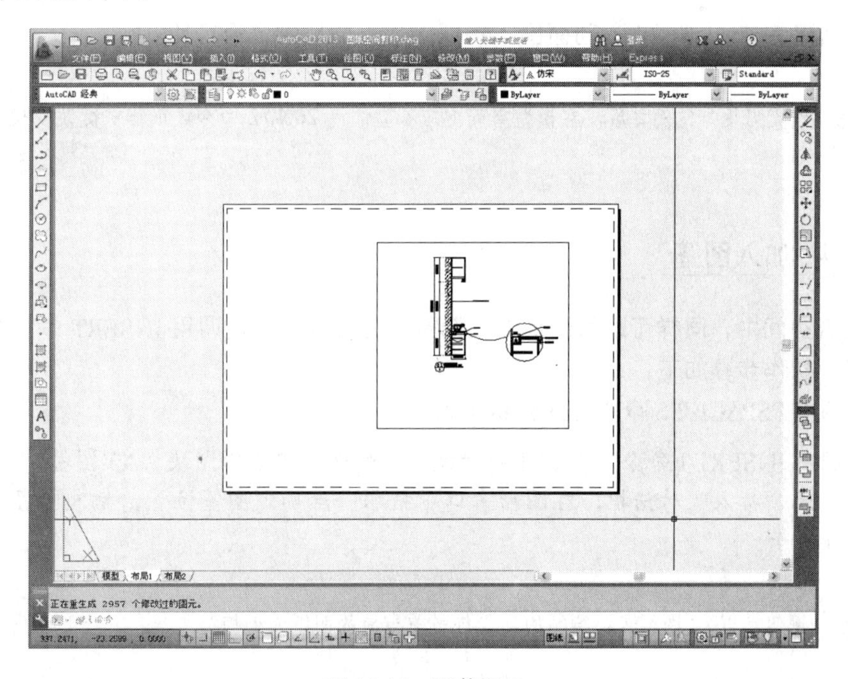

图 14-18　调整视口

08 创建第二个视口。选择第一个视口，调用 COPY/CO 命令复制出第二个视口，该视口用于显示“02剖面图””，输出比例为 1∶10，调用 PAN/P 命令平移视口（需要双击视口或使用 MSPACE/MS 命令进入模型空间），使“02剖面图”在视口中显示出来，并适当调整视口大小，结果如图 14-19 所示。

提 示：在图纸空间中，可使用 MOVE/M 命令调整视口的位置。

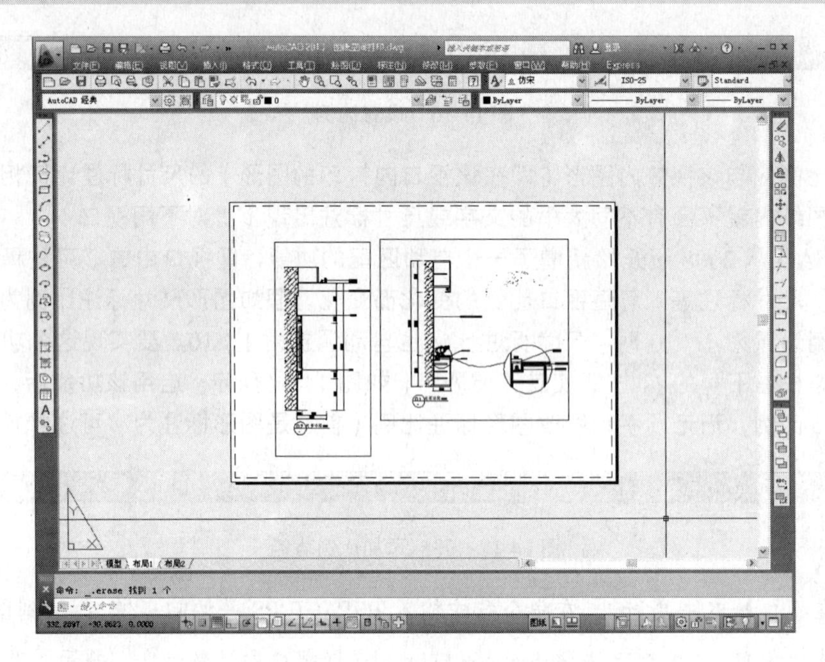

图 14-19　创建第二个视口

视口创建完成。“01和02剖面图”将以 1∶10 的比例进行打印。

注 意：设置好视口比例之后，在模型空间内应不宜使用 ZOOM/Z 命令或鼠标中键改变视口显示比例。

14.2.4 加入图签

在图纸空间中，同样可以为图形加上图签，方法很简单，调用 INSERT 命令插入图签图块即可，操作步骤如下：

01 调用 PSPACE/PS 命令进入图纸空间。

02 调用 INSERT/I 命令，在打开的“插入”对话框中选择图块“A3 图签”，单击【确定】按钮关闭“插入”对话框，在图形窗口中拾取一点确定图签位置，插入图签后的效果如图 14-20 所示。

提 示：图签是以 A3 图纸大小绘制的，它与当前布局的图纸大小相符。

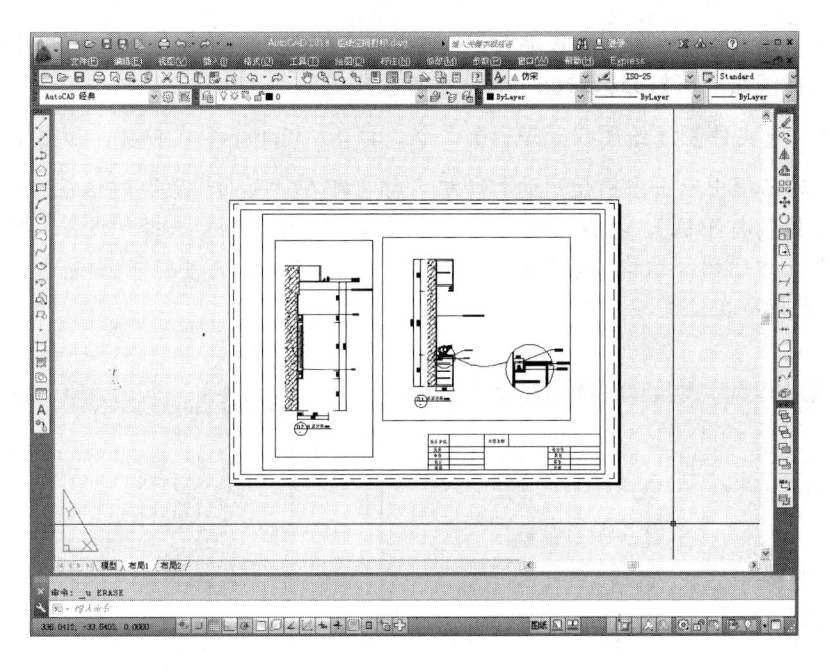

图 14-20 加入图签

14.2.5 打印

创建好视口并加入图签后，接下来就可以开始打印了。在打印之前，执行【文件】|【打印预览】命令预览当前的打印效果，如图 14-21 所示。

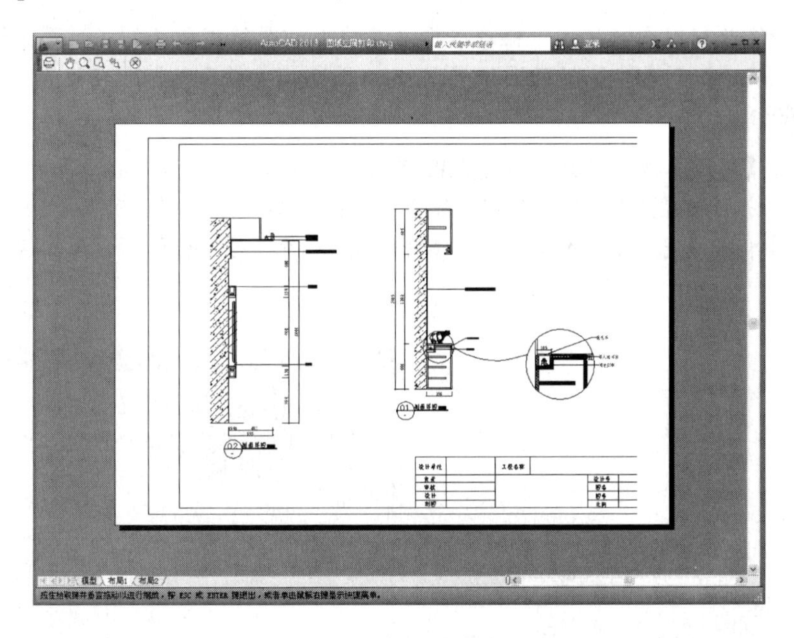

图 14-21 打印预览效果

从图 14-21 所示打印效果可以看出，图签部分不能完全打印，这是因为图签大小超越了图纸可打印区域的缘故。图 14-20 所示的虚线表示了图纸的可打印区域。

解决办法是通过“绘图仪配置编辑器”对话框中的“修改标准图纸尺寸（可打印区域）”选项重新设置图纸的可打印区域，下面介绍其操作方法：

01 执行【文件】|【绘图仪管理器】命令，打开“Plotters”文件夹，如图 14-22 所示。

02 在对话框中双击当前使用的打印机名称（即在“页面设置”对话框“打印选项”选项卡中选择的打印机），打开“绘图仪配置编辑器”对话框。选择“设备和文档设置”选项卡，在上方的树型结构目录中选择“修改标准图纸尺寸（可打印区域）”选项，如图 14-23 所示光标所在位置。

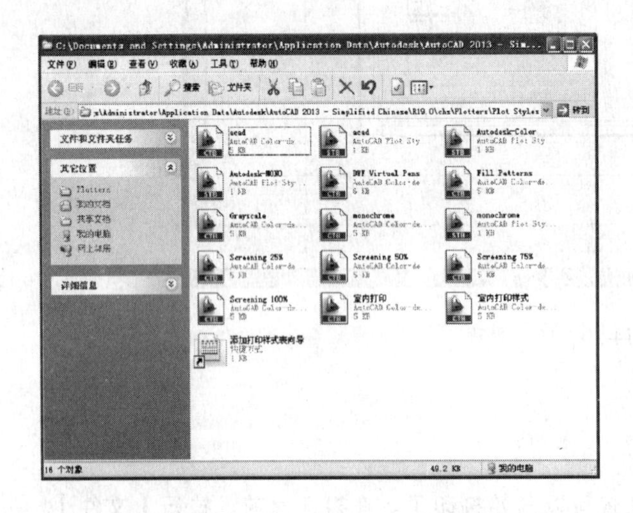

图 14-22　“Plotters”文件夹

图 14-23　绘图仪配置编辑器

03 在“修改标准图纸尺寸”栏中选择当前使用的图纸类型（即在“页面设置”对话框中的“图纸尺寸”列表中选择的图纸类型），如图 14-24 所示光标所在位置（不同打印机有不同的显示）。

04 单击【修改】按钮弹出“自定义图纸尺寸”对话框，如图 14-25 所示，将上、下、左、右页边距分别设置为 2、2、10、2（使可打印范围略大于图框即可），单击两次【下一步】按钮，再单击【完成】按钮，返回“绘图仪配置编辑器”对话框，单击【确定】按钮关闭对话框。

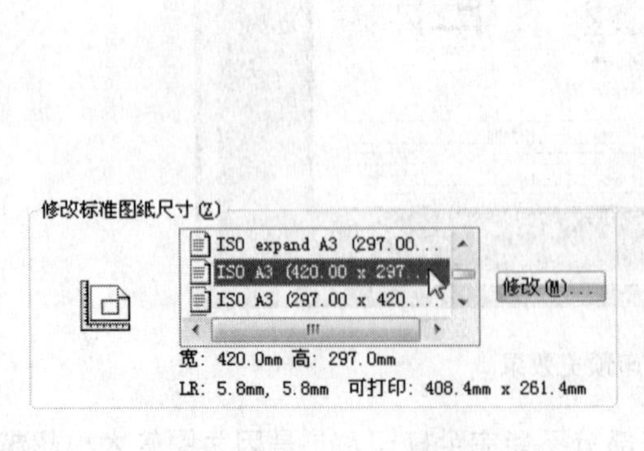

图 14-24　选择图纸类型

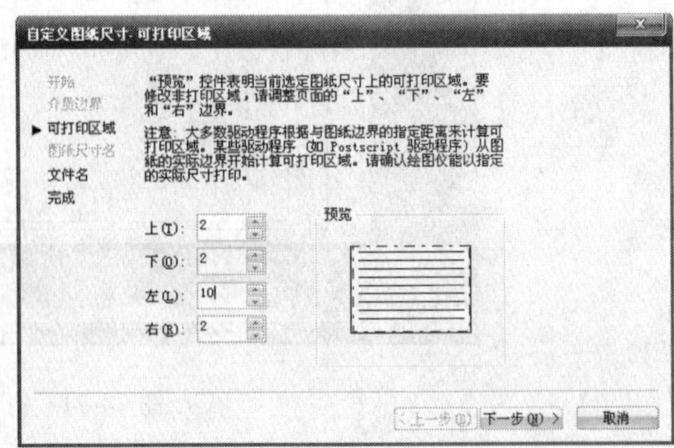

图 14-25　“自定义图纸尺寸”对话框

05 修改图纸可打印区域之后，此时布局如图 14-26 所示（虚线内表示可打印区域）。

06 调用 LAYER/LA 命令打开“图层特性管理器”对话框，新建一个名称为“VPORTS”的图层，将图层“VPORTS”设置为不可打印，如图 14-27 所示，这样视口边框将不会打印。

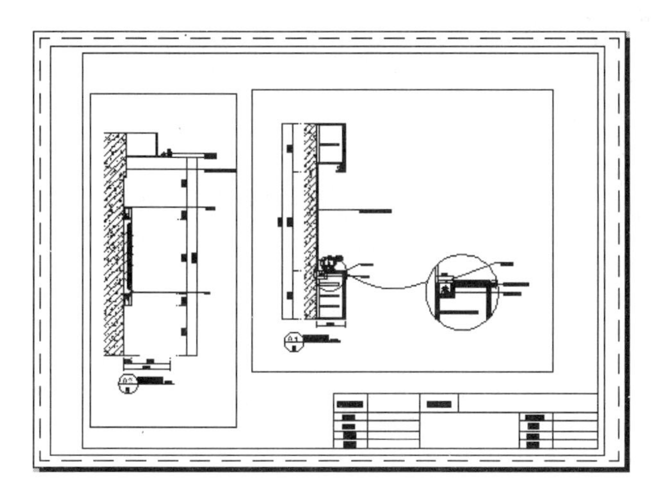

图 14-26　布局效果

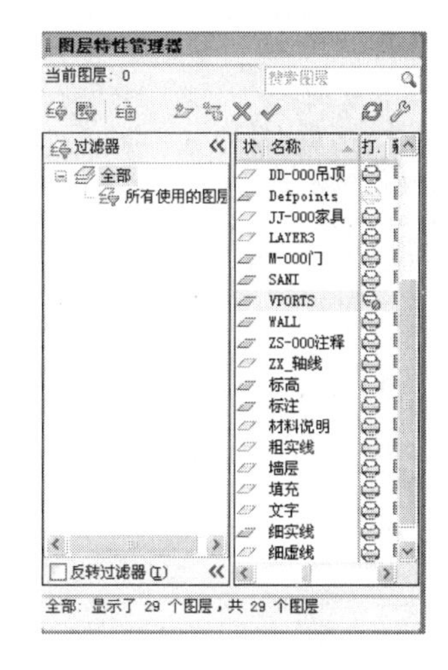

图 14-27　设置“VPORTS”图层属性

07 再次预览打印效果，如图 14-28 所示，图签已能正确打印。

08 如果满意当前的预览效果，按 Ctrl+P 键即可开始正式打印输出。

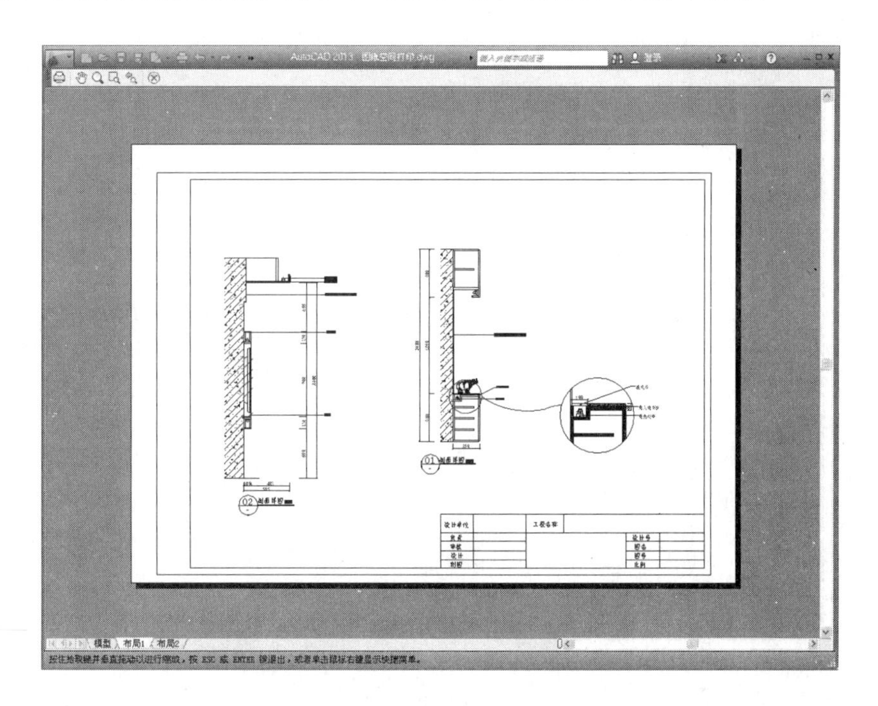

图 14-28　修改页边距后的打印预览效果

图书在版编目（CIP）数据

天津卫美食地图 / “这是天津卫”栏目组编. —天津：
天津教育出版社，2014.1
ISBN 978-7-5309-7501-5
Ⅰ.①天…　Ⅱ.①这…　Ⅲ.①饮食—文化—天津市
Ⅳ.①TS971
中国版本图书馆CIP数据核字（2014）第009294号

天津卫美食地图

出 版 人	胡振泰
作　　者	“这是天津卫”栏目组
选题策划	王轶冰
责任编辑	谢　芳
装帧设计	张丽丽
出版发行	天津出版传媒集团 天津教育出版社 天津市和平区西康路35号　邮政编码:300051 http://www.tjeph.com.cn
经　　销	新华书店
印　　刷	天津市圣视野彩色印刷有限公司
版　　次	2014年3月第1版
印　　次	2014年3月第1次印刷
规　　格	16开（787×1092毫米）
字　　数	230千字
印　　张	16
定　　价	45.00元

“这是天津卫”
读城系列丛书 /01

天津卫美食地图

天津电视台 公共频道
“这是天津卫”栏目组/编

出品人：侯津淼
主编：李芗
副主编：李超
编辑：王碧寒
徐向羽
美术设计：宋林
摄影：魏尧
插图：王丹青
特邀插画：何璐

天津出版传媒集团
天津教育出版社
TIANJIN EDUCATION PRESS